国家科学技术学术著作出版基金资助出版

新型混沌电路与系统的设计原理及其应用

禹思敏 著

科 学 出 版 社

北 京

内 容 简 介

本书详细论述了新型混沌电路与系统的设计原理及其在多媒体混沌保密通信中的应用与技术实现，共19章。其中，第1~3章介绍混沌的基本概念、李氏指数的数值计算方法与应用、离散时间混沌系统。第4~8章介绍高维连续时间超混沌系统的设计，包括具有多个正李氏指数的连续时间超混沌系统、耗散系统与保守系统中的无简并高维连续时间超混沌系统、无简并高维连续时间超混沌系统的平均特征值准则、具有多控制器的无简并高维连续时间超混沌系统、可配置任意多个正李氏指数的连续时间超混沌系统。第9~11章介绍整数域和数字域混沌系统，包括单个随机位迭代更新的1维整数域混沌系统、多个随机位迭代更新的1维整数域混沌系统、高维整数域和数字域混沌系统。第12~19章介绍新型混沌电路与系统在多媒体混沌保密通信中的应用，包括定点算法和状态机控制的通用FPGA混沌信号发生器、视频混沌保密通信系统的设计与FPGA实现、广域网传输实时远程视频混沌保密通信与ARM实现、多核多进程与H.264选择性加密的视频混沌保密通信、多核多线程与H.264编码后加密的视频混沌保密通信、视频混沌保密通信的手机实现、组播多用户和广域网传输的语音混沌保密通信、高维混沌映射单向Hash函数。

本书可作为电子科学与技术、信息与通信工程、控制科学与工程及相关专业的研究生教材或教学参考书，也可供自然科学和工程技术领域的高校教师和研究人员参考。

图书在版编目（CIP）数据

新型混沌电路与系统的设计原理及其应用 / 禹思敏著. —北京：科学出版社，2018.11

ISBN 978-7-03-059216-3

Ⅰ. ①新… Ⅱ. ①禹… Ⅲ. ①混沌理论-应用-电路设计 Ⅳ. ①TM02

中国版本图书馆CIP数据核字（2018）第244260号

责任编辑：裴 育 纪四稳 / 责任校对：张小霞

责任印制：吴兆东 / 封面设计：蓝 正

科学出版社 出版

北京东黄城根北街16号

邮政编码：100717

http://www.sciencep.com

北京中科印刷有限公司 印刷

科学出版社发行 各地新华书店经销

*

2018年11月第 一 版 开本：720×1000 1/16

2023年 2 月第二次印刷 印张：34 1/2

字数：670 000

定价：258.00元

（如有印装质量问题，我社负责调换）

作 者 简 介

禹思敏　1957 年 5 月出生，2001 年毕业于华南理工大学电路与系统专业，获工学博士学位。广东工业大学自动化学院二级教授、博士生导师，广东省攀峰重点学科、一级学科博士点“控制科学与工程”学术带头人，国家自然科学奖二等奖、教育部自然科学奖一等奖、广东省科学技术奖二等奖获得者，广东省南粤优秀教师，广东省优秀博士论文、优秀硕士论文指导教师。兼任中国密码学会混沌保密通信专业委员会委员、中国电子学会电路与系统分会混沌与非线性电路专业委员会第一届委员会副主任委员、德国施普林格出版社非线性电路 Brief 丛书编委会委员等学术职务。主持和承担国家及省部级科研项目 18 项，其中主持国家自然科学基金面上项目 4 项，承担国家自然科学基金重点项目 1 项、国家重点研发计划子课题 1 项。在 *IEEE Transactions*、《中国科学》等国内外期刊上发表 SCI 收录论文 80 多篇，*IEEE Transactions* 论文 13 篇，被 SCI 引用 1800 多次，H 指数 25，ESI 高被引论文 6 篇；出版教材 3 部、学术专著 3 部；申请和授权国家发明专利 20 项。在非线性电路系统理论与技术，多涡卷和多翅膀等复杂拓扑结构混沌吸引子的生成、实现与应用，混沌电路与系统的设计，连续时间系统与切换系统的反控制，混沌密码理论与应用，多媒体混沌保密通信研发等方面取得了一系列有价值的成果。

前　言

本书以若干新型混沌电路与系统的设计原理及其在多媒体混沌保密通信中的应用与技术实现作为主要研究对象，归纳和总结了近年来作者在上述研究领域中取得的一系列科研成果。

本书第一部分重点叙述无简并高维超混沌系统的设计。无简并高维超混沌系统具体是指正李氏指数的个数L^+能够达到可能的最大个数的一类高维超混沌系统。对于n维连续时间自治系统，设正李氏指数的个数为L_c^+，负李氏指数的个数为L_c^-，零李氏指数的个数为L_c^0，它们之间满足$n = L_c^+ + L_c^- + L_c^0$。如果正李氏指数的个数达到了可能的最大个数，即满足$L_c^+ = n-2$，则称为无简并高维连续时间超混沌系统。如果正李氏指数个数仅满足$L_c^+ = n-2-d$，则称为有简并高维连续时间超混沌系统，其中$d>0$为正李氏指数的简并度，是衡量正李氏指数个数减少的一个量化指标，d越大，正李氏指数个数减少的程度也越大。对于n维离散时间自治系统，如果正李氏指数的个数达到了可能的最大个数，即满足$L_d^+ = n$，则称为无简并高维离散时间超混沌系统。但如果正李氏指数的个数仅满足$L_d^+ = n-d$，则称为有简并高维离散时间超混沌系统。通常情况下将连续系统和离散系统的正李氏指数是否发生简并的两种情况统称为无简并高维超混沌系统或有简并高维超混沌系统。对于连续时间混沌系统，必须有一个零指数和至少一个负指数，而离散系统则无此要求。

在简并无法消除的情况下，正李氏指数的个数不能随着系统维数的拓展而增加，这种单纯通过拓展系统维数而不能增加正李氏指数个数的高维系统设计方法并无实质性的研究意义。例如，一个 3 维离散混沌系统和一个 10 维离散混沌系统，如果这两个系统都只有一个正李氏指数，除维数上的差异之外，其他动力学性质并没有本质上的区别。但如果后者是无简并的，有 10 个正李氏指数，那么，两者的动力学性质将会出现较大的差异。这种差异具体体现在混沌的统计特性能否通过严格的 TestU01 测试和度量混沌系统统计特性的 KS 熵值大小。众所周知，这些指标是混沌加密算法安全性所需的必要条件。

无简并高维超混沌系统和有简并高维超混沌系统在维数相同的条件下，从动力学行为、混沌化的程度以及统计特性等多个方面来进行比较，它们之间都存在较大的差异。根据混沌理论，混沌系统的本质特征由混沌轨道的拉伸折叠变换决定。只有一个正李氏指数的混沌系统，相邻轨道之间只有一个方向上的拉伸折叠变换和发散度(即指数分离度)，而多个正李氏指数的混沌系统具有多个不同方向上的拉伸折叠变换和发散度。在混沌系统全局有界条件下，如果正李氏指数的个数 L^{+} 越多，并且正李氏指数的值 LE^{+} 越大，则系统具有更大强度的以及更多不同方向上的拉伸折叠变换，且整个系统的行为更复杂，从而导致无简并系统与有简并系统的动力学性质出现较大的差异。

为了解决正李氏指数发生简并的问题，本书第一部分重点介绍一种无简并高维超混沌系统设计的新方法，其适用范围是用一致有界的控制器对渐近稳定的标称系统实施反控制来构造无简并高维超混沌系统，通过控制器的闭环极点配置，使得当受控系统在两类鞍焦平衡点处对应的特征值的正实部个数分别满足 $n-1$ 和 $n-2$ 时，正李氏指数的个数能够达到 $L^{+}=n-2$ 。但在实际情况中，混沌系统的解 $\boldsymbol{x}(t)$ 遍历地分布在整个相空间中，设混沌系统的状态方程为 $\dot{\boldsymbol{x}}=f(\boldsymbol{x})$ ，对应的雅可比矩阵为 $\boldsymbol{J}(\boldsymbol{x})=\partial f(\boldsymbol{x})/\partial \boldsymbol{x}$ ，则雅可比矩阵 $\boldsymbol{J}(\boldsymbol{x})$ 也是状态变量 $\boldsymbol{x}$ 的函数，根据 $\boldsymbol{J}(\boldsymbol{x})$ 计算得到的特征值 $\lambda_i(\boldsymbol{x})$ $(i=1,2,\cdots,n)$ 也是随着 $\boldsymbol{x}$ 的变化而变化的。仅考虑在两类鞍焦平衡点处对应的特征值的正实部个数分别满足 $n-1$ 和 $n-2$ ，虽然能解决维数不是很高情况下正李氏指数的无简并问题，但这只是一个必要条件，对于 $n>12$ 的高维系统，可以举出许多反例说明，即便满足这个必要条件，正李氏指数的个数也不一定能够满足 $L^{+}=n-2$ ，存在简并度 $d>0$ 的情况。但如果进一步考虑在控制器的一个周期内所有雅可比矩阵对应的平均特征值的正实部个数满足 $n-2$ ，就有可能进一步解决这个问题。

本书第二部分主要介绍满足 Devaney 混沌定义的整数域和数字域混沌系统的设计。改善或补偿数字域中混沌动力学退化的各种方法以及提出在数字域上构造混沌的新理论是近年来国内外关注的一个热点课题。目前，人们虽然采用了多种不同的改善或补偿数字域中混沌动力学退化的方法来研究这个问题，但更为重要的是另辟蹊径，提出在数字域上构造混沌的新理论与新方法来解决这个问题。

众所周知，混沌严格的数学定义，如 Devaney 混沌定义和 Li-Yorke 混沌定义等，都是针对“无限时间”和“无限精度”的条件而言的。混沌特性的数学定义都是渐近的，如李氏指数是用极限定义的、功率谱是用无穷傅里叶级数表示的。由于计算机和数字器件都是“有限精度”，人们无法实现严格数学定义的混沌，只能在“有限时间”和“有限精度”的“数字域”中实现“数字混沌”。在没有外部控制的条件下，对于一个数字域上的“自治混沌系统”本身而言，在整数域或数字域上的状态数为有限的情况下，它不可能具有数学意义上真正的混沌特性。因此，解决问题的根本途径是必须引入某种外部的控制方法来解决数字域混沌的建模问题。例如，采用外部随机序列控制的单个随机位或多个随机位迭代更新的方法，构造满足 Devaney 混沌定义的 1 维和高维整数域或数字域混沌系统。

本书第三部分主要介绍多媒体混沌保密通信及其在 ARM、FPGA 和手机等硬件平台上的应用与技术实现。混沌密码不能总是停留在理论分析与设计的阶段，最终必须走向实际应用。这就需要解决两个重要的瓶颈问题：一是如何保证整个系统的安全性，二是如何获得硬件设计与实现的可行性。混沌密码的硬件设计与实现则是多媒体混沌保密通信走向实际应用的一项重要研究工作，其科学意义体现在“实践是检验真理的标准”。经过严格密码分析检测的混沌密码是否具有实用性，在很大程度上取决于该混沌密码设计算法在硬件实现方面的实际可行性，硬件实现是检验混沌密码合理性的重要实验手段和事实依据。

目前，国内外通常采用计算机数值仿真的方法来检验混沌密码算法和多媒体混沌保密通信。相对于数值仿真，硬件实现具有更大的技术难度，需要更高的实验手段。由于技术原因，现有的混沌密码及其保密通信方案，绝大多数仅给出了计算机数值仿真结果，而硬件实现结果的报道偏少。特别是，包括发送端、接收端和实际传输信道在内的整个多媒体混沌保密通信系统的硬件实现结果尤为偏少。文献统计分析表明，只有少量混沌加密相关论文附有硬件实现，这在很大程度上归咎于硬件实现通常比数值仿真技术难度更大。

与数值仿真不同，硬件实现还需要考虑整个系统的硬件资源、硬件实现条件、实际信道环境和实时性受限等一系列实际问题。现有许多混沌密码方案，尽管数值仿真容易实现，但在硬件资源和实时性受限的情况下，硬件实现则很难甚至无法获得实验结果。因此，人们需要统筹兼顾各方面的因素，提出既能保证安全性又能保证硬件实现的优选方案。在此基础上，进一步从硬件设计与实现的角度解决广域网传输的实时远程视频、语音、图像等多媒体混沌保密通信的应用问题，并针对不同应用业务、应用环境和应用平台进行优化和融合，使混沌密码从理论分析与设计走向实际应用。

多年来，作者的研究工作在很大程度上受益于国家和省部级科研项目的连续资助。借此机会，衷心感谢国家自然科学基金面上项目(61172023、61671161)、国家自然科学基金重点项目(61532020)、国家重点研发计划子课题(2016YFB0800401)的资助。衷心感谢香港城市大学陈关荣院士、中国科学院数学与系统科学研究院吕金虎研究员。作者在从事研究过程中得到了许多同行的支持和帮助，其中的许多结果是作者与合作者共同完成的，在此表示衷心感谢。衷心感谢家人的长期支持和理解。衷心感谢科学出版社的大力支持和帮助。

由于作者水平有限，书中难免存在疏漏或不足之处，热诚期待广大同行和读者批评指正。

禹思敏

2017年10月于广州

目　录

第 1 章　混沌的基本概念

本章从工程应用的层面介绍混沌的一些基本概念，主要内容包括混沌的基本特征、基于反控制的“全局有界+正李氏指数”混沌的生成方法、混沌的基本定义、通向混沌的道路、混沌动力系统的分类与表示方法、拓扑共轭、符号动力系统与马蹄映射、Shilnikov 定理与 Melnikov 方法、动力系统的定性分析方法、回归排斥子和 Marotto 定理[1-12]。

1.1　混沌的基本特征

1.1.1　动力系统的基本概念

在通常情况下，对于一个动力系统，其数学一般形式是用微分方程(状态方程)或差分(迭代)方程来表示的，而用代数方程描述的则不是动力系统。

对于连续时间动力系统，其一般形式为

$$\dot{x} = f(x) \tag{1-1}$$

对于离散时间动力系统，其一般形式为

$$x_{k+1} = f(x_k) \tag{1-2}$$

为方便计，将“动力系统”简称为“系统”。

在介绍混沌的基本概念之前，首先介绍周期点与非周期点的概念。研究动力系统的一个最基本的问题是了解系统发展的最终状态或渐近状态。例如，对于离散时间动力系统 $x_{k+1} = f(x_k)$，研究随着 k 的增加，序列

$$x, f(x), f(f(x)) = f^2(x), \cdots, f(f^{k-1}(x)) = f^k(x), \cdots$$

的最终状态是什么。称 $x, f(x), f^2(x), \cdots, f^k(x), \cdots$ 的集合为 x 的前向轨道，用 $O^+(x)$ 表示。

对于 1 维离散时间动力系统，可用作图法得到点 x 的前向轨道前面有限项的性态，下面以抛物线映射 $x_{k+1} = \lambda x_k(1 - x_k)$ 为例来说明这个问题。当然，该方法对一般离散时间动力系统 $x_{k+1} = f(x_k)$ 也是适用的。为此，可先作 $f(x) = \lambda x(1 - x)$ 的图像，并作对角线 $x_{k+1} = x_k$，设初始值为 x_0，然后过 x_0 作平行于垂直轴的直线与 $f(x)$ 相交，交点记为 (x_0, x_1)，再过 x_1 作水平线与 $x_{k+1} = x_k$ 交于点 (x_1, x_1)，依此类

推，得前向轨道 $x_0, x_1, x_2, \cdots, x_k, \cdots$ 的有限项为

$$\begin{cases} x_0 \\ x_1 = f(x_0) \\ x_2 = f(x_1) = f(f(x_0)) = f^2(x_0) \\ x_3 = f(x_2) = f(f^2(x_0)) = f^3(x_0) \\ \vdots \\ x_k = f(f(x_{k-1})) = \cdots = f^k(x_0) \end{cases}$$

根据此式所得迭代结果的示意图如图 1-1 所示。

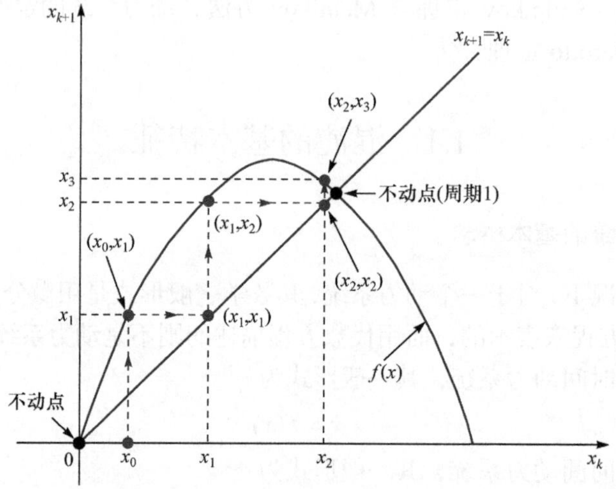

图 1-1 $x_{k+1} = \lambda x_k(1-x_k)$ 的迭代示意图

定义 1-1 若对于 $x_0 \in M$，$f^m(x_0) = x_0$，但对小于 m 的自然数 k，$f^k(x_0) \neq x_0$，则称 x_0 是映射 f 的一个周期 m 点，周期 m 点的几何图形是 m 个点首尾相接，形成了一个闭合圈，因而具有周期性，如图 1-2 所示。若 x_0 是 f 的一个周期 m 点，满足 $f^{m+k}(x_0) = f^k(x_0)$，则

$$O^+(x) = \{x, f(x), f^2(x), \cdots, f^m(x), \cdots\}$$

只有 m 个不同的元素。

定义 1-2 在 $f^m(x_0) = x_0$ 中，若 $m = 1$，即 $f(x_0) = x_0$，则称 x_0 为周期 1 点，周期 1 就是不动点，即 $f(x)$ 与对角线的交点就是不动点。

定义 1-3 根据定义 1-1，若 $m \to \infty$，从 x_0 开始迭代，所有的迭代值 $x_0, x_1, x_2, \cdots, x_m, \cdots$ 永远都不会闭合，因此迭代出无穷多个值，这无穷多个值无法形成一个闭合圈，因而只能是非周期的，非周期的最终性态则体现出一种不可预测和随机性。

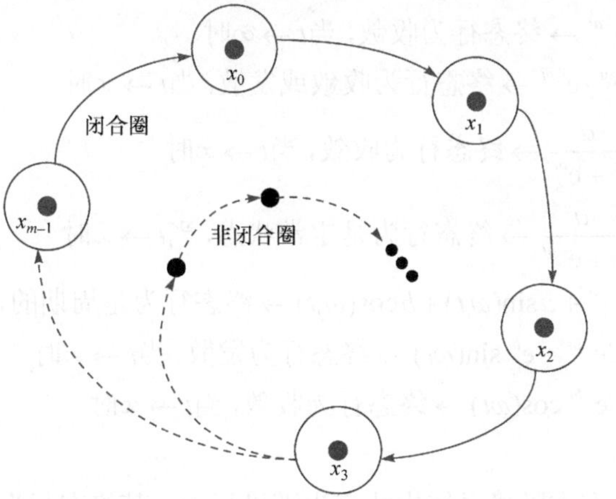

图 1-2 周期 m 点的示意图

定义 1-4 若给迭代值 $x_0, x_1, x_2, \cdots, x_m, \cdots$ 一个扰动，使它们偏离原来的值，但经过多次迭代后仍能稳定到原来的值，则这些点称为稳定的周期点，如果越来越偏离原来的值，则称为不稳定的周期点。

1.1.2 发现混沌之前人们对动力系统的认识

在混沌发现以前的很长时间内，人们认为确定性行为只能在所有参数均为确定的系统中产生，而随机行为只能在具有随机项的随机系统中产生，即

动力系统
- 确定性系统:
  - → 系统的参数完全是确定的
  - → 不存在任何随机项
  - → 只能产生三种确定性的终态行为
  - →
    - (1) 发散:无界行为
    - (2) 收敛:趋于某个平衡点或者定常状态
    - (3) 周期:包括周期数很大的情况或拟周期行为
- 随机系统:
  - → 存在随机项
  - → 产生随机行为

在人们的传统认识中，确定性系统中只能产生确定性行为，确定性行为的终态行为不外乎只有收敛(包括定常状态在内)、周期和发散三种。例如，设 a、b、A、B 均大于 0，得

$$\begin{cases} x(t)=e^{-at}\to \text{终态行为收敛，当}t\to\infty\text{时} \\ x(t)=e^{at}\cdot e^{-bt}\to \text{终态行为收敛或发散，当}t\to\infty\text{时} \\ x(t)=\dfrac{a}{b+e^{at}}\to \text{终态行为收敛，当}t\to\infty\text{时} \\ x(t)=\dfrac{a}{b+e^{-at}}\to \text{终态行为是定常状态，当}t\to\infty\text{时} \\ x(t)=e^{-at}+a\sin(\omega_1 t)+b\cos(\omega_2 t)\to \text{终态行为是周期的，当}t\to\infty\text{时} \\ x(t)=Ae^{-at}+e^{bt}\sin(\omega t)\to \text{终态行为发散，当}t\to\infty\text{时} \\ x(t)=Be^{-bt}\cos(\omega t)\to \text{终态行为收敛，当}t\to\infty\text{时} \\ \quad\vdots \end{cases}$$

人们认为只有在随机系统中才产生随机行为，其终态行为是随机行为，包括任何若干个随机行为的组合或复合行为，其终态行为也永远是随机行为。例如，设$n(t)$、$n_1(t)$、$n_2(t)$为随机过程，得

$$\begin{cases} x(t)=n(t)\to \text{终态行为仍为随机行为，当}t\to\infty\text{时} \\ x(t)=\dfrac{n_1(t)}{n_1(t)+n_2(t)}\to \text{终态行为仍为随机行为，当}t\to\infty\text{时} \\ x(t)=n_1(t)+n_2(t)+n_1(t)\cdot n_2(t)\to \text{终态行为仍为随机行为，当}t\to\infty\text{时} \\ \quad\vdots \end{cases}$$

下面举三个简单的例子，更易于说明问题：

(1) 一个被踢出去的足球，在空中飞了一段距离之后，掉到地上，又在草地上滚了一会儿，然后静止停在地上，如果没有其他情况发生，静止不动就是它的最后归属。这是收敛的一个典型实例。

(2) 一个被踢出去的足球，持续不断地给它推动力，它就会离开地球，飞向无穷远处的太空。这是发散的一个典型实例。

(3) 人造卫星离开地面被发射出去之后，最后进入预定的轨道绕着地球做椭圆运动。这是周期的一个典型实例。

1.1.3　混沌的基本性质

混沌的基本性质体现在以下几个方面。

(1) 混沌是确定性系统中的内秉随机性。通过对混沌的研究发现，在确定性系统中，也可以产生长期不可预测的随机行为，这是人类认识论上的一大飞跃。因此，可将混沌称为“确定性系统中的内秉(内在)随机性”。而随机系统产生的随机行为完全是由方程本身存在的随机项引起的，称为“外在随机性”。

(2) 混沌既不收敛、也不发散、也不周期(拟周期)，是确定性系统中的一种非

周期行为(这正是 Lorenz 本人对混沌运动的本质描述：确定性系统中的非周期流)。在确定性系统中，常规行为(非混沌行为或平庸行为)不外乎有三种情况：收敛、发散、周期。混沌行为则是除了这三种平庸行为之外的第四种行为。换言之，混沌是确定性系统中一种“既不收敛、也不发散、也不周期”的非周期运动形态。

(3) 混沌是有界的、具有正的李氏指数。对于一个确定性系统，如果要满足“既不收敛、也不周期”，就必然要具备“发散机制”，这种发散机制意味该系统具有“正李氏指数”。从另一方面看，一个系统要“不发散”，就必然是“有界的”。因此，如果一个系统是有界的，并具有正李氏指数，那么这个系统的行为一定是“既不收敛、也不发散、也不周期”，那么就一定是混沌系统。

李氏指数是苏联科学家李雅谱诺夫提出来的，它是用来衡量一个系统是否稳定的一个指标，如图 1-3 所示。图中的 λ 表示李氏指数。若 $\lambda<0$，则向下指数衰减，表示系统是稳定的；若 $\lambda>0$，则向上指数增长，表示系统是不稳定的；若 $\lambda=0$，则表示既不衰减也不增长，是系统的临界状态。

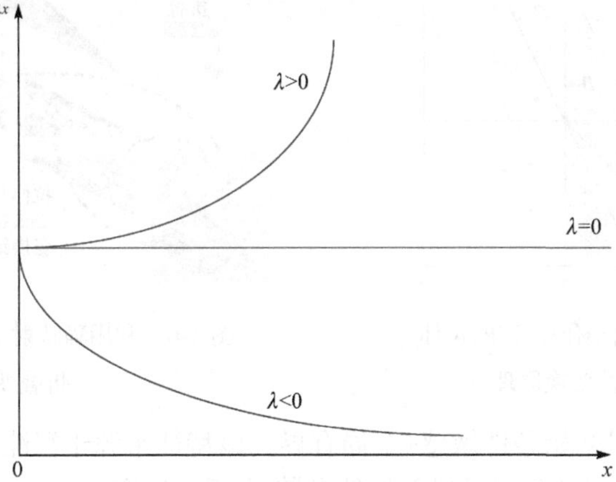

图 1-3　李氏指数的图示

(4) 混沌是一种拉伸与折叠的变换。这一特征是上面提及的混沌是有界的、具有正的李氏指数的另一种表述。拉伸与折叠是混沌运动中两种相互对立和统一的机制，缺一不可。拉伸是一种发散机制，但如果只有拉伸，系统的行为就会发散。因此，还必须有一种使系统行为不发散的机制，即保证系统的行为是有界的，这就是折叠机制。拉伸与折叠两种机制共同作用的结果，使得系统产生混沌行为。拉伸与折叠变换的 3 个实例如图 1-4 所示，用于图像加密的拉伸与折叠变换原理如图 1-5 所示，利用猫映射对图像进行拉伸与折叠的变换如图 1-6 所示。拉伸与折叠变换可用动力系统中的马蹄映射和符号动力系统来描述。数学上已证明，马蹄映射所对应的符号动力系统是混沌的。

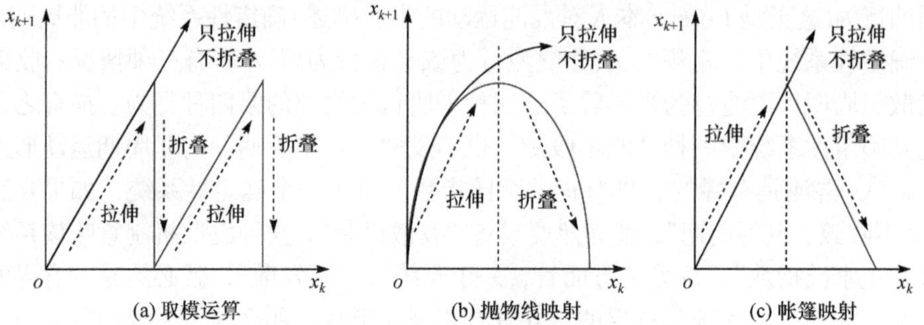

图 1-4 拉伸与折叠变换的 3 个实例(单峰映射)

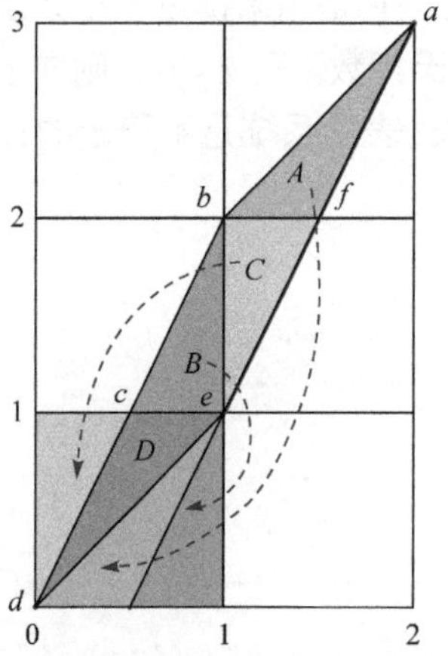

图 1-5 用于图像加密的拉伸与折叠变换原理

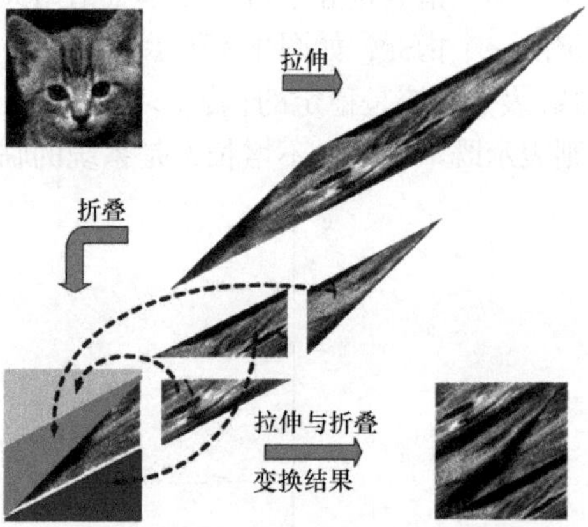

图 1-6 利用猫映射对图像进行拉伸与折叠变换

(5) 混沌=对初始条件敏感+全局有界。该特征来源于混沌有正李氏指数。正李氏指数意味着混沌吸引子局部处处发散(由于全局有界，故不会发散到无穷，混沌吸引子是局部处处不稳定，但整体是有界和稳定的)，从而使得混沌系统对初始误差具有放大作用。很多数学和物理中所涉及的系统以及实际工程和应用中的系统，对初始条件是不敏感的，当初始条件或参数有微小变化时，对应解的变化也是微小的，不会因初始条件或参数的微小变化所对应的解产生大的变化。

注意到，有些非混沌系统对初始条件也是高度敏感的，如指数函数 e^{at} $(a>0)$ 等。设两个有微小差别的初始条件分别为 1.0000001 和 1.0000000，则

$$\|1.0000001e^{at}-1.0000000e^{at}\|\to\infty,\quad t\to\infty$$

指数函数 e^{at} $(a>0)$ 虽然对初始条件也敏感，但它是无界的。混沌对初始条件敏感，但它是有界的。

为了说明对初始条件的敏感依赖性，先考虑线性常微分方程，其数学表达

式为

$$\frac{\mathrm{d}x}{\mathrm{d}t} = ax \tag{1-3}$$

根据分离变量法，得其解为

$$\int_{x_0}^{x} \frac{\mathrm{d}x}{x} = \int_0^t a\mathrm{d}t \Rightarrow x = x_0\mathrm{e}^{at} \tag{1-4}$$

不妨将式中的 a 视为李氏指数。设从初始条件 x_0 开始的轨道为 $\psi(t,x_0)=x_0\mathrm{e}^{at}$ ，另外，假设初始条件存在误差，假设误差为 Δx_0 ，那么，存在误差的初始条件 $x_0+\Delta x_0$ 对应的轨道为 $\psi(t,x_0+\Delta x_0)=(x_0+\Delta x_0)\mathrm{e}^{at}$，则这两条轨道在任意 t 时刻对应的误差为

$$\Delta x = |\psi(t,x_0+\Delta x_0)-\psi(t,x_0)| = |\Delta x_0|\mathrm{e}^{at} \tag{1-5}$$

显见，若 $a>0$ ，则误差 Δx 就会按指数速率 e^{at} 分离开，如图 1-7 所示；若 $a<0$ ，则误差 Δx 按指数速率 $\mathrm{e}^{-|a|t}$ 消失；若 $a=0$ ，则误差 Δx 保持不变。

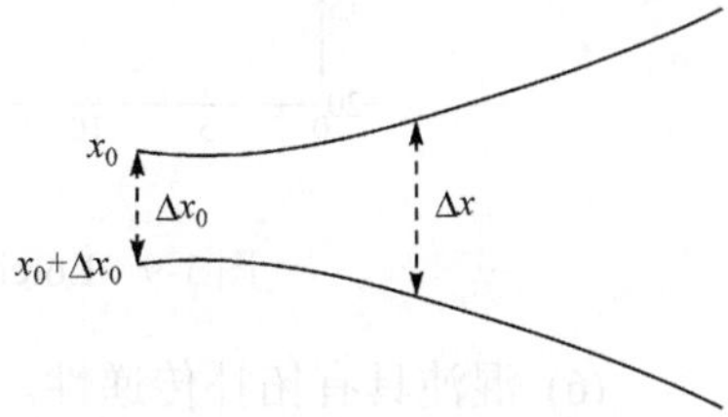

图 1-7 $a>0$ 对初始误差的放大作用

图 1-8 给出了同一个 Lorenz 系统分别从两个相差极小的初始值出发所得到的两个混沌波形，在开始时，这两个波形是重合的，但从某一个时刻开始就分道扬镳了，最后变得完全不相关。图 1-9 给出了同一个 Lorenz 系统分别从两个相差极小的参数值出发得到的两个混沌波形，开始时两个波形是重合的，但从某一个时刻开始分道扬镳。对参数敏感的特性可用于混沌加密，以参数作为密钥，对图像和语音等多媒体信息进行加密。

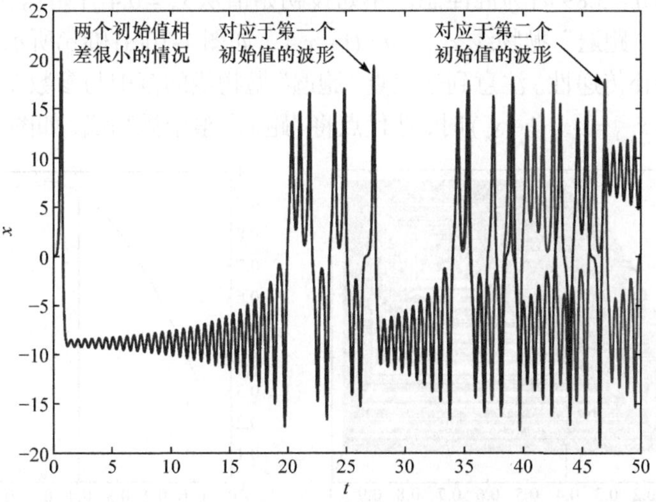

图 1-8 Lorenz 系统对初始值变化的敏感依赖性

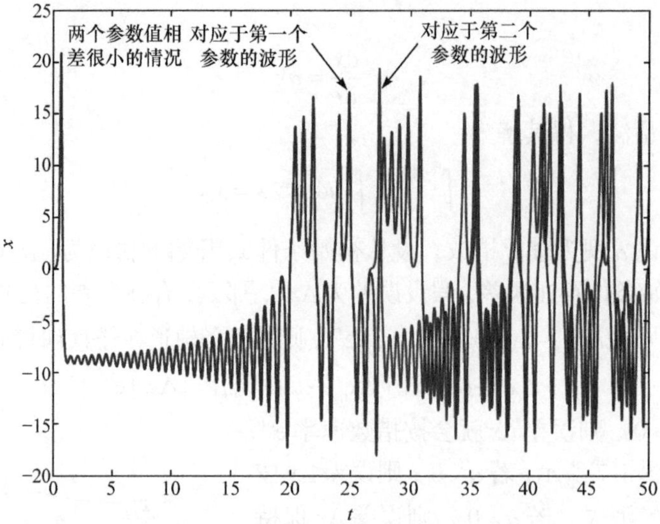

图 1-9　Lorenz 系统对参数值变化的敏感依赖性

(6) 混沌具有拓扑传递性。拓扑传递的一种等价说法是，如果在度量空间 V 中能找到某个点 x_0 ，从 x_0 开始迭代，迭代点 $x_k = f^k(x_0)$ $(k=1,2,\cdots)$ 将会“跑遍”整个度量空间 V，那么称映射 $f:V \to V$ 具有拓扑传递性，下面以抛物线映射为例来解释混沌的拓扑传递性。

已知抛物线映射的迭代方程为

$$x_{k+1} = ax_k(1-x_k) \tag{1-6}$$

其中，参数 $a=3.89$ 时为混沌态。不妨设初始值从 $x_0 = 0.4$ 开始迭代，通过迭代，使得迭代点“跑遍”抛物线 $x_{k+1} = ax_k(1-x_k)$ ，如图 1-10(a)和(b)所示，这显然是一种典型的拓扑传递性。注意到迭代点“跑遍”抛物线的范围与参数 a 的大小有关，当为满映射 $x_{k+1} = 4x_k(1-x_k)$ 时，迭代点将“跑遍”整个抛物线，如图 1-10(c)所示。

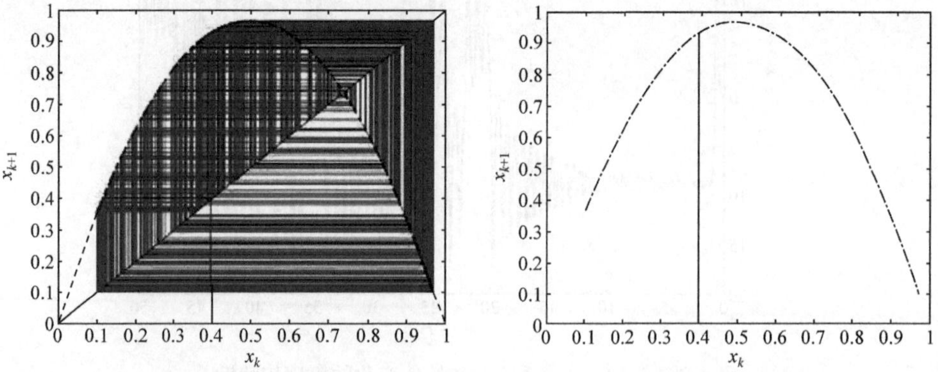

(a) 抛物线映射迭代图　　(b) 非满映射时的迭代结果

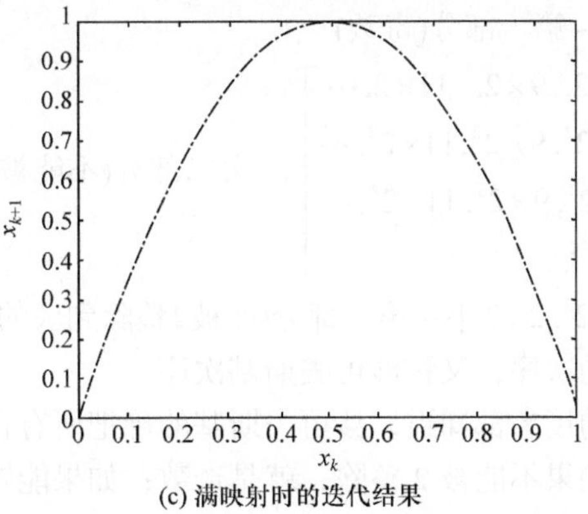

(c) 满映射时的迭代结果

图 1-10　抛物线映射中的拓扑传递性

(7) 混沌是周期 3，周期 3 意味着混沌。如果在一个动力系统中发现了周期 3 的点，它就必然有周期是任意自然数的点，则该系统就一定是混沌的。这一重要结论是美籍华人李天岩(T. Y. Li)和他的导师 J. A. Yorke 在 1975 年提出的，是混沌研究的一个重大发现和里程碑。这一结论与早在 11 年前发表的沙可夫斯基定理不谋而合。注意到沙可夫斯基定理并不是因为研究混沌而提出的，而只是研究一种自然数的排序问题。因此，周期 3 意味着混沌与沙可夫斯基定理是两个不同的问题，但结论惊人地相似。下面通过介绍沙可夫斯基定理来理解“周期 3 意味着混沌”这一概念。

沙可夫斯基序列的排列方法如下。首先自小至大排出除 1 以外的所有奇数

$$3, 5, 7, 9, 11, \cdots$$

其次是它们的 2 倍

$$3\times 2, 5\times 2, 7\times 2, 9\times 2, 11\times 2, \cdots$$

再次是 2^2 倍

$$3\times 2^2, 5\times 2^2, 7\times 2^2, 9\times 2^2, 11\times 2^2, \cdots$$

然后是 2^3 倍

$$3\times 2^3, 5\times 2^3, 7\times 2^3, 9\times 2^3, 11\times 2^3, \cdots$$

接着是 2^4 倍、2^5 倍、2^6 倍等，最后由大到小排出 2 的所有方幂，直到全部排完

$$\cdots, 2^5=32, 2^4=16, 2^3=8, 2^2=4, 2^1=2, 2^0=1$$

沙可夫斯基序列可分为如下三部分：

$[3,5,7,9,11,\cdots]\leftarrow$ 第一部分(奇数)

$$\begin{bmatrix} 3\times 2, & 5\times 2, & 7\times 2, & 9\times 2, & 11\times 2, \cdots \\ 3\times 2^2, & 5\times 2^2, & 7\times 2^2, & 9\times 2^2, & 11\times 2^2, \cdots \\ 3\times 2^3, & 5\times 2^3, & 7\times 2^3, & 9\times 2^3, & 11\times 2^3, \cdots \\ & & \vdots & & \end{bmatrix} \leftarrow \text{第二部分(不能被2整除到底的偶数)}$$

$[\cdots,2^6,2^5,2^4,2^3,2^2,2^1,2^0]\leftarrow$ 第三部分(能被2整除到底的偶数)

自然数的这种奇特的次序，又称沙可夫斯基次序。

学过初中数学的读者都知道，沙可夫斯基的确把所有自然数都排列起来了。因为一个自然数，如果不能被 2 整除，就是奇数；如果能够被 2 整除，就要区分能否被 2“除到底”的情况，如果能被 2“除到底”，就是 2 的方幂，如果不能被 2“除到底”，就是 2 的某个方幂乘一个奇数。所以，沙可夫斯基的确用他的这种奇特方式把所有自然数重新排列了次序。

在此基础上，沙可夫斯基进一步提出了一个判断迭代函数的周期点定理，称为沙可夫斯基定理。定理的叙述如下：

设映射为 $f: I \to I$，如果 $f(x)$ 有周期 m 点，则必有排在 m 后面的周期 n 点。特别是如果 $f(x)$ 有周期 3 的点，则 $f(x)$ 必有任意周期点。

根据上面的沙可夫斯基次序及其定理，如果 m 排在 n 的前面，那么有周期 m 点，则一定有周期 n 点。例如，$11\times 2^2=44$ 在 $3\times 2^3=24$、$9\times 2^3=72$、$3\times 2^{16}=196608$、$2^4=16$、$2^1=2$ 这些数的前面，它们在沙可夫斯基次序中的排列是 44、24、72、196608、16、2。因此，若某个区间迭代有周期 44 的点，那么，它一定有周期是 24 的点、周期是 72 的点、周期是 196608 的点、周期是 16 的点以及周期是 2 的点。

虽然上面用沙可夫斯基定理来说明周期 3 意味着什么周期点都会出现的结论，但实际上“周期 3 意味着混沌”与“沙可夫斯基定理”仍然是两个不同的问题，因此混沌吸引子中的周期点实际上并没有沙可夫斯基定理中列出的周期点那么多。另外，在无穷多个周期点中去掉一些，仍然有无穷多个周期点，因此在混沌中，有周期 3 就意味着有无穷多个周期点，因而只能是混沌的结论成立，其物理解释如图 1-11 所示。

周期3意味着什么样的周期都有

⇕

按照傅里叶级数展开的思想

一个非周期轨道可分解为无穷多个不同周期轨道之和

⇕

周期3意味着非周期

⇕

周期3意味着混沌

图 1-11　周期 3 意味着混沌的物理解释

(8) 混沌具有遍历性。混沌运动在其吸引域内是各态历经的或遍历的，即在有限时间内混沌轨道经过混沌区内的每一个状态点。注意到遍历性意味着拓扑传递性，并且还包含了拓扑传递性和混合性这两者在内。混沌的遍历性质可用于混沌搜索算法、流体混合等。

(9) 混沌具有自相似性。自相似性是指将混沌吸引子分岔图或相图的某一个局部进行放大，放大后的分岔图或相图与原混沌吸引子的分岔图或相图形状是相似的，称为自相似特性。如图 1-12 所示，Logistic 映射的分岔图中周期 3 窗口处的某局部经放大后与整个分岔图具有自相似性(还要上下翻转一次)，注意到自相似性意味着混沌一定是分形和分维的。自相似性主要来源于在混沌吸引子中的无限次拉伸与折叠变换，它不同于一般的确定性运动，而分数维正好可以表示这种无限次的拉伸与折叠。自相似性和分维性质正好刻画了混沌运动状态具有无限层次的自相似结构。

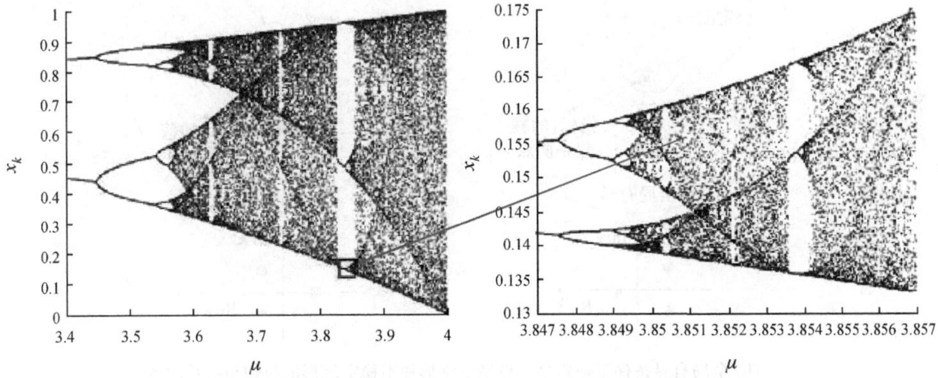

图 1-12　Logistic 映射分岔图的自相似性

1.2　基于反控制的“全局有界+正李氏指数”混沌的生成方法

可以采用反控制方法来实现动力系统具有“全局有界+正李氏指数”的特征，从而生成所需要的混沌系统。例如，通过混沌反控制，在保证轨道全局有界的条件下，受控系统具有鞍点或鞍焦平衡点，利用不稳定流形和稳定流形产生拉伸与折叠变换。在保证轨道全局有界的条件下，通过不稳定流形产生正李氏指数，将正李氏指数的配置问题转化为受控系统极点配置问题加以解决。举例来说，全局有界条件下鞍点稳定流形和不稳定流形拉伸与折叠图示如图 1-13(a)所示，全局有界条件下鞍焦平衡点稳定流形和不稳定流形拉伸与折叠图示如图 1-13(b)所示，全局有界条件下两个鞍焦平衡点之间稳定流形和不稳定流形拉伸与折叠图示如图 1-13(c)所示。

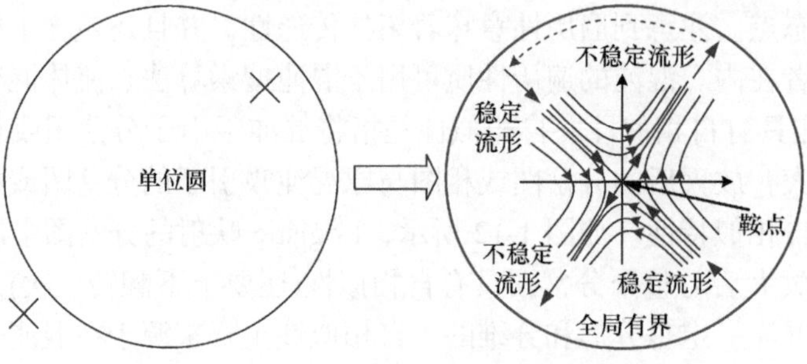

(a) 全局有界条件下鞍点稳定流形和不稳定流形的拉伸与折叠图示

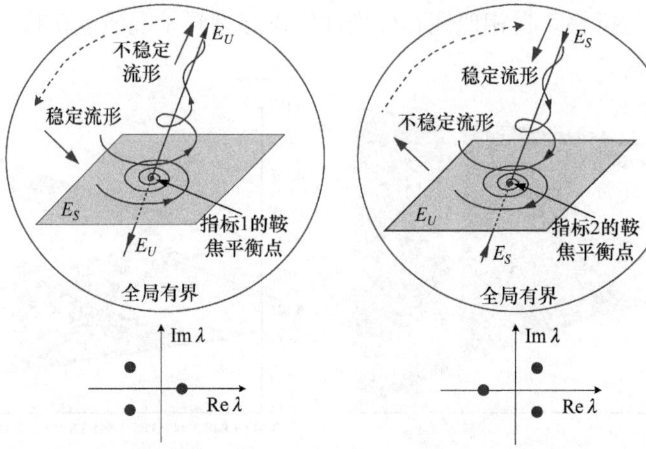

(b) 全局有界条件下鞍焦平衡点稳定流形和不稳定流形的拉伸与折叠图示

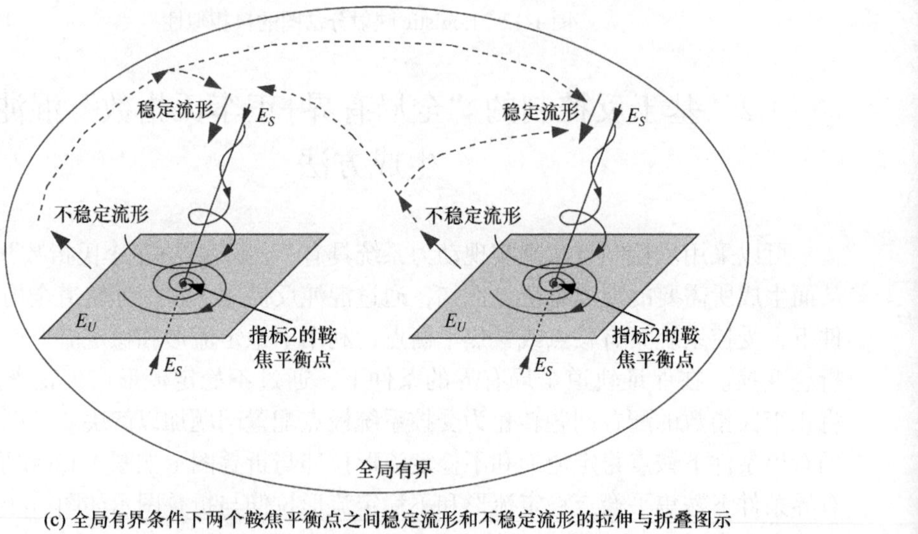

(c) 全局有界条件下两个鞍焦平衡点之间稳定流形和不稳定流形的拉伸与折叠图示

图 1-13 全局有界条件下鞍点和鞍焦平衡点中稳定流形和不稳定流形的拉伸与折叠图示

式中，$\boldsymbol{P}$ 为非奇异矩阵。得相似变换后的标称系统为

$$\boldsymbol{x}(k+1)=\boldsymbol{A}\boldsymbol{x}(k)$$

注意到相似变换后的标称系统与原标称系统具有相同的特征根和稳定性。

(3) 设计一致有界的反控制器 $\boldsymbol{g}(\boldsymbol{\sigma x}(k),\varepsilon)$ 和控制矩阵 $\boldsymbol{C}$，从而进一步对上式实施混沌反控制，得全局有界的受控系统为

$$\boldsymbol{x}(k+1)=\boldsymbol{A}\boldsymbol{x}(k)+\boldsymbol{C}\boldsymbol{g}(\boldsymbol{\sigma x}(k),\varepsilon)$$

(4) 利用控制矩阵 $\boldsymbol{C}$ 、参数 $\boldsymbol{\sigma}$ 和 ε 对受控系统进行极点配置，经极点配置后，正李氏指数个数达到了最大值，满足 $L_c^+=n$，使得受控系统成为无简并高维超混沌系统。

在图 1-15 中，利用控制器和控制矩阵对标称系统进行闭环极点配置，证明受控系统全局有界。将渐近稳定标称系统单位圆内极点全部配置到单位圆外，使受控系统成为无简并 n 维离散时间超混沌系统。受控系统的极点越远离单位圆，对应的正李氏指数越大，从而将正李氏指数配置问题转化为受控系统闭环极点配置问题加以解决。

1.3　混沌的基本定义

1.3.1　Li-Yorke 混沌定义

设映射 $f:I\to I$，如果存在不可数子集 $S\subset I$，并且不可数子集 S 中不包含周期点，使得对于 S 中的任意两个非周期点 $x,y\in S,\ x\neq y$，极限的下确界满足

$$\lim_{k\to\infty}\inf|f^k(x)-f^k(y)|=0 \tag{1-7}$$

极限的上确界满足：

$$\lim_{k\to\infty}\sup|f^k(x)-f^k(y)|>0 \tag{1-8}$$

对于每个非周期点 $x\in S$ 以及周期点 $p\in I$，极限的上确界满足：

$$\lim_{k\to\infty}\sup|f^k(x)-f^k(p)|>0 \tag{1-9}$$

则映射 $f:I\to I$ 在 Li-Yorke 意义下是混沌的。注意到上面三个公式中的绝对值代表两个迭代值之间的距离，如图 1-16 所示。

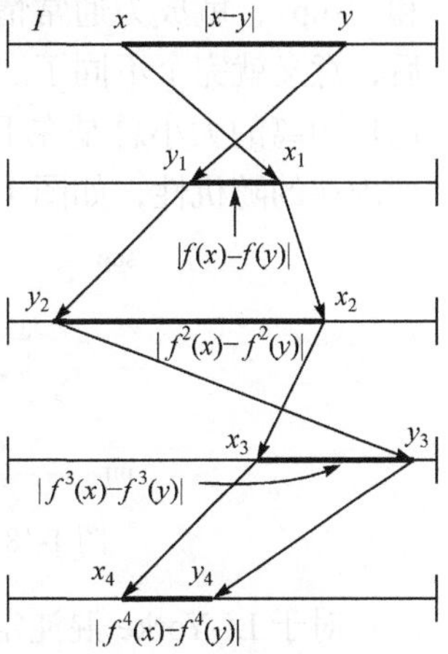

图 1-16　$|f^{(n)}(x)-f^{(n)}(y)|$ 迭代示意图

为了便于理解 Li-Yorke 混沌定义，首先介绍有关上确界和下确界的基本概念。

设 $X=\{x\}$ 为实数的有界集合，若：①对于每一个 $x\in X$ 满足不等式 $x\geqslant m$；②对于任何的 $\varepsilon>0$，存在 $x'\in X$，使得 $x'<m+\varepsilon$，则 $m=\inf\{x\}$ 称为集合 X 的下确界。

设 $X=\{x\}$ 为实数的有界集合，若：①对于每一个 $x\in X$，满足不等式 $x\leqslant M$；②对于任何的 $\varepsilon>0$，存在 $x''\in X$，使得 $x''>M-\varepsilon$，则 $M=\sup\{x\}$ 称为集合 X 的上确界。

此外，若集合 X 下方无界，则 $\inf\{x\}=-\infty$；若集合 X 上方无界，则 $\sup\{x\}=+\infty$。

形象地讲，上确界具体是指所有上界中最小的上界，下确界具体是指所有下界中最大的下界，如图 1-17 所示。

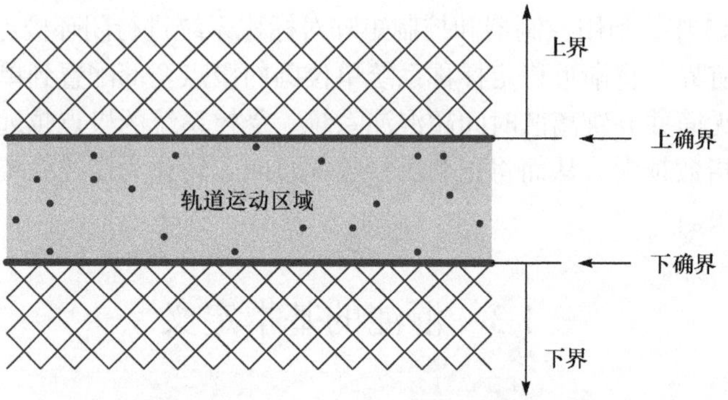

图 1-17　上确界与下确界的图示

注意式(1-7)～式(1-9)中“inf”和“sup”的重要性和必要性。如果没有“inf”和“sup”，就成为通常情况下人们熟悉的极限定义。但冠以“inf”和“sup”之后，意义就完全不同了。特别是在式(1-7)和式(1-8)中，“inf”和“sup”表示其中迭代距离的大小总是在下确界“inf”和上确界“sup”之间漂浮不定，体现出一种内在的随机性，如图 1-18 所示。

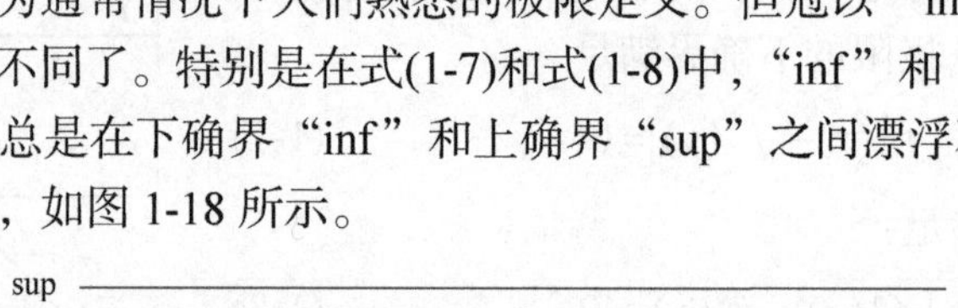

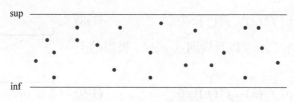

图 1-18　迭代距离在下确界和上确界之间漂浮不定

对于 Li-Yorke 混沌定义中的三个极限的理解，需要注意以下几点：

(1) 第一个极限的下确界为 0，但由于下确界是所有下界中最大的下界，这说明除下确界以外的其余所有的迭代点之间的距离都不会为 0，故不会收敛。

(2) 第二个极限的上确界大于 0，分为两种情况来考虑。第一种情况是极限的上确界可能为无穷大，但由于上确界是所有上界中最小的上界，这说明除上确界以外的其余所有的迭代点之间的距离都不会为无穷大，故不会发散。第二种情况是极限的上确界不为无穷大，显见所有迭代点之间的距离都不会为无穷大，故不会发散。

(3) 综合考虑第一个极限和第二个极限，说明迭代值之间的距离既不会为 0，也不会为无穷大。

(4) 当上确界极限和下确界极限相等时，则成为人们非常熟悉的通常意义下的极限定义，即满足

$$\liminf_{k\to\infty}|f^k(x)-f^k(y)|=\limsup_{k\to\infty}|f^k(x)-f^k(y)|=\lim_{k\to\infty}|f^k(x)-f^k(y)|$$

在这种情况下，图 1-17 中的上确界和下确界之间的混沌轨道运动区域将不再存在。

对 Li-Yorke 混沌定义的理解可从以下几个方面来考虑：

(1) 第一个极限和第二个极限说明两个迭代值的距离被限制在一个既不为零也不为无穷大的下确界和上确界之间，即第一个极限说明两个迭代值的距离不会收敛，第二个极限说明两个迭代值的距离不会发散。而第三个极限则进一步说明迭代值不会是周期的。不收敛、不发散、不周期只能说明是混沌的。

(2) 第一个极限和第二个极限可形象地理解为“合久必分，分久必合”，即两个迭代值之间的距离时而相互接近，时而相互远离，行踪飘逸不定，体现出了一种长期不可预测性和随机性，因此这两个极限说明了确定性系统中的内在随机性。

(3) 第一个极限说明两个迭代值的距离不会收敛，第三个极限说明迭代值不会产生周期，因此第一个极限和第三个极限则体现了一种拉伸机制或发散行为。第二个极限对两个迭代距离的上确界限制则体现出一种折叠机制或回归行为。综合上述两种情况，可将 Li-Yorke 混沌定义理解为 1 维情况下的拉伸与折叠变换或回归和排斥行为(1 维情况下的回归排斥子)。后来，Marotto 将 Li-Yorke 混沌定义描述的这种 1 维情况下的回归和排斥行为进一步推广到高维情况，提出了高维情况下回归排斥子的概念和 Marotto 定理。

(4) 第三个极限说明混沌轨道(非周期)有远离周期轨道的趋势。但由于周期轨道的稠密性，混沌轨道又不得不总是在贴着许许多多的周期轨道走，但又不会真正到达这些周期轨道上(否则成为周期轨道)。如果将一条混沌轨道分成许许多多的或长或短的轨道，那么这些轨道会十分靠近这条或那条周期轨道。因此，原则上可从一条足够长混沌轨道的数据中提取出有关周期轨道的信息。更为重要的是，混沌控制就是根据这一原理来实现的。

(5) 在 Li-Yorke 混沌定义中，三个极限为什么分别是不收敛、不发散、不周期呢？再换一个角度来讨论这个问题，即用反证法来说明这个问题。按照上述给

出的上极限、下极限和极限的定义，如果要收敛，则必须满足

$$\liminf_{k\to\infty}|f^k(x)-f^k(y)|=\limsup_{k\to\infty}|f^k(x)-f^k(y)|=0$$

如果要发散，则必须满足

$$\liminf_{k\to\infty}|f^k(x)-f^k(y)|=\limsup_{k\to\infty}|f^k(x)-f^k(y)|=\infty$$

如果为周期，则必须满足

$$\liminf_{k\to\infty}|f^k(x)-f^k(p)|=\limsup_{k\to\infty}|f^k(x)-f^k(p)|=0$$

显见，在 Li-Yorke 混沌定义中的三个极限，均不满足上述必须满足的收敛、发散和周期条件，因而只能得出不收敛、不发散、不周期的结论。

1.3.2 Devaney 混沌定义

Devaney 混沌定义的表述如下。设 V 为度量空间，映射 $f:V\to V$ 若满足下列三条(即混沌运动三要素)，则称 f 在 V 上是混沌的：

(1) 拓扑传递性。对 V 上任一对开集 X, Y，$\exists\, k>0$，使得 $f^k(X)\cap Y\neq\varnothing$。$f^k(X)\cap Y\neq\varnothing$ 表明 f 具有不可分解性。

对拓扑传递性的进一步理解。$f^k(X)\cap Y\neq\varnothing$ 的一种等价说法是，如果在度量空间 V 中能找到某一个点 x_0，从 x_0 开始迭代，迭代点 $x_k=f^k(x_0)$ $(k=1,2,\cdots)$ 将会“跑遍”整个度量空间 V，那么称映射 $f:V\to V$ 具有拓扑传递性。

(2) f 的周期点集在 V 中稠密，即 f 所描述的混沌运动具有规则性成分。

(3) 对初值敏感依赖。存在 $\delta>0$，对任意的 $\varepsilon>0$ 和任意的 $x\in V$，在 x 的 ε 邻域内存在 y 和自然数 k，使得 $d(f^k(x),f^k(y))>\delta$，即 f 具有不可预测性。

在 Devaney 混沌定义中，设 A 与 B 是距离空间 (X,d) 中的两个子集，若 $\forall x\in A$，以 x 为中心的 δ-邻域 $N_\delta(x)$ 中总含有属于 B 的点，则称 B 在 A 中稠密。稠密的数学表示可用如下三种形式：

(1) $N_\delta(x)\cap B\neq\varnothing$。

(2) $\forall x\in A$，若 B 中恒有相应的序列 $\{b_k\}_{k=0}^{\infty}$ 收敛于 x，即满足

$$\lim_{k\to\infty}b_k=x$$

则称 B 在 A 中稠密。

(3) $\forall x\in A$ 和任意给定的 δ，总可以在 B 中找到一点 $\overline{x}$，使得 $|x-\overline{x}|<\delta$。

注意到第三种形式的表示实际上与第二种形式的表示是等价的，它在后面的证明中常常用到。

例如，有理数集 **Q** 在实数集 **R** 中稠密，类似地，无理数集在 **R** 中也是稠密

的。因为在实数集 **R** 中任意取一个数，$\forall x \in \mathbf{R}$，以 x 为中心的δ-邻域 $B_\delta(x)$ 中总是包含有无理数或有理数的点，因此有理数集和无理数集在实数集 **R** 中稠密。

下面对 Devaney 混沌定义作进一步的解释和说明。既然“数学混沌”(而不是“数字混沌”，数字混沌由于有限精度效应，所有的轨道都是周期轨道)是非周期轨道，为什么还有周期轨道，并且周期轨道稠密？有关稠密的问题将在 1.7 节讨论。下面根据图 1-19 所示的倍周期分岔进入混沌的分岔图，回答混沌区域中存在稳定周期轨道和不稳定周期轨道的问题：

(1) 根据图 1-19，除周期$1,2,2^2,2^3,\cdots,2^n,\cdots$在混沌区域左边(非混沌区域)外，其余周期轨道，如周期 3、周期 5、周期 6 等无穷多个稳定的周期轨道，都只能位于混沌区域中。

(2) 任给一个(数学上的)初始值，出现非周期轨道的测度为 1。当然，也存在着无穷多个(数学上的)初始值，从这些初始值出发，成为周期轨道，但出现周期轨道的测度为 0。

(3) 从倍周期分岔进入混沌的情况来看，当进入混沌区域后，这些不稳定的周期轨道仍然存在，如图 1-19 中虚线所示。

(4) 根据图 1-19 给出分岔图的水平坐标方向上看，进入混沌区域后，在测度为 0 的数值点集上出现非混沌的周期窗口，但在测度为 1 的数值点集上，轨道则是非周期的。

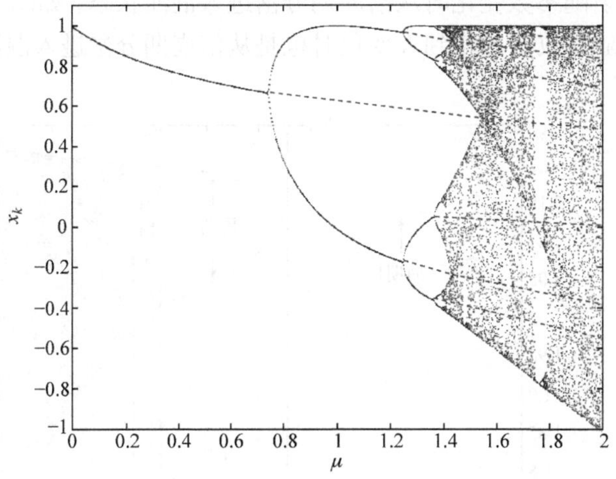

图 1-19　混沌区域中存在不稳定的周期轨道

1.3.3　有关混沌定义的几点说明

(1) 有关混沌的定义还有一些，这里不再一一提及。但 Devaney 混沌定义和

Li-Yorke 混沌定义是公认的两个混沌定义，尤其是根据 Devaney 混沌定义来证明拓扑传递性和周期点稠密，是人们通常采用的一种混沌存在性的证明方法。

(2) 在 Devaney 混沌定义中，由定义的中第一条和第二条可推导出第三条，因此定义中的第三条并不是独立的。

(3) 注意到 Devaney 混沌定义要比 Li-Yorke 混沌定义强，相比之下，Li-Yorke 混沌定义要弱一些，即由 Devaney 混沌定义可导出 Li-Yorke 混沌定义，即满足

$$\text{Devaney混沌定义} \Rightarrow \text{Li-Yorke混沌定义}$$

1.4 通向混沌的道路

1.4.1 倍周期分岔道路

倍周期分岔道路是一条常见的通向混沌的道路，人们研究的许多系统，如 Lorenz 系统和 Chua 系统等，都是通过这条道路进入混沌的。这条道路是由一批科学家共同发现的，由于费根鲍姆的贡献最为出色，有时称为费根鲍姆道路，其具体过程为

$$\text{平衡态} \rightarrow \text{周期 }1 \rightarrow \text{周期 }2 \rightarrow \text{周期 }4 \rightarrow \cdots \rightarrow \text{周期 }2^n \rightarrow \cdots \rightarrow \text{混沌运动}$$

抛物线映射随参数变化时从倍周期分岔进入混沌状态，如图 1-19 所示。著名的 Chua 系统随参数 α 由小到大变化时也是从倍周期分岔进入混沌状态的分岔图如图 1-20 所示。

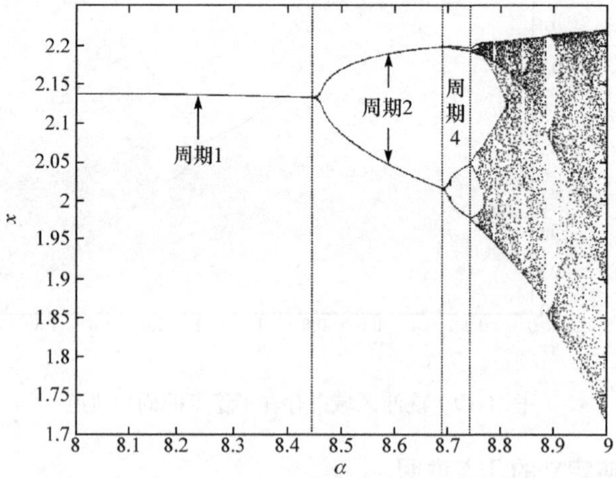

图 1-20　Chua 系统的倍周期分岔图

在某些情况下，按照这条道路可以发现混沌。例如，可通过调节系统中的某一参数，若随着该参数变化时，能发现系统出现倍周期分岔这一现象，则可由倍周期分岔进入混沌。

需要注意到这样一个重要事实：进入混沌状态后，并不是一片混沌，在混沌区域中还存在着一些周期窗口，其中周期 3 的窗口最宽。能观察到这些周期窗口，说明周期轨道是稳定的。将整个分岔图放大，能在混沌区中看到许多周期窗口，放大倍数越大，能看到的周期窗口就越多。由于分岔图是人们通过计算机进行数值计算而得到的，在实际情况中，无论计算机的档次有多高，其精度总是有限的，不可能是无限精度的，所以不可能通过计算机的数值计算而得到一张具有无限精度的分岔图。假如能够得到一张具有无限精度的分岔图，那么就可以通过无限放大，在混沌区内看到无穷多个周期窗口。为什么会是这个情况？因为分岔图左半部分的周期为$1,2,2^2,\cdots,2^n,\cdots$，剩下的如周期 3 等只能位于混沌区内。因此，在混沌区中存在着无穷多个周期窗口，即无穷多稠密的稳定周期轨道。

另外，在混沌区域中还存在无穷多个不稳定的周期轨道，原因之一是分岔图左边的周期窗口原来是稳定的(用实线标注)，经倍周期分岔后，就变得不稳定了，但还一直存在下去并延续到混沌区域之中，如图 1-19 中虚线所示。原因之二是混沌区域中的每一个周期窗口也都要经过倍周期分岔，由稳定的周期轨道变成不稳定的周期轨道。这些不稳定的周期轨道稠密地分布在混沌吸引子的各个角落，由于周期轨道在混沌吸引子中的稠密性，混沌轨道总是贴着许许多多的不稳定周期轨道走。

混沌控制正好是利用了混沌区域中存在着无穷多个不稳定的周期轨道来实现的，从而可实现小能量的柔性控制，区别于传统的大能量控制方法。

1.4.2　阵发混沌道路

阵发混沌的产生机制与切分岔紧密相关，表现出时间行为的忽而周期和忽而混沌，随机地在二者之间跳跃。与倍周期分岔不同的是，阵发混沌不需要通过倍周期分岔就可直接进入混沌状态，这是阵发混沌与倍周期分岔混沌的最大区别。在周期 3 处将要发生切分岔时阵发混沌迭代如图 1-21 所示，阵发混沌时域波形如图 1-22 所示。注意到在图 1-21 中，$f^3(x)$ 中间的谷点与对角线快要相切但未正式相切时，形成一个窄长的走廊，轨线经迭代后，就会“钻进”这个窄长的走廊中，产生周期运动。随着迭代的继续进行，轨线又会“钻出”这个窄长的走廊，进入阵发混沌状态。随着迭代的继续，轨线又会重新“钻进”这个窄长的走廊中。如此周而复始，最终形成如图 1-22 所示的阵发混沌运动。

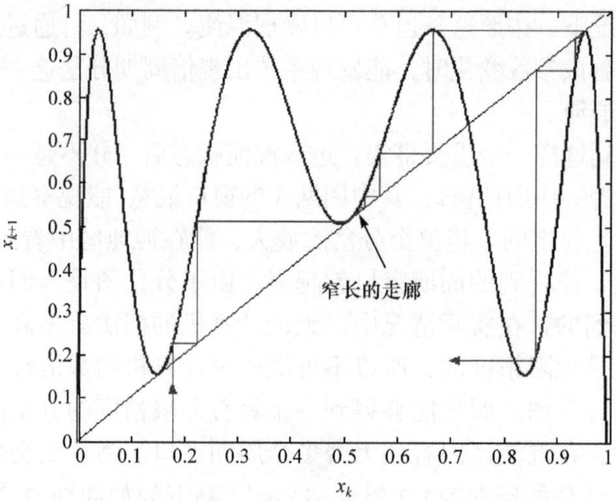

图 1-21 周期 3 处的阵发混沌迭代图

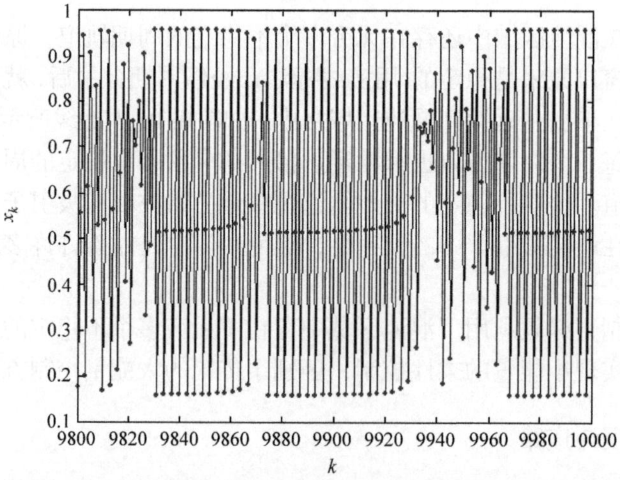

图 1-22 阵发混沌时域波形图

1.5 混沌动力系统的分类与表示方法

1.5.1 混沌动力系统的分类

混沌动力系统按状态和时间是连续或离散来分，可分为离散混沌动力系统、连续混沌动力系统、半离散半连续混沌动力系统三大类。此处可列举一些混沌动力系统实例。例如，偏微分方程描述的是时间、状态、空间均为连续的三连续系统；常微分方程的状态随时间连续变化，没有空间变化；元胞自动机则为三离散；1 维线段自映射是状态连续和时间离散；耦合 1 维映射的格子则是状态连续、时间和空间离散等。此外，混沌动力系统还可分为自治混沌动力系统和非自治混沌动力系统、保守混沌动力系统和耗散混沌动力系统、确定性混沌动力系统和随机混沌动力系统等。如果一个系统中没有任何随机项的存在，则该系统为确定性系统，否则为随机系统，而混沌则体现出确定性系统中的内秉(内在)随机性。

1.5.2　相图、分岔图和迭代图

动力系统对应的相空间有两种类型。对于解析力学中的相空间，一定是偶数维的，即一个动量对应着一个坐标，广义动量与广义坐标是一对一对出现的，自由度为 n，则相空间的维数是 $2n$。混沌系统中的相空间和上述提及的解析力学中的相空间有所不同，它是用状态变量来支撑起一个相空间，因此状态变量有多少个，相空间就有多少维。

与相空间相对应的另一个重要概念是相图。先从力学中的机械振动及其李沙育图形说起。设有一个沿 x 方向和 y 方向的 2 维简谐振动，其数学表达式为

$$\begin{cases} x(t) = A\sin t \\ y(t) = B\cos t \end{cases} \tag{1-10}$$

显然，$x(t)$ 和 $y(t)$ 均随时间 t 做周期运动，称为参数方程，它们对应的波形称为时域波形，如图 1-23 所示。

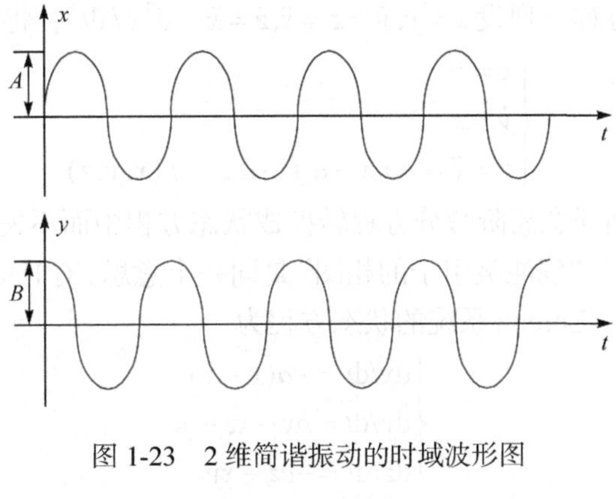

图 1-23　2 维简谐振动的时域波形图

若将式(1-10)中的参数 t 消去，得两个变量 x 与 y 之间的关系为

$$\begin{cases} x = A\sin t \\ y = B\cos t \end{cases} \Rightarrow \begin{cases} x/A = \sin t \\ y/B = \cos t \end{cases} \Rightarrow \begin{cases} \dfrac{x^2}{A^2} = \sin^2 t \\ \dfrac{y^2}{B^2} = \cos^2 t \end{cases} \Rightarrow \frac{x^2}{A^2} + \frac{y^2}{B^2} = 1 \tag{1-11}$$

式(1-11)也称为轨道方程。若以变量 x 为横坐标，变量 y 为纵坐标，则所得到的图形为一个椭圆，如图 1-24 所示。在力学的机械振动中称为李沙育图形，这显然也是一种相图的实例。

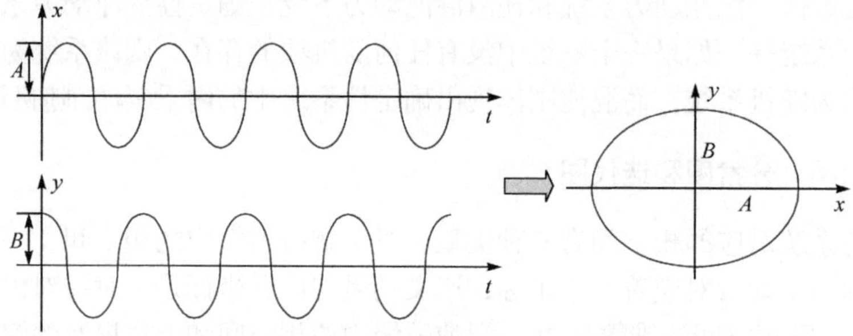

图 1-24　从时域波形图到李沙育图形(相图)的转换

注意到描述动力系统的方程有两大类，即高阶微分方程和状态方程，这两类方程的本质是完全相同的。从理论上讲，将一个高阶微分方程转换成状态方程没有任何问题，但若将状态方程转换成高阶微分方程，要视方程的难易情况而定，有些是较容易转换的，有些则不然。一般而言，用状态方程描述比较适合于动力系统，因此如果是高阶微分方程，首先应将其转换成状态方程。例如，方程

$$\frac{\mathrm{d}^3x}{\mathrm{d}t^3}+a_2\frac{\mathrm{d}^2x}{\mathrm{d}t^2}+a_1\frac{\mathrm{d}x}{\mathrm{d}t}+a_0x=f(x,\dot{x},\ddot{x}) \tag{1-12}$$

是一个三阶微分方程。现设 $\dot{x}=y,\dot{y}=z=\ddot{x},\dot{z}=\dddot{x}=\mathrm{d}^3x/\mathrm{d}t^3$，将其转换成状态方程

$$\begin{cases}\dot{x}=y\\ \dot{y}=z\\ \dot{z}=\dddot{x}=-a_0x-a_1y-a_2z+f(x,y,z)\end{cases} \tag{1-13}$$

这种方法可推广到任意高阶微分方程转换成状态方程中而不失其一般性。

“混沌吸引子”、“混沌吸引子的相图”是同一个意思，有时就简称为“吸引子”或“相图”。例如，Lorenz 系统的状态方程为

$$\begin{cases}\mathrm{d}x/\mathrm{d}t=-a(x-y)\\ \mathrm{d}y/\mathrm{d}t=bx-xz-y\\ \mathrm{d}z/\mathrm{d}t=-cz+xy\end{cases} \tag{1-14}$$

式中，$a=10$，$b=30$，$c=8/3$，得 Lorenz 混沌吸引子的相图如图 1-25 所示，图中支撑起的相空间均为状态变量，因而它是一个完全由状态变量自身构成的 3 维相空间，而图 1-25 则是 3 维相空间在 2 维平面上投影的结果。

在动力系统中，除了相空间外，还有参数空间、初值空间和切空间等。例如，

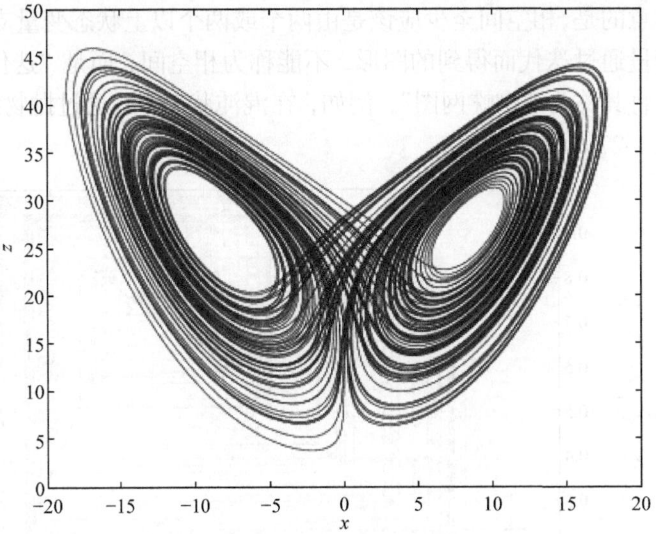

图 1-25　Lorenz 混沌吸引子相图

在抛物线映射中，分岔图就是由状态 x 和参数 μ 共同决定的，是一种“混合空间图”。设抛物线映射的迭代方程为

$$x_{k+1} = f(x_k) = 1 - \mu x_k^2 \tag{1-15}$$

式中，$\mu \in [0, 2]$，$x_k \in [-1, 1]$。经过计算得“混合空间图”如图 1-26 所示，图中的横坐标为参数空间，纵坐标为状态空间。在这个“混合空间图”中，参数空间和相空间都是 1 维的，故将其称为“分岔图”。

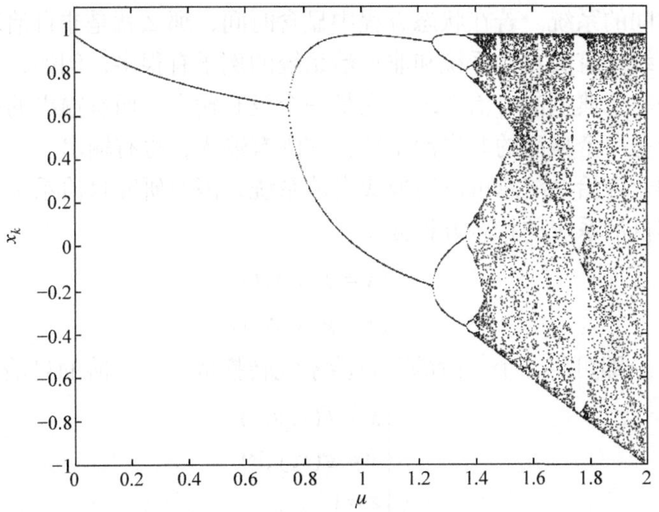

图 1-26　抛物线映射的分岔图

需要注意的是，相空间至少应该是由两个或两个以上状态变量支撑起的空间。只有一个变量通过迭代而得到的图形，不能称为相空间，而是“迭代图”，有些国外教材中又将其称为“蜘蛛网图”，例如，在混沌状态下，通过抛物线迭代获得的迭代图如图 1-27 所示。

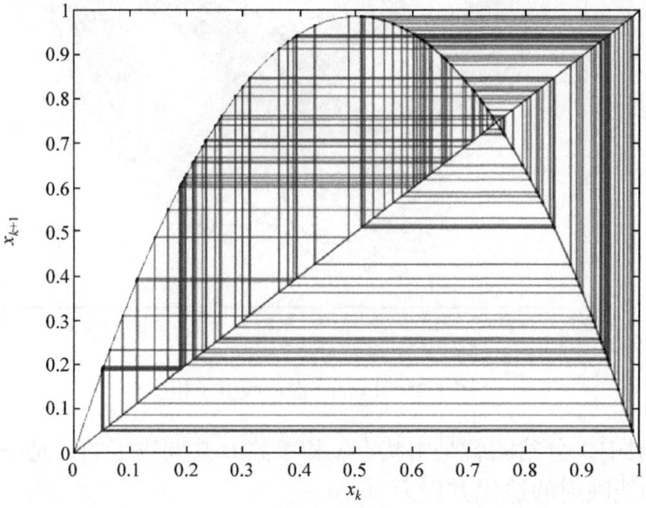

图 1-27 混沌状态下抛物线迭代图

1.5.3 自治系统与非自治系统

上面讨论的系统是自治动力系统，简称自治系统。自治系统是指在状态方程中不显含时间的系统。若在状态方程中显含时间，那么就是非自治动力系统，简称非自治系统。有关自治系统和非自治系统的例子有很多，例如，电路中的自激振荡器就是一个典型的自治系统，它是一个没有输入，而有输出的系统。而电路中的放大器是一个典型的非自治系统，它既有输入，也有输出。

注意到非自治系统总可以转换成自治系统，因而研究自治系统不失一般性。例如，设非自治系统的状态方程为

$$\begin{cases}\dot{x}=f(x,y,t)\\ \dot{y}=g(x,y,t)\end{cases}$$

只需令 $z=t$，即可将一个二阶的非自治系统转换成一个三阶的自治系统

$$\begin{cases}\dot{x}=f(x,y,z)\\ \dot{y}=g(x,y,z)\\ \dot{z}=1\end{cases}$$

这种方法可将一般的非自治系统转换成自治系统。

有一个重要的概念是，对于离散时间动力系统，需要几维才能产生混沌？而对于连续时间动力系统，又需要几维才能产生混沌？答案是，离散时间动力系统只需 1 维就能产生混沌，如后面讨论的抛物线映射就是 1 维的。而对于连续时间动力系统，与自治和非自治的情况有关，对于自治系统，至少要 3 维才能产生混沌，以后将认识到这一点。而对于非自治系统，只需 2 维就可产生混沌，原因很简单，将非自治变成自治后，增加了 1 维。

1.5.4　保守系统与耗散系统

本节介绍保守系统和耗散系统。保守系统一般是指总能量不随时间变化的系统。例如，无阻尼的单摆方程为

$$\begin{cases}\ddot{x}+x=0\\ \ddot{x}+\sin x=0\end{cases}\tag{1-16}$$

分别表示小振幅和大振幅单摆。将第 1 式乘以 $\dot{x}$，得 $\dot{x}\ddot{x}+\dot{x}x=0$。经积分之后，得

$$\dot{x}\frac{\mathrm{d}\dot{x}}{\mathrm{d}t}+x\frac{\mathrm{d}x}{\mathrm{d}t}=0\Rightarrow \dot{x}\mathrm{d}\dot{x}+x\mathrm{d}x=0\Rightarrow \int \dot{x}\mathrm{d}\dot{x}+\int x\mathrm{d}x=常数$$

$$\Rightarrow\frac{1}{2}\dot{x}^2+\frac{1}{2}x^2=常数\xrightarrow{\dot{x}=y}\frac{1}{2}x^2+\frac{1}{2}y^2=常数$$

令 $H(x,y)=(x^2+y^2)/2=常数$，称 $H(x,y)$ 为哈密顿量。

对于保守系统(守恒系统)，其相空间的体积在运动过程中保持不变，而耗散系统则与此不同，其相空间体积在运动过程中总是不断收缩的。相空间中体积元 $\mathrm{d}V$ 如图 1-28 所示。

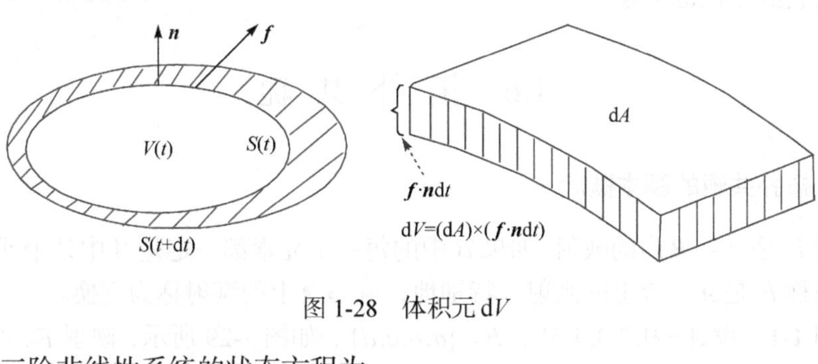

图 1-28　体积元 $\mathrm{d}V$

设三阶非线性系统的状态方程为

$$\begin{cases}\dot{x}=f_1(x,y,z)\\ \dot{y}=f_2(x,y,z)\\ \dot{z}=f_3(x,y,z)\end{cases}\Rightarrow\quad \frac{\mathrm{d}\boldsymbol{x}}{\mathrm{d}t}=\boldsymbol{f}(\boldsymbol{x}),\ \boldsymbol{f}:\mathbf{R}^3\to\mathbf{R}^3,\ \boldsymbol{x}\in\mathbf{R}^3\tag{1-17}$$

体积元随时间变化的增量为

$$V(t+\mathrm{d}t)-V(t)=\iint_S (\boldsymbol{f}\cdot\boldsymbol{n}\mathrm{d}t)\mathrm{d}A \tag{1-18}$$

因此得

$$\dot{V}=\frac{V(t+\mathrm{d}t)-V(t)}{\mathrm{d}t}=\iint_S (\boldsymbol{f}\cdot\boldsymbol{n})\mathrm{d}A=\iiint_V \nabla\cdot\boldsymbol{f}\,\mathrm{d}V \tag{1-19}$$

其中散度为

$$\nabla\cdot\boldsymbol{f}=\operatorname{div}\boldsymbol{f}=\frac{\partial f_1}{\partial x}+\frac{\partial f_2}{\partial y}+\frac{\partial f_3}{\partial z} \tag{1-20}$$

对于保守系统，$\operatorname{div}\boldsymbol{f}=0$，$\dot{V}=0$，体积不变；对于耗散系统，$\operatorname{div}\boldsymbol{f}<0$，$\dot{V}<0$，体积收缩。

保守系统和耗散系统中都可以产生混沌，在本书后面的章节中，将研究这两类混沌系统。既然耗散系统对应的散度小于零，那么，混沌吸引子的体积就会不断地收缩，最后体积变为零。然而，所看到的图 1-25 之类的混沌吸引子相图的体积，看起来似乎不等于零，那又是为什么呢？

其实，混沌吸引子是一个形状复杂、测度为零的点集。仿真显示的是系统解轨线的一部分，该轨线正在向吸引子点集收敛。如果延长仿真时间，轨线会继续增长，它在吸引子点集周边绕来绕去，越来越接近吸引子。其实，吸引子这个极限点集是看不到的，能看到的只是上面说的环绕轨线。另外，即便是那段弯弯曲曲的轨线，它的体积也等于零，因为曲线本身是没有体积和宽度的，故上面相图的内部实际上全部被"挖空"，因此即使看起来好像是一个有"体积"的相图，但实际上它的体积也是零。

1.6 拓扑共轭

1.6.1 拓扑共轭的基本概念

设 F 是 $A\to B$ 内的映射。如果 B 中的每一个元素都一定是 A 中某个元素的映像，则称 F 是 $A\to B$ 上的满射。特别地，$A\to A$ 上的满射称为变换。

例 1-1 设 $A=\{1,2,3,4,5\}$，$B=\{a,b,c,d\}$，如图 1-29 所示，映射 $F:A\to B$ 是满射，但不是 1-1 满射。

例 1-2 设 $A=\{1,2,3\}$，$B=\{a,b,c,d\}$，如图 1-30 所示，映射 $F:A\to B$ 不是满射，因为 B 中的元素 d 不是 A 中某个元素的映像。

例 1-3 设 $A=\{1,2,3,4\}$，$B=\{a,b,c,d\}$，如图 1-31 所示，映射 $F:A\to B$ 是 1-1 满射。

例 1-4　设 $A=\{1,2,3,4,5\}$，$B=\{a,b,c,d\}$，如图 1-32 所示，映射 $F:A\to B$ 是 1-1 满射。

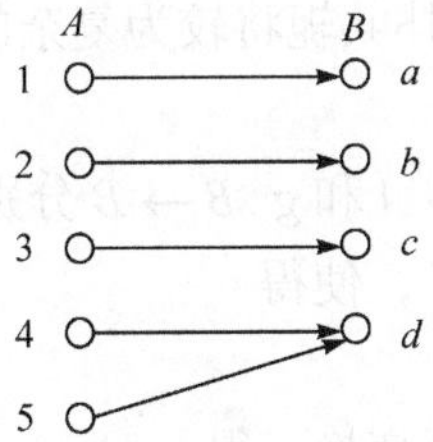

图 1-29　例 1-1 的映射

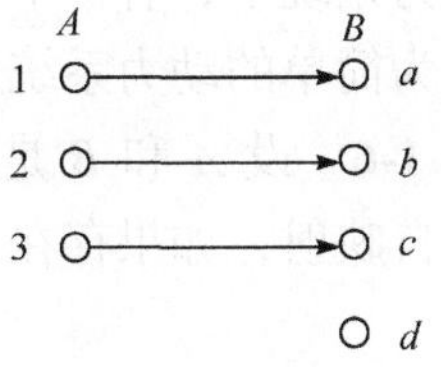

图 1-30　例 1-2 的映射

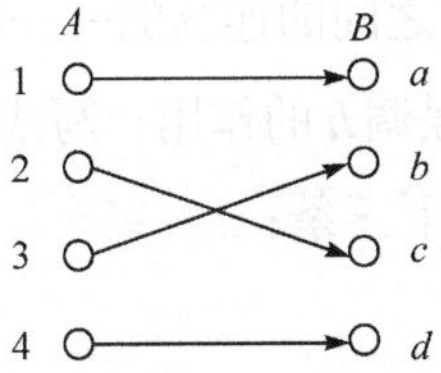

图 1-31　例 1-3 的映射

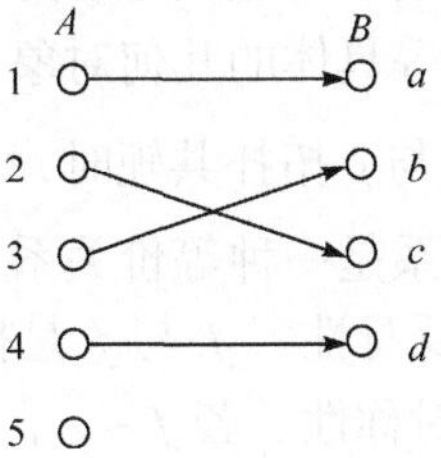

图 1-32　例 1-4 的映射

若存在两个 n 维映射 F,G（即 $F,G\in\mathbf{R}^n$），通常用 $F(G(x))=F\circ G$ 表示 $\mathbf{R}^n\to\mathbf{R}^n$ 的复合映射。对于离散时间系统，每一次迭代运算就是一次映射。那么，如果存在映射 $F\in\mathbf{R}^n$ 自身的 k 次正向迭代

$$\underbrace{F\circ F\circ F\circ\cdots\circ F}_{k\text{个}}(x) \tag{1-21}$$

那么将其记为 $F^k(x)$。

同理，若 $F(x)$ 的逆函数 $F^{-1}(x)\in\mathbf{R}^n$ 存在，那么，映射 $F\in\mathbf{R}^n$ 自身的 k 次逆向迭代

$$\underbrace{F^{-1}\circ F^{-1}\circ F^{-1}\circ\cdots\circ F^{-1}}_{k\text{个}}(x) \tag{1-22}$$

记为 $F^{-k}(x)$。

在一般情况下，若无特别说明，用右上角记号 k 表示 k 次正向迭代，用右上角记号 $-k$ 表示 k 次逆向迭代，用这两个记号表示离散系统 $x_{k+1}=F(x_k)$ 的正向迭代和逆向迭代。例如，若初值为 x_0，得 $x_1=F(x_0)$，$x_2=F(x_1)=F(F(x_0))=F^2(x_0),\cdots$，$x_k=F^k(x_0)$ 等。

定义 1-5　设 $F:U\to V$ 是 1-1 满射，若 $F(x)$ 连续，$F^{-1}(x)$ 也连续，则称 $F(x)$

是 U 到 V 的一个同胚；若 $F(x)$ 和 $F^{-1}(x)$ 不仅连续，而且可微，则称 $F(x)$ 是 U 到 V 的一个微分同胚。

在动力系统中，有一个重要的方法，即利用拓扑共轭将较为复杂的动力系统转化为较为简单的动力系统来研究。

定义 1-6 设 A 和 B 是两个拓扑空间，$f:A\to A$ 和 $g:B\to B$ 分别是 A 与 B 上的两个自映射，如果存在 A 到 B 的同胚 $h:A\to B$，使得

$$h\circ f=g\circ h \tag{1-23}$$

则称 f 与 g 是拓扑共轭的。另外，对式(1-23)作如下变换，得

$$h^{-1}\circ(h\circ f)\circ h^{-1}=h^{-1}\circ(g\circ h)\circ h^{-1}\to f\circ h^{-1}=h^{-1}\circ g \tag{1-24}$$

这一概念可直观理解为：把拓扑空间 A、B 理解为直线段、曲线弧、空间区域或曲面等具体的几何对象，同胚则理解为 A 与 B 之间的连续的一一映射。

当 f 与 g 拓扑共轭时，记作 $f\sim g$，或者为了强调 h 的作用，写成 $f\overset{h}{\sim}g$。拓扑共轭关系是一种等价关系，也就是说，它满足以下三条：

(1) 反身性。f 与 f 是拓扑共轭的，即 $f\sim f$。

(2) 对称性。若 $f\sim g$，则 $g\sim f$。

(3) 传递性。若 $f\sim g$，$g\sim\varphi$，则 $f\sim\varphi$。

因此，将拓扑共轭的自映射归入同一类，称为拓扑共轭类。属于同一个拓扑共轭类的自映射，它们的迭代轨道有着相同的性质。这是因为，当 $f\overset{h}{\sim}g$ 时，可得

$$h\circ f^k=g^k\circ h\ \to\ h(f^k(x))=g^k(h(x)) \tag{1-25}$$

这表明在同胚 h 作用下，f 在 A 中的 x 的轨道为

$$O^+(x)=\{x,f(x),f^2(x),\cdots,f^k(x),\cdots\} \tag{1-26}$$

变成 g 在 B 中的 $h(x)$ 的轨道为

$$O^+(h(x))=\{h(x),g(h(x)),g^2(h(x)),\cdots,g^kh((x)),\cdots\} \tag{1-27}$$

若 f 有不动点 x^*，则 g 有不动点 $h(x^*)$，若 x^* 是 f 的吸引(排斥)不动点，则 $h(x^*)$ 是 g 的吸引(排斥)不动点。若 f 有周期 k 轨道 $\{x_0,x_1,x_2,\cdots,x_{k-1}\}$，则 g 也有周期 k 轨道 $\{h(x_0),h(x_1),h(x_2),\cdots,h(x_{k-1})\}$ 等。总之，涉及动力系统研究中感兴趣的一切性质，f 与 g 都可看成是一样的。因此，当研究一个自映射的动力系统性质时，可以用与其拓扑共轭的较为简单的自映射代替。

例如，已知抛物线映射 $g(x)=4x(1-x)$，式中 $x\in[0,1]$。试证明 $g(x)$ 与帐篷映射

$$f(x)=\begin{cases}2x, & 0\leqslant x\leqslant 1/2\\ 2(1-x), & 1/2<x\leqslant 1\end{cases} \tag{1-28}$$

是拓扑共轭的。证明如下：考虑映射

$$h(x)=\sin^2\left(\frac{\pi x}{2}\right),\quad x\in[0,1] \tag{1-29}$$

易见 $h(x)$ 是[0,1]到[0,1]的同胚映射，且

$$\begin{cases} g\circ h(x)=4\sin^2\left(\frac{\pi x}{2}\right)\left[1-\sin^2\left(\frac{\pi x}{2}\right)\right]=4\sin^2\left(\frac{\pi x}{2}\right)\cos^2\left(\frac{\pi x}{2}\right) \\ \qquad =\left[2\sin\left(\frac{\pi x}{2}\right)\cos\left(\frac{\pi x}{2}\right)\right]^2=\sin^2(\pi x) \\ h\circ f(x)=\sin^2\left(\frac{\pi\cdot 2x}{2}\right)=\sin^2(\pi x),\quad x\in[0,1/2] \\ h\circ f(x)=\sin^2\left(\frac{\pi\cdot 2(1-x)}{2}\right)=\sin^2(\pi-\pi x)=\sin^2(\pi x),\quad x\in[1/2,1] \end{cases} \tag{1-30}$$

即 $h\circ f=g\circ h$，$f(x)$ 与 $g(x)$ 是拓扑共轭的。这样，$f(x)$ 与 $g(x)$ 的动力学特性是完全相同的。为了研究 $g(x)=4x(1-x)$，只需研究比较简单的映射 $f(x)$ 即可(注意式(1-30)的第一式简化用到了三角公式 $\sin x=2\sin(x/2)\cos(x/2)$)。

1.6.2　拓扑共轭的意义

拓扑共轭的意义在于两个映射为拓扑共轭时，表明其拓扑性质等价，简称拓扑等价。对于许多离散系统，如帐篷映射、抛物线映射、离散正弦映射等都属于单峰映射，它们的迭代轨道有相同的性质，是拓扑共轭的，它们的动力学性质相同，属于同一拓扑等价类，因此可将它们的研究转化为一类比较简单的动力系统(如符号动力系统)进行研究。例如，帐篷映射可转化为符号动力系统进行研究，将它弄清楚，其他单峰映射也就清楚了。

1.7　符号动力系统、帐篷映射、马蹄映射与 Henon 映射

拉伸与折叠变换是混沌系统最为本质的特征之一，而拉伸与折叠变换可用动力系统中的马蹄映射和符号动力系统来加以描述。从数学上可以证明，马蹄映射对应的符号动力系统具有 Devaney 意义下的混沌性质。

1.7.1　符号动力系统

定义 1-7　$\Sigma_2=\{s\mid s=(s_1s_2\cdots),s_i\in\{0,1\},i=1,2,\cdots\}$ 称为两个符号 0 和 1 的序列空间，并且对于 Σ_2 中的任意两个元素 $s=(s_1s_2\cdots)$ 和 $t=(t_1t_2\cdots)$，距离(1-范数)的定

义为

$$d(s,t)=\sum_{i=1}^{\infty}\frac{|s_i-t_i|}{2^i}\in[0,1] \tag{1-31}$$

可以证明，由式(1-31)定义的$d(s,t)$不为无穷大，并且具有正定性、对称性和三角不等式三条基本性质，因而式(1-31)在数学上满足距离的定义。

定理 1-1　设$s,t\in\Sigma_2$，若$s_i=t_i\ (1\leqslant i\leqslant n)$，则$d(s,t)\leqslant 1/2^n$。反之，若$d(s,t)\leqslant 1/2^n$，则必有$s_i=t_i(i=1,2,\cdots,n)$。

证明　若$s_i=t_i(i=1,2,\cdots,n)$，则

$$d(s,t)=\sum_{i=1}^{n}\frac{|s_i-t_i|}{2^i}+\sum_{i=n+1}^{\infty}\frac{|s_i-t_i|}{2^i}=\sum_{i=n+1}^{\infty}\frac{|s_i-t_i|}{2^i}\leqslant\sum_{i=n+1}^{\infty}\frac{1}{2^i}=\frac{\frac{1}{2^{n+1}}}{1-\frac{1}{2}}=\frac{1}{2^n} \tag{1-32}$$

另外，若对于某一个$m\leqslant n$，$s_m\neq t_m$，则必有$d(s,t)\geqslant 1/2^n$，这与$d(s,t)\leqslant 1/2^n$矛盾。故若$d(s,t)\leqslant 1/2^n$，则必有$s_i=t_i(i=1,2,\cdots,n)$。

这个结论的重要意义在于可以很快地判定两个序列是否相互接近，直观上该结果说明Σ_2中两个序列是接近的，只要它们前面相当多的项是一致的。在此基础上，进一步引入符号空间中的移位映射。

定义 1-8　映射$\sigma:\Sigma_2\to\Sigma_2$由$\sigma(s)=\sigma(s_1s_2\cdots)=(s_2s_3\cdots)$给出，$\sigma$称为$\Sigma_2$上的移位映射，由$\sigma$所确定的离散动力系统称为符号动力系统，用符号$(\sigma,\Sigma_2)$表示。

根据定义 1-8，s相当于连续函数中的自变量x，则$\sigma(s)$相当于连续函数中的$f(x)$，而移位映射$\sigma(s)$的结果是简单地“忘掉”序列中的第一项，把其他一切项向左移一位。

定理 1-2　$\sigma:\Sigma_2\to\Sigma_2$连续。

在证明之前，回顾一下连续的定义。若对任意给定的$\varepsilon>0$，总存在$\delta>0$，当$|x-x_0|<\delta$时，不等式$|f(x)-f(x_0)|<\varepsilon$恒成立，则函数$f(x)$在$x_0$点连续，满足$f(x)\to f(x_0)\ (x\to x_0)$。

证明　首先在Σ_2中选取$s=(s_1s_2\cdots)$，任给$\varepsilon>0$，取自然数n，使得$1/2^n<\varepsilon$，并令$\delta=1/2^{n+1}$，故对于满足$d(s,t)<\delta$(相当于$|x-x_0|<\delta$)的任意$t=(t_1t_2\cdots)$，根据定理 1-1，可知$s_i=t_i(i=1,2,\cdots,n+1)$成立，即$s$和$t$的前$n+1$项相同，而$\sigma(s)$和$\sigma(t)$分别是将原序列左移一位的结果，因而$\sigma(s)$与$\sigma(t)$的前$n$项相同，从而可得$d(\sigma(s),\sigma(t))\leqslant 1/2^n<\varepsilon$(这个式子相当于$|f(x)-f(x_0)|\leqslant 1/2^n<\varepsilon$)，即$\sigma$是连续的。

定义 1-9　称$s=(s_1s_2\cdots s_ms_1s_2\cdots s_m\cdots)$为$\Sigma_2$中的周期$m$点。这是显而易见的，因为只需将$s$左移$m$位之后与原来的$s$相等，即满足$\sigma^m(s)=s$，故$s$为$\Sigma_2$中的周

期m点。

定理 1-3 σ 的周期点在 Σ_2 中稠密。

证明 根据稠密的定义，设 $s=(s_1s_2\cdots)$ 为 Σ_2 中的任意一点，任意给定 $\delta>0$，只需要证明在 s 的 δ 邻域内存在周期点即可。事实上，对于任意给定 $\delta>0$，取自然数 m 使得 $1/2^m<\delta$，令周期点 $t=(s_1s_2\cdots s_ms_1s_2\cdots s_ms_1\cdots)$，则 $d(s,t)\leqslant 1/2^m<\delta$，这正好说明 t 位于 s 的 δ 邻域内，并且是在 s 的 δ 邻域内寻找到的周期点。根据稠密的概念，证明了 σ 的周期点在 Σ_2 中稠密。

定理 1-4 符号动力系统 $\sigma:\Sigma_2\to\Sigma_2$ 具有拓扑传递性。

证明 方法一：根据前面的拓扑传递性可知，拓扑传递性是指从某点 s^* 出发，它的迭代序列一定会“跑遍”整个 Σ_2 空间。换言之，任意给定 Σ_2 中的点 $s=(s_1s_2\cdots s_ns_{n+1}\cdots)$，从某点 s^* 出发，经多次迭代(在这里即移位 σ)后，必能任意接近点 s，又因 s 在 Σ_2 空间中位置的一般性，从而可推出从某点 s^* 出发，它的迭代序列一定会“跑遍”整个 Σ_2 空间的结论成立。

关键在于要证明点 s^* 在 Σ_2 中是存在的。事实上，只需选取点 $s^*\in\Sigma_2$

$$s^*=\Bigg(\underbrace{\overbrace{0}^{s_1}\ \overbrace{1}^{s_1}}_{\text{所有的}s_1}\ \underbrace{\overbrace{00}^{s_1s_2}\ \overbrace{01}^{s_1s_2}\ \overbrace{10}^{s_1s_2}\ \overbrace{11}^{s_1s_2}}_{\text{所有的}s_1s_2}\ \underbrace{\overbrace{000}^{s_1s_2s_3}\ \overbrace{001}^{s_1s_2s_3}\cdots\overbrace{111}^{s_1s_2s_3}}_{\text{所有的}s_1s_2s_3}\cdots\underbrace{\overbrace{0\cdots0}^{s_1s_2\cdots s_n}\cdots s_1s_2\cdots s_n\cdots\overbrace{1\cdots1}^{s_1s_2\cdots s_n}}_{\text{所有的}s_1s_2\cdots s_n}\cdots\Bigg) \tag{1-33}$$

显然，$\forall s=(s_1s_2\cdots s_ns_{n+1}\cdots)\in\Sigma_2$，$\exists k$，使得 $\sigma^k(s^*)$ 中的前面 n 位与 s 中的前面 n 位完全相同，从而满足 $d(\sigma^k(s^*),s)\leqslant 1/2^n$。

由于 n 可以事先取得任意大以及 n 和 s 的任意性，并且 s^* 经过 σ 的多次移位后，必然可以和 $s=(s_1s_2\cdots s_ns_{n+1}\cdots)\in\Sigma_2$ 任意地接近，从而证明符号动力系统 σ: $\Sigma_2\to\Sigma_2$ 具有拓扑传递性。因 σ 移位下的 s^* 轨道 $O^+(s^*)=\{s^*,\sigma(s^*),\sigma^2(s^*),\sigma^3(s^*),\cdots,\sigma^n(s^*),\cdots\}$ 具有拓扑传递性，并且这些轨道点稠密地分布在整个 Σ_2 空间，所以又称这条轨道为稠轨道。

方法二：符号动力系统 $\sigma:\Sigma_2\to\Sigma_2$ 具有拓扑传递性，具体是指对于 Σ_2 上的任意一对开集 U_A (以点 s^A 为中心、r_A 为半径的球体)和 U_B (以点 s^B 为中心、r_B 为半径的球体)，存在 $k>0$，使得 $f^k(U_A)\cap U_B\neq\varnothing$。

(1) 设开集 U_A 的中心点 s^A 为

$$s^A=(s_1^As_2^A\cdots s_k^A\cdots s_n^A\cdots)\in U_A \tag{1-34}$$

开集 U_B 的中心点 s^B 为

$$s^B=(s_1^Bs_2^B\cdots s_k^B\cdots s_n^B\cdots)\in U_B \tag{1-35}$$

并设U_A中与s^A不同的任意一点$\tilde{s}\in U_A$。

(2) 若$\tilde{s}$和s^A前k个元素相同，则$d(s^A,\tilde{s})\leqslant 2^{-k}$。故$\forall r_A<1$，总能找到$k_0$，使得$d(s_A,\tilde{s})<2^{-k_0}<r_A$成立。由$2^{-k_0}<r_A$，得$k_0>-\log_2 r_A$，只需取$k=\text{round}\ (-\log_2 r_A)+1$即可。

(3) 根据选取的k，设$\tilde{s}$的形式为

$$\tilde{s}=(s_1^A s_2^A\cdots s_k^A s_1^B s_2^B\cdots s_n^B\cdots)\in U_A \tag{1-36}$$

(4) 显见迭代k次后，正好满足

$$f^k(\tilde{s})=s^B \tag{1-37}$$

从而使得

$$f^k(U_A)\bigcap U_B\neq\varnothing \tag{1-38}$$

成立。根据上述分析过程，得拓扑传递示意图如图 1-33 所示。

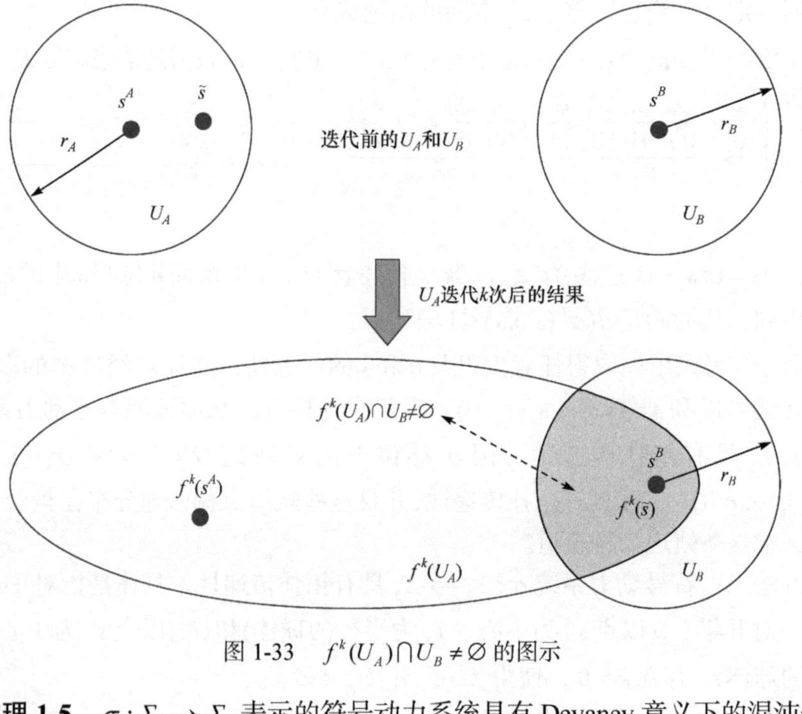

图 1-33　$f^k(U_A)\bigcap U_B\neq\varnothing$的图示

定理 1-5　$\sigma:\Sigma_2\to\Sigma_2$表示的符号动力系统具有 Devaney 意义下的混沌性质。

证明　根据 Devaney 混沌定义、定理 1-3 和定理 1-4，可知$\sigma:\Sigma_2\to\Sigma_2$表示的符号动力系统具有 Devaney 意义下的混沌性质。

通过上面的分析可知，$\sigma:\Sigma_2\to\Sigma_2$的主要特点是每迭代(或映射)一次，符号序列就向左移位一次。对于一个动力系统，如下面将要介绍的帐篷映射和马蹄映

射等，它们的共同特点与符号动力系统具有相同的性质，即具有移位的作用。广而言之，如果发现某个动力系统对符号序列具有移位作用，则根据符号动力系统的结论，可知该动力系统是混沌的。

1.7.2　帐篷映射

帐篷映射是一种单峰映射，其数学表达式为

$$x_{k+1}=f(x_k)=\begin{cases}2x_k, & 0\leqslant x_k<1/2\\ 2(1-x_k), & 1/2\leqslant x_k\leqslant 1\end{cases} \tag{1-39}$$

对应的几何图形如图 1-34 所示。

可知帐篷映射具有以下两个特点：

(1) 所有的迭代值都是一个小于 1 的实数，其中第一个数学表达式可以表示成二进制数的小数形式：

$$x_k=(0.a_1a_2a_3\cdots)_2,\quad a_i\in\{0,1\} \tag{1-40}$$

根据二进制的运算规则，第二个表达式可以表示成二进制数小数形式的取反形式：

$$1-x_k=(0.\overline{a}_1\overline{a}_2\overline{a}_3\cdots)_2,\quad \overline{a}_i\in\{0,1\} \tag{1-41}$$

因此，它们都属于符号动力系统中的符号序列。

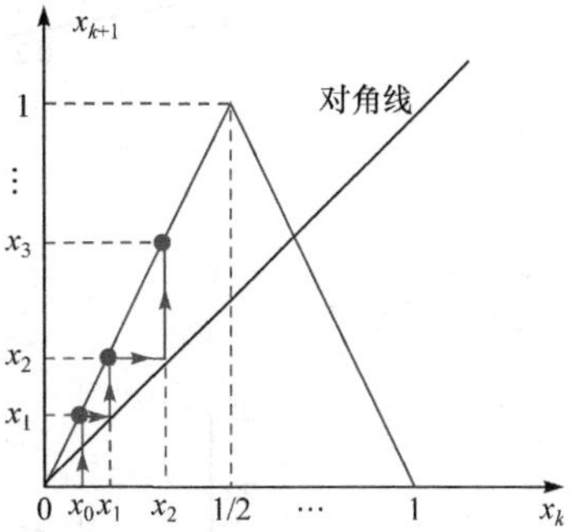

图 1-34　帐篷映射示意图

(2) 在数学表达式中，$2x_k$ 和 $2(1-x_k)$ 前面的“2”意味着对序列 $x_k=(0.a_1a_2a_3\cdots)_2$ $(a_i\in\{0,1\})$ 和序列 $1-x_k=(0.\overline{a}_1\overline{a}_2\overline{a}_3\cdots)_2$ $(\overline{a}_i\in\{0,1\})$ 左移一位的结果。

通过以上分析，可得出以下结论：①帐篷映射的结果对应符号动力系统，因而帐篷映射是混沌的；②在满足一定条件下，抛物线映射和离散正弦映射等一类单峰映射与帐篷映射是拓扑共轭的，它们的迭代轨道有相同的性质，因而证明帐篷映射是混沌的，也就证明同一类单峰映射也是混沌的。

1.7.3　马蹄映射

马蹄映射是一切具有拉伸与折叠变换的共同数学模型，而混沌是一种典型的拉伸与折叠变换，图 1-35 给出了两个典型混沌吸引子的拉伸与折叠变换示意图。因此，马蹄映射对于混沌研究具有十分重要的意义。

对马蹄映射的研究可归结为一种双边符号动力系统，为了便于比较，可将前面的符号动力系统称为单边符号动力系统，单边符号动力系统适合于1维的情况，而双边符号动力系统比较适合于2维的情况。不管是单边的还是双边的，都是通过移位来实现的。下面分析马蹄映射中的移位情况。

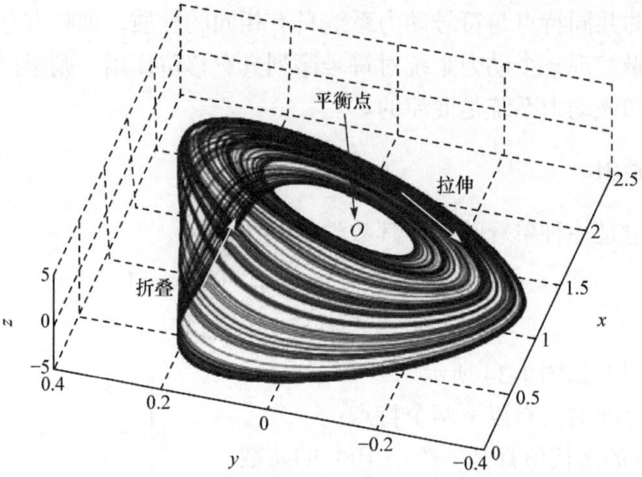

(a) Chua系统

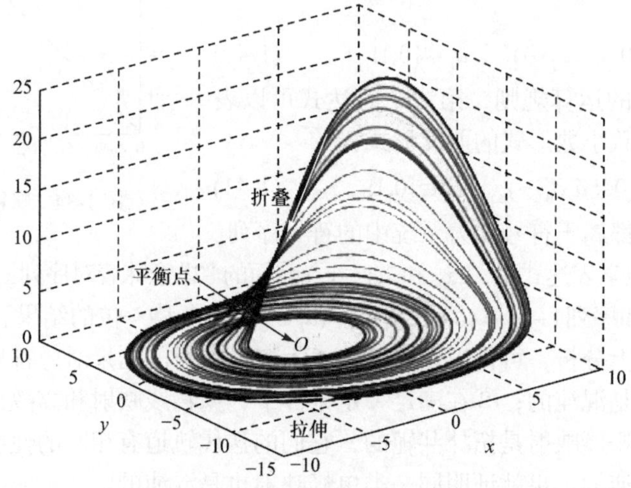

(b) Rossler系统

图 1-35　Chua 系统和 Rossler 系统中单涡卷的拉伸与折叠变换

现在进一步考虑平面 $\mathbf{R}^2$ 上的正方形 $Q=[0,1]\times[0,1]$。把 Q 在竖直方向上拉长(拉伸比 $\mu>2$)，在水平方向上压缩(压缩比 $\lambda<1/2$)，形成竖直窄长条，然后弯成马蹄形，再放回 Q 中，于是，用这种方法构造了一个映射 $f:Q\to\mathbf{R}^2$，得 $f(Q)$ 及其交集如图 1-36 所示。

逆映射 $f^{-1}(Q)$ 则是以图 1-36 中的正对角线为轴线，将 $f(Q)$ 旋转 180°之后，便得到其对应的逆映射 $f^{-1}(Q)$ 及其交集，如图 1-37 所示。

由图 1-36 和图 1-37 得交集 $\Lambda_1 = f^{-1}(Q)\cap Q\cap f(Q) = (0.0, 0.1, 1.0, 1.1)$，如图 1-38 所示。

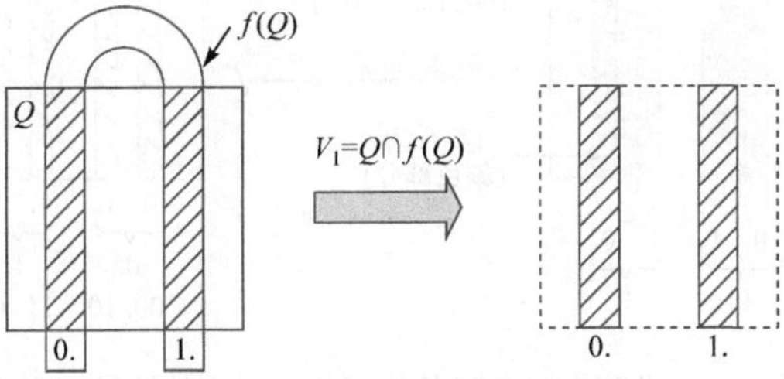

图 1-36　马蹄正映射图示

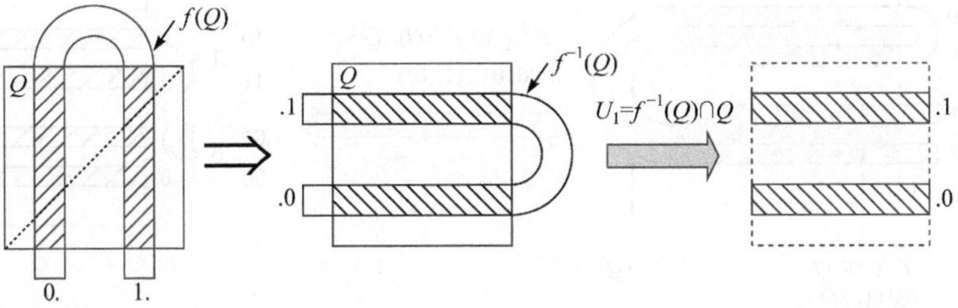

图 1-37　马蹄逆映射图示

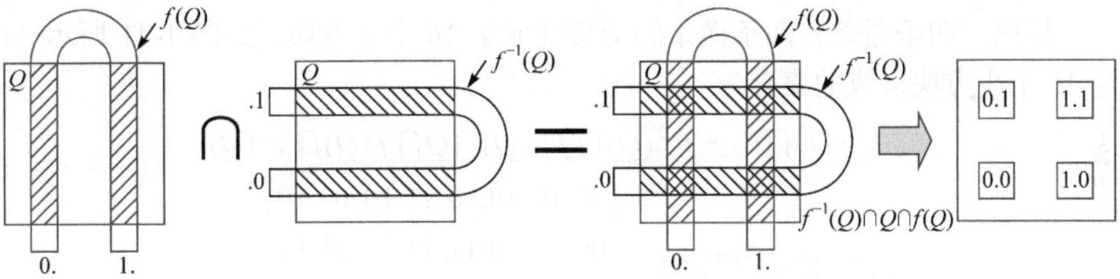

图 1-38　交集 $\Lambda_1 = f^{-1}(Q)\cap Q\cap f(Q) = (0.0, 0.1, 1.0, 1.1)$ 的图示

下面再考虑 $f^2(Q)$。显然 $f^2(Q)$ 与 $Q\cap f(Q)$ 之间的交集交于四条竖条，如图 1-39 所示，其交集记为

$$V_2 = Q\cap f(Q)\cap f^2(Q) = (00.,\ 10.,\ 11.,\ 01.) \tag{1-42}$$

同理，再考虑 $f^{-2}(Q)$。将 $f^2(Q)$ 沿对角线旋转 180°便得到 $f^{-2}(Q)$，故很自然地得到 $f^{-2}(Q)$ 与 $f^{-1}(Q)\cap Q$ 之间的交集交于四条横条，其数字排列也同样是由 $f^2(Q)$ 中的数字排列沿对角线旋转 180°而得到，如图 1-40 所示，其交集记为

$$U_2 = f^{-2}(Q)\cap f^{-1}(Q)\cap Q = (.00,\ .01,\ .11,\ .10) \tag{1-43}$$

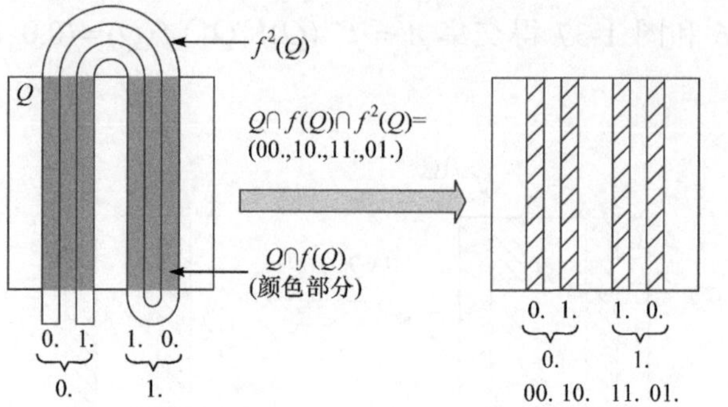

图 1-39　马蹄中四条竖条的交集与对应的符号序列表示

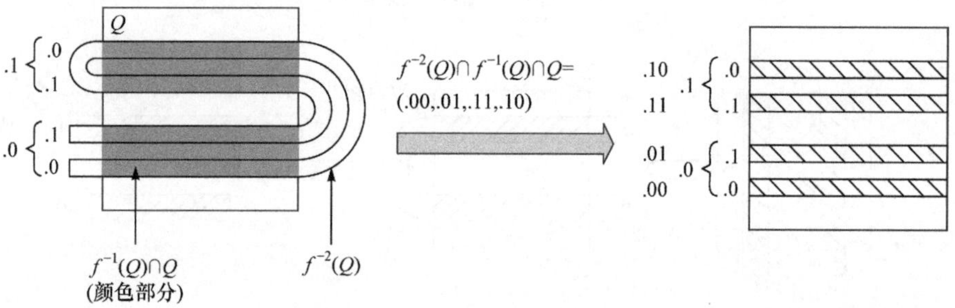

图 1-40　马蹄中四条横条的交集与对应的符号序列表示

显然，四条竖条和四条横条的交集变成了 16 个小方块，如图 1-41 所示。由这 16 个小方块组成的集合为

$$A_2 = U_2 \cap V_2 = f^{-2}(Q)\cap f^{-1}(Q)\cap Q\cap f(Q)\cap f^2(Q)$$

$$\xrightarrow{\text{从上至下、从左至右排列}}\begin{Bmatrix} 00.10, 10.10, 11.10, 01.10 \\ 00.11, 10.11, 11.11, 01.11 \\ 00.01, 10.01, 11.01, 01.01 \\ 00.00, 10.00, 11.00, 01.00 \end{Bmatrix}$$

根据图 1-36～图 1-41，可归纳出马蹄映射中单边符号序列的构造规则如下：

(1) 利用镜像对称规则，将 $Q\cap f(Q)\cap f^2(Q)\cap\cdots\cap f^{n-1}(Q)$ 对应的符号序列扩展到 $Q\cap f(Q)\cap f^2(Q)\cap\cdots\cap f^{n-1}(Q)\cap f^n(Q)$ $(n=1,2,\cdots)$ 对应的符号序列，按照后来的符号应放到后面排列的原则，并将所有符号都位于小数点前面，得到对应的单边符号序列。

(2) 按照求逆函数规则，将 $Q\cap f(Q)\cap f^2(Q)\cap\cdots\cap f^{n-1}(Q)\cap f^n(Q)$ 的图像沿对角线旋转 180°，在此基础上再将其中的每一个数字符号序列反转 180°。经上述两步操作后，最后便得到逆函数 $f^{-n}(Q)\cap\cdots\cap f^{-3}(Q)\cap f^{-2}(Q)\cap f^{-1}(Q)\cap Q$ 对应的

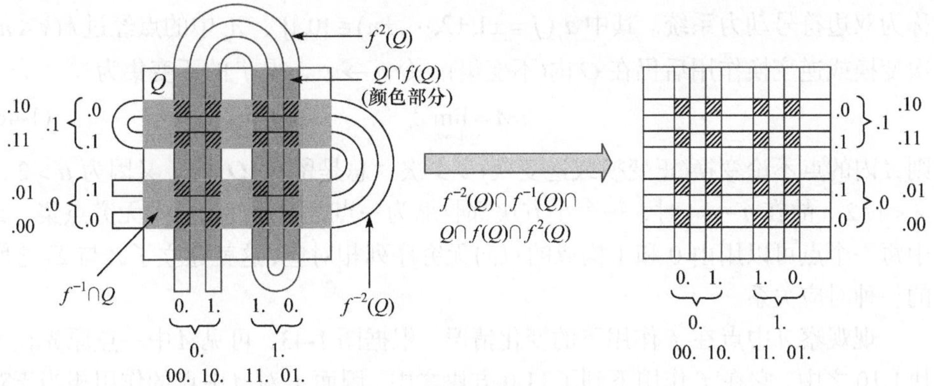

图 1-41 马蹄中四条竖条和四条横条的交集与对应的符号序列表示

单边符号序列。

由上述两条构造规则，得 $Q\bigcap f(Q)\bigcap f^2(Q)\bigcap f^3(Q)$ 和 $f^{-3}(Q)\bigcap f^{-2}(Q)\bigcap f^{-1}(Q)\bigcap Q$ 对应的单边符号序列如图 1-42 所示。

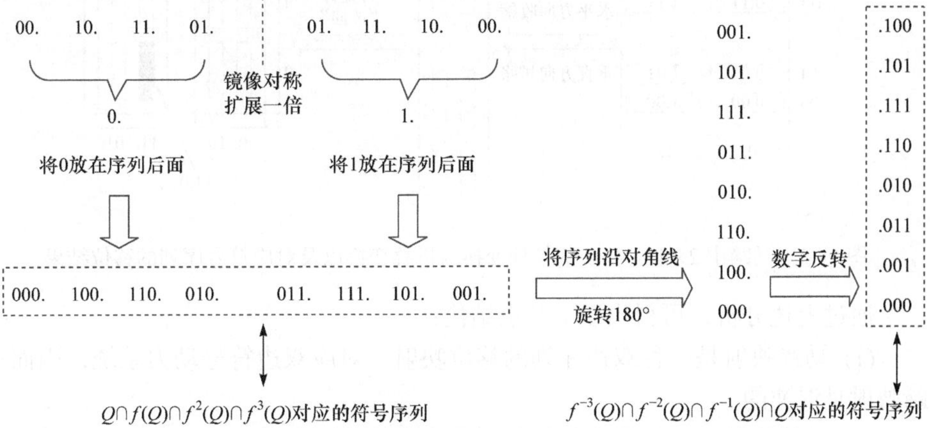

图 1-42 马蹄映射正变换和逆变换对应的单边符号序列构造方法举例

按照同样的方法重复进行，可求得集合

$$\begin{aligned}\Lambda_n &= f^{-n}(Q)\bigcap\cdots\bigcap f^{-2}(Q)\bigcap f^{-1}(Q)\bigcap Q\bigcap f(Q)\bigcap f^2(Q)\bigcap\cdots\bigcap f^n(Q)\\ &=\bigcap_{i=-n}^{n} f^i(Q)\end{aligned}\tag{1-44}$$

它由 2^{2n} 个小块组成，根据上面的分析，这些小块可用双边符号序列表示：

$$a_{-n}\cdots a_{-1}.a_1\cdots a_n\tag{1-45}$$

称为双边符号动力系统。其中 $a_j(j=\pm1,\pm2,\cdots,\pm n)\in\{0,1\}$，$\Lambda_n$ 中的点经过 $k(k\leqslant n)$ 次变换或逆变换作用后仍在 Q 内(不变集)。令 $n\to\infty$，得 f 的不变集为

$$\Lambda=\lim_{n\to\infty}\Lambda_n \tag{1-46}$$

则 Λ 内的点不论变换(正变换或逆变换)多少次，总是留在 Q 内。又因为 $\mu>2$，$\lambda<1/2$，故在 $n\to\infty$ 时，每个小方块都收缩为一点，因而 Λ 是一个无穷点集，其中每一个点可以用由 0 和 1 构成的双向无穷序列相对应，这就建立了 Λ 与 Σ_2 之间的一种对应关系。

现观察 Λ 中点在 f 作用下的变化情况。根据图 1-43，可见 Λ 中一点原先在方块1.10之中，它在 f 作用下到了11.0 方块之中，因而 f 对 Λ 中点的作用相当于对符号序列左移的作用。同理，图 1-44 示出了 Λ 中的点在 f 作用下的变化情况的另一个例子，从而进一步说明了 f 对 Λ 中点的作用相当于对符号序列左移的作用。

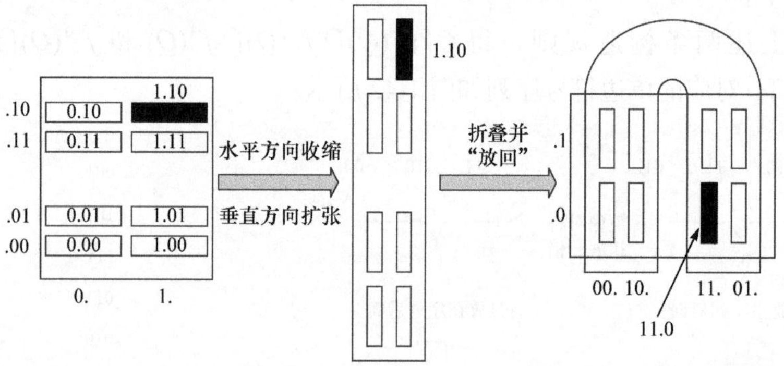

图 1-43　马蹄中 $2\times4\to4\times2$ 的拉伸变换与折叠变换以及对应符号序列的移位结果

通过上述分析，可得出以下几点结论：

(1) 马蹄映射是一种双边序列的移位映射，对应双边符号动力系统，因而马蹄映射是混沌的。

(2) 马蹄映射是一切具有拉伸与折叠变换的共同数学模型。若在一个动力系统中发现拉伸与折叠变换，并找到对应的马蹄映射，则从机理上证明了该系统为混沌系统。

(3) 在实际情况中，拉伸与折叠变换尽管并不具备马蹄映射中的“方块”、“水平条”、“竖直条”这样的理想化形状，但它们是拓扑等价类，具有相同的动力学性质。只要一个动力系统有拉伸与折叠的变换，就可以在一定条件下用斯梅尔马蹄映射的这种数学模型来对它进行分析，从而得出混沌的结论。也可以这样认为，一个映射如果满足拉伸与折叠的要求，就可以在一定条件下证明这个映射在 Q 的某个不变集上具有斯梅尔马蹄变换意义下的混沌性质。

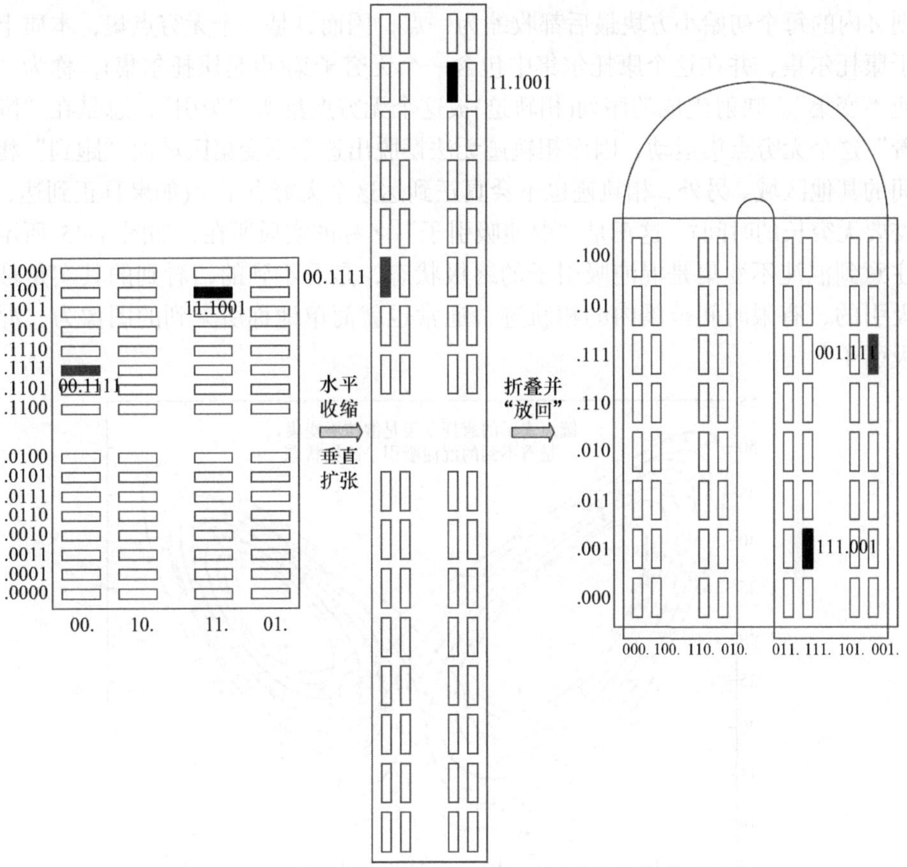

图 1-44 马蹄中 $4\times16\to8\times8$ 的拉伸变换与折叠变换以及对应符号序列的移位结果

(4) 寻找拉伸与折叠变换中的马蹄，在实际应用中，关键的一点在于找到一个不变集 Q，并且能够使得所有的变换结果 $f(Q), f^2(Q), f^3(Q),\cdots, f^n(Q),\cdots$ 以及 $f^{-1}(Q), f^{-2}(Q), f^{-3}(Q),\cdots, f^{-n}(Q), \cdots$ 都应与不变集 Q 相交。然而，寻找不变集 Q 并不是一件容易的事。

混沌是无穷多次拉伸与折叠变换的结果。可以用马蹄映射来描述这种拉伸与折叠的变换性质。根据前面有关马蹄映射的介绍，得马蹄映射所得的集合为

$$\Lambda_n = f^{-n}(Q)\cap\cdots\cap f^{-2}(Q)\cap f^{-1}(Q)\cap Q\cap f(Q)\cap f^2(Q)\cap\cdots\cap f^n(Q)$$
$$=\bigcap_{i=-n}^{n} f^i(Q)$$

当进行无穷多次拉伸与折叠变换时，即当 $n\to\infty$ 时，得 f 的不变集为

$$\Lambda = \lim_{n\to\infty}\Lambda_n$$

则Λ内的每个初始小方块最后都收缩为一点，因而Λ是一个无穷点集，本质上属于康托尔集，并在这个康托尔集中包含一个无穷子集(也是康托尔集)，称为“混沌不变集”。映射生成的序列(相轨迹)被这个无穷点集所“吸引”，总是在“围绕着”这个无穷点集运动，因而相轨迹无法摆脱出这个不变集区域而“跑到”相空间的其他区域。另外，相轨迹也不会真正到达这个无穷点集上(如果真正到达，则需要无穷长的时间)，这正是“混沌吸引子”名称的实质所在，如图 1-45 所示。注意到混沌不变集是混沌吸引子的终极状态，是看不到的，看到的其实是被它吸引的、有限时间范围内的相轨迹，通常也就简单地称所见到的图像为“混沌吸引子”。

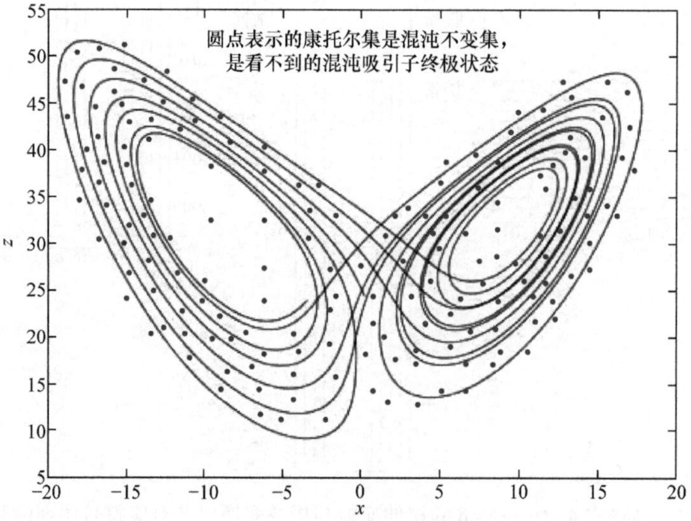

图 1-45　混沌不变集(康托尔集)与混沌吸引子图示

“吸引子”是指一个系统的状态点在相空间中运动，最后趋向的极限图形，这个极限图形就称为该系统的“吸引子”，通俗一点，“吸引子”就是一个系统的最后归宿。例如，一个被踢出去的足球，在空中飞了一段距离之后，掉到地上，又在草地上滚了一会儿，然后静止停在地上，如果没有其他情况发生，静止不动就是它的最后归属。因此，这段足球运动的吸引子，是它的相空间中的一个固定点。又如，人造卫星离开地面被发射出去之后，最后进入预定的轨道，绕着地球做 2 维周期运动，它和地球近似构成的二体系统的吸引子，便是一个椭圆。图 1-45 表示的吸引子，特点是既不收敛、不发散，也不周期，它与常规的收敛吸引子或周期吸引子的性质大不相同，故人们将其称为“奇怪吸引子”或“混沌吸引子”。

1.7.4　Henon 映射

下面以 Henon 映射为例进一步说明混沌系统中的拉伸与折叠变换的原理。1976 年，天文学家 Henon 从研究球状星团和 Lorenz 吸引子中得到启发，提出了著名的 Henon 映射，其迭代方程为

$$H:\ \begin{cases} x_{k+1} = 1 + by_k - ax_k^{\ 2} \\ y_{k+1} = x_k \end{cases} \tag{1-47}$$

式中，$a = 1.4$，$b = 0.3$。混沌吸引子的迭代结果如图 1-46 所示。

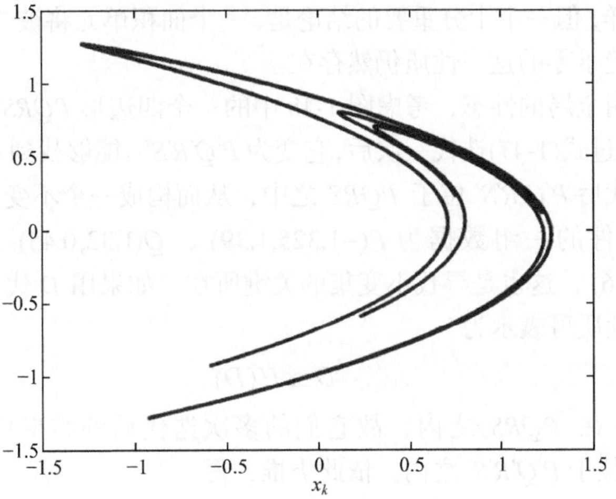

图 1-46　Henon 混沌吸引子相图

令 $x_{k+1} = x_k$，$y_{k+1} = y_k$，得平衡点方程为

$$\begin{cases} x_k = 1 + by_k - ax_k^{\ 2} \\ y_k = x_k \end{cases} \tag{1-48}$$

设式(1-48)的不动点为 (ξ,η)，对应的雅可比行列式为

$$J = \left| \frac{\partial(x_{k+1}, y_{k+1})}{\partial(x_k, y_k)} \right|_{\substack{x_k=\xi \\ y_k=\eta}} = \begin{vmatrix} -2.8\xi & 0.3 \\ 1 & 0 \end{vmatrix} = -0.3 \tag{1-49}$$

这说明每一次迭代后面积单元缩小到原来的 0.3，J 的负号说明面积边界的指向在迭代中改变。根据式(1-48)，可得两个不动点 $A(0.631,0.631)$ 和 $B(-1.131,-1.131)$。在 A 处，雅可比矩阵对应的第一个特征值为 $\lambda_1 = -1.924$，相应的特征向量为 $[-1.924,\ 1]^{\mathrm{T}}$，对应的第二个特征值为 $\lambda_2 = 0.156$，相应的特征向量为 $[0.156,\ 1]^{\mathrm{T}}$，并且得 $|\lambda_1|>1$，$|\lambda_2|<1$，可知 λ_1 的特征向量方向为不稳定流形方向，λ_2

的特征向量方向为稳定的流形方向。在 A 点附近沿两个特征方向取平行四边形单元 $abcd$，经过迭代方程(1-47)迭代一次后，变换成 $a'b'c'd'$，在 λ_1 的特征方向拉长到原来的1.924倍，而在 λ_2 的特征方向上压缩到原来的0.156。又注意到 $\lambda_1<0$，故在 λ_1 的特征方向朝远离 A 点方向移动到 A 点的另一侧，而 $\lambda_2>0$，故在 λ_2 的特征方向朝靠近 A 点方向移动到 A 的同一侧，而且面积缩小到原来的0.3，依此类推，经过多次反复迭代，原来平行四边形 $abcd$ 点集，最终极限是面积趋向于零的直线，它与直线 $\overline{CAE}$ 无限接近，但远离直线 $\overline{KAG}$，如图 1-47 所示。这是在平衡附近线性化后的结论，由于实际系统是非线性的，系统在大范围或全局的性态并不完全是这样，但一个十分重要的结论是，一个面积单元将被“拉长”成为很窄、很长、面积趋于零的这一性质仍然存在。

为了说明全局的性态，考虑图 1-48 中的一个四边形 $PQRS$，它的每一边都是线段，因而经过式(1-47)迭代一次后，它变为 $P'Q'R'S'$。能够找到一个四边形 $PQRS$，使得一次迭代后 $P'Q'R'S'$ 位于 $PQRS$ 之中，从而构成一个不变集，经计算，可得满足以上条件的一组数据为 $P(-1.325,1.39)$、$Q(1.32,0.45)$、$R(1.25,-0.41)$、$S(-1.05,-1.56)$，这也是寻找不变集的关键所在。如果用 D 代表 $PQRS$ 围成的区域，则上述性质可表示为

$$D\supset H(D)$$

因为 $P'Q'R'S'$ 在 $PQRS$ 之内，故它们的多次迭代后的结果仍有这种关系，即 $P''Q''R''S''$ 也位于 $P'Q'R'S'$ 之内。依此类推，得

$$D\supset H(D)\supset H^2(D)\supset H^3(D)\supset\cdots\supset H^n(D)\supset\cdots \tag{1-50}$$

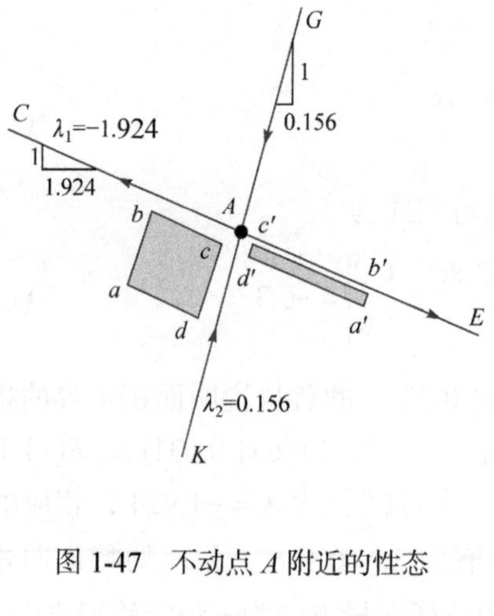

图 1-47　不动点 A 附近的性态

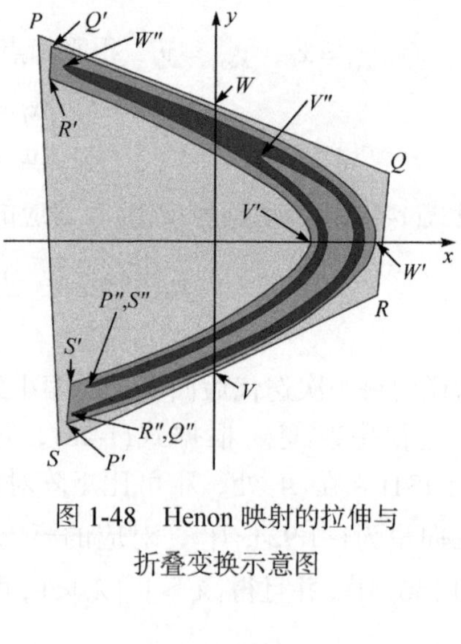

图 1-48　Henon 映射的拉伸与折叠变换示意图

由于 H 的雅可比行列式的值为 -0.3，即 $H(D)$ 的面积是 D 的面积的 0.3，$H^2(D)$ 的面积是 $H(D)$ 的面积的 0.3，即 D 的面积的 $0.3\times0.3=0.09$，所以，经过足够多次迭代后，这个面积将被缩小成任意小的面积。初始点落在区域 D 内，则它的各次迭代将始终逃不出 $H(D),H^2(D),H^3(D),\cdots$ 的范围，因而它们必然是一个不变集，最终将被吸引到 $\lim H^n(D)$ 的极限区域内，人们将此极限区域称为一个"吸引子"，这个吸引子本身是映射的一个不变集合，且此集合邻近的点在迭代映射下最终进入这个集合中，并且不动点 A 也在 $\lim H^n(D)$ 区域之内。

$\lim H^n(D)$ 的极限形式是什么？为此，将映射 H 的作用分为以下几步来分析：

(1) 将 $PQRS$ 拉长并且压扁，使其面积缩小为原来的 0.3；

(2) 因 $\det J$ 为负，故将拉长和压扁后的图形翻身；

(3) 将第(2)步得到的图形进行折叠；

(4) 将折叠后的图形放在原四边形的区域之内；

(5) 重复上述步骤，迭代的最后结果如图 1-49 所示，而这正好就是图 1-48 的结果。

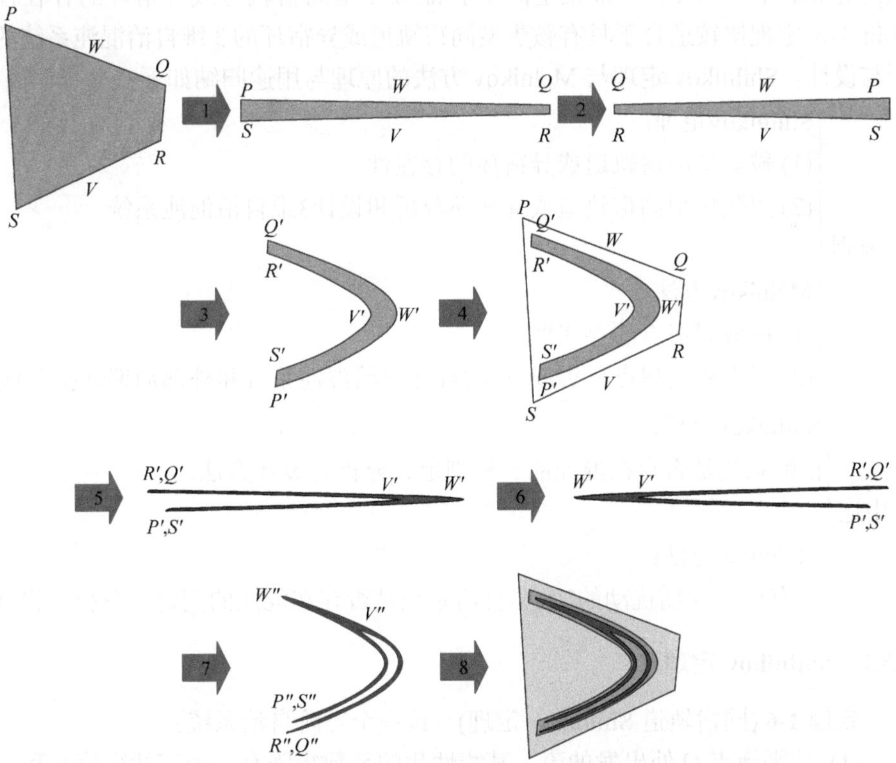

图 1-49 Henon 映射中的拉伸与折叠变换步骤

1.8 Shilnikov 定理与 Melnikov 方法

非线性动力系统中的一些问题，可以归结为带有弱周期扰动项的具有同宿轨道或异宿环的二阶常微分方程或者是具有鞍焦型同宿轨道的三阶常微分方程。对于这两类系统，利用一定技巧，可以建立相应的 2 维庞加莱回归映射。Melnikov 方法和 Shilnikov 定理则是用来判定这两类系统的 2 维庞加莱映射是否具有斯梅尔马蹄映射变换的解析方法。按照动力系统理论，若一个平面映射存在斯梅尔马蹄变换，那么这个映射就具有混沌属性的不变集。用 Melnikov 方法和 Shilnikov 定理判定一个系统是否具有斯梅尔马蹄意义下的混沌是近年来人们取得的一项成果。其中 Melnikov 方法的核心思想在于，把所讨论的系统归结为一个 2 维映射系统，然后推导其 2 维映射存在横截同宿点的数学条件，从而证实该映射是否具有斯梅尔马蹄意义下的混沌性质。这个方法的优点在于可以直接进行解析计算，以便于进行系统的分析。与 Melnikov 方法不同的是，Shilnikov 定理不是证明横截同宿点的存在性，而是在 3 维相空间中验证鞍焦型同宿轨道或异宿环的存在性，Shilnikov 定理比较适合于具有鞍焦型同宿轨道或异宿环的 3 维自治混沌系统的分析与设计。Shilnikov 定理与 Melnikov 方法的原理与用途归纳如下：

原理：
- Shilnikov定理：
  - (1) 鞍焦型同宿轨道或异宿环的存在性
  - (2) 用鞍焦型同宿轨道或异宿环分析和设计3维自治混沌系统
- Melnikov方法：
  - (1) 横截同宿点的存在性
  - (2) 用横截同宿点分析或设计2维非自治混沌系统和外部周期性扰动项

用途：
- Shilnikov定理：
  - 自治系统是否存在混沌的一种判定、分析与设计方法
- Melnikov方法：
  - 具有外部周期扰动的2维非自治系统是否存在混沌的判定、分析与设计

1.8.1 Shilnikov 定理

定理 1-6 (同宿轨道 Shilnikov 定理) 设一个三阶自治系统：

(1) 从平衡点 O 处出发的流，其线性化的系数矩阵有一个实特征值 γ 和一对共轭复特征值 $\sigma \pm \mathrm{j}\omega$，并且满足 $|\sigma/\gamma|<1$；

(2) 存在一条从平衡点 O 出发最后又返回平衡点 O 的同宿轨道。

当一个三阶自治系统同时满足上述两个条件时，存在斯梅尔马蹄意义下的混沌。

不等式 $|\sigma/\gamma|<1$ 称为 Shilnikov 不等式。定理 1-6 是针对一个指标 1 的鞍焦平衡点或一个指标 2 的鞍焦平衡点而言的，如图 1-50 所示。

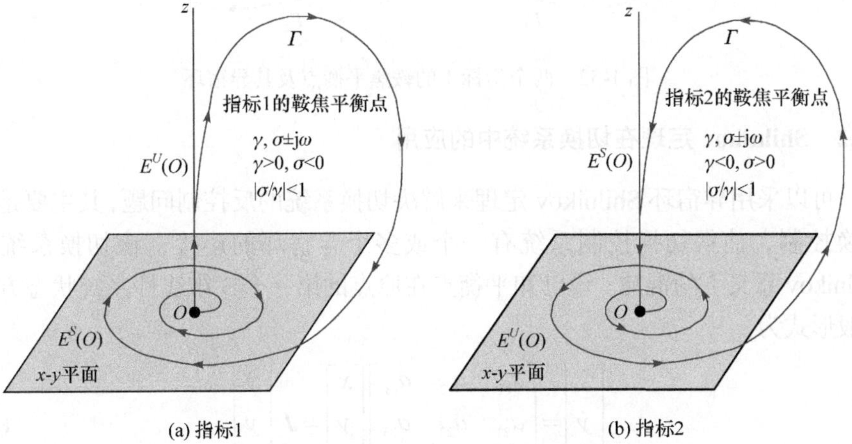

(a) 指标1　　(b) 指标2

图 1-50　指标 1 和指标 2 的鞍焦平衡点及其同宿轨道

定理 1-7 (异宿环 Shilnikov 定理)　设一个三阶自治系统：

(1) 从平衡点 $O_i\ (i=1,2)$ 处出发的流，其线性化的系数矩阵有实特征值 $\gamma_i\ (i=1,2)$ 和一对共轭复特征值 $\sigma_i \pm \mathrm{j}\omega_i\ (i=1,2)$，并且满足 $\gamma_1\gamma_2>0$，$\sigma_1\sigma_2>0$，$|\sigma_i/\gamma_i|<1\ (i=1,2)$；

(2) 存在一条连接两个平衡点 O_1 和 O_2 的异宿环。

当一个三阶自治系统同时满足上述两个条件时，存在斯梅尔马蹄意义下的混沌。

不等式 $|\sigma_i/\gamma_i|<1\ (i=1,2)$ 称为 Shilnikov 不等式。定理 1-7 是针对两个指标 1 的鞍焦平稳点或两个指标 2 的鞍焦平衡点而言的，如图 1-51 和图 1-52 所示。

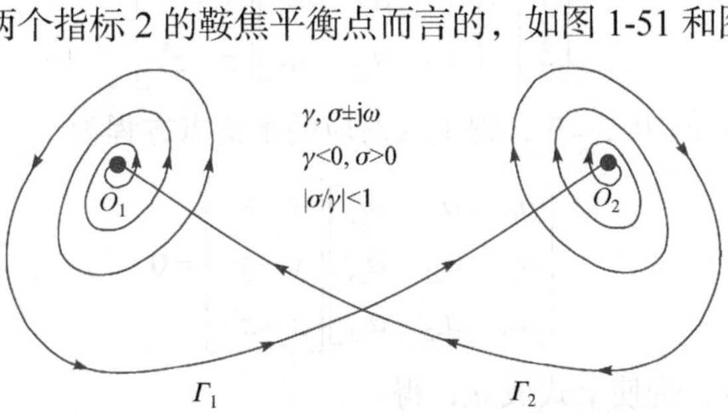

图 1-51　两个指标 2 的鞍焦平衡点及其异宿环

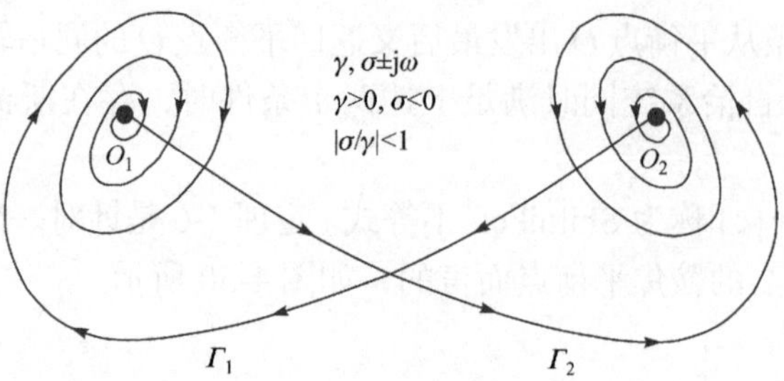

图 1-52 两个指标 1 的鞍焦平衡点及其异宿环

1.8.2 Shilnikov 定理在切换系统中的应用

可以采用异宿环 Shilnikov 定理来解决切换系统的反控制问题，其主要是通过切换控制，使得切换控制系统有一个或多个异宿环的连接，该切换系统具有 Shilnikov 意义下的混沌。设已知平衡点在原点的第一个 3 维线性系统状态方程的一般形式为

$$\begin{bmatrix}\dot{x}\\\dot{y}\\\dot{z}\end{bmatrix}=\begin{bmatrix}a_{11}&a_{12}&a_{13}\\a_{21}&a_{22}&a_{23}\\a_{31}&a_{32}&a_{33}\end{bmatrix}\begin{bmatrix}x\\y\\z\end{bmatrix}=\boldsymbol{J}_1\begin{bmatrix}x\\y\\z\end{bmatrix} \tag{1-51}$$

同理，设已知平衡点在原点的第二个 3 维线性系统状态方程的一般形式为

$$\begin{bmatrix}\dot{x}\\\dot{y}\\\dot{z}\end{bmatrix}=\begin{bmatrix}b_{11}&b_{12}&b_{13}\\b_{21}&b_{22}&b_{23}\\b_{31}&b_{32}&b_{33}\end{bmatrix}\begin{bmatrix}x\\y\\z\end{bmatrix}=\boldsymbol{J}_2\begin{bmatrix}x\\y\\z\end{bmatrix} \tag{1-52}$$

式中，$\boldsymbol{J}_1$ 和 $\boldsymbol{J}_2$ 为非奇异(满秩)矩阵，满足 $|\boldsymbol{J}_1|\neq 0$ 和 $|\boldsymbol{J}_2|\neq 0$。

在一般情况下，平衡点为 (x^*,y^*,z^*) 的 3 维线性系统状态方程的一般形式为

$$\begin{bmatrix}\dot{x}\\\dot{y}\\\dot{z}\end{bmatrix}=\begin{bmatrix}a_{11}&a_{12}&a_{13}\\a_{21}&a_{22}&a_{23}\\a_{31}&a_{32}&a_{33}\end{bmatrix}\begin{bmatrix}x-x^*\\y-y^*\\z-z^*\end{bmatrix}$$

事实上，令 $\dot{x}=0,\dot{y}=0,\dot{z}=0$，得上式对应的平衡点方程为

$$\begin{bmatrix}a_{11}&a_{12}&a_{13}\\a_{21}&a_{22}&a_{23}\\a_{31}&a_{32}&a_{33}\end{bmatrix}\begin{bmatrix}x-x^*\\y-y^*\\z-z^*\end{bmatrix}=\boldsymbol{0}$$

因 $|\boldsymbol{J}_1|\neq 0,|\boldsymbol{J}_2|\neq 0$，为使上式成立，得

$$\begin{bmatrix} x-x^* \\ y-y^* \\ z-z^* \end{bmatrix} = \mathbf{0}$$

故得平衡点为 $x=x^*, y=y^*, z=z^*$。

假设式(1-51)和式(1-52)分别存在唯一的平衡点 $O_1(0,0,0)$ 和 $O_2(0,0,0)$，并且 $O_1(0,0,0)$ 和 $O_2(0,0,0)$ 均为满足 Shilnikov 不等式的鞍焦平衡点，1 维稳定流形的空间直线方程 $E^S(O_1)$ 和 $E^S(O_2)$、2 维不稳定流形的空间平面方程 $E^U(O_1)$ 和 $E^U(O_2)$，以及 y-z 平面、x-z 平面、x-y 平面方程 S 分别为

$$\begin{cases} E^S(O_1): \dfrac{x}{l_1} = \dfrac{y}{m_1} = \dfrac{z}{n_1} \\ E^U(O_1): A_1 x + B_1 y + C_1 z = 0 \end{cases} \tag{1-53}$$

$$\begin{cases} E^S(O_2): \dfrac{x}{l_2} = \dfrac{y}{m_2} = \dfrac{z}{n_2} \\ E^U(O_2): A_2 x + B_2 y + C_2 z = 0 \end{cases} \tag{1-54}$$

$$S \in \{x=\eta_0, y=\tau_0, z=\mu_0\} \tag{1-55}$$

用切换控制器 $\boldsymbol{F}(x,y,z)=[f_1(x,y,z), f_2(x,y,z), f_3(x,y,z)]^{\mathrm{T}}$ 对式(1-51)和式(1-52)的平衡点进行平移变换，则切换系统变为

$$\begin{cases} \begin{bmatrix} \dot{x} \\ \dot{y} \\ \dot{z} \end{bmatrix} = \begin{bmatrix} a_{11} & a_{12} & a_{13} \\ a_{21} & a_{22} & a_{23} \\ a_{31} & a_{32} & a_{33} \end{bmatrix} \left[\begin{bmatrix} x \\ y \\ z \end{bmatrix} - \boldsymbol{F}(x,y,z) \right] \\ V \in V_1 = \{(x,y,z) \mid \xi > \xi_0, \xi \in (x,y,z), \xi_0 \in (\eta_0, \tau_0, \mu_0)\} \\ \begin{bmatrix} \dot{x} \\ \dot{y} \\ \dot{z} \end{bmatrix} = \begin{bmatrix} b_{11} & b_{12} & b_{13} \\ b_{21} & b_{22} & b_{23} \\ b_{31} & b_{32} & b_{33} \end{bmatrix} \left[\begin{bmatrix} x \\ y \\ z \end{bmatrix} - \boldsymbol{F}(x,y,z) \right] \\ V \in V_2 = \{(x,y,z) \mid \xi < \xi_0, \xi \in (x,y,z), \xi_0 \in (\eta_0, \tau_0, \mu_0)\} \end{cases} \tag{1-56}$$

若式(1-56)的平衡点变为 $P_+(x_1,y_1,z_1) \in V_1$，得 $P_+(x_1,y_1,z_1)$ 对应的 1 维稳定流形的空间直线方程 $E^S(P_+)$ 和 2 维不稳定流形的空间平面方程 $E^U(P_+)$ 分别为

$$E^S(P_+): \frac{x-x_1}{l_1} = \frac{y-y_1}{m_1} = \frac{z-z_1}{n_1} \tag{1-57}$$

$$E^U(P_+): A_1(x-x_1) + B_1(y-y_1) + C_1(z-z_1) = 0 \tag{1-58}$$

同理，若式(1-56)的平衡点变为 $P_{-}(x_2, y_2, z_2) \in V_2$，得 $P_{-}(x_2, y_2, z_2)$ 对应的 1 维稳定流形的空间直线方程 $E^S(P_{-})$ 和 2 维不稳定流形的空间平面方程 $E^U(P_{-})$ 分别为

$$E^S(P_{-}): \frac{x - x_2}{l_2} = \frac{y - y_2}{m_2} = \frac{z - z_2}{n_2} \tag{1-59}$$

$$E^U(P_{-}): A_2(x - x_2) + B_2(y - y_2) + C_2(z - z_2) = 0 \tag{1-60}$$

根据式(1-51)～式(1-60)，下面以 $S: x = 0$ 为切换平面的 3 维线性切换系统为例，得连接两个切换平面的异宿环如图 1-53 所示，可生成双翅膀混沌系统，如图 1-54 所示。同理得连续多个切换平面的异宿环如图 1-55 所示，可生成多翅膀混沌系统，如图 1-56 所示。

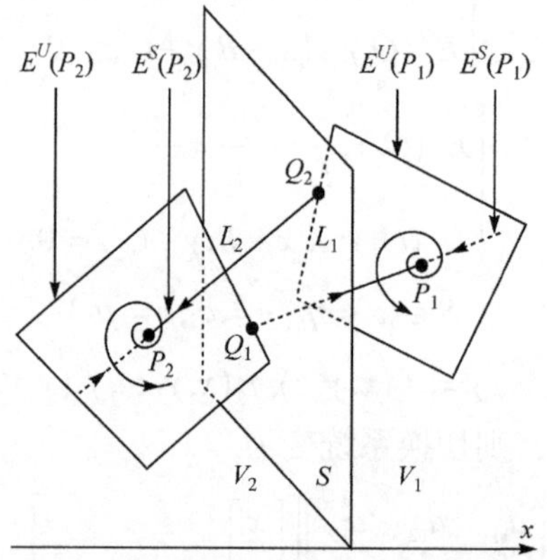

图 1-53　特征子空间以及两个基本线性系统平衡点之间通过异宿环连接的示意图

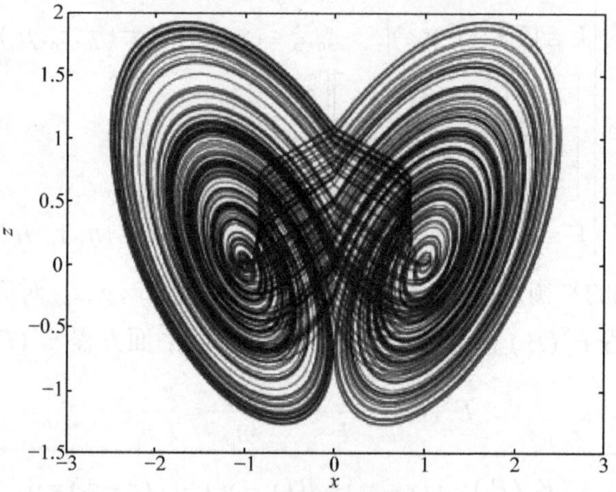

(a) x-z平面相图

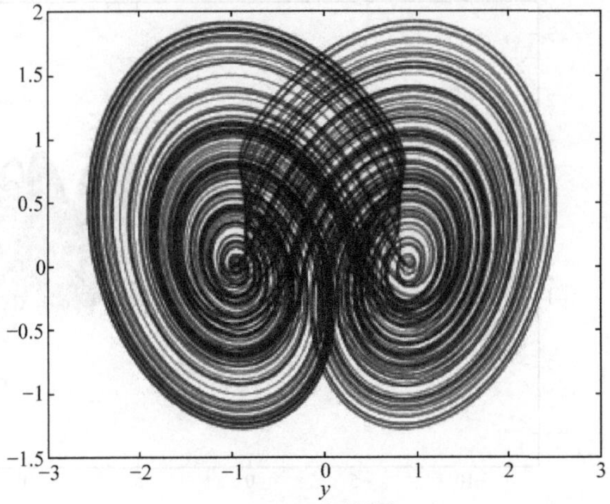

(b) y-z平面相图

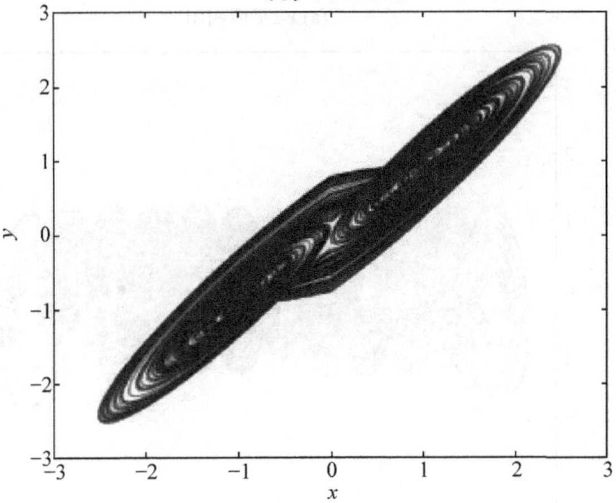

(c) x-y平面相图

图 1-54　双翅膀混沌吸引子的数值模拟结果

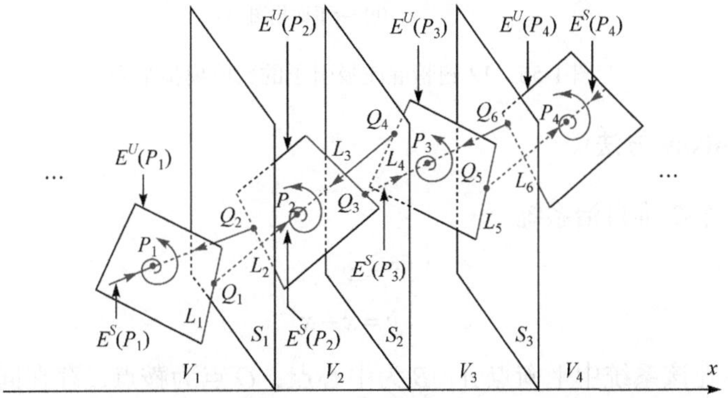

图 1-55　特征子空间和相邻平移线性系统平衡点之间通过异宿环连接的示意图

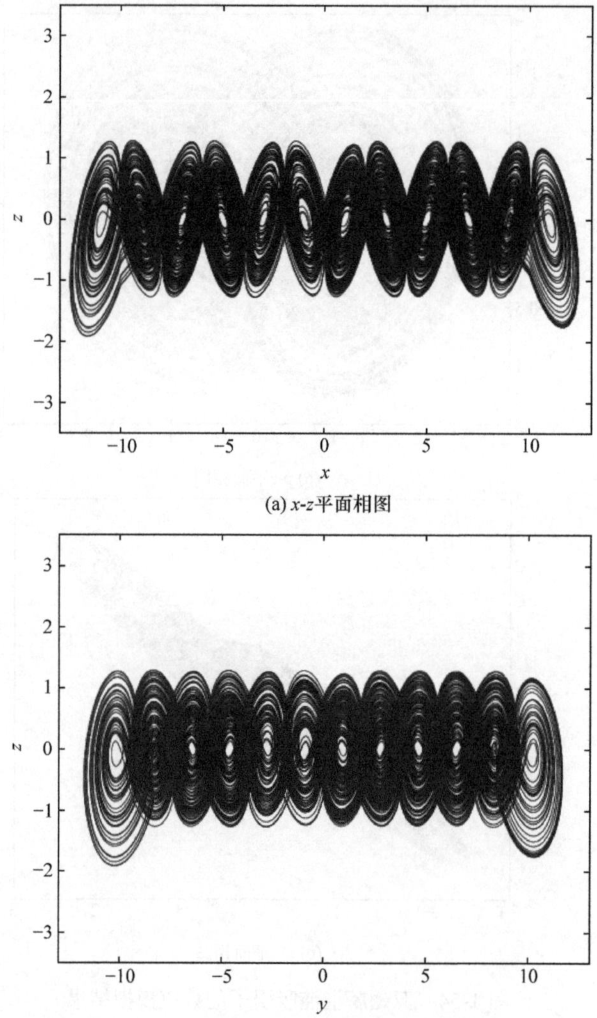

图 1-56　12 翅膀混沌吸引子的数值模拟结果

1.8.3　Melnikov 方法

考虑一个 2 维自治系统

$$\begin{cases}\dot{x}=y\\ \dot{y}=x-x^3\end{cases}\tag{1-61}$$

研究表明，在该系统中平衡点 A、B 为中心点，O 点为鞍点，存在同宿轨道，对

应的稳定流形为 $E^S(O)$，不稳定流形为 $E^U(O)$，如图 1-57 所示，但不存在横截同宿点。

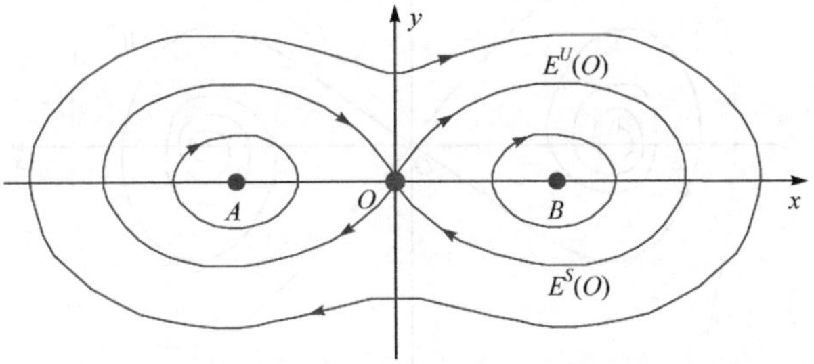

图 1-57　2 维自治系统(1-61)对应的平衡点与同宿轨道

如果在式(1-61)的第二个方程中，引入外部周期性扰动项 $F\cos(\omega t)-ky$，得对应的 2 维非自治系统(对应 3 维自治系统)为

$$\begin{cases}\dot{x}=y\\ \dot{y}=x-x^3+F\cos(\omega t)-ky\end{cases}\tag{1-62}$$

这就是众所周知的 Duffing 方程。

外部周期性扰动项 $F\cos(\omega t)-ky$ 的引入，使得原来具有光滑的同宿轨道在 a 处发生了破缺，如图 1-58 所示。进一步，若参数 F、ω、k 选取得比较合适，a_1 和 a_2 就会相交于一点形成横截同宿点，而横截同宿点的出现意味着马蹄和混沌。在三个参数 F、ω、k 中，阻尼 k 越小和激励 F 越大，系统越容易激起混沌。例如，当 $k=0.25$、$\omega=1$ 时，要存在横截同宿点，必须满足 $F>0.188$，故当 $F=0.1$ 时，不出现横截同宿点，无混沌现象，其稳定流形与不稳定流形如图 1-59 所示。而当 $F=0.4$ 时，有横截同宿点，产生混沌，对应的稳定流形与不稳定流形如图 1-60 所示，图中存在着多个横截同宿点，得混沌吸引子相图如图 1-61 所示。

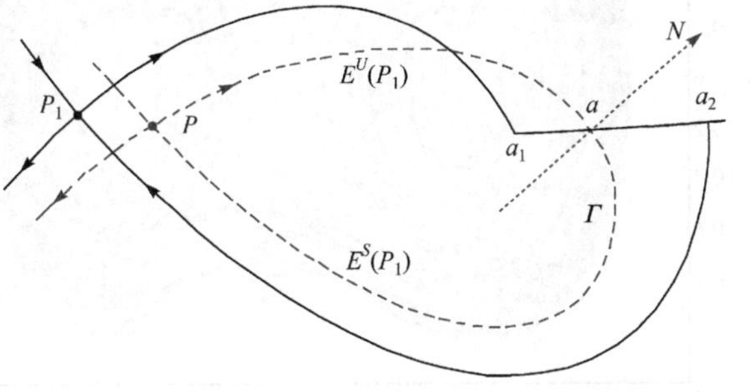

图 1-58　通过周期扰动实现由非横截相交到横截相交的示意图

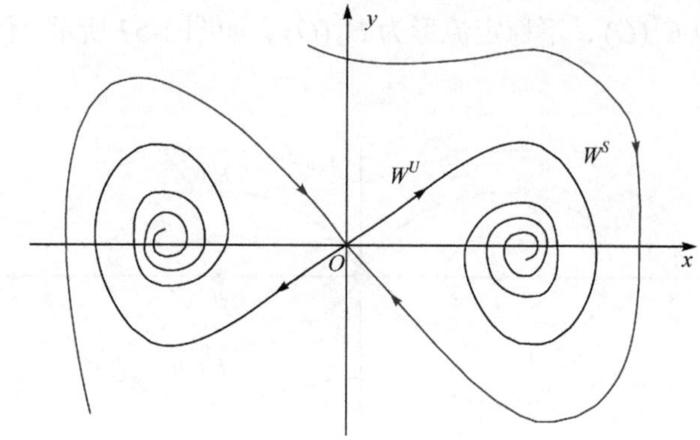

图 1-59　稳定流形与不稳定流形无横截同宿点

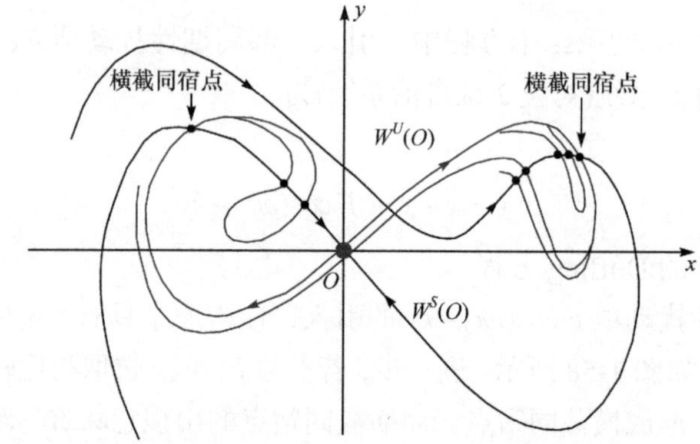

图 1-60　稳定流形与不稳定流形有横截同宿点

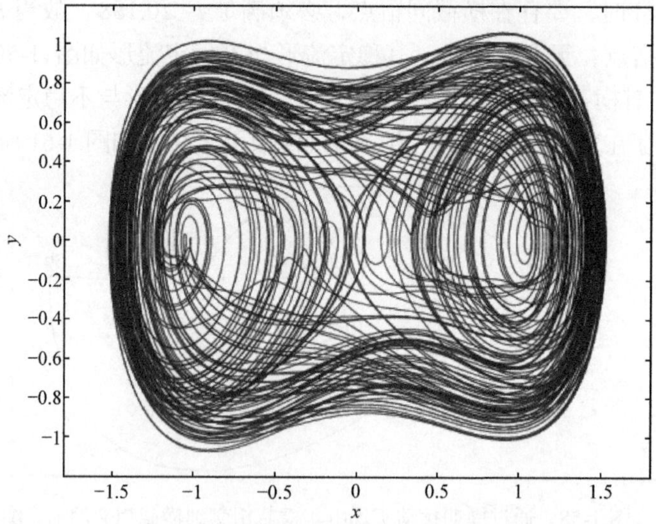

图 1-61　混沌吸引子相图

1.9　动力系统的定性分析方法

人们研究一个动力系统的目的，首先就是要得知该动力系统的解是什么，然后进一步研究这个解的性质是什么。动力系统的“解”，又称解的“流”或“流形”，在英文中为“flow”。对于一个动力系统，有时能求得严格的解析解，但在更多情况下，无法求得解析解，那么，只能采用定性分析的方法，即用轨线(轨道或相轨迹，不妨将它们理解为“流形”或“几何流”)定性地描述和刻画它，这种方法常称为解的几何分析方法或定性分析方法。

对于所有的线性动力系统和极少数的非线性动力系统，可求得其严格的解析解，但这些解析解的物理意义往往不够直观清晰，更为重要的是，在很多情况下并不需要知道解的具体形式，只需要知道解的一些定性性质，如平衡点的稳定性、同宿轨道、异宿环和分岔现象等，这些都属于动力系统定性分析的研究范畴。定性分析方法虽然不够十分严格，但物理意义很明确和直观，因此定性分析是最常用的动力系统分析方法。

而对于几乎所有的非线性动力系统，无法求得其解析解，因此定性分析方法(也称为几何分析方法)也就成为分析这些非线性动力系统的一种常用方法，利用这种方法可求方程的定性(或近似)解。例如，本章主要涉及的平衡点附近的轨线(即流)、同宿轨道、异宿环等，从本质上讲，都属于动力系统方程的定性解(几何解)。此外，所涉及的动力系统的分岔问题也是定性分析中的一个重要研究内容。

对于线性动力系统，平衡点附近的局部性质与全局性质是一样的，故对于线性系统的定性分析是十分方便的。但对于非线性动力系统，需要通过线性化的方法来研究平衡点附近的一些性质，这种线性化往往会导致平衡点附近的性质与整个系统的全局性质是不一样的，这是一个需要十分注意的重要问题。

1.9.1　平衡点

首先，需要弄清为什么要研究系统的平衡点，原因在于了解和掌握动力系统的终态行为是研究动力系统的一种重要方法。在定性分析中，可通过对平衡点稳定性的分析来掌握系统的终态行为，例如，对于连续系统，平衡点是指系统的状态不再随时间变化，即

$$\dot{x} = f(x) = 0 \tag{1-63}$$

通过求解方程 $f(x)=0$，可得系统平衡点的值。

其次，需要注意到一个重要事实：在通常所遇到的混沌系统中，平衡点的个数与系统的维数(阶数)或者系统是否产生混沌没有必然联系。以三阶混沌系统为例，它可能有三个平衡点和多个平衡点，可能只有一个平衡点，也可能没有平衡点。

在通常(注意“通常”二字，更具体一点，是指 Shilnikov 意义下的混沌)研究的混沌系统中，鞍点或鞍焦平衡点是生成混沌的必要条件，但不是充分条件，也就是说，要生成混沌，平衡点的类型必须是鞍点或鞍焦平衡点，但反过来不成立，鞍点或鞍焦平衡点并不意味着能产生混沌。这正好从一个侧面反映了混沌研究的复杂性和多样性，对于混沌研究，在目前情况下，不存在一个具有普适性的研究模式和放之四海而皆准的一般研究方法。

为什么鞍点或鞍焦平衡点是生成混沌的必要条件呢？这一点可从混沌是一种“拉伸与折叠”的变换这个角度来进行定性的解释和说明。平衡点有三大类：排斥不动点、吸引不动点、鞍点或鞍焦平衡点。

对于一个单独的排斥不动点，在所有方向上，只有不稳定流形，没有稳定流形，也就没有折叠机制，即不同时具备拉伸与折叠两种机制。

对于一个单独的吸引不动点，在所有方向上，只存在稳定流形，没有不稳定流形，也就没有拉伸机制，同样道理，不同时具备拉伸与折叠两种机制。

而对于一个单独的鞍点或鞍焦平衡点，其主要特点是同时存在稳定流形和不稳定流形，在有些方向上存在稳定流形，在另外一些方向上存在不稳定流形，因而同时具备了拉伸与折叠两种机制。

按照上述解释，似乎只要是鞍点或鞍焦平衡点就能产生混沌，但又为什么说它只是必要条件而不是充分条件呢？主要原因是，在非线性系统中，平衡点的类型是通过线性化后得到的(雅可比矩阵)，它只能说明平衡点附近的局部性质，是一种局部性质，不能代表全局性质(而对于线性系统，平衡点的性质一定是全局性质，但线性系统是不能产生混沌的)。而全局性质是由整个系统所有因素的相互作用共同决定的，如平衡点和非线性项之间的相互作用等诸多因素。那么，全局性代表的是什么呢？同宿轨道或异宿环是全局的性质，因为在一个 3 维系统中，如果满足 Shinikov 不等式，并且同时存在同宿轨道或者异宿环，则该系统在 Shinikov 意义下是混沌的。

而对于离散混沌系统，在保证轨道满足全局有界的条件下，具备了折叠机制，平衡点可以是排斥不动点、鞍点或鞍焦平衡点，但不能是吸引不动点，因为还需要拉伸机制才能保证产生混沌。平衡点的类型概述如下：

平衡点类型：

- (1) 吸引不动点
  - 稳定焦点
  - 稳定结点
- 特点：在所有方向上的流形都为稳定流形
- (2) 排斥不动点
  - 不稳定焦点
  - 不稳定结点
- 特点：在所有方向上的流形都为不稳定流形
- (3) 鞍点或鞍焦平衡点
  - 鞍点：特征根只有实部，没有虚部
  - 鞍焦点：特征根既有实部，又有虚部
- 特点：既存在稳定流形又存在不稳定流形，是这两个流形的汇合点

对于离散系统，当平衡点的所有特征根均位于单位圆内时是稳定的，为吸引不动点；当平衡点的所有特征根均位于单位圆外时是不稳定的，为排斥不动点；当平衡点的特征根有些位于单位圆内，有些位于单位圆外时，平衡点则为鞍点或鞍焦平衡点，如图 1-62 所示。

对于连续系统，当平衡点的所有特征根均位于左半平面内时是稳定的，为吸引不动点；当平衡点的所有特征根均位于右半平面内时是不稳定的，为排斥不动点；当平衡点的特征根有些位于左半平面内，有些位于右半平面内时，平衡点则为鞍点或鞍焦平衡点，如图 1-63 所示。

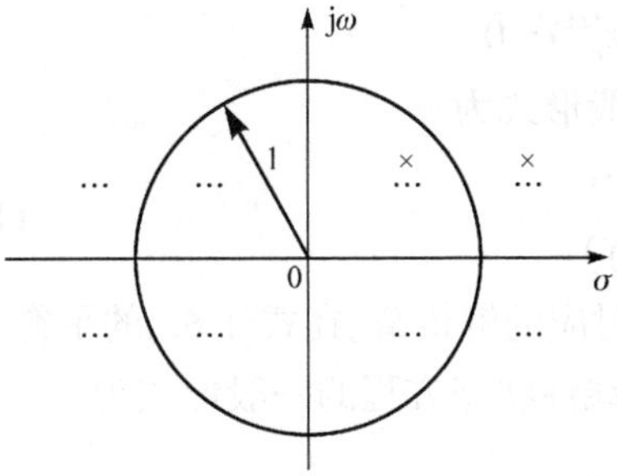

图 1-62　离散系统中根的分布

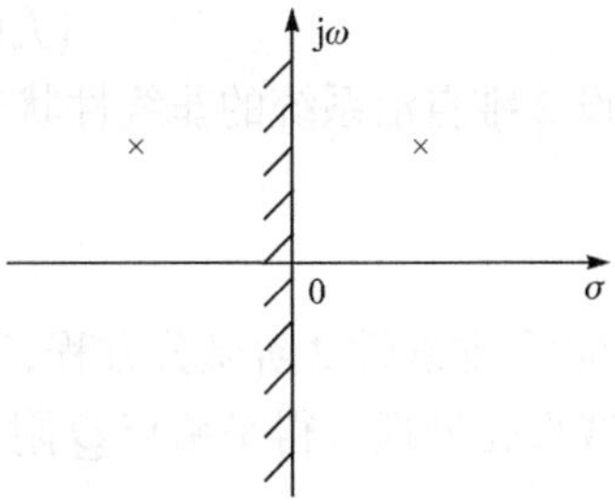

图 1-63　连续系统中根的分布

设 n 阶离散系统差分方程(迭代方程)的一般数学形式为

$$
\begin{cases}
x_1(k+1)=f_1(x_1(k),x_2(k),\cdots,x_n(k))\\
x_2(k+1)=f_2(x_1(k),x_2(k),\cdots,x_n(k))\\
x_3(k+1)=f_3(x_1(k),x_2(k),\cdots,x_n(k))\\
\qquad\vdots\\
x_n(k+1)=f_n(x_1(k),x_2(k),\cdots,x_n(k))
\end{cases}
\tag{1-64}
$$

当离散系统处于平衡状态时，满足 $x_i(k+1)=x_i(k)\ (i=1,2,\cdots,n)$，即系统的状态变

量不再随时间或迭代发生变化，此时，系统处于平衡状态。因此，根据式(1-64)，得离散系统平衡点方程的一般数学表达形式为

$$\begin{cases} f_1(x_1^{(e)}(k), x_2^{(e)}(k), \cdots, x_n^{(e)}(k)) - x_1^{(e)}(k) = 0 \\ f_2(x_1^{(e)}(k), x_2^{(e)}(k), \cdots, x_n^{(e)}(k)) - x_2^{(e)}(k) = 0 \\ f_3(x_1^{(e)}(k), x_2^{(e)}(k), \cdots, x_n^{(e)}(k)) - x_3^{(e)}(k) = 0 \\ \vdots \\ f_n(x_1^{(e)}(k), x_2^{(e)}(k), \cdots, x_n^{(e)}(k)) - x_n^{(e)}(k) = 0 \end{cases} \tag{1-65}$$

设 n 阶连续混沌系统的一般形式为

$$\begin{cases} \dot{x}_1 = f_1(x_1, x_2, \cdots, x_n) \\ \dot{x}_2 = f_2(x_1, x_2, \cdots, x_n) \\ \vdots \\ \dot{x}_n = f_n(x_1, x_2, \cdots, x_n) \end{cases} \tag{1-66}$$

当系统处于平衡状态时，系统的变量不再随着时间发生变化，满足 $\dot{x} = 0$ 。根据式(1-66)得平衡点 $x_i^{(e)} (i = 1, 2, \cdots, n)$ 的方程为

$$\begin{cases} f_1(x_1^{(e)}, x_2^{(e)}, \cdots, x_n^{(e)}) = 0 \\ f_2(x_1^{(e)}, x_2^{(e)}, \cdots, x_n^{(e)}) = 0 \\ \vdots \\ f_n(x_1^{(e)}, x_2^{(e)}, \cdots, x_n^{(e)}) = 0 \end{cases} \tag{1-67}$$

设 2 维自治系统的非线性状态方程的一般形式为

$$\begin{cases} \dot{x} = f_1(x, y) \\ \dot{y} = f_2(x, y) \end{cases} \tag{1-68}$$

式(1-68)是非线性 2 阶微分方程，很难求得其对应的解析解。在式(1-68)的平衡点 Q 处作线性化处理，得平衡点 Q 附近所对应的线性状态方程的一般形式为

$$\frac{\mathrm{d}\boldsymbol{X}}{\mathrm{d}t} = \boldsymbol{J}(Q) \cdot \boldsymbol{X} \tag{1-69}$$

式中，$\boldsymbol{X} = [X, Y]^{\mathrm{T}}$ ，X、Y 表示线性化系统以平衡点 Q 为原点的二维坐标；$\boldsymbol{J}(Q)$ 为雅可比矩阵，其一般形式为

$$\boldsymbol{J}(Q) = \begin{bmatrix} \partial f_1 / \partial x & \partial f_1 / \partial y \\ \partial f_2 / \partial x & \partial f_2 / \partial y \end{bmatrix}_Q$$

对应的雅可比行列式之值为

$$\Delta = |\boldsymbol{J}| = \frac{\partial f_1}{\partial x}\frac{\partial f_2}{\partial y} - \frac{\partial f_1}{\partial y}\frac{\partial f_2}{\partial x}$$

雅可比行列式的迹为主对角线元素之和，故得

$$\tau = \frac{\partial f_1}{\partial x} + \frac{\partial f_2}{\partial y}$$

进一步得对应的特征方程、特征多项式和两个特征值λ_1、λ_2的解为

$$\boldsymbol{J}(Q) = \begin{bmatrix} \dfrac{\partial f_1}{\partial x} & \dfrac{\partial f_1}{\partial y} \\ \dfrac{\partial f_2}{\partial x} & \dfrac{\partial f_2}{\partial y} \end{bmatrix}_Q \xrightarrow{\text{特征方程}} \begin{vmatrix} \dfrac{\partial f_1}{\partial x} - \lambda & \dfrac{\partial f_1}{\partial y} \\ \dfrac{\partial f_2}{\partial x} & \dfrac{\partial f_2}{\partial y} - \lambda \end{vmatrix}_Q = 0$$

$$\xrightarrow{\text{特征多项式}} \lambda^2 - \left(\frac{\partial f_1}{\partial x} + \frac{\partial f_2}{\partial y}\right)\lambda + \left(\frac{\partial f_1}{\partial x}\frac{\partial f_2}{\partial y} - \frac{\partial f_1}{\partial y}\frac{\partial f_2}{\partial x}\right) = 0$$

$$\xrightarrow{\text{将前面}\tau\text{和}\Delta\text{的值代入得}} \lambda^2 - \tau\lambda + \Delta = 0 \xrightarrow{\text{由特征多项式}} \text{解得两个特征值}\lambda_1、\lambda_2$$

$$\xrightarrow{\lambda_1、\lambda_2\text{的解为}} \lambda_{1,2} = \frac{\tau \pm \sqrt{\tau^2 - 4\Delta}}{2} \tag{1-70}$$

根据式(1-70)，得

$$\begin{cases} \lambda_1 + \lambda_2 = \dfrac{\tau + \sqrt{\tau^2 - 4\Delta}}{2} + \dfrac{\tau - \sqrt{\tau^2 - 4\Delta}}{2} = \tau \\ \lambda_1\lambda_2 = \dfrac{\tau + \sqrt{\tau^2 - 4\Delta}}{2} \times \dfrac{\tau - \sqrt{\tau^2 - 4\Delta}}{2} = \dfrac{1}{4}[\tau^2 - (\tau^2 - 4\Delta)] = \Delta \end{cases}$$

进一步求得特征值对应的特征向量为$\boldsymbol{\xi}_1$、$\boldsymbol{\xi}_2$，从而可求得在平衡点附近线性化后，对应线性方程(1-69)的解析解为

$$\boldsymbol{X}(t) = C_1 \mathrm{e}^{\lambda_1 t}\boldsymbol{\xi}_1 + C_2 \mathrm{e}^{\lambda_2 t}\boldsymbol{\xi}_2 \tag{1-71}$$

这个解析解虽然是线性方程(1-69)的全局解，但它只是非线性方程(1-68)中平衡点附近的解析解，而不是式(1-68)的全局解。

虽然解析解已求出，但从定性的性质上看，这个解析解并不直观。相关的几点讨论如下：

(1) λ_1、λ_2有正有负，并且均为实数。负根对应的解稳定，正根对应的解不稳定，称为鞍点。因此，鞍点是稳定流形与不稳定流形的汇合点，但稳定流形是起次要作用的，而不稳定流形起主要控制作用，因而不稳定是鞍点最根本的性质。

(2) $\lambda_1 > 0, \lambda_2 > 0$，解$\boldsymbol{X}(t)$是不稳定的，称为不稳定结点，为不稳定流形。

(3) $\lambda_1 < 0, \lambda_2 < 0$，解$\boldsymbol{X}(t)$是稳定的，称为稳定结点，为稳定流形。

(4) λ_1、λ_2为一对共轭特征值$\sigma \pm \mathrm{j}\omega$，则解的形式为

$$\boldsymbol{X}(t) = C_c \mathrm{e}^{\sigma t}[\cos(\omega t + \varphi_c)\boldsymbol{\eta}_1 + \sin(\omega t + \varphi_c)\boldsymbol{\eta}_2] \tag{1-72}$$

式中，$\boldsymbol{\eta}_1$、$\boldsymbol{\eta}_2$为共轭特征值$\sigma \pm \mathrm{j}\omega$对应的特征平面。实部$\sigma > 0$为增幅振荡，对应

一个不稳定的焦点；实部$\sigma<0$为衰减振荡，对应一个稳定的焦点；实部$\sigma=0$为等幅振荡，对应一个中心点。

下面进一步对式(1-69)作定性分析。由前面分析可知行列式的值$\varDelta$、行列式的迹τ与特征值λ_1、λ_2之间的关系为

$$\lambda_{1,2}=\frac{1}{2}\left(\tau\pm\sqrt{\tau^2-4\varDelta}\right) \tag{1-73}$$

得平衡点在$\varDelta$-τ平面上分类情况如图1-64所示。令式(1-73)根号中$\tau^2-4\varDelta=0$，得对应的抛物线方程为

$$\tau^2-4\varDelta=0 \quad \Rightarrow \quad \varDelta=\frac{1}{4}\tau^2 \tag{1-74}$$

它代表$\varDelta$-τ平面上的边界线，将平面分成五个区域和三条边界线，如图1-64所示。注意图中的轨线称为“流”或者称为“流形”，它们只是在式(1-68)平衡点附近方程解的情况，是非线性系统局部性质的，不是全局性的。

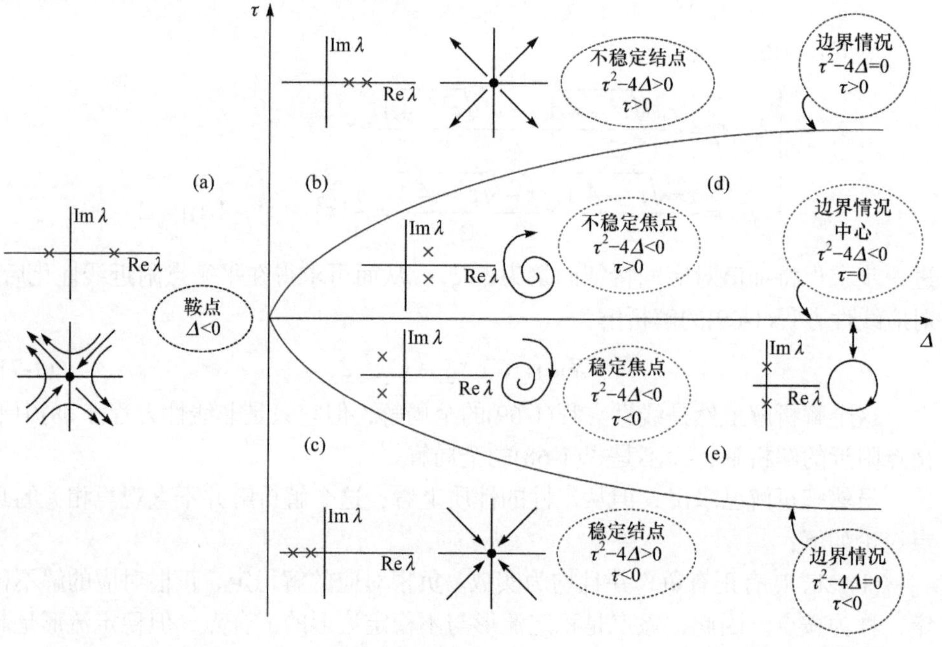

图1-64　平衡点在$\varDelta$-τ平面上的分类情况(图中轨线称为流，它们都是方程的定性解)

根据图1-64所示的五个区域和三条边界线，可以进一步对2维系统的平衡点进行分类，结果如下：

(1) 在左半平面的区域(a)中，满足$\varDelta<0$，两个根均为实根，根据$\varDelta=\lambda_1\lambda_2$，得其中一个根大于0以及另一个根小于0，故区域(a)为鞍点存在的区域(注意不是鞍焦点，鞍焦点只存在3维系统以上的系统中)；

(2) 在区域(b)中，满足$\tau^2-4\varDelta>0$，$\tau>0$，$\varDelta>0$，根据式(1-73)，得到两个根均为大于 0 的实根，并且不相等，故区域(b)为不稳定结点存在的区域；

(3) 在区域(c)中，满足$\tau^2-4\varDelta>0$，$\tau<0$，$\varDelta>0$，根据式(1-73)，得两个均为小于 0 的实根，并且不相等，故区域(c)为稳定结点存在的区域；

(4) 在区域(d)中，满足$\tau^2-4\varDelta<0$，$\tau>0$，$\varDelta>0$，根据式(1-73)，得一对不稳定的共轭复根，故区域(d)为不稳定焦点存在的区域；

(5) 在区域(e)中，满足$\tau^2-4\varDelta<0$，$\tau<0$，$\varDelta>0$，根据式(1-73)，得一对稳定的共轭复根，故区域(e)为稳定焦点存在的区域；

(6) 边界线$\tau=0$为中心点，满足$\tau^2-4\varDelta<0$，$\tau=0$。

设 3 维自治系统的状态方程为

$$\begin{cases}\dot{x}=f_1(x,y,z)\\ \dot{y}=f_2(x,y,z)\\ \dot{z}=f_3(x,y,z)\end{cases} \tag{1-75}$$

在平衡点 Q 处作线性化处理，得

$$\frac{\mathrm{d}\boldsymbol{X}}{\mathrm{d}t}=\boldsymbol{J}(Q)\cdot\boldsymbol{X} \tag{1-76}$$

式中，$\boldsymbol{X}=[X,Y,Z]^{\mathrm{T}}$，$X$、$Y$、$Z$ 表示线性化系统以平衡点 Q 为原点的三维坐标；$\boldsymbol{J}(Q)$为雅可比矩阵，$\boldsymbol{J}(Q)$及其对应的特征方程和特征值为

$$\boldsymbol{J}(Q)=\begin{bmatrix}\dfrac{\partial f_1}{\partial x} & \dfrac{\partial f_1}{\partial y} & \dfrac{\partial f_1}{\partial z}\\ \dfrac{\partial f_2}{\partial x} & \dfrac{\partial f_2}{\partial y} & \dfrac{\partial f_2}{\partial z}\\ \dfrac{\partial f_3}{\partial x} & \dfrac{\partial f_3}{\partial y} & \dfrac{\partial f_3}{\partial z}\end{bmatrix}_Q \xrightarrow{\text{特征方程}} \begin{vmatrix}\dfrac{\partial f_1}{\partial x}-\lambda & \dfrac{\partial f_1}{\partial y} & \dfrac{\partial f_1}{\partial z}\\ \dfrac{\partial f_2}{\partial x} & \dfrac{\partial f_2}{\partial y}-\lambda & \dfrac{\partial f_2}{\partial z}\\ \dfrac{\partial f_3}{\partial x} & \dfrac{\partial f_3}{\partial y} & \dfrac{\partial f_3}{\partial z}-\lambda\end{vmatrix}_Q=0$$

$$\xrightarrow{\text{特征多项式}}\lambda^3+p\lambda^2+q\lambda+r=0\xrightarrow{\text{由特征多项式}}\text{可解得三个特征值}\lambda_1\text{、}\lambda_2\text{、}\lambda_3 \tag{1-77}$$

进一步得方程(1-76)的解析解为

$$\boldsymbol{X}(t)=C_1\mathrm{e}^{\lambda_1 t}\boldsymbol{\xi}_1+C_2\mathrm{e}^{\lambda_2 t}\boldsymbol{\xi}_2+C_3\mathrm{e}^{\lambda_3 t}\boldsymbol{\xi}_3 \tag{1-78}$$

式中，$\boldsymbol{\xi}_1$、$\boldsymbol{\xi}_2$、$\boldsymbol{\xi}_3$ 为特征向量。注意这个解析解虽然是线性方程(1-76)的全局解，但它只是非线性方程(1-75)中平衡点附近的解析解，而不是式(1-75)的全局解。

(1) $\lambda_1<0,\lambda_2<0,\lambda_3<0$，且均为实数，解 $\boldsymbol{X}(t)$ 是稳定的，为稳定结点，稳定结点的流形是稳定的，如图 1-65(a)所示。

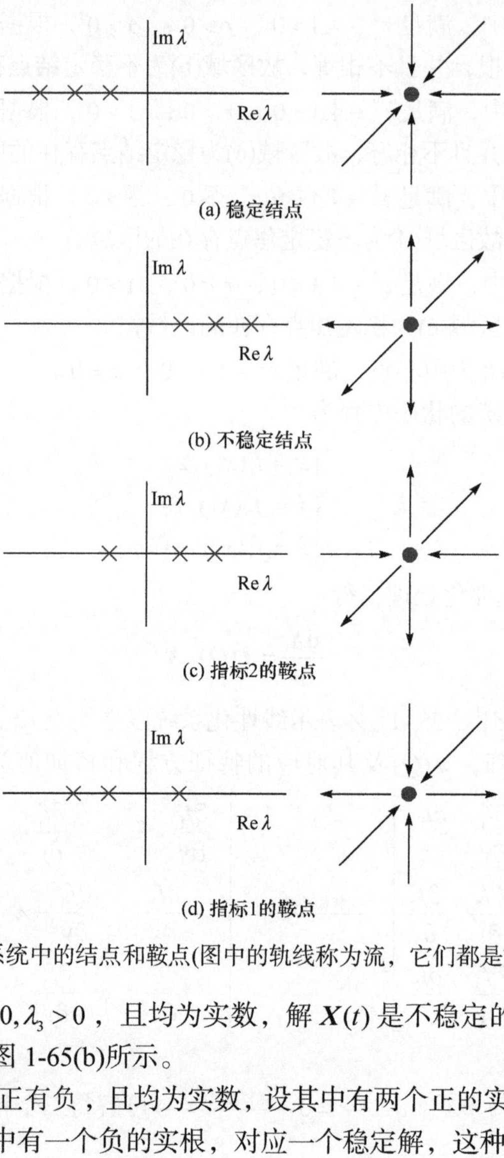

图 1-65　3 维系统中的结点和鞍点(图中的轨线称为流，它们都是方程的定性解)

(2) $\lambda_1 > 0, \lambda_2 > 0, \lambda_3 > 0$，且均为实数，解 $\boldsymbol{X}(t)$ 是不稳定的，为不稳定结点，是不稳定流形，如图 1-65(b)所示。

(3) λ_1、λ_2、λ_3有正有负，且均为实数，设其中有两个正的实数根，分别对应两个不稳定解，设其中有一个负的实根，对应一个稳定解，这种具有两个不稳定流形和一个稳定流形的汇合点称为指标 2 的鞍点，如图 1-65(c)所示。

(4) λ_1、λ_2、λ_3有正有负，且均为实数，设其中有一个正的实数根，分别对应一个不稳定解，设其中有两个负的实根，对应两个稳定解，这种具有一个不稳定流形和两个稳定流形的汇合点称为指标 1 的鞍点，如图 1-65(d)所示。

(5) λ_1、λ_2、λ_3具有一个实的特征值γ和一对复共轭特征值$\sigma \pm \mathrm{j}\omega$，称这类平衡点为鞍焦平衡点，对于混沌系统十分重要，将在下面进行详细分析和讨论。可求

得式(1-76)解的一般形式为

$$X(t) = C_r e^{\gamma t} \xi_r + C_c e^{\sigma t} [\cos(\omega t + \varphi_c)\eta_1 + \sin(\omega t + \varphi_c)\eta_2] \tag{1-79}$$

式中，ξ_r 为实的特征值 γ 对应的特征向量；η_1、η_2 为复共轭特征值 $\sigma \pm j\omega$ 对应的特征平面，即 η_1、η_2 构成一个平面。这样，就由 ξ_r 和 η_1、η_2 张成了一个 3 维特征空间，在这个特征空间中平衡点附近的轨线运动为螺旋运动，螺旋运动的具体形状由 γ 和 σ 的大小决定，即：

(1) $\gamma > 0, \sigma < 0$，对应指标 1 的鞍焦点，如图 1-66(a)所示；

(2) $\gamma < 0, \sigma > 0$，对应指标 2 的鞍焦点，如图 1-66(b)所示；

(3) $\gamma < 0, \sigma < 0$，对应稳定焦点，如图 1-66(c)所示；

(4) $\gamma > 0, \sigma > 0$，对应不稳定焦点，如图 1-66(d)所示。

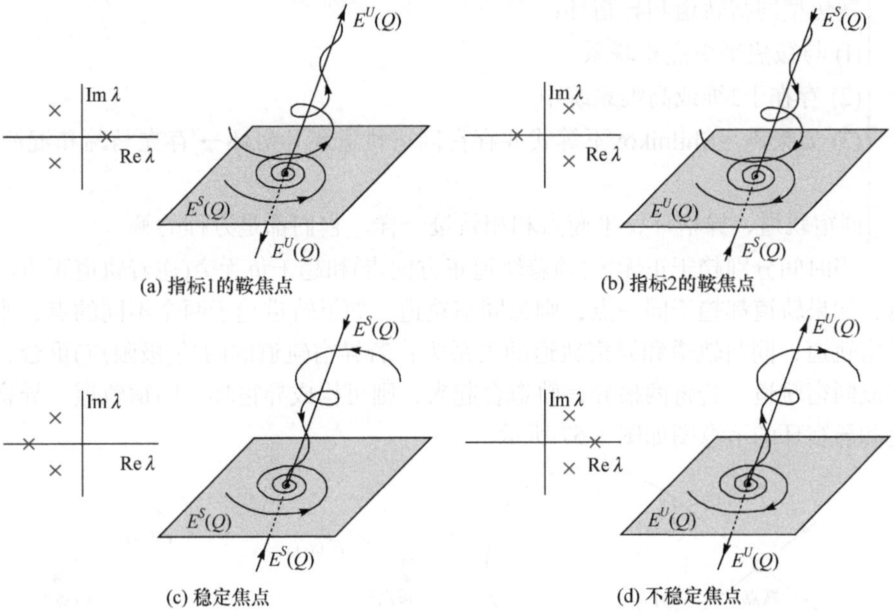

图 1-66　鞍焦平衡点(图中的轨线称为流，它们都是方程的定性解)

在这四种鞍焦平衡点和焦点中，指标 1 的鞍焦平衡点和指标 2 的鞍焦平衡点对产生混沌运动是十分关键的。一般而言，对于具有 Shilnikov 意义下的混沌系统，如众所周知的 Chua 系统，指标 2 的鞍焦平衡点是涡卷运动产生的前提，而指标 1 的鞍焦平衡点是连接涡卷之间键带形成的基础。

1.9.2　同宿轨道和异宿环

在前面讨论了平衡点的分类与性质，分析了平衡点附近相轨迹的运动模式，它是吸引子中相轨迹运动的一种局部行为特征。局部特征显然不能代表总体行为。

本节进一步讨论混沌吸引子中相轨迹运动具有全局特征的同宿轨道和异宿环。

同宿轨道和异宿环是与鞍点或鞍焦平衡点相联系的。对于 2 维系统，只存在鞍点，不存在鞍焦平衡点；而对于 3 维或高维系统，既存在鞍点，又存在鞍焦平衡点。同宿轨道和异宿环的类型概括如下：

鞍点型同宿轨道和异宿环：
(1) 与鞍点相联系
(2) 存在于2维、3维或高维系统中
(3) 如果不存在横截同宿点或横截异宿点 → 不存在马蹄和混沌
(4) 如果存在横截同宿点或横截异宿点 → 存在马蹄和混沌

鞍焦型同宿轨道和异宿环：
(1) 与鞍焦平衡点相联系
(2) 存在于3维或高维系统中
(3) 如果满足Shilnikov不等式并存在同宿轨道或异宿环 → 存在马蹄和混沌

同宿轨道、异宿环、平衡点和相轨迹一样，它们都是方程的解

当时间分别趋于正无穷(顺着轨道正方向走)和趋于负无穷(逆着轨道正方向走)时，如果轨道都趋于同一点，则为同宿轨道。如果轨道趋于两个不同的点，则为异宿轨道；同宿轨道和异宿轨道的关系为：若异宿轨道的两端(极限点)重合，则变成同宿轨道。若将两根异宿轨道合起来，则可构成异宿环。同宿轨道、异宿轨道和异宿环的示意图如图 1-67 所示。

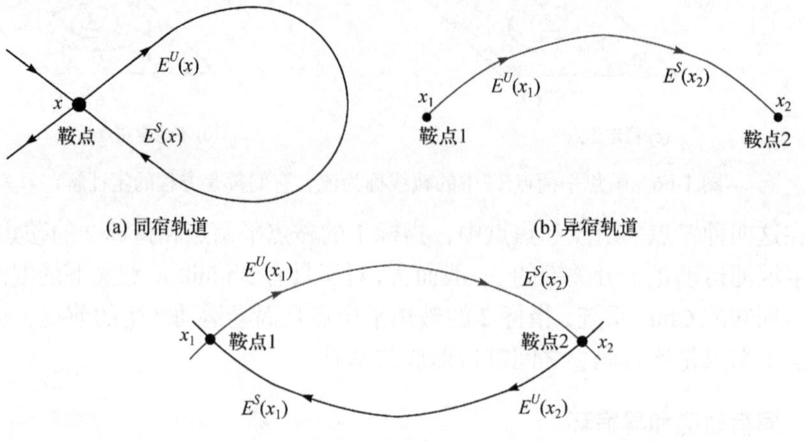

(a) 同宿轨道　(b) 异宿轨道

(c) 异宿环

图 1-67　同宿轨道、异宿轨道和异宿环示意图

同宿轨道上的任何一个点都可以理解为“同宿点”，对于同宿点，同一个鞍点所对应的不稳定流形指向它，而稳定流形离开它。特别是非自治系统中受到外界扰动的情况下，如果稳定流形与不稳定流形在同宿点处相交，那么这个同宿点就成为“横截同宿点”。不存在横截同宿点和存在横截同宿点的鞍点型同宿轨道如图 1-68 所示。

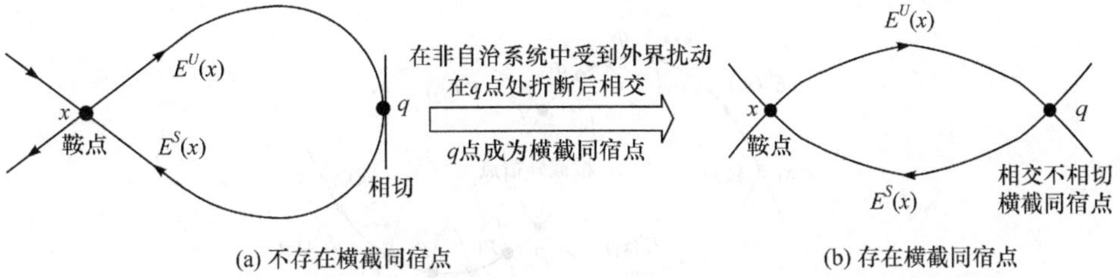

图 1-68　存在横截同宿点和不存在横截同宿点的鞍点型同宿轨道示意图

还要注意一个十分重要的问题是，只要有一个横截同宿点，那么就有无穷多个横截同宿点。主要原因是，如果将稳定流形 $E^S(Q)$ 与不稳定流形 $E^U(Q)$ 的交点

$$E^S(Q)\bigcap E^U(Q)=\{q,q_1,q_2,q_3,q_4,q_5,\cdots\} \tag{1-80}$$

组成一个不变集，所有迭代结果都在这个不变集之中，不会跑出这个不变集之外，故从 q 开始迭代产生的迭代值 $q_1,q_2,q_3,q_4,q_5,\cdots$ 就都应位于这个不变集之中，也就是说，它们都应位于稳定流形与不稳定流形的交点之上。存在无穷多个横截同宿点的同宿轨道如图 1-69 所示。

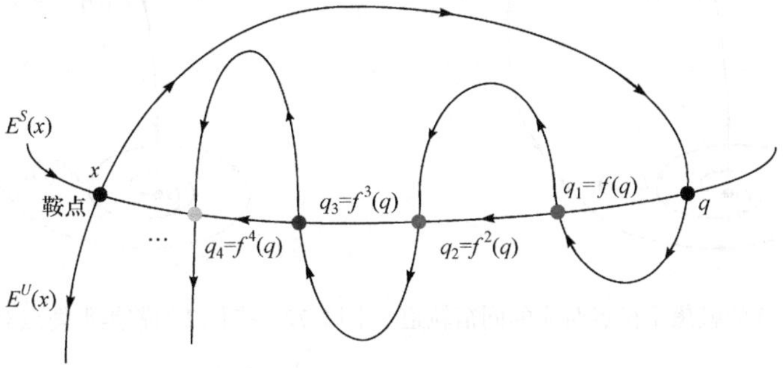

图 1-69　存在无穷多个横截同宿点(图中列出了 5 个)的示意图

异宿环上任何一个点都可理解为“异宿点”，对于异宿点，一个鞍点对应的不稳定流形指向它，另一个鞍点对应的稳定流形则离开它。特别是在非自治系统中，在受到外界扰动的情况下，如果稳定流形与不稳定流形在异宿点相交，那么这个异宿点就成为“横截异宿点”。不存在横截异宿点和存在横截异宿点的鞍点型异宿环如图 1-70 所示。

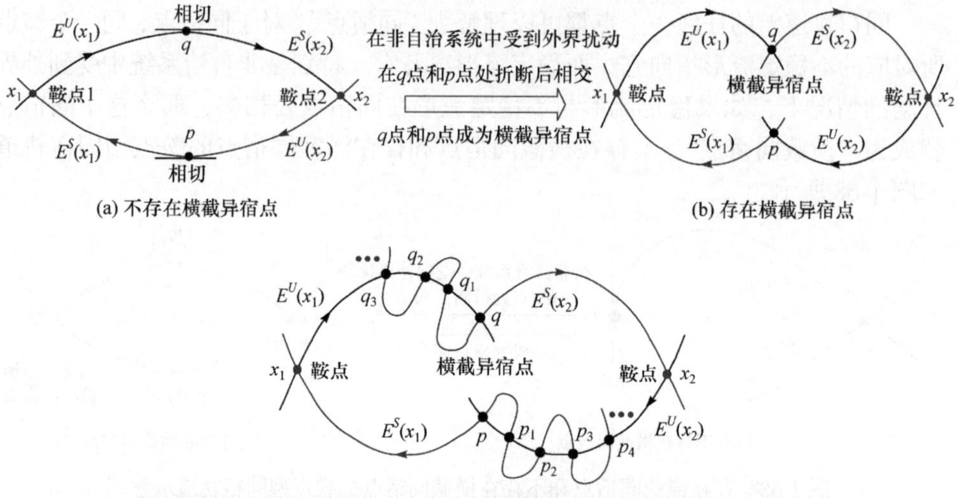

(a) 不存在横截异宿点　　(b) 存在横截异宿点

(c) 横截异宿点的栅栏结构(即只要存在一个横截异宿点，就存在无穷多个横截异宿点)

图 1-70　不存在横截异宿点和存在横截异宿点的鞍点型异宿环示意图

鞍焦型同宿轨道是从鞍焦点 O 出发最后又返回点 O 的一种轨道，如图 1-71 和图 1-72 所示。鞍焦型异宿环是将两个鞍焦点 O_1 和 O_2 连接起来的一种轨道，如图 1-73 和图 1-74 所示。

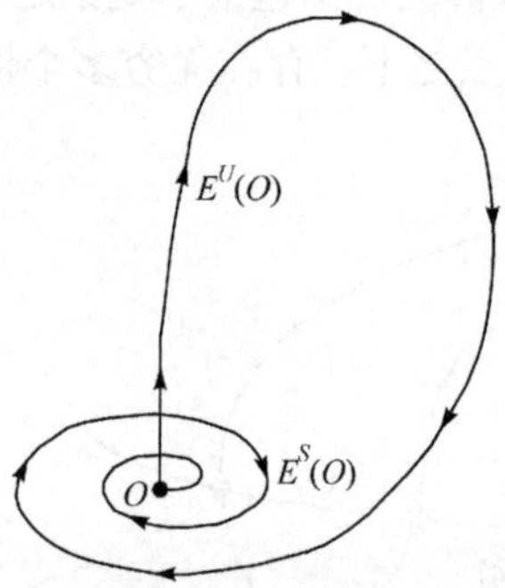

图 1-71　指标 1 的鞍焦平衡点对应的同宿轨道

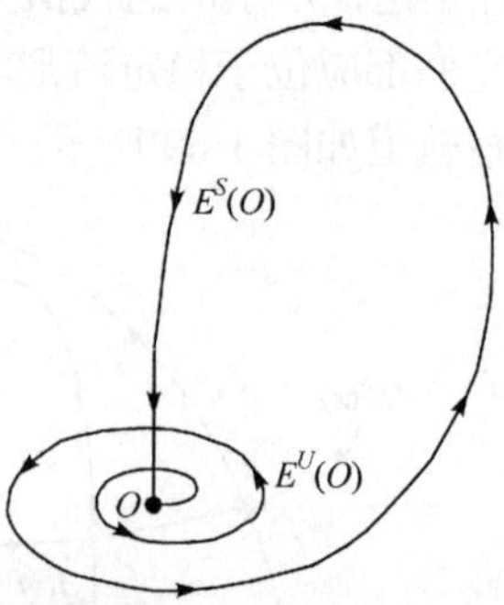

图 1-72　指标 2 的鞍焦平衡点对应的同宿轨道

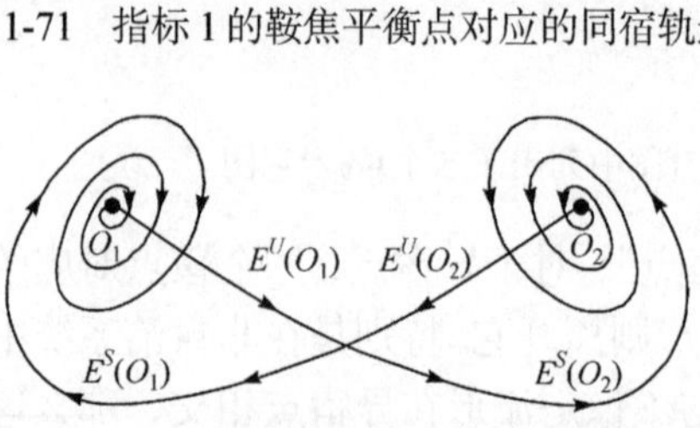

图 1-73　两个指标 1 的鞍焦平衡点及其异宿环

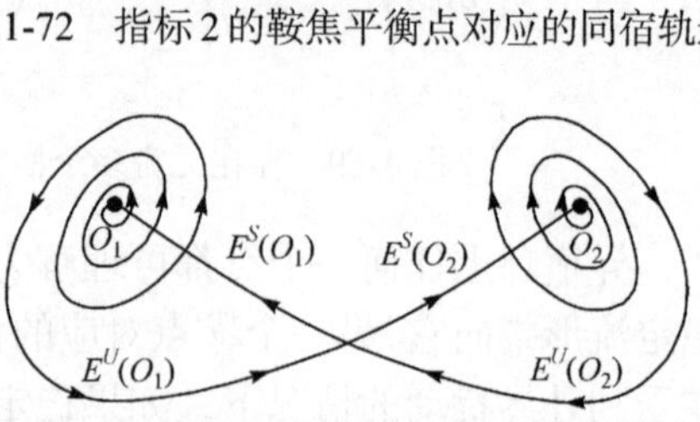

图 1-74　两个指标 2 的鞍焦平衡点及其异宿环

在得出有关同宿轨道和异宿环的几点结论之前，首先需要对马蹄及其回归映射、沿着稳定流形和不稳定流形的正向和逆向迭代等概念进行解释和说明。

(1) 有关马蹄及其回归映射的原理说明如图 1-75 所示。

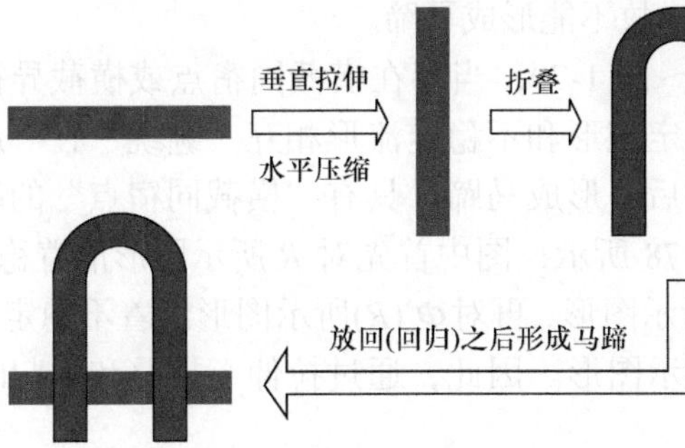

图 1-75　马蹄及其回归映射的图示

(2) 对于沿着不稳定流形的几何图形变换，在不稳定流形附近选取一个正方形，如果对该图形作正向迭代(即沿着箭头方向走)，则在沿着不稳定流形的方向上被拉伸，在与不稳定流形相垂直的方向上被压缩，如图 1-76(a)所示。对该图形作逆向迭代(即逆着箭头方向走)时被压缩，而在与不稳定流形相垂直的方向上被拉伸，如图 1-76(b)所示。

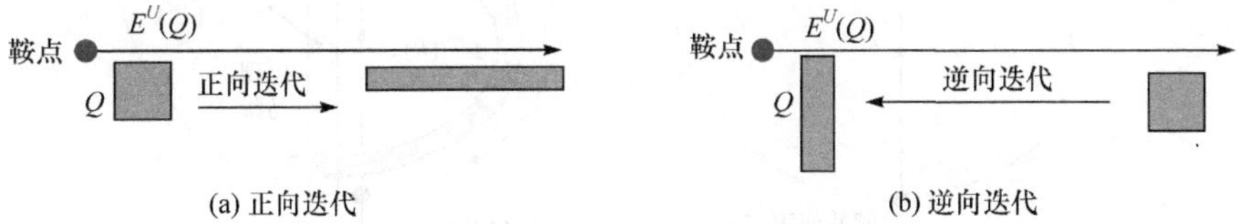

图 1-76　沿着不稳定流形的几何图形变换

(3) 对于沿着稳定流形的几何图形变换，在稳定流形附近选取一个正方形，如果对该图形作正向迭代(即沿着箭头方向走)，则在沿着稳定流形的方向上被压缩，在与稳定流形相垂直的方向上被拉伸，如图 1-77(a)所示。对该图形作逆向迭代(即逆着箭头方向走)时被拉伸，而在与稳定流形相垂直的方向上被压缩，如图 1-77(b)所示。

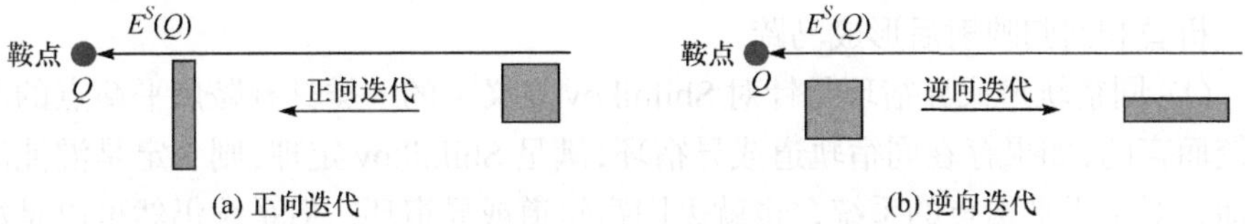

图 1-77　沿着稳定流形的几何图形变换

有关同宿轨道、异宿环和平衡点的几点结论如下：

(1) 根据图 1-67～图 1-70，当不存在横截同宿点或横截异宿点时，鞍点型同宿轨道或异宿环的稳定流形和不稳定流形不能够相互"缠绕"在一起，不能同时产生拉伸和折叠机制，故不能形成马蹄。

(2) 根据图 1-67～图 1-70，当存在横截同宿点或横截异宿点时，鞍点型同宿轨道或异宿环的稳定流形和不稳定流形相互"缠绕"在一起，能产生拉伸和折叠，通过回归映射后，形成马蹄。具有"横截同宿点"的鞍点型同宿轨道形成马蹄示意图如图 1-78 所示，图中首先对 R 所示图形沿着稳定流形作 s 次正向迭代，变成了 $\Phi^s(R)$ 所示图形，再对 $\Phi^s(R)$ 所示图形沿着不稳定流形作 r 次正向迭代，变成了 $\Phi^{r+s}(R)$ 所示图形。因此，通过拉伸、折叠和回归映射后，最后形成了马蹄。

(a) 横截同宿点　　　　　　　(b) 马蹄的形成

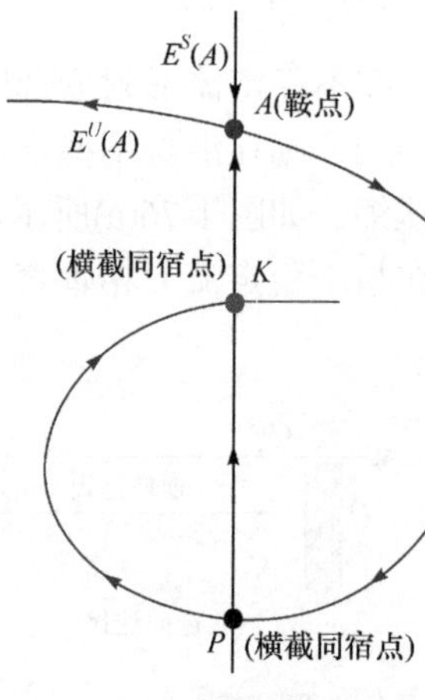

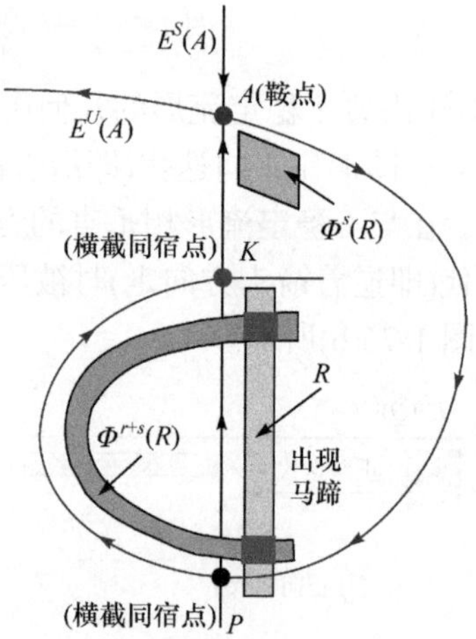

图 1-78　具有"横截同宿点"的鞍点型同宿轨道形成马蹄的示意图

(3) 由图 1-71～图 1-74 可知，鞍焦型同宿轨道或异宿环的稳定流形或不稳定流形具有"振荡"的形式(相当于前面的"缠绕")，若满足 Shilnikov 不等式，则能产生拉伸和折叠，通过回归映射后，形成马蹄。鞍焦型同宿轨道形成马蹄的示意图如图 1-79 所示，当满足 Shilnikov 不等式并存在鞍焦型同宿轨道时，通过拉伸、折叠和回归映射后形成马蹄。

(4) 同宿轨道或异宿环是针对 Shilnikov 意义下的一类具有鞍焦平衡点的混沌系统而言的，如果存在同宿轨道或异宿环，满足 Shilnikov 定理，则一定是混沌的。然而，对于无平衡点的系统，也就无同宿轨道或异宿环，但系统仍然可以是混沌的，它不属于 Shilnikov 意义下的混沌。

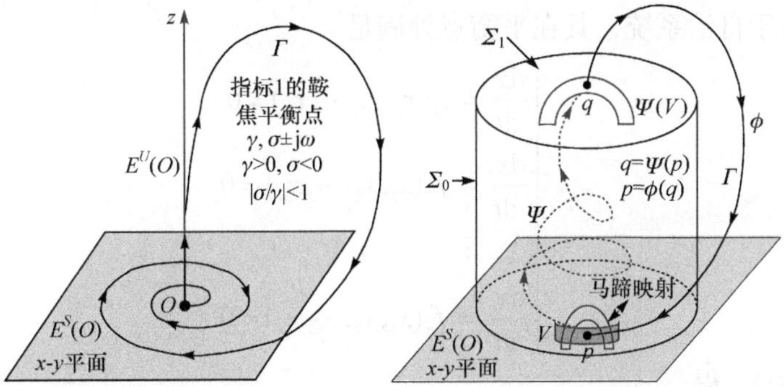

图 1-79　满足 Shilnikov 不等式的鞍焦型同宿轨道形成马蹄示意图

(5) 同宿轨道和异宿环是一种远离了平衡点附近的全局行为，体现的是一种全局特征或性质，而平衡点附近的相轨迹只能体现出平衡点附近的特征或性质，体现的是一种局部特征或性质。

(6) 同宿轨道或异宿环与周期轨道有本质的不同。周期轨道体现出一种周期运动，在有限的时间内完成周期运动，是闭轨。而对于同宿轨道或异宿环，当轨道离开平衡点或趋于平衡点时，需要无穷大的时间才能完成，因而本质上讲，同宿轨道或异宿环不属于闭轨。相轨迹的解通常只考虑当 $t \to +\infty$ 时的情况，而同宿轨道和异宿环的解同时考虑当 $t \to +\infty$ 时和 $t \to -\infty$ 时的两种情况。

(7) 相轨迹、同宿轨道、异宿环、平衡点附近的轨线都是微分方程的解。微分方程的解的轨线又称“流”，相轨迹、平衡点附近的轨线可通过数值仿真，能够看到这些轨线的存在，但通常不能用数值仿真的方法得到同宿轨道和异宿环，原因是同宿轨道和异宿环是不稳定的，所以不能通过数值仿真的方法得到。

1.9.3　解的唯一性问题讨论

解的唯一性是指从不同的初始条件出发，得到各自有唯一的解。换言之，在任意有限的时间内，解的轨线是不能相交的，相交就意味着对解的唯一性的违背。那么，前面讨论过的许多平衡点，如鞍点、结点、同宿点和异宿点等，似乎看到有两条甚至多条轨线与这些平衡点相交，那么是否违背了解的唯一性呢？另外，对于横截同宿点和横截异宿点的稳定流形与不稳定流形相交的问题，是否也违背了解的唯一性呢？下面对其进行分析和讨论。

(1) 对于自治系统，平衡点处对应的轨线如果要真正达到平衡点，则需要无穷长的时间，如果要真正从平衡点离开也需要无穷长的时间。故在任意有限的时间内，这些轨线实际上是不会相交的，如果它们要真正相交，则需要无穷长的时间。因此，在平衡处并没有违背解的唯一性。

(2) 对于自治系统，其在平衡点处满足

$$\begin{cases} \dfrac{dx_1}{dt} = f_1(x_1, x_2, \cdots, x_n) = 0 \\ \dfrac{dx_2}{dt} = f_2(x_1, x_2, \cdots, x_n) = 0 \\ \vdots \\ \dfrac{dx_n}{dt} = f_n(x_1, x_2, \cdots, x_n) = 0 \end{cases} \tag{1-81}$$

根据式(1-81)，得

$$\frac{dx_i}{dx_j} = \frac{0}{0}, \quad 1 \leqslant i, j \leqslant n, i \neq j \tag{1-82}$$

可见在平衡点处的结果是不确定的。

(3) 对于横截同宿点中存在稳定流形和不稳定流形相交的情况，不属于自治系统中解的唯一性讨论的范畴。它是在非自治系统中产生的，例如，在外界周期信号的扰动下产生横截同宿点。因此，在图 1-69 和图 1-70 中，尽管存在一个、多个甚至无穷多个横截同宿点，使得稳定流形和不稳定流形相交一次、多次甚至无穷多次,但这是在外界周期信号的扰动下产生的,因而不违背解的唯一性定理。

1.10　回归排斥子和 Marotto 定理

1.10.1　回归排斥子

Li-Yorke 定理只适用于 1 维离散系统的情况，并且直接用它证明混沌的存在性，对于非数学专业的人通常有很大困难。回归排斥子和 Marotto 定理则是 Li-Yorke 定理在高维情况下的推广，它既可用于 1 维情况，也可用于高维情况，是证明离散系统是否存在混沌的重要而直观的理论工具。

考虑一个高维离散时间自治系统

$$\boldsymbol{x}_{k+1} = \boldsymbol{g}(\boldsymbol{x}_k), \quad \boldsymbol{x}_k \in \mathbf{R}^n \tag{1-83}$$

如果存在 $\boldsymbol{p}$,使得 $\boldsymbol{g}^m(\boldsymbol{p}) = \boldsymbol{p}$, $\boldsymbol{g}^l(\boldsymbol{p}) \neq \boldsymbol{p}$, $1 \leqslant l < m$,则称 $\boldsymbol{p}$ 为映射 $\boldsymbol{g}$ 的周期 m 点，特别是当 $m=1$ 时，称 $\boldsymbol{p}$ 为可微映射 $\boldsymbol{g}$ 的不动点。

在上述基础上，Marotto 在 1978 年给出了回归排斥子的定义，如下所述。

记 $\boldsymbol{B}_r(\boldsymbol{x}^*)$ 为以点 $\boldsymbol{x}^*$ 为中心、半径为 r 的闭球，如果 $\mathbf{R}^n$ 中的可微映射 $\boldsymbol{g}$ 的不动点 $\boldsymbol{x}^*$ 满足以下两个条件：

(1) 存在实数 $r>0$ ，使得 $\boldsymbol{B}_r(\boldsymbol{x}^*)$ 中的任意一点 $\boldsymbol{x}$ 的雅可比矩阵 $D\boldsymbol{g}(\boldsymbol{x})$ 的所有特征值的模大于 1；

(2) 存在 $\boldsymbol{B}_r(\boldsymbol{x}^*)$ 中的一个点 $\boldsymbol{x}^0 \neq \boldsymbol{x}^*$ 和自然数 $m \geqslant 2$，使得 $\boldsymbol{g}^m(\boldsymbol{x}^0)=\boldsymbol{x}^*$，并且点 $\boldsymbol{x}^0$ 是非退化的，即满足

$$\det\{D\boldsymbol{g}^m(\boldsymbol{x}^0)\} \neq 0 \tag{1-84}$$

则不动点 $\boldsymbol{x}^*$ 是映射 $\boldsymbol{g}$ 的一个回归排斥子。

在 $m=2$ 和 $m>2$ 的情况下，得回归排斥子的示意图如图 1-80 所示。需要注意以下三个问题：

(1) 按照回归排斥子最原始的定义，在以点 $\boldsymbol{x}^*$ 为中心、半径为 r 的闭球所包含的整个排斥域中，必须满足处处连续可微的条件，这一条是必需的。但在闭球外，映射 $\boldsymbol{g}$ 并不要求是处处连续可微的。

(2) 图 1-80 中只有 $\boldsymbol{x}^0$ 位于闭球内，其余迭代点 $\boldsymbol{x}^1, \boldsymbol{x}^2, \boldsymbol{x}^{m-2}, \boldsymbol{x}^{m-1}$ 都应位于闭球外。

(3) 为了满足上述第(2)条，只需适当选取半径 r 的大小满足 $\|\boldsymbol{x}^0\| < r < \|\boldsymbol{x}^1\|$，使得闭球能够包含 $\boldsymbol{x}^0$ 即可，如果求出了 $\boldsymbol{x}^0$ 和 $\boldsymbol{x}^1$，那么这个半径 r 一定是存在的。

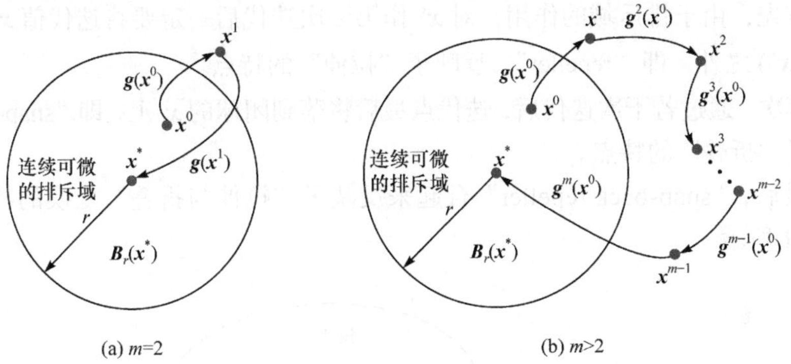

图 1-80 $m=2$ 步迭代和 $m>2$ 步迭代的回归排斥子示意图

1.10.2 Marotto 定理

在定义了回归排斥子的基础上，Marotto 进一步提出了著名的 Marotto 定理：如果可微映射 $\boldsymbol{g}$ 具有一个回归排斥子，那么映射 $\boldsymbol{g}$ 具有 Li-Yorke 意义下的混沌行为。

根据 Marotto 定理，如果映射 $\boldsymbol{g}$ 具有回归排斥子，则它有如下三个性质成立：

(1) 映射 $\boldsymbol{g}$ 的周期点的周期无上界(即存在一切周期的周期点)。

(2) 存在不包含映射 $\boldsymbol{g}$ 周期点的不可数集合 S，对于每个 $\boldsymbol{x},\boldsymbol{y}\in S$，$\boldsymbol{x}\neq\boldsymbol{y}$

$$\lim_{k\to\infty}\inf|\boldsymbol{g}^k(\boldsymbol{x})-\boldsymbol{g}^k(\boldsymbol{y})|=0$$

$$\lim_{k\to\infty}\sup|\boldsymbol{g}^k(\boldsymbol{x})-\boldsymbol{g}^k(\boldsymbol{y})|>0$$

(3) 对于每个 $\boldsymbol{x}\in S$ 以及周期点 $\boldsymbol{p}$

$$\lim_{k\to\infty}\sup|\boldsymbol{g}^k(\boldsymbol{x})-\boldsymbol{g}^k(\boldsymbol{p})|>0$$

可知 Marotto 定理是将 1 维情况下的 Li-Yorke 定理推广到高维情况的结果。

回归排斥子的物理意义之一：与 Li-Yorke 定理一样，体现了“不发散、不收敛、不周期”的三个特点。由于 Marotto 定理是将 Li-Yorke 定理的三个极限从 1 维推广到多维，所以回归排斥子仍然保留了“不发散、不收敛、不周期”的三个特点。

首先，迭代若干次后，迭代点一定要折回来，故不发散。

其次，迭代点折回来后，不会落在 $\boldsymbol{x}^0$ 上，而是落在 $\boldsymbol{x}^*$ 上，故不周期。如果落在 $\boldsymbol{x}^0$ 上，则为周期。

最后，迭代点最后落在 $\boldsymbol{x}^*$ 上，而 $\boldsymbol{x}^*$ 是不稳定的，故不收敛。一般来说，收敛应该是稳定的。

回归排斥子的物理意义之二：反映了“拉伸与折叠”变换的特点。

首先，由于排斥域的作用，对 $\boldsymbol{x}^0$ 作第一次迭代后一定要将迭代值 $\boldsymbol{x}^1$ 推到闭球 $\boldsymbol{B}_r(\boldsymbol{x}^*)$ 之外，即“repeller”，反映了“拉伸”的特点。

其次，通过若干次迭代后，迭代点最后将落到闭球的 $\boldsymbol{x}^*$ 上，即“snap-back”，反映了“折叠”的特点。

最后，“snap-back repeller”合起来反映了“拉伸与折叠”变换的特点，如图 1-81 所示。

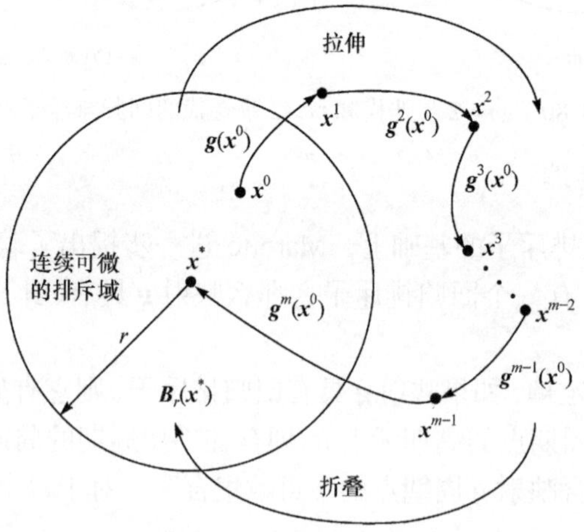

图 1-81　回归排斥子中的“拉伸与折叠”变换

需要指出的是，在回归排斥子定义中，并没有任何的附加规定和要求满足 $\boldsymbol{x}^* = \boldsymbol{0}$。而在 Chen-Lai 算法和 Wang-Chen 算法中，方便起见，在所有证明过程中，均取 $\boldsymbol{x}^* = \boldsymbol{0}$，这样做虽然有时是方便的，但不是必需的。在有些证明中，取 $\boldsymbol{x}^* \neq \boldsymbol{0}$ 是方便可行的，只需满足回归排斥子的所有条件即可。当然，有一个问题需要特别注意，按照回归排斥子的定义，必须要求 $\boldsymbol{x}^*$ 是可微映射 $\boldsymbol{g}$ 的某个排斥不动点。

在回归排斥子的定义中，可微映射 $\boldsymbol{g}$ 要求是全局可微的。但对于一类切换系统，如取模运算和三角波运算等，条件则可以放宽，虽然不满足全局是可微的条件，但只要是局部可微的也能成立。例如，只需在包含各个迭代点 $\boldsymbol{x}^i (i = 0,1,2,\cdots,N)$ 和平衡点 $\boldsymbol{x}^*$ 的邻域内 $(\boldsymbol{a}_i, \boldsymbol{b}_i)$ 满足可微即可，可微的区域变为如下形式：

$$\left(\bigcup_{i=0}^{N}(\boldsymbol{a}_i, \boldsymbol{b}_i)\right)\bigcup(\boldsymbol{a}_*, \boldsymbol{b}_*) = \bigcup(\boldsymbol{a}_0, \boldsymbol{b}_0)\bigcup(\boldsymbol{a}_1, \boldsymbol{b}_1)\bigcup(\boldsymbol{a}_2, \boldsymbol{b}_2)\bigcup\cdots\bigcup(\boldsymbol{a}_N, \boldsymbol{b}_N)\bigcup(\boldsymbol{a}_*, \boldsymbol{b}_*)$$

式中，$\boldsymbol{a}_* < \boldsymbol{x}^* < \boldsymbol{b}_*$，$\boldsymbol{a}_i < \boldsymbol{x}^i < \boldsymbol{b}_i$，$i = 0,1,2,\cdots,N$，$(\boldsymbol{a}_i, \boldsymbol{b}_i)$ 和 $(\boldsymbol{a}_*, \boldsymbol{b}_*)$ 表示包含迭代值 $\boldsymbol{x}^i$ 和平衡点 $\boldsymbol{x}^*$ 在内的邻域。

此外，对于不动点 $\boldsymbol{x}^*$ 必须是排斥不动点条件也可以放宽，仿真结果表明，在实际情况中，不动点 $\boldsymbol{x}^*$ 还可以是鞍点或鞍焦平衡点的情况，但目前还没有严格的理论证明结果。

在回归排斥子的定义中，只给出了从 $\boldsymbol{x}^0$ 开始，经有限步(m 步)正向迭代后到达平衡点 $\boldsymbol{x}^*$ 的结果，但没有进一步给出从 $\boldsymbol{x}^0$ 开始的逆向迭代结果。事实上，如果从 $\boldsymbol{x}^0$ 开始逆向迭代，需要经过无穷多步迭代后才能到达 $\boldsymbol{x}^*$。由于从 $\boldsymbol{x}^0$ 开始的正向迭代和逆向迭代都能到达平衡点 $\boldsymbol{x}^*$，所以鞍焦平衡点 $\boldsymbol{x}^*$ 的不仅是回归排斥子，而且是同宿点。

同时考虑了正向迭代和逆向迭代问题后，回归排斥子定义中的第二条可进一步表示为

$$\begin{cases} \boldsymbol{g}^m(\boldsymbol{x}^0) = \boldsymbol{x}^* \\ \lim\limits_{k\to\infty} \boldsymbol{g}^{-k}(\boldsymbol{x}^0) = \boldsymbol{x}^* \end{cases} \tag{1-85}$$

注意到式(1-85)的意义在于从 $\boldsymbol{x}^0$ 开始的正向迭代和逆向迭代构成了一个同宿轨道，这样就可用同宿轨道的几何方法来分析和判断回归排斥子的存在性。

同宿点与同宿轨道示意图如图 1-82 所示，图中 $\boldsymbol{x}^*$ 为同宿点，它也是不动点，沿着同宿轨道中的稳定流形 $E^S(\boldsymbol{x}^*)$ 靠近同宿点 x^* 时越走越慢，最终要用无穷长的时间才能进入 $\boldsymbol{x}^*$，而沿着同宿轨道中不稳定流形 $E^U(\boldsymbol{x}^*)$ 离开同宿点 $\boldsymbol{x}^*$ 也需要无穷长的时间。

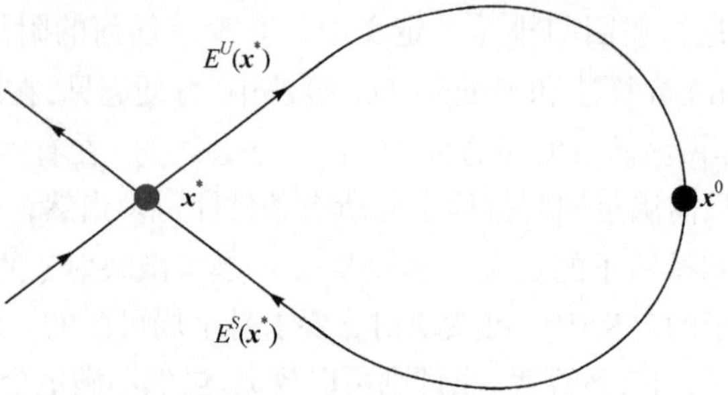

图 1-82 同宿点与同宿轨道示意图

这就是说，从同宿轨道上的任意一点 $\boldsymbol{x}^0$ 出发，沿着稳定流形正向迭代需要无穷次才能到达同宿点 $\boldsymbol{x}^*$。同理，从同宿轨道上的任意一点 $\boldsymbol{x}^0$ 出发，沿着不稳定流形逆向迭代也需要无穷次才能到达同宿点 $\boldsymbol{x}^*$，即

$$\begin{cases}\lim\limits_{k\to\infty} f^k(\boldsymbol{x}^0)\to\boldsymbol{x}^* \\ \lim\limits_{k\to\infty} f^{-k}(\boldsymbol{x}^0)\to\boldsymbol{x}^*\end{cases} \tag{1-86}$$

在上述有关同宿轨道和回归排斥子定义的基础上，可进一步利用同宿轨道的方法来判断回归排斥子的存在性，具体的判断方法如下。

如果一个离散映射 $\boldsymbol{g}$ 中存在一条同宿轨道，并且可以从该轨道上可列个点中的任意一个点 $\boldsymbol{x}^0$ 出发，正向迭代只需有限 $m\,(m\geqslant 2)$ 步可到达不动点 $\boldsymbol{x}^*$，而逆向迭代需要无穷步才能到达不动点 $\boldsymbol{x}^*$，则不动点 $\boldsymbol{x}^*$ 是映射 $\boldsymbol{g}$ 的一个回归排斥子。

注意到这种方法的一个主要特点是，可以从该轨道上可列个点中的任意一个点 $\boldsymbol{x}^0$ 出发来分析问题，只要正向迭代为有限 $m\,(m\geqslant 2)$ 步便可到达排斥不动点 $\boldsymbol{x}^*$。因此，从轨道上可列个点中的任意一个点 $\boldsymbol{x}^0$ 出发来研究问题，其结果都是等价的。

需要说明的另一问题是，这种基于同宿轨道的回归排斥子判别方法能够满足回归排斥子定义中所要求的 $\boldsymbol{x}^0$ 应在排斥域中的条件，原因在于首先只需要若干次逆向迭代，就能使 $\boldsymbol{x}^0$ 进入闭球所在的排斥域中，从而满足回归排斥子的条件，然后进行有限步正向迭代到达 $\boldsymbol{x}^*$。而从轨道上可列个点中的任意一个点 $\boldsymbol{x}^0$ 出发来研究问题，其结果都是等价的。

按照上述回归排斥子存在性的这种判断方法，可以知道回归排斥子一定是同宿点，但同宿点不一定是回归排斥子，假如正向迭代也需要无穷步才能到达不动点，那么就只能是同宿点，而不是回归排斥子。

例如，在图 1-83 中，排斥不动点 $x_1^*=0$ 既是同宿点，也是回归排斥子。因为根据图中所示的正向迭代和逆向迭代，有

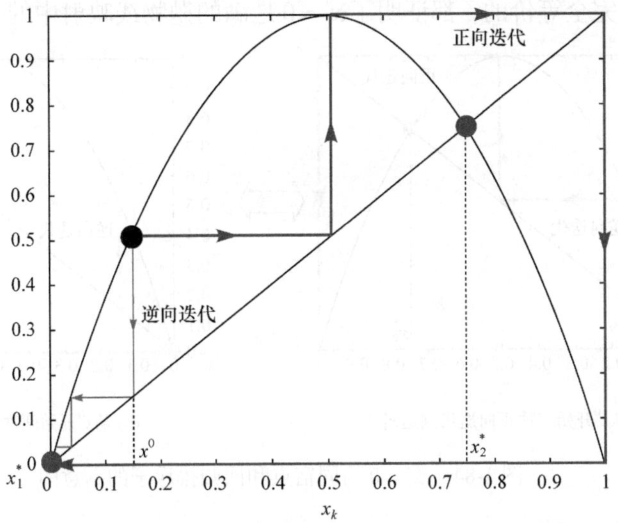

图 1-83 $x_1^*=0$ 为同宿点和回归排斥子正向迭代三次的示意图

$$\begin{cases} f^3(x^0)=x_1^*, & \text{从}x^0\text{开始,正向迭代三次趋于}x_1^* \\ \lim\limits_{k\to\infty} f^{-k}(x^0)\to x_1^*, & \text{从}x^0\text{开始,逆向迭代无穷次趋于}x_1^* \end{cases} \tag{1-87}$$

对于 $x_2^*\neq 0$ 也有同样的结果。可见 $x_1^*=0$ 和 $x_2^*\neq 0$ 既是 Logistic 映射的同宿点，也是 Logistic 映射的回归排斥子。通过图 1-83，可总结出正向迭代和逆向迭代的作图方法如下：

(1) 正向迭代的作图方法是从 x^0 开始，第一步水平地指向对角线，第二步垂直地指向迭代函数，然后交替进行。

(2) 逆向迭代的作图方法是从 x^0 开始，第一步垂直地指向对角线，第二步水平地指向迭代函数，然后交替进行。

例 1-5 抛物线映射中的同宿轨道和回归排斥子 $x_1^*=0$。已知具有满的抛物线映射,其中关于排斥不动点 $x_1^*=0$ 的一条同宿轨道如图 1-84(a)所示,从点 x^0 出发，经过三次正向迭代后到达排斥不动点 $x_1^*=0$，但需经过无穷次逆向迭代后才能到达 $x_1^*=0$，故 $x_1^*=0$ 是满的抛物线映射中的一个回归排斥子。

按照这种方法，选取 x^0 位于抛物线的顶点也是可行的，如图 1-84(b)所示。在这种情况下，只需通过迭代两次便可以到达排斥不动点 $x_1^*=0$。同理，首先将 x^0 通过多次逆向迭代，使 x^0 进入闭球 $B_r(x_1^*)\,(r>0)$ 所在排斥域中，结果只需通过更多次的正向迭代(而不是两次迭代)便可到达 $x_1^*=0$。由此可知，图 1-84(a)和(b)所得到的结果是完全等价的，都证明了 $x_1^* = 0$ 是满的抛物线映射中的一个回归排斥子。

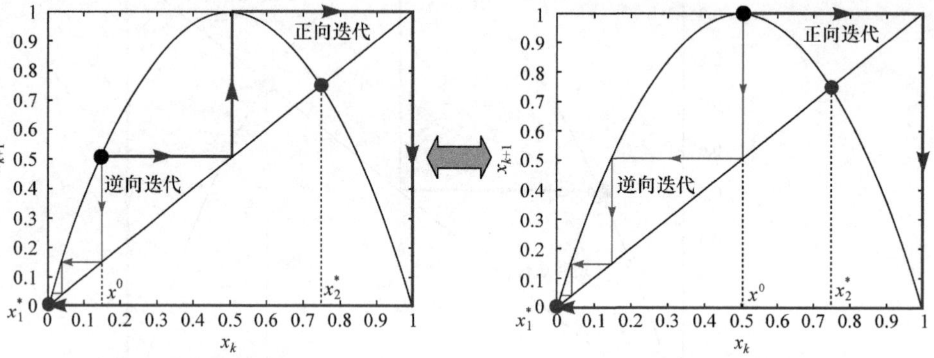

(a) 从 x^0 开始三次正向迭代到达 $x_1^*=0$　　(b) 从 x^0 开始两次正向迭代到达 $x_1^*=0$

图 1-84　$x_1^* = 0$ 为同宿点和回归排斥子的示意图

例 1-6　抛物线映射中的同宿轨道和回归排斥子 $x_2^* \neq 0$。与例 1-5 给出的情况类似，可得到图 1-85(a)和(b)所讨论的结果是等价的，它们都同样证明了 $x_2^* \neq 0$ 是满的抛物线映射中的一个回归排斥子。

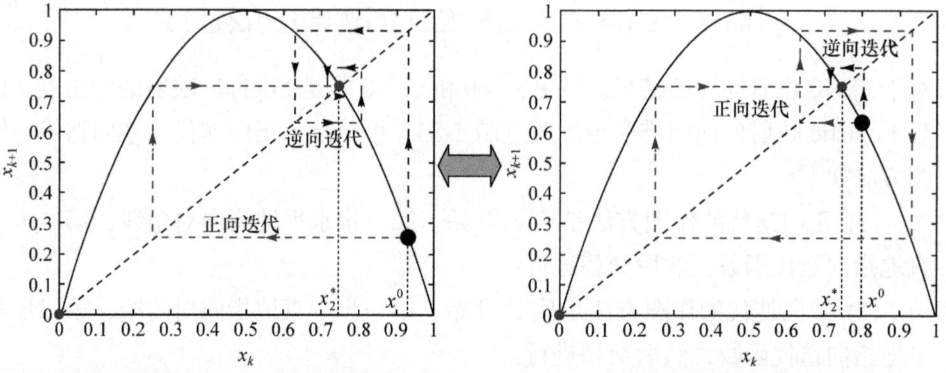

(a) 从 x^0 开始两次正向迭代到达 $x_2^*\neq0$　　(b) 从 x^0 开始四次正向迭代到达 $x_2^*\neq0$

图 1-85　$x_2^* \neq 0$ 为同宿点和回归排斥子的示意图

例 1-7　单峰离散映射中的同宿轨道和回归排斥子 $x^* \neq 0$。与例 1-6 给出的情况类似，可得图 1-86(a)和(b)所讨论的结果是等价的，它们都同样证明了 $x^* \neq 0$ 是单峰离散映射中的一个回归排斥子。

从这个例子可知，x^0 的确定有多种方法，例如，图 1-86(a)和(b)给出了其中的两种方法。尽管这两种方法所讨论的结果都是等价的，但在概念的阐述上仍然是有所不同的。在图 1-86(a)中，正向迭代虽然只有两次，但 x^0 不在 x^* 所在的排斥域中，不满足回归排斥子的条件。而在图 1-86(b)中，正向迭代虽然有三次，但 x^0 已位于 x^* 所在的排斥域中，因而能满足回归排斥子的条件。

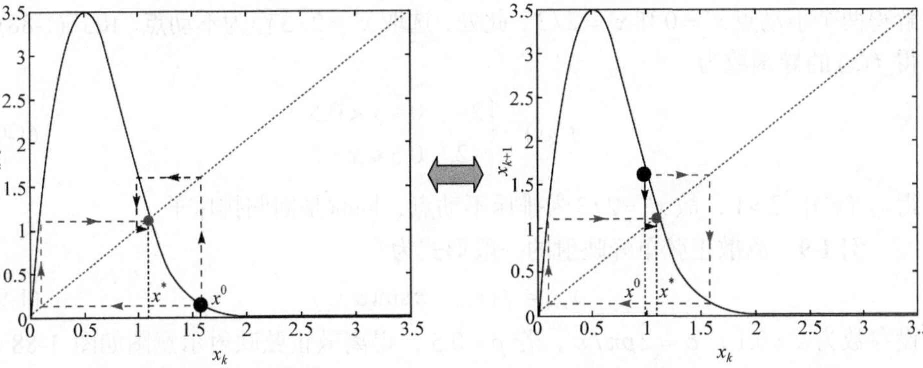

(a) 从x^0开始两次正向迭代到达$x^*\neq 0$

(b) 从x^0开始三次正向迭代到达$x^*\neq 0$

图 1-86　$x^*\neq 0$ 为同宿点和回归排斥子的示意图

例 1-8　帐篷单峰映射的一般形式为

$$x_{k+1}=f(x_k)=\begin{cases}2x_k, & 0\leqslant x_k<0.5\\ 2(1-x_k), & 0.5\leqslant x_k<1\end{cases} \tag{1-88}$$

对应的映射图如图 1-87 所示。

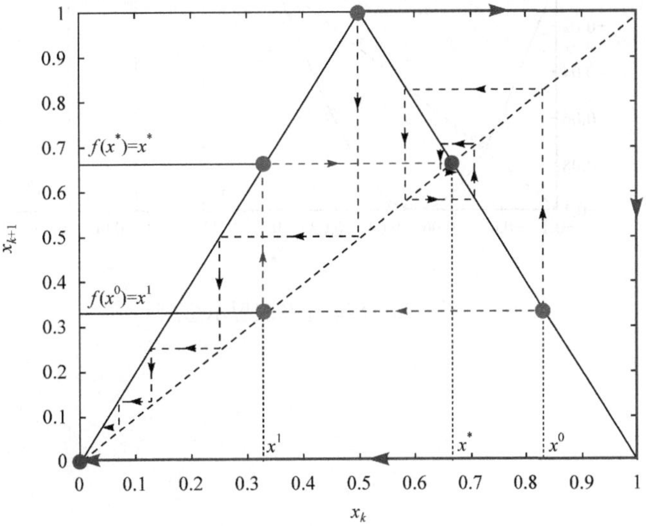

图 1-87　帐篷映射示意图

先求式(1-88)的平衡点，令 $x_{k+1}=x_k$，得平衡点方程为

$$x^* = f(x^*) = \begin{cases} 2x^*, & 0 \leqslant x^* < 0.5 \\ 2(1-x^*), & 0.5 \leqslant x^* < 1 \end{cases} \tag{1-89}$$

解得两个不动点 $x^*=0$ 和 $x^*=2/3$，此处，选取 $x^*=2/3$ 作为不动点。由式(1-88)，得 $f(x)$ 的导函数为

$$f'(x) = \begin{cases} 2, & 0 \leqslant x < 0.5 \\ -2, & 0.5 \leqslant x < 1 \end{cases} \tag{1-90}$$

得 $|f'(x^*)|=2>1$，故 $x^*=2/3$ 为排斥不动点，同时是回归排斥子。

例 1-9　离散正弦单峰映射的一般形式为

$$x_{k+1} = f(x_k) = \varepsilon \sin(\sigma x_k) \tag{1-91}$$

设参数为 $\varepsilon=0.1$，$\sigma=2p\pi/\varepsilon$，若 $p=0.5$，得离散正弦映射示意图如图 1-88 所示，可以证明 x^* 是回归排斥子。

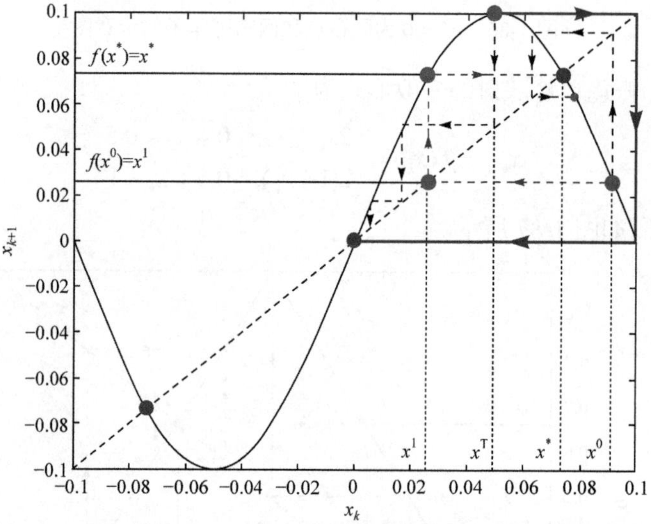

图 1-88　离散正弦映射示意图

第 2 章　李氏指数的数值计算方法与应用

本章介绍李氏指数的数值计算方法与应用。主要内容包括离散时间混沌系统李氏指数数值计算的几个定义、基于 QR 正交分解的离散时间混沌系统李氏指数数值计算方法、基于 SVD 正交分解的离散时间混沌系统李氏指数数值计算方法、离散时间混沌系统李氏指数数值计算的几个应用实例、连续时间混沌系统李氏指数数值计算的相关定义和 QR 正交分解算法、李氏指数与特征根之间定性关系的分析和讨论、高维连续时间系统反控制的李氏指数计算实例[13-23]。

2.1　离散时间混沌系统李氏指数数值计算的几个定义

首先考虑 1 维离散时间系统 $x(k+1)=f(x(k))$。设初始点相差很小的点 $x(0)$ 和 $x(0)+\Delta x$，经过迭代后两点是分离还是靠拢，关键在于 $|\partial f/\partial x|$ 的值，若 $|\partial f/\partial x|>1$，则迭代后分离；若 $|\partial f/\partial x|<1$，则迭代后靠拢。但 $|\partial f/\partial x|$ 是动态变化的，故在分离和靠拢之间不断切换，时而分离，时而靠拢。设平均分离指数为 LE，经过 k 次迭代后的距离为 $\Delta x\mathrm{e}^{k\mathrm{LE}}=|f^k(x(0)+\Delta x)-f^k(x(0))|$，令 $\Delta x\to 0$，$k\to\infty$，得

$$\mathrm{LE}=\lim_{k\to\infty}\frac{1}{k}\ln\left|\frac{f^k(x(0)+\Delta x)-f^k(x(0))}{\Delta x}\right|=\lim_{k\to\infty}\frac{1}{k}\sum_{i=0}^{k-1}\ln\left|\frac{\partial f(x)}{\partial x}\right|_{x=x(i)}$$

其次考虑 n 维离散时间系统，其一般数学表达式为

$$\boldsymbol{x}(k+1)=\boldsymbol{F}(\boldsymbol{x}(k))$$

式中，$\boldsymbol{x}(k)=[x_1(k),x_2(k),\cdots,x_n(k)]^{\mathrm{T}}$，$k=0,1,2,\cdots$；$\boldsymbol{F}$ 为连续可导的非线性函数。

根据上述公式，取一个 n 维正交小球 $\boldsymbol{Q}^+$，$P_i(0)$ 表示第 i 个主轴的长度，在系统演化过程中正交小球 $\boldsymbol{Q}^+$ 变成椭球 $\boldsymbol{Q}$，将椭球上所有主轴按其长度大小排列，那么，第 i 个李氏指数定义为

$$\mathrm{LE}_i=\lim_{k\to 0}\frac{1}{k}\sum_{j=1}^{k}\ln\left|\frac{P_i(j)}{P_i(0)}\right|,\quad i=1,2,\cdots,n \tag{2-1}$$

式中，$P_i(j)$ 表示第 j 次迭代过程中的第 i 个主轴的长度。

进一步对 $\boldsymbol{x}(k+1)=\boldsymbol{F}(\boldsymbol{x}(k))$ 作线性化处理，得

$$\begin{aligned}\Delta\boldsymbol{x}(k) &= \boldsymbol{J}(k-1)\Delta\boldsymbol{x}(k-1)\\ &= \boldsymbol{J}(k-1)\boldsymbol{J}(k-2)\Delta\boldsymbol{x}(k-2)\\ &= \cdots\\ &= \boldsymbol{J}(k-1)\boldsymbol{J}(k-2)\cdots\boldsymbol{J}(0)\Delta\boldsymbol{x}(0)\end{aligned} \tag{2-2}$$

式中，$\boldsymbol{J}(i)=|\partial \boldsymbol{F}/\partial \boldsymbol{x}|_{\boldsymbol{x}(i)}\in \mathbf{R}^{n\times n}$，$i=0,1,\cdots,k-1$。

在上述基础上，对离散时间混沌系统李氏指数计算的定义如下。

定义 2-1 令$\boldsymbol{\Phi}_k=\boldsymbol{J}(k-1)\boldsymbol{J}(k-2)\cdots\boldsymbol{J}(0)$，存在正定对称矩阵

$$\hat{\boldsymbol{\Lambda}}=\lim_{k\to\infty}(\boldsymbol{\Phi}_k^{\mathrm{T}}\boldsymbol{\Phi}_k)^{\frac{1}{2k}}$$

则李氏指数为$\hat{\boldsymbol{\Lambda}}$特征值的对数，即

$$\mathrm{LE}=\log_2\left|\mu(\hat{\boldsymbol{\Lambda}})\right| \tag{2-3}$$

定义 2-2 令$\boldsymbol{\Phi}_k=\boldsymbol{J}(k-1)\boldsymbol{J}(k-2)\cdots\boldsymbol{J}(0)$，存在矩阵

$$\boldsymbol{\Lambda}=\lim_{k\to\infty}(\boldsymbol{\Phi}_k)^{\frac{1}{k}}$$

则李氏指数为$\boldsymbol{\Lambda}$特征值的对数，即

$$\mathrm{LE}=\log_2\left|\mu(\boldsymbol{\Lambda})\right| \tag{2-4}$$

称式(2-3)或式(2-4)为计算李氏指数的特征值方法。注意到在定义 2-1 和定义 2-2 中，对称正定矩阵$\hat{\boldsymbol{\Lambda}}$与非对称正定矩阵$\boldsymbol{\Lambda}$相比，具有更好的数值特性。然而，在数值计算中，如果直接根据定义 2-1 或定义 2-2，并利用式(2-3)或式(2-4)来计算李氏指数，存在以下两个主要问题：

(1) 在迭代次数k不大时，随着k的增加，无法得到正确的李氏指数，原因是$\boldsymbol{\Phi}_k$的列向量会向最大李氏指数方向靠拢，使得所有李氏指数的计算结果都趋于最大李氏指数。

(2) 当迭代次数k比较大时，矩阵$\boldsymbol{\Phi}_k$的数值计算结果会朝着特征根大于 1 的方向发散以及特征根小于 1 的方向收敛，从而对于矩阵$\boldsymbol{\Lambda}$特征值的对数计算结果将出现 Inf 或 NaN 的错误提示，无法获得所需的计算结果。

可采用 QR 正交分解和 SVD 正交分解方法来解决这些问题，下面首先给出 QR 正交分解的定义。

定义 2-3 若矩阵$\boldsymbol{A}$满足$\boldsymbol{A}=\boldsymbol{Q}^{+}\boldsymbol{R}$，式中，$\boldsymbol{R}$为非负对角元素的上三角矩阵，$\boldsymbol{Q}^{+}$为正交矩阵，则称$\boldsymbol{A}=\boldsymbol{Q}^{+}\boldsymbol{R}$为$\boldsymbol{A}$的 QR 正交分解。

为了对$\boldsymbol{\Phi}_k=\boldsymbol{J}(k-1)\boldsymbol{J}(k-2)\cdots\boldsymbol{J}(0)$进行 QR 正交分解，设

$$\begin{cases} \boldsymbol{J}(0)=\boldsymbol{Q}_0^+\boldsymbol{R}_0 \\ \boldsymbol{Q}_1=\boldsymbol{J}(1)\boldsymbol{Q}_0^+=\boldsymbol{Q}_1^+\boldsymbol{R}_1 \\ \boldsymbol{Q}_2=\boldsymbol{J}(2)\boldsymbol{Q}_1^+=\boldsymbol{Q}_2^+\boldsymbol{R}_2 \\ \quad\vdots \\ \boldsymbol{Q}_{k-1}=\boldsymbol{J}(k-1)\boldsymbol{Q}_{k-2}^+=\boldsymbol{Q}_{k-1}^+\boldsymbol{R}_{k-1} \\ \quad\vdots \end{cases} \tag{2-5}$$

将其代入 $\boldsymbol{\Phi}_k=\boldsymbol{J}(k-1)\boldsymbol{J}(k-2)\cdots\boldsymbol{J}(0)$ 中，得

$$\boldsymbol{\Phi}_k=\boldsymbol{J}(k-1)\boldsymbol{J}(k-2)\cdots\boldsymbol{J}(2)\boldsymbol{J}(1)\boldsymbol{J}(0)=\boldsymbol{Q}_{k-1}^+\boldsymbol{R}_{k-1}\boldsymbol{R}_{k-2}\cdots\boldsymbol{R}_0$$

根据该式，得李氏指数的计算公式为

$$\mathrm{LE}=\lim_{k\to\infty}\frac{1}{k}\sum_{i=0}^{k-1}\log_2\left(\mathrm{diag}(\boldsymbol{R}_i)\right) \tag{2-6}$$

式中，$\mathrm{diag}(\boldsymbol{R}_i)$ 表示矩阵 $\boldsymbol{R}_i$ 的对角元素。

下面分别讨论QR正交分解和SVD正交分解的离散时间混沌系统的李氏指数计算问题。

2.2　基于 QR 正交分解的离散时间混沌系统李氏指数数值计算方法

算法 2-1　单步 QR 正交分解方法计算李氏指数。具体步骤如下：

步骤 1　设正交球符号为 $\boldsymbol{Q}_1^+,\boldsymbol{Q}_2^+,\cdots$，没有正交的椭球符号为 $\boldsymbol{Q}_1,\boldsymbol{Q}_2,\cdots$。初始单位正交球符号为

$$\boldsymbol{Q}_0^+=\begin{bmatrix}1 & & & \\ & 1 & & \\ & & \ddots & \\ & & & 1\end{bmatrix}_{n\times n}$$

步骤 2　根据式(2-5)，首先对 $\boldsymbol{J}(0)$ 进行正交分解，得 $\boldsymbol{J}(0)=\boldsymbol{Q}_0^+\boldsymbol{R}_0$。

步骤 3　根据式(2-5)，得 $\boldsymbol{Q}_1=\boldsymbol{J}(1)\boldsymbol{Q}_0^+$，并对 $\boldsymbol{Q}_1$ 进行 QR 正交分解，得 $\boldsymbol{Q}_1=\boldsymbol{Q}_1^+\boldsymbol{R}_1$，其中 $\boldsymbol{Q}_1^+$ 为正交矩阵($\boldsymbol{Q}_1^+$ 通常不是单位正交矩阵)，$\boldsymbol{R}_1$ 为上三角矩阵。

步骤 4　根据式(2-5)，得 $\boldsymbol{Q}_2=\boldsymbol{J}(2)\boldsymbol{Q}_1^+$，并对 $\boldsymbol{Q}_2$ 进行 QR 正交分解，得 $\boldsymbol{Q}_2=\boldsymbol{Q}_2^+\boldsymbol{R}_2$，其中 $\boldsymbol{Q}_2^+$ 为正交矩阵($\boldsymbol{Q}_2^+$ 通常不是单位正交矩阵)，$\boldsymbol{R}_2$ 为上三角矩阵。

步骤 5　依此类推，根据式(2-5)，得 $\boldsymbol{Q}_{k+1}=\boldsymbol{J}(k+1)\boldsymbol{Q}_k^+$ $(k=1,2,\cdots,L-1)$，并且对 $\boldsymbol{Q}_{k+1}$ 进行 QR 正交分解后，得 $\boldsymbol{Q}_{k+1}=\boldsymbol{Q}_{k+1}^+\boldsymbol{R}_{k+1}$，其中 $\boldsymbol{Q}_{k+1}^+$ 为正交矩阵($\boldsymbol{Q}_{k+1}^+$ 通常不是单位正交矩阵)，$\boldsymbol{R}_{k+1}$ 为上三角矩阵。

步骤 6 根据步骤 1～5 得到的矩阵 $\boldsymbol{R}_1,\boldsymbol{R}_2,\cdots,\boldsymbol{R}_L$，计算与 $\boldsymbol{R}_1,\boldsymbol{R}_2,\cdots,\boldsymbol{R}_L$ 相对应的对角线上的各个元素 $\|r_1^{(l)}\|_2,\|r_2^{(l)}\|_2,\cdots,\|r_n^{(l)}\|_2$，式中，$l=1,2,\cdots,L$。得

$$\boldsymbol{R}_1=\begin{bmatrix}\|r_1^{(1)}\|_2 & \cdots & * \\ & \ddots & \vdots \\ & & \|r_n^{(1)}\|_2\end{bmatrix},\quad \boldsymbol{R}_2=\begin{bmatrix}\|r_1^{(2)}\|_2 & \cdots & * \\ & \ddots & \vdots \\ & & \|r_n^{(2)}\|_2\end{bmatrix},\quad \cdots,$$
$$\boldsymbol{R}_L=\begin{bmatrix}\|r_1^{(L)}\|_2 & \cdots & * \\ & \ddots & \vdots \\ & & \|r_n^{(L)}\|_2\end{bmatrix} \tag{2-7}$$

步骤 7 根据步骤 1～6，最后得 n 个李氏指数的计算结果为

$$\begin{cases}\mathrm{LE}_1=\lim\limits_{L\to\infty}\dfrac{1}{L}\cdot\sum\limits_{l=1}^{L}\ln\|r_1^{(l)}\|_2\\ \mathrm{LE}_2=\lim\limits_{L\to\infty}\dfrac{1}{L}\cdot\sum\limits_{l=1}^{L}\ln\|r_2^{(l)}\|_2\\ \quad\vdots\\ \mathrm{LE}_n=\lim\limits_{L\to\infty}\dfrac{1}{L}\cdot\sum\limits_{l=1}^{L}\ln\|r_n^{(l)}\|_2\end{cases} \tag{2-8}$$

算法 2-2 多步 QR 正交分解方法计算李氏指数。算法 2-1 的主要特点是每进行一步迭代运算后就要进行正交化，为了提高运算速度，还可以采用多步迭代后再进行正交化的方法，算法 2-1 和算法 2-2 之间的关系如图 2-1 所示。

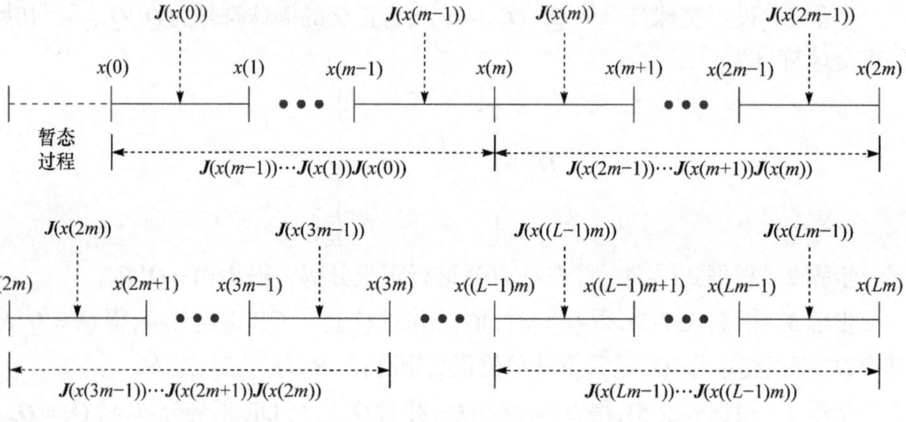

图 2-1 算法 2-1 和算法 2-2 之间的关系

算法 2-2 的具体步骤如下：

步骤 1 设初始正交单位椭球为 $\boldsymbol{Q}_0^{+}$，经过 m 步迭代后，得到椭球为 $\boldsymbol{Q}_m$ 的数学表达式为

$$\boldsymbol{Q}_m = \boldsymbol{J}_{m-1}\boldsymbol{J}_{m-2}\boldsymbol{J}_{m-3}\cdots\boldsymbol{J}_0\boldsymbol{Q}_0^+ \tag{2-9}$$

将 $\boldsymbol{Q}_m$ 正交化后，得

$$\boldsymbol{Q}_m = \boldsymbol{Q}_m^+\boldsymbol{R}_m \tag{2-10}$$

步骤 2　同理，对于下一次 m 步迭代，得

$$\boldsymbol{Q}_{2m} = \boldsymbol{J}_{2m-1}\boldsymbol{J}_{2m-2}\boldsymbol{J}_{2m-3}\cdots\boldsymbol{J}_m\boldsymbol{Q}_m^+ \tag{2-11}$$

将 $\boldsymbol{Q}_{2m}$ 正交化后，得

$$\boldsymbol{Q}_{2m} = \boldsymbol{Q}_{2m}^+\boldsymbol{R}_{2m} \tag{2-12}$$

步骤 3　依此类推，作 L 次正交化，得正交化后的结果为 $\boldsymbol{Q}_{lm} = \boldsymbol{Q}_{lm}^+\boldsymbol{R}_{lm}$ $(l=1,2,\cdots,L)$，最后得李氏指数的计算公式为

$$\begin{cases} \mathrm{LE}_1 = \lim\limits_{L\to\infty}\dfrac{1}{L\cdot m}\cdot\sum\limits_{l=1}^{L}\ln\|r_1^{(l)}\|_2 \\ \mathrm{LE}_2 = \lim\limits_{L\to\infty}\dfrac{1}{L\cdot m}\cdot\sum\limits_{l=1}^{L}\ln\|r_2^{(l)}\|_2 \\ \vdots \\ \mathrm{LE}_n = \lim\limits_{L\to\infty}\dfrac{1}{L\cdot m}\cdot\sum\limits_{l=1}^{L}\ln\|r_n^{(l)}\|_2 \end{cases} \tag{2-13}$$

基于 QR 正交分解的李氏指数计算方法，当迭代次数 k 趋于无穷大时，不会出现 NaN 或 Inf 的错误提示，该方法能避免所有李氏指数值都朝着最大李氏指数的方向靠拢的问题，李氏指数的计算结果较为准确。

2.3　基于 SVD 正交分解的离散时间混沌系统李氏指数数值计算方法

定义 2-4　设 $\boldsymbol{X}$ 是秩为 r 的 $M\times N$ 阶矩阵，则存在 M 阶正交矩阵 $\boldsymbol{U}$ 和 N 阶正交矩阵 $\boldsymbol{V}$，其中 $\boldsymbol{U}$ 的列由 $\boldsymbol{X}\boldsymbol{X}^{\mathrm{T}}$ 的特征向量组成，$\boldsymbol{V}$ 的行由 $\boldsymbol{X}^{\mathrm{T}}\boldsymbol{X}$ 的特征向量组成，满足

$$\begin{cases} \boldsymbol{U}^{\mathrm{T}}\boldsymbol{X}\boldsymbol{V} = \boldsymbol{S} \\ \boldsymbol{S} = \begin{bmatrix} \boldsymbol{\Sigma}_r & \boldsymbol{0} \\ \boldsymbol{0} & \boldsymbol{0} \end{bmatrix} \end{cases} \tag{2-14}$$

式中，$\boldsymbol{\Sigma}_r = \mathrm{diag}(\sigma_1,\sigma_2,\cdots,\sigma_r)$，$\sigma_i = \sqrt{\lambda_i}(i=1,2,\cdots,r)$，$\lambda_1 \geqslant \lambda_2 \geqslant \cdots \geqslant \lambda_r > 0$ 是矩阵 $\boldsymbol{X}^{\mathrm{T}}\boldsymbol{X}$ 非零的特征值，$\sigma_i(i=1,2,\cdots,r)$ 为 $\boldsymbol{X}$ 的奇异值。根据 $\boldsymbol{U}^{\mathrm{T}}\boldsymbol{X}\boldsymbol{V} = \boldsymbol{S}$，得

$$\boldsymbol{X} = \boldsymbol{U}\boldsymbol{S}\boldsymbol{V}^{\mathrm{T}} \tag{2-15}$$

称为 $\boldsymbol{X}$ 奇异值的正交分解式。

算法 2-3 用 SVD 正交分解方法计算李氏指数。具体步骤如下：

步骤 1 给出一个单位正交矩阵 $\boldsymbol{U}_0^+$，不妨令 $\boldsymbol{U}_0^+$ 为单位矩阵 $\boldsymbol{I}$。

步骤 2 根据 $\boldsymbol{X}_1=\boldsymbol{J}_1\boldsymbol{U}_0^+$，对 $\boldsymbol{X}_1$ 进行 SVD 正交分解，得 $\boldsymbol{X}_1=\boldsymbol{U}_1^+\boldsymbol{S}_1\boldsymbol{V}_1^+$，$\boldsymbol{U}_1^+$、$\boldsymbol{V}_1^+$ 为正交矩阵，$\boldsymbol{S}_1$ 为对角矩阵。

步骤 3 根据 $\boldsymbol{X}_2=\boldsymbol{J}_2\boldsymbol{U}_1^+$，对 $\boldsymbol{X}_2$ 进行 SVD 正交分解，得 $\boldsymbol{X}_2=\boldsymbol{U}_2^+\boldsymbol{S}_2\boldsymbol{V}_2^+$，$\boldsymbol{U}_2^+$、$\boldsymbol{V}_2^+$ 为正交矩阵，$\boldsymbol{S}_2$ 为对角矩阵。

步骤 4 依此类推，按照同样的方法，根据 $\boldsymbol{X}_{k+1}=\boldsymbol{J}_k\boldsymbol{U}_k\ (k=1,2,\cdots,L-1)$，对 $\boldsymbol{X}_{k+1}$ 进行 SVD 正交分解，得 $\boldsymbol{X}_{k+1}=\boldsymbol{U}_{k+1}^+\boldsymbol{S}_{k+1}\boldsymbol{V}_{k+1}^+$，$\boldsymbol{U}_{k+1}^+$ 和 $\boldsymbol{V}_{k+1}^+$ 为正交矩阵，$\boldsymbol{S}_{k+1}$ 为对角矩阵。

步骤 5 根据步骤 1～4 得到的矩阵 $\boldsymbol{S}_1,\boldsymbol{S}_2,\cdots,\boldsymbol{S}_L$，计算与 $\boldsymbol{S}_1,\boldsymbol{S}_2,\cdots,\boldsymbol{S}_L$ 相对应的对角线上的各个元素 $s_1^{(l)},s_2^{(l)},\cdots,s_n^{(l)}$，式中，$l=1,2,\cdots,L$。得

$$\boldsymbol{S}_1=\begin{bmatrix} s_1^{(1)} & & & \\ & s_2^{(1)} & & \\ & & \ddots & \\ & & & s_n^{(1)} \end{bmatrix},\quad \boldsymbol{S}_2=\begin{bmatrix} s_1^{(2)} & & & \\ & s_2^{(2)} & & \\ & & \ddots & \\ & & & s_n^{(2)} \end{bmatrix},\quad \cdots,\quad \boldsymbol{S}_L=\begin{bmatrix} s_1^{(L)} & & & \\ & s_2^{(L)} & & \\ & & \ddots & \\ & & & s_n^{(L)} \end{bmatrix} \tag{2-16}$$

步骤 6 根据步骤 1～5，最后得 n 个李氏指数的计算结果为

$$\begin{cases} \mathrm{LE}_1=\lim\limits_{L\to\infty}\dfrac{1}{L}\cdot\sum\limits_{l=1}^{L}\ln|s_1^{(l)}| \\ \mathrm{LE}_2=\lim\limits_{L\to\infty}\dfrac{1}{L}\cdot\sum\limits_{l=1}^{L}\ln|s_2^{(l)}| \\ \vdots \\ \mathrm{LE}_n=\lim\limits_{L\to\infty}\dfrac{1}{L}\cdot\sum\limits_{l=1}^{L}\ln|s_n^{(l)}| \end{cases} \tag{2-17}$$

2.4 离散时间混沌系统李氏指数数值计算的几个应用实例

本节根据特征值方法、QR 正交分解方法和 SVD 正交分解方法这三种李氏指数的数值计算方法，分别对 Henon 映射、基于 Chen-Lai 算法的 4 维离散时间混沌系统、基于 Wang-Chen 算法的 9 维离散时间混沌系统的李氏指数进行计算，并对这三种方法的计算结果进行对比分析。

2.4.1 Henon 映射

Henon 映射的迭代方程如下：

$$\begin{cases} x(k+1) = 1 + y(k) - \alpha x^2(k) \\ y(k+1) = \beta x(k) \end{cases} \tag{2-18}$$

式中，参数$\alpha > 0, \beta = 0.3$。得式(2-18)的雅可比矩阵为

$$\boldsymbol{J}(k) = \begin{bmatrix} -2\alpha x(k) & 1 \\ \beta & 0 \end{bmatrix}$$

根据 QR 正交分解方法，得 Henon 映射的李氏指数谱如图 2-2 所示。当$\alpha = 1.4$时，李氏指数的数值计算结果为

$$\text{LE}_1 = 0.4148, \quad \text{LE}_2 = -1.6187$$

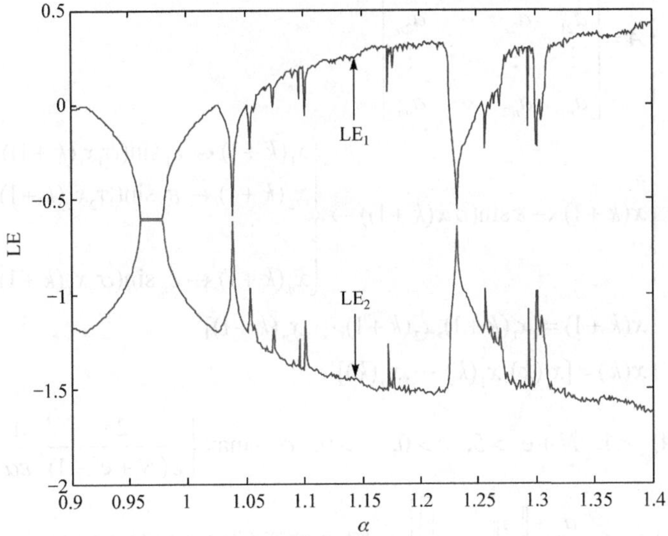

图 2-2　用 QR 正交分解方法得到 Henon 映射的李氏指数谱

但如果用特征值方法计算，当迭代次数大于 600 时，数值结果为 Inf 或 NaN，而迭代次数小于 600 时，李氏指数朝正的方向靠拢。三种方法的对比结果如表 2-1 所示。

表 2-1　Henon 映射李氏指数计算的三种方法比较结果

计算方法	迭代次数			
	100	600	1000	10000
特征值方法 式(2-3)或式(2-4)	$\text{LE}_1 = 0.2322$ $\text{LE}_2 = 0.4177$	$\text{LE}_1 = 0.3811$ $\text{LE}_2 = 0.4127$	Inf 或 NaN	Inf 或 NaN
QR 正交分解方法 式(2-13)	$\text{LE}_1 = 0.4248$ $\text{LE}_2 = -1.6167$	$\text{LE}_1 = 0.4139$ $\text{LE}_2 = -1.6158$	$\text{LE}_1 = 0.4123$ $\text{LE}_2 = -1.6151$	$\text{LE}_1 = 0.4148$ $\text{LE}_2 = -1.6187$
SVD 正交分解方法 式(2-17)	$\text{LE}_1 = 0.7220$ $\text{LE}_2 = -1.9134$	$\text{LE}_1 = 0.7241$ $\text{LE}_2 = -1.9261$	$\text{LE}_1 = 0.7324$ $\text{LE}_2 = -1.9262$	$\text{LE}_1 = 0.7252$ $\text{LE}_2 = -1.9291$

2.4.2 基于 Chen-Lai 算法的 4 维离散时间混沌系统

基于 Chen-Lai 算法的 n 维离散时间混沌系统的一般形式为

$$\begin{cases} \boldsymbol{x}(k+1)=\boldsymbol{A}\boldsymbol{x}(k)+\boldsymbol{u}(k) \\ \boldsymbol{u}(k)=(N+\mathrm{e}^{c})\boldsymbol{x}(k) \\ \boldsymbol{x}(k+1)\leftarrow \varepsilon\sin(\sigma\boldsymbol{x}(k+1)) \end{cases} \tag{2-19}$$

式中

$$\begin{cases} \boldsymbol{A}=\begin{bmatrix} a_{11} & a_{12} & \cdots & a_{1n} \\ a_{21} & a_{22} & \cdots & a_{2n} \\ \vdots & \vdots & & \vdots \\ a_{n1} & a_{n2} & \cdots & a_{nn} \end{bmatrix} \\ \boldsymbol{x}(k+1)\leftarrow \varepsilon\sin(\sigma\boldsymbol{x}(k+1)) \rightarrow \begin{cases} x_1(k+1)\leftarrow \varepsilon_1\sin(\sigma_1 x_1(k+1)) \\ x_2(k+1)\leftarrow \varepsilon_2\sin(\sigma_2 x_2(k+1)) \\ \vdots \\ x_n(k+1)\leftarrow \varepsilon_n\sin(\sigma_n x_n(k+1)) \end{cases} \\ \boldsymbol{x}(k+1)=[x_1(k+1),x_2(k+1),\cdots,x_n(k+1)]^{\mathrm{T}} \\ \boldsymbol{x}(k)=[x_1(k),x_2(k),\cdots,x_n(k)]^{\mathrm{T}} \end{cases} \tag{2-20}$$

如果满足$\|\boldsymbol{A}\|_\infty<1$，$N+\mathrm{e}^c>5$，$c>0$，$\varepsilon>0$，$\sigma>\max\left\{\dfrac{2\pi}{\varepsilon(N+\mathrm{e}^c-1)},\dfrac{1}{\varepsilon\alpha}\right\}$，其中$\alpha=\min\left\{\cos\left[\dfrac{\pi}{3}\left(1+\dfrac{a_{ii}+\|\boldsymbol{A}\|_\infty}{\left(N+\mathrm{e}^c\right)-\|\boldsymbol{A}\|_\infty}\right)\right]\right\}$，则受控系统(2-19)在 Li-Yorke 意义下是混沌的。

根据式(2-19)和式(2-20)，考虑 4 维离散时间混沌系统，令

$$\boldsymbol{A}=\begin{bmatrix} 0.1 & 0.2 & 0.07 & 0.2 \\ 0.2 & 0.2 & 0.3 & 0.04 \\ 0.1 & 0.5 & 0.01 & 0.3 \\ 0.5 & 0.06 & 0.04 & 0.1 \end{bmatrix}$$

选取参数 $N=10$，$c=2$，$\varepsilon_1=2000$，$\sigma_1=3600$，$\varepsilon_2=100$，$\sigma_2=10$，$\varepsilon_3=1, \sigma_3=1$，$\varepsilon_4=1, \sigma_4=1$，根据 QR 正交分解方法，取迭代次数 $k=5000$，得受控系统(2-19)和(2-20)的李氏指数为

$$\mathrm{LE}_1=17.9481,\quad \mathrm{LE}_2=3.8965,\quad \mathrm{LE}_3=-0.5524,\quad \mathrm{LE}_4=-1.6092$$

但如果用特征值方法计算，当迭代次数 $k=20$ 时，则会出现溢出 NaN 或 Inf 的提示。三种方法的对比结果如表 2-2 所示。

表 2-2　4 维离散时间混沌系统李氏指数计算的三种方法比较结果

计算方法	迭代次数		
	10	20	5000
特征值方法 式(2-3)或式(2-4)	$LE_1=16.2992$ $LE_2=16.0892$ $LE_3=16.2261$ $LE_4=18.0895$	NaN 或 Inf	NaN 或 Inf
QR 正交分解方法 式(2-13)	$LE_1=18.0199$ $LE_2=4.0615$ $LE_3=-0.8343$ $LE_4=-1.1234$	$LE_1=17.8202$ $LE_2=3.8696$ $LE_3=-0.8211$ $LE_4=-1.1667$	$LE_1=17.9481$ $LE_2=3.8965$ $LE_3=-0.5524$ $LE_4=-1.6092$
SVD 正交分解方法 式(2-17)	$LE_1=18.7156$ $LE_2=5.1122$ $LE_3=-1.3062$ $LE_4=-2.3979$	$LE_1=18.5159$ $LE_2=4.9276$ $LE_3=-1.3481$ $LE_4=-2.3934$	$LE_1=18.6438$ $LE_2=4.9402$ $LE_3=-1.3520$ $LE_4=-2.5489$

2.4.3　基于 Wang-Chen 算法的 9 维离散时间混沌系统

设计一个基于 Wang-Chen 算法的 9 维离散时间混沌系统，其迭代方程的一般形式为

$$\begin{cases}\boldsymbol{x}(k+1)=\boldsymbol{A}\boldsymbol{x}(k)+\boldsymbol{C}\boldsymbol{u}(k)\\ \boldsymbol{u}(k)=\varepsilon\sin(\sigma\boldsymbol{x}(k))\end{cases}\tag{2-21}$$

式中，状态变量 $\boldsymbol{x}(k)$、$\boldsymbol{x}(k+1)$ 和控制器 $\boldsymbol{u}(k)$ 的数学表达式为

$$\begin{cases}\boldsymbol{x}(k)=[x_1(k),x_2(k),\cdots,x_9(k)]^{\mathrm{T}}\\ \boldsymbol{x}(k+1)=[x_1(k+1),x_2(k+1),\cdots,x_9(k+1)]^{\mathrm{T}}\\ \boldsymbol{u}(k)=[\varepsilon\sin(\sigma x_1(k)),\varepsilon\sin(\sigma x_2(k)),\cdots,\varepsilon\sin(\sigma x_9(k))]^{\mathrm{T}}\end{cases}$$

令 $\boldsymbol{A}=\boldsymbol{P}^{-1}\boldsymbol{B}\boldsymbol{P}$，其中矩阵 $\boldsymbol{B}$、$\boldsymbol{P}$、$\boldsymbol{C}$ 的一般形式分别为

$$\boldsymbol{P}=\begin{bmatrix}0&1&\cdots&1\\1&0&\ddots&\vdots\\\vdots&\ddots&\ddots&1\\1&\cdots&1&0\end{bmatrix}_{9\times 9}$$

$$
\boldsymbol{B}=\begin{bmatrix}
-a_1 & a_2 & & & & & & & \\
-a_3 & -a_1 & & & & & & & \\
 & & -b_1 & b_2 & & & & & \\
 & & -b_3 & -b_1 & & & & & \\
 & & & & -c_1 & c_2 & & & \\
 & & & & -c_3 & -c_1 & & & \\
 & & & & & & -d_1 & d_2 & \\
 & & & & & & -d_3 & -d_1 & \\
 & & & & & & & & -e_1
\end{bmatrix}
$$

$$
\boldsymbol{C}=\begin{bmatrix}
0 & 1 & & & & & & \\
 & 0 & 1 & & & & & \\
 & & 0 & 1 & & & & \\
 & & & 0 & 0 & & & \\
 & & & & \ddots & \ddots & & \\
 & & & & & 0 & 0 & \\
 & & & & & & 0 & 1 \\
 & & & & & & & 0
\end{bmatrix}_{9\times 9}
$$

则受控系统为

$$
\begin{cases}\boldsymbol{x}(k+1)=\boldsymbol{P}^{-1}\boldsymbol{BPx}(k)+\boldsymbol{Cu}(k)\\ \boldsymbol{u}(k)=[\varepsilon\sin(\sigma x_1(k)),\varepsilon\sin(\sigma x_2(k)),\cdots,\varepsilon\sin(\sigma x_9(k))]^{\mathrm{T}}\end{cases}\tag{2-22}
$$

选取参数 $a_1=0.2$，$a_2=0.3$，$a_3=0.1$，$b_1=0.1$，$b_2=0.4$，$b_3=0.2$，$c_1=0.16$，$c_2=0.8$，$c_3=0.3$，$d_1=0.32$，$d_2=0.24$，$d_3=0.61$，$\sigma=2000$，$\varepsilon=6000$，根据QR正交分解计算李氏指数，选迭代次数 $k=1000$，得受控系统(2-22)的李氏指数计算结果为

$$
\begin{cases}\mathrm{LE}_1=11.3086,\quad \mathrm{LE}_2=11.2735,\quad \mathrm{LE}_3=11.2032\\ \mathrm{LE}_4=11.1283,\quad \mathrm{LE}_5=6.3277,\quad \mathrm{LE}_6=6.3050\\ \mathrm{LE}_7=-0.6635,\quad \mathrm{LE}_8=-0.6643,\quad \mathrm{LE}_9=-0.9884\end{cases}
$$

但如果根据特征值方法计算，当迭代次数 $k=10$ 时，计算结果为

$$
\begin{cases}\mathrm{LE}_1=9.2527,\quad \mathrm{LE}_2=9.1579,\quad \mathrm{LE}_3=9.1210\\ \mathrm{LE}_4=10.0123,\quad \mathrm{LE}_5=10.5095,\quad \mathrm{LE}_6=10.7556\\ \mathrm{LE}_7=10.9599,\quad \mathrm{LE}_8=11.9459,\quad \mathrm{LE}_9=12.5625\end{cases}
$$

可知所有李氏指数都会朝着最大李氏指数靠拢，李氏指数的计算结果不准确。当 $k=30$ 时，使用特征值方法的计算结果会出现NaN或Inf的错误提示。三种方法

的对比结果如表 2-3 所示。

表 2-3　9 维离散时间混沌系统李氏指数计算的三种方法比较结果

计算方法	迭代次数		
	10	30	1000
特征值方法式(2-3)或式(2-4)	$LE_1=9.2527$, $LE_2=9.1579$ $LE_3=9.1210$, $LE_4=10.0123$ $LE_5=10.5095$, $LE_6=10.7556$ $LE_7=10.9599$, $LE_8=11.9459$ $LE_9=12.5625$	NaN 或 Inf	NaN 或 Inf
QR 正交分解方法式(2-13)	$LE_1=10.9488$, $LE_2=10.8675$ $LE_3=11.9139$, $LE_4=12.1339$ $LE_5=5.6229$, $LE_6=5.2654$ $LE_7=-0.7174$, $LE_8=-0.8155$ $LE_9=0.3199$	$LE_1=11.3030$, $LE_2=11.1108$ $LE_3=11.4078$, $LE_4=11.4567$ $LE_5=6.1484$, $LE_6=6.0579$ $LE_7=-0.6805$, $LE_8=-0.7144$ $LE_9=-0.5611$	$LE_1=11.3086$, $LE_2=11.2735$ $LE_3=11.2032$, $LE_4=11.1283$ $LE_5=6.3277$, $LE_6=6.3050$ $LE_7=-0.6635$, $LE_8=-0.6643$ $LE_9=-0.9884$
SVD 正交分解方法式(2-17)	$LE_1=16.2576$, $LE_2=16.0139$ $LE_3=15.7141$, $LE_4=14.8218$ $LE_5=0.6716$, $LE_6=-0.8359$ $LE_7=-1.2915$, $LE_8=-2.0542$ $LE_9=-3.7581$	$LE_1=16.2081$, $LE_2=16.0268$ $LE_3=15.6828$, $LE_4=14.8788$ $LE_5=0.6716$, $LE_6=-0.8359$ $LE_7=-1.2915$, $LE_8=-2.0542$ $LE_9=-3.7581$	$LE_1=16.2060$, $LE_2=15.9955$ $LE_3=15.6024$, $LE_4=14.6941$ $LE_5=0.6716$, $LE_6=-0.8359$ $LE_7=-1.2915$, $LE_8=-2.0542$ $LE_9=-3.7581$

由表 2-1～表 2-3 可知，如果直接用特征值方法计算离散时间混沌系统的李氏指数，在迭代次数较少的情况下，虽然可以得到较为稳定的数值结果，但所得的结果已经向最大李氏指数方向靠拢，计算结果不准确。另外，若迭代次数增大，则会出现 NaN 或 Inf 的错误提示，无法进一步得到李氏指数的计算结果。但若采用 QR 正交分解方法或 SVD 正交分解方法计算李氏指数，则不会出现这两个问题，并且当迭代次数足够大时也能得到一个稳定的数值计算结果。此外，通过比较 SVD 正交分解方法和 QR 正交分解方法，可以看出这两者之间的计算结果存在一定的误差，并且随着系统维数的增加，误差也在增大，这个问题需要作进一步的研究。

2.5　连续时间混沌系统李氏指数数值计算的相关定义和 QR 正交分解算法

定义 2-5　对于 n 维的连续时间动力系统 $\dot{\boldsymbol{x}}=\boldsymbol{F}(\boldsymbol{x})$，在 $t_0=0$ 时刻，以 $\boldsymbol{x}_0$ 为中心、$\|\delta\boldsymbol{x}(\boldsymbol{x}_0,0)\|$ 为半径作一个 n 维球面，随着时间的演化，在 t 时刻，该球面变为 n 维椭球面。设该椭球面的第 i 个坐标轴方向的半轴长为 $\|\delta\boldsymbol{x}_i(\boldsymbol{x}_0,t)\|$，则第 i 个李氏指数的定义为

$$\lambda_i = \lim_{t\to 0}\frac{1}{t}\ln\frac{\|\delta \boldsymbol{x}_i(\boldsymbol{x}_0,t)\|}{\|\delta \boldsymbol{x}_i(\boldsymbol{x}_0,0)\|}$$

根据正交分解，线性系统 $\dot{\boldsymbol{x}}=\boldsymbol{A}\boldsymbol{x}$ ($|\boldsymbol{A}|\neq 0$) 可以被分解为 $\dot{\boldsymbol{x}}=\boldsymbol{A}\boldsymbol{x}=\boldsymbol{Q}^{+}\boldsymbol{R}\boldsymbol{x}$，其中 $\boldsymbol{Q}^{+}$ 是正交矩阵，$\boldsymbol{R}$ 是上三角矩阵。对于 QR 正交分解问题，首先给出定义 2-6。

定义 2-6 已知线性系统 $\dot{\boldsymbol{x}}=\boldsymbol{A}\boldsymbol{x}$，$\boldsymbol{x}=[x_1,x_2,\cdots,x_n]\in\mathbf{R}^n$，对 $\boldsymbol{A}$ 进行 QR 正交分解，得 $\boldsymbol{A}=\boldsymbol{Q}^{+}\boldsymbol{R}$，其中 $\boldsymbol{Q}^{+}$ 为正交矩阵，$\boldsymbol{R}$ 为上三角矩阵，那么，矩阵 $\boldsymbol{Q}^{+}$ 的向量 $\boldsymbol{q}_i(i=1,2,\cdots,n)$ 表示对应轨道的相互正交的膨胀方向或收缩方向，$\boldsymbol{R}$ 中主对角元素 $\|\boldsymbol{d}_i\|_2\,(i=1,2,\cdots,n)$ 对应向量 $\boldsymbol{q}_i$ 方向上轨道的膨胀度或收缩度。

以下是定义 2-6 的解释和说明，已知 $\boldsymbol{A}=[\boldsymbol{a}_1,\boldsymbol{a}_2,\cdots,\boldsymbol{a}_n]$，式中

$$\begin{cases}\boldsymbol{a}_1=[a_{11},a_{21},\cdots,a_{n1}]^{\mathrm{T}}\\ \boldsymbol{a}_2=[a_{12},a_{22},\cdots,a_{n2}]^{\mathrm{T}}\\ \quad\vdots\\ \boldsymbol{a}_n=[a_{1n},a_{2n},\cdots,a_{nn}]^{\mathrm{T}}\end{cases}\tag{2-23}$$

根据 Gram-Schmidt 正交分解法，得

$$\begin{cases}\boldsymbol{d}_1=\boldsymbol{a}_1\\ \boldsymbol{d}_2=\boldsymbol{a}_2-k_{21}\boldsymbol{d}_1\\ \boldsymbol{d}_3=\boldsymbol{a}_3-k_{31}\boldsymbol{d}_1-k_{32}\boldsymbol{d}_2\\ \quad\vdots\\ \boldsymbol{d}_n=\boldsymbol{a}_n-k_{n1}\boldsymbol{d}_1-k_{n2}\boldsymbol{d}_2-\cdots-k_{n,n-1}\boldsymbol{d}_{n-1}\end{cases}\tag{2-24}$$

式中，$\boldsymbol{d}_i=[d_{1i},d_{2i},\cdots,d_{ni}]^{\mathrm{T}}\,(i=1,2,\cdots,n)$。根据式(2-24)，得

$$\begin{cases}\boldsymbol{a}_1=\boldsymbol{d}_1\\ \boldsymbol{a}_2=\boldsymbol{d}_2+k_{21}\boldsymbol{d}_1\\ \boldsymbol{a}_3=\boldsymbol{d}_3+k_{31}\boldsymbol{d}_1+k_{32}\boldsymbol{d}_2\\ \quad\vdots\\ \boldsymbol{a}_n=\boldsymbol{d}_n+k_{n1}\boldsymbol{d}_1+k_{n2}\boldsymbol{d}_2+\cdots+k_{n,n-1}\boldsymbol{d}_{n-1}\end{cases}\tag{2-25}$$

式中，$k_{ij}=(\boldsymbol{a}_i,\boldsymbol{d}_j)/(\boldsymbol{d}_j,\boldsymbol{d}_j)$，$j<i,\ (\boldsymbol{d}_i,\boldsymbol{d}_j)=0,\ i\neq j$。进而得

$$\boldsymbol{A}=[\boldsymbol{a}_1,\boldsymbol{a}_2,\boldsymbol{a}_3,\cdots,\boldsymbol{a}_n]=[\boldsymbol{d}_1,\boldsymbol{d}_2,\boldsymbol{d}_3,\cdots,\boldsymbol{d}_n]\begin{bmatrix}1 & k_{21} & k_{31} & \cdots & k_{n-1,1} & k_{n1}\\ & 1 & k_{32} & \cdots & k_{n-1,2} & k_{n2}\\ & & 1 & \cdots & k_{n-1,3} & k_{n3}\\ & & & \ddots & \vdots & \vdots\\ & & & & 1 & k_{n,n-1}\\ & & & & & 1\end{bmatrix}\tag{2-26}$$

设 $\boldsymbol{q}_i=\boldsymbol{d}_i/\|\boldsymbol{d}_i\|_2$，得 $\boldsymbol{d}_i=\|\boldsymbol{d}_i\|_2\,\boldsymbol{q}_i$，其中 $\boldsymbol{q}_i=[q_{1i},q_{2i},\cdots,q_{ni}]^{\mathrm{T}}$，$\boldsymbol{d}_i=[d_{1i},d_{2i},\cdots,d_{ni}]^{\mathrm{T}}$，$i=1,2,\cdots,n$。将其代入式(2-26)，得

$$\boldsymbol{A}=[\boldsymbol{a}_1,\boldsymbol{a}_2,\boldsymbol{a}_3,\cdots,\boldsymbol{a}_n]=\boldsymbol{Q}^{+}\boldsymbol{R} \tag{2-27}$$

式中，矩阵 $\boldsymbol{Q}^{+}$ 和矩阵 $\boldsymbol{R}$ 的一般形式为

$$\begin{cases}\boldsymbol{Q}^{+}=[\boldsymbol{q}_1,\boldsymbol{q}_2,\boldsymbol{q}_3,\cdots,\boldsymbol{q}_n]=\begin{bmatrix}q_{11}&q_{12}&\cdots&q_{1n}\\q_{21}&q_{22}&\cdots&q_{2n}\\\vdots&\vdots&&\vdots\\q_{n1}&q_{n2}&\cdots&q_{nn}\end{bmatrix}\\ \boldsymbol{R}=\begin{bmatrix}\|\boldsymbol{d}_1\|_2&k_{21}\|\boldsymbol{d}_1\|_2&k_{31}\|\boldsymbol{d}_1\|_2&\cdots&k_{n-1,1}\|\boldsymbol{d}_1\|_2&k_{n1}\|\boldsymbol{d}_1\|_2\\&\|\boldsymbol{d}_2\|_2&k_{32}\|\boldsymbol{d}_2\|_2&\cdots&k_{n-1,2}\|\boldsymbol{d}_2\|_2&k_{n2}\|\boldsymbol{d}_2\|_2\\&&\|\boldsymbol{d}_3\|_2&\cdots&k_{n-1,3}\|\boldsymbol{d}_3\|_2&k_{n3}\|\boldsymbol{d}_3\|_2\\&&&\ddots&\vdots&\vdots\\&&&&\|\boldsymbol{d}_{n-1}\|_2&k_{n,n-1}\|\boldsymbol{d}_{n-1}\|_2\\&&&&&\|\boldsymbol{d}_n\|_2\end{bmatrix}\end{cases} \tag{2-28}$$

式中，$\|\boldsymbol{d}_i\|_2\ (i=1,2,\cdots,n)$ 的数学表达式为

$$\begin{cases}r_1=\|\boldsymbol{d}_1\|_2=\sqrt{\boldsymbol{a}_1\boldsymbol{a}_1^{\mathrm{T}}}=\sqrt{a_{11}^2+a_{21}^2+\cdots+a_{n1}^2}\\ r_2=\|\boldsymbol{d}_2\|_2=\sqrt{(\boldsymbol{a}_2-k_{21}\boldsymbol{d}_1)(\boldsymbol{a}_2-k_{21}\boldsymbol{d}_1)^{\mathrm{T}}}\\ \vdots\\ r_n=\|\boldsymbol{d}_n\|_2=\sqrt{(\boldsymbol{a}_n-k_{n1}\boldsymbol{d}_1-k_{n2}\boldsymbol{d}_2-\cdots-k_{n,n-1}\boldsymbol{d}_{n-1})(\boldsymbol{a}_n-k_{n1}\boldsymbol{d}_1-k_{n2}\boldsymbol{d}_2-\cdots-k_{n,n-1}\boldsymbol{d}_{n-1})^{\mathrm{T}}}\end{cases} \tag{2-29}$$

根据上述分析，将线性系统 $\dot{\boldsymbol{x}}=\boldsymbol{A}\boldsymbol{x}$ 中的 $\boldsymbol{A}$ 进行 QR 正交分解后，正交矩阵 $\boldsymbol{Q}^{+}$ 的列向量 $\boldsymbol{q}_1,\boldsymbol{q}_2,\cdots,\boldsymbol{q}_n$ 对应轨道的相互正交的膨胀方向或收缩方向，而矩阵 $\boldsymbol{R}$ 对角元素 $r_i=\|\boldsymbol{d}_i\|_2\ (i=1,2,\cdots,n)$ 对应轨道的膨胀度或收缩度。

考虑一个连续时间动力系统 $\dot{\boldsymbol{x}}=\boldsymbol{A}\boldsymbol{x},\boldsymbol{x}\in\mathbf{R}^n$，其中 $\boldsymbol{A}$ 是非奇异矩阵。用一致有界的非线性反馈控制器 $f(\sigma\boldsymbol{x},b)$ 来控制一个标称系统 $\dot{\boldsymbol{x}}=\boldsymbol{A}\boldsymbol{x}$，则受控系统的一般形式为 $\dot{\boldsymbol{x}}=\boldsymbol{A}\boldsymbol{x}+f(\sigma\boldsymbol{x},b)$。

引理 2-1　如果标称系统 $\dot{\boldsymbol{x}}=\boldsymbol{A}\boldsymbol{x}$ 中矩阵 $\boldsymbol{A}$ 的所有特征根的实部都是负的，反馈控制器满足

$$\sup\|f(\sigma\boldsymbol{x},b)\|\leqslant\|b\|<M<\infty$$

那么，受控系统 $\dot{\boldsymbol{x}}=\boldsymbol{A}\boldsymbol{x}+f(\sigma\boldsymbol{x},b)$ 是全局有界的，其中 $\|\cdot\|$ 是欧氏范数。

设n维混沌系统$\dot{\boldsymbol{x}}=\boldsymbol{F}(\boldsymbol{x})$的相轨迹从$t_0$时刻开始演化，对应轨道的相互正交的膨胀方向或收缩方向的变化率为

$$\frac{\mathrm{d}\boldsymbol{Q}(t)}{\mathrm{d}t}=\boldsymbol{J}(\boldsymbol{x}(t))\boldsymbol{Q}^{+}(t) \tag{2-30}$$

若在演化时间$\Delta t=t_L-t_0$内，将Δt分解为L个足够小的区间$[t_{l-1},t_l]$ $(l=1,2,\cdots,L)$，满足

$$[t_0,t_L]=[t_0,t_1]\cup[t_1,t_2]\cup[t_2,t_3]\cup\cdots\cup[t_{l-1},t_l]\cup\cdots\cup[t_{L-1},t_L]$$

在每个足够小的区间中，对应的雅可比矩阵为$\boldsymbol{J}(\boldsymbol{x})|_{x=x(l-1)}\triangleq\boldsymbol{J}(\boldsymbol{x}(l-1))$ $(l=1,\cdots,L)$。那么，根据该式，则在区间$[t_{l-1},t_l]$中，得对应轨道的相互正交的膨胀方向或收缩方向的变化率为

$$\frac{\mathrm{d}\boldsymbol{Q}(t)}{\mathrm{d}t}=\boldsymbol{J}(\boldsymbol{x}(l-1))\boldsymbol{Q}^{+}(t) \tag{2-31}$$

对式(2-31)两边求积分$\int_{t_{l-1}}^{t_l}\mathrm{d}\boldsymbol{Q}(t)=\int_{t_{l-1}}^{t_l}\boldsymbol{J}(\boldsymbol{x}(l-1))\boldsymbol{Q}^{+}(t)\mathrm{d}t$，得

$$\boldsymbol{Q}(t_l)=\boldsymbol{Q}^{+}(t_{l-1})+\int_{t_{l-1}}^{t_l}\boldsymbol{J}(\boldsymbol{x}(l-1))\boldsymbol{Q}^{+}(t_{l-1})\mathrm{d}t=\boldsymbol{Q}^{+}(t_{l-1})+(t_l-t_{l-1})\boldsymbol{J}(\boldsymbol{x}(l-1))\boldsymbol{Q}^{+}(t_{l-1}) \tag{2-32}$$

式中，$l=1,2,\cdots,L$。

根据式(2-32)，假设在t_{l-1}时刻的$\boldsymbol{Q}^{+}(t_{l-1})$为正交球，由于轨道演化过程中在不同方向上膨胀或收缩，那么到达t_l时刻后的$\boldsymbol{Q}(t_l)$为非正交椭球。因此，在计算李氏指数时，需要对$\boldsymbol{Q}(t_l)$作进一步的正交化处理，称为基于QR正交分解的李氏指数计算方法。根据这种方法，设n维初始正交单位球为$\boldsymbol{Q}_0^{+}$，其他正交球为$\boldsymbol{Q}_i^{+}$ $(i=1,2,\cdots)$，没有正交的椭球为$\boldsymbol{Q}_i$ $(i=1,2,\cdots)$，可得基于QR正交分解的李氏指数算法2-4。

算法 2-4 单步 QR 正交分解算法。设n维混沌系统为$\dot{\boldsymbol{x}}=\boldsymbol{F}(\boldsymbol{x})$，其中$\boldsymbol{x}=[x_1,x_2,\cdots,x_n]\in\mathbf{R}^n$，$\dot{\boldsymbol{x}}=\boldsymbol{F}(\boldsymbol{x})$对应的雅可比矩阵为$\boldsymbol{J}$，基于单步 QR 正交分解算法的李氏指数计算步骤如下。

步骤 1 设定步长为足够小的ΔT，采用4阶Runge-Kutta法计算状态方程的数值解为

$$\begin{cases}x_1(k+1)=x_1(k)+\Delta T(K_{11}+2K_{12}+2K_{13}+K_{14})/6\\x_2(k+1)=x_2(k)+\Delta T(K_{21}+2K_{22}+2K_{23}+K_{24})/6\\\qquad\vdots\\x_n(k+1)=x_n(k)+\Delta T(K_{n1}+2K_{n2}+2K_{n3}+K_{n4})/6\end{cases} \tag{2-33}$$

式中

$$\begin{cases} K_{i1} = f_i(t(k), x_1(k), x_2(k), \cdots, x_n(k)) \\ K_{i2} = f_i(t(k) + 0.5\Delta T,\ x_1(k) + 0.5\Delta T K_{11},\ x_2(k) + 0.5\Delta T K_{21}, \cdots,\ x_n(k) + 0.5\Delta T K_{n1}) \\ K_{i3} = f_i(t(k) + 0.5\Delta T,\ x_1(k) + 0.5\Delta T K_{12},\ x_2(k) + 0.5\Delta T K_{22}, \cdots,\ x_n(k) + 0.5\Delta T K_{n2}) \\ K_{i4} = f_i(t(k) + \Delta T,\ x_1(k) + \Delta T K_{13},\ x_2(k) + \Delta T K_{23}, \cdots,\ x_n(k) + \Delta T K_{n3}) \end{cases} \tag{2-34}$$

式中，$i = 1, 2, \cdots, n$。

步骤 2　混沌系统 $\dot{\boldsymbol{x}} = \boldsymbol{F}(\boldsymbol{x})$ 经过一段时间演化到达稳态后，再从 t_0 开始所对应的状态方程的求解时间为 $\Delta t = t_L - t_0$，将 Δt 分解为 L 个等长足够小的区间：

$$\begin{cases} [t_0, t_L] = [t_0, t_1] \cup [t_1, t_2] \cup [t_2, t_3] \cup \cdots \cup [t_{l-1}, t_l] \cup \cdots \cup [t_{L-1}, t_L] \\ t_1 - t_0 = t_2 - t_1 = \cdots = t_L - t_{L-1} = \Delta T \end{cases} \tag{2-35}$$

设 t_0 时刻对应的初始值为 $\boldsymbol{x}(0) = [x_1(0), x_2(0), \cdots, x_n(0)]$，$t_1$ 时刻对应状态方程的数值解为 $\boldsymbol{x}(1)$，t_2 时刻对应状态方程的数值解为 $\boldsymbol{x}(2)$，依此类推，t_{L-1} 时刻对应状态方程的数值解为 $\boldsymbol{x}(L-1)$，t_L 时刻对应状态方程的数值解为 $\boldsymbol{x}(L)$。

步骤 3　首先，根据 t_0 时刻对应的初始值 $\boldsymbol{x}(0)$，得计算区间 $[t_0, t_1]$ 内的积分方程为

$$\boldsymbol{Q}_1 = \boldsymbol{Q}_0^+ + \int_{t_0}^{t_1} \boldsymbol{J}(\boldsymbol{x})|_{\boldsymbol{x}=\boldsymbol{x}(0)}\, \boldsymbol{Q}_0^+ \mathrm{d}t \tag{2-36}$$

式中，$\boldsymbol{Q}_0^+$ 为初始正交单位球。然后对 $\boldsymbol{Q}_1$ 进行 QR 正交分解，得 $\boldsymbol{Q}_1 = \boldsymbol{Q}_1^+ \boldsymbol{R}_1$。

其次，根据对 $\boldsymbol{Q}_1$ 进行 QR 正交分解所得到的 $\boldsymbol{Q}_1^+$，以及 t_1 时刻对应 n 维连续时间混沌系统状态方程的数值解 $\boldsymbol{x}(1)$，得计算区间 $[t_1, t_2]$ 内的积分方程为

$$\boldsymbol{Q}_2 = \boldsymbol{Q}_1^+ + \int_{t_1}^{t_2} \boldsymbol{J}(\boldsymbol{x})|_{\boldsymbol{x}=\boldsymbol{x}(1)}\, \boldsymbol{Q}_1^+ \mathrm{d}t \tag{2-37}$$

然后对 $\boldsymbol{Q}_2$ 进行 QR 正交分解，得 $\boldsymbol{Q}_2 = \boldsymbol{Q}_2^+ \boldsymbol{R}_2$。

依此类推，根据对 $\boldsymbol{Q}_{l-1}$ 进行 QR 正交分解得到的 $\boldsymbol{Q}_{l-1}^+$，以及 t_{l-1} 时刻对应 n 维连续时间混沌系统状态方程的数值解 $\boldsymbol{x}(l-1)$，得计算区间 $[t_{l-1}, t_l]$ 内的积分方程为

$$\boldsymbol{Q}_l = \boldsymbol{Q}_{l-1}^+ + \int_{t_{l-1}}^{t_l} \boldsymbol{J}(\boldsymbol{x})|_{\boldsymbol{x}=\boldsymbol{x}(l-1)}\, \boldsymbol{Q}_{l-1}^+ \mathrm{d}t \tag{2-38}$$

设矩阵 $\boldsymbol{J}(\boldsymbol{x})|_{\boldsymbol{x}=\boldsymbol{x}(l-1)}\, \boldsymbol{Q}_{l-1}^+$ 第 i 行和第 j 列的元素为 $(\boldsymbol{J}(\boldsymbol{x})|_{\boldsymbol{x}=\boldsymbol{x}(l-1)}\, \boldsymbol{Q}_{l-1}^+)(i,j)$，$\boldsymbol{Q}_{l-1}^+$ 第 i 行和第 j 列的元素为 $\boldsymbol{Q}_{l-1}^+(i,j)$，$i, j = 1, 2, \cdots, n$。根据上面公式，得

$$\boldsymbol{Q}_l = \begin{bmatrix} \boldsymbol{Q}_{l-1}^+(1,1) + (\boldsymbol{J}(\boldsymbol{x})|_{\boldsymbol{x}=\boldsymbol{x}(l-1)}\, \boldsymbol{Q}_{l-1}^+)(1,1)\cdot(t_l - t_{l-1}) & \cdots & \boldsymbol{Q}_{l-1}^+(1,n) + (\boldsymbol{J}(\boldsymbol{x})|_{\boldsymbol{x}=\boldsymbol{x}(l-1)}\, \boldsymbol{Q}_{l-1}^+)(1,n)\cdot(t_l - t_{l-1}) \\ \boldsymbol{Q}_{l-1}^+(2,1) + (\boldsymbol{J}(\boldsymbol{x})|_{\boldsymbol{x}=\boldsymbol{x}(l-1)}\, \boldsymbol{Q}_{l-1}^+)(2,1)\cdot(t_l - t_{l-1}) & \cdots & \boldsymbol{Q}_{l-1}^+(2,n) + (\boldsymbol{J}(\boldsymbol{x})|_{\boldsymbol{x}=\boldsymbol{x}(l-1)}\, \boldsymbol{Q}_{l-1}^+)(2,n)\cdot(t_l - t_{l-1}) \\ \vdots & & \vdots \\ \boldsymbol{Q}_{l-1}^+(n,1) + (\boldsymbol{J}(\boldsymbol{x})|_{\boldsymbol{x}=\boldsymbol{x}(l-1)}\, \boldsymbol{Q}_{l-1}^+)(n,1)\cdot(t_l - t_{l-1}) & \cdots & \boldsymbol{Q}_{l-1}^+(n,n) + (\boldsymbol{J}(\boldsymbol{x})|_{\boldsymbol{x}=\boldsymbol{x}(l-1)}\, \boldsymbol{Q}_{l-1}^+)(n,n)\cdot(t_l - t_{l-1}) \end{bmatrix} \tag{2-39}$$

然后对 $\boldsymbol{Q}_l$ 进行 QR 正交分解，得 $\boldsymbol{Q}_l = \boldsymbol{Q}_l^{+}\boldsymbol{R}_l$，$l=1,2,\cdots,L$。

步骤 4 根据步骤 1～3 得到的矩阵 $\boldsymbol{R}_1,\boldsymbol{R}_2,\cdots,\boldsymbol{R}_L$，计算与 $\boldsymbol{R}_1,\boldsymbol{R}_2,\cdots,\boldsymbol{R}_L$ 相对应的对角线上的各个元素 $r_1^{(l)}, r_2^{(l)},\cdots, r_n^{(l)}$，$l=1,2,\cdots,L$。得

$$\boldsymbol{R}_1=\begin{bmatrix} r_1^{(1)} & \cdots & \cdots & * \\ & r_2^{(1)} & & \vdots \\ & & \ddots & \vdots \\ & & & r_n^{(1)} \end{bmatrix},\quad \boldsymbol{R}_2=\begin{bmatrix} r_1^{(2)} & \cdots & \cdots & * \\ & r_2^{(2)} & & \vdots \\ & & \ddots & \vdots \\ & & & r_n^{(2)} \end{bmatrix},\quad \cdots,$$
$$\boldsymbol{R}_L=\begin{bmatrix} r_1^{(L)} & \cdots & \cdots & * \\ & r_2^{(L)} & & \vdots \\ & & \ddots & \vdots \\ & & & r_n^{(L)} \end{bmatrix} \tag{2-40}$$

步骤 5 根据步骤 1～4，最后得 n 个李氏指数的计算结果为

$$\begin{cases} \mathrm{LE}_1 = \lim\limits_{L\to\infty}\dfrac{1}{t_L-t_0}\cdot\sum\limits_{l=1}^{L}\ln r_1^{(l)} \\ \mathrm{LE}_2 = \lim\limits_{L\to\infty}\dfrac{1}{t_L-t_0}\cdot\sum\limits_{l=1}^{L}\ln r_2^{(l)} \\ \vdots \\ \mathrm{LE}_n = \lim\limits_{L\to\infty}\dfrac{1}{t_L-t_0}\cdot\sum\limits_{l=1}^{L}\ln r_n^{(l)} \end{cases} \tag{2-41}$$

在 $n=3$ 的情况下，算法 2-4 的李氏指数计算方法如图 2-3 所示。对于 n 维的情况，该方法也同样成立，只需将图 2-3 中 3 维的球和椭球改为 n 维的球和椭球即可。

算法 2-4 的主要特点是每进行一步迭代运算后就要进行正交化，为了进一步提高运算速度，需要采用多步迭代后再进行正交化方法。

算法 2-5 多步 QR 正交分解算法。基于多步 QR 正交分解算法的李氏指数计算步骤如下。

步骤 1 设初始正交单位椭球为 $\boldsymbol{Q}_0^{+}$，根据 $\mathrm{d}\boldsymbol{Q}(t)/\mathrm{d}t = \boldsymbol{J}(\boldsymbol{x}(t))\boldsymbol{Q}(t)$，得

$$\begin{aligned} \boldsymbol{Q}_m &= \boldsymbol{Q}_0^{+} + \int_{t_0}^{t_m}\boldsymbol{J}\boldsymbol{Q}\mathrm{d}t \\ &= \boldsymbol{Q}_0^{+} + \int_{t_0}^{t_1}\boldsymbol{J}_0\boldsymbol{Q}_0^{+}\mathrm{d}t + \int_{t_1}^{t_2}\boldsymbol{J}_1\boldsymbol{Q}_1\mathrm{d}t + \cdots + \int_{t_{m-1}}^{t_m}\boldsymbol{J}_{m-1}\boldsymbol{Q}_{m-1}\mathrm{d}t \\ &= \boldsymbol{Q}_0^{+} + \boldsymbol{J}_0\boldsymbol{Q}_0^{+}(t_1-t_0) + \boldsymbol{J}_1\boldsymbol{Q}_1(t_2-t_1) + \cdots + \boldsymbol{J}_{m-1}\boldsymbol{Q}_{m-1}(t_m-t_{m-1}) \end{aligned} \tag{2-42}$$

式中，m 为某个合适的正整数，$\boldsymbol{Q}_i\ (i=1,2,\cdots)$ 的数学表达式为

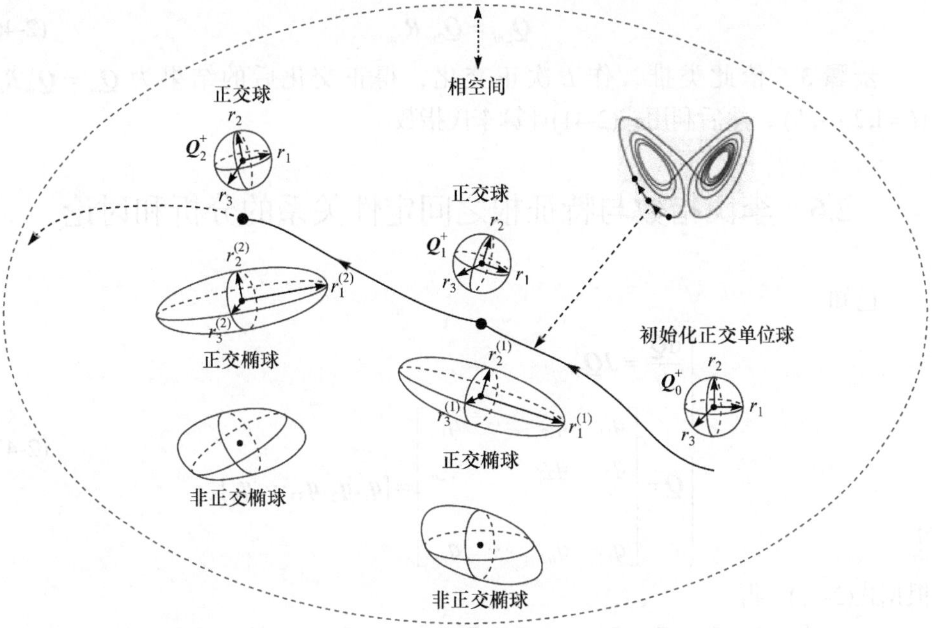

图 2-3　算法 2-4 的李氏指数计算方法图示

$$\begin{cases} \boldsymbol{Q}_1 = \boldsymbol{Q}_0^+ + \int_{t_0}^{t_1} \boldsymbol{J}_0\boldsymbol{Q}_0^+ \mathrm{d}t = \boldsymbol{Q}_0^+ + \boldsymbol{J}_0\boldsymbol{Q}_0^+(t_1 - t_0) \\ \boldsymbol{Q}_2 = \boldsymbol{Q}_1 + \int_{t_1}^{t_2} \boldsymbol{J}_1\boldsymbol{Q}_1 \mathrm{d}t = \boldsymbol{Q}_1 + \boldsymbol{J}_1\boldsymbol{Q}_1(t_2 - t_1) \\ \boldsymbol{Q}_3 = \boldsymbol{Q}_2 + \int_{t_2}^{t_3} \boldsymbol{J}_2\boldsymbol{Q}_2 \mathrm{d}t = \boldsymbol{Q}_2 + \boldsymbol{J}_2\boldsymbol{Q}_2(t_3 - t_2) \\ \quad\vdots \\ \boldsymbol{Q}_i = \boldsymbol{Q}_{i-1} + \int_{t_{i-1}}^{t_i} \boldsymbol{J}_{i-1}\boldsymbol{Q}_{i-1} \mathrm{d}t = \boldsymbol{Q}_{i-1} + \boldsymbol{J}_{i-1}\boldsymbol{Q}_{i-1}(t_i - t_{i-1}) \\ \quad\vdots \\ \boldsymbol{Q}_{m-1} = \boldsymbol{Q}_{m-2} + \int_{t_{m-2}}^{t_{m-1}} \boldsymbol{J}_{m-2}\boldsymbol{Q}_{m-2} \mathrm{d}t = \boldsymbol{Q}_{m-2} + \boldsymbol{J}_{m-2}\boldsymbol{Q}_{m-2}(t_{m-1} - t_{m-2}) \end{cases} \tag{2-43}$$

步骤 2　经过 m 步迭代后，得到椭球为 $\boldsymbol{Q}_m$，将其正交化后，得

$$\boldsymbol{Q}_m = \boldsymbol{Q}_m^+\boldsymbol{R}_m \tag{2-44}$$

当下一次 m 步迭代时，得

$$\boldsymbol{Q}_{2m} = \boldsymbol{Q}_m^+ + \int_{t_m}^{t_{2m}} \boldsymbol{J}\boldsymbol{Q}\mathrm{d}t \tag{2-45}$$

对 $\boldsymbol{Q}_{2m}$ 进行正交化，得

$$\boldsymbol{Q}_{2m}=\boldsymbol{Q}_{2m}^{+}\boldsymbol{R}_{2m} \tag{2-46}$$

步骤 3　依此类推，作 L 次正交化，得正交化后的结果为 $\boldsymbol{Q}_{lm}=\boldsymbol{Q}_{lm}^{+}\boldsymbol{R}_{lm}$ $(l=1,2,\cdots,L)$，然后利用式(2-41)计算李氏指数。

2.6　李氏指数与特征根之间定性关系的分析和讨论

已知

$$\begin{cases}\dfrac{\mathrm{d}\boldsymbol{Q}}{\mathrm{d}t}=\boldsymbol{J}\boldsymbol{Q}\\ \boldsymbol{Q}=\begin{bmatrix}q_{11} & q_{12} & \cdots & q_{1n}\\ q_{21} & q_{22} & \cdots & q_{2n}\\ \vdots & \vdots & & \vdots\\ q_{n1} & q_{n2} & \cdots & q_{nn}\end{bmatrix}=[\boldsymbol{q}_1,\boldsymbol{q}_2,\boldsymbol{q}_3,\cdots,\boldsymbol{q}_n]\end{cases} \tag{2-47}$$

根据式(2-47)，得

$$\left[\frac{\mathrm{d}}{\mathrm{d}t}\begin{bmatrix}q_{11}\\ q_{21}\\ \vdots\\ q_{n1}\end{bmatrix},\frac{\mathrm{d}}{\mathrm{d}t}\begin{bmatrix}q_{12}\\ q_{22}\\ \vdots\\ q_{n2}\end{bmatrix},\cdots,\frac{\mathrm{d}}{\mathrm{d}t}\begin{bmatrix}q_{1n}\\ q_{2n}\\ \vdots\\ q_{nn}\end{bmatrix}\right]=\left[\boldsymbol{J}\begin{bmatrix}q_{11}\\ q_{21}\\ \vdots\\ q_{n1}\end{bmatrix},\boldsymbol{J}\begin{bmatrix}q_{12}\\ q_{22}\\ \vdots\\ q_{n2}\end{bmatrix},\cdots,\boldsymbol{J}\begin{bmatrix}q_{1n}\\ q_{2n}\\ \vdots\\ q_{nn}\end{bmatrix}\right] \tag{2-48}$$

由于对应的分块矩阵相等，故将式(2-48)分解为 n 个方程为

$$\frac{\mathrm{d}\boldsymbol{q}_i}{\mathrm{d}t}=\boldsymbol{J}\boldsymbol{q}_i,\quad i=1,2,\cdots,n \tag{2-49}$$

得式(2-49)的解为

$$\begin{bmatrix}q_{1i}\\ q_{2i}\\ \vdots\\ q_{ni}\end{bmatrix}=\begin{bmatrix}\mathrm{e}^{\lambda_1 t}v_{11} & \mathrm{e}^{\lambda_2 t}v_{21} & \cdots & \mathrm{e}^{\lambda_n t}v_{n1}\\ \mathrm{e}^{\lambda_1 t}v_{12} & \mathrm{e}^{\lambda_2 t}v_{22} & \cdots & \mathrm{e}^{\lambda_n t}v_{n2}\\ \vdots & \vdots & & \vdots\\ \mathrm{e}^{\lambda_1 t}v_{1n} & \mathrm{e}^{\lambda_2 t}v_{2n} & \cdots & \mathrm{e}^{\lambda_n t}v_{nn}\end{bmatrix}\begin{bmatrix}c_{1i}\\ c_{2i}\\ \vdots\\ c_{ni}\end{bmatrix}=c_{1i}\mathrm{e}^{\lambda_1 t}v_1+c_{2i}\mathrm{e}^{\lambda_2 t}v_2+\cdots+c_{ni}\mathrm{e}^{\lambda_n t}v_n \tag{2-50}$$

式中，$i=1,2,\cdots,n$。

下面阐述式(2-50)的物理意义。在给定 $\boldsymbol{q}_i$ 初始值的条件下，迭代一步后，判断 $\boldsymbol{q}_i$ 是否为膨胀或收缩，则由各个特征值 $\lambda_1,\lambda_2,\cdots,\lambda_n$ 实部的正负和大小决定，正实部对膨胀有贡献，负实部则对收缩有贡献。特征值 $\lambda_1,\lambda_2,\cdots,\lambda_n$ 中的正实部越多，对膨胀的贡献越大；反之，负实部越多，对收缩的贡献越大。如果膨胀和收缩的结果相互抵消，则既不膨胀也不收缩。因此，式(2-50)综合考虑了上述各种情况，从而最终确定 $\boldsymbol{q}_i$ $(i=1,2,\cdots,n)$ 总的结果是膨胀还是收缩。

根据式(2-50)，得

$$\begin{bmatrix} q_{1i}(t) \\ q_{2i}(t) \\ \vdots \\ q_{ni}(t) \end{bmatrix} = \begin{bmatrix} \mathrm{e}^{\lambda_1 t} v_{11} & \mathrm{e}^{\lambda_2 t} v_{21} & \cdots & \mathrm{e}^{\lambda_n t} v_{n1} \\ \mathrm{e}^{\lambda_1 t} v_{12} & \mathrm{e}^{\lambda_2 t} v_{22} & \cdots & \mathrm{e}^{\lambda_n t} v_{n2} \\ \vdots & \vdots & & \vdots \\ \mathrm{e}^{\lambda_1 t} v_{1n} & \mathrm{e}^{\lambda_2 t} v_{2n} & \cdots & \mathrm{e}^{\lambda_n t} v_{nn} \end{bmatrix} \boldsymbol{V}^{-1} \begin{bmatrix} q_{1i}(0) \\ q_{2i}(0) \\ \vdots \\ q_{ni}(0) \end{bmatrix} \tag{2-51}$$

式中

$$\boldsymbol{V}^{-1} = \begin{bmatrix} v_{11} & v_{21} & \cdots & v_{n1} \\ v_{12} & v_{22} & \cdots & v_{n2} \\ \vdots & \vdots & & \vdots \\ v_{1n} & v_{2n} & \cdots & v_{nn} \end{bmatrix}^{-1}$$

为了进一步简化上述分析结果，假设

$$\boldsymbol{V} = \begin{bmatrix} v_{11} & v_{21} & \cdots & v_{n1} \\ v_{12} & v_{22} & \cdots & v_{n2} \\ \vdots & \vdots & & \vdots \\ v_{1n} & v_{2n} & \cdots & v_{nn} \end{bmatrix} = \begin{bmatrix} 1 & 0 & \cdots & 0 \\ 0 & 1 & \cdots & 0 \\ \vdots & \vdots & & \vdots \\ 0 & 0 & \cdots & 1 \end{bmatrix} = \boldsymbol{V}^{-1} \tag{2-52}$$

在李氏指数计算过程中，首先从一个 n 维初始的正交单位球 $\boldsymbol{Q}_0^+$ 出发，经过一步迭代后，变成 n 维的非正交椭球，再通过正交化方法，将其变换成 n 维正交椭球，如图 2-3 所示。

根据式(2-51)和式(2-52)，得

$$\begin{bmatrix} q_{1i}(t) \\ q_{2i}(t) \\ \vdots \\ q_{ni}(t) \end{bmatrix} = \begin{bmatrix} \mathrm{e}^{\lambda_1 t} v_{11} & & 0 \\ & \mathrm{e}^{\lambda_2 t} v_{22} & \\ & & \ddots & \\ 0 & & & \mathrm{e}^{\lambda_n t} v_{nn} \end{bmatrix} \begin{bmatrix} q_{1i}(0) \\ q_{2i}(0) \\ \vdots \\ q_{ni}(0) \end{bmatrix} \tag{2-53}$$

式(2-53)的物理意义在于，如果 λ_i 的实部为正，那么 $\boldsymbol{q}_i$ 将在对应的特征向量 $\boldsymbol{v}_i$ 方向上膨胀；如果 λ_i 的实部为负，那么 $\boldsymbol{q}_i$ 将在对应的特征向量 $\boldsymbol{v}_i$ 方向上收缩；如果 λ_i 的实部为 0，那么 $\boldsymbol{q}_i$ 将在对应的特征向量 $\boldsymbol{v}_i$ 方向上既不膨胀也不收缩。尽管在实际情况中，$\boldsymbol{V}$ 并不满足式(2-52)，而是更为一般的情况，但上述定性分析结果对于引理 2-1 中提到的基于连续时间系统反控制生成的混沌系统仍然是成立的。

对于 n 维耗散混沌系统，零李氏指数和负李氏指数是必需的，而正李氏指数的多少，需要通过配置后才能确定。特征根正实部的个数越多，就能够使得 $\boldsymbol{q}_i$ 在越多方向上产生膨胀，因而正李氏指数的个数也就越多。下面将根据这一方法来研究混沌反控制的设计问题。

2.7 高维连续时间系统反控制的李氏指数计算实例

2.7.1 6维线性系统反控制的李氏指数计算

考虑6维分块矩阵，形如

$$\boldsymbol{A}=\begin{bmatrix} -\sigma_1 & \beta_1 & & & & \\ \beta_2 & -\sigma_1 & & & & \\ & & -\sigma_2 & \kappa_1 & & \\ & & \kappa_2 & -\sigma_2 & & \\ & & & & -\sigma_3 & \omega_1 \\ & & & & \omega_2 & -\sigma_3 \end{bmatrix}$$

式中，$\sigma_i > 0\,(i=1,2,3)$，$\beta_1\beta_2 < 0$，$\kappa_1\kappa_2 < 0$，$\omega_1\omega_2 < 0$，则矩阵$\boldsymbol{A}$的特征根为

$$\begin{cases} \lambda_{1,2} = -\sigma_1 \pm \mathrm{j}\sqrt{\beta_1\beta_2} \\ \lambda_{3,4} = -\sigma_2 \pm \mathrm{j}\sqrt{\kappa_1\kappa_2} \\ \lambda_{5,6} = -\sigma_3 \pm \mathrm{j}\sqrt{\omega_1\omega_2} \end{cases}$$

选取一个可逆矩阵

$$\boldsymbol{P}=\begin{bmatrix} 0 & 1 & \cdots & 1 \\ 1 & 0 & \ddots & \vdots \\ \vdots & \ddots & \ddots & 1 \\ 1 & \cdots & 1 & 0 \end{bmatrix}_{6\times 6}$$

构造一个渐近稳定的标称系统 $\dot{\boldsymbol{x}} = \boldsymbol{P}^{-1}\boldsymbol{A}\boldsymbol{P}\boldsymbol{x}$。

设计控制器$\boldsymbol{U} = \boldsymbol{B}f(\sigma\boldsymbol{x}, b)$，其中$\boldsymbol{B}$为位置控制矩阵，$\sigma$、$b$为控制器参数，得受控系统为

$$\dot{\boldsymbol{x}} = \boldsymbol{P}^{-1}\boldsymbol{A}\boldsymbol{P}\boldsymbol{x} + \boldsymbol{B}f(\sigma\boldsymbol{x}, b) \tag{2-54}$$

选取矩阵

$$\boldsymbol{A}=\begin{bmatrix} -0.1 & -15 & & & & \\ 27 & -0.1 & & & & \\ & & -0.2 & -8 & & \\ & & 9 & -0.2 & & \\ & & & & -0.3 & -16 \\ & & & & 6 & -0.3 \end{bmatrix}$$

经过矩阵$\boldsymbol{P}$变换后，得对应的标称系统为

$$\dot{x} = P^{-1}APx \Rightarrow \dot{x} = \begin{bmatrix} 9.98 & 3.48 & 13.7 & 17.1 & 14.32 & 18.72 \\ -4.92 & -23.62 & -28.3 & -24.9 & -27.68 & -23.28 \\ 3.18 & 11.58 & 6.6 & 2.2 & 7.42 & 11.82 \\ -13.82 & -5.42 & -1.2 & -7.0 & -9.58 & -5.18 \\ 11.28 & 19.68 & 14.9 & 18.3 & 15.22 & 3.92 \\ -10.72 & -2.32 & -7.1 & -3.7 & -0.48 & -2.38 \end{bmatrix} x \quad (2\text{-}55)$$

进而求得特征根的大小为

$$\begin{cases} \lambda_{1,2} = -0.1 \pm \mathrm{j}20.1246 \\ \lambda_{3,4} = -0.2 \pm \mathrm{j}8.4853 \\ \lambda_{5,6} = -0.3 \pm \mathrm{j}9.7980 \end{cases}$$

设计控制器$U = Bb\sin(\sigma x)$，得受控系统为

$$\dot{x} = \begin{bmatrix} 9.98 & 3.48 & 13.7 & 17.1 & 14.32 & 18.72 \\ -4.92 & -23.62 & -28.3 & -24.9 & -27.68 & -23.28 \\ 3.18 & 11.58 & 6.6 & 2.2 & 7.42 & 11.82 \\ -13.82 & -5.42 & -1.2 & -7.0 & -9.58 & -5.18 \\ 11.28 & 19.68 & 14.9 & 18.3 & 15.22 & 3.92 \\ -10.72 & -2.32 & -7.1 & -3.7 & -0.48 & -2.38 \end{bmatrix} x + Bb\sin(\sigma x) \quad (2\text{-}56)$$

式中

$$B = \begin{bmatrix} 0 & 0 & 0 & 0 & 0 & 0 \\ 0 & 0 & 0 & 0 & 0 & 0 \\ 0 & 0 & 0 & 0 & 0 & 0 \\ 0 & 1 & 0 & 0 & 0 & 0 \\ 0 & 0 & 0 & 0 & 0 & 0 \\ 0 & 0 & 0 & 0 & 0 & 0 \end{bmatrix}$$

对应受控系统的雅可比矩阵为

$$J = \begin{bmatrix} 9.98 & 3.48 & 13.7 & 17.1 & 14.32 & 18.72 \\ -4.92 & -23.62 & -28.3 & -24.9 & -27.68 & -23.28 \\ 3.18 & 11.58 & 6.6 & 2.2 & 7.42 & 11.82 \\ -13.82 & -5.42+b\varepsilon\cos(\sigma x_2) & -1.2 & -7.0 & -9.58 & -5.18 \\ 11.28 & 19.68 & 14.9 & 18.3 & 15.22 & 3.92 \\ -10.72 & -2.32 & -7.1 & -3.7 & -0.48 & -2.38 \end{bmatrix}$$

根据该式，在平衡点$O(0,0,0,0,0,0)$处，得

$$J=\begin{bmatrix} 9.98 & 3.48 & 13.7 & 17.1 & 14.32 & 18.72 \\ -4.92 & -23.62 & -28.3 & -24.9 & -27.68 & -23.28 \\ 3.18 & 11.58 & 6.6 & 2.2 & 7.42 & 11.82 \\ -13.82 & -5.42+b\sigma & -1.2 & -7.0 & -9.58 & -5.18 \\ 11.28 & 19.68 & 14.9 & 18.3 & 15.22 & 3.92 \\ -10.72 & -2.32 & -7.1 & -3.7 & -0.48 & -2.38 \end{bmatrix}$$

根据前面的分析，通过选取该式中的参数σ、b，使得雅可比矩阵对应的特征根具有更多的正实部，从而具有更多的正李氏指数。例如，当选取控制器参数$\sigma=60$、$b=100$，并将控制器添加到线性系统非主对角线上不同位置$\boldsymbol{J}(i,j)$ $(i,j=1,2,\cdots,6;i\neq j)$时，根据算法 2-5，得正李氏指数个数的计算结果如表 2-4 所示，表中L^{+}表示正李氏指数的个数，r表示包含正实部的特征根个数。

表 2-4　6 维受控系统不同控制位置对应的正李氏指数个数和包含正实部的特征根个数

控制器$100\sin(60x_j)$ 位置$\boldsymbol{J}(i,j)$	$j=1$		$j=2$		$j=3$		$j=4$		$j=5$		$j=6$	
	r	L^{+}	r	L^{+}	r	L^{+}	r	L^{+}	r	L^{+}	r	L^{+}
$i=1$	×	×	2	2	5	4	2	1	3	2	4	3
$i=2$	2	2	×	×	5	3	2	1	3	2	4	3
$i=3$	1	2	2	2	×	×	2	1	3	3	4	2
$i=4$	3	2	4	4	3	2	×	×	3	3	2	2
$i=5$	3	3	4	4	3	3	2	1	×	×	4	3
$i=6$	1	1	2	2	3	3	2	1	3	2	×	×

根据表2-4，当控制器在位置$\boldsymbol{J}(1,3)$、$\boldsymbol{J}(4,2)$、$\boldsymbol{J}(5,2)$时，正李氏指数的个数最多，说明此时的控制效果最好，原因是具有正实部的特征根个数较多。当控制器在$\boldsymbol{J}(6,1)$等位置时，正李氏指数的个数较少，说明此时的控制效果较差，原因是具有正实部的特征根个数较少。可知，正李氏指数的个数与受控系统中特征根正实部的个数是紧密联系的，特征根的正实部个数越多，可能会使得受控系统的正李氏指数越多，正实部的特征根减少，受控系统配置正李氏指数的个数也会相应减少。

当控制器位置为$i=1$、$j=3$，参数$\sigma=60$、$b=100$时，得混沌吸引子相图如图 2-4 所示，并且根据算法 2-5，得李氏指数的计算结果为

$$\begin{cases} \mathrm{LE}_1=25.9154, & \mathrm{LE}_2=3.2281 \\ \mathrm{LE}_3=2.0570, & \mathrm{LE}_4=0.3946 \\ \mathrm{LE}_5=0.0000, & \mathrm{LE}_6=-32.9164 \end{cases}$$

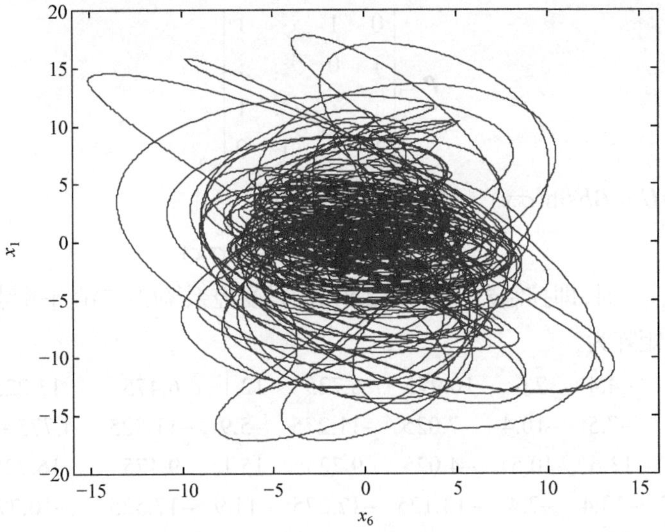

图 2-4　6 维超混沌系统的相图

2.7.2　9 维线性系统反控制的李氏指数计算

考虑 9 维标称系统，已知标称矩阵为

$$
\boldsymbol{A}=\begin{bmatrix}
-0.1 & -15 & & & & & & & \\
3 & -0.1 & & & & & & & \\
 & & -0.1 & -18 & & & & & \\
 & & 9 & -0.1 & & & & & \\
 & & & & -0.1 & -27 & & & \\
 & & & & 16 & -0.1 & & & \\
 & & & & & & -0.1 & -36 & \\
 & & & & & & 18 & -0.1 & \\
 & & & & & & & & -0.3
\end{bmatrix}
$$

得对应的特征根结果为

$$
\begin{cases}
\lambda_{1,2}=-0.1\pm \mathrm{j}6.7082\\
\lambda_{3,4}=-0.1\pm \mathrm{j}12.7279\\
\lambda_{5,6}=-0.1\pm \mathrm{j}20.7846\\
\lambda_{7,8}=-0.1\pm \mathrm{j}25.4558\\
\lambda_{9}=-0.3
\end{cases}
$$

设可逆矩阵为

$$\boldsymbol{P}=\begin{bmatrix}0 & 1 & \cdots & 1\\ 1 & 0 & \ddots & \vdots\\ \vdots & \ddots & \ddots & 1\\ 1 & \cdots & 1 & 0\end{bmatrix}_{9\times 9}$$

设计控制器$\boldsymbol{U}=\boldsymbol{B}b\sin(\sigma\boldsymbol{x})$，使得受控系统为

$$\dot{\boldsymbol{x}}=\boldsymbol{P}^{-1}\boldsymbol{A}\boldsymbol{P}\boldsymbol{x}+\boldsymbol{B}b\sin(\sigma\boldsymbol{x}) \tag{2-57}$$

当$\boldsymbol{B}_{(2,8)}=1$时，即控制器位置在$(2,8)$处，得受控系统(2-57)在平衡点$O(0,0,\cdots,0)$处的雅可比矩阵为

$$\boldsymbol{J}=\begin{bmatrix}
8.25 & -4.4 & 7.6 & 10.975 & 6.725 & 12.1 & 6.475 & 13.225 & 8.75\\
-6.65 & -7.5 & -10.4 & -7.025 & -11.275 & -5.9 & -11.525 & -4.775+b\sigma & -9.25\\
11.35 & 13.6 & 10.5 & -4.025 & 9.725 & 15.1 & 9.475 & 16.225 & 11.75\\
-15.65 & -13.4 & -7.4 & -13.125 & -17.275 & -11.9 & -17.525 & -10.775 & -15.25\\
20.35 & 22.6 & 19.6 & 22.975 & 18.625 & -2.9 & 18.475 & 25.225 & 20.75\\
-22.65 & -20.4 & -23.4 & -20.025 & -8.275 & -19.0 & -24.525 & -17.775 & -22.25\\
29.35 & 31.6 & 28.6 & 31.975 & 27.725 & 33.1 & 27.375 & -1.775 & 29.75\\
-24.65 & -22.4 & -25.4 & -22.025 & -26.275 & -20.9 & -8.525 & -19.875 & -24.25\\
-6.45 & -4.2 & -7.2 & -3.825 & -8.075 & -2.7 & -8.325 & -1.575 & -6.35
\end{bmatrix}$$

则通过设计控制器$b\sin(\sigma x_8)$的参数b、σ来配置受控系统雅可比矩阵的特征值，使得它可以满足多个特征值的实部大于零。

根据算法 2-5，当控制器参数$\sigma=36$、$b=234.8$，并将控制器添加到线性系统非主对角线上不同位置$\boldsymbol{J}(i,j)\,(i,j=1,2,\cdots,9;i\neq j)$时，根据算法 2-5 所示，得正李氏指数的个数如表 2-5 所示，其中L^+表示正李氏指数的个数，r表示包含正实部的特征根个数。

表 2-5　9 维受控系统的控制器在不同位置对应的正李氏指数个数和包含正实部的特征根个数

控制器 $234.8\sin(36x_j)$	$j=1$		$j=2$		$j=3$		$j=4$		$j=5$		$j=6$		$j=7$		$j=8$		$j=9$	
位置 $\boldsymbol{J}(i,j)$	r	L^+	r	L^+	r	L^+	r	L^+	r	L^+	r	L^+	r	L^+	r	L^+	r	L^+
$i=1$	×	×	3	2	5	5	5	4	5	4	5	5	3	3	7	7	2	2
$i=2$	3	3	×	×	5	4	5	3	3	3	5	5	1	1	7	7	4	3
$i=3$	5	5	3	2	×	×	5	4	5	5	5	5	3	3	7	7	2	1
$i=4$	7	6	5	4	5	4	×	×	3	3	3	4	1	1	5	6	4	3
$i=5$	5	5	3	2	3	3	5	4	×	×	5	5	3	3	7	7	2	1

续表

控制器 $234.8\sin(36x_j)$ 位置 $\boldsymbol{J}(i,j)$	$j=1$		$j=2$		$j=3$		$j=4$		$j=5$		$j=6$		$j=7$		$j=8$		$j=9$	
	r	L^+	r	L^+	r	L^+	r	L^+	r	L^+	r	L^+	r	L^+	r	L^+	r	L^+
$i=6$	7	6	5	3	5	5	7	5	5	4	×	×	1	2	5	6	4	3
$i=7$	7	5	5	3	5	4	5	5	3	4	5	5	×	×	7	6	4	2
$i=8$	5	5	3	2	5	4	5	4	3	3	5	6	5	5	×	×	2	1
$i=9$	7	6	2	1	5	4	4	3	3	3	4	5	1	1	6	6	×	×

表 2-5 列出了控制器在不同位置 $\boldsymbol{J}(i,j)\ (i,j=1,2,\cdots,9;i\neq j)$ 时正李氏指数个数的分布情况，可知当控制器位于第 8 列时，正李氏指数的个数较多，说明控制效果较好，原因是正实部特征根的个数较多。当控制器位于 $\boldsymbol{J}(2,7)$、$\boldsymbol{J}(4,7)$、$\boldsymbol{J}(9,7)$ 等位置时，正李氏指数的个数较少，说明控制效果较差，原因是正实部特征根的个数较少。

当控制器位置为 $i=1$、$j=8$，参数 $\sigma=36$、$b=234.8$ 时，得混沌吸引子相图如图 2-5 所示，并且根据算法 2-5，得李氏指数的计算结果为

$$\begin{cases}\mathrm{LE}_1=35.8469,\quad \mathrm{LE}_2=6.4246,\quad \mathrm{LE}_3=2.1298\\ \mathrm{LE}_4=2.0050,\quad \mathrm{LE}_5=0.9328,\quad \mathrm{LE}_6=0.8100\\ \mathrm{LE}_7=0.7804,\quad \mathrm{LE}_8=0.0000,\quad \mathrm{LE}_9=-50.2309\end{cases}$$

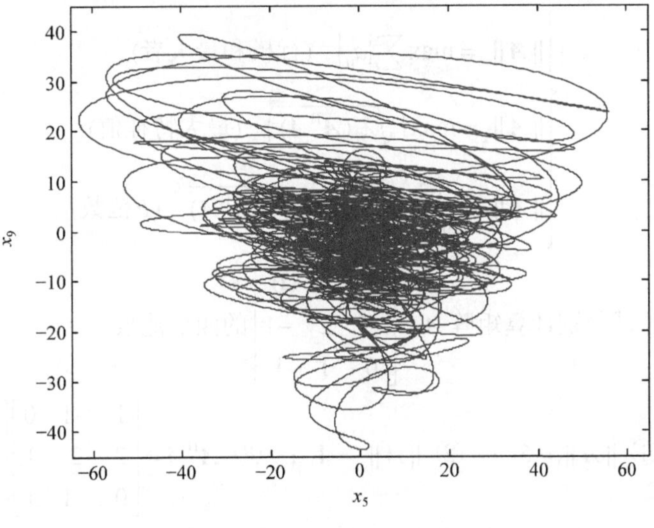

图 2-5　9 维超混沌系统的相图

第 3 章　离散时间混沌系统

本章主要对文献[7]中的前三章内容进行归纳和提炼，内容包括矩阵范数，圆盘定理与几个引理，离散时间系统的混沌判据，基于 Chen-Lai 算法和 Wang-Chen 算法的 1 维线性离散时间系统的混沌化、n 维线性离散时间系统的混沌化、1 维非线性离散时间系统的混沌化、n 维非线性离散时间系统的混沌化，Chen-Lai 算法和 Wang-Chen 算法的推广形式，Chen-Lai 算法和 Wang-Chen 算法的总结与实例等[7,24-28]。

3.1 矩 阵 范 数

3.1.1 矩阵范数的定义

比较常用的四种方阵范数$\|\boldsymbol{A}\|$包括列模和最大者、行模和最大者、最大特征值以及 F 范数。相应的定义如下：

$$\begin{cases}\|\boldsymbol{A}\|_1=\max\limits_{1\leqslant j\leqslant n}\sum\limits_{i=1}^{n}\left|a_{ij}\right| & \text{(列模和最大者)}\\ \|\boldsymbol{A}\|_\infty=\max\limits_{1\leqslant i\leqslant n}\sum\limits_{j=1}^{n}\left|a_{ij}\right| & \text{(行模和最大者)}\\ \|\boldsymbol{A}\|_2=\max\limits_{1\leqslant j\leqslant n}\left(\sqrt{\lambda_j(\boldsymbol{A}^{\mathrm{H}}\boldsymbol{A})}\right) & \text{(最大特征值)}\\ \|\boldsymbol{A}\|_F=\sqrt{\sum\limits_{i=1}^{n}\sum\limits_{j=1}^{n}\left|a_{ij}\right|^2}=\sqrt{\operatorname{tr}(\boldsymbol{A}^{\mathrm{H}}\boldsymbol{A})} & (F\text{范数})\end{cases} \tag{3-1}$$

例 3-1　试分别计算矩阵 $\boldsymbol{A}=\begin{bmatrix}1&2&0\\-1&2&-1\\0&1&1\end{bmatrix}$的四个范数。

解　① $\|\boldsymbol{A}\|_1=5$ ；② $\|\boldsymbol{A}\|_\infty=4$ ；③ $\boldsymbol{A}^{\mathrm{H}}\boldsymbol{A}=\begin{bmatrix}1&-1&0\\2&2&1\\0&-1&1\end{bmatrix}\begin{bmatrix}1&2&0\\-1&2&-1\\0&1&1\end{bmatrix}=$

$\begin{bmatrix}2 & 0 & 1\\0 & 9 & -1\\1 & -1 & 2\end{bmatrix}$，$\det(\lambda \boldsymbol{I}-\boldsymbol{A}^{\mathrm{H}}\boldsymbol{A})=\begin{vmatrix}\lambda-2 & 0 & -1\\0 & \lambda-9 & 1\\-1 & 1 & \lambda-2\end{vmatrix}=0$，得 $\lambda_1(\boldsymbol{A}^{\mathrm{H}}\boldsymbol{A})=0.9361$，$\lambda_2(\boldsymbol{A}^{\mathrm{H}}\boldsymbol{A})=2.9211$，$\lambda_3(\boldsymbol{A}^{\mathrm{H}}\boldsymbol{A})=9.1428$，$\|\boldsymbol{A}\|_2=\max\limits_j\left(\sqrt{\lambda_j(\boldsymbol{A}^{\mathrm{H}}\boldsymbol{A})}\right)=3.0237$；④$\|\boldsymbol{A}\|_F=\sqrt{\mathrm{tr}(\boldsymbol{A}^{\mathrm{H}}\boldsymbol{A})}=\sqrt{2+9+2}=3.6056$。

3.1.2　矩阵范数与谱半径的关系

定理 3-1　设 $\boldsymbol{A}\in\mathbf{R}^{n\times n}$，则 $\boldsymbol{A}$ 的谱半径 $\rho(\boldsymbol{A})$ 不超过 $\boldsymbol{A}$ 的任何相容性范数 $\|\boldsymbol{A}\|$，满足 $\rho(\boldsymbol{A})\leqslant\|\boldsymbol{A}\|$。

证明　设 λ 是 $\boldsymbol{A}$ 的一个特征值，且 $\boldsymbol{A}$ 的谱半径 $\rho(\boldsymbol{A})=|\lambda|$，$\boldsymbol{u}$ 是对应于 λ 的特征向量，即 $\boldsymbol{A}\boldsymbol{u}=\lambda\boldsymbol{u}$，所以对任何一种向量范数，有 $\|\boldsymbol{A}\boldsymbol{u}\|=\|\lambda\boldsymbol{u}\|=|\lambda|\cdot\|\boldsymbol{u}\|$，故有

$$\rho(\boldsymbol{A})=|\lambda|=\frac{\|\boldsymbol{A}\boldsymbol{u}\|}{\|\boldsymbol{u}\|}\leqslant\frac{\|\boldsymbol{A}\|\cdot\|\boldsymbol{u}\|}{\|\boldsymbol{u}\|}=\|\boldsymbol{A}\|$$

定理 3-2　对任意的 $\boldsymbol{A}\in\mathbf{R}^{n\times n}$ 和任意正数 ε，一定存在与 ε 相关的矩阵范数 $\|\boldsymbol{A}\|_\varepsilon$，从而使得 $\|\boldsymbol{A}\|_\varepsilon\leqslant\rho(\boldsymbol{A})+\varepsilon$ 成立。

定理 3-3　设矩阵 $\boldsymbol{A}$ 的谱半径 $\rho(\boldsymbol{A})<1$，则一定存在与 ε 相关的某个范数 $\|\boldsymbol{A}\|_\varepsilon$，从而使得 $\|\boldsymbol{A}\|_\varepsilon\leqslant\rho(\boldsymbol{A})+\varepsilon<1$ 成立。

证明　事实上，若 $\rho(\boldsymbol{A})<1$，则存在正数 ε，使得 $\rho(\boldsymbol{A})+\varepsilon<1$ 成立。根据定理 3-2，得

$$\|\boldsymbol{A}\|_\varepsilon\leqslant\rho(\boldsymbol{A})+\varepsilon<1 \tag{3-2}$$

以后将要应用定理 3-3 证明离散混沌时间系统的同步问题。设渐近稳定标称系统为 $\dot{\boldsymbol{x}}=\boldsymbol{B}\boldsymbol{x}$，矩阵 $\boldsymbol{B}$ 的特征值均位于单位圆内，满足 $\rho(\boldsymbol{B})<1$。矩阵 $\boldsymbol{B}$ 经相似变换 $\boldsymbol{P}\boldsymbol{B}\boldsymbol{P}^{-1}=\boldsymbol{A}$ 后，对应的标称系统为 $\dot{\boldsymbol{x}}=\boldsymbol{A}\boldsymbol{x}$。因 $\boldsymbol{A}$ 和 $\boldsymbol{B}$ 具有相同的特征值，故标称系统 $\dot{\boldsymbol{x}}=\boldsymbol{A}\boldsymbol{x}$ 和 $\dot{\boldsymbol{x}}=\boldsymbol{B}\boldsymbol{x}$ 具有相同的稳定性。另外，由于 $\rho(\boldsymbol{A})<1$，根据定理 3-3，存在某种范数 $\|\boldsymbol{A}\|$，使得 $\|\boldsymbol{A}\|\leqslant\rho(\boldsymbol{A})+\varepsilon<1$ 成立。

3.2　圆盘定理与几个引理和推论

3.2.1　圆盘定理

圆盘定理又称 Gerschgorin 定理，其主要作用是对矩阵的特征值在复平面上的

位置作一个较为准确的估计。圆盘定理的表述如下。

定理 3-4 (圆盘定理) 设 $\boldsymbol{A}=(a_{ij})_{n\times n}\in\mathbf{C}^{n\times n}$ 为任意 n 阶复数矩阵(实数矩阵是复数矩阵的特例)，则 $\boldsymbol{A}$ 的特征值都落在复平面上的 n 个圆盘

$$|z-a_{ii}|\leqslant R_i,\quad i=1,2,\cdots,n$$

的并集内，式中，R_i 称为圆盘的半径，它等于第 i 行中除主对角线元素以外的其余各个元素的绝对值之和，即

$$R_i=\sum_{j\neq i,j=1}^{n}|a_{ij}|$$

圆盘 $|z-a_{ii}|\leqslant R_i(i=1,2,\cdots,n)$ 称为 Gerschgorin 圆盘，简称为盖尔圆 S_i。该定理表明，对于 $\boldsymbol{A}$ 的任一特征值 λ_i，总存在盖尔圆 S_i，使得 $\lambda_i\in S_i$。

定理 3-5 根据定理 3-4，若 $\|\boldsymbol{A}\|_\infty<1$，则所有特征值的模都小于 1。

定理 3-6 根据定理 3-4，对于 $\boldsymbol{A}+K\boldsymbol{I}$，$\boldsymbol{I}$ 为单位矩阵，常数 $K>0$，若 $\|\boldsymbol{A}\|_\infty<1$，并且满足条件 $K-\|\boldsymbol{A}\|_\infty>1$，则 $\boldsymbol{A}+K\boldsymbol{I}$ 对应特征值的模大于 1。

例 3-2 试用圆盘定理估计矩阵 $\boldsymbol{A}=\begin{bmatrix}1 & 0.1 & 0.2 & 0.3\\ 0.5 & 3 & 0.1 & 0.2\\ 1 & 0.3 & -1 & 0.5\\ 0.2 & -0.3 & -0.1 & -4\end{bmatrix}$ 的特征值范围。

解 由上述矩阵 $\boldsymbol{A}$ 和圆盘定理，得如图 3-1 所示的四个圆盘分别为

$$\begin{cases}|z-a_{11}|\leqslant R_1 & \Rightarrow\ |z-1|\leqslant 0.1+0.2+0.3=0.6\\ |z-a_{22}|\leqslant R_2 & \Rightarrow\ |z-3|\leqslant 0.5+0.1+0.2=0.8\\ |z-a_{33}|\leqslant R_3 & \Rightarrow\ |z+1|\leqslant 1+0.3+0.5=1.8\\ |z-a_{44}|\leqslant R_4 & \Rightarrow\ |z+4|\leqslant 0.2+0.3+0.1=0.6\end{cases}$$

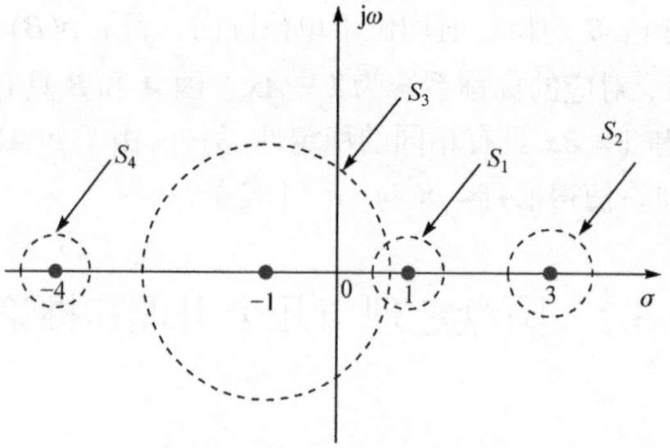

图 3-1 例 3-2 中盖尔圆的图示

3.2.2 几个引理和推论

引理 3-1　已知线性时不变离散时间动力系统

$$\boldsymbol{x}_{k+1}=\boldsymbol{A}\boldsymbol{x}_k,\quad \boldsymbol{x}_k\in\mathbf{R}^n$$

式中，$\boldsymbol{A}=(a_{ij})_{n\times n}$。若$\boldsymbol{A}$的无穷范数满足$\|\boldsymbol{A}\|_\infty<1$，则系统是渐近稳定的。

证明　根据定理 3-5，若$\|\boldsymbol{A}\|_\infty<1$，则所有特征值的模$|\lambda_i|<1$成立，故系统渐近稳定。

推论 3-1　对于非线性时不变离散动力系统

$$\boldsymbol{x}_{k+1}=\boldsymbol{f}(\boldsymbol{x}_k),\quad \boldsymbol{x}_k\in\mathbf{R}^n$$

若满足$\boldsymbol{f}(\boldsymbol{0})=\boldsymbol{0}$，雅可比矩阵范数$\|D\boldsymbol{f}(\boldsymbol{x})\|_\infty<1$，则系统在原点渐近稳定。

证明　事实上，设$\boldsymbol{x}=[x_1,x_2,\cdots,x_n]$，$\boldsymbol{f}(\boldsymbol{x})=[f_1(\boldsymbol{x}),f_2(\boldsymbol{x}),\cdots,f_n(\boldsymbol{x})]^{\mathrm{T}}$，则

$$\|D\boldsymbol{f}(\boldsymbol{x})\|_\infty=\left\|\begin{bmatrix}\dfrac{\partial f_1(\boldsymbol{x})}{\partial x_1} & \dfrac{\partial f_1(\boldsymbol{x})}{\partial x_2} & \cdots & \dfrac{\partial f_1(\boldsymbol{x})}{\partial x_n}\\ \dfrac{\partial f_2(\boldsymbol{x})}{\partial x_1} & \dfrac{\partial f_2(\boldsymbol{x})}{\partial x_2} & \cdots & \dfrac{\partial f_2(\boldsymbol{x})}{\partial x_n}\\ \vdots & \vdots & & \vdots\\ \dfrac{\partial f_n(\boldsymbol{x})}{\partial x_1} & \dfrac{\partial f_n(\boldsymbol{x})}{\partial x_2} & \cdots & \dfrac{\partial f_n(\boldsymbol{x})}{\partial x_n}\end{bmatrix}\right\|_\infty<1\rightarrow\sum_{j=1}^{n}\left|\frac{\partial f_i(\boldsymbol{x})}{\partial x_j}\right|<1,\quad i=1,2,\cdots,n$$

根据定理 3-5，得所有特征值的模$|\lambda_i|<1$，故系统在原点渐近稳定。

引理 3-2　若$\boldsymbol{A}$的无穷范数$\|\boldsymbol{A}\|_\infty<1$，对于向量$\boldsymbol{x}_k=[x_1^k,x_2^k,\cdots,x_n^k]^{\mathrm{T}}$，当$\boldsymbol{x}_k$的各个分量满足$0<x_j^k\leqslant\|\boldsymbol{x}_k\|_\infty$ $(j=1,2,\cdots,n)$时，则向量$\boldsymbol{A}\boldsymbol{x}_k$的各个分量满足

$$-\|\boldsymbol{x}_k\|_\infty<\sum_{j=1}^{n}a_{ij}x_j^k<\|\boldsymbol{x}_k\|_\infty$$

式中，$i=1,2,\cdots,n$，$\|\boldsymbol{x}_k\|_\infty=\max\limits_{1\leqslant i\leqslant n}|x_i^k|$。

证明　根据无穷范数的定义，可知任意行模之和满足$\sum\limits_{j=1}^{n}|a_{ij}|\leqslant\|\boldsymbol{A}\|_\infty<1$ $(i=1,2,\cdots,n)$，因为

$$a_{ij}\leqslant|a_{ij}|\rightarrow a_{ij}\cdot x_j^k\leqslant|a_{ij}|\cdot\|\boldsymbol{x}_k\|_\infty$$

故得

$$\sum_{j=1}^{n}a_{ij}x_j^k\leqslant\sum_{j=1}^{n}|a_{ij}|\cdot\|\boldsymbol{x}_k\|_\infty=\left(\sum_{j=1}^{n}|a_{ij}|\right)\|\boldsymbol{x}_k\|_\infty\leqslant\|\boldsymbol{A}\|_\infty\cdot\|\boldsymbol{x}_k\|_\infty<\|\boldsymbol{x}_k\|_\infty,\quad i=1,2,\cdots,n$$

进一步得

$$A x_k = \begin{bmatrix} \sum_{j=1}^{n} a_{1j} x_j^k \\ \sum_{j=1}^{n} a_{2j} x_j^k \\ \vdots \\ \sum_{j=1}^{n} a_{nj} x_j^k \end{bmatrix} \leqslant \begin{bmatrix} \left(\sum_{j=1}^{n} |a_{1j}|\right) \cdot \| x_k \|_\infty \\ \left(\sum_{j=1}^{n} |a_{2j}|\right) \cdot \| x_k \|_\infty \\ \vdots \\ \left(\sum_{j=1}^{n} |a_{nj}|\right) \cdot \| x_k \|_\infty \end{bmatrix} \leqslant \begin{bmatrix} \| A \|_\infty \cdot \| x_k \|_\infty \\ \| A \|_\infty \cdot \| x_k \|_\infty \\ \vdots \\ \| A \|_\infty \cdot \| x_k \|_\infty \end{bmatrix} < \begin{bmatrix} \| x_k \|_\infty \\ \| x_k \|_\infty \\ \vdots \\ \| x_k \|_\infty \end{bmatrix}$$

又因为

$$a_{ij} \geqslant -|a_{ij}| \to a_{ij} \cdot x_j^k \geqslant -|a_{ij}| \cdot \| x_k \|_\infty$$

同理得

$$A x_k = \begin{bmatrix} \sum_{j=1}^{n} a_{1j} x_j^k \\ \sum_{j=1}^{n} a_{2j} x_j^k \\ \vdots \\ \sum_{j=1}^{n} a_{nj} x_j^k \end{bmatrix} \geqslant \begin{bmatrix} -\left(\sum_{j=1}^{n} |a_{1j}|\right) \cdot \| x_k \|_\infty \\ -\left(\sum_{j=1}^{n} |a_{2j}|\right) \cdot \| x_k \|_\infty \\ \vdots \\ -\left(\sum_{j=1}^{n} |a_{nj}|\right) \cdot \| x_k \|_\infty \end{bmatrix} \geqslant \begin{bmatrix} -\| A \|_\infty \cdot \| x_k \|_\infty \\ -\| A \|_\infty \cdot \| x_k \|_\infty \\ \vdots \\ -\| A \|_\infty \cdot \| x_k \|_\infty \end{bmatrix} > \begin{bmatrix} -\| x_k \|_\infty \\ -\| x_k \|_\infty \\ \vdots \\ -\| x_k \|_\infty \end{bmatrix}$$

综合上述结果，得

$$\begin{bmatrix} -\| x_k \|_\infty \\ -\| x_k \|_\infty \\ \vdots \\ -\| x_k \|_\infty \end{bmatrix} < A x_k < \begin{bmatrix} \| x_k \|_\infty \\ \| x_k \|_\infty \\ \vdots \\ \| x_k \|_\infty \end{bmatrix} \tag{3-3}$$

进一步，如果 $x^k = [x_1^k, x_2^k, \cdots, x_n^k]^{\mathrm{T}}$，并且每一个分量均满足 $0 < x_1^k = x_2^k = \cdots = x_n^k = \| x_k \|_\infty$，则以下的向量不等式必定成立

$$-x_k < A x_k < x_k \tag{3-4}$$

引理 3-3 若一元非线性可微函数 $f(x)$ 满足 $f(0)=0$，并且存在一个原点的开区间 I，对于 $\forall x \in I$，满足 $|f'(x)|<1$，则不等式

$$|f(x)|<|x| \to -|x|< f(x) <|x|$$

成立。特别是当 $x>0$ 时，不等式 $-x < f(x) < x$ 成立。

证明　根据一元函数拉格朗日中值定理，得

$$f(b)-f(a)=f'(\xi)(b-a)$$

式中，ξ 为 a 和 b 之间的中值。令 $a=0$，$b=x$，得

$$f(x)=f'(\xi)x$$

因 $\xi\in I$，同样满足 $|f'(\xi)|<1$，故有

$$|f(x)|=|f'(\xi)|\cdot|x|<|x|\to -|x|<f(x)<|x| \tag{3-5}$$

若 $x>0$，根据式(3-5)，得以下不等式必定成立

$$-x<f(x)<x \tag{3-6}$$

引理 3-4　若多元非线性可微函数 $\boldsymbol{f}(\boldsymbol{x}_k)=[f_1(\boldsymbol{x}_k),f_2(\boldsymbol{x}_k),\cdots,f_n(\boldsymbol{x}_k)]^{\mathrm{T}}$ 满足 $\boldsymbol{f}(\boldsymbol{0})=\boldsymbol{0}$，并且存在原点的开区间 I，$\forall \boldsymbol{x}_k\in I$，满足 $\|D\boldsymbol{f}(\boldsymbol{x}_k)\|_\infty<1$，则有

$$|f_i(\boldsymbol{x}_k)|<\|\boldsymbol{x}_k\|_\infty\to -\|\boldsymbol{x}_k\|_\infty<f_i(\boldsymbol{x}_k)<\|\boldsymbol{x}_k\|_\infty$$

式中，$i=1,2,\cdots,n$，$\boldsymbol{x}_k=[x_1^k,x_2^k,\cdots,x_n^k]$，$\|\boldsymbol{x}_k\|_\infty=\max\limits_{1\leqslant i\leqslant n}|x_i^k|$。

证明　将一元函数拉格朗日中值定理推广至多元函数的情况，得

$$f(\boldsymbol{a}+\boldsymbol{h})-f(\boldsymbol{a})=\sum_{j=1}^{n}\frac{\partial f(\boldsymbol{\xi})}{\partial h_j}h_j$$

式中，$\boldsymbol{\xi}\in(\boldsymbol{a},\boldsymbol{a}+\boldsymbol{h})$，$\boldsymbol{a}=[a_1,a_2,\cdots,a_n]$，$\boldsymbol{h}=[h_1,h_2,\cdots,h_n]$。令 $\boldsymbol{a}=\boldsymbol{0}$，$\boldsymbol{h}=\boldsymbol{x}_k$，得

$$f_i(\boldsymbol{x}_k)=\sum_{j=1}^{n}\frac{\partial f_i(\boldsymbol{\xi})}{\partial x_j^k}x_j^k$$

根据 $\|D\boldsymbol{f}(\boldsymbol{x}_k)\|_\infty<1$，得

$$\|D\boldsymbol{f}(\boldsymbol{x}_k)\|_\infty=\left\|\begin{bmatrix}\dfrac{\partial f_1(\boldsymbol{x}_k)}{\partial x_1^k} & \dfrac{\partial f_1(\boldsymbol{x}_k)}{\partial x_2^k} & \cdots & \dfrac{\partial f_1(\boldsymbol{x}_k)}{\partial x_n^k}\\ \dfrac{\partial f_2(\boldsymbol{x}_k)}{\partial x_1^k} & \dfrac{\partial f_2(\boldsymbol{x}_k)}{\partial x_2^k} & \cdots & \dfrac{\partial f_2(\boldsymbol{x}_k)}{\partial x_n^k}\\ \vdots & \vdots & & \vdots\\ \dfrac{\partial f_n(\boldsymbol{x}_k)}{\partial x_1^k} & \dfrac{\partial f_n(\boldsymbol{x}_k)}{\partial x_2^k} & \cdots & \dfrac{\partial f_n(\boldsymbol{x}_k)}{\partial x_n^k}\end{bmatrix}\right\|_\infty<1$$

$$\to\sum_{j=1}^{n}\left|\frac{\partial f_i(\boldsymbol{x}_k)}{\partial x_j^k}\right|<1,\quad i=1,2,\cdots,n$$

由于 $\boldsymbol{\xi}\in(\boldsymbol{0},\boldsymbol{x}_k)$，同样满足 $\|D\boldsymbol{f}(\boldsymbol{\xi})\|_\infty<1$，故

$$\sum_{j=1}^{n}\left|\frac{\partial f_i(\xi)}{\partial x_j^k}\right| \leqslant \| Df(\xi)\|_{\infty} < 1, \quad i=1,2,\cdots,n$$

同样成立。故得

$$| f_i(\boldsymbol{x}_k)| = \sum_{j=1}^{n}\left|\frac{\partial f_i(\xi)}{\partial x_j^k}\right| | x_j^k | \leqslant \| \boldsymbol{x}_k \|_{\infty} \cdot \sum_{j=1}^{n}\left|\frac{\partial f_i(\xi)}{\partial x_j^k}\right| < \| \boldsymbol{x}_k \|_{\infty} \to -\| \boldsymbol{x}_k \|_{\infty} < f_i(\boldsymbol{x}_k) < \| \boldsymbol{x}_k \|_{\infty} \tag{3-7}$$

式中，$i=1,2,\cdots,n$。

若 $\boldsymbol{x}^k = [x_1^k, x_2^k, \cdots, x_n^k]$ 满足 $0 < x_1^k = x_2^k = \cdots = x_n^k = \| \boldsymbol{x}_k \|_{\infty}$，根据式(3-7)，得以下向量不等式必定成立

$$-\boldsymbol{x}_k < \boldsymbol{f}(\boldsymbol{x}_k) < \boldsymbol{x}_k \tag{3-8}$$

3.3 离散时间系统的混沌判据

在离散时间混沌系统的诸多特征中，目前被广泛采用的混沌判据主要有两条：

(1) 具有正的李氏指数；

(2) 轨道全局有界。

目前国内外提出的若干方法，如获得成功的 Chen-Lai 算法和 Wang-Chen 算法等，其主要目标是设计一个反馈控制器，使得受控系统有正的李氏指数并且轨道全局有界。离散时间系统反控制问题的研究已日趋成熟，并且可遵循一套严格的理论与方法来实现。

3.4 Chen-Lai 算法

3.4.1 Chen-Lai 算法的表述

本节介绍离散时间混沌系统的 Chen-Lai 算法。在离散时间混沌系统诸多的特征中，正李氏指数和轨道全局有界这两个特征是目前广泛采用的一种混沌判据。Chen-Lai 算法的主要目标是设计反馈控制器，从而能够使受控系统有正的李氏指数并且轨道全局有界。Chen-Lai 算法主要特点是，设计高增益状态反馈控制器，使受控系统的李氏指数为正，然后对整个受控系统采用模运算使系统的状态全局有界。

设未受控的 n 维非线性离散时间动力系统(标称系统)

$$\boldsymbol{x}_{k+1} = \boldsymbol{f}_k(\boldsymbol{x}_k) \tag{3-9}$$

是渐近稳定的。式中，$\boldsymbol{x}_k \in \mathbf{R}^n$ 为系统的状态，$\boldsymbol{f}_k$ 为 n 维连续可微映射。

现考虑受控的 n 维非线性离散时间动力系统

$$\boldsymbol{x}_{k+1} = \boldsymbol{f}_k(\boldsymbol{x}_k) + \boldsymbol{u}_k \tag{3-10}$$

式中，$\boldsymbol{u}_k$ 为简单的线性状态反馈控制器

$$\boldsymbol{u}_k = \boldsymbol{B}_k \boldsymbol{x}_k \tag{3-11}$$

式中，$\boldsymbol{B}_k \in \mathbf{R}^{n\times n}$ 为待定矩阵。

离散时间动力系统反控制研究的目标是，通过设计控制器 $\boldsymbol{u}_k$ 使得受控系统是混沌的，即受控系统为全局有界并且具有正李氏指数，从而满足常用的混沌数学判据，如 Li-Yorke 定义和 Devaney 定义。

下面的算法由陈关荣和赖得健于 1996 年提出。考虑控制系统

$$\boldsymbol{x}_{k+1} = \boldsymbol{f}_k(\boldsymbol{x}_k) + \boldsymbol{B}_k \boldsymbol{x}_k \tag{3-12}$$

式中，$\boldsymbol{B}_k = \sigma_k \boldsymbol{I}$。现作如下算法：

步骤 1　计算雅可比矩阵

$$\boldsymbol{J}_k(\boldsymbol{x}_k) = \boldsymbol{f}_k'(\boldsymbol{x}_k) + \sigma_k \boldsymbol{I}, \quad k = 0,1,\cdots \tag{3-13}$$

步骤 2　选取常数 $\sigma_k = N + \mathrm{e}^c > 2$，$c > 0$，$N > 1$，并且雅可比矩阵 $\|\boldsymbol{f}_k'(\boldsymbol{x})\|_\infty < 1$，未受控系统(即标称系统)是渐近稳定的。在满足上述条件下，只要常数 σ_k 足够大，就能使受控系统的雅可比矩阵满足对角占优，不动点为排斥不动点，因而满足回归排斥子的第一个条件，受控系统具有正李氏指数，常数 σ_k 越大，正李氏指数也就越大。

步骤 3　对控制系统采用如下模运算

$$\boldsymbol{x}_{k+1} = \boldsymbol{f}_k(\boldsymbol{x}_k) + \boldsymbol{B}_k \boldsymbol{x}_k \quad (\text{mod } 1 \text{或任意常数}) \tag{3-14}$$

上述算法的前两个步骤使受控系统的李氏指数严格为正，从而系统轨道在所有方向上扩张。满足步骤 1 和步骤 2 的一个简单控制器为

$$\boldsymbol{u}_k = \boldsymbol{B}_k \boldsymbol{x}_k = \sigma_k \boldsymbol{x}_k, \quad \sigma_k = N + \mathrm{e}^c, \quad k = 0,1,\cdots \tag{3-15}$$

步骤 3 的模运算使整个轨道全局有界，即步骤 1 和步骤 2 能产生拉伸，步骤 3 能产生折叠，从而能使受控系统产生混沌运动。

3.4.2　基于 Chen-Lai 算法的 1 维线性离散时间系统的混沌化

1 维线性离散时间系统反控制的一般形式为

$$\begin{aligned} x_{k+1} &= ax_k + u_k \ (\text{mod } 1) \\ &= [a + (N + \mathrm{e}^c)]x_k \ (\text{mod } 1) \\ &= \xi x_k \ (\text{mod } 1) \\ &= g(x_k)\ (\text{mod } 1) \end{aligned} \tag{3-16}$$

式中，$x_k \in \mathbf{R}$，$|a|<1\leqslant N$，$c>0$。当$\xi = a+N+\mathrm{e}^c >1$时，受控系统(3-16)在 Li-Yorke 意义下是混沌的。

证明 根据回归排斥子的定义，首先，应该选合适的x^0，x^0应位于以点x^*为中心、半径为r的闭球$B_r(x^*)$内。

选取$x^0=\xi^{-2}<1, x^0\neq 0$，$x^0$位于连续可微的排斥域内，代入式(3-16)，得

$$\begin{cases} x^1 = g(x^0)\ (\mathrm{mod}\,1)=\xi^{-1}\neq 0, & g(x^0)<1\text{,模函数不起作用} \\ x^2 = g(x^1)\ (\mathrm{mod}\,1)=0=x^*, & g(x^1)=1\text{,模函数起作用} \end{cases} \tag{3-17}$$

同理，$x^1=\xi^{-1}<1$也位于连续可微的排斥域内，满足$g^2(x^0)=0$。在式(3-16)中，排斥不动点$x^*=0$，得$g^2(x^0)=x^*$的结论成立，并且g的不动点x^*满足：

(1) 存在$|x^0|<r<|x^1|<1$，在包含点$x^0=\xi^{-2}$的闭球$B_r(x^*)$中，满足连续可微的条件，并且$g'(x)=a+N+\mathrm{e}^c>1$成立。

(2) 存在$B_r(x^*)$中的一个点$x^0=\xi^{-2}\neq x^*$，使得$g^2(x^0)=x^*$，并且x^0非退化，满足$\det\{Dg^2(x^0)\}=\det\{Dg(x^0)\}\det\{Dg(x^1)\}=\xi^2\neq 0$。因此，$x^*=0$是式(3-16)的一个回归排斥子。

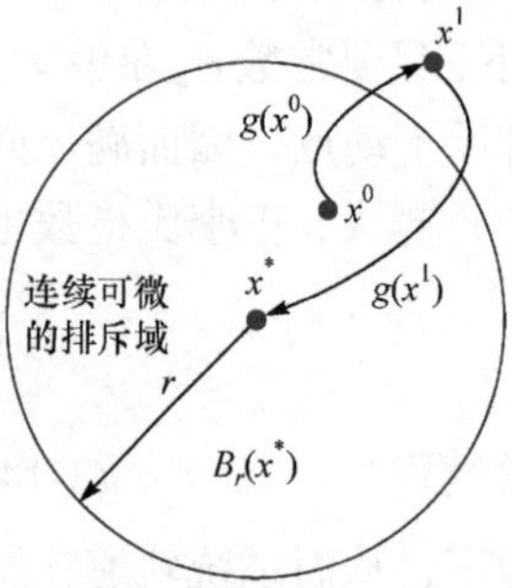

图 3-2　回归排斥子示意图
（$m=2$ 步迭代的情况）

上述结果可用图 3-2 来表示。分析和讨论如下：

(1) 按照回归排斥子的基本定义，在以点x^*为中心、半径为r的闭球$B_r(x^*)$所包含的整个排斥域中，必须满足处处连续可微的条件，这一条是必需的。但在闭球外，映射g并不要求是处处连续可微的。

(2) 图 3-2 中只有x^0位于闭球$B_r(x^*)$内，而迭代点x^1应位于闭球$B_r(x^*)$之外。

(3) 为了满足上述第(2)条，只需适当选取半径r的大小，满足$\|x^0\|<r<\|x^1\|<1$，使得闭球能够包含x^0即可，如果已求出x^0和x^1，并且$x^0<x^1<1$，那么这个半径r一定存在。

3.4.3 基于 Chen-Lai 算法的 *n* 维线性离散时间系统的混沌化

n维线性离散时间系统反控制的一般形式为

$$\begin{aligned} \boldsymbol{x}_{k+1} &= \boldsymbol{A}\boldsymbol{x}_k+\boldsymbol{u}_k\ (\mathrm{mod}\ 1) \\ &= \boldsymbol{g}(\boldsymbol{x}_k)\,(\mathrm{mod}\ 1) \end{aligned} \tag{3-18}$$

式中，$\boldsymbol{x}_k=[x_1^k,x_2^k,\cdots,x_n^k]^{\mathrm{T}}$，$\boldsymbol{x}_{k+1}=[x_1^{k+1},x_2^{k+1},\cdots,x_n^{k+1}]^{\mathrm{T}}$。控制器为

$$\boldsymbol{u}_k = (N+\mathrm{e}^c)\boldsymbol{x}_k \tag{3-19}$$

若常数 $c>0$，$\|\boldsymbol{A}\|_\infty<1\leqslant N$，则受控系统(3-18)在 Li-Yorke 意义下是混沌的。

证明　选取足够大的 c，使受控矩阵对角占优，那么 $\boldsymbol{A}+(N+\mathrm{e}^c)\boldsymbol{I}$ 的逆矩阵 $[\boldsymbol{A}+(N+\mathrm{e}^c)\boldsymbol{I}]^{-1}$ 一定存在。满足

$$\begin{aligned}
&[\boldsymbol{A}+(N+\mathrm{e}^c)\boldsymbol{I}][\boldsymbol{A}+(N+\mathrm{e}^c)\boldsymbol{I}]^{-1}=\boldsymbol{I}\\
\to&(N+\mathrm{e}^c)[\boldsymbol{A}+(N+\mathrm{e}^c)\boldsymbol{I}]^{-1}+\boldsymbol{A}[\boldsymbol{A}+(N+\mathrm{e}^c)\boldsymbol{I}]^{-1}=\boldsymbol{I}\\
\to&(N+\mathrm{e}^c)[\boldsymbol{A}+(N+\mathrm{e}^c)\boldsymbol{I}]^{-1}=\boldsymbol{I}-\boldsymbol{A}[\boldsymbol{A}+(N+\mathrm{e}^c)\boldsymbol{I}]^{-1}\\
\to&(N+\mathrm{e}^c)\|[\boldsymbol{A}+(N+\mathrm{e}^c)\boldsymbol{I}]^{-1}\|=\|\boldsymbol{I}-\boldsymbol{A}[\boldsymbol{A}+(N+\mathrm{e}^c)\boldsymbol{I}]^{-1}\|\\
&\leqslant 1+\|\boldsymbol{A}[\boldsymbol{A}+(N+\mathrm{e}^c)\boldsymbol{I}]^{-1}\|\leqslant 1+\|\boldsymbol{A}\|\cdot\|[\boldsymbol{A}+(N+\mathrm{e}^c)\boldsymbol{I}]^{-1}\|\\
\to&[(N+\mathrm{e}^c)-\|\boldsymbol{A}\|]\|[\boldsymbol{A}+(N+\mathrm{e}^c)\boldsymbol{I}]^{-1}\|\leqslant 1
\end{aligned}$$

根据该式，得

$$\|[\boldsymbol{A}+(N+\mathrm{e}^c)\boldsymbol{I}]^{-1}\|\leqslant\frac{1}{(N+\mathrm{e}^c)-\|\boldsymbol{A}\|}<1 \tag{3-20}$$

设 $\boldsymbol{b}=[1,1,\cdots,1]^{\mathrm{T}}\in\mathbf{R}^n$，则 $\|\boldsymbol{b}\|_\infty=1$。选取

$$\begin{cases}\boldsymbol{x}^0=[\boldsymbol{A}+(N+\mathrm{e}^c)\boldsymbol{I}]^{-1}\cdot[\boldsymbol{A}+(N+\mathrm{e}^c)\boldsymbol{I}]^{-1}\boldsymbol{b}\\ \|\boldsymbol{x}^0\|=\|[\boldsymbol{A}+(N+\mathrm{e}^c)\boldsymbol{I}]^{-1}\cdot[\boldsymbol{A}+(N+\mathrm{e}^c)\boldsymbol{I}]^{-1}\boldsymbol{b}\|\leqslant(\|[\boldsymbol{A}+(N+\mathrm{e}^c)\boldsymbol{I}]^{-1}\|)^2<1\end{cases}$$

从 $\boldsymbol{x}^0$ 开始迭代两次，得

$$\begin{cases}\boldsymbol{x}^1=\boldsymbol{g}(\boldsymbol{x}^0)\ (\mathrm{mod}\ 1)=[\boldsymbol{A}+(N+\mathrm{e}^c)\boldsymbol{I}]^{-1}\boldsymbol{b}\\ \boldsymbol{x}^2=\boldsymbol{g}(\boldsymbol{x}^1)\ (\mathrm{mod}\ 1)=[\boldsymbol{A}+(N+\mathrm{e}^c)\boldsymbol{I}][\boldsymbol{A}+(N+\mathrm{e}^c)\boldsymbol{I}]^{-1}\boldsymbol{b}\ (\mathrm{mod}\ 1)=0=\boldsymbol{x}^*\end{cases} \tag{3-21}$$

可知 $\|\boldsymbol{x}^1\|=\|[\boldsymbol{A}+(N+\mathrm{e}^c)\boldsymbol{I}]^{-1}\boldsymbol{b}\|\leqslant\|[\boldsymbol{A}+(N+\mathrm{e}^c)\boldsymbol{I}]^{-1}\|\cdot\|\boldsymbol{b}\|=\|[\boldsymbol{A}+(N+\mathrm{e}^c)\boldsymbol{I}]^{-1}\|<1$，并且满足 $\|\boldsymbol{x}^0\|<\|\boldsymbol{x}^1\|<1$，故选取 $\|\boldsymbol{x}^0\|<r<\|\boldsymbol{x}^1\|$，得 $\boldsymbol{x}^0$ 位于闭球 $\boldsymbol{B}_r(\boldsymbol{x}^*)$ 内，$\boldsymbol{x}^1$ 位于闭球外。

根据上面的分析可知，只需二次迭代后满足 $\boldsymbol{x}^2=\boldsymbol{x}^*$。对于 $\boldsymbol{g}(\boldsymbol{x}_k)=\boldsymbol{A}\boldsymbol{x}_k+(N+\mathrm{e}^c)\boldsymbol{x}_k$，由于满足 $(N+\mathrm{e}^c)-\|\boldsymbol{A}\|>1$，从而使得 $D\boldsymbol{g}(\boldsymbol{x}_k)$ 特征值的模大于 1，闭球 $\boldsymbol{B}_r(\boldsymbol{x}^*)$ 内是连续可微的排斥域。另外，$\det\{D\boldsymbol{g}^2(\boldsymbol{x}^0)\}=\det\{D\boldsymbol{g}(\boldsymbol{x}^0)\}\cdot\det\{D\boldsymbol{g}(\boldsymbol{x}^1)\}\neq 0$，$\boldsymbol{x}^0$ 非退化，因此 $\boldsymbol{x}^*=\boldsymbol{0}$ 是式(3-18)的一个回归排斥子，具有 Li-Yorke 意义下的混沌。

3.4.4　基于 Chen-Lai 算法的 1 维非线性离散时间系统的混沌化

考虑 1 维非线性受控系统

$$x_{k+1}=f(x_k)+u_k\ (\mathrm{mod}\ 1) \tag{3-22}$$

其中控制器为

$$u_k = (N + \mathrm{e}^c)x_k \tag{3-23}$$

如果满足 $f(0)=0$ ，$c>0$ ，$|f'(x)|<1\leqslant N$ ，则受控系统(3-22)在 Li-Yorke 意义下是混沌的。

证明　首先作辅助函数

$$h(x) = f(x) + (N + \mathrm{e}^c)x - 1$$

利用 1 维介值定理，在 $[0,1]$ 之间可找到一点 x^1 ，使得

$$h(x^1) = f(x^1) + (N + \mathrm{e}^c)x^1 - 1 = 0$$

其次，根据找到的 x^1 ，再次作辅助函数

$$\overline{h}(x) = f(x) + (N + \mathrm{e}^c)x - x^1$$

利用 1 维介值定理，在 $[0, x^1]$ 之间可找到一点 x^0 ，使得

$$\overline{h}(x^0) = f(x^0) + (N + \mathrm{e}^c)x^0 - x^1 = 0$$

显然满足 $x^0 < x^1 < 1$ ，选取 $x^0 < r < x^1$ ，并且 x^0 位于闭球 $B_r(x^*)$ 内，x^1 应位于闭球 $B_r(x^*)$ 外。详细证明过程如下：

受控系统可表示为

$$\begin{aligned} x_{k+1} &= f(x_k) + (N + \mathrm{e}^c)x_k \pmod 1 \\ &\equiv g(x) \pmod 1 \end{aligned}$$

并且有

$$g'(x) = f'(x) + N + \mathrm{e}^c > 1$$

作辅助函数

$$h(x) = f(x) + (N + \mathrm{e}^c)x - 1 = g(x) - 1$$

根据引理 3-3，不等式 $-x_k < f(x_k) < x_k$ 成立。

(1) 当 $x=0$ 时，得 $h(x) = -1 < 0$ 。

(2) 当 $x=1$ 时，得 $h(x) = f(x) + N + \mathrm{e}^c - 1 > -x + N + \mathrm{e}^c - 1 = N + \mathrm{e}^c - 2 > 0$ 。

根据 1 维介值定理，$\exists x^1 \in (0,1)$ ，使得

$$h(x^1) = f(x^1) + (N + \mathrm{e}^c)x^1 - 1 = g(x^1) - 1 = 0 \to g(x^1) = 1$$

(3) 作辅助函数 $\overline{h}(x) = g(x) - x^1 = f(x) + (N + \mathrm{e}^c)x - x^1$ ，有 $\overline{h}(0) = -x^1 < 0$ ，由引理 3-3，得

$$\overline{h}(x^1) = g(x^1) - x^1 = f(x^1) + (N + \mathrm{e}^c)x^1 - x^1 > (N + \mathrm{e}^c)x^1 - 2x^1 > 0$$

根据介值定理，存在 $x^0 \in (0, x^1)$ ，使得 $\overline{h}(x^0) = 0 \to g(x^0) - x^1 = 0$ ，因此 $g(x^0) = x^1$ 成立，从而有 $g^2(x^0) = g(x^1) \pmod 1 = 1 \pmod 1 = 0 = x^*$ 。

这表明 $x_{k+1} = f(x_k) + (N + \mathrm{e}^c)x_k$ 从 x^0 开始，由于 mod 1 作用，当迭代两次之后，

得 $g^2(x^0)=x^*=0$，并且 g 的不动点 x^* 满足：

(1) 选取 $x^0<r<x^1<1$，使得 $B_r(x^*)$ 成为一个包含 x^0 在内的排斥域，满足 $g'(x)=f'(x)+N+\mathrm{e}^c>1$；

(2) 存在 $B_r(x^*)$ 中的一个点 $0<x^0<1$，使得 $g^2(x^0)=x^*$，并且点 x^0 是非退化的，即满足

$$\begin{aligned}\det\{Dg^2(x^0)\}&=\det\{Dg(x^0)\}\det\{Dg(x^1)\}\\&=[f'(x^0)+(N+\mathrm{e}^c)][f'(x^1)+(N+\mathrm{e}^c)]\neq 0\end{aligned}$$

因此，$x^*=0$ 是一个回归排斥子。

3.4.5　基于 Chen-Lai 算法的 *n* 维非线性离散时间系统的混沌化

考虑 n 维非线性受控系统

$$\boldsymbol{x}_{k+1}=\boldsymbol{f}(\boldsymbol{x}_k)+\boldsymbol{u}_k \pmod 1 \tag{3-24}$$

假定 $\|\boldsymbol{f}'(\boldsymbol{x})\|_\infty<1\leqslant N$ (无穷范数小于 1，根据定理 3-5，特征值的模必小于 1，原系统是渐近稳定的)，其中控制器为

$$\boldsymbol{u}_k=(N+\mathrm{e}^c)\boldsymbol{x}_k \tag{3-25}$$

式中，$\boldsymbol{f}(\boldsymbol{x}_k)=[f_1(\boldsymbol{x}_k),f_2(\boldsymbol{x}_k),\cdots,f_n(\boldsymbol{x}_k)]$，$\boldsymbol{x}_k=[x_1^k,x_2^k,\cdots,x_n^k]$，$\boldsymbol{x}_{k+1}=[x_1^{k+1},x_2^{k+1},\cdots,x_n^{k+1}]$，$\boldsymbol{u}_k=[u_1^k,u_2^k,\cdots,u_n^k]=(N+\mathrm{e}^c)[x_1^k,x_2^k,\cdots,x_n^k]$。

若 $\boldsymbol{f}$ 连续可微，$\boldsymbol{f}(\boldsymbol{0})=\boldsymbol{0}$，并且满足 $\|D\boldsymbol{f}(\boldsymbol{x}_k)\|<1<N$，$c>0$，则式(3-24)表示的受控系统在 Li-Yorke 意义下是混沌的。

证明　注意到式(3-24)和式(3-25)是向量形式，可将其表示为分量的形式，得

$$[x_1^{k+1},x_2^{k+1},\cdots,x_n^{k+1}]=[f_1(\boldsymbol{x}_k),f_2(\boldsymbol{x}_k),\cdots,f_n(\boldsymbol{x}_k)]+(N+\mathrm{e}^c)[x_1^k,x_2^k,\cdots,x_n^k]\pmod 1 \tag{3-26}$$

根据式(3-26)，得其中各个分量的数学表达式为

$$x_i^{k+1}=f_i(\boldsymbol{x}_k)+(N+\mathrm{e}^c)x_i^k \pmod 1,\quad i=1,2,\cdots,n \tag{3-27}$$

在证明过程中，常用到 n 维向量的大小比较、n 维向量和 n 维向量函数的大小比较、n 维介值定理。现说明如下：

(1) n 维向量的大小比较。如果 $\boldsymbol{x}_1<\boldsymbol{x}_k<\boldsymbol{x}_2$，这意味着其中的每个分量均成立：

$$[x_1^1,x_2^1,\cdots,x_n^1]<[x_1^k,x_2^k,\cdots,x_n^k]<[x_1^2,x_2^2,\cdots,x_n^2]$$

$$\to\begin{cases}x_1^1<x_1^k<x_1^2\\x_2^1<x_2^k<x_2^2\\\quad\vdots\\x_n^1<x_n^k<x_n^2\end{cases}\to x_i^1<x_i^k<x_i^2,\quad i=1,2,\cdots,n$$

(2) n 维向量和 n 维向量函数的大小比较。例如：

$$\boldsymbol{f}(\boldsymbol{x}_k) < \boldsymbol{x}_k \to [f_1(\boldsymbol{x}_k), f_2(\boldsymbol{x}_k), \cdots, f_n(\boldsymbol{x}_k)] < [\boldsymbol{x}_1^k, \boldsymbol{x}_2^k, \cdots, \boldsymbol{x}_n^k]$$
$$\to f_i(\boldsymbol{x}_k) < \boldsymbol{x}_i^k, \quad i = 1, 2, \cdots, n$$

(3) n 维介值定理。若 $\boldsymbol{f}(\boldsymbol{x}_k)$ 连续，且 $\boldsymbol{f}(\boldsymbol{x}_1) < 0$，$\boldsymbol{f}(\boldsymbol{x}_2) > 0$，则 $\exists \boldsymbol{x}_0 \in (\boldsymbol{x}_1, \boldsymbol{x}_2)$，使得 $\boldsymbol{f}(\boldsymbol{x}_0) = \boldsymbol{0}$。与上面讨论的情形相同，说明向量函数中的每一个分量均成立：

$$\begin{cases} \boldsymbol{f}(\boldsymbol{x}_1) < 0 \to [f_1(\boldsymbol{x}_1), f_2(\boldsymbol{x}_1), \cdots, f_n(\boldsymbol{x}_1)] < 0 \to f_i(\boldsymbol{x}_1) < 0, & i = 1, 2, \cdots, n \\ \boldsymbol{f}(\boldsymbol{x}_1) > 0 \to [f_1(\boldsymbol{x}_1), f_2(\boldsymbol{x}_1), \cdots, f_n(\boldsymbol{x}_1)] > 0 \to f_i(\boldsymbol{x}_1) > 0, & i = 1, 2, \cdots, n \\ \boldsymbol{f}(\boldsymbol{x}_0) = 0 \to [f_1(\boldsymbol{x}_0), f_2(\boldsymbol{x}_0), \cdots, f_n(\boldsymbol{x}_0)] = 0 \to f_i(\boldsymbol{x}_0) = 0, & i = 1, 2, \cdots, n \end{cases}$$

(4) 考虑将式(3-24)和式(3-25)合写为 n 维非线性受控系统的一般形式如下：

$$\begin{aligned} \boldsymbol{x}_{k+1} &= \boldsymbol{f}(\boldsymbol{x}_k) + (N + \mathrm{e}^c)\boldsymbol{x}_k \ (\mathrm{mod}\ 1) \\ &= \boldsymbol{g}(\boldsymbol{x}_k) \ (\mathrm{mod}\ 1) \end{aligned}$$

式中，$\boldsymbol{g}(\boldsymbol{x}_k) = \boldsymbol{f}(\boldsymbol{x}_k) + (N + \mathrm{e}^c)\boldsymbol{x}_k$。

首先作辅助函数

$$\boldsymbol{h}(\boldsymbol{x}_k) = \boldsymbol{g}(\boldsymbol{x}_k) - \boldsymbol{b} = \boldsymbol{f}(\boldsymbol{x}_k) + (N + \mathrm{e}^c)\boldsymbol{x}_k - \boldsymbol{b}$$

式中，$\boldsymbol{h}(\boldsymbol{x}_k) = [h_1(\boldsymbol{x}_k), h_2(\boldsymbol{x}_k), \cdots, h_n(\boldsymbol{x}_k)]$，$\boldsymbol{b} = [1, 1, \cdots, 1] \in \mathbf{R}^n$。

根据引理 3-4，得

$$-\| \boldsymbol{x}_k \|_\infty < f_i(\boldsymbol{x}_k) < \| \boldsymbol{x}_k \|_\infty, \quad i = 1, 2, \cdots, n$$

若 $\boldsymbol{x}_k = [x_1^k, x_2^k, \cdots, x_n^k] > 0$，$x_1^k = \cdots = x_n^k = \| \boldsymbol{x} \|_\infty$，则该式必定能表示为以下向量形式：

$$-\boldsymbol{x}_k < \boldsymbol{f}(\boldsymbol{x}_k) < \boldsymbol{x}_k$$

利用辅助函数 $\boldsymbol{h}(\boldsymbol{x}_k)$，得 $\boldsymbol{h}(0) = -\boldsymbol{b} < 0$。由引理 3-4，得 $\boldsymbol{h}(\boldsymbol{b}) > (N + \mathrm{e}^c)\boldsymbol{b} - 2\boldsymbol{b} > 0$。然后根据 n 维介值定理，必定存在一点 $\boldsymbol{x}^1 \in (0, \boldsymbol{b})$，使得 $\boldsymbol{h}(\boldsymbol{x}^1) = \boldsymbol{g}(\boldsymbol{x}^1) - \boldsymbol{b} = \boldsymbol{0} \to \boldsymbol{g}(\boldsymbol{x}^1) = \boldsymbol{b}$。

(5) 根据所得到的 $\boldsymbol{x}^1$，作辅助函数

$$\bar{\boldsymbol{h}}(\boldsymbol{x}_k) = \boldsymbol{g}(\boldsymbol{x}_k) - \boldsymbol{x}^1 = \boldsymbol{f}(\boldsymbol{x}_k) + (N + \mathrm{e}^c)\boldsymbol{x}_k - \boldsymbol{x}^1$$

得 $\bar{\boldsymbol{h}}(0) = -\boldsymbol{x}^1 < 0$。由引理 3-4，得

$$\bar{\boldsymbol{h}}(\boldsymbol{x}^1) = \boldsymbol{g}(\boldsymbol{x}^1) - \boldsymbol{x}^1 = \boldsymbol{f}(\boldsymbol{x}^1) + (N + \mathrm{e}^c)\boldsymbol{x}^1 - \boldsymbol{x}^1 > (N + \mathrm{e}^c)\boldsymbol{x}^1 - 2\boldsymbol{x}^1 > 0$$

再根据 n 维介值定理，存在 $\boldsymbol{x}^0 \in (0, \boldsymbol{x}^1)$，使得 $\bar{\boldsymbol{h}}(\boldsymbol{x}^0) = \boldsymbol{g}(\boldsymbol{x}^0) - \boldsymbol{x}^1 = \boldsymbol{0} \to \boldsymbol{g}(\boldsymbol{x}^0) = \boldsymbol{x}^1$ 成立。

(6) 综合上述两种情况，得

$$\begin{cases} \boldsymbol{x}^1 = \boldsymbol{g}(\boldsymbol{x}^0)\,(\text{mod } 1) \to \boldsymbol{x}^1 = \boldsymbol{g}(\boldsymbol{x}^0) \\ \boldsymbol{g}(\boldsymbol{x}^1) = \boldsymbol{g}^2(\boldsymbol{x}^0) = \boldsymbol{b}\,(\text{mod } 1) \to \boldsymbol{g}^2(\boldsymbol{x}^0) = \boldsymbol{0} = \boldsymbol{x}^* \end{cases}$$

(7) 选取以 $\boldsymbol{x}^*$ 为中心、半径为 $0<\|\boldsymbol{x}^0\|<r<\|\boldsymbol{x}^1\|<1$ 的闭球内，$(N+\mathrm{e}^c)-\|D\boldsymbol{f}(\boldsymbol{x}_k)\|>1$ 成立，$D\boldsymbol{g}(\boldsymbol{x}_k)$ 特征值的模大于 1，闭球内是连续可微的排斥域，$\boldsymbol{x}^*$ 是排斥不动点，并且闭球包含 $\boldsymbol{x}^0$，$\boldsymbol{x}^0$ 是非退化的，故证得 $\boldsymbol{x}^*=\boldsymbol{0}$ 是一个回归排斥子。

3.5　Chen-Lai 算法的推广形式

前面各节中主要是介绍了模函数为 mod 的 Chen-Lai 算法。除模函数 mod 外，还有各种其他不同形式的模函数，如正弦函数、三角波函数、锯齿波函数等，总之，一切具有全局有界性的周期函数都可以用作 Chen-Lai 算法中的模函数。

3.5.1　模函数为正弦函数的 1 维线性受控系统

考虑 1 维线性受控系统，用正弦函数作为取模运算的 Chen-Lai 算法如下：

$$\begin{cases} x_{k+1} = ax_k + u_k \\ u_k = (N+\mathrm{e}^c)x_k \\ x_{k+1} = \varepsilon\sin(\sigma[a+(N+\mathrm{e}^c)]x_k) \end{cases} \tag{3-28}$$

式中，$|a|<1<N$，$c>0$。如果受控系统同时满足以下各个条件：

$$\begin{cases} \sigma > \max\left\{\dfrac{1}{\varepsilon(a+N+\mathrm{e}^c)\cos\phi},\ \dfrac{\pi}{\varepsilon(a+N+\mathrm{e}^c)\sin\phi}\right\} \\ 0<\phi<\dfrac{\pi}{2} \end{cases} \tag{3-29}$$

则 $x^*=0$ 是受控系统中的一个回归排斥子，受控系统在 Li-Yorke 意义下是混沌的。

证明　受控系统可进一步表示为如下一般形式：

$$x_{k+1} = \varepsilon\sin[\sigma(a+N+\mathrm{e}^c)x_k] = \varepsilon\sin(\omega x_k) = g(x_k)$$

式中，$\omega=\sigma(a+N+\mathrm{e}^c)$，得对应的正弦迭代函数的图形如图 3-3 所示。

(1) 根据图 3-3，选取 $x_k = x^1 = \pi/\omega$，得 $g(x^1)=0$。

(2) 构造辅助函数 $h(x_k)=g(x_k)-x^1$。若 $x_k=0$，则 $h(x_k)=-x^1<0$。

(3) 设 $0<\phi<\pi/2$，$x_k=\phi/\omega$，如果在区域 $0<x_k<\pi/(2\omega)$ 内满足以下条件：

$$h(x_k)=\varepsilon\sin\phi - x^1>0 \to \varepsilon\sin\phi-\frac{\pi}{\omega}>0 \to \omega>\frac{\pi}{\varepsilon\sin\phi} \tag{3-30}$$

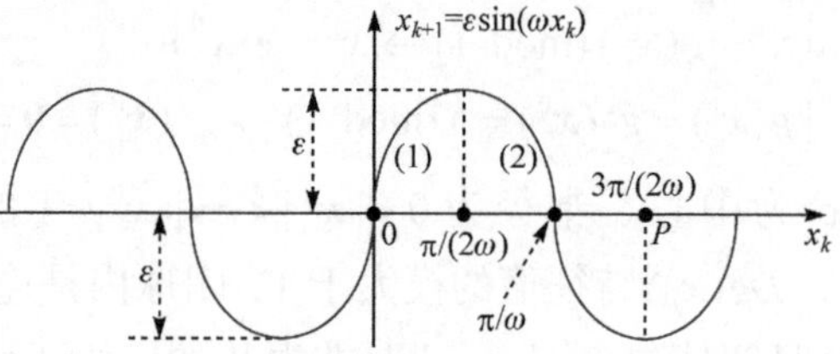

图 3-3　正弦迭代函数的图形

则根据 1 维介值定理，存在一点 x^0，满足 $0<x^0<\phi/\omega$，使得

$$h(x^0)=g(x^0)-x^1=0\to g(x^0)=x^1\to g^2(x^0)=g(x^1)=0$$

(4) 设 $0\leqslant x_k\leqslant\phi/\omega$，如果在 $x_k=\phi/\omega$ 处满足以下条件：

$$g'(\phi/\omega)=\varepsilon\omega\cos\phi>1\to\omega>\frac{1}{\varepsilon\cos\phi} \tag{3-31}$$

则区域 $[0,\ \phi/\omega]$ 为连续可微的排斥域。

(5) 综合以上分析结果，如果上述各个条件同时得到满足：

$$\begin{cases}\omega>\max\left\{\dfrac{1}{\varepsilon\cos\phi},\ \dfrac{\pi}{\varepsilon\sin\phi}\right\}\\ \omega=\sigma(a+N+\mathrm{e}^c)\\ 0<\phi<\dfrac{\pi}{2}\end{cases}\to\begin{cases}\sigma>\max\left\{\dfrac{1}{\varepsilon(a+N+\mathrm{e}^c)\cos\phi},\ \dfrac{\pi}{\varepsilon(a+N+\mathrm{e}^c)\sin\phi}\right\}\\ 0<\phi<\dfrac{\pi}{2}\end{cases} \tag{3-32}$$

若选取 $x^0<r<\phi/\omega$，则在包含 x^0 的闭球 $B_r(x^*)$ 内是一个连续可微的排斥域，x^* 是排斥不动点，$g^2(x^0)=g(x^1)=0=x^*$，并且满足

$$\det[Dg^2(x^0)]=\det[Dg(x^1)]\cdot\det[Dg(x^0)]\neq 0$$

因此 x^0 非退化，从而证明了 $x^*=0$ 是受控系统中的一个回归排斥子，受控系统在 Li-Yorke 意义下是混沌的。

3.5.2　模函数为正弦函数的 n 维线性受控系统

考虑 n 维线性受控系统，用正弦函数作为取模运算的 Chen-Lai 算法如下：

$$\begin{cases}\boldsymbol{x}_{k+1}=\boldsymbol{A}\boldsymbol{x}_k+\boldsymbol{u}_k\\ \boldsymbol{u}_k=(N+\mathrm{e}^c)\boldsymbol{x}_k\\ \boldsymbol{x}_{k+1}=\varepsilon\sin(\sigma[\boldsymbol{A}+(N+\mathrm{e}^c)\boldsymbol{I}]\boldsymbol{x}_k)\end{cases} \tag{3-33}$$

式中，$\boldsymbol{A}=\begin{bmatrix} a_{11} & a_{12} & \cdots & a_{1n} \\ a_{21} & a_{22} & \cdots & a_{2n} \\ \vdots & \vdots & & \vdots \\ a_{n1} & a_{n2} & \cdots & a_{nn} \end{bmatrix}$，$\boldsymbol{x}_{k+1}=[x_1^{k+1},x_2^{k+1},\cdots,x_n^{k+1}]^{\mathrm{T}}$，$\boldsymbol{x}_k=[x_1^k,x_2^k,\cdots,x_n^k]^{\mathrm{T}}$，$\|\boldsymbol{A}\|_\infty<1$，$N>1$，$c>0$。根据式(3-33)，得受控系统对应的分量形式为

$$\begin{cases} x_1^{k+1}=\varepsilon\sin(\sigma[(a_{11}+N+\mathrm{e}^c)x_1^k+a_{12}x_2^k+\cdots+a_{1n}x_n^k]) \\ x_2^{k+1}=\varepsilon\sin(\sigma[a_{21}x_1^k+(a_{22}+N+\mathrm{e}^c)x_2^k+\cdots+a_{2n}x_n^k]) \\ \vdots \\ x_n^{k+1}=\varepsilon\sin(\sigma[a_{n1}x_1^k+a_{n2}x_2^k+\cdots+(a_{nn}+N+\mathrm{e}^c)x_n^k]) \end{cases} \tag{3-34}$$

如果受控系统同时满足以下各个条件：

$$\begin{cases} \varepsilon\sigma>\max\left\{\dfrac{\pi}{(N+\mathrm{e}^c-\|\boldsymbol{A}\|)\cdot\sin\phi}, \dfrac{1}{\cos\left(\dfrac{N+\mathrm{e}^c+\|\boldsymbol{A}\|}{N+\mathrm{e}^c-\|\boldsymbol{A}\|}\times\phi\right)\times\left[(a_{ii}+N+\mathrm{e}^c)-\sum\limits_{j=1,j\neq i}^{n}|a_{ij}|\right]}\right\} \\ 0<\phi<\dfrac{\pi}{2} \end{cases}$$

式中，$i,j=1,2,\cdots,n$；符号$\|\cdot\|$表示无穷范数。则$\boldsymbol{x}^*=\boldsymbol{0}$是受控系统中的一个回归排斥子，受控系统在 Li-Yorke 意义下是混沌的。

证明　受控系统可进一步表示为如下一般形式：

$$\boldsymbol{x}_{k+1}=\varepsilon\sin[\sigma(\boldsymbol{A}+(N+\mathrm{e}^c)\boldsymbol{I})\boldsymbol{x}_k]=\varepsilon\sin(\boldsymbol{\omega}\boldsymbol{x}_k)=\boldsymbol{g}(\boldsymbol{x}_k) \tag{3-35}$$

满足$\boldsymbol{g}(\boldsymbol{0})=\boldsymbol{0}$，其中$\boldsymbol{\omega}=\sigma(\boldsymbol{A}+(N+\mathrm{e}^c)\boldsymbol{I})$为$n$阶方阵，对应的具体形式为

$$\boldsymbol{\omega}=\sigma\begin{bmatrix} a_{11}+N+\mathrm{e}^c & a_{12} & \cdots & a_{1n} \\ a_{21} & a_{22}+N+\mathrm{e}^c & \cdots & a_{2n} \\ \vdots & \vdots & & \vdots \\ a_{n1} & a_{n2} & \cdots & a_{nn}+N+\mathrm{e}^c \end{bmatrix}=\begin{bmatrix} \omega_{11} & \omega_{12} & \cdots & \omega_{1n} \\ \omega_{21} & \omega_{22} & \cdots & \omega_{2n} \\ \vdots & \vdots & & \vdots \\ \omega_{n1} & \omega_{n2} & \cdots & \omega_{nn} \end{bmatrix} \tag{3-36}$$

(1) 选取$\boldsymbol{x}_k=\boldsymbol{x}^1=\pi\boldsymbol{\omega}^{-1}\boldsymbol{b}$，其中$\boldsymbol{b}=[1,1,\cdots,1]^{\mathrm{T}}\in\mathbf{R}^n$，得$\boldsymbol{g}(\boldsymbol{x}^1)=\boldsymbol{0}$。

(2) 构造辅助函数$\boldsymbol{h}(\boldsymbol{x}_k)=\boldsymbol{g}(\boldsymbol{x}_k)-\boldsymbol{x}^1$。如果$\boldsymbol{x}_k=\boldsymbol{0}$，则$\boldsymbol{h}(\boldsymbol{x}_k)=-\boldsymbol{x}^1<0$。

(3) 设$0<\phi<\pi/2$，$\boldsymbol{x}_k=\phi\boldsymbol{\omega}^{-1}\boldsymbol{b}$，若存在$\boldsymbol{x}_k\in(\boldsymbol{0},(\pi/2)\boldsymbol{\omega}^{-1}\boldsymbol{b})$，满足$\boldsymbol{h}(\boldsymbol{x}_k)>0$，则由$n$维介值定理可知，存在$\boldsymbol{x}^0\in(\boldsymbol{0},\boldsymbol{x}_k)$，使得$\boldsymbol{h}(\boldsymbol{x}^0)=\boldsymbol{g}(\boldsymbol{x}^0)-\boldsymbol{x}^1=\boldsymbol{0}$成立。

下面分析满足$\boldsymbol{h}(\boldsymbol{x}_k)>0$的条件。事实上，若$\boldsymbol{x}_k=\phi\boldsymbol{\omega}^{-1}\boldsymbol{b}$，则

$$\boldsymbol{h}(\boldsymbol{x}_k)=\varepsilon\sin(\phi\boldsymbol{b})-\boldsymbol{x}^1>0\rightarrow\varepsilon\sin(\phi\boldsymbol{b})-\pi\boldsymbol{\omega}^{-1}\boldsymbol{b}>0$$
$$\rightarrow\varepsilon\sin(\phi\boldsymbol{b})-\pi[\sigma(\boldsymbol{A}+(N+\mathrm{e}^c)\boldsymbol{I})]^{-1}\boldsymbol{b}>0$$

式中，$\sin(\phi\boldsymbol{b})=[\sin\phi,\ \sin\phi,\ \cdots,\ \sin\phi]^{\mathrm{T}}\in\mathbf{R}^n$。

进一步将$\varepsilon\sin(\phi\boldsymbol{b})$表示为如下形式：

$$\varepsilon\sin(\phi\boldsymbol{b})=\sin\phi\times[\varepsilon,\ \varepsilon,\ \cdots,\ \varepsilon]^{\mathrm{T}}=(\sin\phi)\boldsymbol{\varepsilon} \tag{3-37}$$

式中，$\boldsymbol{\varepsilon}=[\varepsilon,\ \varepsilon,\ \cdots,\ \varepsilon]^{\mathrm{T}}\in\mathbf{R}^n$。从而得

$$(\sin\phi)\sigma\boldsymbol{\varepsilon}-\pi[\boldsymbol{A}+(N+\mathrm{e}^c)\boldsymbol{I}]^{-1}\boldsymbol{b}>0\rightarrow\sigma\boldsymbol{\varepsilon}>\frac{\pi[\boldsymbol{A}+(N+\mathrm{e}^c)\boldsymbol{I}]^{-1}\boldsymbol{b}}{\sin\phi} \tag{3-38}$$

为了进一步求得式(3-38)的具体表达式，首先引用以下两个推论。

推论 3-2 设 n 维列向量$\boldsymbol{\varepsilon}=[\varepsilon,\ \varepsilon,\ \cdots,\ \varepsilon]^{\mathrm{T}}\in\mathbf{R}^n$的每个分量$\varepsilon>0$，$\boldsymbol{\beta}$也为 n 维列向量，若满足$\varepsilon>\|\boldsymbol{\beta}\|_\infty$，则向量不等式$\boldsymbol{\varepsilon}>\boldsymbol{\beta}$也一定成立。

推论 3-3 根据式(3-20)，$\|[\boldsymbol{A}+(N+\mathrm{e}^c)\boldsymbol{I}]^{-1}\boldsymbol{b}\|\leqslant\|[\boldsymbol{A}+(N+\mathrm{e}^c)\boldsymbol{I}]^{-1}\|\leqslant\dfrac{1}{N+\mathrm{e}^c-\|\boldsymbol{A}\|}$成立。

根据上述两个推论可知，如果标量不等式

$$\sigma\varepsilon>\frac{\pi}{(N+\mathrm{e}^c-\|\boldsymbol{A}\|)\cdot\sin\phi} \tag{3-39}$$

成立，则向量不等式

$$\sigma\boldsymbol{\varepsilon}>\frac{\pi[\boldsymbol{A}+(N+\mathrm{e}^c)\boldsymbol{I}]^{-1}\boldsymbol{b}}{\sin\phi} \tag{3-40}$$

也必定成立，使得$\boldsymbol{h}(\boldsymbol{x}_k)>0$，根据$n$维介值定理，存在一点$\boldsymbol{x}^0$，满足$0<\boldsymbol{x}^0<\phi\boldsymbol{\omega}^{-1}\boldsymbol{b}$，使得

$$\boldsymbol{h}(\boldsymbol{x}^0)=\boldsymbol{g}(\boldsymbol{x}^0)-\boldsymbol{x}^1=\boldsymbol{0}\rightarrow\boldsymbol{g}(\boldsymbol{x}^0)=\boldsymbol{x}^1\rightarrow\boldsymbol{g}^2(\boldsymbol{x}^0)=\boldsymbol{g}(\boldsymbol{x}^1)=\boldsymbol{0} \tag{3-41}$$

(4) 已知$\boldsymbol{g}(\boldsymbol{x})$的一般数学形式为

$$\boldsymbol{g}(\boldsymbol{x}_k)=\begin{bmatrix}g_1(\boldsymbol{x}_k)\\g_2(\boldsymbol{x}_k)\\\vdots\\g_n(\boldsymbol{x}_k)\end{bmatrix}=\begin{bmatrix}\varepsilon\sin(\sigma[(a_{11}+N+\mathrm{e}^c)x_1^k+a_{12}x_2^k+\cdots+a_{1n}x_n^k])\\\varepsilon\sin(\sigma[a_{21}x_1^k+(a_{22}+N+\mathrm{e}^c)x_2^k+\cdots+a_{2n}x_n^k])\\\vdots\\\varepsilon\sin(\sigma[a_{n1}x_1^k+a_{n2}x_2^k+\cdots+(a_{nn}+N+\mathrm{e}^c)x_n^k])\end{bmatrix}=\begin{bmatrix}\varepsilon\sin\eta_1\\\varepsilon\sin\eta_2\\\vdots\\\varepsilon\sin\eta_n\end{bmatrix}$$

式中，$\eta_i=[\omega_{i1}\ \omega_{i2}\ \cdots\ \omega_{in}]\boldsymbol{x}_k\ \ (i=1,2,\cdots,n)$。

在区域$[\boldsymbol{0},\ \phi\boldsymbol{\omega}^{-1}\boldsymbol{b}]$内，设$\boldsymbol{0}\leqslant\boldsymbol{x}_k\leqslant\phi\boldsymbol{\omega}^{-1}\boldsymbol{b}$，得对应的雅可比矩阵为

$$Dg(\boldsymbol{x}_k)=\begin{bmatrix} \dfrac{\partial g_1(\boldsymbol{x}_k)}{\partial x_1^k} & \dfrac{\partial g_1(\boldsymbol{x}_k)}{\partial x_2^k} & \cdots & \dfrac{\partial g_1(\boldsymbol{x}_k)}{\partial x_n^k} \\ \dfrac{\partial g_2(\boldsymbol{x}_k)}{\partial x_1^k} & \dfrac{\partial g_2(\boldsymbol{x}_k)}{\partial x_2^k} & \cdots & \dfrac{\partial g_2(\boldsymbol{x}_k)}{\partial x_n^k} \\ \vdots & \vdots & & \vdots \\ \dfrac{\partial g_n(\boldsymbol{x}_k)}{\partial x_1^k} & \dfrac{\partial g_n(\boldsymbol{x}_k)}{\partial x_2^k} & \cdots & \dfrac{\partial g_n(\boldsymbol{x}_k)}{\partial x_n^k} \end{bmatrix}$$

$$=\begin{bmatrix} \sigma\varepsilon(a_{11}+N+\mathrm{e}^c)\cos\eta_1 & \sigma\varepsilon a_{12}\cos\eta_1 & \cdots & \sigma\varepsilon a_{1n}\cos\eta_1 \\ \sigma\varepsilon a_{21}\cos\eta_2 & \sigma\varepsilon(a_{22}+N+\mathrm{e}^c)\cos\eta_2 & \cdots & \sigma\varepsilon a_{2n}\cos\eta_2 \\ \vdots & \vdots & & \vdots \\ \sigma\varepsilon a_{n1}\cos\eta_n & \sigma\varepsilon a_{n2}\cos\eta_n & \cdots & \sigma\varepsilon(a_{nn}+N+\mathrm{e}^c)\cos\eta_n \end{bmatrix} \tag{3-42}$$

根据 $Dg(\boldsymbol{x}_k)$ 的表达式，一方面，对式(3-42)中的 η_i 进行取模运算，即

$$\begin{aligned} |\eta_i| &= \sigma\,|[a_{i1}x_1^k+a_{i2}x_2^k+\cdots+(a_{ii}+N+\mathrm{e}^c)x_i^k+\cdots+a_{in}x_n^k]| \\ &\leqslant \sigma\,\|\boldsymbol{A}+(N+\mathrm{e}^c)I\|\cdot\|\boldsymbol{x}_k\|,\quad i=1,2,\cdots,n \end{aligned}$$

另一方面，对 $\boldsymbol{x}_k=\phi\boldsymbol{\omega}^{-1}\boldsymbol{b}$ 的两端取无穷范数，得

$$\boldsymbol{x}_k=\phi\boldsymbol{\omega}^{-1}\boldsymbol{b}\rightarrow\|\boldsymbol{x}_k\|=\|\phi\boldsymbol{\omega}^{-1}\boldsymbol{b}\|\leqslant\phi\,\|\boldsymbol{\omega}^{-1}\|\cdot\|\boldsymbol{b}\|\leqslant\frac{\phi\sigma^{-1}}{N+\mathrm{e}^c-\|\boldsymbol{A}\|}$$

综合上述两个方面，有

$$\begin{aligned} &|\eta_i|\leqslant\sigma\,\|\boldsymbol{A}+(N+\mathrm{e}^c)\boldsymbol{I}\|\cdot\|\boldsymbol{x}_k\|\leqslant\frac{\|\boldsymbol{A}+(N+\mathrm{e}^c)\boldsymbol{I}\|}{N+\mathrm{e}^c-\|\boldsymbol{A}\|}\times\phi\leqslant\frac{N+\mathrm{e}^c+\|\boldsymbol{A}\|}{N+\mathrm{e}^c-\|\boldsymbol{A}\|}\times\phi \\ &\rightarrow\cos\eta_i=\cos|\eta_i|\geqslant\cos\left(\frac{N+\mathrm{e}^c+\|\boldsymbol{A}\|}{N+\mathrm{e}^c-\|\boldsymbol{A}\|}\times\phi\right),\quad i=1,2,\cdots,n \end{aligned} \tag{3-43}$$

可知在 $Dg(\boldsymbol{x}_k)$ 的第 i 行中，如果满足对角占优的条件，即

$$\begin{aligned} &\varepsilon\sigma\cos\eta_i\times\left[(a_{ii}+N+\mathrm{e}^c)-\sum_{j=1,\,j\neq i}^{n}|a_{ij}|\right] \\ &\geqslant\varepsilon\sigma\cos\left(\frac{N+\mathrm{e}^c+\|\boldsymbol{A}\|}{N+\mathrm{e}^c-\|\boldsymbol{A}\|}\times\phi\right)\times\left[(a_{ii}+N+\mathrm{e}^c)-\sum_{j=1,\,j\neq i}^{n}|a_{ij}|\right]>1 \\ &\rightarrow\varepsilon\sigma>\frac{1}{\cos\left(\dfrac{N+\mathrm{e}^c+\|\boldsymbol{A}\|}{N+\mathrm{e}^c-\|\boldsymbol{A}\|}\times\phi\right)\times\left[(a_{ii}+N+\mathrm{e}^c)-\displaystyle\sum_{j=1,\,j\neq i}^{n}|a_{ij}|\right]} \end{aligned} \tag{3-44}$$

式中，$i=1,2,\cdots,n$。由圆盘定理，可知 $Dg(\boldsymbol{x}_k)$ 的特征值的模大于 1。

(5) $\boldsymbol{x}^0$ 是非退化的，即满足

$$\det[Dg^2(\boldsymbol{x}^0)] = \det[Dg(\boldsymbol{x}^1)] \cdot \det[Dg(\boldsymbol{x}^0)] \neq 0$$

这是因为

$$\det[Dg(\boldsymbol{x}^1)] = \left| \sigma\varepsilon \begin{bmatrix} \cos\eta_1 & 0 & \cdots & 0 \\ 0 & \cos\eta_2 & \cdots & 0 \\ \vdots & \vdots & \ddots & \vdots \\ 0 & 0 & \cdots & \cos\eta_n \end{bmatrix}_{\boldsymbol{x}^1} [(\boldsymbol{A} + (N + \mathrm{e}^c)\boldsymbol{I})] \right|$$

式中

$$\eta_i = [\omega_{i1}x_1^1 + \cdots + \omega_{ii}x_i^1 + \cdots + \omega_{in}x_n^1] = [\omega_{i1} \ \cdots \ \omega_{ii} \ \cdots \ \omega_{in}] \begin{bmatrix} x_1^1 \\ \vdots \\ x_i^1 \\ \vdots \\ x_n^1 \end{bmatrix}$$

$$= [\omega_{i1} \ \cdots \ \omega_{ii} \ \cdots \ \omega_{in}]\boldsymbol{x}^1, \quad i = 1, 2, \cdots, n$$

根据 $\boldsymbol{\omega}\boldsymbol{\omega}^{-1} = \begin{bmatrix} \omega_{11} & \omega_{12} & \cdots & \omega_{1n} \\ \omega_{21} & \omega_{22} & \cdots & \omega_{2n} \\ \vdots & \vdots & & \vdots \\ \omega_{n1} & \omega_{n2} & \cdots & \omega_{nn} \end{bmatrix} \boldsymbol{\omega}^{-1} = \boldsymbol{I}$，得

$$\begin{cases} [\omega_{11} \quad \omega_{12} \quad \cdots \quad \omega_{1n}]\boldsymbol{\omega}^{-1} = [1 \quad 0 \quad \cdots \quad 0] \\ [\omega_{21} \quad \omega_{22} \quad \cdots \quad \omega_{2n}]\boldsymbol{\omega}^{-1} = [0 \quad 1 \quad \cdots \quad 0] \\ \qquad \vdots \\ [\omega_{n1} \quad \omega_{n2} \quad \cdots \quad \omega_{nn}]\boldsymbol{\omega}^{-1} = [0 \quad 0 \quad \cdots \quad 1] \end{cases}$$

将 $\boldsymbol{x}^1 = \pi\boldsymbol{\omega}^{-1}\boldsymbol{b}$，$\boldsymbol{b} = [1, 1, \cdots, 1]^{\mathrm{T}} \in \mathbf{R}^n$ 代入 η_1，得

$$\eta_1 = [\omega_{11} \ \omega_{12} \ \cdots \ \omega_{1n}]\boldsymbol{x}^1 = [\omega_{11} \ \omega_{12} \ \cdots \ \omega_{1n}]\pi\boldsymbol{\omega}^{-1}\boldsymbol{b} = \pi[1 \ 0 \ \cdots \ 0]\begin{bmatrix} 1 \\ \vdots \\ 1 \end{bmatrix} = \pi$$

同理可得 $\eta_2 = \eta_3 = \cdots = \eta_n = \pi$，$\cos\eta_1 = \cos\eta_2 = \cdots = \cos\eta_n = \cos\pi = -1$。从而有

$$\det[Dg(\boldsymbol{x}^1)] = \left| \sigma\varepsilon \begin{bmatrix} \cos\eta_1 & 0 & \cdots & 0 \\ 0 & \cos\eta_2 & \cdots & 0 \\ \vdots & \vdots & \ddots & \vdots \\ 0 & 0 & \cdots & \cos\eta_n \end{bmatrix}_{\boldsymbol{x}^1} [(\boldsymbol{A} + (N + \mathrm{e}^c)\boldsymbol{I})] \right|$$

$$=\left|\sigma\varepsilon\begin{bmatrix}-1 & 0 & \cdots & 0\\ 0 & -1 & \cdots & 0\\ \vdots & \vdots & \ddots & \vdots\\ 0 & 0 & \cdots & -1\end{bmatrix}[\boldsymbol{A}+(N+\mathrm{e}^c)\boldsymbol{I}]\right|$$

$$=(-1)^n\cdot(\sigma\varepsilon)^n\left|\boldsymbol{A}+(N+\mathrm{e}^c)\boldsymbol{I}\right|\neq 0 \tag{3-45}$$

又因为 $D\boldsymbol{g}(\boldsymbol{x}^0)$ 为严格对角占优，$\det[D\boldsymbol{g}(\boldsymbol{x}^0)]\neq 0$，故 $\boldsymbol{x}^0$ 是非退化的。

(6) 综合以上分析结果，如果上述各个条件同时得到满足

$$\begin{cases}\varepsilon\sigma>\max\left\{\dfrac{\pi}{(N+\mathrm{e}^c-\|\boldsymbol{A}\|)\cdot\sin\phi},\ \dfrac{1}{\cos\left(\dfrac{N+\mathrm{e}^c+\|\boldsymbol{A}\|}{N+\mathrm{e}^c-\|\boldsymbol{A}\|}\times\phi\right)\times\left[(a_{ii}+N+\mathrm{e}^c)-\sum\limits_{j=1,j\neq i}^{n}|a_{ij}|\right]}\right\}\\ 0<\phi<\dfrac{\pi}{2}\end{cases}$$

式中，$i,j=1,2,\cdots,n$ 。并且选取 $\|\boldsymbol{x}^0\|<r<\|\phi\boldsymbol{\omega}^{-1}\boldsymbol{b}\|$，则在包含 $\boldsymbol{x}^0$ 的闭球 $\boldsymbol{B}_r(\boldsymbol{x}^*)$ 内是一个连续可微的排斥域，$\boldsymbol{x}^*$ 是排斥不动点，$\boldsymbol{g}^2(\boldsymbol{x}^0)=\boldsymbol{g}(\boldsymbol{x}^1)=\boldsymbol{0}=\boldsymbol{x}^*$，$\boldsymbol{x}^0$ 是非退化的，从而证明了 $\boldsymbol{x}^*=\boldsymbol{0}$ 是受控系统中的一个回归排斥子，受控系统在 Li-Yorke 意义下是混沌的结论成立。

3.5.3　模函数为锯齿波函数的 1 维线性受控系统

考虑 1 维线性受控系统，用锯齿波函数作为取模运算的 Chen-Lai 算法如下：

$$\begin{cases}x_{k+1}=ax_k+u_k\\ u_k=(N+\mathrm{e}^c)x_k\\ x_{k+1}=\mathrm{saw}_\varepsilon[\sigma(ax_k+u_k)x_k]=\mathrm{saw}_\varepsilon[\sigma(a+N+\mathrm{e}^c)x_k]\end{cases} \tag{3-46}$$

若满足 $|a|<1<N,\ c>0$，$\varepsilon>0$，$\sigma>\max\left\{\dfrac{2}{a+N+\mathrm{e}^c},\ \dfrac{1}{a+N+\mathrm{e}^c}\right\}=\dfrac{2}{a+N+\mathrm{e}^c}$，则受控系统在 Li-Yorke 意义下是混沌的。其中锯齿波函数如图 3-4 所示。

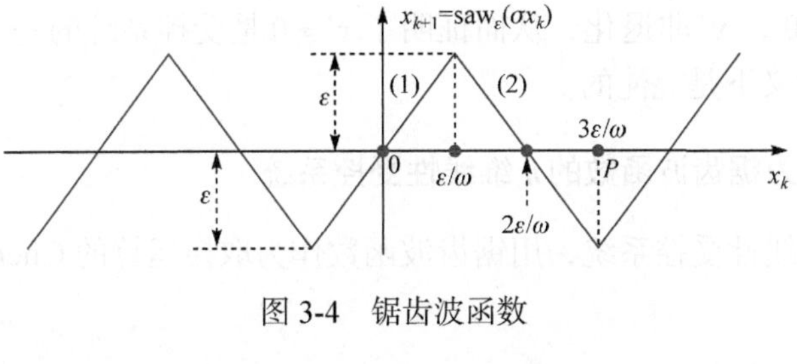

图 3-4　锯齿波函数

在证明之前，首先介绍图 3-4 表示的锯齿波函数的定义及其图形。带有参数ε和σ的锯齿波的一般数学表达式为

$$y = \mathrm{saw}_{\varepsilon}(\sigma x) = \varepsilon \mathrm{sawtooth}(2\pi(\sigma x + \varepsilon)/(4\varepsilon), p) \tag{3-47}$$

式中，ε为锯齿波的幅度，σ为锯齿波的斜率，p=0.5，如图 3-4 所示。需要强调的是，在给定ε的情况下，锯齿波幅度不变，随着σ增加，图中P点的坐标x_P值减小，锯齿波宽度减小，幅度不变，当$\sigma > 3$时，P点的坐标为$x_P < \varepsilon$。

证明　受控系统可表示为

$$x_{k+1} = \varepsilon \mathrm{saw}_{\varepsilon}[\sigma(a + N + \mathrm{e}^c)x_k] = \varepsilon \mathrm{saw}_{\varepsilon}(\omega x_k) = g(x_k) \tag{3-48}$$

式中，$\omega = \sigma(a + N + \mathrm{e}^c)$，显然满足$g(0) = 0$，原点$x^* = 0$为不动点，下面证明$x^* = 0$是受控系统中的一个回归排斥子。

(1) 根据图 3-4，选取$x^1 = 2\varepsilon/\omega$，得$g(x^1) = 0 = x^*$。

(2) 构造辅助函数$h(x_k) = g(x_k) - x^1$，如果$x_k = 0$，则$h(x_k) = -x^1 < 0$。

(3) 如果$x_k = \varepsilon/\omega$，并且满足以下条件：

$$h(x_k) = \varepsilon - x^1 = \varepsilon - 2\varepsilon/\omega > 0 \to \omega > 2 \to \sigma > \frac{2}{a + N + \mathrm{e}^c} \tag{3-49}$$

则根据 1 维介值定理，$\exists x^0 \in (0, \varepsilon/\omega)$，使得

$$h(x^0) = g(x^0) - x^1 = 0 \to g(x^0) = x^1 \to g^2(x^0) = g(x^1) = 0 \tag{3-50}$$

(4) 令$0 \leqslant x_k < \varepsilon/\omega$，如果满足以下条件：

$$g'(x_k) = \omega > 1 \to \sigma(a + N + \mathrm{e}^c) > 1 \to \sigma > \frac{1}{a + N + \mathrm{e}^c} \tag{3-51}$$

则区域$[0, \varepsilon/\omega)$为连续可微的排斥域。

(5) 综合以上分析结果，若上述各个条件同时得到满足

$$\sigma > \max\left\{\frac{2}{a + N + \mathrm{e}^c}, \frac{1}{a + N + \mathrm{e}^c}\right\} = \frac{2}{a + N + \mathrm{e}^c} \tag{3-52}$$

进一步选取$x^0 < r < \varepsilon/\omega$，则在包含$x^0$的闭球$B_r(x^*)$内是一个连续可微的排斥域，$x^*$是排斥不动点，$g^2(x^0) = g(x^1) = 0 = x^*$，并且满足$\det[Dg^2(x^0)] = \det[Dg(x^1)] \cdot \det[Dg(x^0)] \neq 0$，$x^0$非退化，从而证明了$x^* = 0$是受控系统的一个回归排斥子，在 Li-Yorke 意义下是混沌的。

3.5.4　模函数为锯齿波函数的 *n* 维线性受控系统

考虑n维线性受控系统，用锯齿波函数作为取模运算的 Chen-Lai 算法如下：

$$\begin{cases}\boldsymbol{x}_{k+1}=\boldsymbol{A}\boldsymbol{x}_k+\boldsymbol{u}_k\\ \boldsymbol{u}_k=(N+\mathrm{e}^c)\boldsymbol{x}_k\\ \boldsymbol{x}_{k+1}=\mathrm{saw}_\varepsilon(\sigma[\boldsymbol{A}+(N+\mathrm{e}^c)\boldsymbol{I}]\boldsymbol{x}_k)\end{cases}\tag{3-53}$$

式中，$\boldsymbol{A}=\begin{bmatrix}a_{11}&a_{12}&\cdots&a_{1n}\\a_{21}&a_{22}&\cdots&a_{2n}\\\vdots&\vdots&&\vdots\\a_{n1}&a_{n2}&\cdots&a_{nn}\end{bmatrix}$，$\boldsymbol{x}_{k+1}=[x_1^{k+1},x_2^{k+1},\cdots,x_n^{k+1}]^{\mathrm{T}}$，$\boldsymbol{x}_k=[x_1^k,x_2^k,\cdots,x_n^k]^{\mathrm{T}}$，$\|\boldsymbol{A}\|_\infty<1$，$N>1$，$c>0$，$\varepsilon>0$。受控系统对应的分量形式为

$$\begin{cases}x_1^{k+1}=\mathrm{saw}_\varepsilon(\sigma[(a_{11}+N+\mathrm{e}^c)x_1^k+a_{12}x_2^k+\cdots+a_{1n}x_n^k])\\ x_2^{k+1}=\mathrm{saw}_\varepsilon(\sigma[a_{21}x_1^k+(a_{22}+N+\mathrm{e}^c)x_2^k+\cdots+a_{2n}x_n^k])\\ \quad\vdots\\ x_n^{k+1}=\mathrm{saw}_\varepsilon(\sigma[a_{n1}x_1^k+a_{n2}x_2^k+\cdots+(a_{nn}+N+\mathrm{e}^c)x_n^k])\end{cases}\tag{3-54}$$

如果受控系统满足以下条件：

$$\sigma>\max\left\{\frac{2}{N+\mathrm{e}^c-\|\boldsymbol{A}\|},\frac{1}{N+\mathrm{e}^c-\|\boldsymbol{A}\|}\right\}=\frac{2}{N+\mathrm{e}^c-\|\boldsymbol{A}\|}$$

式中，符号$\|\cdot\|$表示无穷范数。则$\boldsymbol{x}^*=\boldsymbol{0}$是受控系统中的一个回归排斥子，受控系统在 Li-Yorke 意义下是混沌的。

证明　首先注意到锯齿波函数的第i $(i=1,2,\cdots,n)$个分量图形如图 3-5 所示。

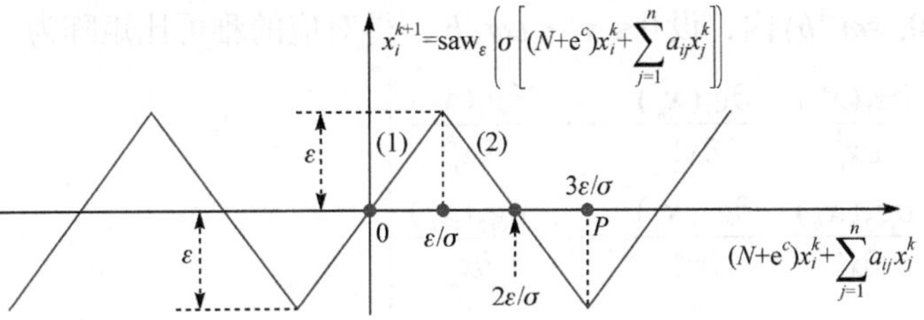

图 3-5　锯齿波函数的分量图形

受控系统可进一步表示为如下一般形式：

$$\boldsymbol{x}_{k+1}=\mathrm{saw}_\varepsilon(\sigma[\boldsymbol{A}+(N+\mathrm{e}^c)\boldsymbol{I}]\boldsymbol{x}_k)=\mathrm{saw}_\varepsilon(\boldsymbol{\omega}\boldsymbol{x}_k)=\boldsymbol{g}(\boldsymbol{x}_k)\tag{3-55}$$

式中，$\boldsymbol{\omega}=\sigma[\boldsymbol{A}+(N+\mathrm{e}^c)\boldsymbol{I}]$为$n$阶方阵，$\boldsymbol{g}(\boldsymbol{0})=\boldsymbol{0}$。

(1) 选取$\boldsymbol{x}_k=\boldsymbol{x}^1=2\varepsilon\boldsymbol{\omega}^{-1}\boldsymbol{b}$，其中$\boldsymbol{b}=[1,1,\cdots,1]^{\mathrm{T}}\in\mathbf{R}^n$，得$\boldsymbol{g}(\boldsymbol{x}^1)=\boldsymbol{0}$。

(2) 构造辅助函数$\boldsymbol{h}(\boldsymbol{x}_k)=\boldsymbol{g}(\boldsymbol{x}_k)-\boldsymbol{x}^1$。若$\boldsymbol{x}_k=\boldsymbol{0}$，则$\boldsymbol{h}(\boldsymbol{x}_k)=-\boldsymbol{x}^1<0$。

(3) 若$\boldsymbol{x}_k=\varepsilon\boldsymbol{\omega}^{-1}\boldsymbol{b}$，使得$\boldsymbol{h}(\boldsymbol{x}_k)>0$。根据$n$维介值定理，$\exists\boldsymbol{x}^0\in(\boldsymbol{0},\boldsymbol{x}_k)$，使得

$\boldsymbol{h}(\boldsymbol{x}_k)=\boldsymbol{g}(\boldsymbol{x}_k)-\boldsymbol{x}^1=\boldsymbol{0}$ 成立。

下面进一步分析满足 $\boldsymbol{h}(\boldsymbol{x}_k)>0$ 的条件。事实上，若 $\boldsymbol{x}_k=\varepsilon\boldsymbol{\omega}^{-1}\boldsymbol{b}$ ，则

$$\begin{aligned}\boldsymbol{h}(\boldsymbol{x}_k)=\varepsilon\boldsymbol{b}-\boldsymbol{x}^1=\varepsilon\boldsymbol{b}-2\varepsilon\boldsymbol{\omega}^{-1}\boldsymbol{b}>0&\rightarrow\varepsilon\boldsymbol{b}-2\varepsilon\sigma^{-1}[\boldsymbol{A}+(N+\mathrm{e}^c)\boldsymbol{I}]^{-1}\boldsymbol{b}>0\\&\rightarrow\sigma\boldsymbol{b}>2[\boldsymbol{A}+(N+\mathrm{e}^c)\boldsymbol{I}]^{-1}\boldsymbol{b}\end{aligned}$$

根据该式，得

$$\boldsymbol{\sigma}>2[\boldsymbol{A}+(N+\mathrm{e}^c)\boldsymbol{I}]^{-1}\boldsymbol{b} \tag{3-56}$$

式中，$\sigma\boldsymbol{b}=\boldsymbol{\sigma}=[\sigma,\ \sigma,\ \cdots,\ \sigma]^{\mathrm{T}}\in\mathbf{R}^n$ 。

根据前述的推论 3-2 和推论 3-3 可知，如果不等式

$$\sigma>\frac{2}{N+\mathrm{e}^c-\|\boldsymbol{A}\|} \tag{3-57}$$

成立，则式(3-56)表示的向量不等式也一定成立，使得 $\boldsymbol{h}(\boldsymbol{x}_k)>0$ 。根据 n 维介值定理，一定存在 $\boldsymbol{x}^0\in(\boldsymbol{0},\varepsilon\boldsymbol{\omega}^{-1}\boldsymbol{b})$ ，满足

$$\boldsymbol{h}(\boldsymbol{x}^0)=\boldsymbol{g}(\boldsymbol{x}^0)-\boldsymbol{x}^1=\boldsymbol{0}\rightarrow\boldsymbol{g}(\boldsymbol{x}^0)=\boldsymbol{x}^1\rightarrow\boldsymbol{g}^2(\boldsymbol{x}^0)=\boldsymbol{g}(\boldsymbol{x}^1)=\boldsymbol{0} \tag{3-58}$$

(4) 已知 $\boldsymbol{g}(\boldsymbol{x})$ 的一般数学形式为

$$\boldsymbol{g}(\boldsymbol{x}_k)=\begin{bmatrix}g_1(\boldsymbol{x}_k)\\g_2(\boldsymbol{x}_k)\\\vdots\\g_n(\boldsymbol{x}_k)\end{bmatrix}=\begin{bmatrix}\mathrm{saw}_\varepsilon(\sigma[(a_{11}+N+\mathrm{e}^c)x_1^k+a_{12}x_2^k+\cdots+a_{1n}x_n^k])\\\mathrm{saw}_\varepsilon(\sigma[a_{21}x_1^k+(a_{22}+N+\mathrm{e}^c)x_2^k+\cdots+a_{2n}x_n^k])\\\vdots\\\mathrm{saw}_\varepsilon(\sigma[a_{n1}x_1^k+a_{n2}x_2^k+\cdots+(a_{nn}+N+\mathrm{e}^c)x_n^k])\end{bmatrix} \tag{3-59}$$

则在区域 $[\boldsymbol{0},\ \varepsilon\boldsymbol{\omega}^{-1}\boldsymbol{b})$ 内，设 $0\leqslant\boldsymbol{x}_k<\varepsilon\boldsymbol{\omega}^{-1}\boldsymbol{b}$ ，得对应的雅可比矩阵为

$$\begin{aligned}\boldsymbol{D}\boldsymbol{g}(\boldsymbol{x}_k)&=\begin{bmatrix}\dfrac{\partial g_1(\boldsymbol{x}_k)}{\partial x_1^k}&\dfrac{\partial g_1(\boldsymbol{x}_k)}{\partial x_2^k}&\cdots&\dfrac{\partial g_1(\boldsymbol{x}_k)}{\partial x_n^k}\\\dfrac{\partial g_2(\boldsymbol{x}_k)}{\partial x_1^k}&\dfrac{\partial g_2(\boldsymbol{x}_k)}{\partial x_2^k}&\cdots&\dfrac{\partial g_2(\boldsymbol{x}_k)}{\partial x_n^k}\\\vdots&\vdots&&\vdots\\\dfrac{\partial g_n(\boldsymbol{x}_k)}{\partial x_1^k}&\dfrac{\partial g_n(\boldsymbol{x}_k)}{\partial x_2^k}&\cdots&\dfrac{\partial g_n(\boldsymbol{x}_k)}{\partial x_n^k}\end{bmatrix}\\&=\begin{bmatrix}\sigma(a_{11}+N+\mathrm{e}^c)&\sigma a_{12}&\cdots&\sigma a_{1n}\\\sigma a_{21}&\sigma(a_{22}+N+\mathrm{e}^c)&\cdots&\sigma a_{2n}\\\vdots&\vdots&&\vdots\\\sigma a_{n1}&\sigma a_{n2}&\cdots&\sigma(a_{nn}+N+\mathrm{e}^c)\end{bmatrix}=\sigma[\boldsymbol{A}+(N+\mathrm{e}^c)\boldsymbol{I}]\end{aligned} \tag{3-60}$$

可知在 $Dg(\boldsymbol{x}_k)$ 中，如果满足以下条件：

$$\sigma(N+\mathrm{e}^c)-\sigma\|\boldsymbol{A}\|>1\rightarrow\sigma>\frac{1}{(N+\mathrm{e}^c)-\|\boldsymbol{A}\|} \tag{3-61}$$

则根据定理 3-6，可知 $Dg(\boldsymbol{x}_k)$ 的特征值的模大于 1，区域 $[\boldsymbol{0},\ \varepsilon\boldsymbol{\omega}^{-1}\boldsymbol{b})$ 是连续可微的排斥域。

(5) $\boldsymbol{x}^0$ 是非退化的，即满足

$$\det[Dg^2(\boldsymbol{x}^0)]=\det[Dg(\boldsymbol{x}^1)]\cdot\det[Dg(\boldsymbol{x}^0)]\neq 0 \tag{3-62}$$

这是因为 $\det[Dg(\boldsymbol{x}^1)]\cdot\det[Dg(\boldsymbol{x}^0)]=\left|\sigma[(\boldsymbol{A}+(N+\mathrm{e}^c)\boldsymbol{I})\right|^2\neq 0$。

(6) 综合以上分析结果，如果上述各个条件同时得到满足，即

$$\sigma>\max\left\{\frac{2}{N+\mathrm{e}^c-\|\boldsymbol{A}\|},\frac{1}{N+\mathrm{e}^c-\|\boldsymbol{A}\|}\right\}=\frac{2}{N+\mathrm{e}^c-\|\boldsymbol{A}\|} \tag{3-63}$$

式中，$i=1,2,\cdots,n$。选取 $\|\boldsymbol{x}^0\|<r<\|\varepsilon\boldsymbol{\omega}^{-1}\boldsymbol{b}\|$，则在包含 $\boldsymbol{x}^0$ 的闭球 $\boldsymbol{B}_r(\boldsymbol{x}^*)$ 内是一个连续可微的排斥域，$\boldsymbol{x}^*$ 是排斥不动点，$\boldsymbol{g}^2(\boldsymbol{x}^0)=\boldsymbol{g}(\boldsymbol{x}^1)=\boldsymbol{0}=\boldsymbol{x}^*$ 成立，$\boldsymbol{x}^0$ 非退化，从而证明了 $\boldsymbol{x}^*=\boldsymbol{0}$ 是受控系统中的一个回归排斥子，受控系统在 Li-Yorke 意义下是混沌的。

3.6　Chen-Lai 算法总结

下面对 Chen-Lai 算法作一个总结。以模函数 mod 为例，得 Chen-Lai 算法为

$$\begin{cases}\boldsymbol{x}_{k+1}=\boldsymbol{f}(\boldsymbol{x}_k)+\boldsymbol{u}_k\ (\mathrm{mod}\ 1)\\ \boldsymbol{u}_k=(N+\mathrm{e}^c)\boldsymbol{x}_k\end{cases} \tag{3-64}$$

根据式(3-64)，得

$$\boldsymbol{x}_{k+1}=\boldsymbol{f}(\boldsymbol{x}_k)+(N+\mathrm{e}^c)\boldsymbol{x}_k=\boldsymbol{g}(\boldsymbol{x}_k)\ (\mathrm{mod}\ 1) \tag{3-65}$$

(1) 由于 Chen-Lai 算法采用了全局取模，故未受控系统(标称系统)可以是稳定的，即满足 $\|\boldsymbol{f}(\boldsymbol{x}_k)\|<1$，也可以是不稳定的，即满足 $\|\boldsymbol{f}(\boldsymbol{x}_k)\|>1$。当然，混沌反控制的主要目标是对原来稳定的标称系统实施反控制，使其产生混沌行为，故一般研究的是原标称系统是稳定的系统，对其实施反控制后产生混沌行为。

(2) 在控制器 $\boldsymbol{u}_k=(N+\mathrm{e}^c)\boldsymbol{x}_k$ 中，只要选取正常数 c 足够大，就能使受控系统产生混沌行为，李氏指数可全为正。正常数 c 越大，李氏指数也就越大，可获得任意大的全部正李氏指数。

(3) 对于 Chen-Lai 算法，可采用两步正向迭代的方法证明原点 $\boldsymbol{x}^*$ 为回归排斥

子。这就是说，从 $\boldsymbol{x}^0$ 出发，通过第一步正向迭代将 $\boldsymbol{x}^1$ 推到闭球 $\boldsymbol{B}_r(\boldsymbol{x}^*)$ 之外，即“排斥”的作用。再通过第(2)步正向迭代，将 $\boldsymbol{x}^1$ “回归”到 $\boldsymbol{x}^*$，即满足 $\boldsymbol{x}^* = \boldsymbol{g}(\boldsymbol{x}^1) = \boldsymbol{g}^2(\boldsymbol{x}^0)$，这正好就是“回归”作用。这种两步迭代法证明“回归排斥子”的存在性，如图 3-6 所示。

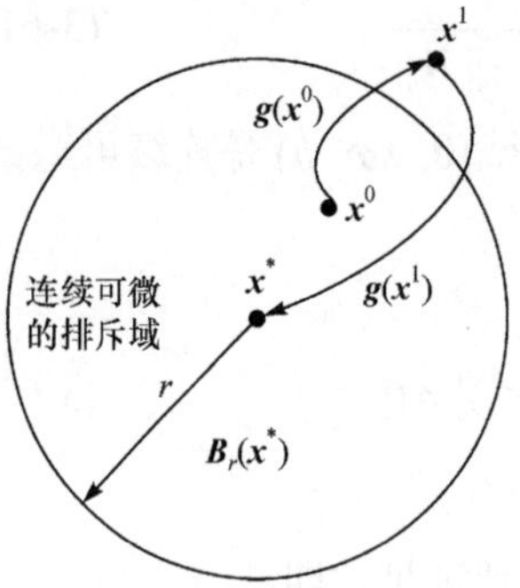

图 3-6　两步正向迭代证明回归排斥子的示意图

(4) 找到一点 $\boldsymbol{x}^1$，满足 $\boldsymbol{g}(\boldsymbol{x}^1) = \boldsymbol{0} = \boldsymbol{x}^*$，并且 $\boldsymbol{x}^1$ 位于连续可微的排斥域内。

(5) 在第(4)步的基础上，构造辅助函数 $\boldsymbol{h}(\boldsymbol{x}) = \boldsymbol{g}(\boldsymbol{x}) - \boldsymbol{x}^1$。

(6) 再找到一点 $\boldsymbol{x}^0$，满足 $\boldsymbol{x}_0 < \boldsymbol{x}^1$。

(7) 确定闭球 $\boldsymbol{B}_r(\boldsymbol{x}^*)$ 的半径 $\|\boldsymbol{x}^0\|_\infty < r < \|\boldsymbol{x}^1\|_\infty$，使得 $\boldsymbol{x}^0$ 被包含在该闭球之中。

(8) 证明闭球 $\boldsymbol{B}_r(\boldsymbol{x}^*)$ 的区域为连续可导的排斥域，$\boldsymbol{x}^*$ 为排斥不动点。

(9) 证明 $\boldsymbol{x}^0$ 是非退化的，即满足 $\det[D\boldsymbol{g}^2(\boldsymbol{x}^0)] = \det[D\boldsymbol{g}(\boldsymbol{x}^1)]\cdot\det[D\boldsymbol{g}(\boldsymbol{x}^0)] \neq 0$。

(10) Chen-Lai 算法的取模函数有多种不同形式，如 mod 函数、正弦函数、三角波函数、锯齿波函数等。总之，凡是一致有界的周期函数都可以作为该算法的取模函数。对于不同的取模函数，回归排斥子存在性的证明难度各异。但回归排斥子存在性证明的思路和方法是类似的。

3.7　Wang-Chen 算法

3.7.1　Wang-Chen 算法的表述

本节介绍基于 Wang-Chen 算法的离散时间系统混沌化。Wang-Chen 算法与 Chen-Lai 算法的不同之处在于，Wang-Chen 算法不是对整个受控系统采用模运算，而是通过设计合适的控制器，对标称系统实施局部扰动，从而使整个受控系统产生有界的混沌行为。

考虑如下离散时间受控系统

$$\boldsymbol{x}_{k+1} = \boldsymbol{f}(\boldsymbol{x}_k) + \boldsymbol{u}_k \tag{3-66}$$

假设原点为标称(未受控)系统

$$\boldsymbol{x}_{k+1} = \boldsymbol{f}(\boldsymbol{x}_k) \tag{3-67}$$

的一个不动点，即 $\boldsymbol{f}(\boldsymbol{0}) = \boldsymbol{0}$。控制理论中的一个最基本的问题是设计一个反馈控制器，使得原点为闭环控制系统的渐近稳定不动点。而在本节中，假设未受控系统(3-67)的原点是渐近稳定的，设计一个具有预先给定幅值 $\varepsilon>0$ 的反馈控制器 $\boldsymbol{u}_k$，即

$$\|\boldsymbol{u}_k\|_\infty \leqslant \varepsilon, \quad k \geqslant 0 \tag{3-68}$$

使得受控系统(3-66)是混沌系统。

3.7.2 基于 Wang-Chen 算法的 1 维非线性离散时间系统的混沌化

考虑用锯齿波函数控制的 1 维非线性受控系统

$$x_{k+1} = f(x_k) + u_k \tag{3-69}$$

控制器 u_k 为图 3-7 所示的锯齿波函数

$$u_k = \mathrm{saw}_\varepsilon(\sigma x_k) \tag{3-70}$$

设 $f(x_k)$ 连续可微，$f(0)=0$。如果标称系统是渐近稳定的，满足条件

$$|f'(x_k)|<1<N \tag{3-71}$$

并且锯齿波的参数 σ 满足

$$\sigma > 3N \tag{3-72}$$

式中，$N>1.5$。那么，受控系统(3-69)具有 Li-Yorke 意义下的混沌。

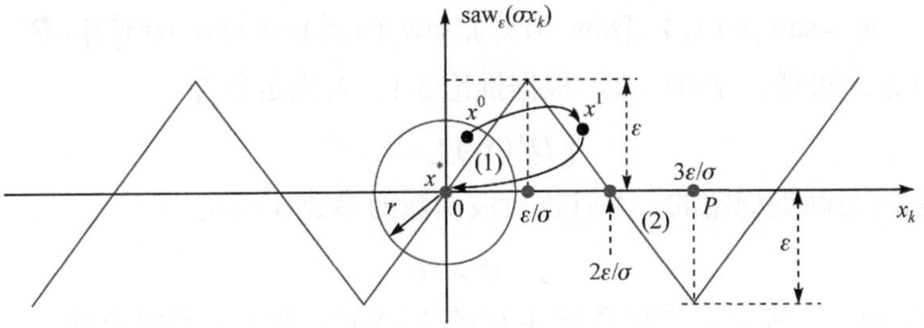

图 3-7 Wang-Chen 算法中的锯齿波函数图形

证明 根据 $g(x_k)=f(x_k)+\mathrm{saw}_\varepsilon(\sigma x_k)$，首先考虑图 3-7 中的第(2)段，分析过程如下：

(1) 当 $x_k=\varepsilon/\sigma$ 时，得 $\mathrm{saw}_\varepsilon(\sigma x_k)=\varepsilon$。由引理 3-3，得 $f(x_k)>-\varepsilon/\sigma$，故有

$$g(x_k)=f(x_k)+\mathrm{saw}_\varepsilon(\sigma x_k)>\varepsilon-\varepsilon/\sigma>0 \tag{3-73}$$

(2) 当 $x_k=3\varepsilon/\sigma$ 时，得 $\mathrm{saw}_\varepsilon(\sigma x_k)=-\varepsilon$。由引理 3-3，得 $f(x_k)<3\varepsilon/\sigma$，故有

$$g(x_k)=f(x_k)+\mathrm{saw}_\varepsilon(\sigma x_k)<-\varepsilon+3\varepsilon/\sigma<0 \tag{3-74}$$

综合上述两种情况，可知存在一点 x^1，满足 $\varepsilon/\sigma<x^1<3\varepsilon/\sigma$，使得 $g(x^1)=0$。

根据 $g(x_k)=f(x_k)+\mathrm{saw}_\varepsilon(\sigma x_k)$，其次考虑图 3-7 中的第(1)段，分析过程如下：

(1) 根据上述求得的x^1，作辅助函数

$$h(x_k)=f(x_k)+\mathrm{saw}_\varepsilon(\sigma x_k)-x^1=g(x)-x^1 \tag{3-75}$$

(2) 当$x_k=0$时，得$\mathrm{saw}_\varepsilon(\sigma x_k)=0$，根据式(3-75)，得$h(x_k)=-x^1<0$。

(3) 当$x_k=\varepsilon/\sigma$时，得$\mathrm{saw}_\varepsilon(\sigma x_k)=\varepsilon$。由引理 3-3，得$f(x_k)>-\varepsilon/\sigma$，故有

$$h(x_k)>\varepsilon-\varepsilon/\sigma-x^1>\varepsilon-\varepsilon/\sigma-3\varepsilon/\sigma>0$$

综合上述两种情况，可知存在一点x^0，满足$0<x^0<\varepsilon/\sigma$，得

$$h(x^0)=0\to g(x^0)-x^1=0\to g(x^0)=x^1\to g^2(x^0)=g(x^1)=0 \tag{3-76}$$

在$0\leqslant x_k<\varepsilon/\sigma$内，$g'(x_k)=f'(x_k)+\sigma>4.5-1=3.5>1$，选取$x^0<r<\varepsilon/\sigma$，则$B_r(x^*)$是包含$x^0$在内的连续可微的排斥域，$x^0$非退化，满足$g^2(x^0)=g(x^1)=0$，故原点$x^*=0$是受控系统的一个回归排斥子，受控系统在Li-Yorke意义下是混沌的。

3.7.3 基于 Wang-Chen 算法的 *n* 维非线性离散时间系统的混沌化

考虑用锯齿波函数控制的n维非线性受控系统

$$\boldsymbol{x}_{k+1}=\boldsymbol{f}(\boldsymbol{x}_k)+\boldsymbol{u}_k \tag{3-77}$$

式中，$\boldsymbol{x}_{k+1}=[x_1^{k+1},x_2^{k+1},\cdots,x_n^{k+1}]$，$\boldsymbol{x}_k=[x_1^k,x_2^k,\cdots,x_n^k]$，控制器$\boldsymbol{u}_k$为锯齿波函数

$$\boldsymbol{u}_k=\mathrm{saw}_\varepsilon(\sigma\boldsymbol{x}_k)=[\mathrm{saw}_\varepsilon(\sigma x_1^k),\ \mathrm{saw}_\varepsilon(\sigma x_2^k),\cdots,\ \mathrm{saw}_\varepsilon(\sigma x_n^k)]\in\mathbf{R}^n \tag{3-78}$$

设$\boldsymbol{f}(\boldsymbol{x}_k)$连续可微，$\boldsymbol{f}(\mathbf{0})=\mathbf{0}$。根据推论 3-1，若满足条件

$$\|D\boldsymbol{f}(\boldsymbol{x}_k)\|_\infty<1<N \tag{3-79}$$

则标称系统是渐近稳定的。并且锯齿波函数的参数σ满足

$$\sigma>3N \tag{3-80}$$

式中，$N\geqslant1.5$。那么，受控系统(3-77)在 Li-Yorke 意义下是混沌的。

证明　根据$\boldsymbol{g}(\boldsymbol{x}_k)=\boldsymbol{f}(\boldsymbol{x}_k)+\mathrm{saw}_\varepsilon(\sigma\boldsymbol{x}_k)$，首先考虑图 3-8 中的第(2)段，分析过程如下：

(1) 令$\boldsymbol{\varepsilon}=[\varepsilon,\varepsilon,\cdots,\varepsilon]\in\mathbf{R}^n$，当$\boldsymbol{x}_k=\boldsymbol{\varepsilon}/\sigma$时，得$\mathrm{saw}_\varepsilon(\sigma\boldsymbol{x}_k)=[\mathrm{saw}_\varepsilon(\sigma x_1^k),\mathrm{saw}_\varepsilon(\sigma x_2^k),\cdots,\mathrm{saw}_\varepsilon(\sigma x_n^k)]=\boldsymbol{\varepsilon}$。再根据引理 3-4，得$\boldsymbol{f}(\boldsymbol{x}_k)>-\boldsymbol{\varepsilon}/\sigma$。故得

$$\boldsymbol{g}(\boldsymbol{x}_k)=\boldsymbol{f}(\boldsymbol{x}_k)+\mathrm{saw}_\varepsilon(\sigma\boldsymbol{x}_k)>\boldsymbol{\varepsilon}-\boldsymbol{\varepsilon}/\sigma>0 \tag{3-81}$$

(2) 当$\boldsymbol{x}_k=3\boldsymbol{\varepsilon}/\sigma$时，得$\mathrm{saw}_\varepsilon(\sigma\boldsymbol{x}_k)=-\boldsymbol{\varepsilon}$。再根据引理 3-4，得$\boldsymbol{f}(\boldsymbol{x}_k)<3\boldsymbol{\varepsilon}/\sigma$。故得

$$\boldsymbol{g}(\boldsymbol{x}_k)=\boldsymbol{f}(\boldsymbol{x}_k)+\mathrm{saw}_\varepsilon(\sigma\boldsymbol{x}_k)<-\boldsymbol{\varepsilon}+3\boldsymbol{\varepsilon}/\sigma<0 \tag{3-82}$$

综合上述两种情况，可知存在一点$\boldsymbol{x}^1$，满足$\boldsymbol{\varepsilon}/\sigma<\boldsymbol{x}^1<3\boldsymbol{\varepsilon}/\sigma$，使得$\boldsymbol{g}(\boldsymbol{x}^1)=\mathbf{0}$。

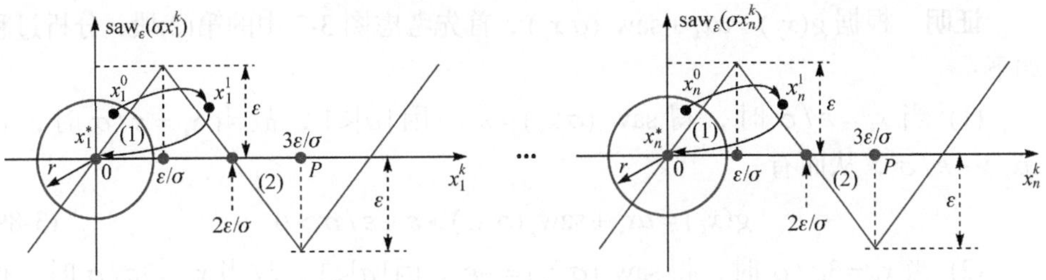

图 3-8 锯齿波函数的各个分量图形

根据 $\boldsymbol{g}(\boldsymbol{x}_k)=\boldsymbol{f}(\boldsymbol{x}_k)+\mathrm{saw}_\varepsilon(\sigma\boldsymbol{x}_k)$，其次应考虑图 3-8 中的第(1)段，分析过程如下：

(1) 根据上述求得的 $\boldsymbol{x}^1$，作辅助函数

$$\boldsymbol{h}(\boldsymbol{x}_k)=\boldsymbol{f}(\boldsymbol{x}_k)+\mathrm{saw}_\varepsilon(\sigma\boldsymbol{x}_k)-\boldsymbol{x}^1=\boldsymbol{g}(\boldsymbol{x}_k)-\boldsymbol{x}^1 \tag{3-83}$$

(2) 当 $\boldsymbol{x}_k=\boldsymbol{0}$ 时，得 $\mathrm{saw}_\varepsilon(\sigma\boldsymbol{x}_k)=\boldsymbol{0}$，根据式(3-83)，得 $\boldsymbol{h}(\boldsymbol{x}_k)=-\boldsymbol{x}^1<0$。

(3) 当 $\boldsymbol{x}_k=\boldsymbol{\varepsilon}/\sigma$ 时，得 $\mathrm{saw}_\varepsilon(\sigma\boldsymbol{x}_k)=\boldsymbol{\varepsilon}$。再根据引理 3-4，得 $\boldsymbol{f}(\boldsymbol{x}_k)>-\boldsymbol{\varepsilon}/\sigma$。故得

$$\boldsymbol{h}(\boldsymbol{x}_k)>\boldsymbol{\varepsilon}-\boldsymbol{\varepsilon}/\sigma-\boldsymbol{x}^1\geqslant\boldsymbol{\varepsilon}-\boldsymbol{\varepsilon}/\sigma-3\boldsymbol{\varepsilon}/\sigma>0$$

综合上述两种情况，可知存在一点 $\boldsymbol{x}^0$，满足 $0<\boldsymbol{x}^0<\boldsymbol{\varepsilon}/\sigma$，得

$$\boldsymbol{h}(\boldsymbol{x}^0)=\boldsymbol{0}\to\boldsymbol{g}(\boldsymbol{x}^0)-\boldsymbol{x}^1=\boldsymbol{0}\to\boldsymbol{g}(\boldsymbol{x}^0)=\boldsymbol{x}^1\to\boldsymbol{g}^2(\boldsymbol{x}^0)=\boldsymbol{g}(\boldsymbol{x}^1)=\boldsymbol{0} \tag{3-84}$$

在 $0\leqslant\boldsymbol{x}_k<\boldsymbol{\varepsilon}/\sigma$ 内，$D\boldsymbol{g}(\boldsymbol{x}_k)=D\boldsymbol{f}(\boldsymbol{x}_k)+\sigma\boldsymbol{I}$，并且 $\sigma-\|D\boldsymbol{f}(\boldsymbol{x}_k)\|>4.5-1=3.5>1$，选取 $\|\boldsymbol{x}^0\|<r<\|\boldsymbol{\varepsilon}/\sigma\|$，则 $\boldsymbol{B}_r(\boldsymbol{x}^*)$ 是包含 $\boldsymbol{x}^0$ 在内的连续可微的排斥域，$\boldsymbol{x}^0$ 非退化，并且 $\boldsymbol{g}^2(\boldsymbol{x}^0)=\boldsymbol{g}(\boldsymbol{x}^1)=\boldsymbol{0}$，$\boldsymbol{x}^*=\boldsymbol{0}$ 是受控系统的一个回归排斥子，因而是混沌的。

3.7.4 基于 Wang-Chen 算法的 1 维线性离散时间系统的混沌化

考虑用锯齿波函数控制的 1 维线性受控系统

$$x_{k+1}=ax_k+u_k \tag{3-85}$$

控制输入 u_k 为图 3-7 所示的锯齿波函数

$$u_k=\mathrm{saw}_\varepsilon(\sigma x_k) \tag{3-86}$$

如果标称系统是渐近稳定的，满足条件

$$|a|<1<N \tag{3-87}$$

并且锯齿波的参数 σ 满足

$$\sigma>3N \tag{3-88}$$

式中，$N\geqslant1.5$。则控制系统(3-85)在 Li-Yorke 意义下是混沌的。

证明 根据 $g(x_k)=ax_k+\text{saw}_\varepsilon(\sigma x_k)$，首先考虑图 3-7 中的第(2)段，分析过程如下：

(1) 当 $x_k=\varepsilon/\sigma$ 时，得 $\text{saw}_\varepsilon(\sigma x_k)=\varepsilon$。因 $|a|<1$，故当 $x_k=\varepsilon/\sigma$ 时，得 $ax_k>-\varepsilon/\sigma$，从而有

$$g(x_k)=ax_k+\text{saw}_\varepsilon(\sigma x_k)>\varepsilon-\varepsilon/\sigma>0 \tag{3-89}$$

(2) 当 $x_k=3\varepsilon/\sigma$ 时，得 $\text{saw}_\varepsilon(\sigma x_k)=-\varepsilon$。因 $|a|<1$，故当 $x_k=3\varepsilon/\sigma$ 时，得 $ax_k<3\varepsilon/\sigma$，从而有

$$g(x_k)=ax_k+\text{saw}_\varepsilon(\sigma x_k)<-\varepsilon+3\varepsilon/\sigma<0 \tag{3-90}$$

综合上述两种情况，可知存在一点 x^1，满足 $\varepsilon/\sigma<x^1<3\varepsilon/\sigma$，使得 $g(x^1)=0$。

根据 $g(x_k)=ax_k+\text{saw}_\varepsilon(\sigma x_k)$，其次考虑图 3-7 中的第(1)段，分析过程如下：

(1) 根据上述求得的 x^1，作辅助函数

$$h(x_k)=ax_k+\text{saw}_\varepsilon(\sigma x_k)-x^1=g(x)-x^1 \tag{3-91}$$

(2) 当 $x_k=0$ 时，得 $\text{saw}_\varepsilon(\sigma x_k)=0$，根据式(3-91)，得 $h(x_k)=-x^1<0$。

(3) 当 $x_k=\varepsilon/\sigma$ 时，得 $\text{saw}_\varepsilon(\sigma x_k)=\varepsilon$。因 $|a|<1$，故当 $x_k=\varepsilon/\sigma$ 时，得 $ax_k>-\varepsilon/\sigma$，从而有

$$h(x_k)>\varepsilon-\varepsilon/\sigma-x^1\geqslant\varepsilon-\varepsilon/\sigma-3\varepsilon/\sigma>0$$

综合上述两种情况，可知存在一点 x^0，满足 $0<x^0<\varepsilon/\sigma$，得

$$h(x^0)=0\rightarrow g(x^0)-x^1=0\rightarrow g(x^0)=x^1\rightarrow g^{(2)}(x^0)=g(x^1)=0 \tag{3-92}$$

在 $0\leqslant x_k<\varepsilon/\sigma$ 内，$g'(x_k)=a+\sigma>4.5-1>1$，选取 $x^0<r<\varepsilon/\sigma$，则 $B_r(x^*)$ 是包含 x^0 在内的连续可微的排斥域，$g^{(2)}(x^0)=g(x^1)=0$，x^0 非退化，原点 $x^*=0$ 是回归排斥子。

3.7.5 基于 Wang-Chen 算法的 *n* 维线性离散时间系统的混沌化

考虑用锯齿波函数控制的 n 维线性受控系统

$$\boldsymbol{x}_{k+1}=\boldsymbol{A}\boldsymbol{x}_k+\boldsymbol{u}_k \tag{3-93}$$

式中，$\boldsymbol{x}_k=[x_1^k,x_2^k,\cdots,x_n^k]^{\text{T}}$，$\boldsymbol{x}_{k+1}=[x_1^{k+1},x_2^{k+1},\cdots,x_n^{k+1}]^{\text{T}}$，$\boldsymbol{A}$ 为 n 阶常数矩阵，控制器 $\boldsymbol{u}_k$ 为图 3-8 所示的锯齿波函数

$$\boldsymbol{u}_k=\text{saw}_\varepsilon(\sigma\boldsymbol{x}_k) \tag{3-94}$$

根据引理 3-1，如果满足条件

$$\|\boldsymbol{A}\|_\infty<1<N \tag{3-95}$$

则标称系统是渐近稳定的。并且锯齿波函数的参数 σ 满足

$$\sigma>3N \tag{3-96}$$

式中，$N\geqslant1.5$。则受控系统(3-93)在 Li-Yorke 意义下是混沌的。

证明　根据$\boldsymbol{g}(\boldsymbol{x}_k)=\boldsymbol{A}\boldsymbol{x}_k+\mathrm{saw}_\varepsilon(\sigma\boldsymbol{x}_k)$，首先考虑图 3-8 中的第(2)段，分析过程如下：

(1) 令$\boldsymbol{x}_k=[x_1^k,x_2^k,\cdots,x_n^k]^{\mathrm{T}}$，$\boldsymbol{\varepsilon}=[\varepsilon,\varepsilon,\cdots,\varepsilon]^{\mathrm{T}}\in\mathbf{R}^n$，当$\boldsymbol{x}_k=\boldsymbol{\varepsilon}/\sigma$时，得

$$\mathrm{saw}_\varepsilon(\sigma\boldsymbol{x}_k)=[\mathrm{saw}_\varepsilon(\sigma x_1^k),\mathrm{saw}_\varepsilon(\sigma x_2^k),\cdots,\mathrm{saw}_\varepsilon(\sigma x_n^k)]^{\mathrm{T}}=\boldsymbol{\varepsilon}$$

再由引理 3-2，得$\boldsymbol{A}\boldsymbol{x}_k>-\boldsymbol{\varepsilon}/\sigma$，从而有

$$\boldsymbol{g}(\boldsymbol{x}_k)=\boldsymbol{A}\boldsymbol{x}_k+\mathrm{saw}_\varepsilon(\sigma\boldsymbol{x}_k)>\boldsymbol{\varepsilon}-\boldsymbol{\varepsilon}/\sigma>0 \tag{3-97}$$

(2) 当$\boldsymbol{x}_k=3\boldsymbol{\varepsilon}/\sigma$时，得$\mathrm{saw}_\varepsilon(\sigma\boldsymbol{x}_k)=-\boldsymbol{\varepsilon}$。根据引理 3-2，得$\boldsymbol{A}\boldsymbol{x}_k<3\boldsymbol{\varepsilon}/\sigma$。从而有

$$\boldsymbol{g}(\boldsymbol{x}_k)=\boldsymbol{A}\boldsymbol{x}_k+\mathrm{saw}_\varepsilon(\sigma\boldsymbol{x}_k)<-\boldsymbol{\varepsilon}+3\boldsymbol{\varepsilon}/\sigma<0 \tag{3-98}$$

综合上述两种情况，可知存在一点$\boldsymbol{x}^1$，满足$\boldsymbol{\varepsilon}/\sigma<\boldsymbol{x}^1<3\boldsymbol{\varepsilon}/\sigma$，使得$\boldsymbol{g}(\boldsymbol{x}^1)=\boldsymbol{0}$。

根据$\boldsymbol{g}(\boldsymbol{x}_k)=\boldsymbol{A}\boldsymbol{x}_k+\mathrm{saw}_\varepsilon(\sigma\boldsymbol{x}_k)$，其次考虑图 3-8 中的第(1)段，分析过程如下：

(1) 根据上述求得的$\boldsymbol{x}^1$，作辅助函数

$$\boldsymbol{h}(\boldsymbol{x}_k)=\boldsymbol{A}\boldsymbol{x}_k+\mathrm{saw}_\varepsilon(\sigma\boldsymbol{x}_k)-\boldsymbol{x}^1=\boldsymbol{g}(\boldsymbol{x}_k)-\boldsymbol{x}^1 \tag{3-99}$$

(2) 当$\boldsymbol{x}_k=0$时，得$\mathrm{saw}_\varepsilon(\sigma\boldsymbol{x}_k)=\boldsymbol{0}$。根据式(3-99)，得$\boldsymbol{h}(\boldsymbol{x}_k)=-\boldsymbol{x}^1<0$。

(3) 当$\boldsymbol{x}_k=\varepsilon/\sigma$时，得$\mathrm{saw}_\varepsilon(\sigma\boldsymbol{x}_k)=\boldsymbol{\varepsilon}$。根据引理 3-2，得$\boldsymbol{A}\boldsymbol{x}_k>-\boldsymbol{\varepsilon}/\sigma$。从而有

$$\boldsymbol{h}(\boldsymbol{x}_k)>\boldsymbol{\varepsilon}-\boldsymbol{\varepsilon}/\sigma-\boldsymbol{x}^1\geqslant\boldsymbol{\varepsilon}-\boldsymbol{\varepsilon}/\sigma-3\boldsymbol{\varepsilon}/\sigma>0$$

综合上述两种情况，可知存在一点$\boldsymbol{x}^0$，满足$0<\boldsymbol{x}^0<\boldsymbol{\varepsilon}/\sigma$，得

$$\boldsymbol{h}(\boldsymbol{x}^0)=\boldsymbol{0}\to\boldsymbol{g}(\boldsymbol{x}^0)-\boldsymbol{x}^1=\boldsymbol{0}\to\boldsymbol{g}(\boldsymbol{x}^0)=\boldsymbol{x}^1\to\boldsymbol{g}^2(\boldsymbol{x}^0)=\boldsymbol{g}(\boldsymbol{x}^1)=\boldsymbol{0} \tag{3-100}$$

若$\boldsymbol{x}_k\in(\boldsymbol{0},\boldsymbol{\varepsilon}/\sigma)$，$D\boldsymbol{g}(\boldsymbol{x}_k)=\boldsymbol{A}+\sigma\boldsymbol{I}$，$\sigma-\|\boldsymbol{A}\|_\infty>4.5-1=3.5>1$，令$\|\boldsymbol{x}^0\|_\infty<r<\|\boldsymbol{\varepsilon}/\sigma\|_\infty$，则$\boldsymbol{B}_r(\boldsymbol{x}^*)$是包含$\boldsymbol{x}^0$的连续可微排斥域，$\boldsymbol{x}^0$非退化，满足$\boldsymbol{g}^2(\boldsymbol{x}^0)=\boldsymbol{g}(\boldsymbol{x}^1)=\boldsymbol{0}$，故$\boldsymbol{x}^*=\boldsymbol{0}$是受控系统的一个回归排斥子，受控系统在 Li-Yorke 意义下是混沌的。

3.8　Wang-Chen 算法的推广形式

在前面讨论了控制输入为锯齿波函数的 Wang-Chen 算法，实际上，在 Wang-Chen 算法中，反馈控制器除锯齿波函数外，还可以是正弦函数和模函数等，总之，一切具有全局有界性的周期函数都可以用作 Wang-Chen 算法中的反馈控制器，不妨将其称为 Wang-Chen 算法的推广形式。本节主要讨论反馈控制器为正弦函数的情况。

考虑用正弦函数控制的n维线性受控系统

$$\boldsymbol{x}_{k+1}=\boldsymbol{A}\boldsymbol{x}_k+\boldsymbol{u}_k \tag{3-101}$$

式中，$\boldsymbol{x}_k=[x_1^k,x_2^k,\cdots,x_n^k]^{\mathrm{T}}$，$\boldsymbol{x}_{k+1}=[x_1^{k+1},x_2^{k+1},\cdots,x_n^{k+1}]^{\mathrm{T}}$，$\boldsymbol{A}$ 为 n 阶常数矩阵，控制输入 $\boldsymbol{u}_k$ 为正弦函数

$$\boldsymbol{u}_k=\varepsilon\sin(\sigma\boldsymbol{x}_k) \tag{3-102}$$

如果标称系统满足渐近稳定的条件

$$\|\boldsymbol{A}\|<1 \tag{3-103}$$

式中，符号$\|\cdot\|$表示无穷范数。并且受控系统的各个参数满足以下条件：

$$\begin{cases}\sigma>\max\left\{\dfrac{\pi}{2\varepsilon},\ \dfrac{3\pi}{2\varepsilon},\ \dfrac{2\phi+3\pi}{2\varepsilon\sin\phi},\ \dfrac{1+\|\boldsymbol{A}\|}{\varepsilon\cos\phi}\right\}\\ 0<\phi<\dfrac{\pi}{2}\end{cases} \tag{3-104}$$

那么，受控系统在 Li-Yorke 意义下是混沌的。

证明 根据式(3-102)，得正弦分量控制函数如图 3-9 所示，图中 $x_i^k\,(i=1,2,\cdots,n)$ 为 $\boldsymbol{x}_k$ 的各个分量。

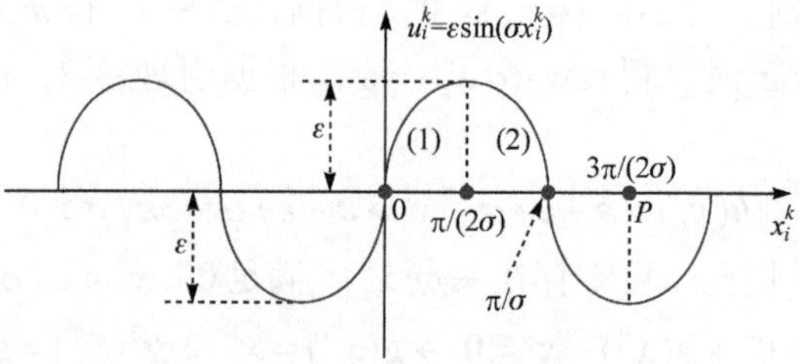

图 3-9 正弦函数的分量示意图 $(i=1,2,\cdots,n)$

根据式(3-101)和式(3-102)，得

$$\boldsymbol{x}_{k+1}=\boldsymbol{A}\boldsymbol{x}_k+\varepsilon\sin(\sigma\boldsymbol{x}_k)=\boldsymbol{g}(\boldsymbol{x}_k) \tag{3-105}$$

式中，向量函数 $\sin(\sigma\boldsymbol{x}_k)=[\sin(\sigma x_1^k),\sin(\sigma x_2^k),\cdots,\sin(\sigma x_n^k)]^{\mathrm{T}}$。

根据 $\boldsymbol{g}(\boldsymbol{x}_k)=\boldsymbol{A}\boldsymbol{x}_k+\varepsilon\sin(\sigma\boldsymbol{x}_k)$，首先考虑图 3-9 中的第(2)段，分析过程如下：

(1) 当 $\boldsymbol{x}_k=[\pi/(2\sigma)]\boldsymbol{b}$ 时，其中 $\boldsymbol{b}=[1,1,\cdots,1]^{\mathrm{T}}\in\mathbf{R}^n$，得

$$\varepsilon\sin(\sigma\boldsymbol{x}_k)=[\varepsilon\sin(\sigma x_1^k),\varepsilon\sin(\sigma x_2^k),\cdots,\varepsilon\sin(\sigma x_n^k)]^{\mathrm{T}}=\boldsymbol{\varepsilon}$$

式中，$\boldsymbol{\varepsilon}=[\varepsilon,\varepsilon,\cdots,\varepsilon]^{\mathrm{T}}\in\mathbf{R}^n$。再根据引理 3-2，得 $\boldsymbol{A}\boldsymbol{x}_k>-[\pi/(2\sigma)]\boldsymbol{b}$。通过选取参数 σ 的大小，使得式(3-106)成立：

$$\boldsymbol{g}(\boldsymbol{x}_k)=\boldsymbol{A}\boldsymbol{x}_k+\varepsilon\sin(\sigma\boldsymbol{x}_k)>\boldsymbol{\varepsilon}-[\pi/(2\sigma)]\boldsymbol{b}>0\rightarrow\sigma>\frac{\pi}{2\varepsilon} \tag{3-106}$$

(2) 当 $\boldsymbol{x}_k=[3\pi/(2\sigma)]\boldsymbol{b}$ 时，得 $\varepsilon\sin(\sigma\boldsymbol{x}_k)=-\boldsymbol{\varepsilon}$。根据引理 3-2，得 $\boldsymbol{A}\boldsymbol{x}_k<[3\pi/(2\sigma)]\boldsymbol{b}$。通过选取参数 σ 的大小，使得式(3-107)成立：

$$\boldsymbol{g}(\boldsymbol{x}_k)=\boldsymbol{A}\boldsymbol{x}_k+\varepsilon\sin(\sigma\boldsymbol{x}_k)<-\boldsymbol{\varepsilon}+[3\pi/(2\sigma)]\boldsymbol{b}<0\to\sigma>\frac{3\pi}{2\varepsilon} \tag{3-107}$$

综合上述两个方面，如果参数 σ 的选取满足

$$\sigma>\max\left\{\frac{\pi}{2\varepsilon},\frac{3\pi}{2\varepsilon}\right\} \tag{3-108}$$

根据 n 维介值定理，可知存在 $\boldsymbol{x}^1\in[(\pi/(2\sigma)]\boldsymbol{b},[3\pi/(2\sigma)]\boldsymbol{b})$，使得 $\boldsymbol{g}(\boldsymbol{x}^1)=\boldsymbol{0}$。

根据 $\boldsymbol{g}(\boldsymbol{x}_k)=\boldsymbol{A}\boldsymbol{x}_k+\varepsilon\sin(\sigma\boldsymbol{x}_k)$，其次考虑图 3-9 中的第(1)段，分析过程如下：

(1) 根据上述求得的 $\boldsymbol{x}^1$，作辅助函数

$$\boldsymbol{h}(\boldsymbol{x}_k)=\boldsymbol{A}\boldsymbol{x}_k+\varepsilon\sin(\sigma\boldsymbol{x}_k)-\boldsymbol{x}^1=\boldsymbol{g}(\boldsymbol{x}_k)-\boldsymbol{x}^1 \tag{3-109}$$

(2) 当 $\boldsymbol{x}_k=\boldsymbol{0}$ 时，得 $\varepsilon\sin(\sigma\boldsymbol{x}_k)=\boldsymbol{0}$。根据式(3-109)，得 $\boldsymbol{h}(\boldsymbol{x}_k)=-\boldsymbol{x}^1<0$。

(3) 令 $0<\phi<\pi/2$，根据图 3-10，当 $\boldsymbol{x}_k=(\phi/\sigma)\boldsymbol{b}$ 时，得 $\varepsilon\sin(\sigma\boldsymbol{x}_k)=\boldsymbol{\varepsilon}\sin\phi$。此外，根据引理 3-2，得 $\boldsymbol{A}\boldsymbol{x}_k>-(\phi/\sigma)\boldsymbol{b}$。将这些结果代入辅助函数中，如果满足

$$\begin{aligned}\boldsymbol{h}(\boldsymbol{x}_k)&=\boldsymbol{A}\boldsymbol{x}_k+\varepsilon\sin(\sigma\boldsymbol{x}_k)-\boldsymbol{x}^1>\boldsymbol{\varepsilon}\sin\phi-(\phi/\sigma)\boldsymbol{b}-\boldsymbol{x}^1\\&\geqslant\boldsymbol{\varepsilon}\sin\phi-(\phi/\sigma)\boldsymbol{b}-[3\pi/(2\sigma)]\boldsymbol{b}\\&=\boldsymbol{\varepsilon}\sin\phi-[(2\phi+3\pi)/(2\sigma)]\boldsymbol{b}>0\end{aligned} \tag{3-110}$$

即

$$\sigma>\frac{2\phi+3\pi}{2\varepsilon\sin\phi} \tag{3-111}$$

那么，根据 n 维介值定理，存在 $\boldsymbol{x}^0\in(\boldsymbol{0},(\phi/\sigma)\boldsymbol{b})$，从而使得

$$\boldsymbol{h}(\boldsymbol{x}^0)=\boldsymbol{g}(\boldsymbol{x}^0)-\boldsymbol{x}^1=\boldsymbol{0}\to\boldsymbol{g}(\boldsymbol{x}^0)=\boldsymbol{x}^1 \tag{3-112}$$

成立。

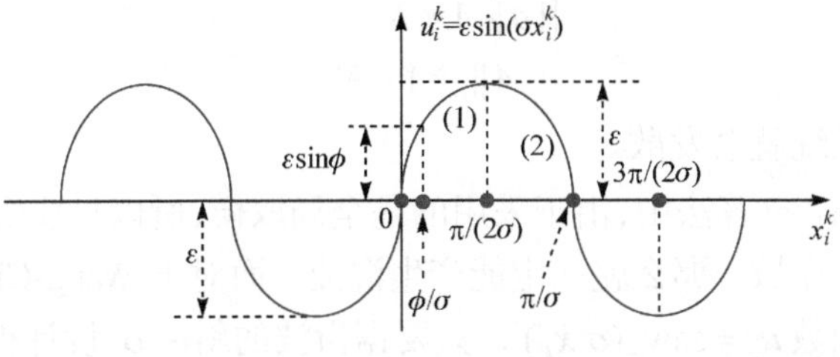

图 3-10　正弦函数中 $x_i^k=\phi/\sigma$ 对应 $u_i^k=\varepsilon\sin(\sigma x_i^k)$ 的大小为 $\varepsilon\sin\phi$ 的示意图 $(i=1,2,\cdots,n)$

(4) 再考虑图 3-10 中的第(1)段。令 $0<\phi<\pi/2$，根据定理 3-6，如果满足条件

$$D\boldsymbol{g}(\boldsymbol{x})=\boldsymbol{A}+\varepsilon\sigma\cos\phi\boldsymbol{I}\to\varepsilon\sigma\cos\phi-\|\boldsymbol{A}\|>1 \tag{3-113}$$

即

$$\sigma>\frac{1+\|\boldsymbol{A}\|}{\varepsilon\cos\phi} \tag{3-114}$$

则在区域$[\mathbf{0}, (\phi/\sigma)\boldsymbol{b}]$内为连续可微的排斥域。

(5) 选取$\|\boldsymbol{x}^0\| < r < \|(\phi/\sigma)\boldsymbol{b}\|$，可知包含$\boldsymbol{x}^0$的闭球$\boldsymbol{B}_r(\boldsymbol{x}^*)$内是连续可微的排斥域，$\boldsymbol{x}^*$是排斥不动点，并且$\boldsymbol{x}^0$是非退化的。

综合以上分析结果，如果上述各个条件同时得到满足

$$\begin{cases} \sigma > \max\left\{\dfrac{\pi}{2\varepsilon}, \dfrac{3\pi}{2\varepsilon}, \dfrac{2\phi+3\pi}{2\varepsilon\sin\phi}, \dfrac{1+\|\boldsymbol{A}\|}{\varepsilon\cos\phi}\right\} \\ 0 < \phi < \dfrac{\pi}{2} \end{cases}$$

并且选取$\|\boldsymbol{x}^0\| < r < \|(\phi/\sigma)\boldsymbol{b}\|$，则包含$\boldsymbol{x}^0$的闭球$\boldsymbol{B}_r(\boldsymbol{x}^*)$内是一个连续可微的排斥域，$\boldsymbol{x}^*$是排斥不动点，$\boldsymbol{g}^2(\boldsymbol{x}^0) = \boldsymbol{g}(\boldsymbol{x}^1) = \mathbf{0} = \boldsymbol{x}^*$成立，$\boldsymbol{x}^0$非退化，从而证明了$\boldsymbol{x}^* = \mathbf{0}$是受控系统中的一个回归排斥子，受控系统在 Li-Yorke 意义下是混沌的。

3.9 Wang-Chen 算法总结

(1) 在 Chen-Lai 算法中，由于采用全局取模，所以未受控系统可以是稳定的，也可以是不稳定的。Wang-Chen 算法不是对整个受控系统采用模运算，而是通过设计合适的控制器，对标称系统实施局部扰动，使得整个受控系统产生有界的混沌行为。因此，对于 Wang-Chen 算法，均要求未受控系统(标称系统)是渐近稳定的，应满足

$$\begin{cases} |f'(x_k)| < 1 < N \\ \|\boldsymbol{Df}(\boldsymbol{x}_k)\|_\infty < 1 < N \\ |a| < 1 < N \\ \|\boldsymbol{A}\|_\infty < 1 < N \end{cases} \tag{3-115}$$

否则整个受控系统就会发散。

(2) 在 Chen-Lai 算法中，由于采用的是全局取模，所以只要受控系统的$\boldsymbol{B}_r(\boldsymbol{x}^*)$是连续可微的排斥域，那么就一定能产生混沌。而对于 Wang-Chen 算法，如果控制器为锯齿波函数$\boldsymbol{u}_k = \mathrm{saw}_\varepsilon(\sigma\boldsymbol{x}_k)$，只要锯齿波的斜率$\sigma$设计得足够大，就一定能产生混沌。

(3) 在 Wang-Chen 算法中，当控制器为锯齿波函数$\boldsymbol{u}_k = \mathrm{saw}_\varepsilon(\sigma\boldsymbol{x}_k)$时，利用回归排斥子证明其混沌存在性的思路如图 3-7 或图 3-8 所示，即$\boldsymbol{x}^*$选在原点，$\boldsymbol{x}^0$选在锯齿波正斜率段范围内，$\boldsymbol{x}^1$选在锯齿波负斜率段范围内，先确定$\boldsymbol{x}^1$，再确定$\boldsymbol{x}^0$，并且从$\boldsymbol{x}^0$开始，只需要迭代两次到达$\boldsymbol{x}^*$。连续可微排斥域的半径为r，半径r大小的选取应满足$\|\boldsymbol{x}^0\|_\infty < r < \|\boldsymbol{x}^1\|_\infty$。

(4) 在一般情况下，用具有正负斜率交替变化的周期函数，如正弦函数、三角波函数和锯齿波函数等，以及 Wang-Chen 算法控制一个 n 维非线性系统或线性系统，那么，在满足一定条件下，受控系统存在具有 Li-Yorke 意义下的混沌。这种混沌的存在性证明方法与上述给出的方法是完全类似的。

3.10　两个应用实例

例 3-3　考虑 n 维线性受控系统，用锯齿波函数作为取模运算的 Chen-Lai 算法如下

$$\begin{cases} \boldsymbol{x}_{k+1} = \boldsymbol{A}\boldsymbol{x}_k + \boldsymbol{u}_k \\ \boldsymbol{u}_k = (N + \mathrm{e}^c)\boldsymbol{x}_k \\ \boldsymbol{x}_{k+1} = \mathrm{saw}_\varepsilon(\sigma[\boldsymbol{A} + (N + \mathrm{e}^c)\boldsymbol{I}]\boldsymbol{x}_k) \end{cases}$$

式中，$\boldsymbol{x}_k = [x_1^k, x_2^k, \cdots, x_n^k]^{\mathrm{T}}$，$\boldsymbol{x}_{k+1} = [x_1^{k+1}, x_2^{k+1}, \cdots, x_n^{k+1}]^{\mathrm{T}}$。受控系统对应的分量形式为

$$\begin{cases} x_1^{k+1} = \mathrm{saw}_\varepsilon(\sigma[(a_{11} + N + \mathrm{e}^c)x_1^k + a_{12}x_2^k + \cdots + a_{1n}x_n^k]) \\ x_2^{k+1} = \mathrm{saw}_\varepsilon(\sigma[a_{21}x_1^k + (a_{22} + N + \mathrm{e}^c)x_2^k + \cdots + a_{2n}x_n^k]) \\ \quad\vdots \\ x_n^{k+1} = \mathrm{saw}_\varepsilon(\sigma[a_{n1}x_1^k + a_{n2}x_2^k + \cdots + (a_{nn} + N + \mathrm{e}^c)x_n^k]) \end{cases}$$

设 $\boldsymbol{A} = \begin{bmatrix} 0.1 & -0.1 & 0.1 \\ -0.1 & -0.15 & 0.1 \\ 0.13 & -0.12 & 0.1 \end{bmatrix}$，$N = 2$，$c = 2$，$\varepsilon = 1$，$\sigma = 3$，得 MATLAB 数值仿真结果如图 3-11 所示。

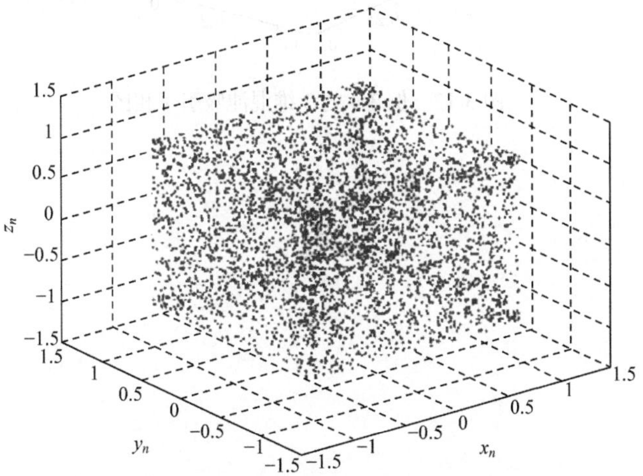

图 3-11　例 3-3 的混沌吸引子相图

例 3-4 考虑用锯齿波函数控制的 3 维非线性受控系统，已知 Wang-Chen 算法的数学表达式为

$$\begin{cases} x_{k+1} = x_k + y_k - x_k^3/3 + u_{1,k} \\ x_{k+1} = -x_k - 0.7y_k + z_k + u_{2,k} \\ x_{k+1} = x_k y_k - z_k^2 + u_{3,k} \end{cases}$$

式中，控制输入 $\boldsymbol{u}_k$ 为如图 3-8 所示的锯齿波函数，其数学表达式为

$$\begin{cases} u_{1,k} = \mathrm{saw}_\varepsilon(\sigma x_k) \\ u_{2,k} = \mathrm{saw}_\varepsilon(\sigma y_k) \\ u_{3,k} = \mathrm{saw}_\varepsilon(\sigma z_k) \end{cases}$$

设 $\varepsilon = 0.1$ ，$N = 1.5$ ，$\sigma = 3N = 4.5$ ，$\|\boldsymbol{f}'(\boldsymbol{x},\varepsilon)\|_\infty < 1 < N$ ，得 3 维混沌吸引子相图如图 3-12 所示。

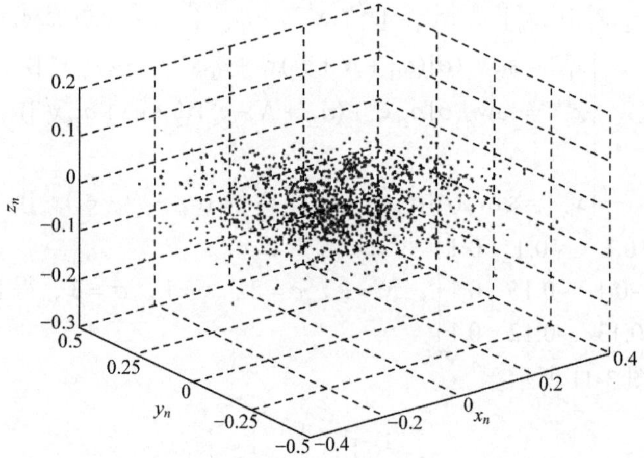

图 3-12 例 3-4 的 3 维混沌吸引子相图

第 4 章 具有多个正李氏指数的连续时间超混沌系统

本章介绍具有多个正李氏指数的连续时间超混沌系统的构造方法及其电路实现。以轨道全局有界性和配置多个正李氏指数作为研究问题的切入点，介绍一种在高维系统中构造具有多个正李氏指数超混沌系统的新方法，并给出设计准则、设计步骤、几个典型的设计实例和电路实验结果[29-31]。

4.1 问题的提出

现有文献中报道的超混沌系统通常不超过三个正李氏指数，构造方法主要是在 3 维或 4 维混沌系统的基础上，将状态反馈控制与参数“错试法”相结合，从而获得某些特殊类型的 4 维或 5 维超混沌系统，此外，还有通过耦合、参数扰动等若干方法来获得所需的超混沌系统。目前已有文献中很少有关于四个以上正李氏指数超混沌系统的研究报道，主要原因是随着维数的增加，利用参数“错试法”生成具有四个以上李氏指数的高维超混沌系统，在没有理论作为指导的前提下，仅凭借技巧和经验来完成这项工作具有相当大的难度。但如果建立了某种超混沌系统的设计准则，并根据连续时间系统的反控制方法，通过配置多个正李氏指数，有望解决上述问题。

当满足轨道全局有界的条件时，对于具有 Shilnikov 意义下的耗散型自治超混沌系统，零指数和负指数的配置不成问题，关键在于如何配置所需的多个正李氏指数。但到目前为止，这个问题一直未能获得较好的解决。假如能够提出一种新的设计准则或方法，构造出某些具有鞍焦平衡点的超混沌系统，当受控系统中所有平衡点对应的特征值至少都有一个正的实部(即至少为指标 1 的鞍焦平衡点)时，就有可能使系统的动力学行为在一个方向上发散，因而正李氏指数的个数为 $L=1$。特别是，当受控系统中所有平衡点对应的特征值至少都有 $r(r \geqslant 2)$ 个正实部(即至少为指标 r 的鞍焦平衡点)时，就有可能使系统的动力学行为同时在 r 个不同的方向上发散，因而正李氏指数的个数为 $L=r$。当然，还应该考虑动力学行为在 r 个方向上发散时存在简并度 d 的情况，这意味着其中有两个甚至有多个发散的方向是相同的，则对应的正李氏指数的个数 L 应该是发散方向数 r 再减去简并度 d 的结果，即满足 $L=r-d$。简并度与平衡点特征值对应的各个特征向量的方向数有某种关联，这个问题有待进一步研究。但如果各个特征向量的方向数存在较大的差异，那么可消除简并度。由此可见，受控系统中正李氏指数的个数与所有平衡点对应特征值正实部的最少个数以及特征向量方向数差异存在必然联系，通过这种联系，就能将多个正李氏指数配置问题转化为对平衡点特征值正实部个数和特征向量方向数差异的设计问题加以解决。

文献[29]和[30]提出了用反控制的方法研究具有一个正李氏指数混沌系统的设计方法，但仍然存在以下几个有待进一步解决的问题：

(1) 根据现有文献的研究结果，超混沌系统正李氏指数的个数通常不超过三个。主要原因是正李氏指数越多，设计就越困难，如何利用反控制方法构造具有 $L\,(L \geqslant 4)$ 个正李氏指数的超混沌系统呢？

(2) 文献[29]和[30]给出的非线性控制器的一般形式为

$$\boldsymbol{f}(\boldsymbol{\sigma x},\varepsilon)=\begin{bmatrix} f_1(\sigma_1 x_1,\varepsilon_1) \\ f_2(\sigma_2 x_2,\varepsilon_2) \\ \vdots \\ f_n(\sigma_n x_n,\varepsilon_n) \end{bmatrix}$$

通常情况下，$\boldsymbol{f}(\boldsymbol{\sigma x},\varepsilon)$ 中包含多个非线性函数，这样会使设计过程变得较为复杂。能否提出一种更为简单的设计方法，例如，在 $\boldsymbol{f}(\boldsymbol{\sigma x},\varepsilon)$ 中仅包含一个非线性函数，就能生成四个或四个以上正李氏指数的超混沌系统呢？

(3) 在非线性反馈控制器 $\boldsymbol{f}(\boldsymbol{\sigma x},\varepsilon)$ 中包含多个非线性函数的情况下，要计算出所有平衡点的分布及其特征值就成为一件十分困难的工作。正因为如此，在文献[29]和[30]中，只能计算受控系统平衡点位于原点处所对应的特征值，而其余平衡点对应特征值的情况无法作进一步的分析和计算。但如果非线性反馈控制器 $\boldsymbol{f}(\boldsymbol{\sigma x},\varepsilon)$ 中只包含一个非线性函数，就很容易将系统中所有平衡点分布及其对应的特征值计算出来，在此基础上，就能够进一步分析和研究正李氏指数的个数与系统中所有鞍焦平衡点特征值对应的正实部的个数(即指标个数)的某种定量关系，从而将多个正李氏指数的配置问题转化为对平衡点特征值正实部个数(即指标个数)的设计问题加以解决。

为了解决上述问题，本章以超混沌系统具有轨道全局有界性和配置多个正李氏指数作为研究问题的切入点，提出只需用一个非线性项就能构造具有四个以上正李氏指数超混沌系统的新方法，并根据设计准则，给出几个典型设计实例，证实该方法的可行性。归纳起来，这种能构造具有大数量正李氏指数超混沌系统的新方法具有以下两个显著特点：

(1) 在高维 $n(n \geqslant 6)$ 动力系统中，只需利用唯一的一个非线性函数就能生成具有四个以上正李氏指数的超混沌系统。

(2) 建立了正李氏指数的个数 L 与系统中所有鞍焦平衡点特征根中正实部的最少个数这两者之间的一种定量关系。如果受控系统有 s 个鞍焦平衡点，设它们所对应的正实部个数分别为 $r_1, r_2, \cdots, r_s$，则正李氏指数个数为 $L = \min\{r_1, r_2, \cdots, r_s\} - d$，其中 d 为简并度。根据这一结果，可以将多个正李氏指数超混沌系统的构造问题转化为对系统中所有鞍焦平衡点正实部个数的设计问题，从而为构造具有大数量正李氏指数的超混沌系统提供设计依据。

4.2　超混沌系统设计的一种新方法

考虑未受控的 n 维连续时间线性系统

$$\dot{\boldsymbol{x}} = \boldsymbol{A}\boldsymbol{x} \tag{4-1}$$

式中，$\boldsymbol{x} = [x_1, x_2, \cdots, x_n]^{\mathrm{T}}$ 和 $\dot{\boldsymbol{x}} = [\dot{x}_1, \dot{x}_2, \cdots, \dot{x}_n]^{\mathrm{T}}$ 均为 n 维列向量；$\boldsymbol{A}$ 为非奇异的标称系统矩阵，其一般形式为

$$\boldsymbol{A} = \begin{bmatrix} a_{11} & a_{12} & \cdots & a_{1n} \\ a_{21} & a_{22} & \cdots & a_{2n} \\ \vdots & \vdots & & \vdots \\ a_{n1} & a_{n2} & \cdots & a_{nn} \end{bmatrix} \tag{4-2}$$

式中，$a_{ij}(i, j = 1, 2, \cdots, n)$ 为常数。假定式(4-1)的原点是渐近稳定的不动点，通过设计一个非线性反馈控制器 $\boldsymbol{f}(\boldsymbol{\sigma x}, \varepsilon)$，使得受控系统

$$\dot{\boldsymbol{x}} = \boldsymbol{A}\boldsymbol{x} + \boldsymbol{f}(\boldsymbol{\sigma x}, \varepsilon) \tag{4-3}$$

产生超混沌行为。

前面提及，在文献[29]和[30]中，控制器 $\boldsymbol{f}(\boldsymbol{\sigma x}, \varepsilon)$ 包含了多个非线性函数。在本节中，考虑 $\boldsymbol{f}(\boldsymbol{\sigma x}, \varepsilon)$ 只包含一个非线性函数的情况。另外，还要考虑受控系统的耗散性问题，这意味着在通常情况下控制器 $\boldsymbol{f}(\boldsymbol{\sigma x}, \varepsilon)$ 不能作用到标称系统矩阵 $\boldsymbol{A}$ 的主对角线上。综合考虑到这种两种情况，可设 $\boldsymbol{f}(\boldsymbol{\sigma x}, \varepsilon)$ 的一般形式为

$$\boldsymbol{f}(\boldsymbol{\sigma x}, \varepsilon) = \begin{bmatrix} 0 \\ \vdots \\ f_i(\sigma x_j, \varepsilon) \\ \vdots \\ 0 \end{bmatrix} \tag{4-4}$$

式中，f 的下标 i 表示 f 位于第 $i\ (i = 1, 2, \cdots, n)$ 行，f 中的状态变量为 $x_j\ (j = 1, 2, \cdots, n;\ j \neq i)$。这样，$\boldsymbol{f}(\boldsymbol{\sigma x}, \varepsilon)$ 就不会作用到标称系统矩阵 $\boldsymbol{A}$ 的主对角线上。在本节设计

中，进一步选取 $f_i(\sigma x_j,\varepsilon)$ 的具体形式为正弦函数，即

$$f_i(\sigma x_j,\varepsilon)=\varepsilon\sin(\sigma x_j),\quad i,j=1,2,\cdots,n;i\neq j \tag{4-5}$$

式中，ε、σ 为控制器的可调参数。

容易证明式(4-3)的解是全局有界的，解的上确界满足以下不等式[29,30]：

$$\sup_{0\leqslant t<\infty}\|\boldsymbol{x}(t)\|\leqslant\alpha\cdot\|\boldsymbol{x}(0)\|+\frac{\alpha}{\beta}\|\boldsymbol{\varepsilon}\|<\infty \tag{4-6}$$

式中，常数 $\alpha,\beta>0$，$\boldsymbol{x}(0)$ 为初始值。

令 $\dot{x}_i(i=1,2,\cdots,n)=0$，得式(4-3)的平衡点方程为

$$\begin{cases}a_{11}x_1^{(e)}+a_{12}x_2^{(e)}+\cdots+a_{1n}x_n^{(e)}=0\\ \qquad\vdots\\ a_{i1}x_1^{(e)}+a_{i2}x_2^{(e)}+\cdots+a_{in}x_n^{(e)}=-f_{ij}(\sigma_j x_j^{(e)},\varepsilon_j)\\ \qquad\vdots\\ a_{n1}x_1^{(e)}+a_{n2}x_2^{(e)}+\cdots+a_{nn}x_n^{(e)}=0\end{cases} \tag{4-7}$$

根据式(4-7)，设

$$\begin{cases}\det\boldsymbol{A}=\begin{vmatrix}a_{11}&\cdots&a_{1k}&\cdots&a_{1n}\\ \vdots&&\vdots&&\vdots\\ a_{i1}&\cdots&a_{ik}&\cdots&a_{in}\\ \vdots&&\vdots&&\vdots\\ a_{n1}&\cdots&a_{nk}&\cdots&a_{nn}\end{vmatrix},\quad \det\boldsymbol{A}_k=\begin{vmatrix}a_{11}&\cdots&0&\cdots&a_{1n}\\ \vdots&&\vdots&&\vdots\\ a_{i1}&\cdots&-\varepsilon\sin(\sigma x_j)&\cdots&a_{in}\\ \vdots&&\vdots&&\vdots\\ a_{n1}&\cdots&0&\cdots&a_{nn}\end{vmatrix}\\ \det\boldsymbol{A}_{ik}=(-1)^{i+k}\begin{vmatrix}a_{11}&\cdots&a_{1,k-1}&a_{1,k+1}&\cdots&a_{1n}\\ \vdots&&\vdots&\vdots&&\vdots\\ a_{i-1,1}&\cdots&a_{i-1,k-1}&a_{i-1,k+1}&\cdots&a_{i-1,n}\\ a_{i+1,1}&\cdots&a_{i+1,k-1}&a_{i+1,k+1}&\cdots&a_{i+1,n}\\ \vdots&&\vdots&\vdots&&\vdots\\ a_{n1}&\cdots&a_{n,k-1}&a_{n,k+1}&\cdots&a_{nn}\end{vmatrix},\quad k=1,2,\cdots,n\end{cases} \tag{4-8}$$

得平衡点方程的解为

$$x_k^{(e)}=\frac{\det\boldsymbol{A}_k}{\det\boldsymbol{A}}=-\frac{\det\boldsymbol{A}_{ik}}{\det\boldsymbol{A}}\varepsilon\sin(\sigma x_j^{(e)}),\quad k=1,2,\cdots,n \tag{4-9}$$

根据式(4-9)，得关于平衡点分量 $x_j^{(e)}$ 的方程为

$$Kx_j^{(e)}=\sin(\sigma x_j^{(e)}) \tag{4-10}$$

式中，K 为斜率，其一般形式为

$$K = -\frac{\det \boldsymbol{A}}{\det \boldsymbol{A}_{ij} \cdot \varepsilon} \tag{4-11}$$

根据式(4-10)，可画出平衡点分量 $x_j^{(e)}$ $(e = 0, \pm 1, \pm 2, \cdots)$ 的分布情况如图 4-1 所示，图中 x_j 的上确界 $\sup\limits_{0 \leqslant t < \infty} \| x_j(t) \|$ 由式(4-6)确定。得区间 $\left[-\sup\limits_{0 \leqslant t < \infty} \| x_j(t) \|, \sup\limits_{0 \leqslant t < \infty} \| x_j(t) \| \right]$ 中平衡点的分布数量为

$$E = 2 \times \mathrm{round}\left(\frac{\sigma}{\pi} \cdot \sup_{0 \leqslant t < \infty} \| x_j(t) \| \right) + 1 \tag{4-12}$$

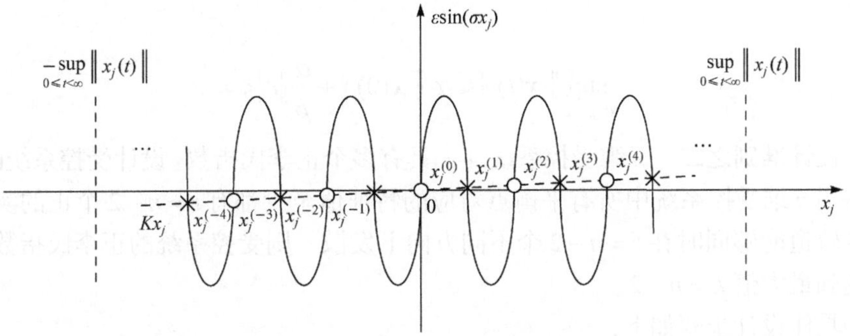

图 4-1　平衡点分量 $x_j^{(e)}$ $(e = 0, \pm 1, \pm 2, \cdots)$ 的分布图

求得 $x_j^{(e)}$ 后，再由式(4-9)可求得其余各个平衡点分量 $x_k^{(e)} (k = 1, 2, \cdots, n; k \neq j)$ 的值，从而计算出平衡点 $P^{(e)}(x_1^{(e)}, x_2^{(e)}, \cdots, x_n^{(e)})$ $(e = 0, \pm 1, \pm 2, \cdots, \pm E/2)$ 中各个分量的坐标值，受控系统中所有平衡点的分布情况也就完全确定了。

根据式(4-3)，得受控系统在各个平衡点 $P^{(e)}(x_1^{(e)}, x_2^{(e)}, \cdots, x_n^{(e)})$ $(e = 0, \pm 1, \pm 2, \cdots, \pm E/2)$ 处对应的雅可比矩阵的一般形式为

$$\boldsymbol{J} = \begin{bmatrix} a_{11} & \cdots & a_{1j} & \cdots & a_{1n} \\ \vdots & & \vdots & & \vdots \\ a_{i1} & \cdots & a_{ij} + \varepsilon\sigma\cos(\sigma x_j) & \cdots & a_{in} \\ \vdots & & \vdots & & \vdots \\ a_{n1} & \cdots & a_{nj} & \cdots & a_{nn} \end{bmatrix}_{x_j = x_j^{(e)}} \tag{4-13}$$

在本节设计中，通常情况下，斜率满足 $|K| \ll 1$，平衡点接近水平分布，使得式(4-13)中的 $\cos(\sigma x_j^{(e)}) \approx \pm 1$ $(e = 0, \pm 1, \pm 2, \cdots, \pm E/2)$，故说明式(4-3)中只存在两类鞍焦平衡点，如图 4-1 所示，图中符号“○”对应第一类鞍焦平衡点，符号“×”则对应第二类平衡点，这两类鞍焦平衡点所对应的雅可比矩阵分别为

$$
\boldsymbol{J}_{1,2}=\begin{bmatrix} a_{11} & \cdots & a_{1j} & \cdots & a_{1n} \\ \vdots & & \vdots & & \vdots \\ a_{i1} & \cdots & a_{ij}\pm\varepsilon\sigma & \cdots & a_{in} \\ \vdots & & \vdots & & \vdots \\ a_{n1} & \cdots & a_{nj} & \cdots & a_{nn} \end{bmatrix} \tag{4-14}
$$

最后，针对式(4-3)提出具体的设计准则和设计步骤。具体设计准则如下：

设计准则之一 n维受控系统(4-3)全局有界。设计标称系统(4-1)，使之成为渐近稳定的线性系统，若非线性反馈控制器(4-4)一致有界，则受控系统全局有界。满足

$$
\sup_{0\leqslant t<\infty}\|\boldsymbol{x}(t)\|\leqslant\alpha\cdot\|\boldsymbol{x}(0)\|+\frac{\alpha}{\beta}\|\varepsilon\|<\infty
$$

设计准则之二 n维受控系统(4-3)具有多个正李氏指数。设计受控系统(4-3)，使得当n维受控系统中所有平衡点对应的特征值至少都有$r=n-2$个正的实部，并且轨道能够同时在$r=n-2$个不同方向上发散，则受控系统的正李氏指数个数能达到最大值$L=n-2$。

具体设计步骤如下：

步骤 1 设计$n(n\geqslant 4)$维标称系统。通过对标称系统(4-2)中各个参数$a_{ij}(i,j=1,2,\cdots,n)$的具体设计，应使得标称系统(4-1)成为渐近稳定的线性系统，原点为稳定焦点，并且该稳定焦点的特征值所对应每个特征向量的方向数应存在着较大的差异。

步骤 2 设计控制器。通过对控制器(4-4)和(4-5)的设计，使得当调节控制参数ε、σ的大小时，控制器应能够对受控系统实施有效的控制，具体表现在根据雅可比矩阵(4-14)计算时，得两类鞍焦平衡点特征值正实部的个数应该满足$r_1=n-1$或$r_2=n-2$。

步骤 3 检查两类鞍焦平衡点正实部的个数是否满足$r_1=n-1$或$r_2=n-2$。如果正实部的个数$r<\min\{r_1,r_2\}$，则应返回步骤 1 和 2 重新进行设计，直到两类鞍焦平衡点特征值正实部的个数能满足$r_1=n-1$或$r_2=n-2$。

步骤 4 检查是否存在简并度。当轨道的发散方向存在简并度d时，需要返回步骤 1～3，重新设计标称系统的各个参数以及非线性反馈控制器(4-4)和(4-5)的形式。通过对步骤 1～3 的多次反复设计，直到简并度$d=0$，最后，受控系统正李氏指数的个数能达到最大值$L=n-2$。

4.3 几个典型的超混沌系统设计实例

本节根据上面总结的有关超混沌系统的 2 个设计准则和 4 个设计步骤，分别给出 4 个典型的超混沌系统的设计实例，在标称系统矩阵 $\boldsymbol{A}$ 和非线性反馈控制器设计合理的条件下，可得到简并度 $d=0$ 的 4 维、5 维、6 维及 7 维超混沌系统，李氏指数的个数达到最大值，分别为 $L=2,3,4,5$ ，从而证实上述设计准则和设计步骤的可行性。

4.3.1 具有 2 个正李氏指数的 4 维超混沌系统

假设具有 2 个正李氏指数的 4 维超混沌系统状态方程的一般形式为

$$\begin{bmatrix} \dot{x}_1 \\ \dot{x}_2 \\ \dot{x}_3 \\ \dot{x}_4 \end{bmatrix} = \begin{bmatrix} a_{11} & a_{12} & a_{13} & a_{14} \\ a_{21} & a_{22} & a_{23} & a_{24} \\ a_{31} & a_{32} & a_{33} & a_{34} \\ a_{41} & a_{42} & a_{43} & a_{44} \end{bmatrix} \begin{bmatrix} x_1 \\ x_2 \\ x_3 \\ x_4 \end{bmatrix} + \begin{bmatrix} f_1(\sigma x_2, \varepsilon) \\ 0 \\ 0 \\ 0 \end{bmatrix} \tag{4-15}$$

选取一致有界的非线性反馈控制器为正弦函数，即

$$f_1(\sigma x_2, \varepsilon) = \varepsilon \sin(\sigma x_2) \tag{4-16}$$

式中，控制参数为 $\varepsilon = 3$ ， $\sigma = 16$ 。

选取标称系统矩阵 $\boldsymbol{A}$ 为

$$\boldsymbol{A} = \begin{bmatrix} a_{11} & a_{12} & a_{13} & a_{14} \\ a_{21} & a_{22} & a_{23} & a_{24} \\ a_{31} & a_{32} & a_{33} & a_{34} \\ a_{41} & a_{42} & a_{43} & a_{44} \end{bmatrix} = \begin{bmatrix} -0.5 & -5 & 4.6 & 1 \\ 5 & -6 & 0.1 & 1 \\ -4.6 & 0.1 & 3.6 & 1 \\ 1 & 2 & -3 & -0.1 \end{bmatrix} \tag{4-17}$$

解得标称系统原点对应的四个特征根分别为 $\lambda_1 = -0.9$ ， $\lambda_2 = -0.1$ ， $\lambda_{3,4} = -1 \pm \mathrm{j}4.7906$ ，可知特征根的实部全部为负，原点为稳定的焦点，故标称系统是渐近稳定的。

受控系统(4-15)对应的雅可比矩阵为

$$\boldsymbol{J} = \begin{bmatrix} -0.5 & -5 + \varepsilon\sigma\cos(\sigma x_2) & 4.6 & 1 \\ 5 & -6 & 0.1 & 1 \\ -4.6 & 0.1 & 3.6 & 1 \\ 1 & 2 & -3 & -0.1 \end{bmatrix} \tag{4-18}$$

得受控系统中两类鞍焦平衡点处对应的雅可比矩阵为

$$
\boldsymbol{J}_{1,2}=\begin{bmatrix} -0.5 & -5\pm\varepsilon\sigma & 4.6 & 1 \\ 5 & -6 & 0.1 & 1 \\ -4.6 & 0.1 & 3.6 & 1 \\ 1 & 2 & -3 & -0.1 \end{bmatrix} \tag{4-19}
$$

进一步得受控系统中两类鞍焦平衡点对应的特征值分别为

$$
\begin{cases} \lambda_1^{(1)}=-17.8324, \quad \lambda_2^{(1)}=10.6387, \quad \lambda_{3,4}^{(1)}=2.0968\pm \mathrm{j}1.2353 \\ \lambda_{1,2}^{(2)}=-2.9573\pm \mathrm{j}16.4467, \quad \lambda_{3,4}^{(2)}=1.4573\pm \mathrm{j}1.3841 \end{cases} \tag{4-20}
$$

可知两类鞍焦平衡点对应特征值正实部的个数分别为$r_1=n-1=3$，$r_2=n-2=2$。上述设计结果能使简并度为零，正李氏指数的最大个数$L=\min\{r_1,r_2\}=2$，受控系统具有两个正李氏指数，超混沌系统吸引子相图如图 4-2 所示，李氏指数谱如图 4-3 所示。

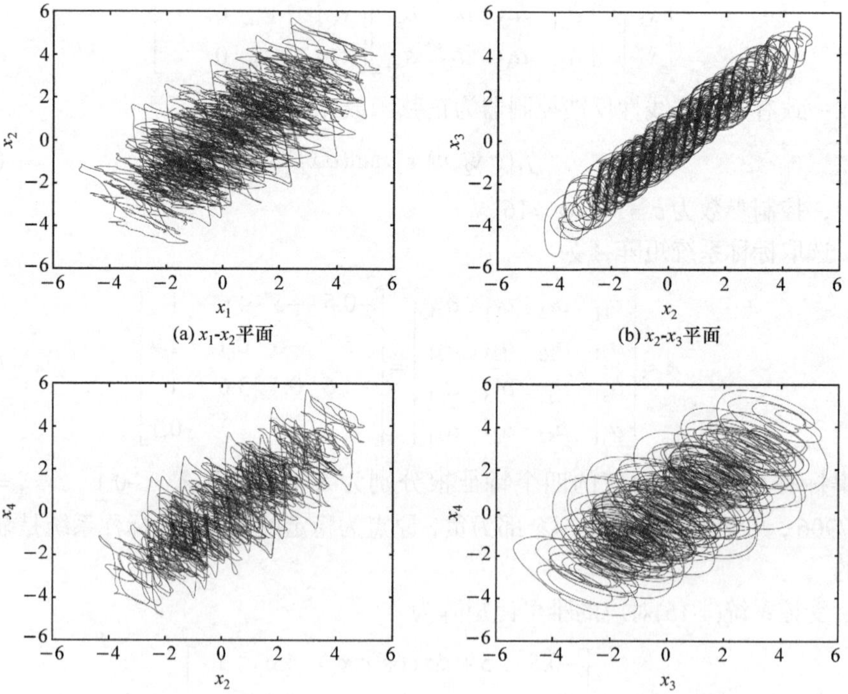

(a) x_1-x_2平面　(b) x_2-x_3平面

(c) x_2-x_4平面　(d) x_3-x_4平面

图 4-2　4 维超混沌系统吸引子相图

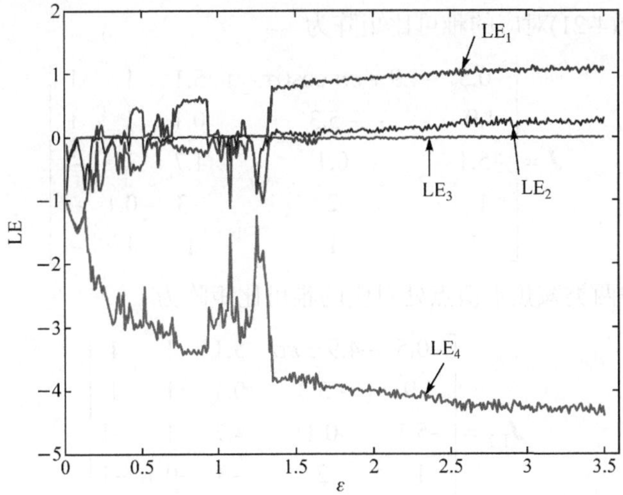

图 4-3　4 维超混沌系统李氏指数谱

4.3.2　具有 3 个正李氏指数的 5 维超混沌系统

假设具有 3 个正李氏指数的 5 维超混沌系统状态方程的一般形式为

$$\begin{bmatrix}\dot{x}_1\\\dot{x}_2\\\dot{x}_3\\\dot{x}_4\\\dot{x}_5\end{bmatrix}=\begin{bmatrix}a_{11}&a_{12}&a_{13}&a_{14}&a_{15}\\a_{21}&a_{22}&a_{23}&a_{24}&a_{25}\\a_{31}&a_{32}&a_{33}&a_{34}&a_{35}\\a_{41}&a_{42}&a_{43}&a_{44}&a_{45}\\a_{51}&a_{52}&a_{53}&a_{54}&a_{55}\end{bmatrix}\begin{bmatrix}x_1\\x_2\\x_3\\x_4\\x_5\end{bmatrix}+\begin{bmatrix}f_1(\sigma x_2,\varepsilon)\\0\\0\\0\\0\end{bmatrix}\tag{4-21}$$

选取一致有界的非线性反馈控制器为正弦函数，即

$$f_1(\sigma x_2,\varepsilon)=\varepsilon\sin(\sigma x_2)\tag{4-22}$$

式中，控制参数为 $\varepsilon=6$，$\sigma=8$。

选取标称系统矩阵 $\boldsymbol{A}$ 为

$$\boldsymbol{A}=\begin{bmatrix}a_{11}&a_{12}&a_{13}&a_{14}&a_{15}\\a_{21}&a_{22}&a_{23}&a_{24}&a_{25}\\a_{31}&a_{32}&a_{33}&a_{34}&a_{35}\\a_{41}&a_{42}&a_{43}&a_{44}&a_{45}\\a_{51}&a_{52}&a_{53}&a_{54}&a_{55}\end{bmatrix}=\begin{bmatrix}-0.5&-4.9&5.1&1&1\\4.9&-5.3&0.1&1&1\\-5.1&0.1&4.7&1&-1\\1&2&-3&-0.1&-1\\-1&1&1&1&-1\end{bmatrix}\tag{4-23}$$

解得标称系统原点对应的 5 个特征根分别为

$$\lambda_1=-0.2709,\quad \lambda_{2,3}=-0.5086\pm \mathrm{j}5.1028,\quad \lambda_{4,5}=-0.4560\pm \mathrm{j}0.8689$$

可知特征根的实部全部为负，原点为稳定的焦点，故标称系统是渐近稳定的。

受控系统(4-21)对应的雅可比矩阵为

$$\boldsymbol{J}=\begin{bmatrix} -0.5 & -4.9+\varepsilon\sigma\cos(\sigma x_2) & 5.1 & 1 & 1 \\ 4.9 & -5.3 & 0.1 & 1 & 1 \\ -5.1 & 0.1 & 4.7 & 1 & -1 \\ 1 & 2 & -3 & -0.1 & -1 \\ -1 & 1 & 1 & 1 & -1 \end{bmatrix} \tag{4-24}$$

得受控系统中两类鞍焦平衡点处对应的雅可比矩阵为

$$\boldsymbol{J}_{1,2}=\begin{bmatrix} -0.5 & -4.9\pm\varepsilon\sigma & 5.1 & 1 & 1 \\ 4.9 & -5.3 & 0.1 & 1 & 1 \\ -5.1 & 0.1 & 4.7 & 1 & -1 \\ 1 & 2 & -3 & -0.1 & -1 \\ -1 & 1 & 1 & 1 & -1 \end{bmatrix} \tag{4-25}$$

进一步得受控系统中两类鞍焦平衡点对应的特征值分别为

$$\begin{cases} \lambda_1^{(1)}=-17.2835, \quad \lambda_2^{(1)}=9.9716, \quad \lambda_3^{(1)}=4.4239 \\ \lambda_{4,5}^{(1)}=0.3440\pm \mathrm{j}0.2628 \\ \lambda_{1,2}^{(2)}=-2.6303\pm \mathrm{j}16.4568, \quad \lambda_3^{(2)}=2.0772 \\ \lambda_4^{(2)}=0.6254, \quad \lambda_5^{(2)}=0.3580 \end{cases} \tag{4-26}$$

可知两类鞍焦平衡点对应特征值正实部的个数分别为$r_1=n-1=4$，$r_2=n-2=3$。上述设计结果能使简并度为零，正李氏指数的最大个数$L=\min\{r_1,r_2\}=3$，受控系统具有 3 个正李氏指数，超混沌系统吸引子相图如图 4-4 所示，李氏指数谱如图 4-5 所示。

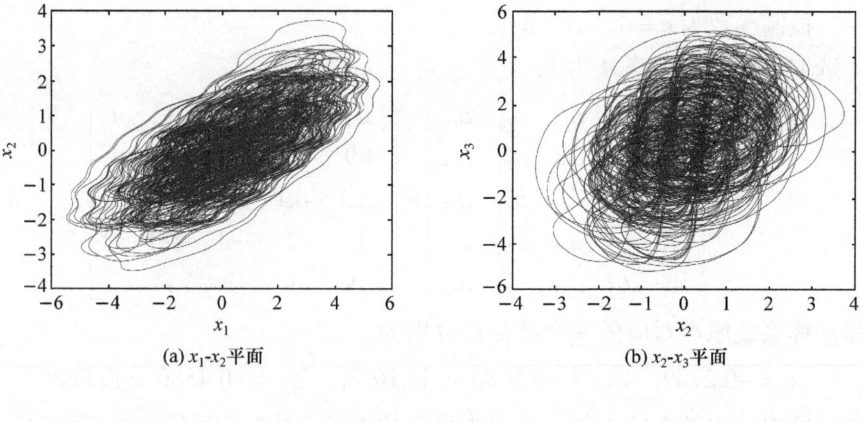

(a) x_1-x_2平面　　(b) x_2-x_3平面

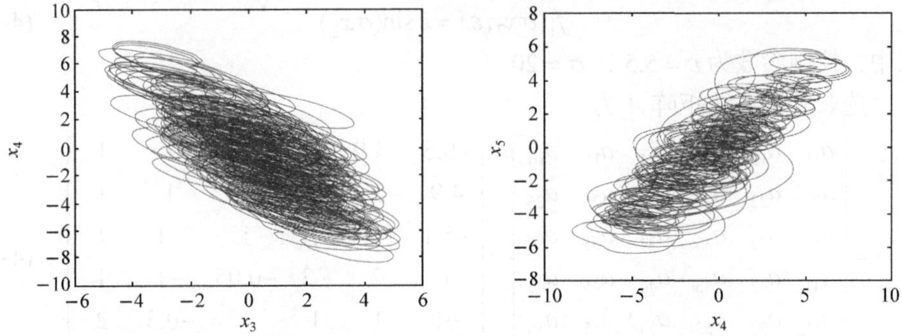

(c) x_3-x_4平面　　(d) x_4-x_5平面

图 4-4　5 维超混沌系统吸引子相图

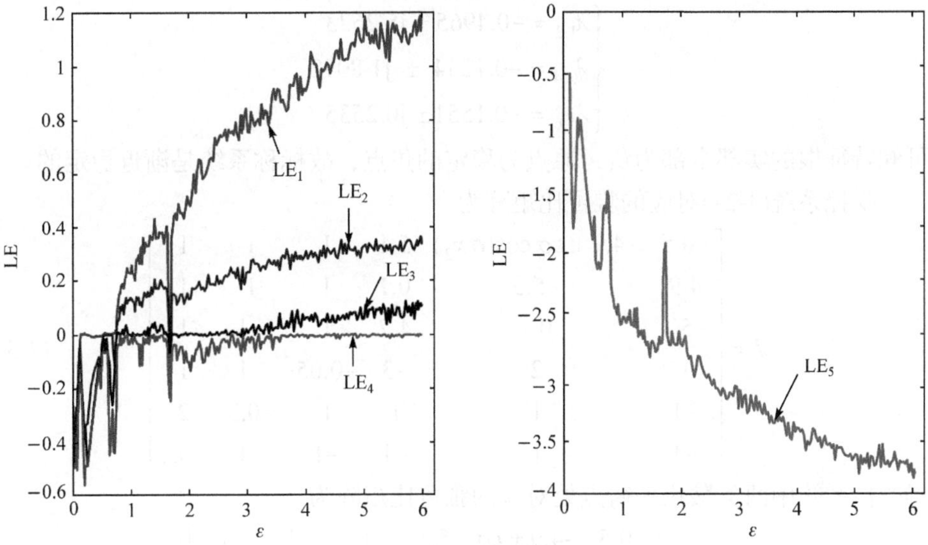

图 4-5　5 维超混沌系统李氏指数谱

4.3.3　具有 4 个正李氏指数的 6 维超混沌系统

假设具有 4 个正李氏指数的 6 维超混沌系统状态方程的一般形式为

$$\begin{bmatrix}\dot{x}_1\\ \dot{x}_2\\ \dot{x}_3\\ \dot{x}_4\\ \dot{x}_5\\ \dot{x}_6\end{bmatrix}=\begin{bmatrix}a_{11} & a_{12} & a_{13} & a_{14} & a_{15} & a_{16}\\ a_{21} & a_{22} & a_{23} & a_{24} & a_{25} & a_{26}\\ a_{31} & a_{32} & a_{33} & a_{34} & a_{35} & a_{36}\\ a_{41} & a_{42} & a_{43} & a_{44} & a_{45} & a_{46}\\ a_{51} & a_{52} & a_{53} & a_{54} & a_{55} & a_{56}\\ a_{61} & a_{62} & a_{63} & a_{64} & a_{65} & a_{66}\end{bmatrix}\begin{bmatrix}x_1\\ x_2\\ x_3\\ x_4\\ x_5\\ x_6\end{bmatrix}+\begin{bmatrix}f_1(\sigma x_2,\varepsilon)\\ 0\\ 0\\ 0\\ 0\\ 0\end{bmatrix} \tag{4-27}$$

选取一致有界的非线性反馈控制器为正弦函数，即

$$f_1(\sigma x_2,\varepsilon)=\varepsilon\sin(\sigma x_2) \tag{4-28}$$

式中，控制参数为$\varepsilon=5.5$，$\sigma=20$。

选取标称系统矩阵$\boldsymbol{A}$为

$$\boldsymbol{A}=\begin{bmatrix} a_{11} & a_{12} & a_{13} & a_{14} & a_{15} & a_{16}\\ a_{21} & a_{22} & a_{23} & a_{24} & a_{25} & a_{26}\\ a_{31} & a_{32} & a_{33} & a_{34} & a_{35} & a_{36}\\ a_{41} & a_{42} & a_{43} & a_{44} & a_{45} & a_{46}\\ a_{51} & a_{52} & a_{53} & a_{54} & a_{55} & a_{56}\\ a_{61} & a_{62} & a_{63} & a_{64} & a_{65} & a_{66} \end{bmatrix}=\begin{bmatrix} -0.5 & -4.9 & 5.1 & 1 & 1 & 1\\ 4.9 & -5.3 & 0.1 & 1 & 1 & 1\\ -5.1 & 0.1 & 4.7 & 1 & -1 & 1\\ 1 & 2 & -3 & -0.05 & -1 & 1\\ -1 & 1 & 1 & 1 & -0.3 & 2\\ -1 & 1 & -1 & -1 & -1 & -0.1 \end{bmatrix} \tag{4-29}$$

解得标称系统原点对应的6个特征根分别为

$$\begin{cases} \lambda_{1,2}=-0.4965\pm \mathrm{j}5.2623\\ \lambda_{3,4}=-0.1234\ \pm\ \mathrm{j}1.8092\\ \lambda_{5,6}=-0.1551\pm \mathrm{j}0.2535 \end{cases}$$

可知特征根的实部全部为负，原点为稳定的焦点，故标称系统是渐近稳定的。

受控系统(4-27)对应的雅可比矩阵为

$$\boldsymbol{J}=\begin{bmatrix} -0.5 & -4.9+\varepsilon\sigma\cos(\sigma x_2) & 5.1 & 1 & 1 & 1\\ 4.9 & -5.3 & 0.1 & 1 & 1 & 1\\ -5.1 & 0.1 & 4.7 & 1 & -1 & 1\\ 1 & 2 & -3 & -0.05 & -1 & 1\\ -1 & 1 & 1 & 1 & -0.3 & 2\\ -1 & 1 & -1 & -1 & -1 & -0.1 \end{bmatrix} \tag{4-30}$$

得受控系统中两类鞍焦平衡点处对应的雅可比矩阵为

$$\boldsymbol{J}_{1,2}=\begin{bmatrix} -0.5 & -4.9\pm\varepsilon\sigma & 5.1 & 1 & 1 & 1\\ 4.9 & -5.3 & 0.1 & 1 & 1 & 1\\ -5.1 & 0.1 & 4.7 & 1 & -1 & 1\\ 1 & 2 & -3 & -0.05 & -1 & 1\\ -1 & 1 & 1 & 1 & -0.3 & 2\\ -1 & 1 & -1 & -1 & -1 & -0.1 \end{bmatrix} \tag{4-31}$$

进一步得受控系统中两类鞍焦平衡点对应的特征值分别为

$$\begin{cases} \lambda_1^{(1)}=-25.5522,\quad \lambda_2^{(1)}=19.0199,\quad \lambda_3^{(1)}=3.0741\\ \lambda_{4,5}^{(1)}=0.7278\pm \mathrm{j}2.1062,\quad \lambda_6^{(1)}=0.4524\\ \lambda_{1,2}^{(2)}=-2.8936\pm \mathrm{j}24.0179,\quad \lambda_3^{(2)}=2.3802\\ \lambda_{4,5}^{(2)}=0.6940\pm \mathrm{j}2.1634,\quad \lambda_6^{(2)}=0.4691 \end{cases} \tag{4-32}$$

可知两类鞍焦平衡点对应特征值正实部的个数分别为 $r_1 = n-1 = 5$，$r_2 = n-2 = 4$。上述设计结果能使简并度为零，正李氏指数的最大个数 $L = \min\{r_1, r_2\} = 4$，受控系统具有 4 个正李氏指数，超混沌系统吸引子相图如图 4-6 所示，李氏指数谱如图 4-7 所示。

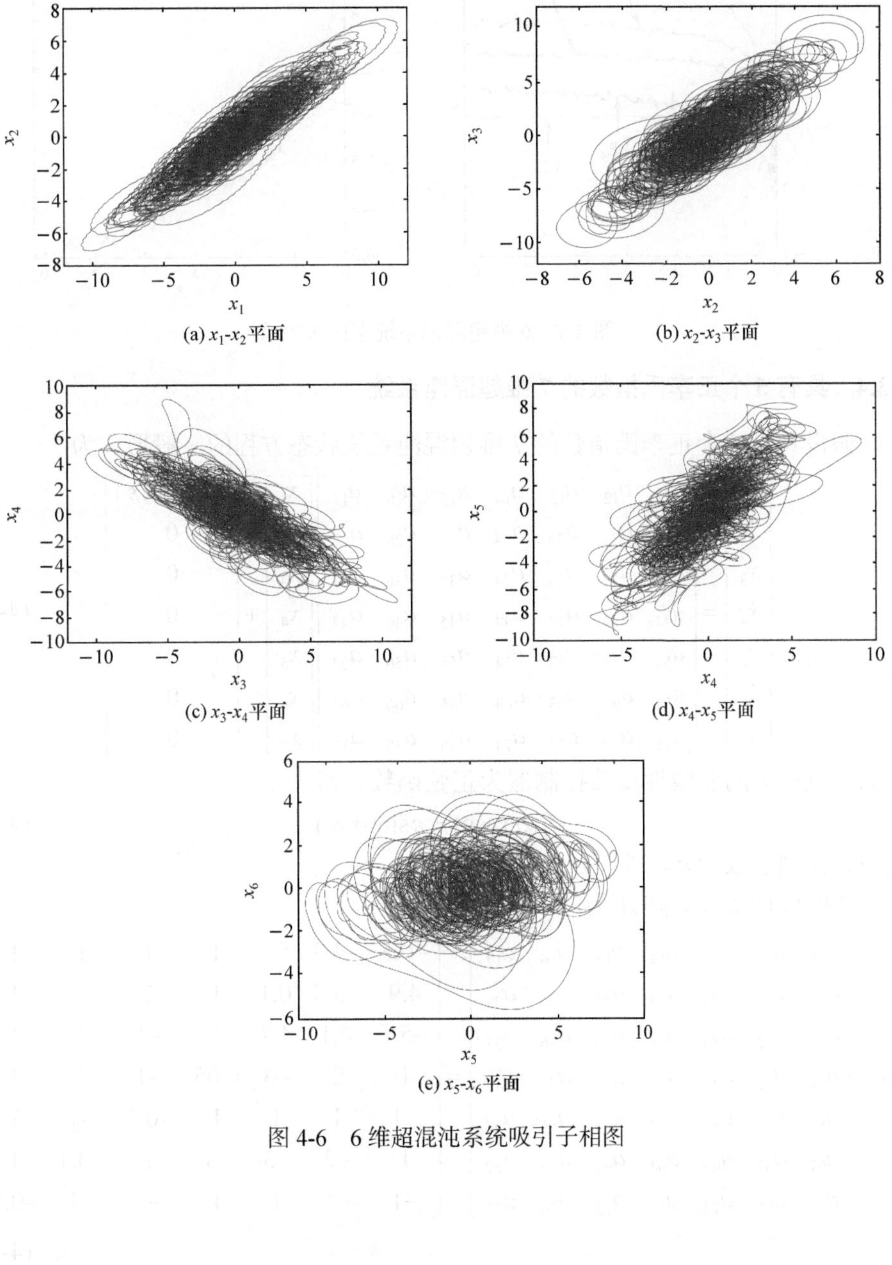

(a) x_1-x_2 平面　(b) x_2-x_3 平面　(c) x_3-x_4 平面　(d) x_4-x_5 平面　(e) x_5-x_6 平面

图 4-6　6 维超混沌系统吸引子相图

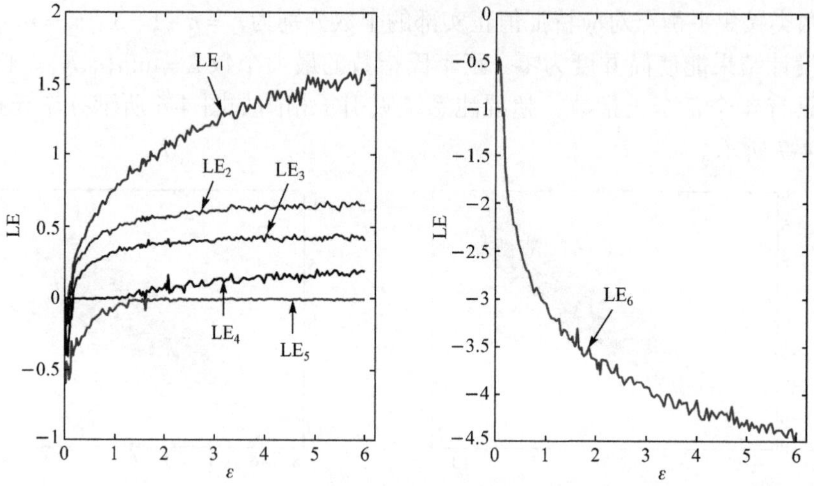

图 4-7　6 维超混沌系统李氏指数谱

4.3.4　具有 5 个正李氏指数的 7 维超混沌系统

假设具有 5 个正李氏指数的 7 维超混沌系统状态方程的一般形式为

$$\begin{bmatrix} \dot{x}_1 \\ \dot{x}_2 \\ \dot{x}_3 \\ \dot{x}_4 \\ \dot{x}_5 \\ \dot{x}_6 \\ \dot{x}_7 \end{bmatrix} = \begin{bmatrix} a_{11} & a_{12} & a_{13} & a_{14} & a_{15} & a_{16} & a_{17} \\ a_{21} & a_{22} & a_{23} & a_{24} & a_{25} & a_{26} & a_{27} \\ a_{31} & a_{32} & a_{33} & a_{34} & a_{35} & a_{36} & a_{37} \\ a_{41} & a_{42} & a_{43} & a_{44} & a_{45} & a_{46} & a_{47} \\ a_{51} & a_{52} & a_{53} & a_{54} & a_{55} & a_{56} & a_{57} \\ a_{61} & a_{62} & a_{63} & a_{64} & a_{65} & a_{66} & a_{67} \\ a_{71} & a_{72} & a_{73} & a_{74} & a_{75} & a_{76} & a_{77} \end{bmatrix} \begin{bmatrix} x_1 \\ x_2 \\ x_3 \\ x_4 \\ x_5 \\ x_6 \\ x_7 \end{bmatrix} + \begin{bmatrix} f_1(\sigma x_7, \varepsilon) \\ 0 \\ 0 \\ 0 \\ 0 \\ 0 \\ 0 \end{bmatrix} \tag{4-33}$$

选取一致有界的非线性反馈控制器为正弦函数，即

$$f_1(\sigma x_7, \varepsilon) = \varepsilon \sin(\sigma x_7) \tag{4-34}$$

式中，控制参数为 $\varepsilon = 35$ ，$\sigma = 5\varepsilon$ 。

选取标称系统矩阵 $\boldsymbol{A}$ 为

$$\boldsymbol{A} = \begin{bmatrix} a_{11} & a_{12} & a_{13} & a_{14} & a_{15} & a_{16} & a_{17} \\ a_{21} & a_{22} & a_{23} & a_{24} & a_{25} & a_{26} & a_{27} \\ a_{31} & a_{32} & a_{33} & a_{34} & a_{35} & a_{36} & a_{37} \\ a_{41} & a_{42} & a_{43} & a_{44} & a_{45} & a_{46} & a_{47} \\ a_{51} & a_{52} & a_{53} & a_{54} & a_{55} & a_{56} & a_{57} \\ a_{61} & a_{62} & a_{63} & a_{64} & a_{65} & a_{66} & a_{67} \\ a_{71} & a_{72} & a_{73} & a_{74} & a_{75} & a_{76} & a_{77} \end{bmatrix} = \begin{bmatrix} -0.5 & -4.9 & 5.1 & 1 & 1 & 1 & 1 \\ 4.9 & -5.3 & 0.1 & 1 & 1 & 1 & 1 \\ -5.1 & 0.1 & 4.7 & 1 & -1 & 1 & 1 \\ 1 & 2 & -3 & 0.05 & -1 & 1 & 1 \\ -1 & 1 & 1 & 1 & -0.5 & -1 & 1 \\ 1 & -2 & -3 & -1 & 1 & -0.1 & 1 \\ -1 & -1 & 1 & 1 & -1 & -1 & -0.5 \end{bmatrix} \tag{4-35}$$

解得标称系统原点对应的 7 个特征根分别为

$$\begin{cases}\lambda_{1,2}=-0.4276\pm \mathrm{j}5.0283, & \lambda_{3,4}=-0.0355\pm \mathrm{j}2.8940\\ \lambda_5=-0.2977, & \lambda_{6,7}=-0.4630\pm \mathrm{j}1.1500\end{cases}$$

可知特征根的实部全部为负，原点为稳定的焦点，故标称系统是渐近稳定的。

受控系统(4-33)对应的雅可比矩阵为

$$\boldsymbol{J}=\begin{bmatrix}-0.5 & -4.9 & 5.1 & 1 & 1 & 1 & 1+\varepsilon\sigma\cos(\sigma x_7)\\ 4.9 & -5.3 & 0.1 & 1 & 1 & 1 & 1\\ -5.1 & 0.1 & 4.7 & 1 & -1 & 1 & 1\\ 1 & 2 & -3 & 0.05 & -1 & 1 & 1\\ -1 & 1 & 1 & 1 & -0.5 & -1 & 1\\ 1 & -2 & -3 & -1 & 1 & -0.1 & 1\\ -1 & -1 & 1 & 1 & -1 & -1 & -0.5\end{bmatrix} \tag{4-36}$$

得受控系统中两类鞍焦平衡点处对应的雅可比矩阵为

$$\boldsymbol{J}_{1,2}=\begin{bmatrix}-0.5 & -4.9 & 5.1 & 1 & 1 & 1 & 1\pm\varepsilon\sigma\\ 4.9 & -5.3 & 0.1 & 1 & 1 & 1 & 1\\ -5.1 & 0.1 & 4.7 & 1 & -1 & 1 & 1\\ 1 & 2 & -3 & 0.05 & -1 & 1 & 1\\ -1 & 1 & 1 & 1 & -0.5 & -1 & 1\\ 1 & -2 & -3 & -1 & 1 & -0.1 & 1\\ -1 & -1 & 1 & 1 & -1 & -1 & -0.5\end{bmatrix} \tag{4-37}$$

进一步得受控系统中两类鞍焦平衡点对应的特征值分别为

$$\begin{cases}\lambda_{1,2}^{(1)}=3.8554\pm \mathrm{j}79.0926\\ \lambda_3^{(1)}=-13.2686\\ \lambda_{4,5}^{(1)}=0.1614\pm \mathrm{j}3.0536\\ \lambda_6^{(1)}=1.8943, \quad \lambda_7^{(1)}=1.1907\\ \lambda_1^{(2)}=81.5189, \quad \lambda_2^{(2)}=-73.1839\\ \lambda_3^{(2)}=-13.9018\\ \lambda_{4,5}^{(2)}=0.1615\pm \mathrm{j}3.0538\\ \lambda_6^{(2)}=1.9079, \quad \lambda_7^{(2)}=1.1858\end{cases} \tag{4-38}$$

可知两类鞍焦平衡点对应特征值正实部的个数分别为 $r_1 = n-1 = 6$ ，$r_2 = n-2 = 5$ 。上述设计结果能使简并度为零，正李氏指数的最大个数 $L = \min\{r_1, r_2\} = 5$ ，受控系统具有 5 个正李氏指数，超混沌系统吸引子相图如图 4-8 所示，李氏指数谱如图 4-9 所示。

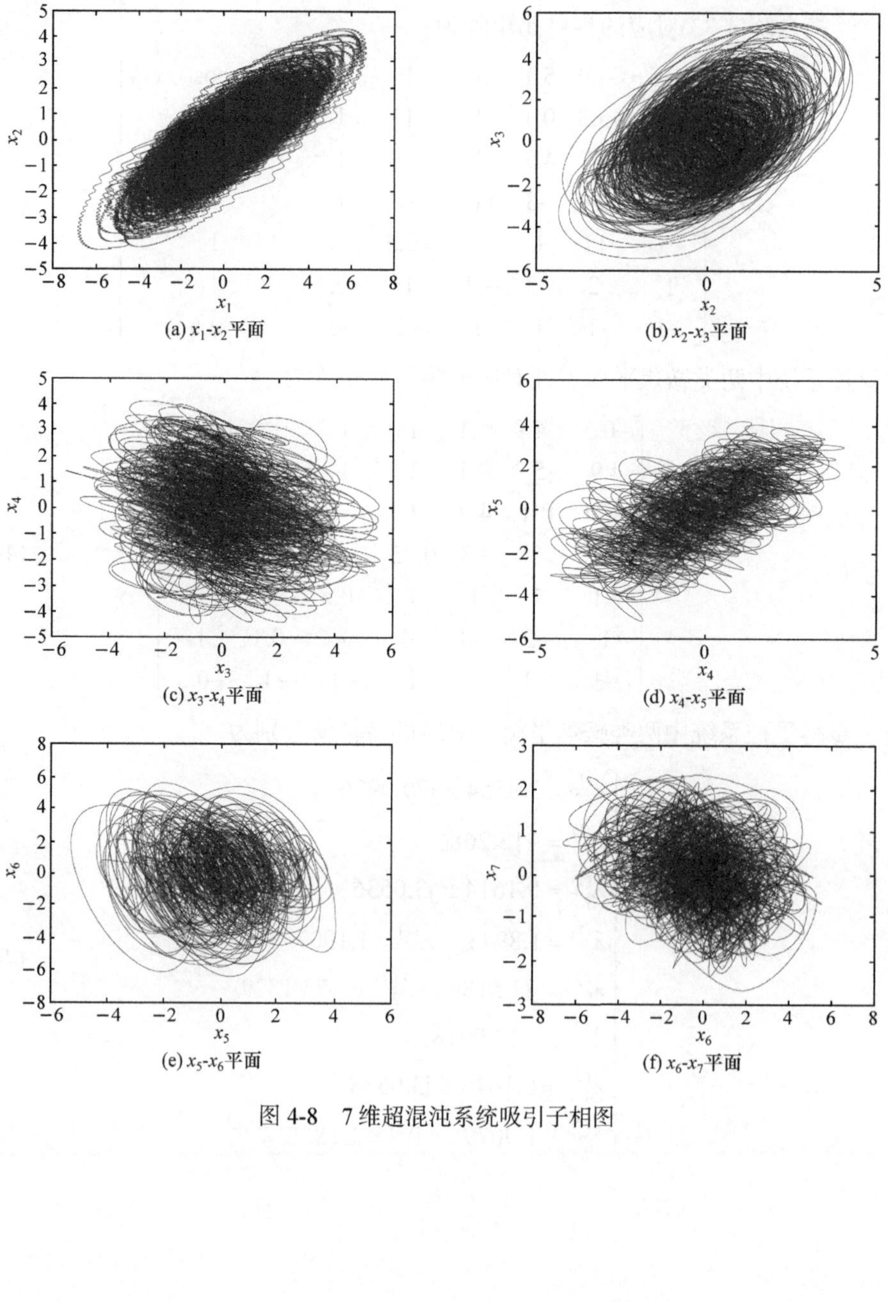

(a) x_1-x_2平面　(b) x_2-x_3平面

(c) x_3-x_4平面　(d) x_4-x_5平面

(e) x_5-x_6平面　(f) x_6-x_7平面

图 4-8　7 维超混沌系统吸引子相图

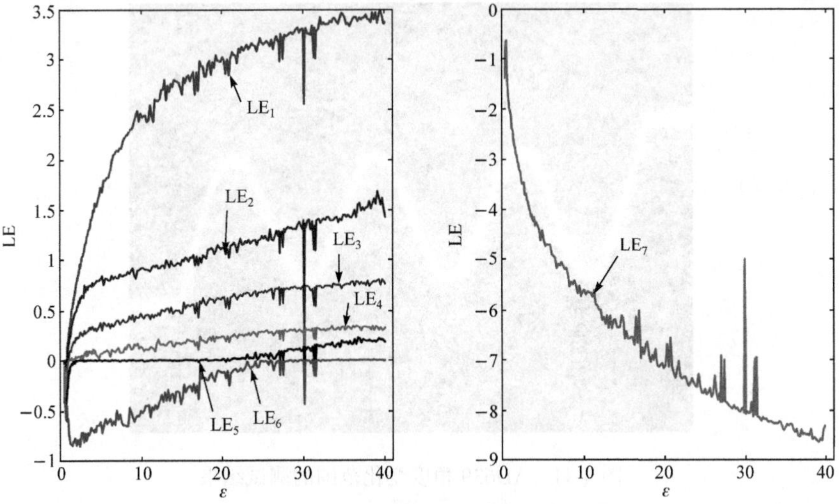

图 4-9　7 维超混沌系统李氏指数谱

4.4　超混沌系统的电路设计与实现

本节以 6 维超混沌系统为例，根据式(4-27)～式(4-29)设计超混沌系统电路，如图 4-10 所示。正弦函数是这个系统中唯一的非线性函数，可选用三角函数生成器 AD639 实现。但就 AD639 本身而言，只能显示 ±500° 的范围，测试结果如图 4-11 所示。

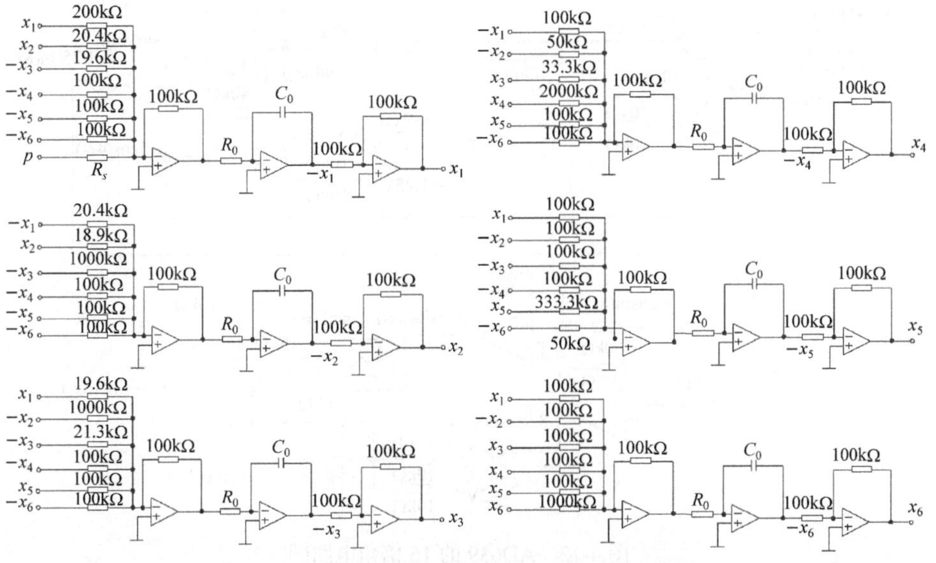

图 4-10　6 维离散时间超混沌系统电路设计图

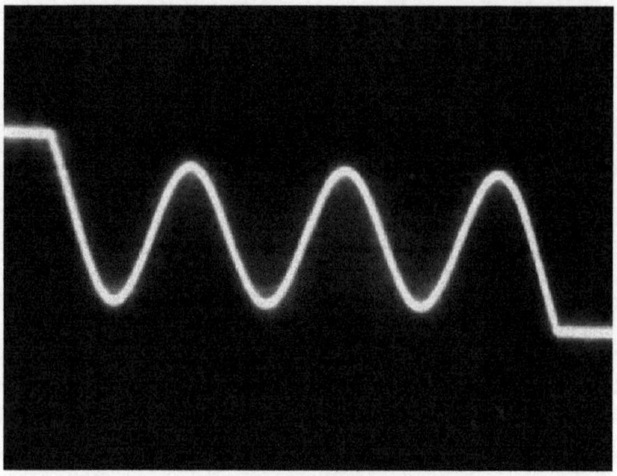

图 4-11　AD639 角度变化范围的测试结果

而对于 6 维超混沌系统，已知正弦函数参数 $\varepsilon = 5.5$ ，$\sigma = 20$ ，周期为 $T = 2\pi / \sigma = 0.3142$ ，再根据图 4-6(b)，可选取变量 x_2 的上确界 $\sup\{x_2\} = 8$ ，作为一种最大估计，在变量 x_2 变化范围 $[-\sup\{x_2\},\ \sup\{x_2\}]$ 内需要的最大周期数为 $2\times\sup\{x_2\} = 16 / T \approx 51$ 个，其中每个周期为 $360°$ 。如果直接使用 AD639，则周期数量远远不够。为解决这个问题，必须对 AD639 进行倍角处理。为此，本节利用 2 倍角公式 $\sin(2x) = 2\sin x\cos x$ ，设计了如图 4-12 所示的 16 倍角正弦电路，图中用到了 2 个 AD639，其中的一路选择正弦函数模式，另一路则选择余弦函数模式，

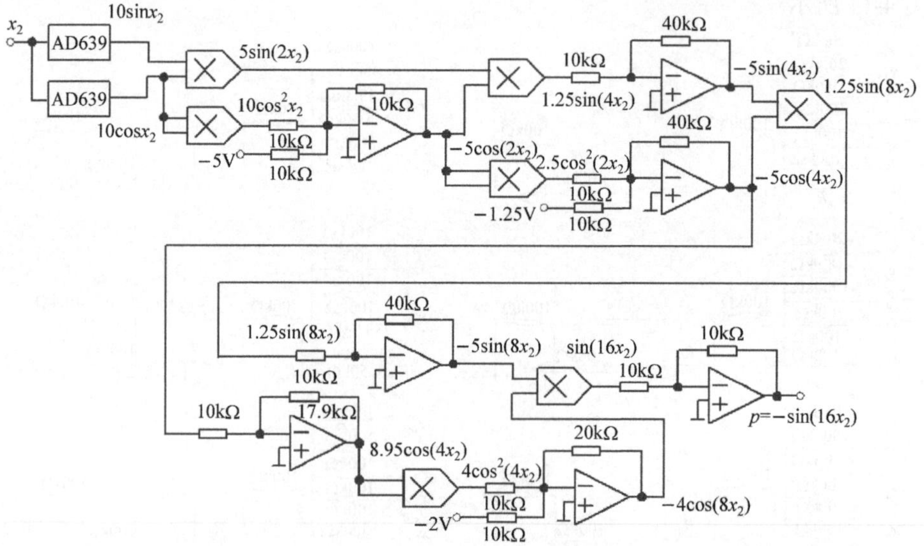

图 4-12　AD639 的 16 倍角电路图

得 16 倍角后正弦函数的周期数量为 53，大于实验所需周期数的最大估计值 51 个，测试结果如图 4-13 所示。另外，注意到乘法器 AD639 的电压增益为 0.1，主电路中积分常数为 $1/(R_0C_0)$，它决定了混沌信号的频谱范围，实验时取 $R_0=100\text{k}\Omega$，$C_0=10\text{nF}$，可满足电路实验的要求。

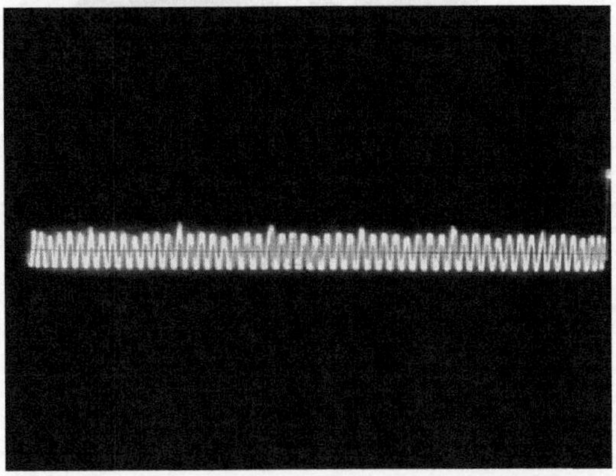

图 4-13　AD639 经 16 倍角后角度变化范围的测试结果

根据图 4-10 所示的电路，调节 R_s 可以改变参数 ε 的值。实验中，当 $R_s=14.5\text{k}\Omega$ 时，对应 $\varepsilon=5.5$，观察到的超混沌系统吸引子电路实验结果如图 4-14 所示。可见电路实验与数值模拟结果是吻合的。

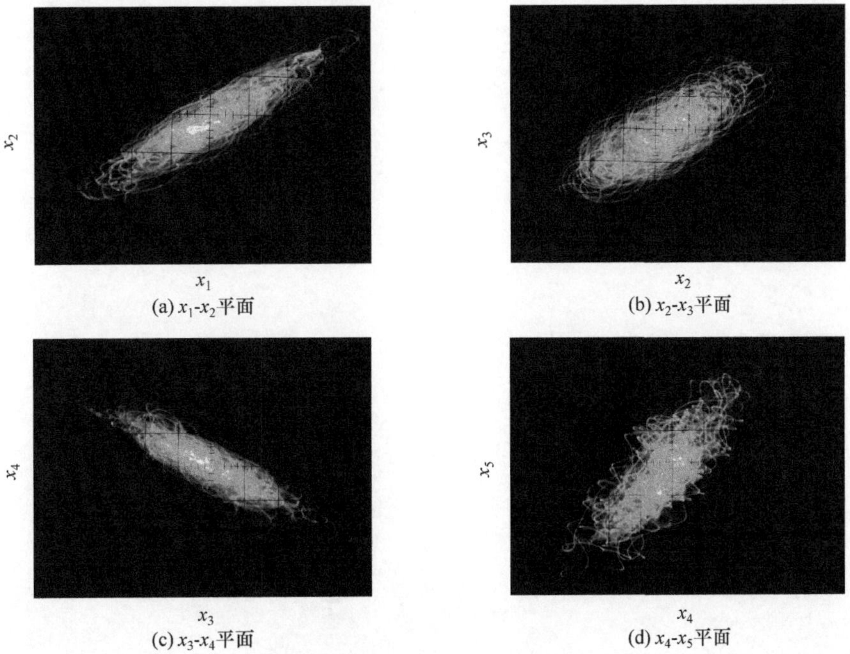

(a) x_1-x_2 平面　(b) x_2-x_3 平面

(c) x_3-x_4 平面　(d) x_4-x_5 平面

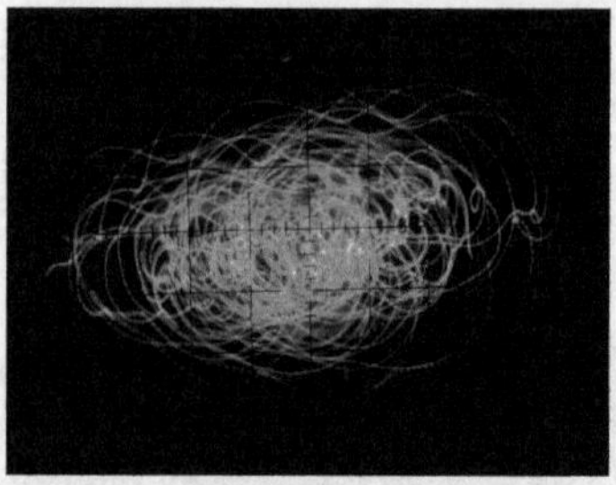

(e) x_5-x_6平面

图 4-14　6 维超混沌系统吸引子的电路实验结果

第 5 章 耗散系统与保守系统中的无简并高维连续时间超混沌系统

无简并高维超混沌系统具体是指正李氏指数的个数能达到可能的最大个数的一类高维超混沌系统。本章介绍耗散系统与保守系统中无简并高维连续时间超混沌系统的设计方法。内容包括采用分块对角矩阵形式设计高维标称矩阵的一般准则、高维耗散超混沌系统和保守超混沌系统的设计方法、基于单参数控制的耗散系统与保守系统的统一模型、若干设计实例[32,33]。

5.1 问题的提出

在一般情况下，混沌系统与超混沌系统的构造方法千差万别，不存在一个统一的模式，说明了混沌的复杂性和多样性。但这并不等于说超混沌的生成方法就毫无规律可循。事实上，人们只需通过考察某些具有 Shilnikov 意义下的混沌系统与超混沌系统，就有可能从中发现一些规律。例如，在平衡点为鞍点或鞍焦点的条件下，某些系统平衡点对应的特征值正实部个数 r 与正李氏指数个数 L 存在一种确定的对应关系。具体而言，假设这些系统有 $N\ (N=1,2,\cdots)$ 个平衡点，并设每个平衡点对应的特征值的正实部个数分别为 $r_1, r_2, \cdots, r_N$。结果表明，正李氏指数的个数满足 $L=\min\{r_1, r_2, \cdots, r_N\}$。为了说明这个问题的重要性，下面以 Chua 系统、Lorenz 系统和 Chen 系统为例，得特征值正实部个数 r 与正李氏指数个数 L 的对应关系如表 5-1 所示。

表 5-1 Chua 系统、Lorenz 系统和 Chen 系统的特征值正实部个数 r 与正李氏指数个数 L 的对应关系

系统	状态方程	平衡点	特征值	r	L
Chua	$\begin{cases}\dot{x}=10(y-f(x))\\ \dot{y}=x-y+z\\ \dot{z}=-15y\\ f(x)=(2/7)x\\ -(3/14)(\lvert x+1\rvert-\lvert x-1\rvert)\end{cases}$	$(0,0,0)$ $(\pm1.5,0,\mp1.5)$	$2.48,\ -1.02\pm \mathrm{j}2.76$ $-4.33,\ 0.24\pm \mathrm{j}3.14$	$r_1=1$ $r_2=2$	$L=\min\{r_1,r_2\}=1$

续表

系统	状态方程	平衡点	特征值	r	L
Hyper-Chua	$\begin{cases}\dot{x}_1=9.5(x_2-f(x_1))\\ \dot{x}_2=x_1-x_2+x_3+x_4\\ \dot{x}_3=-16x_2+x_4\\ \dot{x}_4=-0.1x_1+0.6x_2+0.03x_4\\ f(x_1)=-(1/7)x_1+(2/7)(x_1)^3\end{cases}$	(0,0,0,0) (±0.91, ±0.08, ∓2.17, ±1.34)	2.3, 0.12, −0.99 ± j2.83 −6.6, 0.06, 0.09 ± j3.56	$r_1=2$ $r_2=3$	$L=\min\{r_1,r_2\}=2$
Lorenz	$\begin{cases}\dot{x}=10(y-x)\\ \dot{y}=28x-y-xz\\ \dot{z}=-(8/3)z+xy\end{cases}$	(0,0,0) $(\pm6\sqrt{2},\pm6\sqrt{2},27)$	−22.83, −2.67, 11.83 −13.85, 0.09 ± j10.19	$r_1=1$ $r_2=2$	$L=\min\{r_1,r_2\}=1$
Hyper-Lorenz-1	$\begin{cases}\dot{x}=10(y-x)\\ \dot{y}=28x-y-xz+u\\ \dot{z}=xy-(8/3)z\\ \dot{u}=-5x\end{cases}$	(0,0,0,0)	−22.89, −2.67 0.19, 11.70	$r=2$	$L=\min\{r\}=2$
Hyper-Lorenz-2	$\begin{cases}\dot{x}=10(y-x)+u\\ \dot{y}=28x-y-xz-v\\ \dot{z}=xy-(8/3)z\\ \dot{u}=-xz+2u\\ \dot{v}=10y\end{cases}$	(0,0,0,0,0)	−22.67, −2.67 0.39, 2.0, 11.27	$r=3$	$L=\min\{r\}=3$
Chen	$\begin{cases}\dot{x}=35(y-x)\\ \dot{y}=-7x+28y-xz\\ \dot{z}=-3z+xy\end{cases}$	(0,0,0) $(\pm3\sqrt{7},\pm3\sqrt{7},21)$	−30.84, −3.0, 23.84 −18.43, 4.21 ± j14.88	$r_1=1$ $r_2=2$	$L=\min\{r_1,r_2\}=1$
Hyper-Chen	$\begin{cases}\dot{x}=35(y-x)+u\\ \dot{y}=7x+12y-xz\\ \dot{z}=xy-3z\\ \dot{u}=yz+0.58u\end{cases}$	(0,0,0,0)	−39.74, −3.0 16.74, 0.58	$r=2$	$L=\min\{r\}=2$

在满足轨道全局有界的条件下，对于具有 Shilnikov 意义下的自治超混沌系统，零指数和负指数的配置不成问题，关键在于如何配置所需的多个正李氏指数。这个问题一直未能获得较好的解决。而表 5-1 给出的结果说明，就某些系统而言，特征值正实部的个数越多，有可能生成的正李氏指数越多。从混沌机理的层面来看，正李氏指数的个数与系统动力学行为同时在多个不同的方向上发散的情况密切相关。在不发生简并的情况下，当受控系统中所有平衡点对应的特征值至少都有一个正的实部时，就有可能使系统的动力学行为在一个方向上发散，因而正李氏指数的个数为 $L=1$。特别是，当受控系统中所有平衡点对应的特征值至少都有 $r(r\geqslant 2)$ 个正实部时，就有可能使得系统的动力学行为同时在 r 个不同的方向上发散，因而正李氏指数的个数 $L=r$。由此可见，受控系统中正李氏指数的个数与所

有平衡点对应特征值正实部的最少个数存在某种必然联系，通过这种联系，就有可能将多个正李氏指数配置问题转化为对平衡点特征值正实部个数的设计问题加以解决。

为了解决上述问题，本章基于混沌反控制原理，介绍耗散系统与保守系统中无简并高维超混沌系统的通用设计方法。首先，采用分块对角矩阵的形式设计标称系统矩阵 $\boldsymbol{A}$，设计一致有界的反馈控制器使得受控系统的轨道全局有界。为了保证控制器能对受控系统实施有效的控制，首先对分块对角矩阵 $\boldsymbol{A}$ 作相似变换，然后通过控制器对受控系统进行闭环极点配置。由于原来的标称系统是渐近稳定的，所以所有的特征值都位于复数域的左半平面上。经过极点配置后，可将其中的一部分特征值配置到复数域的右半平面上，使受控系统具备发散机制，位于右半平面的特征值个数越多，正李氏指数的个数也就越多。该方法的主要特点是，通过闭环极点配置，使得对应受控系统的特征值正实部的个数可达到 $n-1$ 或 $n-2$，在不发生简并的情况下，受控系统具有的正李指数的个数满足 $L=\min\{n-1,n-2\}=n-2$，从而达到 n 维自治超混沌系统所具有的正李氏指数的最大个数。此外，本章设计的系统属于单参数控制的 n 维耗散与保守超混沌系统的统一模型。在单参数的控制下，能在同一个模型中分别生成 n 维耗散超混沌系统和 n 维保守超混沌系统。在本章最后，给出了若干典型的实例，证实了该方法的可行性。

5.2　n 维标称系统的设计

设未受控 $n\,(n\geqslant 4)$ 维连续时间线性系统(即标称系统)的一般形式为

$$\dot{\boldsymbol{x}}=\boldsymbol{A}\boldsymbol{x} \tag{5-1}$$

式中，$\boldsymbol{x}=[x_1,x_2,\cdots,x_n]^{\mathrm{T}}$ 和 $\dot{\boldsymbol{x}}=[\dot{x}_1,\dot{x}_2,\cdots,\dot{x}_n]^{\mathrm{T}}$ 为 n 维列向量；$\boldsymbol{A}$ 为非奇异矩阵，其一般形式为

$$\boldsymbol{A}=\begin{bmatrix} a_{11} & a_{12} & \cdots & a_{1n} \\ a_{21} & a_{22} & \cdots & a_{2n} \\ \vdots & \vdots & & \vdots \\ a_{n1} & a_{n2} & \cdots & a_{nn} \end{bmatrix} \tag{5-2}$$

式中，$a_{ij}\,(i,j=1,2,\cdots,n)$ 为常数。

设 $\boldsymbol{A}$ 具有分块对角矩阵的一般形式，下面分两种情况来进行分析。

(1) 当维数 n 为偶数时，令 $m=n/2$，得 $\boldsymbol{A}$ 的一般形式为

$$A=\begin{bmatrix} A_1 & 0 & 0 & \cdots & 0 \\ 0 & A_2 & 0 & \cdots & 0 \\ \vdots & \ddots & \ddots & \ddots & \vdots \\ 0 & 0 & \cdots & A_{m-1} & 0 \\ 0 & 0 & \cdots & 0 & A_m \end{bmatrix} \tag{5-3}$$

式中，A_m 为 2×2 的矩阵分块，其一般形式为

$$A_m=\begin{bmatrix} \gamma & \omega_{m1} \\ \omega_{m2} & \gamma \end{bmatrix} \tag{5-4}$$

根据式(5-3)和式(5-4)，设 $\omega_{m1}\cdot\omega_{m2}<0$，得 A 在原点处的特征值 λ 为

$$\lambda_{2m-1,2m}=\gamma\pm \mathrm{j}\sqrt{|\omega_{m1}\cdot\omega_{m2}|} \tag{5-5}$$

式中，$m=1,2,\cdots,n/2$。

若满足 $\omega_{i1}\cdot\omega_{i2}\neq\omega_{j1}\cdot\omega_{j2}\ (i,j=1,2,\cdots,n/2;i\neq j)$，则可保证 A 的 n 个特征值互不相等。当 $\gamma<0$ 时，特征值都位于特征平面的左半平面，系统是渐近稳定的。

(2) 当维数 n 为奇数时，令 $m=(n-1)/2$，得 A 的一般形式为

$$A=\begin{bmatrix} A_1 & 0 & 0 & \cdots & 0 & 0 \\ 0 & A_2 & 0 & \cdots & 0 & 0 \\ \vdots & \ddots & \ddots & \ddots & \vdots & \vdots \\ 0 & 0 & 0 & A_{m-1} & \cdots & 0 \\ 0 & 0 & 0 & \cdots & A_m & 0 \\ -1 & -1 & -1 & \cdots & -1 & \gamma \end{bmatrix} \tag{5-6}$$

式中，A_m 为 2×2 的矩阵分块，其一般形式仍如式(5-4)所示。

同理，设 $\omega_{m1}\cdot\omega_{m2}<0$，得 A 在原点处的特征值 λ 为

$$\begin{cases} \lambda_{2m-1,2m}=\gamma\pm \mathrm{j}\sqrt{|\omega_{m1}\cdot\omega_{m2}|} \\ \lambda_n=\gamma \end{cases} \tag{5-7}$$

式中，$m=(n-1)/2$。

同理，若满足 $\omega_{i1}\cdot\omega_{i2}\neq\omega_{j1}\cdot\omega_{j2}\ (i,j=1,2,\cdots,n/2;i\neq j)$，则可保证 A 的 n 个特征值互不相等。当 $\gamma<0$ 时，特征值都位于特征平面的左半平面，系统是渐近稳定的。

根据式(5-6)和式(5-7)，可知当维数 n 为偶数时，A 的特征值为 $n/2$ 对共轭复根 $\gamma\pm \mathrm{j}\sqrt{|\omega_{m1}\cdot\omega_{m2}|}$。当维数 n 为奇数时，A 的特征值为 $(n-1)/2$ 对共轭复根 $\gamma\pm \mathrm{j}\sqrt{|\omega_{m1}\cdot\omega_{m2}|}$ 和一个实根 γ。并且当 $\gamma<0$ 时，标称系统(5-1)是渐近稳定的。

需要指出的是，矩阵 $\boldsymbol{A}$ 的构造有多种途径。分析结果表明，上述采用的构造矩阵 $\boldsymbol{A}$ 的方法，其目的在于通过对 $\boldsymbol{A}$ 作相似变换，再用控制器对受控系统进行闭环极点配置，能够使得对应受控系统的特征值正实部的个数达到 $n-1$ 或 $n-2$，在不发生简并的情况下，受控系统具有的正李氏指数的最大个数满足 $L=\min\{n-1, n-2\}=n-2$。由于自治超混沌系统至少应该有一个零和一个负的李氏指数，所以，对于任何一个 n 维超混沌系统，正李氏指数的个数最多只能达到 $L=n-2$。

5.3　n 维耗散与保守超混沌系统的设计

5.3.1　n 维受控系统的设计

本节在标称系统的基础上，设计一个非线性反馈控制器 $\boldsymbol{f}(\boldsymbol{\sigma x},\varepsilon)$，使得 $n\,(n\geqslant 4)$ 维受控系统产生超混沌行为。

受控系统产生超混沌行为的基本原理是：首先，通过设计某个一致有界的非线性反馈控制器 $\boldsymbol{f}(\boldsymbol{\sigma x},\varepsilon)$，保证受控系统的解全局有界；其次，通过反馈控制器对受控系统进行闭环极点配置。由于原来的标称系统是渐近稳定的，所以所有特征值都位于复数域的左半平面上。经过极点配置后，将其中的一部分特征值配置到复数域的右半平面上，使得受控系统具备发散机制，位于右半平面的特征值数量越多，对应的正李氏指数的个数可能就越多。

注意到反馈控制器 $\boldsymbol{f}(\boldsymbol{\sigma x},\varepsilon)$ 不能直接对标称系统(5-1)实施有效的控制。主要原因是矩阵 $\boldsymbol{A}$ 中除对角线上的分块矩阵 $\boldsymbol{A}_m$ (包括元素 γ)外，其余均为 0(包括 -1)元素。为了说明这个问题，先考察 $\boldsymbol{A}$ 的特征方程，其一般形式为

$$|\lambda\boldsymbol{E}-\boldsymbol{A}|=\begin{bmatrix}\lambda-a_{11} & -a_{12} & \cdots & -a_{1n}\\ -a_{21} & \lambda-a_{22} & \cdots & -a_{2n}\\ \vdots & \vdots & \ddots & \vdots\\ -a_{n1} & -a_{n2} & \cdots & \lambda-a_{nn}\end{bmatrix}=0 \tag{5-8}$$

得特征多项式方程的一般形式为

$$\lambda^n+c_{n-1}\lambda^{n-1}+\cdots+c_1\lambda+c_0=0 \tag{5-9}$$

式中，$c_{n-1},\cdots,c_1,c_0$ 为方程的系数。

按照特征方程与特征值的关系，特征值在复平面上的位置由各个系数 $c_{n-1},\cdots,c_1,c_0$ 的大小和正负号决定。因此，对受控系统实施有效控制主要体现在反馈控制器 $\boldsymbol{f}(\boldsymbol{\sigma x},\varepsilon)$ 能否对系数 $c_{n-1},\cdots,c_1,c_0$ 实施有效的控制，从而将特征值在复平面上的配置问题转化为用控制器来有效地控制特征方程中系数 $c_{n-1},\cdots,c_1,c_0$ 的大小和正负

号问题加以解决。

根据式(5-8)，可得特征方程系数与矩阵元素之间的关系为

$$\begin{cases} c_{n-1} = -\sum_{i=1}^{n} a_{ii} = -\mathrm{tr}\boldsymbol{A} \\ c_{n-2} = \sum \pm a_{i_1 j_1} a_{i_2 j_2} \\ c_{n-3} = \sum \pm a_{i_1 j_1} a_{i_2 j_2} a_{i_3 j_3} \\ \quad\vdots \\ c_1 = c_{n-(n-1)} = \sum \pm a_{i_1 j_1} a_{i_2 j_2} \cdots a_{i_{n-1} j_{n-1}} \\ c_0 = (-1)^n \cdot \sum (-1)^t a_{1 j_1} a_{2 j_2} \cdots a_{n j_n} = (-1)^n |\boldsymbol{A}| \end{cases} \tag{5-10}$$

式中，$i_1, j_1, i_2, j_2, \cdots, i_{n-1}, j_{n-1}, j_n \in \{1,2,\cdots,n\}$，$t$ 为排列 $j_1 j_2 \cdots j_{n-1} j_n$ 的逆序数，符号“±”表示对应项可能取正号或取负号。其中计算 c_{n-2} 共有 $n!/(n-2)!$ 项求和，计算 c_{n-3} 共有 $n!/(n-3)!$ 项求和，…，计算 c_1 共有 $n!/[n-(n-1)]! = n!$ 项求和，计算 c_0 共有 $n!$ 项求和。

根据式(5-10)，可得出以下几点定性的结论：

(1) 当主对角线上元素 $a_{ii}\ (i=1,2,\cdots,n)$ 不改变时，系数 c_{n-1} 不变。

(2) 即使主对角线上元素 $a_{ii}\ (i=1,2,\cdots,n)$ 不改变，只要矩阵中的其他任意一个元素 $a_{ij}\ (i,j=1,2,\cdots,n; i \neq j)$ 发生变化，系数 $c_0 = (-1)^n |\boldsymbol{A}|$ 的大小一定发生变化。

(3) 系数 $c_i (i=1,2,\cdots,n-2)$ 等于矩阵 $\boldsymbol{A}$ 中的 $k(k=2,3,\cdots,n-1)$ 个元素 $a_{ij}(i,j=1,2,\cdots,n)$ 相乘后所得到的乘积项，再将若干个这样的乘积项求和(即相加或相减)之后得到的结果。由于 $c_i\ (i=1,2,\cdots,n-2)$ 中每一项都是由 $k\ (k=2,3,\cdots,n-1)$ 个元素 $a_{ij}\ (i,j=1,2,\cdots,n)$ 相乘后所得到的乘积项，如果矩阵 $\boldsymbol{A}$ 中除主对角线上的元素不为 0 外，其余元素均为 0，当主对角线之外的某个元素发生变化时，相乘后的结果仍为 0，故系数 $c_i (i=1,2,\cdots,n-2)$ 的大小都不会发生变化，这意味着控制器对系数 $c_i (i=1,2,\cdots,n-2)$ 不能实施有效的控制。但在矩阵 $\boldsymbol{A}$ 中的每一个元素都不等于 0 的情况下，当主对角线之外的某个元素发生变化时，相乘后的结果不等于 0，则系数 $c_{n-2},\cdots,c_2,c_1$ 的大小都将发生变化，这意味着控制器对系数 $c_{n-2},\cdots,c_2,c_1$ 能实施有效的控制。

在标称系统(5-1)中，矩阵 $\boldsymbol{A}$ 除主对角线上分块矩阵 $\boldsymbol{A}_m$ 中的元素(包括最后一行 -1 元素)不为 0 外，其余元素均为 0。当维数 n 为偶数时，$\boldsymbol{A}$ 中的任何一个 0 元素发生变化，系数 $c_{n-2},\cdots,c_1$ 都不会发生变化；而非 0 元素 ω_{ij} 中的任何一个发

生变化，最多也只能对其中的两个特征值产生影响。当维数 n 为奇数时，除最后一列 0 元素外，$\boldsymbol{A}$ 中的任何一个 0 或 –1 元素发生变化时，$c_{n-2},\cdots,c_2,c_1$ 都不会变化；非 0 元素 ω_{ij} 中的任何一个发生变化，只能对其中的两个特征值产生影响；而最后一列 0 元素发生变化，最多也只能对其中的三个特征值产生影响。因此，在标称系统(5-1)中，控制器对系数 $c_{n-2},\cdots,c_2,c_1$ 无法实施有效的控制。

为了解决这个问题，可选取一个合适的相似变换矩阵 $\boldsymbol{P}$，对矩阵 $\boldsymbol{A}$ 作相似变换，将其变换成矩阵 $\boldsymbol{B}$。若存在一个可逆矩阵 $\boldsymbol{P}$，使得 $\boldsymbol{PAP}^{-1}=\boldsymbol{B}$，则矩阵 $\boldsymbol{A}$ 与矩阵 $\boldsymbol{B}$ 相似。经相似变换后，满足：① $\boldsymbol{A}$ 与 $\boldsymbol{B}$ 的秩相同，即 $\mathrm{rank}\boldsymbol{A}=\mathrm{rank}\boldsymbol{B}$；② $\boldsymbol{A}$ 与 $\boldsymbol{B}$ 的行列式相同，即 $\det\boldsymbol{A}=\det\boldsymbol{B}$；③ $\boldsymbol{A}$ 与 $\boldsymbol{B}$ 的迹相同，即 $\mathrm{tr}\boldsymbol{A}=\mathrm{tr}\boldsymbol{B}$，这说明经过相似变换后，不改变系统的保守和耗散性质；④ $\boldsymbol{A}$ 与 $\boldsymbol{B}$ 具有相同的特征多项式和特征值。

如果能够通过某种相似变换，使得 $\boldsymbol{B}$ 中的所有元素都不为 0(或者只有其中少数几个元素为 0，其余元素都不为 0)。根据前面的分析结果，可知在受控系统中，反馈控制器能够对特征方程的各个系数 $c_{n-1},\cdots,c_1,c_0$ 实施有效的控制，经过极点配置后，能将尽可能多的特征值配置到复数域的右半平面上。下面对这个问题作进一步的分析和讨论。

首先，为了保证相似变换后 $\boldsymbol{B}$ 中的所有元素都不为 0，选取某个相似变换矩阵为

$$\boldsymbol{P}=\begin{bmatrix}1 & 1 & \cdots & 1 & 0\\ 1 & 1 & \cdots & 0 & 1\\ \vdots & \vdots & \iddots & \vdots & \vdots\\ 1 & 0 & \cdots & 1 & 1\\ 0 & 1 & \cdots & 1 & 1\end{bmatrix}_{n\times n} \tag{5-11}$$

对矩阵 $\boldsymbol{A}$ 进行相似变换，将其变换成为矩阵 $\boldsymbol{B}$

$$\boldsymbol{B}=\boldsymbol{PAP}^{-1} \tag{5-12}$$

得相似变换后的标称系统为

$$\dot{\boldsymbol{x}}=\boldsymbol{Bx} \tag{5-13}$$

其次，设计控制器 $\boldsymbol{f}(\boldsymbol{\sigma x},\varepsilon)$。考虑 $\boldsymbol{f}(\boldsymbol{\sigma x},\varepsilon)$ 只包含一个非线性函数的情况。另外，还应考虑受控系统的稳定性问题，这意味着在通常情况下，控制器 $\boldsymbol{f}(\boldsymbol{\sigma x},\varepsilon)$ 不能作用到标称系统矩阵 $\boldsymbol{B}$ 的主对角线上。综合考虑这两种情况，得 $\boldsymbol{f}(\boldsymbol{\sigma x},\varepsilon)$ 的一般形式为

$$f(\boldsymbol{\sigma x},\varepsilon)=\begin{bmatrix}0\\ \vdots\\ f_i(\sigma x_j,\varepsilon)\\ \vdots\\ 0\end{bmatrix}_{n\times 1} \tag{5-14}$$

式中，f 的下标 i 表示 f 位于第 $i\ (i=1,2,\cdots,n)$ 行，f 中的状态变量为 $x_j\ (j=1,2,\cdots,n;\ j\neq i)$，可知 $\boldsymbol{f}(\boldsymbol{\sigma x},\varepsilon)$ 不会作用到标称系统矩阵 $\boldsymbol{B}$ 的主对角线的元素上。此外，在本章的设计中，进一步选取 $f_i(\sigma x_j,\varepsilon)$ 为连续可微的正弦函数，即

$$f_i(\sigma x_j,\varepsilon)=\varepsilon\sin(\sigma x_j),\quad i,j=1,2,\cdots,n;i\neq j \tag{5-15}$$

则受控系统可以表示为

$$\dot{\boldsymbol{x}}=\boldsymbol{Bx}+\boldsymbol{f}(\boldsymbol{\sigma x},\varepsilon) \tag{5-16}$$

容易证明式(5-16)的解是全局有界的，解的上确界满足以下不等式：

$$\sup_{0\leqslant t<\infty}\|\boldsymbol{x}(t)\|\leqslant\alpha\cdot\|\boldsymbol{x}(0)\|+\frac{\alpha}{\beta}\|\varepsilon\|<\infty \tag{5-17}$$

式中，常数 $\alpha,\beta>0$，$\boldsymbol{x}(0)$ 为初始值。

5.3.2　平衡点与雅可比矩阵

根据式(5-16)，得关于平衡点分量 $x_j^{(e)}$ 的方程为

$$Kx_j^{(e)}=\sin(\sigma x_j^{(e)}) \tag{5-18}$$

式中，K 为斜率，其一般形式为

$$\begin{cases}K=-\dfrac{\det\boldsymbol{B}}{\det\boldsymbol{B}_{ij}\cdot\varepsilon},\quad \det\boldsymbol{B}=\begin{vmatrix}b_{11}&\cdots&b_{1k}&\cdots&b_{1n}\\ \vdots&&\vdots&&\vdots\\ b_{i1}&\cdots&b_{ik}&\cdots&b_{in}\\ \vdots&&\vdots&&\vdots\\ b_{n1}&\cdots&b_{nk}&\cdots&b_{nn}\end{vmatrix}\\ \det\boldsymbol{B}_{ij}=(-1)^{i+j}\begin{vmatrix}b_{11}&\cdots&b_{1,j-1}&b_{1,j+1}&\cdots&b_{1n}\\ \vdots&&\vdots&\vdots&&\vdots\\ b_{i-1,1}&\cdots&b_{i-1,j-1}&b_{i-1,j+1}&\cdots&b_{i-1,n}\\ b_{i+1,1}&\cdots&b_{i+1,j-1}&b_{i+1,j+1}&\cdots&b_{i+1,n}\\ \vdots&&\vdots&\vdots&&\vdots\\ b_{n1}&\cdots&b_{n,j-1}&b_{n,j+1}&\cdots&b_{nn}\end{vmatrix}\end{cases} \tag{5-19}$$

式中， $j=1,2,\cdots,n$。

在本节设计中，选取 $\varepsilon \gg 1$，使得 $|K| \ll 1$。根据式(5-18)，得平衡点为 $\sin(\sigma x_j^{(e)}) \approx 0$，故得平衡点分量 $x_j^{(e)}$ 的值满足 $\sigma x_j^{(e)} = \pm n\pi$ ，即 $x_j^{(e)} = \pm k\pi/\sigma\ (k=0,1,2,\cdots)$。

根据式(5-16)，得受控系统在各个平衡点处对应的雅可比矩阵的一般形式为

$$\boldsymbol{J}_{1,2} = \begin{bmatrix} b_{11} & \cdots & b_{1j} & \cdots & b_{1n} \\ \vdots & & \vdots & & \vdots \\ b_{i1} & \cdots & b_{ij} \pm \varepsilon\sigma & \cdots & b_{in} \\ \vdots & & \vdots & & \vdots \\ b_{n1} & \cdots & b_{nj} & \cdots & b_{nn} \end{bmatrix} \tag{5-20}$$

注意到式(5-20)中，当对应第一类鞍焦平衡点时， $\varepsilon\sigma$ 的前面应取正号；当对应第二类鞍焦平衡点时， $\varepsilon\sigma$ 的前面应取负号。

5.3.3 基于单参数控制的耗散系统与保守系统的统一模型

如果矩阵 $\boldsymbol{P}$ 是可逆的，那么进行相似变换 $\boldsymbol{PAP}^{-1} = \boldsymbol{B}$ 后， $\boldsymbol{A}$ 和 $\boldsymbol{B}$ 的迹不变，即 $\mathrm{tr}\boldsymbol{A} = \mathrm{tr}\boldsymbol{B}$ 。可知相似变换不改变系统的保守和耗散性质。

当控制器不影响主对角线上的元素时，受控系统(5-16)的耗散性、保守性以及稳定性完全由矩阵 $\boldsymbol{A}$ 中的参数 γ 决定。因此，称式(5-16)为单参数控制的统一模型。

当 $\gamma < 0$ 时，满足 $\mathrm{tr}\boldsymbol{A} = \mathrm{tr}\boldsymbol{B} = n\gamma = \sum_{i=1}^{n} b_{ii} < 0$ ，受控系统(5-16)为 n 维耗散系统；

当 $\gamma = 0$ 时，满足 $\mathrm{tr}\boldsymbol{A} = \mathrm{tr}\boldsymbol{B} = n\gamma = \sum_{i=1}^{n} b_{ii} = 0$ ，受控系统(5-16)为 n 维保守系统；

当 $\gamma > 0$ 时，满足 $\mathrm{tr}\boldsymbol{A} = \mathrm{tr}\boldsymbol{B} = n\gamma = \sum_{i=1}^{n} b_{ii} > 0$，受控系统(5-16)为 n 维不稳定系统。

5.4 几个实例

本节根据单参数控制的 n 维耗散和保守超混沌系统的统一模型，分别以 10 维和 11 维耗散超混沌系统，以及 10 维和 11 维保守超混沌系统作为其中的四个典型实例，证实这种设计方法的可行性和正确性。

5.4.1 具有 8 个正李氏指数的 10 维耗散超混沌系统

选取分块对角矩阵 $\boldsymbol{A}$ 为

$$
\boldsymbol{A}=\begin{bmatrix}
\gamma & \omega_{11} & 0 & 0 & 0 & 0 & 0 & 0 & 0 & 0 \\
-\omega_{12} & \gamma & 0 & 0 & 0 & 0 & 0 & 0 & 0 & 0 \\
0 & 0 & \gamma & \omega_{21} & 0 & 0 & 0 & 0 & 0 & 0 \\
0 & 0 & -\omega_{22} & \gamma & 0 & 0 & 0 & 0 & 0 & 0 \\
0 & 0 & 0 & 0 & \gamma & \omega_{31} & 0 & 0 & 0 & 0 \\
0 & 0 & 0 & 0 & -\omega_{32} & \gamma & 0 & 0 & 0 & 0 \\
0 & 0 & 0 & 0 & 0 & 0 & \gamma & \omega_{41} & 0 & 0 \\
0 & 0 & 0 & 0 & 0 & 0 & -\omega_{42} & \gamma & 0 & 0 \\
0 & 0 & 0 & 0 & 0 & 0 & 0 & 0 & \gamma & \omega_{51} \\
0 & 0 & 0 & 0 & 0 & 0 & 0 & 0 & -\omega_{52} & \gamma
\end{bmatrix} \tag{5-21}
$$

式中，$\gamma=-0.05$，$\omega_{11}=0.4$，$\omega_{12}=0.4$，$\omega_{21}=10$，$\omega_{22}=10$，$\omega_{31}=5$，$\omega_{32}=0.3$，$\omega_{41}=2$，$\omega_{42}=2$，$\omega_{51}=3.5$，$\omega_{52}=3.5$。得 $\boldsymbol{A}$ 的特征方程为

$$
\begin{aligned}
&\lambda^{10}+0.5\lambda^{9}+118.02\lambda^{8}+47.18\lambda^{7}+1875.47\lambda^{6}+560.99\lambda^{5}+7776.81\lambda^{4} \\
&+1546.02\lambda^{3}+8651.54\lambda^{2}+857.43\lambda+1197.39=0
\end{aligned}
$$

对应的 10 个特征值分别为

$$
\begin{cases}
\lambda_{1,2}=-0.05\pm \mathrm{j}10, \quad \lambda_{3,4}=-0.05\pm \mathrm{j}3.5, \quad \lambda_{5,6}=-0.05\pm \mathrm{j}2 \\
\lambda_{7,8}=-0.05\pm \mathrm{j}1.2247, \quad \lambda_{9,10}=-0.05\pm \mathrm{j}0.4
\end{cases}
$$

可知 $\boldsymbol{A}$ 的特征根实部全部为负，原点为稳定的焦点，故标称系统是渐近稳定的。

对 $\boldsymbol{A}$ 进行相似变换，选取可逆矩阵

$$
\boldsymbol{P}=\begin{bmatrix}
1 & 1 & \cdots & 1 & 0 \\
1 & 1 & \cdots & 0 & 1 \\
\vdots & \vdots & \ddots & \vdots & \vdots \\
1 & 0 & \cdots & 1 & 1 \\
0 & 1 & \cdots & 1 & 1
\end{bmatrix}_{10\times 10}
$$

根据 $\boldsymbol{B}=\boldsymbol{PAP}^{-1}$，得

$$
\boldsymbol{B}=\begin{bmatrix}
-2.6389 & 0.9111 & -1.0889 & 2.9111 & -4.0889 & 1.2111 & -9.0889 & 10.9111 & 0.5111 & 1.3111 \\
0.1333 & 3.5833 & -1.8667 & 2.1333 & -4.8667 & 0.4333 & -9.8667 & 10.1333 & -0.2667 & 0.5333 \\
-2.7566 & 4.2444 & -1.3056 & 0.7444 & -4.2556 & 1.0444 & -9.2556 & 10.7444 & 0.3444 & 1.1444 \\
-3.2000 & 3.8000 & 0.3000 & 2.2500 & -4.7000 & 0.6000 & -9.7000 & 10.3000 & -0.1000 & 0.7000 \\
-2.9444 & 4.0556 & -1.4444 & 2.5556 & -4.4944 & 0.5556 & -9.4444 & 10.5556 & 0.1556 & 0.9556 \\
-3.5333 & 3.4667 & -2.0333 & 1.9667 & -0.0333 & 0.2167 & -10.0333 & 9.9667 & -0.4333 & 0.3667 \\
-1.8667 & 5.1333 & -0.3667 & 3.6333 & -3.3667 & 1.9333 & -8.4167 & 1.6333 & 1.2333 & 2.0333 \\
-4.0889 & 2.9111 & -2.5889 & 1.4111 & -5.5889 & -0.2889 & -0.5889 & 9.3611 & -0.9889 & -0.1889 \\
-2.9333 & 4.0667 & -1.4333 & 2.5667 & -4.4333 & 0.8667 & -9.4333 & 10.5667 & 0.1167 & 0.5667 \\
-3.0222 & 3.9778 & -1.5222 & 2.4778 & -4.5222 & 0.7778 & -9.5222 & 10.4778 & 0.4778 & 0.8278
\end{bmatrix} \tag{5-22}
$$

显见相似变换后，矩阵 $\boldsymbol{B}$ 的所有元素均不为 0，从而使得控制器能够对受控系统特征值的配置实施有效的控制。进一步选取一致有界的非线性反馈控制器为

$$f_{10}(\sigma x_1,\varepsilon)=\varepsilon\sin(\sigma x_1) \tag{5-23}$$

式中，控制参数为 $\varepsilon=10$ ，$\sigma=2\varepsilon$ 。得受控系统对应的雅可比矩阵为

$$\boldsymbol{J}=\begin{bmatrix}
-2.6389 & 0.9111 & -1.0889 & 2.9111 & -4.0889 & 1.2111 & -9.0889 & 10.9111 & 0.5111 & 1.3111\\
0.1333 & 3.5833 & -1.8667 & 2.1333 & -4.8667 & 0.4333 & -9.8667 & 10.1333 & -0.2667 & 0.5333\\
-2.7566 & 4.2444 & -1.3056 & 0.7444 & -4.2556 & 1.0444 & -9.2556 & 10.7444 & 0.3444 & 1.1444\\
-3.2000 & 3.8000 & 0.3000 & 2.2500 & -4.7000 & 0.6000 & -9.7000 & 10.3000 & -0.1000 & 0.7000\\
-2.9444 & 4.0556 & -1.4444 & 2.5556 & -4.4944 & 0.5556 & -9.4444 & 10.5556 & 0.1556 & 0.9556\\
-3.5333 & 3.4667 & -2.0333 & 1.9667 & -0.0333 & 0.2167 & -10.0333 & 9.9667 & -0.4333 & 0.3667\\
-1.8667 & 5.1333 & -0.3667 & 3.6333 & -3.3667 & 1.9333 & -8.4167 & 1.6333 & 1.2333 & 2.0333\\
-4.0889 & 2.9111 & -2.5889 & 1.4111 & -5.5889 & -0.2889 & -0.5889 & 9.3611 & -0.9889 & -0.1889\\
-2.9333 & 4.0667 & -1.4333 & 2.5667 & -4.4333 & 0.8667 & -9.4333 & 10.5667 & 0.1167 & 0.5667\\
-3.0222+\varepsilon\sigma\cos(\sigma x_1) & 3.9778 & -1.5222 & 2.4778 & -4.5222 & 0.7778 & -9.5222 & 10.4778 & 0.4778 & 0.8278
\end{bmatrix} \tag{5-24}$$

受控系统中两类鞍焦平衡点处对应的雅可比矩阵为

$$\boldsymbol{J}_{1,2}=\begin{bmatrix}
-2.6389 & 0.9111 & -1.0889 & 2.9111 & -4.0889 & 1.2111 & -9.0889 & 10.9111 & 0.5111 & 1.3111\\
0.1333 & 3.5833 & -1.8667 & 2.1333 & -4.8667 & 0.4333 & -9.8667 & 10.1333 & -0.2667 & 0.5333\\
-2.7566 & 4.2444 & -1.3056 & 0.7444 & -4.2556 & 1.0444 & -9.2556 & 10.7444 & 0.3444 & 1.1444\\
-3.2000 & 3.8000 & 0.3000 & 2.2500 & -4.7000 & 0.6000 & -9.7000 & 10.3000 & -0.1000 & 0.7000\\
-2.9444 & 4.0556 & -1.4444 & 2.5556 & -4.4944 & 0.5556 & -9.4444 & 10.5556 & 0.1556 & 0.9556\\
-3.5333 & 3.4667 & -2.0333 & 1.9667 & -0.0333 & 0.2167 & -10.0333 & 9.9667 & -0.4333 & 0.3667\\
-1.8667 & 5.1333 & -0.3667 & 3.6333 & -3.3667 & 1.9333 & -8.4167 & 1.6333 & 1.2333 & 2.0333\\
-4.0889 & 2.9111 & -2.5889 & 1.4111 & -5.5889 & -0.2889 & -0.5889 & 9.3611 & -0.9889 & -0.1889\\
-2.9333 & 4.0667 & -1.4333 & 2.5667 & -4.4333 & 0.8667 & -9.4333 & 10.5667 & 0.1167 & 0.5667\\
-3.0222\pm\varepsilon\sigma & 3.9778 & -1.5222 & 2.4778 & -4.5222 & 0.7778 & -9.5222 & 10.4778 & 0.4778 & 0.8278
\end{bmatrix} \tag{5-25}$$

对应的特征方程分别为

$$\begin{cases}
\boldsymbol{J}_1:\lambda^{10}+0.5\lambda^9-114.20\lambda^8+4878.51\lambda^7-26211.59\lambda^6+125323.06\lambda^5-329168.15\lambda^4\\
\quad +743433.36\lambda^3-1061070.52\lambda^2+980914.86\lambda-624381.67=0\\
\boldsymbol{J}_2:\lambda^{10}+0.5\lambda^9+380.24\lambda^8-4784.15\lambda^7+29962.53\lambda^6-124201.08\lambda^5+344721.78\lambda^4\\
\quad -740341.32\lambda^3+1078373.60\lambda^2-979200\lambda+626776.44=0
\end{cases} \tag{5-26}$$

将式(5-26)与标称系统的特征方程进行比对，可知除系数 c_9 不变外，其余系数都发生了显著的变化。根据式(5-26)，得受控系统中两类鞍焦平衡点对应的特征值分别为

$$\begin{cases} \lambda_1^{(1)} = -21.3450, \quad \lambda_{2,3}^{(1)} = 7.6900 \pm \mathrm{j}11.3665, \quad \lambda_{4,5}^{(1)} = 1.2890 \pm \mathrm{j}2.9603 \\ \lambda_6^{(1)} = 1.4483, \quad \lambda_{7,8}^{(1)} = 0.4117 \pm \mathrm{j}1.2155, \quad \lambda_{9,10}^{(1)} = 0.3076 \pm \mathrm{j}2.4802 \\ \lambda_1^{(2)} = 4.4458, \quad \lambda_{2,3}^{(2)} = 2.0111 \pm \mathrm{j}3.2146, \quad \lambda_{4,5}^{(2)} = 0.4284 \pm \mathrm{j}1.2283 \\ \lambda_6^{(2)} = 2.0091, \quad \lambda_{7,8}^{(2)} = 0.2561 \pm \mathrm{j}2.5063, \quad \lambda_{9,10}^{(2)} = -6.1731 \pm \mathrm{j}20.4034 \end{cases} \tag{5-27}$$

可知两类鞍焦平衡点对应特征值正实部的个数分别为 $r_1 = n-1 = 9$ ，$r_2 = n-2 = 8$ 。上述设计使得简并度为零，正李氏指数的个数 $L = \min\{r_1, r_2\} = 8$ ，受控系统具有 8 个正李氏指数，个数达到了最大。超混沌系统吸引子相图如图 5-1 所示，李氏指数谱如图 5-2 所示。

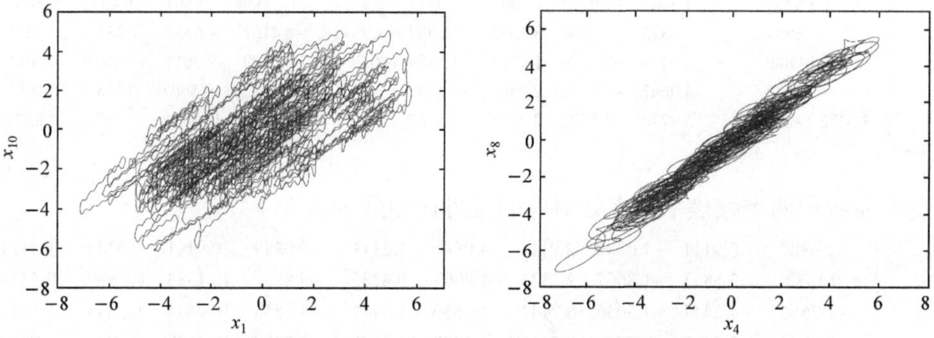

(a) x_1-x_{10}相平面　　(b) x_4-x_8相平面

图 5-1　10 维耗散超混沌系统吸引子相图

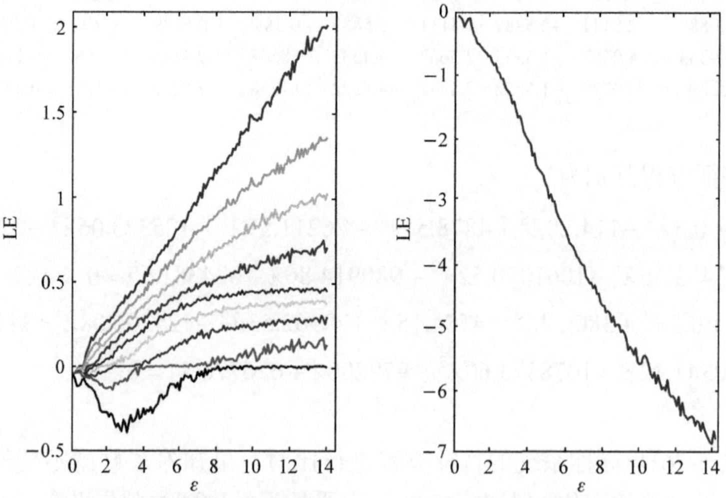

(a) 正李氏指数和零李氏指数　　(b) 负李氏指数

图 5-2　10 维耗散超混沌系统李氏指数谱

5.4.2 具有 9 个正李氏指数的 11 维耗散超混沌系统

选取分块对角矩阵 $\boldsymbol{A}$ 为

$$\boldsymbol{A}=\begin{bmatrix} \gamma & \omega_{11} & 0 & 0 & 0 & 0 & 0 & 0 & 0 & 0 & 0 \\ -\omega_{12} & \gamma & 0 & 0 & 0 & 0 & 0 & 0 & 0 & 0 & 0 \\ 0 & 0 & \gamma & \omega_{21} & 0 & 0 & 0 & 0 & 0 & 0 & 0 \\ 0 & 0 & -\omega_{22} & \gamma & 0 & 0 & 0 & 0 & 0 & 0 & 0 \\ 0 & 0 & 0 & 0 & \gamma & \omega_{31} & 0 & 0 & 0 & 0 & 0 \\ 0 & 0 & 0 & 0 & -\omega_{32} & \gamma & 0 & 0 & 0 & 0 & 0 \\ 0 & 0 & 0 & 0 & 0 & 0 & \gamma & \omega_{41} & 0 & 0 & 0 \\ 0 & 0 & 0 & 0 & 0 & 0 & -\omega_{42} & \gamma & 0 & 0 & 0 \\ 0 & 0 & 0 & 0 & 0 & 0 & 0 & 0 & \gamma & \omega_{51} & 0 \\ 0 & 0 & 0 & 0 & 0 & 0 & 0 & 0 & -\omega_{52} & \gamma & 0 \\ -1 & -1 & -1 & -1 & -1 & -1 & -1 & -1 & -1 & -1 & \gamma \end{bmatrix} \tag{5-28}$$

式中，$\gamma=-0.04$，$\omega_{11}=3.2$，$\omega_{12}=3.2$，$\omega_{21}=25$，$\omega_{22}=25$，$\omega_{31}=11$，$\omega_{32}=11$，$\omega_{41}=6.4$，$\omega_{42}=6.4$，$\omega_{51}=15$，$\omega_{52}=15$。得 $\boldsymbol{A}$ 的特征方程为

$$\begin{aligned}&\lambda^{11}+0.44\lambda^{10}+1022.29\lambda^{9}+368\lambda^{8}+293668.51\lambda^{7}+82216.19\lambda^{6}\\&+29898677.53\lambda^{5}+5978420.08\lambda^{4}+973799063.94\lambda^{3}+116817627.47\lambda^{2}\\&+7141542722.5\lambda+285537111.59=0\end{aligned}$$

对应的 11 个特征值分别为

$$\begin{cases}\lambda_{1,2}=-0.04\pm \mathrm{j}3.2, & \lambda_{3,4}=-0.04\pm \mathrm{j}25, \quad \lambda_{5,6}=-0.04\pm \mathrm{j}11\\ \lambda_{7,8}=-0.04\pm \mathrm{j}6.4, & \lambda_{9,10}=-0.04\pm \mathrm{j}15, \quad \lambda_{11}=-0.04\end{cases}$$

可知 $\boldsymbol{A}$ 的特征根实部全部为负，原点为稳定的焦点，故标称系统是渐近稳定的。

对 $\boldsymbol{A}$ 进行相似变换，选取可逆矩阵

$$\boldsymbol{P}=\begin{bmatrix} 1 & 1 & \cdots & 1 & 0 \\ 1 & 1 & \cdots & 0 & 1 \\ \vdots & \vdots & \ddots & \vdots & \vdots \\ 1 & 0 & \cdots & 1 & 1 \\ 0 & 1 & \cdots & 1 & 1 \end{bmatrix}_{11\times 11}$$

根据 $\boldsymbol{B}=\boldsymbol{PAP}^{-1}$，得

$$
\boldsymbol{B}=\begin{bmatrix}
-0.04 & -6.40 & 6.40 & -11.00 & 11.00 & -15.00 & 15.00 & -25.00 & 25.00 & -3.20 & 3.20\\
-0.36 & -5.80 & 0.64 & -10.36 & 11.64 & -14.36 & 15.64 & -24.36 & 25.64 & -2.56 & 3.84\\
-1.64 & -0.64 & 5.72 & -11.64 & 10.36 & -15.64 & 14.36 & -25.64 & 24.36 & -3.84 & 2.56\\
0.10 & -5.30 & 7.50 & -9.94 & 1.10 & -13.90 & 16.10 & -23.90 & 26.10 & -2.10 & 4.30\\
-2.10 & -7.50 & 5.30 & -1.10 & 9.86 & -16.10 & 13.90 & -26.10 & 23.90 & -4.30 & 2.10\\
0.50 & -4.90 & 7.90 & -9.50 & 12.50 & -13.54 & 1.50 & -23.50 & 26.50 & -1.70 & 4.70\\
-2.50 & -7.90 & 4.90 & -12.50 & 9.50 & -1.50 & 13.46 & -26.50 & 23.50 & -4.70 & 1.70\\
1.50 & -3.90 & 8.90 & -8.50 & 13.50 & -12.50 & 17.50 & -22.54 & 2.50 & -0.70 & 5.70\\
-3.50 & -8.90 & 3.90 & -13.50 & 8.50 & -17.50 & 12.50 & -2.50 & 22.46 & -5.70 & 0.70\\
-0.68 & -6.08 & 6.72 & -10.68 & 11.32 & -14.68 & 15.32 & -24.68 & 25.32 & -2.92 & 0.32\\
-1.32 & -6.72 & 6.08 & -11.32 & 10.68 & -15.32 & 14.68 & -25.32 & 24.68 & -0.32 & 2.84
\end{bmatrix} \tag{5-29}
$$

显见，相似变换后，矩阵 $\boldsymbol{B}$ 的所有元素均不为 0，从而使得控制器能够对受控系统特征值的配置实施有效的控制。进一步选取一致有界的非线性反馈控制器为

$$
f_{11}(\sigma x_4,\varepsilon)=\varepsilon\sin(\sigma x_4) \tag{5-30}
$$

式中，控制参数为 $\varepsilon=30$，$\sigma=2\varepsilon$。得受控系统对应的雅可比矩阵为

$$
\boldsymbol{J}=\begin{bmatrix}
-0.04 & -6.40 & 6.40 & -11.00 & 11.00 & -15.00 & 15.00 & -25.00 & 25.00 & -3.20 & 3.20\\
-0.36 & -5.80 & 0.64 & -10.36 & 11.64 & -14.36 & 15.64 & -24.36 & 25.64 & -2.56 & 3.84\\
-1.64 & -0.64 & 5.72 & -11.64 & 10.36 & -15.64 & 14.36 & -25.64 & 24.36 & -3.84 & 2.56\\
0.10 & -5.30 & 7.50 & -9.94 & 1.10 & -13.90 & 16.10 & -23.90 & 26.10 & -2.10 & 4.30\\
-2.10 & -7.50 & 5.30 & -1.10 & 9.86 & -16.10 & 13.90 & -26.10 & 23.90 & -4.30 & 2.10\\
0.50 & -4.90 & 7.90 & -9.50 & 12.50 & -13.54 & 1.50 & -23.50 & 26.50 & -1.70 & 4.70\\
-2.50 & -7.90 & 4.90 & -12.50 & 9.50 & -1.50 & 13.46 & -26.50 & 23.50 & -4.70 & 1.70\\
1.50 & -3.90 & 8.90 & -8.50 & 13.50 & -12.50 & 17.50 & -22.54 & 2.50 & -0.70 & 5.70\\
-3.50 & -8.90 & 3.90 & -13.50 & 8.50 & -17.50 & 12.50 & -2.50 & 22.46 & -5.70 & 0.70\\
-0.68 & -6.08 & 6.72 & -10.68 & 11.32 & -14.68 & 15.32 & -24.68 & 25.32 & -2.92 & 0.32\\
-1.32 & -6.72 & 6.08 & -11.32+\varepsilon\sigma\cos(\sigma x_4) & 10.68 & -15.32 & 14.68 & -25.32 & 24.68 & -0.32 & 2.84
\end{bmatrix} \tag{5-31}
$$

受控系统中两类鞍焦平衡点处对应的雅可比矩阵为

$$
\boldsymbol{J}_{1,2}=\begin{bmatrix}
-0.04 & -6.40 & 6.40 & -11.00 & 11.00 & -15.00 & 15.00 & -25.00 & 25.00 & -3.20 & 3.20\\
-0.36 & -5.80 & 0.64 & -10.36 & 11.64 & -14.36 & 15.64 & -24.36 & 25.64 & -2.56 & 3.84\\
-1.64 & -0.64 & 5.72 & -11.64 & 10.36 & -15.64 & 14.36 & -25.64 & 24.36 & -3.84 & 2.56\\
0.10 & -5.30 & 7.50 & -9.94 & 1.10 & -13.90 & 16.10 & -23.90 & 26.10 & -2.10 & 4.30\\
-2.10 & -7.50 & 5.30 & -1.10 & 9.86 & -16.10 & 13.90 & -26.10 & 23.90 & -4.30 & 2.10\\
0.50 & -4.90 & 7.90 & -9.50 & 12.50 & -13.54 & 1.50 & -23.50 & 26.50 & -1.70 & 4.70\\
-2.50 & -7.90 & 4.90 & -12.50 & 9.50 & -1.50 & 13.46 & -26.50 & 23.50 & -4.70 & 1.70\\
1.50 & -3.90 & 8.90 & -8.50 & 13.50 & -12.50 & 17.50 & -22.54 & 2.50 & -0.70 & 5.70\\
-3.50 & -8.90 & 3.90 & -13.50 & 8.50 & -17.50 & 12.50 & -2.50 & 22.46 & -5.70 & 0.70\\
-0.68 & -6.08 & 6.72 & -10.68 & 11.32 & -14.68 & 15.32 & -24.68 & 25.32 & -2.92 & 0.32\\
-1.32 & -6.72 & 6.08 & -11.32\pm\varepsilon\sigma & 10.68 & -15.32 & 14.68 & -25.32 & 24.68 & -0.32 & 2.84
\end{bmatrix} \tag{5-32}
$$

对应的特征方程分别为

$$\begin{cases} \boldsymbol{J}_1: \lambda^{11} + 0.44\lambda^{10} - 6717.71\lambda^9 + 331121.60\lambda^8 - 7562870.11\lambda^7 + 176814766.77\lambda^6 \\ \quad - 2117108043.67\lambda^5 + 24243113402.85\lambda^4 - 1.92587646249.72\lambda^3 \\ \quad + 871659937180.62\lambda^2 - 4957606938488.29\lambda + 2530141606671.72 = 0 \\ \boldsymbol{J}_2: \lambda^{11} + 0.44\lambda^{10} + 8762.29\lambda^9 - 330385.6\lambda^8 + 8150207.13\lambda^7 - 176650334.39\lambda^6 \\ \quad + 2176905398.74\lambda^5 - 24231156562.69\lambda^4 + 194535244377.6\lambda^3 \\ \quad - 871426301925.7\lambda^2 + 4971890023933.31\lambda - 2529570532448.54 = 0 \end{cases} \tag{5-33}$$

将式(5-33)与标称系统的特征方程进行比对，可知除系数 c_{10} 不变外，其余系数都发生了显著变化。根据式(5-33)，得受控系统中两类鞍焦平衡点对应的特征值分别为

$$\begin{cases} \lambda_1^{(1)} = -104.0311, \quad \lambda_{2,3}^{(1)} = 43.9763 \pm \mathrm{j}12.8372, \quad \lambda_4^{(1)} = 9.6623 \\ \lambda_{5,6}^{(1)} = 1.5686 \pm \mathrm{j}18.2505, \quad \lambda_{7,8}^{(1)} = 0.8351 \pm \mathrm{j}11.4525 \\ \lambda_9^{(1)} = 0.5589, \quad \lambda_{10,11}^{(1)} = 0.3049 \pm \mathrm{j}6.9573 \\ \lambda_1^{(2)} = 20.8823, \quad \lambda_2^{(2)} = 10.8475, \quad \lambda_{3,4}^{(2)} = 1.4401 \pm \mathrm{j}18.3200 \\ \lambda_{5,6}^{(2)} = 0.8310 \pm \mathrm{j}11.4709, \quad \lambda_7^{(2)} = 0.5568 \\ \lambda_{8,9}^{(2)} = 0.3030 \pm \mathrm{j}6.9629, \quad \lambda_{10,11}^{(2)} = -18.9375 \pm \mathrm{j}94.2604 \end{cases} \tag{5-34}$$

可知两类鞍焦平衡点对应特征值正实部的个数分别为 $r_1 = n-1 = 10$，$r_2 = n-2 = 9$。上述设计使简并度为零，正李氏指数的个数 $L = \min\{r_1, r_2\} = 9$，受控系统具有 9 个正李氏指数，个数达到最大。超混沌系统吸引子相图如图 5-3 所示，李氏指数谱如图 5-4 所示。

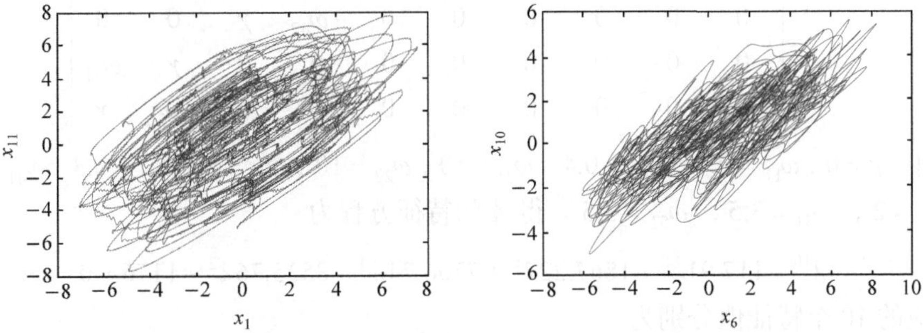

(a) x_1-x_{11}相平面　(b) x_6-x_{10}相平面

图 5-3　11 维耗散超混沌系统吸引子相图

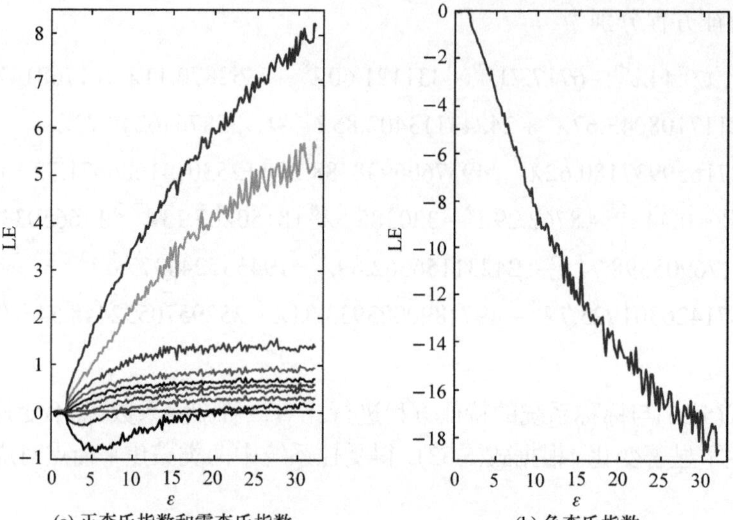

图 5-4 11 维耗散超混沌系统李氏指数谱

5.4.3 具有 8 个正李氏指数的 10 维保守超混沌系统

选取分块对角矩阵 A 为

$$A=\begin{bmatrix} \gamma & \omega_{11} & 0 & 0 & 0 & 0 & 0 & 0 & 0 & 0 \\ -\omega_{12} & \gamma & 0 & 0 & 0 & 0 & 0 & 0 & 0 & 0 \\ 0 & 0 & \gamma & \omega_{21} & 0 & 0 & 0 & 0 & 0 & 0 \\ 0 & 0 & -\omega_{22} & \gamma & 0 & 0 & 0 & 0 & 0 & 0 \\ 0 & 0 & 0 & 0 & \gamma & \omega_{31} & 0 & 0 & 0 & 0 \\ 0 & 0 & 0 & 0 & -\omega_{32} & \gamma & 0 & 0 & 0 & 0 \\ 0 & 0 & 0 & 0 & 0 & 0 & \gamma & \omega_{41} & 0 & 0 \\ 0 & 0 & 0 & 0 & 0 & 0 & -\omega_{42} & \gamma & 0 & 0 \\ 0 & 0 & 0 & 0 & 0 & 0 & 0 & 0 & \gamma & \omega_{51} \\ 0 & 0 & 0 & 0 & 0 & 0 & 0 & 0 & -\omega_{52} & \gamma \end{bmatrix} \tag{5-35}$$

式中，$\gamma=0$，$\omega_{11}=0.4$，$\omega_{12}=0.4$，$\omega_{21}=10$，$\omega_{22}=10$，$\omega_{31}=5$，$\omega_{32}=0.3$，$\omega_{41}=2$，$\omega_{42}=2$，$\omega_{51}=3.5$，$\omega_{52}=3.5$。得 A 的特征方程为

$$\lambda^{10}+117.91\lambda^{8}+1867.22\lambda^{6}+7706.74\lambda^{4}+8535.76\lambda^{2}+1176=0$$

对应的 10 个特征值分别为

$\lambda_{1,2} = \pm \mathrm{j}10$，$\lambda_{3,4} = \pm \mathrm{j}3.5$，$\lambda_{5,6} = \pm \mathrm{j}2$，$\lambda_{7,8} = \pm \mathrm{j}1.2247$，$\lambda_{9,10} = \pm \mathrm{j}0.4$

对 $\boldsymbol{A}$ 进行相似变换，选取可逆矩阵

$$\boldsymbol{P} = \begin{bmatrix} 1 & 1 & \cdots & 1 & 0 \\ 1 & 1 & \cdots & 0 & 1 \\ \vdots & \vdots & \ddots & \vdots & \vdots \\ 1 & 0 & \cdots & 1 & 1 \\ 0 & 1 & \cdots & 1 & 1 \end{bmatrix}_{10\times 10}$$

根据 $\boldsymbol{B} = \boldsymbol{PAP}^{-1}$，得

$$\boldsymbol{B} = \begin{bmatrix} -2.5889 & 0.9111 & -1.0889 & 2.9111 & -4.0889 & 1.2111 & -9.0889 & 10.9111 & 0.5111 & 1.3111 \\ 0.1333 & 3.6333 & -1.8667 & 2.1333 & -4.8667 & 0.4333 & -9.8667 & 10.1333 & -0.2667 & 0.5333 \\ -2.7566 & 4.2444 & -1.2556 & 0.7444 & -4.2556 & 1.0444 & -9.2556 & 10.7444 & 0.3444 & 1.1444 \\ -3.2000 & 3.8000 & 0.3000 & 2.3000 & -4.7000 & 0.6000 & -9.7000 & 10.3000 & -0.1000 & 0.7000 \\ -2.9444 & 4.0556 & -1.4444 & 2.5556 & -4.4444 & 0.5556 & -9.4444 & 10.5556 & 0.1556 & 0.9556 \\ -3.5333 & 3.4667 & -2.0333 & 1.9667 & -0.0333 & 0.2667 & -10.0333 & 9.9667 & -0.4333 & 0.3667 \\ -1.8667 & 5.1333 & -0.3667 & 3.6333 & -3.3667 & 1.9333 & -8.3667 & 1.6333 & 1.2333 & 2.0333 \\ -4.0889 & 2.9111 & -2.5889 & 1.4111 & -5.5889 & -0.2889 & -0.5889 & 9.4111 & -0.9889 & -0.1889 \\ -2.9333 & 4.0667 & -1.4333 & 2.5667 & -4.4333 & 0.8667 & -9.4333 & 10.5667 & 0.1667 & 0.5667 \\ -3.0222 & 3.9778 & -1.5222 & 2.4778 & -4.5222 & 0.7778 & -9.5222 & 10.4778 & 0.4778 & 0.8778 \end{bmatrix} \tag{5-36}$$

显见，相似变换后，矩阵 $\boldsymbol{B}$ 的所有元素均不为 0，从而使控制器能够对受控系统特征值的配置实施有效的控制。进一步选取一致有界的非线性反馈控制器为

$$f_{10}(\sigma x_1, \varepsilon) = \varepsilon \sin(\sigma x_1) \tag{5-37}$$

式中，控制参数为 $\varepsilon = 10$，$\sigma = 2\varepsilon$。得受控系统对应的雅可比矩阵为

$$\boldsymbol{J} = \begin{bmatrix} -2.5889 & 0.9111 & -1.0889 & 2.9111 & -4.0889 & 1.2111 & -9.0889 & 10.9111 & 0.5111 & 1.3111 \\ 0.1333 & 3.6333 & -1.8667 & 2.1333 & -4.8667 & 0.4333 & -9.8667 & 10.1333 & -0.2667 & 0.5333 \\ -2.7566 & 4.2444 & -1.2556 & 0.7444 & -4.2556 & 1.0444 & -9.2556 & 10.7444 & 0.3444 & 1.1444 \\ -3.2000 & 3.8000 & 0.3000 & 2.3000 & -4.7000 & 0.6000 & -9.7000 & 10.3000 & -0.1000 & 0.7000 \\ -2.9444 & 4.0556 & -1.4444 & 2.5556 & -4.4444 & 0.5556 & -9.4444 & 10.5556 & 0.1556 & 0.9556 \\ -3.5333 & 3.4667 & -2.0333 & 1.9667 & -0.0333 & 0.2667 & -10.0333 & 9.9667 & -0.4333 & 0.3667 \\ -1.8667 & 5.1333 & -0.3667 & 3.6333 & -3.3667 & 1.9333 & -8.3667 & 1.6333 & 1.2333 & 2.0333 \\ -4.0889 & 2.9111 & -2.5889 & 1.4111 & -5.5889 & -0.2889 & -0.5889 & 9.4111 & -0.9889 & -0.1889 \\ -2.9333 & 4.0667 & -1.4333 & 2.5667 & -4.4333 & 0.8667 & -9.4333 & 10.5667 & 0.1667 & 0.5667 \\ -3.0222 + \varepsilon\sigma\cos(\sigma x_1) & 3.9778 & -1.5222 & 2.4778 & -4.5222 & 0.7778 & -9.5222 & 10.4778 & 0.4778 & 0.8778 \end{bmatrix} \tag{5-38}$$

受控系统中两类鞍焦平衡点处对应的雅可比矩阵为

$$
\boldsymbol{J}_{1,2}=\begin{bmatrix}
-2.5889 & 0.9111 & -1.0889 & 2.9111 & -4.0889 & 1.2111 & -9.0889 & 10.9111 & 0.5111 & 1.3111\\
0.1333 & 3.6333 & -1.8667 & 2.1333 & -4.8667 & 0.4333 & -9.8667 & 10.1333 & -0.2667 & 0.5333\\
-2.7566 & 4.2444 & -1.2556 & 0.7444 & -4.2556 & 1.0444 & -9.2556 & 10.7444 & 0.3444 & 1.1444\\
-3.2000 & 3.8000 & 0.3000 & 2.3000 & -4.7000 & 0.6000 & -9.7000 & 10.3000 & -0.1000 & 0.7000\\
-2.9444 & 4.0556 & -1.4444 & 2.5556 & -4.4444 & 0.5556 & -9.4444 & 10.5556 & 0.1556 & 0.9556\\
-3.5333 & 3.4667 & -2.0333 & 1.9667 & -0.0333 & 0.2667 & -10.0333 & 9.9667 & -0.4333 & 0.3667\\
-1.8667 & 5.1333 & -0.3667 & 3.6333 & -3.3667 & 1.9333 & -8.3667 & 1.6333 & 1.2333 & 2.0333\\
-4.0889 & 2.9111 & -2.5889 & 1.4111 & -5.5889 & -0.2889 & -0.5889 & 9.4111 & -0.9889 & -0.1889\\
-2.9333 & 4.0667 & -1.4333 & 2.5667 & -4.4333 & 0.8667 & -9.4333 & 10.5667 & 0.1667 & 0.5667\\
-3.0222\pm\varepsilon\sigma & 3.9778 & -1.5222 & 2.4778 & -4.5222 & 0.7778 & -9.5222 & 10.4778 & 0.4778 & 0.8778
\end{bmatrix} \tag{5-39}
$$

对应的特征方程分别为

$$
\begin{cases}
\boldsymbol{J}_1:\lambda^{10}-144.3122\lambda^{8}+4936.22\lambda^{7}-27929.16\lambda^{6}+133443.67\lambda^{5}-361503.26\lambda^{4}\\
\quad +812466.67\lambda^{3}-1177682.20\lambda^{2}+1092766.22\lambda-676175.11=0\\
\boldsymbol{J}_2:\lambda^{10}+380.13\lambda^{8}-4936.22\lambda^{7}+31663.59\lambda^{6}-133443.67\lambda^{5}+376916.74\lambda^{4}\\
\quad -812466.67\lambda^{3}+1194753.72\lambda^{2}-1092766.22\lambda+678527.11=0
\end{cases} \tag{5-40}
$$

根据式(5-40)，得受控系统中两类鞍焦平衡点对应的特征值分别为

$$
\begin{cases}
\lambda_1^{(1)}=-21.2950,\quad \lambda_{2,3}^{(1)}=7.7400\pm \mathrm{j}11.3665,\quad \lambda_{4,5}^{(1)}=1.3390\pm \mathrm{j}2.9603\\
\lambda_6^{(1)}=1.4983,\quad \lambda_{7,8}^{(1)}=0.4617\pm \mathrm{j}1.2155,\quad \lambda_{9,10}^{(1)}=0.3576\pm \mathrm{j}2.4802\\
\lambda_1^{(2)}=4.4958,\quad \lambda_{2,3}^{(2)}=2.0611\pm \mathrm{j}3.2146,\quad \lambda_{4,5}^{(2)}=0.4784\pm \mathrm{j}1.2283\\
\lambda_6^{(2)}=2.0591,\quad \lambda_{7,8}^{(2)}=0.3061\pm \mathrm{j}2.5063,\quad \lambda_{9,10}^{(2)}=-6.1231\pm \mathrm{j}20.4034
\end{cases} \tag{5-41}
$$

可知两类鞍焦平衡点对应特征值正实部的个数分别为 $r_1=n-1=9$，$r_2=n-2=8$。上述设计使简并度为零，正李氏指数的个数 $L=\min\{r_1,r_2\}=8$，受控系统具有 8 个正李氏指数，个数达到最大。超混沌系统吸引子相图如图 5-5 所示，李氏指数谱如图 5-6 所示。

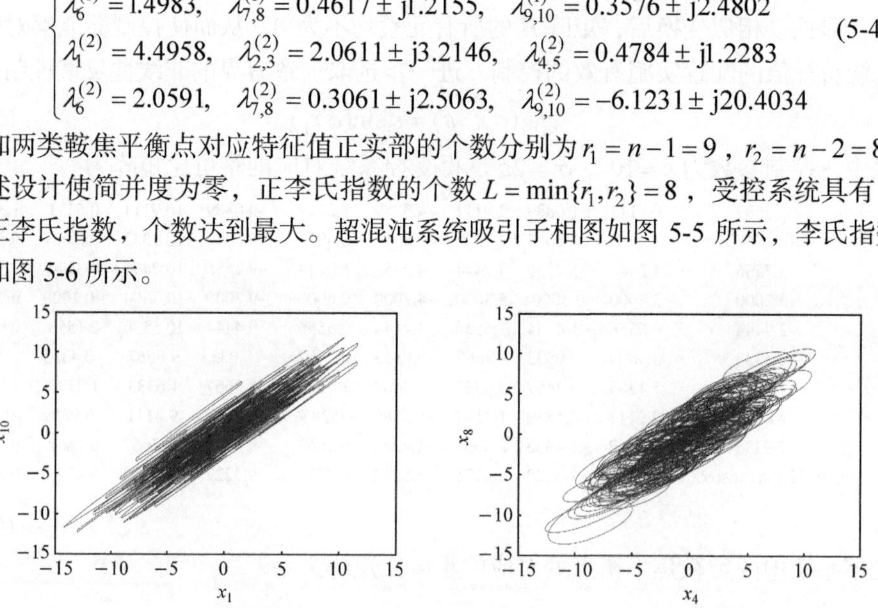

(a) x_1-x_{10}相平面 (b) x_4-x_8相平面

图 5-5 10 维保守超混沌系统吸引子相图

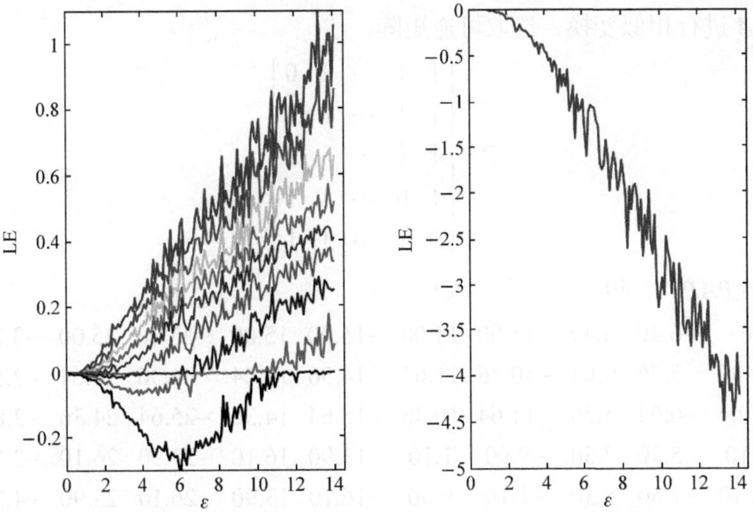

(a) 正李氏指数和零李氏指数　(b) 负李氏指数

图 5-6　10 维保守超混沌系统李氏指数谱

5.4.4　具有 9 个正李氏指数的 11 维保守超混沌系统

选取分块对角矩阵 $\boldsymbol{A}$ 为

$$\boldsymbol{A}=\begin{bmatrix} \gamma & \omega_{11} & 0 & 0 & 0 & 0 & 0 & 0 & 0 & 0 & 0 \\ -\omega_{12} & \gamma & 0 & 0 & 0 & 0 & 0 & 0 & 0 & 0 & 0 \\ 0 & 0 & \gamma & \omega_{21} & 0 & 0 & 0 & 0 & 0 & 0 & 0 \\ 0 & 0 & -\omega_{22} & \gamma & 0 & 0 & 0 & 0 & 0 & 0 & 0 \\ 0 & 0 & 0 & 0 & \gamma & \omega_{31} & 0 & 0 & 0 & 0 & 0 \\ 0 & 0 & 0 & 0 & -\omega_{32} & \gamma & 0 & 0 & 0 & 0 & 0 \\ 0 & 0 & 0 & 0 & 0 & 0 & \gamma & \omega_{41} & 0 & 0 & 0 \\ 0 & 0 & 0 & 0 & 0 & 0 & -\omega_{42} & \gamma & 0 & 0 & 0 \\ 0 & 0 & 0 & 0 & 0 & 0 & 0 & 0 & \gamma & \omega_{51} & 0 \\ 0 & 0 & 0 & 0 & 0 & 0 & 0 & 0 & -\omega_{52} & \gamma & 0 \\ -1 & -1 & -1 & -1 & -1 & -1 & -1 & -1 & -1 & -1 & \gamma \end{bmatrix} \tag{5-42}$$

式中，$\gamma=0$，$\omega_{11}=3.2$，$\omega_{12}=3.2$，$\omega_{21}=25$，$\omega_{22}=25$，$\omega_{31}=11$，$\omega_{32}=11$，$\omega_{41}=6.4$，$\omega_{42}=6.4$，$\omega_{51}=15$，$\omega_{52}=15$。得 $\boldsymbol{A}$ 的特征方程为

$$\begin{aligned} &\lambda^{11}+1022.29\lambda^{9}+293609.630\lambda^{7}+29888811.92\lambda^{5} \\ &+973320816.64\lambda^{3}+7136870400\lambda=0 \end{aligned}$$

对应的 11 个特征值分别为

$$\lambda_{1,2}=\pm\mathrm{j}3.2,\quad \lambda_{3,4}=\pm\mathrm{j}25,\quad \lambda_{5,6}=\pm\mathrm{j}11,\quad \lambda_{7,8}=\pm\mathrm{j}6.4,\quad \lambda_{9,10}=\pm\mathrm{j}15,\quad \lambda_{11}=0$$

对 $\boldsymbol{A}$ 进行相似变换，选取可逆矩阵

$$\boldsymbol{P}=\begin{bmatrix}1 & 1 & \cdots & 1 & 0\\ 1 & 1 & \cdots & 0 & 1\\ \vdots & \vdots & \iddots & \vdots & \vdots\\ 1 & 0 & \cdots & 1 & 1\\ 0 & 1 & \cdots & 1 & 1\end{bmatrix}_{11\times 11}$$

根据 $\boldsymbol{B}=\boldsymbol{PAP}^{-1}$，得

$$\boldsymbol{B}=\begin{bmatrix}0 & -6.40 & 6.40 & -11.00 & 11.00 & -15.00 & 15.00 & -25.00 & 25.00 & -3.20 & 3.20\\ -0.36 & -5.76 & 0.64 & -10.36 & 11.64 & -14.36 & 15.64 & -24.36 & 25.64 & -2.56 & 3.84\\ -1.64 & -0.64 & 5.76 & -11.64 & 10.36 & -15.64 & 14.36 & -25.64 & 24.36 & -3.84 & 2.56\\ 0.10 & -5.30 & 7.50 & -9.90 & 1.10 & -13.90 & 16.10 & -23.90 & 26.10 & -2.10 & 4.30\\ -2.10 & -7.50 & 5.30 & -1.10 & 9.90 & -16.10 & 13.90 & -26.10 & 23.90 & -4.30 & 2.10\\ 0.50 & -4.90 & 7.90 & -9.50 & 12.50 & -13.50 & 1.50 & -23.50 & 26.50 & -1.70 & 4.70\\ -2.50 & -7.90 & 4.90 & -12.50 & 9.50 & -1.50 & 13.50 & -26.50 & 23.50 & -4.70 & 1.70\\ 1.50 & -3.90 & 8.90 & -8.50 & 13.50 & -12.50 & 17.50 & -22.50 & 2.50 & -0.70 & 5.70\\ -3.50 & -8.90 & 3.90 & -13.50 & 8.50 & -17.50 & 12.50 & -2.50 & 22.50 & -5.70 & 0.70\\ -0.68 & -6.08 & 6.72 & -10.68 & 11.32 & -14.68 & 15.32 & -24.68 & 25.32 & -2.88 & 0.32\\ -1.32 & -6.72 & 6.08 & -11.32 & 10.68 & -15.32 & 14.68 & -25.32 & 24.68 & -0.32 & 2.88\end{bmatrix} \tag{5-43}$$

显见，相似变换后，矩阵 $\boldsymbol{B}$ 中只有一个元素为 0，其余的元素均不为 0，从而使得控制器能够对受控系统特征值的配置实施有效的控制。进一步选取一致有界的非线性反馈控制器为

$$f_{11}(\sigma x_4,\varepsilon)=\varepsilon\sin(\sigma x_4) \tag{5-44}$$

式中，控制参数为 $\varepsilon=30$，$\sigma=2\varepsilon$。得受控系统对应的雅可比矩阵为

$$\boldsymbol{J}=\begin{bmatrix}0 & -6.40 & 6.40 & -11.00 & 11.00 & -15.00 & 15.00 & -25.00 & 25.00 & -3.20 & 3.20\\ -0.36 & -5.76 & 0.64 & -10.36 & 11.64 & -14.36 & 15.64 & -24.36 & 25.64 & -2.56 & 3.84\\ -1.64 & -0.64 & 5.76 & -11.64 & 10.36 & -15.64 & 14.36 & -25.64 & 24.36 & -3.84 & 2.56\\ 0.10 & -5.30 & 7.50 & -9.90 & 1.10 & -13.90 & 16.10 & -23.90 & 26.10 & -2.10 & 4.30\\ -2.10 & -7.50 & 5.30 & -1.10 & 9.90 & -16.10 & 13.90 & -26.10 & 23.90 & -4.30 & 2.10\\ 0.50 & -4.90 & 7.90 & -9.50 & 12.50 & -13.50 & 1.50 & -23.50 & 26.50 & -1.70 & 4.70\\ -2.50 & -7.90 & 4.90 & -12.50 & 9.50 & -1.50 & 13.50 & -26.50 & 23.50 & -4.70 & 1.70\\ 1.50 & -3.90 & 8.90 & -8.50 & 13.50 & -12.50 & 17.50 & -22.50 & 2.50 & -0.70 & 5.70\\ -3.50 & -8.90 & 3.90 & -13.50 & 8.50 & -17.50 & 12.50 & -2.50 & 22.50 & -5.70 & 0.70\\ -0.68 & -6.08 & 6.72 & -10.68 & 11.32 & -14.68 & 15.32 & -24.68 & 25.32 & -2.88 & 0.32\\ -1.32 & -6.72 & 6.08 & -11.32+\varepsilon\sigma\cos x_4 & 10.68 & -15.32 & 14.68 & -25.32 & 24.68 & -0.32 & 2.88\end{bmatrix} \tag{5-45}$$

受控系统中两类鞍焦平衡点处对应的雅可比矩阵为

$$\boldsymbol{J}_{1,2}=\begin{bmatrix} 0 & -6.40 & 6.40 & -11.00 & 11.00 & -15.00 & 15.00 & -25.00 & 25.00 & -3.20 & 3.20 \\ -0.36 & -5.76 & 0.64 & -10.36 & 11.64 & -14.36 & 15.64 & -24.36 & 25.64 & -2.56 & 3.84 \\ -1.64 & -0.64 & 5.76 & -11.64 & 10.36 & -15.64 & 14.36 & -25.64 & 24.36 & -3.84 & 2.56 \\ 0.10 & -5.30 & 7.50 & -9.90 & 1.10 & -13.90 & 16.10 & -23.90 & 26.10 & -2.10 & 4.30 \\ -2.10 & -7.50 & 5.30 & -1.10 & 9.90 & -16.10 & 13.90 & -26.10 & 23.90 & -4.30 & 2.10 \\ 0.50 & -4.90 & 7.90 & -9.50 & 12.50 & -13.50 & 1.50 & -23.50 & 26.50 & -1.70 & 4.70 \\ -2.50 & -7.90 & 4.90 & -12.50 & 9.50 & -1.50 & 13.50 & -26.50 & 23.50 & -4.70 & 1.70 \\ 1.50 & -3.90 & 8.90 & -8.50 & 13.50 & -12.50 & 17.50 & -22.50 & 2.50 & -0.70 & 5.70 \\ -3.50 & -8.90 & 3.90 & -13.50 & 8.50 & -17.50 & 12.50 & -2.50 & 22.50 & -5.70 & 0.70 \\ -0.68 & -6.08 & 6.72 & -10.68 & 11.32 & -14.68 & 15.32 & -24.68 & 25.32 & -2.88 & 0.32 \\ -1.32 & -6.72 & 6.08 & \pm\varepsilon\sigma & 10.68 & -15.32 & 14.68 & -25.32 & 24.68 & -0.32 & 2.88 \end{bmatrix} \tag{5-46}$$

对应的特征方程分别为

$$\begin{cases} \boldsymbol{J}_1:\lambda^{11}-6717.8\lambda^9+333540\lambda^8-7669215.97\lambda^7+178947240.77\lambda^6 \\ \quad -2159798889.04\lambda^5+24670795566.24\lambda^4-196500645125.31\lambda^3 \\ \quad +895004550374.4\lambda^2-5028270387609.63\lambda+2729852928000=0 \\ \boldsymbol{J}_2:\lambda^{11}+8762.2\lambda^9-333540\lambda^8+8256435.23\lambda^7-178947240.77\lambda^6 \\ \quad +2219576512.88\lambda^5-24670795566.24\lambda^4+198447286758.59\lambda^3 \\ \quad -895004550374.4\lambda^2+5042544128409.61\lambda-2729570532448.54=0 \end{cases} \tag{5-47}$$

根据式(5-47)，得受控系统中两类鞍焦平衡点对应的特征值分别为

$$\begin{cases} \lambda_1^{(1)}=-103.9911,\quad \lambda_{2,3}^{(1)}=44.0163\pm \mathrm{j}12.8372,\quad \lambda_4^{(1)}=9.7024 \\ \lambda_{5,6}^{(1)}=1.6086\pm \mathrm{j}18.2505,\quad \lambda_{7,8}^{(1)}=0.8751\pm \mathrm{j}11.4525 \\ \lambda_9^{(1)}=0.5990,\quad \lambda_{10,11}^{(1)}=0.3449\pm \mathrm{j}6.9573 \\ \lambda_1^{(2)}=20.9223,\quad \lambda_2^{(2)}=10.8875,\quad \lambda_{3,4}^{(2)}=1.4801\pm \mathrm{j}18.3200 \\ \lambda_{5,6}^{(2)}=0.8710\pm \mathrm{j}11.4709,\quad \lambda_7^{(2)}=0.5968 \\ \lambda_{8,9}^{(2)}=0.3430\pm \mathrm{j}6.9629,\quad \lambda_{10,11}^{(2)}=-18.8975\pm \mathrm{j}94.2604 \end{cases} \tag{5-48}$$

可知两类鞍焦平衡点对应特征值正实部的个数分别为 $r_1=n-1=10$，$r_2=n-2=9$。上述设计使简并度为零，正李氏指数的个数 $L=\min\{r_1,r_2\}=9$，受控系统具有 9 个正李氏指数，个数达到最大值。超混沌系统吸引子相图如图 5-7 所示，李氏指数谱如图 5-8 所示。

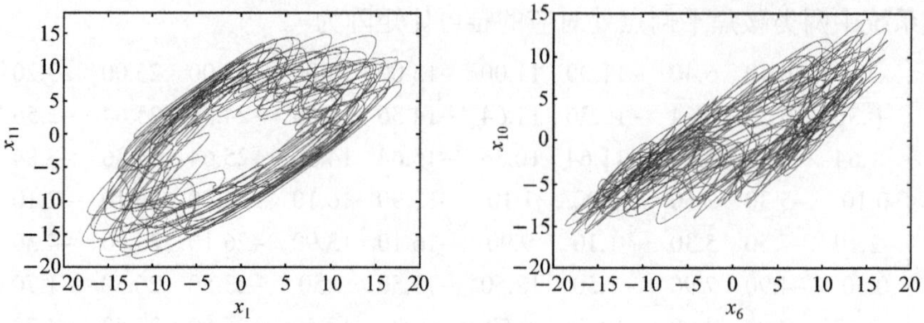

(a) x_1-x_{11}相平面　　(b) x_6-x_{10}相平面

图 5-7　11 维保守超混沌系统吸引子相图

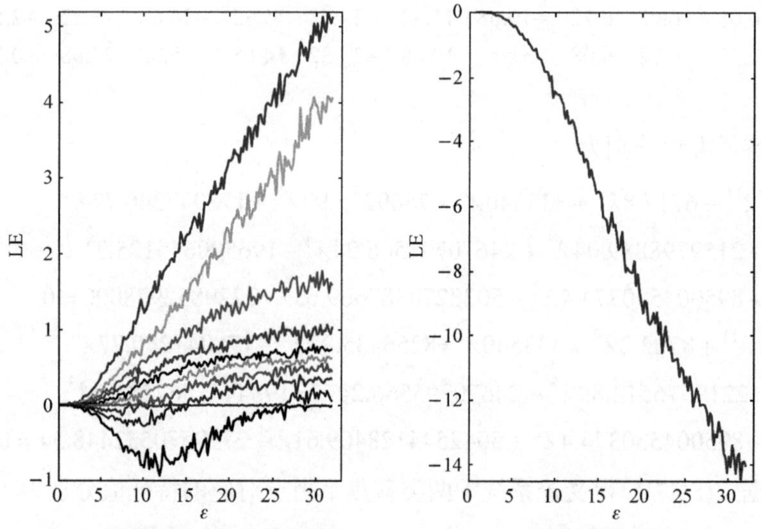

(a) 正李氏指数和零李氏指数　　(b) 负李氏指数

图 5-8　11 维保守超混沌系统李氏指数谱

第 6 章　无简并高维连续时间超混沌系统的平均特征值准则

本章介绍基于平均特征值准则构造具有 n–2 个正李氏指数的高维连续时间超混沌系统的基本方法，内容包括简并问题的描述、构造无简并高维超混沌系统的平均特征值准则、步骤和参数选取算法以及两个典型的设计实例[1,21,34]。

6.1　问题的提出

在混沌理论中，将正李氏指数的个数 $L^+=1$ 的动力系统定义为混沌系统，将正李氏指数的个数 $L^+\geqslant 2$ 的动力系统定义为超混沌系统。长期以来，人们主要针对具有一个正李氏指数的低维混沌系统进行研究，并取得了许多令人瞩目的研究成果。1979 年，Rössler 首次提出了著名的 Rössler 超混沌系统。超混沌系统的提出引起了国内外研究者的广泛关注和重视，成为当前非线性科学和混沌研究领域中的一个前沿热点研究课题。在超混沌系统研究的早期，主要是在 3 维 Chua 系统和 3 维 Lorenz 系统的基础上，拓展 1 个或 2 个维度来构造超混沌系统。

目前，研究人员主要是针对正李氏指数个数 $L^+\leqslant 3$ 的 4 维或 5 维超混沌系统进行研究，公认的研究方法主要包括自治系统中的状态反馈控制、非自治系统中的外部信号或参数扰动等，利用这些方法能获得所需的超混沌系统，其中的状态反馈控制方法受到普遍关注，获得了广泛的应用。该方法的主要步骤是，首先选取一个合适的 3 维混沌系统，然后利用 1～2 个新的状态变量对其进行反馈控制，结合参数错试法，从而获得具有 2 个或 3 个正李氏指数的 4 维或 5 维超混沌系统。然而，当维数 $n\geqslant 6$ 时，随着状态反馈控制方程的增加，实现的难度越来越大。例如，要想构造无简并 6 维以上连续时间超混沌系统，在设计上有相当大的难度。利用现有方法，在通常情况下只能构造有简并高维连续时间超混沌系统，即正李氏指数的个数 $L^+<n-2$，简并度 $d>0$，并且维数 n 越高，简并度 d 越大。

除上面提到的状态反馈控制方法外，研究人员还进一步根据多个子系统耦合等其他方法在维数 $n\geqslant 6$ 的高维系统中构造超混沌系统。例如，根据混沌反控制原理，可建立一种所有状态变量之间的耦合规则，将标称系统中的 n 个独立的一阶线性微分方程耦合起来，使受控系统具有级联闭环的耦合形式。然而，这些方法的主要问题仍然是正李氏指数的个数无法满足 $L^+=n-2$ ，简并度 $d>0$ ，只能构造有简并高维连续时间超混沌系统。

引入简并度 d 来衡量正李氏指数个数减少的程度，这对于数字域中混沌退化的研究具有参考价值。主要原因是，不动点吸引子具有负李氏指数，周期或极限环吸引子具有非正李氏指数，混沌吸引子具有正李氏指数，正李氏指数的个数越多，正李氏指数越大，混沌化的程度就越高。当混沌系统在数字域中的动力学性质退化时，具体表现为正李氏指数会发生简并，其结果是正李氏指数简并为负李氏指数，混沌系统退化为弱混沌系统甚至非混沌系统。例如，对于一个 10 维连续时间超混沌系统，在正李氏指数无简并的情况下，对应的正李氏指数的最大个数应该能够达到 $L^+=n-2=8$ 。但在正李氏指数发生简并的情况下，对应的正李氏指数的个数可能只有 $L^+=n-2-d=2$ ，其中简并度 $d=6$ 。对于维数相同的 10 维连续时间超混沌系统， $L^+=8$ 与 $L^+=2$ 相比，从动力学行为、混沌化程度和统计特性三个方面来看，它们之间都存在着重大的差异，主要体现在混沌系统的本质特征是由混沌轨道的拉伸折叠变换所决定的。只有一个正李氏指数的混沌系统，相邻轨道之间只有一个方向上的拉伸折叠变换和发散度，而多个正李氏指数的混沌系统具有多个不同方向上的拉伸折叠变换和发散度。在混沌系统全局有界的条件下，正李氏指数的个数越多，并且正李氏指数的值越大，则具有更大强度的以及更多不同方向上的拉伸折叠变换，从而导致无简并系统与有简并系统的动力学性质出现重大差异。

为了解决正李氏指数出现简并的问题，根据混沌反控制原理，本章介绍一种无简并高维超混沌系统的设计新方法，为解决这个瓶颈问题提供新思路。该方法的主要特点是用一致有界的控制器对渐近稳定标称系统实施反控制来构造无简并高维超混沌系统，通过控制器的闭环极点配置，使受控系统在两类鞍焦平衡点处对应的特征值的正实部个数分别满足 $n-1$ 和 $n-2$ 时，正李氏指数的个数满足 $L^+=n-2$ ，并给出无简并 6～11 维超混沌系统的研究结果。但在实际情况中，混沌系统的解 $\boldsymbol{x}(t)$ 遍历地分布在整个相空间中，设混沌系统的状态方程为 $\dot{\boldsymbol{x}}=\boldsymbol{f}(\boldsymbol{x})$ ，对应的雅可比矩阵为 $\boldsymbol{J}(\boldsymbol{x})=\partial\boldsymbol{f}(\boldsymbol{x})/\partial\boldsymbol{x}$ ，那么，雅可比矩阵 $\boldsymbol{J}(\boldsymbol{x})$ 也是状态变量 $\boldsymbol{x}$ 的函数。因此，根据 $\boldsymbol{J}(\boldsymbol{x})$ 计算得到的特征值 $\lambda_i(\boldsymbol{x})$ $(i=1,2,\cdots,n)$ 也是随着 $\boldsymbol{x}$ 的变化而变化的。而在文献[31]和[32]中，仅考虑在两类鞍焦平衡点处对应的特征值的正实部个数分别满足 $n-1$ 和 $n-2$ ，这只是一个必要条件。特别是对于维数 $n\geqslant 12$ 的高维系统，可以举出许多反例，即便当满足这个必要条件时，正李氏指数的个数也不一定能够满足 $L^+=n-2$ ，存在简并度 $d>0$ 。然而，如果进一步考虑在控制器的一个周期内，所有雅可比矩阵对应的平均特征值的正实部个数满足$n-2$，就有可能进一步解决这个问题。

6.2　简并问题的描述

设n维渐近稳定的线性标称系统为

$$\dot{\boldsymbol{y}} = \boldsymbol{A}\boldsymbol{y}, \quad \boldsymbol{y} \in \mathbf{R}^n \tag{6-1}$$

式中

$$\boldsymbol{A} = \begin{cases} \begin{bmatrix} \boldsymbol{A}_1 & 0 & \cdots & 0 & 0 \\ 0 & \boldsymbol{A}_2 & \cdots & 0 & 0 \\ \vdots & \vdots & \ddots & \vdots & \vdots \\ 0 & 0 & \cdots & \boldsymbol{A}_{m-1} & 0 \\ 0 & 0 & \cdots & 0 & \boldsymbol{A}_m \end{bmatrix}, & n\text{为偶数}, m = n/2 \\ \begin{bmatrix} \boldsymbol{A}_1 & 0 & \cdots & 0 & 0 \\ 0 & \boldsymbol{A}_2 & \cdots & 0 & 0 \\ \vdots & \vdots & \ddots & \vdots & \vdots \\ 0 & 0 & \cdots & \boldsymbol{A}_m & 0 \\ -1 & -1 & \cdots & -1 & \gamma_n \end{bmatrix}, & n\text{为奇数}, m = (n-1)/2 \end{cases} \tag{6-2}$$

其中，$\boldsymbol{A}_k\ (k=1,2,\cdots,m)$为$2\times 2$的矩阵分块，其一般形式为

$$\boldsymbol{A}_k = \begin{bmatrix} \gamma_k & \omega_{k1} \\ \omega_{k2} & \gamma_k \end{bmatrix} \tag{6-3}$$

根据式(6-2)和式(6-3)，设$\omega_{k1}\cdot\omega_{k2}<0$，得$\boldsymbol{A}$的特征值为

$$\begin{cases} \lambda_{2k-1,2k} = \gamma_k \pm \mathrm{j}\sqrt{|\omega_{k1}\cdot\omega_{k2}|}, & n\text{为偶数}, m = n/2 \\ \lambda_{2k-1,2k} = \gamma_k \pm \mathrm{j}\sqrt{|\omega_{k1}\cdot\omega_{k2}|}, \lambda_n = \gamma_n, & n\text{为奇数}, m = (n-1)/2 \end{cases} \tag{6-4}$$

式中，$k=1,2,\cdots,m$，$\mathrm{j}=\sqrt{-1}$。

显然，若满足$\omega_{k1}\cdot\omega_{k2}\neq\omega_{j1}\cdot\omega_{j2}\ (k,j=1,2,\cdots,m;k\neq j)$，则$\boldsymbol{A}$的$n$个特征值互不相等。当$\gamma_1,\cdots,\gamma_m,\gamma_n<0$时，所有的特征值都位于复平面的左半平面，式(6-1)是渐近稳定的。

为了对式(6-1)进行有效控制，对标称矩阵$\boldsymbol{A}$作相似变换，得相似变换后的标称系统为

$$\dot{\boldsymbol{x}} = \boldsymbol{P}\boldsymbol{A}\boldsymbol{P}^{-1}\boldsymbol{x} \tag{6-5}$$

式中，相似变换矩阵的一般形式为

$$\boldsymbol{P}=\begin{bmatrix} 1 & \cdots & 1 & 0 \\ \vdots & \iddots & \iddots & 1 \\ 1 & \iddots & \iddots & \vdots \\ 0 & 1 & \cdots & 1 \end{bmatrix}_{n\times n}$$

设计一致有界的控制器 $\boldsymbol{f}(\sigma\boldsymbol{x},\varepsilon)$ 和控制矩阵 $\boldsymbol{C}$，对相似变换后的标称系统实施混沌反控制，得受控系统的一般数学形式为

$$\dot{\boldsymbol{x}}=\boldsymbol{PAP}^{-1}\boldsymbol{x}+\boldsymbol{Cf}(\sigma\boldsymbol{x},\varepsilon)=\boldsymbol{Bx}+\boldsymbol{Cf}(\sigma\boldsymbol{x},\varepsilon) \tag{6-6}$$

式中

$$\begin{cases} \boldsymbol{f}(\sigma\boldsymbol{x},\varepsilon)=\varepsilon\sin(\sigma\boldsymbol{x})=\begin{bmatrix} \varepsilon\sin(\sigma x_1) \\ \vdots \\ \varepsilon\sin(\sigma x_i) \\ \vdots \\ \varepsilon\sin(\sigma x_n) \end{bmatrix}_{n\times 1} \\ \boldsymbol{C}=\begin{bmatrix} 0 & & & \\ & 0 & \cdots & 1_{(i,j)} \\ & & \ddots & \vdots \\ & & & 0 \\ & & & & 0 \end{bmatrix}_{n\times n} \end{cases} \tag{6-7}$$

其中，$i,j=1,2,\cdots,n,i\neq j$；(i,j) 表示控制器的位置。在控制矩阵 $\boldsymbol{C}$ 中，除了元素 $1_{(i,j)}$ 等于 1 之外，其余元素均为 0。受控系统(6-6)的解是全局有界的，恒满足以下不等式：

$$\sup_{0\leqslant t<\infty}\|\boldsymbol{x}(t)\|\leqslant\alpha\cdot\|\boldsymbol{x}(0)\|+\frac{\alpha}{\beta}\|\varepsilon\|<\infty \tag{6-8}$$

式中，常数 $\alpha,\beta>0$， $\boldsymbol{x}(0)$ 为初始值。

若进一步选取 $\varepsilon\gg 1$，可得式(6-6)中平衡点为 $\sin(\sigma x_j^{(e)})\approx 0$，因此平衡点分量 $x_j^{(e)}$ 满足 $x_j^{(e)}\approx\pm k\pi/\sigma\ (k=0,1,\cdots)$，从而得受控系统(6-6)在各个平衡点处对应的雅可比矩阵的一般形式为

$$\boldsymbol{J}_{1,2}=\begin{bmatrix} b_{11} & \cdots & b_{1j} & \cdots & b_{1n} \\ \vdots & & \vdots & & \vdots \\ b_{i1} & \cdots & b_{ij}\pm\varepsilon\sigma & \cdots & b_{in} \\ \vdots & & \vdots & & \vdots \\ b_{n1} & \cdots & b_{nj} & \cdots & b_{nn} \end{bmatrix} \tag{6-9}$$

当 $\varepsilon\sigma$ 前面取正号时，式(6-9)为第一类鞍焦平衡点的雅可比矩阵；当 $\varepsilon\sigma$ 前面取负号时，式(6-9)为第二类鞍焦平衡点的雅可比矩阵。

在两类鞍焦平衡点处，当受控系统雅可比矩阵(6-9)所对应的特征值的正实部个数分别满足 $n-1$ 和 $n-2$ 时，受控系统(6-6)的正李氏指数个数满足 $L^{+}=n-2$。

进一步的研究结果表明，上述给出的结果不是一个充分条件。受控系统(6-6)满足了这个条件，也不一定能确保正李氏指数个数满足 $L^{+}=n-2$。下面以 12 维超混沌系统为例来说明这个问题。

根据式(6-1)～式(6-3)，选取 12 维渐近稳定的标称系统中矩阵 $\boldsymbol{A}$ 的各个子矩阵为

$$\begin{cases} \boldsymbol{A}_1=\begin{bmatrix} -0.01 & 1 \\ -0.4 & -0.01 \end{bmatrix}, & \boldsymbol{A}_2=\begin{bmatrix} -0.01 & 8 \\ -10 & -0.01 \end{bmatrix}, & \boldsymbol{A}_3=\begin{bmatrix} -0.01 & 3 \\ -0.5 & -0.01 \end{bmatrix} \\ \boldsymbol{A}_4=\begin{bmatrix} -0.01 & 3 \\ -2 & -0.01 \end{bmatrix}, & \boldsymbol{A}_5=\begin{bmatrix} -0.01 & 3 \\ -5 & -0.01 \end{bmatrix}, & \boldsymbol{A}_6=\begin{bmatrix} -0.01 & 15 \\ -16 & -0.01 \end{bmatrix} \end{cases}$$

由式(6-7)，选取控制矩阵 $\boldsymbol{C}$ 中元素 1 的位置 $(i,j)=(12,2)$，控制器参数 $\sigma=120$，$\varepsilon=60$。然后根据式(6-6)、式(6-7)以及式(6-9)，得第一类鞍焦平衡点处对应的特征根为

$$\begin{cases} \lambda_1=15.98+\mathrm{j}92.83, \quad \lambda_2=15.98-\mathrm{j}92.83, \quad \lambda_3=0.81 \\ \lambda_4=1.12+\mathrm{j}11.58, \quad \lambda_5=1.12-\mathrm{j}11.58, \quad \lambda_6=0.25+\mathrm{j}4.79 \\ \lambda_7=0.25-\mathrm{j}4.79, \quad \lambda_8=0.18+\mathrm{j}2.69, \quad \lambda_9=0.18-\mathrm{j}2.69 \\ \lambda_{10}=0.13+\mathrm{j}1.25, \quad \lambda_{11}=0.13-\mathrm{j}1.25, \quad \lambda_{12}=-36.22 \end{cases}$$

同理，得第二类鞍焦平衡点处对应的特征根为

$$\begin{cases} \lambda_1=100.50, \quad \lambda_2=1.09+\mathrm{j}0.11, \quad \lambda_3=1.09-\mathrm{j}0.11 \\ \lambda_4=0.81, \quad \lambda_5=0.25+\mathrm{j}0.05, \quad \lambda_6=0.25-\mathrm{j}0.05 \\ \lambda_7=0.17+\mathrm{j}0.03, \quad \lambda_8=0.17-\mathrm{j}0.03, \quad \lambda_9=0.13+\mathrm{j}0.01 \\ \lambda_{10}=0.13-\mathrm{j}0.01, \quad \lambda_{11}=-52.36+\mathrm{j}0.21, \quad \lambda_{12}=-52.36-\mathrm{j}0.21 \end{cases}$$

显然，受控系统雅可比矩阵(6-9)所对应特征值的正实部个数满足 $n-1=11$ 和 $n-2=10$。然而，根据式(6-6)和式(6-7)，得 12 个李氏指数的计算结果为

$$\begin{cases} \mathrm{LE}_1=10.57, \quad \mathrm{LE}_2=0.89, \quad \mathrm{LE}_3=0.54 \\ \mathrm{LE}_4=0.29, \quad \mathrm{LE}_5=0.20, \quad \mathrm{LE}_6=0.17 \\ \mathrm{LE}_7=0.14, \quad \mathrm{LE}_8=0.13, \quad \mathrm{LE}_9=0.10 \\ \mathrm{LE}_{10}=0.00, \quad \mathrm{LE}_{11}=-0.41, \quad \mathrm{LE}_{12}=-12.75 \end{cases}$$

可知正李氏指数只有 9 个，简并度 $d=1$。进一步的研究还发现，在控制矩阵 $\boldsymbol{C}$ 中，若选取元素为 1 的位置 $(i,j)=(12,7)$，则同样存在正李氏指数的简并问题。

上述结果说明，如果仅考虑在两类鞍焦平衡点处对应的特征值的正实部个数分别满足$n-1$和$n-2$，正李氏指数的个数也不一定能满足$L^{+}=n-2$，存在简并度$d>0$。因此，需要全面掌握雅可比矩阵$\boldsymbol{J}(\boldsymbol{x}(t))$随状态变量$\boldsymbol{x}(t)$在整个相空间中变化时所对应的平均特征值的情况，才有可能真正找到李氏指数与平均特征值之间的较为准确的关系，并且通过这种关系，就有可能将正李氏指数配置问题转化为平均特征值配置问题来真正加以解决。然而，在实际情况当中，针对雅可比矩阵$\boldsymbol{J}(\boldsymbol{x}(t))$随状态变量$\boldsymbol{x}(t)$在整个相空间中变化时所对应的平均特征值的计算问题通常显得比较复杂。但如果进一步考虑遍历在整个相空间中的混沌系统的解$\boldsymbol{x}(t)$与控制器$\boldsymbol{f}(\sigma\boldsymbol{x},\varepsilon)=\varepsilon\sin(\sigma\boldsymbol{x})$之间的映射关系，而控制器为周期函数，从统计角度来看，在控制器一个周期内的雅可比矩阵取值可以涵盖所有轨迹运动对应的雅可比矩阵。进而考虑在控制器的一个周期内来计算平均特征值的大小。具体方法将在6.3节给出。

6.3 构造无简并高维超混沌系统的平均特征值准则与步骤

6.3.1 几个相关的引理

引理 6-1 矩阵$\boldsymbol{\Phi}(t)=\mathrm{e}^{\boldsymbol{A}t}$是状态方程$\dot{\boldsymbol{x}}(t)=\boldsymbol{A}\boldsymbol{x}(t)$的基解矩阵，且$\boldsymbol{\Phi}(0)=\boldsymbol{E}$(单位矩阵)。

证明 已知指数矩阵$\boldsymbol{A}$的幂级数形式为

$$\mathrm{e}^{\boldsymbol{A}}=\sum_{k=0}^{\infty}\left(\frac{\boldsymbol{A}^{k}}{k!}\right)=\boldsymbol{E}+\boldsymbol{A}+\frac{\boldsymbol{A}^{2}}{2!}+\frac{\boldsymbol{A}^{3}}{3!}+\cdots+\frac{\boldsymbol{A}^{n}}{n!}+\cdots$$

若$\boldsymbol{\Phi}(t)=\mathrm{e}^{\boldsymbol{A}t}$，根据上面公式，有

$$\boldsymbol{\Phi}(t)=\mathrm{e}^{\boldsymbol{A}t}=\sum_{k=0}^{\infty}\left(\frac{(\boldsymbol{A}t)^{k}}{k!}\right)=\boldsymbol{E}+\boldsymbol{A}t+\frac{(\boldsymbol{A}t)^{2}}{2!}+\frac{(\boldsymbol{A}t)^{3}}{3!}+\cdots+\frac{(\boldsymbol{A}t)^{n}}{n!}+\cdots$$

对此式两边求导，得

$$\begin{aligned}\boldsymbol{\Phi}'(t)&=\boldsymbol{A}+\frac{\boldsymbol{A}(\boldsymbol{A}t)}{1!}+\frac{\boldsymbol{A}(\boldsymbol{A}t)^{2}}{2!}+\cdots+\frac{\boldsymbol{A}(\boldsymbol{A}t)^{n-1}}{(n-1)!}+\frac{\boldsymbol{A}(\boldsymbol{A}t)^{n}}{n!}+\cdots\\&=\boldsymbol{A}\left(\boldsymbol{E}+\frac{\boldsymbol{A}t}{1!}+\frac{(\boldsymbol{A}t)^{2}}{2!}+\cdots+\frac{(\boldsymbol{A}t)^{n-1}}{(n-1)!}+\frac{(\boldsymbol{A}t)^{n}}{n!}+\cdots\right)\\&=\boldsymbol{A}\mathrm{e}^{\boldsymbol{A}t}\end{aligned}$$

因此有$\boldsymbol{\Phi}'(t)=\boldsymbol{A}\boldsymbol{\Phi}(t)$。可知$\boldsymbol{\Phi}(t)$是$\dot{x}(t)=\boldsymbol{A}\boldsymbol{x}(t)$的基解矩阵，并且满足$\boldsymbol{\Phi}(0)=\boldsymbol{E}$。证毕。

引理 6-2　设 $\lambda_1,\lambda_2,\cdots,\lambda_n$ 是线性系统对应雅可比矩阵 $\boldsymbol{J}$ 互不相同的 n 个特征值，若矩阵 $\boldsymbol{J}$ 相似于对角矩阵 $\boldsymbol{D}=\mathrm{diag}(\lambda_1,\lambda_2,\cdots,\lambda_n)$，即 $\boldsymbol{J}=\boldsymbol{TDT}^{-1}$，则 $\mathrm{e}^{\boldsymbol{J}t}=\boldsymbol{T}\cdot\mathrm{diag}(\mathrm{e}^{\lambda_1 t},\mathrm{e}^{\lambda_2 t},\cdots,\mathrm{e}^{\lambda_n t})\cdot\boldsymbol{T}^{-1}$。

证明　根据 $\boldsymbol{J}=\boldsymbol{TDT}^{-1}$，其中 $\boldsymbol{D}$ 的数学表达式为

$$\boldsymbol{D}=\begin{bmatrix}\lambda_1 & & & \\ & \lambda_2 & & \\ & & \ddots & \\ & & & \lambda_n\end{bmatrix}$$

以及 $\mathrm{e}^{\boldsymbol{J}t}=\mathrm{e}^{\boldsymbol{TDT}^{-1}t}$ 的幂级数形式

$$\mathrm{e}^{\boldsymbol{J}t}=\mathrm{e}^{\boldsymbol{TDT}^{-1}t}=\sum_{k=0}^{\infty}\left(\frac{(\boldsymbol{TDT}^{-1}t)^k}{k!}\right)$$

得

$$\begin{aligned}\mathrm{e}^{\boldsymbol{J}t}=\mathrm{e}^{\boldsymbol{TDT}^{-1}t}&=\sum_{k=0}^{\infty}\left(\frac{1}{k!}\left(\underbrace{(\boldsymbol{TDT}^{-1})\times(\boldsymbol{TDT}^{-1})\times\cdots\times(\boldsymbol{TDT}^{-1})}_{k\text{次}}\right)t^k\right)\\&=\sum_{k=0}^{\infty}\frac{1}{k!}\left(\boldsymbol{TD}^k\boldsymbol{T}^{-1}t^k\right)=\sum_{k=0}^{\infty}\frac{1}{k!}\left(\boldsymbol{T}(\boldsymbol{D}t)^k\boldsymbol{T}^{-1}\right)=\boldsymbol{T}\left(\sum_{k=0}^{\infty}\frac{(\boldsymbol{D}t)^k}{k!}\right)\boldsymbol{T}^{-1}\\&=\boldsymbol{T}\mathrm{e}^{\boldsymbol{D}t}\boldsymbol{T}^{-1}\end{aligned}$$

另外，由于 $\boldsymbol{D}t$ 为对角矩阵，故得

$$\mathrm{e}^{\boldsymbol{D}t}=\exp(\boldsymbol{D}t)=\exp\left\{\begin{bmatrix}\lambda_1 t & & & \\ & \lambda_2 t & & \\ & & \ddots & \\ & & & \lambda_n t\end{bmatrix}\right\}=\begin{bmatrix}\mathrm{e}^{\lambda_1 t} & & & \\ & \mathrm{e}^{\lambda_2 t} & & \\ & & \ddots & \\ & & & \mathrm{e}^{\lambda_n t}\end{bmatrix}$$

根据上面两式，得

$$\mathrm{e}^{\boldsymbol{J}t}=\mathrm{e}^{\boldsymbol{TDT}^{-1}t}=\boldsymbol{T}\mathrm{e}^{\boldsymbol{D}t}\boldsymbol{T}^{-1}=\boldsymbol{T}\begin{bmatrix}\mathrm{e}^{\lambda_1 t} & & & \\ & \mathrm{e}^{\lambda_2 t} & & \\ & & \ddots & \\ & & & \mathrm{e}^{\lambda_n t}\end{bmatrix}\boldsymbol{T}^{-1}$$

引理 6-3　设 $\lambda_1,\lambda_2,\cdots,\lambda_n$ 是线性系统对应雅可比矩阵 $\boldsymbol{J}$ 互不相同的 n 个特征值，若矩阵 $\boldsymbol{J}$ 相似于对角矩阵 $\boldsymbol{D}=\mathrm{diag}(\lambda_1,\lambda_2,\cdots,\lambda_n)$，即 $\boldsymbol{J}=\boldsymbol{TDT}^{-1}$，则有

$$\mathrm{e}^{\boldsymbol{J}t}=\boldsymbol{T}\cdot\mathrm{diag}(\mathrm{e}^{\lambda_1 t},\mathrm{e}^{\lambda_2 t},\cdots,\mathrm{e}^{\lambda_n t})\cdot\boldsymbol{T}^{-1}$$

对应初值为 $\boldsymbol{x}(0)$ 的解轨迹为

$$\begin{cases} \boldsymbol{x}(t) = \mathrm{e}^{\boldsymbol{J}t}\boldsymbol{x}(0) = \mathrm{e}^{\boldsymbol{TDT}^{-1}t}\boldsymbol{x}(0) = \boldsymbol{T}\mathrm{e}^{\boldsymbol{D}t}\boldsymbol{T}^{-1}\boldsymbol{x}(0) = \boldsymbol{T}\begin{bmatrix} \mathrm{e}^{\lambda_1 t} & & & \\ & \mathrm{e}^{\lambda_2 t} & & \\ & & \ddots & \\ & & & \mathrm{e}^{\lambda_n t} \end{bmatrix}\boldsymbol{T}^{-1}\boldsymbol{x}(0) \\ \boldsymbol{T}^{-1}\boldsymbol{JT} = \boldsymbol{D} = \begin{bmatrix} \lambda_1 & & & \\ & \lambda_2 & & \\ & & \ddots & \\ & & & \lambda_n \end{bmatrix} \end{cases}$$

式中，$\boldsymbol{T}$ 是由雅可比矩阵 $\boldsymbol{J}$ 的特征值 λ_i 对应特征向量 $\boldsymbol{p}_i\ (i=1,2,\cdots,n)$ 构成的相似变换矩阵。

证明 根据引理 6-1 和引理 6-2，即可证得引理 6-3。

引理 6-4 对于矩阵 $\boldsymbol{A}$，若存在一个相似变换矩阵 $\boldsymbol{T}$，且 $\boldsymbol{T}_j^{\mathrm{H}} \cdot \boldsymbol{T}_j = 1\ (j=1,2,\cdots,n)$，上标 H 表示共轭转置，使得

$$\boldsymbol{T}^{-1}\boldsymbol{AT} = \boldsymbol{B} = \begin{bmatrix} \lambda_1 & & & \\ & \lambda_2 & & \\ & & \ddots & \\ & & & \lambda_n \end{bmatrix}_{n\times n} \Rightarrow \boldsymbol{A} = \boldsymbol{T}\begin{bmatrix} \lambda_1 & & & \\ & \lambda_2 & & \\ & & \ddots & \\ & & & \lambda_n \end{bmatrix}_{n\times n}\boldsymbol{T}^{-1} = \boldsymbol{TBT}^{-1}$$

成立，则有 $\boldsymbol{T}_j^{\mathrm{H}}\boldsymbol{AT}_j = \lambda_j\ (j=1,2,\cdots,n)$。

证明 因为 $\boldsymbol{T}$ 可逆，故有

$$\boldsymbol{T}^{-1}\times\boldsymbol{T} = \boldsymbol{T}^{-1}\times\begin{bmatrix}\boldsymbol{T}_1 & \boldsymbol{T}_2 & \cdots & \boldsymbol{T}_n\end{bmatrix} = \begin{bmatrix} 1 & & & \\ & 1 & & \\ & & \ddots & \\ & & & 1 \end{bmatrix}_{n\times n}$$

$$\Rightarrow \boldsymbol{T}^{-1}\times\boldsymbol{T}_1 = \begin{bmatrix}1\\0\\\vdots\\0\end{bmatrix},\quad \boldsymbol{T}^{-1}\times\boldsymbol{T}_2 = \begin{bmatrix}0\\1\\\vdots\\0\end{bmatrix},\quad \cdots,\quad \boldsymbol{T}^{-1}\times\boldsymbol{T}_n = \begin{bmatrix}0\\0\\\vdots\\1\end{bmatrix}$$

再根据

$$\boldsymbol{T}^{-1}\boldsymbol{AT} = \boldsymbol{B} = \begin{bmatrix} \lambda_1 & & & \\ & \lambda_2 & & \\ & & \ddots & \\ & & & \lambda_n \end{bmatrix}_{n\times n} \Rightarrow \boldsymbol{A} = \boldsymbol{T}\begin{bmatrix} \lambda_1 & & & \\ & \lambda_2 & & \\ & & \ddots & \\ & & & \lambda_n \end{bmatrix}_{n\times n}\boldsymbol{T}^{-1} = \boldsymbol{TBT}^{-1}$$

进而得

$$\begin{aligned}
\boldsymbol{T}_i^{\mathrm{H}} \times \boldsymbol{A} \times \boldsymbol{T}_i &= \boldsymbol{T}_i^{\mathrm{H}} \times \boldsymbol{T}\boldsymbol{B}\boldsymbol{T}^{-1} \times \boldsymbol{T}_i = \boldsymbol{T}_i^{\mathrm{H}} \times \begin{bmatrix} \boldsymbol{T}_1 & \boldsymbol{T}_2 & \cdots & \boldsymbol{T}_n \end{bmatrix} \times \boldsymbol{B} \times \begin{bmatrix} \boldsymbol{T}_1 & \boldsymbol{T}_2 & \cdots & \boldsymbol{T}_n \end{bmatrix}^{-1} \times \boldsymbol{T}_i \\
&= \boldsymbol{T}_i^{\mathrm{H}} \times \begin{bmatrix} \boldsymbol{T}_1 & \boldsymbol{T}_2 & \cdots & \boldsymbol{T}_n \end{bmatrix} \times \begin{bmatrix} \lambda_1 & & & \\ & \lambda_2 & & \\ & & \ddots & \\ & & & \lambda_n \end{bmatrix}_{n\times n} \times \begin{bmatrix} \boldsymbol{T}_1 & \boldsymbol{T}_2 & \cdots & \boldsymbol{T}_n \end{bmatrix}^{-1} \times \boldsymbol{T}_i \\
&= \begin{bmatrix} \boldsymbol{T}_i^{\mathrm{H}}\boldsymbol{T}_1 & \boldsymbol{T}_i^{\mathrm{H}}\boldsymbol{T}_2 & \cdots & \boldsymbol{T}_i^{\mathrm{H}}\boldsymbol{T}_n \end{bmatrix} \times \begin{bmatrix} \lambda_1 & & & \\ & \lambda_2 & & \\ & & \ddots & \\ & & & \lambda_n \end{bmatrix}_{n\times n} \times \begin{bmatrix} \vdots \\ 1_{(i)} \\ \vdots \end{bmatrix} \\
&= \begin{bmatrix} \boldsymbol{T}_i^{\mathrm{H}}\boldsymbol{T}_1 & \boldsymbol{T}_i^{\mathrm{H}}\boldsymbol{T}_2 & \cdots & \boldsymbol{T}_i^{\mathrm{H}}\boldsymbol{T}_n \end{bmatrix} \times \begin{bmatrix} \vdots \\ \lambda_i \\ \vdots \end{bmatrix} = \lambda_i \boldsymbol{T}_i^{\mathrm{H}} \boldsymbol{T}_i = \lambda_i
\end{aligned}$$

所以 $\boldsymbol{T}_i^{\mathrm{H}}\boldsymbol{A}\boldsymbol{T}_i = \lambda_i \ (i = 1,2,\cdots,n)$ 成立。证毕。

6.3.2　基于对称正定矩阵的李氏指数计算公式

设非线性动力系统状态方程的一般形式为

$$\dot{\boldsymbol{x}} = \boldsymbol{f}(\boldsymbol{x},t), \quad \boldsymbol{x}(0) = \boldsymbol{x}_0, \quad \boldsymbol{x} \in \mathbf{R}^n \tag{6-10}$$

式中，$\boldsymbol{f}(\boldsymbol{x},t)$ 连续可导。对给定的解轨迹 $\boldsymbol{x}(t)$，得其线性化的状态方程为

$$\dot{\boldsymbol{q}}(t) = \boldsymbol{J}(t)\boldsymbol{q}(t) \tag{6-11}$$

式中，$\boldsymbol{J}(t) = D\boldsymbol{f}(\boldsymbol{x})$ 为 $\boldsymbol{x}(t)$ 处的雅可比矩阵。根据式(6-11)，可进一步得其基解矩阵 $\boldsymbol{\Phi}(t)$。

对于基解矩阵 $\boldsymbol{\Phi}(t)$，定义对称正定矩阵 $\hat{\boldsymbol{\Lambda}}$ 为

$$\hat{\boldsymbol{\Lambda}} = \lim_{t\to\infty} \hat{\boldsymbol{\Lambda}}_{x_0}(t) \triangleq \lim_{t\to\infty} \left(\boldsymbol{\Phi}^{\mathrm{H}}(t)\boldsymbol{\Phi}(t)\right)^{\frac{1}{2t}} \tag{6-12}$$

式中，上标 H 表示共轭转置。由式(6-12)可知，对称正定矩阵 $\hat{\boldsymbol{\Lambda}}$ 存在相互正交的特征向量 $\hat{\boldsymbol{p}}_j$ 和特征值 $\hat{\lambda}_j$，使得 $\hat{\boldsymbol{p}}_j^{\mathrm{H}}\hat{\boldsymbol{\Lambda}}\hat{\boldsymbol{p}}_j = \hat{\lambda}_j$ 成立，则对应式(6-10)的解轨迹 $\boldsymbol{x}(t)$ 在相互正交方向上的李氏指数为

$$\begin{aligned}
\mathrm{LE}_j^{\perp} &= \log_2\left(\lim_{t\to\infty}\left(\hat{\boldsymbol{p}}_j^{\mathrm{H}}\left(\boldsymbol{\Phi}(t)^{\mathrm{H}} \cdot \boldsymbol{\Phi}(t)\right)\hat{\boldsymbol{p}}_j\right)^{\frac{1}{2t}}\right) = \log_2\left(\lim_{t\to\infty}\left(\left(\boldsymbol{\Phi}(t)\hat{\boldsymbol{p}}_j\right)^{\mathrm{H}} \cdot \left(\boldsymbol{\Phi}(t)\hat{\boldsymbol{p}}_j\right)\right)^{\frac{1}{2t}}\right) \\
&= \log_2\left(\lim_{t\to\infty}\left\langle \boldsymbol{\Phi}(t)\hat{\boldsymbol{p}}_j,\ \boldsymbol{\Phi}(t)\hat{\boldsymbol{p}}_j \right\rangle^{\frac{1}{2t}}\right) = \lim_{t\to\infty}\frac{1}{t}\log_2\left\|\boldsymbol{\Phi}(t)\hat{\boldsymbol{p}}_j\right\|
\end{aligned} \tag{6-13}$$

式中，$j = 1,2,\cdots,n$，$\langle z,\ y\rangle \triangleq z^{\mathrm{H}}\boldsymbol{y}$，$\|\cdot\|$ 为 2 范数。

在式(6-13)中，$\{\mathrm{LE}_1^{\perp},\mathrm{LE}_2^{\perp},\cdots,\mathrm{LE}_n^{\perp}\}$ 是子空间 $\mathrm{Eig}(\hat{\boldsymbol{\Lambda}},\hat{\lambda}_j)=\{\hat{\boldsymbol{p}}_j\in\mathbf{R}^n:\hat{\boldsymbol{\Lambda}}\hat{\boldsymbol{p}}_j=\hat{\lambda}_j\hat{\boldsymbol{p}}_j\}$ 中扰动的平均对数增长率的度量，描述了动力系统(6-10)的解轨迹 $\boldsymbol{x}(t)$ 在相互正交方向上的分离或收敛的程度。$\{\mathrm{LE}_1^{\perp},\mathrm{LE}_2^{\perp},\cdots,\mathrm{LE}_n^{\perp}\}$ 越大，表明分离程度越大，反之亦然。注意到通常意义下，李氏指数都是针对相互正交的方向而言的。

6.3.3 李氏指数与平均特征值之间的关系

为了进一步分析李氏指数与平均特征值之间的关系，设基解矩阵为 $\boldsymbol{\Phi}(t)$，在式(6-12)的基础上，依照离散系统中计算李氏指数给出的方法，定义一个新的矩阵 $\boldsymbol{\Lambda}$ 为

$$\boldsymbol{\Lambda}=\lim_{t\to\infty}\boldsymbol{\Lambda}_{x_0}(t)\triangleq\lim_{t\to\infty}\left(\boldsymbol{\Phi}(t)\right)^{\frac{1}{t}} \tag{6-14}$$

根据式(6-14)，矩阵 $\boldsymbol{\Lambda}$ 存在特征向量 $\boldsymbol{p}_j$ 和特征值 λ_j，$\boldsymbol{p}_j^{\mathrm{H}}\boldsymbol{\Lambda}\boldsymbol{p}_j=\lambda_j\ (j=1,2,\cdots,n)$ 成立。由于矩阵 $\boldsymbol{\Lambda}$ 并不满足对称正定矩阵的条件，所以在通常情况下，特征向量 $\boldsymbol{p}_j$ 并不是相互正交的。但是，对于式(6-12)，由于 $\hat{\boldsymbol{\Lambda}}$ 为对称正定矩阵，所以 $\hat{\boldsymbol{\Lambda}}$ 对应的特征向量 $\hat{\boldsymbol{p}}_j$ 一定是相互正交的。需要说明的是，由于李氏指数计算是在特征向量正交化的前提下得到的，故式(6-13)正好对应通常意义下的正交化的李氏指数计算公式。

根据式(6-12)，即可定义解轨迹 $\boldsymbol{x}(t)$ 在相互正交方向上的李氏指数式(6-13)。基于同样的道理，根据式(6-14)，不妨定义解轨迹 $\boldsymbol{x}(t)$ 在非相互正交方向上的李氏指数 $\mathrm{LE}_j^{\angle}$ 为

$$\mathrm{LE}_j^{\angle}=\log_2\left(\lim_{t\to\infty}\left|\left(\boldsymbol{p}_j^{\mathrm{H}}\boldsymbol{\Phi}(t)\boldsymbol{p}_j\right)^{\frac{1}{t}}\right|\right)=\lim_{t\to\infty}\frac{1}{t}\log_2\left|\boldsymbol{p}_j^{\mathrm{H}}\boldsymbol{\Phi}(t)\boldsymbol{p}_j\right| \tag{6-15}$$

式中，$j=1,2,\cdots,n$。

同理，$\{\mathrm{LE}_1^{\angle},\mathrm{LE}_2^{\angle},\cdots,\mathrm{LE}_n^{\angle}\}$ 描述了动力系统(6-10)的解轨迹 $\boldsymbol{x}(t)$ 中在非相互正交方向上分离或收敛的程度。$\{\mathrm{LE}_1^{\angle},\mathrm{LE}_2^{\angle},\cdots,\mathrm{LE}_n^{\angle}\}$ 越大，表明分离程度越大，反之亦然。

定理 6-1 非线性动力系统(6-10)的解轨迹 $\boldsymbol{x}(t)$ 对应矩阵 $\boldsymbol{\Lambda}$ 的不相互正交方向上的李氏指数 $\mathrm{LE}_j^{\angle}$ 为

$$\mathrm{LE}_j^{\angle}=\lim_{N\to\infty}\frac{1}{N}\sum_{i=1}^{N}\log_2\left|\mathrm{e}^{\boldsymbol{D}_{\boldsymbol{x}(t_i)}^{(j)}}\right|=\lim_{N\to\infty}\frac{1}{N}\sum_{i=1}^{N}\mathrm{Re}\left(\boldsymbol{D}_{\boldsymbol{x}(t_i)}^{(j)}\right) \tag{6-16}$$

式中，$j=1,2,\cdots,n$，Re 表示取实部，$\boldsymbol{D}_{\boldsymbol{x}(t_i)}^{(j)}=\lambda_j\left(\boldsymbol{x}(t_i)\right)$ 为雅可比矩阵 $\boldsymbol{J}_{\boldsymbol{x}(t_i)}$ 的第 j 个特征值。

证明　考虑到解轨迹 $\boldsymbol{x}(t)$ 中在某点 $\boldsymbol{x}(t_i)$ 的 δ 邻域 $(\boldsymbol{x}(t_i),\delta)$ 内时，对应线性系统的状态方程为 $\dot{\boldsymbol{q}}(t)=\boldsymbol{J}_{\boldsymbol{x}(t_i)}\boldsymbol{q}(t)$，进一步得其基解矩阵为

$$\boldsymbol{\Phi}(t)=\mathrm{e}^{\boldsymbol{J}_{\boldsymbol{x}(t_i)}t} \tag{6-17}$$

式中，$\boldsymbol{x}=[x_1,x_2,\cdots,x_n]^{\mathrm{H}}$。

将解轨迹 $\boldsymbol{x}(t)$ 作分段线性化处理，令 $\Delta t_i=t_i-t_{i-1}\ (i=1,2,\cdots,N,\cdots)$，如图 6-1 所示。得 Δt_i 内线性系统的基解矩阵为 $\boldsymbol{\Phi}_{\boldsymbol{x}(t_i)}=\mathrm{e}^{\boldsymbol{J}_{\boldsymbol{x}(t_i)}\Delta t_i}$。根据式(6-14)和引理 6-3，在 Δt_i 内，得

$$\boldsymbol{\Lambda}_{\boldsymbol{x}(t_i)}=\left(\boldsymbol{\Phi}_{\boldsymbol{x}(t_i)}\right)^{1/\Delta t}=\left(\mathrm{e}^{\boldsymbol{J}_{\boldsymbol{x}(t_i)}\Delta t_i}\right)^{1/\Delta t_i}=\left(\boldsymbol{T}(\boldsymbol{x}(t_i))\mathrm{e}^{\boldsymbol{D}_{\boldsymbol{x}(t_i)}\Delta t_i}\boldsymbol{T}(\boldsymbol{x}(t_i))^{-1}\right)^{1/\Delta t_i} \tag{6-18}$$

式中，$i=1,2,\cdots,N,\cdots$。

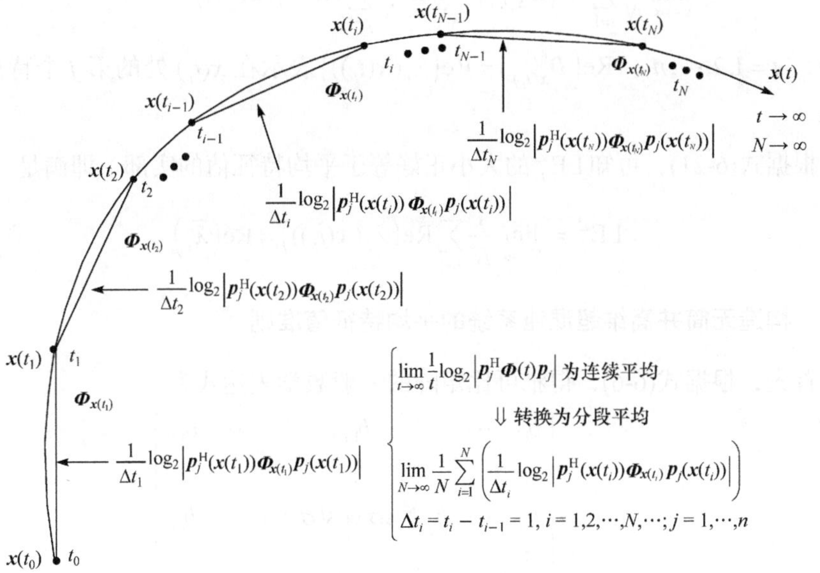

图 6-1　解轨迹 $\boldsymbol{x}(t)$ 的分段线性化处理图示

为方便计算，不妨设分段线性化后的各个时间段为 $\Delta t_i=t_i-t_{i-1}=1\ (i=1,2,\cdots,N,\cdots)$，根据式(6-18)，得

$$\boldsymbol{\Lambda}_{\boldsymbol{x}(t_i)}=\boldsymbol{\Phi}_{\boldsymbol{x}(t_i)}=\boldsymbol{T}(\boldsymbol{x}(t_i))\mathrm{e}^{\boldsymbol{D}_{\boldsymbol{x}(t_i)}}\boldsymbol{T}(\boldsymbol{x}(t_i))^{-1} \tag{6-19}$$

设 $\boldsymbol{p}_j(\boldsymbol{x}(t_i))$ 与 $\lambda_j(\boldsymbol{x}(t_i))$ 为 $\boldsymbol{\Lambda}_{\boldsymbol{x}(t_i)}$ 的特征向量与特征值，满足

$$\lambda_j(\boldsymbol{x}(t_i))=\boldsymbol{p}_j(\boldsymbol{x}(t_i))^{\mathrm{H}}\boldsymbol{\Lambda}_{\boldsymbol{x}(t_i)}\boldsymbol{p}_j(\boldsymbol{x}(t_i))$$

根据引理 6-3 和式(6-19)，可选取 $\boldsymbol{p}_j(\boldsymbol{x}(t_i))=\boldsymbol{T}(\boldsymbol{x}(t_i))_j$。那么，在 $\Delta t_i=t_i-t_{i-1}$ 内，得

$$\begin{aligned}\boldsymbol{p}_j^{\mathrm{H}}(\boldsymbol{x}(t_i))\boldsymbol{\Lambda}_{\boldsymbol{x}(t_i)}\boldsymbol{p}_j(\boldsymbol{x}(t_i)) &= \boldsymbol{T}(\boldsymbol{x}(t_i))_j^{\mathrm{H}}\boldsymbol{\Phi}_{\boldsymbol{x}(t_i)}\boldsymbol{T}(\boldsymbol{x}(t_i))_j \\ &= \boldsymbol{T}(\boldsymbol{x}(t_i))_j^{\mathrm{H}}\mathrm{e}^{\boldsymbol{J}_{\boldsymbol{x}(t_i)}}\boldsymbol{T}(\boldsymbol{x}(t_i))_j \\ &= \boldsymbol{T}(\boldsymbol{x}(t_i))_j^{\mathrm{H}}(\boldsymbol{T}(\boldsymbol{x}(t_i))\mathrm{e}^{\boldsymbol{D}_{\boldsymbol{x}(t_i)}}\boldsymbol{T}(\boldsymbol{x}(t_i))^{-1})\boldsymbol{T}(\boldsymbol{x}(t_i))_j \end{aligned} \tag{6-20}$$

式中，$j=1,2,\cdots,n$。

根据式(6-15)、式(6-20)和引理 6-4，得

$$\begin{aligned}\mathrm{LE}_j^{\angle} &= \log_2\left(\lim_{t\to\infty}\left|\left(\boldsymbol{p}_j^{\mathrm{H}}\boldsymbol{\Phi}(t)\boldsymbol{p}_j\right)^{\frac{1}{t}}\right|\right) = \lim_{t\to\infty}\frac{1}{t}\log_2\left|\boldsymbol{p}_j^{\mathrm{H}}\boldsymbol{\Phi}(t)\boldsymbol{p}_j\right| \\ &= \lim_{N\to\infty}\frac{1}{N}\sum_{i=1}^{N}\log_2\left|\boldsymbol{T}(\boldsymbol{x}(t_i))_j^{\mathrm{H}}\boldsymbol{\Phi}_{\boldsymbol{x}(t_i)}\boldsymbol{T}(\boldsymbol{x}(t_i))_j\right| = \lim_{N\to\infty}\frac{1}{N}\sum_{i=1}^{N}\log_2\left|\mathrm{e}^{\boldsymbol{D}_{\boldsymbol{x}(t_i)}^{(j)}}\right| \\ &= \lim_{N\to\infty}\frac{1}{N}\sum_{i=1}^{N}\mathrm{Re}\left(\boldsymbol{D}_{\boldsymbol{x}(t_i)}^{(j)}\right) = \lim_{N\to\infty}\frac{1}{N}\sum_{i=1}^{N}\mathrm{Re}\left(\lambda_j(\boldsymbol{x}(t_i))\right)\end{aligned} \tag{6-21}$$

式中，$j=1,2,\cdots,n$，$\mathrm{Re}\left(\boldsymbol{D}_{\boldsymbol{x}(t_i)}^{(j)}\right)=\mathrm{Re}\left(\lambda_j(\boldsymbol{x}(t_i))\right)$表示在$\boldsymbol{x}(t_i)$处的第$j$个特征值的实部。

根据式(6-21)，可知$\mathrm{LE}_j^{\angle}$的大小正好等于平均特征值的实部，即满足

$$\mathrm{LE}_j^{\angle} = \lim_{N\to\infty}\frac{1}{N}\sum_{i=1}^{N}\mathrm{Re}\left(\lambda_j(\boldsymbol{x}(t_i))\right) = \mathrm{Re}\left(\overline{\lambda}_j\right) \tag{6-22}$$

6.3.4 构造无简并高维超混沌系统的平均特征值准则

首先，根据式(6-6)，得雅可比矩阵的一般数学表达式为

$$\boldsymbol{J}(x_j) = \begin{bmatrix} b_{11} & \cdots & b_{1j} & \cdots & b_{1n} \\ \vdots & & \vdots & & \vdots \\ b_{i1} & \cdots & b_{ij}+\varepsilon\sigma\cos(\sigma x_j) & \cdots & b_{in} \\ \vdots & & \vdots & & \vdots \\ b_{n1} & \cdots & b_{nj} & \cdots & b_{nn} \end{bmatrix} \tag{6-23}$$

$\forall x_j \in [(-\pi+2k\pi)/\sigma,\ (\pi+2k\pi)/\sigma]$，受控系统(6-6)的雅可比矩阵如式(6-23)所示。下面给出平均特征值的定义。

定义 6-1 对于雅可比矩阵(6-23)，在某一点$x_j(l)\in[-\pi/\sigma,\pi/\sigma]$处的特征值为

$$\lambda_{x_j(l)} = \begin{bmatrix} \lambda_1^{(l)} & & & \\ & \lambda_2^{(l)} & & \\ & & \ddots & \\ & & & \lambda_n^{(l)} \end{bmatrix}_{n\times n},\quad l=1,2,\cdots,N$$

式中，$\mathrm{Re}(\lambda_1^{(l)}) \geqslant \mathrm{Re}(\lambda_2^{(l)}) \geqslant \cdots \geqslant \mathrm{Re}(\lambda_n^{(l)})$，$N$ 为在区间 $x_j(l) \in [-\pi/\sigma, \pi/\sigma]$ 上雅可比矩阵 $\boldsymbol{J}_{\boldsymbol{x}_j(l)}$ 的统计总数，$\mathrm{Re}(\lambda_i^{(l)})\ (i=1,2,\cdots,n)$ 表示特征值实部。根据此式，定义 N 个雅可比矩阵对应的平均特征值为

$$\overline{\lambda} = \frac{1}{N}\sum_{l=1}^{N}\lambda_{\boldsymbol{x}_j(l)} = \begin{bmatrix} \sum\limits_{l=1}^{N}\lambda_1^{(l)} & & & \\ & \sum\limits_{l=1}^{N}\lambda_2^{(l)} & & \\ & & \ddots & \\ & & & \sum\limits_{l=1}^{N}\lambda_n^{(l)} \end{bmatrix}_{n\times n}$$

由于式(6-21)中的特征向量 $\boldsymbol{p}_j(\boldsymbol{x}(t_i))\ (j=1,2,\cdots,n)$ 不是相互正交的，所以不能直接利用式(6-21)计算李氏指数。但如果在式(6-21)的基础上，考虑到计算李氏指数时需要解决正交化的问题(如 QR 正交化方法等)，将 $\mathrm{LE}_j^{\angle}$ 按从大到小的顺序排列，并且 $\mathrm{LE}_j^{\angle}\ (j=1,2,\cdots,n)$ 的取值满足 $\mathrm{LE}_j^{\angle}\ (j=1,2,\cdots,n-2)>0$，$\mathrm{LE}_{n-1}^{\angle}, \mathrm{LE}_n^{\angle}<0$。则根据式(6-21)，选取一组合适的正交基，得正交化的按从大到小顺序排列的李氏指数计算公式为

$$\begin{aligned}
\mathrm{LE}_j^{\perp} &= k_{j1}\mathrm{LE}_1^{\angle} + \cdots + k_{jj}\mathrm{LE}_j^{\angle} + \cdots + k_{jn}\mathrm{LE}_n^{\angle} \\
&= \left((k_{j1}/\mathrm{LE}_j^{\angle})\mathrm{LE}_1^{\angle} + \cdots + (k_{jj}/\mathrm{LE}_j^{\angle})\mathrm{LE}_j^{\angle} + \cdots + (k_{jn}/\mathrm{LE}_j^{\angle})\mathrm{LE}_n^{\angle}\right)\mathrm{LE}_j^{\angle} \\
&= \left(k_{j1}\mathrm{LE}_1^{\angle} + \cdots + k_{jj}\mathrm{LE}_j^{\angle} + \cdots + k_{jn}\mathrm{LE}_n^{\angle}\right)\mathrm{LE}_j^{\angle} \\
&= k_j^{\mathrm{o}}\mathrm{LE}_j^{\angle}
\end{aligned} \tag{6-24}$$

式中，$j=1,2,\cdots,n$；k_j^{o} 为正交化因子，满足 $-1<k_j^{\mathrm{o}}<1$，它表征在利用正交化的方法计算李氏指数时所必须计入的加权系数。根据式(6-24)，得 k_j^{o} 的一般数学表达式为

$$\begin{bmatrix} k_1^{\mathrm{o}} \\ k_2^{\mathrm{o}} \\ \vdots \\ k_n^{\mathrm{o}} \end{bmatrix} = \begin{bmatrix} k_{11} & k_{12} & \cdots & k_{1n} \\ k_{21} & k_{22} & \cdots & k_{2n} \\ \vdots & \vdots & & \vdots \\ k_{n1} & k_{n2} & \cdots & k_{nn} \end{bmatrix} \begin{bmatrix} \mathrm{LE}_1^{\angle} \\ \mathrm{LE}_2^{\angle} \\ \vdots \\ \mathrm{LE}_n^{\angle} \end{bmatrix}$$

式中，$0<k_{jj}<1/\mathrm{LE}_j^{\angle}\ (j=1,2,\cdots,n)$，$-1/\mathrm{LE}_j^{\angle}<k_{ji}<1/\mathrm{LE}_j^{\angle}\ (i,j=1,2,\cdots,n; i\neq j)$。

通过大量数值实验发现，将大于 0 的所有 $\mathrm{LE}_j^{\angle}\ (j=1,2,\cdots,n-2)$ 按从大到小顺序排列，如果能够保证取值最小的 $\mathrm{LE}_j^{\angle}$ 大于或等于某个存在的阈值 T_{h}，即满足

$$\eta_{\min} = \min\{\mathrm{LE}_j^{\angle}\ (j=1,2,\cdots,n-2)\} \geqslant T_{\mathrm{h}}$$

就有可能保证 $k_j^{\mathrm{o}}\ (j=1,2,\cdots,n-2)>0$，因而能保证正交化后的正李氏指数的个数为 $n-2$。

上述原因的定性分析如下。已知 k_j^{o} 的一般数学表达式为

$$k_j^{\mathrm{o}} = k_{j1}\mathrm{LE}_1^{\angle} + k_{j2}\mathrm{LE}_2^{\angle} + \cdots + k_{jj}\mathrm{LE}_j^{\angle} + \cdots + k_{jn}\mathrm{LE}_n^{\angle}$$

由于 $0<k_{jj}<1/\mathrm{LE}_j^{\angle}\ (j=1,2,\cdots,n)$ 且 $-1/\mathrm{LE}_j^{\angle}<k_{ji}<1/\mathrm{LE}_j^{\angle}\ (i,j=1,2,\cdots,n;i\neq j)$，根据上述公式，当 $\mathrm{LE}_j^{\angle}$ 的取值过小时，不能保证 $k_j^{\mathrm{o}}>0$，只有当 $\mathrm{LE}_j^{\angle}$ 的取值大于某个阈值 T_{h} 时，才有可能保证 $k_j^{\mathrm{o}}>0$。目前，还只能通过数值实验来确定阈值 T_{h} 的大小，不是分析结果，需要在后续的工作中进一步研究。将李氏指数按从大到小的顺序排列，根据式(6-24)，如果满足

$$\begin{cases} \mathrm{LE}_j^{\perp} = k_j^{\mathrm{o}}\mathrm{LE}_j^{\angle} = k_j^{\mathrm{o}} \cdot \lim\limits_{N\to\infty} \dfrac{1}{N}\sum\limits_{i=1}^{N} \mathrm{Re}\left(\boldsymbol{D}_{\boldsymbol{x}(t_i)}^{(j)}\right) > 0, \quad j=1,2,\cdots,n-2 \\ \mathrm{LE}_{n-1}^{\perp} = k_{n-1}^{\mathrm{o}}\mathrm{LE}_{n-1}^{\angle} = k_{n-1}^{\mathrm{o}} \cdot \lim\limits_{N\to\infty} \dfrac{1}{N}\sum\limits_{i=1}^{N} \mathrm{Re}\left(\boldsymbol{D}_{\boldsymbol{x}(t_i)}^{(n-1)}\right) = 0 \\ \mathrm{LE}_n^{\perp} = k_n^{\mathrm{o}}\mathrm{LE}_n^{\angle} = k_n^{\mathrm{o}} \cdot \lim\limits_{N\to\infty} \dfrac{1}{N}\sum\limits_{i=1}^{N} \mathrm{Re}\left(\boldsymbol{D}_{\boldsymbol{x}(t_i)}^{(n)}\right) < 0 \end{cases}$$

那么，就能构造出无简并高维连续时间超混沌系统。

最后，根据上述分析结果和定理 6-1 中的式(6-21)和式(6-22)，得构造无简并高维超混沌系统的平均特征值准则如下。

准则 6-1 在两类鞍焦平衡点处，雅可比矩阵(6-9)对应第一类鞍焦平衡点处特征值的正实部个数满足 $r_1=n-1$，对应第二类鞍焦平衡点处特征值的正实部个数满足 $r_2=n-2$。

准则 6-2 在周期区间 $[-\pi/\sigma,\pi/\sigma]$ 内，均匀选取计算点 $N=1000$ 个(N 的大小可根据精度的需要来确定)，雅可比矩阵(6-23)所对应的平均特征值的正实部个数满足 $\overline{r}=n-2$。

准则 6-3 雅可比矩阵(6-23)所对应的平均特征值的最小的正实部 $\eta_{\min}$ 大于或等于某个存在的阈值 T_{h}，其中 $\eta_{\min}$ 的数学表达式为

$$\eta_{\min} = \min\left\{ \lim_{k\to\infty} \frac{1}{N} \cdot \sum_{i=1}^{N} \mathrm{Re}\left(\boldsymbol{D}_{\boldsymbol{x}(t_i)}^{(j)}\right),\ j=1,2,\cdots,n-2 \right\} \tag{6-25}$$

在满足轨道全局有界的条件下，对于具有 Shilnikov 意义下的 n 维自治超混沌系统，零指数和负指数的配置不成问题，关键在于如何配置 $n-2$ 个正李氏指数，这个问题到目前为止一直未能获得较好的解决。与以往的方法相比，平均特征值

准则的优势在于，将正李氏指数的配置问题转化为平均特征值的配置问题加以解决。只需根据上述提出的三个准则，对于任意 n 维自治超混沌系统，在满足标称系统渐近稳定和受控系统轨道全局有界的条件下，就能成功配置出 $n-2$ 个正李氏指数，从而为构造无简并高维超混沌系统提供了一种新途径。

6.3.5　无简并高维超混沌系统的设计步骤和参数选取算法

根据上述准则，提出无简并高维超混沌系统的具体设计步骤如下：

步骤 1　根据式(6-1)～式(6-7)，初步选择适当的标称矩阵 $\boldsymbol{A}$，控制器的参数 σ、ε，以及控制器的位置 (i,j)，构造受控系统(6-6)。

步骤 2　对于给定的控制器参数 σ、ε，寻找满足准则 6-1 的控制器位置 (i,j)，使得雅可比矩阵(6-9)对应第一类鞍焦平衡点处特征值的正实部个数满足 $r_1=n-1$，对应第二类鞍焦平衡点处特征值的正实部个数满足 $r_2=n-2$，满足准则 6-1。

步骤 3　根据步骤 2 得到的控制器位置 (i,j)，在给定一个周期 $[-\pi/\sigma,\pi/\sigma]$ 内测试控制器在相应控制位置 (i,j) 上的平均特征值的正实部个数是否满足准则 6-2 和准则 6-3。

步骤 4　如果根据步骤 3 得到的测试结果满足准则 6-2 和准则 6-3，那么计算对应的李氏指数。否则调整标称矩阵 $\boldsymbol{A}$ 中的部分元素，并返回步骤 2。

步骤 5　如果正李氏指数的个数为 $n-2$，则计算结束，否则返回步骤 1。

根据上述 5 个设计步骤，得无简并高维超混沌系统的设计流程图如图 6-2 所示，并得到对应的算法 6-1～算法 6-3。根据设计准则、设计步骤和设计算法，得无简并 12～22 维超混沌系统的设计结果如表 6-1 所示。

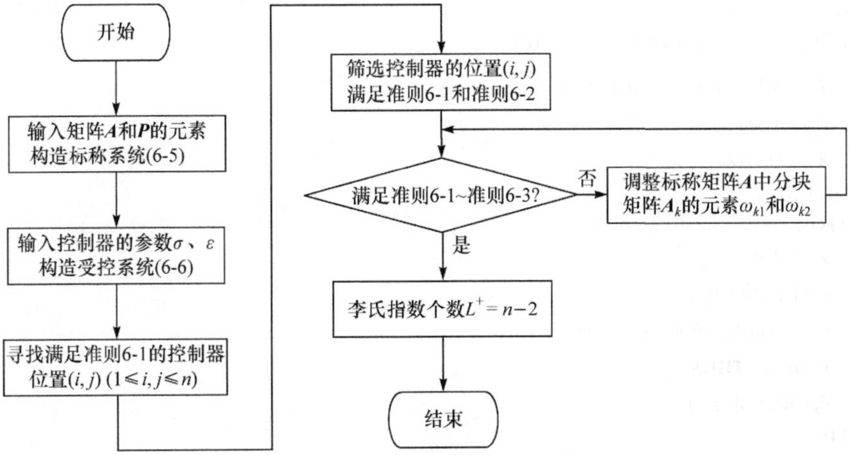

图 6-2　无简并高维超混沌系统的设计流程图

算法 6-1 寻找满足准则 6-1 的控制位置 (i, j) $(1 \leqslant i, j \leqslant n)$。

输入:

矩阵 $\boldsymbol{A}$ 、$\boldsymbol{P}$, 参数 σ 、ε, 系统维数 n;

输出:

```
FOR  i=1, i≤n, i++  DO
     FOR  j=1, j≠i, j≤n, j++  DO
          J_1 = PAP^{-1} + σε|(i,j);
          J_2 = PAP^{-1} - σε|(i,j);
          λ^{(1)} = EIG(J_1);
          λ^{(2)} = EIG(J_2);
          r_1 = Find{λ^{(1)} > 0};
          r_2 = Find{λ^{(2)} > 0};
          IF   r_1 = n-1 && r_2 = n-2  THEN
               δ_1 = [(i,j), λ^{(1)}, λ^{(2)}, r_1, r_2];
          END IF
     END FOR
END FOR
返回: δ_1;
```

算法 6-2 计算并找到满足准则 6-1 和准则 6-2 的控制位置 (i, j)。

输入:

矩阵 $\boldsymbol{A}$ 、$\boldsymbol{P}$, 参数 σ 、ε, 算法 6-1 中找到的控制位置 (i, j), 维数 n, 统计的雅可比矩阵个数 N, 平均值特征值总和的初始值 $S=0$;

输出:

```
FOR x_j(l) ∈ [-π/σ, π/σ], l = 1, l ≤ N, l++  DO
     J = PAP^{-1} + σε cos(σ x_j(l)) | (i,j);
     λ = EIG(J);
     λ' = SORT(λ);
     S = S + λ';
END FOR
     λ̄ = S / N;
     r̄ = Find {λ̄ > 0};
     η_min = min{S_m > 0, m = 1, 2, ..., n};
IF   r̄ = n-2  THEN
     δ_2 = [(i,j), λ̄, η_min];
END IF
返回: δ_2;
```

算法 6-3　调整分块矩阵 $\boldsymbol{A}_k$ 元素 ω_{k1}、ω_{k2}，从而使得受控系统在控制位置 $(i,j)=(\mathrm{cp}_i,\mathrm{cp}_j)$ 能够满足准则 6-1～准则 6-3。

输入：

矩阵 $\boldsymbol{A}(\omega_{k1},\omega_{k2})$，$\boldsymbol{P}$，$\omega_{k1}\in[\omega_{1L},\omega_{1R}]$，$\omega_{k2}\in[\omega_{2L},\omega_{2R}]$，选定控制位置 $(\mathrm{cp}_i,\mathrm{cp}_j)$，给定的阈值 T_h，参数 σ、ε，维数 n，统计的雅可比矩阵总数 N，平均特征值总和初始值 $S=0$；

输出：

FOR　$\omega_{k1}=\omega_{1L},\omega_{k1}\leqslant\omega_{1R},\omega_{k1}++$　**DO**

　　FOR　$\omega_{k2}=\omega_{2L},\omega_{k2}\leqslant\omega_{2R},\omega_{k2}++$　**DO**

　　　　FOR　$x_j(l)\in[-\pi/\sigma,\pi/\sigma],l=1,l\leqslant N,l++$　**DO**

　　　　　　$\boldsymbol{J}=\boldsymbol{PAP}^{-1}+\sigma\varepsilon\cos(\sigma x_j(l))\,|\,(\mathrm{cp}_i,\mathrm{cp}_j)$；

　　　　　　$\boldsymbol{\lambda}=\mathrm{EIG}(\boldsymbol{J})$；

　　　　　　$\boldsymbol{\lambda}'=\mathrm{SORT}(\boldsymbol{\lambda})$；

　　　　　　$S=S+\boldsymbol{\lambda}'$；

　　　　END FOR

　　　　　　$\overline{\boldsymbol{\lambda}}=S/N$；

　　　　　　$\overline{r}=\mathrm{Find}\,\{\overline{\boldsymbol{\lambda}}>0\}$；

　　　　　　$\eta_{\min}=\min\{S_m>0,m=1,2,\cdots,n\}$；

　　　　IF　$\overline{r}=n-2\ \&\&\ \eta_{\min}\geqslant T_\mathrm{h}$　**THEN**

　　　　　　$\delta_3=[\omega_{k1},\omega_{k2},(\mathrm{cp}_i,\mathrm{cp}_j),\overline{\boldsymbol{\lambda}},\eta_{\min}]$；

　　　　END IF

　　END FOR

END FOR

返回：δ_3；

表 6-1　无简并 12～22 维超混沌系统的设计结果

维数	控制器位置 (i,j)	控制器参数	r_1	r_2	$\overline{r}$	T_h	正李氏指数个数 L^+
12	i=12, $j=2,3,5,7,9,10,11$	ε=60, $\sigma=120$	11	10	10	0.12	10
13	i=13, $j=4,6,8,10$	ε=61, $\sigma=153$	12	11	11	0.21	11
14	i=14, $j=4,9,13$	ε=52, $\sigma=113$	13	12	12	0.11	12
15	i=15, $j=4,8,11$	ε=71, $\sigma=163$	14	13	13	0.61	13
16	i=16, $j=1,7,9,12,13$	ε=41, $\sigma=65$	15	14	14	0.75	14
17	i=17, $j=3,5,12,16$	ε=76, $\sigma=165$	16	15	15	0.27	15
18	i=18, $j=2,5,9,11$	ε=71, $\sigma=165$	17	16	16	0.47	16
19	i=19, $j=2,3,4,6,7,14,18$	ε=71, $\sigma=175$	18	17	17	0.61	17
20	i=20, $j=1\sim9,12\sim18$	ε=76, $\sigma=163$	19	18	18	0.17	18
21	i=21, $j=2,8$	ε=41, $\sigma=65$	20	19	19	0.16	19
22	i=22, $j=6,9,12,15$	ε=51, $\sigma=120$	21	20	20	0.24	20

(1) 表 6-1 中的无简并 12 维超混沌系统的参数如下：

$$\boldsymbol{A}=\begin{bmatrix} \boldsymbol{A}_1 & & & \\ & \boldsymbol{A}_2 & & \\ & & \ddots & \\ & & & \boldsymbol{A}_6 \end{bmatrix}_{12\times 12}$$

$$\begin{cases} \boldsymbol{A}_1=\begin{bmatrix} -0.01 & 1 \\ -0.4 & -0.01 \end{bmatrix}, & \boldsymbol{A}_2=\begin{bmatrix} -0.01 & 8 \\ -10 & -0.01 \end{bmatrix}, & \boldsymbol{A}_3=\begin{bmatrix} -0.01 & 3 \\ -0.5 & -0.01 \end{bmatrix} \\ \boldsymbol{A}_4=\begin{bmatrix} -0.01 & 3 \\ -2 & -0.01 \end{bmatrix}, & \boldsymbol{A}_5=\begin{bmatrix} -0.01 & 18 \\ -3 & -0.01 \end{bmatrix}, & \boldsymbol{A}_6=\begin{bmatrix} -0.01 & 15 \\ -16 & -0.01 \end{bmatrix} \end{cases}$$

控制器 $\boldsymbol{f}(\sigma\boldsymbol{x},\varepsilon)=\varepsilon\sin(\sigma\boldsymbol{x})$ ，参数 $\varepsilon=60$ 、$\sigma=120$ ，控制位置为 $(12,2)$ 、$(12,3)$ 、$(12,5)$ 、$(12,7)$ 、$(12,9)$ 、$(12,10)$ 、$(12,11)$ 时，受控系统为无简并超混沌系统。

(2) 表 6-1 中的无简并 13 维超混沌系统的参数如下：

$$\boldsymbol{A}=\begin{bmatrix} \boldsymbol{A}_1 & & & & \\ & \boldsymbol{A}_2 & & & \\ & & \ddots & & \\ & & & \boldsymbol{A}_6 & \\ -1 & -1 & \cdots & -1 & \gamma_{13} \end{bmatrix}_{13\times 13}$$

$$\begin{cases} \boldsymbol{A}_1=\begin{bmatrix} -0.02 & 3.2 \\ -3.2 & -0.02 \end{bmatrix}, & \boldsymbol{A}_2=\begin{bmatrix} -0.02 & 25 \\ -25 & -0.02 \end{bmatrix}, & \boldsymbol{A}_3=\begin{bmatrix} -0.02 & 11 \\ -11 & -0.02 \end{bmatrix} \\ \boldsymbol{A}_4=\begin{bmatrix} -0.02 & 6.4 \\ -6.4 & -0.02 \end{bmatrix}, & \boldsymbol{A}_5=\begin{bmatrix} -0.02 & 15 \\ -15 & -0.02 \end{bmatrix}, & \boldsymbol{A}_6=\begin{bmatrix} -0.02 & 28 \\ -28 & -0.02 \end{bmatrix} \end{cases}$$

$\gamma_{13}=-0.02$ ，控制器 $\boldsymbol{f}(\sigma\boldsymbol{x},\varepsilon)=\varepsilon\sin(\sigma\boldsymbol{x})$ ，参数 $\varepsilon=60$ 、$\sigma=120$ ，控制位置为 $(13,4)$ 、$(13,6)$ 、$(13,8)$ 、$(13,10)$ 时，受控系统为无简并超混沌系统。

(3) 表 6-1 中的无简并 14 维超混沌系统的参数如下：

$$\boldsymbol{A}=\begin{bmatrix} \boldsymbol{A}_1 & & & \\ & \boldsymbol{A}_2 & & \\ & & \ddots & \\ & & & \boldsymbol{A}_7 \end{bmatrix}_{14\times 14}$$

$$\begin{cases} \boldsymbol{A}_1=\begin{bmatrix} -0.06 & 2 \\ -0.4 & -0.06 \end{bmatrix}, & \boldsymbol{A}_2=\begin{bmatrix} -0.06 & 23 \\ -10 & -0.06 \end{bmatrix}, & \boldsymbol{A}_3=\begin{bmatrix} -0.06 & 15 \\ -0.3 & -0.06 \end{bmatrix} \\ \boldsymbol{A}_4=\begin{bmatrix} -0.06 & 12 \\ -5 & -0.06 \end{bmatrix}, & \boldsymbol{A}_5=\begin{bmatrix} -0.06 & 15 \\ -3 & -0.06 \end{bmatrix}, & \boldsymbol{A}_6=\begin{bmatrix} -0.06 & 28 \\ -15 & -0.06 \end{bmatrix} \\ \boldsymbol{A}_7=\begin{bmatrix} -0.06 & 21 \\ -7 & -0.06 \end{bmatrix} & & \end{cases}$$

控制器 $f(\sigma x, \varepsilon) = \varepsilon \sin(\sigma x)$，参数 $\varepsilon = 52$、$\sigma = 113$，控制位置为 $(14,4)$、$(14,9)$、$(14,13)$ 时，受控系统为无简并超混沌系统。

(4) 表 6-1 中的无简并 15 维超混沌系统的参数如下：

$$A = \begin{bmatrix} A_1 & & & & \\ & A_2 & & & \\ & & \ddots & & \\ & & & A_7 & \\ -1 & -1 & \cdots & -1 & \gamma_{15} \end{bmatrix}_{15\times 15}$$

$$\begin{cases} A_1 = \begin{bmatrix} -0.04 & 5 \\ -2 & -0.04 \end{bmatrix}, & A_2 = \begin{bmatrix} -0.04 & 25 \\ -1 & -0.04 \end{bmatrix}, & A_3 = \begin{bmatrix} -0.04 & 6 \\ -36 & -0.04 \end{bmatrix} \\ A_4 = \begin{bmatrix} -0.04 & 26 \\ -5 & -0.04 \end{bmatrix}, & A_5 = \begin{bmatrix} -0.04 & 15 \\ -4 & -0.04 \end{bmatrix}, & A_6 = \begin{bmatrix} -0.01 & 28 \\ -7 & -0.01 \end{bmatrix} \\ A_7 = \begin{bmatrix} -0.01 & 32 \\ -22 & -0.01 \end{bmatrix} \end{cases}$$

$\gamma_{15} = -0.04$，控制器 $f(\sigma x, \varepsilon) = \varepsilon \sin(\sigma x)$，参数 $\varepsilon = 71$、$\sigma = 163$，控制位置为 $(15,4)$、$(15,8)$、$(15,11)$ 时，受控系统为无简并超混沌系统。

(5) 表 6-1 中的无简并 16 维超混沌系统的参数如下：

$$A = \begin{bmatrix} A_1 & & & \\ & A_2 & & \\ & & \ddots & \\ & & & A_8 \end{bmatrix}_{16\times 16}$$

$$\begin{cases} A_1 = \begin{bmatrix} -0.001 & 1 \\ -16 & -0.001 \end{bmatrix}, & A_2 = \begin{bmatrix} -0.001 & 39 \\ -5 & -0.001 \end{bmatrix}, & A_3 = \begin{bmatrix} -0.001 & 25 \\ -46 & -0.001 \end{bmatrix} \\ A_4 = \begin{bmatrix} -0.001 & 36 \\ -12 & -0.001 \end{bmatrix}, & A_5 = \begin{bmatrix} -0.001 & 45 \\ -7 & -0.001 \end{bmatrix}, & A_6 = \begin{bmatrix} -0.001 & 39 \\ -25 & -0.001 \end{bmatrix} \\ A_7 = \begin{bmatrix} -0.001 & 28 \\ -19 & -0.001 \end{bmatrix}, & A_8 = \begin{bmatrix} -0.001 & 33 \\ -22 & -0.001 \end{bmatrix} \end{cases}$$

控制器 $f(\sigma x, \varepsilon) = \varepsilon \sin(\sigma x)$，参数 $\varepsilon = 41$、$\sigma = 65$，控制位置为 $(16,1)$、$(16,7)$、$(16,9)$、$(16,12)$、$(16,13)$ 时，受控系统为无简并超混沌系统。

(6) 表 6-1 中的无简并 17 维超混沌系统的参数如下：

$$A=\begin{bmatrix} A_1 & & & & \\ & A_2 & & & \\ & & \ddots & & \\ & & & A_8 & \\ -1 & -1 & \cdots & -1 & \gamma_{17} \end{bmatrix}_{17\times 17}$$

$$\begin{cases} A_1=\begin{bmatrix} -0.04 & 1 \\ -5 & -0.04 \end{bmatrix}, & A_2=\begin{bmatrix} -0.04 & 25 \\ -14 & -0.04 \end{bmatrix}, & A_3=\begin{bmatrix} -0.04 & 15 \\ -5 & -0.04 \end{bmatrix} \\ A_4=\begin{bmatrix} -0.04 & 16 \\ -6 & -0.04 \end{bmatrix}, & A_5=\begin{bmatrix} -0.04 & 18 \\ -12 & -0.04 \end{bmatrix}, & A_6=\begin{bmatrix} -0.01 & 28 \\ -18 & -0.01 \end{bmatrix} \\ A_7=\begin{bmatrix} -0.01 & 22 \\ -2 & -0.01 \end{bmatrix}, & A_8=\begin{bmatrix} -0.01 & 37 \\ -27 & -0.01 \end{bmatrix} & \end{cases}$$

$\gamma_{17}=-0.04$，控制器 $f(\sigma x,\varepsilon)=\varepsilon\sin(\sigma x)$，参数 $\varepsilon=76$、$\sigma=165$，控制位置为 (17,3)、(17,5)、(17,12)、(17,16) 时，受控系统为无简并超混沌系统。

(7) 表 6-1 中的无简并 18 维超混沌系统的参数如下：

$$A=\begin{bmatrix} A_1 & & & \\ & A_2 & & \\ & & \ddots & \\ & & & A_9 \end{bmatrix}_{18\times 18}$$

$$\begin{cases} A_1=\begin{bmatrix} -0.05 & 1 \\ -1 & -0.05 \end{bmatrix}, & A_2=\begin{bmatrix} -0.05 & 20 \\ -11 & -0.05 \end{bmatrix}, & A_3=\begin{bmatrix} -0.05 & 15 \\ -0.3 & -0.05 \end{bmatrix} \\ A_4=\begin{bmatrix} -0.05 & 22 \\ -2 & -0.05 \end{bmatrix}, & A_5=\begin{bmatrix} -0.05 & 35 \\ -3 & -0.05 \end{bmatrix}, & A_6=\begin{bmatrix} -0.05 & 25 \\ -15 & -0.05 \end{bmatrix} \\ A_7=\begin{bmatrix} -0.05 & 29 \\ -5 & -0.05 \end{bmatrix}, & A_8=\begin{bmatrix} -0.05 & 24 \\ -0.6 & -0.05 \end{bmatrix}, & A_9=\begin{bmatrix} -0.05 & 36 \\ -16 & -0.05 \end{bmatrix} \end{cases}$$

控制器 $f(\sigma x,\varepsilon)=\varepsilon\sin(\sigma x)$，参数 $\varepsilon=71$、$\sigma=165$，控制位置为 (18,2)、(18,5)、(18,9)、(18,11) 时，受控系统为无简并超混沌系统。

(8) 表 6-1 中的无简并 19 维超混沌系统的参数如下：

$$A=\begin{bmatrix} A_1 & & & & \\ & A_2 & & & \\ & & \ddots & & \\ & & & A_9 & \\ -1 & -1 & \cdots & -1 & \gamma_{19} \end{bmatrix}_{19\times 19}$$

$$\begin{cases} \boldsymbol{A}_1=\begin{bmatrix} -0.04 & 3 \\ -4 & -0.04 \end{bmatrix}, \boldsymbol{A}_2=\begin{bmatrix} -0.04 & 35 \\ -5 & -0.04 \end{bmatrix}, \boldsymbol{A}_3=\begin{bmatrix} -0.04 & 21 \\ 6 & -0.04 \end{bmatrix} \\ \boldsymbol{A}_4=\begin{bmatrix} -0.04 & 16 \\ -5 & -0.04 \end{bmatrix}, \boldsymbol{A}_5=\begin{bmatrix} -0.04 & 25 \\ -15 & -0.04 \end{bmatrix}, \boldsymbol{A}_6=\begin{bmatrix} -0.01 & 28 \\ -2 & -0.01 \end{bmatrix} \\ \boldsymbol{A}_7=\begin{bmatrix} -0.01 & 22 \\ -12 & -0.01 \end{bmatrix}, \boldsymbol{A}_8=\begin{bmatrix} -0.01 & 39 \\ -35 & -0.01 \end{bmatrix}, \boldsymbol{A}_9=\begin{bmatrix} -0.01 & 45 \\ -15 & -0.01 \end{bmatrix} \end{cases}$$

$\gamma_{19}=-0.02$，控制器 $\boldsymbol{f}(\sigma\boldsymbol{x},\varepsilon)=\varepsilon\sin(\sigma\boldsymbol{x})$，参数 $\varepsilon=71$、$\sigma=175$，控制位置为 $(19,2)$、$(19,3)$、$(19,4)$、$(19,6)$、$(19,7)$、$(19,14)$、$(19,18)$ 时，受控系统为无简并超混沌系统。

(9) 表 6-1 中的无简并 20 维超混沌系统的参数如下：

$$\boldsymbol{A}=\begin{bmatrix} \boldsymbol{A}_1 & & & \\ & \boldsymbol{A}_2 & & \\ & & \ddots & \\ & & & \boldsymbol{A}_{10} \end{bmatrix}_{20\times 20}$$

$$\begin{cases} \boldsymbol{A}_1=\begin{bmatrix} -0.01 & 1 \\ -10 & -0.01 \end{bmatrix}, \boldsymbol{A}_2=\begin{bmatrix} -0.01 & 20 \\ -4 & -0.01 \end{bmatrix}, \boldsymbol{A}_3=\begin{bmatrix} -0.01 & 25 \\ -11 & -0.01 \end{bmatrix} \\ \boldsymbol{A}_4=\begin{bmatrix} -0.01 & 42 \\ -1 & -0.01 \end{bmatrix}, \boldsymbol{A}_5=\begin{bmatrix} -0.01 & 32 \\ -2 & -0.01 \end{bmatrix}, \boldsymbol{A}_6=\begin{bmatrix} -0.01 & 10 \\ -3 & -0.01 \end{bmatrix} \\ \boldsymbol{A}_7=\begin{bmatrix} -0.01 & 35 \\ -15 & -0.01 \end{bmatrix}, \boldsymbol{A}_8=\begin{bmatrix} -0.01 & 34 \\ -21 & -0.01 \end{bmatrix}, \boldsymbol{A}_9=\begin{bmatrix} -0.01 & 36 \\ -26 & -0.01 \end{bmatrix} \\ \boldsymbol{A}_{10}=\begin{bmatrix} -0.01 & 49 \\ -38 & -0.01 \end{bmatrix} \end{cases}$$

控制器 $\boldsymbol{f}(\sigma\boldsymbol{x},\varepsilon)=\varepsilon\sin(\sigma\boldsymbol{x})$，参数 $\varepsilon=76$、$\sigma=163$，控制位置为 $(20,1)$、$(20,2)$、$(20,3)$、$(20,4)$、$(20,5)$、$(20,6)$、$(20,7)$、$(20,8)$、$(20,9)$、$(20,12)$、$(20,13)$、$(20,14)$、$(20,15)$、$(20,16)$、$(20,17)$、$(20,18)$ 时，受控系统为无简并超混沌系统。

(10) 表 6-1 中的无简并 21 维超混沌系统的参数如下：

$$\boldsymbol{A}=\begin{bmatrix} \boldsymbol{A}_1 & & & & \\ & \boldsymbol{A}_2 & & & \\ & & \ddots & & \\ & & & \boldsymbol{A}_{10} & \\ -1 & -1 & \cdots & -1 & \gamma_{21} \end{bmatrix}_{21\times 21}$$

$$
\begin{cases}
A_1 = \begin{bmatrix} -0.05 & 1 \\ -1 & -0.05 \end{bmatrix}, & A_2 = \begin{bmatrix} -0.05 & 9 \\ -10 & -0.05 \end{bmatrix}, & A_3 = \begin{bmatrix} -0.05 & 15 \\ -0.3 & -0.05 \end{bmatrix} \\
A_4 = \begin{bmatrix} -0.05 & 22 \\ -2 & -0.05 \end{bmatrix}, & A_5 = \begin{bmatrix} -0.05 & 33 \\ -13 & -0.05 \end{bmatrix}, & A_6 = \begin{bmatrix} -0.05 & 39 \\ -15 & -0.05 \end{bmatrix} \\
A_7 = \begin{bmatrix} -0.05 & 15 \\ -5 & -0.05 \end{bmatrix}, & A_8 = \begin{bmatrix} -0.01 & 36 \\ -9 & -0.01 \end{bmatrix}, & A_9 = \begin{bmatrix} -0.01 & 56 \\ -36 & -0.01 \end{bmatrix} \\
A_{10} = \begin{bmatrix} -0.01 & 28 \\ -8 & -0.01 \end{bmatrix}
\end{cases}
$$

$\gamma_{21} = -0.01$，控制器 $\boldsymbol{f}(\sigma\boldsymbol{x},\varepsilon) = \varepsilon\sin(\sigma\boldsymbol{x})$，参数 $\varepsilon = 41$、$\sigma = 65$，控制位置为 $(21,2)$、$(21,8)$ 时，受控系统为无简并超混沌系统。

(11) 表 6-1 中的无简并 22 维超混沌系统的参数如下：

$$
A = \begin{bmatrix} A_1 & & & \\ & A_2 & & \\ & & \ddots & \\ & & & A_{11} \end{bmatrix}_{22\times 22}
$$

$$
\begin{cases}
A_1 = \begin{bmatrix} -0.05 & 4 \\ -0.4 & -0.05 \end{bmatrix}, & A_2 = \begin{bmatrix} -0.05 & 9 \\ -10 & -0.05 \end{bmatrix}, & A_3 = \begin{bmatrix} -0.05 & 15 \\ -1 & -0.05 \end{bmatrix} \\
A_4 = \begin{bmatrix} -0.05 & 22 \\ -2 & -0.05 \end{bmatrix}, & A_5 = \begin{bmatrix} -0.05 & 33 \\ -13 & -0.05 \end{bmatrix}, & A_6 = \begin{bmatrix} -0.05 & 39 \\ -15 & -0.05 \end{bmatrix} \\
A_7 = \begin{bmatrix} -0.05 & 15 \\ -5 & -0.05 \end{bmatrix}, & A_8 = \begin{bmatrix} -0.01 & 36 \\ -9 & -0.01 \end{bmatrix}, & A_9 = \begin{bmatrix} -0.01 & 56 \\ -36 & -0.01 \end{bmatrix} \\
A_{10} = \begin{bmatrix} -0.01 & 28 \\ -8 & -0.01 \end{bmatrix}, & A_{11} = \begin{bmatrix} -0.01 & 58 \\ -26 & -0.01 \end{bmatrix}
\end{cases}
$$

控制器 $\boldsymbol{f}(\sigma\boldsymbol{x},\varepsilon) = \varepsilon\sin(\sigma\boldsymbol{x})$，参数 $\varepsilon = 51$、$\sigma = 120$，控制位置为 $(22,6)$、$(22,9)$、$(22,12)$、$(22,15)$ 时，受控系统为无简并超混沌系统。

6.4　两个典型设计实例

本节根据 6.3 节提出的设计准则与设计步骤，在周期区间 $[-\pi/\sigma, \pi/\sigma]$ 内，均匀选取计算点 $N = 1000$ 个，给出无简并 25 维和 26 维超混沌系统的具体设计过程与结果，进一步验证这种设计方法的可行性和正确性。

6.4.1 设计具有 23 个正李氏指数的无简并 25 维超混沌系统

(1) 设计标称矩阵 $\boldsymbol{A}$。已知标称矩阵 $\boldsymbol{A}$ 的一般形式为

$$\boldsymbol{A}=\begin{bmatrix} \boldsymbol{A}_1 & & & & \\ & \boldsymbol{A}_2 & & & \\ & & \ddots & & \\ & & & \boldsymbol{A}_{12} & \\ -1 & -1 & \cdots & -1 & \gamma_{25} \end{bmatrix}_{25\times 25} \tag{6-26}$$

式中，$\gamma_{25}=-0.01$，得 $\boldsymbol{A}$ 中各个子矩阵的设计结果为

$$\begin{cases} \boldsymbol{A}_1=\begin{bmatrix} -0.01 & 3 \\ -17 & -0.01 \end{bmatrix}, & \boldsymbol{A}_2=\begin{bmatrix} -0.01 & 31 \\ -47 & -0.01 \end{bmatrix}, & \boldsymbol{A}_3=\begin{bmatrix} -0.01 & 25 \\ -16 & -0.01 \end{bmatrix} \\ \boldsymbol{A}_4=\begin{bmatrix} -0.01 & 32 \\ -24 & -0.01 \end{bmatrix}, & \boldsymbol{A}_5=\begin{bmatrix} -0.01 & 36 \\ -13 & -0.01 \end{bmatrix}, & \boldsymbol{A}_6=\begin{bmatrix} -0.01 & 39 \\ -5 & -0.01 \end{bmatrix} \\ \boldsymbol{A}_7=\begin{bmatrix} -0.01 & 25 \\ -35 & -0.01 \end{bmatrix}, & \boldsymbol{A}_8=\begin{bmatrix} -0.01 & 36 \\ -9 & -0.01 \end{bmatrix}, & \boldsymbol{A}_9=\begin{bmatrix} -0.01 & 39 \\ -6 & -0.01 \end{bmatrix} \\ \boldsymbol{A}_{10}=\begin{bmatrix} -0.01 & 41 \\ -28 & -0.01 \end{bmatrix}, & \boldsymbol{A}_{11}=\begin{bmatrix} -0.01 & 45 \\ -66 & -0.01 \end{bmatrix}, & \boldsymbol{A}_{12}=\begin{bmatrix} -0.01 & 128 \\ -19 & -0.01 \end{bmatrix} \end{cases} \tag{6-27}$$

可知标称系统 $\dot{\boldsymbol{x}}=\boldsymbol{PAP}^{-1}\boldsymbol{x}$ 是渐近稳定的。

(2) 选取控制器位置 $(i,j)=(25,18)$，参数 $\sigma=175$ 、$\varepsilon=81$，在两类鞍焦平衡点处，雅可比矩阵(6-9)对应第一类鞍焦平衡点处特征值的正实部个数满足 $r_1=24$，对应第二类鞍焦平衡点处特征值的正实部个数满足 $r_2=23$，满足准则 6-1。

(3) 选取控制器位置 $(i,j)=(25,18)$，参数 $\sigma=175$，$\varepsilon=81$，在周期区间 $[-\pi/\sigma,\pi/\sigma]$ 内，得雅可比矩阵(6-23)对应的平均特征值实部的计算结果为

$$\begin{cases} \mathrm{Re}(\bar{\lambda}_1)=226.16, & \mathrm{Re}(\bar{\lambda}_2)=6.59, & \mathrm{Re}(\bar{\lambda}_3)=4.05, & \mathrm{Re}(\bar{\lambda}_4)=1.63 \\ \mathrm{Re}(\bar{\lambda}_5)=1.62, & \mathrm{Re}(\bar{\lambda}_6)=1.59, & \mathrm{Re}(\bar{\lambda}_7)=1.45, & \mathrm{Re}(\bar{\lambda}_8)=1.29 \\ \mathrm{Re}(\bar{\lambda}_9)=1.22, & \mathrm{Re}(\bar{\lambda}_{10})=1.18, & \mathrm{Re}(\bar{\lambda}_{11})=1.16, & \mathrm{Re}(\bar{\lambda}_{12})=1.11 \\ \mathrm{Re}(\bar{\lambda}_{13})=0.99, & \mathrm{Re}(\bar{\lambda}_{14})=0.77, & \mathrm{Re}(\bar{\lambda}_{15})=0.68, & \mathrm{Re}(\bar{\lambda}_{16})=0.67 \\ \mathrm{Re}(\bar{\lambda}_{17})=0.65, & \mathrm{Re}(\bar{\lambda}_{18})=0.61, & \mathrm{Re}(\bar{\lambda}_{19})=0.57, & \mathrm{Re}(\bar{\lambda}_{20})=0.54 \\ \mathrm{Re}(\bar{\lambda}_{21})=0.53, & \mathrm{Re}(\bar{\lambda}_{22})=0.52, & \mathrm{Re}(\bar{\lambda}_{23})=0.51, & \mathrm{Re}(\bar{\lambda}_{24})=-8.18 \\ \mathrm{Re}(\bar{\lambda}_{25})=-248.15 \end{cases} \tag{6-28}$$

得平均特征值的正实部的个数$\bar{r} = n - 2 = 23$，满足准则 6-2。

(4) 存在阈值$T_{\mathrm{h}} = 0.53$，根据式(6-25)，得$\eta_{\min} = 0.53 = T_{\mathrm{h}}$，满足准则 6-3。

(5) 得李氏指数的计算结果为

$$\begin{cases} \mathrm{LE}_1 = 24.7171, \quad \mathrm{LE}_2 = 3.6588, \quad \mathrm{LE}_3 = 1.9787, \quad \mathrm{LE}_4 = 1.4079 \\ \mathrm{LE}_5 = 1.1066, \quad \mathrm{LE}_6 = 0.9196, \quad \mathrm{LE}_7 = 0.7889, \quad \mathrm{LE}_8 = 0.6865 \\ \mathrm{LE}_9 = 0.6061, \quad \mathrm{LE}_{10} = 0.5436, \quad \mathrm{LE}_{11} = 0.4880, \quad \mathrm{LE}_{12} = 0.4458 \\ \mathrm{LE}_{13} = 0.4057, \quad \mathrm{LE}_{14} = 0.3732, \quad \mathrm{LE}_{15} = 0.3437, \quad \mathrm{LE}_{16} = 0.3172 \\ \mathrm{LE}_{17} = 0.2923, \quad \mathrm{LE}_{18} = 0.2687, \quad \mathrm{LE}_{19} = 0.2427, \quad \mathrm{LE}_{20} = 0.2144 \\ \mathrm{LE}_{21} = 0.1829, \quad \mathrm{LE}_{22} = 0.1417, \quad \mathrm{LE}_{23} = 0.0724, \quad \mathrm{LE}_{24} = 0.0000 \\ \mathrm{LE}_{25} = -40.4525 \end{cases} \tag{6-29}$$

式中，正李氏指数个数为$L^{+} = 23$，可知受控系统$\dot{\boldsymbol{x}} = \boldsymbol{PAP}^{-1}\boldsymbol{x} + \boldsymbol{C}\boldsymbol{f}(\sigma\boldsymbol{x}, \varepsilon)$为无简并 25 维超混沌系统。该无简并 25 维超混沌系统吸引子的相图如图 6-3 所示。

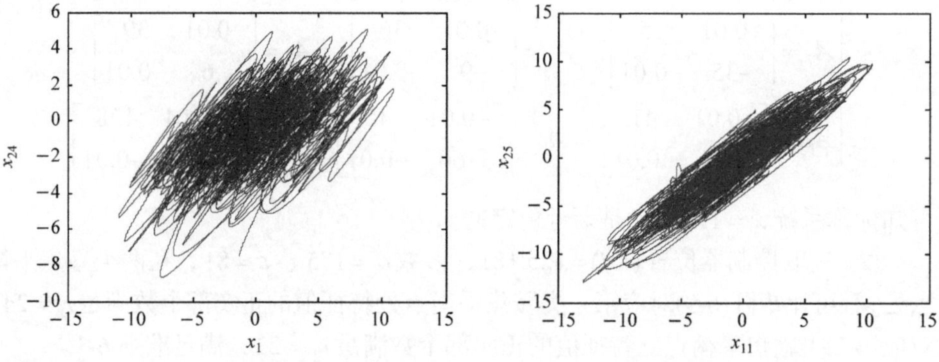

(a) x_1-x_{24}相平面　　(b) x_{11}-x_{25}相平面

图 6-3　无简并 25 维超混沌系统吸引子的相图

6.4.2　设计具有 24 个正李氏指数的无简并 26 维超混沌系统

(1) 设计标称矩阵 $\boldsymbol{A}$。已知标称矩阵 $\boldsymbol{A}$ 的一般形式为

$$\boldsymbol{A} = \begin{bmatrix} \boldsymbol{A}_1 & & & \\ & \boldsymbol{A}_2 & & \\ & & \ddots & \\ & & & \boldsymbol{A}_{13} \end{bmatrix}_{26\times 26} \tag{6-30}$$

得 $\boldsymbol{A}$ 中各个子矩阵的设计结果为

$$\left\{\begin{aligned}
&A_1=\begin{bmatrix}-0.05 & 4\\ -1 & -0.05\end{bmatrix},\quad A_2=\begin{bmatrix}-0.05 & 9\\ -1 & -0.05\end{bmatrix},\quad A_3=\begin{bmatrix}-0.05 & 15\\ -1 & -0.05\end{bmatrix}\\
&A_4=\begin{bmatrix}-0.05 & 22\\ -2.5 & -0.0\end{bmatrix},\quad A_5=\begin{bmatrix}-0.05 & 33\\ -13 & -0.05\end{bmatrix},\quad A_6=\begin{bmatrix}-0.05 & 39\\ -15 & -0.05\end{bmatrix}\\
&A_7=\begin{bmatrix}-0.05 & 15\\ -5 & -0.05\end{bmatrix},\quad A_8=\begin{bmatrix}-0.01 & 36\\ -19 & -0.01\end{bmatrix},\quad A_9=\begin{bmatrix}-0.01 & 16\\ -6 & -0.01\end{bmatrix}\\
&A_{10}=\begin{bmatrix}-0.01 & 37\\ -9 & -0.01\end{bmatrix},\quad A_{11}=\begin{bmatrix}-0.01 & 28\\ -16 & -0.01\end{bmatrix},\quad A_{12}=\begin{bmatrix}-0.01 & 29\\ -33 & -0.01\end{bmatrix}\\
&A_{13}=\begin{bmatrix}-0.01 & 21\\ -1 & -0.01\end{bmatrix}
\end{aligned}\right.\tag{6-31}$$

可知标称系统 $\dot{x}=PAP^{-1}x$ 是渐近稳定的。

(2) 选取控制器位置 $(i,j)=(26,17)$，参数 $\varepsilon=51$、$\sigma=120$，在两类鞍焦平衡点处，雅可比矩阵(6-9)对应第一类鞍焦平衡点处特征值的正实部个数满足 $r_1=25$，对应第二类鞍焦平衡点处特征值的正实部个数满足 $r_2=24$，满足准则 6-1。

(3) 选取控制器位置 $(i,j)=(26,17)$，参数 $\varepsilon=51$、$\sigma=120$，在周期区间 $[-\pi/\sigma,\pi/\sigma]$ 内，得雅可比矩阵(6-23)对应的平均特征值的实部计算结果为

$$\left\{\begin{aligned}
&\mathrm{Re}(\bar{\lambda}_1)=86.33,\quad \mathrm{Re}(\bar{\lambda}_2)=11.10,\quad \mathrm{Re}(\bar{\lambda}_3)=2.62,\quad \mathrm{Re}(\bar{\lambda}_4)=1.46\\
&\mathrm{Re}(\bar{\lambda}_5)=1.19,\quad \mathrm{Re}(\bar{\lambda}_6)=0.92,\quad \mathrm{Re}(\bar{\lambda}_7)=0.85,\quad \mathrm{Re}(\bar{\lambda}_8)=0.76\\
&\mathrm{Re}(\bar{\lambda}_9)=0.60,\quad \mathrm{Re}(\bar{\lambda}_{10})=0.44,\quad \mathrm{Re}(\bar{\lambda}_{11})=0.40,\quad \mathrm{Re}(\bar{\lambda}_{12})=0.36\\
&\mathrm{Re}(\bar{\lambda}_{13})=0.30,\quad \mathrm{Re}(\bar{\lambda}_{14})=0.24,\quad \mathrm{Re}(\bar{\lambda}_{15})=0.23,\quad \mathrm{Re}(\bar{\lambda}_{16})=0.23\\
&\mathrm{Re}(\bar{\lambda}_{17})=0.22,\quad \mathrm{Re}(\bar{\lambda}_{18})=0.21,\quad \mathrm{Re}(\bar{\lambda}_{19})=0.17,\quad \mathrm{Re}(\bar{\lambda}_{20})=0.13\\
&\mathrm{Re}(\bar{\lambda}_{21})=0.10,\quad \mathrm{Re}(\bar{\lambda}_{22})=0.07,\quad \mathrm{Re}(\bar{\lambda}_{23})=0.06,\quad \mathrm{Re}(\bar{\lambda}_{24})=0.05\\
&\mathrm{Re}(\bar{\lambda}_{25})=-7.48,\quad \mathrm{Re}(\bar{\lambda}_{26})=-102.39
\end{aligned}\right.\tag{6-32}$$

得平均特征值的正实部的个数 $\bar{r}=n-2=24$，满足准则 6-2。

(4) 存在阈值 $T_{\mathrm{h}}=0.049$，根据式(6-25)，得 $\eta_{\min}=0.05>T_{\mathrm{h}}$，满足准则 6-3。

(5) 得李氏指数的计算结果为

$$\left\{\begin{aligned}
&\mathrm{LE}_1=13.169,\quad \mathrm{LE}_2=3.5265,\quad \mathrm{LE}_3=1.8563,\quad \mathrm{LE}_4=1.3877\\
&\mathrm{LE}_5=1.0007,\quad \mathrm{LE}_6=0.8438,\quad \mathrm{LE}_7=0.7230,\quad \mathrm{LE}_8=0.6014\\
&\mathrm{LE}_9=0.5357,\quad \mathrm{LE}_{10}=0.476,\quad \mathrm{LE}_{11}=0.4038,\quad \mathrm{LE}_{12}=0.3625\\
&\mathrm{LE}_{13}=0.3287,\quad \mathrm{LE}_{14}=0.3113,\quad \mathrm{LE}_{15}=0.2766,\quad \mathrm{LE}_{16}=0.2411\\
&\mathrm{LE}_{17}=0.1952,\quad \mathrm{LE}_{18}=0.1859,\quad \mathrm{LE}_{19}=0.1437,\quad \mathrm{LE}_{20}=0.1101\\
&\mathrm{LE}_{21}=0.0922,\quad \mathrm{LE}_{22}=0.0620,\quad \mathrm{LE}_{23}=0.0482,\quad \mathrm{LE}_{24}=0.025\\
&\mathrm{LE}_{25}=0.00,\quad \mathrm{LE}_{26}=-27.7264
\end{aligned}\right.\tag{6-33}$$

式中，正李氏指数个数 $L^{+}=24$，可知受控系统 $\dot{x}=\boldsymbol{PAP}^{-1}\boldsymbol{x}+\boldsymbol{Cf}(\sigma\boldsymbol{x},\varepsilon)$ 为无简并 26 维超混沌系统。该无简并 26 维超混沌系统吸引子的相图如图 6-4 所示。

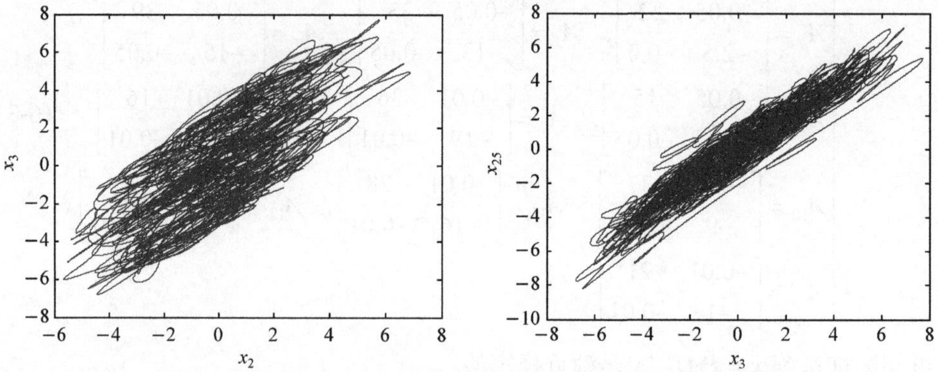

(a) x_2-x_3相平面　(b) x_3-x_{25}相平面

图 6-4　无简并 26 维超混沌系统吸引子的相图

第 7 章 具有多控制器的无简并高维连续时间超混沌系统

本章介绍具有多控制器的无简并高维连续时间超混沌系统的构造方法。内容包括具有多控制器的无简并高维超混沌系统设计与平衡点分析、具有多控制器的无简并高维超混沌系统的设计准则与步骤、两个典型的设计实例[35]。

7.1 具有多控制器的无简并高维超混沌系统设计与平衡点分析

7.1.1 无简并高维超混沌系统的结构设计

设 n 维渐近稳定的线性标称系统为

$$\dot{\boldsymbol{x}} = \boldsymbol{A}\boldsymbol{x}, \quad \boldsymbol{x} \in \mathbf{R}^n \tag{7-1}$$

式中

$$\boldsymbol{A} = \begin{cases} \begin{bmatrix} \boldsymbol{A}_1 & 0 & \cdots & 0 & 0 \\ 0 & \boldsymbol{A}_2 & \cdots & 0 & 0 \\ \vdots & \vdots & \ddots & \vdots & \vdots \\ 0 & 0 & \cdots & \boldsymbol{A}_{m-1} & 0 \\ 0 & 0 & \cdots & 0 & \boldsymbol{A}_m \end{bmatrix}, & n\text{为偶数}, \ m = n/2 \\ \begin{bmatrix} \boldsymbol{A}_1 & 0 & \cdots & 0 & 0 \\ 0 & \boldsymbol{A}_2 & \cdots & 0 & 0 \\ \vdots & \vdots & \ddots & \vdots & \vdots \\ 0 & 0 & \cdots & \boldsymbol{A}_m & 0 \\ -1 & -1 & \cdots & -1 & \gamma_n \end{bmatrix}, & n\text{为奇数}, \ m = (n-1)/2 \end{cases} \tag{7-2}$$

其中，$\boldsymbol{A}_k \ (k = 1, 2, \cdots, m)$ 为 2×2 的矩阵分块，其一般形式为

$$\boldsymbol{A}_k = \begin{bmatrix} \gamma_k & \omega_{k1} \\ \omega_{k2} & \gamma_k \end{bmatrix} \tag{7-3}$$

根据式(7-2)和式(7-3)，设 $\omega_{k1} \cdot \omega_{k2} < 0$，得 $\boldsymbol{A}$ 的特征值为

$$\begin{cases}\lambda_{2k-1,2k}=\gamma_k \pm \mathrm{j}\sqrt{|\omega_{k1}\cdot\omega_{k2}|}, & n\text{为偶数}, m=n/2\\ \lambda_{2k-1,2k}=\gamma_k \pm \mathrm{j}\sqrt{|\omega_{k1}\cdot\omega_{k2}|}, \lambda_n=\gamma_n, & n\text{为奇数}, m=(n-1)/2\end{cases} \tag{7-4}$$

式中，$k=1,2,\cdots,m$，$\mathrm{j}=\sqrt{-1}$。

显然，若满足$\omega_{k1}\cdot\omega_{k2}\neq\omega_{j1}\cdot\omega_{j2}\ (k,j=1,2,\cdots,m;k\neq j)$，则$\boldsymbol{A}$的$n$个特征值互不相等。当$\gamma_1,\gamma_2,\cdots,\gamma_m,\gamma_n<0$时，所有的特征值都位于复平面的左半平面，式(7-1)是渐近稳定的。

为了对式(7-1)进行有效控制，对标称矩阵$\boldsymbol{A}$作相似变换，得相似变换后的标称系统为

$$\dot{\boldsymbol{x}}=\boldsymbol{PAP}^{-1}\boldsymbol{x} \tag{7-5}$$

式中，相似变换矩阵的一般形式为

$$\boldsymbol{P}=\begin{bmatrix}1 & \cdots & 1 & 0\\ \vdots & \therefore & \therefore & 1\\ 1 & \therefore & \therefore & \vdots\\ 0 & 1 & \cdots & 1\end{bmatrix}_{n\times n}$$

设计一致有界的控制器$\boldsymbol{f}(\sigma_{i_k}\boldsymbol{x},\varepsilon_{i_k})\ (i_k=1,2,\cdots,n)$和控制矩阵$\boldsymbol{C}_k\ (k=1,2,\cdots,L)$，对相似变换后的标称系统实施反控制，得受控系统的一般数学形式为

$$\dot{\boldsymbol{x}}=\boldsymbol{PAP}^{-1}\boldsymbol{x}+\sum_{k=1}^{L}\boldsymbol{C}_k\boldsymbol{f}(\sigma_{i_k}\boldsymbol{x},\varepsilon_{i_k})=\boldsymbol{B}x+\sum_{k=1}^{L}\boldsymbol{C}_k\boldsymbol{f}(\sigma_{i_k}\boldsymbol{x},\varepsilon_{i_k}) \tag{7-6}$$

式中

$$\begin{cases}\boldsymbol{f}(\sigma_{i_k}\boldsymbol{x},\varepsilon_{i_k})=\varepsilon_{i_k}\sin(\sigma_{i_k}\boldsymbol{x})=\begin{bmatrix}\varepsilon_{i_k}\sin(\sigma_{i_k}x_1)\\ \varepsilon_{i_k}\sin(\sigma_{i_k}x_2)\\ \vdots\\ \varepsilon_{i_k}\sin(\sigma_{i_k}x_n)\end{bmatrix}_{n\times 1}\\ \boldsymbol{C}_k=\begin{bmatrix}0 & & & & \\ & \ddots & \cdots & 1_{(i_k,j_k)} & \\ & & 0 & \vdots & \\ & & & \ddots & \\ & & & & 0\end{bmatrix}_{n\times n}, \quad k=1,2,\cdots,L\end{cases} \tag{7-7}$$

其中，$i_k,j_k=1,2,\cdots,n,\ i_k\neq j_k$；$(i_k,j_k)$表示控制器的位置为第$i_k$行第$j_k$列；$L$为控制器的总数。在控制矩阵$\boldsymbol{C}_k$中，除元素$1_{(i_k,j_k)}$等于1外，其余元素均为0。

容易证明式(7-6)的解是全局有界的，解的上确界恒满足以下不等式：

$$\sup_{0\leqslant t<\infty}\|\boldsymbol{x}(t)\|\leqslant\alpha\cdot\|\boldsymbol{x}(0)\|+\frac{\alpha}{\beta}\left\|\varepsilon_{i_k}\right\|<\infty \tag{7-8}$$

式中，常数$\alpha,\beta>0$，$\boldsymbol{x}(0)$为初始值。

7.1.2　无简并高维超混沌系统的平衡点分析

根据式(7-6)，若考虑多控制器的情况，令$\dot{\boldsymbol{x}}=\boldsymbol{0}$，那么受控系统(7-6)所有的平衡点都应满足

$$\boldsymbol{B}\boldsymbol{x}+\sum_{k=1}^{L}\boldsymbol{C}_k\boldsymbol{f}(\sigma_{i_k}\boldsymbol{x},\varepsilon_{i_k})=\boldsymbol{0}$$

并且可分为控制器位置在同一行(情形一)与不同行(情形二)的两种情形。首先，得情形一的数学表达式为

$$\begin{cases}b_{11}x_1^{(e)}+b_{12}x_2^{(e)}+\cdots+b_{1n}x_n^{(e)}=0\\ \qquad\vdots\\ b_{s1}x_1^{(e)}+b_{s2}x_2^{(e)}+\cdots+b_{sn}x_n^{(e)}=-f(\sigma_s x_t^{(e)},\varepsilon_s)\\ \qquad\vdots\\ b_{p1}x_1^{(e)}+b_{p2}x_2^{(e)}+\cdots+b_{pn}x_n^{(e)}=-f(\sigma_p x_q^{(e)},\varepsilon_p)\\ \qquad\vdots\\ b_{n1}x_1^{(e)}+b_{n2}x_2^{(e)}+\cdots+b_{nn}x_n^{(e)}=0\end{cases} \tag{7-9}$$

其次，得情形二的数学表达式为

$$\begin{cases}b_{11}x_1^{(e)}+b_{12}x_2^{(e)}+\cdots+b_{1n}x_n^{(e)}=0\\ \qquad\vdots\\ b_{i1}x_1^{(e)}+b_{i2}x_2^{(e)}+\cdots+b_{in}x_n^{(e)}=-f(\sigma_s x_t^{(e)},\varepsilon_s)-f(\sigma_l x_m^{(e)},\varepsilon_l)-f(\sigma_p x_q^{(e)},\varepsilon_p)\\ \qquad\vdots\\ b_{n1}x_1^{(e)}+b_{n2}x_2^{(e)}+\cdots+b_{nn}x_n^{(e)}=0\end{cases} \tag{7-10}$$

式中，$1\leqslant s,t,p,q,l,m\leqslant n,\ s\neq t,p\neq q,l\neq m,\ (s,t)$、$(p,q)$、$(l,m)$表示控制器的位置。

根据式(7-9)和式(7-10)，令

$$\det(\boldsymbol{B}_{\rho\theta})=(-1)^{\rho+\theta}\begin{vmatrix}b_{11}&\cdots&b_{1,\theta-1}&b_{1,\theta+1}&\cdots&b_{1n}\\ \vdots&&\vdots&\vdots&&\vdots\\ b_{\rho-1,1}&\cdots&b_{\rho-1,\theta-1}&b_{\rho-1,\theta+1}&\cdots&b_{\rho-1,n}\\ b_{\rho+1,1}&\cdots&b_{\rho+1,\theta-1}&b_{\rho+1,\theta+1}&\cdots&b_{\rho+1,n}\\ \vdots&&\vdots&\vdots&&\vdots\\ b_{n1}&\cdots&b_{n,\theta-1}&b_{n,\theta+1}&\cdots&b_{nn}\end{vmatrix}$$

$$\det(\boldsymbol{B})=\begin{vmatrix} b_{11} & \cdots & b_{1n} \\ \vdots & & \vdots \\ b_{n1} & \cdots & b_{nn} \end{vmatrix}$$

$$\det(\boldsymbol{B}_\theta)=\begin{vmatrix} b_{11} & b_{12} & \cdots & 0_{(1,\theta)} & \cdots & b_{1n} \\ \vdots & \vdots & & \vdots & & \vdots \\ b_{s1} & b_{s2} & \cdots & -f(\sigma_s x_t^{(e)},\varepsilon_s) & \cdots & b_{sn} \\ \vdots & \vdots & & \vdots & & \vdots \\ b_{l1} & b_{l2} & \cdots & -f(\sigma_l x_m^{(e)},\varepsilon_l) & \cdots & b_{ln} \\ \vdots & \vdots & & \vdots & & \vdots \\ b_{p1} & b_{p2} & \cdots & -f(\sigma_p x_q^{(e)},\varepsilon_p) & \cdots & b_{pn} \\ \vdots & \vdots & & \vdots & & \vdots \\ b_{n1} & b_{n2} & \cdots & 0_{(n,\theta)} & \cdots & b_{nn} \end{vmatrix}$$

$$=\begin{vmatrix} b_{11} & b_{12} & \cdots & 0_{(1,\theta)} & \cdots & b_{1n} \\ \vdots & \vdots & & \vdots & & \vdots \\ b_{s1} & b_{s2} & \cdots & -\varepsilon_s\sin(\sigma_s x_t) & \cdots & b_{sn} \\ \vdots & \vdots & & \vdots & & \vdots \\ b_{l1} & b_{l2} & \cdots & -\varepsilon_l\sin(\sigma_l x_m) & \cdots & b_{ln} \\ \vdots & \vdots & & \vdots & & \vdots \\ b_{p1} & b_{p2} & \cdots & -\varepsilon_p\sin(\sigma_p x_q) & \cdots & b_{pn} \\ \vdots & \vdots & & \vdots & & \vdots \\ b_{n1} & b_{n2} & \cdots & 0_{(n,\theta)} & \cdots & b_{nn} \end{vmatrix}$$

式中，$i,j=1,2,\cdots,n$；$\det(\cdot)$ 表示矩阵的行列式。

对于情形一，根据式(7-9)，得平衡点的数学表达式为

$$x_\theta^{(e)}=\frac{\det(\boldsymbol{B}_\theta)}{\det(\boldsymbol{B})}=\frac{\sum\limits_{(\rho,\theta)=(s,t)}^{L}-\det(\boldsymbol{B}_{\rho\theta})f(\sigma_\rho x_m^{(e)},\varepsilon_\rho)}{\det(\boldsymbol{B})} \tag{7-11}$$

式中，$(\rho,\theta)\in M=\{(s,t),(l,m),\cdots,(p,q);s\neq t,l\neq m,\cdots,p\neq q\}$；$L$ 为控制器的总数。若控制器的总数为 3，即 $M=\{(s,t),(l,m),(p,q)\}$，则有

$$x_\theta^{(e)}=\frac{\sum\limits_{k=1}^{3}-\det(\boldsymbol{B}_{\rho\theta})f(\sigma_\rho x_\theta^{(e)},\varepsilon_\rho)}{\det(\boldsymbol{B})}$$

$$=\frac{-\det(\boldsymbol{B}_{s\theta})f(\sigma_s x_t^{(e)},\varepsilon_s)-\det(\boldsymbol{B}_{l\theta})f(\sigma_l x_m^{(e)},\varepsilon_l)-\det(\boldsymbol{B}_{p\theta})f(\sigma_p x_q^{(e)},\varepsilon_p)}{\det(\boldsymbol{B})}$$

式中，$\theta=1,2,\cdots,n$，可得

$$\begin{cases} x_t^{(e)}=\dfrac{-\det(\boldsymbol{B}_{st})\varepsilon_s\sin(\sigma_s x_t^{(e)})-\det(\boldsymbol{B}_{lt})\varepsilon_l\sin(\sigma_l x_m^{(e)})-\det(\boldsymbol{B}_{pt})\varepsilon_p\sin(\sigma_p x_q^{(e)})}{\det(\boldsymbol{B})} \\ x_q^{(e)}=\dfrac{-\det(\boldsymbol{B}_{sq})\varepsilon_s\sin(\sigma_s x_t^{(e)})-\det(\boldsymbol{B}_{lq})\varepsilon_l\sin(\sigma_l x_m^{(e)})-\det(\boldsymbol{B}_{pq})\varepsilon_p\sin(\sigma_p x_q^{(e)})}{\det(\boldsymbol{B})} \\ x_m^{(e)}=\dfrac{-\det(\boldsymbol{B}_{sm})\varepsilon_s\sin(\sigma_s x_t^{(e)})-\det(\boldsymbol{B}_{lm})\varepsilon_l\sin(\sigma_l x_m^{(e)})-\det(\boldsymbol{B}_{pm})\varepsilon_p\sin(\sigma_p x_q^{(e)})}{\det(\boldsymbol{B})} \end{cases} \tag{7-12}$$

同理，对于情形二，可得

$$\begin{aligned} x_\theta^{(e)}&=\frac{\det(\boldsymbol{B}_\theta)}{\det(\boldsymbol{B})} \\ &=\frac{-\det(\boldsymbol{B}_{\rho\theta})\sum\limits_{(\rho,\theta)=(s,t)}^{L}\left(f(\sigma_\rho x_\theta^{(e)},\varepsilon_\rho)\right)}{\det(\boldsymbol{B})} \\ &=\frac{-\det(\boldsymbol{B}_{\rho\theta})\sum\limits_{(\rho,\theta)=(s,t)}^{L}\left(\varepsilon_\rho\sin(\sigma_\rho x_\theta^{(e)})\right)}{\det(\boldsymbol{B})} \end{aligned} \tag{7-13}$$

式中，$\theta=1,2,\cdots,n$；$(\rho,\theta)\in M=\{(s,t),(l,m),\cdots,(p,q);s\neq t,l\neq m,\cdots,p\neq q\}$；$L$ 为控制器的个数。

7.2 具有多控制器的无简并高维超混沌系统的设计准则与步骤

7.2.1 无简并高维超混沌系统的分析

在满足轨道全局有界条件下，对于具有 Shilnikov 意义下的 n 维自治超混沌系统，零指数和负指数的配置不成问题，关键在于如何配置 $n-2$ 个正李氏指数。由于受控系统为全局有界的，那么通过设计系统参数和控制器的位置及参数，可使受控系统具有最大个数的李氏指数。

根据非线性动力系统 $\dot{\boldsymbol{x}}=\boldsymbol{f}(\boldsymbol{x},t),\boldsymbol{x}\in\mathbf{R}^n$，在相轨迹的每个线性化的 $\boldsymbol{x}(t_i)$ 点，其雅可比矩阵为 $\boldsymbol{J}_{\boldsymbol{x}(t_i)}$，则解轨迹可表示为 $\boldsymbol{x}(t)=\mathrm{e}^{\boldsymbol{J}_{\boldsymbol{x}(t_i)}t}\boldsymbol{x}(0)$，$\boldsymbol{x}(0)$ 为初值，$\boldsymbol{J}_{\boldsymbol{x}(t_i)}$ 在 $\boldsymbol{x}(t_i)$ 点处雅可比矩阵的数学表达式为

$$J_{x(t_i)}=\begin{bmatrix} b_{11} & \cdots & b_{1s} & \cdots & b_{1t} & \cdots & b_{1n} \\ \vdots & & \vdots & & \vdots & & \vdots \\ b_{s1} & \cdots & b_{ss} & \cdots & b_{sj}+\varepsilon_s\sigma_s\cos(\sigma_s x_t(t_i)) & \cdots & b_{sn} \\ \vdots & & \vdots & & \vdots & & \vdots \\ b_{l1} & \cdots & b_{ls}+\varepsilon_l\sigma_l\cos(\sigma_l x_k(t_i)) & \cdots & b_{lt} & \cdots & b_{ln} \\ \vdots & & \vdots & & \vdots & & \vdots \\ b_{n1} & \cdots & \cdots & b_{pq}+\varepsilon_p\sigma_p\cos(\sigma_p x_q(t_i)) & \cdots & \cdots & b_{nn} \end{bmatrix} \tag{7-14}$$

对于初始值相差微小的$\Delta\boldsymbol{x}(0)$，经过一小段时间后距离变为$\Delta\boldsymbol{x}$，有

$$\Delta\boldsymbol{x}=\mathrm{e}^{\boldsymbol{J}_{x(t_i)}t}\Delta\boldsymbol{x}(0) \tag{7-15}$$

若存在相似变换矩阵$\boldsymbol{T}$，使得$\boldsymbol{T}^{-1}\boldsymbol{J}\boldsymbol{T}=\boldsymbol{\Lambda}$，则有$\boldsymbol{T}\mathrm{e}^{\boldsymbol{\Lambda}}\boldsymbol{T}^{-1}=\mathrm{e}^{\boldsymbol{J}}$，代入方程(7-15)，可得

$$\Delta\boldsymbol{x}=\mathrm{e}^{\boldsymbol{J}_{x(t_i)}t}\Delta\boldsymbol{x}(0)=\boldsymbol{T}\mathrm{e}^{\boldsymbol{\Lambda}_{x(t_i)}t}\boldsymbol{T}^{-1}\cdot\Delta\boldsymbol{x}(0)=\boldsymbol{T}\begin{bmatrix}\mathrm{e}^{\lambda_1 t} & & & \\ & \mathrm{e}^{\lambda_2 t} & & \\ & & \ddots & \\ & & & \mathrm{e}^{\lambda_n t}\end{bmatrix}\boldsymbol{T}^{-1}\cdot\Delta\boldsymbol{x}(0) \tag{7-16}$$

假定定义矩阵$\hat{\boldsymbol{J}}=\boldsymbol{J}^{\mathrm{H}}_{x(t_i)}\times\boldsymbol{J}_{x(t_i)}$，则

$$\Delta\hat{\boldsymbol{x}}=\mathrm{e}^{\hat{\boldsymbol{J}}_{x(t_i)}t}\Delta\hat{\boldsymbol{x}}(0)=\mathrm{e}^{\boldsymbol{J}^{\mathrm{H}}_{x(t_i)}\boldsymbol{J}_{x(t_i)}t}\Delta\hat{\boldsymbol{x}}(0)$$

若令

$$\hat{\boldsymbol{T}}\hat{\boldsymbol{\Lambda}}\hat{\boldsymbol{T}}^{-1}=\hat{\boldsymbol{T}}\begin{bmatrix}\hat{\lambda}_1 & & & \\ & \hat{\lambda}_2 & & \\ & & \ddots & \\ & & & \hat{\lambda}_n\end{bmatrix}\hat{\boldsymbol{T}}^{\mathrm{H}}=\hat{\boldsymbol{J}}$$

则有$\hat{\boldsymbol{T}}\mathrm{e}^{\hat{\boldsymbol{\Lambda}}}\hat{\boldsymbol{T}}^{\mathrm{H}}=\mathrm{e}^{\hat{\boldsymbol{J}}}$，代入上面的方程，可得$\hat{\boldsymbol{T}}$是一个正交矩阵，那么有

$$\Delta\hat{\boldsymbol{x}}=\hat{\boldsymbol{T}}\mathrm{e}^{\hat{\boldsymbol{\Lambda}}_{x(t_i)}t}\hat{\boldsymbol{T}}^{\mathrm{H}}\cdot\Delta\hat{\boldsymbol{x}}(0)=\hat{\boldsymbol{T}}\begin{bmatrix}\mathrm{e}^{\hat{\lambda}_1 t} & & & \\ & \mathrm{e}^{\hat{\lambda}_2 t} & & \\ & & \ddots & \\ & & & \mathrm{e}^{\hat{\lambda}_n t}\end{bmatrix}\hat{\boldsymbol{T}}^{\mathrm{H}}\cdot\Delta\hat{\boldsymbol{x}}(0) \tag{7-17}$$

若$\hat{\boldsymbol{T}}=\boldsymbol{I}=\begin{bmatrix}1 & 0 & \cdots & 0 \\ 0 & 1 & \ddots & \vdots \\ \vdots & \ddots & \ddots & 0 \\ 0 & \cdots & 0 & 1\end{bmatrix}_{n\times n}$，则有

$$\Delta\hat{\boldsymbol{x}} = \mathrm{e}^{\hat{\boldsymbol{\Lambda}}_{\boldsymbol{x}(t_i)}t} \cdot \Delta\hat{\boldsymbol{x}}(0) = \begin{bmatrix} \mathrm{e}^{\hat{\lambda}_1 t} & & & \\ & \mathrm{e}^{\hat{\lambda}_2 t} & & \\ & & \ddots & \\ & & & \mathrm{e}^{\hat{\lambda}_n t} \end{bmatrix} \cdot \Delta\hat{\boldsymbol{x}}(0) \tag{7-18}$$

根据式(7-16)～式(7-18)可知，受控系统在某一时刻 $\boldsymbol{x}(t_i)$ 的雅可比矩阵的正特征值越多且越大，那么该时刻受控系统轨迹具有越多的方向是发散的。

由于设计的主控制器为正弦函数 $\varepsilon_p \sin(\sigma_p x_q)$，其是一个周期函数，当只有一个主控制器作用时，受控系统的雅可比矩阵为

$$\boldsymbol{J}_{\boldsymbol{x}(t_i)} = \begin{bmatrix} b_{11} & \cdots & b_{1j} & \cdots & b_{1n} \\ \vdots & & \vdots & & \vdots \\ b_{p1} & \cdots & b_{pq} + \varepsilon_p \sigma_q \cos(\sigma_p x_q) & \cdots & b_{pn} \\ \vdots & & \vdots & & \vdots \\ b_{n1} & \cdots & b_{nj} & \cdots & b_{nn} \end{bmatrix} \tag{7-19}$$

显然，控制器函数是周期的，在该控制器作用下，一个周期内受控系统的雅可比矩阵特征值可以涵盖所有受控系统运动轨迹对应的雅可比矩阵特征值的情况。而混沌相轨迹是遍历的，必然跑遍吸引子的相空间。根据定义 6-1，将控制器的一个周期 $[-\pi/\sigma_p, \pi/\sigma_p]$ 分割为 N 等份，对该区间所有分割点对应的雅可比矩阵特征值求和，并取其平均值，记为

$$\left\{ \lim_{N\to\infty} \frac{1}{N} \cdot \sum_{i=1}^{N} \mathrm{Re}\left(\boldsymbol{\Lambda}_{\boldsymbol{x}(t_i)}^{(1)}\right),\ \lim_{N\to\infty} \frac{1}{N} \cdot \sum_{i=1}^{N} \mathrm{Re}\left(\boldsymbol{\Lambda}_{\boldsymbol{x}(t_i)}^{(2)}\right), \cdots,\ \lim_{N\to\infty} \frac{1}{N} \cdot \sum_{i=1}^{N} \mathrm{Re}\left(\boldsymbol{\Lambda}_{\boldsymbol{x}(t_i)}^{(n)}\right) \right\}$$

如果该统计周期区间内的平均雅可比矩阵特征值正实部越多且越大，那么该受控系统在越多方向上是发散的，即可构造出具有 $n-2$ 个正李氏指数的超混沌系统。

7.2.2　具有多控制器的无简并高维超混沌系统设计准则

根据上述分析，在多控制器 $\varepsilon_i \sin(\sigma_i x_j)$ $((i,j) \in \{(s,t),(l,k),\cdots,(p,q)\})$ 的作用下，为了成功设计出无简并超混沌系统，首先施加主控制器使得受控系统在一个周期内满足平均特征值准则；然后施加多个非主控制器并给定控制位置和参数。具有多控制器的无简并高维超混沌系统的平均特征值准则如下。

准则 7-1 对标称系统(7-5)施加主控制器 $\varepsilon_p \sin(\sigma_p x_q)$ 得到受控系统(7-6)，在主控制器周期区间 $[-\pi/\sigma_p, \pi/\sigma_p]$ 内，均匀选取计算点 $N=1000$ 个，寻找适合的控制器位置 (i,j)，使得雅可比矩阵(7-19)所对应的平均特征值的正实部个数满足 $\overline{r_1}=n-2$。

准则 7-2 根据准则 7-1 计算所得的平均特征值的最小正实部 $\eta_{\min}$ 大于或等于某个存在的阈值 $T_{\rm h}$，其中 $\eta_{\min}$ 的数学表达式为

$$\eta_{\min}=\min\left\{\lim_{N\to\infty}\frac{1}{N}\cdot\sum_{i=1}^{N}\mathrm{Re}\left(\boldsymbol{\Lambda}_{\boldsymbol{x}(t_i)}^{(1)}\right),\ \lim_{N\to\infty}\frac{1}{N}\cdot\sum_{i=1}^{N}\mathrm{Re}\left(\boldsymbol{\Lambda}_{\boldsymbol{x}(t_i)}^{(2)}\right),\ \cdots,\ \lim_{N\to\infty}\frac{1}{N}\cdot\sum_{i=1}^{N}\mathrm{Re}\left(\boldsymbol{\Lambda}_{\boldsymbol{x}(t_i)}^{(n-2)}\right)\right\} \tag{7-20}$$

根据上述两个准则，选取多个非主控制器 $\varepsilon_i \sin(\sigma_i x_j)$，其中 $(i,j)\in\{(s,t),(l,k),\cdots\}$，并给定控制任意位置和较小的参数 σ_i、ε_i，得到具有多控制器的 n 维受控系统(7-6)，在满足标称系统渐近稳定和受控系统轨道全局有界的条件下，能成功配置出 $n-2$ 个正李氏指数。

7.2.3 具有多控制器的无简并高维超混沌系统的设计步骤

根据上述准则，提出无简并高维超混沌系统的具体设计步骤如下：

步骤 1 根据式(7-1)～式(7-7)，选择适当的标称矩阵 $\boldsymbol{A}$、主控制器 $\varepsilon_p \sin(\sigma_p x_q)$ 的参数 σ_p 和 ε_p，构造受控系统(7-6)。

步骤 2 寻找主控制器位置 (p,q)，使得在主控制器 $\varepsilon_p \sin(\sigma_p x_q)$ 一个周期 $[-\pi/\sigma_p, \pi/\sigma_p]$ 内，受控系统的平均特征值满足准则 7-1 和准则 7-2。否则，调整标称矩阵 $\boldsymbol{A}$ 中的部分元素，重新执行步骤 2。

步骤 3 添加非主控制器 $\varepsilon_i \sin(\sigma_i x_j)$ $(i=s,l,\cdots)$，固定控制位置 $(s,t),(l,k),\cdots$，取较小的控制参数值 σ_i,ε_i $(i=s,l,\cdots)$，生成具有多控制器的受控系统(7-6)，计算李氏指数。

步骤 4 如果满足正李氏指数的个数为 $n-2$，则计算结束。否则，调整标称矩阵 $\boldsymbol{A}$ 中的部分元素，返回步骤 2。

根据上述 4 个设计步骤，得多控制器共同作用下的无简并高维超混沌系统的设计流程如图 7-1 所示。注意到在步骤 3 中，多个非主控制器控制位置 (i,j) $(i\neq j)$ 可以任意选取，而控制参数 σ_i 和 ε_i $(i=s,l,\cdots,p)$ 尽量小，仅作为微扰动项，而将控制器 $\varepsilon_p \sin(\sigma_p x_q)$ 作为主控制器。

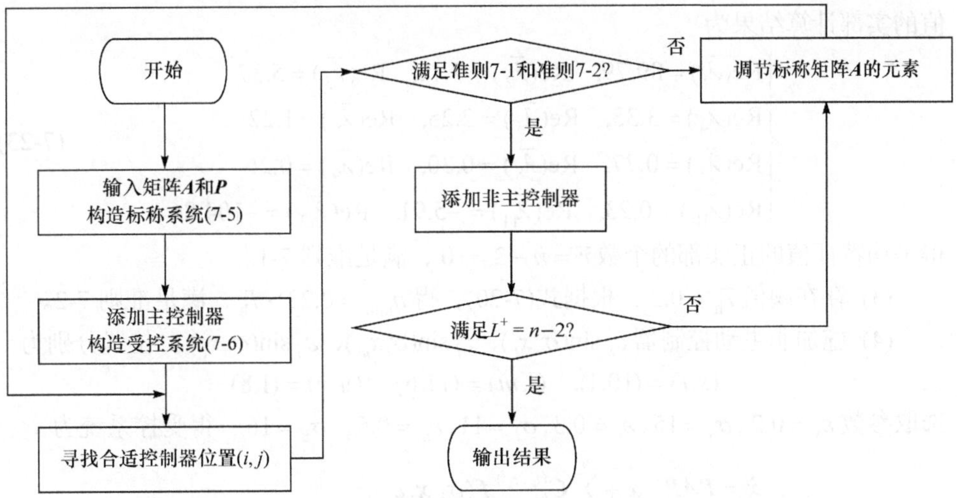

图 7-1　具有多控制器的无简并高维超混沌系统设计流程

7.3　两个典型的设计实例

根据 7.2 节提出的设计准则与设计步骤，本节给出具有多控制器的无简并 12 维和 13 维超混沌系统的具体设计结果，验证这种设计方法的可行性和正确性。

7.3.1　具有 4 控制器的无简并 12 维超混沌系统

(1) 设计标称矩阵 $\boldsymbol{A}$ 。已知标称矩阵 $\boldsymbol{A}$ 的一般形式为

$$\boldsymbol{A}=\begin{bmatrix}\boldsymbol{A}_1 & & & \\ & \boldsymbol{A}_2 & & \\ & & \ddots & \\ & & & \boldsymbol{A}_6\end{bmatrix}_{12\times 12} \tag{7-21}$$

得 $\boldsymbol{A}$ 中各个子矩阵的设计结果为

$$\begin{cases}\boldsymbol{A}_1=\begin{bmatrix}-0.01 & 1\\ -4 & -0.01\end{bmatrix},\quad \boldsymbol{A}_2=\begin{bmatrix}-0.01 & 43\\ -2 & -0.01\end{bmatrix},\quad \boldsymbol{A}_3=\begin{bmatrix}-0.01 & 23\\ -15 & -0.01\end{bmatrix}\\ \boldsymbol{A}_4=\begin{bmatrix}-0.01 & 23\\ -12 & -0.01\end{bmatrix},\quad \boldsymbol{A}_5=\begin{bmatrix}-0.01 & 23\\ -25 & -0.01\end{bmatrix},\quad \boldsymbol{A}_6=\begin{bmatrix}-0.01 & 5\\ -6 & -0.01\end{bmatrix}\end{cases} \tag{7-22}$$

可知标称系统 $\dot{\boldsymbol{x}}=\boldsymbol{PAP}^{-1}\boldsymbol{x}$ 是渐近稳定的。

(2) 选取主控制器位置为 $(p,q)=(12,1)$ ，参数 $\varepsilon_p=60$ 、 $\sigma_p=106$ ，在主控制器 $\varepsilon_p\sin(\sigma_p x_q)$ 周期区间 $[-\pi/\sigma_p,\pi/\sigma_p]$ 内，得雅可比矩阵(7-19)所对应的平均特征

值的实部计算结果为

$$\begin{cases}\mathrm{Re}(\bar{\lambda}_1)=89.79, \quad \mathrm{Re}(\bar{\lambda}_2)=7.11, \quad \mathrm{Re}(\bar{\lambda}_3)=5.37 \\ \mathrm{Re}(\bar{\lambda}_4)=3.35, \quad \mathrm{Re}(\bar{\lambda}_5)=2.25, \quad \mathrm{Re}(\bar{\lambda}_6)=1.22 \\ \mathrm{Re}(\bar{\lambda}_7)=0.77, \quad \mathrm{Re}(\bar{\lambda}_8)=0.30, \quad \mathrm{Re}(\bar{\lambda}_9)=0.26 \\ \mathrm{Re}(\bar{\lambda}_{10})=0.23, \quad \mathrm{Re}(\bar{\lambda}_{11})=-5.91, \quad \mathrm{Re}(\bar{\lambda}_{12})=-104.86\end{cases} \tag{7-23}$$

得平均特征值的正实部的个数$\bar{r}=n-2=10$，满足准则 7-1。

(3) 存在阈值$T_{\mathrm{h}}=0.2$，根据式(7-20)，得$\eta_{\min}=0.23>T_{\mathrm{h}}$，满足准则 7-2。

(4) 施加非主动控制器$\varepsilon_s\sin(\sigma_s x_t)$、$\varepsilon_l\sin(\sigma_l x_m)$、$\varepsilon_u\sin(\sigma_u x_v)$，位置分别为

$$(s,t)=(10,1), \quad (l,m)=(11,6), \quad (u,v)=(1,8)$$

选取参数$\varepsilon_s=0.2$, $\sigma_s=15$, $\varepsilon_l=0.3$, $\sigma_l=11$, $\varepsilon_u=0.6$, $\sigma_u=16$，得受控系统为

$$\begin{aligned}\dot{\boldsymbol{x}} &= \boldsymbol{PAP}^{-1}\boldsymbol{x}+\sum_{k=1}^{4}\boldsymbol{C}_k^{(i_k,j_k)}\boldsymbol{f}(\sigma_{i_k}\boldsymbol{x},\varepsilon_{i_k}) \\ &= \boldsymbol{PAP}^{-1}\boldsymbol{x}+\boldsymbol{C}_1^{(s,t)}\boldsymbol{f}(\sigma_s\boldsymbol{x},\varepsilon_s)+\boldsymbol{C}_2^{(l,m)}\boldsymbol{f}(\sigma_l\boldsymbol{x},\varepsilon_l) \\ &\quad +\boldsymbol{C}_3^{(u,v)}\boldsymbol{f}(\sigma_u\boldsymbol{x},\varepsilon_u)+\boldsymbol{C}_4^{(p,q)}\boldsymbol{f}(\sigma_p\boldsymbol{x},\varepsilon_p) \\ &= \boldsymbol{PAP}^{-1}\boldsymbol{x}+\boldsymbol{C}_1^{(10,1)}0.2\sin(15\boldsymbol{x})+\boldsymbol{C}_2^{(11,6)}0.3\sin(11\boldsymbol{x}) \\ &\quad +\boldsymbol{C}_3^{(1,8)}0.6\sin(16\boldsymbol{x})+\boldsymbol{C}_4^{(12,1)}60\sin(106\boldsymbol{x})\end{aligned} \tag{7-24}$$

得李氏指数的计算结果为

$$\begin{cases}\mathrm{LE}_1=8.7923, \quad \mathrm{LE}_2=5.7599, \quad \mathrm{LE}_3=2.6649, \quad \mathrm{LE}_4=1.8183 \\ \mathrm{LE}_5=1.0814, \quad \mathrm{LE}_6=0.7465, \quad \mathrm{LE}_7=0.4148, \quad \mathrm{LE}_8=0.3213 \\ \mathrm{LE}_9=0.2324, \quad \mathrm{LE}_{10}=0.1355, \quad \mathrm{LE}_{11}=0.0000, \quad \mathrm{LE}_{12}=-22.0081\end{cases} \tag{7-25}$$

式中，正李氏指数个数为$L^{+}=10$，可知受控系统(7-24)为无简并 12 维超混沌系统，其超混沌系统吸引子相图如图 7-2 所示。

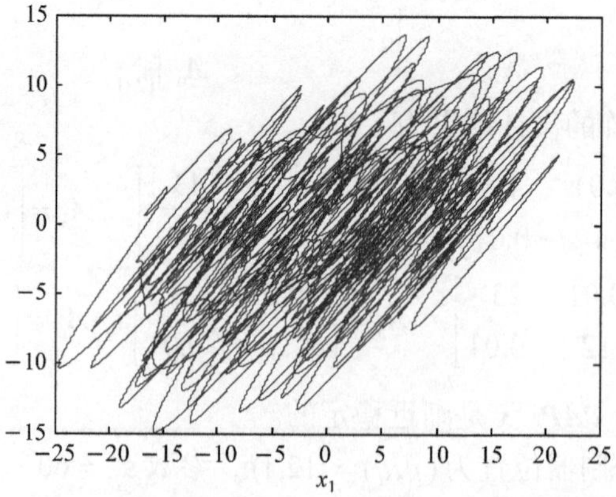

图 7-2 具有 4 控制器的无简并 12 维超混沌系统吸引子相图

7.3.2　具有 3 控制器的无简并 13 维超混沌系统

(1) 设计标称矩阵 $\boldsymbol{A}$。已知标称矩阵 $\boldsymbol{A}$ 的一般形式为

$$\boldsymbol{A}=\begin{bmatrix} \boldsymbol{A}_1 & & & & \\ & \boldsymbol{A}_2 & & & \\ & & \ddots & & \\ & & & \boldsymbol{A}_6 & \\ -1 & -1 & \cdots & -1 & \gamma_{13} \end{bmatrix}_{13\times 13} \tag{7-26}$$

式中，$\gamma_{13}=-0.01$，得 $\boldsymbol{A}$ 中各个子矩阵的设计结果为

$$\begin{cases} \boldsymbol{A}_1=\begin{bmatrix} -0.01 & 1 \\ -6 & -0.01 \end{bmatrix}, & \boldsymbol{A}_2=\begin{bmatrix} -0.01 & 33 \\ -5 & -0.01 \end{bmatrix}, & \boldsymbol{A}_3=\begin{bmatrix} -0.01 & 22 \\ -16 & -0.01 \end{bmatrix} \\ \boldsymbol{A}_4=\begin{bmatrix} -0.01 & 23 \\ -11 & -0.01 \end{bmatrix}, & \boldsymbol{A}_5=\begin{bmatrix} -0.01 & 21 \\ -23 & -0.01 \end{bmatrix}, & \boldsymbol{A}_6=\begin{bmatrix} -0.01 & 18 \\ -2 & -0.01 \end{bmatrix} \end{cases} \tag{7-27}$$

可知标称系统 $\dot{\boldsymbol{x}}=\boldsymbol{PAP}^{-1}\boldsymbol{x}$ 是渐近稳定的。

(2) 选取主控制器位置为 $(p,q)=(13,8)$，参数 $\varepsilon_p=80$、$\sigma_p=130$，在主控制器 $\varepsilon_p\sin(\sigma_p x_q)$ 的周期区间 $[-\pi/\sigma_p,\pi/\sigma_p]$ 内，得雅可比矩阵(7-19)所对应的平均特征值的实部计算结果为

$$\begin{cases} \mathrm{Re}(\bar{\lambda}_1)=132.18, & \mathrm{Re}(\bar{\lambda}_2)=4.51, & \mathrm{Re}(\bar{\lambda}_3)=2.85 \\ \mathrm{Re}(\bar{\lambda}_4)=1.19, & \mathrm{Re}(\bar{\lambda}_5)=1.08, & \mathrm{Re}(\bar{\lambda}_6)=0.97 \\ \mathrm{Re}(\bar{\lambda}_7)=0.93, & \mathrm{Re}(\bar{\lambda}_8)=0.74, & \mathrm{Re}(\bar{\lambda}_9)=0.59 \\ \mathrm{Re}(\bar{\lambda}_{10})=0.41, & \mathrm{Re}(\bar{\lambda}_{11})=0.24, & \mathrm{Re}(\bar{\lambda}_{12})=-3.87 \\ \mathrm{Re}(\bar{\lambda}_{13})=-141.96 \end{cases} \tag{7-28}$$

得平均特征值的正实部的个数 $\bar{r}=n-2=11$，满足准则 7-1。

(3) 存在阈值 $T_{\mathrm{h}}=0.15$，根据式(7-20)，得 $\eta_{\min}=0.24>T_{\mathrm{h}}$，满足准则 7-2。

(4) 选取非主控制器 $\varepsilon_s\sin(\sigma_s x_t)$、$\varepsilon_l\sin(\sigma_l x_m)$ 的位置分别为 $(s,t)=(7,2)$、$(l,m)=(5,9)$，选取参数为 $\varepsilon_s=1.2$、$\sigma_s=5$、$\varepsilon_l=1.5$、$\sigma_l=6$，得受控系统为

$$\begin{aligned} \dot{\boldsymbol{x}}&=\boldsymbol{PAP}^{-1}\boldsymbol{x}+\sum_{k=1}^{3}\boldsymbol{C}_k^{(i_k,j_k)}\boldsymbol{f}(\sigma_{i_k}\boldsymbol{x},\varepsilon_{i_k}) \\ &=\boldsymbol{PAP}^{-1}\boldsymbol{x}+\boldsymbol{C}_1^{(s,t)}\boldsymbol{f}(\sigma_s\boldsymbol{x},\varepsilon_s)+\boldsymbol{C}_2^{(l,m)}\boldsymbol{f}(\sigma_l\boldsymbol{x},\varepsilon_l)+\boldsymbol{C}_3^{(p,q)}\boldsymbol{f}(\sigma_p\boldsymbol{x},\varepsilon_p) \\ &=\boldsymbol{PAP}^{-1}\boldsymbol{x}+\boldsymbol{C}_1^{(7,2)}1.2\sin(5\boldsymbol{x})+\boldsymbol{C}_2^{(5,9)}1.5\sin(6\boldsymbol{x})+\boldsymbol{C}_3^{(13,8)}130\sin(80\boldsymbol{x}) \end{aligned} \tag{7-29}$$

得李氏指数的计算结果为

$$\begin{cases} LE_1 = 10.2172, & LE_2 = 4.0984, & LE_3 = 1.6599 \\ LE_4 = 1.1817, & LE_5 = 0.9462, & LE_6 = 0.7599 \\ LE_7 = 0.5922, & LE_8 = 0.4574, & LE_9 = 0.3565 \\ LE_{10} = 0.2510, & LE_{11} = 0.1473, & LE_{12} = 0.0000 \\ LE_{13} = -20.7976 \end{cases} \tag{7-30}$$

显然，式中的正李氏指数个数为 $L^+ = 11$，可知受控系统(7-29)为无简并 13 维超混沌系统，其超混沌系统吸引子相图如图 7-3 所示。

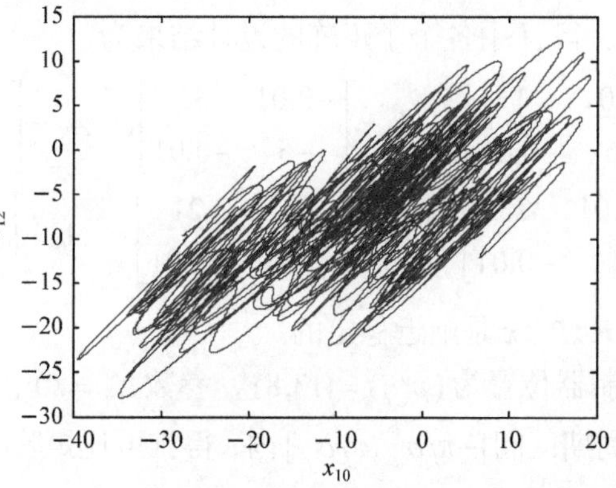

图 7-3　具有 3 控制器的无简并 13 维超混沌系统吸引子相图

第 8 章　可配置任意多个正李氏指数的连续时间超混沌系统

本章介绍可配置任意多个正李氏指数的连续时间超混沌系统。主要内容包括基于参数控制的 n 维耗散和保守超混沌系统的一个统一模型，该模型的主要特点是在级联闭环耦合方式下，所有特征值都对称地分布在圆周上，找到正李氏指数个数与系统维数、特征值正实部个数之间存在的一种普适规律，最后给出两个典型实例来说明该模型的有效性[36]。

8.1　问题的提出

按照系统的复频域综合方法，在通常情况下，所有的特征值都是以实轴对称地分布在复平面上的。如果有某个特征值分布在复平面的右半部分，则这个特征值的实部为正；如果有某个特征值分布在复平面的左半部分，则这个特征值的实部为负。因此，只要知道了特征值在整个复平面上的分布情况，所有特征值的正实部个数之和 r 也就随之确定。在不发生简并的情况下，就能配置出正李氏指数的个数为 $N = r$ 。从理论上讲，总可以根据这种系统的复频域综合方法，在复平面中通过特征值的某种配置规则来获得所需的超混沌系统。然而，在实际情况中，只有当特征值在复频域中按照一定的规律进行配置时，才有可能获得与之相对应的超混沌系统。但如果配置规律过于一般甚至无规律可循，要想找到对应的超混沌系统往往有相当大的难度。从这个意义上来说，寻找特征值在复频域中的一种有规律的配置方法也就成为研究超混沌系统的一个关键问题所在。

为了具体解决上述问题，本章提出在复平面上按圆周分布规律来配置特征值的新方法。按照这一方法，首次发现了一个用参数控制的 n 维耗散和保守超混沌系统的统一模型,从而为耗散系统和保守系统中生成超混沌提供了一种新的途径。根据连续时间系统的反控制原理，通过建立一种所有状态变量之间的耦合规则，将标称系统中 n 个独立的一阶线性微分方程相互耦合起来，一般情况下，将第 $i\,(i = 1, 2, \cdots, n-1)$ 个方程通过第 $i+1$ 个状态变量 x_{i+1} 的耦合与第 $i+1$ 个方程相联系，而最后一个方程(即第 n 个方程)则通过第一个状态变量 x_1 的耦合与第一个方程相联系，从而使得受控系统中的每个方程具有级联的闭环耦合方式。这种基于状态变量的级联闭环耦合方式,能使所有的特征值对称地分布在复平面的圆周上。因此，能够找到系统维数与特征值正实部个数之间存在的一种普适规律，当系统的维数给定后，就能根据特征值在圆周上的分布规律，得到特征值正实部的个数，由于李氏指数的个数与特征值正实部的个数存在某种确定的对应关系，所以正李氏指数的个数也能随之确定。按照这一方法，对于所有满足这个统一模型条件的 n 维耗散和保守系统，可得出正李氏指数个数 $N = \mathrm{round}((n-1)/2)$ 的一般结论。理论上，只要系统的维数足够高，就可生成所需的任意多个正李氏指数。在本章的最后，给出若干典型的实例，证实该方法的正确性。

8.2　基于参数控制的 n 维耗散和保守超混沌系统的统一模型

8.2.1　统一模型的提出

考虑未受控 n 维连续时间线性系统为

$$\dot{\boldsymbol{x}} = \boldsymbol{A}\boldsymbol{x} \tag{8-1}$$

式中，$\boldsymbol{x} = [x_1, x_2, \cdots, x_n]^{\mathrm{T}}$；$\boldsymbol{A}$ 为对角矩阵，其一般数学形式为

$$\boldsymbol{A} = \begin{bmatrix} a & 0 & \cdots & 0 \\ 0 & a & \cdots & 0 \\ \vdots & \vdots & \ddots & \vdots \\ 0 & 0 & \cdots & a \end{bmatrix}_{n\times n} \tag{8-2}$$

式中，维数满足 $n \geqslant 5$。

由于 $\boldsymbol{A}$ 为对角矩阵，故标称系统(8-1)中的每一个方程都是相互独立的，属于一个最为简单的线性系统。

首先，为了实现标称系统(8-1)中每个方程之间的相互耦合，设计一个简单的一致有界的非线性反馈控制器 $\boldsymbol{g}(\boldsymbol{x}, \varepsilon)$

$$\boldsymbol{g}(\boldsymbol{x}, \varepsilon) = \begin{bmatrix} g_1(x_1, \varepsilon) \\ g_2(x_2, \varepsilon) \\ \vdots \\ g_n(x_n, \varepsilon) \end{bmatrix} \tag{8-3}$$

式中，$\boldsymbol{\varepsilon} = [\varepsilon, \varepsilon, \cdots, \varepsilon]^{\mathrm{T}}$ 为控制器 $\boldsymbol{g}(\boldsymbol{x}, \varepsilon)$ 输出的上界。

根据式(8-1)～式(8-3)，得对应的 n 维受控系统的一般形式为

$$\dot{\boldsymbol{x}} = \boldsymbol{A}\boldsymbol{x} + \boldsymbol{B}\boldsymbol{g}(\boldsymbol{x}, \varepsilon) \tag{8-4}$$

式中，$\boldsymbol{B}$ 为控制矩阵。

其次，对于不同形式的控制矩阵 $\boldsymbol{B}$，受控系统(8-4)中每个方程之间将会有不同的相互耦合方式。为了实现受控系统(8-4)中相邻方程之间以及第一个方程和最后一个方程之间的相互耦合，从而构成一种闭环耦合方式，选取 $\boldsymbol{B}$ 的具体形式为

$$\boldsymbol{B}=\begin{bmatrix} 0 & 1 & 0 & \cdots & 0 \\ 0 & 0 & 1 & \cdots & 0 \\ \vdots & \vdots & \vdots & \ddots & 0 \\ 0 & 0 & 0 & \cdots & 1 \\ 1 & 0 & 0 & \cdots & 0 \end{bmatrix}_{n\times n} \tag{8-5}$$

最后，在保证受控系统(8-4)的解为一致有界的前提下，进一步选取一致有界且连续可微的非线性反馈控制器 $\boldsymbol{g}(\boldsymbol{x},\varepsilon)$ 为正弦函数，即

$$g_i(x_i,\varepsilon)=\varepsilon\sin x_i,\quad i=1,2,\cdots,n \tag{8-6}$$

根据式(8-4)～式(8-6)，有

$$\begin{bmatrix} \dot{x}_1 \\ \dot{x}_2 \\ \vdots \\ \dot{x}_n \end{bmatrix}=\begin{bmatrix} a & 0 & \cdots & 0 \\ 0 & a & \cdots & 0 \\ \vdots & \vdots & \ddots & \vdots \\ 0 & 0 & \cdots & a \end{bmatrix}_{n\times n}\begin{bmatrix} x_1 \\ x_2 \\ \vdots \\ x_n \end{bmatrix}+\begin{bmatrix} 0 & 1 & 0 & \cdots & 0 \\ 0 & 0 & 1 & \cdots & 0 \\ \vdots & \vdots & \vdots & \ddots & 0 \\ 0 & 0 & 0 & \cdots & 1 \\ 1 & 0 & 0 & \cdots & 0 \end{bmatrix}_{n\times n}\begin{bmatrix} \varepsilon\sin x_1 \\ \varepsilon\sin x_2 \\ \vdots \\ \varepsilon\sin x_n \end{bmatrix} \tag{8-7}$$

式中，由于所有的非线性函数均为 $\sin(\cdot)$ 的形式，故受控系统也属于一类十分简单的非线性系统。

根据式(8-7)，得 n 维受控系统状态方程的具体形式为

$$\begin{cases} \dot{x}_1=ax_1+\varepsilon\sin(x_2)=f_1(x_1,x_2,\cdots,x_n) \\ \dot{x}_2=ax_2+\varepsilon\sin(x_3)=f_2(x_1,x_2,\cdots,x_n) \\ \quad\vdots \\ \dot{x}_{n-1}=ax_{n-1}+\varepsilon\sin(x_n)=f_{n-1}(x_1,x_2,\cdots,x_n) \\ \dot{x}_n=ax_n+\varepsilon\sin(x_1)=f_n(x_1,x_2,\cdots,x_n) \end{cases} \tag{8-8}$$

式(8-8)为本章首次提出的一个简单的 $n\,(n\geqslant 5)$ 维耗散和保守超混沌系统的统一模型，与现有的混沌系统相比，该模型具有以下三个主要特点：

(1) 在式(8-8)中，每个方程都是通过状态变量的级联闭环耦合相互联系起来的。具体而言，第一个方程通过第二个状态变量 x_2 的耦合与第二个方程相联系，第二个方程通过第三个状态变量 x_3 的耦合与第三个方程相联系。推而广之，第 $i\,(i=1,2,\cdots,n-1)$ 个方程通过第 $i+1$ 个状态变量 x_{i+1} 的耦合与第 $i+1$ 个方程相联系，而最后一个方程(即第 n 个方程)通过第一个状态变量 x_1 的耦合与第一个方程相联系，从而构成了具有级联的闭环耦合方式。

(2) 与现有的混沌系统通常为耗散系统相比较，受控系统(8-8)则是一个基于参数控制的 n 维耗散和保守超混沌系统的统一模型。随着参数 a 由小到大的变化，能实现 n 维耗散超混沌系统和 n 维保守超混沌系统之间的相互转换。

(3) 正李氏指数的个数与系统的维数、特征根正实部的个数存在着一种普适的关系，理论上，只要系统的维数足够高，就可以生成所需的任意多个正李氏指数。

8.2.2　耗散系统和保守系统

已知受控系统(8-8)对应的雅可比矩阵为

$$\boldsymbol{J}=\begin{bmatrix}\dfrac{\partial f_1}{\partial x_1} & \dfrac{\partial f_1}{\partial x_2} & \cdots & \dfrac{\partial f_1}{\partial x_n}\\ \dfrac{\partial f_2}{\partial x_1} & \dfrac{\partial f_2}{\partial x_2} & \cdots & \dfrac{\partial f_2}{\partial x_n}\\ \vdots & \vdots & & \vdots\\ \dfrac{\partial f_n}{\partial x_1} & \dfrac{\partial f_n}{\partial x_2} & \cdots & \dfrac{\partial f_n}{\partial x_n}\end{bmatrix}=\begin{bmatrix} a & \varepsilon\cos x_2 & 0 & \cdots & 0\\ 0 & a & \varepsilon\cos x_3 & \cdots & 0\\ \vdots & \vdots & \vdots & \ddots & \vdots\\ 0 & 0 & 0 & \cdots & \varepsilon\cos x_n\\ \varepsilon\cos x_1 & 0 & 0 & \cdots & a\end{bmatrix} \tag{8-9}$$

由于李氏指数刻画动力学系统的整体特征，所以可考虑 n 维体积的变化率，得 n 个李氏指数之和与 $\boldsymbol{J}$ 的散度之间对应的关系为

$$\sum_{i=1}^{n}\mathrm{LE}_i=\nabla\cdot\boldsymbol{F}=\sum_{i=1}^{n}\frac{\partial f_i}{\partial x_i}=na \tag{8-10}$$

式中，$\sum\limits_{i=1}^{n}\mathrm{LE}_i$ 表示式(8-8)的所有李氏指数之和，$\nabla\cdot\boldsymbol{F}$ 表示散度，$\sum\limits_{i=1}^{n}\partial f/\partial x_i=na$ 表示 $\boldsymbol{J}$ 的主对角线元素之和。式(8-10)表明，系统中的所有李氏指数之和应与散度的大小相等。

(1) 当 $a<0$ 时，散度 $\nabla\cdot\boldsymbol{F}<0$，满足 $\sum\limits_{i=1}^{n}\mathrm{LE}_i<0$，则式(8-8)为 n 维耗散系统。

(2) 当 $a=0$ 时，散度 $\nabla\cdot\boldsymbol{F}=0$，满足 $\sum\limits_{i=1}^{n}\mathrm{LE}_i=0$，则式(8-8)为 n 维保守系统。

(3) 当 $a>0$ 时，散度 $\nabla\cdot\boldsymbol{F}>0$，则式(8-8)为 n 维不稳定系统。

可以证明，当 $a<0$ 时，式(8-8)的解是全局有界的，解的上确界满足以下不等式：

$$\sup_{0\leqslant t<\infty}\|\boldsymbol{x}(t)\|\leqslant\alpha\cdot\|\boldsymbol{x}(0)\|+\frac{\alpha}{\beta}\|\varepsilon\|<\infty \tag{8-11}$$

式中，常数 $\alpha,\beta>0$，$\boldsymbol{x}(0)$ 为初始值。

8.3　动力学分析

本节分析受控系统(8-8)分别为 n 维保守超混沌系统和 n 维耗散超混沌系统时的基本动力学行为。其中包括平衡点与特征值的分布规律、系统维数、特征值正实部个数、李氏指数谱、正李氏指数个数之间的对应关系。

8.3.1　*n* 维耗散超混沌系统的情况

若 $a<0$，$\nabla\cdot\boldsymbol{F}<0$，则式(8-8)为 n 维耗散超混沌系统。令 $\dot{x}_i(i=1,2,\cdots,n)=0$，得平衡点方程为

$$\begin{cases} ax_1^{(e)}+\varepsilon\sin(x_2^{(e)})=0 \\ ax_2^{(e)}+\varepsilon\sin(x_3^{(e)})=0 \\ \vdots \\ ax_{n-1}^{(e)}+\varepsilon\sin(x_n^{(e)})=0 \\ ax_n^{(e)}+\varepsilon\sin(x_1^{(e)})=0 \end{cases} \tag{8-12}$$

式(8-12)表明两个不同状态变量 x_i 和 x_j 之间的一种迭代关系，为方便计，定义迭代函数为

$$\begin{cases} \varphi^{(0)}(x)\triangleq x,\quad \varphi^{(1)}(x)\triangleq \underbrace{-\dfrac{\varepsilon}{a}\sin x}_{1}=\underbrace{\varphi_0\sin x}_{1} \\ \varphi^{(2)}(x)\triangleq \underbrace{-\dfrac{\varepsilon}{a}\sin\left(-\dfrac{\varepsilon}{a}\sin x\right)}_{2}=\underbrace{\varphi_0\sin(\varphi_0\sin x)}_{2} \\ \varphi^{(3)}(x)\triangleq \underbrace{-\dfrac{\varepsilon}{a}\sin\left(-\dfrac{\varepsilon}{a}\sin\left(-\dfrac{\varepsilon}{a}\sin x\right)\right)}_{3}=\underbrace{\varphi_0\sin(\varphi_0\sin(\varphi_0\sin x))}_{3} \\ \vdots \\ \varphi^{(m)}(x)\triangleq \underbrace{-\dfrac{\varepsilon}{a}\sin\left(\cdots-\dfrac{\varepsilon}{a}\sin x\cdots\right)}_{m}=\underbrace{\varphi_0\sin(\cdots\varphi_0\sin x\cdots)}_{m} \end{cases} \tag{8-13}$$

式中，$m=1,2,\cdots,n$，$\varepsilon>0$，$a<0$，$\varphi_0=-\varepsilon/a>0$ 为某个常数。

根据式(8-12)和式(8-13)，可求得平衡点方程的解为

$$
\begin{cases}
x_1^{(e)} = -\dfrac{\varepsilon}{a}\sin(\varphi^{(n-1)}(x_1^{(e)})) \\
x_2^{(e)} = -\dfrac{\varepsilon}{a}\sin(\varphi^{(n-1)}(x_2^{(e)})) \\
\vdots \\
x_n^{(e)} = -\dfrac{\varepsilon}{a}\sin(\varphi^{(n-1)}(x_n^{(e)}))
\end{cases}
\tag{8-14}
$$

式中，$\sin(\varphi^{(n-1)}(x_j^{(e)}))(j=1,2,\cdots,n)$ 称为调频正弦函数。通常情况下，对于某个正弦函数 $\sin(\varphi(x))$，如果频率 $\omega_0 = \mathrm{d}\varphi(x)/\mathrm{d}x$ 为某个固定不变的常数，则 $\sin(\varphi(x))$ 为频率不变的正弦函数，但如果频率 $\omega_0 = \mathrm{d}\varphi(x)/\mathrm{d}x$ 为 x 的函数，则称 $\sin(\varphi(x))$ 为频率可变的调频正弦函数。

根据式(8-14)，得

$$
Kx_j^{(e)} = \sin(\varphi^{(n-1)}(x_j^{(e)}))
\tag{8-15}
$$

式中，$j=1,2,\cdots,n$，$e=0,\pm1,\pm2,\cdots,\pm M$，$K=-a/\varepsilon$ 为斜率。

根据式(8-15)，可采用几何求解方法画出平衡点分量 $x_j^{(e)}$ $(j=1,2,\cdots,n; e=0,\pm1,\cdots,\pm M)$ 的分布情况如图 8-1 所示，其中 x_j 的上确界

$$
\sup_{0\leqslant t<\infty}\| x_j(t) \|
$$

由式(8-11)确定。由于 $\sin(\omega^{(n-1)}(x_j^{(e)}))$ 为奇函数，所以可假设在区间

$$
\left[-\sup_{0\leqslant t<\infty}\| x_j(t) \|, \sup_{0\leqslant t<\infty}\| x_j(t) \|\right]
$$

中平衡点的分布数量为 $2M+1$。通过如图 8-1 所示的几何求解方法，能完全确定 $2M+1$ 个平衡点 $P^{(e)}(x_1^{(e)}, x_2^{(e)}, \cdots, x_n^{(e)})$ $(e=0,\pm1,\pm2,\cdots,M)$ 的大小。在下面分析过程中，选取受控系统(8-8)中的两个参数分别为 $a=-1$、$\varepsilon=40$，斜率满足 $K \ll 1$，故在图 8-1 中所有的平衡点都接近水平分布。

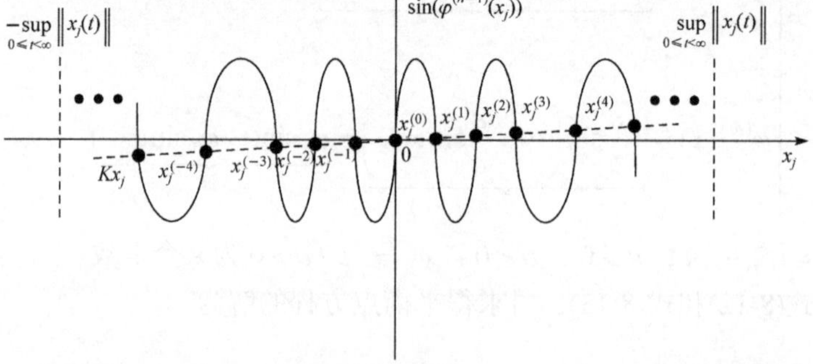

图 8-1　n 维耗散超混沌系统中平衡点坐标 $x_j^{(e)}$ $(j=1,2,\cdots,n; e=0,\pm1,\cdots)$ 的分布示意图

根据式(8-8)，得受控系统在各个平衡点 $P^{(e)}(x_1^{(e)},x_2^{(e)},\cdots,x_n^{(e)})$ 处对应的雅可比矩阵的一般数学形式为

$$
\boldsymbol{J}_{P^{(e)}}=\begin{bmatrix} a & \varepsilon\cos(x_2^{(e)}) & 0 & \cdots & 0 \\ 0 & a & \varepsilon\cos(x_3^{(e)}) & \cdots & 0 \\ \vdots & \vdots & \ddots & \ddots & \vdots \\ 0 & 0 & 0 & \ddots & \varepsilon\cos(x_n^{(e)}) \\ \varepsilon\cos(x_1^{(e)}) & 0 & 0 & \cdots & a \end{bmatrix} \tag{8-16}
$$

式中，$a=-1$，$\varepsilon=40$，$x_1^{(e)},x_2^{(e)},\cdots,x_n^{(e)}$ 为平衡点 $P^{(e)}\ (e=0,\pm1,\pm2,\cdots,\pm M)$ 的各个坐标分量。

得雅可比矩阵 $\boldsymbol{J}_{P^{(e)}}$ 的特征值方程为

$$
\left|\lambda\boldsymbol{I}-\boldsymbol{J}_{P^{(e)}}\right|=\begin{vmatrix} \lambda-a & -\varepsilon\cos(x_2^{(e)}) & 0 & \cdots & 0 \\ 0 & \lambda-a & -\varepsilon\cos(x_3^{(e)}) & \cdots & 0 \\ \vdots & \vdots & \ddots & \ddots & 0 \\ 0 & 0 & 0 & \ddots & -\varepsilon\cos(x_n^{(e)}) \\ -\varepsilon\cos(x_1^{(e)}) & 0 & 0 & \cdots & \lambda-a \end{vmatrix}=0 \tag{8-17}
$$

将上面的行列式按第一列展开，得

$$
\begin{aligned}
\left|\lambda\boldsymbol{I}-\boldsymbol{J}_{P^{(e)}}\right|=(-1)^{1+1}\cdot(\lambda-a)&\begin{vmatrix} \lambda-a & -\varepsilon\cos(x_3^{(e)}) & \cdots & 0 \\ \vdots & \lambda-a & \ddots & 0 \\ 0 & 0 & \ddots & -\varepsilon\cos(x_n^{(e)}) \\ 0 & 0 & \cdots & \lambda-a \end{vmatrix} \\
+(-1)^{n+1}\cdot(-\varepsilon\cos(x_1^{(e)}))&\begin{vmatrix} -\varepsilon\cos(x_2^{(e)}) & 0 & \cdots & 0 \\ \lambda-a & -\varepsilon\cos(x_3^{(e)}) & \cdots & 0 \\ \vdots & \ddots & \ddots & \vdots \\ 0 & \cdots & \lambda-a & -\varepsilon\cos(x_n^{(e)}) \end{vmatrix}=0
\end{aligned} \tag{8-18}
$$

对式(8-18)化简后，得

$$
(\lambda-a)^n=\varepsilon^n\prod_{i=1}^{n}\cos(x_i^{(e)}) \tag{8-19}
$$

为了进一步分析并求解雅可比矩阵 $\boldsymbol{J}$ 的特征值的一般表达式，首先，在式(8-19)中令

$$\delta^n = \varepsilon^n \prod_{i=1}^{n} \cos(x_i^{(e)})$$

并根据 δ^n 的正负取值来定义混沌系统(8-8)中的两类鞍焦平衡点。

定义 8-1 设式(8-8)中存在 $2M+1$ 个平衡点 $P^{(e)}(x_1^{(e)}, x_2^{(e)}, \cdots, x_n^{(e)})(e = 0, \pm 1, \pm 2, \cdots, \pm M)$，如果平衡点 $P^{(e)}$ 的各个分量 $x_1^{(e)}, x_2^{(e)}, \cdots, x_n^{(e)}$ 满足

$$\delta^n = \varepsilon^n \prod_{i=1}^{n} \cos(x_i^{(e)}) > 0$$

称 $P^{(e)}(x_1^{(e)}, x_2^{(e)}, \cdots, x_n^{(e)})$ 为第一类鞍焦平衡点。如果平衡点 $P^{(e)}$ 的各个分量 $x_1^{(e)}$, $x_2^{(e)}, \cdots, x_n^{(e)}$ 满足

$$\delta^n = \varepsilon^n \prod_{i=1}^{n} \cos(x_i^{(e)}) < 0$$

则称 $P^{(e)}(x_1^{(e)}, x_2^{(e)}, \cdots, x_n^{(e)})$ 为第二类鞍焦平衡点。

下面具体分析并求解雅可比矩阵 $\boldsymbol{J}$ 中对应两类鞍焦平衡点特征值的一般表达式。

(1) 存在第一类鞍焦平衡点 $P_1^{(e)}(x_1^{(e)}, x_2^{(e)}, \cdots, x_n^{(e)})\ (e = 0, \pm 1, \cdots, \pm M)$，使得

$$\delta^n = \varepsilon^n \prod_{i=1}^{n} \cos(x_i^{(e)}) > 0$$

在这种情况下，根据式(8-19)和欧拉公式 $\cos(2\pi) + \mathrm{j}\sin(2\pi) = 1$，得

$$(\lambda^{(1)} - a)^n = |\delta|^n [\cos(2\pi) + \mathrm{j}\sin(2\pi)] \tag{8-20}$$

再根据复变函数开方公式，得 $\boldsymbol{J}$ 的第一类鞍焦平衡点处对应的 n 个特征值的一般表达式为

$$\begin{aligned} \lambda_i^{(1)} &= a + |\delta| \left(\cos\left(\frac{2i\pi + 2\pi}{n} \right) + \mathrm{j}\sin\left(\frac{2i\pi + 2\pi}{n} \right) \right), \quad i = 0, 1, 2, \cdots, n-1 \\ &= a + |\delta| \left(\cos\left(\frac{2i\pi}{n} \right) + \mathrm{j}\sin\left(\frac{2i\pi}{n} \right) \right), \quad i = 1, 2, \cdots, n \end{aligned} \tag{8-21}$$

(2) 存在第二类鞍焦平衡点 $P_2^{(e)}(x_1^{(e)}, x_2^{(e)}, \cdots, x_n^{(e)})\ (e = 0, \pm 1, \cdots, \pm M)$，使得

$$\delta^n = \varepsilon^n \prod_{i=1}^{n} \cos(x_i^{(e)}) < 0$$

在这种情况下，根据式(8-19)和欧拉公式 $\cos\pi + \mathrm{j}\sin\pi = -1$，得

$$(\lambda^{(2)} - a)^n = |\delta|^n (\cos\pi + \mathrm{j}\sin\pi) \tag{8-22}$$

再根据复变函数开方公式，得 $\boldsymbol{J}$ 在第二类鞍焦平衡点处对应的 n 个特征值的一般表达式为

$$\lambda_i^{(2)}=a+|\delta|\left(\cos\left(\frac{2i\pi+\pi}{n}\right)+\mathrm{j}\sin\left(\frac{2i\pi+\pi}{n}\right)\right),\quad i=0,1,\cdots,n-1$$

$$=a+|\delta|\left(\cos\left(\frac{(2i-1)\pi}{n}\right)+\mathrm{j}\sin\left(\frac{(2i-1)\pi}{n}\right)\right),\quad i=1,2,\cdots,n \tag{8-23}$$

综合上述两种情况，可知在式(8-8)中，无论是属于哪一类鞍焦平衡点，所有的特征值都是按式(8-21)或者式(8-23)分布在半径为 $|\delta|$ 的圆周上，得如图 8-2 所示 n 维耗散超混沌系统的特征值分布图。图中符号“○”对应具有正实部的特征值，符号“×”则对应具有负实部的特征值。无论属于哪种情况，所有的特征值都是以水平轴(即 σ 轴)作为对称轴，对称地分布在半径为 $|\delta|$ 的圆周上。因此，在图 8-2 中，特征值只能是共轭虚数型 $\pm\mathrm{j}\omega$、共轭复数型 $\sigma\pm\mathrm{j}\omega$ 和实数型 σ 三种不同的类型，即

$$\lambda_i^{(1)},\lambda_i^{(2)}\in\{\pm\mathrm{j}\omega,\ \sigma\pm\mathrm{j}\omega,\ \sigma\},\quad i=1,2,\cdots,n \tag{8-24}$$

式(8-24)说明，在式(8-8)中，所有的平衡点 $P_1^{(e)}(x_1^{(e)},x_2^{(e)},\cdots,x_n^{(e)})$ $(e=0,\pm1,\cdots,\pm M)$ 都属于鞍焦平衡点，并且鞍焦平衡点的指标数等于特征值正实部的个数。

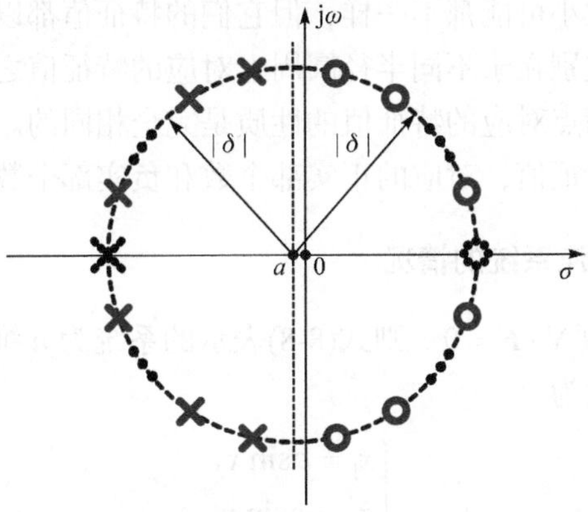

图 8-2　n 维耗散超混沌系统特征值的分布图

在图 8-2 中，圆周半径 $|\delta|$ 与平衡点 $P^{(e)}(x_1^{(e)},x_2^{(e)},\cdots,x_n^{(e)})$ $(e=0,\pm1,\pm2,\cdots,\pm M)$ 坐标分量 $x_1^{(e)},x_2^{(e)},\cdots,x_n^{(e)}$ 之间的关系为

$$|\delta|=\varepsilon\left(\left|\prod_{i=1}^{n}\cos(x_i^{(e)})\right|\right)^{\frac{1}{n}} \tag{8-25}$$

显见，对于不同的平衡点 $P^{(e)}(x_1^{(e)},x_2^{(e)},\cdots,x_n^{(e)})\,(e=0,\pm1,\pm2,\cdots,\pm M)$，圆周半径 $|\delta|$ 大小不同。设平衡点 $P^{(1)}(x_1^{(1)},x_2^{(1)},\cdots,x_n^{(1)})$ 对应的圆周半径为 $|\delta|_1$，平衡点 $P^{(2)}(x_1^{(2)},x_2^{(2)},\cdots,x_n^{(2)})$ 对应的圆周半径为 $|\delta|_2$，则这两个平衡点对应的特征值分布情况如图 8-3 所示。

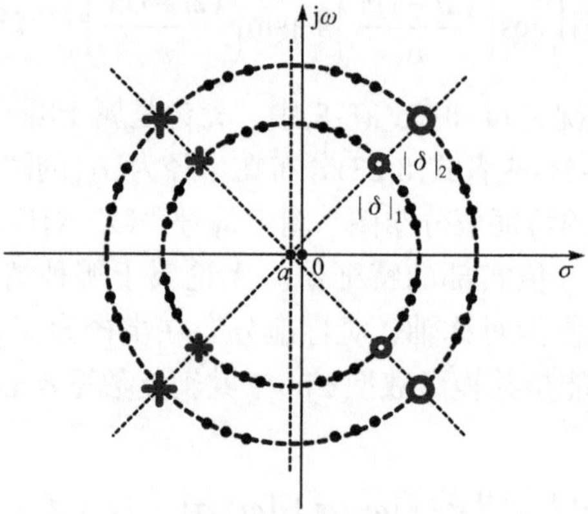

图 8-3　不同半径圆周上的特征值按照相同的辐角分布

根据图 8-3，在满足 $a \ll |\delta|_e\,(e=0,\pm1,\pm2,\cdots,M)$ 的条件下，尽管不同的平衡点对应的圆周半径大小可能都不一样，但它们的特征值都以相同的辐角分布在不同的圆周上，唯一差别在于不同半径圆周上对应的特征值之间仅相差一个倍数的关系，因此不同平衡点对应的特征值的性质是完全相同的。也就是说，对于不同半径圆周上分布的特征值，对应的正实部个数和负实部个数是一致的。

8.3.2　*n* 维保守超混沌系统的情况

当 $a=0$ 时，散度 $\nabla\cdot\boldsymbol{F}=0$，则式(8-8)表示的系统为 n 维保守超混沌系统。其状态方程的一般形式为

$$\begin{cases}\dot{x}_1=\varepsilon\sin x_2\\ \dot{x}_2=\varepsilon\sin x_3\\ \quad\vdots\\ \dot{x}_{n-1}=\varepsilon\sin x_n\\ \dot{x}_n=\varepsilon\sin x_1\end{cases}\tag{8-26}$$

式中，参数 $\varepsilon\neq0$。

同理，令 $\dot{x}_i\,(i=1,2,\cdots,n)=0$，得平衡点 $P^{(e)}(x_1^{(e)},x_2^{(e)},\cdots,x_n^{(e)})$ 坐标的方程为

$$\begin{cases} \sin(x_i^{(e)}) = 0 \\ x_i^{(e)} \in \{0, \pm\pi, \pm 2\pi, \cdots\} \end{cases} \tag{8-27}$$

式中，$i = 1, 2, \cdots, n$，$e = 0, \pm 1, \pm 2, \cdots$。

根据式(8-26)，得受控系统在各个平衡点 $P^{(e)}(x_1^{(e)}, x_2^{(e)}, \cdots, x_n^{(e)})$ 处对应的雅可比矩阵的一般数学形式为

$$\boldsymbol{J}_{P^{(e)}} = \begin{bmatrix} 0 & \varepsilon\cos(x_2^{(e)}) & 0 & \cdots & 0 \\ 0 & 0 & \varepsilon\cos(x_3^{(e)}) & \cdots & 0 \\ \vdots & \vdots & \vdots & \ddots & \vdots \\ 0 & 0 & 0 & \cdots & \varepsilon\cos(x_n^{(e)}) \\ \varepsilon\cos(x_1^{(e)}) & 0 & 0 & \cdots & 0 \end{bmatrix} \tag{8-28}$$

得雅可比矩阵 $\boldsymbol{J}_{P^{(e)}}$ 的特征值方程为

$$\left|\lambda\boldsymbol{I} - \boldsymbol{J}_{P^{(e)}}\right| = \begin{vmatrix} \lambda & -\varepsilon\cos(x_2^{(e)}) & 0 & \cdots & 0 \\ 0 & \lambda & -\varepsilon\cos(x_3^{(e)}) & \cdots & 0 \\ \vdots & \vdots & \ddots & \ddots & \vdots \\ 0 & 0 & 0 & \ddots & -\varepsilon\cos(x_n^{(e)}) \\ -\varepsilon\cos(x_1^{(e)}) & 0 & 0 & \cdots & \lambda \end{vmatrix} = 0 \tag{8-29}$$

求解式(8-29)，得

$$\lambda^n = \varepsilon^n \prod_{i=1}^{n} \cos(x_i^{(e)}) \tag{8-30}$$

与 n 维耗散系统情况相类似的分析，并考虑到在平衡点处 $\cos(x_i^{(e)}) = \pm 1$ 的结果，得两类鞍焦平衡点对应的特征值方程分别为

$$\begin{cases} \lambda_i^{(1)} = \varepsilon\left(\cos\left(\dfrac{2i\pi}{n}\right) + \mathrm{j}\sin\left(\dfrac{2i\pi}{n}\right)\right) \\ \lambda_i^{(2)} = \varepsilon\left(\cos\left(\dfrac{(2i-1)\pi}{n}\right) + \mathrm{j}\sin\left(\dfrac{(2i-1)\pi}{n}\right)\right) \end{cases} \tag{8-31}$$

式中，$i = 1, 2, \cdots, n$。

根据式(8-31)，可知特征值分布在半径为 ε 的圆周上，得如图 8-4 所示的 n 维保守超混沌系统特征值的分布图。由图可知，特征值只能是共轭虚数型 $\pm\mathrm{j}\omega$、共轭复数型 $\sigma \pm \mathrm{j}\omega$ 和实数型 σ 三种不同的类型，所有的平衡点 $P_1^{(e)}(x_1^{(e)}, x_2^{(e)}, \cdots, x_n^{(e)})$ $(e = 0, \pm 1, \cdots, \pm M)$ 都属于鞍焦平衡点，并且鞍焦平衡点的指标数等于特征值正实部的个数。

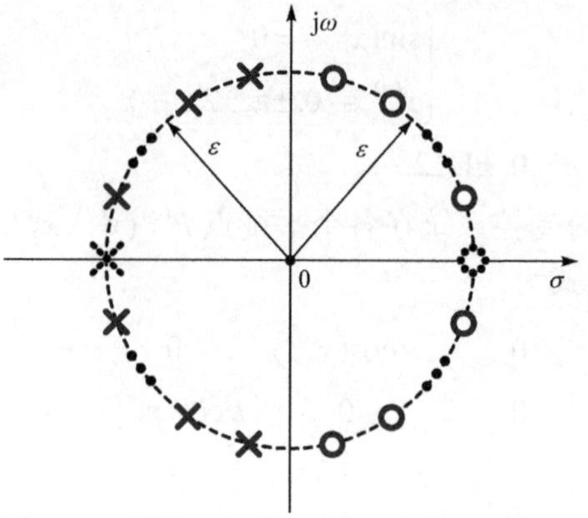

图 8-4　n 维保守超混沌系统的特征值分布图

8.3.3　耗散系统和保守系统平衡点和特征值分布的主要差异

根据上述分析结果，可知耗散系统和保守系统中平衡点和特征值分布的差异主要有以下三个方面：

(1) 耗散系统中平衡点的分布为非等间隔分布，如图 8-1 所示。保守系统中平衡点的分布则为等间隔分布，间隔大小为π，如式(8-27)所示。

(2) 在耗散系统中，由于参数 $a<0$，故特征值分布在以 $\sigma=a$ 为圆心、半径为

$$|\delta|=\varepsilon\left(\left|\prod_{i=1}^{n}\cos(x_i^{(e)})\right|\right)^{\frac{1}{n}}$$

的圆周上，并且圆周半径的大小 $|\delta|$ 不是一个固定值，它将随着平衡点的不同而变化。在满足 $a \ll |\delta|_e$ $(e=0,\pm1,\pm2,\cdots,M)$ 的条件下，不同半径圆周上对应的特征值的性质是相同的。这就是说，对于不同半径圆周上分布的特征值，对应的正实部个数和负实部个数是一致的。

(3) 在保守系统中，特征值则分布在以原点为圆心、半径为 ε 的圆周上，而 ε 是一个固定值，不随平衡点的不同而变化。

8.3.4　正李氏指数个数与方程维数的关系

为了进一步研究耗散系统与保守系统中正李氏指数个数 N 和状态方程维数 n 的一般对应关系，现以 $n=5\sim21$ 维耗散超混沌系统为例，选取式(8-8)参数为 $a=-1$、$\varepsilon=40$，在给定维数 n 的条件下，根据特征值在圆周上的分布规律和李氏指数的计算结果，得维数 n、特征值 $\lambda_i^{(1)}$ 正实部的个数 r_1、特征值 $\lambda_i^{(2)}$ 正实部的个数 r_2、李氏指数 LE、正李氏指数个数 N 的对应关系如表 8-1 所示。

表 8-1　n、r_1、r_2、LE、N 的对应关系

n	r_1	r_2	LE	N
5	3	2	LE_1=12.6576, LE_2=4.3581, LE_3=0.00, LE_4=−6.4034, LE_5=−15.6117	2
6	3	2	LE_1=13.6371, LE_2=6.9990, LE_3=0.00, LE_4=−1.1997, LE_5=−9.5344, LE_6=−15.9091	2
7	3	4	LE_1=11.5292, LE_2=7.3837, LE_3=1.8031, LE_4=0.00, LE_5=−3.9434, LE_6=−9.9104, LE_7=−13.8640	3
8	3	4	LE_1=14.2887, LE_2=10.2791, LE_3=4.8896, LE_4=0.00, LE_5=−0.9138, LE_6=−6.9699, LE_7=−12.8147, LE_8=−16.7788	3
9	5	4	LE_1=14.5281, LE_2=11.1091, LE_3=6.5970, LE_4=1.6597, LE_5=0.00, LE_6=−3.5295, LE_7=−8.8065, LE_8=−13.5854, LE_9=−16.9699	4
10	5	4	LE_1=14.6284, LE_2=11.7027, LE_3=7.7771, LE_4=3.6248, LE_5=0.00, LE_6=−0.8241, LE_7=−5.3818, LE_8=−10.1767, LE_9=−14.2855, LE_{10}=−17.0729	4
11	5	6	LE_1=14.8123, LE_2=12.2542, LE_3=8.9350, LE_4=5.1124, LE_5=1.1121, LE_6=0.00, LE_7=−2.7193, LE_8=−7.1507, LE_9=−11.3268, LE_{10}=−14.7467, LE_{11}=−17.2775	5
12	5	6	LE_1=14.8553, LE_2=12.5822, LE_3=9.5913, LE_4=6.3003, LE_5=2.7580, LE_6=0.00, LE_7=−0.7520, LE_8=−4.4963, LE_9=−8.3557, LE_{10}=−12.1060, LE_{11}=−15.0429, LE_{12}=−17.3363	5
13	7	6	LE_1=15.0591, LE_2=12.9146, LE_3=10.2226, LE_4=7.1837, LE_5=4.2454, LE_6=0.9201, LE_7=0.00, LE_8=−2.5294, LE_9=−5.8544, LE_{10}=−9.4022, LE_{11}=−12.9160, LE_{12}=−15.4101, LE_{13}=−17.4281	6
14	7	6	LE_1=14.2972, LE_2=14.0032, LE_3=9.7577, LE_4=9.0673, LE_5=4.4229, LE_6=2.4435, LE_7=0.00, LE_8=−0.7505, LE_9=−4.3906, LE_{10}=−5.9106, LE_{11}=−11.5286, LE_{12}=−12.0302, LE_{13}=−16.5859, LE_{14}=−16.7885	6
15	7	8	LE_1=15.0628, LE_2=13.3322, LE_3=11.2519, LE_4=8.7561, LE_5=6.0829, LE_6=3.3711, LE_7=0.6335, LE_8=0.00, LE_9=−2.1305, LE_{10}=−5.0366, LE_{11}=−8.1308, LE_{12}=−11.0736, LE_{13}=−13.7596, LE_{14}=−15.8578, LE_{15}=−17.4984	7
16	7	8	LE_1=15.1422, LE_2=13.5044, LE_3=11.5248, LE_4=9.3193, LE_5=6.8518, LE_6=4.2970, LE_7=1.8351, LE_8=0.00, LE_9=−0.6954, LE_{10}=−3.3661, LE_{11}=−6.1578, LE_{12}=−8.9675, LE_{13}=−11.7154, LE_{14}=−14.0607, LE_{15}=−15.9789, LE_{16}=−17.5371	7
17	9	8	LE_1=15.1869, LE_2=13.6841, LE_3=11.8851, LE_4=9.7510, LE_5=7.5117, LE_6=5.2003, LE_7=2.8557, LE_8=0.4418, LE_9=0.00, LE_{10}=−1.9150, LE_{11}=−4.4202, LE_{12}=−6.9760, LE_{13}=−9.7072, LE_{14}=−12.2041, LE_{15}=−14.4428, LE_{16}=−16.2375, LE_{17}=−17.6117	8
18	9	8	LE_1=15.2265, LE_2=13.7597, LE_3=12.1070, LE_4=10.2938, LE_5=8.1113, LE_6=5.8892, LE_7=3.8290, LE_8=1.5260, LE_9=0.00, LE_{10}=−0.7127, LE_{11}=−2.9998, LE_{12}=−5.3013, LE_{13}=−7.8478, LE_{14}=−10.4506, LE_{15}=−12.7618, LE_{16}=−14.5477, LE_{17}=−14.6836, LE_{18}=−19.6636	8
19	9	10	LE_1=15.2828, LE_2=13.9604, LE_3=12.3994, LE_4=10.5542, LE_5=8.6131, LE_6=6.5147, LE_7=4.4291, LE_8=2.4199, LE_9=0.3557, LE_{10}=0.00, LE_{11}=−1.7473, LE_{12}=−3.8826, LE_{13}=−6.2170, LE_{14}=−8.6802, LE_{15}=−9.8608, LE_{16}=−10.9547, LE_{17}=−14.9637, LE_{18}=−17.2148, LE_{19}=−19.9056	9

续表

n	r_1	r_2	LE	N
20	9	10	LE_1=15.3300, LE_2=14.0486, LE_3=12.5971, LE_4=10.9103, LE_5=9.0919, LE_6=7.0855, LE_7=5.1542, LE_8=3.1563, LE_9=1.2397, LE_{10}=0.00, LE_{11}=−0.6793, LE_{12}=−2.7193, LE_{13}=−4.7736, LE_{14}=−6.9572, LE_{15}=−9.2237, LE_{16}=−11.4568, LE_{17}=−13.4469, LE_{18}=−15.1117, LE_{19}=−16.5293, LE_{20}=−17.7195	9
21	11	10	LE_1=15.3671, LE_2=14.1226, LE_3=12.8166, LE_4=11.2492, LE_5=9.5186, LE_6=7.6459, LE_7=5.7895, LE_8=3.9351, LE_9=2.0685, LE_{10}=0.2376, LE_{11}=0.00, LE_{12}=−1.6478, LE_{13}=−3.5741, LE_{14}=−5.5994, LE_{15}=−7.7238, LE_{16}=−9.8463, LE_{17}=−11.9013, LE_{18}=−13.7748, LE_{19}=−15.2997, LE_{20}=−16.6374, LE_{21}=−17.7163	10

对于n维保守超混沌系统(8-26)，除李氏指数LE不相同外，维数n、特征值$\lambda_i^{(1)}$正实部的个数r_1、特征值$\lambda_i^{(2)}$正实部的个数r_2、正李氏指数个数N的对应关系与表8-1给出的结果是完全相同的。至于n维保守超混沌系统(8-26)的李氏指数计算结果，限于篇幅，在本章中不再详细给出。

根据表8-1给出的结果，可以得出有关两类超混沌系统的几点结论如下：

(1) 当n为奇数并且满足$\bmod\left((n+1),4\right)\neq 0$时，得系统维数$n=5,9,13,17,21,\cdots$，$r_1=(n+1)/2$，$r_2=(n-1)/2$，正李氏指数个数$N=\min\{r_1,r_2\}=(n-1)/2$。

(2) 当n为奇数并且满足$\bmod\left((n+1),4\right)=0$时，得系统维数$n=7,11,15,19,23,\cdots$，$r_1=(n-1)/2$，$r_2=(n+1)/2$，正李氏指数个数$N=\min\{r_1,r_2\}=(n-1)/2$。

(3) 当n为偶数并且满足$\bmod(n,4)\neq 0$时，得系统维数$n=6,10,14,18,22,\cdots$，$r_1=n/2$，$r_2=(n-2)/2$，正李氏指数的个数$N=\min\{r_1,r_2\}=(n-2)/2$。

(4) 当n为偶数并且满足$\bmod(n,4)=0$时，得系统维数$n=8,12,16,20,24,\cdots$，$r_1=(n-2)/2$，$r_2=n/2$，正李氏指数个数$N=\min\{r_1,r_2\}=(n-2)/2$。

综上所述，无论属于哪一种情况，正李氏指数个数N与特征值$\lambda_i^{(1)}$正实部的个数r_1以及特征值$\lambda_i^{(2)}$正实部的个数r_2均满足以下一般关系：

$$N=\min\{r_1,r_2\} \tag{8-32}$$

进一步可得正李氏指数个数N与维数n均满足以下一般关系：

$$N=\begin{cases}\min\{r_1,r_2\}=\dfrac{n-1}{2}, & n=5,7,9,\cdots,21,\cdots\\[2mm] \min\{r_1,r_2\}=\dfrac{n-2}{2}, & n=6,8,10,\cdots,20,\cdots\end{cases}$$
$$=\operatorname{round}\left(\frac{n-1}{2}\right),\quad n=5,6,7,\cdots,20,21,\cdots \tag{8-33}$$

故对于式(8-8)和式(8-26)，维数n、特征值$\lambda_i^{(1)}$正实部的个数r_1、特征值$\lambda_i^{(2)}$正

实部的个数 r_2 、正李氏指数个数 N 之间的关系均满足式(8-32)和式(8-33)。从理论上讲，只要维数 n 足够高，就可以生成所需的任意多个正李氏指数 N 而不失其一般性。

8.4 几个实例

本节根据式(8-8)和式(8-26)，分别以 18 维和 21 维耗散超混沌系统、21 维保守超混沌系统作为其中的三个典型实例，给出吸引子相图、特征值分布图、李氏指数谱的结果，证实维数 n 、特征值 $\lambda_i^{(1)}$ 正实部的个数 r_1 、特征值 $\lambda_i^{(2)}$ 正实部的个数 r_2 、正李氏指数个数 N 之间的关系均满足式(8-32)和式(8-33)。

8.4.1 18 维耗散超混沌系统

根据式(8-8)，设 $n=18$ ， $a=-1$ ， $\varepsilon=40$ ，得 18 维耗散超混沌系统的状态方程为

$$\begin{cases}\dot{x}_1=-x_1+40\sin x_2\\ \dot{x}_2=-x_2+40\sin x_3\\ \quad\vdots\\ \dot{x}_{17}=-x_{17}+40\sin x_{18}\\ \dot{x}_{18}=-x_{18}+40\sin x_1\end{cases}\tag{8-34}$$

得 18 维耗散超混沌系统吸引子相图如图 8-5 所示。

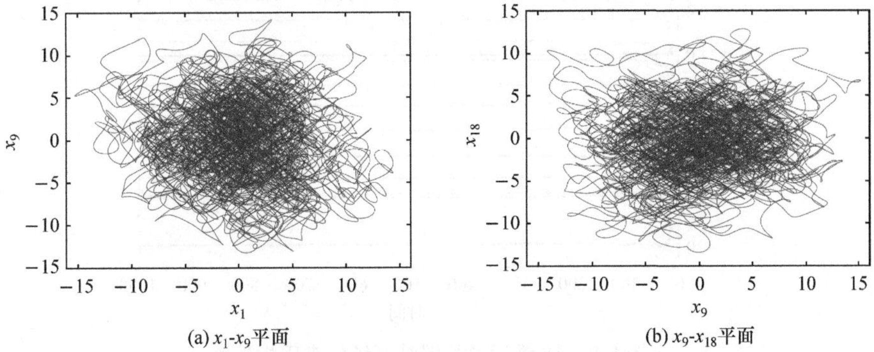

(a) x_1-x_9平面　　(b) x_9-x_{18}平面

图 8-5　18 维耗散超混沌系统吸引子相图

根据式(8-21)和式(8-23)，得 $\lambda_i^{(1)}$ $(i=1,2,\cdots,n)$ 和 $\lambda_i^{(2)}$ $(i=1,2,\cdots,n)$ 的分布情况如图 8-6 和图 8-7 所示，已知 $n=18$ ，得图 8-6 正实部的个数为 $r_1=n/2=9$ ，图 8-7 正实部的个数为 $r_2=(n-2)/2=8$ ，证实了式(8-32)的结论成立。

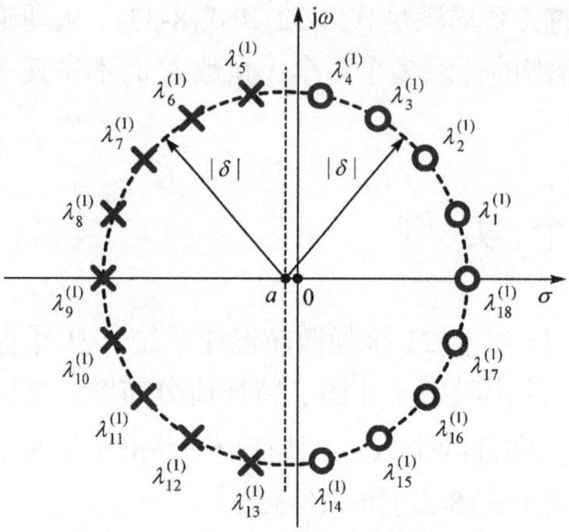

图 8-6　$\lambda_i^{(1)}\ (i=1,2,\cdots,18)$ 分布图

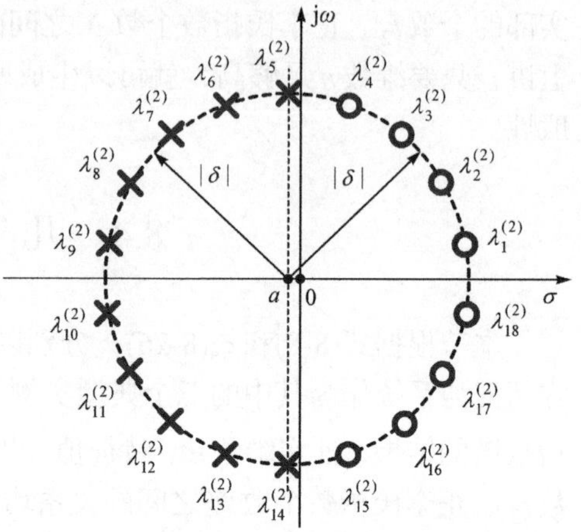

图 8-7　$\lambda_i^{(2)}\ (i=1,2,\cdots,18)$ 分布图

根据式(8-34)，得李氏指数谱如图 8-8 所示，其中 18 个李氏指数的大小分别为 LE_1=15.2265, LE_2=13.7597, LE_3=12.1070, LE_4=10.2938, LE_5=8.1113, LE_6=5.8892, LE_7=3.8290, LE_8=1.5260, LE_9=0.00, LE_{10}=−0.7127, LE_{11}=−2.9998, LE_{12}=−5.3013, LE_{13}=−7.8478, LE_{14}=−10.4506, LE_{15}=−12.7618, LE_{16}=−14.5477, LE_{17}=−14.6836, LE_{18}=−19.6636。上述结果对应表 8-1 中 $n=18$ 的那一行，可知正李氏指数个数 $N=8$，证实了式(8-33)的结论成立。

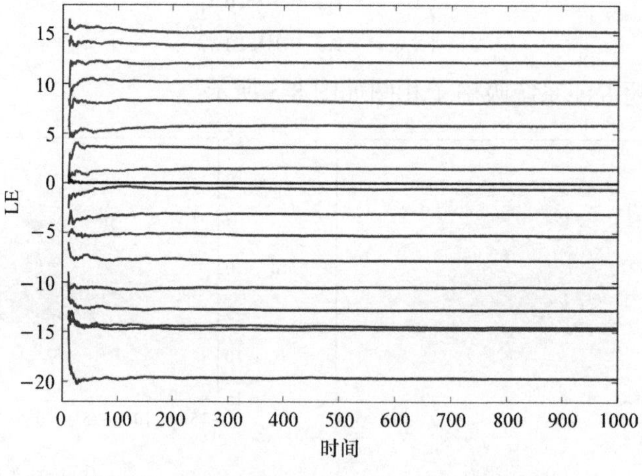

图 8-8　18 维耗散超混沌系统的李氏指数谱

另外，所有李氏指数之和满足

$$\sum_{i=1}^{18} \mathrm{LE}_i = \nabla \cdot \boldsymbol{F} = \sum_{i=1}^{18} \frac{\partial f_i}{\partial x_i} = 18 \times a = -18.0 \tag{8-35}$$

由此可知式(8-10)的结论也成立。

8.4.2　21 维耗散超混沌系统

根据式(8-8)，设 $n=21$，$a=-1$，$\varepsilon=40$，得 21 维耗散超混沌系统的状态方程为

$$\begin{cases}\dot{x}_1=-x_1+40\sin x_2\\ \dot{x}_2=-x_2+40\sin x_3\\ \quad\vdots\\ \dot{x}_{20}=-x_{20}+40\sin x_{21}\\ \dot{x}_{21}=-x_{21}+40\sin x_1\end{cases} \tag{8-36}$$

得 21 维耗散超混沌系统吸引子相图如图 8-9 所示。

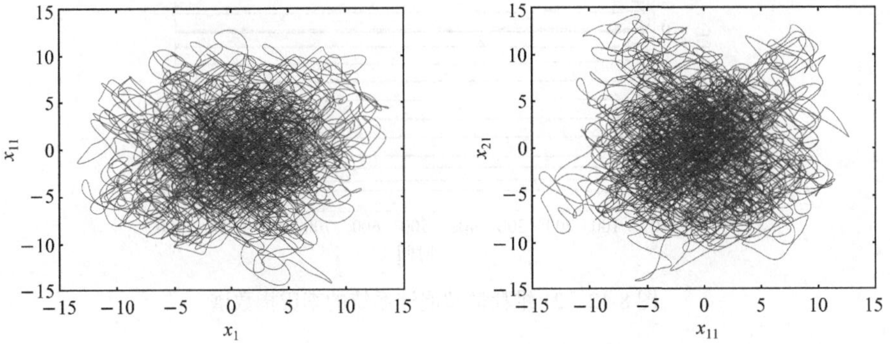

(a) x_1-x_{11}平面　　(b) x_{11}-x_{21}平面

图 8-9　21 维耗散超混沌系统吸引子相图

根据式(8-21)和式(8-23)，得 $\lambda_i^{(1)}\ (i=1,2,\cdots,n)$ 和 $\lambda_i^{(2)}\ (i=1,2,\cdots,n)$ 的分布情况如图 8-10 和图 8-11 所示，已知 $n=21$，得图 8-10 正实部的个数为 $r_1=(n+1)/2=11$，图 8-11 正实部的个数为 $r_2=(n-1)/2=10$，证实了式(8-32)的结论成立。

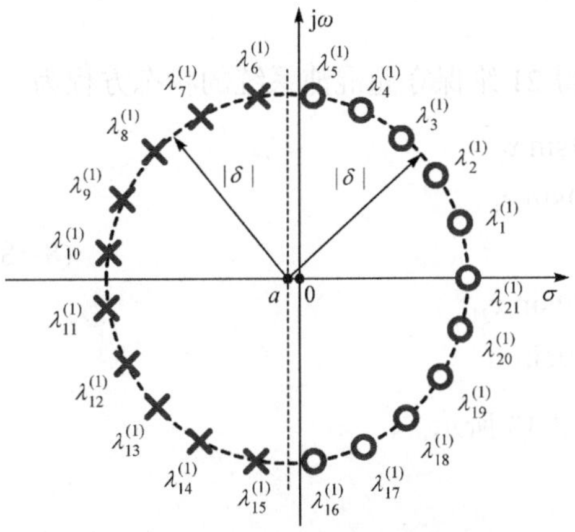

图 8-10　$\lambda_i^{(1)}=(i=1,2,\cdots,21)$ 分布图

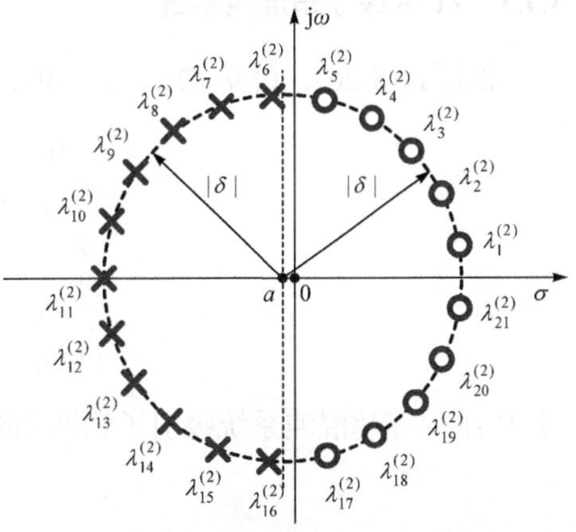

图 8-11　$\lambda_i^{(2)}=(i=1,2,\cdots,21)$ 分布图

根据式(8-36)，得李氏指数谱如图 8-12 所示，其中 21 个李氏指数的大小分别为 $LE_1=15.3671$, $LE_2=14.1226$, $LE_3=12.8166$, $LE_4=11.2492$, $LE_5=9.5186$, $LE_6=7.6459$, $LE_7=5.7895$, $LE_8=3.9351$, $LE_9=2.0685$, $LE_{10}=0.2376$, $LE_{11}=0.00$, $LE_{12}=-1.6478$, $LE_{13}=-3.5741$, $LE_{14}=-5.5994$, $LE_{15}=-7.7238$, $LE_{16}=-9.8463$, $LE_{17}=-11.9013$, $LE_{18}=-13.7748$, $LE_{19}=-15.2997$, $LE_{20}=-16.6374$, $LE_{21}=-17.7163$。上述结果对应表 8-1 中的 $n=21$ 的那一行，得正李氏指数个数 $N=10$，从而证实了式(8-33)的结论成立。

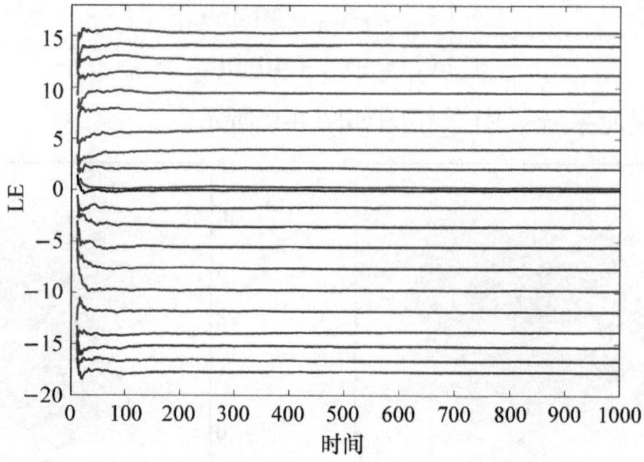

图 8-12　21 维耗散超混沌系统的李氏指数谱

另外，所有李氏指数之和满足

$$\sum_{i=1}^{21} \mathrm{LE}_i = \nabla \cdot \boldsymbol{F} = \sum_{i=1}^{21} \frac{\partial f_i}{\partial x_i} = 21 \times a = -21.0 \tag{8-37}$$

由此可知式(8-10)的结论也成立。

8.4.3　21 维保守超混沌系统

根据式(8-26)，设 $n=21$ ，$\varepsilon=40$ ，得 21 维保守超混沌系统的状态方程为

$$\begin{cases} \dot{x}_1 = 40\sin x_2 \\ \dot{x}_2 = 40\sin x_3 \\ \quad\vdots \\ \dot{x}_{20} = 40\sin x_{21} \\ \dot{x}_{21} = 40\sin x_1 \end{cases} \tag{8-38}$$

得 21 维保守超混沌系统吸引子相图如图 8-13 所示。

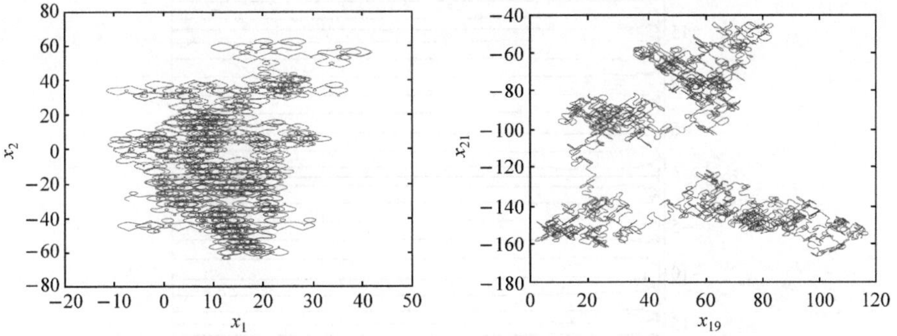

(a) x_1-x_2平面　　(b) x_{19}-x_{21}平面

图 8-13　21 维保守超混沌系统吸引子相图

根据式(8-31)，可得 $\lambda_i^{(1)}\ (i=1,2,\cdots,n)$ 和 $\lambda_i^{(2)}\ (i=1,2,\cdots,n)$ 的分布情况如图 8-14 和图 8-15 所示，已知 $n=21$，得图 8-14 正实部的个数为 $r_1=(n+1)/2=11$，图 8-15 正实部的个数为 $r_2=(n-1)/2=10$，证实了式(8-32)的结论成立。

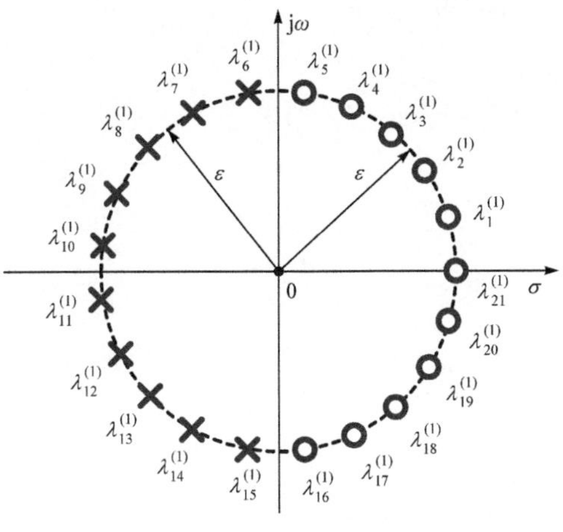

图 8-14　保守系统 $\lambda_i^{(1)}\ (i=1,2,\cdots,21)$ 分布图

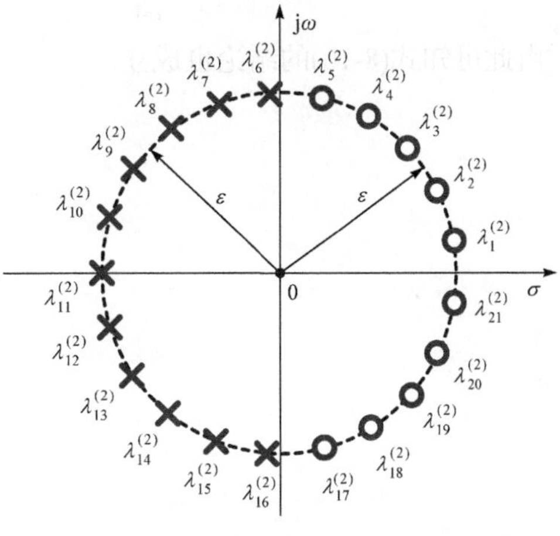

图 8-15　保守系统 $\lambda_i^{(2)}\ (i=1,2,\cdots,21)$ 分布图

根据式(8-38)，得李氏指数谱如图 8-16 所示，其中 21 个李氏指数的大小分别为 LE_1=16.2644, LE_2=15.1241, LE_3=13.833, LE_4=12.1407, LE_5=10.2955, LE_6=8.3616, LE_7=6.488, LE_8=4.4593, LE_9=2.6823, LE_{10}=0.9367, LE_{11}=0.0006, LE_{12}=−0.9042, LE_{13}=−2.6951, LE_{14}=−4.5087, LE_{15}=−6.4191, LE_{16}=−8.4123, LE_{17}= −10.4382, LE_{18}=−12.1668, LE_{19}=−13.754, LE_{20}=−15.0787, LE_{21}=−16.2091。得正李氏指数个数 $N=10$，证实了式(8-33)的结论成立。

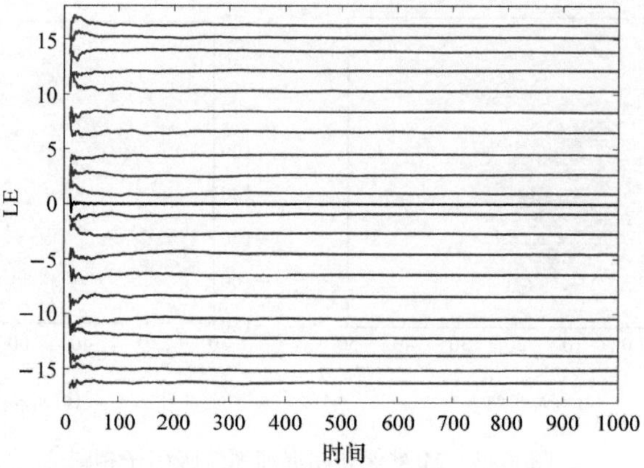

图 8-16　21 维保守超混沌系统的李氏指数谱

另外，所有李氏指数之和满足

$$\sum_{i=1}^{21} \mathrm{LE}_i = \nabla \cdot \boldsymbol{F} = \sum_{i=1}^{21} \frac{\partial f_i}{\partial x_i} = 0 \tag{8-39}$$

由此可知式(8-10)的结论也成立。

第 9 章　单个随机位迭代更新的 1 维整数域混沌系统

本章介绍基于单个随机位迭代更新的 1 维整数域混沌系统及其电路实现。主要内容包括基于单个随机位迭代更新的 1 维整数域混沌系统的基本概念、具有 Devaney 意义的混沌存在性证明、基于单个随机位迭代更新的 1 维整数域混沌系统的电路的设计与实现[37-41]。

9.1　基于单个随机位迭代更新的 1 维整数域混沌系统的基本概念

目前人们研究的实数域离散时间混沌系统，其迭代方程的一般形式为

$$x_n = f(x_{n-1})$$

式中，f 为迭代函数；x_{n-1} 为第 $n-1$ 次迭代时的迭代值，x_n 为第 n 次迭代时的迭代值，x_{n-1} 和 x_n 均为实数，$n=1,2,\cdots$。

如果将实数 x_{n-1} 和 x_n 用二进制数表示，即

$$\begin{cases} x_{n-1} = (x_{i_1} x_{i_2} \cdots x_{i_M} . x_{j_1} x_{j_2} \cdots x_{j_N} \cdots)_2 \\ x_n = (x_{k_1} x_{k_2} \cdots x_{k_L} . x_{l_1} x_{l_2} \cdots x_{l_P} \cdots)_2 \end{cases}$$

式中，$x_{i_1}, x_{i_2}, \cdots, x_{i_M} \in \{0,1\}$ 为实数 x_{n-1} 的整数部分；$x_{j_1}, x_{j_2}, \cdots, x_{j_N}, \cdots \in \{0,1\}$ 为实数 x_{n-1} 的小数部分；$x_{k_1}, x_{k_2}, \cdots, x_{k_L} \in \{0,1\}$ 为实数 x_n 的整数部分；$x_{l_1}, x_{l_2}, \cdots, x_{l_P}, \cdots \in \{0,1\}$ 为实数 x_n 的小数部分。

众所周知，实数域离散时间混沌系统的主要特点是，当进行迭代运算时，x_{n-1} 中所有的位 $(x_{i_1} x_{i_2} \cdots x_{i_M} . x_{j_1} x_{j_2} \cdots x_{j_N} \cdots)$ 都会随着迭代函数 f 的迭代而参与更新操作，同理，x_n 中所有的位 $(x_{k_1} x_{k_2} \cdots x_{k_L} . x_{l_1} x_{l_2} \cdots x_{l_P} \cdots)$ 也都会随着迭代函数 f 的迭代而参与更新操作。注意到 x_{n-1} 中的所有位都参与更新操作是指满足迭代方程 $x_n = f(x_{n-1})$ 的一种常规操作，“更新”并不意味着一定要满足 $x_n \neq x_{n-1}$，而是只需要满足 $x_n = f(x_{n-1})$，则表明迭代序列 x_n 和 x_{n-1} 中的所有位都随着迭代函数 f 的迭代而参与更新操作。

最近，人们研究了基于单个随机位迭代更新的 1 维整数域混沌系统。整数域混沌系统与实数域混沌系统在基本概念和研究方法上均有许多不同之处，在本章

中，通过对其进行分析和讨论来说明这两者之间的本质差别。

设 $N\in\{1,2,\cdots\}$ 为正整数集合，$B\in\{0,1\}$ 为二进制集合。在 N 为给定的条件下，B^N 是长度为 N 的二进制序列。设 N 位二进制表示的整数为 $x^n\in\{0,1,\cdots,2^N-1\}$ $(n=0,1,\cdots)$，不妨设 $x^0=(x_{N-1}^0x_{N-2}^0\cdots x_0^0)\in B^N$ 为迭代初始值，$x^{n-1}=(x_{N-1}^{n-1}x_{N-2}^{n-1}\cdots x_0^{n-1})\in B^N$ 为第 $n-1$ 次迭代时的迭代值，$x^n=(x_{N-1}^nx_{N-2}^n\cdots x_0^n)\in B^N$ 为第 n 次迭代时的迭代值。定义单个随机位迭代更新的 1 维整数域混沌系统的迭代方程为

$$x_i^n=\begin{cases}x_i^{n-1}, & i\neq s^n\\(f(x^{n-1}))_i, & i=s^n\end{cases}\tag{9-1}$$

式中，$i=0,1,\cdots,N-1$；$n=1,2,\cdots$ 为正整数；s^n $(n=1,2,\cdots)\in\{0,1,\cdots,N-1\}$ 为单边无穷随机整数序列 $s=(s^1s^2\cdots s^n\cdots)$ 第 n 次迭代时输出的随机整数。式(9-1)的物理意义是，如果满足 $x_i^n=x_i^{n-1}$，则表示对应的 i 位不更新，如果满足 $x_i^n=(f(x^{n-1}))_i$，则表示对应的 i 位更新。

在本章研究的 1 维整数域混沌系统中，假定 f 为按位取反迭代函数，其一般形式为

$$f(x^{n-1})=(\overline{x_{N-1}^{n-1}}\,\overline{x_{N-2}^{n-1}}\cdots\overline{x_i^{n-1}}\cdots\overline{x_0^{n-1}})\tag{9-2}$$

式中，$f(x^{n-1})$ 的第 i $(i=0,1,\cdots,N-1)$ 个分量定义为

$$(f(x^{n-1}))_{i=s^n}=(\overline{x_{N-1}^{n-1}}\,\overline{x_{N-2}^{n-1}}\cdots\overline{x_i^{n-1}}\cdots\overline{x_0^{n-1}})_{i=s^n}=\overline{x_{i=s^n}^{n-1}}\tag{9-3}$$

式中，s^n $(n=1,2,\cdots)\in\{0,1,\cdots,N-1\}$ 为单边无穷随机整数序列 $s=(s^1s^2\cdots s^n\cdots)$ 第 n 次迭代时输出的随机整数。

单边无穷随机整数序列 s^n $(n=1,2,\cdots)\in\{0,1,\cdots,N-1\}$ 有多种不同的生成方式，其中常用的一种生成方式为

$$s^n=R\ (\mathrm{mod}\ N)$$

式中，选取 R 的大小为 $R=0\sim2^k-1\ (k=1,2,\cdots)$，例如，通常取 $0\sim2^{32}-1$ 等，并且 R 是均匀分布的随机整数。选取 $N=2^i$ $(i=1,2,\cdots)$，使得 2^k 能被 2^i 整除，若满足 $k\geqslant i$，则对 R 进行取模运算 $R\ (\mathrm{mod}\ N)$ 后，得到的 s^n $(n=1,2,\cdots)\in\{0,1,\cdots,N-1\}$ 也是均匀分布的随机整数。如果 $N\neq2^i$ $(i=1,2,\cdots)$，虽然 R 为均匀分布，但 s^n 一般不再是严格均匀分布的随机整数。

注意到在式(9-1)中，如果每迭代一次之后就输出结果 x^n，这种输出方式虽然可证明其结果是混沌的，但用于加密时，其安全性能是不高的。主要原因是这样处理的结果，每次输出只有其中的一位是变化的，其余位都没有变化，使得相邻

的两次迭代输出值 x^{n-1} 和 x^n 之间只有一位是发生变化的。为了解决这个问题，可在迭代 m 次之后再输出一次结果，由于迭代了 m 次，从而 x^n 中有 m 位发生了变化。这样，就能够使相邻的两次迭代输出值 x^{n-1} 和 x^n 之间有 m 位是发生变化的。

9.2 基于单个随机位迭代更新的 1 维整数域混沌迭代方程及其混沌存在性证明

9.2.1 度量空间 (X,d) 中映射 $G_f:X\to X$ 的数学表达式

(1) 设 x,y 为一位二进制变量，则对应的距离为

$$\delta(x,y)=\begin{cases}0, & x=y\\ 1, & x\neq y\end{cases} \tag{9-4}$$

(2) 设 $N=\{1,2,\cdots\}$，单边无穷随机整数序列为 $s=s^1s^2\cdots s^n\cdots$，其中每一位随机整数满足 $s^n\in\{0,1,\cdots,N-1\}\ (n=1,2,\cdots)$。定义二进制变量取反函数为

$$F_f(k,x)=(x_j\cdot\delta(k,j)+(f(x))_k\cdot\overline{\delta(k,j)}) \tag{9-5}$$

式中，$j\in\{0,1,\cdots,N-1\}$，$k=s^n\ (n=1,2,\cdots)$，$(f(x))_k=(\overline{x_{N-1}}\,\overline{x_{N-2}}\cdots\overline{x_k}\cdots\overline{x_0})_k=\overline{x_k}$，$x=(x_{N-1}x_{N-2}\cdots x_0)$。

注意到式(9-5)中，符号“·”、“+”和“¯”分别表示按位与、按位或和按位非，故根据式(9-4)和式(9-5)，当 $j\neq k$ 时，$\delta(k,j)=1$，$\overline{\delta(k,j)}=0$，得

$$F_f(k,x)=(x_j\cdot\delta(k,j)+(f(x))_k\cdot\overline{\delta(k,j)})=x_j,\quad j=N-1,N-2,\cdots,k+1,k-1,\cdots,1,0$$

当 $j=k$ 时，$\delta(k,j)=0$，$\overline{\delta(k,j)}=1$，得

$$F_f(k,x)=(f(x))_k=\overline{x_k}$$

综合以上两种情况，得

$$F_f(k,x)=(x_{N-1}x_{N-2}\cdots x_{k+1}\overline{x_k}x_{k-1}\cdots x_1x_0) \tag{9-6}$$

(3) 在度量空间 (X,d) 中，d 为集合 X 的一个度量(或距离)，其中距离 d 的定义将在下面给出。故对于度量 d 而言，X 为一个度量空间，设 X 中的任意一点为 $E=(s,x)\in X$。

(4) 在基于单个随机位迭代更新的 1 维整数域混沌系统中，根据式(9-6)，首先定义度量空间 (X,d) 中的一个映射 $G_f:X\to X$ 为

$$G_f(E)=G_f(s,x)=(\sigma(s),F_f(i(s),x)) \tag{9-7}$$

式中，$E=(s,x)\in X$，$\sigma(s)$ 表示对 $s^1s^2\cdots s^n\cdots$ 左移一位后的结果。同理，$\sigma^k(s)$ 定义为

$$\sigma^k(s)=\underbrace{\sigma\circ\sigma\circ\cdots\circ\sigma}_{k次}(s),\quad k=1,2,\cdots$$

此式表示对单边无穷随机整数序列 $s=s^1s^2\cdots s^n\cdots$ 左移 k 位之后得到的结果，即

$$\sigma^k(s)=s^{k+1}s^{k+2}\cdots s^n\cdots,\quad k=1,2,\cdots \tag{9-8}$$

故在式(9-7)中，$i(s)=s^k\ (k=1,2,\cdots)$ 等于单边序列中每次最左边移出来的那一位的结果。

9.2.2 基于单个随机位迭代更新的 1 维整数域混沌迭代方程的一般形式

进一步根据式(9-5)和式(9-7)以及 $E=(s,x)\in X$，首先假设 $E^0=(s^0,x^0)\in X$ 为迭代初始值，$E^k=(s^k,x^k)\in X$ 为第 k 次迭代值，$E^{k+1}=(s^{k+1},x^{k+1})\in X$ 为第 $k+1$ 次迭代值，在单个随机位迭代更新的情况下，得基于映射 G_f 的 1 维整数域混沌系统迭代方程的一般形式为

$$E^{k+1}=G_f(E^k) \tag{9-9}$$

式中，$k=0,1,\cdots$。

9.2.3 度量空间 (X,d) 中距离的定义

(1) 两个小于 1 的 r 进制数之间距离的一般表示形式。其中表示两个小于 1 的 r 进制数 a、b 大小的一般形式为

$$\begin{cases} a=0.a_1a_2\cdots a_n\cdots=\sum\limits_{k=1}^{\infty}\dfrac{a_k}{r^k} \\ b=0.b_1b_2\cdots b_n\cdots=\sum\limits_{k=1}^{\infty}\dfrac{b_k}{r^k} \end{cases}$$

式中，$a_k,b_k\in\{0,1,\cdots,r-1\}$，则 a、b 之间距离的计算公式为

$$d=|a-b|=\left|\sum_{k=1}^{\infty}\frac{a_k}{r^k}-\sum_{k=1}^{\infty}\frac{b_k}{r^k}\right|=\sum_{k=1}^{\infty}\frac{|a_k-b_k|}{r^k}$$

可以验证此式满足距离的正定性、对称性和三角不等式三条性质，并且不为无穷大，因而是距离。注意到距离的定义不是唯一的，只要满足正定性、对称性和三角不等式三条性质，并且不为无穷大，都可以用来定义距离。选择某种合适的距离，有利于问题的研究。

(2) 度量空间 (X,d) 中距离的定义为

$$d((s,x),(\hat{s},\hat{x})) = d_s(s,\hat{s}) + d_x(x,\hat{x}) \tag{9-10}$$

式中，$s = s^1 s^2 \cdots s^n \cdots$，$\hat{s} = \hat{s}^1 \hat{s}^2 \cdots \hat{s}^n \cdots$ 为单边随机整数序列，x、$\hat{x}$ 为 N 位二进制整数。显然，式(9-10)定义了一种距离，因为它满足正定性、对称性、三角不等式，并且不为无穷大。

根据上述小于 1 的两个 r 进制数 a、b 之间距离的计算公式，得 s 和 $\hat{s}$ 之间的距离为

$$d_s(s,\hat{s}) = \sum_{k=1}^{\infty} \frac{|s^k - \hat{s}^k|}{N^k} \in [0,1] \tag{9-11}$$

式中，$s^k, \hat{s}^k \in \{0,1,\cdots,N-1\}$ $(k=1,2,\cdots)$。

根据二进制距离的计算公式，得

$$d_x(x,\hat{x}) = \sum_{k=1}^{N} \delta(x_k, \hat{x}_k) \in \{0,1,\cdots,N\} \tag{9-12}$$

注意到在式(9-11)中，由于 $s^k \in \{0,1,\cdots,N-1\}$ $(k=1,2,\cdots)$，可知 $\forall N \in N^+$，其最大值不可能超过 1。事实上，$d_s(s,\hat{s})$ 对应的最大值为

$$d_s(s,\hat{s})_{\max} = \sum_{k=1}^{\infty} \frac{N-1}{N^k} = (N-1)\sum_{k=1}^{\infty} \frac{1}{N^k}$$

上述无穷等比级数的公比为 $q = 1/N$，$a_1 = 1/N$，$a_\infty = 0$。

根据无穷等比级数的求和公式，得

$$\begin{aligned} d_s(s,\hat{s})_{\max} &= \sum_{k=1}^{\infty} \frac{N-1}{N^k} = (N-1)\sum_{k=1}^{\infty} \frac{1}{N^k} \\ &= (N-1) \times \frac{a_1 - a_\infty q}{1-q} \\ &= (N-1) \times \frac{1/N}{1-1/N} = \frac{N-1}{N-1} = 1 \end{aligned}$$

则 $d_s(s,\hat{s})$ 对应的最小值为

$$d_s(s,\hat{s})_{\min} = \sum_{k=1}^{\infty} \frac{0}{N^k} = 0$$

同理，可以按照归一化的要求，定义两个 r 进制无穷序列之间距离的一般公式为

$$d_s(s,\hat{s}) = \frac{r-1}{(|s_k - \hat{s}_k|)_{\max}} \sum_{k=1}^{\infty} \frac{|s_k - \hat{s}_k|}{r^k} \in [0,1] \tag{9-13}$$

例如，对于二进制无穷序列，$r = 2$，根据式(9-13)，得

$$d_s(s,\hat{s})=\frac{r-1}{(|s_k-\hat{s}_k|)_{\max}}\cdot\sum_{k=1}^{\infty}\frac{|s_k-\hat{s}_k|}{r^k}=\frac{1}{1}\cdot\sum_{k=1}^{\infty}\frac{|s_k-\hat{s}_k|}{2^k}=\sum_{k=1}^{\infty}\frac{|s_k-\hat{s}_k|}{2^k}\in[0,1]$$

对于七进制无穷序列，$r=7$，$r-1=6$，$(|s^k-\hat{s}^k|)_{\max}=6$，根据式(9-13)，得

$$d_s(s,\hat{s})=\frac{r-1}{(|s_k-\hat{s}_k|)_{\max}}\sum_{k=1}^{\infty}\frac{|s_k-\hat{s}_k|}{r^k}=\frac{6}{(|s_k-\hat{s}_k|)_{\max}}\sum_{k=1}^{\infty}\frac{|s_k-\hat{s}_k|}{7^k}=\sum_{k=1}^{\infty}\frac{|s_k-\hat{s}_k|}{7^k}\in[0,1]$$

在式(9-13)中，令$r=N$，$r-1=N-1$，$(|s^k-\hat{s}^k|)_{\max}=N-1$，则式(9-13)变为式(9-11)，可知式(9-13)是两个任意进制无穷序列之间距离的一般公式。

9.2.4 单边无穷随机整数序列中$\sigma:s\to s$的连续性

在证明之前，回顾一下连续的定义。若对任意给定的$\varepsilon>0$，总存在$\delta>0$，当$|x-x_0|<\delta$时，不等式$|f(x)-f(x_0)|<\varepsilon$恒成立，则函数$f(x)$在$x_0$点连续，即满足$\lim\limits_{x\to x_0}f(x)=f(x_0)$。

为了证明σ：$s\to s$是连续的，先引入引理 9-1。

引理 9-1 设$s=s^1s^2\cdots s^n\cdots$，$\hat{s}=\hat{s}^1\hat{s}^2\cdots\hat{s}^n\cdots$，其中$s^k,\hat{s}^k\in\{0,1,\cdots,N-1\}$ $(k=1,2,\cdots)$。若$s^i=\hat{s}^i(i=1,2,\cdots,n)$，则$d(s,\hat{s})\leqslant 1/N^n$。反之，若$d(s,\hat{s})\leqslant 1/N^n$，则必有$s^i=\hat{s}^i(i=1,2,\cdots,n)$。

证明 若$s^i=\hat{s}^i(i=1,2,\cdots,n)$，则

$$d(s,\hat{s})=\sum_{i=1}^{n}\frac{|s^i-\hat{s}^i|}{N^i}+\sum_{i=n+1}^{\infty}\frac{|s^i-\hat{s}^i|}{N^i}=\sum_{i=n+1}^{\infty}\frac{|s^i-\hat{s}^i|}{N^i}\leqslant\sum_{i=n+1}^{\infty}\frac{N-1}{N^i}=(N-1)\frac{\dfrac{1}{N^{n+1}}}{1-\dfrac{1}{N}}=\frac{1}{N^n}$$

另外，若对于某个$m\leqslant n$，$s^m\neq\hat{s}^m$，则必有$d(s,\hat{s})\geqslant 1/N^n$，这与$d(s,\hat{s})\leqslant 1/N^n$矛盾。故若$d(s,\hat{s})\leqslant 1/N^n$，则必有$s^i=\hat{s}^i(i=1,2,\cdots,n)$。

这个引理的重要性在于人们能够很快地判断两个序列是否相互接近，直观上说明，如果两个序列是相互接近的，只要它们前面有相当多的项是一致的即可。

根据连续的性质，对于$G_f:X\to X$，当在X中的一个序列$\{x_n\}$收敛到极限x时，序列$\{G_f(x_n)\}$收敛到$G_f(x)$。

定理 9-1 单边无穷随机整数序列的$\sigma:s\to s$是连续的。其中σ是对单边无穷序列$s=s^1s^2\cdots s^n\cdots$左移一位的操作，满足$\sigma(s^1s^2\cdots s^n\cdots)=s^2s^3\cdots s^n\cdots$。

证明 设$s=s^1s^2\cdots s^n\cdots$，$\hat{s}=\hat{s}^1\hat{s}^2\cdots\hat{s}^n\cdots$，$\forall\varepsilon>0$，总能找到正整数$k_0$，使得$1/N^{k_0}<\varepsilon$成立。根据找到的$k_0$，存在$\delta=1/N^{k_0+1}$，故对于满足$d(s,\hat{s})<\delta$(相当于$|x-x_0|<\delta$)的任一序列$s=s^1s^2\cdots s^n\cdots$，可知$s^i=\hat{s}^i$ $(i=1,2,\cdots,k_0+1)$，两个

序列前 k_0+1 项相同。而 $\sigma(s)$ 和 $\sigma(\hat{s})$ 分别是将序列 $s=s^1s^2\cdots s^n\cdots$ 和 $\hat{s}=\hat{s}^1\hat{s}^2\cdots\hat{s}^n\cdots$ 左移一位的结果，故 $\sigma(s)$ 与 $\sigma(\hat{s})$ 的前 k_0 项相同，得 $d(\sigma(s),\sigma(\hat{s}))\leqslant 1/N^{k_0}<\varepsilon$ (相当于 $|f(x)-f(x_0)|<\varepsilon$)，证明 σ 是连续的。

9.2.5　Devaney 混沌定义

在证明之前，首先回顾 Devaney 混沌的定义。

设 (X,d) 为度量空间，$G_f:X\to X$ 为映射，称 G_f 在 X 上是混沌的，如果满足：

(1) G_f 具有对初值的敏感依赖性；

(2) G_f 在 X 中是拓扑传递的；

(3) G_f 的周期点在 X 中稠密。

在 Devaney 混沌定义中，可由(2)和(3)推出(1)，故只证明(2)和(3)即可。

9.2.6　周期点稠密的证明

注意到 G_f 的周期点在 X 中稠密，具体是指对于任意给定的 $0<\varepsilon<1$，在度量空间中任意一个点 $(\hat{s},\hat{x})\in E$ 的 ε 邻域内，总可以找到周期点 $(\tilde{s},\tilde{x})\in E$，满足 $d((\hat{s},\hat{x}),(\tilde{s},\tilde{x}))<\varepsilon$。

(1) 不妨设 $(\hat{s},\hat{x})$ 的一般形式为

$$(\hat{s},\hat{x})=((s^1s^2\cdots s^{k_0}\cdots s^n\cdots),\hat{x})\in E$$

(2) $\forall\varepsilon<1$, 若 $\tilde{x}\neq\hat{x}\Rightarrow d_x(\tilde{x},\hat{x})\geqslant 1$, 则 $d((\hat{s},\hat{x}),(\tilde{s},\tilde{x}))>1$。若 $d((\hat{s},\hat{x}),(\tilde{s},\tilde{x}))<\varepsilon$, 则首先必须要满足 $\tilde{x}=\hat{x}\Rightarrow d_x(\tilde{x},\hat{x})=0$。

(3) 若 $\hat{s}$ 和 $\tilde{s}$ 前 k_0 个元素相同，则 $d(\hat{s},\tilde{s})<N^{-k_0}$。故 $\forall\varepsilon<1$，总能找到 k_0，使得 $d(\hat{s},\tilde{s})<N^{-k_0}<\varepsilon$ 成立。由 $N^{-k_0}<\varepsilon$，得 $k_0>-\log_N\varepsilon$，只需取 $k_0=\mathrm{round}(-\log_N\varepsilon)+1$ 即可。

(4) 如果迭代 k_0 次后正好满足

$$\hat{x}=\tilde{x}=G_f^{k_0}(\tilde{x})$$

则找到了一个周期点 $(\tilde{s},\tilde{x})=((s^1s^2\cdots s^{k_0}s^1s^2\cdots s^{k_0}\cdots),\tilde{x})\in E$，满足

$$(\tilde{s},\tilde{x})=G_f^{k_0}(\tilde{s},\tilde{x})$$

从而使得

$$d((\hat{s},\hat{x}),(\tilde{s},\tilde{x}))=d_s(\hat{s},\tilde{s})+d_x(\hat{x},\tilde{x})=d_s(\hat{s},\tilde{s})<\varepsilon$$

成立。

(5) 如果迭代 k_0 次后

$$\tilde{x} \neq x' = G_f^{k_0}(\tilde{x})$$

注意到取反迭代函数对应的迭代图有强连通的性质，因此不妨设 x' 和 $\tilde{x}$ 之间还有 $i_0(\leqslant N)$ 位不同，并且这 i_0 位的顺序号分别为 $j_1 < j_2 < \cdots < j_{i_0}$。则还需再迭代 i_0 次后，才能满足

$$\tilde{x} = G_f^{k_0+i_0}(\tilde{x})$$

为此，不妨进一步设 $\widehat{s}^{k_0+1} = j_1,\ \widehat{s}^{k_0+2} = j_2,\ \cdots,\ \widehat{s}^{k_0+i_0} = j_{i_0}$，则可在 $\hat{s}$ 的 ε 邻域内找到一个周期点

$$(\tilde{s},\tilde{x}) = ((s^1 s^2 \cdots s^{k_0} \widehat{s}^{k_0+1} \widehat{s}^{k_0+2} \cdots \widehat{s}^{k_0+i_0} s^1 s^2 \cdots s^{k_0} \widehat{s}^{k_0+1} \widehat{s}^{k_0+2} \cdots \widehat{s}^{k_0+i_0} \cdots), \tilde{x}) \in E$$

使得

$$d((\hat{s},\hat{x}),(\tilde{s},\tilde{x})) = d_s(\hat{s},\tilde{s}) + d_x(\hat{x},\tilde{x}) = d_s(\hat{s},\tilde{s}) < \varepsilon$$

成立。

综上所述，G_f 的周期点在 X 中稠密。

9.2.7 拓扑传递性的证明

G_f 在 X 中是拓扑传递的，具体是指对于 X 上以点 (s_A, x_A) 为中心、r_A 为半径的球体开集 U_A 和以点 (s_B, x_B) 为中心、r_B 为半径的球体开集 U_B，存在 $n_0 > 0$，使得 $G_f^{n_0}(U_A) \cap U_B \neq \varnothing$。

(1) 设开集 U_A 的中心点 (s_A, x_A) 为

$$(s_A, x_A) = ((s_A^1 s_A^2 \cdots s_A^{n_0} \cdots s_A^n \cdots), x_A) \in U_A \in E$$

开集 U_B 的中心点 (s_B, x_B) 为

$$(s_B, x_B) = ((s_B^1 s_B^2 \cdots s_B^n \cdots), x_B) \in U_B \in E$$

并设 U_A 中的一点 $(\tilde{s},\tilde{x}) \in U_A \in E$。

(2) $\forall r_A < 1$，若 $\tilde{x} \neq x_A \Rightarrow d_x(\tilde{x}, x_A) \geqslant 1$，则 $d((s_A, x_A),(\tilde{s},\tilde{x})) > 1$。若 $(\tilde{s},\tilde{x}) \in U_A$，必须要满足 $d((s_A, x_A),(\tilde{s},\tilde{x})) < r_A$，则应有 $\tilde{x} = x_A \Rightarrow d_x(\tilde{x}, x_A) = 0$。

(3) 若 $\tilde{s}$ 和 s_A 前 k_0 个元素相同，则 $d(s_A,\tilde{s}) < N^{-k_0}$。故 $\forall r_A < 1$，总能找到 k_0，使得 $d(s_A,\tilde{s}) < N^{-k_0} < r_A$ 成立。由 $N^{-k_0} < r_A$，得 $k_0 > -\log_N r_A$，只需取 $k_0 = \text{round}(-\log_N r_A) + 1$ 即可。

(4) 如果迭代 k_0 次，正好满足

$$G_f^{k_0}(\tilde{s},\tilde{x}) = (s_B, x_B)$$

则找到了 $n_0 = k_0$，且 $(\tilde{s},\tilde{x}) = ((s_A^1 s_A^2 \cdots s_A^{n_0} s_B^1 s_B^2 \cdots s_B^n \cdots), x_A) \in U_A$，满足

$$G_f^{n_0}(\tilde{s},\tilde{x}) = (s_B, x_B) \in G_f^{n_0}(U_A) \cap U_B$$

从而使得

$$G_f^{n_0}(U_A) \cap U_B \neq \varnothing$$

成立。

(5) 若迭代 k_0 次后

$$G_f^{k_0}(\tilde{s},\tilde{x}) \neq (s_B, x_B)$$

则还需再迭代 i_0 次后，才能满足

$$G_f^{k_0+i_0}(\tilde{s},\tilde{x}) = (s_B, x_B)$$

不妨进一步假设 $x' = G_f^{k_0}(\tilde{s},\tilde{x})$ 和 x_B 之间还有 $i_0(\leqslant N)$ 位不同，并且这 i_0 位的顺序号分别为 $j_1, j_2, \cdots, j_{i_0}$，大小顺序为 $j_1 < j_2 < \cdots < j_{i_0}$。则还需再迭代 i_0 次后，才能满足

$$x_B = G_f^{k_0+i_0}(\tilde{x})$$

为此，只需选取 $\hat{s}^{k_0+1} = j_1, \hat{s}^{k_0+2} = j_2, \cdots, \hat{s}^{k_0+i_0} = j_{i_0}$，则找到了 $n_0 = k_0 + i_0$，且

$$(\tilde{s},\tilde{x}) = ((s_A^1 s_A^2 \cdots s_A^{k_0} \hat{s}^{k_0+1} \hat{s}^{k_0+2} \cdots \hat{s}^{k_0+i_0} s_B^1 s_B^2 \cdots s_B^n \cdots), x_A) \in U_A$$

满足

$$G_f^{n_0}(\tilde{s},\tilde{x}) = (s_B, x_B) \in G_f^{n_0}(U_A) \cap U_B$$

从而使得

$$G_f^{n_0}(U_A) \cap U_B \neq \varnothing$$

成立，如图 9-1 所示。综上所述，G_f 在 X 中是拓扑传递的。

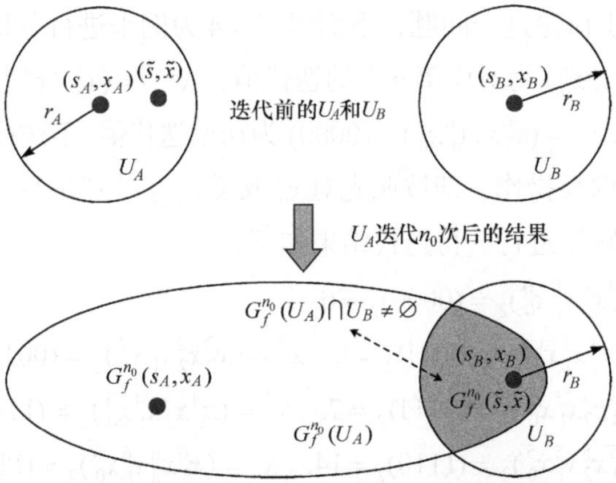

图 9-1　度量空间 (G_f, E) 的拓扑传递性图示

需要指出的是，将单边无穷随机整数序列 $s = s^1 s^2 \cdots s^n \cdots$ 推广到单边无穷伪随机整数序列的情况，周期点稠密和拓扑传递这两条性质仍然成立。

9.2.8 迭代的输入与输出的关系

众所周知，混沌只能在非线性系统中满足所需的条件时方可产生。如果系统的输入与输出之间的关系是线性的，如图 9-2 所示，则无法产生混沌。

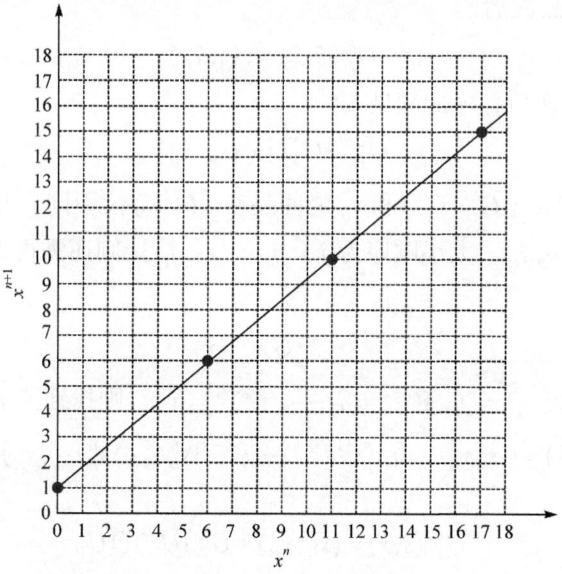

图 9-2 输入输出之间为线性关系

当系统的输入与输出之间是非线性关系时，才有可能产生混沌。那么，在式(9-1)表示的单个随机位迭代更新的 1 维整数域混沌系统中，输入和输出之间为何种关系？有必要进一步讨论这个问题，下面以 $N = 4$ 为例来进行分析与讨论。

设 $x^n = (x_3^n x_2^n x_1^n x_0^n)$ 为对应第 n 次的迭代值，$x^{n+1} = (x_3^{n+1} x_2^{n+1} x_1^{n+1} x_0^{n+1})$ 为对应第 $n+1$ 次的迭代值，$x^0 = (x_3^0 x_2^0 x_1^0 x_0^0) = (0000)$ 为初始迭代值。不妨按 $x_0^n \to x_1^n \to x_2^n \to x_3^n$ 的顺序来进行取反操作，即按照先对 x_0^n 取反，再对 x_1^n 取反，其次对 x_2^n 取反，最后对 x_3^n 取反的顺序进行。得迭代结果如下：

$$
\begin{cases}
x^0 = (x_3^0 x_2^0 x_1^0 x_0^0)_2 = (0000)_2 = 0 \\
x^1 = (x_3^1 x_2^1 x_1^1 x_0^1)_2 = (0001)_2 = 1, \quad x^2 = (x_3^2 x_2^2 x_1^2 x_0^2)_2 = (0011)_2 = 3 \\
x^3 = (x_3^3 x_2^3 x_1^3 x_0^3)_2 = (0111)_2 = 7, \quad x^4 = (x_3^4 x_2^4 x_1^4 x_0^4)_2 = (1111)_2 = 15 \\
x^5 = (x_3^5 x_2^5 x_1^5 x_0^5)_2 = (1110)_2 = 14, \quad x^6 = (x_3^6 x_2^6 x_1^6 x_0^6)_2 = (1100)_2 = 12 \\
x^7 = (x_3^7 x_2^7 x_1^7 x_0^7)_2 = (1000)_2 = 8, \quad x^8 = (x_3^8 x_2^8 x_1^8 x_0^8)_2 = (0000)_2 = 0
\end{cases}
$$

根据此式，得如图 9-3 所示输入与输出的非线性关系。而对 $x_i^n\ (i=0,1,2,3)$ 按其他方式的顺序取反时，其输入和输出关系也一定是非线性的。例如，按 $x_0^n \to x_2^n \to x_1^n \to x_3^n$ 的顺序进行取反操作，得输入与输出的非线性关系如图 9-4 所示。

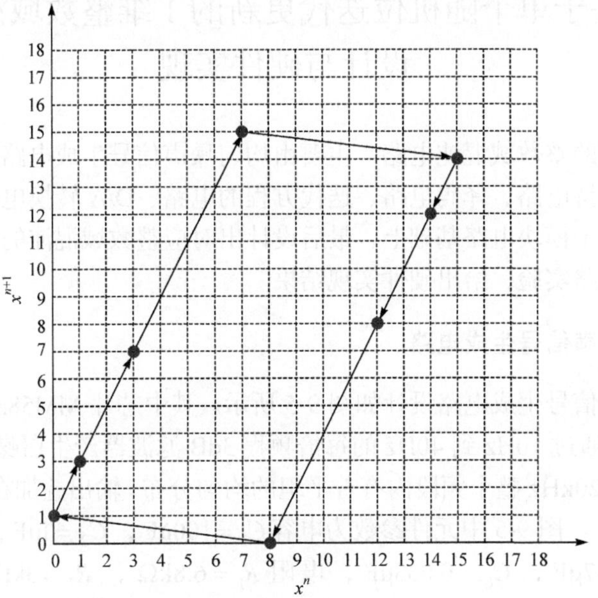

图 9-3　按 $x_0^n \to x_1^n \to x_2^n \to x_3^n$ 顺序进行取反操作时的输入输出关系

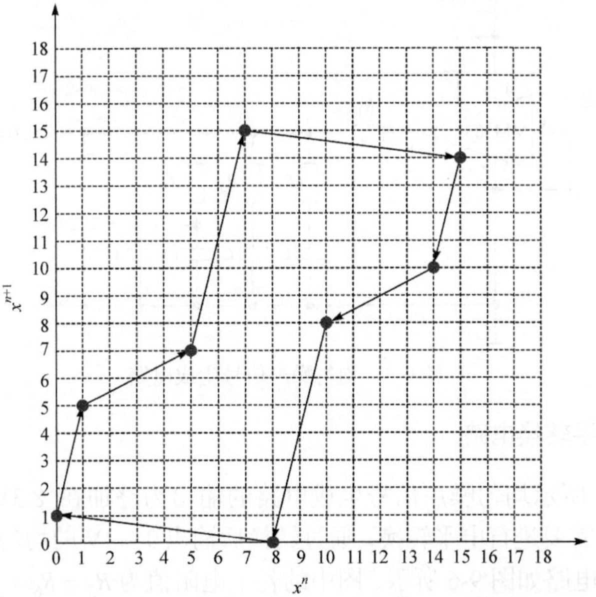

图 9-4　按 $x_0^n \to x_2^n \to x_1^n \to x_3^n$ 顺序进行取反操作时的输入输出关系

在一般情况下，如果按照随机的方法对 x_i^n $(i=0,1,2,3)$ 进行取反操作，则其输入和输出的关系也一定是非线性的。

9.3 基于单个随机位迭代更新的 1 维整数域混沌电路设计与硬件实现

本节设计的整数域混沌电路，主要由均匀噪声信号生成电路、噪声电平转换电路、采样保持电路、译码电路、迭代方程的电路、D/A 转换电路等几个子模块电路组成，在子模块电路基础上，最后设计出对应整数域混沌的总电路，并根据总电路进行电路实验，给出硬件实现结果。

9.3.1 均匀噪声信号生成电路

均匀噪声信号生成电路设计如图 9-5 所示。其中芯片 MM5837 为宽带白噪声信号发生器，通过 10Hz 到 40Hz 的每倍频程 3dB 滤波器产生白噪声信号 $\xi(t)$。噪声在 20Hz 到 20kHz 整个频段内有着平坦的均匀分布。输出叠加在 8.5V 直流电平上的 $1V_{P\text{-}P}$ 噪声。图 9-5 中元件参数为电容 $C_1=100\mu F$，$C_2=1\mu F$，$C_3=0.27\mu F$，$C_4=C_5=0.047\mu F$，$C_6=0.033\mu F$，电阻 $R_1=6.8k\Omega$，$R_2=3k\Omega$，$R_3=1k\Omega$，$R_4=300\Omega$。

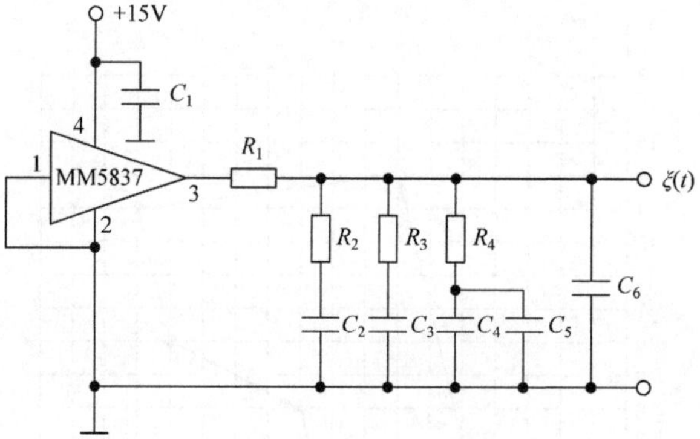

图 9-5　均匀噪声信号生成电路

9.3.2 噪声电平转换电路

如图 9-5 所示均匀噪声信号生成电路的输出为叠加在 8.5V 直流电平上的 $1V_{P\text{-}P}$ 噪声，故需要进行电平转换，通过转换后输出 0 ~ 4V 的均匀噪声信号。噪声信号电平转换电路如图 9-6 所示，图中的各个电阻值为 $R_5=R_6=R_8=R_9=10k\Omega$，$R_7=40k\Omega$，得输出噪声为 $\eta(t)=0\sim4V$。

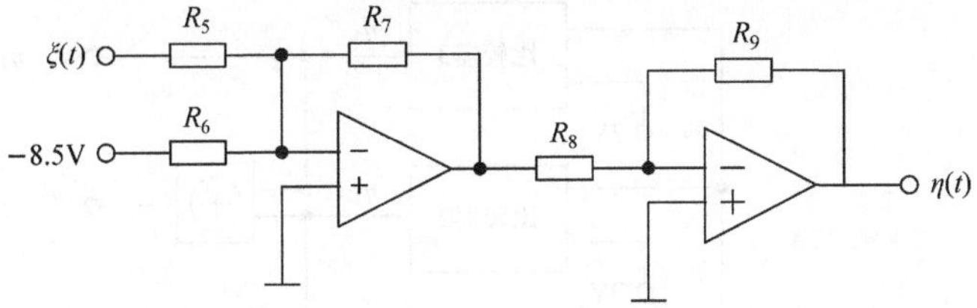

图 9-6　噪声信号电平转换电路

9.3.3　采样保持电路

采样保持电路及其简化电路如图 9-7 所示，芯片为 LF398。电源电压为$V_+ = +15V$，$V_- = -15V$。图中的 3 脚为模拟信号输入，5 脚为输出，电容$C_F = 0.01 \sim 0.1\mu F$，在本实验中选取$C_F = 0.022\mu F$左右。u_c为方波信号，频率为$1 \sim 5kHz$，输出的幅度为$-5 \sim 5V$，在本实验中选取方波的频率为$4kHz$。

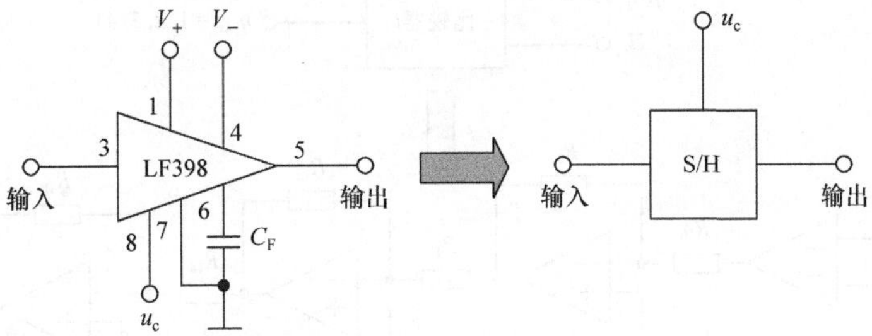

图 9-7　采样保持电路及其简化电路

注意到C_F越大，u_c的频率越低，这时迭代速度就越慢。反之，若C_F越小，u_c的频率则越高，这时迭代速度就越快，由于器件本身速度的限制，迭代速度有一个上限值。在通常做实验时，C_F应有一个合适大小的值，u_c也应有一个适当的频率，电路才能正常工作。

9.3.4　译码电路

译码电路如图 9-8 所示，图中对应的比较器电路如图 9-9 所示，各个电阻的参数值为$R_{10} = 13.5k\Omega$，$R_{11} = 1k\Omega$，$R_{12} = 10k\Omega$，$R_{13} = 40k\Omega$，$R_{14} = R_{15} = R_{16} = 10k\Omega$，移位电平的大小为$E = 4V$。根据图 9-9，得比较器输入与输出的逻辑关系为

$$\begin{cases} \text{if} \quad \eta(n) > U_i \text{，then} \quad \eta_i = 1\ (4V) \\ \text{if} \quad \eta(n) < U_i \text{，then} \quad \eta_i = 0\ (0V) \end{cases}$$

进一步根据图 9-8，得译码电路输入与输出的关系为

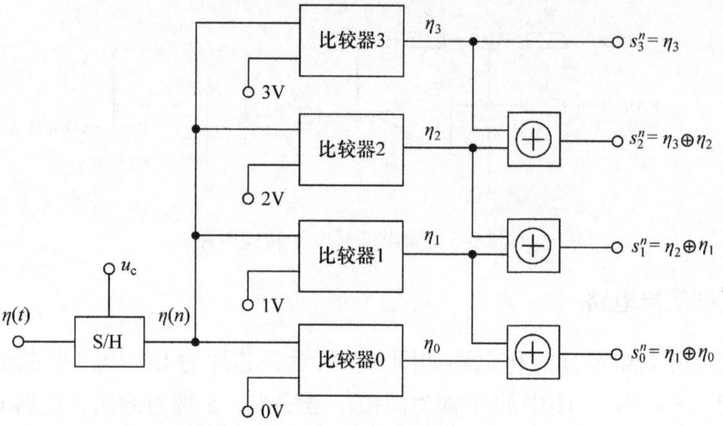

图 9-8　译码电路

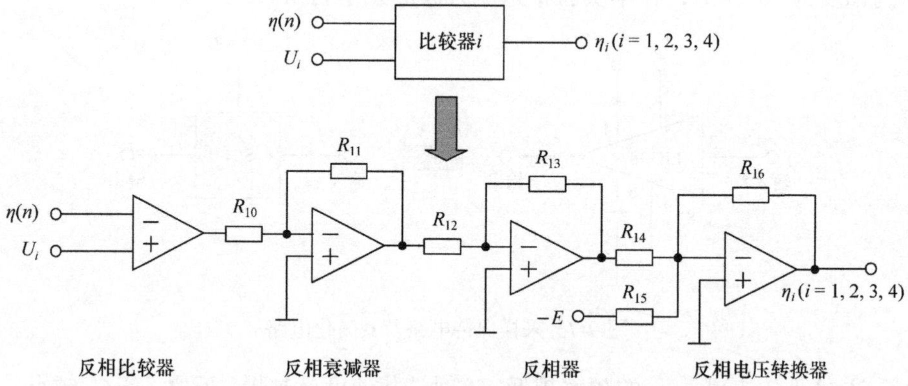

图 9-9　比较器电路

(1) 当$3\text{V} < \eta(t) \leqslant 4\text{V}$时，$\eta_3 = \eta_2 = \eta_1 = \eta_0 = 1$，得

$$\begin{cases} s_3^n = \eta_3 = 1 \\ s_2^n = \eta_3 \oplus \eta_2 = 1 \oplus 1 = 0 \\ s_1^n = \eta_2 \oplus \eta_1 = 1 \oplus 1 = 0 \\ s_0^n = \eta_1 \oplus \eta_0 = 1 \oplus 1 = 0 \end{cases} \tag{9-14}$$

(2) 当$2\text{V} < \eta(t) \leqslant 3\text{V}$时，$\eta_3 = 0,\ \eta_2 = \eta_1 = \eta_0 = 1$，得

$$\begin{cases} s_3^n = \eta_3 = 0 \\ s_2^n = \eta_3 \oplus \eta_2 = 0 \oplus 1 = 1 \\ s_1^n = \eta_2 \oplus \eta_1 = 1 \oplus 1 = 0 \\ s_0^n = \eta_1 \oplus \eta_0 = 1 \oplus 1 = 0 \end{cases} \tag{9-15}$$

(3) 当$1\text{V} < \eta(t) \leqslant 2\text{V}$时，$\eta_3 = \eta_2 = 0,\ \eta_1 = \eta_0 = 1$，得

$$\begin{cases} s_3^n = \eta_3 = 0 \\ s_2^n = \eta_3 \oplus \eta_2 = 0 \oplus 0 = 0 \\ s_1^n = \eta_2 \oplus \eta_1 = 0 \oplus 1 = 1 \\ s_0^n = \eta_1 \oplus \eta_0 = 1 \oplus 1 = 0 \end{cases} \tag{9-16}$$

(4) 当$0\text{V} \leqslant \eta(t) \leqslant 1\text{V}$时，$\eta_3 = \eta_2 = \eta_1 = 0,\ \eta_0 = 1$，得

$$\begin{cases} s_3^n = \eta_3 = 0 \\ s_2^n = \eta_3 \oplus \eta_2 = 0 \oplus 0 = 0 \\ s_1^n = \eta_2 \oplus \eta_1 = 0 \oplus 0 = 0 \\ s_0^n = \eta_1 \oplus \eta_0 = 0 \oplus 1 = 1 \end{cases} \tag{9-17}$$

注意到图 9-6 输出的噪声满足$0\text{V} \leqslant \eta(t) \leqslant 4\text{V}$，并且$\eta(t)$是一个等概分布(即均匀分布)在[0V, 4V]的随机信号。换言之，$\eta(t)$在[0V, 1V]、[1V, 2V]、[2V, 3V]、[3V, 4V]这四个区间中的取值是均匀分布的，并且s^n的大小和四个区间的对应关系为

$$\begin{cases} \text{if}\ \ \eta(t) \in [0\text{V},\ 1\text{V}),\ \ \text{then}\ \ s^n = 0 \\ \text{if}\ \ \eta(t) \in [1\text{V},\ 2\text{V}),\ \ \text{then}\ \ s^n = 1 \\ \text{if}\ \ \eta(t) \in [2\text{V},\ 3\text{V}),\ \ \text{then}\ \ s^n = 2 \\ \text{if}\ \ \eta(t) \in [3\text{V},\ 4\text{V}],\ \ \text{then}\ \ s^n = 3 \end{cases} \tag{9-18}$$

通过上述比较，可知s^n和$s_3^n s_2^n s_1^n s_0^n$都是等概分布的随机信号，两者之间的关系满足

$$\begin{cases} \text{if}\ \ \eta(t) \in [0\text{V},\ 1\text{V}),\ \ \text{then}\ \ s^n = 0 \Leftrightarrow s_3^n s_2^n s_1^n s_0^n = 0001 \\ \text{if}\ \ \eta(t) \in [1\text{V},\ 2\text{V}),\ \ \text{then}\ \ s^n = 1 \Leftrightarrow s_3^n s_2^n s_1^n s_0^n = 0010 \\ \text{if}\ \ \eta(t) \in [2\text{V},\ 3\text{V}),\ \ \text{then}\ \ s^n = 2 \Leftrightarrow s_3^n s_2^n s_1^n s_0^n = 0100 \\ \text{if}\ \ \eta(t) \in [3\text{V},\ 4\text{V}],\ \ \text{then}\ \ s^n = 3 \Leftrightarrow s_3^n s_2^n s_1^n s_0^n = 1000 \end{cases} \tag{9-19}$$

9.3.5　迭代方程的电路

设$N = 4$，得整数域混沌系统的迭代方程为

$$\begin{cases} x_i^n = \begin{cases} x_i^{n-1}, & i \neq s^n \\ (f(x^{n-1}))_i = \overline{x_i^{n-1}}, & i = s^n \end{cases} \\ i = 0,1,2,3 \end{cases} \tag{9-20}$$

式中，$s^n \in \{0,1,\cdots,N-1\} = \{0,1,2,3\}$。

通过比较式(9-14)～式(9-20)，进一步得式(9-20)的另一种等价的数学表达式如下：

$$\begin{cases} x_i^n = \begin{cases} x_i^{n-1}, & i \neq s^n \\ (f(x^{n-1}))_i = \overline{x_i^{n-1}}, & i = s^n \end{cases} \\ i = 0,1,2,3 \end{cases} \Leftrightarrow \begin{cases} x_3^n = x_3^{n-1} \oplus s_3^n \\ x_2^n = x_2^{n-1} \oplus s_2^n \\ x_1^n = x_1^{n-1} \oplus s_1^n \\ x_0^n = x_0^{n-1} \oplus s_0^n \end{cases} \tag{9-21}$$

式中

$$\begin{cases} s^n = 0 \Leftrightarrow s_3^n s_2^n s_1^n s_0^n = 0001 \\ s^n = 1 \Leftrightarrow s_3^n s_2^n s_1^n s_0^n = 0010 \\ s^n = 2 \Leftrightarrow s_3^n s_2^n s_1^n s_0^n = 0100 \\ s^n = 3 \Leftrightarrow s_3^n s_2^n s_1^n s_0^n = 1000 \end{cases}$$

根据式(9-21)，得对应迭代方程的电路设计图如图 9-10 所示。

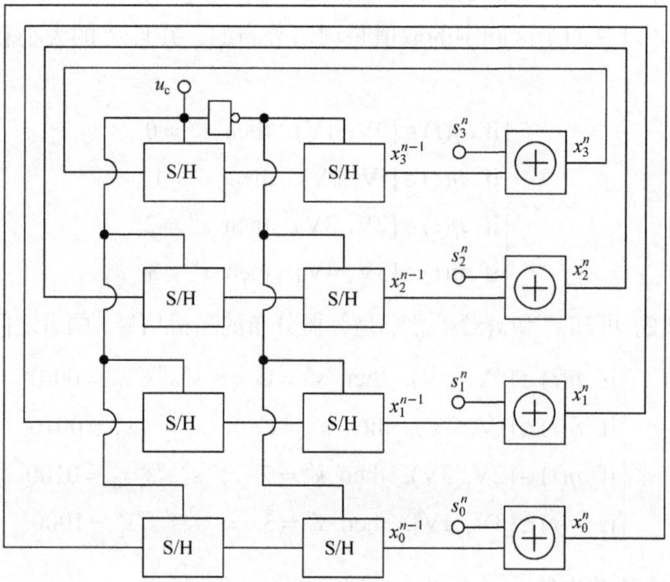

图 9-10　迭代方程的电路设计图

9.3.6　D/A 转换电路

D/A 转换电路如图 9-11 所示，其中 $R_{17} = 10\text{k}\Omega$，$R_{18} = 2\text{k}\Omega$，$R_{19} = 60\text{k}\Omega$，$R_{20} = R_{21} = 10\text{k}\Omega$。D/A 转换电路的芯片为 DAC0832，应将其设计成一个直通模式，即只要输入一个四位二进制数 $D_3D_2D_1D_0 = x_3^n x_2^n x_1^n x_0^n$，就能立刻转换成对应的整数信号 x^n。逻辑对应关系为：当输入 $x_3^n x_2^n x_1^n x_0^n = 0000$ 时，对应 D/A 转换器输

出为 $x^n = 0\text{V}$；当输入 $x_3^n x_2^n x_1^n x_0^n = 0001$ 时，对应的输出为 $x^n = 1\text{V}$；当输入为 $x_3^n x_2^n x_1^n x_0^n = 0010$ 时，对应的输出为 $x^n = 2\text{V}$；依此类推，当输入 $x_3^n x_2^n x_1^n x_0^n = 1111$ 时，对应的输出为 $x^n = 15\text{V}$。调节电阻 R_{19} 的大小可实现这种对应关系。

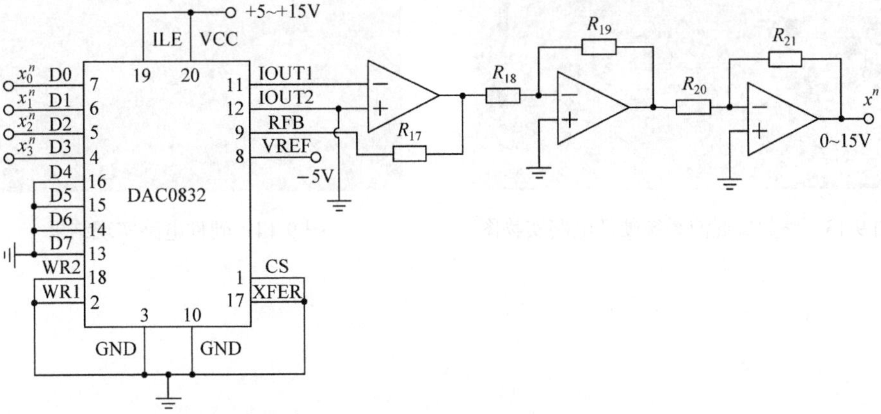

图 9-11　D/A 转换电路

9.3.7　总电路设计与实现

综合图 9-5～图 9-11，得整数域混沌系统总电路设计图的结果如图 9-12 所示。根据图 9-12 进行电路设计，进一步得对应的单个随机位迭代更新的整数域混沌系统硬件电路实物图如图 9-13 所示，硬件电路实现结果如图 9-14 所示。

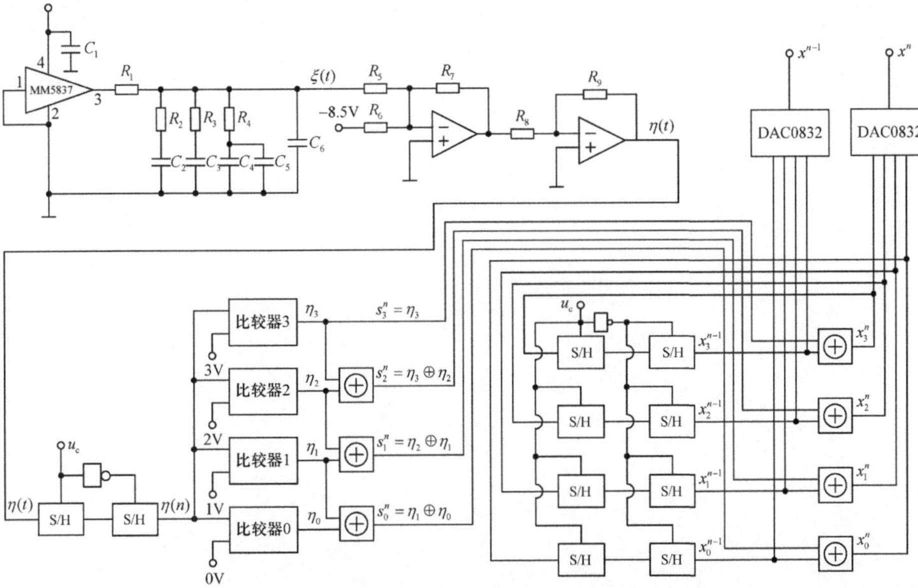

图 9-12　整数域混沌系统总电路设计图

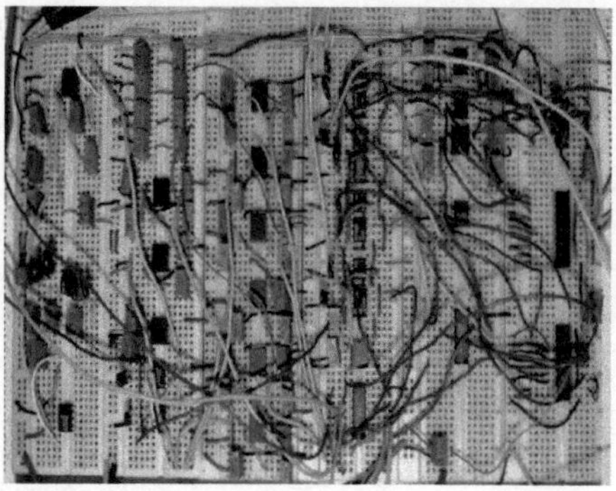

图 9-13　整数域混沌系统硬件电路实物图

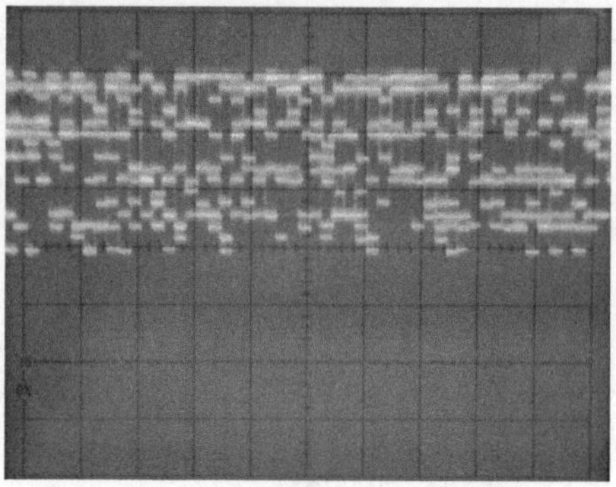

图 9-14　硬件电路实现结果

第10章 多个随机位迭代更新的1维整数域混沌系统

本章介绍具有多个随机位迭代更新的 1 维整数域混沌系统及其 FPGA 实现。内容包括具有多个随机位迭代更新的 1 维整数域混沌系统的基本概念、迭代图及其连通性、强连通情况下混沌存在性的证明、TestU01 测试、电路设计、FPGA 设计与实现[37-42]。

10.1 具有多个随机位迭代更新的 1 维整数域混沌系统的基本概念

在第 9 章介绍的具有单个随机位迭代更新的整数域混沌系统中，每次输出只有其中的一位是变化的，其余位都没有变化，使得相邻的两次迭代输出值 x^{n-1} 和 x^n 之间只有一位是发生变化的，用于加密时，其安全性是不高的。因而，本章引入另一种迭代更新机制，即每次输出让其中的多个随机位更新，其余位则不更新，使得相邻的两次迭代输出值 x^{n-1} 和 x^n 之间有随机多个位是发生变化的。

设单边随机序列的一般表达式为

$$p = p^1 p^2 \cdots p^n \cdots$$

式中，p^1 表示第一次迭代输出的随机整数，p^2 表示第二次迭代输出的随机整数，同理，p^n 表示第 n 次迭代输出的随机整数等。

将随机数 p^n $(n=1,2,\cdots)$ 表示成为二进制的形式，即

$$p^n = (p_{N-1}^n p_{N-2}^n \cdots p_0^n)_2$$

式中，p_j^n $(j=N-1,N-2,\cdots,0)$ 为随机数的第 j 位二进制数。注意到在 N 位有限精度表示的情况下，随机数 p^n 的取值范围应满足 $p^n \in [0,2^N-1]$。

设迭代值 $x^n = x_{N-1}^n x_{N-2}^n \cdots x_0^n$ 和 $x^{n-1} = x_{N-1}^{n-1} x_{N-2}^{n-1} \cdots x_0^{n-1}$ 均为 N 位有限精度表示的二进制整数，则对应的迭代方程为

$$x^n = F(x^{n-1}) \to x_{N-1}^n x_{N-2}^n \cdots x_0^n = f(x_{N-1}^{n-1} x_{N-2}^{n-1} \cdots x_0^{n-1})$$

在常规情况下，对应全部更新的迭代方程为

$$(x_{N-1}^n, x_{N-2}^n, \cdots, x_0^n) = (f(\cdot)_{N-1}, f(\cdot)_{N-2}, \cdots, f(\cdot)_0)$$

式中，x_i^n $(i=0,1,\cdots,N-1)$表示$x_{N-1}^n x_{N-2}^n \cdots x_0^n$的第$i$位，$f(\cdot)_i = f(x_{N-1}^{n-1} x_{N-2}^{n-1} \cdots x_0^{n-1})_i$表示$f(\cdot) = f(x_{N-1}^{n-1} x_{N-2}^{n-1} \cdots x_0^{n-1})$的第$i$位，其中$i=0,1,\cdots,N-1$。

通过引入随机序列控制的迭代更新机制，得具有多个随机位迭代更新的1维整数域混沌系统的一般形式为

$$(x_{N-1}^n, x_{N-2}^n, \cdots, x_0^n) = (f(\cdot)_{p_{N-1}^n}, f(\cdot)_{p_{N-2}^n}, \cdots, f(\cdot)_{p_0^n}) \tag{10-1}$$

式中，定义

$$x_j^n = f(\cdot)_{p_j^n} = \begin{cases} f(\cdot)_j, & p_j^n = 1 \\ x_j^{n-1}, & p_j^n = 0 \end{cases}, \quad j = N-1, N-2, \cdots, 0 \tag{10-2}$$

例如，设$N=4$，当$p^n = (6)_{10} = (0110)_2$时，根据式(10-1)和式(10-2)，只对第二位和第三位更新，而第一位和第四位不更新。其余情况依此类推。

根据式(10-2)，得

$$F_f(k,x) = f(x) \cdot k + x \cdot \overline{k} \tag{10-3}$$

式中，符号“·”、“+”、“¯”分别表示按位相与、按位相或、按位取反，设k、$\overline{k}$、x、$f(x)$的二进制表示形式为

$$\begin{cases} k = p^n = (p_{N-1}^n p_{N-2}^n \cdots p_0^n) \\ \overline{k} = \overline{p}^n = (\overline{p}_{N-1}^n \overline{p}_{N-2}^n \cdots \overline{p}_0^n) \\ x = (x_{N-1}^{n-1} x_{N-2}^{n-1} \cdots x_0^{n-1}) \\ f(x) = f(x_{N-1}^{n-1} x_{N-2}^{n-1} \cdots x_0^{n-1}) \end{cases}$$

将此式代入式(10-3)中，得$F_f(k,x)$的一般表达式为

$$\begin{aligned} F_f(k,x) &= f(x) \cdot k + x \cdot \overline{k} \\ &= \left(\left(f(\cdot)_{N-1} \cdot p_{N-1}^n + x_{N-1}^{n-1} \cdot \overline{p}_{N-1}^n \right), \left(f(\cdot)_{N-2} \cdot p_{N-2}^n + x_{N-2}^{n-1} \cdot \overline{p}_{N-2}^n \right), \cdots, \right. \\ &\quad \left. \left(f(\cdot)_0 \cdot p_0^n + x_0^{n-1} \cdot \overline{p}_0^n \right) \right) \end{aligned}$$

式中，$n=1,2,\cdots$，$f(\cdot)_i \triangleq f(x_{N-1}^{n-1} x_{N-2}^{n-1} \cdots x_0^{n-1})_i$ $(i = N-1, N-2, \cdots, 1, 0)$。

在具有多个随机位迭代更新的整数域混沌系统中，根据式(10-3)，定义度量空间(X,d)中的一个映射$G_f : X \to X$为

$$G_f(E) = G_f(p,x) = (\sigma(p), F_f(i(p), x)) \tag{10-4}$$

式中，$E=(p,x) \in X$，$\sigma(p)$表示对$p^1 p^2 p^3 \cdots p^n \cdots$左移一位后的结果。同理，$\sigma^k(p)$定义为

$$\sigma^k(p)=\underbrace{\sigma\circ\sigma\circ\cdots\circ\sigma}_{k次}(p),\quad k=1,2,\cdots$$

此式表示对单边无穷随机整数序列 $p=p^1p^2p^3\cdots p^n\cdots$ 左移 k 位之后得到的结果，即

$$\sigma^k(p)=p^{k+1}p^{k+2}\cdots p^n\cdots,\quad k=1,2,\cdots \tag{10-5}$$

在式(10-4)中，$i(p)=p^k(k=1,2,\cdots)$，它等于单边序列中每次最左边移出来的那一位的结果。

设 $E^0=(p^0,x^0)\in E\in X$ 为迭代初始值，$E^k=(p^k,x^k)\in E\in X$ 为第 k 次迭代值，而 $E^{k+1}=(p^{k+1},x^{k+1})\in E\in X$ 为第 $k+1$ 次迭代值，根据式(10-3)和式(10-4)，在具有多个随机位迭代更新的情况下，得基于映射 G_f 的 1 维整数域混沌系统迭代方程的一般形式为

$$E^{k+1}=G_f(E^k) \tag{10-6}$$

式中，$k=0,1,2,\cdots$。

度量空间 (X,d) 中距离的定义为

$$d((p,x),(\hat{p},\hat{x}))=d_p(p,\hat{p})+d_x(x,\hat{x}) \tag{10-7}$$

式中，$p=p^1p^2p^3\cdots p^n\cdots$ 和 $\hat{p}=\hat{p}^1\hat{p}^2\hat{p}^3\cdots\hat{p}^n\cdots$ 为单边无穷随机整数序列；x、$\hat{x}$ 为 N 位二进制整数。定义 p 和 $\hat{p}$ 之间的距离为

$$d_p(p,\hat{p})=\sum_{k=1}^{\infty}\frac{p^k\oplus\hat{p}^k}{2^{Nk}}\in[0,1] \tag{10-8}$$

式中，$\oplus$ 表示按位异或运算；$p^k,\hat{p}^k\in\{0,1,\cdots,2^N-1\}$ $(k=1,2,\cdots)$。

根据二进制距离的计算公式，得

$$d_x(x,\hat{x})=\sum_{k=1}^{N}\delta(x_k,\hat{x}_k)\in\{0,1,\cdots,N\} \tag{10-9}$$

10.2　迭代图及其连通性

本节讨论整数域混沌系统的迭代图及其连通性问题。注意到在式(10-2)中，通常情况下存在多个随机位的迭代更新，而对多个随机位更新的作图变得十分复杂，为了作图方便，假定每次只有 1 个随机位发生迭代更新，并且设迭代函数为按位取反的迭代函数。

10.2.1 $N=3$ 时的迭代图及其连通性

当 $N=3$ 时，对应的迭代图如图 10-1 所示，下面对其连通性的情况进行分析。

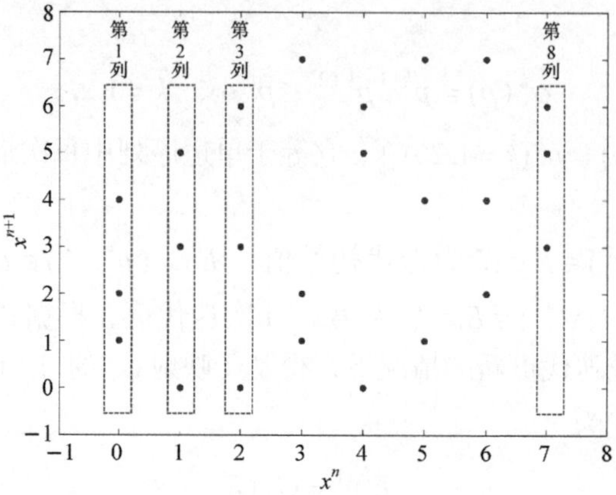

图 10-1　$N=3$ 时的迭代图

(1) 当输入为 $(x^n)_2=(000)_2=(0)_{10}$ 时，对应 3 种可能的输出 x^{n+1} 为

$$(x^{n+1})_2\in\begin{Bmatrix}(100)_2\\(010)_2\\(001)_2\end{Bmatrix}\Rightarrow(x^{n+1})_{10}\in\begin{Bmatrix}(4)_{10}\\(2)_{10}\\(1)_{10}\end{Bmatrix}$$

如图 10-1 中的第 1 列所示。

(2) 当输入 $(x^n)_2=(001)_2=(1)_{10}$ 时，对应 3 种可能的输出 x^{n+1} 为

$$(x^{n+1})_2\in\begin{Bmatrix}(101)_2\\(011)_2\\(000)_2\end{Bmatrix}\Rightarrow(x^{n+1})_{10}\in\begin{Bmatrix}(5)_{10}\\(3)_{10}\\(0)_{10}\end{Bmatrix}$$

如图 10-1 中的第 2 列所示。

(3) 当输入为 $(x^n)_2=(010)_2=(2)_{10}$ 时，对应 3 种可能的输出 x^{n+1} 为

$$(x^{n+1})_2\in\begin{Bmatrix}(110)_2\\(000)_2\\(011)_2\end{Bmatrix}\Rightarrow(x^{n+1})_{10}\in\begin{Bmatrix}(6)_{10}\\(0)_{10}\\(3)_{10}\end{Bmatrix}$$

如图 10-1 中的第 3 列所示。

(4) 当 $(x^n)_2=(011)_2=(3)_{10}$、$(x^n)_2=(100)_2=(4)_{10}$、$(x^n)_2=(101)_2=(5)_{10}$、$(x^n)_2=(110)_2=(6)_{10}$ 时，对应第 4～7 列的情况可依此类推进行分析。

(5) 当输入为 $(x^n)_2=(111)_2=(7)_{10}$ 时，对应 3 种可能的输出 x^{n+1} 为

$$(x^{n+1})_2 \in \begin{Bmatrix} (011)_2 \\ (101)_2 \\ (110)_2 \end{Bmatrix} \Rightarrow (x^{n+1})_{10} \in \begin{Bmatrix} (3)_{10} \\ (5)_{10} \\ (6)_{10} \end{Bmatrix}$$

如图 10-1 中的第 8 列所示。

如果将 8 个迭代值 0、1、2、3、4、5、6、7 分别标记为状态⓪、状态①、状态②、状态③、状态④、状态⑤、状态⑥、状态⑦，得状态转换图如图 10-2 所示，显见这 8 个状态之间都是强连通的。强连通是指对于任意两个不同的状态 x 和 y，都存在从 x 到 y 以及从 y 到 x 的路径，是双向连通的。但如果只是连通图，对于任意两个不同的状态 x 和 y，它们之间虽然是连通的，但通常情况下都不是双向连通的。

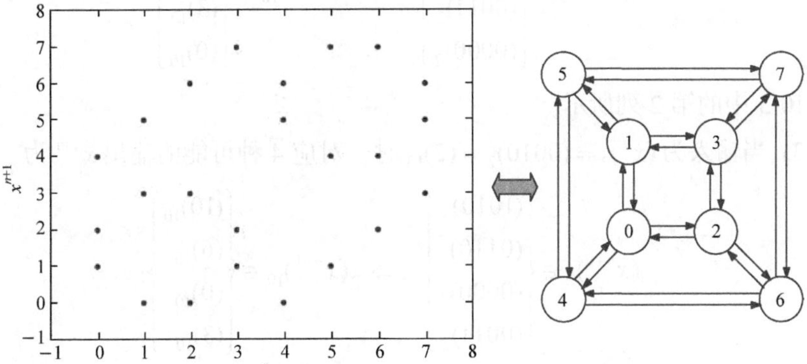

图 10-2　$N=3$ 时 8 个状态之间的强连通图

10.2.2　$N=4$ 时的迭代图及其连通性

当 $N=4$ 时，对应的迭代图如图 10-3 所示，下面对其连通性的情况进行分析。

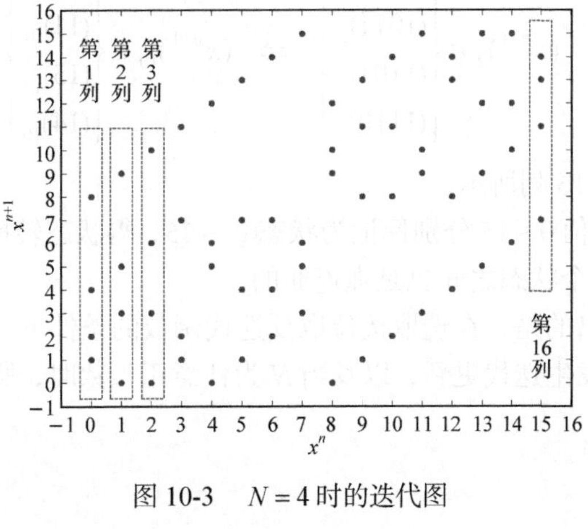

图 10-3　$N=4$ 时的迭代图

(1) 当输入为$(x^n)_2=(0000)_2=(0)_{10}$时，对应 4 种可能的输出$x^{n+1}$为

$$(x^{n+1})_2 \in \begin{Bmatrix} (1000)_2 \\ (0100)_2 \\ (0010)_2 \\ (0001)_2 \end{Bmatrix} \Rightarrow (x^{n+1})_{10} \in \begin{Bmatrix} (8)_{10} \\ (4)_{10} \\ (2)_{10} \\ (1)_{10} \end{Bmatrix}$$

如图 10-3 中的第 1 列所示。

(2) 当输入$(x^n)_2=(0001)_2=(1)_{10}$时，对应 4 种可能的输出$x^{n+1}$为

$$(x^{n+1})_2 \in \begin{Bmatrix} (1001)_2 \\ (0101)_2 \\ (0011)_2 \\ (0000)_2 \end{Bmatrix} \Rightarrow (x^{n+1})_{10} \in \begin{Bmatrix} (9)_{10} \\ (5)_{10} \\ (3)_{10} \\ (0)_{10} \end{Bmatrix}$$

如图 10-3 中的第 2 列所示。

(3) 当输入为$(x^n)_2=(0010)_2=(2)_{10}$时，对应 4 种可能的输出$x^{n+1}$为

$$(x^{n+1})_2 \in \begin{Bmatrix} (1010)_2 \\ (0110)_2 \\ (0000)_2 \\ (0011)_2 \end{Bmatrix} \Rightarrow (x^{n+1})_{10} \in \begin{Bmatrix} (10)_{10} \\ (6)_{10} \\ (0)_{10} \\ (3)_{10} \end{Bmatrix}$$

如图 10-3 中的第 3 列所示。

(4) 第 4～15 列的情况依此类推。

(5) 当输入为$(x^n)_2=(1111)_2=(15)_{10}$时，对应 4 种可能的输出$x^{n+1}$为

$$(x^{n+1})_2 \in \begin{Bmatrix} (0111)_2 \\ (1011)_2 \\ (1101)_2 \\ (1110)_2 \end{Bmatrix} \Rightarrow (x^{n+1})_{10} \in \begin{Bmatrix} (7)_{10} \\ (11)_{10} \\ (13)_{10} \\ (14)_{10} \end{Bmatrix}$$

如图 10-3 中的第 16 列所示。

将 16 个迭代值$0\sim15$分别标记为状态⓪～⑮，得状态转换图如图 10-4 所示。由图可知，这 16 个状态之间也是强连通的。

需要特别指出的是，在选取按位取反迭代函数的条件下，无论是单个随机位还是多个随机位发生迭代更新，以及当N为任意正整数时，所得到的迭代图总是强连通的。

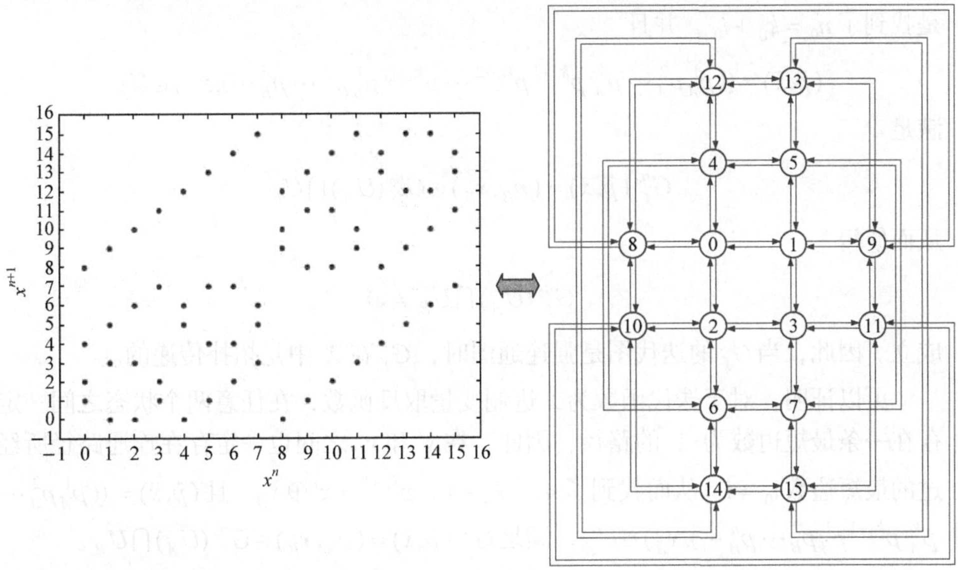

图 10-4　$N=4$ 时 16 个状态之间的强连通图

10.3　强连通情况下混沌存在性的证明

根据 10.2 节的分析，可以知道在选取按位取反迭代函数的条件下，无论是单个随机位还是多个随机位发生迭代更新，以及当 N 为任意正整数时，所得到的迭代图总是强连通的。下面将要证明，只要迭代图具有强连通性，就具有 Devaney 意义下的混沌性质。

定理 10-1　若 G_f 在 X 中是拓扑传递的，当且仅当 G_f 的迭代图是强连通图。

下面分两步来证明定理 10-1。

(1) 若 G_f 的迭代图是强连通图，则 G_f 在 X 中是拓扑传递的。

证明　设 U_A 是以点 (p_A,x_A) 为中心、r_A 为半径的球体，U_B 是以点 (p_B,x_B) 为中心、r_B 为半径的球体，$\forall r_A<1$，若 $(\tilde{p},\tilde{x})\in U_A$，必须要满足 $d((p_A,x_A),(\tilde{p},\tilde{x}))<r_A$，则应有 $\tilde{x}=x_A \Rightarrow d_x(\tilde{x},x_A)=0$。

若 $\tilde{p}$ 和 p_A 前 k_0 个元素相同，则 $d(p_A,\tilde{p})<1/2^{Nk_0}$。故 $\forall r_A<1$，总能找到 k_0，使得 $d(p_A,\tilde{p})<1/2^{Nk_0}<r_A$ 成立。因 $1/2^{Nk_0}<r_A$，得 $k_0>(-\log_2 r_A)/N$，选取 $k_0=\text{floor}((-\log_2 r_A)/N)+1$ 即可满足要求。

若迭代 k_0 次后，得 $x'=G_f^{k_0}(\tilde{p},\tilde{x})$，因为是强连通的，当从 x' 开始迭代 i_0 次后（i_0 相当于 x' 和 x_B 间的连通路径所经过的边数）到达 x_B，使得 $G_f^{i_0}(x')=x_B$ 成立。于

是找到了 $n_0 = k_0 + i_0$，并且

$$(\tilde{p},\tilde{x}) = ((p_A^1 p_A^2 \cdots p_A^{k_0} p^{k_0+1} p^{k_0+2} \cdots p^{k_0+i_0} p_B^1 p_B^2 \cdots p_B^n \cdots), x_A) \in U_A$$

满足

$$G_f^{n_0}(\tilde{p},\tilde{x}) = (p_B, x_B) \in G_f^{n_0}(U_A) \bigcap U_B$$

从而使得

$$G_f^{n_0}(U_A) \bigcap U_B \neq \varnothing$$

成立。因此，当 G_f 的迭代图是强连通图时，G_f 在 X 中是拓扑传递的。

可以证明，对于迭代函数为二进制变量取反函数，在任意两个状态之间一定存在一条最短边数为 1 的路径，因此，在 x' 和 x_B 之间也一定存在连通路径所经过的最短边数 $i_0 = 1$。从而找到了 $n_0 = k_0 + 1$，$p^{k_0+1} = x' \oplus x_B$，且 $(\tilde{p},\tilde{x}) = ((p_A^1 p_A^2 \cdots p_A^{k_0} p^{k_0+1} p_B^1 p_B^2 \cdots p_B^n \cdots), x_A) \in U_A$，满足 $G_f^{n_0}(\tilde{p},\tilde{x}) = (p_B, x_B) \in G_f^{n_0}(U_A) \bigcap U_B$。

需要说明的是，在图 10-1～图 10-4 中，由于假定了每次只有单个随机位迭代更新(而实际情况是多个随机位迭代更新)，故在画出的强连通图中，任意两个状态之间在通常情况下并不一定存在一条最短边数为 1 的路径，而可能只存在经过多条边数的路径。

(2) 若 G_f 的迭代图不是强连通图，则 G_f 在 X 中不是拓扑传递的。

证明 由于 G_f 的迭代图不是强连通图，那么从 x_A 到 x_B 可能是连通的，也可能是不连通的，因为它们之间不是双向连通的。在这种情况下，无法得出从 x_A 到 x_B 一定是连通的结论。一方面，对于所有属于 U_A 的点 $d((p_A, x_A),(\tilde{p},\tilde{x})) < r_A$，必须满足 $\tilde{x} = x_A$。另一方面，经过 $k_0 = \text{floor}((-\log_2 r_A)/N) + 1$ 次迭代后，若得到 $x' = G_f^{k_0}(\tilde{p},\tilde{x})$，由于不是强连通，从 x' 到 x_B 并不能保证一定有一条路径相连，因而再经过 i_0 次迭代后，尽管迭代次数达到 $n_0 = k_0 + i_0$，但并不能保证一定有 $G_f^{n_0}(U_A) \bigcap U_B \neq \varnothing$ 成立的结论，故 G_f 不是拓扑传递的。

定理 10-2 若 G_f 的迭代图是强连通图，则 G_f 的周期点在 X 中稠密。

证明 G_f 的周期点在 X 中稠密是指，对于任意给定的 $0 < \varepsilon < 1$，在度量空间中任意一个点 $(\hat{p},\hat{x})$ 的 ε 邻域内，总可以找到周期点 $(\tilde{p},\tilde{x}) \in E$，满足 $d((\hat{p},\hat{x}),(\tilde{p},\tilde{x})) < \varepsilon$。首先，不妨设 $(\hat{p},\hat{x})$ 的一般形式为 $(\hat{p},\hat{x}) = ((\hat{p}^1 \hat{p}^2 \cdots \hat{p}^{k_0} \cdots \hat{p}^n \cdots), \hat{x}) \in E$。

给定 $\varepsilon < 1$，则 $\tilde{x} = \hat{x} \Rightarrow d_x(\tilde{x},\hat{x}) = 0$。若 $\tilde{p}$ 和 $\hat{p}$ 前 k_0 个元素相同，则 $d(\hat{p},\tilde{p}) < 1/2^{Nk_0}$。故对于 $\varepsilon < 1$，总能找到 k_0，使得 $d(\hat{p},\tilde{p}) < 1/2^{Nk_0} < \varepsilon$ 成立。因 $1/2^{Nk_0} < \varepsilon$，得 $k_0 > (-\log_2 \varepsilon)/N$，只需选取 $k_0 = \text{floor}((-\log_2 \varepsilon)/N) + 1$ 即可。因此，找到了一

个周期点

$$(\tilde{p},\tilde{x})=((\hat{p}^1\hat{p}^2\cdots\hat{p}^{k_0}\hat{p}^1\hat{p}^2\cdots\hat{p}^{k_0}\cdots),\tilde{x})\in E$$

满足 $d((\hat{p},\hat{x}),(\tilde{p},\tilde{x}))<\varepsilon$ 。

迭代 k_0 次后，得 $x'=G_f^{k_0}(\tilde{p},\tilde{x})$ 。因为是强连通的，当从 x' 开始迭代 i_0 次之后(i_0 相当于 x' 和 $\tilde{x}$ 间的连通路径所经过的边数)到达 $\tilde{x}$ ，使得 $G_f^{i_0}(x')=\tilde{x}$ 成立。从而能在 $\hat{p}$ 的 ε 邻域内找到一个周期点

$$(\tilde{p},\tilde{x})=((\hat{p}^1\hat{p}^2\cdots\hat{p}^{k_0}\hat{p}^{k_0+1}\hat{p}^{k_0+2}\cdots\hat{p}^{k_0+i_0}\hat{p}^1\hat{p}^2\cdots\hat{p}^{k_0}\hat{p}^{k_0+1}\hat{p}^{k_0+2}\cdots\hat{p}^{k_0+i_0}\cdots),\tilde{x})\in E$$

结果表明，只要 G_f 的迭代图是强连通图，则 G_f 的周期点在 X 中稠密的结论一定成立。

10.4　具有多个随机位迭代更新的整数域混沌系统的统计特性

具有良好的安全性是混沌序列能够应用于密码学的一个重要特征。目前有许多方法分别从不同的角度来分析混沌序列安全性能。但相比较而言，统计测试方法更为快速和简单，且这种方法通常不用考虑混沌序列的内部结构，因此成为统计检测和评估的一种公认的重要分析工具。

研究人员设计出了诸多的统计测试方法。例如，Knuth 提供了一些经验性测试，其中包括频率、连续性、间隔、扑克、息票收藏者、置换、游程、t 最大值、碰撞、生日间隔和序列相关测试。Diehard 测试套件提供了 18 个独立的统计学随机性测试，包括生日间隔、5 置换重叠、二元秩、比特流测试、20 比特字的猴子测试、OPSO 猴子测试、OQSO、DNA、字节流数 1、特定字节数 1、停车场、最小距离、三维球面、挤压、重叠总数、游程和双筛赌博测试。NIST 统计测试由 15 个测试组成，分别是单比特频数、分块块内频数、游程、块内长游程、二进制矩阵秩、离散傅里叶变换、非重要块匹配、重叠块匹配、Maurer 通用统计测试、线性复杂度、串行检验、近似熵、累加和、随机游动、随机游动状态频数测试。而 TestU01 囊括了几乎以上所有的测试和其他一些经典的测试，是更为全面而严格的国际公认测试标准。

Battery 为 TestU01 内建的设定好的检定模组套件。而 Battery 又分为等级测试套件(SmallCrush、Crush 和 BigCrush)、Alphabit 套件(主要测试硬件实现的随机序列)、Rabbit 套件、PseudoDIEHARD 套件(等同于 Diehard 测试)和 FIPS_140_2 套件(等同于 NIST 测试)，如表 10-1 所示。

表 10-1 TestU01 内建的检定模组套件 Battery

Battery	评估数据量	测试总数
初级测试套件 SmallCrush	约 6Gbit	15
中级测试套件 Crush	约 973Gbit	144
高级测试套件 BigCrush	约 10Tbit	160
Alphabit 套件	自设	17
Rabbit 套件	自设	38
PseudoDIEHARD 套件	约 5Gbit	126
FIPS_140_2 套件	约 19Kbit	16

表 10-1 的结果说明了一个十分重要的问题，对于初级测试套件和中级测试套件所使用的数据量相对于高级测试套件要少得多。换言之，当用初级测试套件和中级测试套件测试时，混沌系统所使用的迭代次数要比高级测试套件测试时所使用的迭代次数少得多。例如，对于绝大多数实数域混沌系统，当其迭代次数较少时，系统的动力学性质的退化问题尚未明显体现出来，因而有些混沌序列或许能够通过初级和中级测试；但当迭代次数明显增加时，混沌系统需要经历一个长期的演化过程，使得每次微小误差长期累积，必然会导致其动力学特性的严重退化，无法通过高级测试。

表 10-2 列出了具有多个随机位迭代更新的整数域混沌系统在 TestU01 测试套件中的七个 Battery 测试结果。其中表 10-1 中的“标准”参数是指 Battery 的内置参数。TestU01 套件需要进行 518 个测试并输出相应的 518 个 p 值。如果 p 值是在 0.001 和 0.999 之间，证明通过测试；反之测试失败。具有多个随机位迭代更新的整数域混沌系统的输出比输入序列具有更好的混沌和随机特性。多个随机位迭代更新整数域混沌系统可利用任何合理的随机序列作为外部输入，表 10-2 中列出的是 ISAAC 作为外部输入时，多个随机位迭代更新整数域混沌系统输出的 TestU01 测试结果。

表 10-2 TestU01 测试结果

Battery	参数	测试数	测试结果
初级测试套件 SmallCrush	标准	15	通过
中级测试套件 Crush	标准	144	通过
高级测试套件 BigCrush	标准	160	通过
Alphabit 套件	32×10^9	17	通过
Rabbit 套件	32×10^9	40	通过
PseudoDIEHARD 套件	标准	126	通过
FIPS_140_2 套件	标准	16	通过

10.5　硬件设计与实现

10.5.1 电路设计

根据多个随机位迭代更新整数域混沌系统迭代方程的一般形式:

$$(x_{N-1}^n, x_{N-2}^n, \cdots, x_0^n) = (f(\cdot)_{p_{N-1}^n}, f(\cdot)_{p_{N-2}^n}, \cdots, f(\cdot)_{p_0^n})$$

式中

$$x_j^n = f(\cdot)_{p_j^n} = \begin{cases} f(\cdot)_j, & p_j^n = 1 \\ x_j^{n-1}, & p_j^n = 0 \end{cases}, \quad j = N-1, N-2, \cdots, 0$$

再根据随机数 $p^n\ (n=1,2,\cdots)$ 的二进制形式 $p^n = (p_{N-1}^n p_{N-2}^n \cdots p_0^n)_2$，可得多个随机位迭代更新整数域混沌系统迭代方程的等价形式为

$$\begin{aligned} &(x_{N-1}^n, x_{N-2}^n, \cdots, x_0^n) = (f(\cdot)_{p_{N-1}^n}, f(\cdot)_{p_{N-2}^n}, \cdots, f(\cdot)_{p_0^n}) \\ &\to (x_{N-1}^n, x_{N-2}^n, \cdots, x_0^n) = (x_{N-1}^{n-1} \oplus p_{N-1}^n, x_{N-2}^{n-1} \oplus p_{N-2}^n, \cdots, x_0^{n-1} \oplus p_0^n) \\ &\to x^n = x^{n-1} \oplus p^n \end{aligned} \tag{10-10}$$

式中，$p_{N-1}^n, p_{N-2}^n, \cdots, p_0^n \in \{0,1\}$。根据 $x^n = x^{n-1} \oplus p^n$，得对应的电路设计图如图 10-5 所示。

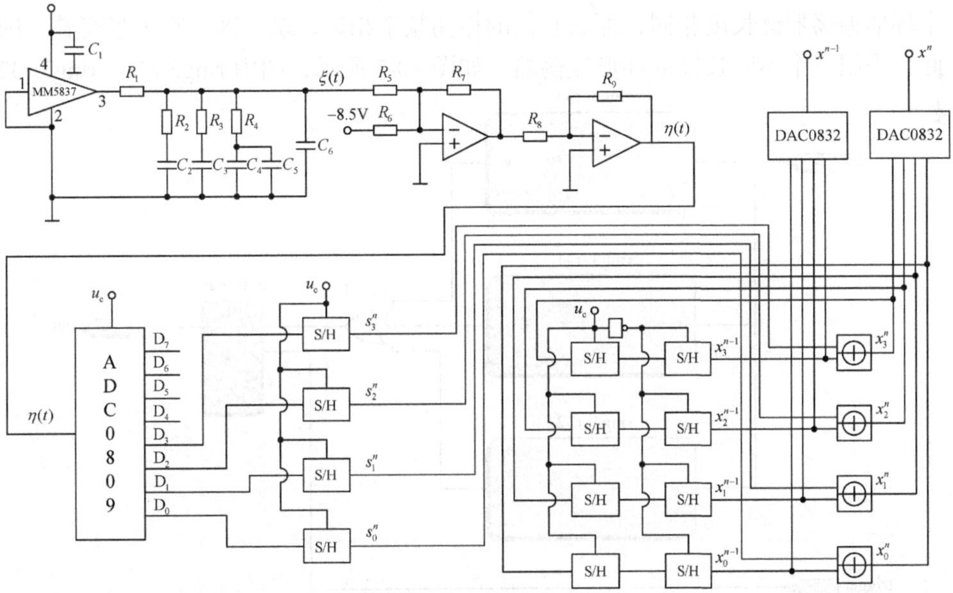

图 10-5　对应 $x^n = x^{n-1} \oplus p^n$ 的电路设计图

10.5.2　FPGA 设计与硬件实现

多个随机位迭代更新整数域混沌系统 FPGA 实现方案是，首先引入一种环形振荡器来产生随机序列，然后通过随机序列的控制，只让其中的一些位更新，其余位则不更新，这就是“多个随机位选择输出”或“多个随机位迭代更新”的混沌生成方法。

环形振荡器结构简单，广泛用于电子系统的时钟产生电路。将任何大于或等于 3 的奇数个反相器首尾相连地接成环形电路都能产生自激振荡，如图 10-6 所示。

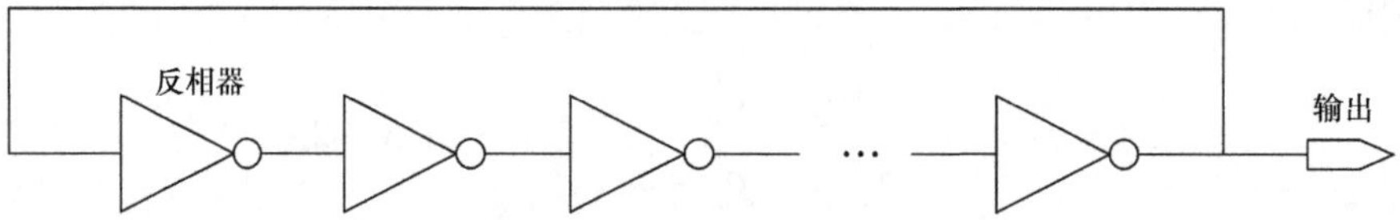

图 10-6　环形振荡器

环形振荡器是利用门电路的固有传输延迟时间将奇数个反相器首尾相接而成，该电路没有稳态。这是因为在静态(假定没有振荡时)下任何一个反相器的输入和输出都不可能稳定在高电平或低电平，只能处于高、低电平之间，处于放大状态。

这里采用多环设计，由于单个环形振荡器的时序抖动往往无法作为一个高质量的随机源，故考虑利用多个环形振荡器进行异或运算来提高随机性。振荡器链的长度决定了其振荡频率，而且直接影响振荡器进行异或运算后的效果。如果两个环形振荡器链长度相同，那么它们的振荡频率相近，跳变区存在大量交叠。因此，采用三个不同长度的环形振荡器，如图 10-7 所示，图中 ring3:r31、ring3:r32

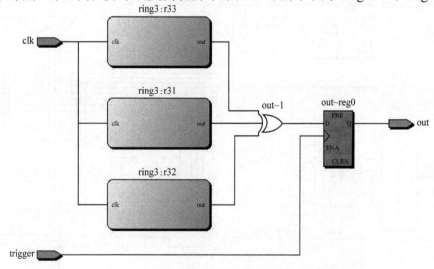

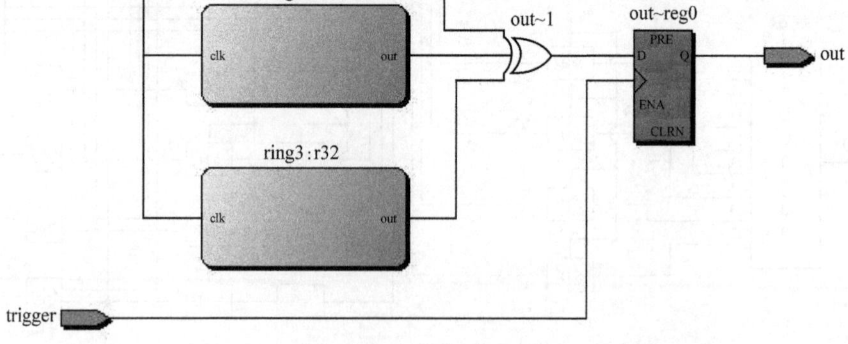

图 10-7　互质的振荡器链进行异或运算后作为随机源

和 ring3:r33 分别为三个不同长度的环形振荡器，用它们进行异或运算，从而产生一个输出信号。为了尽可能减小交叠，应选取不同长度的振荡器进行运算。考虑取两两振荡器链长度互为质数，则它们的振荡频率也互为质数，在两者最大公倍数周期内，跳变区不存在交叠现象，这样就最大限度增加了随机性。

设 $N = 4$，得 $x^n = x^{n-1} \oplus p^n$ 的 FPGA 设计结果如图 10-8 所示，图中的随机源 p 由 4 个多环环形振荡器和四个异或门构成，并通过 D 触发器进行采样。此外，图中的 oscillator_ring_part:o0、oscillator_ring_part:o1、oscillator_ring_part:o2 和 oscillator_ring_part:o3 为 4 个多环环形振荡器，FPGA 硬件实验结果如图 10-9 所示。

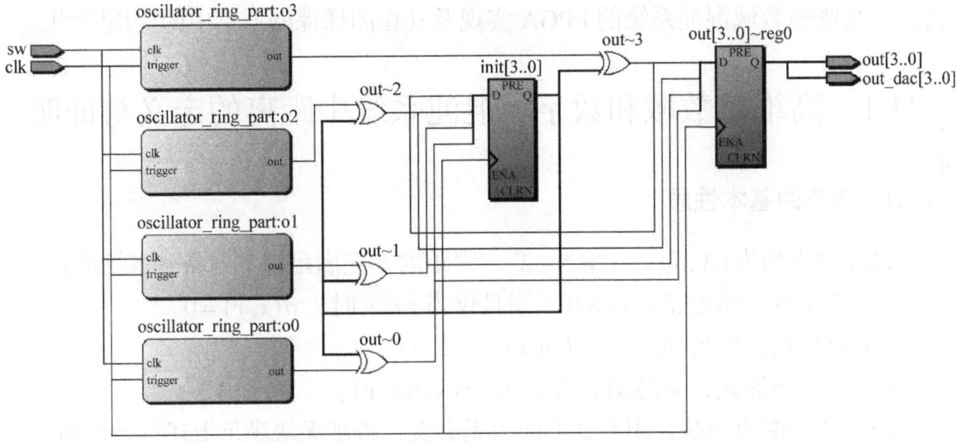

图 10-8　$x^n = x^{n-1} \oplus p^n$ 的 FPGA 设计结果

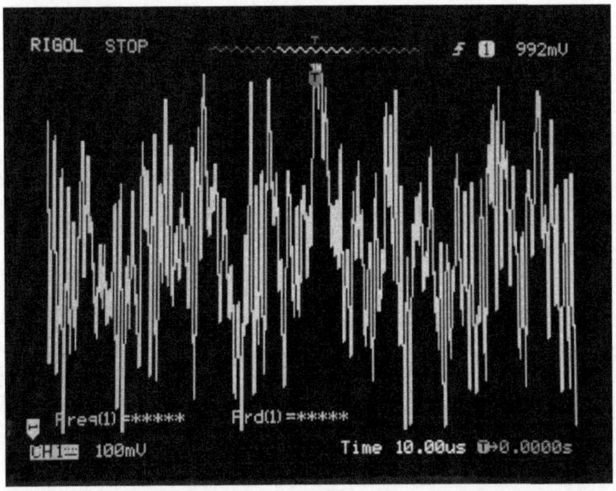

图 10-9　$x^n = x^{n-1} \oplus p^n$ 的 FPGA 实验结果

第 11 章　高维整数域和数字域混沌系统

本章介绍高维整数域和数字域混沌系统及其应用与 FPGA 实现。主要内容包括高维整数域和数字域混沌系统中距离的定义与证明，高维整数域和数字域混沌系统的建模与设计，状态空间中的网络分析，实数域、整数域和数字域混沌系统的性能比较，Devaney 混沌存在性的证明，高维整数域混沌系统李氏指数的计算公式，高维整数域混沌系统的 FPGA 实现及其在图像保密通信中的应用[37-43]。

11.1　高维整数域和数字域混沌系统中距离的定义与证明

11.1.1　距离的基本性质

设度量空间为(X,d)，$x,y,z\in X$，则距离d应满足以下三条基本性质：

(1) 正定性，满足$d(x,y)\geqslant 0$，当且仅当$x=y$时，$d(x,y)=0$。

(2) 对称性，满足$d(x,y)=d(y,x)$。

(3) 三角不等式，满足$d(x,y)\leqslant d(x,z)+d(z,y)$。

需要特别说明的是，距离d不能为无穷大，否则无法满足上述三条性质。

11.1.2　向量范数及其三角不等式

向量范数常用的三种定义为

$$\begin{cases}\|\boldsymbol{\alpha}\|_1=\sum\limits_{i=1}^{n}|x_i| \\ \|\boldsymbol{\alpha}\|_2=|\boldsymbol{\alpha}|=\sqrt{\boldsymbol{\alpha}\boldsymbol{\alpha}^{\mathrm{H}}}=\sqrt{\sum\limits_{i=1}^{n}x_i\bar{x}_i}=\sqrt{\sum\limits_{i=1}^{n}|x_i|^2} \\ \|\boldsymbol{\alpha}\|_p=\left(\sum\limits_{i=1}^{n}|x_i|^p\right)^{1/p}\end{cases}$$

式中，$\|\boldsymbol{\alpha}\|_1$、$\|\boldsymbol{\alpha}\|_2$和$\|\boldsymbol{\alpha}\|_p$分别称为 1 范数、2 范数和$p$范数，它们均满足三角不等式(即柯西(Cauchy)不等式)，其数学表达式为

$$\begin{cases}\|\boldsymbol{x}\pm\boldsymbol{y}\|_1\leqslant\|\boldsymbol{x}\|_1+\|\boldsymbol{y}\|_1\\\|\boldsymbol{x}\pm\boldsymbol{y}\|_2\leqslant\|\boldsymbol{x}\|_2+\|\boldsymbol{y}\|_2\\\|\boldsymbol{x}\pm\boldsymbol{y}\|_p\leqslant\|\boldsymbol{x}\|_p+\|\boldsymbol{y}\|_p\end{cases}\xrightarrow{\text{柯西不等式}}\begin{cases}\sum\limits_{i=1}^{n}|x_i\pm y_i|\leqslant\sum\limits_{i=1}^{n}|x_i|+\sum\limits_{i=1}^{n}|y_i|\\\sqrt{\sum\limits_{i=1}^{n}|x_i\pm y_i|^2}\leqslant\sqrt{\sum\limits_{i=1}^{n}|x_i|^2}+\sqrt{\sum\limits_{i=1}^{n}|y_i|^2}\\\left(\sum\limits_{i=1}^{n}|x_i\pm y_i|^p\right)^{1/p}\leqslant\left(\sum\limits_{i=1}^{n}|x_i|^p\right)^{1/p}+\left(\sum\limits_{i=1}^{n}|y_i|^p\right)^{1/p}\end{cases}$$

此外，还有形式上完全相似的柯西-施瓦茨(Cauchy-Schwarz，C-S)不等式，即

$$\begin{cases}\left(\sum\limits_{i=1}^{n}x_iy_i\right)^2\leqslant\left(\sum\limits_{i=1}^{n}x_i^2\right)\cdot\left(\sum\limits_{i=1}^{n}y_i^2\right)\\\left(\sum\limits_{i=1}^{n}x_iy_i\right)\leqslant\sqrt{\sum\limits_{i=1}^{n}x_i^2}\cdot\sqrt{\sum\limits_{i=1}^{n}y_i^2}\end{cases}$$

设n维欧氏空间中三个点为$x=(x_1,x_2,\cdots,x_n)$、$y=(y_1,y_2,\cdots,y_n)$、$z=(z_1,z_2,\cdots,z_n)$，根据范数的三种定义和对应的三角(柯西)不等式，可知 1 范数、2 范数、p 范数的欧氏距离为

$$\begin{cases}d_1(x,y)=\sum\limits_{i=1}^{n}|x_i-y_i|\\d_2(x,y)=\sqrt{\sum\limits_{i=1}^{n}|x_i-y_i|^2}\\d_p(x,y)=\left(\sum\limits_{i=1}^{n}|x_i-y_i|^p\right)^{1/p}\end{cases}$$

都可以用来定义为欧氏空间中的距离，因为它们都满足三角不等式，即

$$\begin{cases}d_1(x,y)=\sum\limits_{i=1}^{n}|x_i-y_i|=\sum\limits_{i=1}^{n}|x_i-z_i+z_i-y_i|\leqslant\sum\limits_{i=1}^{n}|x_i-z_i|+\sum\limits_{i=1}^{n}|z_i-y_i|\\\qquad=d_1(x,z)+d_1(z,y)\\d_2(x,y)=\sqrt{\sum\limits_{i=1}^{n}|x_i-y_i|^2}=\sqrt{\sum\limits_{i=1}^{n}|x_i-z_i+z_i-y_i|^2}\leqslant\sqrt{\sum\limits_{i=1}^{n}|x_i-z_i|^2}+\sqrt{\sum\limits_{i=1}^{n}|z_i-y_i|^2}\\\qquad=d_2(x,z)+d_2(z,y)\\d_p(x,y)=\left(\sum\limits_{i=1}^{n}|x_i-y_i|^p\right)^{1/p}=\left(\sum\limits_{i=1}^{n}|x_i-z_i+z_i-y_i|^p\right)^{1/p}\\\qquad\leqslant\left(\sum\limits_{i=1}^{n}|x_i-z_i|^p\right)^{1/p}+\left(\sum\limits_{i=1}^{n}|z_i-y_i|^p\right)^{1/p}=d_p(x,z)+d_p(z,y)\end{cases}$$

利用上述结果，可证明 $d(((s,u,\cdots,v),(x_1,x_2,\cdots,x_m)),((\hat{s},\hat{u},\cdots,\hat{v}),(\hat{x}_1,\hat{x}_2,\cdots,\hat{x}_m)))$ 是距离。

11.1.3 高维整数域和数字域混沌系统中距离的定义

对于高维整数域和数字域混沌系统，度量空间中距离的定义为

$$
\begin{aligned}
& d(((s,u,\cdots,v),(x_1,x_2,\cdots,x_m)),((\hat{s},\hat{u},\cdots,\hat{v}),(\hat{x}_1,\hat{x}_2,\cdots,\hat{x}_m))) \\
& = d_{s,\hat{s}}(s,\hat{s}) + d_{u,\hat{u}}(u,\hat{u}) + \cdots + d_{v,\hat{v}}(v,\hat{v}) \\
& \quad + d_{(x_1,x_2,\cdots,x_m),(\hat{x}_1,\hat{x}_2,\cdots,\hat{x}_m)}((x_1,x_2,\cdots,x_m),(\hat{x}_1,\hat{x}_2,\cdots,\hat{x}_m))
\end{aligned}
$$

式中

$$
\begin{cases}
d_{s,\hat{s}}(s,\hat{s}) = \sum\limits_{k=1}^{\infty} \dfrac{\left|s^k - \hat{s}^k\right|}{(2^N)^k}, \quad d_{u,\hat{u}}(u,\hat{u}) = \sum\limits_{k=1}^{\infty} \dfrac{\left|u^k - \hat{u}^k\right|}{(2^N)^k}, \quad \cdots, \quad d_{v,\hat{v}}(v,\hat{v}) = \sum\limits_{k=1}^{\infty} \dfrac{\left|v^k - \hat{v}^k\right|}{(2^N)^k} \\
d_{(x_1,x_2,\cdots,x_m),(\hat{x}_1,\hat{x}_2,\cdots,\hat{x}_m)}((x_1,x_2,\cdots,x_m),(\hat{x}_1,\hat{x}_2,\cdots,\hat{x}_m)) \\
= \sqrt{(x_1-\hat{x}_1)^2 + (x_2-\hat{x}_2)^2 + \cdots + (x_m-\hat{x}_m)^2}
\end{cases}
$$

式中对应的 m 个单边无穷随机序列的一般数学表达式为

$$
\begin{cases}
s = s^1 s^2 \cdots s^k \cdots \\
u = u^1 u^2 \cdots u^k \cdots \\
\vdots \\
v = v^1 v^2 \cdots v^k \cdots
\end{cases}, \quad
\begin{cases}
\hat{s} = \hat{s}^1 \hat{s}^2 \cdots \hat{s}^k \cdots \\
\hat{u} = \hat{u}^1 \hat{u}^2 \cdots \hat{u}^k \cdots \\
\vdots \\
\hat{v} = \hat{v}^1 \hat{v}^2 \cdots \hat{v}^k \cdots
\end{cases}
$$

下面证明 $d(((s,u,\cdots,v),(x_1,x_2,\cdots,x_m)),((\hat{s},\hat{u},\cdots,\hat{v}),(\hat{x}_1,\hat{x}_2,\cdots,\hat{x}_m)))$ 是距离。

11.1.4 高维整数域和数字域混沌系统中距离的证明

1. 证明 $d(((s,u,\cdots,v),(x_1,x_2,\cdots,x_m)),((\hat{s},\hat{u},\cdots,\hat{v}),(\hat{x}_1,\hat{x}_2,\cdots,\hat{x}_m))) \geqslant 0$

根据度量空间中距离 $d(((s,u,\cdots,v),(x_1,x_2,\cdots,x_m)),((\hat{s},\hat{u},\cdots,\hat{v}),(\hat{x}_1,\hat{x}_2,\cdots,\hat{x}_m)))$ 的定义，显见当满足 $((s,u,\cdots,v),(x_1,x_2,\cdots,x_m)) \neq ((\hat{s},\hat{u},\cdots,\hat{v}),(\hat{x}_1,\hat{x}_2,\cdots,\hat{x}_m))$ 时，得

$$d(((s,u,\cdots,v),(x_1,x_2,\cdots,x_m)),((\hat{s},\hat{u},\cdots,\hat{v}),(\hat{x}_1,\hat{x}_2,\cdots,\hat{x}_m))) > 0$$

当且仅当 $((s,u,\cdots,v),(x_1,x_2,\cdots,x_m)) = ((\hat{s},\hat{u},\cdots,\hat{v}),(\hat{x}_1,\hat{x}_2,\cdots,\hat{x}_m))$ 时，得

$$d(((s,u,\cdots,v),(x_1,x_2,\cdots,x_m)),((\hat{s},\hat{u},\cdots,\hat{v}),(\hat{x}_1,\hat{x}_2,\cdots,\hat{x}_m))) = 0$$

故 $d(((s,u,\cdots,v),(x_1,x_2,\cdots,x_m)),((\hat{s},\hat{u},\cdots,\hat{v}),(\hat{x}_1,\hat{x}_2,\cdots,\hat{x}_m))) \geqslant 0$ 的结论成立。

2. 证明满足交换律

根据上述高维整数域和数字域中距离的定义，显见距离的交换律成立，即

$$
\begin{aligned}
&d(((s,u,\cdots,v),(x_1,x_2,\cdots,x_m)),((\hat{s},\hat{u},\cdots,\hat{v}),(\hat{x}_1,\hat{x}_2,\cdots,\hat{x}_m)))\\
&=d(((\hat{s},\hat{u},\cdots,\hat{v}),(\hat{x}_1,\hat{x}_2,\cdots,\hat{x}_m)),((s,u,\cdots,v),(x_1,x_2,\cdots,x_m)))
\end{aligned}
$$

3. 证明三角不等式成立

设度量空间中另有任意一点 $((\tilde{s},\tilde{u},\cdots,\tilde{v}),(\tilde{x}_1,\tilde{x}_2,\cdots,\tilde{x}_m))$，对应的 m 个单边无穷随机序列为

$$
\begin{cases}
s=\tilde{s}^1\tilde{s}^2\cdots\tilde{s}^k\cdots\\
u=\tilde{u}^1\tilde{u}^2\cdots\tilde{u}^k\cdots\\
\vdots\\
v=\tilde{v}^1\tilde{v}^2\cdots\tilde{v}^k\cdots
\end{cases}
$$

得 m 维欧氏距离满足三角不等式的关系为

$$
\begin{aligned}
&d_{(x_1,x_2,\cdots,x_m),(\hat{x}_1,\hat{x}_2,\cdots,\hat{x}_m)}((x_1,x_2,\cdots,x_m),(\hat{x}_1,\hat{x}_2,\cdots,\hat{x}_m))\\
&=\sqrt{(x_1-\hat{x}_1)^2+(x_2-\hat{x}_2)^2+\cdots+(x_m-\hat{x}_m)^2}\\
&\leqslant\sqrt{(x_1-\tilde{x}_1)^2+(x_2-\tilde{x}_2)^2+\cdots+(x_m-\tilde{x}_m)^2}\\
&\quad+\sqrt{(\tilde{x}_1-\hat{x}_1)^2+(\tilde{x}_2-\hat{x}_2)^2+\cdots+(\tilde{x}_m-\hat{x}_m)^2}
\end{aligned}
$$

从而使得三角不等式

$$
\begin{aligned}
&d_{(x_1,x_2,\cdots,x_m),(\hat{x}_1,\hat{x}_2,\cdots,\hat{x}_m)}((x_1,x_2,\cdots,x_m),(\hat{x}_1,\hat{x}_2,\cdots,\hat{x}_m))\\
&\leqslant d_{(x_1,x_2,\cdots,x_m),(\tilde{x}_1,\tilde{x}_2,\cdots,\tilde{x}_m)}((x_1,x_2,\cdots,x_m),(\tilde{x}_1,\tilde{x}_2,\cdots,\tilde{x}_m))\\
&\quad+d_{(\tilde{x}_1,\tilde{x}_2,\cdots,\tilde{x}_m),(\hat{x}_1,\hat{x}_2,\cdots,\hat{x}_m)}((\tilde{x}_1,\tilde{x}_2,\cdots,\tilde{x}_m),(\hat{x}_1,\hat{x}_2,\cdots,\hat{x}_m))
\end{aligned}
$$

成立，故 $d_{(x_1,x_2,\cdots,x_m),(\hat{x}_1,\hat{x}_2,\cdots,\hat{x}_m)}((x_1,x_2,\cdots,x_m),(\hat{x}_1,\hat{x}_2,\cdots,\hat{x}_m))$ 是距离。

设随机序列 $s=s^1s^2\cdots s^k\cdots$ 和 $\hat{s}=\hat{s}^1\hat{s}^2\cdots\hat{s}^k\cdots$ 之间的距离为

$$
d_{s,\hat{s}}(s,\hat{s})=\sum_{k=1}^{\infty}\frac{\left|s^k-\hat{s}^k\right|}{(2^N)^k}
$$

并且对于 $s=s^1s^2\cdots s^k\cdots$、$\hat{s}=\hat{s}^1\hat{s}^2\cdots\hat{s}^k\cdots$ 和 $\tilde{s}=\tilde{s}^1\tilde{s}^2\cdots\tilde{s}^k\cdots$，有

$$
\left|s^k-\hat{s}^k\right|=\left|s^k-\tilde{s}^k+\tilde{s}^k-\hat{s}^k\right|\leqslant\left|s^k-\tilde{s}^k\right|+\left|\tilde{s}^k-\hat{s}^k\right|,\quad k=1,2,\cdots
$$

进而得 $d_{s,\hat{s}}(s,\hat{s})=\sum_{k=1}^{\infty}\frac{\left|s^k-\hat{s}^k\right|}{(2^N)^k}\leqslant\sum_{k=1}^{\infty}\frac{\left|s^k-\tilde{s}^k\right|}{(2^N)^k}+\sum_{k=1}^{\infty}\frac{\left|\tilde{s}^k-\hat{s}^k\right|}{(2^N)^k}=d_{s,\tilde{s}}(s,\tilde{s})+d_{\tilde{s},\hat{s}}(\tilde{s},\hat{s})$，从而

使得三角不等式成立，故 $d_{s,\hat{s}}(s,\hat{s})$ 是距离。同理可证得 $d_{u,\hat{u}}(u,\hat{u})=\sum_{k=1}^{\infty}\frac{\left|u^k-\hat{u}^k\right|}{(2^N)^k},\cdots,$ $d_{v,\hat{v}}(v,\hat{v})=\sum_{k=1}^{\infty}\frac{\left|v^k-\hat{v}^k\right|}{(2^N)^k}$ 等都是距离。

综合上述结果，得

$$
\begin{aligned}
& d(((s,u,\cdots,v),(x_1,x_2,\cdots,x_m)),((\hat{s},\hat{u},\cdots,\hat{v}),(\hat{x}_1,\hat{x}_2,\cdots,\hat{x}_m))) \\
&= d_{s,\hat{s}}(s,\hat{s})+d_{u,\hat{u}}(u,\hat{u})+\cdots+d_{v,\hat{v}}(v,\hat{v}) \\
&\quad + d_{(x_1,x_2,\cdots,x_m),(\hat{x}_1,\hat{x}_2,\cdots,\hat{x}_m)}((x_1,x_2,\cdots,x_m),(\hat{x}_1,\hat{x}_2,\cdots,\hat{x}_m)) \\
&\leqslant d_{s,\tilde{s}}(s,\tilde{s})+d_{\tilde{s},\hat{s}}(\tilde{s},\hat{s})+d_{u,\tilde{u}}(u,\tilde{u})+d_{\tilde{u},\hat{u}}(\tilde{u},\hat{u})+\cdots+d_{v,\tilde{v}}(v,\tilde{v})+d_{\tilde{v},\hat{v}}(\tilde{v},\hat{v}) \\
&\quad + d_{(x_1,x_2,\cdots,x_m),(\tilde{x}_1,\tilde{x}_2,\cdots,\tilde{x}_m)}((x_1,x_2,\cdots,x_m),(\tilde{x}_1,\tilde{x}_2,\cdots,\tilde{x}_m)) \\
&\quad + d_{(\tilde{x}_1,\tilde{x}_2,\cdots,\tilde{x}_m),(\hat{x}_1,\hat{x}_2,\cdots,\hat{x}_m)}((\tilde{x}_1,\tilde{x}_2,\cdots,\tilde{x}_m),(\hat{x}_1,\hat{x}_2,\cdots,\hat{x}_m)) \\
&= d_{s,\tilde{s}}(s,\tilde{s})+d_{u,\tilde{u}}(u,\tilde{u})+\cdots+d_{v,\tilde{v}}(v,\tilde{v}) \\
&\quad + d_{(x_1,x_2,\cdots,x_m),(\tilde{x}_1,\tilde{x}_2,\cdots,\tilde{x}_m)}((x_1,x_2,\cdots,x_m),(\tilde{x}_1,\tilde{x}_2,\cdots,\tilde{x}_m)) \\
&\quad + d_{\tilde{s},\hat{s}}(\tilde{s},\hat{s})+d_{\tilde{u},\hat{u}}(\tilde{u},\hat{u})+\cdots+d_{\tilde{v},\hat{v}}(\tilde{v},\hat{v}) \\
&\quad + d_{(\tilde{x}_1,\tilde{x}_2,\cdots,\tilde{x}_m),(\hat{x}_1,\hat{x}_2,\cdots,\hat{x}_m)}((\tilde{x}_1,\tilde{x}_2,\cdots,\tilde{x}_m),(\hat{x}_1,\hat{x}_2,\cdots,\hat{x}_m))
\end{aligned}
$$

由此证得

$$
\begin{aligned}
& d(((s,u,\cdots,v),(x_1,x_2,\cdots,x_m)),((\hat{s},\hat{u},\cdots,\hat{v}),(\hat{x}_1,\hat{x}_2,\cdots,\hat{x}_m))) \\
&= d_{s,\hat{s}}(s,\hat{s})+d_{u,\hat{u}}(u,\hat{u})+\cdots+d_{v,\hat{v}}(v,\hat{v}) \\
&\quad + d_{(x_1,x_2,\cdots,x_m),(\hat{x}_1,\hat{x}_2,\cdots,\hat{x}_m)}((x_1,x_2,\cdots,x_m),(\hat{x}_1,\hat{x}_2,\cdots,\hat{x}_m))
\end{aligned}
$$

满足距离的三条定义。证毕。

11.2 高维整数域和数字域混沌系统的特点与定义

11.2.1 基本概念

设 1 维离散时间混沌系统迭代方程的一般形式为

$$x^n=F(x^{n-1})$$

1. 无限精度的情况

由于是无限精度的情况，故上式为实数域中满足某种混沌定义的混沌系统。进一步设迭代值 x^n 和 x^{n-1} 的二进制一般形式为

$$\begin{cases} x^n = \cdots x_{P-1}^n x_{P-2}^n \cdots x_0^n . x_{-1}^n x_{-2}^n \cdots x_{-Q}^n \cdots \\ x^{n-1} = \cdots x_{P-1}^{n-1} x_{P-2}^{n-1} \cdots x_0^{n-1} . x_{-1}^{n-1} x_{-2}^{n-1} \cdots x_{-Q}^{n-1} \cdots \end{cases}$$

得迭代方程二进制表示的一般形式为

$$\cdots x_{P-1}^n x_{P-2}^n \cdots x_0^n . x_{-1}^n x_{-2}^n \cdots x_{-Q}^n \cdots = F(\cdots x_{P-1}^{n-1} x_{P-2}^{n-1} \cdots x_0^{n-1} . x_{-1}^{n-1} x_{-2}^{n-1} \cdots x_{-Q}^{n-1} \cdots)$$

将上式进一步表示为如下分量的一般形式：

$$\begin{aligned} &(\cdots, x_{P-1}^n, x_{P-2}^n, \cdots, x_0^n, x_{-1}^n, x_{-2}^n, \cdots, x_{-Q}^n, \cdots) \\ &= (\cdots, F(\cdot)_{P-1}, F(\cdot)_{P-2}, \cdots, F(\cdot)_0, F(\cdot)_{-1}, \cdots, F(\cdot)_{-Q}, \cdots) \end{aligned}$$

式中，$x_i^n\ (i = \cdots, -2, -1, 0, 1, 2, \cdots)$ 表示 $\cdots x_{P-1}^n x_{P-2}^n \cdots x_0^n . x_{-1}^n x_{-2}^n \cdots x_{-Q}^n \cdots$ 的第 i 位。

为方便计，定义

$$F(\cdot) \triangleq F(\cdots x_{P-1}^{n-1} x_{P-2}^{n-1} \cdots x_0^{n-1} . x_{-1}^{n-1} x_{-2}^{n-1} \cdots x_{-Q}^{n-1} \cdots)$$

其中

$$F(\cdot)_i \triangleq F(\cdots x_{P-1}^{n-1} x_{P-2}^{n-1} \cdots x_0^{n-1} . x_{-1}^{n-1} x_{-2}^{n-1} \cdots x_{-Q}^{n-1} \cdots)_i, \quad i = \cdots, -2, -1, 0, 1, 2, \cdots$$

表示迭代函数 $F(\cdot) \triangleq F(\cdots x_{P-1}^{n-1} x_{P-2}^{n-1} \cdots x_0^{n-1} . x_{-1}^{n-1} x_{-2}^{n-1} \cdots x_{-Q}^{n-1} \cdots)$ 的第 i 位。

2. N 位有限精度的情况

在 N 位有限精度的情况下，迭代方程 $x^n = F(x^{n-1})$ 给出的迭代值是周期序列，因而只能称为“数字混沌”，设迭代值 x^n、x^{n-1} 在 N 位有限精度情况下二进制的一般形式为

$$\begin{cases} x^n = x_{P-1}^n x_{P-2}^n \cdots x_0^n . x_{-1}^n x_{-2}^n \cdots x_{-Q}^n \\ x^{n-1} = x_{P-1}^{n-1} x_{P-2}^{n-1} \cdots x_0^{n-1} . x_{-1}^{n-1} x_{-2}^{n-1} \cdots x_{-Q}^{n-1} \end{cases}$$

得迭代方程二进制表示的一般形式为

$$x_{P-1}^n x_{P-2}^n \cdots x_0^n . x_{-1}^n x_{-2}^n \cdots x_{-Q}^n = F(x_{P-1}^{n-1} x_{P-2}^{n-1} \cdots x_0^{n-1} . x_{-1}^{n-1} x_{-2}^{n-1} \cdots x_{-Q}^{n-1})$$

式中，$P + Q = N$，$x_{P-1}^n x_{P-2}^n \cdots x_0^n$ 为整数部分二进制表示，$x_{-1}^n x_{-2}^n \cdots x_{-Q}^n$ 为小数部分二进制表示。

同理，将上式进一步表示为如下分量的一般形式：

$$(x_{P-1}^n, x_{P-2}^n, \cdots, x_0^n, x_{-1}^n, x_{-2}^n, \cdots, x_{-Q}^n) = (F(\cdot)_{P-1}, F(\cdot)_{P-2}, \cdots, F(\cdot)_0, F(\cdot)_{-1}, \cdots, F(\cdot)_{-Q})$$

式中

$$F(\cdot)_i \triangleq F(x_{P-1}^{n-1} x_{P-2}^{n-1} \cdots x_0^{n-1} . x_{-1}^{n-1} x_{-2}^{n-1} \cdots x_{-Q}^{n-1})_i, \quad i = P-1, P-2, \cdots, 1, 0, -1, -2, \cdots, -Q$$

表示迭代函数 $F(\cdot) \triangleq F(x_{P-1}^{n-1}x_{P-2}^{n-1}\cdots x_0^{n-1}.x_{-1}^{n-1}x_{-2}^{n-1}\cdots x_{-Q}^{n-1})$ 的第 i 位。

3. 常规情况下的迭代更新机制

现有的数字域离散时间混沌系统的主要特点是，在 N 位有限精度表示的迭代运算过程中，x^n 中所有的位 $x_{P-1}^n x_{P-2}^n\cdots x_0^n.x_{-1}^n x_{-2}^n\cdots x_{-Q}^n$ 都会随着迭代函数 F 的迭代而参与全部的更新操作，同理，x^{n-1} 中所有的位 $x_{P-1}^{n-1}x_{P-2}^{n-1}\cdots x_0^{n-1}.x_{-1}^{n-1}x_{-2}^{n-1}\cdots x_{-Q}^{n-1}$ 也都会随着迭代函数 F 的迭代而参与全部的更新操作，这就是现有的数字域离散时间混沌系统的运算特点或迭代更新机制。

4. 随机序列控制的迭代更新机制

本章引入一种随机序列控制的迭代更新机制，通过随机序列来控制，只让其中的一些位参与更新，其余位则不更新，这就是“随机位选择输出的混沌生成方法”。用这种方法构造的整数域或数字域混沌系统，能够证明具有 Devaney 意义下的混沌。

11.2.2 1维整数域的情况

假设迭代值 $x^n = x_{N-1}^n x_{N-2}^n\cdots x_0^n$，$x^{n-1} = x_{N-1}^{n-1}x_{N-2}^{n-1}\cdots x_0^{n-1}$ 为 N 位有限精度表示的二进制整数，对应的迭代方程为

$$x^n = F(x^{n-1}) \to x_{N-1}^n x_{N-2}^n\cdots x_0^n = F(x_{N-1}^{n-1}x_{N-2}^{n-1}\cdots x_0^{n-1})$$

1. 常规情况下全部更新的情况

常规情况下全部更新的迭代方程为

$$(x_{N-1}^n, x_{N-2}^n, \cdots, x_0^n) = (F(\cdot)_{N-1}, F(\cdot)_{N-2}, \cdots, F(\cdot)_0)$$

式中，$x_i^n\ (i = 0,1,\cdots,N-1)$ 表示 $x_{N-1}^n x_{N-2}^n\cdots x_0^n$ 的第 i 位；

$$F(\cdot)_i \triangleq F(x_{N-1}^{n-1}x_{N-2}^{n-1}\cdots x_0^{n-1})_i,\quad i = 0,1,\cdots,N-1$$

表示迭代函数 $F(\cdot) \triangleq F(x_{N-1}^{n-1}x_{N-2}^{n-1}\cdots x_0^{n-1})$ 的第 i 位。

2. 随机地更新多个位的情况

引入一种随机序列控制的迭代更新机制，即通过随机序列的控制，只让其中的一些位更新，其余位则不更新，这就是“随机位选择输出的混沌生成方法”。

设单边随机序列的一般表达式为

$$s = s^1 s^2 \cdots s^n \cdots$$

式中，s^1 表示第一次迭代输出的随机整数，s^2 表示第二次迭代输出的随机整数，s^n 表示第 n 次迭代输出的随机整数等。

同样，也将随机数 s^n $(n=1,2,\cdots)$ 表示成为二进制的形式，即

$$s^n=(s_{N-1}^n s_{N-2}^n\cdots s_0^n)_2$$

式中，s_j^n $(j=N-1,N-2,\cdots,0)$ 为随机数的第 j 位二进制数。注意到在 N 位有限精度表示的情况下，随机数 s^n 的取值范围应满足 $s^n\in[0,2^N-1]$。

通过引入随机序列控制的迭代更新机制，得随机地更新多个位的 1 维整数域离散时间迭代方程的一般形式为

$$(x_{N-1}^n,x_{N-2}^n,\cdots,x_0^n)=(F(\cdot)_{s_{N-1}^n},F(\cdot)_{s_{N-2}^n},\cdots,F(\cdot)_{s_0^n})\tag{11-1}$$

在式(11-1)中，定义

$$x_j^n=F(\cdot)_{s_j^n}=\begin{cases}F(\cdot)_j, & s_j^n=1\\ x_j^{n-1}, & s_j^n=0\end{cases},\quad j=N-1,N-2,\cdots,0$$

称为 1 维整数域系统中随机序列控制的混沌生成策略。

随机序列控制的混沌生成表明，当 $s_j^n=1$ $(j=N-1,N-2,\cdots,0)$ 时，满足 $x_j^n=F(\cdot)_j$，这表明第 j 位将能够迭代更新；当 $s_j^n=0$ $(j=N-1,N-2,\cdots,0)$ 时，满足 $x_j^n=x_j^{n-1}$，这表明第 j 位将不能够迭代更新，仍保持不变。这正是随机序列控制混沌生成策略的最为本质的特点。

11.2.3　1 维数字域的情况

设 $x_{P-1}^n x_{P-2}^n\cdots,x_0^n.x_{-1}^n x_{-2}^n\cdots x_{-Q}^n$ 为 N 位有限精度表示的二进制数字，$P+Q=N$，其中 $x_{P-1}^n x_{P-2}^n\cdots x_0^n$ 为整数部分的二进制表示，$x_{-1}^n x_{-2}^n\cdots x_{-Q}^n$ 为小数部分的二进制表示。

1. 常规情况下全部更新的情况

常规情况下全部更新的迭代方程为

$$\begin{aligned}&(x_{P-1}^n,x_{P-2}^n,\cdots,x_0^n,x_{-1}^n,x_{-2}^n,\cdots,x_{-Q}^n)\\&=(F(\cdot)_{P-1},F(\cdot)_{P-2},\cdots,F(\cdot)_0,F(\cdot)_{-1},F(\cdot)_{-2},\cdots,F(\cdot)_{-Q})\end{aligned}$$

同理，式中

$$F(\cdot)_i\triangleq F(x_{P-1}^{n-1}x_{P-2}^{n-1}\cdots x_0^{n-1}.x_{-1}^{n-1}x_{-2}^{n-1}\cdots x_{-Q}^{n-1})_i$$

表示迭代函数 $F(\cdot) \triangleq F(x_{P-1}^{n-1} x_{P-2}^{n-1} \cdots x_0^{n-1} . x_{-1}^{n-1} x_{-2}^{n-1} \cdots x_{-Q}^{n-1})$ 的第 i 位。

2. 随机地更新多个位的情况

设单边随机序列的一般表达式为

$$s = s^1 s^2 \cdots s^n \cdots$$

式中，s^1 表示第一次迭代输出的随机整数，s^2 表示第二次迭代输出的随机整数，s^n 表示第 n 次迭代输出的随机整数等。

同样，也将随机数 s^n $(n = 1, 2, \cdots)$ 表示成二进制的形式，即

$$s^n = (s_{P-1}^n s_{P-2}^n \cdots s_0^n s_{-1}^n s_{-2}^n \cdots s_{-Q}^n)_2$$

式中，s_j^n $(j = P-1, P-2, \cdots, 0, -1, -2, \cdots, -Q)$ 为随机数的第 j 位二进制数，满足 $P + Q = N$。同样注意到在 N 位有限精度表示的情况下，随机数 s^n 的取值范围应满足 $s^n \in [0, 2^N - 1]$。

通过引入随机序列控制的迭代更新机制，得随机地更新多个位的 1 维整数域离散时间迭代方程的一般形式为

$$\begin{aligned} &(x_{P-1}^n, x_{P-2}^n, \cdots, x_0^n, x_{-1}^n, x_{-2}^n, \cdots, x_{-Q}^n) \\ &= (F(\cdot)_{s_{P-1}^n}, F(\cdot)_{s_{P-2}^n}, \cdots, F(\cdot)_{s_0^n}, F(\cdot)_{s_{-1}^n}, F(\cdot)_{s_{-2}^n}, \cdots, F(\cdot)_{s_{-Q}^n}) \end{aligned} \tag{11-2}$$

在式(11-2)中，定义

$$x_j^n = F(\cdot)_{s_j^n} = \begin{cases} F(\cdot)_j, & s_j^n = 1 \\ x_j^{n-1}, & s_j^n = 0 \end{cases}, \quad j = P-1, P-2, \cdots, 0, -1, -2, \cdots, -Q$$

称为 1 维数字域系统中随机序列控制的混沌生成策略。

11.2.4 *m* 维整数域的情况

1. 常规情况下全部更新的情况

已知 m 维整数域离散时间混沌系统迭代方程的一般形式为

$$\begin{cases} x_1^n = F_1(x_1^{n-1}, x_2^{n-1}, \cdots, x_m^{n-1}) \\ x_2^n = F_2(x_1^{n-1}, x_2^{n-1}, \cdots, x_m^{n-1}) \\ \quad \vdots \\ x_m^n = F_m(x_1^{n-1}, x_2^{n-1}, \cdots, x_m^{n-1}) \end{cases}$$

式中，各个迭代值

$$\begin{cases} x_1^n = x_{1,N-1}^n x_{1,N-2}^n \cdots x_{1,0}^n \\ x_1^{n-1} = x_{1,N-1}^{n-1} x_{1,N-2}^{n-1} \cdots x_{1,0}^{n-1} \\ x_2^n = x_{2,N-1}^n x_{2,N-2}^n \cdots x_{2,0}^n \\ x_2^{n-1} = x_{2,N-1}^{n-1} x_{2,N-2}^{n-1} \cdots x_{2,0}^{n-1} \\ \vdots \\ x_m^n = x_{m,N-1}^n x_{m,N-2}^n \cdots x_{m,0}^n \\ x_m^{n-1} = x_{m,N-1}^{n-1} x_{m,N-2}^{n-1} \cdots x_{m,0}^{n-1} \end{cases}$$

为 N 位表示的二进制整数。

根据上式，得

$$\begin{cases} x_{1,N-1}^n x_{1,N-2}^n \cdots x_{1,0}^n = F_1(x_{1,N-1}^{n-1} x_{1,N-2}^{n-1} \cdots x_{1,0}^{n-1}, x_{2,N-1}^{n-1} x_{2,N-2}^{n-1} \cdots x_{2,0}^{n-1}, \cdots, x_{m,N-1}^{n-1} x_{m,N-2}^{n-1} \cdots x_{m,0}^{n-1}) \\ x_{2,N-1}^n x_{2,N-2}^n \cdots x_{2,0}^n = F_2(x_{1,N-1}^{n-1} x_{1,N-2}^{n-1} \cdots x_{1,0}^{n-1}, x_{2,N-1}^{n-1} x_{2,N-2}^{n-1} \cdots x_{2,0}^{n-1}, \cdots, x_{m,N-1}^{n-1} x_{m,N-2}^{n-1} \cdots x_{m,0}^{n-1}) \\ \vdots \\ x_{m,N-1}^n x_{m,N-2}^n \cdots x_{m,0}^n = F_m(x_{1,N-1}^{n-1} x_{1,N-2}^{n-1} \cdots x_{1,0}^{n-1}, x_{2,N-1}^{n-1} x_{2,N-2}^{n-1} \cdots x_{2,0}^{n-1}, \cdots, x_{m,N-1}^{n-1} x_{m,N-2}^{n-1} \cdots x_{m,0}^{n-1}) \end{cases}$$

进一步将上式表示为分量的形式，得

$$\begin{cases} (x_{1,N-1}^n, x_{1,N-2}^n, \cdots, x_{1,0}^n) = (F_1(\cdot)_{N-1}, F_1(\cdot)_{N-2}, \cdots, F_1(\cdot)_0) \\ (x_{2,N-1}^n, x_{2,N-2}^n, \cdots, x_{2,0}^n) = (F_2(\cdot)_{N-1}, F_2(\cdot)_{N-2}, \cdots, F_2(\cdot)_0) \\ \vdots \\ (x_{m,N-1}^n, x_{m,N-2}^n, \cdots, x_{m,0}^n) = (F_m(\cdot)_{N-1}, F_m(\cdot)_{N-2}, \cdots, F_m(\cdot)_0) \end{cases}$$

式中

$$\begin{cases} F_1(\cdot)_i \triangleq F_1(x_{1,N-1}^{n-1} x_{1,N-2}^{n-1} \cdots x_{1,0}^{n-1}, x_{2,N-1}^{n-1} x_{2,N-2}^{n-1} \cdots x_{2,0}^{n-1}, \cdots, x_{m,N-1}^{n-1} x_{m,N-2}^{n-1} \cdots x_{m,0}^{n-1})_i \\ F_2(\cdot)_i \triangleq F_2(x_{1,N-1}^{n-1} x_{1,N-2}^{n-1} \cdots x_{1,0}^{n-1}, x_{2,N-1}^{n-1} x_{2,N-2}^{n-1} \cdots x_{2,0}^{n-1}, \cdots, x_{m,N-1}^{n-1} x_{m,N-2}^{n-1} \cdots x_{m,0}^{n-1})_i \\ \vdots \\ F_m(\cdot)_i \triangleq F_m(x_{1,N-1}^{n-1} x_{1,N-2}^{n-1} \cdots x_{1,0}^{n-1}, x_{2,N-1}^{n-1} x_{2,N-2}^{n-1} \cdots x_{2,0}^{n-1}, \cdots, x_{m,N-1}^{n-1} x_{m,N-2}^{n-1} \cdots x_{m,0}^{n-1})_i \end{cases}$$

分别表示迭代函数的第 i $(i = 0,1,\cdots,N-1)$ 个分量。

2. 随机地更新多个位的情况

设 m 个单边随机序列的一般表达式为

$$\begin{cases} s = s^1 s^2 \cdots s^n \cdots \\ u = u^1 u^2 \cdots u^n \cdots \\ \vdots \\ v = v^1 v^2 \cdots v^n \cdots \end{cases}$$

同样，也将各个随机序列中的随机数表示成二进制的形式，即

$$\begin{cases} s^n = (s_{N-1}^n s_{N-2}^n \cdots s_0^n)_2 \\ u^n = (u_{N-1}^n u_{N-2}^n \cdots u_0^n)_2 \\ \quad\vdots \\ v^n = (v_{N-1}^n v_{N-2}^n \cdots v_0^n)_2 \end{cases}$$

式中，$s_j^n, u_j^n, v_j^n\ (j = N-1, N-2, \cdots, 0)$ 为随机数的第 j 位二进制数。注意到在 N 位有限精度表示的情况下，随机数 s^n, u^n, v^n 的取值范围应满足 $s^n, u^n, v^n \in [0, 2^N - 1]$。

通过引入随机序列控制的迭代更新机制，得随机地更新多个位的 m 维整数域离散时间迭代方程的一般形式为

$$\begin{cases} (x_{1,N-1}^n, x_{1,N-2}^n, \cdots, x_{1,0}^n) = (F_1(\cdot)_{s_{N-1}^n}, F_1(\cdot)_{s_{N-2}^n}, \cdots, F_1(\cdot)_{s_0^n}) \\ (x_{2,N-1}^n, x_{2,N-2}^n, \cdots, x_{2,0}^n) = (F_2(\cdot)_{u_{N-1}^n}, F_2(\cdot)_{u_{N-2}^n}, \cdots, F_2(\cdot)_{u_0^n}) \\ \qquad\qquad\vdots \\ (x_{m,N-1}^n, x_{m,N-2}^n, \cdots, x_{m,0}^n) = (F_m(\cdot)_{v_{N-1}^n}, F_m(\cdot)_{v_{N-2}^n}, \cdots, F_m(\cdot)_{v_0^n}) \end{cases} \tag{11-3}$$

在式(11-3)中，定义

$$\begin{cases} x_{1,j}^n = F_1(\cdot)_{s_j^n} = \begin{cases} F_1(\cdot)_j, & s_j^n = 1 \\ x_{1,j}^{n-1}, & s_j^n = 0 \end{cases} \\ x_{2,j}^n = F_2(\cdot)_{u_j^n} = \begin{cases} F_2(\cdot)_j, & u_j^n = 1 \\ x_{2,j}^{n-1}, & u_j^n = 0, \quad j = N-1, N-2, \cdots, 0 \end{cases} \\ \quad\vdots \\ x_{m,j}^n = F_m(\cdot)_{v_j^n} = \begin{cases} F_m(\cdot)_j, & v_j^n = 1 \\ x_{m,j}^{n-1}, & v_j^n = 0 \end{cases} \end{cases}$$

称为 m 维整数域系统中随机序列控制的混沌生成策略。

11.2.5 m 维数字域的情况

已知有限精度为 N 的 m 维数字域离散时间混沌系统迭代方程的一般形式为

$$\begin{cases} x_1^n = F_1(x_1^{n-1}, x_2^{n-1}, \cdots, x_m^{n-1}) \\ x_2^n = F_2(x_1^{n-1}, x_2^{n-1}, \cdots, x_m^{n-1}) \\ \quad\vdots \\ x_m^n = F_m(x_1^{n-1}, x_2^{n-1}, \cdots, x_m^{n-1}) \end{cases}$$

式中，$F_1, F_2, \cdots, F_m$ 表示各迭代方程，各个迭代值 $x_1^n, x_2^n, \cdots, x_m^n$ 和 $x_1^{n-1}, x_2^{n-1}, \cdots, x_m^{n-1}$ 的二进制形式为

$$\begin{cases} x_1^n = x_{1,P-1}^n x_{1,P-2}^n \cdots x_{1,0}^n . x_{1,-1}^n x_{1,-2}^n \cdots x_{1,-Q}^n \\ x_1^{n-1} = x_{1,P-1}^{n-1} x_{1,P-2}^{n-1} \cdots x_{1,0}^{n-1} . x_{1,-1}^{n-1} x_{1,-2}^{n-1} \cdots x_{1,-Q}^{n-1} \\ x_2^n = x_{2,P-1}^n x_{2,P-2}^n \cdots x_{2,0}^n . x_{2,-1}^n x_{2,-2}^n \cdots x_{2,-Q}^n \\ x_2^{n-1} = x_{2,P-1}^{n-1} x_{2,P-2}^{n-1} \cdots x_{2,0}^{n-1} . x_{2,-1}^{n-1} x_{2,-2}^{n-1} \cdots x_{2,-Q}^{n-1} \\ \quad \vdots \\ x_m^n = x_{m,P-1}^n x_{m,P-2}^n \cdots x_{m,0}^n . x_{m,-1}^n x_{m,-2}^n \cdots x_{m,-Q}^n \\ x_m^{n-1} = x_{m,P-1}^{n-1} x_{m,P-2}^{n-1} \cdots x_{m,0}^{n-1} . x_{m,-1}^{n-1} x_{m,-2}^{n-1} \cdots x_{m,-Q}^{n-1} \end{cases}$$

满足 $P+Q=N$。设 m 个单边随机序列的一般表达式为

$$\begin{cases} s = s^1 s^2 \cdots s^n \cdots \\ u = u^1 u^2 \cdots u^n \cdots \\ \quad \vdots \\ v = v^1 v^2 \cdots v^n \cdots \end{cases}$$

同样，也将各个随机序列中的随机数表示成二进制的形式，即

$$\begin{cases} s^n = s_{P-1}^n s_{P-2}^n \cdots s_0^n s_{-1}^n s_{-2}^n \cdots s_{-Q}^n \\ u^n = u_{P-1}^n u_{P-2}^n \cdots u_0^n u_{-1}^n u_{-2}^n \cdots u_{-Q}^n \\ \quad \vdots \\ v^n = v_{P-1}^n v_{P-2}^n \cdots v_0^n v_{-1}^n v_{-2}^n \cdots v_{-Q}^n \end{cases}$$

式中，s_j^n, u_j^n, v_j^n $(j = P-1, P-2, \cdots, 0, -1, -2, \cdots, -Q)$ 为随机数的第 j 位二进制数。注意到在 N 位有限精度表示的情况下，随机数 s^n, u^n, v^n 的取值范围应满足 $s^n, u^n, v^n \in [0, 2^P - 2^{-Q}]$。

通过引入随机序列控制的迭代更新机制，得随机地更新多个位的 m 维数字域离散时间迭代方程的一般形式为

$$\begin{cases} x_{1,P-1}^n, x_{1,P-2}^n, \cdots, x_{1,0}^n . x_{1,-1}^n, x_{1,-2}^n, \cdots, x_{1,-Q}^n = F_1(\cdot)_{s_{P-1}^n}, F_1(\cdot)_{s_{P-2}^n}, \cdots, F_1(\cdot)_{s_0^n} . F_1(\cdot)_{s_{-1}^n}, F_1(\cdot)_{s_{-2}^n}, \cdots, F_1(\cdot)_{s_{-Q}^n} \\ x_{2,N-1}^n, x_{2,N-2}^n, \cdots, x_{2,0}^n . x_{2,-1}^n, x_{2,-2}^n, \cdots, x_{2,-Q}^n = F_2(\cdot)_{u_{P-1}^n}, F_2(\cdot)_{u_{P-2}^n}, \cdots, F_2(\cdot)_{u_0^n} . F_2(\cdot)_{u_{-1}^n}, F_2(\cdot)_{u_{-2}^n}, \cdots, F_2(\cdot)_{u_{-Q}^n} \\ \quad \vdots \\ x_{m,N-1}^n, x_{m,N-2}^n, \cdots, x_{m,0}^n . x_{m,-1}^n, x_{m,-2}^n, \cdots, x_{m,-Q}^n = (F_m(\cdot)_{v_{P-1}^n}, F_m(\cdot)_{v_{P-2}^n}, \cdots, F_m(\cdot)_{v_0^n} . F_m(\cdot)_{v_{-1}^n}, F_m(\cdot)_{v_{-2}^n}, \cdots, F_m(\cdot)_{v_{-Q}^n} \end{cases} \tag{11-4}$$

式中

$$\begin{cases} F_1(\cdot)_i \triangleq F_1(x_1^{n-1}, x_2^{n-1}, \cdots, x_m^{n-1})_i \\ F_2(\cdot)_i \triangleq F_2(x_1^{n-1}, x_2^{n-1}, \cdots, x_m^{n-1})_i \\ \vdots \\ F_m(\cdot)_i \triangleq F_m(x_1^{n-1}, x_2^{n-1}, \cdots, x_m^{n-1})_i \end{cases}$$

分别表示迭代函数的第 i $(i = P-1, P-2, \cdots, 0, -1, -2, \cdots, -Q)$ 个分量。

在式(11-4)中，定义

$$\begin{cases} x_{1,j}^n = F_1(\cdot)_{s_j^n} = \begin{cases} F_1(\cdot)_j, & s_j^n = 1 \\ x_{1,j}^{n-1}, & s_j^n = 0 \end{cases} \\ x_{2,j}^n = F_2(\cdot)_{u_j^n} = \begin{cases} F_2(\cdot)_j, & u_j^n = 1 \\ x_{2,j}^{n-1}, & u_j^n = 0, \end{cases} \quad j = P-1, P-2, \cdots, 0, -1, -2, \cdots, -Q \\ \quad\vdots \\ x_{m,j}^n = F_m(\cdot)_{v_j^n} = \begin{cases} F_m(\cdot)_j, & v_j^n = 1 \\ x_{m,j}^{n-1}, & v_j^n = 0 \end{cases} \end{cases}$$

进一步将上式表示为如下等价形式：

$$\begin{cases} x_1^n = (x_1^{n-1} \cdot \overline{s^n}) + (F_1(\cdot) \cdot s^n) \\ x_2^n = (x_2^{n-1} \cdot \overline{u^n}) + (F_2(\cdot) \cdot u^n) \\ \quad\vdots \\ x_m^n = (x_m^{n-1} \cdot \overline{v^n}) + (F_m(\cdot) \cdot v^n) \end{cases} \tag{11-5}$$

称为随机序列控制的具有多个随机位选择输出的 m 维数字域系统，式中符号“·”、“¯”、“+”分别表示按位相与、按位取反、按位相或。

11.3　m 维数字域混沌系统的描述

11.3.1　度量空间

定义 d 为度量空间 (X,d) 中的距离， X 为点 $E = ((s,u,\cdots,v),(x_1,x_2,\cdots,x_m))$ 的集合，其中 $s,u,\cdots,v$ 是 m 个相互独立的随机变量序列， $x_1,x_2,\cdots,x_m$ 为 m 个采用 N 位二进制表示的实数。根据式(11-5)，首先定义度量空间 (X,d) 中的一个映射 $G_F: X \to X$ 为

$$\begin{aligned}G_F(E)&=G_F((s,u,\cdots,v),(x_1,x_2,\cdots,x_m))\\&=((\sigma(s),\sigma(u),\cdots,\sigma(v)),(H_{F_1}(i(s),(x_1,x_2,\cdots,x_m)),\\&\quad H_{F_2}(i(u),(x_1,x_2,\cdots,x_m)),\cdots,H_{F_m}(i(v),(x_1,x_2,\cdots,x_m)))\end{aligned}$$

根据式(11-5)，得对应 H_F 的具体表达式为

$$\begin{cases}H_{F_1}(i(s),(x_1,x_2,\cdots,x_m))=((x_1\cdot\overline{i(s)})+(F_1(\cdot)\cdot i(s))\\H_{F_2}(i(u),(x_1,x_2,\cdots,x_m))=((x_2\cdot\overline{i(u)})+(F_2(\cdot)\cdot i(u))\\\quad\vdots\\H_{F_m}(i(v),(x_1,x_2,\cdots,x_m))=((x_m\cdot\overline{i(v)})+(F_m(\cdot)\cdot i(v))\end{cases}\tag{11-6}$$

在第一次迭代时，$\sigma(s)$ 表示对 $s^1s^2\cdots s^n\cdots$ 左移一位之后得到的结果。同理可得

$$\begin{cases}\sigma(s)=s^2s^3\cdots s^n\cdots\\\sigma(u)=u^2u^3\cdots u^n\cdots\\\quad\vdots\\\sigma(v)=v^2v^3\cdots v^n\cdots\end{cases}$$

在第 k 次迭代时，得

$$\sigma^k(w)=\underbrace{\sigma\circ\sigma\circ\cdots\circ\sigma}_{k\text{次}}(w),\quad k=1,2,\cdots$$

表示对单边无穷随机序列 $w=w^1w^2\cdots w^n\cdots$ 左移 k 位之后得到的结果，其中 $w\in\{s,u,\cdots,v\}$，即

$$\sigma^k(w)=w^{k+1}w^{k+2}\cdots w^n\cdots,\quad k=1,2,\cdots$$

所以

$$\begin{cases}i(s)=s^k,\quad k=1,2,\cdots\\i(u)=u^k,\quad k=1,2,\cdots\\\quad\vdots\\i(v)=v^k,\quad k=1,2,\cdots\end{cases}$$

等于单边序列中每次最左边移出来的那一位的结果。

11.3.2 高维整数域和数字域混沌系统的迭代方程

根据 $E=(s,u,\cdots,v),(x_1,x_2,\cdots,x_m)\in X$，得迭代初始值 $E^0\in E\in X$、第 k 次迭代值 $E^k\in E\in X$、第 $k+1$ 次迭代值 $E^{k+1}\in E\in X$ 的数学表达式分别为

$$
\begin{cases}
E^0=((s,u,\cdots,v),(x_1^0,x_2^0,\cdots,x_m^0))\in E\in X\\
E^k=((\sigma^k(s),\sigma^k(u),\cdots,\sigma^k(v)),(x_1^k,x_2^k,\cdots,x_m^k))\in E\in X\\
E^{k+1}=((\sigma^{k+1}(s),\sigma^{k+1}(u),\cdots,\sigma^{k+1}(v)),(x_1^{k+1},x_2^{k+1},\cdots,x_m^{k+1}))\in E\in X
\end{cases}
$$

则高维整数域和数字域混沌系统迭代方程的一般形式为

$$E^{k+1}=G_F(E^k),\quad k=0,1,\cdots$$

总之，m 维数字域系统中随机序列控制的混沌生成策略在于，用 F_1 更新 x_1 中的多个随机位，而具体更新哪些位由 $i(s)$ 决定；用 F_2 更新 x_2 中的多个随机位，而具体更新哪些位由 $i(u)$ 决定；依此类推，用 F_m 更新 x_m 中的多个随机位，而具体更新哪些位由 $i(v)$ 决定。基于这种方法，得 m 维数字域系统、m 个随机序列和 m 维数字域混沌系统三者之间的关系如图 11-1 所示。注意到尽管随机序列难以通过计算机软件数值仿真得到，但可通过数字硬件电路的随机序列发生器生成。

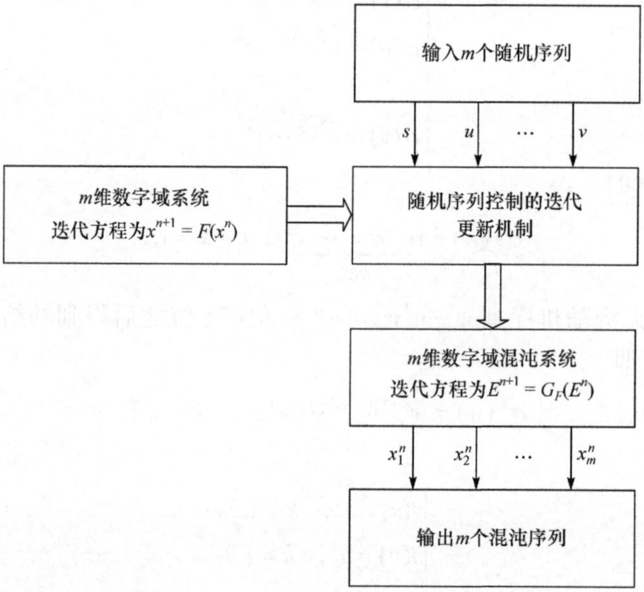

图 11-1 m 维数字域系统、m 个随机序列和 m 维数字混沌系统三者之间的关系

11.3.3 度量空间中的距离

度量空间 (X,d) 中距离 d 的定义为

$$
\begin{aligned}
&d(((s,u,\cdots,v),(x_1,x_2,\cdots,x_m)),((\hat{s},\hat{u},\cdots,\hat{v}),(\hat{x}_1,\hat{x}_2,\cdots,\hat{x}_m)))\\
&=d_s(s,\hat{s})+d_u(u,\hat{u})+\cdots+d_v(v,\hat{v})+d_x((x_1,x_2,\cdots,x_m),(\hat{x}_1,\hat{x}_2,\cdots,\hat{x}_m))
\end{aligned}
$$

式中，定义 s 和 $\hat{s}$ 之间的距离、u 和 $\hat{u}$ 之间的距离、v 和 $\hat{v}$ 之间的距离分别为

$$\begin{cases} d_s(s,\hat{s}) &= \sum_{k=1}^{\infty} \dfrac{\left|s^k - \hat{s}^k\right|}{2^{Nk}} \\ d_u(u,\hat{u}) &= \sum_{k=1}^{\infty} \dfrac{\left|u^k - \hat{u}^k\right|}{2^{Nk}} \\ &\vdots \\ d_v(v,\hat{v}) &= \sum_{k=1}^{\infty} \dfrac{\left|v^k - \hat{v}^k\right|}{2^{Nk}} \end{cases}$$

m 维空间中 $(x_1,x_2,\cdots,x_m)$ 和 $(\hat{x}_1,\hat{x}_2,\cdots,\hat{x}_m)$ 之间的距离计算公式为

$$\begin{cases} d_x((x_1,x_2,\cdots,x_m),(\hat{x}_1,\hat{x}_2,\cdots,\hat{x}_m)) = \sqrt{(x_1-\hat{x}_1)^2+(x_2-\hat{x}_2)^2+\cdots+(x_m-\hat{x}_m)^2} \\ 0 \leqslant d_x \leqslant \sqrt{m}(2^P - 2^{-Q}) \end{cases}$$

11.4 实数域、整数域和数字域混沌系统的性能比较

实数域混沌系统、整数域混沌系统和数字域混沌系统的比较如表 11-1 所示，通过比较后，可得出以下结论：

(1) 实数域混沌系统的精度是无限的，是数学上定义的一类混沌系统，因而无法在计算机和数字器件中实现，故称为“数学混沌”或“实数混沌”。而整数域混沌系统和数字域混沌系统的精度是有限的，是在计算机和数字器件上实现的一类混沌系统，故称为“数字混沌”。

(2) 实数域混沌系统的迭代值由有限位整数部分和无限位小数部分组成，其 m 维形式为

$$\begin{cases} x_1^n = x_{1,P-1}^n x_{1,P-2}^n \cdots x_{1,0}^n . x_{1,-1}^n x_{1,-2}^n \cdots x_{1,-Q}^n \cdots \\ x_2^n = x_{2,P-1}^n x_{2,P-2}^n \cdots x_{2,0}^n . x_{2,-1}^n x_{2,-2}^n \cdots x_{2,-Q}^n \cdots \\ \quad\vdots \\ x_m^n = x_{m,P-1}^n x_{m,P-2}^n \cdots x_{m,0}^n . x_{m,-1}^n x_{m,-2}^n \cdots x_{m,-Q}^n \cdots \end{cases}$$

整数域混沌系统的迭代值由有限位的整数部分组成，其 1 维形式为

$$x^n = x_{N-1}^n x_{N-2}^n \cdots x_0^n$$

而数字域混沌系统的迭代值由有限位整数部分和有限位小数部分组成，其 m 维形式为

$$
\begin{cases}
x_1^n = x_{1,P-1}^n x_{1,P-2}^n \cdots x_{1,0}^n . x_{1,-1}^n x_{1,-2}^n \cdots x_{1,-Q}^n \\
x_2^n = x_{2,P-1}^n x_{2,P-2}^n \cdots x_{2,0}^n . x_{2,-1}^n x_{2,-2}^n \cdots x_{2,-Q}^n \\
\quad \vdots \\
x_m^n = x_{m,P-1}^n x_{m,P-2}^n \cdots x_{m,0}^n . x_{m,-1}^n x_{m,-2}^n \cdots x_{m,-Q}^n
\end{cases}
$$

(3) 实数域混沌系统不需要外部输入，而整数域混沌系统和数字域混沌系统需要一个或多个随机序列作为外部控制的输入。

(4) 在实数域混沌系统中，迭代值 x^n 中所有的位都会随着迭代函数 F 的迭代而参与全部的更新操作，但在整数域混沌系统或数字域混沌系统中，x^n 中只有一个或多个随机位参与迭代函数 F 的更新操作，而其余的位不更新。

表 11-1　实数域混沌系统、整数域混沌系统和数字域混沌系统的比较

名称	实数域混沌系统	单个随机位迭代更新的整数域混沌系统	多个随机位迭代更新的整数域混沌系统	多个随机位迭代更新的数字域混沌系统
数域	实数域	整数域		数字域
精度	无限精度	有限精度(N 位)		有限精度 $N=P+Q$， P 为整数, Q 为小数
维数	m 维	1 维		m 维
外部输入	无	$s = s^1 s^2 \cdots s^n \cdots$ $s^n \in \{0,1,\cdots,N-1\}$	$s = s^1 s^2 \cdots s^n \cdots$ $s^n = (s_{N-1}^n s_{N-2}^n \cdots s_0^n)_2$ $s^n \in [0, 2^N - 1]$	$\begin{cases} s = s^1 s^2 \cdots s^n \cdots \\ u = u^1 u^2 \cdots u^n \cdots \\ \vdots \\ v = v^1 v^2 \cdots v^n \cdots \end{cases}$ $\begin{cases} s^n = (s_{P-1}^n s_{P-2}^n \cdots s_0^n . s_{-1}^n s_{-2}^n \cdots s_{-Q}^n)_2 \\ u^n = (u_{P-1}^n u_{P-2}^n \cdots u_0^n . u_{-1}^n u_{-2}^n \cdots u_{-Q}^n)_2 \\ \vdots \\ v^n = (v_{P-1}^n v_{P-2}^n \cdots v_0^n . v_{-1}^n v_{-2}^n \cdots v_{-Q}^n)_2 \end{cases}$ $s^n, u^n, \cdots, v^n \in [0, 2^P - 2^{-Q}]$
迭代函数	$\begin{cases} x_1^n = F_1(\cdot) \\ x_2^n = F_2(\cdot) \\ \vdots \\ x_m^n = F_m(\cdot) \end{cases}$	$x_j^n = \begin{cases} F(x^{n-1})_j, & j = s^n \\ x_j^{n-1}, & j \neq s^n \end{cases}$ $j = N-1, N-2, \cdots, 0$	$x_j^n = \begin{cases} F(x^{n-1})_j, & s_j^n = 1 \\ x_j^{n-1}, & s_j^n = 0 \end{cases}$ $j = N-1, N-2, \cdots, 0$	$\begin{cases} x_{1,j}^n = F_1(\cdot)_{s_j^n} = \begin{cases} F_1(\cdot)_j, & s_j^n = 1 \\ x_{1,j}^{n-1}, & s_j^n = 0 \end{cases} \\ x_{2,j}^n = F_2(\cdot)_{u_j^n} = \begin{cases} F_2(\cdot)_j, & u_j^n = 1 \\ x_{2,j}^{n-1}, & u_j^n = 0 \end{cases} \\ \vdots \\ x_{m,j}^n = F_m(\cdot)_{v_j^n} = \begin{cases} F_m(\cdot)_j, & v_j^n = 1 \\ x_{m,j}^{n-1}, & v_j^n = 0 \end{cases} \end{cases}$ $j = P-1, P-2, \cdots, 0, -1, -2, \cdots, -Q$

11.5　数字域混沌系统状态空间的网络分析

当给定一个数字混沌系统之后，可以由其中的任意一个状态映射到对应的下一个状态。将其中的每个状态视为节点，并将映射关系视为有向边连接，可建立混沌系统的状态转换图，而状态转换图可以显示出相应的数字混沌系统的一些动力学特性。对于数字域中 G_F 的状态转换图，系统中所有状态 $(x_1, x_2, \cdots, x_m)$ 都是节点，映射关系

$$(G_F((\hat{s}, \hat{u}, \cdots, \hat{v}), (\hat{x}_1, \hat{x}_2, \cdots, \hat{x}_m)))_{x_1, x_2, \cdots, x_m} = (\tilde{x}_1, \tilde{x}_2, \cdots, \tilde{x}_m)$$

表示从节点 $(\hat{x}_1, \hat{x}_2, \cdots, \hat{x}_m)$ 到节点 $(\tilde{x}_1, \tilde{x}_2, \cdots, \tilde{x}_m)$ 的一个有向边连接。

例如，已知 2 维整数域离散时间系统的迭代方程为

$$\begin{cases} x^n = F_1(x^{n-1}, y^{n-1}) = \overline{x^{n-1}} \\ y^n = F_2(x^{n-1}, y^{n-1}) = x^{n-1} \oplus y^{n-1} \end{cases} \tag{11-7}$$

式中，符号 $\oplus$ 表示按位异或运算。设 $N = 2$，计算可得状态转换表如表 11-2 所示，相应的状态转换图如图 11-2 所示，显然，这个图不是连通的，更不是强连通的。

表 11-2　根据式(11-7)得到的状态转换表

(x^{n-1}, y^{n-1})	(x^n, y^n)	(x^{n-1}, y^{n-1})	(x^n, y^n)
(0, 0)	(3, 3)	(2, 0)	(1, 1)
(0, 1)	(3, 2)	(2, 1)	(1, 0)
(0, 2)	(3, 1)	(2, 2)	(1, 3)
(0, 3)	(3, 0)	(2, 3)	(1, 2)
(1, 0)	(2, 2)	(3, 0)	(0, 0)
(1, 1)	(2, 3)	(3, 1)	(0, 1)
(1, 2)	(2, 0)	(3, 2)	(0, 2)
(1, 3)	(2, 1)	(3, 3)	(0, 3)

根据式(11-5)和式(11-7)，得 $G_F(E)_{x,y}$ 的迭代方程为

$$\begin{cases} x^n = x^{n-1} \cdot \overline{s^n} + (\overline{x^{n-1}} \cdot s^n) \\ y^n = y^{n-1} \cdot \overline{u^n} + \left[(\overline{x^{n-1} \oplus y^{n-1}}) \cdot u^n \right] \end{cases} \tag{11-8}$$

式中，$s = s^1 s^2 \cdots s^n \cdots$ 和 $u = u^1 u^2 \cdots u^n \cdots$ 为两个单边随机序列。

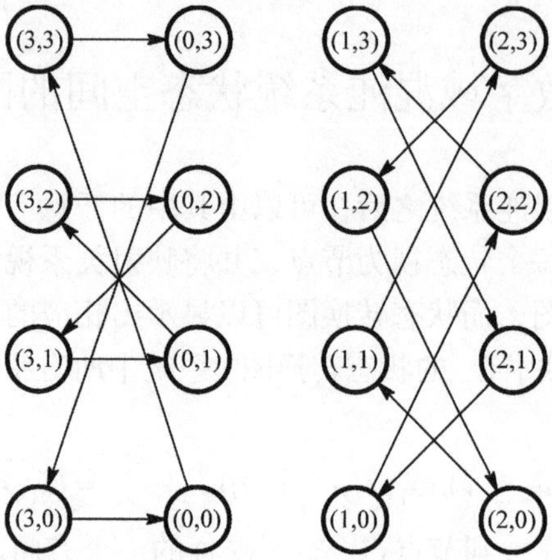

图 11-2　根据式(11-7)得到的状态转换图

根据式(11-8)，得如表 11-3 所示的状态转换表，相应的状态转换图如图 11-3 所示，这是一个强连通图。11.6 节将证明，如果其 G_F 的状态转换图是强连通图，那么本章介绍的高维整数域混沌系统与数字域混沌系统将满足 Devaney 混沌的定义。

表 11-3　根据式(11-8)得到的状态转换表

(x^{n-1}, y^{n-1})	(s^n, u^n)															
	(0, 0)	(0, 1)	(0, 2)	(0, 3)	(1, 0)	(1, 1)	(1, 2)	(1, 3)	(2, 0)	(2, 1)	(2, 2)	(2, 3)	(3, 0)	(3, 1)	(3, 2)	(3, 3)
(0, 0)	(0, 0)	(0, 1)	(0, 2)	(0, 3)	(1, 0)	(1, 1)	(1, 2)	(1, 3)	(2, 0)	(2, 1)	(2, 2)	(2, 3)	(3, 0)	(3, 1)	(3, 2)	(3, 3)
(0, 1)	(0, 1)	(0, 0)	(0, 3)	(0, 2)	(1, 1)	(1, 0)	(1, 3)	(1, 2)	(2, 1)	(2, 0)	(2, 3)	(2, 2)	(3, 1)	(3, 0)	(3, 3)	(3, 2)
(0, 2)	(0, 2)	(0, 3)	(0, 0)	(0, 1)	(1, 2)	(1, 3)	(1, 0)	(1, 1)	(2, 2)	(2, 3)	(2, 0)	(2, 1)	(3, 2)	(3, 3)	(3, 0)	(3, 1)
(0, 3)	(0, 3)	(0, 2)	(0, 1)	(0, 0)	(1, 3)	(1, 2)	(1, 1)	(1, 0)	(2, 3)	(2, 2)	(2, 1)	(2, 0)	(3, 3)	(3, 2)	(3, 1)	(3, 0)
(1, 0)	(1, 0)	(1, 0)	(1, 2)	(1, 2)	(0, 0)	(0, 0)	(0, 2)	(0, 2)	(3, 0)	(3, 0)	(3, 2)	(3, 2)	(2, 0)	(2, 0)	(2, 2)	(2, 2)
(1, 1)	(1, 1)	(1, 1)	(1, 3)	(1, 3)	(0, 1)	(0, 1)	(0, 3)	(0, 3)	(3, 1)	(3, 1)	(3, 3)	(3, 3)	(2, 1)	(2, 1)	(2, 3)	(2, 3)
(1, 2)	(1, 2)	(1, 2)	(1, 0)	(1, 0)	(0, 2)	(0, 2)	(0, 0)	(0, 0)	(3, 2)	(3, 2)	(3, 0)	(3, 0)	(2, 2)	(2, 2)	(2, 0)	(2, 0)
(1, 3)	(1, 3)	(1, 3)	(1, 1)	(1, 1)	(0, 3)	(0, 3)	(0, 1)	(0, 1)	(3, 3)	(3, 3)	(3, 1)	(3, 1)	(2, 3)	(2, 3)	(2, 1)	(2, 1)
(2, 0)	(2, 0)	(2, 1)	(2, 0)	(2, 1)	(3, 0)	(3, 1)	(3, 0)	(3, 1)	(0, 0)	(0, 1)	(0, 0)	(0, 1)	(1, 0)	(1, 1)	(1, 0)	(1, 1)
(2, 1)	(2, 1)	(2, 0)	(2, 1)	(2, 0)	(3, 1)	(3, 0)	(3, 1)	(3, 0)	(0, 1)	(0, 0)	(0, 1)	(0, 0)	(1, 1)	(1, 0)	(1, 1)	(1, 0)
(2, 2)	(2, 2)	(2, 3)	(2, 2)	(2, 3)	(3, 2)	(3, 3)	(3, 2)	(3, 3)	(0, 2)	(0, 3)	(0, 2)	(0, 3)	(1, 2)	(1, 3)	(1, 2)	(1, 3)
(2, 3)	(2, 3)	(2, 2)	(2, 3)	(2, 2)	(3, 3)	(3, 2)	(3, 3)	(3, 2)	(0, 3)	(0, 2)	(0, 3)	(0, 2)	(1, 3)	(1, 2)	(1, 3)	(1, 2)
(3, 0)	(3, 0)	(3, 0)	(3, 0)	(3, 0)	(2, 0)	(2, 0)	(2, 0)	(2, 0)	(1, 0)	(1, 0)	(1, 0)	(1, 0)	(0, 0)	(0, 0)	(0, 0)	(0, 0)
(3, 1)	(3, 1)	(3, 1)	(3, 1)	(3, 1)	(2, 1)	(2, 1)	(2, 1)	(2, 1)	(1, 1)	(1, 1)	(1, 1)	(1, 1)	(0, 1)	(0, 1)	(0, 1)	(0, 1)
(3, 2)	(3, 2)	(3, 2)	(3, 2)	(3, 2)	(2, 2)	(2, 2)	(2, 2)	(2, 2)	(1, 2)	(1, 2)	(1, 2)	(1, 2)	(0, 2)	(0, 2)	(0, 2)	(0, 2)
(3, 3)	(3, 3)	(3, 3)	(3, 3)	(3, 3)	(2, 3)	(2, 3)	(2, 3)	(2, 3)	(1, 3)	(1, 3)	(1, 3)	(1, 3)	(0, 3)	(0, 3)	(0, 3)	(0, 3)

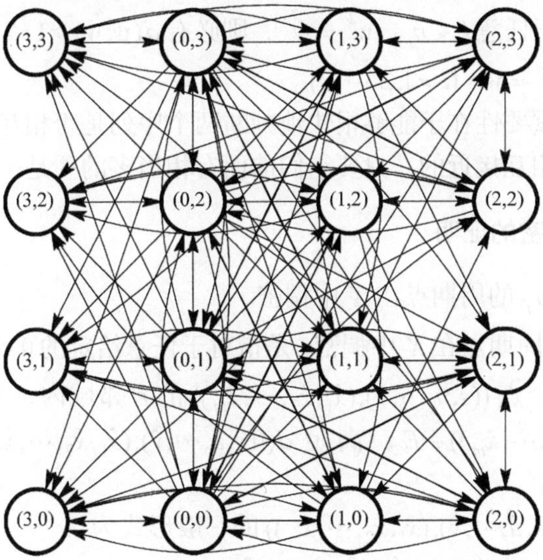

图 11-3　根据式(11-8)得到的状态转换图

11.6　m 维整数域混沌系统的混沌存在性证明

为了证明周期点稠密和拓扑传递，先给出一个引理。

引理 11-1　设 $w\in\{s,u,\cdots,v\}$，$w=w^1w^2\cdots w^n\cdots$，$\hat{w}=\hat{w}^1\hat{w}^2\cdots\hat{w}^n\cdots$，其中 $w^k,\hat{w}^k\in B^N$。若 $w^i=\hat{w}^i\ (i=1,2,\cdots,n)$，则 $d(w,\hat{w})\leqslant 1/2^{Nn}$。反之，若 $d(w,\hat{w})\leqslant 1/2^{Nn}$，则必有 $w^i=\hat{w}^i\ (i=1,2,\cdots,n)$。

证明　若 $w^i=\hat{w}^i\ (i=1,2,\cdots,n)$，则

$$
\begin{aligned}
d(w,\hat{w})&=\sum_{i=1}^{n}\frac{|w^i-\hat{w}^i|}{2^{Ni}}+\sum_{i=n+1}^{\infty}\frac{|w^i-\hat{w}^i|}{2^{Ni}}\\
&=\sum_{i=n+1}^{\infty}\frac{|w^i-\hat{w}^i|}{2^{Ni}}\leqslant\sum_{i=n+1}^{\infty}\frac{2^P-2^{-Q}}{2^{Ni}}\\
&=(2^P-2^{-Q})\frac{2^{-N(n+1)}}{1-2^{-N}}\\
&=\frac{2^P-2^{-Q}}{2^N-1}\cdot\frac{1}{2^{Nn}}\\
&\leqslant\frac{1}{2^{Nn}}
\end{aligned}
$$

另外，若对于任意$k \leqslant n$，$w^k \neq \hat{w}^k$，则必有$d(w,\hat{w}) \geqslant 1/2^{Nn}$。故若$d(w,\hat{w}) \leqslant 1/2^{Nn}$，则必有$w^i = \hat{w}^i \quad (i=1,2,\cdots,n)$。

这个引理的重要性在于能够很快地判断两个序列是否相互接近,直观上说明，如果两个序列是相互接近的，只要它们前面有相当多的项是一致的即可。

11.6.1 周期点稠密的证明

定理 11-1 G_f的周期点在X中稠密。

证明 G_f的周期点在X中稠密，是指对于任意给定的$0<\varepsilon<1$，在度量空间(X,d)中任意一个点$((\hat{s},\hat{u},\cdots,\hat{v}),(\hat{x}_1,\hat{x}_2,\cdots,\hat{x}_m))$的$\varepsilon$邻域内，总可以找到周期点$((\tilde{s},\tilde{u},\cdots,\tilde{v}),(\tilde{x}_1,\tilde{x}_2,\cdots,\tilde{x}_m)) \in E$，满足$d(((\hat{s},\hat{u},\cdots,\hat{v}),(\hat{x}_1,\hat{x}_2,\cdots,\hat{x}_m)),((\tilde{s},\tilde{u},\cdots,\tilde{v}),(\tilde{x}_1,\tilde{x}_2,\cdots,\tilde{x}_m)))<\varepsilon$。

(1) 不妨设$((\hat{s},\hat{u},\cdots,\hat{v}),(\hat{x}_1,\hat{x}_2,\cdots,\hat{x}_m))$的一般形式为

$$\begin{aligned}&((\hat{s},\hat{u},\cdots,\hat{v}),(\hat{x}_1,\hat{x}_2,\cdots,\hat{x}_m))\\ &=(((\hat{s}^1\hat{s}^2\cdots\hat{s}^{k_0}\cdots\hat{s}^n\cdots),(\hat{u}^1\hat{u}^2\cdots\hat{u}^{k_0}\cdots\hat{u}^n\cdots),\cdots,\\ &\quad(\hat{v}^1\hat{v}^2\cdots\hat{v}^{k_0}\cdots\hat{v}^n\cdots)),(\hat{x}_1,\hat{x}_2,\cdots,\hat{x}_m))\\ &\in E\end{aligned}$$

(2) $\forall\varepsilon<2^{-Q}$，若$m$维空间中的点的$x$分量$(\hat{x}_1,\hat{x}_2,\cdots,\hat{x}_m)$和$(\tilde{x}_1,\tilde{x}_2,\cdots,\tilde{x}_m)$不一致，即$(\tilde{x}_1,\tilde{x}_2,\cdots,\tilde{x}_m) \neq (\hat{x}_1,\hat{x}_2,\cdots,\hat{x}_m)$，得

$$d_{x,y}((\tilde{x}_1,\tilde{x}_2,\cdots,\tilde{x}_m),(\hat{x}_1,\hat{x}_2,\cdots,\hat{x}_m))=\sqrt{(\tilde{x}_1-\hat{x}_1)^2+(\tilde{x}_2-\hat{x}_2)^2+\cdots+(\tilde{x}_m-\hat{x}_m)^2} \geqslant 2^{-Q}$$

则有

$$d(((\hat{s},\hat{u},\cdots,\hat{v}),(\hat{x}_1,\hat{x}_2,\cdots,\hat{x}_m)),((\tilde{s},\tilde{u},\cdots,\tilde{v}),(\tilde{x}_1,\tilde{x}_2,\cdots,\tilde{x}_m))) \geqslant \varepsilon$$

因此，为了满足

$$d(((\hat{s},\hat{u},\cdots,\hat{v}),(\hat{x}_1,\hat{x}_2,\cdots,\hat{x}_m)),((\tilde{s},\tilde{u},\cdots,\tilde{v}),(\tilde{x}_1,\tilde{x}_2,\cdots,\tilde{x}_m)))<\varepsilon$$

首先令$\tilde{x}_1=\hat{x}_1,\tilde{x}_2=\hat{x}_2,\cdots,\tilde{x}_m=\hat{x}_m$，在满足$d(((\hat{s},\hat{u},\cdots,\hat{v}),(\hat{x}_1,\hat{x}_2,\cdots,\hat{x}_m)),((\tilde{s},\tilde{u},\cdots,\tilde{v}),(\tilde{x}_1,\tilde{x}_2,\cdots,\tilde{x}_m)))<\varepsilon$的条件下，证明$((\tilde{s},\tilde{u},\cdots,\tilde{v}),(\tilde{x}_1,\tilde{x}_2,\cdots,\tilde{x}_m))$是周期点。

(3) 若$\hat{s}$和$\tilde{s}$前k_0个元素相同，则$d_s(\hat{s},\tilde{s})<2^{-Nk_0}$。若$\hat{u}$和$\tilde{u}$前$k_0$个元素相同，则$d_u(\hat{u},\tilde{u})<2^{-Nk_0}$。依此类推，若$\hat{v}$和$\tilde{v}$前$k_0$个元素相同，则$d_v(\hat{v},\tilde{v})<2^{-Nk_0}$。故$\forall\varepsilon<1$，总能找到$k_0$，满足$d_s(\hat{s},\tilde{s})+d_u(\hat{u},\tilde{u})+\cdots+d_v(\hat{v},\tilde{v})<m\times2^{-Nk_0}<\varepsilon$。由$m\times2^{-Nk_0}<\varepsilon$，得

$$k_0>\lfloor(\log_2 m-\log_2\varepsilon)/N\rfloor$$

故只需取

$$k_0=\lfloor(\log_2 m-\log_2\varepsilon)/N\rfloor+1$$

(4) 如果迭代 k_0 次，正好满足

$$(G_F^{k_0}((\tilde{s},\tilde{u},\cdots,\tilde{v}),(\hat{x}_1,\hat{x}_2,\cdots,\hat{x}_m)))_{x_1,x_2,\cdots,x_m}=(\hat{x}_1,\hat{x}_2,\cdots,\hat{x}_m)$$

注意在此式中，满足 $\tilde{x}_1=\hat{x}_1,\tilde{x}_2=\hat{x}_2,\cdots,\tilde{x}_m=\hat{x}_m$。表明从点 $(\hat{x}_1,\hat{x}_2,\cdots,\hat{x}_m)$ 出发，迭代 k_0 之后又回到了 $(\hat{x}_1,\hat{x}_2,\cdots,\hat{x}_m)$ (因而 $(\hat{x}_1,\hat{x}_2,\cdots,\hat{x}_m)$ 是周期点)，则找到了一个周期点

$$\begin{aligned}&((\tilde{s},\tilde{u},\cdots,\tilde{v}),(\hat{x}_1,\hat{x}_2,\cdots,\hat{x}_m))\\&=(((s^1s^2\cdots s^{k_0}s^1s^2\cdots s^{k_0}\cdots),(u^1u^2\cdots u^{k_0}u^1u^2\cdots u^{k_0}\cdots),\cdots,\\&\quad(v^1v^2\cdots v^{k_0}v^1v^2\cdots v^{k_0}\cdots)),(\hat{x}_1,\hat{x}_2,\cdots,\hat{x}_m))\end{aligned}$$

满足

$$(G_F^{k_0}((\tilde{s},\tilde{u},\cdots,\tilde{v}),(\hat{x}_1,\hat{x}_2,\cdots,\hat{x}_m)))_{x_1,x_2,\cdots,x_m}=(\hat{x}_1,\hat{x}_2,\cdots,\hat{x}_m)$$

从而使得

$$\begin{aligned}&d(((\hat{s},\hat{u},\cdots,\hat{v}),(\hat{x}_1,\hat{x}_2,\cdots,\hat{x}_m)),((\tilde{s},\tilde{u},\cdots,\tilde{v}),(\tilde{x}_1,\tilde{x}_2,\cdots,\tilde{x}_m)))\\&=d_s(\hat{s},\tilde{s})+d_u(\hat{u},\tilde{u})+\cdots+d_v(\hat{v},\tilde{v})+d_x((\tilde{x}_1,\tilde{x}_2,\cdots,\tilde{x}_m),(\hat{x}_1,\hat{x}_2,\cdots,\hat{x}_m))\\&=d_s(\hat{s},\tilde{s})+d_u(\hat{u},\tilde{u})+\cdots+d_v(\hat{v},\tilde{v})\\&<\varepsilon\end{aligned}$$

成立。

(5) 如果迭代 k_0 次后，得到的结果并不满足

$$(G_F^{k_0}((\tilde{s},\tilde{u},\cdots,\tilde{v}),(\hat{x}_1,\hat{x}_2,\cdots,\hat{x}_m)))_{x_1,x_2,\cdots,x_m}=(\hat{x}_1,\hat{x}_2,\cdots,\hat{x}_m)$$

而只是满足

$$(G_F^{k_0}((\tilde{s},\tilde{u},\cdots,\tilde{v}),(\hat{x}_1,\hat{x}_2,\cdots,\hat{x}_m)))_{x_1,x_2,\cdots,x_m}=(x_1',x_2',\cdots,x_m')$$

因为 G_F 是强连通的，故在状态 $(x_1',x_2',\cdots,x_m')$ 和状态 $(\hat{x}_1,\hat{x}_2,\cdots,\hat{x}_m)$ 之间至少存在一条通路，当迭代 i_0 次后(i_0 相当于状态 $(x_1',x_2',\cdots,x_m')$ 和状态 $(\hat{x}_1,\hat{x}_2,\cdots,\hat{x}_m)$ 间的连通路径所经过的边数)，使得

$$(G_F^{k_0+i_0}((\tilde{s},\tilde{u},\cdots,\tilde{v}),(\hat{x}_1,\hat{x}_2,\cdots,\hat{x}_m)))_{x_1,x_2,\cdots,x_m}=(\hat{x}_1,\hat{x}_2,\cdots,\hat{x}_m)$$

成立，则找到了一个周期点

$$\begin{aligned}&((\tilde{s},\tilde{u},\cdots,\tilde{v}),(\hat{x}_1,\hat{x}_2,\cdots,\hat{x}_m))\\&=(((s^1s^2\cdots s^{k_0}s^{k_0+1}s^{k_0+2}\cdots s^{k_0+i_0}s^1s^2\cdots s^{k_0}s^{k_0+1}s^{k_0+2}\cdots s^{k_0+i_0}\cdots),\\&\quad(u^1u^2\cdots u^{k_0}u^{k_0+1}u^{k_0+2}\cdots u^{k_0+i_0}u^1u^2\cdots u^{k_0}u^{k_0+1}u^{k_0+2}\cdots u^{k_0+i_0}\cdots),\cdots,\\&\quad(v^1v^2\cdots v^{k_0}v^{k_0+1}v^{k_0+2}\cdots v^{k_0+i_0}v^1v^2\cdots v^{k_0}v^{k_0+1}v^{k_0+2}\cdots v^{k_0+i_0}\cdots)),(\hat{x}_1,\hat{x}_2,\cdots,\hat{x}_m))\end{aligned}$$

满足

$$\begin{aligned}&d(((\hat{s},\hat{u},\cdots,\hat{v}),(\hat{x}_1,\hat{x}_2,\cdots,\hat{x}_m)),((\tilde{s},\tilde{u},\cdots,\tilde{v}),(\tilde{x}_1,\tilde{x}_2,\cdots,\tilde{x}_m)))\\&=d_s(\hat{s},\tilde{s})+d_u(\hat{u},\tilde{u})+\cdots+d_v(\hat{v},\tilde{v})+d_x((\tilde{x}_1,\tilde{x}_2,\cdots,\tilde{x}_m),(\hat{x}_1,\hat{x}_2,\cdots,\hat{x}_m))\\&=d_s(\hat{s},\tilde{s})+d_u(\hat{u},\tilde{u})+\cdots+d_v(\hat{v},\tilde{v})\\&<\varepsilon\end{aligned}$$

综上所述，G_F 的周期点在 X 中稠密，如图 11-4 所示。

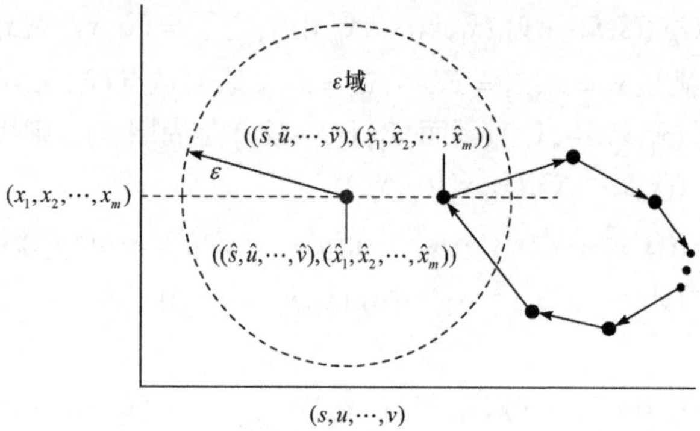

图 11-4　度量空间中周期点稠密的图示

11.6.2　拓扑传递性的证明

定理 11-2　G_F 在 X 中是拓扑传递的。

证明　G_F 在 X 中是拓扑传递的，具体是指对于 X 上的任一对开集 U'（以点 $((s',u',\cdots,v'),(x_1',x_2',\cdots,x_m'))$ 为中心、r' 为半径的球体）和 U''（以点 $((s'',u'',\cdots,v''),(x_1'',x_2'',\cdots,x_m''))$ 为中心、r'' 为半径的球体），存在 $n_0>0$，使得 $G_F^{n_0}(U')\bigcap U''\neq\varnothing$。

(1) 设开集 U' 的中心点 $((s',u',\cdots,v'),(x_1',x_2',\cdots,x_m'))$ 为

$$
\begin{aligned}
&((s',u',\cdots,v'),(x_1',x_2',\cdots,x_m'))\\
&=(((s'^1s'^2\cdots s'^{n_0}\cdots s'^n\cdots),(u'^1u'^2\cdots u'^{n_0}\cdots u'^n\cdots),\cdots,\\
&\quad(v'^1v'^2\cdots v'^{n_0}\cdots v'^n\cdots)),(x_1',x_2',\cdots,x_m'))\\
&\in U'
\end{aligned}
$$

开集 U'' 的中心点 $((s'',u'',\cdots,v''),(x_1'',x_2'',\cdots,x_m''))$ 为

$$
\begin{aligned}
&((s'',u'',\cdots,v''),(x_1'',x_2'',\cdots,x_m''))\\
&=(((s''^1s''^2\cdots s''^{n_0}\cdots s''^n\cdots),(u''^1u''^2\cdots u''^{n_0}\cdots u''^n\cdots),\cdots,\\
&\quad(v''^1v''^2\cdots v''^{n_0}\cdots v''^n\cdots)),(x_1'',x_2'',\cdots,x_m''))\\
&\in U''
\end{aligned}
$$

并设 U' 中的一点 $((\tilde{s},\tilde{u},\cdots,\tilde{v}),(\tilde{x}_1,\tilde{x}_2,\cdots,\tilde{x}_m))\in U'\subseteq X$。

(2) $\forall r'<2^{-Q}$，若 m 维空间中的点的 x 分量 $(\tilde{x}_1,\tilde{x}_2,\cdots,\tilde{x}_m)$ 和 $(x_1',x_2',\cdots,x_m')$ 不一致，即 $(\tilde{x}_1,\tilde{x}_2,\cdots,\tilde{x}_m)\neq(x_1',x_2',\cdots,x_m')$，则

$$
\begin{aligned}
&d_x((\tilde{x}_1,\tilde{x}_2,\cdots,\tilde{x}_m),(x_1',x_2',\cdots,x_m'))\\
&=\sqrt{(\tilde{x}_1-x_1')^2+(\tilde{x}_2-x_2')^2+\cdots+(\tilde{x}_m-x_m')^2}\geqslant 2^{-Q}>r'
\end{aligned}
$$

从而有

$$
d(((\tilde{s},\tilde{u},\cdots,\tilde{v}),(\tilde{x}_1,\tilde{x}_2,\cdots,\tilde{x}_m)),((s',u',\cdots,v'),(x_1',x_2',\cdots,x_m')))>r'
$$

因此，如果要满足

$$((\tilde{s},\tilde{u},\cdots,\tilde{v}),(\tilde{x}_1,\tilde{x}_2,\cdots,\tilde{x}_m))\in U'$$

则首先必须要满足

$$(\tilde{x}_1,\tilde{x}_2,\cdots,\tilde{x}_m)=(x_1',x_2',\cdots,x_m')\Rightarrow d_x((\tilde{x}_1,\tilde{x}_2,\cdots,\tilde{x}_m),(x_1',x_2',\cdots,x_m'))=0$$

(3) 若 $\tilde{s}$ 和 s' 前 k_0 个元素相同，则 $d_s(s',\tilde{s})<2^{-Nk_0}$。若 u' 和 $\tilde{u}$ 前 k_0 个元素相同，则 $d_u(u',\tilde{u})<2^{-Nk_0}$。依此类推，若 v' 和 $\tilde{v}$ 前 k_0 个元素相同，则 $d_v(v',\tilde{v})<2^{-Nk_0}$。故 $\forall r'<1$，总能找到 k_0，满足 $d_s(\hat{s},\tilde{s})+d_u(\hat{u},\tilde{u})+\cdots+d_v(\hat{v},\tilde{v})<m\times 2^{-Nk_0}<r'$。由 $m\times 2^{-Nk_0}<r'$，得

$$k_0>\lfloor(\log_2 m-\log_2 r')/N\rfloor$$

只需取

$$k_0=\lfloor(\log_2 m-\log_2 r')/N\rfloor+1$$

(4) 如果迭代 k_0 次，正好满足

$$(G_F^{k_0}((\tilde{s},\tilde{u},\cdots,\tilde{v}),(\tilde{x}_1,\tilde{x}_2,\cdots,\tilde{x}_m)))_{x_1,x_2,\cdots,x_m}=(x_1'',x_2'',\cdots,x_m'')$$

则找到了 $n_0=k_0$，并且

$$\begin{aligned}&((\tilde{s},\tilde{u},\cdots,\tilde{v}),(\tilde{x}_1,\tilde{x}_2,\cdots,\tilde{x}_m))\\&=(((s'^1s'^2\cdots s'^{n_0}s''^1s''^2\cdots s''^n\cdots),(u'^1u'^2\cdots u'^{n_0}u''^1u''^2\cdots u''^n\cdots),\cdots,\\&\quad(v'^1v'^2\cdots v'^{n_0}v''^1v''^2\cdots v''^n\cdots)),(x_1',x_2',\cdots,x_m'))\\&\in U'\end{aligned}$$

满足

$$\begin{aligned}&G_F^{n_0}((\tilde{s},\tilde{u},\cdots,\tilde{v}),(\tilde{x}_1,\tilde{x}_2,\cdots,\tilde{x}_m))\\&=((s'',u'',\cdots,v''),(x_1'',x_2'',\cdots,x_m''))\in G_F^{n_0}(U')\cap U''\end{aligned}$$

从而使得

$$G_F^{n_0}(U')\cap U''\neq\varnothing$$

成立。

(5) 若迭代 k_0 次后，得到的结果并不满足

$$(G_F^{k_0}((\tilde{s},\tilde{u},\cdots,\tilde{v}),(\tilde{x}_1,\tilde{x}_2,\cdots,\tilde{x}_m)))_{x_1,x_2,\cdots,x_m}=(x_1'',x_2'',\cdots,x_m'')$$

而只是满足

$$(G_F^{k_0}((\tilde{s},\tilde{u},\cdots,\tilde{v}),(\tilde{x}_1,\tilde{x}_2,\cdots,\tilde{x}_m)))_{x_1,x_2,\cdots,x_m}=(x_1''',x_2''',\cdots,x_m''')$$

注意到是强连通的，故在 $(x_1''',x_2''',\cdots,x_m''')$ 和 $(x_1'',x_2'',\cdots,x_m'')$ 之间至少存在一条通路，当迭代 i_0 次之后(i_0 相当于 $(x_1''',x_2''',\cdots,x_m''')$ 和 $(x_1'',x_2'',\cdots,x_m'')$ 之间连通路径所经过的边数)，使得

$$G_F^{i_0}((\tilde{s},\tilde{u},\cdots,\tilde{v}),(x_1''',x_2''',\cdots,x_m''')) = ((s'',u'',\cdots,v''),(x_1'',x_2'',\cdots,x_m''))$$

成立。从而找到了 $n_0 = k_0 + i_0$，并且

$$\begin{aligned}
&((\tilde{s},\tilde{u},\cdots,\tilde{v}),(\tilde{x}_1,\tilde{x}_2,\cdots,\tilde{x}_m))\\
&=(((s'^1 s'^2 \cdots s'^{k_0} s'^{k_0+1} s'^{k_0+2} \cdots s'^{k_0+i_0} s''^1 s''^2 \cdots s''^n \cdots),\\
&\quad (u'^1 u'^2 \cdots u'^{k_0} u'^{k_0+1} u'^{k_0+2} \cdots u'^{k_0+i_0} u''^1 u''^2 \cdots u''^n \cdots),\cdots,\\
&\quad (v'^1 v'^2 \cdots v'^{k_0} v'^{k_0+1} v'^{k_0+2} \cdots v'^{k_0+i_0} v''^1 v''^2 \cdots v''^n \cdots)),(x_1',x_2',\cdots,x_m'))\\
&\in U'
\end{aligned}$$

满足

$$G_F^{n_0}((\tilde{s},\tilde{u},\cdots,\tilde{v}),(\tilde{x}_1,\tilde{x}_2,\cdots,\tilde{x}_m)) = ((s'',u'',\cdots,v''),(x_1'',x_2'',\cdots,x_m'')) \in G_F^{n_0}(U')\bigcap U''$$

从而使得

$$G_F^{n_0}(U')\bigcap U'' \neq \varnothing$$

成立。综上所述，G_F 在 X 中是拓扑传递的，如图 11-5 所示。

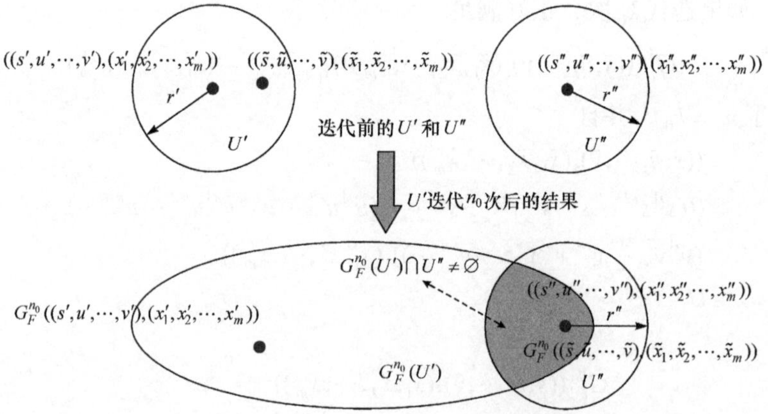

图 11-5　度量空间中拓扑传递的图示

11.7　m 维整数域混沌系统的李氏指数计算公式

11.7.1　迭代值和随机序列的十进制表示

设用 N 位二进制表示整数 $x_1,x_2,\cdots,x_m$ 的一般形式为

$$\begin{cases}
x_1 = x_{1,N-1}x_{1,N-2}\cdots x_{1,0}\\
x_2 = x_{2,N-1}x_{2,N-2}\cdots x_{2,0}\\
\quad\vdots\\
x_m = x_{m,N-1}x_{m,N-2}\cdots x_{m,0}
\end{cases}$$

式中，$x_{i,j} \in \{0,1\}\ (i=1,2,\cdots,m\,;\ j=N-1,N-2,\cdots,0)$，得到其对应的十进制整数的一般形式为

$$\begin{cases} X_1 = \sum_{k=0}^{N-1}(x_{1,k} \cdot 2^k) \\ X_2 = \sum_{k=0}^{N-1}(x_{2,k} \cdot 2^k) \\ \vdots \\ X_m = \sum_{k=0}^{N-1}(x_{m,k} \cdot 2^k) \end{cases} \tag{11-9}$$

式中，由于 $x_{i,j} \in \{0,1\}\ (i=1,2,\cdots,m\,;\ j=N-1,N-2,\cdots,0)$，故对应的权值为 2^k。

设 m 个十进制单边无穷随机序列为

$$\begin{cases} s = s^1 s^2 \cdots s^n \cdots \\ u = u^1 u^2 \cdots u^n \cdots \\ \vdots \\ v = v^1 v^2 \cdots v^n \cdots \end{cases}$$

式中，$s^i, u^i, \cdots, v^i \in \{0,1,\cdots,2^N-1\}\ (i=1,2,\cdots,n,\cdots)$，该序列对应的十进制小数的一般形式为

$$\begin{cases} S = \sum_{k=1}^{+\infty}(s^k \cdot (2^{-N})^k) \\ U = \sum_{k=1}^{+\infty}(u^k \cdot (2^{-N})^k) \\ \vdots \\ V = \sum_{k=1}^{+\infty}(v^k \cdot (2^{-N})^k) \end{cases} \tag{11-10}$$

式中，$s^k, u^k, \cdots, v^k \in \{0,1,\cdots,2^N-1\}\ (k=1,2,\cdots,n,\cdots)$，故对应的权值应为 $(2^{-N})^k$ $(k=1,2,\cdots)$，它代表的是各数据在数据整体中的影响力大小，影响力大，权值就大，反之则小。

根据式(11-9)表示的整数部分和式(11-10)表示的小数部分，得对应的十进制数的一般形式为

$$\begin{cases} y_1 = X_1 + S = \sum_{k=0}^{N-1}(x_{1,k} \cdot 2^k) + \sum_{k=1}^{+\infty}(s^k \cdot 2^{-Nk}) \\ y_2 = X_2 + U = \sum_{k=0}^{N-1}(x_{2,k} \cdot 2^k) + \sum_{k=1}^{+\infty}(u^k \cdot 2^{-Nk}) \\ \vdots \\ y_m = X_m + V = \sum_{k=0}^{N-1}(x_{m,k} \cdot 2^k) + \sum_{k=1}^{+\infty}(v^k \cdot 2^{-Nk}) \end{cases} \tag{11-11}$$

根据 m 维整数域系统中随机序列控制的混沌生成策略，得随机地更新多个位的 m 维整数域离散时间迭代方程的一般形式为

$$\begin{cases} g_1(X) = g_1(X_1, X_2, \cdots, X_m) = (x_1 \cdot \overline{s^1}) + (F_1(\cdot) \cdot s^1) \\ g_2(X) = g_2(X_1, X_2, \cdots, X_m) = (x_2 \cdot \overline{u^1}) + (F_2(\cdot) \cdot u^1) \\ \vdots \\ g_m(X) = g_m(X_1, X_2, \cdots, X_m) = (x_m \cdot \overline{v^1}) + (F_m(\cdot) \cdot v^1) \end{cases} \tag{11-12}$$

式中，$X = (X_1, X_2, \cdots, X_m)$，$F_i(\cdot)\ (i = 1, 2, \cdots, m)$ 的定义为

$$\begin{cases} F_1(\cdot) \triangleq F_1(x_1, x_2, \cdots, x_m) \\ F_2(\cdot) \triangleq F_2(x_1, x_2, \cdots, x_m) \\ \vdots \\ F_m(\cdot) \triangleq F_m(x_1, x_2, \cdots, x_m) \end{cases}$$

若对单边无穷随机整数序列 $s = s^1 s^2 \cdots s^n \cdots$，$u = u^1 u^2 \cdots u^n \cdots$，$\cdots$，$v = v^1 v^2 \cdots v^n \cdots$ 左移一位，那么，$s^1, u^1, \cdots, v^1$ 被移出，第一位分别变为 $s^2, u^2, \cdots, v^2$，对应的权值由 2^{-2N} 为 2^{-N}，依此类推，所有的权值都扩大了 2^N 倍，得左移一位后的 m 个单边无穷随机整数序列对应的十进制小数的一般形式为

$$\begin{cases} g_1(S) = 2^N \sum_{k=2}^{+\infty}(s^k \cdot 2^{-Nk}) \\ g_2(U) = 2^N \sum_{k=2}^{+\infty}(u^k \cdot 2^{-Nk}) \\ \vdots \\ g_m(V) = 2^N \sum_{k=2}^{+\infty}(v^k \cdot 2^{-Nk}) \end{cases} \tag{11-13}$$

将式(11-12)和式(11-13)相加，可知随机地更新多个位，并且 m 个单边无穷随机整数序列左移一位操作后，得对应的 m 维十进制数的一般形式为

$$
\begin{cases}
g_1(y_1,y_2,\cdots,y_m)=(x_1\cdot\overline{s^1})+(F_1(\cdot)\cdot s^1)+2^N\sum\limits_{k=2}^{+\infty}(s^k\cdot 2^{-Nk}) \\
g_2(y_1,y_2,\cdots,y_m)=(x_2\cdot\overline{u^1})+(F_2(\cdot)\cdot u^1)+2^N\sum\limits_{k=2}^{+\infty}(u^k\cdot 2^{-Nk}) \\
\quad\vdots \\
g_m(y_1,y_2,\cdots,y_m)=(x_m\cdot\overline{v^1})+(F_m(\cdot)\cdot v^1)+2^N\sum\limits_{k=2}^{+\infty}(v^k\cdot 2^{-Nk})
\end{cases}
\tag{11-14}
$$

11.7.2　$\partial g(y_1,y_2,\cdots,y_m)/\partial y_k$ 的数学表达式

在区间$[n/2^N,(n+1)/2^N)$　$(n\in[0,2^{2N}-1])$中，每个区间的表示范围为

$$[0/2^N,1/2^N),\ [1/2^N,2/2^N),\ [2/2^N,3/2^N),\cdots,\ [(2^{2N}-1)/2^N,2^{2N}/2^N)$$

显见每个区间的长度都很小，因而在每一个相同的区间中，整数部分都保持不变，而只是小数部分发生变化，从而有$\Delta X_1=\Delta X_2=\cdots=\Delta X_m=0$成立，并且$s^1,u^1,\cdots,v^1$在每一个相同的区间中保持不变，即$\Delta(s^1)=\Delta(u^1)=\cdots=\Delta(v^1)=0$。故得

$$
\begin{cases}
\Delta y_1=\Delta X_1+\Delta S=\Delta S=\sum\limits_{k=2}^{+\infty}(\Delta(s^k)\cdot 2^{-Nk}) \\
\Delta y_2=\Delta X_2+\Delta U=\Delta U=\sum\limits_{k=2}^{+\infty}(\Delta(u^k)\cdot 2^{-Nk}) \\
\quad\vdots \\
\Delta y_m=\Delta X_m+\Delta V=\Delta V=\sum\limits_{k=2}^{+\infty}(\Delta(v^k)\cdot 2^{-Nk})
\end{cases}
$$

根据偏导数的定义，得

$$
\begin{aligned}
&\frac{\partial g_1(y_1,y_2,\cdots,y_m)}{\partial y_1}=\lim_{\Delta y_1\to 0}\frac{g_1(y_1+\Delta y_1,y_2,\cdots,y_m)-g_1(y_1,y_2,\cdots,y_m)}{\Delta y_1} \\
&=\lim_{\Delta S\to 0}\frac{g_1(X_1+S+\Delta S,X_2+U,\cdots,X_m+V)-g_1(X_1+S,X_2+U,\cdots,X_m+V)}{\Delta S} \\
&=\lim_{\Delta S\to 0}\left[\frac{(x_1\cdot\overline{s^1})+(F_1(\cdot)\cdot s^1)+2^N\sum\limits_{k=2}^{+\infty}((s^k+\Delta(s^k))\cdot 2^{-Nk})}{\sum\limits_{k=2}^{+\infty}(\Delta(s^k)\cdot 2^{-Nk})}-\frac{(x_1\cdot\overline{s^1})+(F_1(\cdot)\cdot s^1)+2^N\sum\limits_{k=2}^{+\infty}(s^k\cdot 2^{-Nk})}{\sum\limits_{k=2}^{+\infty}(\Delta(s^k)\cdot 2^{-Nk})}\right] \\
&=\lim_{\Delta S\to 0}\frac{2^N\sum\limits_{k=2}^{+\infty}(\Delta(s^k)\cdot 2^{-Nk})}{\sum\limits_{k=2}^{+\infty}(\Delta(s^k)\cdot 2^{-Nk})}=2^N
\end{aligned}
\tag{11-15}
$$

同理可得

$$\frac{\partial g_2(y_1,y_2,\cdots,y_m)}{\partial y_2}=\frac{\partial g_3(y_1,y_2,\cdots,y_m)}{\partial y_3}=\cdots=\frac{\partial g_m(y_1,y_2,\cdots,y_m)}{\partial y_m}=2^N$$

再根据偏导数的定义，得

$$\begin{aligned}
&\frac{\partial g_1(y_1,y_2,\cdots,y_m)}{\partial y_2}=\lim_{\Delta y_2\to 0}\frac{g_1(y_1,y_2+\Delta y_2,\cdots,y_m)-g_1(y_1,y_2,\cdots,y_m)}{\Delta y_2}\\
&=\lim_{\Delta U\to 0}\frac{g_1(X_1+S,X_2+U+\Delta U,\cdots,X_m+V)-g_1(X_1+S,X_2+U,\cdots,X_m+V)}{\Delta U}\\
&=\lim_{\Delta U\to 0}\left[\frac{(x_1\cdot\overline{s^1})+(F_1(\cdot)\cdot s^1)+2^N\sum_{k=2}^{+\infty}(s^k\cdot 2^{-Nk})}{\sum_{k=2}^{+\infty}(\Delta(u^k)\cdot 2^{-Nk})}-\frac{(x_1\cdot\overline{s^1})+(F_1(\cdot)\cdot s^1)+2^N\sum_{k=2}^{+\infty}(s^k\cdot 2^{-Nk})}{\sum_{k=2}^{+\infty}(\Delta(u^k)\cdot 2^{-Nk})}\right]\\
&=\lim_{\Delta U\to 0}\frac{0}{\sum_{k=2}^{+\infty}(\Delta(u^k)\cdot 2^{-Nk})}=0
\end{aligned}\tag{11-16}$$

注意到式(11-16)的 g_1 中只存在变量 S，不存在变量 $U,\cdots,V$，故 $U+\Delta U$ 和 V 均为 0。同理可得

$$\begin{cases}
\dfrac{\partial g_1(y_1,y_2,\cdots,y_m)}{\partial y_2}=\dfrac{\partial g_1(y_1,y_2,\cdots,y_m)}{\partial y_3}=\cdots=\dfrac{\partial g_1(y_1,y_2,\cdots,y_m)}{\partial y_m}=0\\
\dfrac{\partial g_2(y_1,y_2,\cdots,y_m)}{\partial y_1}=\dfrac{\partial g_2(y_1,y_2,\cdots,y_m)}{\partial y_3}=\cdots=\dfrac{\partial g_2(y_1,y_2,\cdots,y_m)}{\partial y_m}=0\\
\qquad\vdots\\
\dfrac{\partial g_m(y_1,y_2,\cdots,y_m)}{\partial y_1}=\dfrac{\partial g_m(y_1,y_2,\cdots,y_m)}{\partial y_2}=\cdots=\dfrac{\partial g_m(y_1,y_2,\cdots,y_m)}{\partial y_{m-1}}=0
\end{cases}$$

因此，m 维整数域混沌系统的雅可比矩阵为

$$\boldsymbol{J}=\begin{bmatrix}2^N & 0 & \cdots & 0\\ 0 & 2^N & \cdots & 0\\ \vdots & \vdots & \ddots & \vdots\\ 0 & 0 & \cdots & 2^N\end{bmatrix}$$

11.7.3 李氏指数的计算公式

根据离散时间系统李氏指数计算公式，得 m 维整数域混沌系统李氏指数的计算公式如下：

$$\begin{aligned}\lambda(y_k) &= \lim_{n\to+\infty}\frac{1}{2n}\ln|\mu_k(\boldsymbol{\Phi}_n^{\mathrm{T}}\boldsymbol{\Phi}_n)| \\ &= \lim_{n\to+\infty}\frac{1}{2n}\ln((2^N)^{2n}) = N\ln 2\end{aligned}\tag{11-17}$$

式中，$k=1,2,\cdots,m$，$\boldsymbol{\Phi}_n=\boldsymbol{J}^n$，$\boldsymbol{\Phi}_n^{\mathrm{T}}$ 为 $\boldsymbol{\Phi}_n$ 的转置矩阵，$\mu_k(\boldsymbol{\Phi}_n^{\mathrm{T}}\boldsymbol{\Phi}_n)$ 是矩阵 $\boldsymbol{\Phi}_n^{\mathrm{T}}\boldsymbol{\Phi}_n$ 的第 k 个特征值。

11.7.4　讨论

(1) 设 $N=2$，$m=2$，$2^N=2^2=4$，得

$$\begin{cases} g_1(y_1,y_2)=\left(x_1\cdot\overline{s^1}\right)+\left(\overline{x_1}\cdot s^1\right)+4\sum\limits_{k=2}^{+\infty}(4^{-k}s^k) \\ g_2(y_1,y_2)=\left(x_2\cdot\overline{u^1}\right)+\left(\left(\overline{x_1}\oplus x_2\right)\cdot u^1\right)+4\sum\limits_{k=2}^{+\infty}(4^{-k}u^k)\end{cases}$$

其中

$$\begin{cases} g_1(X)=\left(x_1\cdot\overline{s^1}\right)+\left(\overline{x_1}\cdot s^1\right) \\ g_2(X)=\left(x_2\cdot\overline{u^1}\right)+\left(\left(\overline{x_1}\oplus x_2\right)\cdot u^1\right)\end{cases}$$

注意到在每一个相同的区间中，$y_1=X_1+S$ 中对应的整数部分 X_1 和小数部分 S 对应的第一位 s^1 都保持不变，得 y_1 与 $g_1(X)$ 的关系如图 11-6 所示。同理，$y_2=X_2+U$ 中对应的整数部分 X_2 和小数部分 U 对应的第一位 u^1 都保持不变，因此在 $x_1=1$ 的情况下，得 y_2 与 $g_2(X)$ 的关系如图 11-7 所示。上述结论对于 N 为任意正整数时也是成立的。

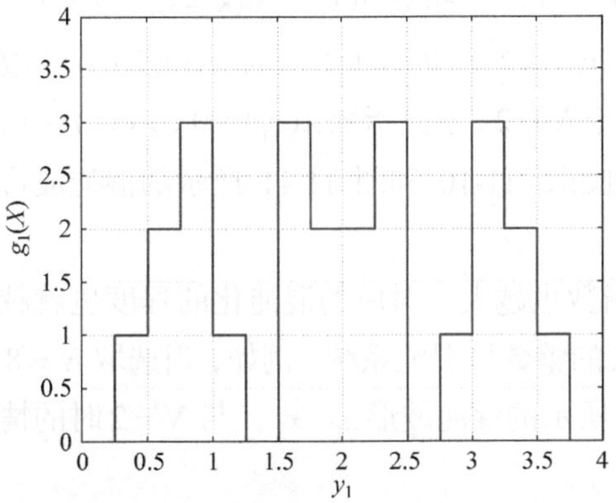

图 11-6　y_1 与 $g_1(X)$ 之间的关系

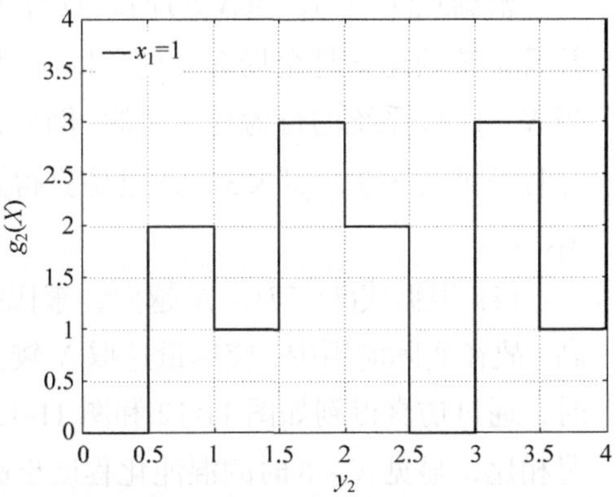

图 11-7　y_2 与 $g_2(X)$ 之间的关系

(2) 根据

$$\begin{cases} g_1(y_1,y_2)=\left(x_1\cdot\overline{s^1}\right)+\left(\overline{x_1}\cdot s^1\right)+4\sum_{k=2}^{+\infty}(4^{-k}s^k) \\ g_2(y_1,y_2)=\left(x_2\cdot\overline{u^1}\right)+\left(\left(\overline{x_1}\oplus x_2\right)\cdot u^1\right)+4\sum_{k=2}^{+\infty}(4^{-k}u^k) \end{cases}$$

得对应的 y_1-$g_1(y_1,y_2)$ 波形如图 11-8 所示，对应的 y_2-$g_2(y_1,y_2)$ 波形如图 11-9 所示。显见，除了间断点外，其余部分的斜率均为 4，故 $\partial g_k(y_1,y_2,\cdots,y_m)/\partial y_k=2^N=2^2=4$ 成立。

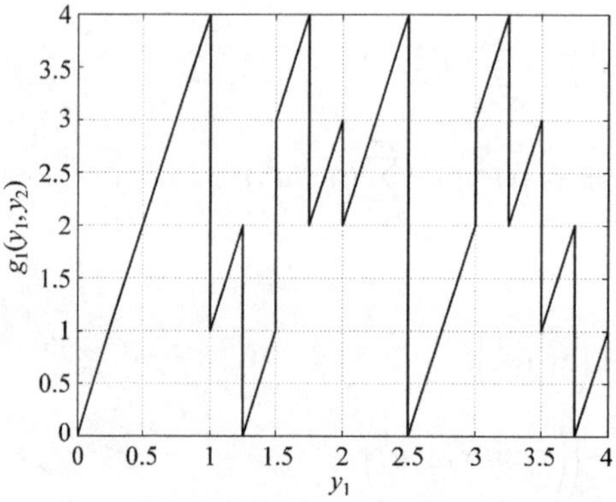

图 11-8 $N=2$ 时对应的 y_1-$g_1(y_1,y_2)$ 波形

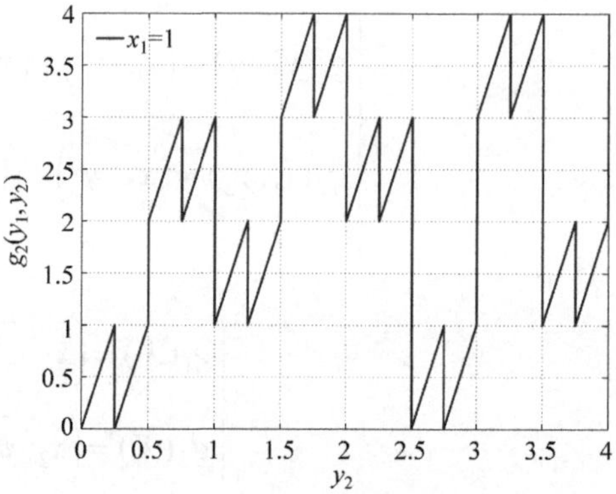

图 11-9 $N=2$ 时对应的 y_2-$g_2(y_1,y_2)$ 波形

(3) 在实数域混沌系统中，若李氏指数小于 0，则系统的行为是收敛的。若李氏指数等于 0，则系统的行为是周期的。若李氏指数大于 0，并且有界，则系统的行为是混沌的。

根据式(11-17)，当 $N>1$时，具有 m 个正李氏指数 $\lambda(y_k)>0(k=1,2,\cdots,m)$，并且系统的运动是全局有界的，即满足 $|y_k^n|\leqslant 2^N-1(k=1,2,\cdots,m;n=1,2,\cdots)$。故当 $N>1$时，系统的行为是混沌的。例如，令 $N=2$，李氏指数 $\lambda(y_1)>0$，$\lambda(y_2)>0$，并且满足 $y_1^n\leqslant 3$，$y_2^n\leqslant 3$，通过仿真得到如图 11-10 和图 11-11 所示的混沌波形 x_1、x_2。

(4) 根据式(11-17)，N 越大，李氏指数也越大，对应的混沌化的程度也就越高。故在实际应用中，应尽量选取 N 较大的整数域混沌系统。例如，当选取 $N=8$ 时，通过仿真得到如图 11-12 和图 11-13 所示的混沌波形 x_1、x_2，与 $N=2$ 时的情况相比，显见 $N=8$ 时的混沌化程度更高。

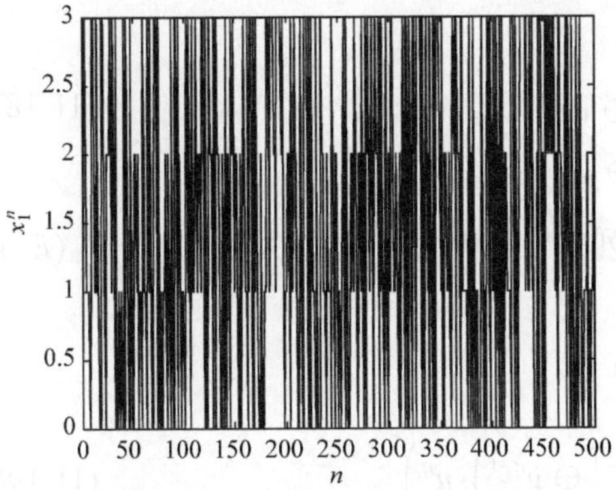

图 11-10 $N=2$ 时的混沌波形 x_1

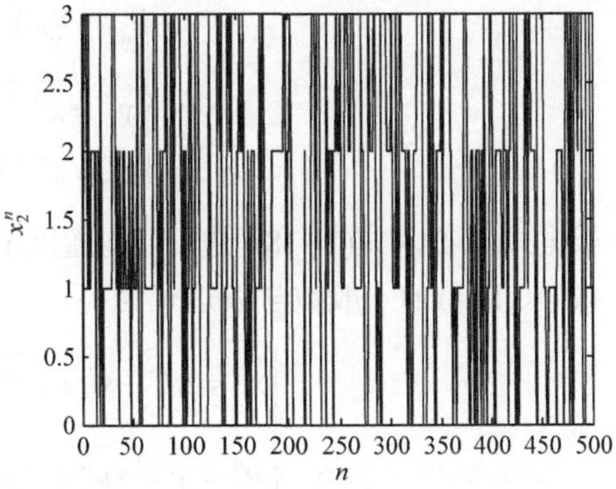

图 11-11 $N=2$ 时的混沌波形 x_2

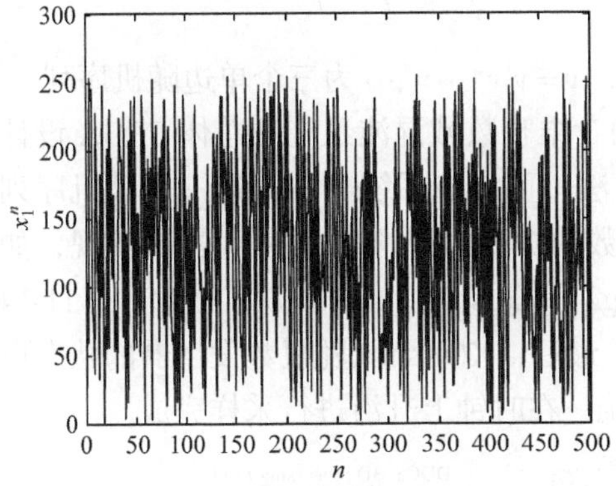

图 11-12 $N=8$ 时的混沌波形 x_1

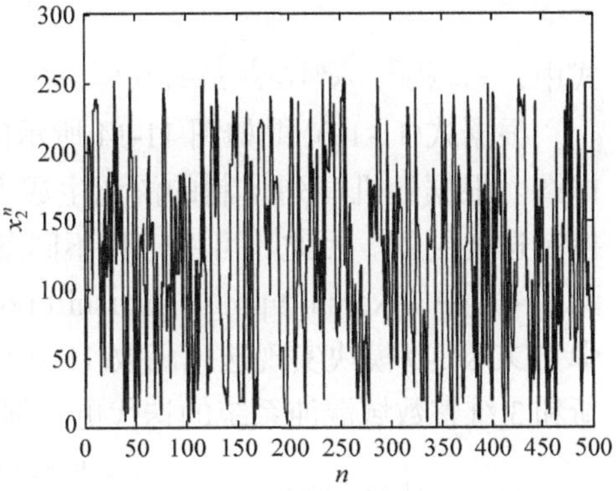

图 11-13 $N=8$ 时的混沌波形 x_2

11.8 高维整数域混沌系统的 FPGA 实现及其在图像保密通信中的应用

11.8.1 3 维整数域混沌系统的 FPGA 实现

当用 FPGA 实现图像混沌保密通信时，一方面，可以通过 Verilog HDL 编程描述数字系统的硬件结构和行为，这是一种面向基本逻辑单元或门电路操作的非嵌入式方法，主要特点是充分利用 FPGA 的并行处理优势，执行速度快。另一方面，注意到用 Verilog HDL 编程时，处理定点数表示的整数运算要比处理实数运算的速度快、算法简单并且便于硬件实现。因此，非常适合整数域混沌系统的设计。

设 3 维整数域混沌系统在没有随机序列参与控制情况下的迭代方程为

$$\begin{cases} x^n = \overline{x^{n-1}} \\ y^n = \overline{x^{n-1}} \oplus y^{n-1} \\ z^n = x^{n-1} \oplus y^{n-1} \oplus z^{n-1} \end{cases} \tag{11-18}$$

根据式(11-5)和式(11-18)，进一步得随机序列参与控制情况下迭代方程 $E^{k+1} = G_F(E^k)$ $(k = 0,1,\cdots)$ 的一般数学表达式为

$$\begin{cases} x^n = x^{n-1} \cdot \overline{s^n} + \left(\overline{x^{n-1}} \cdot s^n\right) \\ y^n = y^{n-1} \cdot \overline{u^n} + \left(\left(\overline{x^{n-1}} \oplus y^{n-1}\right) \cdot u^n\right) \\ z^n = z^{n-1} \cdot \overline{v^n} + \left(\left(x^{n-1} \oplus y^{n-1} \oplus z^{n-1}\right) \cdot v^n\right) \end{cases} \tag{11-19}$$

式中，$s = s^1 s^2 \cdots s^n \cdots$，$u = u^1 u^2 \cdots u^n \cdots$，$v = v^1 v^2 \cdots v^n \cdots$ 为三个单边随机序列。

根据式(11-19)，得如图 11-14 所示的 3 维整数域混沌系统的总体 FPGA 设计框图。根据随机序列控制的混沌生成方法，可知该系统需要通过三个随机序列控制迭代更新。因此，可由三种不同参数的 XORshift 随机数发生器来实现，如图 11-14 中的 xorshift prng1、xorshift prng2 和 xorshift prng3 模块。然后，图 11-14 中 DDCS_3D 模块实现迭代函数(11-19)。最后，XORshift 随机数发生器的状态更新和 3 维整数域混沌系统的迭代更新都统一在时钟上升沿进行采样完成。

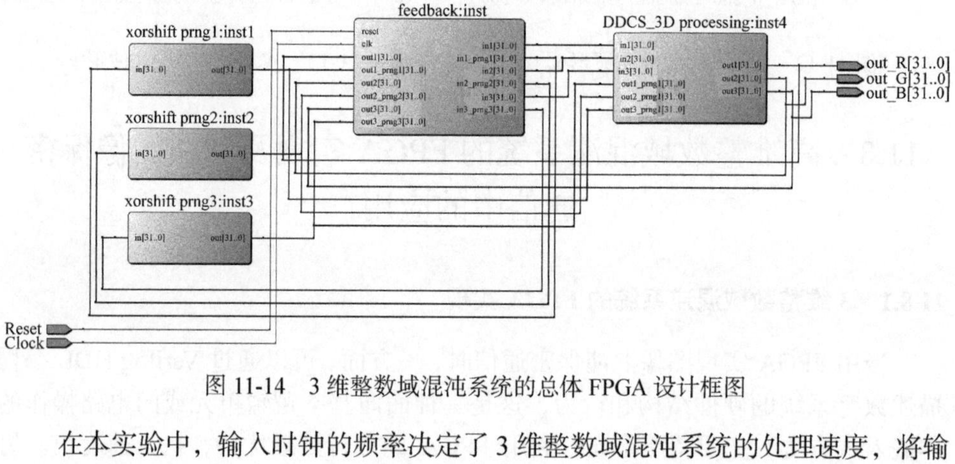

图 11-14　3 维整数域混沌系统的总体 FPGA 设计框图

在本实验中，输入时钟的频率决定了 3 维整数域混沌系统的处理速度，将输入时钟设定为 50MHz，利用 ModelSim-Altera 并采用 GUI 进行时序仿真，得输出波形如图 11-15 所示，而在图像加密和解密处理中，每一维输出的 10 个最低有效位(LSB)被采集，对应图像的 RGB 三个分量进行加密。

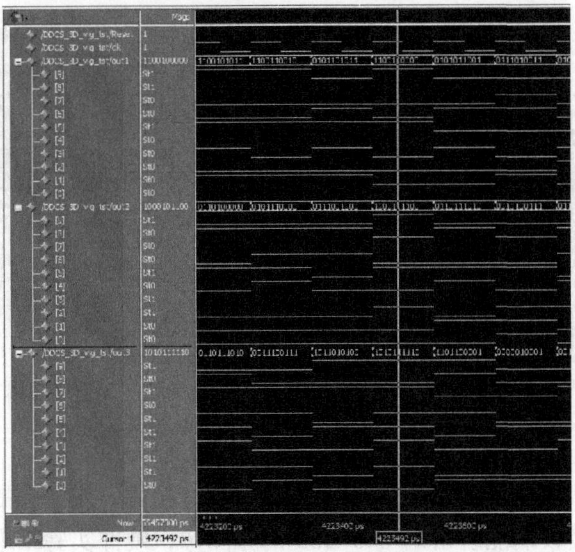

图 11-15　数据输出仿真波形

11.8.2　基于 3 维整数域混沌系统图像保密通信系统的 FPGA 设计与实现

图像混沌保密通信系统的设计原理框图如图 11-16 所示，它由发送端三基色图像信号的混沌加密、加密后的图像信号通过信道传输和接收端三基色图像信号的混沌解密三个部分组成。

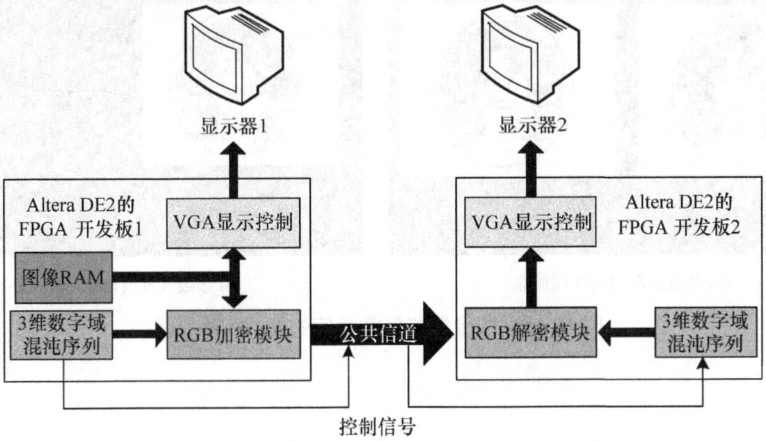

图 11-16　图像混沌保密通信系统的设计原理框图

在图 11-16 中，FPGA 的功能是通过 Verilog HDL 编程来实现的。与图 11-16 相对应的硬件实现平台如图 11-17 所示，其中发送端和接收端使用了两块相同的型号为 Altera DE2 的 FPGA 开发板。

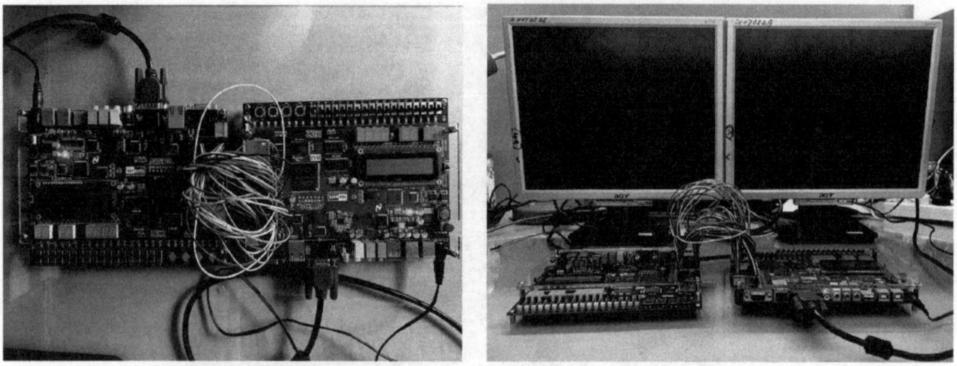

(a) 两块FPGA开发板　　(b) 硬件实现平台

图 11-17　图像混沌保密通信系统的硬件实现平台

根据式(11-19)和图 11-14～图 11-17 进行硬件实验，当发送端与接收端的所有参数匹配时，接收端能解密出 640×480 的原图像，硬件实验结果如图 11-18(a)所示。图像混沌保密通信的安全性能体现在对混沌系统各个参数的高度敏感性。如果发送端与接收端之间有一个参数失配，尽管其余参数均匹配，那么，接收端也不能解密出 640×480 的原图像，得硬件实验结果如图 11-18(b)所示。

(a) 参数匹配时的实现结果　　(b) 参数失配时的实现结果

图 11-18　图像混沌保密通信的硬件实现结果

第 12 章　定点算法和状态机控制的通用 FPGA 混沌信号发生器

本章介绍一种基于 Verilog HDL 定点算法和状态机控制的通用混沌信号发生器设计方法与 FPGA 硬件实现技术。主要内容包括 FPGA 技术与开发平台介绍、连续时间混沌系统的 Verilog HDL 定点算法设计、基于 Verilog HDL 定点算法的状态分配与状态机控制方法、离散时间混沌系统的 Verilog HDL 定点算法设计、通用混沌信号发生器的 FPGA 实现[44,45]。

12.1　问题的提出

在多媒体混沌保密通信系统中，混沌序列的生成方法与硬件实现技术是人们关注的一个重要研究课题，特别是混沌序列的硬件实现技术直接影响多媒体混沌保密通信的实用性和效率。众所周知，用计算机数值仿真生成的混沌序列，因运算速度过慢，在实际应用中无法满足混沌加密实时性的要求。为了解决这个问题，近年来，采用 DSP、ARM 和 FPGA 等硬件实现技术获得高速实时的混沌序列备受人们的关注。

硬件实现主要有两种方法，一种是面向最基本的逻辑单元或门电路操作的非嵌入式方法，如硬件描述语言(Verilog HDL 和 VHDL)实现。这种方法以文本形式描述数字系统的硬件结构和行为，既可表示逻辑电路图、逻辑表达式，又可表示数字逻辑系统所完成的逻辑功能。该方法的主要特点是面向最基本的逻辑单元或门电路，因而能充分利用 FPGA 的并行处理优势，执行速度快，但实现的技术难度也较大。另一种是面向处理器操作的嵌入式方法。例如，在 Linux 操作系统中，通过 C 语言编程实现该方法。该方法的主要特点是可移植性好，有大量的代码库可供直接调用，技术实现相对简单方便。但由于是面向处理器操作，指令执行采用串行操作方式，速度较慢，因而实时性也较差。

目前人们采用 FPGA 技术生成混沌序列主要应用的是浮点算法，而定点算法鲜为报道。浮点算法的主要缺点是占用 FPGA 的资源较多，运算速度较慢。为了解决这些问题，本章提出一种 Verilog HDL 定点算法和状态机控制的 FPGA 通用混沌信号发生器设计方法。该方法的主要特点是通过状态机来控制 Verilog HDL

定点算法中的每个运算步骤，其中包括非线性函数运算、迭代序列运算、迭代输出值右移和右移后迭代输出值向上取整、混沌迭代序列输出，并且保证状态机中的每一个状态只对应一种基本的运算步骤。与现有的浮点算法相比，定点算法的主要特点体现在以下几个方面：

(1) 在 FPGA 硬件资源受限的情况下，相对于浮点算法，定点算法更适合于 FPGA 硬件实现，能有效节省硬件资源。

(2) 与浮点算法相比，由于采用定点算法避免了浮点加法器、减法器和乘法器等模块的构造，加法和减法操作能直接完成，再加上简单的移位操作，便可完成相关运算操作，因而在节省硬件资源的同时，也大大提高了操作的效率。

(3) 采用状态机作为主控电路，将设计中的同类型运算步骤在固定的状态下完成，对于任意给定的混沌系统，只需按照这种方法，就能产生所需的混沌信号，更具通用性。

12.2 FPGA 技术与开发平台介绍

近年来，科技水平的发展日新月异，其中原因之一要归功于半导体技术的发展，使得人们能通过模数变换将模拟量转换成数字量，并通过数字信号处理获得人们所需的结果。对于数字逻辑，最基本的单元就是逻辑门，从众多逻辑门组成的 FPGA 中，可以根据需要来设计出所需的数字系统。

12.2.1 FPGA 简介

FPGA 是现场可编程门阵列的简称，它是在可编程阵列逻辑(PAL)、通用阵列逻辑(GAL)、复杂可编程逻辑器件(CPLD)的基础上进一步发展的产物。不同于专用集成电路，它是一种半定制产物，既克服了原本可编程逻辑器件中门电路数有限的缺点，同时比定制电路更加灵活。FPGA 内部包含三个部分，即可编程逻辑模块、输入输出(I/O)模块、内部连线。其工作原理主要是基于小型查找表(look up table, LUT)结构，而查找表实际上是一个 RAM。目前大多数 FPGA 采用具有 4 输入的小型查找表，每个查找表具有 16×1 的 RAM。每个查找表连接到一个 D 触发器的输入端，触发器再来驱动其他逻辑电路或驱动 I/O，由此构成了既可实现组合逻辑功能又可实现时序逻辑功能的基本逻辑单元模块，这些模块间利用金属连线互相连接或连接到 I/O 模块。掉电后，FPGA 内部逻辑消失，因此 FPGA 能够反复烧写。在 FPGA 中，逻辑是通过向内部静态存储单元加载编程数据来实现的，存储在存储器单元中的值决定了逻辑单元的逻辑功能以及各模块之间或模块与 I/O 间的连接方式，并最终决定了 FPGA 所能实现的功能。

正因为 FPGA 具有如此特殊的结构，所以系统的体积更小，成本更低，可靠性更高。而它的优点还具体体现在如下几个方面：

(1) 增加系统的保密性能。许多 FPGA 器件都具有保密功能，在系统中使用 FPGA 器件能有效防止产品被他人非法仿制。

(2) 运行速度快。一般 FPGA 或者 CPLD 运行速度远大于普通的微控制单元(MCU)和数字信号处理器(DSP)，同时能使系统中的电路级数减少，令整个系统的运行速度增快。

(3) 设计灵活。不同于标准器件，在系统中使用 FPGA 器件逻辑功能限制小，而且修改逻辑功能可在系统设计和使用过程中的任意阶段进行，只要修改相应的程序即可，大大增加了开发的灵活性。

(4) 增加功能的密集度。过去在使用数字集成电路芯片时，一块芯片中只有数个逻辑门可供使用。而 FPGA 由于集成度高，一块 FPGA 能代替数十片乃至数百片传统的数字集成电路芯片，大大提供了系统的集成程度。在减少了系统芯片使用的同时，也减小了印刷电路板的面积和数量。

(5) 缩短设计周期。由于 FPGA 的可编程性与灵活性，利用该技术设计的系统相比于传统的设计方法所需的时间大大减小。同时，集成度大大提高，也使印刷电路板的体积和线路变得简单。在样机设计完成后，开发技术先进，自动化程度高，使得修改逻辑变得容易。因此，采用 FPGA 能大大缩短设计周期，加快产品投入市场，提供竞争力。

(6) 提高可靠性。采用 FPGA 技术，能缩小系统的规模，减少电路板上的芯片数量。众所周知，高集成度的系统比传统采用标准组件的低集成度的系统具有更高的可靠性，因为在减少板件上器件数目的同时，也就减少了焊接的焊点数量，从而提高了系统的可靠性。

(7) 降低成本。系统成本的降低可从多方面考虑。首先，采用 FPGA 技术的系统设计周期短，修改方便，大大节省了开发的成本。另外，由于集成度的提高，电路板面积的缩小，产品可以做得更小。

12.2.2　FPGA 的应用

目前，生产 FPGA 的厂商有 Xilinx、Altera、Actel、Lattice 和 Atmel 等公司。其中市场份额最大的三家是 Xilinx、Altera 和 Lattice 公司。另外三家公司主要生产模拟 FPGA 设备以及反熔丝的可编程逻辑器件(PLD)，由于应用的领域不同，他们在中国的市场份额较小。

在 FPGA 技术发展的初期，其昂贵的价格，令厂商宁愿使用 MCU、DSP、ARM 等设备来进行开发。但随着 FPGA 的功能日益强大，集成程度越来越高，并且成本不断下降，使得越来越多的企业采用 FPGA 技术进行开发。FPGA 成本的不断降低，功能日益强大，使其在各个领域中都投入了应用。而它的应用方向主要有以下几个：

(1) 连接逻辑、控制逻辑是过去 FPGA 应用的最主要领域。在过去，一块电路板上可能会有数块至数十块不等的逻辑芯片，而采用 FPGA 或者 CPLD 技术，只需要一块芯片即可代替多块传统逻辑芯片的工作，大大增强了系统的可靠性，同时减小了电路板的面积。

(2) 通信设备中高速接口电路是 FPGA 目前应用最广泛的一个领域。该领域是利用 FPGA 的各种优良特性，来实现各种高速接口的协议，从而完成数据的高速收发。这种应用通常需要选用具有高速收发接口的芯片，同时需要设计者具有良好的电磁干扰和电磁兼容(EMI/EMC)的设计知识。懂得高速接口电路的设计以及高速数字电路中板级的设计方法，并需要有较好的模拟电路知识，能处理在高速收发过程中信号完整性的问题。在通信领域中，由于通信协议的随时更新，通信收发设备非常不适合采用专用集成电路(IC)来实现。而采用能灵活修改功能的 FPGA 芯片用于通信高速接口的设计就能很好地满足人们的需求，因而一半以上的 FPGA 应用在通信领域中。

(3) 第三个方向是数学计算以及数字信号处理方向。在图像信号处理、无线信号处理以及信号的编解码等领域中应用广泛。FPGA 并行处理速度快，硬件可裁剪等众多优良特性，使其在一些实时性要求较高的场合中，应用尤其广泛。就目前的趋势来说，FPGA 在向越来越多的方面发展。从 2006 年开始，美国便开始将 FPGA 用于分析庞大的金融数据和医学数据，但这需要开发人员有扎实的数学功底。

(4) 另外还有应用较少的可编程片上系统(SOPC)，它是一种特殊的嵌入式系统，SOPC 是用可编程逻辑技术把整个系统放到一块硅片上，用于嵌入式系统的研究和电子信息处理。它也是可编程系统，具有灵活的设计方式，可裁减、可扩充、可升级，并具备软硬件在系统可编程的功能。SOPC 的设计涵盖了嵌入式系统的全部内容，除了以处理器和多任务实时操作系统(RTOS)为中心的软件设计技术、以印刷电路板(PCB)和信号完整性分析为基础的高速电路设计技术以外，SOPC 还涉及引起普遍关注的软硬件协同设计技术。

(5) 采用 FPGA 技术制造超级计算机芯片是其最新并且最前端的应用。2010 年 12 月 30 日，英美科学家联合开发了运算速度超快的计算机芯片，其运算速度是当前台式计算机运算速度的 20 倍。该技术将 1000 个内核有效集成于一个芯片上，虽然该计算机运算速度快，但由于采用 FPGA 技术，其功耗比现在使用计算机的功耗更低。而外国摩根大通一直致力于采用 FPGA 来做超级金融计算机。在原来超级计算机的基础上加入 FPGA 技术，不但能令计算机运算庞大金融数据所需的时间大大缩减，同时能令功耗大大降低，导致用电量和机器散热量的降低。

12.2.3　FPGA 的开发流程

FPGA 的开发流程主要是利用相关的电子设计自动化(EDA)设计工具进行代码编写，然后进行综合、仿真，最后将程序下载到芯片，在系统中进行测试的一个过程。开发流程图如图 12-1 所示。

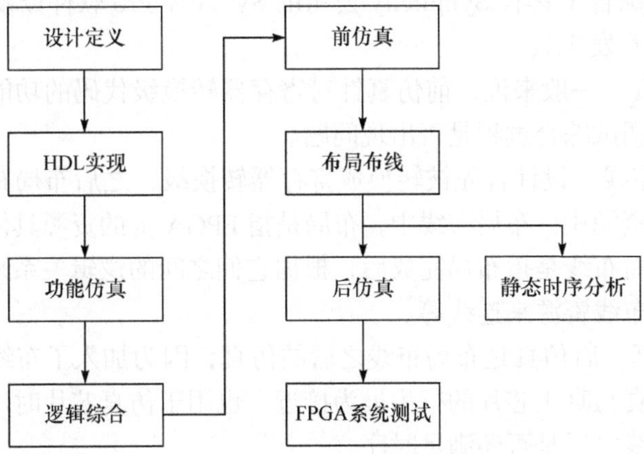

图 12-1　基于 HDL 的 FPGA 开发流程

图 12-1 中各个部分的内容介绍如下：

(1) 设计定义。FPGA 在进行设计之前，需要进行工作规格的确定，明确设计部分在系统中所处的位置，需要完成哪些技术指标，对外有哪些接口，以及哪些资源可供使用等。这一部分需要软硬件人员共同完成，从系统的角度去考虑每一个问题，分清主要功能和次要功能。明确各种指标，不仅包括功能指标和技术指标，同时进度和成本各方面的问题也应该纳入考虑的范围。一旦规格确定好，在之后的设计过程中，各种指标不能随意更改。

(2) HDL 实现。逻辑代码的编写通常用 HDL(硬件描述语言)实现，常用的硬件描述语言有 Verilog HDL 和 VHDL 两种。在逻辑设计中要求比较严格，模块之间要画出波形图，功能的描述要围绕接口波形图展开。若模块中采用了状态机，则需要按照标准的状态机描述模板进行描述。

(3) 功能仿真。功能仿真的作用是验证系统在不带器件延迟的情况下，系统功能的正确性。首先应确定从哪方面对设计进行验证，然后编写 Testbench，最后将 Testbench 和设计放于仿真器中进行仿真，根据仿真结果输出仿真测试报告。整个流程最重要的部分就是 Testbench 的编写，在 Testbench 中，需要用户自己编写激励、存储的读写、监控和自检代码等。

(4) 逻辑综合。逻辑综合的过程就是将较为抽象的高级描述转换成较低级的门级描述的过程。也就是将 HDL 所描述的逻辑模块编译成 RAM 或者触发器等的一些基本逻辑单元组成的逻辑连接网表，构成寄存器转换级(RTL)网表，最后将 RAM 和触发器等单元转换为由更底层的非门、或门、与门等基本门级单元构成的逻辑电路。目前，基于寄存器转换级和门级的 HDL 程序的综合已经是十分成熟，常用的综合工具有 Synplicity 公司的 Synplify Pro 软件以及各个 FPGA 厂商推出的综合开发工具。

(5) 前仿真。一般来说，前仿真针对寄存器转换级代码的功能和性能进行仿真和验证，可调试综合过程是否出现问题。

(6) 布局布线。设计首先被转换成寄存器转换级，之后布局布线再把其映射到 FPGA 上的资源中。布局布线中，布局是指 FPGA 上的资源具体分配到哪一个物理资源中，而布线是指布局完成后，根据它们之间的逻辑关系来连线，确定它们之间用什么布线资源来连线等。

(7) 后仿真。后仿真是布局布线之后的仿真，因为加入了布线的延迟信息，所以这一步仿真与真正芯片的行为最为接近，也用于仿真芯片时序约束是否添加正确，布局布线之后是否还满足时序。

(8) 静态时序分析。静态时序分析用于验证电路时序是否符合设计者规定的时序要求，并考察电路的时延、速度的指标等。静态时序分析是 FPGA 流程中的一个重要组成部分，基本上所有的数字设计都要经过静态时序分析。

(9) FPGA 系统测试。将编译好的程序下载到 FPGA 芯片中进行测试。在实际的系统运行中，观察各项设计功能是否完善，是否存在 BUG 等，同时可以测试系统运行的稳定性和可靠性。FPGA 系统测试是一种最为直观的测试。

12.2.4 FPGA 开发工具

通过 12.2.3 节的介绍，已经初步了解 FPGA 的基本设计流程。本节将介绍一些常用的 EDA 开发工具。不同的 FPGA 开发厂商拥有不同的 EDA 开发工具，从流程上划分，EDA 开发工具主要有设计输入工具、综合工具、仿真工具、布局布线工具、调试工具等。而这些工具中，最重要的是设计输入工具、综合工具和仿真工具，下面将重点介绍这方面的工具。

1. 设计输入工具

FPGA 设计输入的过程中，需要 EDA 开发工具的辅助。不同的 FPGA 开发厂商也拥有不同的设计开发工具，使用得最多的设计输入工具是 Xilinx 公司的 ISE

和 Altera 公司的 QUARTUS II。尽管两款软件的设计界面不尽相同，但两款软件的设计功能基本相同，其设计输入工具中的设计组件也基本一致。

常用的输入方式主要有硬件描述语言的输入和原理图的输入。原理图的输入方式是一种辅助的输入方式，它能将底层模块通过连线方式组合成一个系统。虽然这种输入方式较为直观，但是对于复杂的系统设计，采用图形方式的输入可能带来不必要的麻烦。而更为常用的是硬件描述语言的输入，Verilog HDL 和 VHDL 就是当前使用最为广泛的硬件描述语言。ISE 和 QUARTUS II 两款软件都自带文本编辑器，使用者能在里面编写硬件描述语言代码，其中关键字能被标识出来，同时软件能检查出语法的错误。

设计输入工具中还包含其他组件，能方便地生成代码，避免重复性的工作，加快设计的周期。以 Xilinx 公司的 ISE 为例，它包含了 IP 核生成器 CORE generator 和有限状态机的输入验证工具 StateCAD 等组件，通过这些组件生成的代码规范，稳定性高，能大大加快设计的进程。CORE generator 是 FPGA 厂商提供的一款 IP 生成软件，用户只需要购买 License，选择好要生成的 IP，设置好生成模块的参数等，便可以生成官方提供的代码。这种输入方式能避免设计的重复，节省开发者的精力、时间。目前为止，CORE generator 已经能生成各种常用的模块，从简单的加法器、计数器，到设计复杂的以太网控制器、高速收发器等，甚至连各种数字信号处理的各种滤波算法，都能通过该组件生成。该组件为开发者带来便捷的同时，也为他们节约了开发成本。而 StateCAD 输入方式主要用于状态机的输入，StateCAD 主要由两个工具组成，即 StateCAD 用于状态图输入和代码生成，StateBench 用于测试。使用它能将状态转换图转化成相应的硬件描述语言代码，而且支持测试平台的生成和状态转移覆盖率的测试。

2. 综合工具

在 FPGA 设计过程中，综合是一个非常重要的步骤。同样的设计源代码，无论采用哪一种硬件描述语言，当采用不同的综合工具进行综合时，都会产生不同的综合结果。目前有三种主流的综合工具，分别是 Synplicity 公司的 Synplify Pro、Exemplar Logic 公司的 Leonardo Spectrum 和 Synopsys 公司的 FPGA Compiler II。另外，FPGA 厂商也为设计者提供了综合工具。

Synplify Pro 是高性能的 FPGA 综合工具，为复杂可编程逻辑设计提供了优秀的 HDL 综合解决方案，它包含了 BEST 算法对设计进行整体优化；自动对关键路径做 Retiming，提高性能高达 25%；支持 VHDL 和 Verilog 的混合设计输入，并支持网表文件的输入；增强了对 System Verilog 的支持；Pipeline 功能提高了乘法器和 ROM 的性能；有限状态机优化器可以自动找到最优的编码方法；在 timing

报告和 RTL 视图及 RTL 源代码之间进行交互索引；自动识别 RAM，避免了繁复的 RAM 例化。

3. 仿真工具

在 EDA 设计中，最常用的仿真工具是 ModelSim。其操作简单，仿真精度高，运行速度快，跨平台跨版本仿真等众多优点深受 EDA 设计者欢迎。另外，ModelSim 的功能十分强大，集成了性能分析、波形比较、代码覆盖、数据流 ChaseX、Signal Spy、虚拟对象(virtual object)、Memory 窗口、Assertion 窗口、源码窗口显示的信号值、信号条件断点等众多调试功能，因此它是 EDA 设计者必须学习的工具之一。

在线逻辑分析仪也是 EDA 仿真工具的一种，如 Xilinx 公司的 Chipscope Pro 和 Altera 公司的 SignalTap II。以 Xilinx 公司的 Chipscope Pro 为例，它是一个系统级的调试工具，可以捕获和显示实时信号，观察在系统设计中硬件和软件之间的相互作用。软件可以选择要捕获的信号、开始捕获的时间，以及要捕获多少数据样本；还可以选择时间数据从器件的存储器通过 JTAG(联合测试工作组)端口传送至 Chipscope Pro。然而，Chipscope Pro 是在工程额外加入了模块来采集信号，因此需要消耗一定的硬件资源，包括逻辑单元和片内 RAM。若工程中剩余的 RAM 资源比较充足，则 Chipscope Pro 一次可以采集较多的数据；但若相应的 FPGA 资源已被工程耗尽，则无法使用 Chipscope Pro 调试。

12.2.5 Virtex II Pro 硬件开发平台

Virtex II Pro 是 Xilinx 公司针对大学计划和研究机构推出的一款 FPGA 多媒体应用开发平台。它作为一个 FPGA 的多媒体应用开发平台，为人们提供了丰富的外围设备，让人们能应付各种研究，包括从简单的逻辑电路设计，到复杂的多媒体应用研究等。并且，Xilinx 公司还提供了开发例程，帮助学生、老师和研究人员迅速掌握各种应用的设计技巧。

图 12.2 是 Virtex II Pro 开发平台的硬件框图。从图中可知，整个 Virtex II Pro 开发平台主要由电源、时钟、配置模块、各种类型的接口、存储模块以及各种外部设备组成。所有的外部模块都由一块型号为 Virtex II Pro XC2VP30 的 FPGA 芯片连接，正是这种连接方式，使得开发者能通过配置 FPGA 芯片来控制各种外设。该硬件平台包括如下资源：

(1) Xilinx FPGA 主芯片。具体型号为 Virtex II Pro XC2VP30 FF896，其中在主芯片内拥有 13969 个片区(Slices)、428Kbit 的分布式 RAM、2448Kbit 的 Block RAM、8 个数字时钟管理模块、两个 PowerPC 核以及 8 个吉比特收发器等。

(2) 电源模块。Virtex II Pro 开发平台的运作由一个 5V 的电源提供，同时平台上的电源转换模块能提供 3.3V、2.5V 和 1.5V 三种不同的电压。

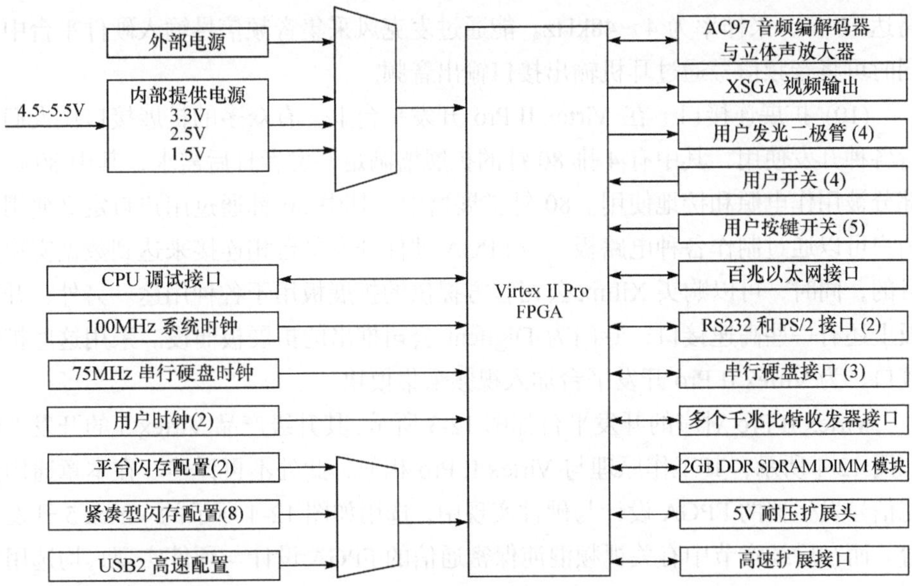

图 12-2　Virtex II Pro 开发平台硬件框图

(3) System ACE CF 卡控制器。Virtex II Pro 开发平台提供了一个 CF(紧凑型闪存)卡控制设备来为系统提供额外的数据存储方式。通过 CF 卡，人们可以放入文本、数据、音频、图片、视频等多媒体信息供 FPGA 进行处理。同时，可以通过 Xilinx 公司提供的 System ACE 技术，将程序烧入 CF 卡中，来对 FPGA 进行配置。

(4) 百兆以太网接口。开发平台为人们提供了一个百兆的以太网接口，人们可以通过使用 Xilinx 公司官方 IP 核，以及接口的编写，来实现以太网数据的传输。支持 TCP/UDP/IP 协议数据的产生和校验。

(5) RS232 串行收发接口。通过 MAX232 芯片进行电平转换，实现从 4800～19200Hz 的数据传输。

(6) PS/2 接口。用于鼠标、键盘的连接。

(7) LED 灯、按键、拨码开关。提供了三种常用的外设，从而可用于调试或配合各种复杂系统使用。

(8) XSGA 显示输出接口。通过开发平台上的视频数字模拟转换器(DAC)芯片和一个 15 针的接口，提供一个显示的输出方案。该 DAC 芯片能提供高达 180MHz 的时钟输入，并且能输出最大分辨率 1600×1200、刷新频率 70Hz 的视频信号。

(9) AC97 音频编解码芯片。采用美国国家半导体公司的 LM4550，采集精度高达 18 位，采样率为 4～48kHz。能通过麦克风采集音频信号输入硬件平台中，同时可将音频信号通过耳机输出接口输出音频。

(10) 扩展连接口。在 Virtex II Pro 开发平台上，有众多的扩展接口供人们日后各种开发使用，其中有 4 排 80 针的扩展槽满足开发者日后需求，其中 80 针中部分被用作电源和接地使用。80 针扩展槽中，其中 60 针通过用户自定义使用，用户可以通过制作各种电路板，与 FPGA 硬件开发平台相连接来达到数据交换的目的，同时，可以购买 Xilinx 公司官方提供的扩展板用于各种用途。另外，开发板上还有一些高速接口，专门为 Digilent 公司推出的扩展板而设。采用这些扩展接口，为 Virtex II Pro 开发平台加入视频采集模块。

Virtex II Pro 对应的开发平台如图 12-3 所示，其升级产品 Virtex 5 的开发平台如图 12-4 所示，其工作原理与 Virtex II Pro 相似，此处不再详述。在本章通用混沌信号发生器的 FPGA 设计与硬件实现中，选用如图 12-4 所示的 Virtex 5 开发平台。而在后续章节中有关视频混沌保密通信的 FPGA 设计与硬件实现，均选用如图 12-3 所示的 Virtex II Pro 开发平台。

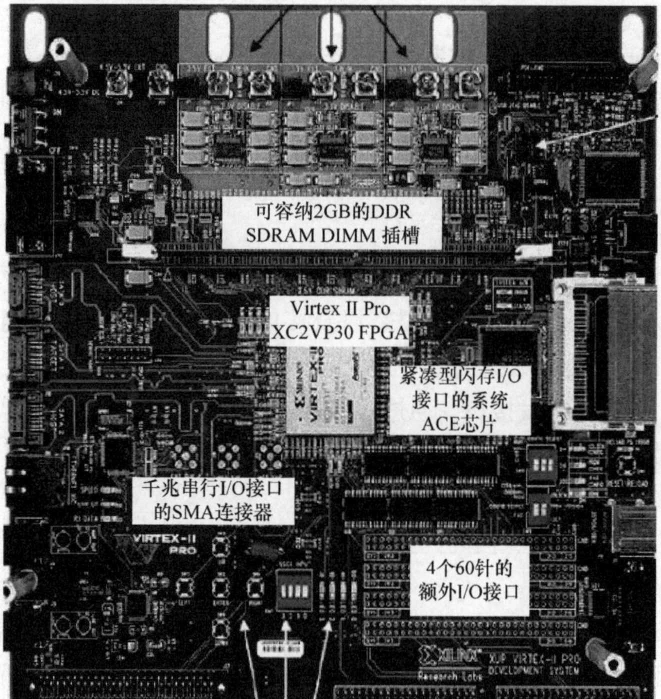

图 12-3　Virtex II Pro FPGA 开发平台

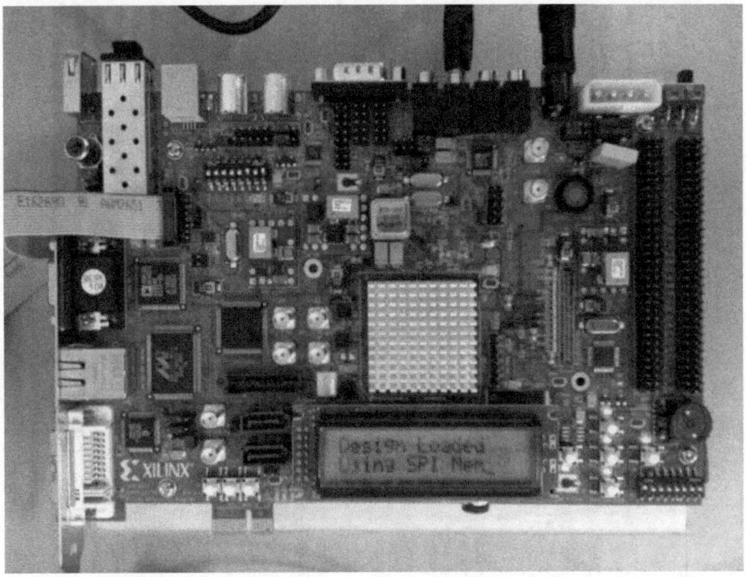

图 12-4　Virtex 5 FPGA 开发平台

12.3　连续时间混沌系统的 Verilog HDL 定点算法设计

设 n 阶无量纲连续时间混沌系统状态方程的一般形式为

$$\begin{cases}\dot{x}_1(\tau)=b_1+\sum_{i=1}^{n}c_i^{(1)}x_i(\tau)+\sum_{i=1}^{n}\sum_{j=1}^{n}b_{ij}^{(1)}x_i(\tau)x_j(\tau)+F_1(k_{11},k_{12},\cdots,x_1(\tau),x_2(\tau),\cdots,x_n(\tau))\\ \dot{x}_2(\tau)=b_2+\sum_{i=1}^{n}c_i^{(2)}x_i(\tau)+\sum_{i=1}^{n}\sum_{j=1}^{n}b_{ij}^{(2)}x_i(\tau)x_j(\tau)+F_2(k_{21},k_{22},\cdots,x_1(\tau),x_2(\tau),\cdots,x_n(\tau))\\ \quad\vdots\\ \dot{x}_n(\tau)=b_n+\sum_{i=1}^{n}c_i^{(n)}x_i(\tau)+\sum_{i=1}^{n}\sum_{j=1}^{n}b_{ij}^{(n)}x_i(\tau)x_j(\tau)+F_n(k_{n1},k_{n2},\cdots,x_1(\tau),x_2(\tau),\cdots,x_n(\tau))\end{cases} \tag{12-1}$$

式中，$b_i\ (1\leqslant i\leqslant n)$、$c_i^{(1)},c_i^{(2)},\cdots,c_i^{(n)}\ (1\leqslant i\leqslant n)$、$b_{ij}^{(1)},b_{ij}^{(2)},\cdots,b_{ij}^{(n)}\ (1\leqslant i,j\leqslant n)$、$k_{ij}$ $(1\leqslant i\leqslant n, j\geqslant 1)$ 为方程的参数，$F_1,F_2,\cdots,F_n$ 为非线性函数。

为了便于用 FPGA 实现，首先对式(12-1)表示的 n 维连续时间混沌系统的状态方程进行离散化处理，得 n 维离散时间混沌系统的迭代方程为

$$
\begin{cases}
x_1(k+1)=x_1(k)+\Delta T\left(b_1+\sum_{i=1}^{n}c_i^{(1)}x_i(k)+\sum_{i=1}^{n}\sum_{j=1}^{n}b_{ij}^{(1)}x_i(k)x_j(k)\right.\\
\qquad\left.+F_1(k_{11},k_{12},\cdots,x_1(k),x_2(k),\cdots,x_n(k))\right)\\
\quad=\Delta Tb_1+\sum_{i=1}^{n}\Delta Ta_i^{(1)}x_i(k)+\sum_{i=1}^{n}\sum_{j=1}^{n}\Delta Tb_{ij}^{(1)}x_i(k)x_j(k)\\
\qquad+\Delta TF_1(k_{11},k_{12},\cdots,x_1(k),x_2(k),\cdots,x_n(k))\\
x_2(k+1)=x_2(k)+\Delta T\left(b_2+\sum_{i=1}^{n}c_i^{(2)}x_i(k)+\sum_{i=1}^{n}\sum_{j=1}^{n}b_{ij}^{(2)}x_i(k)x_j(k)\right.\\
\qquad\left.+F_2(k_{21},k_{22},\cdots,x_1(k),x_2(k),\cdots,x_n(k))\right)\\
\quad=\Delta Tb_2+\sum_{i=1}^{n}\Delta Ta_i^{(2)}x_i(k)+\sum_{i=1}^{n}\sum_{j=1}^{n}\Delta Tb_{ij}^{(2)}x_i(k)x_j(k)\\
\qquad+\Delta TF_2(k_{21},k_{22},\cdots,x_1(k),x_2(k),\cdots,x_n(k))\\
\quad\vdots\\
x_n(k+1)=x_n(k)+\Delta T\left(b_n+\sum_{i=1}^{n}c_i^{(n)}x_i(k)+\sum_{i=1}^{n}\sum_{j=1}^{n}b_{ij}^{(n)}x_i(k)x_j(k)\right.\\
\qquad\left.+F_n(k_{n1},k_{n2},\cdots,x_1(k),x_2(k),\cdots,x_n(k))\right)\\
\quad=\Delta Tb_n+\sum_{i=1}^{n}\Delta Ta_i^{(n)}x_i(k)+\sum_{i=1}^{n}\sum_{j=1}^{n}\Delta Tb_{ij}^{(n)}x_i(k)x_j(k)\\
\qquad+\Delta TF_n(k_{n1},k_{n2},\cdots,x_1(k),x_2(k),\cdots,x_n(k))
\end{cases}
\tag{12-2}
$$

式中，ΔT 为步长，$a_i^{(1)},a_i^{(2)},\cdots,a_i^{(n)}\ (1\leqslant i\leqslant n)$ 为方程的参数。

根据式(12-2)，设计基于 Verilog HDL 的定点算法。首先找到正整数 $N_{\min}$，用 $2^{N_{\min}}$ 乘以 $\Delta Tb_i\ (1\leqslant i\leqslant n)$，$\Delta Ta_i^{(1)},\Delta Ta_i^{(2)},\cdots,\Delta Ta_i^{(n)}\ (1\leqslant i\leqslant n)$，$\Delta Tb_{ij}^{(1)},\Delta Tb_{ij}^{(2)},\cdots,\Delta Tb_{ij}^{(n)}\ (1\leqslant i,j\leqslant n)$，$\Delta Tk_{ij}\ (1\leqslant i\leqslant n,j\geqslant 1)$，得

$$
\begin{cases}
\hat{x}_1(k+1)=2^{N_{\min}}\times x_1(k+1)=\hat{b}_1+\sum_{i=1}^{n}a_i^{(1)}x_i(k)+\sum_{i=1}^{n}\sum_{j=1}^{n}b_{ij}^{(1)}x_i(k)x_j(k)\\
\qquad+\hat{F}_1(\hat{k}_{11},k_{12},\cdots,x_1(k),x_2(k),\cdots,x_n(k))\\
\hat{x}_2(k+1)=2^{N_{\min}}\times x_2(k+1)=\hat{b}_2+\sum_{i=1}^{n}a_i^{(2)}x_i(k)+\sum_{i=1}^{n}\sum_{j=1}^{n}b_{ij}^{(2)}x_i(k)x_j(k)\\
\qquad+\hat{F}_2(\hat{k}_{21},k_{22},\cdots,x_1(k),x_2(k),\cdots,x_n(k))
\end{cases}
\tag{12-3}
$$

$$
\begin{cases}
\vdots \\
\hat{x}_n(k+1) = 2^{N_{\min}} \times x_n(k+1) = \hat{b}_n + \sum_{i=1}^{n} a_i^{(n)} x_i(k) + \sum_{i=1}^{n}\sum_{j=1}^{n} b_{ij}^{(n)} x_i(k) x_j(k) \\
\qquad + \hat{F}_n(\hat{k}_{n1}, k_{n2}, \cdots, x_1(k), x_2(k), \cdots, x_n(k))
\end{cases}
$$

式中，$\hat{F}_i$ 为整数参数的非线性函数；$\hat{b}_i, \hat{k}_{ij}, \hat{a}_i^{(1)}, \hat{a}_i^{(2)}, \cdots, \hat{a}_i^{(n)}, \hat{b}_{ij}^{(1)}, \hat{b}_{ij}^{(2)}, \cdots, \hat{b}_{ij}^{(n)}$ 为整数，其表达式为

$$
\begin{cases}
\hat{b}_i = \Delta T b_i \times 2^{N_{\min}}, & 1 \leqslant i \leqslant n \\
\hat{k}_{ij} = \Delta T k_{ij} \times 2^{N_{\min}}, & 1 \leqslant i \leqslant n, j \geqslant 1 \\
\hat{a}_i^{(1)} = \Delta T a_i^{(1)} \times 2^{N_{\min}}, \quad \hat{a}_i^{(2)} = \Delta T a_i^{(2)} \times 2^{N_{\min}}, \quad \cdots, \quad \hat{a}_i^{(n)} = \Delta T a_i^{(n)} \times 2^{N_{\min}}, & 1 \leqslant i \leqslant n \\
\hat{b}_{ij}^{(1)} = \Delta T b_{ij}^{(1)} \times 2^{N_{\min}}, \quad \hat{b}_{ij}^{(2)} = \Delta T b_{ij}^{(2)} \times 2^{N_{\min}}, \quad \cdots, \quad \hat{b}_{ij}^{(n)} = \Delta T b_{ij}^{(n)} \times 2^{N_{\min}}, & 1 \leqslant i, j \leqslant n
\end{cases}
$$

由于式(12-3)的两端扩大了 $2^{N_{\min}}$ 倍，所以，要将迭代输出值缩小至 $1/2^{N_{\min}}$ 并向上取整后再进入下一轮迭代，得

$$
\begin{cases}
x_1(k+1) = \text{ceil}\,[\hat{x}_1(k+1)/2^{N_{\min}}] \\
x_2(k+1) = \text{ceil}\,[\hat{x}_2(k+1)/2^{N_{\min}}] \\
\vdots \\
x_n(k+1) = \text{ceil}\,[\hat{x}_n(k+1)/2^{N_{\min}}]
\end{cases}
\tag{12-4}
$$

式中，ceil 表示向上取整。

12.4 基于 Verilog HDL 定点算法的状态分配与状态机控制方法

本节根据式(12-3)和式(12-4)，设计基于 Verilog HDL 定点算法的状态分配与状态机控制电路，如图 12-5 所示，由状态机主控单元、非线性运算单元、迭代运算单元、右移及向上取整单元、寄存器及输出单元五个部分组成，其中状态机主控单元的输出 En0～En3 控制其余四个部分的使能。

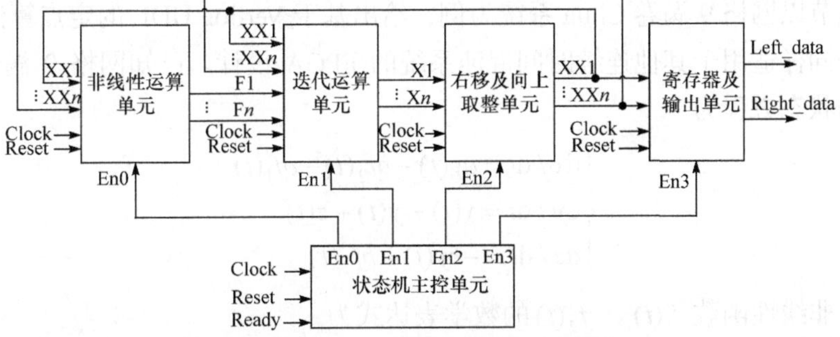

图 12-5　状态分配及其状态机控制

当电路通电或复位后，状态机主控单元中的四个状态分别为 S0、S1、S2、S3，状态机的跳转图如图 12-6 所示。

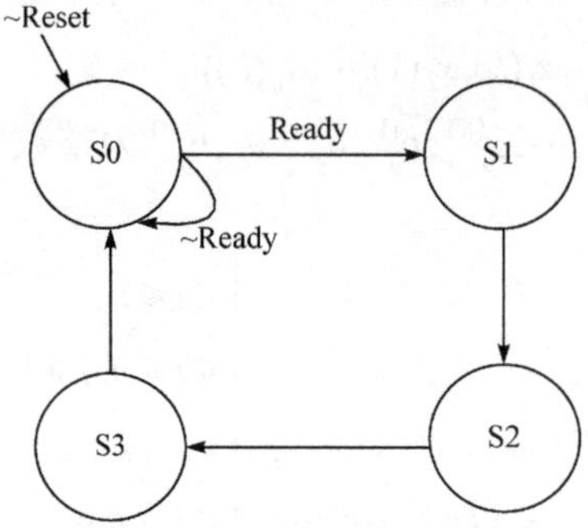

图 12-6　状态机的跳转图

当电路复位时，状态机为 S0 状态，复位后状态机的操作如下：

(1) S0 状态完成非线性项的运算。若 D/A 转换驱动电路的 Ready 信号为高电平，状态机主控单元的输出 En0 为高电平，则非线性运算单元使能，进行混沌迭代方程中非线性项的运算，同时状态机主控电路的状态跳转到 S1 状态；如果 Ready 信号为低电平，则非线性项的输出保持原值，同时状态机停留在当前的 S0 状态。

(2) S1 状态完成迭代序列的运算。状态机主控单元的输出 En1 为高电平，迭代运算单元使能，计算混沌迭代方程的迭代结果，同时状态机跳转到 S2 状态。

(3) S2 状态完成迭代值的右移和向上取整。状态机主控单元输出 En2 为高电平，右移及向上取整运算单元使能，进行右移和向上取整操作，同时状态机跳转到 S3 状态。

(4) S3 完成混沌迭代序列输出到 D/A 转换驱动电路的操作。状态机主控单元输出 En3 为高电平，寄存器和输出单元使能，将两路混沌迭代序列的输出到 D/A 转换驱动电路的两路通道，供示波器显示结果，同时状态机跳转到 S0 状态。

12.5　网格 9 涡卷 Chua 系统的 Verilog HDL 定点算法设计

本节以网格 9 涡卷 Chua 系统为例，给出基于 Verilog HDL 的定点算法设计，该方法同样适用于其他连续时间混沌系统的 FPGA 设计。已知网格 9 涡卷 Chua 系统的状态方程为

$$\begin{cases} \mathrm{d}x / \mathrm{d}t = ay(t) - af_2(t) - af_1(t) \\ \mathrm{d}y / \mathrm{d}t = x(t) - y(t) + z(t) \\ \mathrm{d}z / \mathrm{d}t = -by(t) + bf_2(t) \end{cases} \tag{12-5}$$

式中，非线性函数 $f_1(t)$、$f_2(t)$ 的数学表达式为

$$\begin{cases} f_1(t) = B_1\{x(t) - A_1[\text{sign}(x(t)+A_1) + \text{sign}(x(t)-A_1)]\} \\ f_2(t) = A_2[\text{sign}(y(t)+A_2) + \text{sign}(y(t)-A_2)] \end{cases} \tag{12-6}$$

其中，a、b、A_1、A_2、B_1 为参数。

为了便于 FPGA 实现，对式(12-5)和式(12-6)进行离散化处理，得对应的迭代方程为

$$\begin{cases} x(i+1) = x(i) + aTy(i) - aTf_2(i) - aTf_1(i) \\ y(i+1) = Tx(i) + (1-T)y(i) + Tz(i) \\ z(i+1) = -bTy(i) + z(i) + bTf_2(i) \end{cases} \tag{12-7}$$

式中，非线性函数 $f_1(i)$、$f_2(i)$ 的数学表达式为

$$\begin{cases} f_1(i) = B_1x(i) - B_1A_1[\text{sign}(x(i)+A_1) - B_1A_1\text{sign}(x(i)-A_1)] \\ f_2(i) = A_2\text{sign}(y(i)+A_2) + A_2\text{sign}(y(i)-A_2) \end{cases} \tag{12-8}$$

其中，$a=10, b=16, A_1=50000, A_2=25000, B_1=0.25, T=0.035$。

根据式(12-7)和式(12-8)，设计基于 Verilog HDL 的定点算法。具体设计步骤如下：

(1) 调整参数便于 Verilog HDL 定点算法的实现。首先，使用 2 的幂次对参数 T 和 B_1 的小数部分进行逼近，即 $T=0.035\approx 0.03125=2^{-5}$，$B_1=0.25=2^{-2}$。

(2) 迭代序列定点算法的实现。选取 $N_{\min}=7$，使得迭代方程两端乘以 $2^{N_{\min}}$ 后，方程的全部参数转化为整数。对式(12-7)两端同时乘以 2^7，得

$$\begin{cases} \hat{x}(i+1) = x(i+1)\times 2^7 = 2^7\times x(i) + \hat{a}\hat{T}y(i) - \hat{a}\hat{T}f_2(i) - a\hat{T}\hat{f}_1(i) \\ \hat{y}(i+1) = y(i+1)\times 2^7 = \hat{T}x(i)\times 2^2 + (2^7 - 2^2\times\hat{T})y(i) + \hat{T}z(i)\times 2^2 \\ \hat{z}(i+1) = z(i+1)\times 2^7 = -\hat{b}\hat{T}y(i) + 2^7\times z(i) + \hat{b}\hat{T}f_2(i) \\ x(i+1) = \text{ceil}[\hat{x}(i+1)/2^7] \\ y(i+1) = \text{ceil}[\hat{y}(i+1)/2^7] \\ z(i+1) = \text{ceil}[\hat{z}(i+1)/2^7] \end{cases} \tag{12-9}$$

式中，$\hat{f}_1(i)$ 和 $f_2(i)$ 的数学表达式为

$$\begin{cases} \hat{f}_1(i) = 2^2\times f_1 = 2^2\times\{B_1x(i) - B_1A_1[\text{sign}(x(i)+A_1) - B_1A_1\text{sign}(x(i)-A_1)]\} \\ \qquad = \hat{B}_1x(i) - \hat{B}_1A_1\text{sign}(x(i)+A_1) - \hat{B}_1A_1\text{sign}(x(i)-A_1) \\ f_2(i) = A_2[\text{sign}(y(i)+A_2) + \text{sign}(y(i)-A_2)] \end{cases} \tag{12-10}$$

式中，$i=1,2,\cdots,M,\cdots$，$x(0)=2$，$y(0)=11$，$z(0)=-3$，$\hat{T}=T\times 2^5=1$，$A_1=50000$，$A_2=25000$，$a=10$，$b=16$，$\hat{a}=a\times 2^2=40$，$\hat{b}=b\times 2^2=64$，$\hat{B}_1=B_1\times 2^2=1$。

12.6 网格 9 涡卷 Chua 系统的 FPGA 硬件实现

FPGA 硬件平台如图 12-4 所示，型号为 Virtex 5 系列的 XC5VLX50T。FPGA 产生的混沌迭代序列输出到 AD1981B 芯片，供示波器显示输出结果。网格 9 涡卷 Chua 系统对应的 FPGA 设计总框图如图 12-7 所示。图中，模块 ac97cmd 和 ac97 为 AD1981B 芯片的驱动模块，负责对 AD1981B 芯片进行初始化，将迭代序列输出给 D/A 转换芯片；模块 discrete_chua_9_grid_scroll_gen 为网格 9 涡卷信号发生器模块，负责生成两路混沌迭代序列。

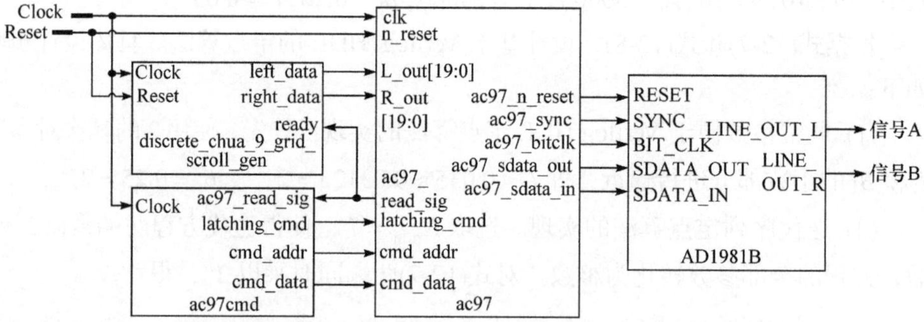

图 12-7 网格 9 涡卷 Chua 系统对应的 FPGA 设计总框图

根据网格 9 涡卷 Chua 系统 Verilog HDL 定点算法(12-9)和(12-10)，得如图 12-5 所示 FPGA 中对应的数字系统框图如图 12-8 所示。图中除了基本的定点数加减运算和乘法运算外，还有符号运算和移位取整运算等，这些运算在 FPGA 上的操作是十分方便的。图中符号“<<”表示左移运算，“ceil”表示向上取整，“+”表示加法运算，“×”表示乘法运算，“sign”表示符号运算。与浮点算法相比，采用定点算法避免了浮点加法器、减法器和乘法器等模块的构造，加法和减法操作能直接完成，再加上简单的移位操作，便可完成相关运算操作，因此在节省硬件资源的同时，也大大提高了操作的效率。

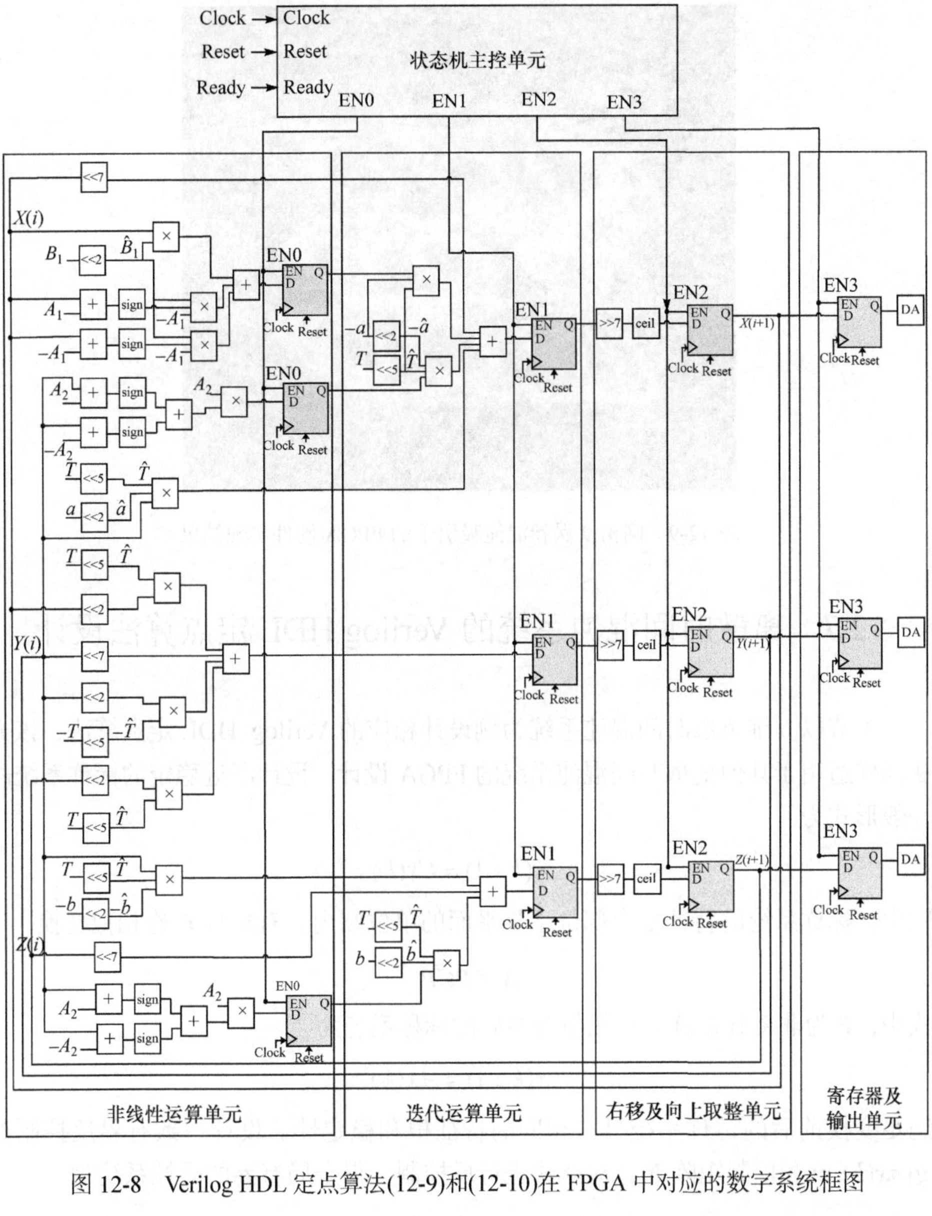

图 12-8　Verilog HDL 定点算法(12-9)和(12-10)在 FPGA 中对应的数字系统框图

根据图 12-7 和图 12-8，可得网格 9 涡卷混沌吸引子的 FPGA 硬件实现结果，如图 12-9 所示。

图 12-9　网格 9 涡卷混沌吸引子的 FPGA 硬件实现结果

12.7　离散时间混沌系统的 Verilog HDL 定点算法设计

本节以 6 维离散时间混沌系统为例设计相应的 Verilog HDL 定点算法，该方法同样适用于其他离散时间混沌系统的 FPGA 设计。设计渐近稳定的标称系统的一般形式为

$$\boldsymbol{x}(k+1)=\boldsymbol{C}\boldsymbol{x}(k)$$

式中，标称系统的特征根全部位于复平面的单位圆内。对矩阵 $\boldsymbol{C}$ 作相似变换

$$\boldsymbol{A}=\boldsymbol{P}\boldsymbol{C}\boldsymbol{P}^{-1}$$

式中，$\boldsymbol{P}$ 为非奇异矩阵。得相似变换后的标称系统为

$$\boldsymbol{x}(k+1)=\boldsymbol{A}\boldsymbol{x}(k)$$

满足变换前后的标称系统具有相同的特征根和稳定性。设计一致有界反控制器 $\boldsymbol{g}(\boldsymbol{\sigma}\boldsymbol{x}(k),\varepsilon)$ 和控制矩阵 $\boldsymbol{B}$，对此式进行反控制，得全局有界的受控系统为

$$\boldsymbol{x}(k+1)=\boldsymbol{A}\boldsymbol{x}(k)+\boldsymbol{B}\boldsymbol{f}(\boldsymbol{\sigma}\boldsymbol{x}(k),\varepsilon)$$

利用控制矩阵 $\boldsymbol{B}$、参数 $\boldsymbol{\sigma}$ 和 ε 对受控系统进行极点配置，经极点配置后，正李氏指数个数达到了最大值，满足 $L=n$，使得受控系统成为无简并高维离散时间超混沌系统。

根据上述方法，得 6 维离散时间超混沌系统的迭代方程为

$$
\begin{cases}
x_1(i+1)=a_{11}x_1(i)+a_{12}x_2(i)+a_{13}x_3(i)+a_{14}x_4(i)+a_{15}x_5(i)+a_{16}x_6(i) \\
\qquad +\operatorname{mod}(\sigma_4 x_4(i),\varepsilon_4) \\
x_2(i+1)=a_{21}x_1(i)+a_{22}x_2(i)+a_{23}x_3(i)+a_{24}x_4(i)+a_{25}x_5(i)+a_{26}x_6(i) \\
\qquad +\operatorname{mod}(\sigma_5 x_5(i),\varepsilon_5) \\
x_3(i+1)=a_{31}x_1(i)+a_{32}x_2(i)+a_{33}x_3(i)+a_{34}x_4(i)+a_{35}x_5(i)+a_{36}x_6(i) \\
\qquad +\operatorname{mod}(\sigma_6 x_6(i),\varepsilon_6) \\
x_4(i+1)=a_{41}x_1(i)+a_{42}x_2(i)+a_{43}x_3(i)+a_{44}x_4(i)+a_{45}x_5(i)+a_{46}x_6(i) \\
x_5(i+1)=a_{51}x_1(i)+a_{52}x_2(i)+a_{53}x_3(i)+a_{54}x_4(i)+a_{55}x_5(i)+a_{56}x_6(i) \\
x_6(i+1)=a_{61}x_1(i)+a_{62}x_2(i)+a_{63}x_3(i)+a_{64}x_4(i)+a_{65}x_5(i)+a_{66}x_6(i)
\end{cases}
\tag{12-11}
$$

根据式(12-11)，得 Verilog HDL 定点算法的具体设计过程如下：

(1) 调整参数便于 Verilog HDL 定点算法的实现。式(12-11)中的参数 $a_{ij}\ (1\leqslant i,j\leqslant 6)$ 为

$$
\begin{cases}
a_{11}\approx 0.21875=2^{-3}+2^{-4}+2^{-5} \\
a_{12}\approx -0.27734375=-(2^{-2}+2^{-6}+2^{-7}+2^{-8}) \\
a_{13}\approx 0.1171875=2^{-4}+2^{-5}+2^{-6}+2^{-7} \\
a_{14}\approx -0.27734375=-(2^{-2}+2^{-6}+2^{-7}+2^{-8}) \\
a_{15}\approx 0.41796875=2^{-2}+2^{-3}+2^{-5}+2^{-7}+2^{-8} \\
a_{16}\approx -0.1796875=-(2^{-3}+2^{-5}+2^{-6}+2^{-7}) \\
a_{21}\approx -0.19921875=-(2^{-3}+2^{-4}+2^{-7}+2^{-8}) \\
a_{22}\approx -0.0976525=-(2^{-4}+2^{-5}+2^{-8}) \\
a_{23}\approx 0.19921875=-(2^{-3}+2^{-4}+2^{-7}+2^{-8}) \\
a_{24}\approx -0.19921875=-(2^{-3}+2^{-4}+2^{-7}+2^{-8}) \\
a_{25}=0.5=2^{-1},\quad a_{26}\approx -0.0976525=-(2^{-4}+2^{-5}+2^{-8}) \\
a_{31}\approx -0.0390625=-(2^{-5}+2^{-7}),\quad a_{32}\approx -0.4375=-(2^{-2}+2^{-3}+2^{-4}) \\
a_{33}\approx -0.2578125=-(2^{-2}+2^{-7}),\quad a_{34}\approx -0.0390625=-(2^{-5}+2^{-7}) \\
a_{35}\approx 0.45703125=2^{-2}+2^{-3}+2^{-4}+2^{-6}+2^{-8} \\
a_{36}\approx -0.13671875=-(2^{-3}+2^{-7}+2^{-8}) \\
a_{41}\approx -0.0390625=2^{-5}+2^{-7},\quad a_{42}\approx -0.359375=-(2^{-2}+2^{-4}+2^{-5}+2^{-6})
\end{cases}
$$

$$
\begin{cases}
a_{43} \approx 0.0390625 = 2^{-5} + 2^{-7}, \quad a_{44} \approx -0.05859375 = 2^{-5} + 2^{-6} + 2^{-7} + 2^{-8} \\
a_{45} \approx 0.5390625 = 2^{-1} + 2^{-5} + 2^{-7}, \quad a_{46} \approx -0.05859375 = -(2^{-5} + 2^{-6} + 2^{-7} + 2^{-8}) \\
a_{51} \approx 0.0195312 = 2^{-6} + 2^{-8}, \quad a_{52} \approx -0.41796875 = 2^{-2} + 2^{-3} + 2^{-5} + 2^{-7} + 2^{-8} \\
a_{53} \approx 0.1796875 = 2^{-3} + 2^{-5} + 2^{-6} + 2^{-7}, \quad a_{54} \approx -0.21875 = 2^{-3} + 2^{-4} + 2^{-5} \\
a_{55} = 0.37890625 = 2^{-2} + 2^{-3} + 2^{-8}, \quad a_{56} \approx 0.1796875 = 2^{-3} + 2^{-5} + 2^{-6} + 2^{-7} \\
a_{61} \approx 0.09765625 = 2^{-4} + 2^{-5} + 2^{-8}, \quad a_{62} \approx -0.296875 = -(2^{-2} + 2^{-5} + 2^{-6}) \\
a_{63} \approx 0.296875 = 2^{-2} + 2^{-5} + 2^{-6}, \quad a_{64} \approx -0.09765625 = -(2^{-4} + 2^{-5} + 2^{-8}) \\
a_{65} \approx 0.296875 = 2^{-2} + 2^{-5} + 2^{-6}, \quad a_{66} \approx -0.09765625 = -(2^{-4} + 2^{-5} + 2^{-8})
\end{cases}
$$

(2) 迭代序列定点算法的实现。选取 $N_{\min} = 8$，使得迭代方程两端乘以 $2^{N_{\min}}$ 后，方程的全部参数转化为整数。对式(12-11)两端同时乘以 2^8，得

$$
\begin{cases}
\hat{x}_1(i+1) = x_1(i+1) \times 2^8 \\
\quad = \hat{a}_{11}x_1(i) + \hat{a}_{12}x_2(i) + \hat{a}_{13}x_3(i) + \hat{a}_{14}x_4(i) + \hat{a}_{15}x_5(i) + \hat{a}_{16}x_6(i) \\
\quad\quad + 256\,\mathrm{mod}(\sigma_4 x_4(i), \varepsilon_4) \\
\hat{x}_2(i+1) = x_2(i+1) \times 2^8 \\
\quad = \hat{a}_{21}x_1(i) + \hat{a}_{22}x_2(i) + \hat{a}_{23}x_3(i) + \hat{a}_{24}x_4(i) + \hat{a}_{25}x_5(i) + \hat{a}_{26}x_6(i) \\
\quad\quad + 256\,\mathrm{mod}(\sigma_5 x_5(i), \varepsilon_5) \\
\hat{x}_3(i+1) = x_3(i+1) \times 2^8 \\
\quad = \hat{a}_{31}x_1(i) + \hat{a}_{32}x_2(i) + \hat{a}_{33}x_3(i) + \hat{a}_{34}x_4(i) + \hat{a}_{35}x_5(i) + \hat{a}_{36}x_6(i) \\
\quad\quad + 256\,\mathrm{mod}(\sigma_6 x_6(i), \varepsilon_6) \\
\hat{x}_4(i+1) = x_4(i+1) \times 2^8 = \hat{a}_{41}x_1(i) + \hat{a}_{42}x_2(i) + \hat{a}_{43}x_3(i) + \hat{a}_{44}x_4(i) + \hat{a}_{45}x_5(i) + \hat{a}_{46}x_6(i) \\
\hat{x}_5(i+1) = x_5(i+1) \times 2^8 = \hat{a}_{51}x_1(i) + \hat{a}_{52}x_2(i) + \hat{a}_{53}x_3(i) + \hat{a}_{54}x_4(i) + \hat{a}_{55}x_5(i) + \hat{a}_{56}x_6(i) \\
\hat{x}_6(i+1) = x_6(i+1) \times 2^8 = \hat{a}_{61}x_1(i) + \hat{a}_{62}x_2(i) + \hat{a}_{63}x_3(i) + \hat{a}_{64}x_4(i) + \hat{a}_{65}x_5(i) + \hat{a}_{66}x_6(i) \\
x_1(i+1) = \mathrm{ceil}[\hat{x}_1(i+1) / 2^8] \\
x_2(i+1) = \mathrm{ceil}[\hat{x}_2(i+1) / 2^8] \\
x_3(i+1) = \mathrm{ceil}[\hat{x}_3(i+1) / 2^8] \\
x_4(i+1) = \mathrm{ceil}[\hat{x}_4(i+1) / 2^8] \\
x_5(i+1) = \mathrm{ceil}[\hat{x}_5(i+1) / 2^8] \\
x_6(i+1) = \mathrm{ceil}[\hat{x}_6(i+1) / 2^8]
\end{cases}
\tag{12-12}
$$

式中，$\sigma_4 = 2^{16} = 65536$，$\sigma_5 = 2^{17} = 131072$，$\sigma_6 = 2^{18} = 262144$，$\varepsilon_4 = 2^{17} = 131072$，$\varepsilon_5 = 2^{18} = 2622144$，$\varepsilon_6 = 2^{19} = 524288$，参数 $\hat{a}_{ij}$ $(1 \leqslant i, j \leqslant 6)$ 的大小分别为

$$\begin{cases} \hat{a}_{11} = 56, & \hat{a}_{12} = -71, & \hat{a}_{13} = 30, & \hat{a}_{14} = -71, & \hat{a}_{15} = 107, & \hat{a}_{16} = -46 \\ \hat{a}_{21} = -51, & \hat{a}_{22} = -25, & \hat{a}_{23} = 51, & \hat{a}_{24} = -51, & \hat{a}_{25} = 128, & \hat{a}_{26} = -25 \\ \hat{a}_{31} = -10, & \hat{a}_{32} = -112, & \hat{a}_{33} = 66, & \hat{a}_{34} = -10, & \hat{a}_{35} = 117, & \hat{a}_{36} = -35 \\ \hat{a}_{41} = 10, & \hat{a}_{42} = -92, & \hat{a}_{43} = 10, & \hat{a}_{44} = -15, & \hat{a}_{45} = 138, & \hat{a}_{46} = -15 \\ \hat{a}_{51} = -5, & \hat{a}_{52} = -107, & \hat{a}_{53} = 46, & \hat{a}_{54} = -56, & \hat{a}_{55} = 97, & \hat{a}_{56} = 46 \\ \hat{a}_{61} = 25, & \hat{a}_{62} = -76, & \hat{a}_{63} = 76, & \hat{a}_{64} = -25, & \hat{a}_{65} = 76, & \hat{a}_{66} = -25 \end{cases}$$

12.8　6 维离散时间混沌系统的 FPGA 硬件实现

6 维离散时间混沌系统对应的 FPGA 设计总框图如图 12-10 所示，图中的模块 ac97cmd 和 ac97 为 AD1981B 芯片的驱动模块，负责对 AD1981B 芯片进行初始化，并将两路混沌迭代序列输出给 D/A 转换芯片，供示波器显示混沌吸引子；模块 discrete_6D_gen 为 6 维离散时间混沌信号发生器模块，负责生成两路混沌迭代序列。根据式(12-12)，得 FPGA 中对应的数字系统框图如图 12-11 所示。

根据图 12-10 和图 12-11，得 6 维离散时间混沌系统的混沌吸引子 FPGA 硬件实现结果如图 12-12 所示。作为对比，根据式(12-12)，得混沌吸引子的 MATLAB 仿真结果如图 12-13 所示，两者结果吻合。

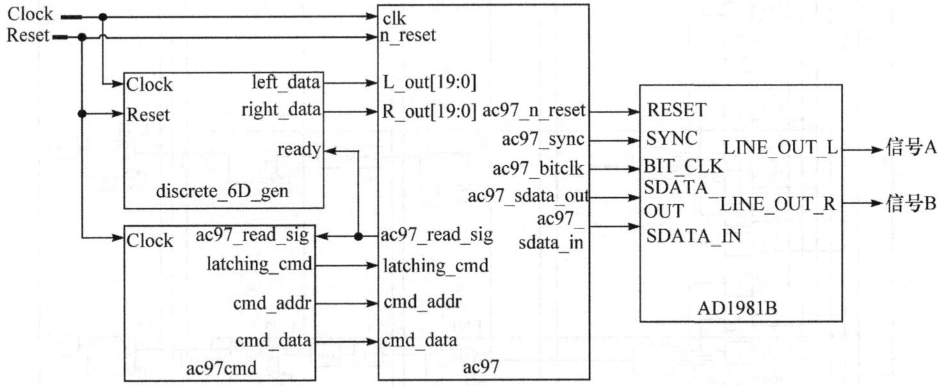

图 12-10　6 维离散时间混沌系统对应的 FPGA 设计总框图

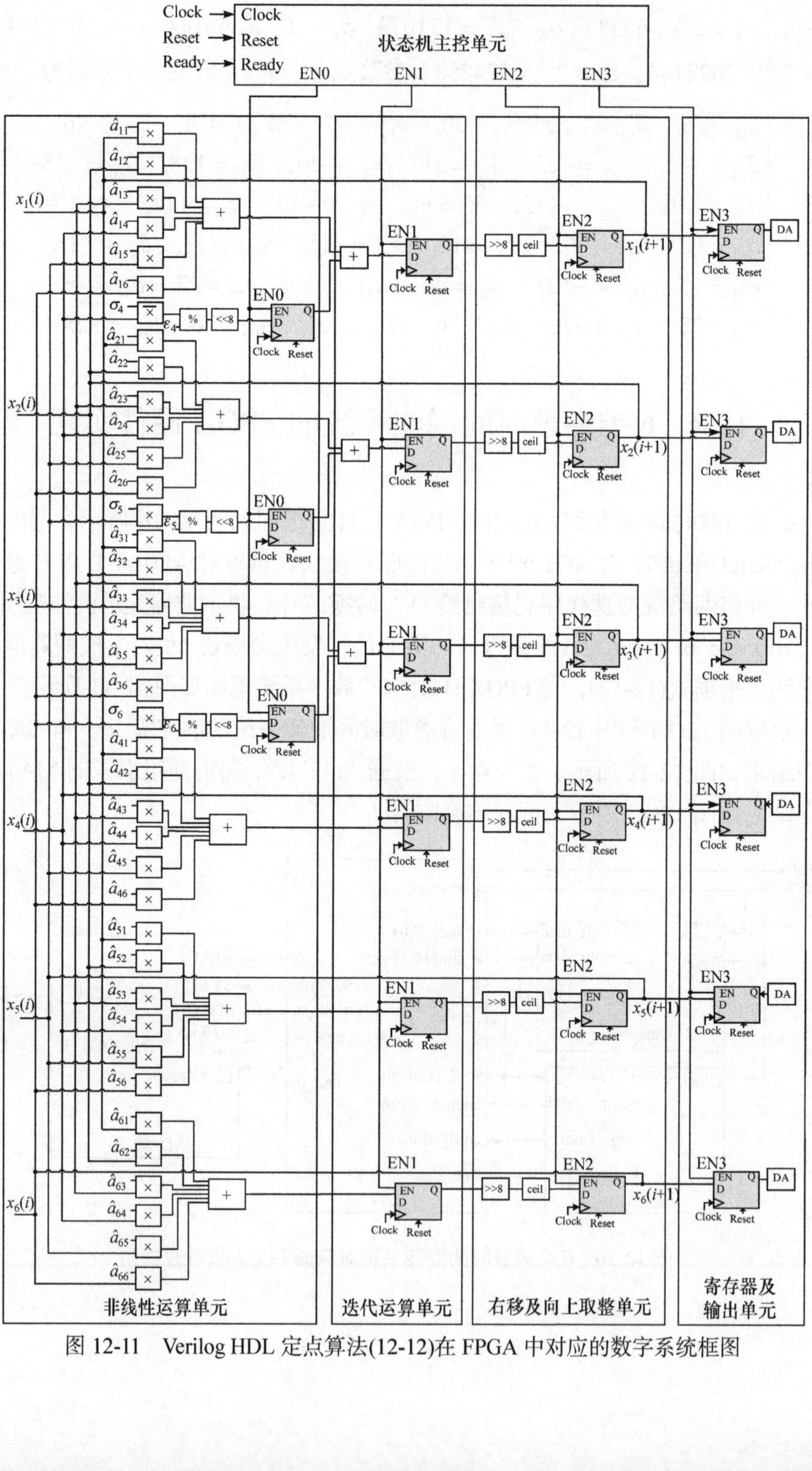

图 12-11　Verilog HDL 定点算法(12-12)在 FPGA 中对应的数字系统框图

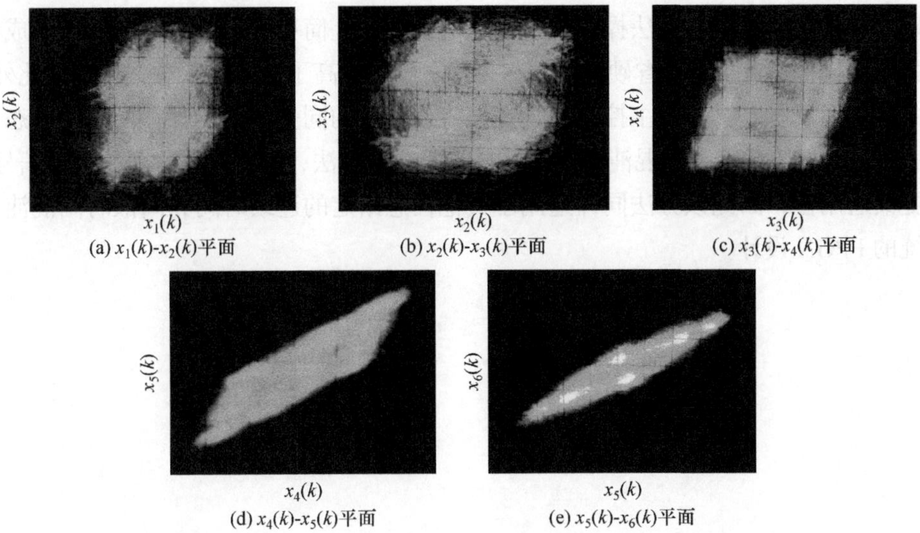

图 12-12　6 维离散时间混沌系统的混沌吸引子 FPGA 硬件实现结果

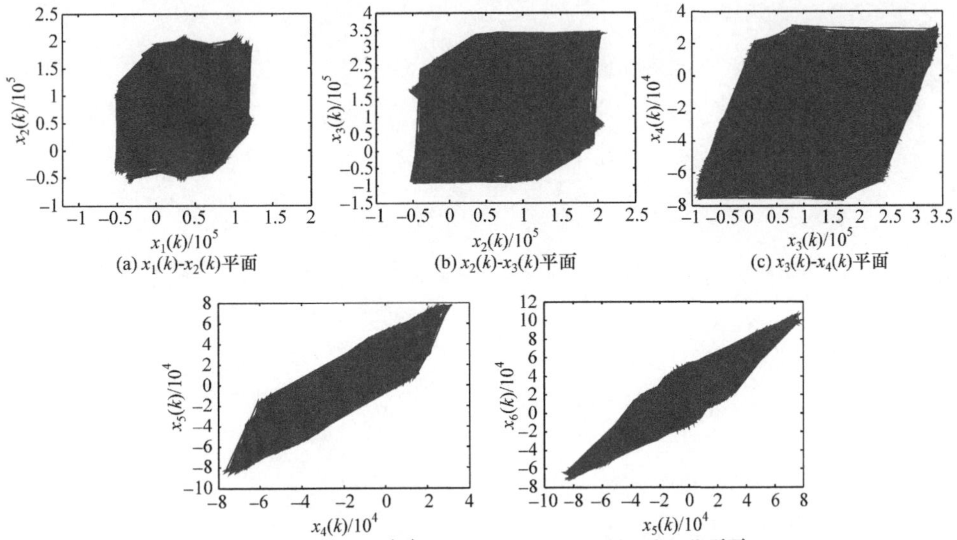

图 12-13　6 维离散时间混沌系统的混沌吸引子 MATLAB 仿真结果

本章介绍了一种基于 Verilog HDL 定点算法和状态机控制的 FPGA 通用混沌信号发生器设计方法，通过状态机来控制 Verilog HDL 定点算法中的每一个运算步骤。与现有的浮点算法相比，定点算法避免了浮点加法器、减法器和乘法器等模块的构造，加法和减法操作能直接完成，再加上简单的移位操作，便可完成相关运算操作，因而在节省硬件资源的同时，大大提高了 FPGA 操作的效率。此外，由于采用了状态机作为主控电路，能够将设计中的同类运算步骤在同一个状态下完成。对于任意给定的混沌系统，只需按照这种方法，就能产生所需的混沌信号，更具通用性，因此该方法同样适用于其他任意给定的连续时间和离散时间混沌系统的 FPGA 设计。

第 13 章　视频混沌保密通信系统的设计与 FPGA 实现

本章介绍视频混沌保密通信系统的设计与 FPGA 实现。主要内容包括离散时间混沌系统及其混沌密码设计、视频混沌保密通信系统的设计原理、视频采集系统设计、混沌加密系统流程、系统时序验证、FPGA 硬件实现、测试结果、安全性能分析、改进方案[46-48]。本章给出的安全性能改进方案对于改善后续章节中混沌密码的安全性能也同样是适用的。

13.1　问题的提出

视频混沌保密通信有两种硬件实现方法。一种是面向最基本的逻辑单元或门电路操作的非嵌入式方法，例如，可通过硬件描述语言(如 Verilog HDL 或 VHDL)编程实现。这种方法是以文本的形式来描述数字系统硬件的结构和行为的语言，用它不仅可以表示逻辑电路图、逻辑表达式，还可以表示数字逻辑系统完成的逻辑功能。该方法由于面向最基本的逻辑单元或门电路，所以能充分利用 FPGA 的并行处理优势。硬件实验结果表明，这种方法的执行速度快，但实现的技术难度也较大。另一种是面向处理器操作的嵌入式方法。例如，在 Linux 操作系统中，可以通过 C 语言编程实现该方法。这种方法的主要特点是可移植性好，有大量的代码库可供直接调用，技术实现相对简单方便。但由于是面向处理器操作，指令执行采用串行操作方式，速度较慢，因而对视频信号处理的实时性也较差。

实时的视频混沌保密通信与静止的图像或语音信号混沌保密通信在硬件实现方面相比，主要困难之处在于需要同时解决实时性要求较高并且数据运算量较大这两个问题，因而视频混沌加密和解密的硬件实现难度较大。为了解决硬件实现中的这两个问题，一方面，可以采用面向最基本的逻辑单元或门电路操作的非嵌入式方法，从而能够满足视频混沌保密通信对实时性的要求。另一方面，用硬件描述语言处理整数运算要比处理实数运算的速度快、算法简单并且便于硬件实现。而现有的离散时间或连续时间混沌系统都是基于实数域运算的，一种有效的途径是采用整数域混沌系统实现视频的实时加密和解密，从而解决视频数据运算量大和算法复杂的问题。基于上述两个方面的考虑，本章根据混沌反控制原理和整数化方法，介绍一种用于视频实时加密和解密的整数域混沌系统。在此基础上，利用 Verilog HDL 对视频的实时加密和解密算法进行相关的编程，给出基于 FPGA 平台的视频混沌保密通信的硬件实现结果，并给出相关的测试结果。

13.2 离散时间混沌系统的设计

13.2.1 离散时间实数域混沌系统

1. 标称系统的设计

首先，考虑未受控的 6 维离散时间线性标称系统

$$\boldsymbol{x}(k+1)=\boldsymbol{B}\boldsymbol{x}(k) \tag{13-1}$$

式中

$$\boldsymbol{x}(k+1)=\begin{bmatrix} x_1(k+1)\\ x_2(k+1)\\ \vdots \\ x_6(k+1)\end{bmatrix}_{6\times 1},\quad \boldsymbol{x}(k)=\begin{bmatrix} x_1(k)\\ x_2(k)\\ \vdots \\ x_6(k)\end{bmatrix}_{6\times 1},\quad \boldsymbol{B}=\begin{bmatrix} b_{11} & b_{12} & \cdots & b_{16}\\ b_{21} & b_{22} & \cdots & b_{26}\\ \vdots & \vdots & & \vdots\\ b_{61} & b_{62} & \cdots & b_{66}\end{bmatrix}_{6\times 6} \tag{13-2}$$

假设 $\boldsymbol{B}$ 为 2×2 分块的对角矩阵，其一般形式为

$$\boldsymbol{B}=\begin{bmatrix} \boldsymbol{B}_1 & \boldsymbol{0} & \boldsymbol{0}\\ \boldsymbol{0} & \boldsymbol{B}_2 & \boldsymbol{0}\\ \boldsymbol{0} & \boldsymbol{0} & \boldsymbol{B}_3\end{bmatrix}_{6\times 6} \tag{13-3}$$

式中

$$\boldsymbol{B}_m=\begin{bmatrix} \gamma_m & \omega_{m1}\\ \omega_{m2} & \gamma_m\end{bmatrix} \tag{13-4}$$

根据式(13-3)和式(13-4)，设 $\omega_{m1}\cdot\omega_{m2}<0$，得 $\boldsymbol{B}$ 在原点处的特征值 λ 为

$$\lambda_{2m-1,2m}=\gamma_m\pm \mathrm{j}\sqrt{|\,\omega_{m1}\cdot\omega_{m2}\,|} \tag{13-5}$$

式中，$m=1,2,3$。

若满足 $\gamma_i\neq\gamma_j$，$\omega_{i1}\cdot\omega_{i2}\neq\omega_{j1}\cdot\omega_{j2}\ (i,j=1,2,3;i\neq j)$，则可保证 $\boldsymbol{B}$ 的 n 个特征值互不相等。特别是当 $|\lambda_{2m-1,2m}|<1$ 时，特征值均位于复平面的单位圆内，系统是渐近稳定的。

其次，对标称系统(13-1)作相似变换。注意到矩阵 $\boldsymbol{B}$ 中除对角分块矩阵 $\boldsymbol{B}_m$ (包括 γ_n 在内)外，其余元素均为 0。为了对标称系统实施有效的控制，首先应对式(13-1)作相似变换，得

$$\boldsymbol{A}=\boldsymbol{P}\boldsymbol{B}\boldsymbol{P}^{-1} \tag{13-6}$$

式中，$\boldsymbol{P}$ 为可逆矩阵，其一般形式为

$$\boldsymbol{P}=\begin{bmatrix} 0 & 1 & \cdots & 1 \\ 1 & 0 & \cdots & 1 \\ \vdots & \vdots & \ddots & \vdots \\ 1 & 1 & \cdots & 0 \end{bmatrix}_{6\times 6} \tag{13-7}$$

最后，得相似变换后的标称系统为

$$\boldsymbol{x}(k+1)=\boldsymbol{A}\boldsymbol{x}(k) \tag{13-8}$$

式中

$$\boldsymbol{A}=\boldsymbol{P}\boldsymbol{B}\boldsymbol{P}^{-1}=\begin{bmatrix} a_{11} & a_{12} & \cdots & a_{16} \\ a_{21} & a_{22} & \cdots & a_{26} \\ \vdots & \vdots & & \vdots \\ a_{61} & a_{62} & \cdots & a_{66} \end{bmatrix}_{6\times 6} \tag{13-9}$$

注意到经相似变换后，$\boldsymbol{A}$ 与 $\boldsymbol{B}$ 具有相同的特征多项式和特征值。因此，如果式(13-1)是渐近稳定的，则经相似变换后的式(13-8)也同样是渐近稳定的。

2. 受控系统的设计

根据标称系统(13-8)，选取 $\boldsymbol{x}(k)$ 中的变量 $x_1(k)$、$x_2(k)$、$x_3(k)$ 为反馈控制变量，以此设计具有一致有界的反馈控制器如下

$$\boldsymbol{g}(\sigma\boldsymbol{x},\varepsilon)=\begin{bmatrix} 0 \\ 0 \\ 0 \\ \operatorname{mod}(\sigma_1x_1,\varepsilon_1)+\operatorname{mod}(\sigma_2x_2,\varepsilon_2)+\operatorname{mod}(\sigma_3x_3,\varepsilon_3) \\ \operatorname{mod}(\sigma_2x_2,\varepsilon_2)+\operatorname{mod}(\sigma_3x_3,\varepsilon_3) \\ \operatorname{mod}(\sigma_3x_3,\varepsilon_3) \end{bmatrix} \tag{13-10}$$

结合式(13-8)～式(13-10)，得受控系统的矩阵形式为

$$\boldsymbol{x}(k+1)=\boldsymbol{A}\boldsymbol{x}(k)+\boldsymbol{g}(\sigma\boldsymbol{x}(k),\varepsilon) \tag{13-11}$$

进一步得式(13-11)对应的分量形式为

$$\begin{cases} x_1(k+1) = a_{11}x_1(k) + a_{12}x_2(k) + \cdots + a_{16}x_6(k) \\ x_2(k+1) = a_{21}x_1(k) + a_{22}x_2(k) + \cdots + a_{26}x_6(k) \\ x_3(k+1) = a_{31}x_1(k) + a_{32}x_2(k) + \cdots + a_{36}x_6(k) \\ x_4(k+1) = a_{41}x_1(k) + a_{42}x_2(k) + \cdots + a_{46}x_6(k) + \mathrm{mod}(\sigma_1 x_1(k), \varepsilon_1) + \mathrm{mod}(\sigma_2 x_2(k), \varepsilon_2) \\ \qquad + \mathrm{mod}(\sigma_3 x_3(k), \varepsilon_3) \\ x_5(k+1) = a_{51}x_1(k) + a_{52}x_2(k) + \cdots + a_{56}x_6(k) + \mathrm{mod}(\sigma_2 x_2(k), \varepsilon_2) + \mathrm{mod}(\sigma_3 x_3(k), \varepsilon_3) \\ x_6(k+1) = a_{61}x_1(k) + a_{62}x_2(k) + \cdots + a_{66}x_6(k) + \mathrm{mod}(\sigma_3 x_3(k), \varepsilon_3) \end{cases} \tag{13-12}$$

定理 13-1 如果满足以下两个条件，则受控系统(13-11)是混沌的。

条件 1 标称系统(13-8)中，$\boldsymbol{A}$ 的特征根均位于单位圆内，在 $\boldsymbol{x}(k)=\boldsymbol{0}$ 处是渐近稳定的。

条件 2 控制器(13-10)一致有界，选取参数 σ 和 ε，使得受控系统(13-11)对应的雅可比矩阵

$$\boldsymbol{A}_{\mathrm{c}} = \begin{bmatrix} a_{11} & a_{12} & a_{13} & a_{14} & a_{15} & a_{16} \\ a_{21} & a_{22} & a_{23} & a_{24} & a_{25} & a_{26} \\ a_{31} & a_{32} & a_{33} & a_{34} & a_{35} & a_{36} \\ a_{41}+\sigma_1 & a_{42}+\sigma_2 & a_{43}+\sigma_3 & a_{44} & a_{45} & a_{46} \\ a_{51} & a_{52}+\sigma_2 & a_{53}+\sigma_3 & a_{54} & a_{55} & a_{56} \\ a_{61} & a_{62} & a_{63}+\sigma_3 & a_{64} & a_{65} & a_{66} \end{bmatrix} \tag{13-13}$$

至少有一个特征根位于单位圆外。

证明 在混沌的诸多特征中，轨道全局有界并且具有正李氏指数是目前被广泛采用的一种混沌判据。为此，首先证明式(13-11)的解全局有界。式(13-11)的解为

$$\begin{aligned} \boldsymbol{x}(k) &= \boldsymbol{A}\boldsymbol{x}(k-1) + \boldsymbol{g}(\sigma\boldsymbol{x}(k-1), \varepsilon) \\ &= \boldsymbol{A}[\boldsymbol{A}\boldsymbol{x}(k-2) + \boldsymbol{g}(\sigma\boldsymbol{x}(k-2), \varepsilon)] + \boldsymbol{g}(\sigma\boldsymbol{x}(k-1), \varepsilon) \\ &= \boldsymbol{A}^2\boldsymbol{x}(k-2) + \boldsymbol{A}\boldsymbol{g}(\sigma\boldsymbol{x}(k-2), \varepsilon) + \boldsymbol{g}(\sigma\boldsymbol{x}(k-1), \varepsilon) \\ &= \boldsymbol{A}^2[\boldsymbol{A}\boldsymbol{x}(k-3) + \boldsymbol{g}(\sigma\boldsymbol{x}(k-3), \varepsilon)] + \boldsymbol{A}\boldsymbol{g}(\sigma\boldsymbol{x}(k-2), \varepsilon) + \boldsymbol{g}(\sigma\boldsymbol{x}(k-1), \varepsilon) \\ &= \boldsymbol{A}^3\boldsymbol{x}(k-3) + \boldsymbol{A}^2\boldsymbol{g}(\sigma\boldsymbol{x}(k-3), \varepsilon) + \boldsymbol{A}\boldsymbol{g}(\sigma\boldsymbol{x}(k-2), \varepsilon) + \boldsymbol{g}(\sigma\boldsymbol{x}(k-1), \varepsilon) \\ &= \cdots \\ &= \boldsymbol{A}^k\boldsymbol{x}(0) + \sum_{j=0}^{k-1}\boldsymbol{A}^{k-j-1}g(\sigma\boldsymbol{x}(j), \varepsilon) \end{aligned} \tag{13-14}$$

根据定理 13-1 的条件 1，当 $|\lambda_n|<1$ 时，特征值位于复平面的单位圆内，根据定理 3-3，可知存在范数 $\|\boldsymbol{A}\|<1$。根据定理 13-1 的条件 2，满足 $\sup\limits_{0\leqslant k<\infty}\|\boldsymbol{g}(\sigma\boldsymbol{x}(k), \varepsilon)\| \leqslant \varepsilon_1+\varepsilon_2+\varepsilon_3<\infty$。故得

$$\begin{aligned}\sup_{0\leqslant k<\infty}\|\boldsymbol{x}(k)\| &\leqslant \sup_{0\leqslant k<\infty}\|\boldsymbol{A}\|^{k}\cdot\|\boldsymbol{x}_0\|+(\varepsilon_1+\varepsilon_2+\varepsilon_3)\sup_{0\leqslant k<\infty}\sum_{j=0}^{k-1}\|\boldsymbol{A}\|^{k-j-1} \\ &\leqslant \sup_{0\leqslant k<\infty}\|\boldsymbol{x}_0\|+(\varepsilon_1+\varepsilon_2+\varepsilon_3)\sup_{0\leqslant k<\infty}\sum_{j=0}^{k-1}\|\boldsymbol{A}\|^{k-j-1}\end{aligned} \tag{13-15}$$

注意到$\sum_{j=0}^{k-1}\|\boldsymbol{A}\|^{k-j-1}=\|\boldsymbol{A}\|^{0}+\|\boldsymbol{A}\|^{1}+\|\boldsymbol{A}\|^{2}+\cdots+\|\boldsymbol{A}\|^{k-1}$为几何级数，公比为$\|\boldsymbol{A}\|$，根据几何级数的求和公式，得

$$\sum_{j=0}^{k-1}\|\boldsymbol{A}\|^{k-j-1}=\frac{\|\boldsymbol{A}\|^{0}-\|\boldsymbol{A}\|\cdot\|\boldsymbol{A}\|^{k-1}}{1-\|\boldsymbol{A}\|}=\frac{1-\|\boldsymbol{A}\|^{k}}{1-\|\boldsymbol{A}\|} \tag{13-16}$$

将式(13-16)代入式(13-15)，得

$$\begin{aligned}\sup_{0\leqslant k<\infty}\|\boldsymbol{x}(k)\| &\leqslant \sup_{0\leqslant k<\infty}\|\boldsymbol{x}_0\|+(\varepsilon_1+\varepsilon_2+\varepsilon_3)\sup_{0\leqslant k<\infty}\frac{1-\|\boldsymbol{A}\|^{k}}{1-\|\boldsymbol{A}\|} \\ &\leqslant \sup_{0\leqslant k<\infty}\|\boldsymbol{x}_0\|+\sup_{0\leqslant k<\infty}\frac{\varepsilon_1+\varepsilon_2+\varepsilon_3}{1-\|\boldsymbol{A}\|}<\infty\end{aligned} \tag{13-17}$$

故$\boldsymbol{x}(k)$的解全局有界。

其次，证明式(13-11)有正李氏指数。事实上，根据离散时间系统的李氏指数计算公式，得

$$\lambda_i(\boldsymbol{x}_0)=\lim_{m\to\infty}\lambda_{mi}(\boldsymbol{x}_0)=\lim_{m\to\infty}\frac{1}{2m}\ln[\mu_i\,(\boldsymbol{T}_m^{\mathrm{H}}\boldsymbol{T}_m)],\quad i=1,2,\cdots,n \tag{13-18}$$

式中，$\mu_i(\boldsymbol{T}_m^{\mathrm{H}}\boldsymbol{T}_m)$是对称矩阵$\boldsymbol{T}_m^{\mathrm{H}}\boldsymbol{T}_m$的特征值。

根据定理 13-1 的条件 2，当受控系统的雅可比矩阵$\boldsymbol{A}_{\mathrm{c}}$中至少有一个特征根位于单位圆外时，按照式(13-18)，计算得n个李氏指数中至少有一个大于零。因此，受控系统的解全局有界并且具有正李氏指数，故式(13-11)是混沌的。

3. 典型实例

根据式(13-3)和式(13-4)，设

$$\begin{cases}\boldsymbol{B}_1=\begin{bmatrix}\gamma_1 & \omega_{11}\\ \omega_{12} & \gamma_1\end{bmatrix}=\begin{bmatrix}0.3 & 0.2\\ -0.2 & 0.3\end{bmatrix}\\ \boldsymbol{B}_2=\begin{bmatrix}\gamma_2 & \omega_{21}\\ \omega_{22} & \gamma_2\end{bmatrix}=\begin{bmatrix}0.1 & 0.2\\ -0.2 & 0.1\end{bmatrix}\\ \boldsymbol{B}_3=\begin{bmatrix}\gamma_3 & \omega_{31}\\ \omega_{32} & \gamma_3\end{bmatrix}=\begin{bmatrix}-0.1 & 0.3\\ -0.3 & -0.1\end{bmatrix}\end{cases}$$

得

$$
\boldsymbol{B}=\begin{bmatrix} \gamma_1 & \omega_{11} & 0 & 0 & 0 & 0 \\ \omega_{12} & \gamma_1 & 0 & 0 & 0 & 0 \\ 0 & 0 & \gamma_2 & \omega_{21} & 0 & 0 \\ 0 & 0 & \omega_{22} & \gamma_2 & 0 & 0 \\ 0 & 0 & 0 & 0 & \gamma_3 & \omega_{31} \\ 0 & 0 & 0 & 0 & \omega_{32} & \gamma_3 \end{bmatrix}=\begin{bmatrix} 0.3 & 0.2 & 0 & 0 & 0 & 0 \\ -0.2 & 0.3 & 0 & 0 & 0 & 0 \\ 0 & 0 & 0.1 & 0.2 & 0 & 0 \\ 0 & 0 & -0.2 & 0.1 & 0 & 0 \\ 0 & 0 & 0 & 0 & -0.1 & 0.3 \\ 0 & 0 & 0 & 0 & -0.3 & -0.1 \end{bmatrix} \tag{13-19}
$$

根据式(13-6)和式(13-7)，对式(13-19)作相似变换 $\boldsymbol{A}=\boldsymbol{PBP}^{-1}$，得

$$
\boldsymbol{A}=\begin{bmatrix} 0.22 & -0.28 & 0.12 & -0.28 & 0.42 & -0.18 \\ -0.2 & -0.1 & 0.2 & -0.2 & 0.5 & -0.1 \\ -0.04 & -0.44 & 0.26 & -0.04 & 0.46 & -0.14 \\ 0.04 & -0.36 & 0.04 & -0.06 & 0.54 & -0.06 \\ -0.02 & -0.42 & 0.18 & -0.22 & 0.38 & 0.18 \\ 0.1 & -0.3 & 0.3 & -0.1 & 0.3 & -0.1 \end{bmatrix} \tag{13-20}
$$

由于满足 $\left|\gamma_m \pm \mathrm{j}\sqrt{|\omega_{m1}\cdot\omega_{m2}|}\right|<1\ (m=1,2,3)$，并且在相似变换 $\boldsymbol{A}=\boldsymbol{PBP}^{-1}$ 下，$\boldsymbol{B}$ 和 $\boldsymbol{A}$ 具有相同的特征根，故标称系统是渐近稳定的。

选取控制参数为

$$
\begin{cases} \varepsilon_1=2^{24},\ \ \sigma_1=2.3\times10^8 \\ \varepsilon_2=2^{25},\ \ \sigma_2=3.2\times10^8 \\ \varepsilon_3=2^{26},\ \ \sigma_3=5.0\times10^8 \end{cases} \tag{13-21}
$$

根据式(13-13)，得受控系统的雅可比矩阵 $\boldsymbol{A}_{\mathrm{c}}$ 的 6 个特征根为 $\lambda_1=5368.2$，$\lambda_2=-5367.9$，$\lambda_{3,4}=780.9\pm \mathrm{j}1714.3$，$\lambda_{5,6}=-780.8\pm \mathrm{j}1713.9$，故在受控系统中，所有特征根均位于单位圆外，根据定理 13-1，可知受控系统是混沌的。

13.2.2 离散时间整数域混沌系统

13.2.1 节得到了离散时间实数域混沌系统。然而，实数型的运算结果并不适合在 FPGA 平台上运算。主要原因是，使用 FPGA 处理浮点型的数据，系统的效率会大大降低，同时会耗费更多的逻辑资源。因此，本节将离散时间实数域混沌系统转化成为离散时间整数域混沌系统，从而实现由浮点型数据到定点型数据的转变，FPGA 在处理乘法、除法运算时只需进行移位操作即可实现，处理速度加

快的同时可节省硬件资源。

1. 离散时间实数域混沌系统的整数化处理

当用 FPGA 实现视频混沌保密通信时，一方面，可以通过 Verilog HDL 编程描述数字系统的硬件结构和行为，这是一种面向基本逻辑单元或门电路操作的非嵌入式方法，主要特点是充分利用 FPGA 的并行处理优势，执行速度快。另一方面，注意到用 Verilog HDL 编程时，处理定点数表示的整数运算要比处理实数运算的速度快、算法简单并且便于硬件实现。但现有的离散或连续时间混沌系统都是基于实数域运算的，因此需要在上述实数域混沌系统的基础上，进一步得到整数域混沌系统的设计方法。具体设计步骤如下：

步骤 1　为了便于 FPGA 中的定点数运算，首先需要对式(13-20)中的矩阵 $\boldsymbol{A}$ 进行三步变换处理，即乘以 2^n、四舍五入取整和除以 2^n，其中 n 表示移位的位数，其大小可以根据精度要求而定。例如，选取 $n=16$，得变换处理后的矩阵为

$$
\boldsymbol{\Phi}=\begin{bmatrix}\Phi_{11} & \cdots & \Phi_{16}\\ \vdots & & \vdots\\ \Phi_{61} & \cdots & \Phi_{66}\end{bmatrix}=\frac{1}{2^{16}}\{\mathrm{round}(2^{16}\boldsymbol{A})\}
$$

$$
=\frac{1}{2^{16}}\begin{bmatrix}14418 & -18350 & 7864 & -18350 & 27525 & -11796\\ -13107 & -6554 & 13107 & -13107 & 32768 & -6554\\ -2621 & -28836 & 17039 & -2621 & 30147 & -9175\\ 2621 & -23593 & 2621 & -3932 & 35389 & -3932\\ -1311 & -27525 & 11796 & -14418 & 24904 & 11796\\ 6554 & -19661 & 19661 & -6554 & 19661 & -6554\end{bmatrix}
$$

$$
=\begin{bmatrix}0.2200012207031250 & -0.2799987792968750 & 0.1199951171875000 & -0.2799987792968750 & 0.4199981689453125 & -0.1799926757812500\\ -0.1999969482421875 & -0.1000061035156250 & 0.1999969482421875 & -0.1999969482421875 & 0.5000000000000000 & -0.1000061035156250\\ -0.0399932861328125 & -0.4400024414062500 & 0.2599945068359375 & -0.0399932861328125 & 0.4600067138671875 & -0.1399993896484375\\ 0.0399932861328125 & -0.3600006103515625 & 0.0399932861328125 & -0.0599975585937500 & 0.5399932861328125 & -0.0599975585937500\\ -0.0200042724609375 & -0.4199981689453125 & 0.1799926757812500 & -0.2200012207031250 & 0.3800048828125000 & 0.1799926757812500\\ 0.1000061035156250 & -0.3000030517578125 & 0.3000030517578125 & -0.1000061035156250 & 0.3000030517578125 & -0.1000061035156250\end{bmatrix}
\tag{13-22}
$$

式中，round( ) 表示进行四舍五入的处理。比较式(13-22)与式(13-20)，满足 $\boldsymbol{\Phi}\approx\boldsymbol{A}$，故 $\boldsymbol{\Phi}$ 和 $\boldsymbol{A}$ 的特征值与稳定性是一致的。

根据式(13-22)，得所有元素均为整数的变换矩阵为

$$\boldsymbol{\varPsi}=\begin{bmatrix}\varPsi_{11} & \cdots & \varPsi_{16}\\ \vdots & & \vdots\\ \varPsi_{61} & \cdots & \varPsi_{66}\end{bmatrix}=2^{16}\times\boldsymbol{\varPhi}=\begin{bmatrix}14418 & -18350 & 7864 & -18350 & 27525 & -11796\\ -13107 & -6554 & 13107 & -13107 & 32768 & -6554\\ -2621 & -28836 & 17039 & -2621 & 30147 & -9175\\ 2621 & -23593 & 2621 & -3932 & 35389 & -3932\\ -1311 & -27525 & 11796 & -14418 & 24904 & 11796\\ 6554 & -19661 & 19661 & -6554 & 19661 & -6554\end{bmatrix} \tag{13-23}$$

注意到$\boldsymbol{\varPsi}\neq\boldsymbol{A}$，故$\boldsymbol{\varPsi}$和$\boldsymbol{A}$的特征值与稳定性是不相同的。

步骤 2 用式(13-23)中的矩阵$\boldsymbol{\varPsi}$替代式(13-11)中的矩阵$\boldsymbol{A}$，并对模函数 mod 进行2^{16}倍的扩张变换，最后对所有变量进行2^{16}倍的压缩变换和整数化处理后，得用 Verilog HDL 编程实现的整数域混沌系统为

$$\begin{cases} x_1(k+1)=\boldsymbol{\varPsi}_{11}x_1(k)+\boldsymbol{\varPsi}_{12}x_2(k)+\cdots+\boldsymbol{\varPsi}_{16}x_6(k)\\ x_2(k+1)=\boldsymbol{\varPsi}_{21}x_1(k)+\boldsymbol{\varPsi}_{22}x_2(k)+\cdots+\boldsymbol{\varPsi}_{26}x_6(k)\\ x_3(k+1)=\boldsymbol{\varPsi}_{31}x_1(k)+\boldsymbol{\varPsi}_{32}x_2(k)+\cdots+\boldsymbol{\varPsi}_{36}x_6(k)\\ x_4(k+1)=\boldsymbol{\varPsi}_{41}x_1(k)+\boldsymbol{\varPsi}_{42}x_2(k)+\cdots+\boldsymbol{\varPsi}_{46}x_6(k)\\ \qquad\qquad +2^{16}\times[\mathrm{mod}(\sigma_1x_1(k),\varepsilon_1)+\mathrm{mod}(\sigma_2x_2(k),\varepsilon_2)+\mathrm{mod}(\sigma_3x_3(k),\varepsilon_3)]\\ x_5(k+1)=\boldsymbol{\varPsi}_{51}x_1(k)+\boldsymbol{\varPsi}_{52}x_2(k)+\cdots+\boldsymbol{\varPsi}_{56}x_6(k)\\ \qquad\qquad +2^{16}\times[\mathrm{mod}(\sigma_2x_2(k),\varepsilon_2)+\mathrm{mod}(\sigma_3x_3(k),\varepsilon_3)]\\ x_6(k+1)=\boldsymbol{\varPsi}_{61}x_1(k)+\boldsymbol{\varPsi}_{62}x_2(k)+\cdots+\boldsymbol{\varPsi}_{66}x_6(k)+2^{16}\times[\mathrm{mod}(\sigma_3x_3(k),\varepsilon_3)]\\ x_1(k+1)\leftarrow \mathrm{floor}[x_1(k+1)/2^{16}]\\ x_2(k+1)\leftarrow \mathrm{floor}[x_2(k+1)/2^{16}]\\ \qquad\vdots\\ x_6(k+1)\leftarrow \mathrm{floor}[x_6(k+1)/2^{16}] \end{cases} \tag{13-24}$$

式中，$k=0,1,2,\cdots,M,\cdots$为迭代次数，$x_i(0)\ (i=1,2,\cdots,6)$为初始值，floor( )表示向下取整。根据得到的式(13-24)，用定点数表示的 Verilog HDL 编程，只需右移 16 位即可实现$\mathrm{floor}[x_6(k+1)/2^{16}]$，左移 16 位则可实现$2^{16}\times\mathrm{mod}(\sigma_ix_i(k),\varepsilon_i)$等运算，而$\sigma_i\ (i=1,2,3)$、$\varepsilon_i\ (i=1,2,3)$、$\boldsymbol{\varPsi}_{ij}\ (i,j=1,2,\cdots,6)$等均为整数。因此，根据式(13-24)，如果采用基于定点数表示的 Verilog HDL 编程，FPGA 的硬件实现是十分方便的。

根据式(13-22)～式(13-24)，得整数域混沌系统的数学表达式为

$$\begin{cases}\lfloor x_1(k+1)\rfloor = \boldsymbol{\Phi}_{11}\lfloor x_1(k)\rfloor + \boldsymbol{\Phi}_{12}\lfloor x_2(k)\rfloor + \cdots + \boldsymbol{\Phi}_{16}\lfloor x_6(k)\rfloor \\ \lfloor x_2(k+1)\rfloor = \boldsymbol{\Phi}_{21}\lfloor x_1(k)\rfloor + \boldsymbol{\Phi}_{22}\lfloor x_2(k)\rfloor + \cdots + \boldsymbol{\Phi}_{26}\lfloor x_6(k)\rfloor \\ \lfloor x_3(k+1)\rfloor = \boldsymbol{\Phi}_{31}\lfloor x_1(k)\rfloor + \boldsymbol{\Phi}_{32}\lfloor x_2(k)\rfloor + \cdots + \boldsymbol{\Phi}_{36}\lfloor x_6(k)\rfloor \\ \lfloor x_4(k+1)\rfloor = \boldsymbol{\Phi}_{41}\lfloor x_1(k)\rfloor + \boldsymbol{\Phi}_{42}\lfloor x_2(k)\rfloor + \cdots + \boldsymbol{\Phi}_{46}\lfloor x_6(k)\rfloor \\ \qquad + \operatorname{mod}(\sigma_1\lfloor x_1(k)\rfloor, \varepsilon_1) + \operatorname{mod}(\sigma_2\lfloor x_2(k)\rfloor, \varepsilon_2) + \operatorname{mod}(\sigma_3\lfloor x_3(k)\rfloor, \varepsilon_3) \\ \lfloor x_5(k+1)\rfloor = \boldsymbol{\Phi}_{51}\lfloor x_1(k)\rfloor + \boldsymbol{\Phi}_{52}\lfloor x_2(k)\rfloor + \cdots + \boldsymbol{\Phi}_{56}\lfloor x_6(k)\rfloor \\ \qquad + \operatorname{mod}(\sigma_2\lfloor x_2(k)\rfloor, \varepsilon_2) + \operatorname{mod}(\sigma_3\lfloor x_3(k)\rfloor, \varepsilon_3) \\ \lfloor x_6(k+1)\rfloor = \boldsymbol{\Phi}_{61}\lfloor x_1(k)\rfloor + \boldsymbol{\Phi}_{62}\lfloor x_2(k)\rfloor + \cdots + \boldsymbol{\Phi}_{66}\lfloor x_6(k)\rfloor + \operatorname{mod}(\sigma_3\lfloor x_3(k)\rfloor, \varepsilon_3)\end{cases} \tag{13-25}$$

式中，$k=1,2,\cdots,M,\cdots$ 为迭代次数，$\lfloor x_i(k)\rfloor$ 和 $\lfloor x_i(k+1)\rfloor$ $(i=1,2,\cdots,6)$ 表示对 $x_i(k)$ 和 $x_i(k+1)$ 向下取整。

2. 整数域混沌系统随参数和迭代次数变化的性能分析

在获得整数域混沌系统后，需要通过实例，对整数域混沌系统随参数和迭代次数变化时的性能进行分析，利用 MATLAB 数值仿真来观察参数 ε_1、ε_2、ε_3 和迭代次数改变对系统性能的影响。

例 13-1　设迭代次数 $M=2\times10^5$，ε_1、ε_2、ε_3 的大小仍由式(13-21)给出，根据式(13-24)进行数值仿真，结果表明所有的迭代值都不重复。因而，在迭代次数为 $1\leqslant M\leqslant 2\times10^5$ 的范围内，是一个混沌迭代序列，得整数域混沌系统吸引子相图如图 13-1 所示。

例 13-2　设 $M=2\times10^5$，选取较小的 ε_1、ε_2、ε_3，如 $\varepsilon_1=16$、$\varepsilon_2=16$、$\varepsilon_3=370$。根据式(13-24)进行数值仿真，结果表明迭代值以周期 $p=1594$ 周而复始。因而，在迭代次数为 $1\leqslant M\leqslant 2\times10^5$ 的范围内，是一个整数域周期迭代序列，得整数域周期吸引子相图如图 13-2 所示。

仿真结果表明，只有当迭代次数 $M\to+\infty$，且参数 $\varepsilon_1,\varepsilon_2,\varepsilon_3\to+\infty$ 时，式(13-24)才趋于整数域混沌系统。注意到数值仿真或实际应用中，迭代次数 M 总是有限的，因此参数 ε_1、ε_2、ε_3 的大小也是有限的。两者之间的关系为，当迭代次数 M 增加时，ε_1、ε_2、ε_3 也随之增加。总之，在迭代次数 M 有限的情况下，只要 ε_1、ε_2、ε_3 足够大，如式(13-21)给出的值，式(13-24)就能表现出混沌的基本特性，如周期趋于无穷大、统计特性通过 NIST(美国国家标准与技术研究院)测试等。

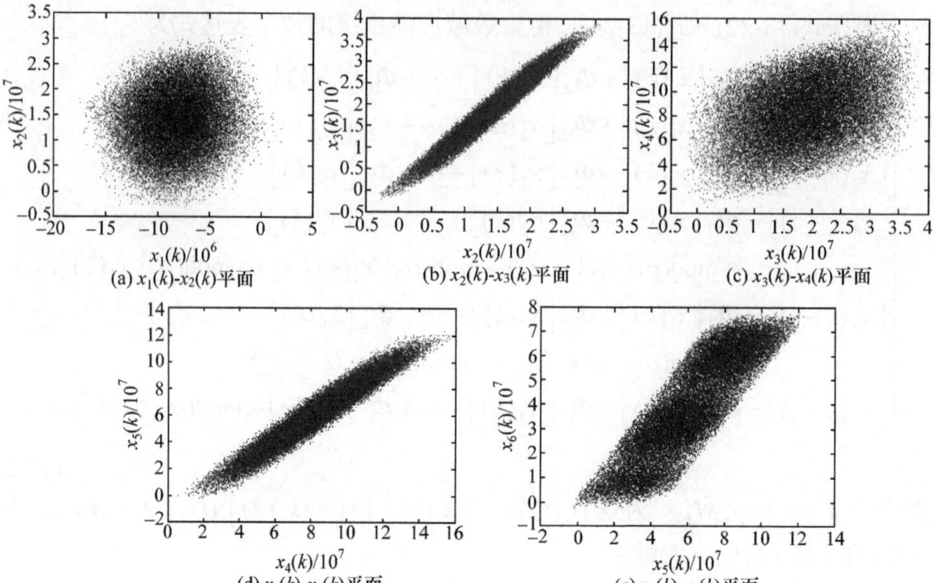

(a) $x_1(k)$-$x_2(k)$平面　(b) $x_2(k)$-$x_3(k)$平面　(c) $x_3(k)$-$x_4(k)$平面

(d) $x_4(k)$-$x_5(k)$平面　(e) $x_5(k)$-$x_6(k)$平面

图 13-1　整数域混沌系统吸引子相图

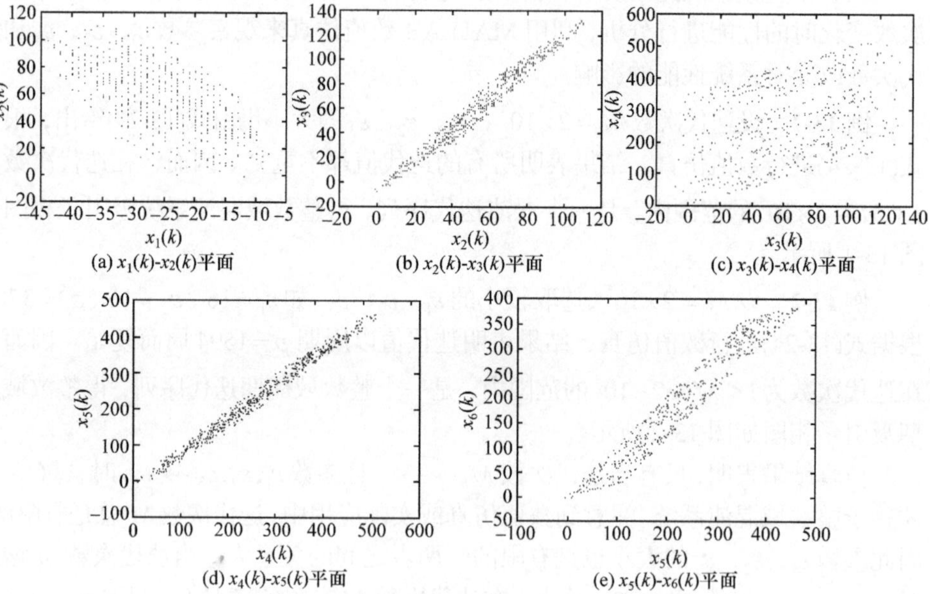

(a) $x_1(k)$-$x_2(k)$平面　(b) $x_2(k)$-$x_3(k)$平面　(c) $x_3(k)$-$x_4(k)$平面

(d) $x_4(k)$-$x_5(k)$平面　(e) $x_5(k)$-$x_6(k)$平面

图 13-2　整数域周期吸引子相图

当迭代次数 M 足够大时，离散迭代轨道会出现周期性重复。周期性重复的迭代次数 M_R 与系统的维数 n 以及混沌吸引子存在相空间大小有关。维数 n 和相空间越大，M_R 也越大。如图 13-3 所示的 3 维整数域吸引子存在的相空间，出现周期性重复的最大迭代次数为 $M_R = M_1M_2M_3$。

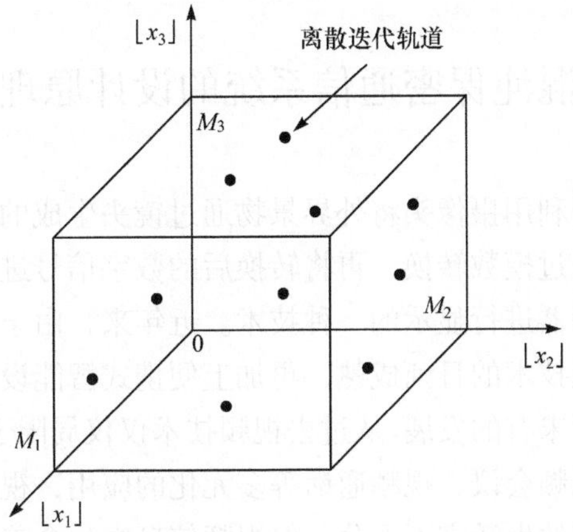

图 13-3　3 维整数域吸引子存在的相空间示意图

对于整数域混沌系统，设 $n=6$，参数 $\varepsilon_1 = 1.68\times10^7$，$\varepsilon_2 = 3.36\times10^7$，$\varepsilon_3 = 6.71\times10^7$，通过画出混沌吸引子的相图，可知混沌变量取值范围大致为 $|x_i| = 1.0\times10^7$ $(i=1,2,\cdots,6)$，得出现周期性重复的最大迭代次数估计为 $M_R = (|x_i|)^6 = 1.0\times10^{42}$，维数 n 越大，M_R 也越大。

已知视频每秒 25 帧，每帧像素的个数为 256×256=65536，迭代 25×65536 次完成一帧视频。而视频播放 1 年需要的迭代次数为

$$M=(3600\times24\times365)\times25\times65536\approx5.0\times10^{13}$$

根据上述分析，得出现周期性重复的时间为

$$T=\frac{M_R}{M}=\frac{1.0\times10^{42}}{5.0\times10^{13}}=2\times10^{28}\,(\text{年})$$

上述分析结果说明，尽管当迭代次数 $M\to\infty$ 时，离散迭代轨道会周期性重复。但只要迭代次数 M 是有限的，如 $M<1.0\times10^{42}$，就不会出现重复。

在实际情况中，离散迭代点不会占满长度为 $|x_i|$ 的相空间，故 $M_R<1.0\times10^{42}$。即便如此，M_R 的值仍然是十分巨大的，能够满足实际需要。

最后对本节作一个总结。本节介绍了一种构造整数化高维混沌系统的方法。首先构造出一个渐近稳定的标称系统，使其系统的所有特征值均在单位圆内。然

后构造一个受控系统，它具有正李氏指数，同时保证其一致有界。使用标称系统和受控系统构造出一个离散时间实数域混沌系统，并且给出了具体的实现例子。而为了在 FPGA 硬件平台上实现，必须将离散时间实数域混沌系统转化为离散时间整数域混沌系统，便于 FPGA 硬件实现。

13.3　视频混沌保密通信系统的设计原理与硬件实现

视频采集技术是利用摄像头将外界景物通过镜头生成的光学影像投射到图像传感器表面，然后经过模数转换，再将转换后的数字信号进行存储和传输等后续处理，最后经过显示器进行显示的一种技术。近年来，由于多媒体技术的迅速发展以及数字图像处理技术的日渐成熟，再加上便携式智能设备的普及应用，视频采集技术获得了前所未有的发展。从过去视频技术仅仅局限于在电视机上的应用，到现在视频监控、视频会议、视频通话等多元化的应用，视频应用已经逐渐贴近我们的生活，与我们的生活密不可分。但视频信息中包含着个人隐私信息、企业的机密信息等，因此需要对视频信息进行加密处理。

本节根据现有的视频采集技术，在 Virtex II Pro 开发平台上实现一个视频采集系统，同时结合 13.2 节提出的混沌加密算法，在视频采集系统中增加加密和解密模块，从而实现视频数据的加密。本节首先简述视频混沌保密通信系统的设计原理，然后介绍视频采集系统的设计流程和结构，最后将加密算法和硬件平台相结合，实现视频混沌保密通信。

13.3.1　视频混沌保密通信系统的设计原理

1. 基于单轮加密的视频混沌保密通信系统

基于单轮加密的视频混沌保密通信系统的设计原理框图如图 13-4 所示，由发送端的三基色视频信号混沌加密、加密后的视频信号通过信道传输和接收端的三基色视频信号混沌解密三个部分组成。该方案的主要特点是，在发送端，通过包括三基色视频信号在内的闭环反馈方法，将输出信号 $\lfloor p_1(k) \rfloor$、$\lfloor p_2(k) \rfloor$、$\lfloor p_3(k) \rfloor$ 反馈回来分别替代发送端混沌系统(13-28)第 4～6 方程中的 $\left\lfloor x_1^{(d)}(k) \right\rfloor$、$\left\lfloor x_2^{(d)}(k) \right\rfloor$、$\left\lfloor x_3^{(d)}(k) \right\rfloor$。同理，在接收端，将收到的 $\lfloor p_1(k) \rfloor$、$\lfloor p_2(k) \rfloor$、$\lfloor p_3(k) \rfloor$ 分别替代接收端混沌系统(13-29)第 4～6 个方程中的 $\left\lfloor x_1^{(r)}(k) \right\rfloor$、$\left\lfloor x_2^{(r)}(k) \right\rfloor$、$\left\lfloor x_3^{(r)}(k) \right\rfloor$，从而使得发送

端与接收端的两个混沌系统实现同步，实现三基色视频信号的混沌加密和解密。在图 13-4 中，mod 模块是求余模块，mod(·,16) 表示对计算结果求 16 的余数，即取被除数二进制的低四位。

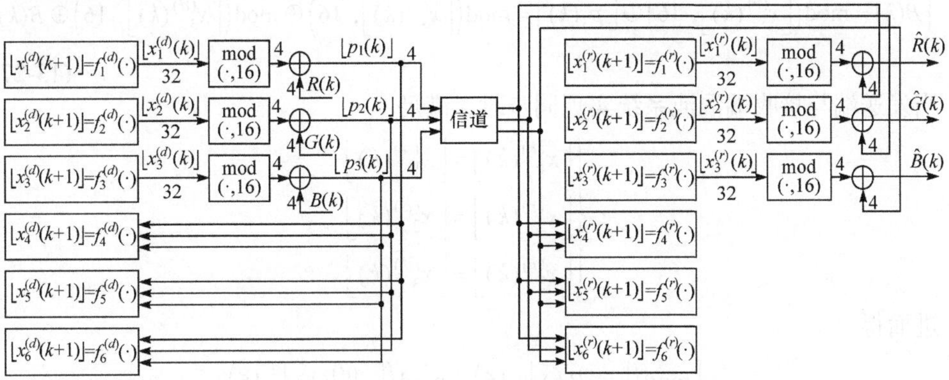

图 13-4　基于单轮加密的视频混沌保密通信系统的设计原理框图

在发送端，$\lfloor x_i^{(d)}(k)\rfloor$、$\lfloor x_i^{(d)}(k+1)\rfloor$ $(i=1,2,\cdots,6)$ 为 32 位整数域混沌信号，取值范围满足$\left\|\lfloor x_i^{(d)}(k)\rfloor\right\|, \left\|\lfloor x_i^{(d)}(k+1)\rfloor\right\| \leqslant 2^{32}-1 \approx 4.295\times 10^9$ $(i=1,2,\cdots,6)$。$R(k)$、$G(k)$、$B(k)$ 为 4 位整数的视频图像三基色信号，取值范围满足$|R(k)|, |G(k)|, |B(k)| \leqslant 2^4-1=15$，$\mathrm{mod}(\cdot,16)$ 表示对混沌信号$\lfloor x_1^{(d)}(k)\rfloor$、$\lfloor x_2^{(d)}(k)\rfloor$、$\lfloor x_3^{(d)}(k)\rfloor$模 16 运算，运算结果取$\lfloor x_1^{(d)}(k)\rfloor$、$\lfloor x_2^{(d)}(k)\rfloor$、$\lfloor x_3^{(d)}(k)\rfloor$中的低 4 位，再分别与三基色信号 $R(k)$、$G(k)$、$B(k)$ 分别进行按位异或运算(用符号“$\oplus$”表示)，从而实现对三基色信号的加密。

得三基色加密后的信号为

$$\begin{cases}\lfloor p_1(k)\rfloor = \mathrm{mod}\left(\lfloor x_1^{(d)}(k)\rfloor,\ 16\right)\oplus R(k)\\ \lfloor p_2(k)\rfloor = \mathrm{mod}\left(\lfloor x_2^{(d)}(k)\rfloor,\ 16\right)\oplus G(k)\\ \lfloor p_3(k)\rfloor = \mathrm{mod}\left(\lfloor x_3^{(d)}(k)\rfloor,\ 16\right)\oplus B(k)\end{cases} \tag{13-26}$$

然后将加密后的三基色信号$\lfloor p_1(k)\rfloor$、$\lfloor p_2(k)\rfloor$、$\lfloor p_3(k)\rfloor$经信道传输到接收端。

在接收端，$\lfloor x_i^{(r)}(k)\rfloor$，$\lfloor x_i^{(r)}(k+1)\rfloor$ $(i=1,2,\cdots,6)$ 为 32 位整数域混沌信号，$\mathrm{mod}(\cdot,16)$ 表示对混沌信号$\lfloor x_1^{(r)}(k)\rfloor$、$\lfloor x_2^{(r)}(k)\rfloor$、$\lfloor x_3^{(r)}(k)\rfloor$进行模 16 的运算，运算结果取$\lfloor x_1^{(r)}(k)\rfloor$、$\lfloor x_2^{(r)}(k)\rfloor$、$\lfloor x_3^{(r)}(k)\rfloor$中的低 4 位，再分别与$\lfloor p_1(k)\rfloor$、$\lfloor p_2(k)\rfloor$、$\lfloor p_3(k)\rfloor$进行按位异或运算，得

$$\begin{cases}\hat{R}(k)=\operatorname{mod}\left(\left\lfloor x_1^{(r)}(k)\right\rfloor, 16\right)\oplus\left\lfloor p_1(k)\right\rfloor=\operatorname{mod}\left(\left\lfloor x_1^{(r)}(k)\right\rfloor, 16\right)\oplus\operatorname{mod}\left(\left\lfloor x_1^{(d)}(k)\right\rfloor, 16\right)\oplus R(k)\\ \hat{G}(k)=\operatorname{mod}\left(\left\lfloor x_2^{(r)}(k)\right\rfloor, 16\right)\oplus\left\lfloor p_2(k)\right\rfloor=\operatorname{mod}\left(\left\lfloor x_2^{(r)}(k)\right\rfloor, 16\right)\oplus\operatorname{mod}\left(\left\lfloor x_2^{(d)}(k)\right\rfloor, 16\right)\oplus G(k)\\ \hat{B}(k)=\operatorname{mod}\left(\left\lfloor x_3^{(r)}(k)\right\rfloor, 16\right)\oplus\left\lfloor p_3(k)\right\rfloor=\operatorname{mod}\left(\left\lfloor x_3^{(r)}(k)\right\rfloor, 16\right)\oplus\operatorname{mod}\left(\left\lfloor x_3^{(d)}(k)\right\rfloor, 16\right)\oplus B(k)\end{cases} \tag{13-27}$$

当发送端与接收端混沌系统实现同步时，满足

$$\begin{cases}\left\lfloor x_1^{(r)}(k)\right\rfloor=\left\lfloor x_1^{(d)}(k)\right\rfloor\\ \left\lfloor x_2^{(r)}(k)\right\rfloor=\left\lfloor x_2^{(d)}(k)\right\rfloor\\ \left\lfloor x_3^{(r)}(k)\right\rfloor=\left\lfloor x_3^{(d)}(k)\right\rfloor\end{cases}$$

进而得

$$\begin{cases}\operatorname{mod}\left(\left\lfloor x_1^{(r)}(k)\right\rfloor, 16\right)=\operatorname{mod}\left(\left\lfloor x_1^{(d)}(k)\right\rfloor, 16\right)\\ \operatorname{mod}\left(\left\lfloor x_2^{(r)}(k)\right\rfloor, 16\right)=\operatorname{mod}\left(\left\lfloor x_2^{(d)}(k)\right\rfloor, 16\right)\\ \operatorname{mod}\left(\left\lfloor x_3^{(r)}(k)\right\rfloor, 16\right)=\operatorname{mod}\left(\left\lfloor x_3^{(d)}(k)\right\rfloor, 16\right)\end{cases}$$

最后得 $\hat{R}(k)=R(k)$，$\hat{G}(k)=G(k)$，$\hat{B}(k)=B(k)$，从而在接收端，能够正确解密出原视频图像。

在图 13-4 中，采用式(13-25)所示的整数域混沌系统对视频进行加密和解密，得发送端混沌加密系统的迭代方程为

$$\begin{cases}\left\lfloor x_1^{(d)}(k+1)\right\rfloor=f_1^{(d)}(\cdot)=\Phi_{11}^{(d)}\left\lfloor x_1^{(d)}(k)\right\rfloor+\Phi_{12}^{(d)}\left\lfloor x_2^{(d)}(k)\right\rfloor+\Phi_{13}^{(d)}\left\lfloor x_3^{(d)}(k)\right\rfloor\\ \qquad+\Phi_{14}^{(d)}\left\lfloor x_4^{(d)}(k)\right\rfloor+\Phi_{15}^{(d)}\left\lfloor x_5^{(d)}(k)\right\rfloor+\Phi_{16}^{(d)}\left\lfloor x_6^{(d)}(k)\right\rfloor\\ \left\lfloor x_2^{(d)}(k+1)\right\rfloor=f_2^{(d)}(\cdot)=\Phi_{21}^{(d)}\left\lfloor x_1^{(d)}(k)\right\rfloor+\Phi_{22}^{(d)}\left\lfloor x_2^{(d)}(k)\right\rfloor+\Phi_{23}^{(d)}\left\lfloor x_3^{(d)}(k)\right\rfloor\\ \qquad+\Phi_{24}^{(d)}\left\lfloor x_4^{(d)}(k)\right\rfloor+\Phi_{25}^{(d)}\left\lfloor x_5^{(d)}(k)\right\rfloor+\Phi_{26}^{(d)}\left\lfloor x_6^{(d)}(k)\right\rfloor\\ \left\lfloor x_3^{(d)}(k+1)\right\rfloor=f_3^{(d)}(\cdot)=\Phi_{31}^{(d)}\left\lfloor x_1^{(d)}(k)\right\rfloor+\Phi_{32}^{(d)}\left\lfloor x_2^{(d)}(k)\right\rfloor+\Phi_{33}^{(d)}\left\lfloor x_3^{(d)}(k)\right\rfloor\\ \qquad+\Phi_{34}^{(d)}\left\lfloor x_4^{(d)}(k)\right\rfloor+\Phi_{35}^{(d)}\left\lfloor x_5^{(d)}(k)\right\rfloor+\Phi_{36}^{(d)}\left\lfloor x_6^{(d)}(k)\right\rfloor\\ \left\lfloor x_4^{(d)}(k+1)\right\rfloor=f_4^{(d)}(\cdot)=\Phi_{41}^{(d)}\left\lfloor p_1(k)\right\rfloor+\Phi_{42}^{(d)}\left\lfloor p_2(k)\right\rfloor+\Phi_{43}^{(d)}\left\lfloor p_3(k)\right\rfloor\\ \qquad+\Phi_{44}^{(d)}\left\lfloor x_4^{(d)}(k)\right\rfloor+\Phi_{45}^{(d)}\left\lfloor x_5^{(d)}(k)\right\rfloor+\Phi_{46}^{(d)}\left\lfloor x_6^{(d)}(k)\right\rfloor\\ \qquad+\operatorname{mod}(\sigma_1^{(d)}\left\lfloor p_1(k)\right\rfloor,\varepsilon_1^{(d)})+\operatorname{mod}(\sigma_2^{(d)}\left\lfloor p_2(k)\right\rfloor,\varepsilon_2^{(d)})\\ \qquad+\operatorname{mod}(\sigma_3^{(d)}\left\lfloor p_3(k)\right\rfloor,\varepsilon_3^{(d)})\end{cases}$$

$$
\left\{\begin{aligned}
\left\lfloor x_5^{(d)}(k+1)\right\rfloor = f_5^{(d)}(\cdot) = & \Phi_{51}^{(d)}\left\lfloor p_1(k)\right\rfloor + \Phi_{52}^{(d)}\left\lfloor p_2(k)\right\rfloor + \Phi_{53}^{(d)}\left\lfloor p_3(k)\right\rfloor \\
& + \Phi_{54}^{(d)}\left\lfloor x_4^{(d)}(k)\right\rfloor + \Phi_{55}^{(d)}\left\lfloor x_5^{(d)}(k)\right\rfloor + \Phi_{56}^{(d)}\left\lfloor x_6^{(d)}(k)\right\rfloor \\
& + \operatorname{mod}(\sigma_2^{(d)}\left\lfloor p_2(k)\right\rfloor, \varepsilon_2^{(d)}) + \operatorname{mod}(\sigma_3^{(d)}\left\lfloor p_3(k)\right\rfloor, \varepsilon_3^{(d)}) \\
\left\lfloor x_6^{(d)}(k+1)\right\rfloor = f_6^{(d)}(\cdot) = & \Phi_{61}^{(d)}\left\lfloor p_1(k)\right\rfloor + \Phi_{62}^{(d)}\left\lfloor p_2(k)\right\rfloor + \Phi_{63}^{(d)}\left\lfloor p_3(k)\right\rfloor \\
& + \Phi_{64}^{(d)}\left\lfloor x_4^{(d)}(k)\right\rfloor + \Phi_{65}^{(d)}\left\lfloor x_5^{(d)}(k)\right\rfloor + \Phi_{66}^{(d)}\left\lfloor x_6^{(d)}(k)\right\rfloor \\
& + \operatorname{mod}(\sigma_3^{(d)}\left\lfloor p_3(k)\right\rfloor, \varepsilon_3^{(d)})
\end{aligned}\right.
\tag{13-28}
$$

同理，在图 13-4 中，采用式(13-25)所示的整数域混沌系统对视频进行加密和解密，得接收端混沌解密系统的迭代方程为

$$
\left\{\begin{aligned}
\left\lfloor x_1^{(r)}(k+1)\right\rfloor = f_1^{(r)}(\cdot) = & \Phi_{11}^{(r)}\left\lfloor x_1^{(r)}(k)\right\rfloor + \Phi_{12}^{(r)}\left\lfloor x_2^{(r)}(k)\right\rfloor + \Phi_{13}^{(r)}\left\lfloor x_3^{(r)}(k)\right\rfloor + \Phi_{14}^{(r)}\left\lfloor x_4^{(r)}(k)\right\rfloor \\
& + \Phi_{15}^{(r)}\left\lfloor x_5^{(r)}(k)\right\rfloor + \Phi_{16}^{(r)}\left\lfloor x_6^{(r)}(k)\right\rfloor \\
\left\lfloor x_2^{(r)}(k+1)\right\rfloor = f_2^{(r)}(\cdot) = & \Phi_{21}^{(r)}\left\lfloor x_1^{(r)}(k)\right\rfloor + \Phi_{22}^{(r)}\left\lfloor x_2^{(r)}(k)\right\rfloor + \Phi_{23}^{(r)}\left\lfloor x_3^{(r)}(k)\right\rfloor + \Phi_{24}^{(r)}\left\lfloor x_4^{(r)}(k)\right\rfloor \\
& + \Phi_{25}^{(r)}\left\lfloor x_5^{(r)}(k)\right\rfloor + \Phi_{26}^{(r)}\left\lfloor x_6^{(r)}(k)\right\rfloor \\
\left\lfloor x_3^{(r)}(k+1)\right\rfloor = f_3^{(r)}(\cdot) = & \Phi_{31}^{(r)}\left\lfloor x_1^{(r)}(k)\right\rfloor + \Phi_{32}^{(r)}\left\lfloor x_2^{(r)}(k)\right\rfloor + \Phi_{33}^{(r)}\left\lfloor x_3^{(r)}(k)\right\rfloor + \Phi_{34}^{(r)}\left\lfloor x_4^{(r)}(k)\right\rfloor \\
& + \Phi_{35}^{(r)}\left\lfloor x_5^{(r)}(k)\right\rfloor + \Phi_{36}^{(r)}\left\lfloor x_6^{(r)}(k)\right\rfloor \\
\left\lfloor x_4^{(r)}(k+1)\right\rfloor = f_4^{(r)}(\cdot) = & \Phi_{41}^{(r)}\left\lfloor p_1(k)\right\rfloor + \Phi_{42}^{(r)}\left\lfloor p_2(k)\right\rfloor + \Phi_{43}^{(r)}\left\lfloor p_3(k)\right\rfloor + \Phi_{44}^{(r)}\left\lfloor x_4^{(r)}(k)\right\rfloor \\
& + \Phi_{45}^{(r)}\left\lfloor x_5^{(r)}(k)\right\rfloor + \Phi_{46}^{(r)}\left\lfloor x_6^{(r)}(k)\right\rfloor \\
& + \operatorname{mod}(\sigma_1^{(r)}\left\lfloor p_1(k)\right\rfloor, \varepsilon_1^{(r)}) + \operatorname{mod}(\sigma_2^{(r)}\left\lfloor p_2(k)\right\rfloor, \varepsilon_2^{(r)}) \\
& + \operatorname{mod}(\sigma_3^{(r)}\left\lfloor p_3(k)\right\rfloor, \varepsilon_3^{(r)}) \\
\left\lfloor x_5^{(r)}(k+1)\right\rfloor = f_5^{(r)}(\cdot) = & \Phi_{51}^{(r)}\left\lfloor p_1(k)\right\rfloor + \Phi_{52}^{(r)}\left\lfloor p_2(k)\right\rfloor + \Phi_{53}^{(r)}\left\lfloor p_3(k)\right\rfloor + \Phi_{54}^{(r)}\left\lfloor x_4^{(r)}(k)\right\rfloor \\
& + \Phi_{55}^{(r)}\left\lfloor x_5^{(r)}(k)\right\rfloor + \Phi_{56}^{(r)}\left\lfloor x_6^{(r)}(k)\right\rfloor \\
& + \operatorname{mod}(\sigma_2^{(r)}\left\lfloor p_2(k)\right\rfloor, \varepsilon_2^{(r)}) + \operatorname{mod}(\sigma_3^{(r)}\left\lfloor p_3(k)\right\rfloor, \varepsilon_3^{(r)}) \\
\left\lfloor x_6^{(r)}(k+1)\right\rfloor = f_6^{(r)}(\cdot) = & \Phi_{61}^{(r)}\left\lfloor p_1(k)\right\rfloor + \Phi_{62}^{(r)}\left\lfloor p_2(k)\right\rfloor + \Phi_{63}^{(r)}\left\lfloor p_3(k)\right\rfloor + \Phi_{64}^{(r)}\left\lfloor x_4^{(r)}(k)\right\rfloor \\
& + \Phi_{65}^{(r)}\left\lfloor x_5^{(r)}(k)\right\rfloor + \Phi_{66}^{(r)}\left\lfloor x_6^{(r)}(k)\right\rfloor \\
& + \operatorname{mod}(\sigma_3^{(r)}\left\lfloor p_3(k)\right\rfloor, \varepsilon_3^{(r)})
\end{aligned}\right.
\tag{13-29}
$$

若发送端与接收端混沌系统的参数匹配，得

$$
\Phi_{ij}^{(d)} = \Phi_{ij}^{(r)} = \Phi_{ij}\ (1 \leqslant i, j \leqslant 6), \quad \varepsilon_i^{(d)} = \varepsilon_i^{(r)}, \quad \sigma_i^{(d)} = \sigma_i^{(r)}\ (1 \leqslant i \leqslant 3)
$$

首先，根据式(13-28)和式(13-29)的第 4～6 个方程，得误差信号对应的迭代方程为

$$\begin{bmatrix} \lfloor \Delta x_4(k+1) \rfloor \\ \lfloor \Delta x_5(k+1) \rfloor \\ \lfloor \Delta x_6(k+1) \rfloor \end{bmatrix} = \begin{bmatrix} \Phi_{44} & \Phi_{45} & \Phi_{46} \\ \Phi_{54} & \Phi_{55} & \Phi_{56} \\ \Phi_{64} & \Phi_{65} & \Phi_{66} \end{bmatrix} \begin{bmatrix} \lfloor \Delta x_4(k) \rfloor \\ \lfloor \Delta x_5(k) \rfloor \\ \lfloor \Delta x_6(k) \rfloor \end{bmatrix} \tag{13-30}$$

根据式(13-30)，得

$$\begin{bmatrix} \lfloor \Delta x_4(k) \rfloor \\ \lfloor \Delta x_5(k) \rfloor \\ \lfloor \Delta x_6(k) \rfloor \end{bmatrix} = \begin{bmatrix} \Phi_{44} & \Phi_{45} & \Phi_{46} \\ \Phi_{54} & \Phi_{55} & \Phi_{56} \\ \Phi_{64} & \Phi_{65} & \Phi_{66} \end{bmatrix}^k \begin{bmatrix} \lfloor \Delta x_4(0) \rfloor \\ \lfloor \Delta x_5(0) \rfloor \\ \lfloor \Delta x_6(0) \rfloor \end{bmatrix} \tag{13-31}$$

式中，$\Delta x_i(0)$ 为初始迭代值，$\lfloor \Delta x_i(k) \rfloor = \lfloor x_i^{(r)}(k) \rfloor - \lfloor x_i^{(d)}(k) \rfloor$，$\lfloor \Delta x_i(k+1) \rfloor = \lfloor x_i^{(r)}(k+1) \rfloor - \lfloor x_i^{(d)}(k+1) \rfloor$，$i = 4,5,6$。

对式(13-31)两边取范数，得

$$\left\| \begin{bmatrix} \lfloor \Delta x_4(k) \rfloor \\ \lfloor \Delta x_5(k) \rfloor \\ \lfloor \Delta x_6(k) \rfloor \end{bmatrix} \right\| \leqslant \left\| \begin{bmatrix} \Phi_{44} & \Phi_{45} & \Phi_{46} \\ \Phi_{54} & \Phi_{55} & \Phi_{56} \\ \Phi_{64} & \Phi_{65} & \Phi_{66} \end{bmatrix} \right\|^k \cdot \left\| \begin{bmatrix} \lfloor \Delta x_4(0) \rfloor \\ \lfloor \Delta x_5(0) \rfloor \\ \lfloor \Delta x_6(0) \rfloor \end{bmatrix} \right\| \tag{13-32}$$

根据式(13-22)，$\begin{bmatrix} \Phi_{44} & \Phi_{45} & \Phi_{46} \\ \Phi_{54} & \Phi_{55} & \Phi_{56} \\ \Phi_{64} & \Phi_{65} & \Phi_{66} \end{bmatrix}$对应的特征根在单位圆内，根据定理 3-3，可知

$\left\| \begin{bmatrix} \Phi_{44} & \Phi_{45} & \Phi_{46} \\ \Phi_{54} & \Phi_{55} & \Phi_{56} \\ \Phi_{64} & \Phi_{65} & \Phi_{66} \end{bmatrix} \right\| < 1$，故

$$\lim_{k\to\infty} \left\| \lfloor \Delta x_i(k) \rfloor \right\| = \lim_{k\to\infty} \left\| \lfloor x_i^{(r)}(k) \rfloor - \lfloor x_i^{(d)}(k) \rfloor \right\| = 0 \tag{13-33}$$

式中，$i = 4,5,6$。

其次，需要进一步考虑误差变量$\lfloor \Delta x_1(k) \rfloor$、$\lfloor \Delta x_2(k) \rfloor$、$\lfloor \Delta x_3(k) \rfloor$的收敛性问题。根据式(13-28)和式(13-29)中的第 1～3 个方程，得误差方程为

$$\begin{cases} \lfloor \Delta x_1(k+1) \rfloor = \Phi_{11} \lfloor \Delta x_1(k) \rfloor + \Phi_{12} \lfloor \Delta x_2(k) \rfloor + \Phi_{13} \lfloor \Delta x_3(k) \rfloor + \Phi_{14} \lfloor \Delta x_4(k) \rfloor \\ \qquad + \Phi_{15} \lfloor \Delta x_5(k) \rfloor + \Phi_{16} \lfloor \Delta x_6(k) \rfloor \\ \lfloor \Delta x_2(k+1) \rfloor = \Phi_{21} \lfloor \Delta x_1(k) \rfloor + \Phi_{22} \lfloor \Delta x_2(k) \rfloor + \Phi_{23} \lfloor \Delta x_3(k) \rfloor + \Phi_{24} \lfloor \Delta x_4(k) \rfloor \\ \qquad + \Phi_{25} \lfloor \Delta x_5(k) \rfloor + \Phi_{26} \lfloor \Delta x_6(k) \rfloor \\ \lfloor \Delta x_3(k+1) \rfloor = \Phi_{31} \lfloor \Delta x_1(k) \rfloor + \Phi_{32} \lfloor \Delta x_2(k) \rfloor + \Phi_{33} \lfloor \Delta x_3(k) \rfloor + \Phi_{34} \lfloor \Delta x_4(k) \rfloor \\ \qquad + \Phi_{35} \lfloor \Delta x_5(k) \rfloor + \Phi_{36} \lfloor \Delta x_6(k) \rfloor \end{cases} \tag{13-34}$$

当$k\to\infty$时，根据式(13-33)，$\lfloor \Delta x_4(k)\rfloor\to 0$，$\lfloor \Delta x_5(k)\rfloor\to 0$，$\lfloor \Delta x_6(k)\rfloor\to 0$，则式(13-34)为

$$\lim_{k\to\infty}\begin{bmatrix}\lfloor \Delta x_1(k+1)\rfloor\\ \lfloor \Delta x_2(k+1)\rfloor\\ \lfloor \Delta x_3(k+1)\rfloor\end{bmatrix}=\begin{bmatrix}\Phi_{11} & \Phi_{12} & \Phi_{13}\\ \Phi_{21} & \Phi_{22} & \Phi_{23}\\ \Phi_{31} & \Phi_{32} & \Phi_{33}\end{bmatrix}\times\lim_{k\to\infty}\begin{bmatrix}\lfloor \Delta x_1(k)\rfloor\\ \lfloor \Delta x_2(k)\rfloor\\ \lfloor \Delta x_3(k)\rfloor\end{bmatrix}\tag{13-35}$$

根据式(13-22)，$\begin{bmatrix}\Phi_{11} & \Phi_{12} & \Phi_{13}\\ \Phi_{21} & \Phi_{22} & \Phi_{23}\\ \Phi_{31} & \Phi_{32} & \Phi_{33}\end{bmatrix}$对应的特征根在单位圆内，根据定理 3-3，可知$\left\|\begin{bmatrix}\Phi_{11} & \Phi_{12} & \Phi_{13}\\ \Phi_{21} & \Phi_{22} & \Phi_{23}\\ \Phi_{31} & \Phi_{32} & \Phi_{33}\end{bmatrix}\right\|<1$，故

$$\lim_{k\to\infty}\left\|\lfloor \Delta x_j(k)\rfloor\right\|=\lim_{k\to\infty}\left\|\lfloor x_j^{(r)}(k)\rfloor-\lfloor x_j^{(d)}(k)\rfloor\right\|=0\tag{13-36}$$

式中，$j=1,2,3$。

最后，结合式(13-33)和式(13-36)，得

$$\left\|\lfloor \Delta x_i(k)\rfloor\right\|\to 0\tag{13-37}$$

式中，$i=1,2,\cdots,6$。得同步的数值仿真结果如图 13-5 所示。

综上所述，在参数匹配的条件下，式(13-28)和式(13-29)可实现同步，在接收端，能够将原视频信号正确地解密出来。注意到在实际情况中，迭代次数k只需几步便可实现式(13-28)和式(13-29)之间的混沌同步。例如，各个参数的选取仍如式(13-21)和式(13-22)所示，根据如图 13-5 所示的结果，只需通过 6 步迭代便可实现混沌同步。

2. 基于多轮加密的视频混沌保密通信系统

现有的混沌流密码加密和解密方案主要是基于开环系统和单轮的混沌流密码加密和解密，用混沌流密码对信息加密一轮后立马输出，并且没有通过反馈机制将加密后的信息反馈回原系统，再加之又是低维系统，只有少数几个密钥参数，安全性得不到充分的保证。

如图 13-4 所示方案虽然构建了一个闭环反馈系统，但同样只是完成了对每一帧原始视频进行一轮的混沌流密码加密和解密，这种方案的硬件技术实现尽管相对容易，但安全分析结果表明，它在抵御差分攻击的能力方面不够强，有待于作进一步的改进。

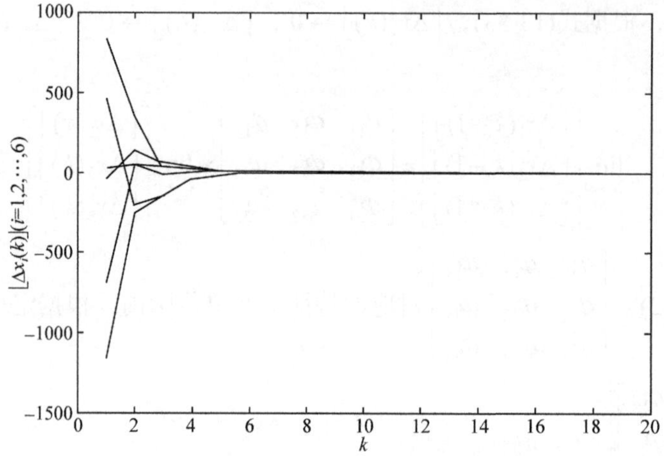

图 13-5　同步误差数值仿真结果

为了进一步增强抵御差分攻击的能力，在图 13-4 的基础上，本节进一步介绍对每一帧视频进行 $L(L=1,2,\cdots)$轮的混沌流密码加密和解密方案，如图 13-6 所示。安全分析结果表明，该方案大大提高了抵御差分攻击的能力，但硬件技术实现的难度较大，需要重点解决时序配合的问题。然而，在 FPGA 硬件平台上成功地解决了这样一个技术难题。

如图 13-6 所示的多轮加密方案由多轮混沌流密码加密、多轮混沌流密码解密、信道、工作状态切换 K1、K2、K3、K4 四个部分组成。在 FPGA 中，K1、K2、K3、K4 的切换功能可通过 Verilog HDL 编程来具体实现。图 13-6 所示的系统加密和解密工作原理如下。

发送端对每一帧三基色原始视频进行 $L(L=1,2,\cdots)$轮加密的工作原理：首先 K1 位于 1，输入一帧三基色原始视频进行加密，其次 K1 位于 2，将加密一轮后的一帧视频通过 K1 反馈后再进行第二轮加密，如此往复，共进行 L 轮加密。完成 L 轮加密后 K2 接通，将最后一轮加密的一帧视频经信道输出。接着 K1 再位于 1，再输入下一帧三基色原始视频进行加密，如此周而复始地完成对每一帧的三基色原始视频的 L 轮加密。

接收端对每一帧三基色加密视频进行 $L(L=1,2,\cdots)$轮解密的工作原理：首先 K3 位于 1，输入一帧加密的三基色视频进行解密，其次 K3 位于 2，将解密一轮后的一帧视频通过 K3 反馈后再进行第二轮解密，如此往复共进行 L 轮解密。完成 L 轮解密后 K4 接通，将最后一轮解密的一帧视频输出。接着 K3 再位于 1，再输入下一帧加密的三基色视频进行解密，如此周而复始地完成对每一帧的三基色加密视频的 L 轮解密。

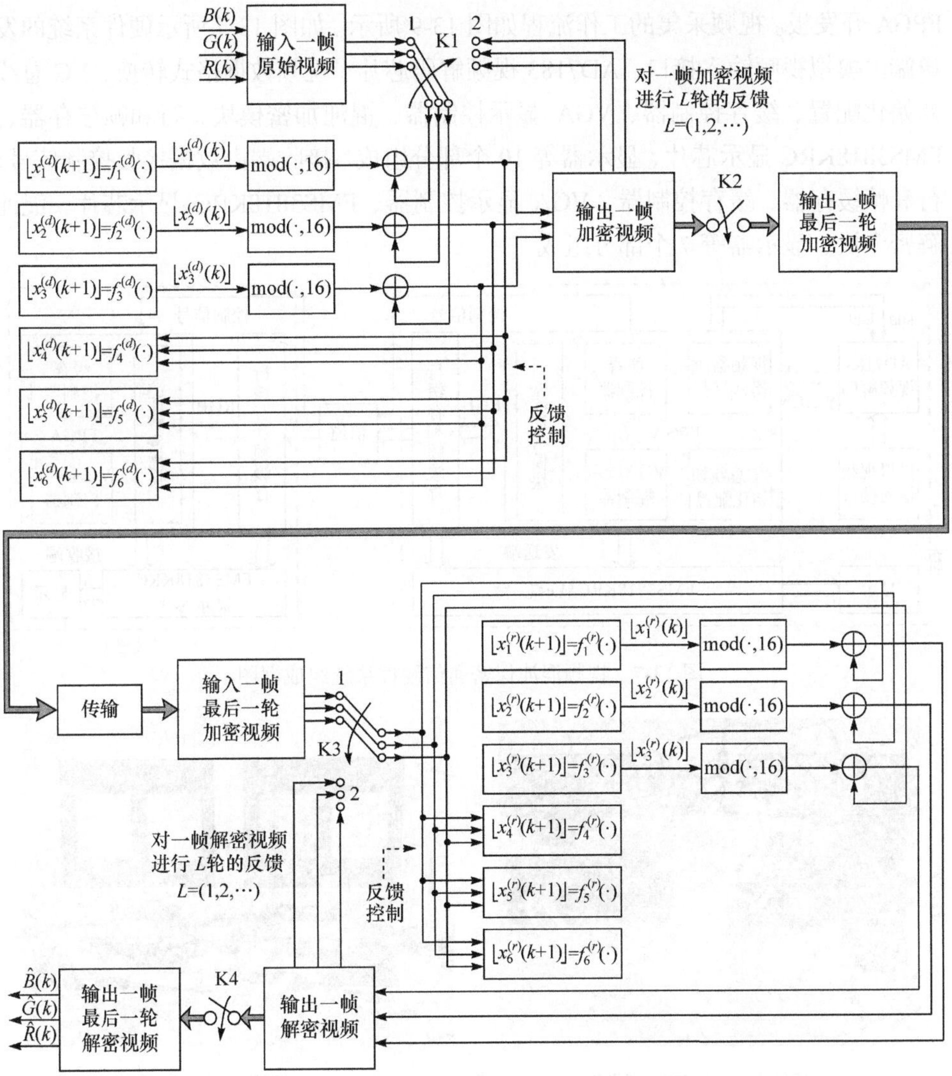

图 13-6　基于多轮加密的视频混沌保密通信系统的设计原理框图

13.3.2　视频采集系统设计

1. 视频采集系统的总体组成框图

视频混沌保密通信硬件系统的组成框图如图 13-7 所示，其中 FPGA 硬件部分的功能是通过 Verilog HDL 编程来实现的。与图 13-7 相对应的硬件实现平台如图 13-8 所示，其中发送端和接收端使用了两款相同的芯片型号为 Virtex II Pro 的

FPGA 开发板。视频采集的工作流程如图 13-9 所示。如图 13-7 所示硬件系统的发送端由模拟视频输入接口、AD7183 视频解码芯片、视频数据格式转换、I^2C 总线初始化配置、缓存控制器、VGA 显示控制器、混沌加密模块、行和帧缓存器、FMS3818KRC 显示芯片、显示器等 10 个部分组成。接收端由数据接收控制信号、行和帧缓存器、缓存控制器、VGA 显示控制器、FMS3818KRC 显示芯片、混沌解密模块、显示器等 7 个部分组成。

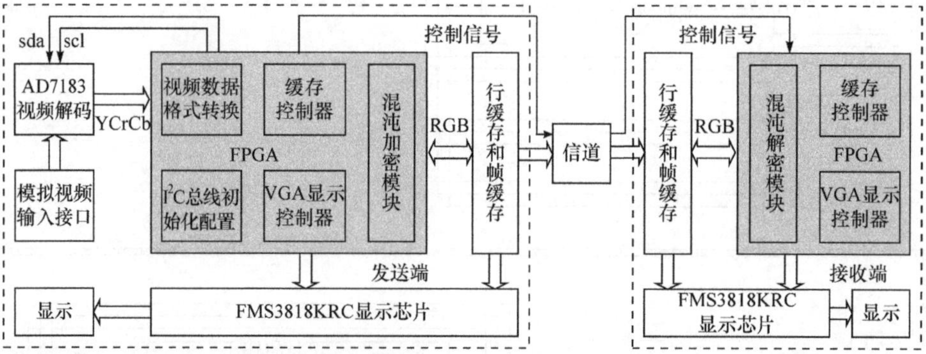

图 13-7　视频混沌保密通信硬件系统组成框图

(a) 摄像头和两款FPGA开发板　　(b) 硬件实现平台

图 13-8　视频混沌保密通信系统的硬件实现平台

下面概述整个硬件系统的工作原理。

首先，AD7183 视频解码芯片的工作原理：将摄像头采集到的模拟视频信号转换成 YUV4:2:2 格式的数字视频信号后传送到 FPGA。

其次，发送端 FPGA 及其相关硬件系统的工作原理：

(1) 对 AD7183 视频解码芯片输出数据作行域解码，提取与视频相关的信息，如行消隐和场消隐等。

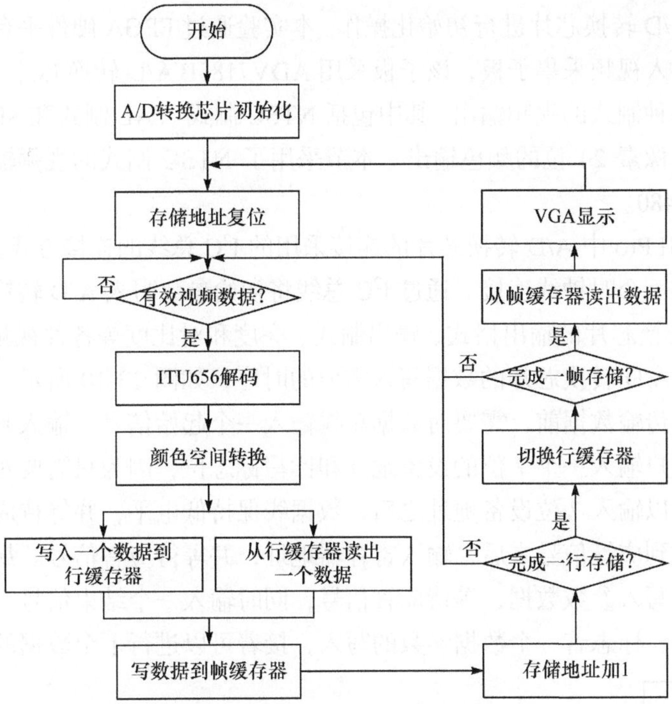

图 13-9　视频采集的工作流程图

(2) 将 YUV4:2:2 格式数据转换为 YUV4:4:4 格式数据。

(3) 将 YUV4:4:4 格式数据转换为数据 RGB 格式(RGB 均为 8bit)数据。

(4) 将 RGB 格式数据写入行缓存器中，再截取行缓存器输出 RGB 格式数据中的高四位(截取后的 RGB 格式数据均为 4bit)，存入帧缓存器中。

(5) 通过 D/A 转换芯片 FMS3818KRC 将帧缓存器输出的数字视频信号转换成模拟视频信号后，传送到显示器显示出采集的视频图像。

(6) 将帧缓存器输出的 RGB 格式(RGB 均为 4bit)传送到视频混沌加密模块，按照式(13-28)给出的方法完成对视频图像的加密，加密后的视频图像再通过帧缓存器和信道传输到接收端。

最后，接收端 FPGA 及其相关硬件系统的工作原理：通过接收端的数据接收控制信号，将接收到的加密视频图像，按照式(13-29)给出的方法进行解密，还原出原视频图像。

2. A/D 转换芯片初始化

为了让 CCD(电荷耦合器件)摄像头正确输出 ITU656 格式的视频数据，首先要对视频 A/D 转换芯片进行初始化操作。本实验通过 FPGA 硬件平台上的高速扩展接口，加入视频采集子板，该子板采用 ADV7183B A/D 转换芯片。ADV7183B 芯片支持多种制式的视频输出，其中包括 NTSC 制式、PAL 制式和 SECAM 制式，同时支持每像素 24 位的颜色输出。本节采用了 NTSC 制式的视频输出，其分辨率为 720 × 480。

Virtex II Pro 中 A/D 转换芯片的连接采用的 I^2C 总线的连接方式，即一个双向的数据线和一个时钟线连接。通过 I^2C 总线将初始参数写入 A/D 转换芯片中，来配置 A/D 转换芯片的输出格式、输出制式、亮度和对比度等各种视频参数。采用 I^2C 总线对 A/D 转换芯片的数据写入需要的时序，如图 13-10 所示。图中，在采用 I^2C 总线传输数据前，需要对数据总线输入一个起始信号。输入起始信号后，芯片等待用户输入一个 7 位的设备地址和读写标志位，因为只需要对芯片进行写入操作，所以输入 7 位设备地址之后，数据线保持低电平，并等待应答信号的到来。当接收到应答信号之后，输入寄存器地址，并等待应答信号。最后，在最后一个字节中写入参数数据，等待应答信号，同时输入一个结束信号。当发送了结束信号之后，标志着一个数据参数的写入，接着可以进行下个数据的操作。

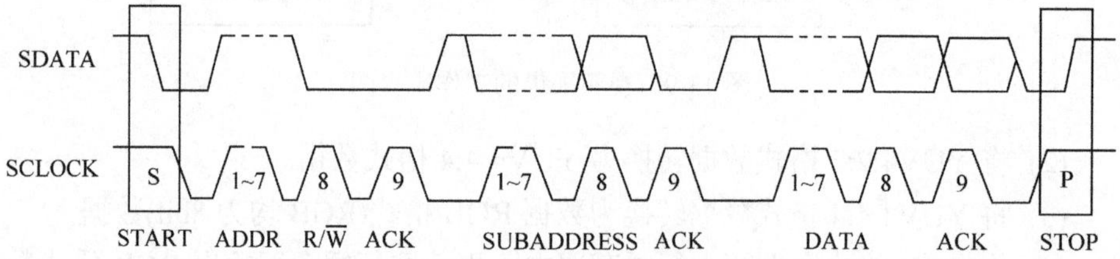

图 13-10　I^2C 总线写操作时序

3. ITU656 解码

在配置 A/D 转换芯片之后，摄像头便能通过 A/D 转换芯片输出 YUV4:2:2 的一路视频。然而，YUV 格式的视频数据不能通过 FMS3818KRC 显示芯片输出到显示器上，FMS3818KRC 显示芯片是基于 RGB 格式的视频 D/A 转换芯片。因此，需要对视频进行格式转换。在 ITU656 格式的解码模块中，将通过三个步骤将 YUV4:2:2 格式的视频数据转换成 RGB 格式的视频数据。

1) 行域解码模块

行域解码模块的主要任务是对 ITU656 格式的行起始标志位和行结束标志位的判别与检测。具体的设计如下：在 27MHz 像素时钟信号的同步控制下，8 位的数字视频数据由 ADV7183 芯片不断地输入 FPGA 芯片，FPGA 芯片首先检测“FF 00 00”这三个字节，对于这三个字节的检测只需要设计一个简单的有限状态机即可实现。检测到上述三个字节之后，FPGA 接着检测紧随这三个字节之后的字节，以第四个字节的数据来判断是一帧开始还是一帧的结束。A/D 转换芯片输出的 ITU656 数据格式与时序如图 13-11 所示。

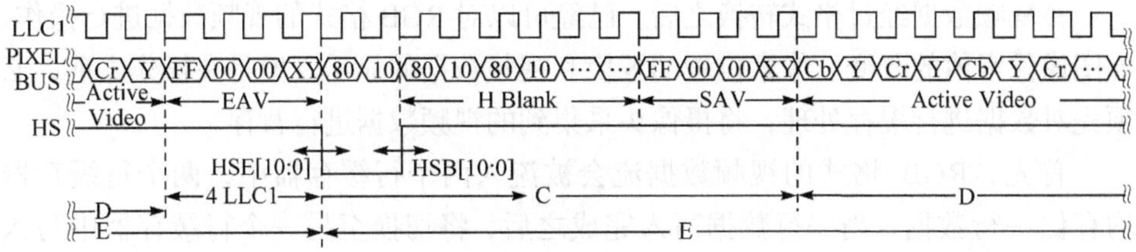

图 13-11 ITU656 数据时序图

2) YUV4:2:2 转 YUV4:4:4 模块

A/D 转换芯片输出数据之后，经过行域解码提取行起始标志位和行结束标志位，然后经过数个时钟的延时后，数据被送入 YUV 的格式转换模块。YUV4:2:2 是一种亮度色差比为 2:1 的视频信号，在一路信号上传输。由于人的眼睛对亮度分量的敏感性强于色差分量，所以人们通过压缩色差分量的信息量来达到数据的有损压缩。在本模块中，需要对 YUV4:2:2 格式的视频信号进行串并转换，转换为 YUV4:4:4 的视频格式，在三路信号上传输，同时亮度分量与色差分量之比为 1:1。该模块通过对原格式视频色差分量的复制达到亮度色差 1:1 的标准，在模块的最后，需要对亮度色差三路数据进行相应的延时，以达到三路数据信号的一一对应。

3) YUV4:4:4 转 RGB 模块

经过 YUV 转换模块后，获得了 YUV4:4:4 的三路视频信号。然而，要显示采集的视频信号，还需要将 YUV 格式信号转换成 RGB 格式信号。得 YUV4:4:4 格式信号转换成 RGB 格式信号的公式为

$$\begin{cases} R = 1.164(Y-16) + 1.596(C_r - 128) \\ G = 1.164(Y-16) - 0.813(C_r - 128) - 0.392(C_b - 128) \\ B = 1.164(Y-16) + 2.017(C_b - 128) \end{cases} \tag{13-38}$$

但是基于实数的公式并不能被 FPGA 芯片直接运算，构造基于浮点的运算模块又过于耗费资源，因此这里对该公式采用定点数的计算方式，将该公式作近似计算，得计算公式为

$$
\begin{cases}
R = (298 \times Y + 409 \times C_{\mathrm{r}} - 57065) / 256 \\
G = (298 \times Y - 100 \times C_{\mathrm{b}} - 208 \times C_{\mathrm{r}} + 34718) / 256 \\
B = (298 \times Y + 516 \times C_{\mathrm{b}} - 70861) / 256
\end{cases} \tag{13-39}
$$

4. 存储模块

在视频数据经过格式转换之后，已经可以对 RGB 格式的视频数据进行操作，如图像像素值的改变、像素位置的置换和视频数据的显示。但是在操作之前，必须先对数据进行缓存处理，将摄像头采集到的视频数据进行暂存。

首先，RGB 格式的视频数据流会被流入两个行缓存器中，两个行缓存器均存储一行数据，当一行数据写入完成之后，将切换至另一个行缓存器中写入视频数据。数据读取也是当完成一行数据的读取后，切换至另一个行缓存器读取，并且同一时间不会对同一个行缓存器进行读写。这个操作称为乒乓操作，在两个行缓存器中，分别存储着奇数行和偶数行的视频数据。输入数据流通过“输入数据选择单元”将数据流等时分配到两个数据缓冲区，数据缓冲模块 1 与数据缓冲模块 2 相互切换，保证数据流不间断地流入数据流运算处理模块。通过乒乓操作实现低速模块处理高速数据，其实质是通过缓存单元切换实现数据流的串并转换，并行用“数据预处理模块 1”和“数据预处理模块 2”处理分流的数据，是面积与速度互换原则的一种体现。同时不会出现读写都在同一个缓存器中的情况，避免了读写冲突，造成数据的丢失。

为了能在显示器上同时显示原图像和加密图像，在获得每一行的视频数据之后，要对原采集图像进行裁剪缩放处理。在本实验中，裁剪缩放处理采用对存储器写入地址操作来实现。原采集的视频为 NTSC 制式，分辨率为 720×480，首先将视频裁剪成 450×450，然后通过间隔取样，将部分像素点写入帧缓存器中，最后获得的视频分辨率是 240×240，其余没有写入缓存器中的像素点将被丢弃，由此达到图像裁剪缩放的效果。由于 450:240=15:8，由 450×450 像素的视频中获得 240×240 的视频信号，需要每 15 个像素点中就要丢弃 7 个像素点，每行每列皆如此操作。缩放后的视频存入帧缓存中供加密模块处理。每个帧缓存器大小均为 240×240，多个帧缓存器分别用于原视频、加密视频、传输后加密视频和解密视频的显示。数据缓存的结构框图如图 13-12 所示。

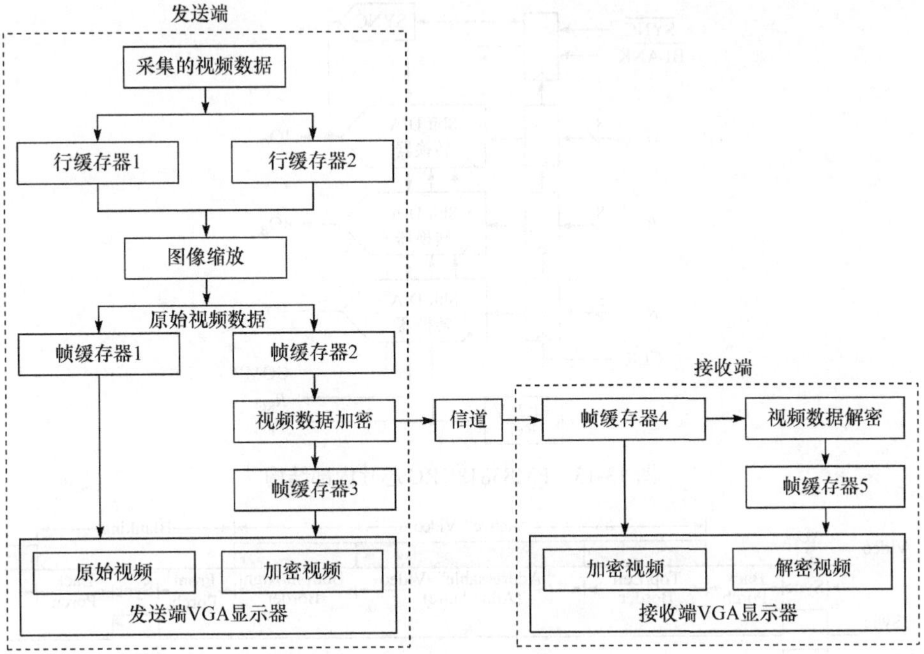

图 13-12 数据缓存的结构框图

5. VGA 显示模块

视频数据在经过存储加密等多个操作过程之后，需要通过 D/A 转换芯片进行数模转换，再次转换成模拟信号，供给显示器进行显示。本节实验采用了型号为 FMS3818KRC 的 D/A 转换芯片，显示接口为传统的 VGA 接口。

FMS3818KRC 芯片最高可以输出分辨率为 1600×1200、刷新频率为 70Hz 的视频信号，同时支持各种分辨率大小不等、刷新频率不等的视频信号输出。它能转换 3 路、每路精度为 8 位的视频信号，该芯片的内部结构如图 13-13 所示。

虽然 FMS3818KRC 芯片并不需要对其进行初始化便可直接对数字视频信号进行数模转换，但是其通信协议还是需要严格遵守 VGA 显示的标准协议。其中，通过控制水平同步信号和垂直同步信号高低电平的持续时间来实现不同分辨率视频的显示。本实验采用的视频显示分辨率为 720×480，VGA 显示协议的水平同步信号与垂直同步信号的时序图如图 13-14 所示。

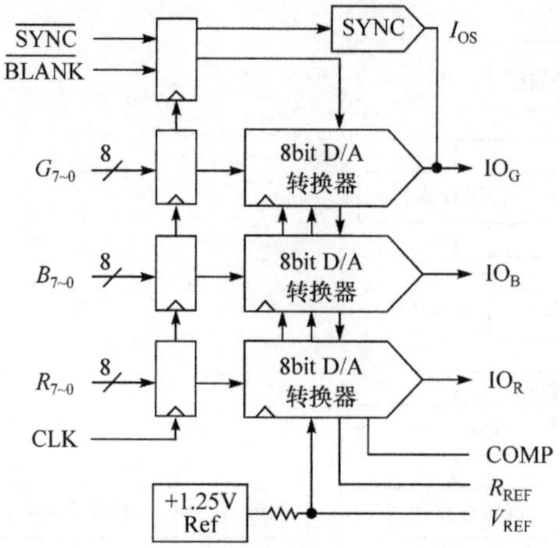

图 13-13　FMS3818KRC 芯片内部结构

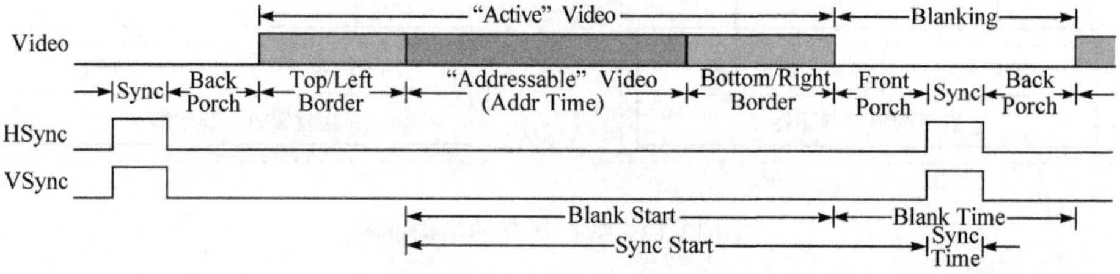

图 13-14　VGA 显示时序图

13.4　发送端和接收端硬件系统的工作流程

本节介绍混沌加密硬件系统的工作流程。发送端硬件系统的工作流程如图 13-15 所示。当接收到由 ITU656 模块发出的帧开始信号之后，从帧缓存器读出一个视频数据，然后用混沌序列密码对视频数据加密，加密好的数据经过数据线发送到另外一块板上面，当完成加密和发送操作之后，发送端会发出一个完成信号，告知接收端发送一个像素完毕。在发送端，有一个计数器对发送的像素进行计数，同时这个计数器也是一个读地址的计数器，没达到 240×240 时，每次加密完成并发送完毕后，计数器加 1；当计数器达到 240×240 时，完成了一帧发送，会对计数器清零，同时加密和发送模块会进入等待状态，等待帧开始信号的触发。

接收端硬件系统的工作流程如图 13-16 所示。在发送端发送帧开始信号之后，接收端对地址寄存器进行清零。然后等待发送端发送完成信号，当接收到发送完成信号之后，先读出这个像素点的数据，然后对这个像素点进行解密操作，接着继续等待下一个发送完成信号的到来。同理，接收端也有一个计数器用于计算是否完成一帧数据的读取，当完成一帧数据的读取之后，继续等待下一帧开始信号的到来。

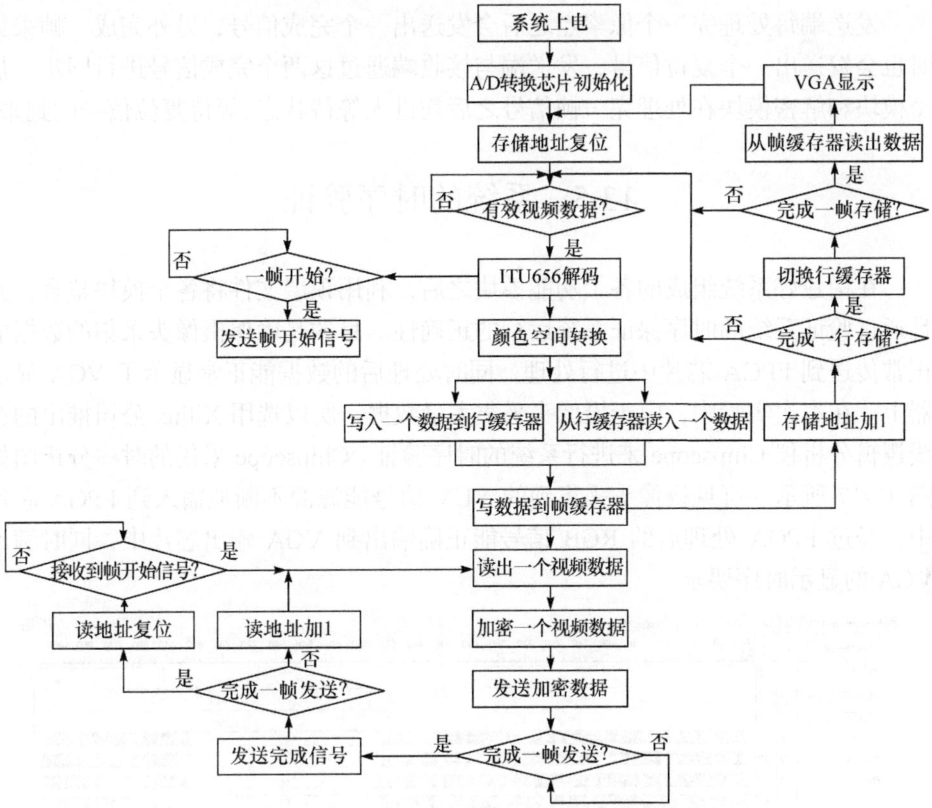

图 13-15　发送端硬件系统的工作流程图

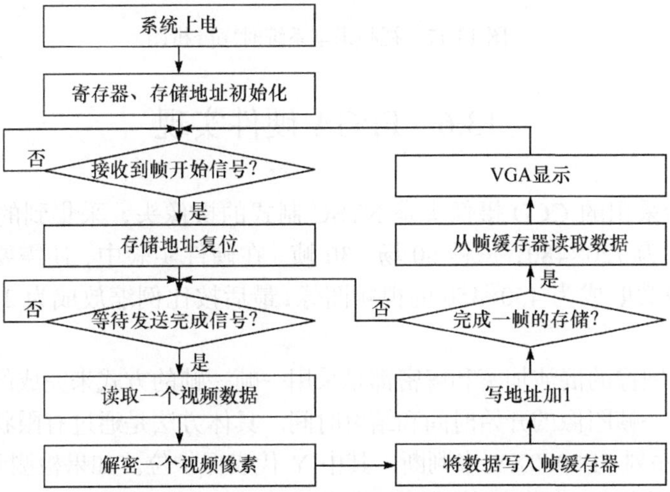

图 13-16　接收端硬件系统的工作流程图

发送端每处理完一个像素点之后会发送出一个完成信号，另外完成一帧采集时也会发送出一个复位信号，发送端与接收端通过这两个完成信号进行同步。加密模块和解密模块在处理完一帧信号之后均进入等待状态,等待复位信号的到来。

13.5　系统的时序验证

在构建好系统组成的各个功能模块之后，利用顶层文件将各个模块整合，并且通过验证系统的时序保证系统运行的正确性。目的是确保摄像头采集的数据能正常传送到 FPGA 芯片中进行处理，同时处理后的数据能正常显示于 VGA 显示器上。在本次实验中，由于摄像头采集大量数据，所以选用 Xilinx 公司推出的在线逻辑分析仪 Chipscope 来进行系统的时序验证。Chipscope 采集的时序分析图如图 13-17 所示。可见摄像头采集到的 YUV 信号能源源不断地输入到 FPGA 芯片中，经过 FPGA 处理后的 RGB 信号能正确输出到 VGA 输出芯片中，同时满足 VGA 的显示时序要求。

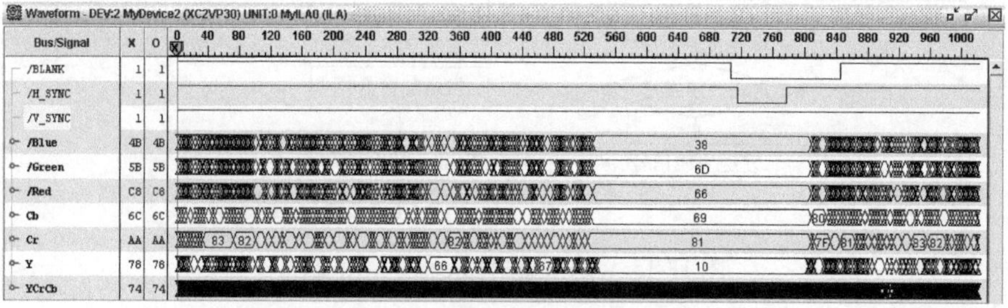

图 13-17　视频采集系统时序分析图

13.6　FPGA 硬件实现

本实验采用的 CCD 摄像头是 NTSC 制式的摄像头，采集到的原始视频图像的分辨率为 720×480，每秒 60 场、30 帧。在硬件实验中，还需要对 720×480 的视频图像截取成为 450×450 的视频图像,最后按比例缩放成为 240×240 的视频图像。

对视频图像的混沌加密和解密都是采用一帧一帧的方式来完成的，因此还需要准确掌握一帧图像的开始时间和结束时间。具体方法是通过有限状态机检测到的 16 进制序列 FF0000XY 来判断，其中 Y 代表保护位。如果检测到 X 从 101× 变为 100×,则表示一帧的开始,其中×代表 0 或 1。如果检测到 X 从 110×变为 111×,则表示一帧的结束。

根据式(13-28)和式(13-29)，在如图 13-7 和图 13-8 所示的 FPGA 硬件平台上进行硬件实验，当发送端与接收端之间的所有参数匹配时，接收端能解密出 240×240 的原视频图像，得硬件实验结果如图 13-18 所示。

(a) 发送端原视频图像和加密视频图像　　(b) 接收端参数匹配时能解密出原视频图像

图 13-18　参数匹配时视频混沌保密通信的 FPGA 硬件实现结果

视频混沌保密通信的安全性能体现在对混沌系统参数的高度敏感性。根据式(13-21)和式(13-22)，如果发送端与接收端之间有一个参数失配，尽管其余参数均匹配，那么接收端不能解密出 240×240 的原视频图像。例如，选取发送端的参数为 $\Psi_{12}^{(d)}=-18350$，$\Phi_{12}^{(d)}=-0.27999877929687504$；接收端的参数为 $\Psi_{12}^{(d)}=-18351$，$\Phi_{12}^{(r)}=-0.2800140380859375$，参数仅仅相差 $|\Phi_{12}^{(d)}-\Phi_{12}^{(r)}|\approx 1.5259\times 10^{-5}$，尽管其余参数均相同，但接收端仍不能正确解密出原视频，硬件实验结果如图 13-19 所示。

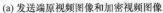

(a) 发送端原视频图像和加密视频图像　　(b) 接收端参数失配时不能解密出原视频图像

图 13-19　参数 Φ_{12} 失配时视频混沌保密通信的 FPGA 硬件实现结果

13.7 安全性能分析

13.7.1 统计分析

在一些传统的加密算法中，由于其加密后图像的像素值仍然具有一定的规律，所以攻击者容易通过图像的统计分布来盗取图像中的信息。例如，位置置乱加密，通过图像中像素点位置的置乱来达到隐藏图像信息的目的。然而，采用这种方法，图像中的像素值的分布并没有改变，从而图像信息有被泄露的可能。因此，需要一种能使像素值的统计分布趋于均匀的加密算法。Lena 原图像中 RGB 三基色分量的统计分布结果如图 13-20 所示。

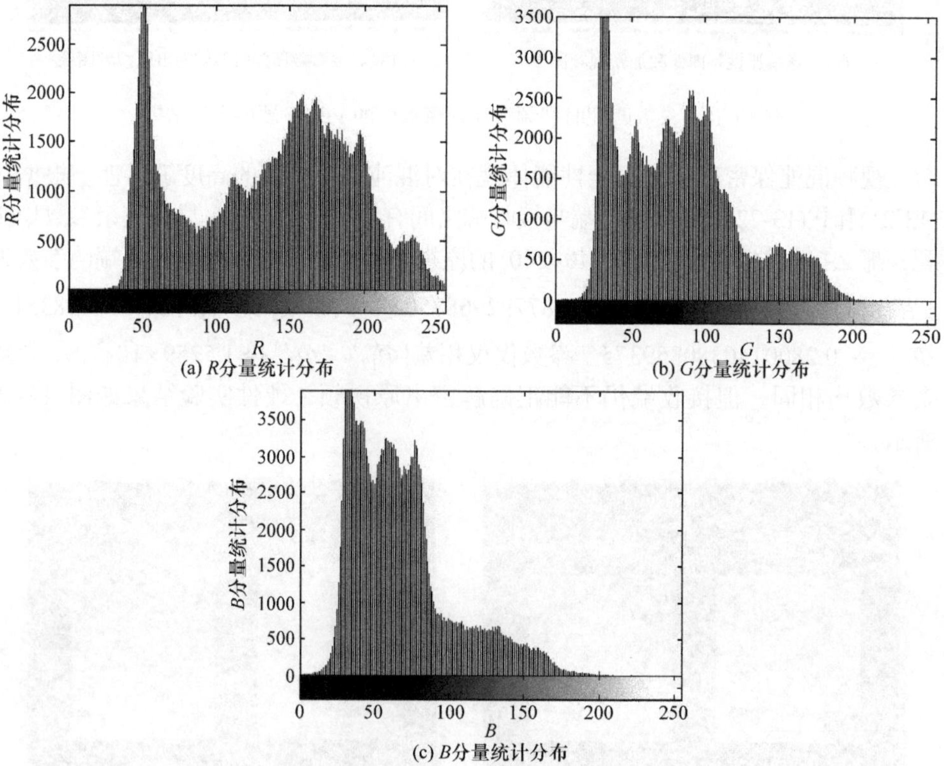

(a) R分量统计分布　(b) G分量统计分布　(c) B分量统计分布

图 13-20　Lena 原图像中 RGB 三基色分量的统计分布图

从图 13-20 给出的统计分布图来看，Lena 原图像的 RGB 三基色的分量主要集中在低频部分。若采取位置置乱加密，攻击者很容易从加密图像的统计分布中获得原图像的信息，安全性不高。而在本实验中，根据式(13-28)和式(13-29)，得加密后像素值的统计分布如图 13-21 所示。

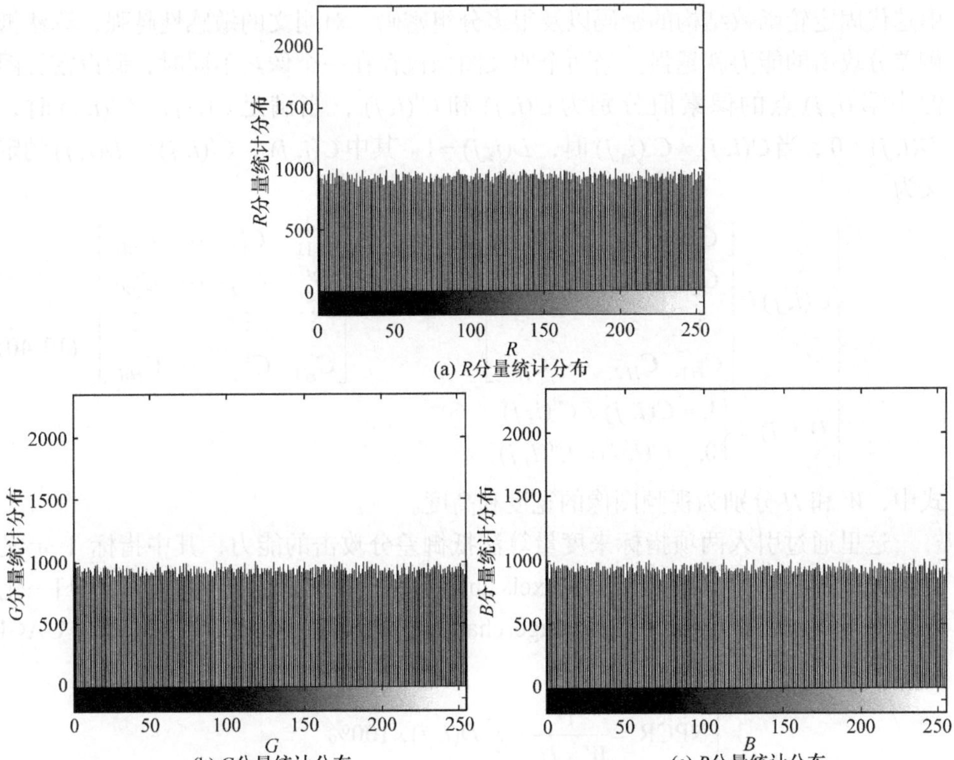

(a) R分量统计分布

(b) G分量统计分布　(c) B分量统计分布

图 13-21　混沌加密后 RGB 三基色分量的统计分布图

在经过 6 维离散混沌加密系统的加密之后，原本具有一定规律的 RGB 三基色分量的统计分布变得均匀。混沌系统生成的序列具有类随机的特性，是一种类似于白噪声的信号。众所周知，白噪声在各个频段中，具有均匀分布的特点，同理，混沌系统生成的序列也具备这一特性。并且，高维混沌系统相比于低维混沌系统生成序列具有更好的统计特性。正是因为 6 维离散混沌系统对原图像中每一个像素点的像素值进行改变，从而使得原来具有一定规律的统计分布在各个频段上都变得均匀。均匀统计分布反映在加密图像上，也就是颜色杂乱无章、毫无规律的“雪花点”。因此，经过 6 维离散混沌加密后的图像，彻底改变了原本图像像素的统计分布特点，攻击者无法单纯从像素的统计上去解密出原图像中的信息，能有效抵御基于统计分析的攻击。

13.7.2　差分分析

差分分析主要用于检验一个加密系统抵御差分攻击的能力，通过分析特定的明文差分与密文差分之间的关系，以获得尽可能多的密钥。它能够用来攻击任何由迭代固定轮函数结构的密码以及很多分组密码。对明文的敏感性越强，算法抵御差分攻击的能力就越强。当两个明文图像仅存在一个像素不同时，假设密文图像中第 (i,j) 点的像素值分别为 $C(i,j)$ 和 $C'(i,j)$，当满足 $C(i,j)=C'(i,j)$ 时，$D(i,j)=0$，当 $C(i,j)\neq C'(i,j)$ 时，$D(i,j)=1$。其中 $C(i,j)$、$C'(i,j)$、$D(i,j)$ 的定义为

$$\begin{cases} C(i,j)=\begin{bmatrix} C_{11} & C_{12} & \cdots & C_{1W} \\ C_{21} & C_{22} & \cdots & C_{2W} \\ \vdots & \vdots & & \vdots \\ C_{H1} & C_{H2} & \cdots & C_{HW} \end{bmatrix}, \quad C'(i,j)=\begin{bmatrix} C'_{11} & C'_{12} & \cdots & C'_{1W} \\ C'_{21} & C'_{22} & \cdots & C'_{2W} \\ \vdots & \vdots & & \vdots \\ C'_{H1} & C'_{H2} & \cdots & C'_{HW} \end{bmatrix} \\ D(i,j)=\begin{cases} 1, & C(i,j)\neq C'(i,j) \\ 0, & C(i,j)=C'(i,j) \end{cases} \end{cases} \tag{13-40}$$

式中，W 和 H 分别为视频图像的宽度和高度。

这里通过引入两项指标来度量算法抵御差分攻击的能力，其中指标 1 定义为图像像素值变化率(number of pixels change rate, NPCR)，指标 2 定义为归一化像素值平均改变强度(unified average changing intensity, UACI)，NPCR 和 UACI 的定义为

$$\begin{cases} \text{NPCR}=\dfrac{1}{W\times H}\times\sum\limits_{i,j}D(i,j)\times 100\% \\ \text{UACI}=\dfrac{1}{W\times H}\times\sum\limits_{i,j}\dfrac{|C(i,i)-C'(i,j)|}{255}\times 100\% \end{cases} \tag{13-41}$$

此外，NPCR 与 UACI 的理想期望值计算公式为

$$\begin{cases} \text{NPCR}_\text{E}=(1-2^{-n})\times 100\% \\ \text{UACI}_\text{E}=\dfrac{1}{2^{2n}}\times\dfrac{\sum\limits_{i=1}^{2^n-1}i(i+1)}{2^n-1}\times 100\% \end{cases} \tag{13-42}$$

对像素用 8bit 表示的图像，$n=8$，得 NPCR 与 UACI 的理想期望值分别为 $\text{NPCR}_\text{E}=99.6094070$ 和 $\text{UACI}_\text{E}=33.4635070$。

在本实验中，设视频图像的清晰度为 240×240=57600，即一帧视频有 57600 个像素点。不妨假定 $m=1,2,\cdots,57600$ 表示清晰度为 240×240=57600 的一帧视频中的第 m 像素点，并设第 m 像素点对应的图像像素值变化率为 NPCR(m)、归一化像素值平均改变强度为 UACI(m)，那么，得清晰度为 240×240=57600 的一帧视频中关于所有像素点的平均 NPCR 和平均 UACI 的计算公式为

$$\begin{cases}\overline{\text{NPCR}}=\dfrac{1}{57600}\cdot\sum\limits_{m=1}^{57600}\text{NPCR}(m)\\ \overline{\text{UACI}}=\dfrac{1}{57600}\cdot\sum\limits_{m=1}^{57600}\text{UACI}(m)\end{cases}\tag{13-43}$$

根据式(13-43),得基于一轮、二轮和三轮加密的 $\overline{\text{NPCR}}$ 和 $\overline{\text{UACI}}$ 结果如表 13-1 所示。

表 13-1　基于一轮、二轮和三轮加密的 $\overline{\text{NPCR}}$ 和 $\overline{\text{UACI}}$ 结果

指标 / 加密轮数	$\overline{\text{NPCR}}$/%	$\overline{\text{UACI}}$/%
一轮加密	49.746579	16.732104
二轮加密	99.584460	33.381552
三轮加密	99.583445	33.600201

根据表 13-1，当采用一轮加密时，$\overline{\text{NPCR}}$ 和 $\overline{\text{UACI}}$ 的结果远远低于式(13-42)得出的期望值，因此采用一轮加密不具备抵御统计攻击的能力。而对于采用二轮和三轮加密，对应的 $\overline{\text{NPCR}}$ 和 $\overline{\text{UACI}}$ 的结果与式(13-42)得出的期望值已非常接近，故采用二轮加密和三轮加密已具备抵御差分攻击的能力。差分分析结果说明，采用二轮或二轮以上的加密方法，能使得混沌加密系统对明文变化非常敏感，明文对密文存在雪崩效应，明文的微小变化，对密文有很大的影响。

13.7.3　NIST 测试

根据美国国家标准与技术研究院(National Institute of Standards and Technology)提供的 NIST 测试软件和标准，可对一个序列的随机性进行测试，从而确定用该序列进行信息加密时能否达到安全标准。如果被测试的 100 组 1×10^6 bit 序列的 P 值满足 $P\geqslant0.0001$，则通过测试，否则不通过。

NIST 测试用于检测序列的随机性，它包含 15 项检测项目，只有 15 项均通过的序列，才能达到 NIST 的测试标准。NIST 测试的 15 项标准如下：

测试标准 1 为 Frequency，即频数检测。用于检测序列中 0 和 1 的整体比例，目的是检测目标序列中 0 和 1 的比例是否与随机序列一样接近 1∶1。其余检测手段均在该检测结果成立的前提下进行。

测试标准 2 为 Block Frequency，即块内频数检测。该项检测的目的是检测 M 位的子块内 1 的频数是否近似于 $M/2$。当 M=1 时，该项检测相当于频数检测。在本次测试中，M 取值为 128。

测试标准 3 为 CumulativeSums，即累加和检测。该测试将序列中的 0 用 –1 代替，目的是检测在测试序列中出现的部分序列的累积总和相对于随机序列是否过大或过小，从而确定序列中随机游动的最大偏移。

测试标准 4 为 Runs，即游程检测。此检测主要看游程的总数，游程是指一个没有间断的相同数序列，即“1111…”或“0000…”的序列。游程检测的目的是检测不同长度的“1”游程数目和“0”游程数目是否与理想随机序列的游程数目期望值一致。换句话说，就是判断“0”、“1”之间子块振荡是否太快或者太慢。

测试标准 5 为 Long Runs of Ones，即块内最长游程检测。检测 M 比特子块中最长的“1”游程。检测序列的最长“1”游程长度是否与随机序列的期望值一致。“1”游程长度不规则变化同时意味着“0”游程长度的不规则变化，因此只需要检测“1”的块内最长游程即可。

测试标准 6 为 Rank，即二元矩阵秩检测。观察整个分离子矩阵的秩，核对固定长度子链间的线性依赖关系。

测试标准 7 为 FFT，即离散傅里叶变换检测。观察被测序列进行分步傅里叶变换后的峰值高度，通过观察高于 95%峰值和低于 5%的数目与随机序列的期望是否有显著不同，以此来判断被检测序列的周期性。

测试标准 8 为 Non-overlapping Templates，即非重叠模块匹配检测。检测预先设定的数据串发生的次数，用一个 M 比特的窗口搜索一个特定的数据串，若没有搜索到，则窗口向后移一位。搜索到目标数据串之后，窗口的第一位移动到目标数据串的下一位继续进行搜索。

测试标准 9 为 Overlapping Templates，即重叠模块匹配检测。与非重叠模块匹配检测相同，检测预先设定的数据串发生的次数，不同点是检测到目标数据串后，搜索窗口仅向后移动一位。

测试标准 10 为 Universal，即 Maurer 的通用统计检测。通过观察匹配模块间的比特数，检测序列能否在没有信息损耗的情况下被大大压缩。

测试标准 11 为 Approximate Entropy，即近似熵检测。观察整个序列中所有可能的 M 比特数据串的频率是否与随机序列一致。

测试标准 12 为 Random Excursions，即随机游动检测。一个随机游动循环由单位步长的一个序列组成，序列的起点和终点都为 0。目的是确定在一个循环内，特殊状态的节点数是否与随机序列预期的节点数相背离。

测试标准 13 为 Random Excursions Variant，即随机游动状态频数检测。观察累积和随机游动中经历的特殊状态总数。

测试标准 14 为 Linear Complexity，即线性复杂度检测。通过观测序列线性反馈移位寄存器的长度，以判定序列的复杂程度是否达到随机序列的程度，随机序列的特点是具有较长的线性反馈移位寄存器。

测试标准 15 为 Serial，即序列检测。检测序列 M 比特模式的均匀分布特点。对于一个随机性能较好的序列，M 比特的每个可能的模式出现的概率应该相同。

在如图 13-4 和图 13-6 所示的基于单轮加密和多轮加密的视频混沌保密通信系统中，采用了迭代序列$\lfloor x_1(k) \rfloor$、$\lfloor x_2(k) \rfloor$、$\lfloor x_3(k) \rfloor$的低四位分别对 RGB 三基色信号加密。故在对应的 NIST 测试中，也只需用它们迭代序列的低四位，分别构成长度为1×10^8 bit 的三个序列进行测试，测试结果如表 13-2 所示，结果表明这三个序列全部通过了 15 个项目的所有测试。

表 13-2　$\lfloor x_1(k) \rfloor$、$\lfloor x_2(k) \rfloor$、$\lfloor x_3(k) \rfloor$低四位构成的迭代序列通过 NIST 测试结果

NIST 测试	$\lfloor x_1(k) \rfloor$的 P 值	$\lfloor x_2(k) \rfloor$的 P 值	$\lfloor x_3(k) \rfloor$的 P 值
Frequency	0.779188	0.867692	0.137282
Block Frequency (*m*=128)	0.213309	0.935716	0.334538
CumulativeSums	0.519159	0.654647	0.599669
Runs	0.474986	0.474986	0.181557
Long Runs of Ones	0.153763	0.678686	0.037566
Rank	0.304126	0.798139	0.319084
FFT	0.574903	0.867692	0.964295
Non-overlapping Templates (*m*=9)	0.495693	0.484205	0.521220
Overlapping Templates (*m*=9)	0.911413	0.779188	0.080519
Universal	0.574903	0.514124	0.534146
Approximate Entropy (*m*=10)	0.595549	0.798139	0.401199
Random Excursions	0.314030	0.372466	0.440855
Random Excursions Variant	0.480187	0.392130	0.369721
Linear Complexity (*m*=500)	0.096578	0.798139	0.048716
Serial (*m*=16)	0.564848	0.682665	0.696844
通过率	15/15	15/15	15/15

13.7.4　TestU01 测试

现有低维混沌系统的统计特性或许能够通过 NIST、Diehard 等套件的测试，主要原因是使用 NIST、Diehard 等测试套件时所使用的评估数据量一般只有10^8 数量级，这意味着混沌系统所需要迭代次数的数据评估量不够大，混沌动力学的退化问题尚未明显暴露出来。

与 NIST 测试相比，TestU01 是目前使用的更为严格的统计特性测试版本。在现有的低维混沌系统中，很少有通过 TestU01 统计特性测试的报道结果。主要原因是现有低维混沌系统的统计特性即便能够通过 TestU01 中的初级测试套件 SmallCrush 和中级测试套件 Crush，但也无法进一步通过 TestU01 中评估数据量为 10Tbit 的高级测试套件 BigCrush 的测试。TestU01 中有 7 个内建的检定模组套件，具体测试方法是，首先选用 TestU01 中的初级测试套件 SmallCrush 进行检测，若通过则选用中级测试套件 Crush 测试，若通过 Crush 测试，则选用高级测试套件 BigCrush 进行测试，最后选用 Alphabit、Rabbit、PseudoDIEHARD、FIPS-140-2 四个套件进行测试，如表 13-3 所示，表中 1Tbit=1024Gbit、1Gbit=1024Mbit、1Mbit=1024Kbit 以及 1Kbit=1024bit。从表中可以看出，初级、中级测试套件 SmallCrush、Crush 的评估数据量远远小于高级测试套件 BigCrush 的评估数据量，使得现有报道的低维混沌系统通常情况下无法通过 TestU01 测试。

表 13-3　TestU01 内建的检定模组套件 Battery 的 7 级测试

Battery	评估数据量	测试总数
初级测试套件 SmallCrush	6Gbit	15
中级测试套件 Crush	973Gbit	144
高级测试套件 BigCrush	10Tbit	160
Alphabit 套件	953Mbit	17
Rabbit 套件	953Mbit	40
PseudoDIEHARD 套件	5Gbit	126
FIPS-140-2 套件	19Kbit	16

考虑到目前在国内对 TestU01 测试的使用还没有得到普及，这里先介绍有关 TestU01 的安装、使用、测试等方法，供读者参考。

1. Windows 环境下 TestU01 的安装和使用步骤

步骤 1　下载安装 MinGW(注意如果是在 Linux 操作系统下使用，则不需要这一步)，输入网址 http://www.mingw.org/，如图 13-22 所示。

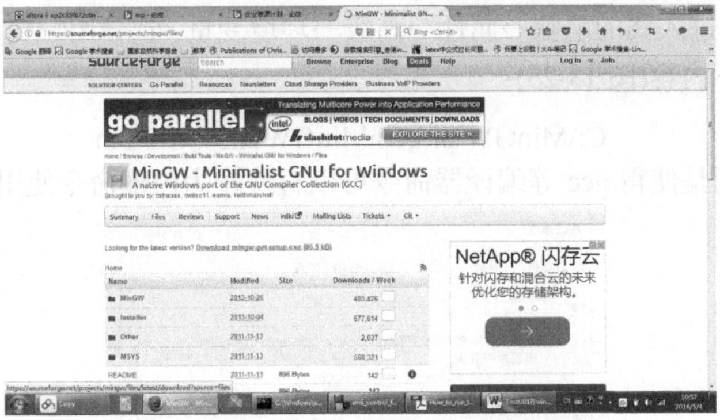

图 13-22　下载安装 MinGW

步骤 2　点击 Download mingw-get-setup.exe (86.5Kbit)(图 13-23)。

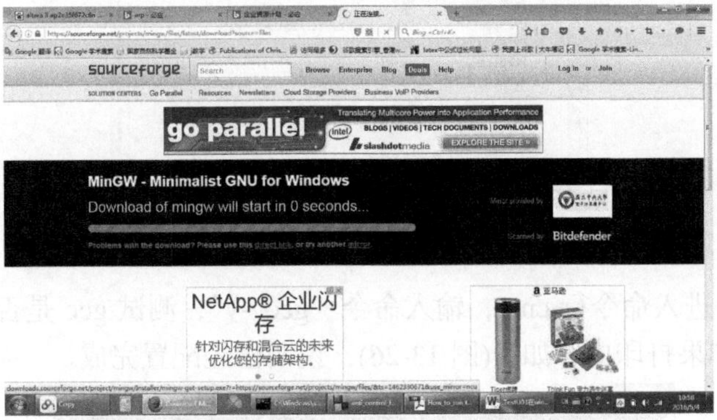

图 13-23　点击 Download mingw-get-setup.exe

步骤 3　点击 direct link，下载 mingGW 安装程序，打开下载的 mingw-get-setup.exe，如果没有选项则直接下一步，直到勾选除去 fortran 和 object 的所有选项，然后点击左上角的 Installation，选 Apply changes(图 13-24)。

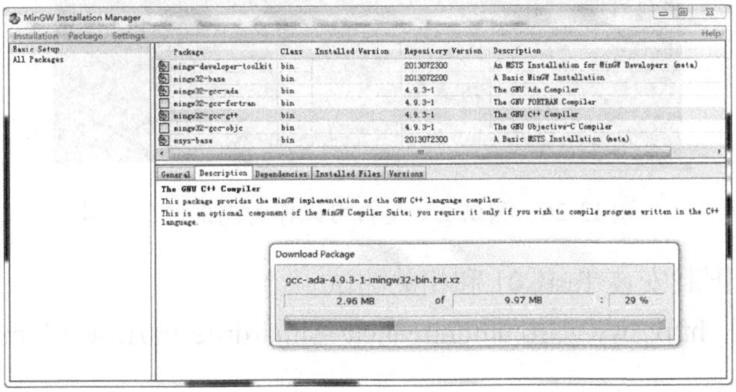

图 13-24　打开下载的 mingw-get-setup.exe

步骤 4 进入我的电脑→属性→高级→环境变量，选择用户变量 PATH，点击编辑添加以下内容(图 13-25)：

C:\MinGW\bin;C:\MinGW\msys\1.0\bin

该步骤的作用是使得 gcc 等编译器命令可以直接作为内部命令使用。

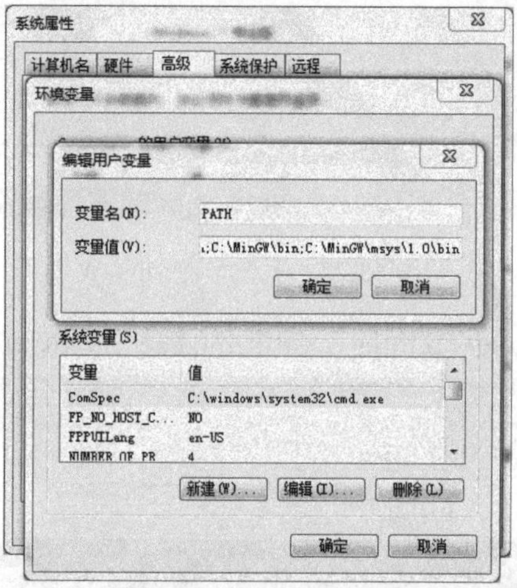

图 13-25　选择用户变量 PATH

步骤 5 进入命令行 cmd，输入命令“gcc -v”，测试 gcc 是否可以作为内部命令使用，如果打印内容如下(图 13-26)，说明已经配置完成。

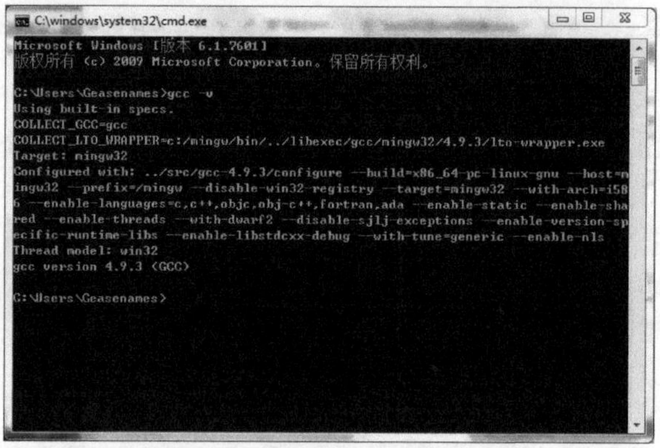

图 13-26　测试 gcc 是否可以作为内部命令使用

步骤 6 下载安装 TestU01 和相关测试。

进入网址 http://www.iro.umontreal.ca/~simardr/testu01/tu01.html，如图 13-27 所示。

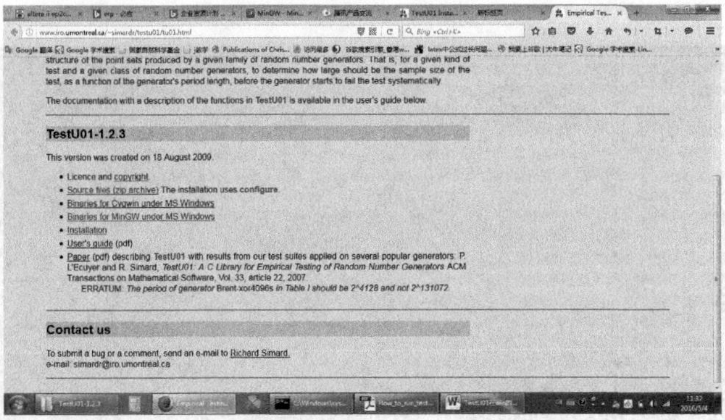

图 13-27　下载安装 TestU01

点击下载 Binaries for MinGW under MS Windows 和 Source files (zip archive)，并分别解压(如果在 Linux 操作系统下使用则不需要前者，也不需要这一步)，将 Binaries for MinGW under MS Windows 的全部内容复制到 C:\MinGW，选择合并文件夹(图 13-28)。

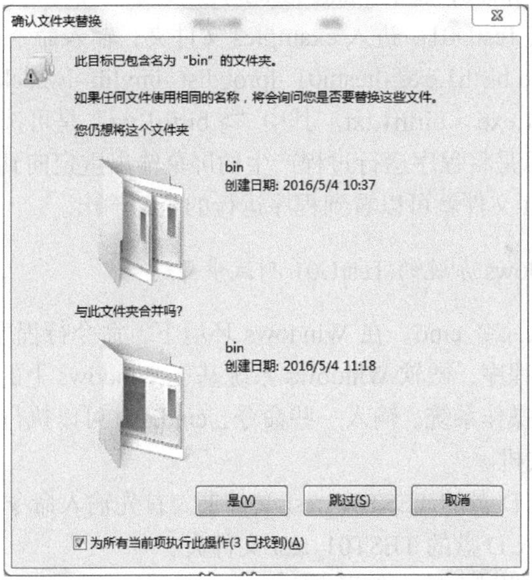

图 13-28　选择合并文件夹

步骤 7　编译安装 TestU01。

通过命令行进入已解压的 TestU01 源文件的文件夹：

cd C:\Users\wangqianxue\Copy\yusimin\3systems_TESTU01\TestU01-1.2.3

配置编译环境 sh configure-disable-shared(图 13-29)。

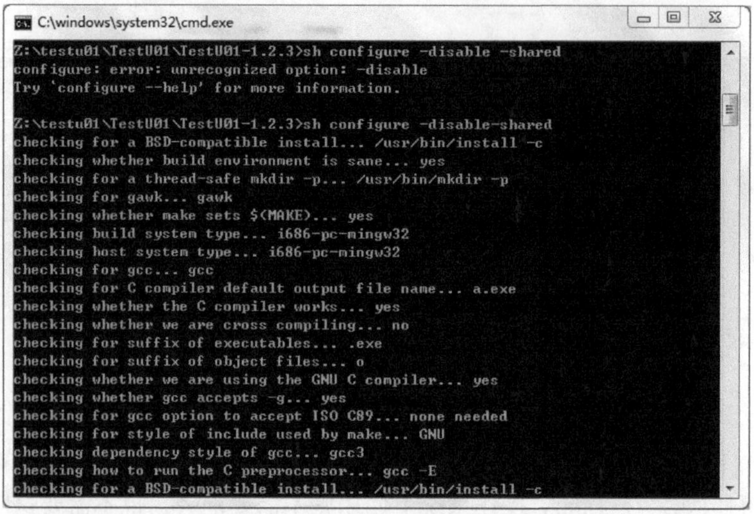

图 13-29　编译安装 TestU01

步骤 8　编译 make，安装 make install。

步骤 9　测试 TestU01。进入 examples 文件夹，输入命令 cd examples。编译测试 gcc birth1.c -o birth1.exe -ltestu01 -lprobdist -lmylib -lwsock32，运行可执行程序 birth1.exe:birth1.exe > birth1.txt。其中 “> birth1.txt” 是可选的，“>” 符号是重定向操作符，意思是将程序运行过程产生的屏幕输出重定向到一个文件 birth1.txt 中，打开 birth1.txt 文件就可以看到程序运行的全部输出。

2. 基于 Windows 系统的 TestU01 测试步骤

步骤 1　输入命令 cmd。在 Windows 环境下，命令行程序为 cmd.exe，是一个 32 位的命令行程序，微软 Windows 系统基于 Windows 上的命令解释程序，类似于微软的 DOS 操作系统。输入一些命令，cmd.exe 可以执行，如输入 shutdown -s 就会在 30s 后关机。

步骤 2　进入 D 盘的 TEST01_test 文件夹。首先输入命令 d:，再输入命令 cd TEST01_test，进入 D 盘的 TEST01_test 文件夹。

步骤 3　编译测试。输入编译命令 gcc 8D.c -o a.exe -ltestu01 -lprobdist -lmylib -lwsock32，得编译结果为 a.exe。

步骤 4　运行可执行程序。输入命令 a.exe，结果显示在终端上，输入命令 a.exe > smallcrush.txt 后，运行结果保存在 smallcrush.txt 上。

有关 gcc 命令的格式和参数问题。gcc 命令的一般格式为 gcc [选项] 要编译的文件 [选项] [目标文件] [-参数]，其中 gcc 参数-lm 是连接数学库，gcc 第 2 个选

项 -o 用于指定输出(out)文件名。如果用 -o，一般会在当前文件夹下生成默认的 a.out 文件作为可执行程序。

有关可执行文件的后缀问题。注意到 .out 文件是 Linux 操作系统下的可执行文件，而 .exe 文件是 Windows 操作系统下的可执行文件。

3. 基于 Linux 操作系统的 TestU01 测试步骤

完成测试步骤中的操作命令如图 13-30 所示。

```
lzs@ubuntu: ~/Desktop/TestU01-1.2.3/8-D
File Edit View Search Terminal Help
lzs@ubuntu:~$ cd Desktop/TestU01-1.2.3/8-D/
lzs@ubuntu:~/Desktop/TestU01-1.2.3/8-D$ ls
anti_control_for_8D_discrete_time_system.c
lzs@ubuntu:~/Desktop/TestU01-1.2.3/8-D$ gcc anti_control_for_8D_discrete_time_sy
stem.c -ltestu01 -lprobdist -lmylib -lm
lzs@ubuntu:~/Desktop/TestU01-1.2.3/8-D$ ./a.out > smallcrush.txt
lzs@ubuntu:~/Desktop/TestU01-1.2.3/8-D$ gcc anti_control_for_8D_discrete_time_sy
stem.c -ltestu01 -lprobdist -lmylib -lm
lzs@ubuntu:~/Desktop/TestU01-1.2.3/8-D$ ./a.out > crush.txt
```

图 13-30　完成测试步骤中的操作命令

对应测试步骤中的操作程序如图 13-31 所示。

```
int main()
{
    unif01_Gen *gen;
    gen = unif01_CreateExternGenBits ("anti_control_for_3D_discrete_time_system",X1_32);

        //可分别完成以下的7项测试，也可一次性完成

        //bbattery_SmallCrush (gen);                        //屏蔽其他6条语句，运行该语句，则测试SmallCrush
        bbattery_Crush (gen);                               //屏蔽其他6条语句，运行该语句，则测试Crush
        //bbattery_BigCrush (gen);                          //屏蔽其他6条语句，运行该语句，则测试BigCrush
        //bbattery_Rabbit (gen,1000000000.0);               //屏蔽其他6条语句，运行该语句，则测试Rabbit
        //bbattery_Alphabit (gen,1000000000.0,0,32);        //屏蔽其他6条语句，运行该语句，则测试Alphabit
        //bbattery_pseudoDIEHARD(gen);                      //屏蔽其他6条语句，运行该语句，则测试pseudoDIEHARD
        //bbattery_FIPS_140_2(gen);                         //屏蔽其他6条语句，运行该语句，则测试FIPS_140_2
        unif01_DeleteExternGenBits (gen);
}
```

图 13-31　对应测试步骤中的操作程序

4. TestU01 统计测试及其与李氏指数的关系

从理论上讲，混沌系统的 KS 熵与正李氏指数的关系为 $h_{KS}=\sum_i \mathrm{LE}_i^+$，式中 LE_i^+ 表示正李氏指数，h_{KS} 表示 KS 熵。由此可知，维数越高，正李氏指数的个数越多，正李氏指数越大，那么，对应的 h_{KS} 就越大，统计特性则越好，通过 TestU01 的可能性也就越大。

根据式(13-21)，在多个参数的情况下，不妨设

$$\begin{cases}\varepsilon_1=\varepsilon\\ \varepsilon_2=(2^{25}/2^{24})\varepsilon\\ \varepsilon_3=(2^{26}/2^{24})\varepsilon\\ \sigma_1=(2.3\times10^8/2^{24})\varepsilon\\ \sigma_2=(3.2\times10^8/2^{24})\varepsilon\\ \sigma_3=(5.0\times10^8/2^{24})\varepsilon\end{cases}$$

得随ε增加的李氏指数谱如图 13-32 所示。

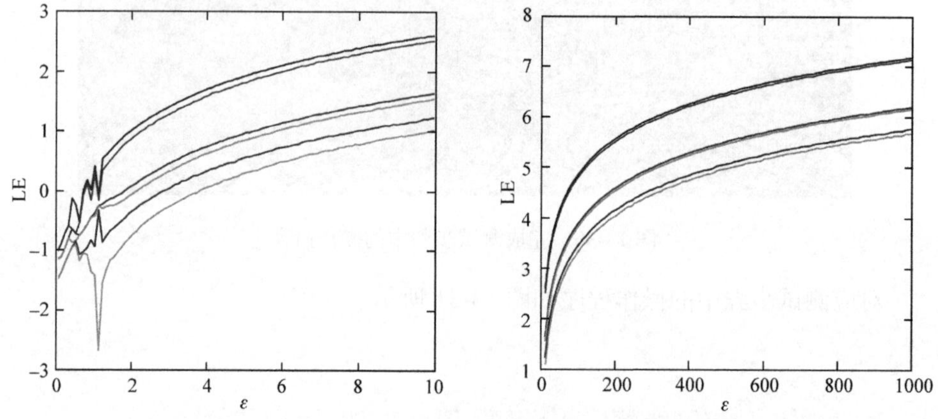

图 13-32　李氏指数谱的计算结果

由上到下依次为 LE_1～LE_6

随着ε增加，ε_1、ε_2、ε_3和σ_1、σ_2、σ_3增加，6 个李氏指数随之增大，当$\varepsilon>5$，即$\varepsilon_1>5$和$\varepsilon_2>9.5367$以及$\varepsilon_3>14.9012$时，所有的李氏指数全部为正(称为正李氏指数无简并)，ε越大，李氏指数也越大，这意味着参数ε_1、ε_2、ε_3越大，正李氏指数就越大，混沌序列统计特性越好。

例如，不妨选取

$$\begin{cases}\varepsilon_1=16777216,\quad \varepsilon_2=33554432,\quad \varepsilon_3=67108864\\ \sigma_1=2.3\times10^8,\quad \sigma_2=3.2\times10^8,\quad \sigma_3=5.0\times10^8\end{cases}$$

得李氏指数的大小为

$$\begin{cases}LE_1=18.0945,\quad LE_2=18.0521,\quad LE_3=17.4771\\ LE_4=17.3398,\quad LE_5=16.7572,\quad LE_6=16.6647\end{cases}$$

另外，ε_1、ε_2、ε_3越大，混沌变量取值也越大。故ε_1、ε_2、ε_3取值也不能太大，

因为在硬件系统中，如 FPGA 的整数位为 32 位，能表示的范围为 4.295×10^9。因此，在硬件实现中选取

$$\begin{cases} \varepsilon_1 = 16777216 \\ \varepsilon_2 = 33554432 \\ \varepsilon_3 = 67108864 \end{cases}$$

通常情况下，ε_1、ε_2、ε_3 选取的范围为 $200 < \varepsilon_1, \varepsilon_2, \varepsilon_3 < 10^8$。

在式(13-21)中，如果选取较小的参数值 $\varepsilon_1 = 1677$，$\sigma_1 = 230$，$\varepsilon_2 = 34$，$\sigma_2 = 320$，$\varepsilon_3 = 67$，$\sigma_3 = 500$，对应的正李氏指数较小并且个数也较少，得到以 p_1、p_2、p_3 为横坐标及 $\lfloor x_1(k) \rfloor$、$\lfloor x_2(k) \rfloor$、$\lfloor x_3(k) \rfloor$ 低四位统计分布为纵坐标的直方图如图 13-33 所示，由于直方图不是均匀分布，所以无法通过 TestU01 测试。

(a) p_1-$\lfloor x_1(k) \rfloor$ 低四位对应的直方图　　(b) p_2-$\lfloor x_2(k) \rfloor$ 低四位对应的直方图

(c) p_3-$\lfloor x_3(k) \rfloor$ 低四位对应的直方图

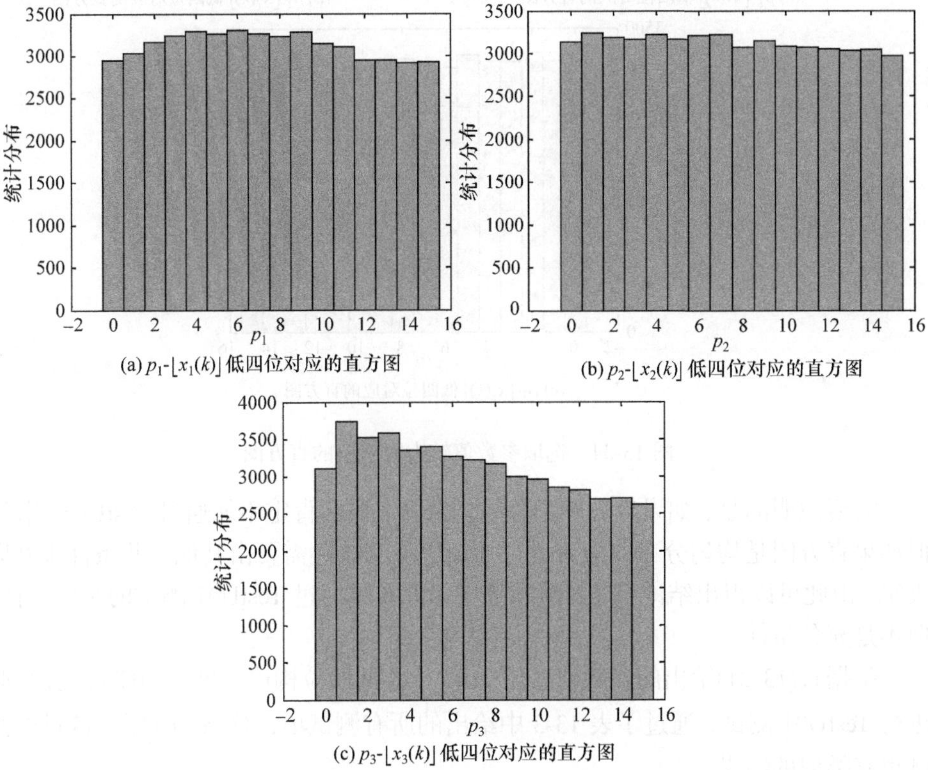

图 13-33　选取参数值较小时对应的直方图

如果选取较大的参数值 $\varepsilon_1 = 2^{24}$，$\sigma_1 = 2.3 \times 10^8$，$\varepsilon_2 = 2^{25}$，$\sigma_2 = 3.2 \times 10^8$，$\varepsilon_3 = 2^{26}$，$\sigma_3 = 5.0 \times 10^8$，对应的正李氏指数较大并且个数也较多，得到以 p_1、p_2、p_3

为横坐标及$\lfloor x_1(k) \rfloor$、$\lfloor x_2(k) \rfloor$、$\lfloor x_3(k) \rfloor$低四位统计分布为纵坐标的直方图如图 13-34 所示，直方图为均匀分布，能通过 TestU01 测试。

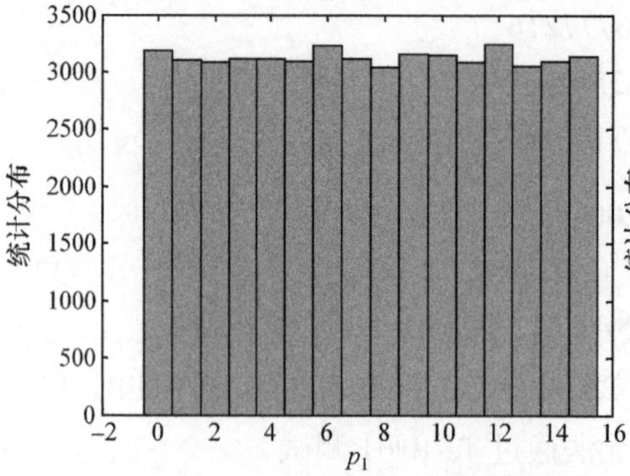

(a) p_1-$\lfloor x_1(k) \rfloor$ 低四位对应的直方图

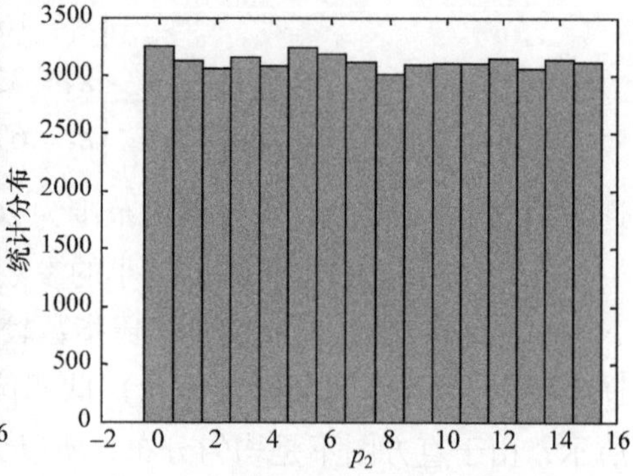

(b) p_2-$\lfloor x_2(k) \rfloor$ 低四位对应的直方图

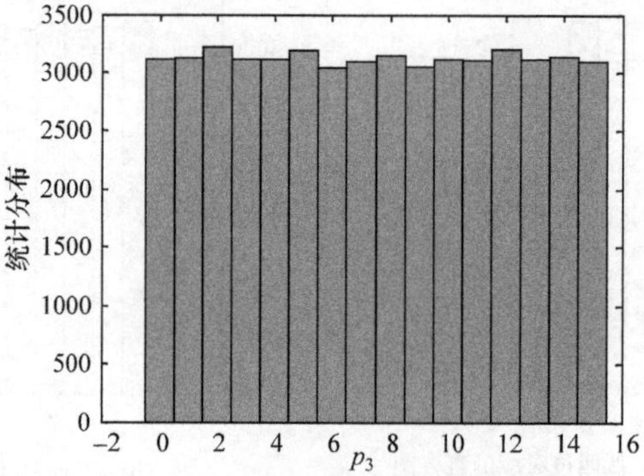

(c) p_3-$\lfloor x_3(k) \rfloor$ 低四位对应的直方图

图 13-34　选取参数值较大时对应的直方图

需要说明的是，如果直方图不是均匀分布，那么肯定不能通过 TestU01 测试，但如果直方图是均匀分布，能否通过 TestU01 测试还需要由其他一些条件来共同决定。由此可以得出结论：直方图满足均匀分布是通过 TestU01 测试的必要条件，但不是充分条件。

根据式(13-21)给出的参数值，用$\lfloor x_1(k) \rfloor$的低四位构成长度为 10Tbit 的序列，进行 TestU01 测试，通过了表 13-3 中给出的所有测试项，对$\lfloor x_2(k) \rfloor$、$\lfloor x_3(k) \rfloor$的测试也有类似的结果。

13.7.5　有效密钥失配的雪崩效应

根据式(13-20)，已知发送端密钥的矩阵形式为

$$
\boldsymbol{A}=\begin{bmatrix} a_{11} & a_{12} & a_{13} & a_{14} & a_{15} & a_{16} \\ a_{21} & a_{22} & a_{23} & a_{24} & a_{25} & a_{26} \\ a_{31} & a_{32} & a_{33} & a_{34} & a_{35} & a_{36} \\ a_{41} & a_{42} & a_{43} & a_{44} & a_{45} & a_{46} \\ a_{51} & a_{52} & a_{53} & a_{54} & a_{55} & a_{56} \\ a_{61} & a_{62} & a_{63} & a_{64} & a_{65} & a_{66} \end{bmatrix}=\begin{bmatrix} 0.22 & -0.28 & 0.12 & -0.28 & 0.42 & -0.18 \\ -0.2 & -0.1 & 0.2 & -0.2 & 0.5 & -0.1 \\ -0.04 & -0.44 & 0.26 & -0.04 & 0.46 & -0.14 \\ 0.04 & -0.36 & 0.04 & -0.06 & 0.54 & -0.06 \\ -0.02 & -0.42 & 0.18 & -0.22 & 0.38 & 0.18 \\ 0.1 & -0.3 & 0.3 & -0.1 & 0.3 & -0.1 \end{bmatrix}
$$

在此基础上，进一步假设接收端解密系统的密钥参数与发送端加密系统密钥参数失配误差的绝对值为$|\Delta a_{ij}|(i,j=1,2,\cdots,6)$，并且假设所有$|\Delta a_{ij}|$中只有一个密钥参数存在失配误差而其余参数均为匹配时，在无法解密出原始视频的条件下，根据实验测试结果，得 1 轮加密的失配误差矩阵为

$$
|\Delta\boldsymbol{A}|_{C1}\triangleq\begin{bmatrix} |\Delta a_{11}| & |\Delta a_{12}| & |\Delta a_{13}| & |\Delta a_{14}| & |\Delta a_{15}| & |\Delta a_{16}| \\ |\Delta a_{21}| & |\Delta a_{22}| & |\Delta a_{23}| & |\Delta a_{24}| & |\Delta a_{25}| & |\Delta a_{26}| \\ |\Delta a_{31}| & |\Delta a_{32}| & |\Delta a_{33}| & |\Delta a_{34}| & |\Delta a_{35}| & |\Delta a_{36}| \\ |\Delta a_{41}| & |\Delta a_{42}| & |\Delta a_{43}| & |\Delta a_{44}| & |\Delta a_{45}| & |\Delta a_{46}| \\ |\Delta a_{51}| & |\Delta a_{52}| & |\Delta a_{53}| & |\Delta a_{54}| & |\Delta a_{55}| & |\Delta a_{56}| \\ |\Delta a_{61}| & |\Delta a_{62}| & |\Delta a_{63}| & |\Delta a_{64}| & |\Delta a_{65}| & |\Delta a_{66}| \end{bmatrix}
\propto\begin{bmatrix} 10^{-4} & 10^{-4} & 10^{-4} & 10^{-4} & 10^{-4} & 10^{-4} \\ 10^{-4} & 10^{-4} & 10^{-4} & 10^{-4} & 10^{-4} & 10^{-4} \\ 10^{-4} & 10^{-4} & 10^{-4} & 10^{-4} & 10^{-4} & 10^{-4} \\ 30 & 30 & 30 & 10^{-4} & 10^{-4} & 10^{-4} \\ 30 & 30 & 30 & 10^{-4} & 10^{-4} & 10^{-4} \\ 30 & 30 & 30 & 10^{-4} & 10^{-4} & 10^{-4} \end{bmatrix}
$$

可知有效密钥为 27 个。

同理，得 2 轮和 5 轮加密结果的密钥参数失配误差矩阵分别为

$$
|\Delta\boldsymbol{A}|_{C2}\propto\begin{bmatrix} 10^{-7} & 10^{-7} & 10^{-7} & 10^{-7} & 10^{-7} & 10^{-7} \\ 10^{-7} & 10^{-7} & 10^{-7} & 10^{-7} & 10^{-7} & 10^{-7} \\ 10^{-7} & 10^{-7} & 10^{-7} & 10^{-7} & 10^{-7} & 10^{-7} \\ 10^{-2} & 10^{-2} & 10^{-2} & 10^{-7} & 10^{-7} & 10^{-7} \\ 10^{-2} & 10^{-2} & 10^{-2} & 10^{-7} & 10^{-7} & 10^{-7} \\ 10^{-2} & 10^{-2} & 10^{-2} & 10^{-7} & 10^{-7} & 10^{-7} \end{bmatrix}
$$

$$
|\Delta \boldsymbol{A}|_{C5} \propto \begin{bmatrix} 10^{-8} & 10^{-8} & 10^{-8} & 10^{-8} & 10^{-8} & 10^{-8} \\ 10^{-8} & 10^{-8} & 10^{-8} & 10^{-8} & 10^{-8} & 10^{-8} \\ 10^{-8} & 10^{-8} & 10^{-8} & 10^{-8} & 10^{-8} & 10^{-8} \\ 10^{-3} & 10^{-3} & 10^{-3} & 10^{-8} & 10^{-8} & 10^{-8} \\ 10^{-3} & 10^{-3} & 10^{-3} & 10^{-8} & 10^{-8} & 10^{-8} \\ 10^{-3} & 10^{-3} & 10^{-3} & 10^{-8} & 10^{-8} & 10^{-8} \end{bmatrix}
$$

可知有效密钥为 36 个。

13.7.6　密码分析的四种基本方法与安全性能的改进措施

1. 密码分析的四种基本方法

上面列出的安全分析结果只是混沌密码安全性的必要条件,并不是充分条件,如果这些必要条件不满足，就不能抵御唯密文攻击。即便满足了这些必要的条件，也不一定能保证在已知明文攻击、选择明文攻击和选择密文攻击下是安全的，下面介绍密码分析的几种基本方法。

根据密码攻击者可以利用的资源数量,有四种常用的密码分析方法,如表 13-4 所示。需要说明的是，表中列出的四种密码分析方法，都是针对所有的密钥在整个加密过程中均应保持不变的条件的，否则分析结论将不再成立。

表 13-4　四种攻击方法及其已知条件和所需求解的问题

攻击方法	已知条件	求解问题
唯密文攻击	攻击者仅已知加密后的一些密文	在已知密码算法结构的条件下求得密钥或者是等价密钥
已知明文攻击	攻击者已知任意给定的明文 并且攻击者还知道这些任意给定的明文所对应的密文	
选择明文攻击	攻击者可以任意选择对于破译有利的明文 并且攻击者还知道对于破译有利的明文所对应的密文	
选择密文攻击	攻击者可以任意选择对于破译有利的密文 并且攻击者还知道对于破译有利的密文所对应的明文	

在密码分析中，攻击者需要掌握的条件包括加密算法的结构、解密算法的结构、明文空间、密文空间、密钥空间。

从系统分析与综合的角度理解密码的安全分析如下。系统分析(如电路分析等)具体是指已知输入信号和系统的结构及参数，进而根据节点分析、网孔分析、回路分析、割集分析等方法求得系统的输出。而系统综合(如电路综合等)具体是指已知输入信号和输出信号，进而求得系统的结构和参数。从这个意义上讲，加密系统的安全分析类似于系统的综合。从数学的角度来看，由于加密系统归结为一个数学方程，实际上就是根据已知条件和方程的结构，求得方程的各个参数，这相当于数学中的应用题。

在攻击强度方面，表 13-4 给出的四类密码分析方法中，唯密文攻击的攻击强度最弱，攻击难度最大。如果能通过唯密文攻击破译，该密码系统毫无安全可言(如破译古典密码)。已知明文攻击相对唯密文攻击的攻击强度要强一些，攻击难度要小一些(如破译 Enigma 转轮密码机)。选择明文攻击的攻击强度更大，攻击难度更小。选择密文攻击是其中最强的一种攻击方法，如果一个密码系统能够抵御这种攻击，那么它就能抵御其余三种攻击。

对于任何一个密码系统，密钥空间总是有限的，可以穷举所有可能的密钥，通过一一尝试后可实现密钥的破译，这种暴力破译的方法称为穷举攻击。一般而言，只要某种攻击方法的攻击复杂度比穷举攻击的攻击复杂度要低(哪怕只是低一点)，就可以认为这种攻击方法是有效的。

2. 安全性能的改进措施

针对式(13-28)表示的加密系统和式(13-29)表示的解密系统，通过已知明文攻击、选择明文攻击和选择密文攻击对其进行安全分析，可发现其中的安全漏洞，得改进其安全性能的措施如下。

安全改进措施之一：采用多轮加密方法的安全性高于采用单轮加密方法的安全性，并且其安全性随着轮数的增加而增强。

安全改进措施之二：采用单路分时传输 RGB 加密信号的安全性高于采用三路同时传输 RGB 加密信号的安全性，并且其安全性随着维数的增加而增强。

安全改进措施之三：采用多个状态变量相乘所得结果中的低 4 位对明文加密，其安全性高于只采用一个状态变量中的低 4 位对明文加密的安全性。

例如，采用 2 个状态变量相乘所得结果中的低 4 位对明文加密的数学表达式为

$$
\begin{cases}
p_1(k)=\operatorname{mod}\left(\left\lfloor \left\lfloor x_1^{(d)}(k)\right\rfloor \times \left\lfloor x_2^{(d)}(k)\right\rfloor / 2^{26} \right\rfloor, 2^4\right) \oplus R(k) \\
p_2(k)=\operatorname{mod}\left(\left\lfloor \left\lfloor x_3^{(d)}(k)\right\rfloor \times \left\lfloor x_4^{(d)}(k)\right\rfloor / 2^{26} \right\rfloor, 2^4\right) \oplus G(k) \\
p_3(k)=\operatorname{mod}\left(\left\lfloor \left\lfloor x_5^{(d)}(k)\right\rfloor \times \left\lfloor x_6^{(d)}(k)\right\rfloor / 2^{26} \right\rfloor, 2^4\right) \oplus B(k)
\end{cases} \tag{13-44}
$$

如果采用多个状态变量相乘所得结果中的低 4 位对明文进行加密，则其安全性将得到改善。例如，采用 2～6 个状态变量相乘所得结果中的低 4 位对明文加密的数学表达式为

$$\begin{cases} p_1(k)=\mathrm{mod}\left(\left\lfloor\left\lfloor x_3^{(d)}(k)\right\rfloor\times\left\lfloor x_4^{(d)}(k)\right\rfloor/2^{26}\right\rfloor,2^4\right)\oplus R(k) \\ p_2(k)=\mathrm{mod}\left(\left\lfloor\left\lfloor x_5^{(d)}(k)\right\rfloor\times\left\lfloor x_6^{(d)}(k)\right\rfloor/2^{26}\right\rfloor,2^4\right)\oplus G(k) \\ p_3(k)=\mathrm{mod}\left(\left\lfloor\left\lfloor x_1^{(d)}(k)\right\rfloor\times\left\lfloor x_2^{(d)}(k)\right\rfloor\times\left\lfloor x_3^{(d)}(k)\right\rfloor\times\left\lfloor x_4^{(d)}(k)\right\rfloor\right.\right. \\ \qquad\left.\left.\times\left\lfloor x_5^{(d)}(k)\right\rfloor\times\left\lfloor x_6^{(d)}(k)\right\rfloor/2^{105}\right\rfloor,2^4\right)\oplus B(k) \end{cases} \tag{13-45}$$

当单路分时传输 RGB 加密信号时，采用其中 2 个状态变量相乘所得结果中的低 4 位对明文加密，其安全性将得到改善。在发送端，采用其中 2 个状态变量相乘所得结果中的低 4 位对明文加密对应的数学表达式为

$$\begin{cases} p(k)=\mathrm{mod}\left(\left\lfloor\left\lfloor x_i^{(d)}(k)\right\rfloor\times\left\lfloor x_j^{(d)}(k)\right\rfloor/2^{26}\right\rfloor,2^4\right)\oplus m(k) \\ \qquad\ =u^{(d)}(k)\oplus m(k) \\ m(k)=\begin{cases} m(3l-2)=R(l), & k=3l-2;\ l=1,2,\cdots,W_1\times W_2 \\ m(3l-1)=G(l), & k=3l-1;\ l=1,2,\cdots,W_1\times W_2 \\ m(3l-0)=B(l), & k=3l-0;\ l=1,2,\cdots,W_1\times W_2 \end{cases} \\ k=1,2,\cdots,3W_1\times W_2 \end{cases} \tag{13-46}$$

在接收端，采用其中 2 个状态变量相乘所得结果中的低 4 位对密文解密对应的数学表达式为

$$\begin{cases} \hat{m}(k)=\mathrm{mod}\left(\left\lfloor\left\lfloor x_i^{(r)}(k)\right\rfloor\times\left\lfloor x_j^{(r)}(k)\right\rfloor/2^{26}\right\rfloor,2^4\right)\oplus p(k) \\ \qquad\ =u^{(r)}(k)\oplus p(k) \\ \hat{m}(k)=\begin{cases} \hat{m}(3l-2)=\hat{R}(l), & k=3l-2;\ l=1,2,\cdots,W_1\times W_2 \\ \hat{m}(3l-1)=\hat{G}(l), & k=3l-1;\ l=1,2,\cdots,W_1\times W_2 \\ \hat{m}(3l-0)=\hat{B}(l), & k=3l-0;\ l=1,2,\cdots,W_1\times W_2 \end{cases} \\ k=1,2,\cdots,3W_1\times W_2 \end{cases} \tag{13-47}$$

式中，W_1、W_2 分别代表视频图像的宽度和高度，$1\leqslant i,j\leqslant 6, i\neq j$。

例如，根据式(13-45)，得对应的单轮加密混沌保密通信系统原理框图如图 13-35 所示，关于其安全性的严格数学分析尚有待于作进一步的研究。

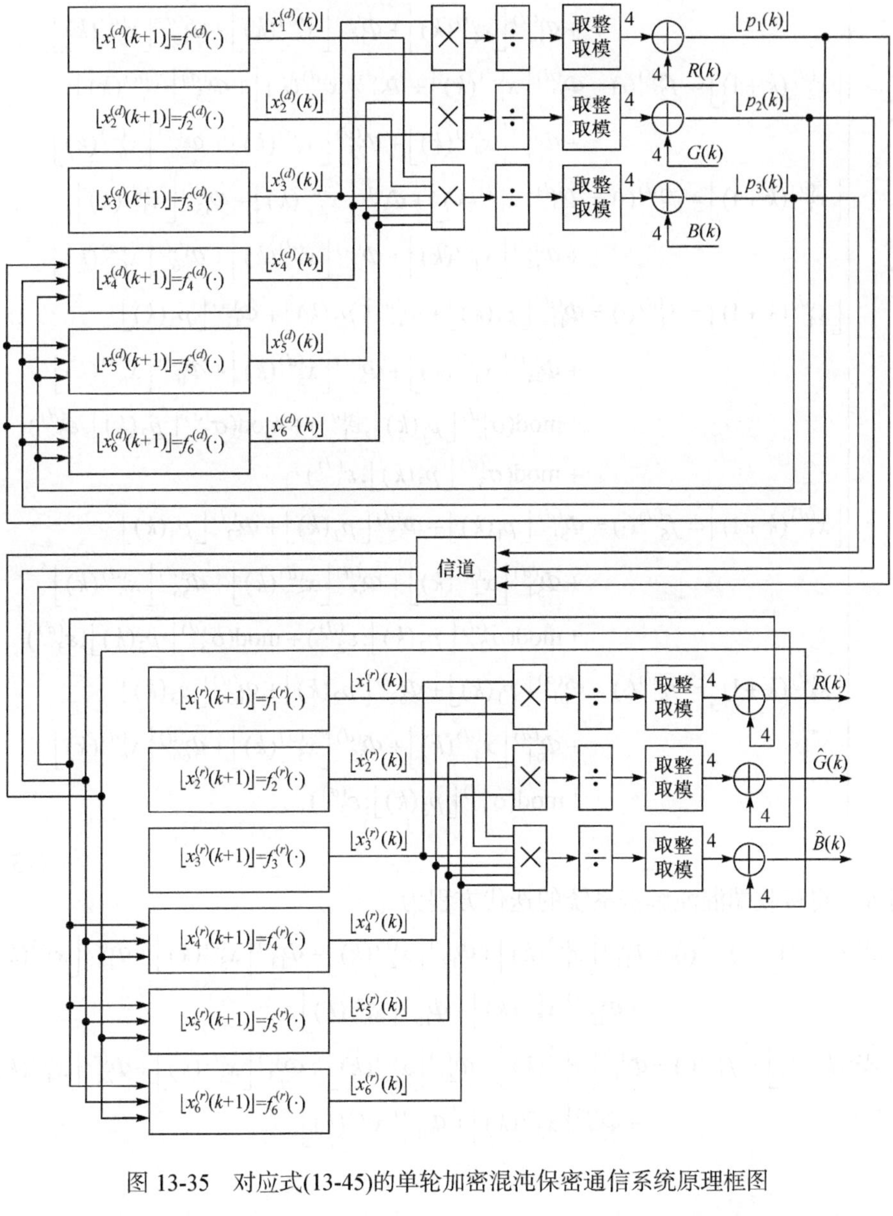

图 13-35 对应式(13-45)的单轮加密混沌保密通信系统原理框图

根据图 13-35，在单轮加密情况下，得发送端混沌加密系统的迭代方程为

$$\begin{cases}\left\lfloor x_1^{(d)}(k+1)\right\rfloor = f_1^{(d)}(\cdot) = \Phi_{11}^{(d)}\left\lfloor x_1^{(d)}(k)\right\rfloor + \Phi_{12}^{(d)}\left\lfloor x_2^{(d)}(k)\right\rfloor + \Phi_{13}^{(d)}\left\lfloor x_3^{(d)}(k)\right\rfloor \\ \qquad + \Phi_{14}^{(d)}\left\lfloor x_4^{(d)}(k)\right\rfloor + \Phi_{15}^{(d)}\left\lfloor x_5^{(d)}(k)\right\rfloor + \Phi_{16}^{(d)}\left\lfloor x_6^{(d)}(k)\right\rfloor \\ \left\lfloor x_2^{(d)}(k+1)\right\rfloor = f_2^{(d)}(\cdot) = \Phi_{21}^{(d)}\left\lfloor x_1^{(d)}(k)\right\rfloor + \Phi_{22}^{(d)}\left\lfloor x_2^{(d)}(k)\right\rfloor + \Phi_{23}^{(d)}\left\lfloor x_3^{(d)}(k)\right\rfloor \\ \qquad + \Phi_{24}^{(d)}\left\lfloor x_4^{(d)}(k)\right\rfloor + \Phi_{25}^{(d)}\left\lfloor x_5^{(d)}(k)\right\rfloor + \Phi_{26}^{(d)}\left\lfloor x_6^{(d)}(k)\right\rfloor \\ \left\lfloor x_3^{(d)}(k+1)\right\rfloor = f_3^{(d)}(\cdot) = \Phi_{31}^{(d)}\left\lfloor x_1^{(d)}(k)\right\rfloor + \Phi_{32}^{(d)}\left\lfloor x_2^{(d)}(k)\right\rfloor + \Phi_{33}^{(d)}\left\lfloor x_3^{(d)}(k)\right\rfloor \\ \qquad + \Phi_{34}^{(d)}\left\lfloor x_4^{(d)}(k)\right\rfloor + \Phi_{35}^{(d)}\left\lfloor x_5^{(d)}(k)\right\rfloor + \Phi_{36}^{(d)}\left\lfloor x_6^{(d)}(k)\right\rfloor \\ \left\lfloor x_4^{(d)}(k+1)\right\rfloor = f_4^{(d)}(\cdot) = \Phi_{41}^{(d)}\lfloor p_1(k)\rfloor + \Phi_{42}^{(d)}\lfloor p_2(k)\rfloor + \Phi_{43}^{(d)}\lfloor p_3(k)\rfloor \\ \qquad + \Phi_{44}^{(d)}\left\lfloor x_4^{(d)}(k)\right\rfloor + \Phi_{45}^{(d)}\left\lfloor x_5^{(d)}(k)\right\rfloor + \Phi_{46}^{(d)}\left\lfloor x_6^{(d)}(k)\right\rfloor \\ \qquad + \mathrm{mod}(\sigma_1^{(d)}\lfloor p_1(k)\rfloor, \varepsilon_1^{(d)}) + \mathrm{mod}(\sigma_2^{(d)}\lfloor p_2(k)\rfloor, \varepsilon_2^{(d)}) \\ \qquad + \mathrm{mod}(\sigma_3^{(d)}\lfloor p_3(k)\rfloor, \varepsilon_3^{(d)}) \\ \left\lfloor x_5^{(d)}(k+1)\right\rfloor = f_5^{(d)}(\cdot) = \Phi_{51}^{(d)}\lfloor p_1(k)\rfloor + \Phi_{52}^{(d)}\lfloor p_2(k)\rfloor + \Phi_{53}^{(d)}\lfloor p_3(k)\rfloor \\ \qquad + \Phi_{54}^{(d)}\left\lfloor x_4^{(d)}(k)\right\rfloor + \Phi_{55}^{(d)}\left\lfloor x_5^{(d)}(k)\right\rfloor + \Phi_{56}^{(d)}\left\lfloor x_6^{(d)}(k)\right\rfloor \\ \qquad + \mathrm{mod}(\sigma_2^{(d)}\lfloor p_2(k)\rfloor, \varepsilon_2^{(d)}) + \mathrm{mod}(\sigma_3^{(d)}\lfloor p_3(k)\rfloor, \varepsilon_3^{(d)}) \\ \left\lfloor x_6^{(d)}(k+1)\right\rfloor = f_6^{(d)}(\cdot) = \Phi_{61}^{(d)}\lfloor p_1(k)\rfloor + \Phi_{62}^{(d)}\lfloor p_2(k)\rfloor + \Phi_{63}^{(d)}\lfloor p_3(k)\rfloor \\ \qquad + \Phi_{64}^{(d)}\left\lfloor x_4^{(d)}(k)\right\rfloor + \Phi_{65}^{(d)}\left\lfloor x_5^{(d)}(k)\right\rfloor + \Phi_{66}^{(d)}\left\lfloor x_6^{(d)}(k)\right\rfloor \\ \qquad + \mathrm{mod}(\sigma_3^{(d)}\lfloor p_3(k)\rfloor, \varepsilon_3^{(d)}) \end{cases} \tag{13-48}$$

同理，得接收端混沌解密系统的迭代方程为

$$\begin{cases}\left\lfloor x_1^{(r)}(k+1)\right\rfloor = f_1^{(r)}(\cdot) = \Phi_{11}^{(r)}\left\lfloor x_1^{(r)}(k)\right\rfloor + \Phi_{12}^{(r)}\left\lfloor x_2^{(r)}(k)\right\rfloor + \Phi_{13}^{(r)}\left\lfloor x_3^{(r)}(k)\right\rfloor + \Phi_{14}^{(r)}\left\lfloor x_4^{(r)}(k)\right\rfloor \\ \qquad + \Phi_{15}^{(r)}\left\lfloor x_5^{(r)}(k)\right\rfloor + \Phi_{16}^{(r)}\left\lfloor x_6^{(r)}(k)\right\rfloor \\ \left\lfloor x_2^{(r)}(k+1)\right\rfloor = f_2^{(r)}(\cdot) = \Phi_{21}^{(r)}\left\lfloor x_1^{(r)}(k)\right\rfloor + \Phi_{22}^{(r)}\left\lfloor x_2^{(r)}(k)\right\rfloor + \Phi_{23}^{(r)}\left\lfloor x_3^{(r)}(k)\right\rfloor + \Phi_{24}^{(r)}\left\lfloor x_4^{(r)}(k)\right\rfloor \\ \qquad + \Phi_{25}^{(r)}\left\lfloor x_5^{(r)}(k)\right\rfloor + \Phi_{26}^{(r)}\left\lfloor x_6^{(r)}(k)\right\rfloor \end{cases}$$

$$
\left\{\begin{aligned}
\left\lfloor x_3^{(r)}(k+1)\right\rfloor = f_3^{(r)}(\cdot) = {} & \Phi_{31}^{(r)}\left\lfloor x_1^{(r)}(k)\right\rfloor + \Phi_{32}^{(r)}\left\lfloor x_2^{(r)}(k)\right\rfloor + \Phi_{33}^{(r)}\left\lfloor x_3^{(r)}(k)\right\rfloor + \Phi_{34}^{(r)}\left\lfloor x_4^{(r)}(k)\right\rfloor \\
& + \Phi_{35}^{(r)}\left\lfloor x_5^{(r)}(k)\right\rfloor + \Phi_{36}^{(r)}\left\lfloor x_6^{(r)}(k)\right\rfloor \\
\left\lfloor x_4^{(r)}(k+1)\right\rfloor = f_4^{(r)}(\cdot) = {} & \Phi_{41}^{(r)}\left\lfloor p_1(k)\right\rfloor + \Phi_{42}^{(r)}\left\lfloor p_2(k)\right\rfloor + \Phi_{43}^{(r)}\left\lfloor p_3(k)\right\rfloor + \Phi_{44}^{(r)}\left\lfloor x_4^{(r)}(k)\right\rfloor \\
& + \Phi_{45}^{(r)}\left\lfloor x_5^{(r)}(k)\right\rfloor + \Phi_{46}^{(r)}\left\lfloor x_6^{(r)}(k)\right\rfloor \\
& + \operatorname{mod}(\sigma_1^{(r)}\left\lfloor p_1(k)\right\rfloor, \varepsilon_1^{(r)}) + \operatorname{mod}(\sigma_2^{(r)}\left\lfloor p_2(k)\right\rfloor, \varepsilon_2^{(r)}) \\
& + \operatorname{mod}(\sigma_3^{(r)}\left\lfloor p_3(k)\right\rfloor, \varepsilon_3^{(r)}) \\
\left\lfloor x_5^{(r)}(k+1)\right\rfloor = f_5^{(r)}(\cdot) = {} & \Phi_{51}^{(r)}\left\lfloor p_1(k)\right\rfloor + \Phi_{52}^{(r)}\left\lfloor p_2(k)\right\rfloor + \Phi_{53}^{(r)}\left\lfloor p_3(k)\right\rfloor + \Phi_{54}^{(r)}\left\lfloor x_4^{(r)}(k)\right\rfloor \\
& + \Phi_{55}^{(r)}\left\lfloor x_5^{(r)}(k)\right\rfloor + \Phi_{56}^{(r)}\left\lfloor x_6^{(r)}(k)\right\rfloor \\
& + \operatorname{mod}(\sigma_2^{(r)}\left\lfloor p_2(k)\right\rfloor, \varepsilon_2^{(r)}) + \operatorname{mod}(\sigma_3^{(r)}\left\lfloor p_3(k)\right\rfloor, \varepsilon_3^{(r)}) \\
\left\lfloor x_6^{(r)}(k+1)\right\rfloor = f_6^{(r)}(\cdot) = {} & \Phi_{61}^{(r)}\left\lfloor p_1(k)\right\rfloor + \Phi_{62}^{(r)}\left\lfloor p_2(k)\right\rfloor + \Phi_{63}^{(r)}\left\lfloor p_3(k)\right\rfloor + \Phi_{64}^{(r)}\left\lfloor x_4^{(r)}(k)\right\rfloor \\
& + \Phi_{65}^{(r)}\left\lfloor x_5^{(r)}(k)\right\rfloor + \Phi_{66}^{(r)}\left\lfloor x_6^{(r)}(k)\right\rfloor \\
& + \operatorname{mod}(\sigma_3^{(r)}\left\lfloor p_3(k)\right\rfloor, \varepsilon_3^{(r)})
\end{aligned}\right.
\tag{13-49}
$$

注意到在式(13-48)和式(13-49)中，$p_1(k)$、$p_2(k)$、$p_3(k)$的数学表达式如式(13-45)所示。而在接收端，得密文解密对应的数学表达式为

$$
\left\{\begin{aligned}
\hat{R}(k) &= \operatorname{mod}\left(\left\lfloor \left\lfloor x_3^{(r)}(k)\right\rfloor \times \left\lfloor x_4^{(r)}(k)\right\rfloor / 2^{26} \right\rfloor, 2^4\right) \oplus p_1(k) \\
\hat{G}(k) &= \operatorname{mod}\left(\left\lfloor \left\lfloor x_5^{(r)}(k)\right\rfloor \times \left\lfloor x_6^{(r)}(k)\right\rfloor / 2^{26} \right\rfloor, 2^4\right) \oplus p_2(k) \\
\hat{B}(k) &= \operatorname{mod}\left(\left\lfloor \left\lfloor x_1^{(r)}(k)\right\rfloor \times \left\lfloor x_2^{(r)}(k)\right\rfloor \times \left\lfloor x_3^{(r)}(k)\right\rfloor \times \left\lfloor x_4^{(r)}(k)\right\rfloor \right.\right. \\
&\qquad \left.\left. \times \left\lfloor x_5^{(r)}(k)\right\rfloor \times \left\lfloor x_6^{(r)}(k)\right\rfloor / 2^{105} \right\rfloor, 2^4\right) \oplus p_3(k)
\end{aligned}\right.
\tag{13-50}
$$

在单轮加密的基础上，可得多轮加密混沌保密通信系统的原理框图如图 13-36 所示。

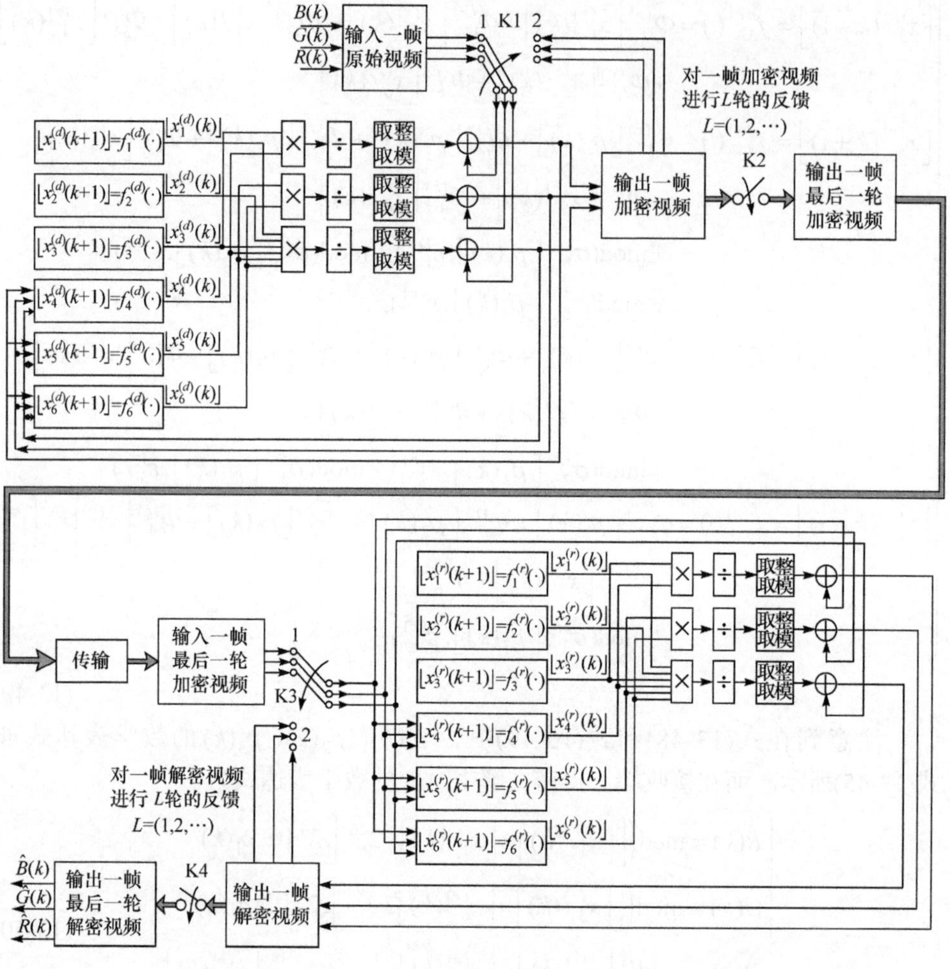

图 13-36　对应式(13-45)的多轮加密混沌保密通信系统原理框图

第 14 章　广域网传输实时远程视频混沌保密通信与 ARM 实现

本章介绍基于广域网传输实时远程视频混沌保密通信与 ARM 实现。内容包括广域网的 TCP 和 UDP 传输原理、基于 TCP 的地址端口映射、视频格式及其转换、n 维混沌映射的构造及其基本性质、像素位置置乱加密和解密算法、像素值的混沌序列密码加密和解密算法、基于 ARM 平台的视频混沌保密通信系统设计、视频混沌保密通信的 ARM 硬件实现[46,49]。

14.1　广域网的 TCP 和 UDP 传输原理

基于 TCP 的以太网五层传输原理如图 14-1 所示，发送端负责打包，接收端则负责拆包。图中五层分别为应用层、传输层、网络层、链路层、物理层。其中计算机对应五层：应用层、传输层、网络层、链路层、物理层。路由器对应三层：网络层、链路层、物理层。交换机则对应二层：链路层、物理层。根据图 14-1，当采用 TCP 实现远程传输时，首先通过链路层对比特差错进行检错，在传输层则通过 TCP 实现检错重传的可靠性传输。因此，当发送端所发出的每个帧通过以太网传输到达接收端之后，能够保证在接收端所收到的每个帧都不会出错，并且能保证每个帧中的包与包之间顺序的正确性，因而不会影响发送端混沌加密迭代与接收端混沌解密迭代之间的相对顺序，可实现自同步。注意到发送端和接收端之间的混沌同步并不一定要同时进行，只要保证发送端混沌加密迭代与接收端混沌解密迭代之间的相对顺序不受影响，在密钥匹配的条件下，就能在接收端正确地解密出原始信号。

通过链路层对比特差错进行纠错以及在传输层通过 TCP 实现可行性传输的过程中需要一定的时间，会产生通信延时，通信延时的大小与网络空闲或繁忙的程度相关，在网络比较空闲的情况下，通信延时很小，但当网络比较繁忙时，数据可靠性传输的原因使得通信延时变大，具体表现在以太网的传输速率变慢。大量的硬件实验结果表明，在广域网传输的情况下，当网络比较繁忙时，通信延时比较大，由于视频混沌加密的数据量很大，会影响视频混沌保密通信的传输速率和实时性，主要体现在摄像头采集到的所有的视频数据帧当中，只有其中一部分

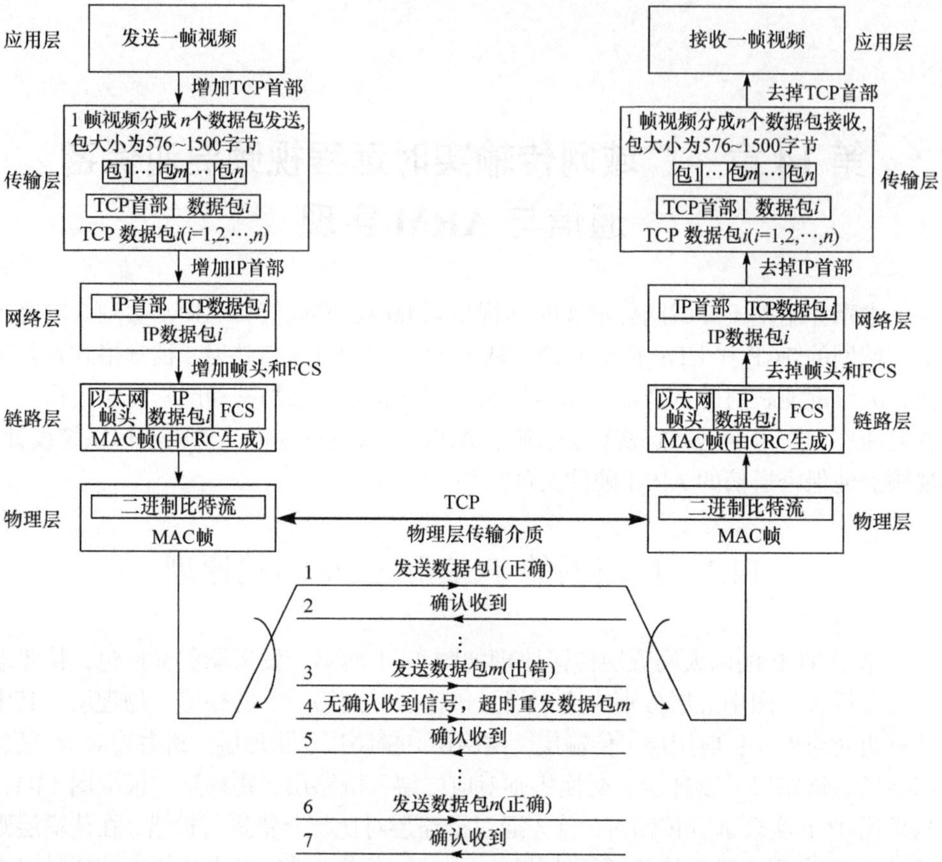

图 14-1　基于 TCP 的以太网五层传输原理图

帧的数据能通过以太网从发送端正确地传送到接收端，导致视频信号流畅度降低。因此，当用 ARM 实现视频混沌保密通信时，发送端 ARM 显示的视频帧率较快，而接收端 ARM 显示的视频帧率往往较慢。但只要是接收到的这些视频数据帧，可靠性传输保证不会出错，一定能够在接收端正确解密出来。此外，即便是网络比较繁忙的情况下，通常都不会影响语音混沌保密通信的实时性，原因是语音混沌保密通信的数据量较小。对于局域网，通信延时则很小，视频和语音等多媒体混沌保密通信传输的速率和实时性均能得到很好的保证。

基于 UDP 的以太网五层传输原理图如图 14-2 所示。根据图 14-2，对于 UDP，在接收端通过检错发现错误的包，不会要求检错重传，而是在接收端直接丢弃出错的包，在这种情况下，尽管迭代几步后也能实现自同步，但由于在这一帧中丢掉了一个包，这一帧在接收端重现时，其中有些块甚至全部块将出现马赛克形状。

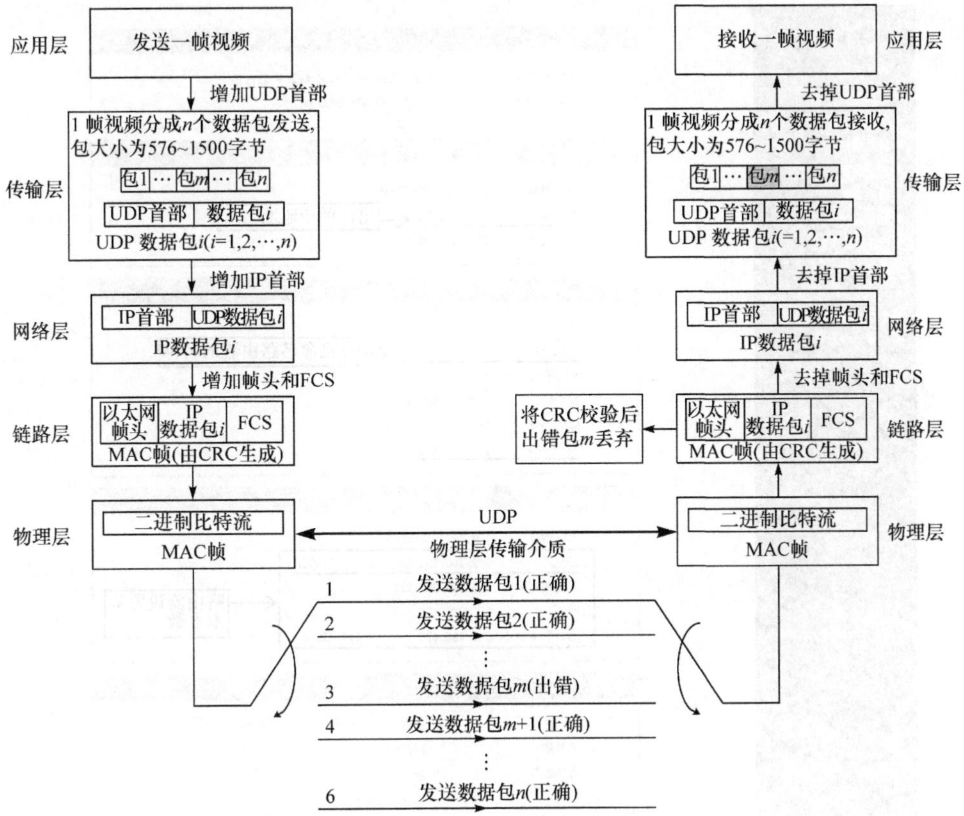

图 14-2　基于 UDP 的以太网五层传输原理图

14.2　基于 TCP 的地址端口映射

14.2.1　路由器的设置

路由器出厂默认设置 IP 地址为 192.168.1.1，出厂默认设置的用户名和密码均为 admin，恢复出厂默认设置：首先，路由器通电后，用针头插入路由器后面的“reset”口，并按住一段时间后便可恢复出厂的默认设置。然后，关闭路由器电源，再重新通电后可重新设置。

路由器的设置如下：首先，当前路由器通电并且与以太网相连，其次，计算机用当前路由器上网。然后，在网上输入 http://192.168.1.1/(例如，本课题组实验室路由器的登录地址为 http://tplogin.cn，各种路由器登录地址要看路由器底座上的说明)，就能对当前路由器中的参数进行设置，如图 14-3～图 14-6 所示。路由器动态 IP 地址的范围为 192.168.1.2～192.168.1.255，这些范围的地址没有优劣之分，均可使用。

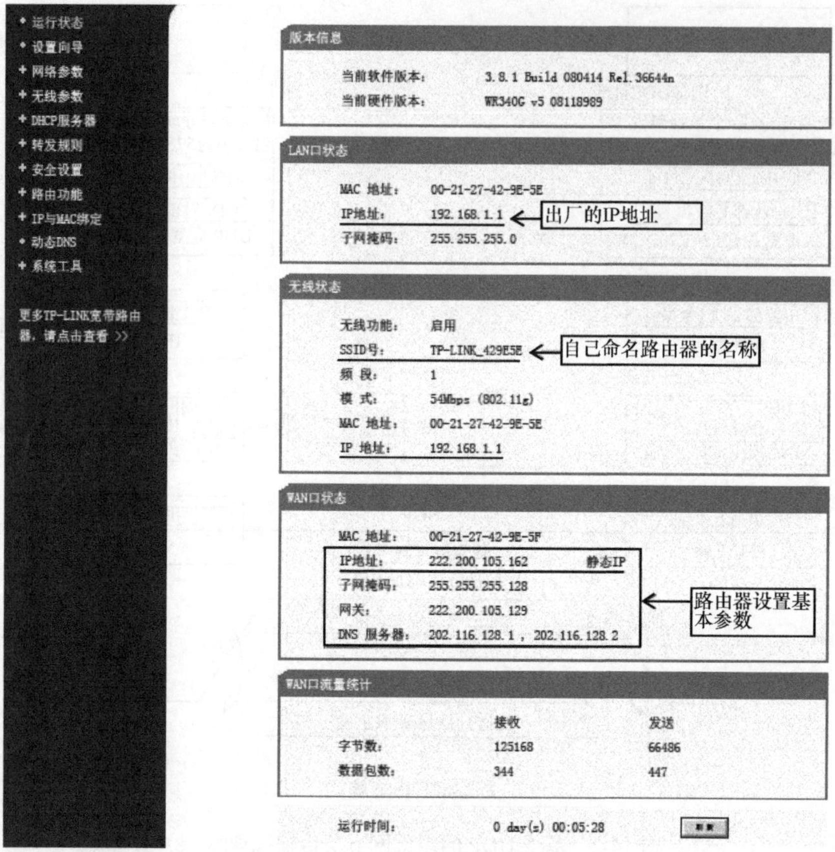

图 14-3　路由器运行状态

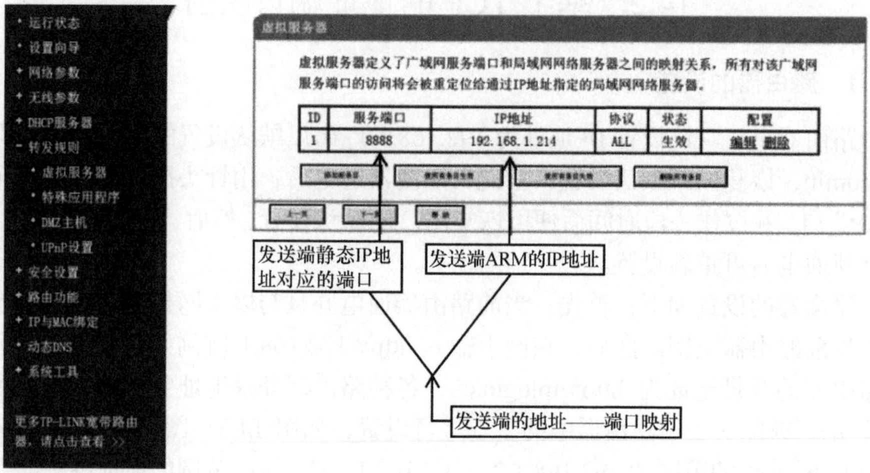

图 14-4　转发规则(地址端口映射)

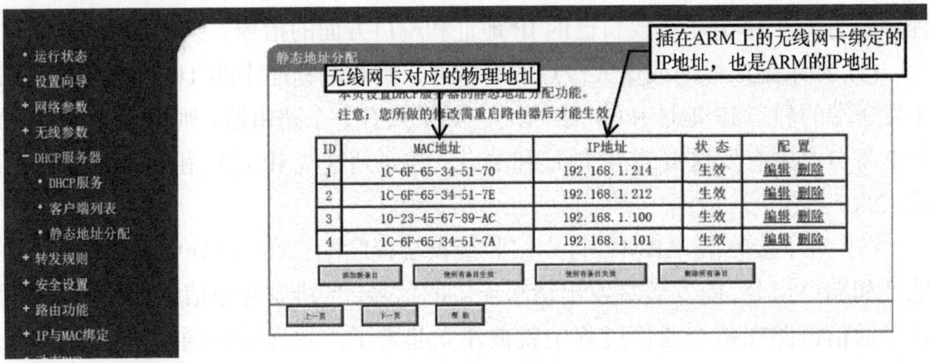

图 14-5　静态地址分配

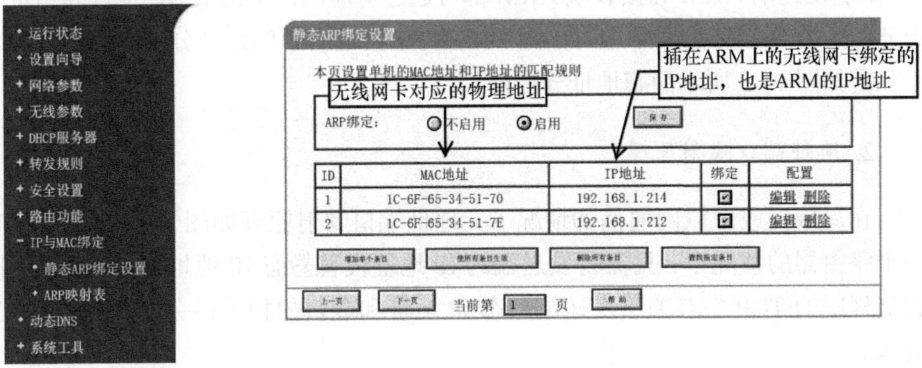

图 14-6　IP 与 MAC 地址的绑定

14.2.2　基于 TCP 的地址端口映射原理

1. 静态 IP 地址和动态 IP 地址

在局域网和广域网中，静态 IP 地址在全球范围内可以直接访问，例如，在本课题组实验室中，静态 IP 地址为 222.200.105.162，而动态 IP 地址是路由器动态随机分配的，地址范围为 192.168.1.2～192.168.1.255，不能直接访问，需要通过如图 14-4 所示的地址端口映射后才能访问。

(1) 如果广域网或更大一点的局域网，在发送端，必须有静态 IP 地址。在接收端，则无此要求。

(2) 在上述基础上，如果发送端还有路由器，则必须在发送端的路由器中设置如图 14-4 所示的地址端口映射，而接收端的路由器中则无地址端口映射设置的要求。

(3) 发送端程序中的 TCP 部分有自己的 IP 地址和端口方面的指令，而接收端程序中的 TCP 部分不需要自己的 IP 地址和端口方面的指令。

(4) 如果是广域网或更大一点的局域网，接收端程序中的 TCP 部分必须有关于发送端的静态 IP 地址和端口的指令。如果只有一个路由器，则接收端程序中的 TCP 部分必须有发送端的 IP 地址和端口。注意到这些 IP 地址和端口是需要手工输入的。

(5) 对于接收端 ARM，首先按照接收端程序的 TCP 部分中发送端静态 IP 地址和端口指令，向发送端发出请求连接的信号，当建立起通信链路(打洞)之后，这个通信链路在整个通信过程中就被建立起来了，发送端可通过这个链路发送数据。

(6) 发送端 ARM 和接收端 ARM 都可通过对应的网卡的 MAC 地址和指定的 IP 地址，在两端路由器中进行如图 14-5 和图 14-6 所示的地址分配和绑定。实际上只需如图 14-5 所示静态地址分配即可。

2. 地址端口映射原理

在局域网或广域网通信的情况下，地址端口映射原理如图 14-7 所示。只有一个路由器的情况下，只需将发送端的 IP 地址代替静态 IP 地址即可。此外，接收端程序的 TCP 中有关于发送端静态 IP 地址和端口的相关指令，并且需要手工输入。

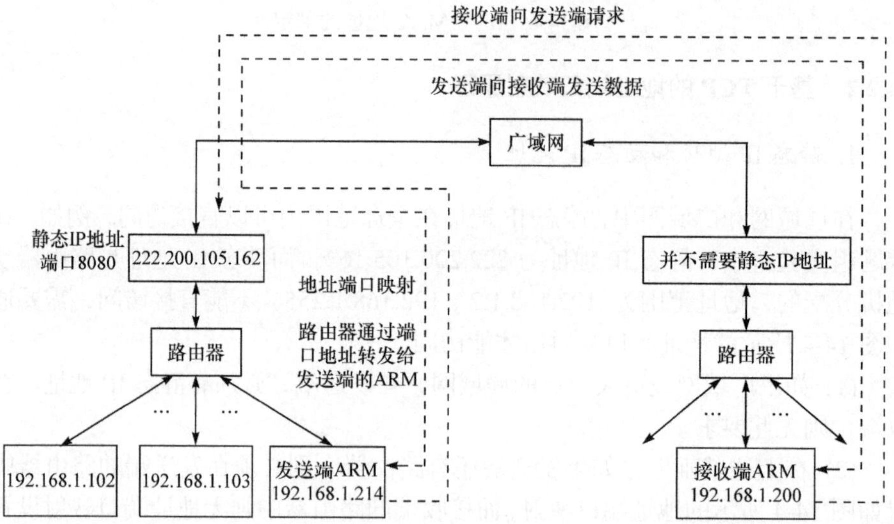

图 14-7　地址端口映射原理图

3. 基于 TCP 的地址端口映射程序及其说明

socket 在 Linux 操作系统中是一个通信链的端的句柄，Linux 操作系统通过 socket 来建立 TCP 连接，当连接建立之后，发送端的 socket 和接收端的 socket 就分别成为通信链的一端，发送端向它的 socket 写数据就会通过网络发送到接收端的 socket。发送端 TCP 相关代码如图 14-8 所示。以下是相关程序的说明：

(1) 发送端使用 TCP 新建一个 socket(也就是代码中的 mysock)。

(2) 新建一个结构体，存储发送端采用的协议、IP 地址和端口。

(3) 通过 bind 函数 mysock 与 IP 地址及端口绑定，从该 IP 地址和端口接收到的请求就会由 mysock 处理。

(4) 使用 mysock 通过 listen 和 accept 函数监听从 IP 地址和端口接收到的请求，当有请求到达时，Linux 操作系统就新建一个新的 socket(也就是代码中的 mysock1)与接收端的 socket 建立连接。这样 mysock1 就是通信链的一端，通过 mysock1 发送的数据就会通过网络发送到接收端的 socket。

```
//------------------socket----------------------------------------
  struct sockaddr_in addr, client_addr;
  int on;
  socklen_t addr_len = sizeof(struct sockaddr_in);

  mysock = socket(PF_INET, SOCK_STREAM, 0);//打开一个socket，使用TCP
  if ( mysock < 0 ) {
    fprintf(stderr, "socket failed\n");
    exit(EXIT_FAILURE);
  }

  on = 1;
  if (setsockopt(mysock, SOL_SOCKET, SO_REUSEADDR, &on, sizeof(on)) < 0) {//设置套接口地址可以重用，意外退出之后不会提示被占用
    perror("setsockopt(SO_REUSEADDR) failed");
    exit(EXIT_FAILURE);
  }

  memset(&addr, 0, sizeof(addr));      //清空服务端地址结构体
  addr.sin_family = AF_INET;           //使用ipv4协议
  addr.sin_port = htons(8888); //设置端口号，之前已经正确地将数字转换成网络字序
                 发送端自己使用的端口
  addr.sin_addr.s_addr = htonl(INADDR_ANY); //由系统指定可用的IP地址，并转换为网络字序
                   系统指定的可用IP地址，一般为开发板的IP地址
  if ( bind(mysock, (struct sockaddr*)&addr, sizeof(addr)) != 0 ) {//将套接口跟IP地址及端口绑定
    perror("bind");
    exit(EXIT_FAILURE);}
  if ( listen(mysock, 10) != 0 ) {   //开始监听，最大连接10,此时还没开始连接，只是监听而已
    fprintf(stderr, "listen failed\n");
    exit(EXIT_FAILURE);}
  printf("OK!You can connect now!\n");
  mysock1 = accept(mysock, (struct sockaddr *)&client_addr, &addr_len);  //等待客户端的连接请求，返回一个socket连接标志符
//--------------------------------------------------------------------
```

图 14-8　发送端 TCP 相关程序(代码)

接收端 TCP 相关代码如图 14-9 所示。以下是相关程序的说明：

(1) 接收端使用 TCP 新建一个 socket(也就是代码中的 mysock)。

(2) 新建一个结构体，存储发送端的 IP 地址和端口。

(3) 使用 mysock 通过 connect 函数向发送端(在只有一个路由器的情况下，例如，对应图 14-7 中发送端的 IP 地址为 192.168.1.200；如果是广域网或更大一点的局域网的情况，则对应发送端的 IP 地址为静态 IP 地址)的 8888 端口发送连接请求，连接成功后，mysock 就是通信链的一端了。

```
//--------------------------socket--------------------------------
    int mysock;
    char c;
    struct sockaddr_in server_addr;   //服务端地址结构体
    char *server_IP = SERVER_IP;
    //开启socket，TCP
    if(-1==(mysock=socket(PF_INET,SOCK_STREAM,0))){
        printf("ERROR:Failed to obtain Socket Descriptor!\n");
        exit(EXIT_FAILURE);
    }
    memset(&server_addr,0,sizeof(server_addr));
    server_addr.sin_family=AF_INET;
    server_addr.sin_port=htons(8888);发送端使用的端口
    inet_pton(AF_INET,"192.168.1.200",&server_addr.sin_addr);  //指定服务端IP地址
                        发送端的IP地址
    //连接服务端
    printf("OK!");
    if(connect(mysock,(struct sockaddr*)&server_addr,sizeof(struct sockaddr))==-1){
        printf("ERROR:Failed to connect to the host!\n");
        exit(EXIT_FAILURE);
    }
    else{
        printf("OK:Have connected to the %s\n",server_IP);
    }
//---------------------------------------------------------------------
```

图 14-9　接收端 TCP 协议相关程序(代码)

发送端和接收端运行此代码后，在发送端的 mysock1 和接收端的 mysock 之间就建立了连接，而且 mysock1 和 mysock 分别是通信链的一端，发送端往 mysock1 发送的数据可以到达接收端的 mysock，反之亦然。

4. 简化路由器设置的步骤

步骤 1　查看 MAC 地址和 IP 地址。

将 ARM 装上无线网卡，通电后从 ARM 面板上打开 Wi-Fi，以无线连接的方式接连发送端路由器，然后，从 ARM 面板上点击超级终端图标，打开键盘，输入命令 ifconfig，可查看无线网卡的物理地址和 IP 地址，如图 14-10 所示。通过这种方法，得发送端无线网卡 MAC(物理)地址为 08-57-00-AC-D8-15，接收端无线网卡 MAC 地址为 08-57-00-AB-69-82。

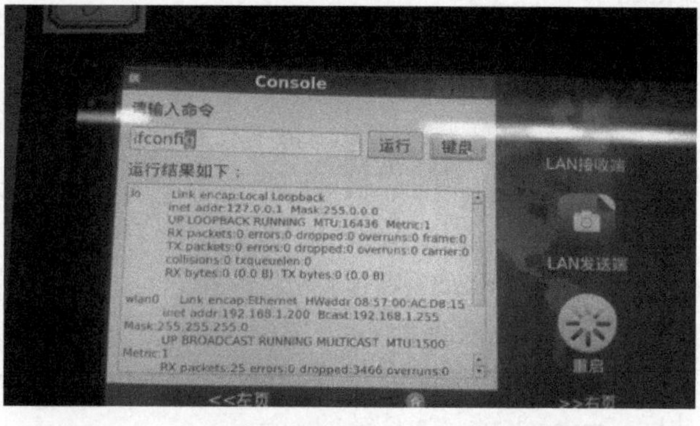

图 14-10　查看无线网卡的 MAC 地址和 IP 地址

步骤 2　在发送端路由器转发规则下的虚拟服务器中设置端口地址和 IP 地址。例如，端口地址设置为 8888，IP 地址设置为 192.168.1.254，如图 14-11 所示。

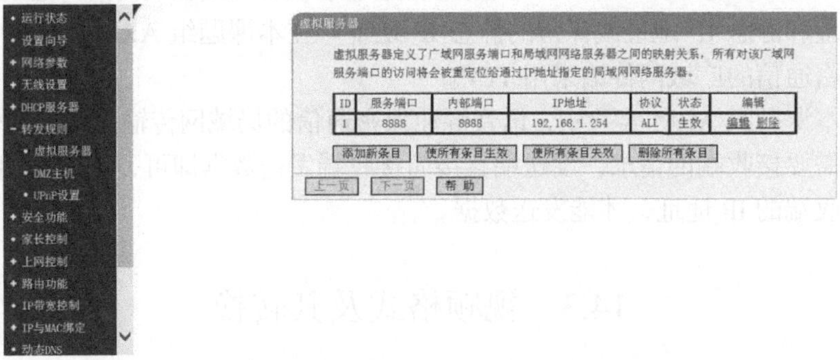

图 14-11　端口地址和 IP 地址的设置

步骤 3　在发送端路由器 DHCP 服务器下的静态地址保留中设置 MAC 地址和 IP 地址。

在发送端路由器 DHCP 服务器下的静态地址保留中设置发送端 ARM 的无线网卡的 MAC 地址为 08-57-00-AC-D8-15，设置 IP 地址必须与虚拟服务器中的 IP 地址一致，同样为 192.168.1.254，设置结果如图 14-12 所示。

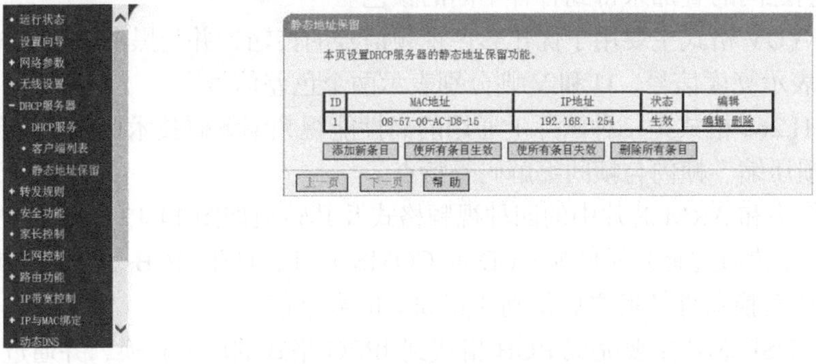

图 14-12　MAC 地址和 IP 地址的设置

步骤 4　在接收端路由器 DHCP 服务器下的静态地址保留中设置 MAC 地址和 IP 地址。

这种设置不是必需的，因为通信的规则是接收端首先向发送端发起请求，需要知道发送端的端口地址和静态 IP 地址或保留的静态 IP 地址。而发送端并不需要知道这些信息。

但程序调试方便起见，需要用同样的方法，在接收端路由器的静态地址保留中设置接收端 ARM 的 MAC 地址和 IP 地址，其中 IP 地址的大小可自己设置。

5. 关于 TCP 和 UDP 的问题

TCP 的规则是接收端首先向发送端发起请求，所以接收端需要知道发送端的端口地址和静态 IP 地址或保留的静态 IP 地址。在本课题组 ARM 实验中，视频混沌保密通信的广域网传输采用 TCP。

在本课题组 ARM 实验中，语音混沌保密通信的局域网传输采用 UDP，UDP 规则不需要接收端的请求，发送端直接向接收端发送数据即可，故发送端首先要知道接收端的 IP 地址，才能发送数据。

14.3　视频格式及其转换

视频混沌保密通信系统涉及视频格式及其转换问题，包括 JPEG、RGB、YUV、H.264 共四种，简述如下：

(1) JPEG 格式是 Joint Photographic Experts Group(联合图像专家小组)的缩写，是第一个国际图像压缩标准，属于有损的帧内压缩，具有高压缩率的图像压缩格式。

(2) RGB 格式是工业界的一种颜色标准，通过红(R)、绿(G)、蓝(B)三个基色以及它们之间的叠加来得到各种不同的颜色。

(3) YUV 格式主要用于优化彩色视频信号的传输，并与黑白电视制式兼容。其中 Y 表示亮度信号，U 和 V 则分别表示两个色差信号。

(4) H.264 格式是一种国际上通用的高性能视频编解码技术标准，具有高压缩率、有损压缩、帧内与帧间编解码等特点。

摄像头和 ARM 芯片中的四种视频格式及其转换如图 14-13 所示，简述如下：

(1) 光源通过感光元件如 CCD 或 COMS 元件，产生 RGB 三基色模拟信号，通过 A/D 转换器件转换之后得到 3 路 8bit 的数字信号。

(2) DSP 芯片主要完成 RGB 格式到 JPEG 格式的压缩转换，并通过 USB 接口协议传送 JPEG 格式。由于 JPEG 格式的数据量远小于 RBG 格式的数据量，在信道带宽固定的条件下，JPEG 格式能获得更高的传输帧率，虽然 JPEG 压缩耗费时间，但远小于 RGB 格式直接传送所耗费的时间。

(3) ARM 芯片接收 JPEG 格式的视频后，为了显示原始视频，必须进行 JPEG 解压，从而获得 RGB 格式，这是因为 LCD 只支持 RGB 格式数据的输入。

(4) 用以太网传输视频之前应先进行 H.264 编码。由于 H.264 要求输入视频为 YUV4:2:0 格式，故必须完成 RGB 格式到 YUV4:2:0 格式的转换，编码后输出 H.264 格式的视频信号。

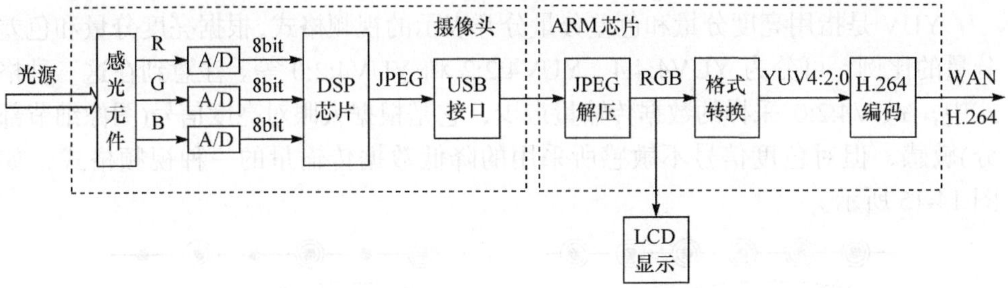

图 14-13 摄像头和 ARM 芯片中的四种视频格式及其转换

图像格式的理论模型简述如下：

三基色 RGB 的颜色模型可以采用一个 3 维直角坐标颜色系统的单位正方体来表示，如图 14-14 所示。根据三基色原理，在 RGB 颜色空间中，任意色光 F 都可以用 RGB 三基色分量的叠加来获得。任意色光 F 和 RGB 三基色之间的关系为

$$F = r[R] + g[G] + b[B]$$

式中，三个分量的取值范围满足 $r[R], g[G], b[B] \in [0,255]$。

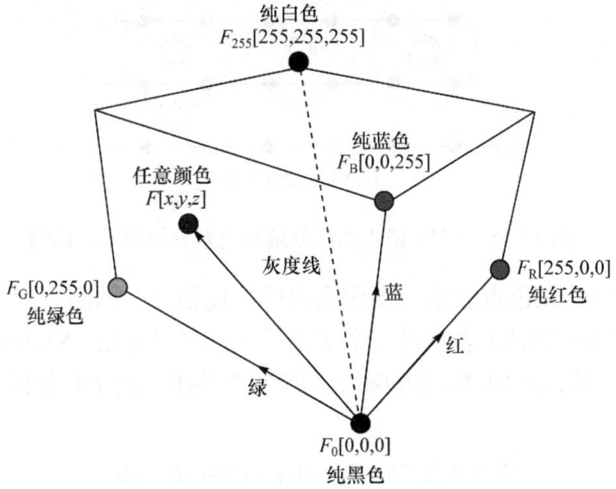

图 14-14 RGB 三基色模型

在如图 14-14 所示的 RGB 三基色模型中，按箭头的方向，三基色取值范围为 0～255，其中原点的像素 $F_0[0,0,0]$ 表示纯黑色，$F_{255}[255,255,255]$ 表示纯白色，$F_R[255,0,0]$ 表示纯红色，$F_G[0,255,0]$ 表示纯绿色，$F_B[0,0,255]$ 表示纯蓝色，依此类推可获得其他颜色，其中 F_0 和 F_{255} 相连的对角线称为灰度线，表示由黑色到白色的过渡。

YUV 是指用亮度分量和色差分量分开表示的视频格式，根据亮度分量和色差分量的比例，可分为 YUV4:4:4、YUV4:2:2 和 YUV4:2:0 等。注意到在这三种格式中，YUV4:2:0 采样的数据传输量最少，它是根据人眼对亮度信号(图像细节部分)敏感，但对色度信号不敏感所采用的降低数据传输量的一种视频格式，如图 14-15 所示。

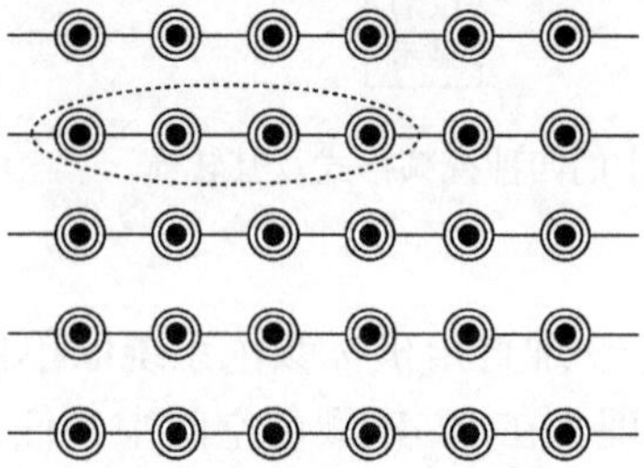

(a) YUV4:4:4 采样

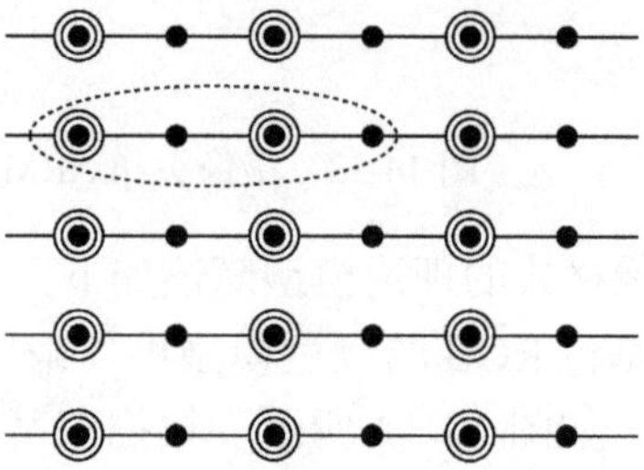

(b) YUV4:2:2 采样

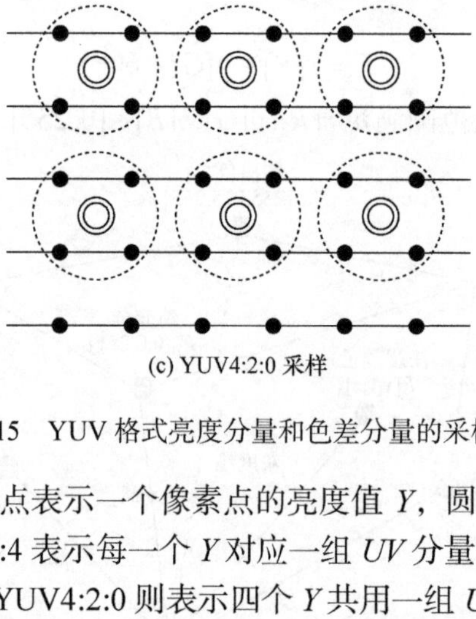

(c) YUV4:2:0 采样

图 14-15　YUV 格式亮度分量和色差分量的采样比例

图 14-15 中的黑色点表示一个像素点的亮度值 Y，圆圈表示一个像素点的色度值 UV。其中 YUV4:4:4 表示每一个 Y 对应一组 UV 分量；YUV4:2:2 表示两个 Y 共用一组 UV 分量；而 YUV4:2:0 则表示四个 Y 共用一组 UV 分量。$\mathrm{YC_bC_r}$ 与 RGB 之间的关系为

$$\begin{cases} Y = 0.257R + 0.504G + 0.098B + 16 \\ C_{\mathrm{b}} = -0.148R - 0.291G + 0.439B + 128 \\ C_{\mathrm{r}} = 0.439R - 0.368G - 0.071B + 128 \end{cases}$$

$\mathrm{YC_bC_r}$ 在视频标准研制过程中作为 ITU-RBT.601 建议的一部分，其实就是 YUV 经过缩放和偏移后的版本。

$\mathrm{YC_bC_r}$ 主要用于优化彩色视频信号的传输，使其相容传统的黑白电视。与 RGB 视频信号传输相比，它最大的优点在于只需占用极少的频宽(RGB 要求三个独立的视频信号同时传输)。其中 Y 表示亮度，即灰阶值，U 和 V 表示色度，用于指定

像素的颜色。亮度 Y 是通过 RGB 输入信号来建立的，方法是将 RGB 信号的特定部分叠加到一起。色度则定义了颜色的两个方面，即色调与色饱和度，分别采用 C_r 和 C_b 来表示。其中 C_r 反映 RGB 输入信号红色部分与 RGB 信号亮度值之间的差异，C_b 反映 RGB 输入信号蓝色部分与 RGB 信号亮度值之间的差异。

YUV 是欧洲电视系统所采用的一种格式，它属于 PAL 和 SECAM 模拟彩色电视制式所采用的颜色空间。在现代彩色电视系统中，通常采用三管彩色摄像头或彩色 CCD 摄像头摄取视频，然后将得到的彩色视频信号经过分色和分别放大并校正后得到 RGB，再经过矩阵变换电路得到亮度信号 Y 和两个色差信号 $R\text{-}Y$ 和 $B\text{-}Y$，最后在发送端将亮度和色差三个信号分别进行编码，这种色彩的表示方法就是 YUV 色彩空间表示。

YUV 与 RGB 之间的转换公式为

$$\begin{cases} Y = 0.299R + 0.587G + 0.114B \\ U = -0.148R - 0.289G + 0.437B \\ V = 0.615R - 0.515G - 0.100B \\ R = Y + 1.140V \\ G = Y - 0.395U - 0.581V \\ B = Y + 2.032U \end{cases}$$

以图 14-15 中的 YUV4:2:0 为例，按顺序采样每两行中的 4 个 RGB 像素点，计算得出 4 个 Y 分量、1 个 U 分量和 1 个 V 分量。以相邻两行的 4 个像素点为单位，首先，从左至右采样第 1 行和第 2 行的 4 个像素点，计算得出 YUV 分量。然后，采样第 1 行和第 2 行之后的 4 个像素点，从而计算得出下一个 YUV 分量。同理，完成第 1 行和第 2 行的采样和计算之后，进入第 3 行和第 4 行的采样和计算，最后完成一帧视频的采样和计算。

YUV4:2:0 的存储方式分为 NV12 格式和 YU12 格式两大类，如图 14-16 所示。注意到 H.264 采用 NV12 格式而不是 YU12 格式。两种格式的相同点是亮度分量 Y 和色差分量 UV 分开存储，不同点是 NV12 的色差分量 U 和 V 交叉存储，而 YU12 的色差分量 U 和 V 独立存储。

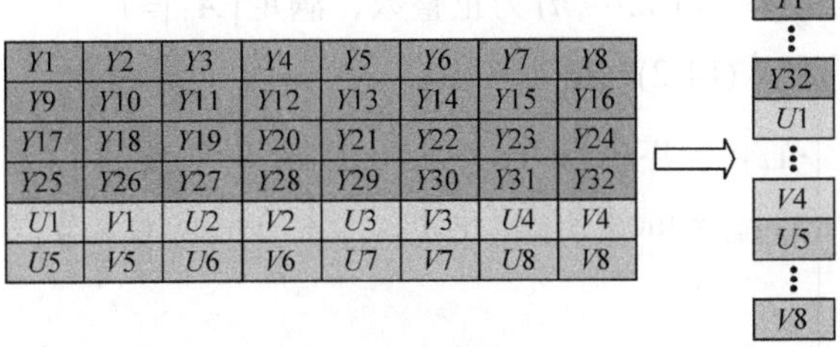

(a) NV12存储格式

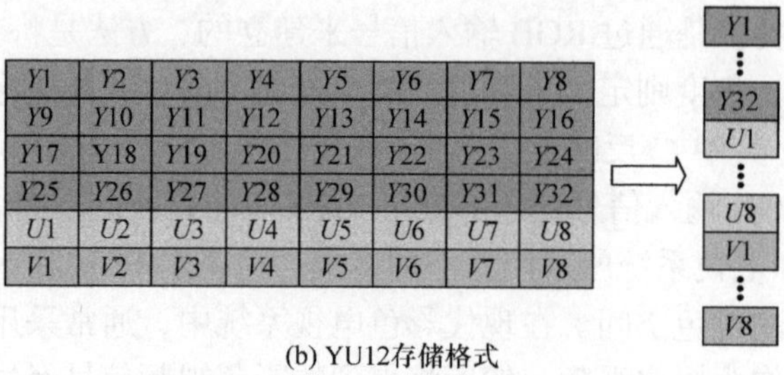

(b) YU12存储格式

图 14-16　YUV4:2:0 的存储格式

14.4　n 维混沌映射的构造及其基本性质

本节首先给出一个用于视频加密和解密的 n 维混沌系统的构造方法，并对该系统的基本性质进行分析和讨论。

14.4.1　n 维混沌映射的构造

根据 Chen-Lai 算法，首先构造一个 n ($n \geqslant 2$) 维离散时间混沌系统，对一帧像素大小为 $N = 2^{N_0} \times 2^{N_0}$ 的正方形视频图像进行加密和解密。该系统的一般形式为

$$\begin{bmatrix} x_{1,k+1} \\ x_{2,k+1} \\ \vdots \\ x_{n,k+1} \end{bmatrix} = \boldsymbol{A}_n \begin{bmatrix} x_{1,k} \\ x_{2,k} \\ \vdots \\ x_{n,k} \end{bmatrix} \begin{bmatrix} \bmod\ 2^{N_1} \\ \bmod\ 2^{N_2} \\ \vdots \\ \bmod\ 2^{N_n} \end{bmatrix} \tag{14-1}$$

式中，$\bmod\ 2^{N_i}$ $(i = 1, 2, \cdots, n)$ 表示模运算，$2^{N_1} \times 2^{N_2} \times \cdots \times 2^{N_n} = N = 2^{N_0} \times 2^{N_0}$，$N_0, N_1, N_2, \cdots, N_n$ 均为正整数。其中矩阵 $\boldsymbol{A}_n$ 的一般形式为

$$\boldsymbol{A}_n = \begin{bmatrix} A_{11} & A_{12} & \cdots & A_{1n} \\ A_{21} & A_{22} & \cdots & A_{2n} \\ \vdots & \vdots & & \vdots \\ A_{n1} & A_{12} & \cdots & A_{nn} \end{bmatrix} \tag{14-2}$$

式中，各个元素 $A_{ij}\,(i, j = 1, 2, \cdots, n)$ 为正整数，满足 $|\boldsymbol{A}_n| = 1$。

根据式(14-1)和式(14-2)，得

$$\begin{cases} x_{1,k+1} = \bmod(A_{11}x_{1,k} + A_{12}x_{2,k} + \cdots + A_{1n}x_{n,k},\ 2^{N_1}) \\ x_{2,k+1} = \bmod(A_{21}x_{1,k} + A_{22}x_{2,k} + \cdots + A_{2n}x_{n,k},\ 2^{N_2}) \\ \vdots \\ x_{n,k+1} = \bmod(A_{n1}x_{1,k} + A_{n2}x_{2,k} + \cdots + A_{nn}x_{n,k},\ 2^{N_n}) \end{cases} \tag{14-3}$$

式中，$\mathrm{mod}(A_{i1}x_{1,k}+\cdots+A_{in}x_{n,k},\ 2^{N_i})$ 表示对各个输出变量 $x_{i,k+1}=A_{i1}x_{1,k}+\cdots+A_{in}x_{n,k}$ $(i=1,2,\cdots,n)$ 取模 2^{N_i} 的运算，从而满足 $0\leqslant x_{1,k}$，$x_{1,k+1}\leqslant 2^{N_1}-1,\ 0\leqslant x_{2,k}$，$x_{2,k+1}\leqslant 2^{N_2}-1,\cdots,0\leqslant x_{n,k}$，$x_{n,k+1}\leqslant 2^{N_n}-1$。

构造矩阵 $\boldsymbol{A}_n$ 的几个准则如下：

准则 14-1　$\boldsymbol{A}_n$ 为 $n(n-1)/2$ 个变换子矩阵 $\boldsymbol{T}_{ij}$ 的乘积。

准则 14-2　每一个子矩阵 $\boldsymbol{T}_{ij}$ 满足 $\det\boldsymbol{T}_{ij}=1$。

准则 14-3　用 $n(n-1)/2$ 个子矩阵 $\boldsymbol{T}_{ij}$ 构造矩阵 $\boldsymbol{A}_n$，能保证 $\boldsymbol{A}_n$ 中没有零元素，因为零元素存在会使得加密的性能下降。当交换 $n(n-1)/2$ 个子矩阵 $\boldsymbol{T}_{ij}$ 相乘的所有可能排序时，每次相乘所得的结果 $\boldsymbol{A}_n$ 应均不相同。

准则 14-4　n 维广义超混沌猫映射为保面积映射，满足 $\det\boldsymbol{A}_n=1$。

按照上述准则，得构造矩阵 $\boldsymbol{A}_n$ 的具体步骤如下：

步骤 1　根据准则 14-1，并按照变换子矩阵 $\boldsymbol{T}_{ij}$ 的下标由小到大的自然排序后再相乘，得变换矩阵 $\boldsymbol{A}_n$ 的规范形式为

$$\boldsymbol{A}_n=\prod_{i=1}^{n-1}\left(\prod_{j=i+1}^{n}\boldsymbol{T}_{ij}\right) \tag{14-4}$$

显见变换子矩阵 $\boldsymbol{T}_{ij}$ 的个数为 $1+2+3+\cdots+(n-2)+(n-1)=n(n-1)/2$。

步骤 2　根据准则 14-2 和 14-3，得变换子矩阵 $\boldsymbol{T}_{ij}$ 的一般数学表达式为

$$\boldsymbol{T}_{ij}=\begin{bmatrix}
1 & 0 & \cdots & & & & & & & & & \\
0 & 1 & \cdots & & & 0 & & & & 0 & & \\
\vdots & \vdots & \ddots & & & & & & & & & \\
 & & & A_{i,i}^{(11)} & 0 & \cdots & 0 & \cdots & 0 & A_{i,j}^{(12)} & & \\
 & & & 0 & 1 & \cdots & 0 & \cdots & 0 & 0 & & \\
 & & & \vdots & \vdots & \ddots & \vdots & & \vdots & \vdots & & \\
 & 0 & & 0 & 0 & \cdots & 1 & \cdots & 0 & 0 & 0 & \\
 & & & \vdots & \vdots & & \vdots & \ddots & \vdots & \vdots & & \\
 & & & 0 & 0 & \cdots & 0 & \cdots & 1 & 0 & & \\
 & & & A_{j,i}^{(21)} & 0 & \cdots & 0 & \cdots & 0 & A_{j,j}^{(22)} & & \\
 & & & & & & & & & \ddots & \cdots & \cdots \\
 & 0 & & & & 0 & & & & \vdots & 1 & 0 \\
 & & & & & & & & & \vdots & 0 & 1
\end{bmatrix} \tag{14-5}$$

式中，$A_{i,i}^{(11)}$、$A_{i,j}^{(12)}$、$A_{j,i}^{(21)}$、$A_{j,j}^{(22)}$ 为构造变换子矩阵的 4 个基本元素；下标 i 为 4 个

基本元素的起始行号和列号，$i=1,2,\cdots,n-1$；下标 j 为 4 个基本元素的终止行号和列号，$j=(i+1),(i+2),\cdots,(n-1),n$。这种变换子矩阵的特点是，主对角线所有元素，除 $A_{i,i}^{(11)}$ 和 $A_{j,j}^{(22)}$ 外，其余元素均为 1，主对角线以外的所有元素，除 $A_{i,j}^{(12)}$ 和 $A_{j,i}^{(21)}$ 外，其余均为 0。根据式(14-5)，得

$$\det \boldsymbol{T}_{ij} = A_{i,i}^{(11)} A_{j,j}^{(22)} - A_{i,j}^{(12)} A_{j,i}^{(21)} \tag{14-6}$$

选取 $A_{i,i}^{(11)}=A^{(11)}=2$，$A_{i,j}^{(12)}=A^{(12)}=3$，$A_{j,i}^{(21)}=A^{(21)}=3$，$A_{j,j}^{(22)}=A^{(22)}=5$，得 $\det \boldsymbol{T}_{ij}=1$，故变换子矩阵是保面积的，可知准则 14-2 能够得到满足。

步骤 3 将 $n(n-1)/2$ 个变换子矩阵 $\boldsymbol{T}_{ij}$ 相加，得

$$\boldsymbol{B}_n = \sum_{i=1}^{n}\left(\sum_{j=i+1}^{n} \boldsymbol{T}_{ij}\right) = \begin{bmatrix} B_{11} & A_{1,2}^{(12)} & \cdots & A_{1,i}^{(12)} & \cdots & A_{1,n-1}^{(12)} & A_{1,n}^{(12)} \\ A_{2,1}^{(21)} & B_{22} & \cdots & A_{2,i}^{(12)} & \cdots & A_{2,n-1}^{(12)} & A_{2,n}^{(12)} \\ \vdots & \vdots & & \vdots & & \vdots & \vdots \\ A_{i,1}^{(21)} & A_{i,2}^{(21)} & \cdots & B_{ii} & \cdots & A_{i,n-1}^{(12)} & A_{i,n}^{(12)} \\ \vdots & \vdots & & \vdots & & \vdots & \vdots \\ A_{n-1,1}^{(21)} & A_{n-1,2}^{(21)} & \cdots & A_{n-1,i}^{(21)} & \cdots & B_{n-1,n-1} & A_{n-1,n}^{(12)} \\ A_{n,1}^{(21)} & A_{n,2}^{(21)} & \cdots & A_{n,i}^{(21)} & \cdots & A_{n,n-1}^{(21)} & B_{nn} \end{bmatrix} \tag{14-7}$$

其中主对角线上元素的一般数学表达式为

$$B_{ii} = \left[\frac{n(n-1)}{2} - (n-1)\right] + [(n-1)-(i-1)]A^{(11)} + (i-1)A^{(22)}$$

式中，$i=1,2,\cdots,n$。上述分析结果表明，当 $\boldsymbol{T}_{ij}$ 构造为式(14-5)所表示的形式时，能使非零元素 $A_{i,i}^{(11)}$、$A_{i,j}^{(12)}$、$A_{j,i}^{(21)}$、$A_{j,j}^{(22)}$ 在 n 阶矩阵中的所有元素位置上具有遍历性，除主对角线上的元素外，其余每个位置上均只有一个非零元素。计算机数值仿真实验结果表明，满足式(14-5)的 $n(n-1)/2$ 个变换子矩阵 $\boldsymbol{T}_{ij}$，当交换它们相乘的所有可能排序时，每次相乘所得 $\boldsymbol{A}_n$ 的结果均不相同(从而确保下面的密钥空间计算结果不会出现有冗余的情况)，并且保证 $\boldsymbol{A}_n$ 中所有元素 $A_{ij}\,(1\leqslant i,j\leqslant n)$ 均为正整数，故准则 14-3 能够得到满足。

步骤 4 根据式(14-4)，当变换子矩阵满足 $\det \boldsymbol{T}_{ij}=1$ 时，得

$$\det \boldsymbol{A}_n = \left[\prod_{i=1}^{n-1}\left(\prod_{j=i+1}^{n} \det \boldsymbol{T}_{ij}\right)\right] = 1 \tag{14-8}$$

故准则 14-4 能够得到满足。

14.4.2　基本性质

根据式(14-3)，下面对它的几个基本性质进行分析和讨论。

性质 14-1　若 $x_{i,k}$、$x_{i,k+1}$ $(i=1,2,\cdots,n)$ 为实数，则式(14-3)为实数域混沌系统。

在混沌诸多的性质和特征中，具有正李氏指数和轨道的全局有界性是目前被人们广泛采用的一种混沌判据。一方面，由于式(14-3)为 n 维线性取模系统，得对应的李氏指数计算公式为 $\mathrm{LE}_i=\ln|\lambda_i|(i=1,2,\cdots,n)$，其中 λ_i 为矩阵 $\boldsymbol{A}_n$ 对应的特征值。注意到 $\boldsymbol{A}_n$ 的 n 个特征值 $\lambda_1,\lambda_2,\cdots,\lambda_n$ 不可能为 n 重根，并且满足 $\lambda_1\lambda_2\cdots\lambda_n=\det\boldsymbol{A}_n=1$，因此至少存在一个特征值的模大于 1。不妨设其中某个特征值满足 $|\lambda_m|>1$，得对应的李氏指数为 $\mathrm{LE}_m=\ln(\lambda_m)>0$。另一方面，式(14-3)是全局取模系统，满足 $0\leqslant x_{1,k},\ x_{1,k+1}\leqslant 2^{N_1}-1,\ 0\leqslant x_{2,k},\ x_{2,k+1}\leqslant 2^{N_2}-1,\cdots,$ $0\leqslant x_{n,k},\ x_{n,k+1}\leqslant 2^{N_n}-1$，故轨道全局有界。因此，当各个变量的迭代值为实数时，式(14-3)具有正李氏指数并且轨道有界，故为实数域混沌系统。

性质 14-2　若 $x_{i,k}$、$x_{i,k+1}$ $(i=1,2,\cdots,n)$ 为整数，理论上，当 $N\to+\infty$ 时，式(14-3)为整数域混沌系统。

但在实际系统中，N 不可能为无穷大。根据性质 14-2，在硬件实现等实际应用中，当 $x_{i,k}$、$x_{i,k+1}$ 均为整数时，为了逼近混沌的特性，如要求周期足够大或具有较好的随机性等，N 应足够大，通常应满足 $N\geqslant 65536$。

性质 14-3　若 $x_{i,k}$、$x_{i,k+1}$ $(i=1,2,\cdots,n)$ 为大于或等于零的整数，则式(14-3)对应的 n 维映射

$$\boldsymbol{F}:(x_{\alpha_1,k},\ x_{\alpha_2,k},\ \cdots,\ x_{\alpha_n,k})\to(x_{\alpha_1,k+1},\ x_{\alpha_2,k+1},\ \cdots,\ x_{\alpha_n,k+1}) \tag{14-9}$$

是 1-1 映射，式中，$\alpha_i\ (i=1,2,\cdots,n)\in\{1,2,\cdots,n\}$，$\alpha_1\neq\alpha_2\neq\cdots\neq\alpha_n$。设

$$x_k=x_{\alpha_1,k}\times 2^{2N_0-\sum_{i=1}^{1}N_i}+x_{\alpha_2,k}\times 2^{2N_0-\sum_{i=1}^{2}N_i}+\cdots+x_{\alpha_n,k}\times 2^{2N_0-\sum_{i=1}^{n}N_i} \tag{14-10}$$

以及

$$x_{k+1}=x_{\alpha_1,k+1}\times 2^{2N_0-\sum_{i=1}^{1}N_i}+x_{\alpha_2,k+1}\times 2^{2N_0-\sum_{i=1}^{2}N_i}+\cdots+x_{\alpha_n,k+1}\times 2^{2N_0-\sum_{i=1}^{n}N_i} \tag{14-11}$$

则映射

$$\boldsymbol{F}:x_k\to x_{k+1} \tag{14-12}$$

在整数 $[0,\ N-1]$ 范围内是 1-1 满射。

根据性质 14-3，如果 x_k 在整数 $[0,\ N-1]$ 范围内是遍历的，那么，x_{k+1} 在整数 $[0,\ N-1]$ 范围内也一定是遍历的。性质 14-3 对于下面将要研究的视频的加密和解密是十分关键的。

14.5　像素位置置乱加密和解密算法

本节给出视频像素位置置乱加密和解密算法及基本工作原理，并对加密算法和解密算法进行分析。

14.5.1　算法的工作原理

根据式(14-4)，设 $n=8$，对应的子矩阵 $\boldsymbol{T}_{ij}$ 共有 28 个，限于篇幅，仅列出其中的 3 个子矩阵为

$$\boldsymbol{T}_{12}=\begin{bmatrix} A_{1,1}^{(11)} & A_{1,2}^{(12)} & 0&0&0&0&0&0 \\ A_{2,1}^{(21)} & A_{2,2}^{(22)} & 0&0&0&0&0&0 \\ 0&0&1&0&0&0&0&0 \\ 0&0&0&1&0&0&0&0 \\ 0&0&0&0&1&0&0&0 \\ 0&0&0&0&0&1&0&0 \\ 0&0&0&0&0&0&1&0 \\ 0&0&0&0&0&0&0&1 \end{bmatrix},\ \cdots,\ \boldsymbol{T}_{25}=\begin{bmatrix} 1&0&0&0&0&0&0&0 \\ 0&A_{2,2}^{(11)}&0&0&A_{2,5}^{(12)}&0&0&0 \\ 0&0&1&0&0&0&0&0 \\ 0&0&0&1&0&0&0&0 \\ 0&A_{5,2}^{(21)}&0&0&A_{5,5}^{(22)}&0&0&0 \\ 0&0&0&0&0&1&0&0 \\ 0&0&0&0&0&0&1&0 \\ 0&0&0&0&0&0&0&1 \end{bmatrix},\ \cdots,$$

$$\boldsymbol{T}_{78}=\begin{bmatrix} 1&0&0&0&0&0&0&0 \\ 0&1&0&0&0&0&0&0 \\ 0&0&1&0&0&0&0&0 \\ 0&0&0&1&0&0&0&0 \\ 0&0&0&0&1&0&0&0 \\ 0&0&0&0&0&1&0&0 \\ 0&0&0&0&0&0&A_{7,7}^{(11)}&A_{7,8}^{(12)} \\ 0&0&0&0&0&0&A_{8,7}^{(21)}&A_{8,8}^{(22)} \end{bmatrix} \tag{14-13}$$

选择其中的一种下标排序 S 为

$$\begin{aligned} S=\ &78,13,14,15,16,45,18,23,24,25,57,27,28,34, \\ &35,36,37,38,17,46,47,48,56,26,58,67,68,12 \end{aligned}$$

得对应的变换矩阵为

$$\boldsymbol{A}_8=\boldsymbol{T}_{78}\boldsymbol{T}_{13}\boldsymbol{T}_{14}\boldsymbol{T}_{15}\boldsymbol{T}_{16}\boldsymbol{T}_{45}\boldsymbol{T}_{18}\boldsymbol{T}_{23}\boldsymbol{T}_{24}\boldsymbol{T}_{25}\boldsymbol{T}_{57}\boldsymbol{T}_{27}\boldsymbol{T}_{28}\boldsymbol{T}_{34}\boldsymbol{T}_{35}\boldsymbol{T}_{36}\boldsymbol{T}_{37}\boldsymbol{T}_{38}\boldsymbol{T}_{17}\boldsymbol{T}_{46}\boldsymbol{T}_{47}\boldsymbol{T}_{48}\boldsymbol{T}_{56}\boldsymbol{T}_{26}\boldsymbol{T}_{58}\boldsymbol{T}_{67}\boldsymbol{T}_{68}\boldsymbol{T}_{12} \tag{14-14}$$

选取 $A_{i,i}^{(11)} = A^{(11)} = 2$，$A_{i,j}^{(12)} = A^{(12)} = 3$，$A_{j,i}^{(21)} = A^{(21)} = 3$，$A_{j,j}^{(22)} = A^{(22)} = 5$，得矩阵 $\boldsymbol{A}_8$ 为

$$\boldsymbol{A}_8 = \begin{bmatrix} 5990537 & 9868413 & 226236 & 4794846 & 22802340 & 143956428 & 24265311 & 234878586 \\ 103377 & 170555 & 3300 & 72240 & 345054 & 2207175 & 389517 & 3597285 \\ 9064191 & 14931951 & 341837 & 7246707 & 34463589 & 217599315 & 36692373 & 355030845 \\ 4251336 & 7002429 & 162735 & 3440882 & 16357935 & 103167336 & 17326695 & 168341529 \\ 1743033 & 2870931 & 66858 & 1412607 & 6715337 & 42346893 & 7108446 & 69099612 \\ 6081 & 10086 & 195 & 2703 & 13386 & 88019 & 16818 & 143121 \\ 15774 & 25926 & 939 & 16023 & 76080 & 467016 & 70400 & 763779 \\ 23712 & 38973 & 1446 & 24249 & 115179 & 706044 & 105780 & 1154831 \end{bmatrix} \tag{14-15}$$

根据式(14-1)～式(14-3)，设 $N_0 = 8$，可得一帧视频图像像素的大小为 $N = 2^{N_0} \times 2^{N_0} = 2^8 \times 2^8 = 65536$，并取 $N_i \ (i = 1, 2, \cdots, 8) = 2$，得

$$\begin{cases} x_{1,k+1} = \mathrm{mod}(A_{11}x_{1,k} + A_{12}x_{2,k} + \cdots + A_{18}x_{8,k},\ 2^2) \\ x_{2,k+1} = \mathrm{mod}(A_{21}x_{1,k} + A_{22}x_{2,k} + \cdots + A_{28}x_{8,k},\ 2^2) \\ \vdots \\ x_{8,k+1} = \mathrm{mod}(A_{81}x_{1,k} + A_{82}x_{2,k} + \cdots + A_{88}x_{8,k},\ 2^2) \end{cases} \tag{14-16}$$

式中，$A_{ij} \ (i, j = 1, 2, \cdots, 8)$ 由式(14-15)确定。根据式(14-16)，得视频像素位置置乱加密算法为

$$\begin{cases} S = 0; \\ \text{for } x_{1,k} = 0:3;\ \text{for } x_{2,k} = 0:3;\ \text{for } x_{3,k} = 0:3;\ \text{for } x_{4,k} = 0:3; \\ \text{for } x_{5,k} = 0:3;\ \text{for } x_{6,k} = 0:3;\ \text{for } x_{7,k} = 0:3;\ \text{for } x_{8,k} = 0:3; \\ \quad E(S,\ 1) = \mathrm{mod}\ (A_{11}x_{1,k} + A_{12}x_{2,k} + A_{13}x_{3,k} + A_{14}x_{4,k} + A_{15}x_{5,k} \\ \qquad + A_{16}x_{6,k} + A_{17}x_{7,k} + A_{18}x_{8,k},\ 4); \\ \quad E(S,\ 2) = \mathrm{mod}\ (A_{21}x_{1,k} + A_{22}x_{2,k} + A_{23}x_{3,k} + A_{24}x_{4,k} + A_{25}x_{5,k} \\ \qquad + A_{26}x_{6,k} + A_{27}x_{7,k} + A_{28}x_{8,k},\ 4); \\ \quad E(S,\ 3) = \mathrm{mod}\ (A_{31}x_{1,k} + A_{32}x_{2,k} + A_{33}x_{3,k} + A_{34}x_{4,k} + A_{35}x_{5,k} \\ \qquad + A_{36}x_{6,k} + A_{37}x_{7,k} + A_{38}x_{8,k},\ 4); \\ \quad E(S,\ 4) = \mathrm{mod}\ (A_{41}x_{1,k} + A_{42}x_{2,k} + A_{43}x_{3,k} + A_{44}x_{4,k} + A_{45}x_{5,k} \\ \qquad + A_{46}x_{6,k} + A_{47}x_{7,k} + A_{48}x_{8,k},\ 4); \\ \quad E(S,\ 5) = \mathrm{mod}\ (A_{51}x_{1,k} + A_{52}x_{2,k} + A_{53}x_{3,k} + A_{54}x_{4,k} + A_{55}x_{5,k} \\ \qquad + A_{56}x_{6,k} + A_{57}x_{7,k} + A_{58}x_{8,k},\ 4); \end{cases}$$

$$
\left.\begin{array}{l}
E(S,\ 6) = \bmod\,(A_{61}x_{1,k} + A_{62}x_{2,k} + A_{63}x_{3,k} + A_{64}x_{4,k} + A_{65}x_{5,k} \\
\qquad\qquad + A_{66}x_{6,k} + A_{67}x_{7,k} + A_{68}x_{8,k},\ 4); \\
E(S,\ 7) = \bmod\,(A_{71}x_{1,k} + A_{72}x_{2,k} + A_{73}x_{3,k} + A_{74}x_{4,k} + A_{75}x_{5,k} \\
\qquad\qquad + A_{76}x_{6,k} + A_{77}x_{7,k} + A_{78}x_{8,k},\ 4); \\
E(S,\ 8) = \bmod\,(A_{81}x_{1,k} + A_{82}x_{2,k} + A_{83}x_{3,k} + A_{84}x_{4,k} + A_{85}x_{5,k} \\
\qquad\qquad + A_{86}x_{6,k} + A_{87}x_{7,k} + A_{88}x_{8,k},\ 4); \\
S \leftarrow S+1; \\
\text{end; end; end; end; end; end; end; end;}
\end{array}\right. \tag{14-17}
$$

式中，第二行和最后一行联合起来表示 8 个从 0 到 3 的嵌套循环。

通过上述 8 个从 0 到 3 的嵌套循环，循环次数为 2^{16}，正好与一帧视频的像素相等。根据式(14-17)，得视频像素位置置乱加密算法的映射表如表 14-1 所示。

表 14-1　视频像素位置置乱加密算法映射表

S	$E(S,1)$	$E(S,2)$	$E(S,3)$	…	$E(S,8)$
0	$E(0,1)$	$E(0,2)$	$E(0,3)$	…	$E(0,8)$
1	$E(1,1)$	$E(1,2)$	$E(1,3)$	…	$E(1,8)$
2	$E(2,1)$	$E(2,2)$	$E(2,3)$	…	$E(2,8)$
⋮	⋮	⋮	⋮		⋮
$2^{16}-1$	$E(2^{16}-1,1)$	$E(2^{16}-1,2)$	$E(2^{16}-1,3)$	…	$E(2^{16}-1,8)$

由于式(14-17)是模 4 运算，映射表中的每一项 $E(S, i)$ 只能有 0、1、2、3 四种可能的取值，即

$$E(S, i) \in \{0,\ 1,\ 2,\ 3\} \tag{14-18}$$

式中，S=0,1,…,$2^{16}-1$, i=1,2,…,8。

对视频像素进行位置置乱的加密运算时，可将一幅 2 维视频图像像素的位置表示成 1 维数组。故对于大小为 256×256 的视频图像，正好有 65536 个像素点，对应该 1 维数组的长度为 65536。在像素位置置乱加密之前，根据式(14-10)，得每一个像素对应一个顺序号 S (S=0,1,…,$2^{16}-1$) 的大小为

$$
\begin{aligned}
S = {} & x_{1,k} \times 2^{14} + x_{2,k} \times 2^{12} + x_{3,k} \times 2^{10} + x_{4,k} \times 2^{8} \\
& + x_{5,k} \times 2^{6} + x_{6,k} \times 2^{4} + x_{7,k} \times 2^{2} + x_{8,k} \times 2^{0}
\end{aligned} \tag{14-19}
$$

根据式(14-19)和式(14-17)中 8 个从 0 到 3 的嵌套循环顺序，可知顺序号 S 每

次按增加 1 的顺序排列并且满足$0 \leqslant S \leqslant 2^{16}-1$。在此基础上，利用映射表中每一行对应的 8 个$E(S, i)$ $(i=1,2,\cdots,8)$，构造一个视频像素位置置乱加密之后的顺序号。根据式(14-11)，得对应顺序号的大小为

$$E(S)=E(S, \alpha_1)\times 2^{14}+E(S, \alpha_2)\times 2^{12}+E(S, \alpha_3)\times 2^{10}+E(S, \alpha_4)\times 2^{8}$$
$$+E(S, \alpha_5)\times 2^{6}+E(S, \alpha_6)\times 2^{4}+E(S, \alpha_7)\times 2^{2}+E(S, \alpha_8)\times 2^{0} \quad (14\text{-}20)$$

式中，α_i $(i=1,2,\cdots,8)\in\{1,2,\cdots,8\}$，$\alpha_1\neq\alpha_2\neq\cdots\neq\alpha_n$。根据式(14-20)，由于$S$与$E(S)$是一对一的，故$E(S)$也有 65536 种不同的取值。另外，还注意到式(14-20)中$E(S, \alpha_i)$的先后次序排列方式共有8!种，这种排列方式可作为加密的密钥，有关这个问题将在 14.5.2 节中讨论。

根据式(14-9)～式(14-12)，可知

$$\boldsymbol{F}:(x_{1,k}, x_{2,k}, \cdots, x_{8,k})\to(E(S, \alpha_1), E(S, \alpha_2), \cdots, E(S, \alpha_8)) \quad (14\text{-}21)$$

是 1-1 映射，并且由式(14-19)～式(14-20)得到的映射$\boldsymbol{F}: S\to E(S)$是 1-1 满射。因此，当$S$ $(S=0,1,\cdots,2^{16}-1)$的取值在整数$[0, 2^{16}-1]$范围内遍历时，$E(S)$的取值在整数$[0, 2^{16}-1]$范围内也一定是遍历的。

14.5.2　视频加密算法

根据上述分析可知，对视频像素经过一次位置置乱加密运算后，视频像素的顺序号由加密之前的顺序号S $(S=0,1,\cdots,2^{16}-1)$置换成为式(14-20)表示的加密之后的顺序号$E(S)$。

首先，设视频像素位置置乱加密之前的 2 维坐标为(x, y)，则加密之前的 2 维坐标(x, y)与 1 维数组顺序号S $(S=0,1,\cdots,2^{16}-1)$之间的关系为

$$\begin{cases} x=\mathrm{floor}(S/256)+1 \\ y=\mathrm{mod}(S,\ 256)+1 \end{cases} \quad (14\text{-}22)$$

式中，floor 表示向下取整，mod 为模函数。

其次，设视频像素位置置乱加密后的 2 维坐标为(x_e, y_e)，则加密后的 2 维坐标(x_e, y_e)与 1 维数组顺序号$E(S)$之间的关系为

$$\begin{cases} x_e=\mathrm{floor}[E(S)/256]+1 \\ y_e=\mathrm{mod}[E(S),\ 256]+1 \end{cases} \quad (14\text{-}23)$$

如果位置置乱加密之前对应 2 维坐标(x, y)的视频像素值为$V(x, y)$，则位置置乱加密之后对应 2 维坐标(x_e, y_e)的视频像素值为$V_e(x_e, y_e)$，那么，进行式(14-24)所示的置换操作运算

$$V_e(x_e, y_e)=V(x, y) \quad (14\text{-}24)$$

则实现了视频像素的位置置乱加密。

14.5.3 视频解密算法

解密是加密的逆运算，将加密后像素对应的 1 维数组顺序号还原成 $S\ (S=0,1,\cdots,2^{16}-1)$。设解密后对应像素顺序号的数学表达式为

$$\begin{aligned}D(S)=&D(S,\ \alpha_1)\times 2^{14}+D(S,\ \alpha_2)\times 2^{12}+D(S,\ \alpha_3)\times 2^{10}+D(S,\ \alpha_4)\times 2^{8}\\&+D(S,\ \alpha_5)\times 2^{6}+D(S,\ \alpha_6)\times 2^{4}+D(S,\ \alpha_7)\times 2^{2}+D(S,\ \alpha_8)\times 2^{0}\end{aligned}\quad(14\text{-}25)$$

同理，根据性质 14-3，$D(S)$ 在整数 $[0,\ 2^{16}-1]$ 范围内也是遍历的。

设视频像素解密后的 2 维坐标为 $(x_{\rm d},y_{\rm d})$，则 2 维坐标 $(x_{\rm d},y_{\rm d})$ 与 1 维数组顺序号 $D(S)$ 的关系为

$$\begin{cases}x_{\rm d}=\text{floor}[D(S)/256]+1\\ y_{\rm d}=\text{mod}[D(S),\ 256]+1\end{cases}\quad(14\text{-}26)$$

根据式(14-26)，设解密后对应 2 维坐标 $(x_{\rm d},y_{\rm d})$ 的视频像素值为 $V_{\rm e}(x_{\rm d},y_{\rm d})$，如果要实现视频图像的解密，只需进行如式(14-27)所示的置换操作运算

$$V_{\rm d}(x,y)=V_{\rm e}(x_{\rm d},y_{\rm d})\quad(14\text{-}27)$$

注意到式(14-27)中的 2 维坐标 (x,y) 仍由式(14-22)所确定。

解密分两种情况：①发送端与接收端的参数和密钥相同，即 $D(S)=E(S)$，$V(x,y)=V_{\rm d}(x,y)$，接收端能正确解密出原视频图像；②发送端与接收端的参数和密钥不同，即 $D(S)\neq E(S)$，$V(x,y)\neq V_{\rm d}(x,y)$，接收端不能正确解密出原视频图像。

14.5.4 密钥空间的大小

密钥空间的大小分为三个部分。第一部分来自式(14-4)中变换子矩阵 $\boldsymbol{T}_{ij}$ 的排序方式，第二部分来自式(14-20)中 $E(S,\ \alpha_i)$ 以及式(14-25)中 $D(S,\ \alpha_i)$ 的先后次序排列方式，第三部分则来自加密的轮数 M。本节将根据这三个方面来计算密钥空间的大小。

(1) 根据式(14-4)中各个变换子矩阵 $\boldsymbol{T}_{ij}$ 在矩阵中相乘的先后次序，对 $\boldsymbol{T}_{ij}$ 下标重新进行所有可能并且不重复的排序后，得

$$\boldsymbol{A}_n=\prod_{i=1}^{n-1}\left(\prod_{j=i+1}^{n}\boldsymbol{T}_{\alpha_i\beta_j}\right)\quad(14\text{-}28)$$

式中，α_i 和 β_j 的取值所应满足的条件为

$$\begin{cases}\alpha_i\ (i=1,2,\cdots,n-1)\in\{1,\ 2,\cdots,n-1\}\\ \alpha_p\neq\alpha_q,\quad p\neq q\\ \beta_j\ (j=i+1,i+2,\cdots,n-1,n)\in\{2,3,\cdots,n\}\\ \beta_r\neq\beta_s,\quad r\neq s\\ \beta_j>\alpha_i\end{cases}\tag{14-29}$$

根据上述规则，得式(14-28)中 $\boldsymbol{T}_{\alpha_i\beta_j}$ 下标排序的表达式为

$$S=\alpha_1\beta_2,\alpha_1\beta_3,\cdots,\alpha_1\beta_{n-1},\alpha_1\beta_n,\alpha_2\beta_3,\alpha_2\beta_4,\alpha_2\beta_{n-1},\alpha_2\beta_n,\cdots,\alpha_{n-1}\beta_n\tag{14-30}$$

每交换一次 $\boldsymbol{T}_{\alpha_i\beta_j}$ 的下标 $\alpha_i\beta_j$，就得到一种对应的新的下标排序，每一种排序均可作为一种用于视频加密的密钥。已知子矩阵 $\boldsymbol{T}_{\alpha_i\beta_j}$ 的数量为 $n(n-1)/2$，根据上述排序规则，得所有可能的重新排序后的总数为

$$K_S^1=[n(n-1)/2]!\tag{14-31}$$

(2) 根据式(14-20)中 $E(S,\alpha_i)$ 以及式(14-25)中 $D(S,\alpha_i)$ 的先后次序排列方式，得

$$K_S^2=8!\tag{14-32}$$

(3) 如果进行 M 轮加密，根据式(14-31)～式(14-32)，理论上可得密钥空间的大小为

$$K_S=[K_S^1]^M\times K_S^2=[(n(n-1)/2)!]^M\times 8!\tag{14-33}$$

注意到用 ARM 实现时，一方面需要考虑视频实时性要求，另一方面，从速度方面来看，加密算法不能过于复杂和耗时，加密轮数不能过多。通常在硬件实验中，选取加密轮数 $M=1$。根据式(14-33)，得 ARM 实现时，密钥空间大小的保守估计值为

$$K_S=((8\times7)/2)!\times8!=1.2293\times10^{34}\tag{14-34}$$

14.6　像素值的混沌序列密码加密和解密算法

14.6.1　8 维离散时间混沌系统的设计

考虑一个 8 维离散时间混沌系统，其一般形式为

$$\boldsymbol{x}(k+1)=\boldsymbol{A}\boldsymbol{x}(k)+g(\sigma\boldsymbol{x}(k),\varepsilon)\tag{14-35}$$

式中，状态变量 $\boldsymbol{x}(k+1)$、$\boldsymbol{x}(k)$ 的一般形式为

$$\begin{cases} \boldsymbol{x}(k+1) = [x_1(k+1),\ x_2(k+1), \cdots, x_8(k+1)]^{\mathrm{T}} \\ \boldsymbol{x}(k) = [x_1(k),\ x_2(k), \cdots, x_8(k)]^{\mathrm{T}} \end{cases}$$

$\boldsymbol{A}$ 为标称矩阵，其数学表达式为

$$\boldsymbol{A} = \begin{bmatrix} 0.1757 & -0.3643 & 0.0257 & -0.3943 & 0.4457 & -0.2143 & 0.2457 & 0.0257 \\ -0.2986 & -0.2186 & 0.0914 & -0.3286 & 0.5114 & -0.1486 & 0.3114 & 0.0914 \\ -0.1057 & -0.5657 & 0.1843 & -0.1557 & 0.4743 & -0.1857 & 0.2743 & 0.0543 \\ -0.0457 & -0.5057 & -0.0957 & -0.1757 & 0.5343 & -0.1257 & 0.3343 & 0.1143 \\ -0.0800 & -0.5400 & 0.0800 & -0.3400 & 0.3300 & 0.1700 & 0.3000 & 0.0800 \\ 0.0143 & -0.4457 & 0.1743 & -0.2457 & 0.2643 & -0.2357 & 0.3943 & 0.1743 \\ -0.0457 & -0.5057 & 0.1143 & -0.3057 & 0.5343 & -0.1257 & 0.1443 & 0.2243 \\ -0.0143 & -0.4743 & 0.1457 & -0.2743 & 0.5657 & -0.0943 & 0.2557 & -0.0443 \end{bmatrix}$$

(14-36)

$g(\sigma\boldsymbol{x}(k), \varepsilon)$ 为一致有界的反控制器，其一般形式为

$$g(\sigma\boldsymbol{x}, \varepsilon) = \begin{bmatrix} 0 \\ 0 \\ 0 \\ \operatorname{mod}(\sigma_1 x_1, \varepsilon_1) \\ \operatorname{mod}(\sigma_2 x_2, \varepsilon_2) \\ \operatorname{mod}(\sigma_3 x_3, \varepsilon_3) \\ \operatorname{mod}(\sigma_1 x_1, \varepsilon_1) + \operatorname{mod}(\sigma_2 x_2, \varepsilon_2) \\ \operatorname{mod}(\sigma_2 x_2, \varepsilon_2) + \operatorname{mod}(\sigma_3 x_3, \varepsilon_3) \end{bmatrix} \tag{14-37}$$

式中，$\operatorname{mod}(\sigma_i x_i, \varepsilon_i)$ 表示模运算，参数 σ_i、ε_i 的大小为

$$\begin{cases} \varepsilon_1 = 1.0\times10^9, \quad \varepsilon_2 = 1.2\times10^9, \quad \varepsilon_3 = 7.5\times10^8 \\ \sigma_1 = 4.0\times10^4, \quad \sigma_2 = 5.0\times10^4, \quad \sigma_3 = 3.0\times10^4 \end{cases}$$

根据式(14-35)～式(14-37)，计算可得该系统具有 6 个正李氏指数，混沌吸引子的相图如图 14-17 所示。

14.6.2　混沌序列密码算法设计

根据式(14-16)～式(14-27)以及式(14-35)～式(14-37)，得 RGB 三基色像素的位置置乱和反置乱以及 RGB 三基色像素值的混沌序列密码加密和解密的原理框图如图 14-18 所示。图中，符号 $\lfloor\cdot\rfloor$ 表示向下取整，$\operatorname{mod}(\cdot, 256)$ 表示模运算，$\oplus$ 表示按位异或运算。图 14-18 中各个部分的工作原理如下：

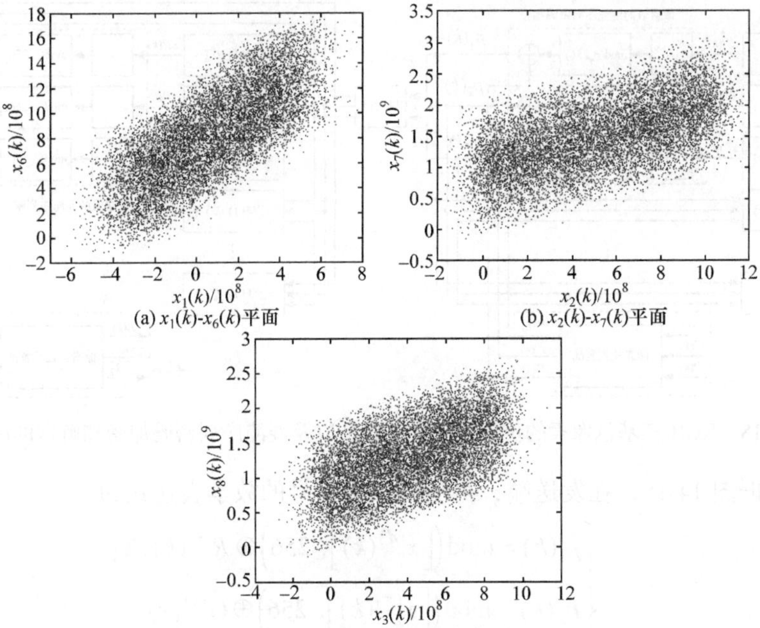

(a) $x_1(k)$-$x_6(k)$平面　(b) $x_2(k)$-$x_7(k)$平面　(c) $x_3(k)$-$x_8(k)$平面

图 14-17　8 维混沌系统吸引子相图

(1) 根据式(14-16)～式(14-27)，在图 14-18 中实现 RGB 三基色像素的位置置乱和反置乱算法，得像素位置置乱后的 RGB 三基色信号为 $R^{(s)}(k)$、$G^{(s)}(k)$、$B^{(s)}(k)$。

(2) 根据式(14-35)～式(14-37)，将 $R^{(s)}(k)$、$G^{(s)}(k)$、$B^{(s)}(k)$ 送至 RGB 三基色像素值的混沌序列密码中进行加密，经过两级加密后，得加密信号为 $p_1(k)$、$p_2(k)$、$p_3(k)$。

(3) 两级加密信号 $p_1(k)$、$p_2(k)$、$p_3(k)$ 通过闭环反馈至发送端混沌系统(14-40)的第 4～8 方程中，将其分别取代状态变量 $x_1^{(d)}(k)$、$x_2^{(d)}(k)$、$x_3^{(d)}(k)$。

(4) 两级加密信号 $p_1(k)$、$p_2(k)$、$p_3(k)$ 经广域网传输至接收端，一方面，通过闭环反馈至接收端混沌系统(14-41)的第 4～8 方程中，将其分别取代状态变量 $x_1^{(r)}(k)$、$x_2^{(r)}(k)$、$x_3^{(r)}(k)$。另一方面，经过 RGB 三基色像素值的混沌序列密码解密后，得 $\hat{R}^{(s)}(k)$、$\hat{G}^{(s)}(k)$、$\hat{B}^{(s)}(k)$。

(5) 将 $p_1(k)$、$p_2(k)$、$p_3(k)$ 分别反馈回发送端的混沌系统和接收端的混沌系统，可实现发送端混沌系统和接收端混沌系统之间的混沌同步。

(6) $\hat{R}^{(s)}(k)$、$\hat{G}^{(s)}(k)$、$\hat{B}^{(s)}(k)$ 经 RGB 三基色像素的位置反置乱后，得解密后的信号为 $\hat{R}(k)$、$\hat{G}(k)$、$\hat{B}(k)$。

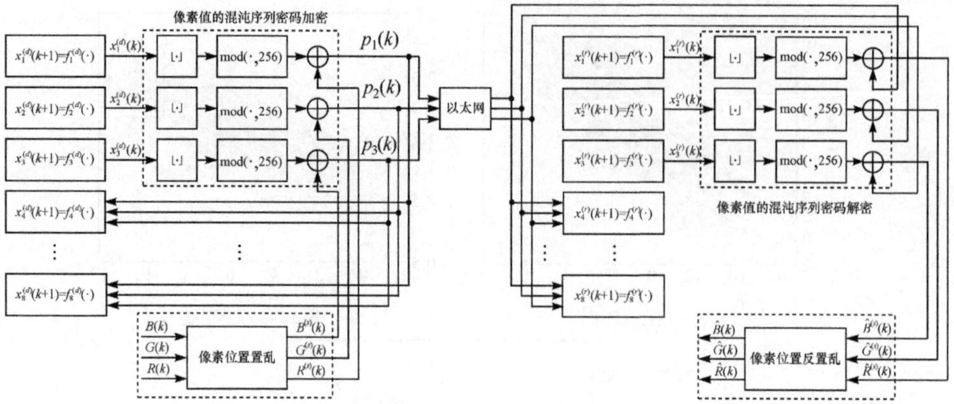

图 14-18　RGB 三基色像素的位置置乱和反置乱以及混沌序列密码加密和解密的原理框图

根据图 14-18，在发送端，得混沌加密信号的数学表达式为

$$\begin{cases} p_1(k) = \operatorname{mod}\left(\left\lfloor x_1^{(d)}(k) \right\rfloor, 256\right) \oplus R^{(s)}(k) \\ p_2(k) = \operatorname{mod}\left(\left\lfloor x_2^{(d)}(k) \right\rfloor, 256\right) \oplus G^{(s)}(k) \\ p_3(k) = \operatorname{mod}\left(\left\lfloor x_3^{(d)}(k) \right\rfloor, 256\right) \oplus B^{(s)}(k) \end{cases} \tag{14-38}$$

在接收端，得 RGB 三基色像素值的混沌序列密码解密后的结果为

$$\begin{cases} \hat{R}^{(s)}(k) = \operatorname{mod}\left(\left\lfloor x_1^{(r)}(k) \right\rfloor, 256\right) \oplus p_1(k) \\ \qquad = \operatorname{mod}\left(\left\lfloor x_1^{(r)}(k) \right\rfloor, 256\right) \oplus \operatorname{mod}\left(\left\lfloor x_1^{(d)}(k) \right\rfloor, 256\right) \oplus R^{(s)}(k) \\ \hat{G}^{(s)}(k) = \operatorname{mod}\left(\left\lfloor x_2^{(r)}(k) \right\rfloor, 256\right) \oplus p_2(k) \\ \qquad = \operatorname{mod}\left(\left\lfloor x_2^{(r)}(k) \right\rfloor, 256\right) \oplus \operatorname{mod}\left(\left\lfloor x_2^{(d)}(k) \right\rfloor, 256\right) \oplus G^{(s)}(k) \\ \hat{B}^{(s)}(k) = \operatorname{mod}\left(\left\lfloor x_3^{(r)}(k) \right\rfloor, 256\right) \oplus p_3(k) \\ \qquad = \operatorname{mod}\left(\left\lfloor x_3^{(r)}(k) \right\rfloor, 256\right) \oplus \operatorname{mod}\left(\left\lfloor x_3^{(d)}(k) \right\rfloor, 256\right) \oplus B^{(s)}(k) \end{cases} \tag{14-39}$$

由于将 $p_1(k)$、$p_2(k)$、$p_3(k)$ 分别反馈回发送端的混沌系统和接收端的混沌系统，从而可实现发送端混沌系统和接收端混沌系统之间的混沌同步，故有

$$\begin{cases} \left\lfloor x_i^{(r)}(k) \right\rfloor = \left\lfloor x_i^{(d)}(k) \right\rfloor \\ \operatorname{mod}\left(\left\lfloor x_i^{(r)}(k) \right\rfloor, 256\right) = \operatorname{mod}\left(\left\lfloor x_i^{(d)}(k) \right\rfloor, 256\right) \end{cases}$$

式中，$i = 1,2,3$。将其代入式(14-39)，得

$$\begin{cases}\hat{R}^{(s)}(k)=R^{(s)}(k)\\ \hat{G}^{(s)}(k)=G^{(s)}(k)\\ \hat{B}^{(s)}(k)=B^{(s)}(k)\end{cases}$$

可知能正确地解密出原来的视频信号。

根据图 14-18 和式(14-35)～式(14-37)，得发送端混沌序列密码加密的迭代方程为

$$\begin{cases}x_1^{(d)}(k+1)=f_1^{(d)}(\cdot)=a_{11}^{(d)}x_1^{(d)}(k)+a_{12}^{(d)}x_2^{(d)}(k)+a_{13}^{(d)}x_3^{(d)}(k)+a_{14}^{(d)}x_4^{(d)}(k)+\cdots\\ \qquad +a_{18}^{(d)}x_8^{(d)}(k)\\ x_2^{(d)}(k+1)=f_2^{(d)}(\cdot)=a_{21}^{(d)}x_1^{(d)}(k)+a_{22}^{(d)}x_2^{(d)}(k)+a_{23}^{(d)}x_3^{(d)}(k)+a_{24}^{(d)}x_4^{(d)}(k)+\cdots\\ \qquad +a_{28}^{(d)}x_8^{(d)}(k)\\ x_3^{(d)}(k+1)=f_3^{(d)}(\cdot)=a_{31}^{(d)}x_1^{(d)}(k)+a_{32}^{(d)}x_2^{(d)}(k)+a_{33}^{(d)}x_3^{(d)}(k)+a_{34}^{(d)}x_4^{(d)}(k)+\cdots\\ \qquad +a_{38}^{(d)}x_8^{(d)}(k)\\ x_4^{(d)}(k+1)=f_4^{(d)}(\cdot)=a_{41}^{(d)}p_1(k)+a_{42}^{(d)}p_2(k)+a_{43}^{(d)}p_3(k)+a_{44}^{(d)}x_4^{(d)}(k)+\cdots\\ \qquad +a_{48}^{(d)}x_8^{(d)}(k)+\mathrm{mod}(\sigma_1^{(d)}p_1(k),\varepsilon_1^{(d)})\\ x_5^{(d)}(k+1)=f_5^{(d)}(\cdot)=a_{51}^{(d)}p_1(k)+a_{52}^{(d)}p_2(k)+a_{53}^{(d)}p_3(k)+a_{54}^{(d)}x_4^{(d)}(k)+\cdots\\ \qquad +a_{58}^{(d)}x_8^{(d)}(k)+\mathrm{mod}(\sigma_2^{(d)}p_2(k),\varepsilon_2^{(d)})\\ x_6^{(d)}(k+1)=f_6^{(d)}(\cdot)=a_{61}^{(d)}p_1(k)+a_{62}^{(d)}p_2(k)+a_{63}^{(d)}p_3(k)+a_{64}^{(d)}x_4^{(d)}(k)+\cdots\\ \qquad +a_{68}^{(d)}x_8^{(d)}(k)+\mathrm{mod}(\sigma_3^{(d)}p_3(k),\varepsilon_3^{(d)})\\ x_7^{(d)}(k+1)=f_7^{(d)}(\cdot)=a_{71}^{(d)}p_1(k)+a_{72}^{(d)}p_2(k)+a_{73}^{(d)}p_3(k)+a_{74}^{(d)}x_4^{(d)}(k)+\cdots\\ \qquad +a_{78}^{(d)}x_8^{(d)}(k)+\mathrm{mod}(\sigma_1^{(d)}p_1(k),\varepsilon_1^{(d)})+\mathrm{mod}(\sigma_2^{(d)}p_2(k),\varepsilon_2^{(d)})\\ x_8^{(d)}(k+1)=f_8^{(d)}(\cdot)=a_{81}^{(d)}p_1(k)+a_{82}^{(d)}p_2(k)+a_{83}^{(d)}p_3(k)+a_{84}^{(d)}x_4^{(d)}(k)+\cdots\\ \qquad +a_{88}^{(d)}x_8^{(d)}(k)+\mathrm{mod}(\sigma_2^{(d)}p_2(k),\varepsilon_2^{(d)})+\mathrm{mod}(\sigma_3^{(d)}p_3(k),\varepsilon_3^{(d)})\end{cases} \tag{14-40}$$

同理，得接收端混沌序列密码解密的迭代方程为

$$\begin{cases}x_1^{(r)}(k+1)=f_1^{(r)}(\cdot)=a_{11}^{(r)}x_1^{(r)}(k)+a_{12}^{(r)}x_2^{(r)}(k)+a_{13}^{(r)}x_3^{(r)}(k)+a_{14}^{(r)}x_4^{(r)}(k)+\cdots\\ \qquad +a_{18}^{(r)}x_8^{(r)}(k)\\ x_2^{(r)}(k+1)=f_2^{(r)}(\cdot)=a_{21}^{(r)}x_1^{(r)}(k)+a_{22}^{(r)}x_2^{(r)}(k)+a_{23}^{(r)}x_3^{(r)}(k)+a_{24}^{(r)}x_4^{(r)}(k)+\cdots\\ \qquad +a_{28}^{(r)}x_8^{(r)}(k)\\ x_3^{(r)}(k+1)=f_3^{(r)}(\cdot)=a_{31}^{(r)}x_1^{(r)}(k)+a_{32}^{(r)}x_2^{(r)}(k)+a_{33}^{(r)}x_3^{(r)}(k)+a_{34}^{(r)}x_4^{(r)}(k)+\cdots\\ \qquad +a_{38}^{(r)}x_8^{(r)}(k)\end{cases}$$

$$
\begin{cases}
x_4^{(r)}(k+1)=f_4^{(r)}(\cdot)=a_{41}^{(r)}p_1(k)+a_{42}^{(r)}p_2(k)+a_{43}^{(r)}p_3(k)+a_{44}^{(r)}x_4^{(r)}(k)+\cdots \\
\qquad +a_{48}^{(r)}x_8^{(r)}(k)+\mathrm{mod}(\sigma_1^{(r)}p_1(k),\varepsilon_1^{(r)}) \\
x_5^{(r)}(k+1)=f_5^{(r)}(\cdot)=a_{51}^{(r)}p_1(k)+a_{52}^{(r)}p_2(k)+a_{53}^{(r)}p_3(k)+a_{54}^{(r)}x_4^{(r)}(k)+\cdots \\
\qquad +a_{58}^{(r)}x_8^{(r)}(k)+\mathrm{mod}(\sigma_2^{(r)}p_2(k),\varepsilon_2^{(r)}) \\
x_6^{(r)}(k+1)=f_6^{(r)}(\cdot)=a_{61}^{(r)}p_1(k)+a_{62}^{(r)}p_2(k)+a_{63}^{(r)}p_3(k)+a_{64}^{(r)}x_4^{(r)}(k)+\cdots \\
\qquad +a_{68}^{(r)}x_8^{(r)}(k)+\mathrm{mod}(\sigma_3^{(r)}p_3(k),\varepsilon_3^{(r)}) \\
x_7^{(r)}(k+1)=f_7^{(r)}(\cdot)=a_{71}^{(r)}p_1(k)+a_{72}^{(r)}p_2(k)+a_{73}^{(r)}p_3(k)+a_{74}^{(r)}x_4^{(r)}(k)+\cdots \\
\qquad +a_{78}^{(r)}x_8^{(r)}(k)+\mathrm{mod}(\sigma_1^{(r)}p_1(k),\varepsilon_1^{(r)})+\mathrm{mod}(\sigma_2^{(r)}p_2(k),\varepsilon_2^{(r)}) \\
x_8^{(r)}(k+1)=f_8^{(r)}(\cdot)=a_{81}^{(r)}p_1(k)+a_{82}^{(r)}p_2(k)+a_{83}^{(r)}p_3(k)+a_{84}^{(r)}x_4^{(r)}(k)+\cdots \\
\qquad +a_{88}^{(r)}x_8^{(r)}(k)+\mathrm{mod}(\sigma_2^{(r)}p_2(k),\varepsilon_2^{(r)})+\mathrm{mod}(\sigma_3^{(r)}p_3(k),\varepsilon_3^{(r)})
\end{cases}
\tag{14-41}
$$

当满足 $a_{ij}^{(d)}=a_{ij}^{(r)}=a_{ij}\ (1\leqslant i,j\leqslant 8)$ 、 $\varepsilon_i^{(d)}=\varepsilon_i^{(r)}=\varepsilon_i$ 、 $\sigma_i^{(d)}=\sigma_i^{(r)}=\sigma_i\ (1\leqslant i\leqslant 3)$ 时，根据式(14-40)和式(14-41)中的第 4～8 个方程，得对应的误差方程的一般形式为

$$
\begin{bmatrix}\Delta x_4(k+1)\\ \Delta x_5(k+1)\\ \Delta x_6(k+1)\\ \Delta x_7(k+1)\\ \Delta x_8(k+1)\end{bmatrix}=\begin{bmatrix}a_{44}&a_{45}&a_{46}&a_{47}&a_{48}\\ a_{54}&a_{55}&a_{56}&a_{57}&a_{58}\\ a_{64}&a_{65}&a_{66}&a_{67}&a_{68}\\ a_{74}&a_{75}&a_{76}&a_{77}&a_{78}\\ a_{84}&a_{85}&a_{86}&a_{87}&a_{88}\end{bmatrix}\begin{bmatrix}\Delta x_4(k)\\ \Delta x_5(k)\\ \Delta x_6(k)\\ \Delta x_7(k)\\ \Delta x_8(k)\end{bmatrix}=\boldsymbol{\Phi}\begin{bmatrix}\Delta x_4(k)\\ \Delta x_5(k)\\ \Delta x_6(k)\\ \Delta x_7(k)\\ \Delta x_8(k)\end{bmatrix}
\tag{14-42}
$$

根据式(14-36)，得式(14-42)矩阵 $\boldsymbol{\Phi}$ 对应的特征根均位于单位圆内，故得

$$
\lim_{k\to\infty}\left\|\Delta x_i(k)\right\|=\lim_{k\to\infty}\left\|x_i^{(r)}(k)-x_i^{(d)}(k)\right\|=0
\tag{14-43}
$$

式中，$i=4,5,6,7,8$ 。

再根据式(14-40)和式(14-41)中的第 1～3 个方程，得对应的误差方程为

$$
\begin{cases}
\Delta x_1(k+1)=a_{11}\Delta x_1(k)+a_{12}\Delta x_2(k)+a_{13}\Delta x_3(k)+a_{14}\Delta x_4(k)+\cdots+a_{18}\Delta x_8(k)\\
\Delta x_2(k+1)=a_{21}\Delta x_1(k)+a_{22}\Delta x_2(k)+a_{23}\Delta x_3(k)+a_{44}\Delta x_4(k)+\cdots+a_{28}\Delta x_8(k)\\
\Delta x_3(k+1)=a_{31}\Delta x_1(k)+a_{32}\Delta x_2(k)+a_{33}\Delta x_3(k)+a_{34}\Delta x_4(k)+\cdots+a_{38}\Delta x_8(k)
\end{cases}
\tag{14-44}
$$

根据式(14-43)，当 $k\to\infty$ 时，得 $\Delta x_i(k)\to 0\ (i=4,5,6,7,8)$ ，故对式(14-44)两边取极限，得

$$\lim_{k\to\infty}\begin{bmatrix}\Delta x_1(k+1)\\ \Delta x_2(k+1)\\ \Delta x_3(k+1)\end{bmatrix}=\begin{bmatrix}a_{11} & a_{12} & a_{13}\\ a_{21} & a_{22} & a_{23}\\ a_{31} & a_{32} & a_{33}\end{bmatrix}\times\lim_{k\to\infty}\begin{bmatrix}\Delta x_1(k)\\ \Delta x_2(k)\\ \Delta x_3(k)\end{bmatrix}=\boldsymbol{\Psi}\times\lim_{k\to\infty}\begin{bmatrix}\Delta x_1(k)\\ \Delta x_2(k)\\ \Delta x_3(k)\end{bmatrix} \tag{14-45}$$

同理，根据式(14-36)，得式(14-45)矩阵$\boldsymbol{\Psi}$对应的特征根均位于单位圆内，故得

$$\lim_{k\to\infty}\left\|\Delta x_j(k)\right\|=\lim_{k\to\infty}\left\|x_j^{(r)}(k)-x_j^{(d)}(k)\right\|=0 \tag{14-46}$$

式中，$j=1,2,3$。结合式(14-43)和式(14-46)，得$\left\|\Delta x_i(k)\right\|\to 0$，$i=1,2,\cdots,8$。可知在参数匹配的条件下，发送端的加密系统(14-40)和接收端的解密系统(14-41)能够实现混沌同步。需要指出的是，在实际情况中只需迭代几步便可实现混沌同步，如图 14-19 所示。

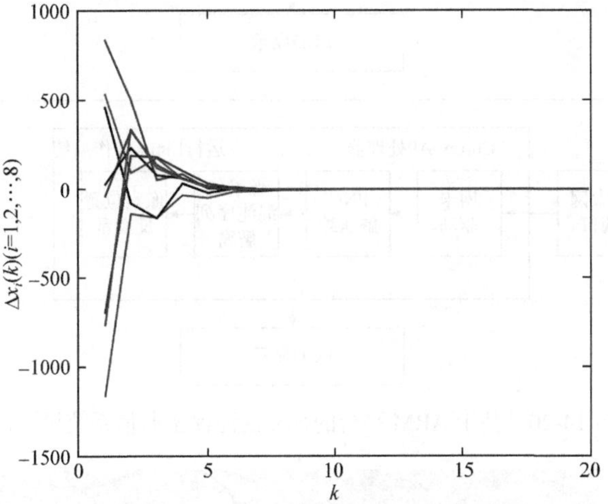

图 14-19　同步误差的数值仿真结果

14.7　基于 ARM 平台的视频混沌保密通信系统设计

基于 ARM 平台的视频混沌保密通信系统设计框图如图 14-20 所示，图中的发送端实现混沌加密和发送，共 9 部分，分别是摄像头、V4L2 驱动、JPEG 解压缩、像素位置置乱、像素值混沌序列加密、PNG 无损压缩、网卡驱动、以太网端口、LCD 显示。经过加密和无损压缩的视频信号通过以太网传输至接收端，在接收端中实现加密信号的接收和解密，接收端共 6 部分，分别是以太网端口、网卡驱动、PNG 解压缩、像素值混沌序列解密、像素位置反置乱、LCD 显示。对应的 ARM 硬件平台如图 14-21 所示，其中的 ARM 处理器型号为 Cortex-A9，在嵌入式 Linux 操作系统的软件平台上，通过 C++语言程序实现图 14-20 中各个部分相应的功能。

注意到在图 14-20 中，由于发送端的摄像头经硬件编码后输出 JPEG 格式的视频信号，所以在进行混沌加密前，首先需要使用 JPEG 解压缩来获得 RGB 格式的视频信号，在此基础上，才能进行 RGB 格式的像素位置置乱和像素值的混沌序列密码加密。图 14-20 中的 JPEG 解压缩工作流程如图 14-22 所示，发送端的工作流程如图 14-23 所示，接收端的工作流程如图 14-24 所示。

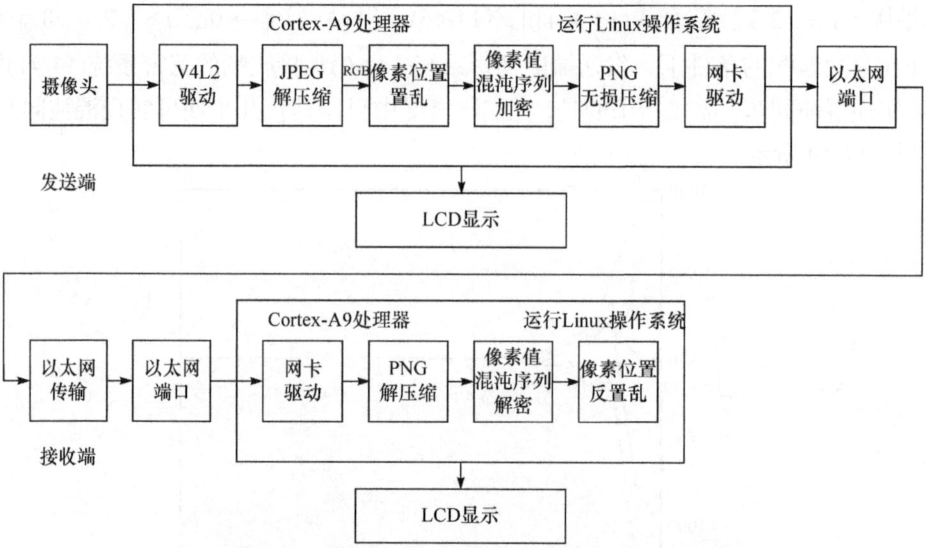

图 14-20　基于 ARM 平台的视频混沌保密通信系统设计框图

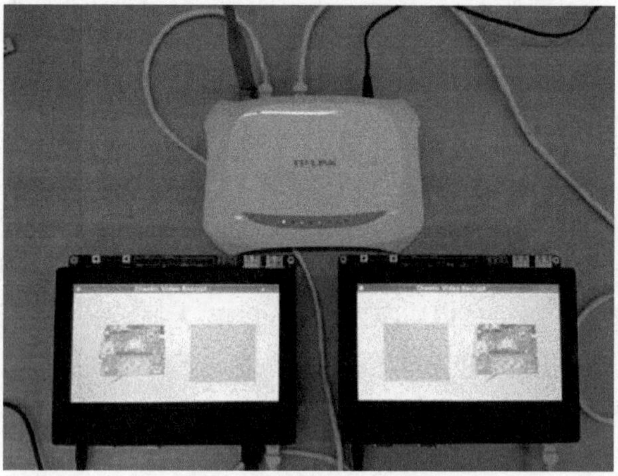

(a) 局域网传输的ARM硬件平台

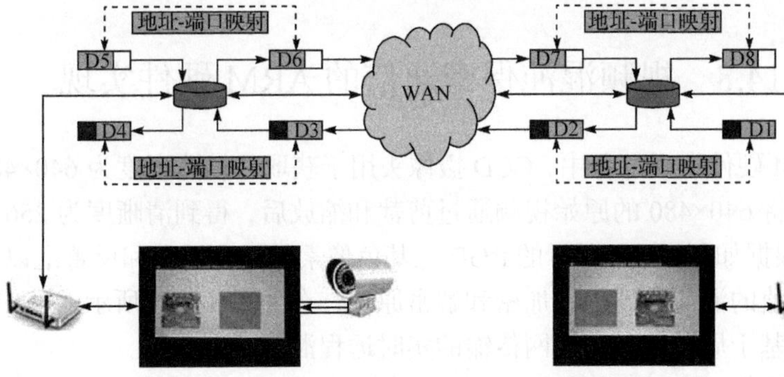

(b) 广域网传输的ARM硬件平台

图 14-21　ARM 硬件平台

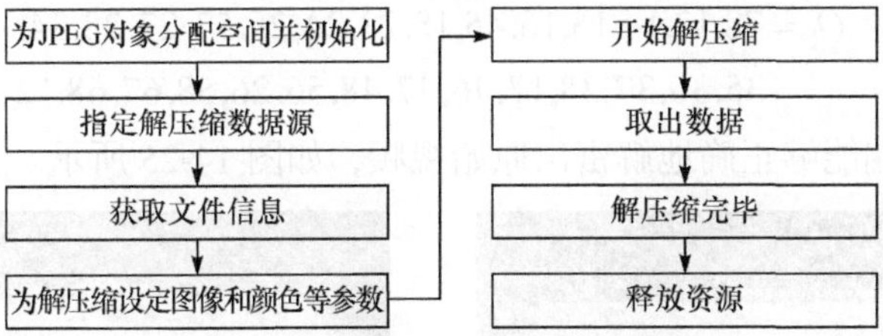

图 14-22　JPEG 解压缩工作流程图

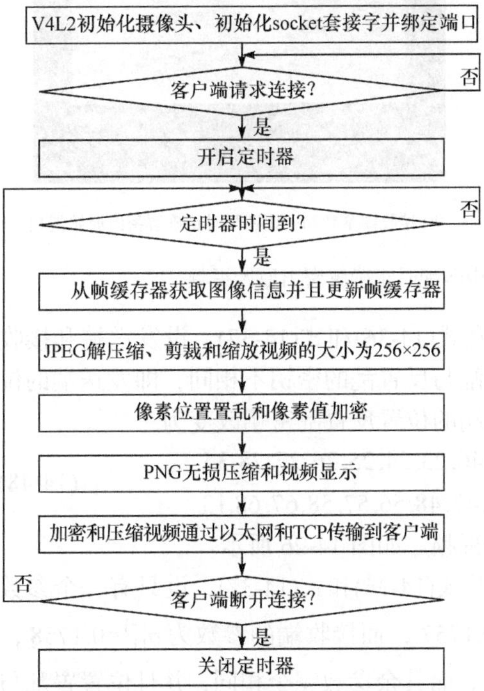

图 14-23　发送端的工作流程图

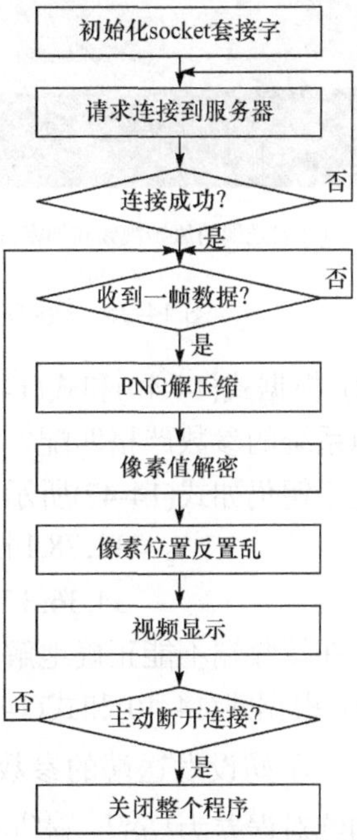

图 14-24　接收端的工作流程图

14.8　视频混沌保密通信的 ARM 硬件实现

在 ARM 硬件实现过程中，CCD 摄像头用于获取一帧清晰度为 640×480 的原始视频，再将 640×480 的原始视频通过剪裁和缩放后，得到清晰度为 256×256 的视频，然后根据如图 14-18 所示的 RGB 三基色像素的位置置乱和反置乱以及 RGB 三基色像素值的混沌序列密码加密和解密原理，在如图 14-21 所示的 ARM 硬件平台上实现基于局域网和广域网传输的实时远程混沌保密通信。

(1) 根据式(14-40)和式(14-41)，以及式(14-36)和式(14-37)，设发送端和接收端混沌系统的参数严格匹配，并且如果位置置乱与反置乱的密钥相同，即

$$\begin{aligned} O_1 = {} & 78,13,14,15,16,45,18,23,24,25,57,27,28,34, \\ & 35,36,37,38,17,46,47,48,56,26,58,67,68,12 \end{aligned} \tag{14-47}$$

那么，在接收端能够正确地解密出原始视频，如图 14-25 所示。

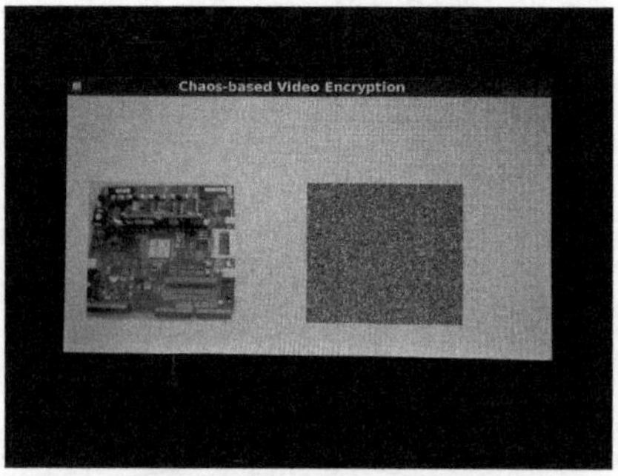

(a) 发送端的原始视频和加密视频

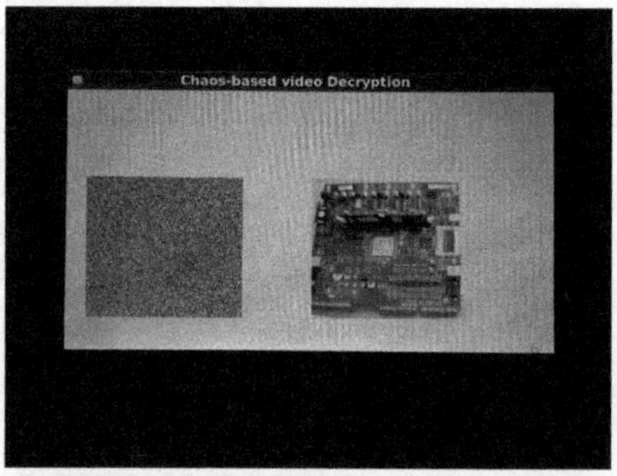

(b) 接收端参数和密钥匹配时正确解密出原始视频

图 14-25　接收端参数和密钥匹配时正确解密出原始视频

(2) 根据式(14-40)和式(14-41)，以及式(14-36)和式(14-37)，设发送端和接收端混沌系统的参数严格匹配，但位置置乱与反置乱的密钥不相同，即发送端的位置置乱密钥仍如式(14-47)所示，而接收端的位置反置乱密钥改变为

$$\begin{aligned} O_2 = {} & 12,78,14,15,16,17,46,23,24,25,26,27,28,35, \\ & 34,36,37,38,45,18,47,48,56,57,58,67,68,13 \end{aligned} \tag{14-48}$$

那么，在接收端不能正确地解密出原始视频，如图 14-26 所示。

(3) 根据式(14-40)和式(14-41)，以及式(14-36)和式(14-37)，设只有一个参数不相同，不妨设发送端的参数为 $a_{11}^{(d)}=0.1757$，而接收端的参数为 $a_{11}^{(r)}=0.1758$，两者的绝对误差为 $|a_{11}^{(d)}-a_{11}^{(r)}|=1.0\times10^{-4}$，而其余参数完全相同，并且位置置乱与反置乱的密钥相同，那么，在接收端不能正确解密出原始视频，如图 14-27 所示。

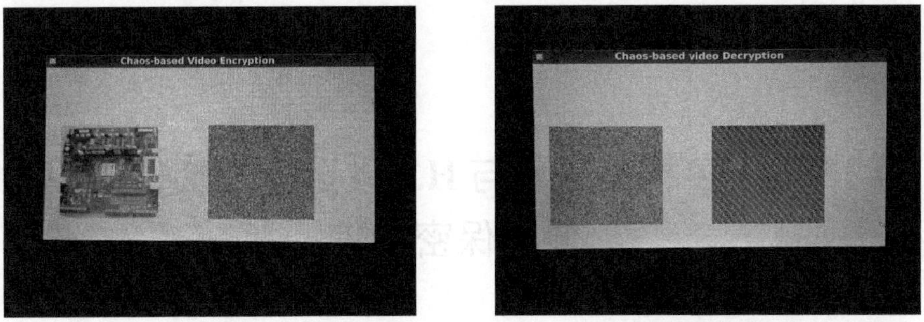

(a) 发送端的原始视频和加密视频

(b) 接收端参数匹配和密钥不匹配时不能正确解密出原始视频

图 14-26　接收端参数匹配和密钥不匹配时不能正确解密出原始视频

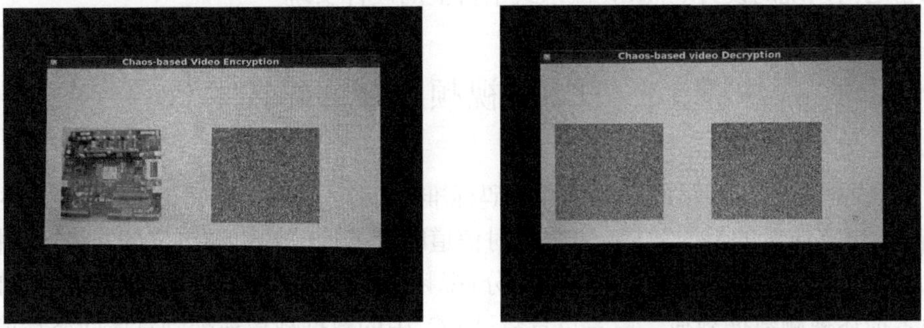

(a) 发送端的原始视频和加密视频

(b) 接收端参数不匹配和密钥匹配时不能正确解密出原始视频

图 14-27　接收端参数不匹配和密钥匹配时不能正确解密出原始视频

第 15 章　多核多进程与 H.264 选择性加密的视频混沌保密通信

本章介绍基于多核多进程与 H.264 选择性加密的视频混沌保密通信。主要内包括 H.264 视频压缩编码技术、H.264 编解码器的工作原理、基于非线性标称矩阵的 6 维离散时间超混沌系统的设计、H.264 选择性加密及解密算法、视频混沌保密通信系统的设计、ARM 嵌入式平台上的硬件实现[46,50,51]。

15.1　H.264 视频压缩编码技术

H.264 相比于较早的视频压缩编码标准 H.263，具有以下几个优点：更高的压缩比、更高质量的编码效果、更强的对信道时延的适应性以及更好的网络适应性。H.264将编码系统划分为以下两个部分：视频编码层(VLC)以及网络抽象层(NAL)，前者描述视频数据载荷，后者负责将 VLC 中的数据载荷适配到具体网络环境中以提高网络适应性。以下将经过 H.264 编码所得到的数据统称为 H.264 码流。

15.1.1　H.264 的编解码框架

H.264 的编解码器的基本结构如图 15-1 和图 15-2 所示。在 H.264 编码标准中，编码的图像帧分为 I 帧、P 帧和 B 帧。I 帧仅包含 I 宏块，I 宏块采用帧内预测进行编码；P 帧包含 I 宏块和 P 宏块，其中 P 宏块利用过去的已经编码完成的参考帧进行帧间预测；B 帧则包含 I 宏块、P 宏块和 B 宏块，其中 B 宏块可以同时利用过去和未来的已编码的双向参考帧进行帧间预测。而一帧图像被划分为 16×16 大小的宏块，编码器是以宏块为单位进行编码处理的，用于帧间预测的一帧或多帧已编码帧称为参考帧。H.264 编码标准中定义了 IDR 帧，IDR 帧称为即时解码刷新帧，是一种特殊的 I 帧，当编码器遇到一个 IDR 帧时会清空所有的参考帧，于是 IDR 帧是没有参考帧的，值得说明的是，一个视频的第一帧即 IDR 帧，所以下面将从 IDR 帧开始详细介绍编码器和解码器的工作原理。由于实时通信系统中编码的顺序就是视频采集的顺序，所以不会有 B 帧，以下介绍也将以实时通信系统的编码流程为准。

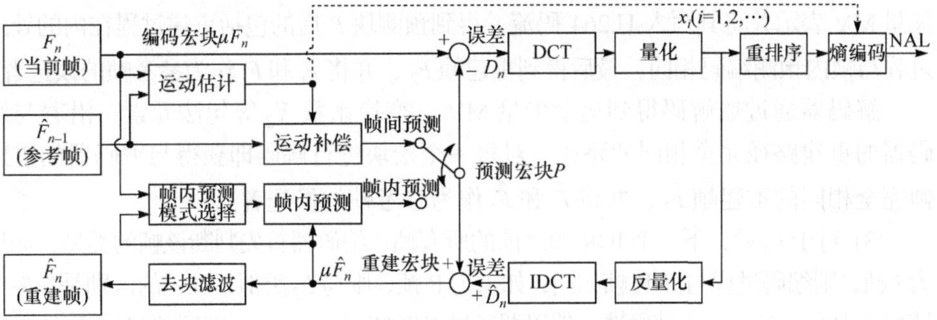

图 15-1　H.264 编码器的基本结构

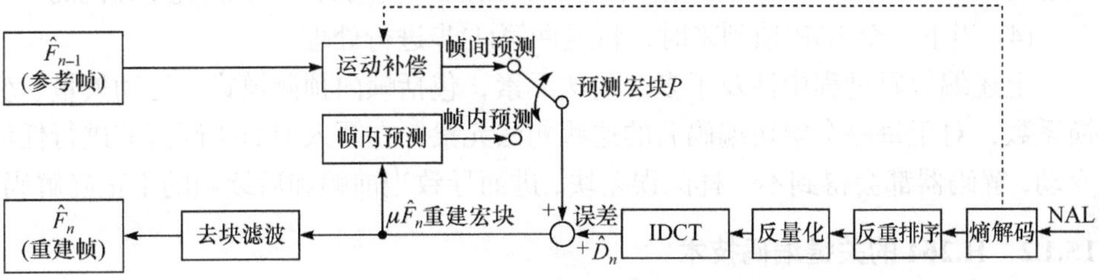

图 15-2　H.264 解码器的基本结构

(1) 对于 IDR 帧 F_1，由于不存在参考帧，所有的宏块都采用帧内预测编码，编码器首先决定当前宏块 μF_1 要采用的帧内预测模式，使用该预测模式进行帧内预测得到预测块 P，同时把该预测模式写入 H.264 码流，当前宏块 μF_1 再与预测块 P 作差得到误差块 D_1，误差块 D_1 经过离散余弦变换(DCT)再经过量化后得到变换系数 X_1，然后变换系数 X_1 沿着两个路径，其一经过熵编码之后写入 H.264 码流，另一个经过反量化，离散余弦逆变换(IDCT)，同时与预测块 P 叠加得到重建块 $\mu\hat{F}_1$ 用于后续宏块的帧内预测。对 IDR 帧的每一个宏块进行以上处理，得到的所有重建宏块组成一帧并经过去块滤波后得到重建帧 $\hat{F}_1$，该帧之后被选择作为参考帧。

解码器通过熵解码得到帧内预测模式、变换系数 X_1 等句法元素，它使用与编码器的重建路径完全相同的路径，对每一个宏块进行解码即获得与编码器的重建帧完全相同的重建帧 $\hat{F}_1$，该帧之后被选择作为参考帧。至此解码器完整地解码出 IDR 帧，并且拥有与编码器相同的参考帧。

(2) 对于 IDR 帧后的第一帧 F_2，一般为 P 帧，H.264 编码器首先决定当前宏块 μF_2 采用帧内预测编码还是帧间预测编码。对于帧内预测编码，其处理流程与 IDR 帧中的宏块类似；对于帧间预测编码，编码器在参考帧 $\hat{F}_1$ 中寻找当前宏块 μF_2 的最佳匹配块作为预测块 P，同时将预测块 P 相对于编码帧 F_2 的相对位置通过运动矢量MV 表示并将其写入 H.264 码流，得到预测块 P 后的包括重建过程在内的处理过程与帧内预测编码相同，最后得到重建帧 $\hat{F}_2$，并将 $\hat{F}_1$ 和 $\hat{F}_2$ 作为参考帧的候选者。

解码器通过熵解码得到运动矢量 MV 、变换系数 X_2 等句法元素，沿着与编码器的重建路径完全相同的路径，对每一个宏块进行解码即获得与编码器的重建帧完全相同的重建帧 $\hat{F}_2$，并将 $\hat{F}_1$ 和 $\hat{F}_2$ 作为参考帧的候选者。

(3) 对于 F_2 后，下一个 IDR 帧之前的所有帧，编码器首先判断该帧的类型，如果为 I 帧，则编码过程与 IDR 帧相同；如果为 P 帧，则与 F_2 类似，唯一的区别是，参考帧列表中会有多个参考帧候选，编码器通过参考帧列表与序号和解码器对使用的参考帧达成一致，从而保证编码器、解码器在帧间预测时使用的参考帧是完全相同的。

(4) 当下一个 IDR 帧到来时，将返回第(1)步进行处理。

上述编解码过程中涉及了多个句法元素，包括帧内预测模式、运动矢量、变换系数，对于每一个宏块编码后的这些句法元素，在写入 H.264 码流前进行任何变动，解码器都会得到不一样的误差块，进而导致当前帧和后续帧的不正确解码。

15.1.2　H.264 的关键编码技术

H.264 优异的压缩性能得益于其采用的多种编码技术，其中包括帧内预测、帧间预测、变换和量化、熵编码和去块滤波等。

1. 帧内预测

帧内预测是一种在图像和视频压缩标准中采用的用于消除空间冗余的方法。在 H.264 中，帧内预测应用于 4×4 亮度子块或 16×16 亮度宏块以及色度块。对于 4×4 亮度子块，有如图 15-3 所示的 9 种帧内预测模式；对于 16×16 亮度宏块，有如图 15-4 所示的 4 种帧内预测模式；色度块也有与 4×4 亮度子块相同的 4 种预测模式，只是各个模式的编号有所不同。

2. 帧间预测

帧间预测是一种用于消除时间冗余的方法，被目前多种视频压缩编码标准采用。帧间预测相比于帧内预测，可以提供更好的压缩性能，但是会拉大原始帧和重建帧之间的差异，从而造成漂移误差。在 H.264 中采用的帧间预测主要有树状结构的运动补偿和高精度运动矢量两个特点，前者将帧间预测中的每个宏块分割成如图 15-5 所示的形状不等的区域，其中的 8×8 子宏块还可以进一步划分，这样的分割模式可以减少预测误差，提高编码效率；后者则采用分数像素位置内插的方法，当运动矢量指向分数抽样点时，对不存在于参考帧中的分数位置的像素，采用内插的方法通过邻近的已编码的像素点获得，这样可以提高匹配块与编码块的相关性，提高压缩效率。

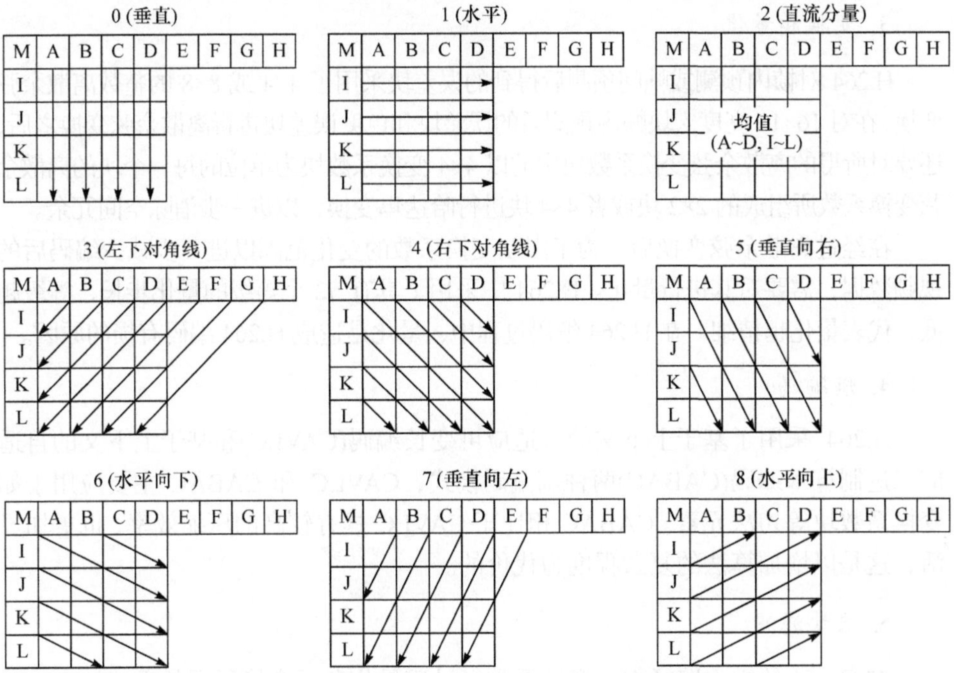

图 15-3　4 × 4 亮度子块的 9 种帧内预测模式

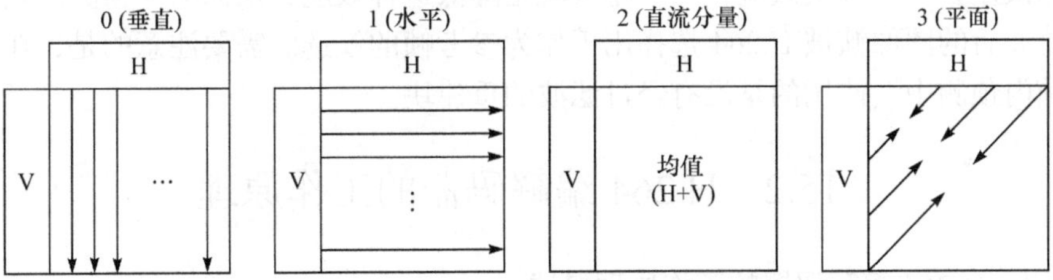

图 15-4　16 × 16 亮度宏块的 4 种帧内预测模式

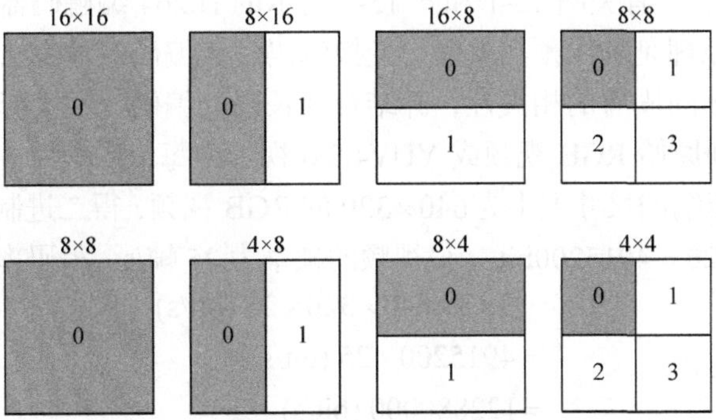

图 15-5　帧间宏块及其子宏块的分割模式

3. 变换和量化

H.264 对帧内预测或帧间预测后得到的误差块采用了 4×4 或 8×8 的整数离散余弦变换,在对 16×16 亮度宏块帧内预测后的误差块和色度误差块进行离散余弦变换之后,还要对所得的离散余弦变换系数块中的以 4×4 变换系数块为单位的每一个块的离散余弦变换系数所组成的 2×2 块或者 4×4 块进行哈达玛变换，以进一步消除空间冗余。

在经过离散余弦变换后，为了限制变换系数的变化范围以进一步减少编码后的视频数据，需要对其进行量化。H.264 中采用了具有 52 个等级的量化步长，等级越低，代表量化越精细。在 H.264 编码过程中，量化是造成 H.264 编码有损的原因。

4. 熵编码

H.264 采用了基于上下文的自适应可变长编码(CAVLC)和基于上下文的自适应二进制算术编码(CABAC)两种熵编码模式，CAVLC 和 CABAC 主要应用于如变换系数块等句法元素。CABAC 相比于 CAVLC 具有较高的压缩效率，也更加灵活，这是以增加算法的复杂程度为代价的。

5. 去块滤波

在 H.264 的重建路径中，变换系数经过反量化和反变换所得的重建帧中由于预测误差会引入方块效应，去块滤波就是降低这种效应，从而减少预测误差。去块滤波后的图像帧被 H.264 选择用于作为参考帧的候选。需要注意的是，在宏块的帧内预测中，使用的是没有经过滤波的重建块。

15.2 H.264 编解码器的工作原理

15.2.1 H.264 编解码器的工作原理描述

根据 15.1 节中有关图 15-1 和图 15-2 所示的 H.264 编解码器，可知 H.264 编码的基本工作原理是利用预测编码、变换编码、熵编码三种方法的有机结合，去除视频帧内和帧间固有的相关性，并结合变长码的编码，大大降低传输码率。

例如，一帧原始 RGB 视频或 YUV4:2:0 视频中每个像素为 8 位。若直接传送一帧没有经过压缩的尺寸大小为 640×320 的 RGB 视频，得二进制编码后的比特数为 $3\times8\times640\times320=4915200\text{bit}$，设视频的帧率为 25 帧/s，得码率(比特率)为

$$\begin{aligned}&3\times8\times640\times320\times25\ (\text{bit/s})\\&=4915200\times25\ (\text{bit/s})\\&=122880000\ (\text{bit/s})\\&=122.88\ (\text{Mbit/s})\\&=15.36\ (\text{MB/s})\end{aligned}$$

可见，直接传送未压缩的原始视频的码率数量级为 15.36MB/s。但如果传送的是一帧经过 H.264 编码后的同样大小的视频，码率数量级可降至 KB/s，甚至可以更低。下面描述 H.264 编码的工作原理。

(1) 利用预测编码去除相关性，使得图 15-1 和图 15-2 中的误差信号变得很小。

(2) 利用离散余弦变换编码去除相关性，能进一步减小离散余弦变换矩阵中各个元素的值，再经过量化处理之后，即将矩阵中的所有元素除以某个相同的整数后再向下取整，从而能保证离散余弦变换矩阵中左上角非零元素的个数很少，而右下角的一大片区域中均为零元素。当然，离散余弦变换矩阵中的中间部分也有一些零元素。然后，利用 zigzag 扫描重排，最后一个非零元素之后全部的数量众多的零元素就不用直接去编码了，只有所有的非零元素以及最后一个非零元素前面的所有零元素需要编码。

(3) 利用熵编码，出现概率大的非零元素编成短码，出现概率小的非零元素编成长码，利用这种变长码的编码方法可进一步降低平均码长。

(4) 通过运动估计求得的是运动矢量的差值，而不是运动矢量本身，因为运动矢量本身的两个坐标分量通常是较大的，但运动矢量差值的两个分量很小，也能降低熵编码输出的码长。

15.2.2　H.264 编解码器的工作过程描述

(1) 在宏块大小为 16×16 的情况下，共有 4 种帧内预测模式(模式 0～3)可供编码器选择，而编码器通过帧内预测模式选择来确定其中的 1 种模式，并且自动发送这种模式的编号到解码器端，从而使得解码器也选择相同的帧内预测模式。

(2) 编码器通过运动估计得到运动矢量差值后，并自动将这个运动矢量差值发送到解码器，从而使解码器也得到相同的运动矢量差值。

(3) 当前帧为第 1 帧(即 IDR 帧)预测第 1 个宏块时，开始没有对应的宏块 PM，误差值与第 1 个宏块的值相等，编码器和解码器第 1 个重建帧中的第 1 个宏块与当前帧的第 1 个宏块相等，如图 15-6 所示。

(4) 通过帧内预测模式选择，将当前帧的当前宏块与重建帧中已经重建的左边宏块或者已经重建的左边和上边宏块进行比较后，从 4 种模式中选择其中的 1 种模式，并利用这个模式控制帧内预测。

(5) 在利用帧内预测方法预测当前帧中的当前宏块时，根据选择的模式，利用重建帧中已经重建的左边宏块或者已经重建的左边和上边宏块，从中预测出 1 个帧内预测宏块 PM，并将这个预测宏块 PM 与误差信号 $\hat{D}_n$ 相加后所得的结果，作为重建帧中的当前宏块。同理，在解码器端也完成相同的重建过程。

有关上述(4)和(5)的过程描述如图 15-7 和图 15-8 所示。

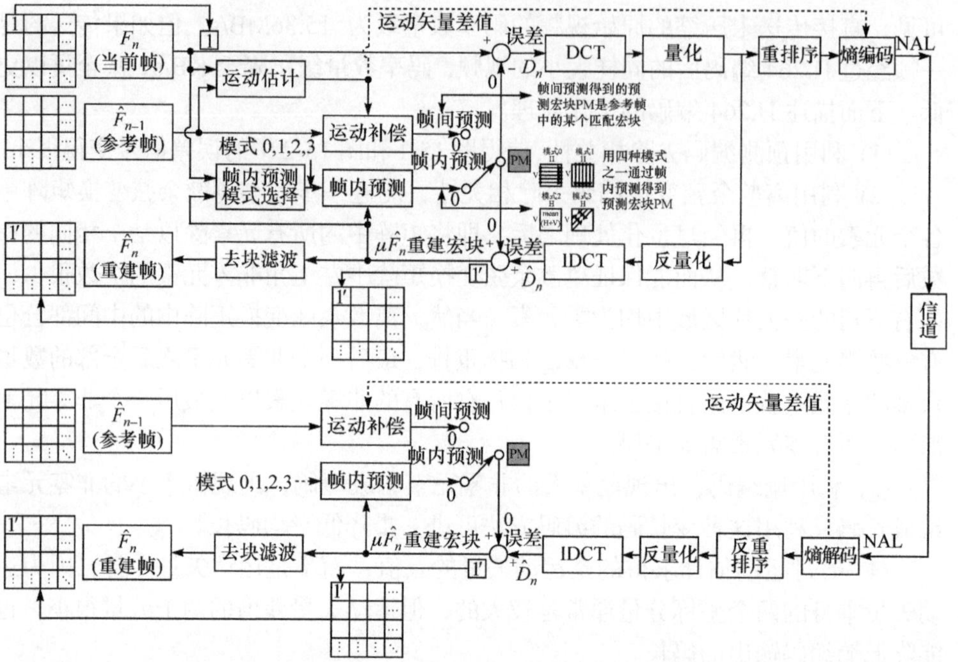

图 15-6　第 1 帧的第 1 个宏块(16 × 16)帧内预测重建示意图

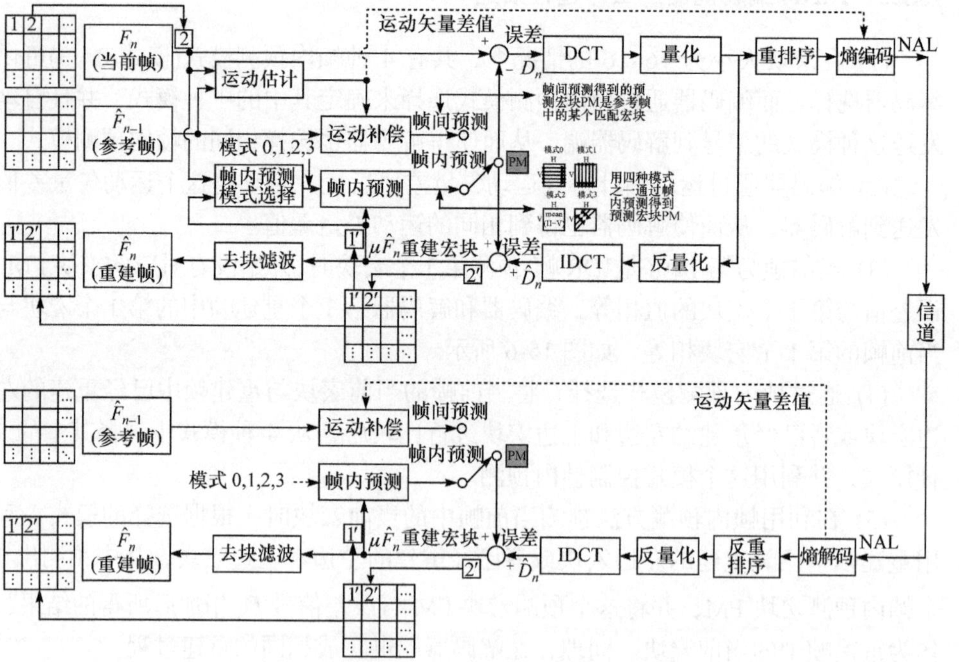

图 15-7　第 1 帧的第 2 个宏块(16 × 16)帧内预测重建示意图

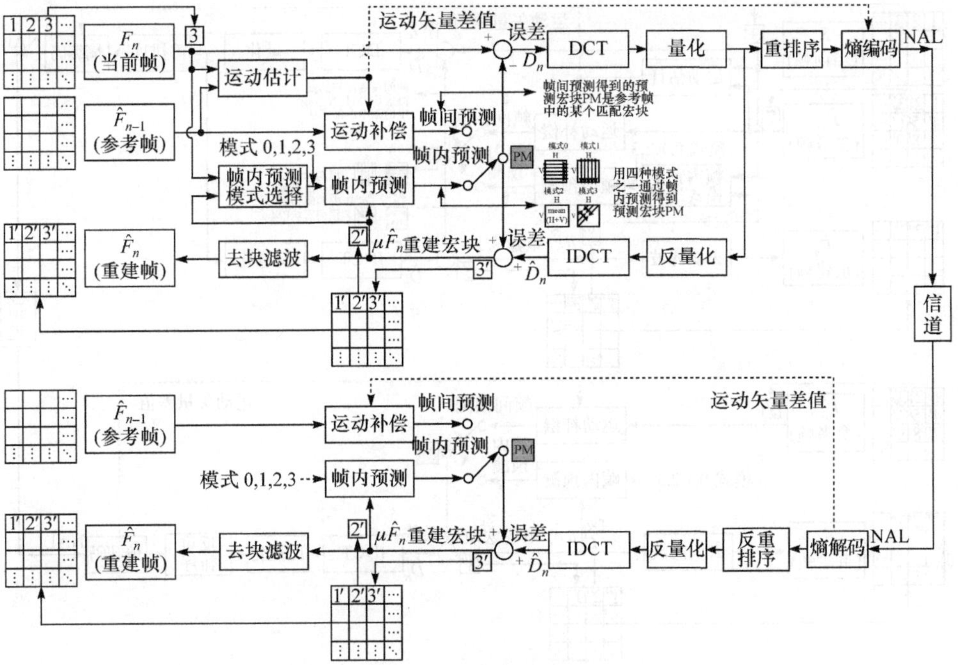

图 15-8　第 1 帧的第 3 个宏块(16 × 16)帧内预测重建示意图

(6) 在利用帧间预测方法预测当前帧中的当前宏块时，根据运动矢量差值的大小，在参考帧中预测出 1 个帧间预测宏块 PM，并将这个预测宏块 PM 与误差信号 $\hat{D}_n$ 相加后所得的结果，作为重建帧中的当前宏块。同理，在解码器端也完成相同的重建过程，如图 15-9 所示。

15.2.3　当前帧为第 1 帧的情况

当前帧为第 1 帧时，一定是 IDR 帧，注意到在这种情况下没有参考帧，只有帧内预测，没有帧间预测。

15.2.4　当前帧为第 2 帧的情况

假设当前帧为第 2 帧，并且需要重建当前帧中的第 3 个宏块，那么，在这种情况下，既可用帧内预测，也可用帧间预测，通过比较这两种预测后，选择其中的 1 种帧间预测或帧内预测，得到 1 个预测宏块 PM，并将这个预测宏块 PM 与误差信号 $\hat{D}_n$ 相加后所得的结果，作为重建帧中的当前宏块。同理，在解码器端也完成相同的重建过程，如图 15-9 所示。

15.2.5　帧内预测的四种模式

在宏块大小为 16×16 的情况下，帧内预测的四种模式如图 15-10 所示。

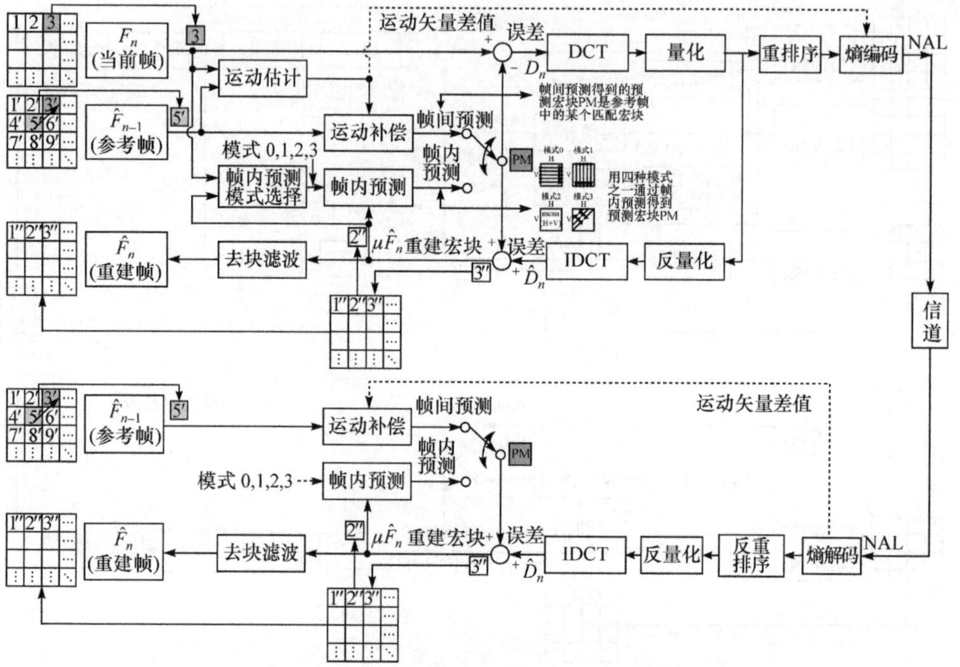

图 15-9　第 2 帧的第 3 个宏块(16×16)帧间预测和帧内预测重建示意图

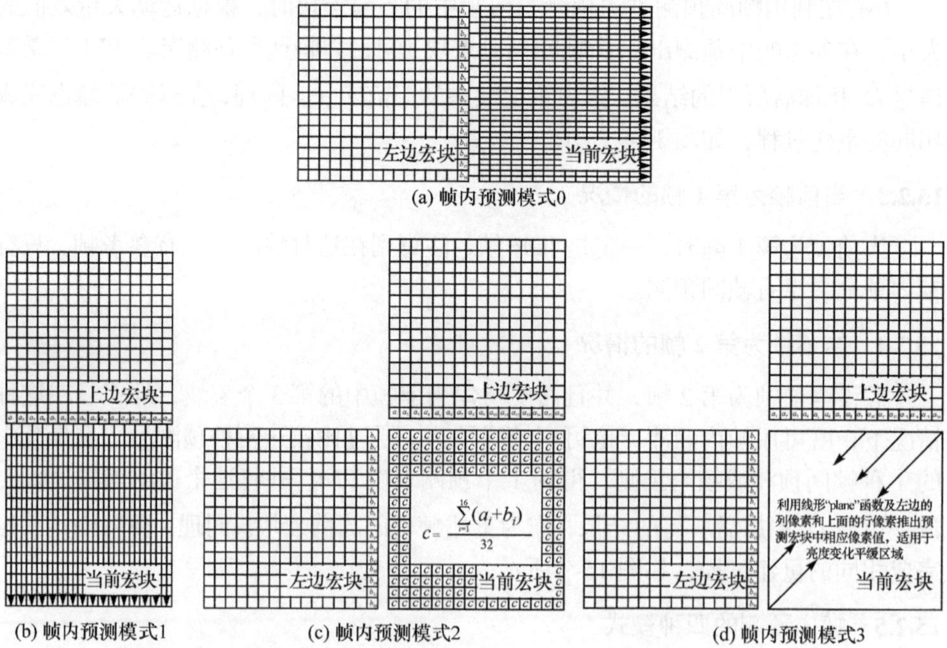

图 15-10　宏块大小为 16×16 情况下帧内预测的四种模式

15.3　基于非线性标称矩阵的 6 维离散时间超混沌系统的设计

为了改善 H.264 选择性加密的安全性能，本节介绍一种基于非线性标称矩阵的 6 维离散时间超混沌系统，其设计过程如下：

(1) 设计一个基于非线性标称矩阵$[F_{ij}(p(k))]_{6\times6}$的 6 维渐近稳定标称系统，得迭代方程的一般形式为

$$\begin{bmatrix} x_1(k+1) \\ x_2(k+1) \\ x_3(k+1) \\ x_4(k+1) \\ x_5(k+1) \\ x_6(k+1) \end{bmatrix} = \begin{bmatrix} F_{11}(p(k)) & F_{12}(p(k)) & F_{13}(p(k)) & F_{14}(p(k)) & F_{15}(p(k)) & F_{16}(p(k)) \\ F_{21}(p(k)) & F_{22}(p(k)) & F_{23}(p(k)) & F_{24}(p(k)) & F_{25}(p(k)) & F_{26}(p(k)) \\ F_{31}(p(k)) & F_{32}(p(k)) & F_{33}(p(k)) & F_{34}(p(k)) & F_{35}(p(k)) & F_{36}(p(k)) \\ F_{41}(p(k))q_1(k) & F_{42}(p(k))q_2(k) & F_{43}(p(k))q_3(k) & F_{44}(p(k)) & F_{45}(p(k)) & F_{46}(p(k)) \\ F_{51}(p(k))q_1(k) & F_{52}(p(k))q_2(k) & F_{53}(p(k))q_3(k) & F_{54}(p(k)) & F_{55}(p(k)) & F_{56}(p(k)) \\ F_{61}(p(k))q_1(k) & F_{62}(p(k))q_2(k) & F_{63}(p(k))q_3(k) & F_{64}(p(k)) & F_{65}(p(k)) & F_{66}(p(k)) \end{bmatrix} \begin{bmatrix} x_1(k) \\ x_2(k) \\ x_3(k) \\ x_4(k) \\ x_5(k) \\ x_6(k) \end{bmatrix} \tag{15-1}$$

式中，$p(k)=\beta\cdot p_1(k)\cdot p_2(k)\cdot p_3(k)$，$p_i(k)=\text{rem}(\lfloor x_i(k)\rfloor,2^M)$，rem 表示取余操作；$q_i(k)=p_i(k)/x_i(k)\ (1\leqslant i\leqslant 3)$，$F_{ij}(p(k))=a_{ij}+b_{ij}f_{ij}(p(k))$，$f_{ij}(p(k))=c_{ij}p(k)-\text{round}(c_{ij}p(k))\ (1\leqslant i,j\leqslant 6)$，round 表示四舍五入操作。在式(15-1)中，通过设计各个参数，使得矩阵$[F_{ij}(p(k))]_{6\times6}$的特征根全部位于复平面的单位内，从而满足标称系统(15-1)是渐近稳定的。

(2) 设计一致有界的控制器$\text{rem}(\sigma_i p_i(k),\varepsilon_i)\ (1\leqslant i\leqslant 3)$和控制矩阵$\boldsymbol{B}=[b]_{6\times6}$ $(b\in\{0,1\})$，对受控系统(15-1)进行混沌反控制，得全局有界的受控系统为

$$\begin{bmatrix} x_1(k+1) \\ x_2(k+1) \\ x_3(k+1) \\ x_4(k+1) \\ x_5(k+1) \\ x_6(k+1) \end{bmatrix} = \begin{bmatrix} F_{11}(p(k)) & F_{12}(p(k)) & F_{13}(p(k)) & F_{14}(p(k)) & F_{15}(p(k)) & F_{16}(p(k)) \\ F_{21}(p(k)) & F_{22}(p(k)) & F_{23}(p(k)) & F_{24}(p(k)) & F_{25}(p(k)) & F_{26}(p(k)) \\ F_{31}(p(k)) & F_{32}(p(k)) & F_{33}(p(k)) & F_{34}(p(k)) & F_{35}(p(k)) & F_{36}(p(k)) \\ F_{41}(p(k))q_1(k) & F_{42}(p(k))q_2(k) & F_{43}(p(k))q_3(k) & F_{44}(p(k)) & F_{45}(p(k)) & F_{46}(p(k)) \\ F_{51}(p(k))q_1(k) & F_{52}(p(k))q_2(k) & F_{53}(p(k))q_3(k) & F_{54}(p(k)) & F_{55}(p(k)) & F_{56}(p(k)) \\ F_{61}(p(k))q_1(k) & F_{62}(p(k))q_2(k) & F_{63}(p(k))q_3(k) & F_{64}(p(k)) & F_{65}(p(k)) & F_{66}(p(k)) \end{bmatrix} \begin{bmatrix} x_1(k) \\ x_2(k) \\ x_3(k) \\ x_4(k) \\ x_5(k) \\ x_6(k) \end{bmatrix} + \begin{bmatrix} 0&0&0&0&0&0 \\ 0&0&0&0&0&0 \\ 0&0&0&0&0&0 \\ 1&1&1&0&0&0 \\ 0&1&1&0&0&0 \\ 0&0&1&0&0&0 \end{bmatrix} \begin{bmatrix} \text{rem}(\sigma_1 p_1(k),\varepsilon_1) \\ \text{rem}(\sigma_2 p_2(k),\varepsilon_2) \\ \text{rem}(\sigma_3 p_3(k),\varepsilon_3) \\ 0 \\ 0 \\ 0 \end{bmatrix} \tag{15-2}$$

(3) 利用控制矩阵$\boldsymbol{B}$、参数ε_i和σ_i $(1\leqslant i\leqslant 3)$对受控系统进行极点配置，经极

点配置后，所有的李氏指数全为正，使得受控系统成为无简并高维超混沌系统。这种方法的基本工作原理是利用控制器和控制矩阵对标称系统进行闭环极点配置，将渐近稳定标称系统单位圆内极点全部配置到单位圆外，受控系统的极点越远离单位圆，对应的正李氏指数越大，从而将正李氏指数配置问题转化为受控系统闭环极点配置问题加以解决。

在 $F_{ij}(p(k))=a_{ij}+b_{ij}f_{ij}(p(k))$，$f_{ij}(p(k))=c_{ij}p(k)-\mathrm{round}(c_{ij}p(k))$，$p(k)=\beta\cdot p_1(k)\cdot p_2(k)\cdot p_3(k)$，$\mathrm{rem}(\sigma_i p_i(k),\varepsilon_i)$，$p_i(k)=\mathrm{rem}(\lfloor x_i(k)\rfloor,2^M)$ 中，设参数 a_{ij} 的标称值为

$$\begin{cases}a_{11}=0.12,\quad a_{12}=-0.2,\quad a_{13}=0.05,\quad a_{14}=-0.18,\quad a_{15}=0.3,\quad a_{16}=-0.1\\ a_{21}=-0.13,\quad a_{22}=-0.07,\quad a_{23}=0.1,\quad a_{24}=-0.11,\quad a_{25}=0.33,\quad a_{26}=-0.06\\ a_{31}=-0.03,\quad a_{32}=-0.34,\quad a_{33}=0.16,\quad a_{34}=-0.03,\quad a_{35}=0.33,\quad a_{36}=-0.1\\ a_{41}=0.03,\quad a_{42}=-0.26,\quad a_{43}=0.03,\quad a_{44}=-0.04,\quad a_{45}=0.44,\quad a_{46}=-0.04\\ a_{51}=-0.013,\quad a_{52}=-0.32,\quad a_{53}=0.1,\quad a_{54}=-0.13,\quad a_{55}=0.28,\quad a_{56}=0.1\\ a_{61}=0.07,\quad a_{62}=-0.2,\quad a_{63}=0.2,\quad a_{64}=-0.06,\quad a_{65}=0.2,\quad a_{66}=-0.07\end{cases}\tag{15-3}$$

参数 b_{ij} 的标称值为

$$\begin{cases}b_{11}=0.1,\quad b_{12}=-0.08,\quad b_{13}=0.07,\quad b_{14}=-0.1,\quad b_{15}=0.12,\quad b_{16}=-0.08\\ b_{21}=-0.07,\quad b_{22}=-0.03,\quad b_{23}=0.1,\quad b_{24}=-0.09,\quad b_{25}=0.17,\quad b_{26}=-0.04\\ b_{31}=-0.01,\quad b_{32}=-0.1,\quad b_{33}=0.1,\quad b_{34}=-0.01,\quad b_{35}=0.13,\quad b_{36}=-0.04\\ b_{41}=0.01,\quad b_{42}=-0.1,\quad b_{43}=0.01,\quad b_{44}=-0.02,\quad b_{45}=0.1,\quad b_{46}=-0.02\\ b_{51}=-0.007,\quad b_{52}=-0.1,\quad b_{53}=0.08,\quad b_{54}=-0.09,\quad b_{55}=0.1,\quad b_{56}=0.08\\ b_{61}=0.03,\quad b_{62}=-0.1,\quad b_{63}=0.1,\quad b_{64}=-0.04,\quad b_{65}=0.1,\quad b_{66}=-0.03\end{cases}\tag{15-4}$$

参数 c_{ij} 的标称值为

$$\begin{cases}c_{11}=2.1,\quad c_{12}=2.3,\quad c_{13}=3.1,\quad c_{14}=5.7,\quad c_{15}=7.3,\quad c_{16}=9.3\\ c_{21}=3.7,\quad c_{22}=4.3,\quad c_{23}=5.3,\quad c_{24}=7.1,\quad c_{25}=6.3,\quad c_{26}=1.3\\ c_{31}=9.1,\quad c_{32}=9.5,\quad c_{33}=7.9,\quad c_{34}=7.5,\quad c_{35}=6.7,\quad c_{36}=4.2\\ c_{41}=3.6,\quad c_{42}=5.8,\quad c_{43}=8.5,\quad c_{44}=2.4,\quad c_{45}=1.7,\quad c_{46}=8.9\\ c_{51}=4.4,\quad c_{52}=5.5,\quad c_{53}=1.1,\quad c_{54}=2.2,\quad c_{55}=3.3,\quad c_{56}=6.6\\ c_{61}=3.8,\quad c_{62}=4.6,\quad c_{63}=4.9,\quad c_{64}=5.4,\quad c_{65}=9.9,\quad c_{66}=7.7\end{cases}\tag{15-5}$$

参数 β、M、ε_i、σ_i 的标称值为

$$\begin{cases}\beta = 4.5,\ M = 8 \\ \varepsilon_1 = 1.678\times10^7, \quad \sigma_1 = 2.3\times10^8 \\ \varepsilon_2 = 3.355\times10^7, \quad \sigma_2 = 3.2\times10^8 \\ \varepsilon_3 = 6.711\times10^7, \quad \sigma_3 = 5.0\times10^8\end{cases} \tag{15-6}$$

利用式(15-2)～式(15-6)，得受控系统(15-2)的李氏指数计算结果为 $\mathrm{LE}_1 = 25.75$，$\mathrm{LE}_2 = 25.71$，$\mathrm{LE}_3 = 24.38$，$\mathrm{LE}_4 = 24.30$，$\mathrm{LE}_5 = 23.95$，$\mathrm{LE}_6 = 23.91$，混沌吸引子相图如图 15-11 所示。

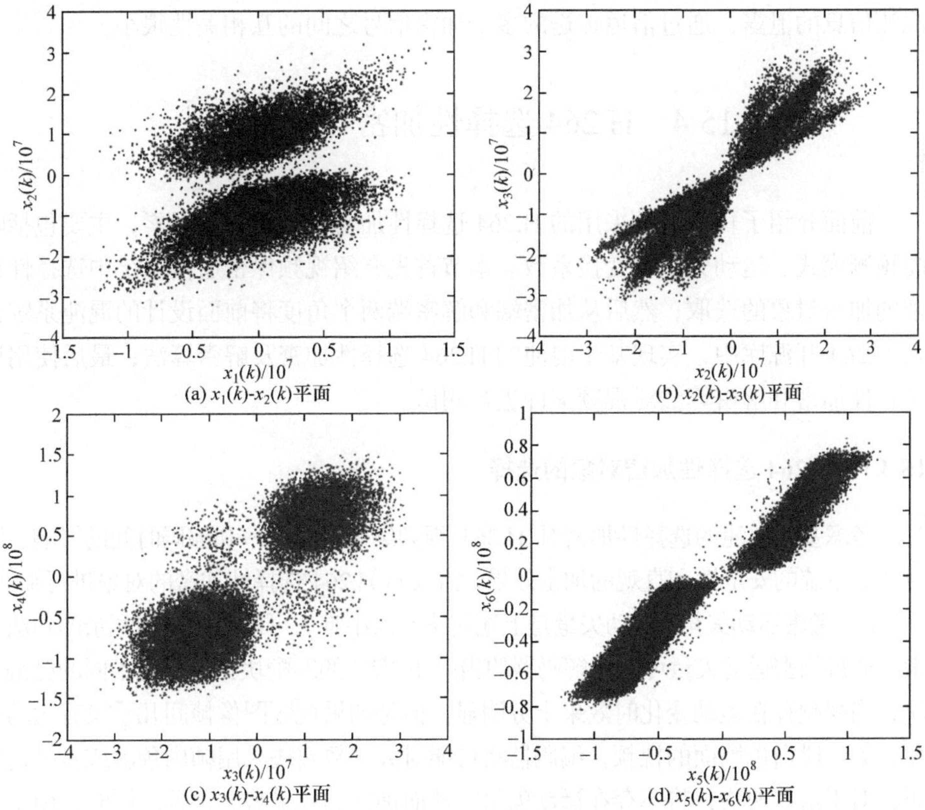

图 15-11　混沌吸引子相图

至此，完成了基于非线性标称矩阵的 6 维离散时间超混沌系统的设计。该系统的主要特点体现在以下几个方面：

(1) 用反控制方法，正李氏指数充分大并且无简并，统计特性分析结果表明该系统生成的混沌序列通过了 TestU01 测试，抗退化能力强。

(2) 由于引入非线性标称矩阵，该系统共有 100 多个相互独立的密钥参数，每个密钥都具有雪崩效应。因此，破译各个密钥参数所需的时间复杂度很高。

(3) 混沌系统中各个变量之间通常具有较大的相关性，若将某个或某些混沌变量的全部信息通过信道传输到接收端来实现混沌自同步，将增大自同步混沌密码的信息泄露。在本系统中，采用了二进制混沌变量取整后的低 M 位二进制混沌序列对信息进行加密和传送的方法，此外，在本节所设计的视频混沌保密通信系统中，采用了 64 位二进制混沌变量取整后的低 8 位二进制混沌序列，大大减小了混沌信息的泄露，通过信道传送的多个加密信号之间的互相关性很小。

15.4　H.264 选择性加密与解密算法

前面介绍了目前经常采用的 H.264 选择性加密对象的句法元素，主要包括帧内预测模式、运动矢量和变换系数。本节首先介绍视频保密通信系统中选择性加密的加密对象的选取；然后从加密端和解密端两个角度将前面设计的混沌系统植入 H.264 开源库中，实现基于混沌的 H.264 选择性加密及解密算法；最后使用该选择性加密和解密算法对视频文件进行测试。

15.4.1　H.264 选择性加密对象的选择

考虑基于混沌的选择性加密对 H.264 视频编码在压缩率和编码时间的影响，同时考虑系统的安全性和直观的加密效果，需要对 H.264 选择性加密的对象进行筛选。

(1) 考虑运动矢量。运动矢量是上述句法元素中唯一可以消除时间冗余的句法元素，通过加密运动矢量可以将解码器的当前 P 宏块的匹配块指向完全不同的已编码块，当视频存在运动变化时效果十分明显，但是如果视频图像帧间几乎没有运动变化，如一段白色墙面的视频，编码器将可能对大多数宏块采用帧内预测或者跳过编码，对于这些宏块，将不存在运动矢量，从而加密的效果将会很差。同时，由于运动信息只有在帧与帧之间出现，特别是 IDR 帧的所有宏块都是 I 宏块，采用的都是帧内预测，不存在运动矢量，所以如果仅仅加密运动矢量，IDR 帧将能够在解码端正确解码。在 H.264 中，编码器写入 H.264 码流中的是运动矢量和一个运动矢量预测值的差值，简称运动矢量差值，本节采用运动矢量差值作为加密对象，这是可行的，但是必须结合对其他句法元素的加密才能实现较好的加密效果。

(2) 考虑帧内预测模式。正如前面所述，帧内预测对于 4×4 宏块和 16×16 宏块分别有 4 种和 9 种预测模式，注意到这些预测模式都是根据已编码的宏块的像素值来进行的，如果视频图像存在较大的平坦区域，如图像中包含白色墙面，那么，对于这些平坦区域中的 I 宏块，即使加密帧内预测模式，也可能得到相差很小的预测块，从而解密端仍然可以解码出具有微小差异的重建块。另外，由于帧内预测模式对于不同大小、不同位置的宏块具有不同的有限数量的预测模式，如位于第 1 行第 2 列的宏块不可能采用模式 0 的预测模式，如果不加限制地对预测模式进行置乱，可能导致解码器解码失败而违背格式兼容性。同时考虑到增加一个加密对象对编码效率的影响，将不采用帧内预测模式作为加密对象。

(3) 考虑变换系数。变换系数实际是保存了原始宏块和预测块之间的误差的信息，对其进行加密，如果解密失败，可以最大限度地改变重建块的像素值。注意到如果对变换系数值的置乱范围过大，将会造成输出的视频数据量激增而大幅度降低压缩率。所以，需要将置乱范围限制在一定的范围内。另外，如果对变换系数矩阵中的直流分量和交流分量都进行加密，虽然加密效果明显，但是必定会影响视频的压缩率而影响网络适应性，考虑到直流分量存储了误差块中的绝大部分图像信息，所以本章仅采用变换系数矩阵中的直流分量作为加密对象，结合对运动矢量差值的加密，完成基于混沌的 H.264 的选择性加密。

15.4.2　基于软件编码库的 H.264 选择性加密和解密算法

由于密码算法不能植入硬件芯片中，所以本节设计的基于混沌的 H.264 选择性加解密算法只能由软件编码库实现，软件编码库相比硬件编码库具有占用 CPU 资源多和编码处理速度慢的缺点，后面将考虑这个问题。本节采用开源的 libx264 库中的 H.264 编码器，ffmpeg 提供的 libavcodec 库中的 H.264 解码器实现基于混沌的 H.264 选择性加解密算法。由于带有加解密算法的开源库将会在后续的介绍中作为视频混沌保密通信系统的一部分，所以下面把编码端和解码端作为通信系统的发送端和接收端进行分析。

15.4.3　发送端的 H.264 选择性加密算法

发送端 H.264 选择性加密的实现框图如图 15-12 所示。在发送端，采用前面设计的基于非线性标称矩阵的 6 维离散时间超混沌系统构造混沌密码算法，实现对所选的句法元素的选择性加密。针对原始视频中的每一个宏块，用两轮加密方法分别完成 H.264 编码过程中对运动矢量差值的水平方向分量 ξ_x 、垂直方向分量

ξ_y、离散余弦变换系数ξ_d的选择性加密，第 1 轮用$\eta_1^{(d)}$和$\eta_2^{(d)}$完成对运动矢量差值的水平方向分量ξ_x和垂直方向分量ξ_y的选择性加密，第 2 轮用$\eta_3^{(d)}$完成对离散余弦变换系数ξ_d的选择性加密。

使用两轮加密的主要原因是，本节采用同一个混沌方程生成的三个不同的混沌序列分别加密运动矢量差值的水平方向分量ξ_x、垂直方向分量ξ_y和离散余弦变换系数ξ_d，而在 H.264 的编码过程中，运动矢量和离散余弦变换系数的生成并不是同时进行的，总是有这样的规律：当宏块采用帧内预测时不存在运动矢量，即不存在运动矢量差值，而当宏块采用帧间预测时，将运动矢量差值和离散余弦变换系数写入 H.264 码流总是存在先后顺序，并且基于编码器的模块分割，这两个部分总是在不同的部分进行，秉承仅植入加密算法而不修改编码器结构的原则，将这两部分加密分成两个轮次进行是经过考虑的，值得注意的是运动矢量差值的水平分量和垂直分量是在同一个部分中进行的。这种处理方式使得对每一轮加密的同时需要额外地填充数据作为混沌系统方程的输入，例如，第一轮加密运动矢量差值的水平方向分量ξ_x和垂直方向分量ξ_y时，需要一个额外的填充数据作为输入。

如图 15-12 所示，发送端 H.264 选择性加密的实现框图总共分为三个模块：H.264 编码模块、混沌加密模块和混沌序列生成模块。H.264 编码模块属于 H.264 编码库的一部分，H.264 编码模块输出用于选择性加密的句法元素；混沌加密模块用于进行加密操作，即使用混沌序列值对句法元素进行选择性加密；混沌序列生成模块用于生成混沌序列值。混沌序列生成模块使用上述设计的基于非线性标称矩阵的 6 维离散时间超混沌系统所对应的混沌密码加密算法。

根据式(15-2)和图 15-12，得混沌序列生成模块中基于非线性标称矩阵的 6 维离散时间混沌系统的混沌密码加密算法的数学表达式为

$$\begin{bmatrix} x_1^{(d)}(k+1) \\ x_2^{(d)}(k+1) \\ x_3^{(d)}(k+1) \\ x_4^{(d)}(k+1) \\ x_5^{(d)}(k+1) \\ x_6^{(d)}(k+1) \end{bmatrix} = \begin{bmatrix} F_{11}^{(d)}(p^{(d)}(k)) & F_{12}^{(d)}(p^{(d)}(k)) & F_{13}^{(d)}(p^{(d)}(k)) & F_{14}^{(d)}(p^{(d)}(k)) & F_{15}^{(d)}(p^{(d)}(k)) & F_{16}^{(d)}(p^{(d)}(k)) \\ F_{21}^{(d)}(p^{(d)}(k)) & F_{22}^{(d)}(p^{(d)}(k)) & F_{23}^{(d)}(p^{(d)}(k)) & F_{24}^{(d)}(p^{(d)}(k)) & F_{25}^{(d)}(p^{(d)}(k)) & F_{26}^{(d)}(p^{(d)}(k)) \\ F_{31}^{(d)}(p^{(d)}(k)) & F_{32}^{(d)}(p^{(d)}(k)) & F_{33}^{(d)}(p^{(d)}(k)) & F_{34}^{(d)}(p^{(d)}(k)) & F_{35}^{(d)}(p^{(d)}(k)) & F_{36}^{(d)}(p^{(d)}(k)) \\ F_{41}^{(d)}(p^{(d)}(k))u_1^{(d)}(k) & F_{42}^{(d)}(p^{(d)}(k))u_2^{(d)}(k) & F_{43}^{(d)}(p^{(d)}(k))u_3^{(d)}(k) & F_{44}^{(d)}(p^{(d)}(k)) & F_{45}^{(d)}(p^{(d)}(k)) & F_{46}^{(d)}(p^{(d)}(k)) \\ F_{51}^{(d)}(p^{(d)}(k))u_1^{(d)}(k) & F_{52}^{(d)}(p^{(d)}(k))u_2^{(d)}(k) & F_{53}^{(d)}(p^{(d)}(k))u_3^{(d)}(k) & F_{54}^{(d)}(p^{(d)}(k)) & F_{55}^{(d)}(p^{(d)}(k)) & F_{56}^{(d)}(p^{(d)}(k)) \\ F_{61}^{(d)}(p^{(d)}(k))u_1^{(d)}(k) & F_{62}^{(d)}(p^{(d)}(k))u_2^{(d)}(k) & F_{63}^{(d)}(p^{(d)}(k))u_3^{(d)}(k) & F_{64}^{(d)}(p^{(d)}(k)) & F_{65}^{(d)}(p^{(d)}(k)) & F_{66}^{(d)}(p^{(d)}(k)) \end{bmatrix} \begin{bmatrix} x_1^{(d)}(k) \\ x_2^{(d)}(k) \\ x_3^{(d)}(k) \\ x_4^{(d)}(k) \\ x_5^{(d)}(k) \\ x_6^{(d)}(k) \end{bmatrix}$$

$$+ \begin{bmatrix} 0 & 0 & 0 & 0 & 0 & 0 \\ 0 & 0 & 0 & 0 & 0 & 0 \\ 0 & 0 & 0 & 0 & 0 & 0 \\ 1 & 1 & 1 & 0 & 0 & 0 \\ 0 & 1 & 1 & 0 & 0 & 0 \\ 0 & 0 & 1 & 0 & 0 & 0 \end{bmatrix} \begin{bmatrix} \mathrm{rem}(\sigma_1^{(d)} p_x(k), \varepsilon_1^{(d)}) \\ \mathrm{rem}(\sigma_2^{(d)} p_y(k), \varepsilon_2^{(d)}) \\ \mathrm{rem}(\sigma_3^{(d)} p_d(k), \varepsilon_3^{(d)}) \\ 0 \\ 0 \\ 0 \end{bmatrix} \tag{15-7}$$

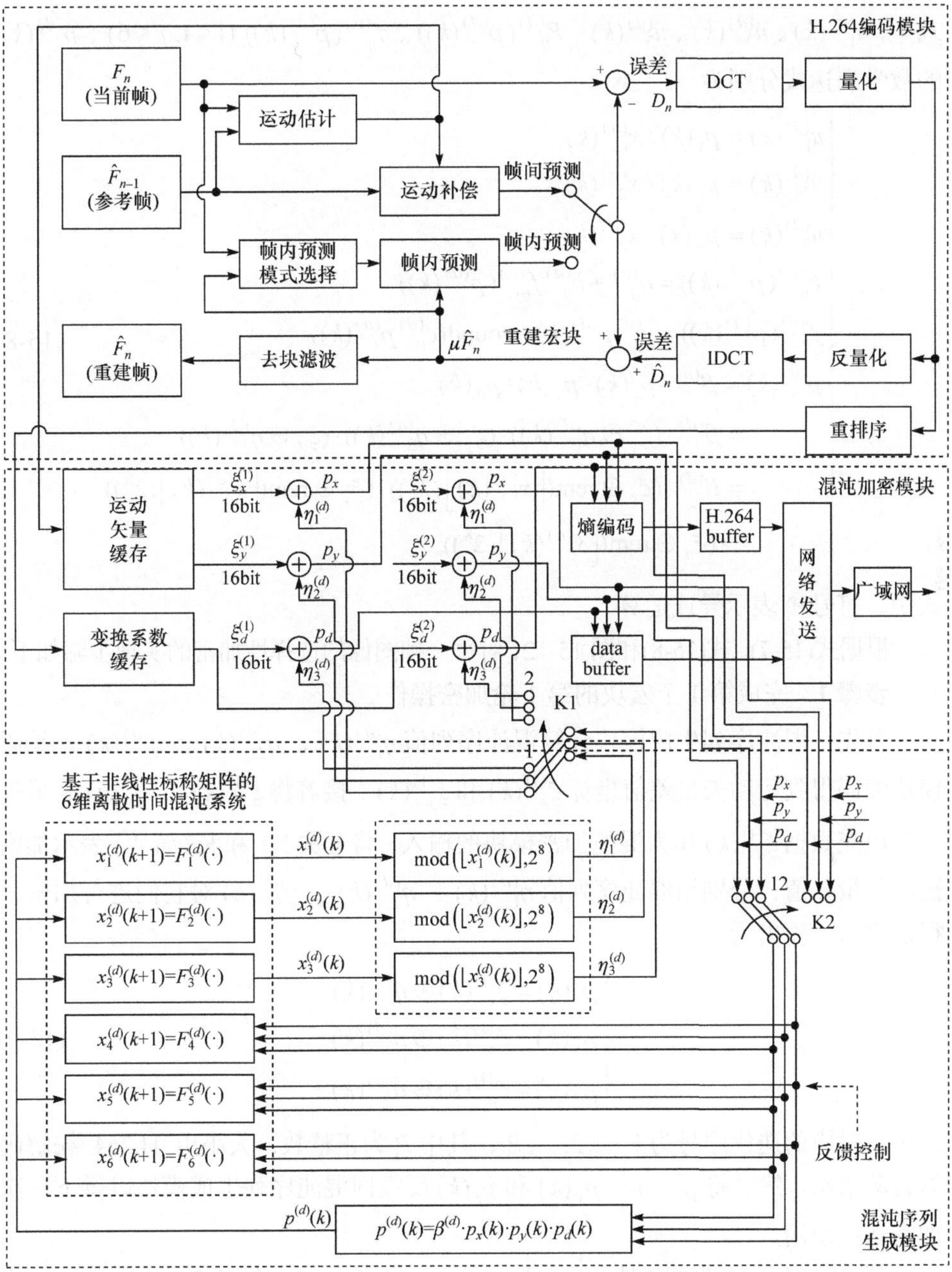

图 15-12　发送端 H.264 选择性加密的实现框图

式中，$u_1^{(d)}(k)$、$u_2^{(d)}(k)$、$u_3^{(d)}(k)$、$F_{ij}^{(d)}(p^{(d)}(k))$、$f_{ij}^{(d)}(p^{(d)}(k))$ $(1 \leqslant i, j \leqslant 6)$、$p^{(d)}(k)$ 的数学表达式分别为

$$\begin{cases} u_1^{(d)}(k) = p_x(k) / x_1^{(d)}(k) \\ u_2^{(d)}(k) = p_y(k) / x_2^{(d)}(k) \\ u_3^{(d)}(k) = p_d(k) / x_3^{(d)}(k) \\ F_{ij}^{(d)}(p^{(d)}(k)) = a_{ij}^{(d)} + b_{ij}^{(d)} f_{ij}^{(d)}(p^{(d)}(k)) \\ f_{ij}^{(d)}(p^{(d)}(k)) = c_{ij}^{(d)} p^{(d)}(k) - \operatorname{round}(c_{ij}^{(d)} p^{(d)}(k)) \\ p^{(d)}(k) = \beta^{(d)} \cdot p_x(k) \cdot p_y(k) \cdot p_d(k) \\ \qquad = \beta^{(d)} \cdot (\xi_x \oplus \eta_1^{(d)}(k)) \cdot (\xi_y \oplus \eta_2^{(d)}(k)) \cdot (\xi_d \oplus \eta_3^{(d)}(k)) \\ \qquad = \beta^{(d)} \cdot (\xi_x \oplus \operatorname{rem}(\lfloor x_1^{(d)}(k) \rfloor, 2^8)) \cdot (\xi_y \oplus \operatorname{rem}(\lfloor x_2^{(d)}(k) \rfloor, 2^8)) \\ \qquad\quad \cdot (\xi_d \oplus \operatorname{rem}(\lfloor x_3^{(d)}(k) \rfloor, 2^8)) \end{cases} \tag{15-8}$$

式中，符号 $\oplus$ 表示异或运算。

根据式(15-7)、式(15-8)和图 15-12，对每一帧图像的选择性加密的实现步骤如下。

步骤 1　完成第 1 个宏块的第 1 轮加密操作。

首先，混沌序列生成模块计算混沌序列值 $\eta_1^{(d)}(k)$、$\eta_2^{(d)}(k)$、$\eta_3^{(d)}(k)$，编码模块编码得到运动矢量差值坐标 $\xi_x^{(1)}(k)$ 和 $\xi_y^{(1)}(k)$，接着将 $\xi_x^{(1)}(k)$、$\xi_y^{(1)}(k)$ 和另外一个填充数据 $\xi_d^{(1)}(k)$ 作为混沌加密模块的输入，将开关 K1 和 K2 置 1，表示加密运动矢量差值，分别用混沌序列值 $\eta_1^{(d)}(k)$、$\eta_2^{(d)}(k)$、$\eta_3^{(d)}(k)$ 对它们进行加密，得加密后的输出为

$$\begin{cases} p_x(k) = \xi_x^{(1)}(k) \oplus \eta_1^{(d)}(k) \\ p_y(k) = \xi_y^{(1)}(k) \oplus \eta_2^{(d)}(k) \\ p_d(k) = \xi_d^{(1)}(k) \oplus \eta_3^{(d)}(k) \end{cases} \tag{15-9}$$

式中，对应的迭代序号为 $k = 1, 2, \cdots, P_1$，其中 P_1 为正整数，大小由 H.264 编解码器自动给出。然后将 $p_x(k)$、$p_y(k)$ 和 $p_z(k)$ 反馈回混沌序列生成模块以供下一次加密迭代使用。

其次，将有效加密数据 $p_x(k)$ $(k = 1, 2, \cdots, P_1)$ 和 $p_y(k)$ $(k = 1, 2, \cdots, P_1)$ 熵编码之后写入 H.264 码流对应的缓存“H.264 buffer”中，接着将加密后的填充数据 $p_d(k)$ $(k = 1, 2, \cdots, P_1)$ 写入缓存“data buffer”中。

步骤 2　完成第 1 个宏块的第 2 轮加密。

首先，混沌序列生成模块计算混沌序列值 $\eta_1^{(d)}(k)$ 、$\eta_2^{(d)}(k)$ 、$\eta_3^{(d)}(k)$ ，编码模块编码得到离散余弦变换系数 $\xi_d^{(2)}(k)$ ，接着将 $\xi_d^{(2)}(k)$ 和另外两个填充数据 $\xi_x^{(2)}(k)$ 、$\xi_y^{(2)}(k)$ 作为混沌加密模块的输入，将开关 K1 和 K2 置 2，表示加密离散余弦变换系数，分别用混沌序列值 $\eta_1^{(d)}(k)$ 、$\eta_2^{(d)}(k)$ 、$\eta_3^{(d)}(k)$ 对它们进行加密，得加密后的输出为

$$\begin{cases} p_x(k) = \xi_x^{(2)}(k) \oplus \eta_1^{(d)}(k) \\ p_y(k) = \xi_y^{(2)}(k) \oplus \eta_2^{(d)}(k) \\ p_d(k) = \xi_d^{(2)}(k) \oplus \eta_3^{(d)}(k) \end{cases} \tag{15-10}$$

式中，对应的迭代序号为 $k = P_1+1, P_1+2, \cdots, P_1+Q_1$ ，Q_1 为正整数，大小也由 H.264 编解码器自动给出。然后将 $p_x(k)$ 、$p_y(k)$ 和 $p_z(k)$ 反馈回混沌序列生成模块以供下一次加密迭代使用。

其次，将加密后填充数据 $p_x(k)$ 和 $p_y(k)$ $(k = P_1+1, P_1+2, \cdots, P_1+Q_1)$ 写入缓存“data buffer”中，将有效数据 $p_d(k)$ $(k = P_1+1, P_1+2, \cdots, P_1+Q_1)$ 熵编码后写入 H.264 码流对应的缓存“H.264 buffer”中。

步骤 3　利用式(15-9)和式(15-10)分别对一帧图像中的其余宏块进行上述相同的加密操作。

首先，利用式(15-9)完成对第 m $(m = 2,3,\cdots,M)$ 个宏块的第 1 轮加密操作，对应的迭代序号为

$$k = \sum_{i=1}^{m-1}(P_i+Q_i)+1,\ \sum_{i=1}^{m-1}(P_i+Q_i)+2, \cdots, \sum_{i=1}^{m-1}(P_i+Q_i)+P_m \tag{15-11}$$

其次，利用式(15-10)完成对第 m $(m = 2,3,\cdots,M)$ 个宏块的第 2 轮加密操作，对应的迭代序号为

$$k = \sum_{i=1}^{m}P_i + \sum_{i=1}^{m-1}Q_i + 1,\ \sum_{i=1}^{m}P_i + \sum_{i=1}^{m-1}Q_i + 2, \cdots, \sum_{i=1}^{m}P_i + \sum_{i=1}^{m-1}Q_i + Q_m \tag{15-12}$$

式中，P_i 、Q_i $(i = 1,2,\cdots,M)$ 为正整数，大小均由 H.264 编解码器自动给出。

通过上述分析可知，总共需要进行 $N = \sum_{i=1}^{M}(P_i+Q_i)$ 次迭代，才能完成对一帧图像的选择性加密。在通信系统中，当一帧图像的混沌加密完成后，先将缓存“H.264 buffer”中的 H.264 码流数据发送到接收端，再将缓存“data buffer”中加密的填充数据发送到接收端。

需要说明的是，如果当前正在编码的宏块采用的是帧内预测，而不是帧间预

测，那么该宏块编码将不会产生运动矢量，从而不存在运动矢量差值，则对应的 $P_i\ (i=1,2,\cdots,M)$ 为 0，故不需要对运动矢量差值进行加密。针对这种情况，在 H.264 编码器的控制下，将跳过相对应的步骤 1 的执行。

15.4.4　接收端的 H.264 选择性解密算法

接收端的 H.264 选择性解密的实现框图如图 15-13 所示。在接收端，采用相同的基于非线性标称矩阵的 6 维离散时间混沌系统构造混沌密码算法，实现对视频信号的选择性解密。针对加密视频中的每一个宏块，用两轮解密方法分别完成 H.264 解码过程中对加密后的运动矢量差值的水平方向分量 p_x、垂直方向分量 p_y 和离散余弦变换系数 p_d 的选择性解密，其中第 1 轮用 $\eta_1^{(r)}$ 和 $\eta_2^{(r)}$ 完成对加密后的运动矢量差值的水平方向分量 p_x 和垂直方向分量 p_y 的选择性解密，第 2 轮用 $\eta_3^{(r)}$ 完成对加密后的离散余弦变换系数 p_d 的选择性解密。解码和解密的流程是编码和加密的逆过程，采用两轮进行解密的理由与发送端相同。

如图 15-13 所示，接收端的 H.264 选择性解密的实现框图总共分为三个模块：H.264 解码模块、混沌解密模块和混沌序列生成模块。H.264 解码模块属于 H.264 解码库的一部分，H.264 解码模块输出用于选择性解密的句法元素；混沌解密模块用于进行解密操作，即使用混沌序列值对加密后的句法元素进行选择性解密；混沌序列生成模块用于生成混沌序列值。混沌序列生成模块使用上述设计的基于非线性标称矩阵的 6 维离散时间超混沌系统对应的混沌密码解密算法。

根据式(15-2)和图 15-13，得混沌序列生成模块中的基于非线性标称矩阵的 6 维离散时间混沌系统的混沌密码解密算法的数学表达式为

$$
\begin{bmatrix} x_1^{(r)}(k+1) \\ x_2^{(r)}(k+1) \\ x_3^{(r)}(k+1) \\ x_4^{(r)}(k+1) \\ x_5^{(r)}(k+1) \\ x_6^{(r)}(k+1) \end{bmatrix}
=
\begin{bmatrix}
F_{11}^{(r)}(p^{(r)}(k)) & F_{12}^{(r)}(p^{(r)}(k)) & F_{13}^{(r)}(p^{(r)}(k)) & F_{14}^{(r)}(p^{(r)}(k)) & F_{15}^{(r)}(p^{(r)}(k)) & F_{16}^{(r)}(p^{(r)}(k)) \\
F_{21}^{(r)}(p^{(r)}(k)) & F_{22}^{(r)}(p^{(r)}(k)) & F_{23}^{(r)}(p^{(r)}(k)) & F_{24}^{(r)}(p^{(r)}(k)) & F_{25}^{(r)}(p^{(r)}(k)) & F_{26}^{(r)}(p^{(r)}(k)) \\
F_{31}^{(r)}(p^{(r)}(k)) & F_{32}^{(r)}(p^{(r)}(k)) & F_{33}^{(r)}(p^{(r)}(k)) & F_{34}^{(r)}(p^{(r)}(k)) & F_{35}^{(r)}(p^{(r)}(k)) & F_{36}^{(r)}(p^{(r)}(k)) \\
F_{41}^{(r)}(p^{(r)}(k))u_1^{(r)}(k) & F_{42}^{(r)}(p^{(r)}(k))u_2^{(r)}(k) & F_{43}^{(r)}(p^{(r)}(k))u_3^{(r)}(k) & F_{44}^{(r)}(p^{(r)}(k)) & F_{45}^{(r)}(p^{(r)}(k)) & F_{46}^{(r)}(p^{(r)}(k)) \\
F_{51}^{(r)}(p^{(r)}(k))u_1^{(r)}(k) & F_{52}^{(r)}(p^{(r)}(k))u_2^{(r)}(k) & F_{53}^{(r)}(p^{(r)}(k))u_3^{(r)}(k) & F_{54}^{(r)}(p^{(r)}(k)) & F_{55}^{(r)}(p^{(r)}(k)) & F_{56}^{(r)}(p^{(r)}(k)) \\
F_{61}^{(r)}(p^{(r)}(k))u_1^{(r)}(k) & F_{62}^{(r)}(p^{(r)}(k))u_2^{(r)}(k) & F_{63}^{(r)}(p^{(r)}(k))u_3^{(r)}(k) & F_{64}^{(r)}(p^{(r)}(k)) & F_{65}^{(r)}(p^{(r)}(k)) & F_{66}^{(r)}(p^{(r)}(k))
\end{bmatrix}
\begin{bmatrix} x_1^{(r)}(k) \\ x_2^{(r)}(k) \\ x_3^{(r)}(k) \\ x_4^{(r)}(k) \\ x_5^{(r)}(k) \\ x_6^{(r)}(k) \end{bmatrix}
$$

$$
+\begin{bmatrix}
0 & 0 & 0 & 0 & 0 & 0 \\
0 & 0 & 0 & 0 & 0 & 0 \\
0 & 0 & 0 & 0 & 0 & 0 \\
1 & 1 & 1 & 0 & 0 & 0 \\
0 & 1 & 1 & 0 & 0 & 0 \\
0 & 0 & 1 & 0 & 0 & 0
\end{bmatrix}
\begin{bmatrix}
\mathrm{mod}(\sigma_1^{(r)} p_x(k), \varepsilon_1^{(r)}) \\
\mathrm{mod}(\sigma_2^{(r)} p_y(k), \varepsilon_2^{(r)}) \\
\mathrm{mod}(\sigma_3^{(r)} p_d(k), \varepsilon_3^{(r)}) \\
0 \\
0 \\
0
\end{bmatrix}
\tag{15-13}
$$

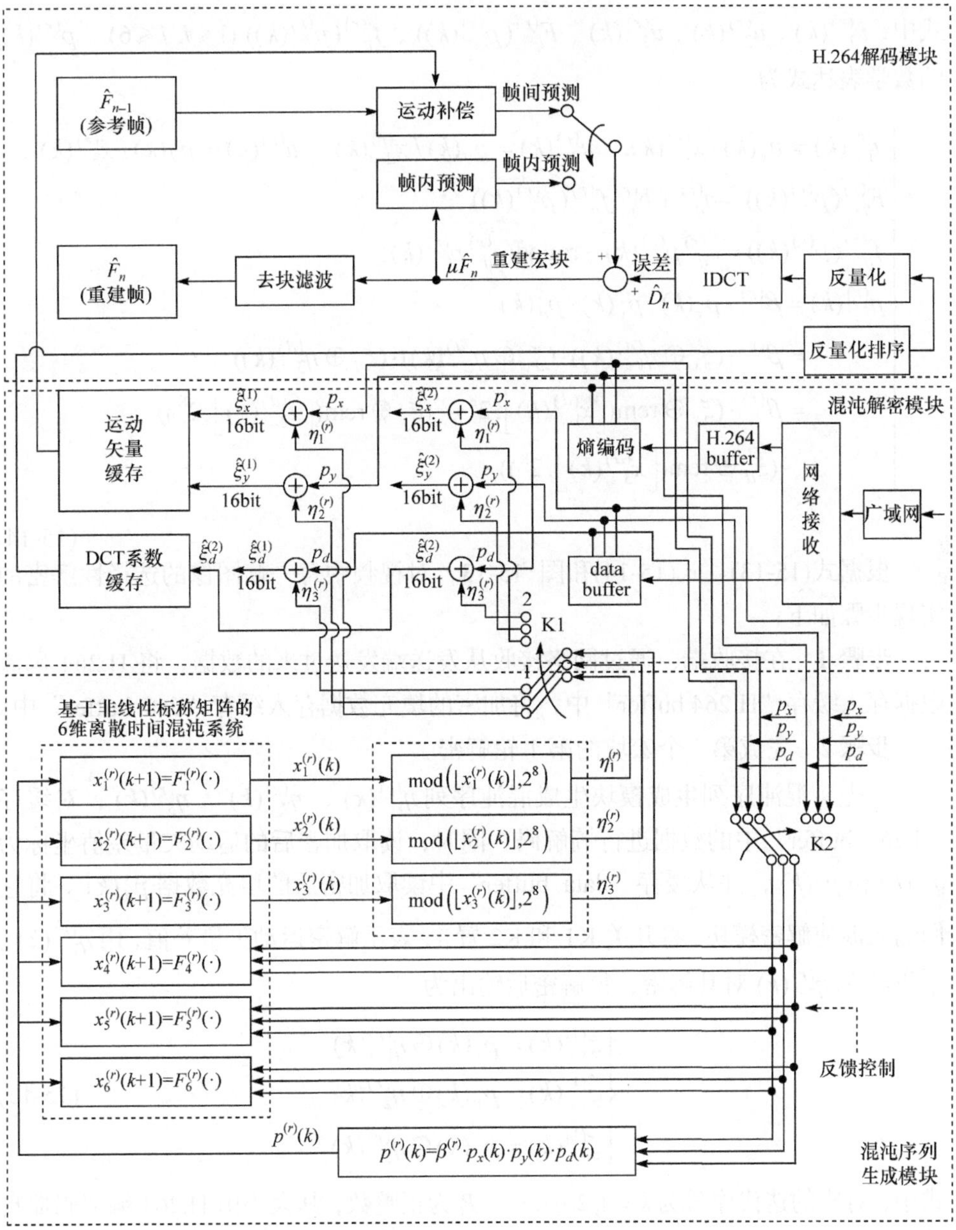

图 15-13　接收端的 H.264 选择性解密的实现框图

式中，$u_1^{(r)}(k)$、$u_2^{(r)}(k)$、$u_3^{(r)}(k)$、$F_{ij}^{(r)}(p^{(r)}(k))$、$f_{ij}^{(r)}(p^{(r)}(k))$ $(1\leqslant i,j\leqslant 6)$、$p^{(r)}(k)$ 的数学表达式为

$$\begin{cases} u_1^{(r)}(k)=p_x(k)/x_1^{(r)}(k), \quad u_2^{(r)}(k)=p_y(k)/x_2^{(r)}(k), \quad u_3^{(r)}(k)=p_d(k)/x_3^{(r)}(k) \\ F_{ij}^{(r)}(p^{(r)}(k))=a_{ij}^{(r)}+b_{ij}^{(r)}f_{ij}^{(r)}(p^{(r)}(k)) \\ f_{ij}^{(r)}(p^{(r)}(k))=c_{ij}^{(r)}p^{(r)}(k)-\mathrm{round}(c_{ij}^{(r)}p^{(r)}(k)) \\ p^{(r)}(k)=\beta^{(r)}\cdot p_x(k)\cdot p_y(k)\cdot p_d(k) \\ \qquad =\beta^{(r)}\cdot(\xi_x\oplus\eta_1^{(d)}(k))\cdot(\xi_y\oplus\eta_2^{(d)}(k))\cdot(\xi_d\oplus\eta_3^{(d)}(k)) \\ \qquad =\beta^{(r)}\cdot(\xi_x\oplus\mathrm{rem}(\lfloor x_1^{(d)}(k)\rfloor,2^8))\cdot(\xi_y\oplus\mathrm{rem}(\lfloor x_2^{(d)}(k)\rfloor,2^8)) \\ \qquad\quad \cdot(\xi_d\oplus\mathrm{rem}(\lfloor x_3^{(d)}(k)\rfloor,2^8)) \end{cases} \tag{15-14}$$

根据式(15-13)、式(15-14)和图 15-13，对视频中每一帧图像的选择性解密的实现步骤如下：

步骤 1 在接收端，通过网络接收从发送端发送过来的数据，将 H.264 码流数据存入缓存“H.264 buffer”中，将加密的填充数据存入缓存“data buffer”中。

步骤 2 完成第 1 个宏块的第 1 轮解密。

首先，混沌序列生成模块生成混沌序列 $\eta_1^{(r)}(k)$、$\eta_2^{(r)}(k)$、$\eta_3^{(r)}(k)$，对缓存“H.264 buffer”中的数据进行熵解码，同时，读取加密后的运动矢量差值坐标为 $p_x(k)$ 和 $p_y(k)$，并从缓存“data buffer”中读取加密后的填充数据 $p_d(k)$。将它们输入混沌解密模块，将开关 K1 和 K2 置 1，表示解密运动矢量差值，用 $\eta_1^{(r)}(k)$、$\eta_2^{(r)}(k)$ 和 $\eta_3^{(r)}(k)$ 对其解密，得解密后输出为

$$\begin{cases} \hat{\xi}_x^{(1)}(k)=p_x(k)\oplus\eta_1^{(r)}(k) \\ \hat{\xi}_y^{(1)}(k)=p_y(k)\oplus\eta_2^{(r)}(k) \\ \hat{\xi}_d^{(1)}(k)=p_d(k)\oplus\eta_3^{(r)}(k) \end{cases} \tag{15-15}$$

式中，对应的迭代序号为 $k=1,2,\cdots,P_1$，P_1 为正整数，其大小由 H.264 编解码器自动给出。同时将 $p_x(k)$、$p_y(k)$ 和 $p_z(k)$ 反馈回混沌序列生成模块以供下一次解密迭代使用。

其次，将解密后的运动矢量差值坐标 $\hat{\xi}_x^{(1)}(k)$ 和 $\hat{\xi}_y^{(1)}(k)$ $(k=1,2,\cdots,P_1)$ 送入解码模块中，并将解密后的填充数据 $\hat{\xi}_d^{(1)}(k)$ $(k=1,2,\cdots,P_1)$ 丢弃。

步骤 3　完成第 1 个宏块的第 2 轮解密。

首先，混沌序列生成模块生成混沌序列 $\eta_1^{(r)}(k)$ 、$\eta_2^{(r)}(k)$ 、$\eta_3^{(r)}(k)$ ，从缓存"data buffer"中读取加密后的填充数据 $p_x(k)$ 和 $p_y(k)$ ，从熵解码后的数据中读取加密后离散余弦变换系数 $p_d(k)$ 。将它们输入混沌解密模块，将开关 K1 和 K2 置 2，表示解密离散余弦变换系数，用 $\eta_1^{(r)}(k)$ 、$\eta_2^{(r)}(k)$ 和 $\eta_3^{(r)}(k)$ 对它们进行解密，得解密后的输出为

$$\begin{cases}\hat{\xi}_x^{(2)}(k)=p_x(k)\oplus\eta_1^{(r)}(k)\\ \hat{\xi}_y^{(2)}(k)=p_y(k)\oplus\eta_2^{(r)}(k)\\ \hat{\xi}_d^{(2)}(k)=p_d(k)\oplus\eta_3^{(r)}(k)\end{cases}\tag{15-16}$$

式中，对应的迭代序号为 $k=P_1+1,P_1+2,\cdots,P_1+Q_1$ ，Q_1 为正整数，其大小也由 H.264 编解码器自动给出。同时将 $p_x(k)$ 、$p_y(k)$ 和 $p_z(k)$ 反馈回混沌序列生成模块以供下一次解密迭代使用。

其次，将解密后的离散余弦变换系数 $\hat{\xi}_d^{(2)}(k)$ $(k=P_1+1,P_1+2,\cdots,P_1+Q_1)$ 送入解码模块中，将解密后的填充数据 $\hat{\xi}_x^{(2)}(k)$ 和 $\hat{\xi}_y^{(2)}(k)$ $(k=P_1+1,P_1+2,\cdots,P_1+Q_1)$ 丢弃。

步骤 4　利用式(15-15)和式(15-16)分别对视频中的其余宏块进行上述相同的解密操作。

首先利用式(15-15)完成对第 m $(m=2,3,\cdots,M)$ 个宏块的第 1 轮解密操作，得到对应迭代序号如式(15-11)所示。

其次，利用式(15-16)完成对第 m $(m=2,3,\cdots,M)$ 个宏块的第 2 轮解密操作，得对应的迭代序号如式(15-12)所示。由于解密是加密的逆过程，故同样需要进行 $N=\sum_{i=1}^{M}(P_i+Q_i)$ 次迭代，才能完成对一帧图像的选择性解密。

需要说明的是，与 H.264 的编码相对应，如果当前正在解码的宏块采用的是帧内预测，而不是帧间预测，则该宏块解码过程中将无法从熵解码后的数据中读取相对应的运动矢量差值，同理，对应的 P_i $(i=1,2,\cdots,M)$ 为 0，故不需对运动矢量差值进行解密，步骤 2 的执行将会被跳过。

当发送端和接收端所有参数匹配，即满足 $\eta_1^{(r)}(k)=\eta_1^{(d)}(k)$ 、$\eta_2^{(r)}(k)=\eta_2^{(d)}(k)$ 、$\eta_3^{(r)}(k)=\eta_3^{(d)}(k)$ 、$\hat{\xi}_x=\xi_x$ 、$\hat{\xi}_y=\xi_y$ 、$\hat{\xi}_d=\xi_d$ 时，接收端可以将运动矢量差值的水平方向分量 ξ_x 、垂直方向分量 ξ_y 、离散余弦变换系数 ξ_d 正确解密出来。

将上述基于混沌的 H.264 选择性加密算法和解密算法分别用 libx264 库和 ffmpeg 的 libavcodec 库实现，即得到了带有选择性加密算法的修改后的 libx264 库以及带有选择性解密算法的修改后的 libavcodec 库。15.4.5 节将这两个库放置在视频通信系统中，从而实现基于 H.264 选择性加密的视频混沌保密通信。

15.4.5　H.264 选择性加密和解密算法对视频文件的测试

在将所得的修改后的开源库放置于视频通信系统中完成基于 H.264 选择性加密的视频混沌保密通信系统之前，本节根据上述修改后的开源库实现的 H.264 混沌选择性加密算法，进一步对视频文件进行测试，测试结果如图 15-14 所示。测试方法与步骤如下：

(1) 在计算机上，使用修改后的 libx264 库编写编码测试程序，设置 H.264 编码器使用档次，编码 100 帧，I 帧的循环周期为 25，熵编码模式为 CAVLC，测试视频格式为 CIF(352×288)。使用该测试程序对测试视频进行选择性加密，将得到的加密后的 H.264 视频数据以及加密后的填充数据存储于一个文件中。

(2) 在同一台计算机上，使用修改后的 libavcodec 库编写解码测试程序，该测试程序对上述所得的文件进行选择性解密，给出参数匹配和失配两种情况下的结果。其中，参数失配的情况是解密端的 c_{11} 相比加密端的 c_{11} 有 10^{-10} 的差别。

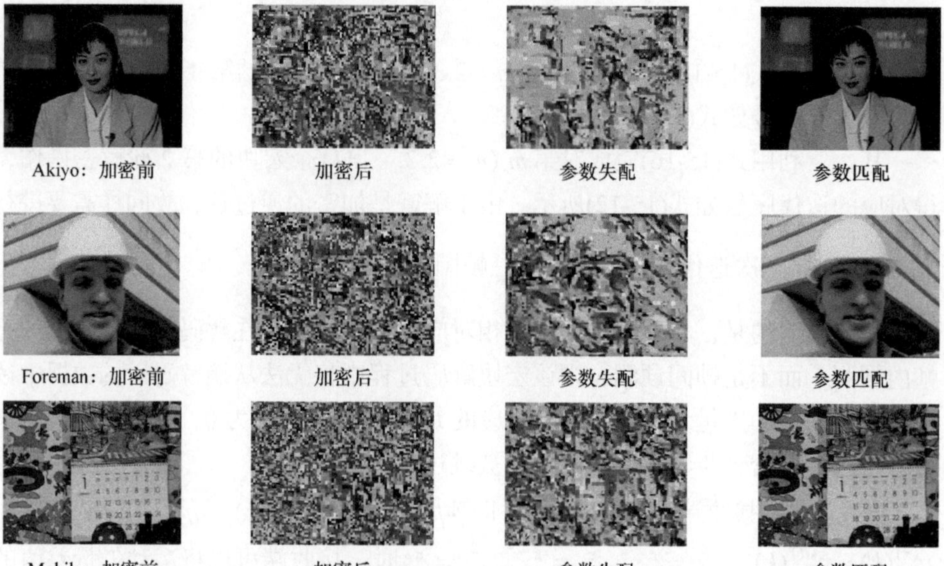

Akiyo：加密前　加密后　参数失配　参数匹配

Foreman：加密前　加密后　参数失配　参数匹配

Mobile：加密前　加密后　参数失配　参数匹配

(a) I帧(第0帧)

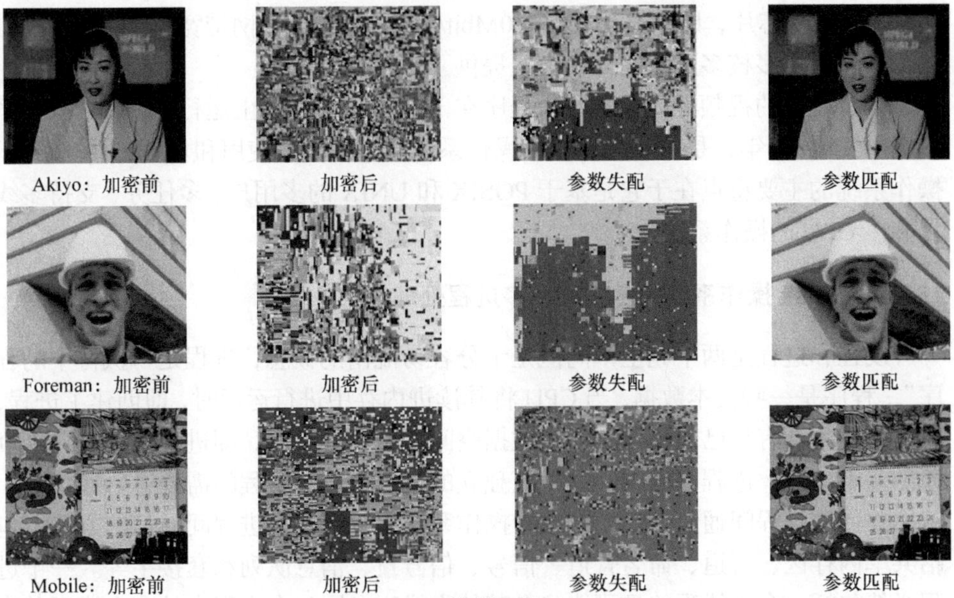

(b) P帧(第24帧)

图 15-14 Akiyo、Foreman 和 Mobile 的测试结果

值得说明的是，开源库一般可以选择生成为动态库，动态库可以在应用程序编译时动态链接，在程序运行时再读取动态库代码进内存，而不是编译时就将库的内容编译进可执行程序中，这样不仅可以减少可执行程序的占用空间，而且有利于移植，如下文中将介绍的，本节将使用修改后的动态库直接替换未修改的动态库来完成视频保密通信系统，而对应用程序的源代码仅仅需要做少量的修改。同时，由于应用程序和动态库在运行之前是独立的部分，这样有利于模块化调试，容易定位运行错误等问题，提高开发效率。

libx264 库仅提供了 H.264 的编码库，而 ffmpeg 的 libavcodec 库中提供了 H.264 编解码器，之所以不选择 libavcodec 库中的 H.264 编码器而选择了 libx264 库的 H.264 编码器的原因之一是，libavcodec 库中包含了众多的编解码器，其中不仅包含了视频编解码器，还包含语音编解码器，使得 libavcodec 库相比于 libx264 库要大得多，运行费用也会比较高，这对于嵌入式等设备，是一个需要考虑的问题。

15.5 视频混沌保密通信系统的设计

15.5.1 软硬件开发平台介绍

本节采用的硬件实验平台为 Friendly ARM Tiny 4412 开发板，其中每个 CPU 核的主频达到 1.5GHz，同时配备了 800×1280 分辨率的高清显示屏，带有一个

DM9621 网卡芯片，具有 100Mbit/s/10Mbit/s 的自适应以太网带宽容量。4 个 CPU 核为本节采用多核多进程的处理模式提供了支持。

本节设计的视频混沌保密通信程序在 Linux 操作系统上运行，Linux 操作系统诞生于 1991 年，是一套类 UNIX 操作系统，它可免费使用和自由传播。Linux 操作系统的主要特点在于它是基于 POSIX 和 UNIX 的多用户、多任务、支持多线程和多 CPU 的操作系统。

15.5.2　Linux 操作系统的多线程及多进程处理模式

线程和进程是两个完全不同但是十分容易混淆的概念，进程是“执行中的程序”，程序是一些文本数据，当 CPU 将其读进内存中进行运行时，即创建了进程，每一个进程拥有自己的代码空间和数据空间以及其他资源，即进程是系统分配资源的基本单位。进程和进程间是相互独立的，当进程和进程间需要进行通信时，就需要使用进程间通信(IPC)，Linux 操作系统提供了多种进程间通信的方法，包括共享内存区、管道、命名管道、信号、信号量、消息队列和套接字等。一个进程必然包括一个主线程并且可能包含其他次线程。同一个进程内的多个线程共享进程的数据空间，多个线程在不加限制的情况下可以同时访问同一个地址空间，从而线程间常常需要有限制同时访问的手段，在 Linux 操作系统中提供了互斥锁和条件变量等机制来实现这种手段。Linux 操作系统同时为线程间的通信提供了多种方法，如信号量和信号机制等。

多线程和多进程都是基于并行处理的思想，在同一个时间内可以执行多个任务。操作系统拥有一个线程调度机制和进程调度机制来为线程或进程在单个或者多个 CPU 上进行切换。下面以进程为例来说明这个问题，如图 15-15 所示。其中对于单 CPU 系统，在 t_1 时刻，进程 1 可能由 CPU 运行，而在 t_2 时刻，CPU 可能会被调度用于进程 2 的运行。对于多 CPU 系统，在 t_1 时刻，进程 1 运行于 CPU1 而进程 2 运行于 CPU2，而在 t_2 时刻，进程 1 可能运行于 CPU2 而进程 2 可能运行于 CPU1。进程可以由操作系统在 CPU 上进行这种切换和协调是为了让所有在操作系统中运行的程序公平、高效地占有系统资源。对于线程调度也是类似的原理，不再详述。而线程和进程在 CPU 间切换时需要进行上下文切换，也就是将在原来 CPU 上的数据转移到新的 CPU 上，这是需要开销的，这对当前进程来说是不利的，但是对于操作系统是有益的。Linux 操作系统提供了一种机制可以让一个线程或者进程运行在一个固定的 CPU 上，也就是将一个线程或者进程绑定在一个 CPU 上，以使该线程或者进程一直在该 CPU 上运行不进行切换以减少切换消耗，这对于以运行该应用程序为主要任务的操作系统来说是有益的。在 Linux 操作系统中实现这种绑定的代码如下：

```
cpu_set_t mask;
cpu_set_t get;
int i,j,num,count,now=0;
num = sysconf(_SC_NPROCESSORS_CONF);
printf("system has %d processors\n",num);
do{
   i = 1;j = 0;count = 0;
   CPU_ZERO(&mask);
   CPU_SET(i,&mask);
   if(sched_setaffinity(0,sizeof(mask),&mask)<0)
         fprintf(stderr,"set thread affinity failed\n");
   CPU_ZERO(&get);
   if(sched_getaffinity(0,sizeof(&get),&get)<0)
         fprintf(stderr,"get thread affinity failed\n");
   for(j=0;j<num;j++)
      if(CPU_ISSET(j,&get)){
         count ++;
         printf("server_thread    count = %d\n",count);
         now = j;
   }
}while((count != 1) || (now != i));
count = 0;
```

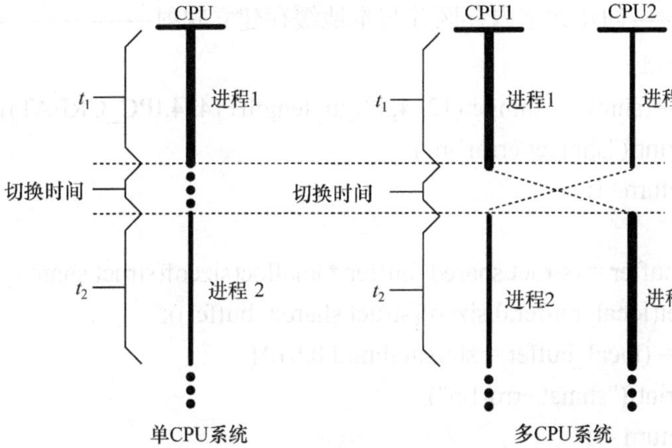

图 15-15　单 CPU 系统和多 CPU 系统的进程调度

线程和进程之间的主要区别在于，进程拥有自己独立的地址空间，而线程共享所属进程的地址空间，也就是说，在同一个进程中的多个线程，对于全局变量的修改是可见的，而进程之间由于是独立的，其对于全局变量的访问也是独立的。当视频混沌保密通信系统中采用多线程模式时，将系统各个模块拆分为多个线程进行处理，但是对于编码，由于使用了硬件编码，处理速度较快，所以并没有进行并行编码。而在本节中，限制视频显示帧率的主要原因是软件编码库的低处理速度，如果使用线程拆分任务，软件编码仍然会是系统运行瓶颈，而如果使用线程进行并行编码，则由于多个线程共享相同的地址空间，多个线程会同时对编码库中的全局地址空间进行访问造成线程安全问题而使线程间的并行编码互相影响，于是采用多进程来进行并行编码，每个进程拥有独立的地址空间使得进程间的并行编码不会互相影响。需要注意的是，上述基于进程的并行编码指的不是拆分编码一帧图像的各个部分由多个进程处理，而是由多个进程来编码多帧。

选择使用多进程进行并行编码，虽然进程之间的地址空间是独立的，但是对于应用程序，进程间仍然存在着关联，于是需要进行进程之间的通信。本节选择了上述多种进程间通信方法中的共享内存区的方法，因为需要在进程间快速地对较大的缓存进行存取，管道等方法无法满足这种要求。共享内存区的使用流程如下：

(1) 由一个主进程创建共享内存区，并给定内存区中各个区域所对应的数据类型。以下为主进程创建一个包含一个数组和一个整型变量的共享内存区并将其与本地缓存建立映射的 C 语言代码。

```
    struct shared_buffer{ //共享内存区变量定义
        int count;
        unsigned char buffer[1024];
    };
//--------------创建共享内存区并与本地缓存建立映射----------------------------
    int shmid;
    if(-1 == (shmid = shmget(1234,3*rgb_length+14*4,IPC_CREAT))){
          printf("shmget error!\n");
          return -1;
    }
    local_buffer = (struct shared_buffer *)malloc(sizeof(struct shared_buffer));
    memset(local_buffer,0,sizeof(struct shared_buffer));
    if(-1 == (local_buffer = shmat(shmid,0,0))){
          printf("shmat error!\n");
          return -1;
    }
//-----------------------------------------------------------------------
```

(2) 需要为与主进程进行通信的其他进程根据相同的数据类型定义一个本地缓存，然后将主进程创建的共享内存区映射到该本地缓存。以下为一个进程创建一个本地缓存并将共享内存区映射到该本地缓存的代码。

```
struct shared_buffer{ //共享内存区变量定义
int count;
unsigned char buffer[1024];
};
//---------------建立本地缓存和共享内存区的映射--------------------------------
int shmid;
struct shared_buffer *local_buffer;
local_buffer = (struct shared_buffer *)malloc(sizeof(struct shared_buffer));
shmid = shmget(1234,0,0);
local_buffer = shmat(shmid,0,0);
//-------------------------------------------------------------------------------
```

(3) 至此，主进程和其他进程可以直接对共享内存区进行存取，需要注意的是，这不是安全的，因为可能同时有多个进程修改共享内存区中的同一个位置，所以需要一种机制来保证进程间是安全的，本节使用了一种基于旗标变量的方法来实现这种机制，这将在下文中结合多核多进程模式在通信系统中的实现来详细阐述。

15.5.3 视频混沌保密通信系统的软件整体设计方案

1. 基于单进程和 H.264 选择性加密的视频混沌保密通信系统设计

在完成基于 H.264 选择性加密的视频混沌保密通信系统的设计前，首先设计一个简单的视频通信系统,其设计框图如图 15-16 所示,该系统采用单进程的处理模式。

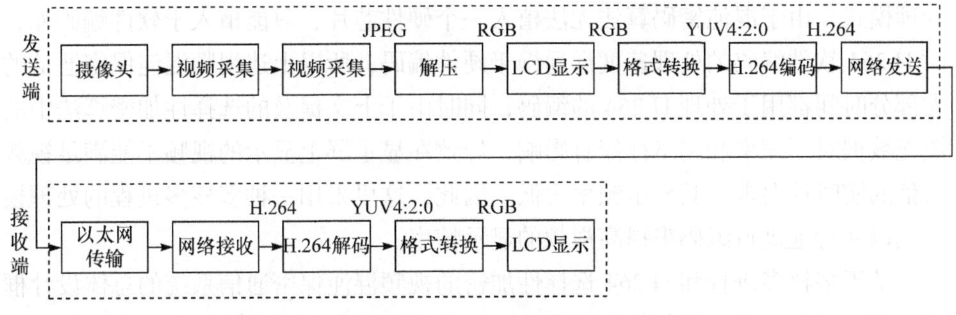

图 15-16　基于 H.264 编解码的单进程模式视频通信系统的设计框图

在发送端，摄像头采集一帧 JPEG 格式的图像，然后使用 JPEG 解码器解码得到 RGB 格式的图像，接着 RGB 格式图像通过 VGA 接口传输到显示屏显示，然后 RGB 格式图像通过格式转换器转换为 YUV4:2:0 格式后输入 libx264 库提供的 H.264 编码器，编码完成后将得到的 H.264 视频数据通过网络传输给接收端。

接收端采用与发送端相反的路径，从网络读取 H.264 视频数据，然后通过 ffmpeg 中的 libavcodec 库提供的解码器进行解码得到 YUV4:2:0 格式图像，接着通过格式转换器转换为 RGB 格式图像后通过 VGA 接口传输到显示屏进行显示。

以上过程不断循环进行，从而实现一个基于 H.264 编解码的单进程模式视频通信系统。在此基础上，将 15.5.2 节中设计的修改后的 libx264 库和 libavcodec 库替换上述通信系统中的 libx264 库和 libavcodec 库，再对视频通信系统做少量关于填充数据处理的修改，便完成了一个基于 H.264 选择性加密的单进程模式视频混沌保密通信系统的设计，如图 15-17 所示。

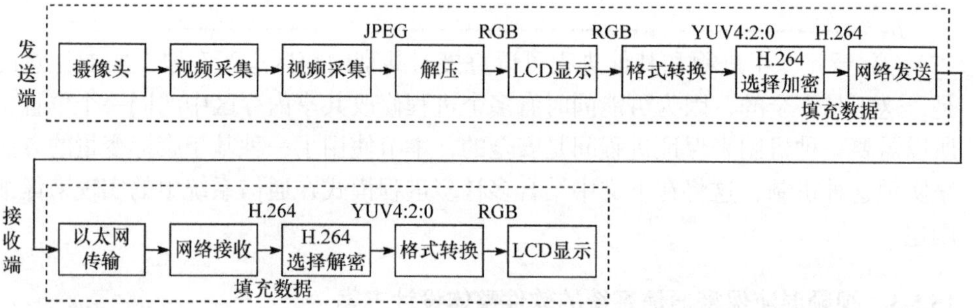

图 15-17　基于 H.264 选择性加密的单进程模式视频混沌保密通信系统的设计框图

2. 基于多核多进程和 H.264 选择性加密的视频混沌保密通信系统设计

在上述基于 H.264 选择性加密的视频混沌保密通信系统中，采用了单进程的处理模式。由于混沌密码算法无法植入一个硬件芯片，只能植入于软件编码库，而 H.264 软件编码的处理速度远远慢于硬件编码，所以上述视频混沌保密通信的大部分时间都用于处理 H.264 的编码，同时由于上文提及的选择性加密算法中的填充数据对压缩率和网络性能有影响，导致在显示屏上显示的视频不能满足视频通信的实时性要求，其显示帧率太低。因此，这里采用一种多核多进程的处理模式用以并行地进行编码来提高视频的显示帧率。

基于多核多进程和 H.264 选择性加密的视频混沌保密通信系统的总体设计框图如图 15-18 所示，其中发送端采用 4 核 4 进程模式实现并行处理，每一个 CPU 核绑定一个进程。通过 4 个旗标变量 flag0、flag1、flag2、flag3 来控制开关 K0～

K9 的轮流接通。具体而言，当 flag0=1,2,3 时，第 1 个进程通过 flag0 控制开关 K0 的轮流接通，完成以帧为单位的视频信号轮流采集并存放到共享内存区中，提供给第 2、3、4 个进程读取后处理；同理，第 2、3、4 个进程通过 flag1、flag2、flag3 分别控制开关 K1～K3、K4～K6、K7～K9 的轮流接通来实现，使得进程 2、3、4 能并行处理 3 帧原始视频的内存读取、JPEG 解压、原始视频的 LCD 显示、RGB 格式到 YUV4:2:0 格式的转换、H.264 编码过程中的选择性加密、网络发送。

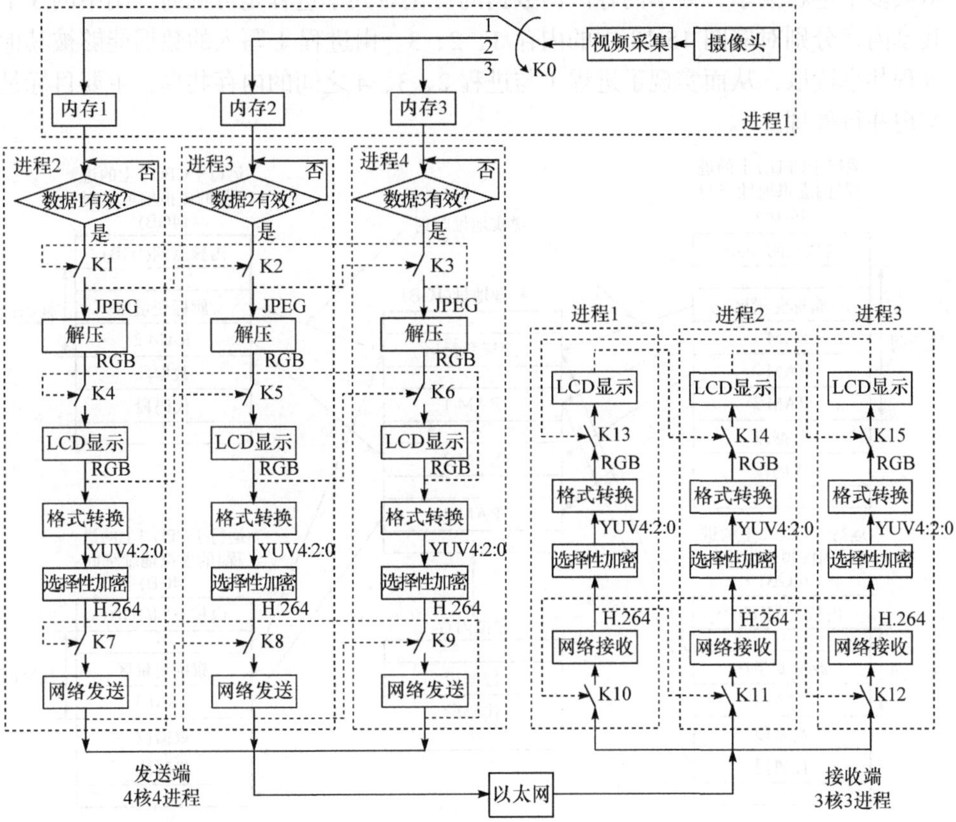

图 15-18　基于多核多进程和 H.264 选择性加密的视频混沌保密通信系统的总体设计框图

加密视频通过以太网传送到接收端，接收端采用 3 核 3 进程模式实现并行处理，每一个 CPU 核绑定一个进程。通过 2 个旗标变量 flag4、flag5 来控制开关 K10～K15 的轮流接通，具体而言，第 1、2、3 个进程通过 flag4、flag5 分别控制开关 K10～K12、K13～K15 的轮流接通来实现并行处理 3 帧加密视频的网络接收、H.264 解码过程中的选择性解密、解密视频的 YUV4:2:0 格式到 RGB 格式的转换、解密视频的 LCD 显示。

在上述多核多进程处理模式中，涉及多个进程共享内存和旗标变量。以发送端为例，发送端 4 个进程共享内存的具体实施方案如图 15-19 所示。每一个进程都有自己独立的进程虚拟地址空间，通过内存管理单元的虚实地址转换，建立虚拟地址空间与物理内存空间之间的映射关系。根据图 15-19，进程 1 开辟了包含 3 个共享内存和 1 个旗标变量共享区的共享内存区。进程 2、3、4 通过 Linux 操作系统提供的共享内存函数将共享内存区映射到本地缓存。多个箭头所指的区域表示被多个进程共享，共享内存区内数据的变化对共享进程是可见的。图中的 3 个共享内存分别对应图 15-18 中的内存 1、2、3。由进程 1 写入的数据能够被其他进程共享读取，从而实现了进程 1 与进程 2、3、4 之间的内存共享，主要目标是实现并行处理。

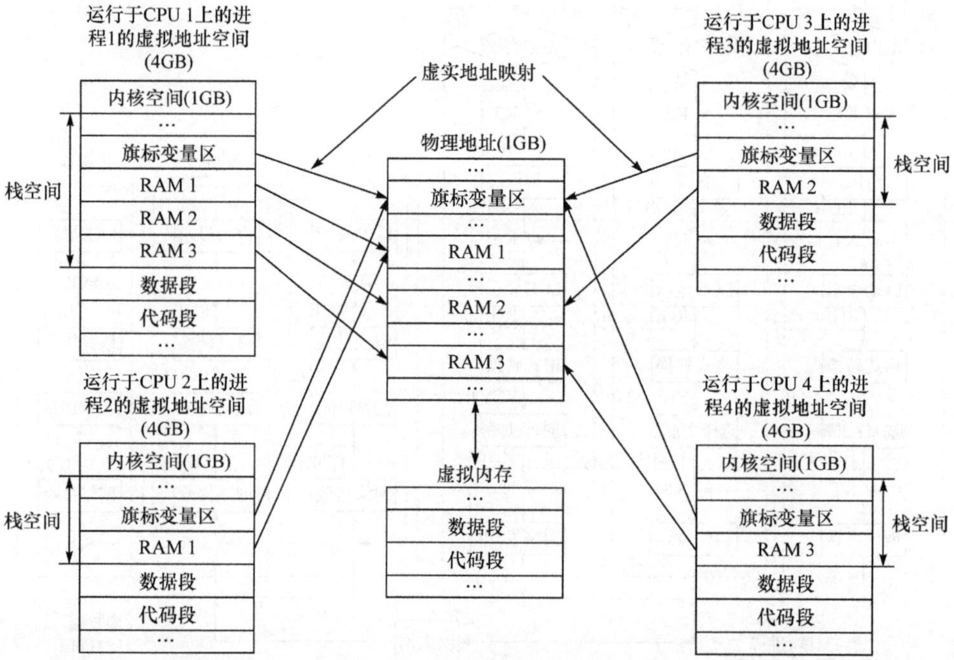

图 15-19　发送端 4 个进程共享内存和旗标变量的原理框图

在图 15-19 中，旗标变量区存放若干个旗标变量，被 4 个进程共享。共享内存被一个进程访问时，另外的进程不应该进行读取，这是本节使用旗标变量的目的。每一个旗标变量标示出一种操作权限，任何进程要独占操作共享资源之前，必须先判断区域中对应的旗标变量，如果旗标变量标示出进程获得权限，则进程独占资源并操作，释放资源之后修改旗标变量，旗标变量的修改对其他所有进程是可见的；如果旗标变量标示出进程尚未获得权限，则进程继续循环判断旗标变量，并且处于等待状态，直到权限到来。此外，接收端 3 个进程共享内存和旗标变量的情况是类似的，此处不再详述。

15.6　ARM 嵌入式平台上的硬件实现

15.6.1　通信系统硬件结构及开发环境的构建

视频混沌保密通信系统的广域网实时远程传输通信系统硬件结构如图 15-20 所示，其中选用了两款相同的 Friendly ARM Tiny 4412 嵌入式开发板作为发送端和接收端的硬件实验平台，发送端和接收端通过 VGA 接口连接到 LCD 显示器，发送端通过以太网接口 RJ45 和网关路由器 1 的 LAN 接口相互连接，接收端和计算机通过以太网接口 RJ45 和网关路由器 2 的 LAN 接口相互连接，采用 TCP 实现广域网远程传输。

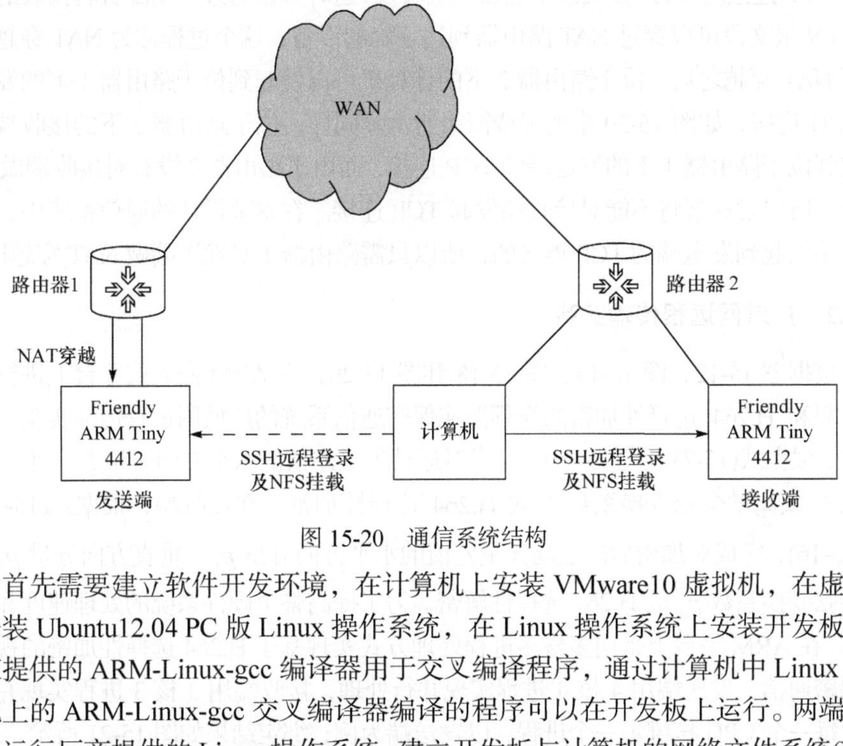

图 15-20　通信系统结构

首先需要建立软件开发环境，在计算机上安装 VMware10 虚拟机，在虚拟机上安装 Ubuntu12.04 PC 版 Linux 操作系统，在 Linux 操作系统上安装开发板生产厂家提供的 ARM-Linux-gcc 编译器用于交叉编译程序，通过计算机中 Linux 操作系统上的 ARM-Linux-gcc 交叉编译器编译的程序可以在开发板上运行。两端的开发板运行厂商提供的 Linux 操作系统，建立开发板与计算机的网络文件系统(NFS)连接，计算机上的应用程序所在目录挂载到开发板的/mnt 目录下。建立计算机与两端开发板的安全外壳协议(SSH)连接，使得计算机能够通过以太网远程登录操控开发板。通过计算机和两个开发板的 SSH 连接，计算机可以通过网络同时控制两个开发板，使得程序的修改、编译、调试和启动运行都通过计算机完成。

在图 15-20 中，路由器 1 对发送端做了网络地址转换(NAT)穿越，安装有 NAT 软件的路由器称为 NAT 路由器，NAT 路由器至少有一个接口与 WAN 相连，也就是说，它至少有一个外部全球 IP 地址，而与其 LAN 接口相连的设备由其分配 IP 地址，这些 IP 地址都为本地地址，是不为外部世界知晓的。目前的大多数家用路由器都为 NAT 路由器，NAT 使用少量的公有 IP 地址代替私有 IP 地址，有助于减缓可用 IP 地址空间的枯竭。NAT 路由器后的设备在与局域网外的设备通信时都需要 NAT 路由器将其本地 IP 地址转换为全球 IP 地址，NAT 使用一张转换表来保留这种转换关系以便从外部进入路由器的分组可以转发到正确的接收设备上。由于这个原因，在 NAT 路由器后的设备如果使用 TCP 发起到局域网外的设备的连接，或者使用 UDP 直接发送分组时，由于转换表的存在，可以正常地进行。而对于局域网外部的设备想要发起到 NAT 路由器后的设备的 TCP 连接时，由于本地地址是不能被外部寻址的，所以用于 TCP 连接的 SYN 报文段不能被正确转发，这时可以通过手动配置转换表的方法使 SYN 报文段可以穿过 NAT 路由器到达正确的设备，这个过程称为 NAT 穿越。进行了 NAT 穿越之后，位于路由器 2 下的计算机可以发起到位于路由器 1 下的发送端的 SSH 连接，如图 15-20 中的虚线箭头所示。同样，位于路由器 2 下的接收端可以发起到位于路由器 1 下的发送端的 TCP 连接，而由于路由器 2 没有对接收端做 NAT 穿越，所以发送端将不能对接收端发起 TCP 连接。在本节设计的通信系统中，是由接收端发起到发送端的 TCP 连接的，所以只需路由器 1 对发送端做 NAT 穿越即可。

15.6.2 广域网远程传输实验

根据图 15-12、图 15-13、图 15-18 和图 15-20，在 ARM 嵌入式平台上进行多核多进程和 H.264 选择性加密的视频混沌保密通信系统的广域网远程传输实验。在发送端，根据式(15-7)～式(15-10)，完成对运动矢量差值的水平方向分量ξ_x、垂直方向分量ξ_y及离散余弦变换系数ξ_d的 H.264 选择性加密，在接收端，根据式(15-13)～式(15-16)，完成对加密后的运动矢量差值的水平方向分量p_x、垂直方向分量p_y、离散余弦变换系数p_d的 H.264 选择性解密。为了提高整个硬件系统的处理速度和传输帧率，在 ARM 平台上采用多核多进程处理方式实现基于 H.264 选择性加密的视频混沌保密通信，发送端用 4 核 4 进程实现并行处理，接收端用 3 核 3 进程实现并行处理，每一个 CPU 核绑定一个进程，以发送端为例，绑定结果如图 15-21 所示，ARM 嵌入式硬件实验平台如图 15-22 所示。当所有的参数均为匹配时，即满足$a_{ij}^{(r)}=a_{ij}^{(d)}=a_{ij}$，$b_{ij}^{(r)}=b_{ij}^{(d)}=b_{ij}$，$c_{ij}^{(r)}=c_{ij}^{(d)}=c_{ij}$，$\beta^{(r)}=\beta^{(d)}=\beta$，$\varepsilon_m^{(r)}=\varepsilon_m^{(d)}=\varepsilon_m$，$\sigma_m^{(r)}=\sigma_m^{(d)}=\sigma_m$，$1\leqslant i,j\leqslant 6$，$1\leqslant m\leqslant 3$，$M=8$，其中的标称参数$a_{ij}$、$b_{ij}$、$c_{ij}$、$\beta$、$\varepsilon_m$、$\sigma_m$如式(15-3)～

式(15-6)所示，接收端能正确解密出原始视频，硬件实验结果如图 15-23 所示。当其中有一个参数失配，而其余参数均为匹配时，接收端无法解密出原始视频，所得到的硬件实验结果如图 15-24 所示。

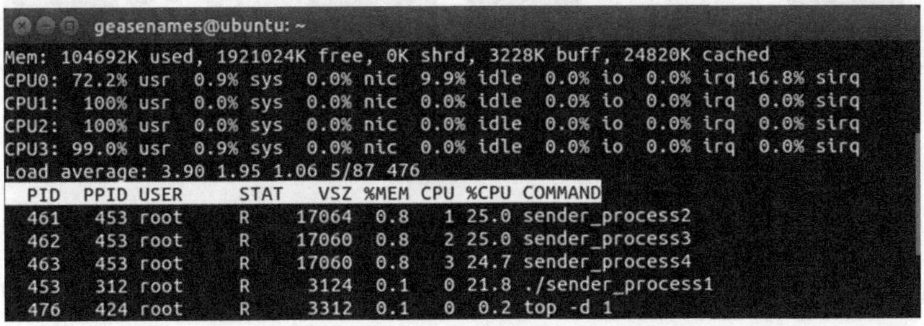

图 15-21　发送端的 CPU 核和进程绑定的结果

图 15-22　ARM 嵌入式硬件实验平台

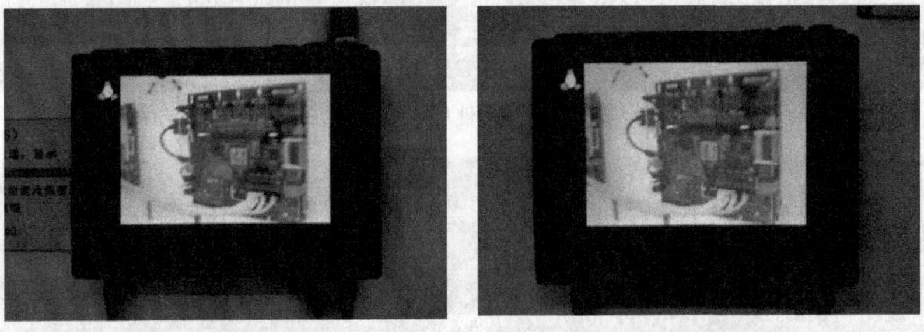

(a) 发送端原始视频　　(b) 参数匹配时接收端解密视频

图 15-23　参数匹配时的视频保密通信实验结果

(a) 发送端原始视频　　(b) 参数失配时接收端解密视频

图 15-24　参数失配时的视频保密通信实验结果

最后，通过对视频保密通信系统的运行测试，对比图 15-22、图 15-23 及图 15-24 所对应的单进程视频通信系统、单进程模式下的基于 H.264 选择性加密的视频混沌保密通信系统以及基于多核多进程和 H.264 选择性加密的视频混沌保密通信系统的视频显示帧率。视频分辨率采用 320×240，以接收端显示的帧率作为对比标准，计算帧率的方法为统计显示 100 帧所用的时间并求平均，以下对每个系统给出三组帧率数据，如图 15-25 所示。通过对比结果得知多核多进程的处理模式能够使视频的显示帧率提高 2 倍以上，表明并行处理方法是可行的。

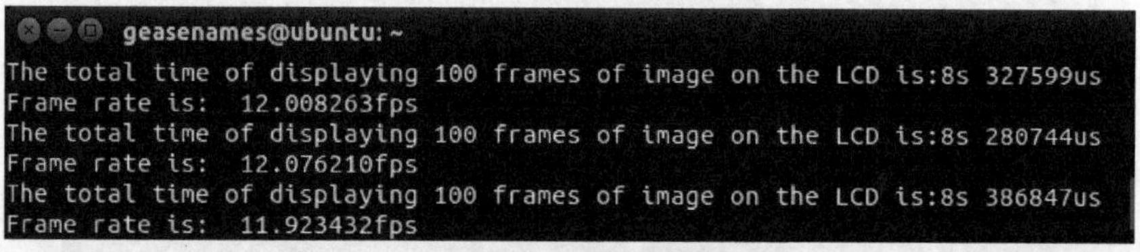
geasenames@ubuntu: ~
The total time of displaying 100 frames of image on the LCD is:8s 327599us
Frame rate is: 12.008263fps
The total time of displaying 100 frames of image on the LCD is:8s 280744us
Frame rate is: 12.076210fps
The total time of displaying 100 frames of image on the LCD is:8s 386847us
Frame rate is: 11.923432fps

(a) 单进程视频通信系统的帧率

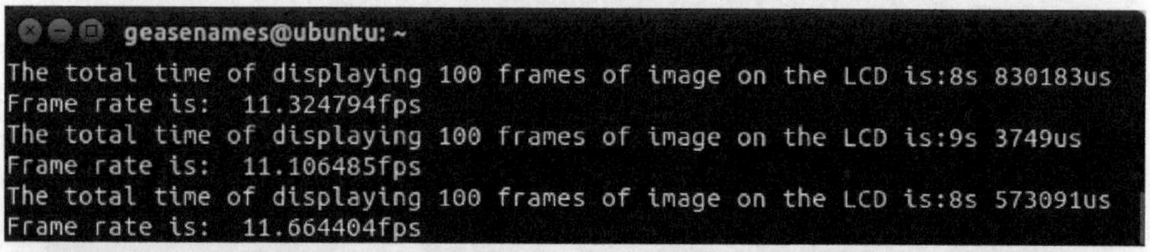
geasenames@ubuntu: ~
The total time of displaying 100 frames of image on the LCD is:8s 830183us
Frame rate is: 11.324794fps
The total time of displaying 100 frames of image on the LCD is:9s 3749us
Frame rate is: 11.106485fps
The total time of displaying 100 frames of image on the LCD is:8s 573091us
Frame rate is: 11.664404fps

(b) 单进程模式下的基于H.264选择性加密的视频混沌保密通信系统的帧率

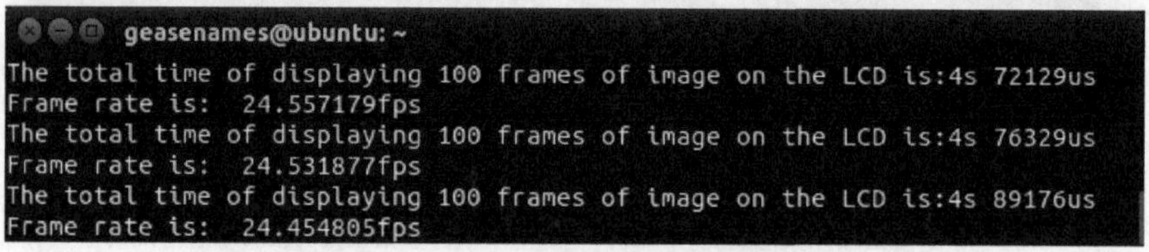
geasenames@ubuntu: ~
The total time of displaying 100 frames of image on the LCD is:4s 72129us
Frame rate is: 24.557179fps
The total time of displaying 100 frames of image on the LCD is:4s 76329us
Frame rate is: 24.531877fps
The total time of displaying 100 frames of image on the LCD is:4s 89176us
Frame rate is: 24.454805fps

(c) 基于多核多进程和H.264选择性加密的视频混沌保密通信系统的帧率

图 15-25　三个系统的视频显示帧率对比

15.7　安全性分析与测试

15.7.1　相关性分析

混沌系统中的各个变量之间通常具有较大的相关性，若将混沌变量的全部信息通过信道传输到接收端实现混沌的自同步，将增大混沌采用自同步方式时混沌信号的信息泄露，从而可通过分割攻击法破译出原始视频。为了解决这个问题，本节采用取模和取整方法截取混沌变量的低 8 位，即 $\eta_1^{(d)}(k)=\text{rem}(\lfloor x_1^{(d)}(k)\rfloor,2^8))$，$\eta_2^{(d)}(k)=\text{rem}(\lfloor x_2^{(d)}(k)\rfloor,2^8))$，$\eta_3^{(d)}(k)=\text{rem}(\lfloor x_3^{(d)}(k)\rfloor,2^8))$，然后用 $\eta_1^{(d)}(k)$、$\eta_2^{(d)}(k)$、$\eta_3^{(d)}(k)$ 分别对运动矢量差值的水平方向分量 ξ_x、垂直方向分量 ξ_y、离散余弦变换系数 ξ_d 进行混沌加密。因此，攻击者从公共信道截获的只是混沌信号的低 8 位信息而不是混沌信号的全部信息，这样处理的结果就能够大大减小混沌信息通过公共信道传送时的信息泄露。统计测试结果表明，3 路混沌序列 $x_1^{(d)}(k)$、$x_2^{(d)}(k)$、$x_3^{(d)}(k)$ 对应的低 8 位 $\eta_1^{(d)}(k)$、$\eta_2^{(d)}(k)$、$\eta_3^{(d)}(k)$ 之间的互相关性的大小控制在 $[-0.0031, 0.0025]$，可以保证它们之间互相关的程度很低。

15.7.2　TestU01 统计测试

用 $\eta_1^{(d)}(k)$ 构成长度为 10Tbit 的序列，进行 TestU01 测试，测试结果如表 15-1 所示，通过了 TestU01 测试的所有测试项，表中符号“√”表示通过，对混沌序列 $\eta_2^{(d)}(k)$ 和 $\eta_3^{(d)}(k)$ 的测试也有类似的结果。

表 15-1　TestU01 内建的检定模组套件 Battery 的 7 级测试

Battery	评估数据量	测试总数	测试结果
初级测试套件 SmallCrush	6Gbit	15	√
中级测试套件 Crush	973Gbit	144	√
高级测试套件 BigCrush	10Tbit	160	√
Alphabit 套件	953Mbit	17	√
Rabbit 套件	953Mbit	40	√
PseudoDIEHARD 套件	5Gbit	126	√
FIPS-140-2 套件	19Kbit	16	√

15.7.3 密钥失配灵敏度

设发送端混沌加密系统(15-7)的参数如式(15-3)～式(15-6)所示，若接收端解密系统(15-13)中的任何一个参数与式(15-7)给出的参数存在着微小的失配，则在接收端无法还原出原始的视频信号，如图 15-24(b)所示。各个参数的失配灵敏度测试结果如表 15-2～表 15-4 所示。

表 15-2 参数 a_{ij} $(1\leqslant i,j\leqslant 6)$ 的失配灵敏度 Δa_{ij}

参数	a_{11}	a_{12}	a_{13}	a_{14}	a_{15}	a_{16}	a_{21}	a_{22}	a_{23}	a_{24}	a_{25}	a_{26}
失配灵敏度	10^{-4}	10^{-4}	10^{-4}	10^{-5}	10^{-5}	10^{-5}	10^{-5}	10^{-5}	10^{-5}	10^{-6}	10^{-6}	10^{-6}
参数	a_{31}	a_{32}	a_{33}	a_{34}	a_{35}	a_{36}	a_{41}	a_{42}	a_{43}	a_{44}	a_{45}	a_{46}
失配灵敏度	10^{-5}	10^{-5}	10^{-5}	10^{-6}	10^{-6}	10^{-6}	10^{-1}	10^{-1}	10^{-1}	10^{-5}	10^{-5}	10^{-5}
参数	a_{51}	a_{52}	a_{53}	a_{54}	a_{55}	a_{56}	a_{61}	a_{62}	a_{63}	a_{64}	a_{65}	a_{66}
失配灵敏度	10^{-1}	10^{-1}	10^{-1}	10^{-6}	10^{-6}	10^{-6}	10^{-1}	10^{-1}	10^{-1}	10^{-5}	10^{-5}	10^{-5}

表 15-3 参数 b_{ij} $(1\leqslant i,j\leqslant 6)$ 的失配灵敏度 Δb_{ij}

参数	b_{11}	b_{12}	b_{13}	b_{14}	b_{15}	b_{16}	b_{21}	b_{22}	b_{23}	b_{24}	b_{25}	b_{26}
失配灵敏度	10^{-4}	10^{-4}	10^{-4}	10^{-5}	10^{-5}	10^{-5}	10^{-4}	10^{-5}	10^{-5}	10^{-5}	10^{-5}	10^{-5}
参数	b_{31}	b_{32}	b_{33}	b_{34}	b_{35}	b_{36}	b_{41}	b_{42}	b_{43}	b_{44}	b_{45}	b_{46}
失配灵敏度	10^{-4}	10^{-4}	10^{-5}	10^{-5}	10^{-5}	10^{-5}	10^{-1}	10^{-1}	10^{-1}	10^{-4}	10^{-4}	10^{-4}
参数	b_{51}	b_{52}	b_{53}	b_{54}	b_{55}	b_{56}	b_{61}	b_{62}	b_{63}	b_{64}	b_{65}	b_{66}
失配灵敏度	10^{-1}	10^{-1}	10^{-1}	10^{-5}	10^{-5}	10^{-5}	10^{-1}	10^{-1}	10^{-1}	10^{-5}	10^{-5}	10^{-5}

表 15-4 参数 c_{ij} $(1\leqslant i,j\leqslant 6)$ 和 β 的失配灵敏度 Δc_{ij}、$\Delta\beta$

参数	c_{11}	c_{12}	c_{13}	c_{14}	c_{15}	c_{16}	c_{21}	c_{22}	c_{23}	c_{24}	c_{25}	c_{26}
失配灵敏度	10^{-10}	10^{-10}	10^{-10}	10^{-11}	10^{-11}	10^{-11}	10^{-11}	10^{-11}	10^{-11}	10^{-12}	10^{-12}	10^{-12}
参数	c_{31}	c_{32}	c_{33}	c_{34}	c_{35}	c_{36}	c_{41}	c_{42}	c_{43}	c_{44}	c_{45}	c_{46}
失配灵敏度	10^{-11}	10^{-11}	10^{-11}	10^{-11}	10^{-12}	10^{-12}	10^{-1}	10^{-1}	10^{-1}	10^{-10}	10^{-11}	10^{-11}
参数	c_{51}	c_{52}	c_{53}	c_{54}	c_{55}	c_{56}	c_{61}	c_{62}	c_{63}	c_{64}	c_{65}	c_{66}
失配灵敏度	10^{-1}	10^{-1}	10^{-1}	10^{-12}	10^{-12}	10^{-12}	10^{-1}	10^{-1}	10^{-1}	10^{-11}	10^{-11}	10^{-11}
参数	β											
失配灵敏度	10^{-15}											

15.7.4　破译密钥参数的复杂度

根据式(15-3)～式(15-6)和表 15-2～表 15-4，得破译各个密钥参数的复杂度为

$$
\begin{aligned}
&O(\text{Deducing } a_{ij}, b_{ij}, c_{ij}, \beta) \\
&= O\left\{\prod_{i=1}^{6}\left(\prod_{j=1}^{6}\frac{|a_{ij}|}{|\Delta a_{ij}|}\right)\cdot\prod_{i=1}^{6}\left(\prod_{j=1}^{6}\frac{|b_{ij}|}{|\Delta b_{ij}|}\right)\cdot\prod_{i=1}^{6}\left(\prod_{j=1}^{6}\frac{|c_{ij}|}{|\Delta c_{ij}|}\right)\cdot\left(\frac{|\beta|}{|\Delta\beta|}\right)\right\} \\
&= O(10^{554})
\end{aligned}
\tag{15-17}
$$

如表 15-2～表 15-4 所示，总共有超过 100 个独立的密钥，每个密钥都具有雪崩效应，根据式(15-17)可知，破译出每一个密钥的复杂度很高，特别是当利用估计和预测等方法来辨识参数时，都需要一个指数型的计算成本。

第 16 章　多核多线程与 H.264 编码后加密的视频混沌保密通信

本章介绍基于多核多线程与 H.264 编码后加密的视频混沌保密通信方法。主要内容包括 H.264 硬件和软件编解码的视频混沌保密通信方案概述、三种加密方案耗时和传输帧率的测试和分析、方案 3 的具体设计、混沌流密码的设计、硬件实验[52]。

16.1　H.264 硬件和软件编解码的视频混沌保密通信方案概述

在基于 H.264 硬件和软件编解码的视频混沌保密通信中，原理上无不外乎存在三种可能的混沌加密方案，即 H.264 编码前混沌加密的全加密方案 1、H.264 编码中混沌加密的选择性加密方案 2、H.264 编码后混沌加密的全加密方案 3，具体实现方案如表 16-1 所示。其中基于 H.264 硬件编解码的混沌加密只有方案 1 和方案 3，主要原因是方案 2 只能在 H.264 的软件中实现，而无法直接对 H.264 的编解码芯片实现加密方案 2。

表 16-1　基于 H.264 硬件和软件编解码的视频混沌加密方案

加密方案	H.264 编码前加密 (方案 1)	H.264 编码中加密 (方案 2)	H.264 编码后加密 (方案 3)
H.264 软件编解码	是	是	是
H.264 硬件编解码	是	否	是

此外，从完成 H.264 编解码全过程所需要的耗时来看，实验测试结果表明，硬件编解码比软件编解码的耗时要少得多。例如，以 ARM Cortex-A9 硬件平台为例，完成 100 帧视频的 H.264 软件编解码需耗时至少在 10s 以上，而 H.264 硬件编解码则小于 1s。可见，采用 H.264 硬件编解码是提高视频传输帧率的一项有力

举措。

注意到，为了满足 H.264 格式的兼容性，目前仅采用了方案 1 和方案 2 实现视频混沌保密通信。方案 1 和方案 2 虽然解决了兼容性问题，但在改善安全性和提高传输帧率两方面存在一些不足之处，下面分析其原因所在。

方案 1 存在以下几方面的不足之处：

(1) 混沌加密之后打乱了原始视频的相关性，导致 H.264 编码压缩效率大大降低，编码后的视频数据量大，无论是采用 H.264 硬件编码或软件编码，加密后的视频数据通过以太网传输的帧率都不高。特别是 RGB 格式图像数据量远比 H.264 编码压缩之后的 I 帧或者 P 帧的数据量大，例如，640×480 大小的 RGB 格式图像数据量为 MB 量级，而 H.264 编码压缩之后仅为 KB 量级。由于加密的数据量大，加密所需的耗时较长。

(2) 编码效率低。H.264 编码器依赖于图像空间相关性进行压缩得到 I 帧，依赖帧间的时间相关性压缩得到 P 帧。但加密后的 RGB 图像像素时空相关性被打乱，严重影响编码器的效率，具体表现为编码的压缩率大大降低。

(3) 传输效率低。H.264 压缩效率低，导致 H.264 视频信号数据量大，在网络带宽一定的情况下，大大降低了发送的帧率。

(4) 只能采用位置置乱的加密方式，不能对视频像素值的大小进行加密操作，否则因 H.264 中的量化原因，即便是在密钥匹配的条件下，接收端也无法正确解密出原始视频。但如果只是位置置乱的加密方式，则加密后视频数据的统计特性不好、安全性能不高。

(5) 为了提高安全性能，需要对视频像素值的大小进行加密操作，在这种情况下，无法采用 H.264 编解码，因为 H.264 编解码属于有损压缩，故只能采用无损压缩编解码方法，如 PNG 无损压缩等，从而导致压缩效率不高，压缩后的数据量较大，降低了传输帧率。

方案 2 存在以下几方面的不足之处：

(1) 安全性不高是方案 2 的一个主要不足之处。选择性加密方案的安全性能要明显低于全加密方案的安全性能，具体表现在，加密后的视频为马赛克状而非雪花点状，特别是，通常能够直接辨识出加密视频中的部分场景和轮廓，这对于安全性是十分不利的。

(2) 运行效率比较低。如上所述，H.264 分为软件编解码和硬件编解码两种方法，软件编解码通过编译开源代码得到，并由 CPU 完成编解码，而硬件编解码由集成电路芯片完成。由于软件执行的速度远远低于硬件执行的速度，所以方案 2

的运行效率比较低。

(3) 由于方案 2 是一种软件实现方法，所以无法在采用 H.264 硬件编解码芯片的手机等移动终端设备中获得实际应用。

为了从根本上改善整个系统的安全性和传输帧率，本章提出采用方案 3 来实现基于 H.264 编解码的视频混沌保密通信。与方案 1 和方案 2 相比，方案 3 的主要特点体现在以下几个方面：

(1) 对 H.264 编码之后的数据加密，大大降低了加密数据的冗余度。根据 $U=H/R$，其中 U 表示唯一解距离，H 表示密钥熵值，R 表示冗余度。H 一定时，R 越小，U 越大，则加密后的安全性越好。当原始视频数据经 H.264 编码压缩后，大大降低了冗余度 R，所以编码后加密比编码前加密的安全性更高。

(2) 对于 H.264 编码前加密的方案 1，只能采用位置置乱的加密方式，不能对视频像素值的大小进行加密操作，否则因 H.264 中的量化原因，即便是在密钥匹配的条件下，接收端也无法正确地解密出原始的视频，因而加密视频的统计特性不好、安全性不高。而对于 H.264 编码后加密的方案 3，既可采用改变像素位置的混沌置乱加密，也可采用改变像素值大小的混沌流密码加密，提高了安全性。

(3) 通过对 H.264 数据格式实施保护的方法，解决了混沌加密和解密后的 H.264 数据格式的还原问题，当密钥匹配时，在接收端解密后，保证能恢复出混沌加密前的 H.264 兼容格式，完成 H.264 的正确解码并解密出原始视频信号。密钥不匹配时，无法还原出加密前的 H.264 兼容格式，发出解码失败的信号停止双方的通信，不能获取原始视频的任何信息。

(4) 与方案 1 和方案 2 相比，方案 3 具有更高的安全性和更快的传输帧率。

对方案 3 的具体实施主要基于以下几个方面：

(1) 加密后的视频传输帧率与发送端的 H.264 编码耗时以及接收端的 H.264 解码耗时密切相关，耗时越大，帧率越低，反之亦然。为了降低编解码的耗时，需要用 H.264 硬件编解码替代软件编解码来解决这个问题。

(2) 加密后的视频传输帧率与发送端和接收端中的每一个环节的耗时相关，为了降低所有环节加起来的总耗时，采用多核多线程的运行方式替代单核单线程。例如，在发送端采用 4 核 4 线程，在接收端采用 2 核 2 线程。

(3) 选择适当的加密级数来保证既有较好的安全性又具有较高传输帧率。注意到加密级数过多，虽然能提高安全性，但因加密和解密的耗时过多从而降低了实时性。反之，如果加密级数过少，虽然能提高实时性，但降低了安全性。为了平衡这种安全性和实时性之间的矛盾，本章采用混沌流密码和混沌位置置乱两级加密来解决这个问题。

(4) 在混沌流密码的加密和解密过程中，通过对 H.264 数据格式实施保护来解决混沌加密和解密后的 H.264 数据格式的还原和兼容性问题。注意到 H.264 对编码后的格式要求十分苛刻，其中任何一比特数据的损坏都会引起 H.264 的解码失败，从而发出解码失败的信号停止双方的通信。因此，发送端对 H.264 编码后混沌加密的所有数据，在接收端混沌解密后一定要能够全部精确地还原出来，否则因其中任何一比特数据的损坏都会导致在接收端 H.264 的解码失败。众所周知，对于混沌流密码的加密和解密，发送端和接收端之间初始条件的差异，使得混沌的精确同步需要一个暂态过程才能完成。而在这个暂态过程中，混沌解密所还原出的某些 H.264 数据必然会与加密前的数据有所不同，这将导致在接收端 H.264 的解码失败。为了解决这个问题，需要在 H.264 视频数据前面增加适当的格式保护数据，以确保密钥匹配时在接收端解密后能恢复出混沌加密前的 H.264 兼容格式，从而完成 H.264 的正确解码并解密出原始视频信号。当密钥不匹配时，无法还原出加密前的 H.264 兼容格式，从而发出解码失败的信号停止双方的通信，不能获取原始视频的任何信息。

(5) 对于位置置乱加密，则需要根据 H.264 输出的 I 帧和 P 帧的大小自适应地选择三种不同大小的内存来存放加密和解密数据，降低位置置乱加密和位置反置乱解密的耗时。

16.2　三种加密方案耗时和传输帧率的测试及分析

本节以 ARM Cortex-A9 作为硬件测试平台，对基于 H.264 编解码的视频混沌保密通信的三种加密方案的耗时和传输帧率进行测试，并给出测试分析和结论，为 16.3 节中方案 3 的具体设计提供依据。

本节的主要目标是，首先测试 ARM Cortex-A9 平台中各个模块运行时所需的耗时，然后得到总耗时和传输帧率。其中包括：摄像头摄取视频、视频图像的 JPEG 解码、RGB 格式到 YUV4:2:0 格式的转换、YUV4:2:0 格式到 RGB 格式的转换、用于存放原始视频以及加密和解密视频的多个内存、单核单线程、多核多线程、H.264 硬件编解码、H.264 软件编解码、混沌流密码加密和解密、位置置乱混沌加密与位置反置乱混沌解密、视频显示、网络发送、网络接收、广域网传输。

首先，测试图 16-1 所示方案 1 和图 16-2 所示方案 2 的耗时和传输帧率。测试条件：H.264 软件编解码，发送端和接收端均为单核单线程，100 帧视频，视频尺寸为 640×480。测试平台：ARM Cortex-A9。发送端和接收端耗时和传输帧率测试结果如表 16-2 和表 16-3 所示。

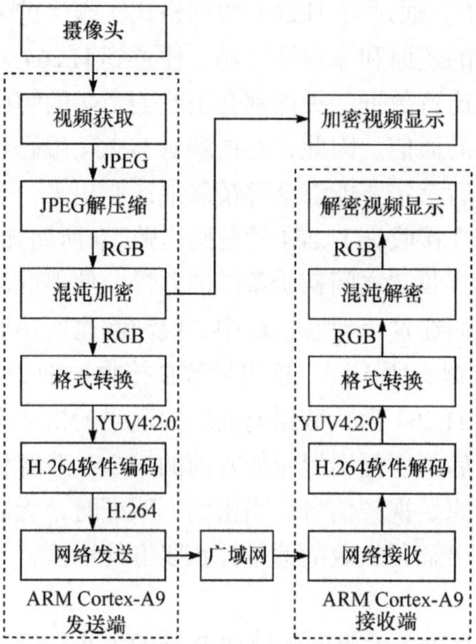

图 16-1　方案 1 的实现框图

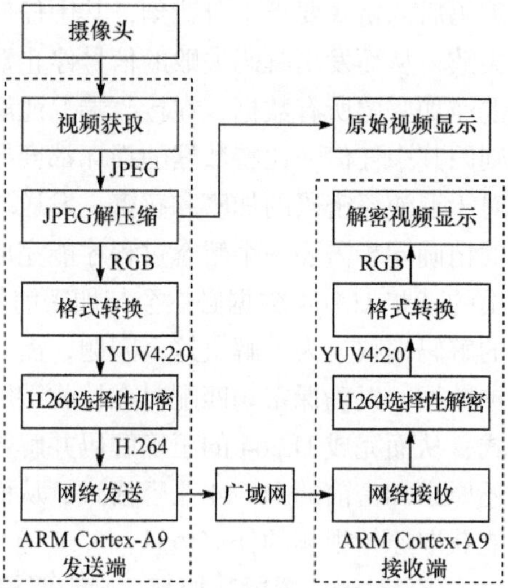

图 16-2　方案 2 的实现框图

表 16-2　方案 1 和方案 2 的发送端耗时和传输帧率测试结果

加密方案	JPEG 解压缩耗时/s	LCD 显示耗时/s	格式转换耗时/s	H.264 软件编码耗时/s	网络发送耗时/s	RGB 加密耗时/s
方案 1	3.66	2.62	1.6	**12.1**	0.25	5.8
方案 2	4.50	2.85	1.6	**32.4**	0.97	—

注：视频大小 640×480，100 帧，H.264 软件编码，单核单线程。

表 16-3　方案 1 和方案 2 的接收端耗时和传输帧率测试结果

加密方案	网络接收耗时/s	H.264 软件解码耗时/s	格式转换耗时/s	LCD 显示耗时/s	RGB 解密耗时/s	传输帧率/(帧/s)
方案 1	16.3	**0.7**	2.5	2.41	5.3	**3.69**
方案 2	36.4	**2.15**	2.5	2.48	—	**2.32**

注：视频大小 640×480，100 帧，H.264 软件解码，单核单线程。

其次，测试方案 3(将在 16.3 节给出方案 3 的实现框图)的耗时和传输帧率。测试条件：H.264 硬件编解码，发送端分别为单核单线程和 4 核 4 线程，接收端分别为单核单线程和 2 核 2 线程，100 帧视频，视频尺寸为 640×480。硬件测试平台：ARM Cortex-A9。发送端和接收端耗时和传输帧率的测试结果分别如表 16-4 和表 16-5 所示。

表 16-4　方案 3 的发送端耗时和传输帧率测试结果

方案 3	JPEG 解压缩耗时/s	LCD 显示耗时/s	格式转换耗时/s	H.264 硬件编码耗时/s	流密码加密耗时/s	位置置乱耗时/s	网络发送耗时/s
单核单线程	0.95	2.05	1.6	**0.36**	0.09	0.03	0.01
4 核 4 线程	0.91	2.03	1.6	**0.37**	0.17	0.03	0.01

注：视频大小 640×480，100 帧，H.264 硬件编码。

表 16-5　方案 3 的接收端耗时和传输帧率测试结果

方案 3	网络接收耗时/s	位置反置乱耗时/s	流密码解密耗时/s	H.264 硬件解码耗时/s	格式转换耗时/s	LCD 显示耗时/s	传输帧率/(帧/s)
单核单线程	0.75	0.03	0.06	**0.35**	3.11	2.05	**15.05**
2 核 2 线程	0.19	0.03	0.13	**0.37**	2.01	1.03	**26.79**

注：视频大小 640×480，100 帧，H.264 硬件解码。

最后，测试方案 3 在不同内存情况下的耗时和传输帧率。测试条件：H.264 硬件编解码，发送端为 4 核 4 线程，接收端为 2 核 2 线程，100 帧视频，视频尺寸为 640×480。第一种情况为固定内存的大小为 24300B，第二种情况为自适应地选择三个内存，大小分别为 24300B、10800B 和 4800B。硬件测试平台：ARM Cortex-A9。发送端和接收端耗时和传输帧率的测试结果分别如表 16-6 和表 16-7 所示。

表 16-6　不同内存情况下方案 3 的发送端耗时和传输帧率测试结果

方案 3	JPEG 解压缩耗时/s	LCD 显示耗时/s	格式转换耗时/s	H.264 硬件编码耗时/s	流密码加密耗时/s	位置置乱耗时/s	网络发送耗时/s
一个存储器	0.91	2.03	1.6	**0.37**	0.17	**0.11**	0.02
三个可选存储器	0.91	2.03	1.6	**0.37**	0.17	**0.03**	0.01

注：视频大小 640×480，100 帧，H.264 硬件编码。

表 16-7　不同内存情况下方案 3 的接收端耗时和传输帧率测试结果

方案 3	网络接收耗时/s	位置反置乱耗时/s	流密码解密耗时/s	H.264 硬件解码耗时/s	格式转换耗时/s	LCD 显示耗时/s	传输帧率/(帧/s)
一个存储器	0.10	**0.12**	0.12	**0.37**	2.01	1.03	**26.07**
三个可选存储器	0.19	**0.03**	0.13	**0.37**	2.01	1.03	**26.79**

注：视频大小 640×480，100 帧，H.264 硬件解码。

根据表 16-2～表 16-7 的测试结果，可得出以下测试分析和结论：

(1) 传输帧率与接收端中各个环节所需的总耗时成反比，设网络接收耗时为 t_{n}，位置反置乱耗时为 t_{p}，流密码解密耗时为 t_{s}，H.264 硬件解码耗时为 t_{H}，格式转换耗时为 t_{f}，LCD 显示耗时为 t_{L}，得传输帧率大小的估算公式为

$$f_{\mathrm{ps}} \approx \frac{1}{t_{\mathrm{n}}+t_{\mathrm{p}}+t_{\mathrm{s}}+t_{\mathrm{H}}+t_{\mathrm{f}}+t_{\mathrm{L}}} \times 100 \ (帧/s)$$

(2) 在接收端，网络接收的耗时与发送端所需的总耗时密切相关，一般来说，发送端的总耗时越大，接收端网络接收的耗时也越大。

(3) 表 16-2～表 16-7 给出的实验测试结果表明，在上述提到的三种方案中，方案 3 的传输帧率要远远高于方案 1 和方案 2 的传输帧率，这就是选择方案 3 的原因所在。

(4) 根据表 16-2 和表 16-3，方案 1 采用 H.264 软件编解码的传输帧率不超过 4 帧/s，方案 2 属于选择加密，只能采用 H.264 软件编解码来实现，传输帧率不超过 3 帧/s，低于方案 1 的传输帧率。方案 2 传输帧率较低的主要原因是在 H.264 软件的编解码过程中引入加密和解密算法，会大大增加完成编解码的所需的耗时，从而降低了传输帧率。

(5) 根据表 16-2～表 16-7，对于 H.264 软件编解码，所需的耗时要远大于 H.264 硬件编解码所需的耗时。采用 H.264 硬件编解码的最高传输帧率可达到 26.79 帧/s，而采用 H.264 软件编解码的最高传输帧率小于 4 帧/s。因此，采用 H.264 硬件编解码的传输帧率要远远高于采用 H.264 软件编解码的传输帧率。

(6) 对于 H.264 硬件编解码，发送端的编码时间与接收端的解码时间基本相等。

(7) 对于 H.264 软件编解码，发送端 H.264 编码的时间要远大于接收端 H.264 解码的时间。这说明一个重要问题：只是在接收端完成 H.264 解码和混沌解密的传输帧率，要比完成 H.264 编码、混沌加密、网络发送和接收、H.264 解码、混沌解密全过程的传输帧率高得多。

(8) 根据表 16-4 和表 16-5，与单核单线程相比，采用多核多线程可获得更高的传输帧率。

(9) 根据表 16-6 和表 16-7，与单个固定的内存相比，在自适应选择多个内存的情况下，可减少位置置乱加密和解密所需的耗时，提高传输帧率。

16.3　方案 3 的具体设计

16.3.1　总体设计方案

方案 3 的总体设计框图如图 16-3 所示，其中的主要设计模块包括：发送端的两级混沌加密、接收端的两级混沌解密、H.264 的数据格式保护、自适应的多个内存选择、多核多线程处理。总体方案的具体设计步骤如下：

(1) 选用两款型号为 ARM Cortex-A9 的嵌入式开发板，作为发送端加密和接收端解密的硬件平台，在开发板中，具有 4 个 ARM 核和 H.264 硬件编解码芯片。已知视频的大小为 640×480，视频通过 VGA 接口连接到 LCD 显示器，同时，通过以太网接口 RJ45 连接到路由器的接口。选取的 IP 地址为 192.168.1.100、192.168.1.101、192.168.1.102，通过 TCP/IP 协议传输加密视频数据。

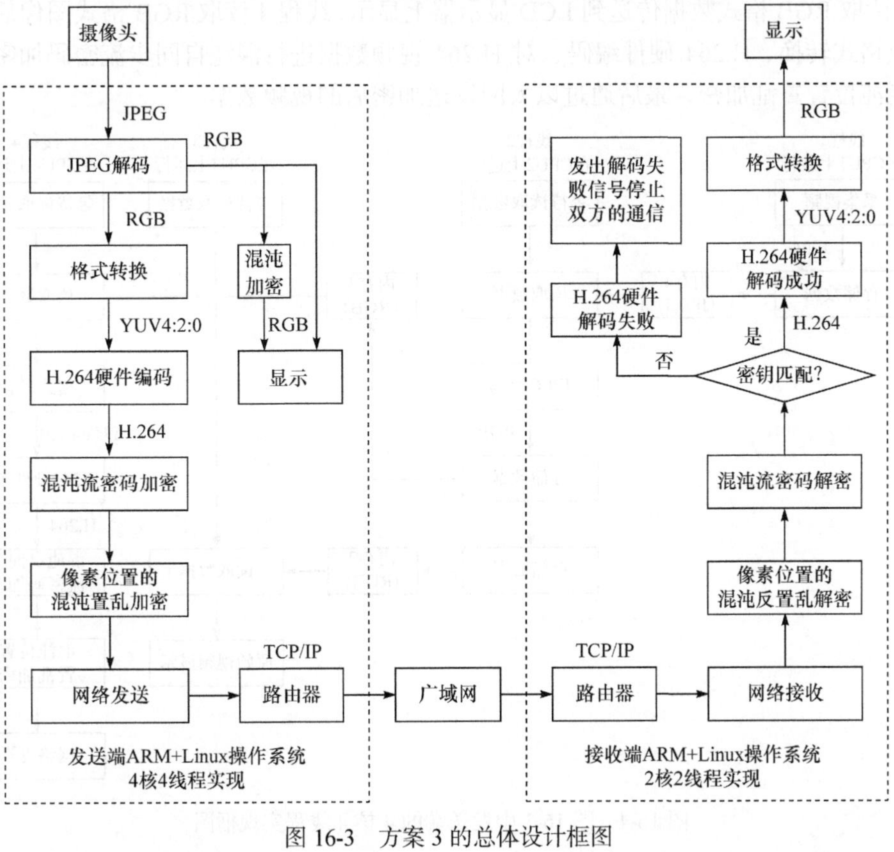

图 16-3　方案 3 的总体设计框图

注意到采用 TCP 实现广域网远程传输时，通过链路层对比特差错进行检错，在传输层则通过 TCP 实现检错重传的可靠性传输。因此，当发送端所发出的所有包通过以太网传输到达接收端之后，能够保证在接收端收到的每个包都不会出错，并且能保证包与包之间顺序的正确性，因而不会影响发送端混沌加密迭代与接收端混沌解密迭代之间的相对顺序，可实现自同步。需要特别注意的是，发送端和接收端之间的混沌同步并不一定要同时进行，只要保证发送端混沌加密迭代与接收端混沌解密迭代之间的相对顺序不受影响，在密钥匹配的条件下，就能在接收端正确地解密出原始信号。

(2) 发送端的具体操作步骤为：摄像头摄取视频，将 JPEG 视频图像解码得到 RGB 格式图像，将 RGB 格式数据转换为 YUV4:2:0 格式数据，完成 H.264 硬件编码，进行混沌流密码加密和像素位置的混沌置乱加密，加密视频通过网络发送和广域网传输。

为了进一步提高发送端的处理速度，在图 16-3 中，采用图 16-4 所示的 4 核 4 线程的处理方式来完成相关的操作步骤，循环执行以下流程：线程 1 循环采集 JPEG 格式图像，线程 2 读取 JPEG 格式图像后将其解码为 RGB 格式图像，线程 3 读取 RGB 格式数据传送到 LCD 显示器上显示，线程 4 读取 RGB 格式图像后完成格式转换、H.264 硬件编码、对 H.264 视频数据进行混沌自同步流密码加密、混沌位置置乱加密，最后通过以太网发送加密后的视频数据。

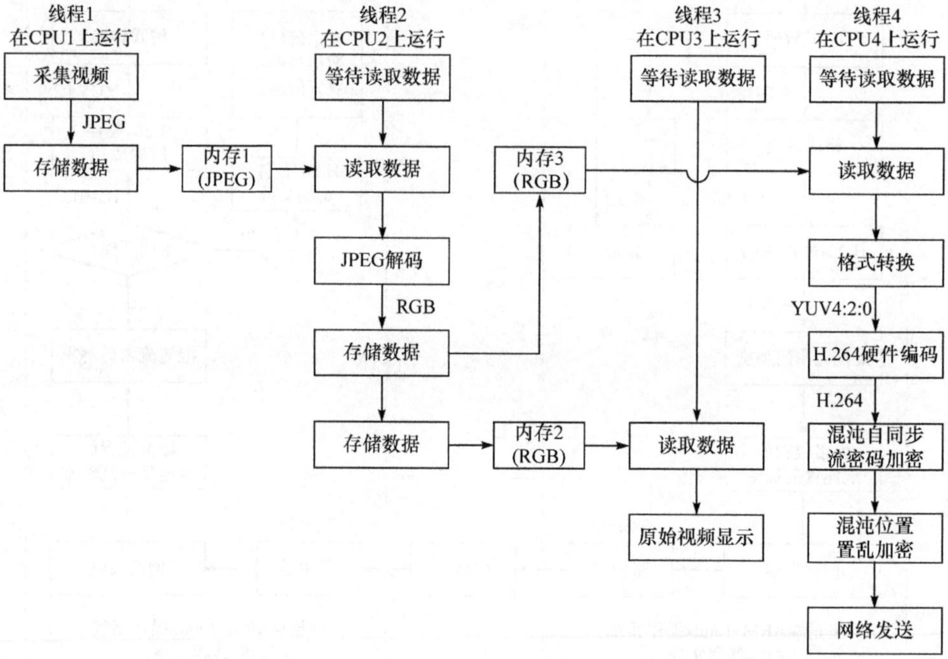

图 16-4　图 16-3 中发送端的 4 核 4 线程实现框图

(3) 接收端的具体操作步骤为：通过网络接收加密视频，完成像素位置的混沌反置乱解密和混沌流密码解密。在密钥匹配的条件下，实现 H.264 硬件的成功解码，将 YUV4:2:0 格式数据转换为 RGB 格式数据，解密后的视频能通过 LCD 显示器显示。在密钥失配的条件下，H.264 硬件解码失败，发出解码失败信号并停止发送端与接收端之间的通信，在接收端，无法获取关于原始视频的任何信息。

为了进一步提高接收端的处理速度，在图 16-3 中，采用如图 16-5 所示的 2 核 2 线程的处理方式来完成相关的操作步骤，循环执行以下流程：线程 1 循环接收表征 H.264 视频数据大小的变量值和两级加密后的视频数据，完成加密视频的混沌解密和 H.264 硬件解码，将 YUV4:2:0 格式数据转换为 RGB 格式数据。线程 2 读取 RGB 格式数据传送到 LCD 显示器显示。

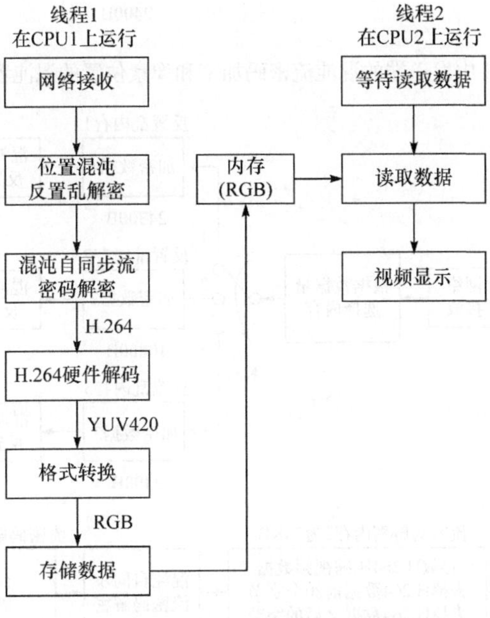

图 16-5　图 16-3 中接收端的 2 核 2 线程实现框图

16.3.2　混沌流密码的设计及其 H.264 的数据格式保护

在图 16-3 中，发送端的混沌流密码加密和像素位置的混沌置乱加密实现框图如图 16-6 所示，接收端的反置乱解密和混沌流密码解密实现框图如图 16-7 所示。其中混沌流密码的加密模块如图 16-6 的上面部分所示，解密模块如图 16-7 中的下面部分所示。

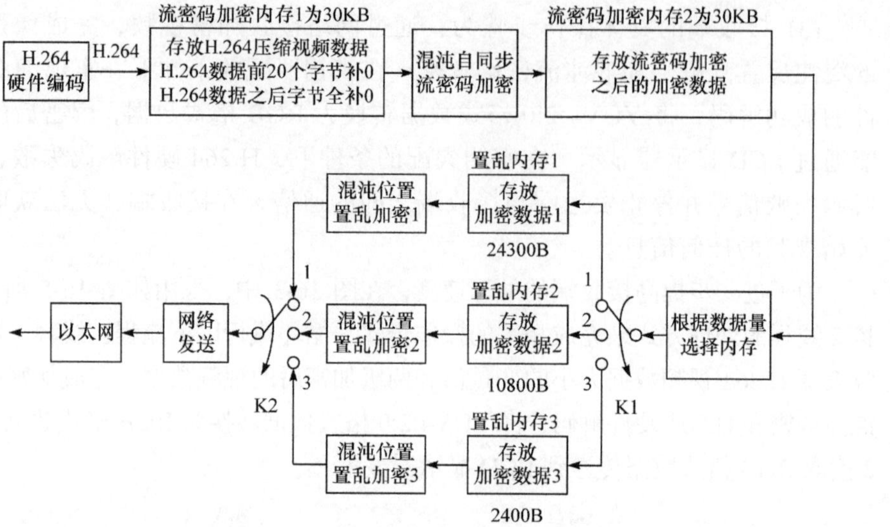

图 16-6　图 16-3 中发送端的混沌流密码加密和像素位置的混沌置乱加密实现框图

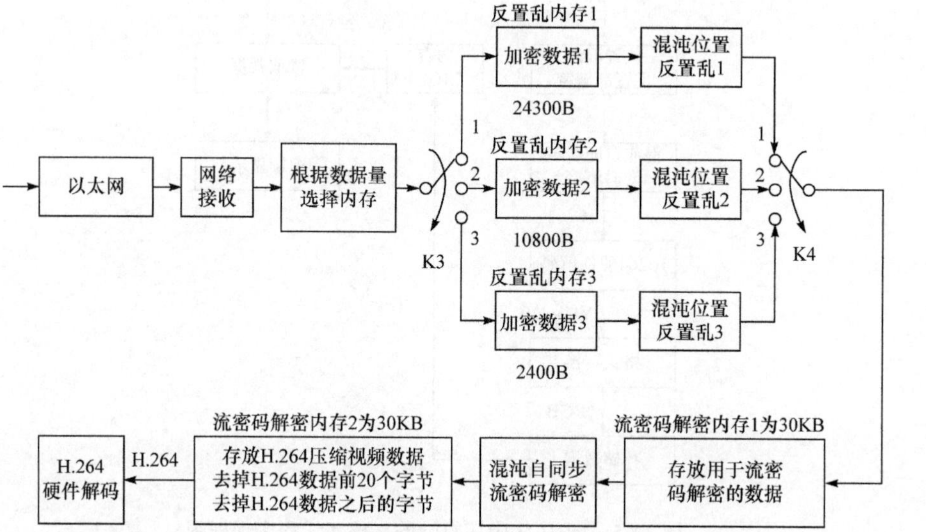

图 16-7　图 16-3 中接收端的像素位置的混沌反置乱解密和混沌流密码解密实现框图

(1) 对于图 16-6 和图 16-7 中的混沌流密码的加密和解密，发送端和接收端之间初始条件的差异，使得混沌的精确同步需要一个暂态过程才能完成。而在这个暂态过程中，混沌解密所还原出的某些 H.264 数据必然会与加密前的数据有所不同，这将导致在接收端 H.264 解码失败。为了解决这个问题，需要在 H.264 视频数据前面增加适当的格式保护数据，以确保密钥匹配时在接收端解密后能恢复出混沌加密前的 H.264 兼容格式，从而完成 H.264 的正确解码并解密出原始视频信号。当密钥不匹配时，无法还原出加密前的 H.264 兼容格式，从而发出解码失败信号，停止双方的通信，不能获取原始视频的任何信息。

(2) 图 16-6 中 H.264 硬件编码输出的视频数据分为 I 帧和 P 帧两种情况，注意到 I 帧的数据要远远大于 P 帧的数据，同时考虑到要在 H.264 数据之前增加保护 H.264 编码格式的保护数据，设用于流密码加密的内存大小为 C_{M}，I 帧最大数据量为 $C_{\text{I-max}}$，H.264 编码格式保护数据的大小为 C_{F}，则三者之间的关系为

$$C_{\mathrm{M}} \geqslant C_{\text{I-max}} + C_{\mathrm{F}} \tag{16-1}$$

考虑到本章设计的混沌流密码在 10 次迭代之后就能实现精确的自同步，并考虑到测量得到的 I 帧最大数据量，根据式(16-1)，选取用于流密码加密的内存大小为 $C_{\mathrm{M}} = 30\mathrm{KB}$，硬件实验结果表明，该选择能够满足 H.264 编码数据格式得到保护的要求。

16.3.3　位置置乱混沌加密的设计及其自适应内存选择

为了降低位置置乱混沌加密和解密的耗时，在视频尺寸为 640×480 的条件下，根据 I 帧和 P 帧数据量的大小自适应地选择三种不同大小的内存，其中内存 1 的大小为 24300B，内存 2 的大小为 10800B，内存 3 的大小为 2400B，如图 16-6 和图 16-7 所示。

注意到发送端的 H.264 编码器能返回每一帧压缩后视频信号的字节长度，存放在 Length 变量中，在发送一帧 H.264 压缩视频信号到接收端之前，首先发送这一帧所对应的 Length 变量。在接收端，当收到 Length 变量之后，就可以通过选择不同的 1～3 来存放数据。当数据量的大小在 10800～24300B 范围内时，通过软件控制开关 K1 和 K2 接 1，将数据存入置乱内存 1 中；如果在 4800～10800B 范围内，则通过软件控制开关 K1 和 K2 接 2，将数据存入置乱内存 2 中；如果在 0～4800B 范围内，则通过软件控制开关 K1 和 K2 接 3，将数据存入置乱内存 3 中。

在发送端，选取位置置乱的混沌加密算法的 C 语言代码如下：

$$\begin{cases} \text{for } i \leftarrow 0 \ \text{ to } \ N-1 \\ \quad \text{for } j \leftarrow 0 \ \text{ to } \ N-1 \\ \quad\quad \text{do } \ x = (a_{11}i + a_{12}j) \ \bmod N \\ \quad\quad\quad y = (a_{21}i + a_{22}j) \ \bmod N \\ \quad\quad\quad \text{after } [(Ni+j)\times 3] = \text{before } [(Nx+y)\times 3] \\ \quad\quad\quad \text{after } [(Ni+j)\times 3+1] = \text{before } [(Nx+y)\times 3+1] \\ \quad\quad\quad \text{after } [(Ni+j)\times 3+2] = \text{before } [(Nx+y)\times 3+2] \\ \text{return after} \end{cases} \tag{16-2}$$

在接收端，选取位置反置乱的混沌解密算法的C语言代码如下：

$$\left\{\begin{array}{l}\text{for } i \leftarrow 0 \text{ to } N-1 \\ \quad \text{for } j \leftarrow 0 \text{ to } N-1 \\ \quad\quad \text{do } x=(a_{11}i+a_{12}j) \mod N \\ \quad\quad\quad y=(a_{21}i+a_{22}j) \mod N \\ \quad\quad\quad \text{after }[(Nx+y)\times 3]=\text{before }[(Ni+j)\times 3] \\ \quad\quad\quad \text{after }[(Nx+y)\times 3+1]=\text{before }[(Ni+j)\times 3+1] \\ \quad\quad\quad \text{after }[(Nx+y)\times 3+2]=\text{before }[(Ni+j)\times 3+2] \\ \text{return after}\end{array}\right. \tag{16-3}$$

根据三个不同的内存，式中参数a_{11}、a_{12}、a_{21}、a_{22}、N的选取如表16-8所示。

表16-8　不同内存的参数a_{11}、a_{12}、a_{21}、a_{22}、N选取结果

内存	a_{11}	a_{12}	a_{21}	a_{22}	N
内存1 (24300B)	89	75	70	59	90
内存2 (10800B)	48	35	37	27	60
内存3 (4800B)	24	11	37	17	40

16.4　混沌流密码的设计

16.4.1　基于非线性矩阵的正李氏指数无简并的离散时间混沌系统设计

混沌系统的随机统计特性与KS熵(随机性的度量)的关系为

$$h_{\mathrm{KS}}=\sum_i \mathrm{LE}_i^+$$

式中，LE_i^+表示正李氏指数，h_{KS}表示KS熵。h_{KS}越大，随机性统计特性越好，这意味着正李氏指数的个数越多和越大的混沌系统具有越好的随机统计特性。本节设计的正李氏指数无简并的离散时间混沌系统，一方面，能满足正李氏指数的个数等于系统的维数，不存在零李氏指数和负李氏指数，正李氏指数的个数达到了最大。另一方面，通过调节系统的参数，使得正李氏指数尽可能大。与已有的混沌系统相比，正李氏指数无简并的离散时间混沌系统具有更好的随机统计特性。

基于非线性矩阵的正李氏指数无简并的离散时间混沌系统的一般设计过程如下：

(1) 设计渐近稳定的标称系统，迭代方程一般形式为

$$\boldsymbol{x}(k+1)=[C]_{n\times n}\boldsymbol{x}(k) \tag{16-4}$$

式中，$\boldsymbol{x}(k+1)=[x_1(k+1),x_2(k+1),\cdots,x_n(k+1)]^{\mathrm{T}}$，$\boldsymbol{x}(k)=[x_1(k),x_2(k),\cdots,x_n(k)]^{\mathrm{T}}$，$k=0,1,2,\cdots$；矩阵$[C]_{n\times n}$为分块矩阵，其一般形式为

$$[C]_{n\times n}=\begin{cases}\begin{bmatrix}[C_1]_{2\times2} & 0 & 0 & \cdots & 0\\ 0 & [C_2]_{2\times2} & 0 & \cdots & 0\\ \vdots & \vdots & \ddots & \vdots & \vdots\\ 0 & 0 & \cdots & [C_{n/2-1}]_{2\times2} & 0\\ 0 & 0 & \cdots & 0 & [C_{n/2}]_{2\times2}\end{bmatrix}_{n\times n}, & n\text{为偶数}\\ \begin{bmatrix}[C_1]_{2\times2} & 0 & 0 & \cdots & 0\\ 0 & [C_2]_{2\times2} & 0 & \cdots & 0\\ \vdots & \vdots & \ddots & \vdots & \vdots\\ 0 & 0 & \cdots & [C_{\lfloor n/2\rfloor}]_{2\times2} & 0\\ 0 & 0 & \cdots & 0 & \gamma\end{bmatrix}_{n\times n}, & n\text{为奇数}\end{cases} \tag{16-5}$$

式中，$|\gamma|<1$，并且$[C_i]_{2\times2}$中的特征根均位于单位圆内，从而使得矩阵$[C]_{n\times n}$中的特征根也都位于单位圆内，那么，式(16-4)成为渐近稳定的标称系统。

(2) 对矩阵$[C]_{n\times n}$作相似变换，得

$$[A]_{n\times n}=[P]_{n\times n}[C]_{n\times n}[P]_{n\times n}^{-1} \tag{16-6}$$

式中，相似变换矩阵$[P]_{n\times n}$的一般形式为

$$[P]_{n\times n}=\begin{bmatrix}0 & 1 & \cdots & 1 & 1\\ 1 & 0 & \cdots & 1 & 1\\ \vdots & \vdots & \ddots & \vdots & \vdots\\ 1 & 1 & \cdots & 0 & 1\\ 1 & 1 & \cdots & 1 & 0\end{bmatrix}_{n\times n} \tag{16-7}$$

得相似变换后的标称系统为

$$\boldsymbol{x}(k+1)=[P]_{n\times n}[C]_{n\times n}[P]_{n\times n}^{-1}\boldsymbol{x}(k)=[A]_{n\times n}\boldsymbol{x}(k) \tag{16-8}$$

式中

$$[A]_{n\times n}=\begin{bmatrix}A_{11} & A_{12} & \cdots & A_{1n}\\ A_{21} & A_{22} & \cdots & A_{2n}\\ \vdots & \vdots & & \vdots\\ A_{n1} & A_{n2} & \cdots & A_{nn}\end{bmatrix} \tag{16-9}$$

为 n 阶常数矩阵。

因式(16-4)和式(16-8)具有相同的特征根和稳定性，故式(16-8)也为渐近稳定的

标称系统。

(3) 在式(16-9)中，通过引入一致有界的非线性扰动项 $f_{ij}(\boldsymbol{x}(k))$，对于 $0<\boldsymbol{x}(k)<\infty$，并且满足 $|f_{ij}(\boldsymbol{x}(k))|\leqslant 1$，得对应 $[A]_{n\times n}$ 的非线性矩阵 $[\boldsymbol{F}(\boldsymbol{x}(k))]_{n\times n}$ 的一般形式为

$$[\boldsymbol{F}(\boldsymbol{x}(k))]_{n\times n}=\begin{bmatrix} F_{11}(\boldsymbol{x}(k)) & F_{12}(\boldsymbol{x}(k)) & \cdots & F_{1n}(\boldsymbol{x}(k)) \\ F_{21}(\boldsymbol{x}(k)) & F_{22}(\boldsymbol{x}(k)) & \cdots & F_{2n}(\boldsymbol{x}(k)) \\ \vdots & \vdots & & \vdots \\ F_{n1}(\boldsymbol{x}(k)) & F_{n2}(\boldsymbol{x}(k)) & \cdots & F_{nn}(\boldsymbol{x}(k)) \end{bmatrix} \tag{16-10}$$

式中，$F_{ij}(\boldsymbol{x}(k))$ 的一般形式为

$$F_{ij}(\boldsymbol{x}(k))=\pm a_{ij}\pm b_{ij}f_{ij}(\boldsymbol{x}(k)) \tag{16-11}$$

其中，$|\pm a_{ij}\pm b_{ij}|=|A_{ij}|$，$|b_{ij}|<|a_{ij}|$，$1\leqslant i,j\leqslant n$，显见 $F_{ij}(\boldsymbol{x}(k))$ 也是一致有界的非线性函数。

根据式(16-11)，得非线性标称系统的一般形式为

$$\boldsymbol{x}(k+1)=[\boldsymbol{F}(\boldsymbol{x}(k))]_{n\times n}\boldsymbol{x}(k) \tag{16-12}$$

当满足 $|F_{ij}(\boldsymbol{x}(k))|\leqslant|A_{ij}|$ 时，非线性矩阵 $[\boldsymbol{F}(\boldsymbol{x}(k))]_{n\times n}$ 中的所有特征根也均位于单位圆内，从而使得式(16-12)成为渐近稳定的标称系统。

(4) 设计一致有界的反控制器 $g(\sigma\boldsymbol{x}(k),\varepsilon)$ 和控制矩阵 $[B]_{n\times n}$，来对标称系统(16-12)实施混沌反控制，得全局有界的受控系统为

$$\boldsymbol{x}(k+1)=[\boldsymbol{F}(\boldsymbol{x}(k))]_{n\times n}\boldsymbol{x}(k)+[B]_{n\times n}g(\sigma\boldsymbol{x}(k),\varepsilon) \tag{16-13}$$

(5) 利用控制矩阵 $[B]_{n\times n}$、参数 σ 和 ε 对式(16-13)进行极点配置，极点配置的方法是令参数 σ 和 ε 充分大，经极点配置后，使受控系统(16-13)成为无简并离散时间混沌系统。

本节根据式(16-4)～式(16-13)，设计一个 3 维无简并的离散时间混沌系统如下：

$$\begin{bmatrix} x_1(k+1) \\ x_2(k+1) \\ x_3(k+1) \end{bmatrix}=\begin{bmatrix} F_{11}(x(k)) & F_{12}(x(k)) & F_{13}(x(k)) \\ F_{21}(x(k)) & F_{22}(x(k)) & F_{23}(x(k)) \\ F_{31}(x(k)) & F_{32}(x(k)) & F_{33}(x(k)) \end{bmatrix}\begin{bmatrix} x_1(k) \\ x_2(k) \\ x_3(k) \end{bmatrix}+\begin{bmatrix} 0 & 0 & 0 \\ 0 & 0 & 0 \\ 1 & 0 & 0 \end{bmatrix}\begin{bmatrix} g_1(\sigma x(k),\varepsilon) \\ g_2(\sigma x(k),\varepsilon) \\ g_3(\sigma x(k),\varepsilon) \end{bmatrix} \tag{16-14}$$

式中，$g_1(\sigma\boldsymbol{x}(k),\varepsilon)=\varepsilon\sin(\sigma x_1(k))$，$g_2(\sigma\boldsymbol{x}(k),\varepsilon)=0$，$g_3(\sigma\boldsymbol{x}(k),\varepsilon)=0$。一致有界的非线性函数 $F_{ij}(\boldsymbol{x}(k))$ $(1\leqslant i,j\leqslant n)$ 的表达式为

$$
\begin{cases}
F_{11}(x_1(k)) = a_{11} + b_{11}(c_{11}x_1(k)) - \text{round}(c_{11}x_1(k)) \\
F_{12}(x_2(k)) = -a_{12} - b_{12}(c_{12}x_2(k)) - \text{round}(c_{12}x_2(k)) \\
F_{13}(x_3(k)) = a_{13} + b_{13}(c_{13}x_3(k)) - \text{round}(c_{13}x_3(k)) \\
F_{21}(x_2(k)) = -a_{21} - b_{21}(c_{21}x_2(k)) - \text{round}(c_{21}x_2(k)) \\
F_{22}(x_3(k)) = -a_{22} - b_{22}(c_{22}x_3(k)) - \text{round}(c_{22}x_3(k)) \\
F_{23}(x_1(k)) = a_{23} + b_{23}(c_{23}x_1(k)) - \text{round}(c_{23}x_1(k)) \\
F_{31}(x_3(k)) = a_{31} + b_{31}(c_{31}x_3(k)) - \text{round}(c_{31}x_3(k)) \\
F_{32}(x_2(k)) = -a_{32} - b_{32}(c_{32}x_2(k)) - \text{round}(c_{32}x_2(k)) \\
F_{33}(x_1(k)) = a_{33} + b_{33}(c_{33}x_1(k)) - \text{round}(c_{33}x_1(k))
\end{cases}
\tag{16-15}
$$

其中的各个参数分别为

$$
\begin{cases}
a_{11} = 0.1350, \quad a_{12} = 0.4750, \quad a_{13} = 0.1850, \quad a_{21} = 0.2150, \quad a_{22} = 0.0650 \\
a_{23} = 0.4850, \quad a_{31} = 0.2200, \quad a_{32} = 0.2600, \quad a_{33} = 0.3400 \\
b_{11} = 0.07, \quad b_{12} = 0.12, \quad b_{13} = 0.08, \quad b_{21} = 0.05, \quad b_{22} = 0.06 \\
b_{23} = 0.11, \quad b_{31} = 0.11, \quad b_{32} = 0.07, \quad b_{33} = 0.13 \\
c_{11}=2.3, \quad c_{12}=4.1, \quad c_{13}=1.1, \quad c_{21}=3.1, \quad c_{22}=2.6 \\
c_{23}=7.9, \quad c_{31}=3.3, \quad c_{32}=6.7, \quad c_{33}=7.7
\end{cases}
\tag{16-16}
$$

选取参数 $\varepsilon = 3\times10^8$，$\sigma = 2\times10^5$，得三个正李氏指数分别为 $\text{LE}_1 = 23.72$，$\text{LE}_2 = 23.64$，$\text{LE}_3 = 14.42$，对应的混沌吸引子相图如图 16-8 所示。

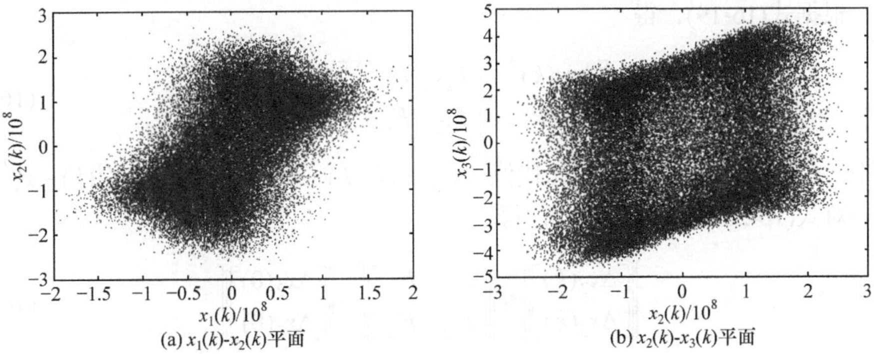

图 16-8　混沌吸引子相图

16.4.2　混沌流密码及其工作原理

首先，根据式(16-14)～式(16-16)，设计图 16-6 和图 16-7 中的混沌流密码。得发送端混沌流密码加密的迭代方程为

$$\begin{cases} x_1^{(d)}(k+1) = F_{11}^{(d)}(p(k))x_1^{(d)}(k) + F_{12}^{(d)}(p(k))x_2^{(d)}(k) + F_{13}^{(d)}(p(k))x_3^{(d)}(k) \\ x_2^{(d)}(k+1) = F_{21}^{(d)}(p(k))p(k) + F_{22}^{(d)}(p(k))x_2^{(d)}(k) + F_{23}^{(d)}(p(k))x_3^{(d)}(k) \\ x_3^{(d)}(k+1) = F_{31}^{(d)}(p(k))p(k) + F_{32}^{(d)}(p(k))x_2^{(d)}(k) + F_{33}^{(d)}(p(k))x_3^{(d)}(k) \\ \qquad + \varepsilon^{(d)}\sin(\sigma^{(d)}p(k)) \end{cases} \tag{16-17}$$

同理，得接收端混沌解密系统的迭代方程为

$$\begin{cases} x_1^{(r)}(k+1) = F_{11}^{(r)}(p(k))x_1^{(r)}(k) + F_{12}^{(r)}(p(k))x_2^{(r)}(k) + F_{13}^{(r)}(p(k))x_3^{(r)}(k) \\ x_2^{(r)}(k+1) = F_{21}^{(r)}(p(k))p(k) + F_{22}^{(r)}(p(k))x_2^{(r)}(k) + F_{23}^{(r)}(p(k))x_3^{(r)}(k) \\ x_3^{(r)}(k+1) = F_{31}^{(r)}(p(k))p(k) + F_{32}^{(r)}(p(k))x_2^{(r)}(k) + F_{33}^{(r)}(p(k))x_3^{(r)}(k) \\ \qquad + \varepsilon^{(r)}\sin(\sigma^{(r)}p(k)) \end{cases} \tag{16-18}$$

式中，$p(k)=\mathrm{mod}(\lfloor x_1^{(d)}(k) \rfloor, 2^8) \oplus s(k)$ 为发送端的流密码视频加密信号，$s(k)$ 为图 16-6 中输入的 H.264 编码视频信号，符号“⊕”表示按位异或运算。

当参数匹配时，满足 $F_{ij}^{(d)} = F_{ij}^{(r)} = F_{ij}\ (1 \leqslant i, j \leqslant 3)$，$\varepsilon^{(d)} = \varepsilon^{(r)} = \varepsilon$，$\sigma^{(d)} = \sigma^{(r)} = \sigma$。首先，根据式(16-17)和式(16-18)中的第 2～3 个方程，得误差信号对应的迭代方程为

$$\begin{bmatrix} \Delta x_2(k+1) \\ \Delta x_3(k+1) \end{bmatrix} = \begin{bmatrix} F_{22} & F_{23} \\ F_{32} & F_{33} \end{bmatrix} \begin{bmatrix} \Delta x_2(k) \\ \Delta x_3(k) \end{bmatrix} \tag{16-19}$$

根据式(16-19)，得

$$\begin{bmatrix} \Delta x_2(k) \\ \Delta x_3(k) \end{bmatrix} = \begin{bmatrix} F_{22} & F_{23} \\ F_{32} & F_{33} \end{bmatrix}^k \begin{bmatrix} \Delta x_2(0) \\ \Delta x_3(0) \end{bmatrix} \tag{16-20}$$

式中，$\Delta x_2(0)$、$\Delta x_3(0)$ 为初始迭代值，$\Delta x_2 = x_2^{(r)}(k) - x_2^{(d)}(k)$，$\Delta x_3 = x_3^{(r)}(k) - x_3^{(d)}(k)$。

对式(16-20)两边取 2 范数，得

$$\left\| \begin{bmatrix} \Delta x_2(k) \\ \Delta x_3(k) \end{bmatrix} \right\| \leqslant \left\| \begin{bmatrix} F_{22} & F_{23} \\ F_{32} & F_{33} \end{bmatrix} \right\|^k \cdot \left\| \begin{bmatrix} \Delta x_2(0) \\ \Delta x_3(0) \end{bmatrix} \right\| \tag{16-21}$$

由于 $\begin{bmatrix} F_{22} & F_{23} \\ F_{32} & F_{33} \end{bmatrix}$ 对应的特征根均位于单位圆内，故 $\left\| \begin{bmatrix} F_{22} & F_{23} \\ F_{32} & F_{33} \end{bmatrix} \right\| < 1$，故得

$$\lim_{k\to\infty} \|\Delta x_i(k)\| = \lim_{k\to\infty} \left\| x_i^{(r)}(k) - x_i^{(d)}(k) \right\| = 0 \tag{16-22}$$

式中，$i = 2,3$。

其次，考虑误差变量 $\Delta x_1(k)$ 的收敛性问题。根据式(16-17)和式(16-18)中第 1 个方程，得误差迭代方程为

$$\Delta x_1(k+1) = F_{11}\Delta x_1(k) + F_{12}\Delta x_2(k) + F_{13}\Delta x_3(k) \tag{16-23}$$

式中，$\Delta x_1 = x_1^{(r)}(k) - x_1^{(d)}(k)$。

当 $k \to \infty$ 时，根据式(16-22)，得 $\Delta x_2(k) \to 0$，$\Delta x_3(k) \to 0$。再根据式(16-23)，得

$$\lim_{k\to\infty} \Delta x_1(k+1) = \lim_{k\to\infty} F_{11}\Delta x_1(k) \tag{16-24}$$

由于 $|F_{11}|<1$，根据式(16-24)，得

$$\lim_{k\to\infty} \|\Delta x_1\| = \lim_{k\to\infty} \| x_1^{(r)}(k) - x_1^{(d)}(k) \| = 0 \tag{16-25}$$

综上所述，在参数匹配的条件下，证明了式(16-17)和式(16-18)可实现自同步，因而能在接收端将原视频信号正确地解密出来，即满足

$$\hat{s}(k) = s(k) \oplus \mathrm{mod}(\lfloor x_1^{(d)}(k) \rfloor, 2^8) \oplus \mathrm{mod}(\lfloor x_1^{(r)}(k) \rfloor, 2^8) = s(k) \tag{16-26}$$

注意到式(16-22)和式(16-25)是按指数渐近收敛的，因而在实际应用中，迭代次数 k 只需要几步，便可达到精确同步，如图 16-9 所示，从而能够快速地实现发送端与接收端之间的混沌自同步。此外，根据图 16-9 可知，在 H.264 视频数据前面增加 20B 的格式保护数据后，能确保在迭代 20 次之后达到精确同步，当密钥匹配时，在接收端解密后能恢复出混沌加密前的 H.264 兼容格式，完成 H.264 的正确解码并解密出原始视频信号。

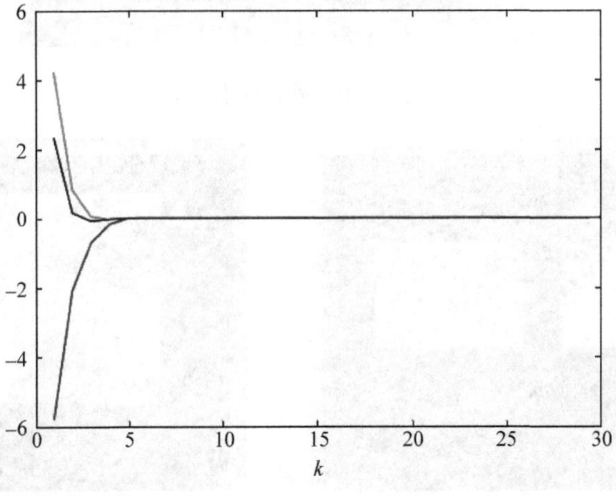

图 16-9　混沌系统的同步误差

16.5 硬 件 实 验

根据图 16-3 所示的方案 3，选用两款型号为 ARM Cortex-A9 的嵌入式开发板，作为发送端加密和接收端解密的硬件实验平台，如图 16-10 所示。在开发板中，具有四个 ARM 核和 H.264 硬件编解码芯片。选取视频尺寸为 640×480，视频信号通过 VGA 接口连接到 LCD 显示器，同时，通过以太网接口 RJ45 连接到路由器的接口，再通过以太网实现远程传输。选取的 IP 地址为 192.168.1.100、192.168.1.101、192.168.1.102，通过 TCP/IP 传输加密视频数据。当发送端与接收端的参数匹配，并且与式(16-13)给出的参数均为一致时，由于采取了 H.264 格式保护措施，确保密钥匹配时在接收端解密后能恢复出混沌加密前的 H.264 兼容格式，从而完成 H.264 的正确解码并解密出原始视频信号，实验结果如图 16-11 所

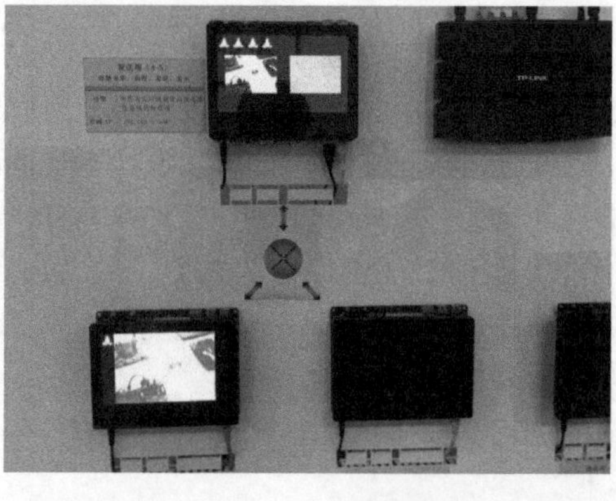

图 16-10　硬件实验平台式

(a) 发送端的原始视频与加密视频　　(b) 参数匹配时接收端的解密视频

图 16-11　硬件实验结果

示。而当发送端与接收端中的任何一个参数失配大于表 16-9 中给出的数据时，无法还原出加密前的 H.264 兼容格式，从而发出解码失败的信号停止双方的通信，不能获取原始视频的任何信息。

表 16-9　解码失败停止双方通信的参数失配度

$\lvert\Delta a_{11}\rvert,\lvert\Delta b_{11}\rvert,\lvert\Delta c_{11}\rvert\propto 10^{-12}$	$\lvert\Delta a_{12}\rvert,\lvert\Delta b_{12}\rvert,\lvert\Delta c_{12}\rvert\propto 10^{-12}$	$\lvert\Delta a_{13}\rvert,\lvert\Delta b_{13}\rvert,\lvert\Delta c_{13}\rvert\propto 10^{-12}$
$\lvert\Delta a_{21}\rvert,\lvert\Delta b_{21}\rvert,\lvert\Delta c_{21}\rvert\propto 10^{-6}$	$\lvert\Delta a_{22}\rvert,\lvert\Delta b_{22}\rvert,\lvert\Delta c_{22}\rvert\propto 10^{-12}$	$\lvert\Delta a_{23}\rvert,\lvert\Delta b_{23}\rvert,\lvert\Delta c_{23}\rvert\propto 10^{-12}$
$\lvert\Delta a_{31}\rvert,\lvert\Delta b_{31}\rvert,\lvert\Delta c_{31}\rvert\propto 10^{-6}$	$\lvert\Delta a_{32}\rvert,\lvert\Delta b_{32}\rvert,\lvert\Delta c_{32}\rvert\propto 10^{-11}$	$\lvert\Delta a_{33}\rvert,\lvert\Delta b_{33}\rvert,\lvert\Delta c_{33}\rvert\propto 10^{-12}$

表 16-9　解码失败停止双方通信的参数失配度

第 17 章　视频混沌保密通信的手机实现

本章介绍视频混沌保密通信的手机实现。主要内容包括 2 维双尺度混沌映射、高维多尺度混沌映射、基于 MJPG-Steamer 和 ARM 平台的视频混沌加密算法、基于 Android APP 和智能手机的视频混沌解密算法、广域网传输的实时远程视频混沌保密通信的手机实现[46,53,54]。

17.1　2 维双尺度和高维多尺度混沌映射及其算法

17.1.1　2 维双尺度混沌映射及其算法

已知传统的 2 维等尺度矩形映射的一般形式为

$$\begin{bmatrix} x_{1,k+1} \\ x_{2,k+1} \end{bmatrix} = \begin{bmatrix} a_{11} & a_{12} \\ a_{21} & a_{22} \end{bmatrix} \begin{bmatrix} x_{1,k} \\ x_{2,k} \end{bmatrix} = \boldsymbol{A}_2 \begin{bmatrix} x_{1,k} \\ x_{2,k} \end{bmatrix} \bmod \begin{bmatrix} N \\ N \end{bmatrix} \tag{17-1}$$

式中，正整数 N 为等尺度矩形的大小，$a_{ij} \geqslant 0\ (1 \leqslant i, j \leqslant 2)$，通常选取 $|\boldsymbol{A}_2| = 1$。当 $|\boldsymbol{A}_2|$ 与 N 互质时，2 维等尺度矩形映射为 1-1 映射。

2 维等尺度矩形映射不能直接对任意的双尺度矩形图像进行置乱，因为在这种情况下通常不能满足 1-1 映射的条件，对于任意的双尺度矩形图像需通过正方形扩展或分块处理。为了进一步解决这个问题，需要采用一种称为 2 维双尺度矩形映射来实现对任意的双尺度矩形图像的置乱。2 维双尺度矩形映射的一般形式为

$$\begin{bmatrix} x_{1,k+1} \\ x_{2,k+1} \end{bmatrix} = \begin{bmatrix} a_{11} & a_{12} \\ a_{21} & a_{22} \end{bmatrix} \begin{bmatrix} x_{1,k} \\ x_{2,k} \end{bmatrix} = \boldsymbol{A}_2 \begin{bmatrix} x_{1,k} \\ x_{2,k} \end{bmatrix} \bmod \begin{bmatrix} M \\ N \end{bmatrix} \tag{17-2}$$

式中，正整数 M 和 N 分别为矩形图像的高度和宽度。

进一步的研究结果表明，在式(17-2)中，设 $\gcd(M,N) = P$，$L_1 = M/P$，$L_2 = N/P$，如果 $(a_{12} \bmod L_1) = 0$ 和 $(a_{21} \bmod L_2) = 0$ 中至少有一个成立，并且能够同时满足 $|\boldsymbol{A}_2| = a_{11}a_{22} - a_{12}a_{21} = 1$，$\gcd(a_{11}a_{22} - a_{12}a_{21}, P) = 1$，$\gcd(a_{11}, L_1) = 1$，$\gcd(a_{22}, L_2) = 1$，其中 gcd 表示求最大公约数，mod 表示求模运算。那么，2 维双尺度矩形映射(17-2)则能够满足 1-1 映射的充分必要条件。

根据式(17-2)以及满足 1-1 映射的充分必要条件，通过 MATLAB 语言编程，得矩阵 $\boldsymbol{A}_2$ 中各个元素 $a_{11}, a_{12}, a_{21}, a_{22}$ 的算法如下：

算法 17-1

$$\begin{cases} P = \gcd(M,N); L_1 = M / P; L_2 = N / P; i = 1; \\ \text{for } a_{11} = 0 : M-1; \text{ for } a_{12} = 0 : M-1; \text{ for } a_{21} = 0 : N-1; \text{ for } a_{22} = 0 : N-1; \\ \quad \text{if } \quad (((a_{11}a_{22} - a_{12}a_{21}) == 1) \,\&\&\, ((\bmod(a_{12}, L_1) == 0) \parallel (\bmod(a_{21}, L_2) == 0)) \,\&\&\, \\ \qquad (\gcd((a_{11}a_{22} - a_{12}a_{21}), P) == 1) \,\&\&\, (\gcd(a_{11}, L_1) == 1) \,\&\&\, (\gcd(a_{22}, L_2) == 1)); \\ \qquad A_2(i,1) = a_{11}; A_2(i,2) = a_{12}; A_2(i,3) = a_{21}; A_2(i,4) = a_{22}; \\ \qquad i = i + 1; \\ \quad \text{end} \\ \text{end; end; end; end;} \end{cases} \tag{17-3}$$

设双尺度矩形图像高度 $M = 240$，宽度 $N = 320$。根据算法 17-1，得满足 1-1 映射充分必要条件的 $a_{11}, a_{12}, a_{21}, a_{22}$ 共有 23530 组，此处仅列出了其中的几组，如表 17-1 所示。

表 17-1　双尺度矩形图像高度 $M = 240$、宽度 $N = 320$ 的几组 $a_{11}, a_{12}, a_{21}, a_{22}$

序号	a_{11}	a_{12}	a_{21}	a_{22}
1	1	0	0	1
⋮	⋮	⋮	⋮	⋮
2506	8	9	15	17
⋮	⋮	⋮	⋮	⋮
2523	8	15	9	17
⋮	⋮	⋮	⋮	⋮
7648	41	39	144	137
⋮	⋮	⋮	⋮	⋮
23529	239	237	120	119
23530	239	238	240	239

同理，可根据算法 17-1，对各种不同的双尺度图像对应的 $a_{11}, a_{12}, a_{21}, a_{22}$ 进行计算，得相应的结果如表 17-2 所示。

表 17-2　不同的双尺度矩形图像对应的 $a_{11}, a_{12}, a_{21}, a_{22}$ 组数

序号	图像尺寸	M	N	L_1	L_2	P	组数
1	80×60	60	80	3	4	20	1523
2	160×120	120	160	3	4	40	5904
3	320×240	240	320	3	4	80	23530
4	480×360	360	480	3	4	120	52756

续表

序号	图像尺寸	M	N	L_1	L_2	P	组数
5	640×480	480	640	3	4	160	93682
6	1280×960	960	1280	3	4	320	374952
7	320×180	180	320	9	16	20	6027
8	640×360	360	640	9	16	40	23687
9	1280×720	720	1280	9	16	80	94183
10	1920×1080	1080	1920	9	16	120	211154
11	80×180	180	80	9	4	20	3017
12	160×360	360	160	9	4	40	11851
13	320×720	720	320	9	4	80	47111
14	480×1080	1080	480	9	4	120	105528
15	320×60	60	320	3	16	20	4526
16	640×120	120	640	3	16	40	17747
17	1280×240	240	1280	3	16	80	70635
18	1920×360	360	1920	3	16	120	158382

根据表 17-2，可以得出如下结论：

(1) 通过比较序号 1～6 和 7～10 可以发现，当 L_1、L_2 相同时，参数的组数随着 P 的增加而增加，而且当 P 的大小变为原来的 2 倍时，参数个数约为原来的 4 倍，由此可见参数的组数正比于 P 的平方。

(2) 通过比较序号 1 与 11、2 与 12、3 与 13、4 与 14 可以发现，当 P、L_2 的值相同时，L_1 的值越大，计算出来的参数组数越多，而且当 L_1 的大小增加到 L_1^2 时，参数的组数约为原来的 2 倍，由此估计参数组数正比于 L_1 的对数，但这个结果对于序号 7 与 15、8 与 16、9 与 17、10 与 18 不成立。

(3) 通过比较序号 7 与 11、8 与 12、9 与 13、10 与 14 可以发现，当 P、L_1 的值相同时，L_2 的值越大，计算出来的参数组数就越多，而且当 L_2 的大小增加为 L_2^2 时，参数组数约为原来的 2 倍，由此估计参数组数正比于 L_2 的对数，但这个结果对于序号 1 与 15、2 与 16、3 与 17、4 与 18 不成立。

(4) 参数组数随着 P、L_1、L_2 的增大而增大，组数越多，密钥参数空间越大。此外，2 维双尺度图像的尺寸越大，参数值 $a_{11},a_{12},a_{21},a_{22}$ 越大，并且满足 $a_{11},a_{12},a_{21},a_{22} \leqslant \min\{M,N\}$。

17.1.2　高维多尺度混沌映射及其算法

将式(17-2)表示的 2 维双尺度矩形映射进一步扩展成为高维映射，得 n 维多尺度混沌映射的一般数学表达式为

$$\begin{bmatrix} x_{1,k+1} \\ x_{2,k+1} \\ \vdots \\ x_{n,k+1} \end{bmatrix} = \boldsymbol{A}_n \begin{bmatrix} x_{1,k} \\ x_{2,k} \\ \vdots \\ x_{n,k} \end{bmatrix} = \begin{bmatrix} A_{11} & A_{12} & \cdots & A_{1n} \\ A_{21} & A_{22} & \cdots & A_{2n} \\ \vdots & \vdots & & \vdots \\ A_{n1} & A_{n2} & \cdots & A_{nn} \end{bmatrix} \begin{bmatrix} x_{1,k} \\ x_{2,k} \\ \vdots \\ x_{n,k} \end{bmatrix} \bmod \begin{bmatrix} N_1 \\ N_2 \\ \vdots \\ N_n \end{bmatrix} \tag{17-4}$$

式中，$N_1 \times N_2 \times \cdots \times N_n = M \times N$，$n$ 阶矩阵 $\boldsymbol{A}_n$ 的构造准则为

$$\boldsymbol{A}_n = \begin{bmatrix} A_{11} & A_{12} & \cdots & A_{1n} \\ A_{21} & A_{22} & \cdots & A_{2n} \\ \vdots & \vdots & & \vdots \\ A_{n1} & A_{n2} & \cdots & A_{nn} \end{bmatrix} = \prod_{i=1}^{n-1} \left(\prod_{j=i+1}^{n} \boldsymbol{T}_{ij} \right) \tag{17-5}$$

其中，变换子矩阵 $\boldsymbol{T}_{ij}$ 的一般数学表达式为

$$\boldsymbol{T}_{ij} = \left[\begin{array}{ccccccccccccc} 1 & 0 & \cdots & & & & & & & & & & \\ 0 & 1 & \cdots & & & & 0 & & & & & 0 & \\ \vdots & \vdots & \ddots & & & & & & & & & & \\ & & & A_{i,i}^{(11)} & 0 & \cdots & 0 & \cdots & 0 & A_{i,j}^{(12)} & & & \\ & & & 0 & 1 & \cdots & 0 & \cdots & 0 & 0 & & & \\ & & & \vdots & \vdots & \ddots & \vdots & & \vdots & \vdots & & & \\ & 0 & & 0 & 0 & \cdots & 1 & \cdots & 0 & 0 & & 0 & \\ & & & \vdots & \vdots & & \vdots & \ddots & \vdots & \vdots & & & \\ & & & 0 & 0 & \cdots & 0 & \cdots & 1 & 0 & & & \\ & & & A_{j,i}^{(21)} & 0 & \cdots & 0 & \cdots & 0 & A_{j,j}^{(22)} & & & \\ & & & & & & & & & & \ddots & \cdots & \cdots \\ & 0 & & & & & 0 & & & & \vdots & 1 & 0 \\ & & & & & & & & & & \vdots & 0 & 1 \end{array} \right] \tag{17-6}$$

式中，$A_{i,i}^{(11)} = a_{11}$，$A_{i,j}^{(12)} = a_{12}$，$A_{j,i}^{(21)} = a_{21}$，$A_{j,j}^{(22)} = a_{22}$，注意到 $a_{11}, a_{12}, a_{21}, a_{22}$ 为满足 2 维双尺度矩形 1-1 映射的一组适当的参数值。

根据式(17-4)，得 n 维混沌映射算法如下：

算法 17-2

$$
\begin{cases}
\text{index}=1;\\
\text{for } x_{1,k}=0:N_1-1;\ \text{for } x_{2,k}=0:N_2-1;\ \cdots;\ \text{for } x_{n,k}=0:N_n-1;\\
\quad x_{1,k+1}(\text{index})=\text{mod}(A_{11}x_{1,k}+A_{12}x_{2,k}+\cdots+A_{1n}x_{n,k},\ N_1);\\
\quad x_{2,k+1}(\text{index})=\text{mod}(A_{21}x_{1,k}+A_{22}x_{2,k}+\cdots+A_{2n}x_{n,k},\ N_2);\\
\quad \cdots\\
\quad x_{n,k+1}(\text{index})=\text{mod}(A_{n1}x_{1,k}+A_{n2}x_{2,k}+\cdots+A_{nn}x_{n,k},\ N_n);\\
\quad B(\text{index})=x_{1,k+1}(\text{index})\cdot\prod_{i=2}^{n}N_i+x_{2,k+1}(\text{index})\cdot\prod_{i=3}^{n}N_i+\cdots+x_{n-2,k+1}(\text{index})\cdot\prod_{i=n-1}^{n}N_i\\
\qquad\quad +x_{n-1,k+1}(\text{index})\cdot N_n+x_{n,k+1}(\text{index})+1;\\
\quad \text{index}=\text{index}+1;\\
\text{end};\ \cdots;\ \text{end};\ \text{end};
\end{cases}
\tag{17-7}
$$

根据算法 17-2，得置换前视频像素顺序号index (index=1,2,⋯) 的数学表达式为

$$
\text{index}=x_{1,k}\cdot\prod_{i=2}^{n}N_i+x_{2,k}\cdot\prod_{i=3}^{n}N_i+\cdots+x_{n-2,k}\cdot\prod_{i=n-1}^{n}N_i+x_{n-1,k}\cdot N_n+x_{n,k}+1 \tag{17-8}
$$

置换后，对应每个顺序号index (index=1,2,⋯) 的位置映射为

$$
\begin{aligned}
B(\text{index})=&\,x_{1,k+1}(\text{index})\cdot\prod_{i=2}^{n}N_i+x_{2,k+1}(\text{index})\cdot\prod_{i=3}^{n}N_i+\cdots+x_{n-2,k+1}(\text{index})\cdot\prod_{i=n-1}^{n}N_i\\
&+x_{n-1,k+1}(\text{index})\cdot N_n+x_{n,k+1}(\text{index})+1
\end{aligned}
\tag{17-9}
$$

17.2　基于 MJPG-Steamer 和 ARM 平台的视频混沌加密算法

MJPG-Steamer 是一款基于 IP 地址的轻量级视频服务器软件。在发送端，首先将 MJPG-Streamer-r182.1 移植到型号为 Super4412 的 ARM 开发板上。其次，通过分析MJPG-Steamer中的源代码，发现jpeg_util.c中的compress_yuyv_to_jpeg()函数具有将采集到的 YUV 格式图像数据转换成 RGB 格式图像后再进行 JPEG 压缩的功能。因此，通过修改 MJPG-Steamer 中的源代码，利用高维混沌映射对 RGB 格式的视频图像进行位置置乱，再进行 JPEG 压缩和 WIFI 传输。

MJPG-Steamer 作为一款开源视频服务器软件。该软件的主要功能有：①对 USB 摄像头的图像进行采集；②将采集到的 YUV 格式图像数据转换成 RGB 格式图像后，实现对图像的 JPEG 压缩；③完成对 JPEG 压缩数据的发送。MJPG-Streamer 的工作流程如图 17-1 所示。

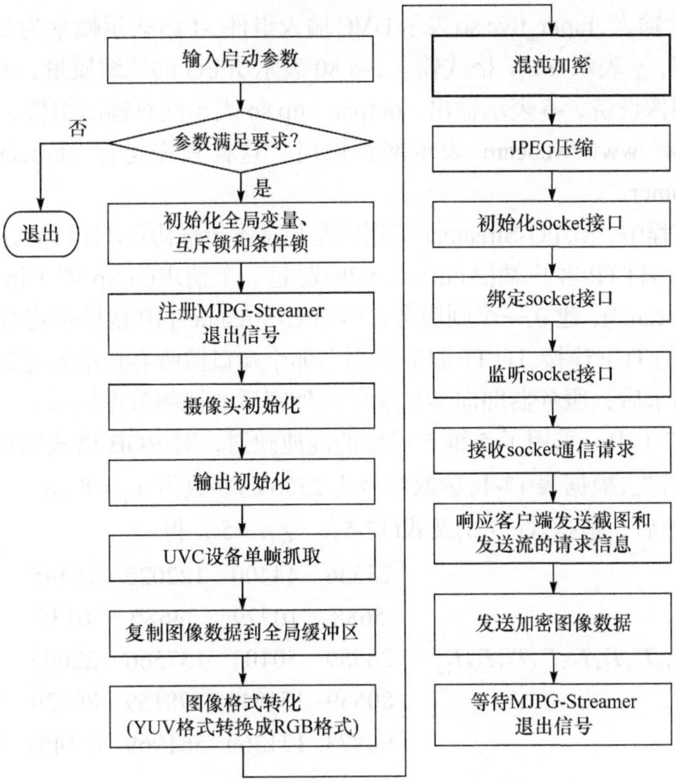

图 17-1　MJPG-Streamer 的工作流程图

在图 17-1 中，首先，分析输入的启动命令行选项配置，若每个配置都有效，则进行全局变量、互斥锁和条件锁的初始化，注册 MJPG-Streamer 退出信号；其次，对输入进行初始化，包括对 USB 摄像头的格式、帧、请求 buf、队列 buf 等设置，这些初始化主要是在函数 init_videoIn(videoIn, dev, width, height, fps, format, 1)中实现的；再次，对输出的一些结构体进行初始化，创建线程获取图像数据，进行图像格式转换；最后，采用高维映射实现混沌加密，将加密后图像进行 JPEG 压缩。在发送端，对于每一个连接请求都要创建一个线程单独与这个请求进行通信，将压缩后的加密视频流发送到每一个接收端，程序一直保持运行，直到接收到终止程序的信号(Ctrl+V)为止。

为了便于使用，可以通过修改 Shell 脚本 start.sh，从而完成 MJPG-Streamer 的选项配置：

```
#!/bin/sh./mjpg_streamer; er -i "./input_uvc.so -f 15 -r 320*240 -y -q 80
-d /dev/video15" -o "./output_http.so -p 8080 -w /www/webcam"
```

其中，-i 表示输入，input_uvc.so 表示 UVC 输入组件，-f 15 表示帧率为 15，-r 320*240 表示分辨率，-y 表示 YUV 格式输入，-q 80 表示 JPEG 的压缩质量，-d /dev/video15 表示采集图像设备，-o 表示输出，output_http.so 表示网页输出组件，-p 8080 表示端口号，-w /www/webcam 表示网页输出。这样只需运行 start.sh，即可启动 MJPG-Streamer。

传输过程中，MJPG-Streamer 采用的是超文本传输协议(HTTP)的传输方式，具体实现时由 HTTP 客户端(Android APP)发起一个请求("http://" + ip + ":"+ port + "/?action=stream")，建立一个到服务器(MJPG-Streamer) IP 地址指定端口 port(一般是 80 端口)的 TCP 连接。HTTP 服务器则在那个端口监听客户端发送过来的请求，一旦收到请求后，服务器即向客户端发送加密后的视频数据信号。

在图 17-1 中，采用了 5 维 5 尺度的混沌映射，对 RGB 格式的视频信号进行混沌加密。首先，根据表 17-1，选取序号为 2506 的参数为 $a_{11}=8$，$a_{12}=15$，$a_{21}=9$，$a_{22}=17$。然后，根据式(17-3)及式(17-5)，令 $n=5$，得

$$\boldsymbol{A}_5=\boldsymbol{T}_{45}\boldsymbol{T}_{13}\boldsymbol{T}_{15}\boldsymbol{T}_{24}\boldsymbol{T}_{14}\boldsymbol{T}_{23}\boldsymbol{T}_{25}\boldsymbol{T}_{34}\boldsymbol{T}_{35}\boldsymbol{T}_{12}=\begin{bmatrix}23536 & 44400 & 122025 & 20145 & 229305\\ 5688 & 10729 & 34680 & 6135 & 65145\\ 26559 & 50103 & 137566 & 22695 & 258510\\ 80559 & 151911 & 498159 & 89929 & 935670\\ 90873 & 171360 & 561969 & 101457 & 1055521\end{bmatrix} \tag{17-10}$$

选取视频图像尺寸为 $M\times N=240\times 320$，令 N_1=5，N_2=16，N_3=4，N_4=12，N_5=20，满足 $N_1\times N_2\times N_3\times N_4\times N_5=M\times N$。在 ARM 发送端，令式(17-7)中的 $n=5$，并将式(17-10)代入式(17-7)，结合算法 17-2，得视频信号的混沌加密算法如下：

算法 17-3

$$\left\{\begin{aligned}&\text{for}\ \ i=1:N_1\times N_2\times N_3\times N_4\times N_5\\ &\quad j=B(i)\\ &\qquad =x_{1,k+1}(i)\cdot\prod_{m=2}^{5}N_m+x_{2,k+1}(i)\cdot\prod_{m=3}^{5}N_m+x_{3,k+1}(i)\cdot\prod_{m=4}^{5}N_m+x_{4,k+1}(i)\cdot N_5+x_{5,k+1}(i)+1;\\ &\quad x_e=\text{floor}(j-1/N)+1;\\ &\quad y_e=\text{mod}(j-1,N)+1;\\ &\quad x_o=\text{floor}((i-1)/N)+1;\\ &\quad y_o=\text{mod}((i-1),N)+1;\\ &\quad E(x_e,y_e)=O(x_o,y_o);\\ &\text{end}\end{aligned}\right. \tag{17-11}$$

式中，$E(x_e,y_e)$ 表示加密后的视频数据，$O(x_o,y_o)$ 表示原始视频数据。

17.3　基于 Android APP 和智能手机的视频混沌解密算法

在接收端，采用 Android 手机接收混沌加密后的视频信号，从而在 Android APP 上完成对加密视频信号的混沌解密。

本系统采用 Eclipse+Android SDK+ADT 集成环境作为 Android 软件的开发环境，Android APP 是通过 Java 语言和 XML 结合编写的。Java 语言作为软件的核心，用来完成软件的功能。XML 辅助 Java 语言，提供整个软件的 UI 设计，包括界面设计和布局设计等。

Android APP 作为视频客户端软件，其中的主要功能包括：①完成登录界面和显示界面的设计；②通过 HTTP 连接到 MJPG-Streamer；③接收服务器发送过来的加密视频信号；④将解密后的视频信号显示到屏幕上。Android APP 流程图如图 17-2 所示。

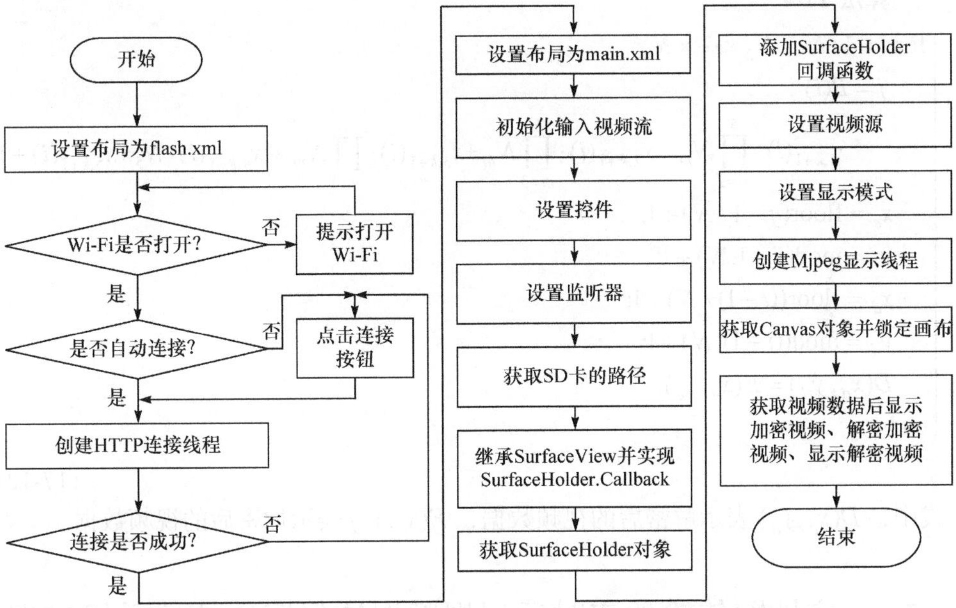

图 17-2　Android APP 流程图

根据图 17-2，首先将 Android 手机的 Wi-Fi 打开，当连接到无线路由器发射的 Wi-Fi 信号之后，再打开 APP，APP 通过指定 IP 地址与端口号连接到采集加密端，接收加密和压缩后的视频信号并对其进行解密，分别用两个继承 SurfaceView

的 MjpegView 显示在同一个屏幕中，其中屏幕的上半部分显示接收到的视频加密信号,屏幕的下半部分则显示解密后的视频信号,下面是其中的一些相关的功能。

程序代码 FlashActivity.java 完成以下功能：①设置布局为 res/layout/flash.xml；②获取当前 Wi-Fi 状态，如果当前 Wi-Fi 没有打开，则提示打开 Wi-Fi，因为应用程序要先连接服务器端的 Wi-Fi 才能获取视频信号；③若运行 autoConnect()失败，则到第④步，否则跳转到第⑤步；④通过 clicked Connect Button 来执行 connectBtn()；⑤创建连接线程。

跳转到 MainActivity.java，该文件程序代码完成以下功能：①登录成功后，设置布局为 res/layout/main.xml；②初始化视频输入流；③根据 R.java 中的 id，进一步找到控件 MjpegView、MjpegView1 和 Main_tab；④为 RadioGroup 设置监听器，当 RadioButton 被按下或改变时触发 onCheckedChanged；⑤检查 SD 卡，获取路径,保存 JPG 文件；⑥初始化 MjpegView，完成加密视频信号的混沌解密与显示。

在 Android 手机接收端，同理，令式(17-7)中的 $n=5$，并将式(17-10)代入式(17-7)，结合算法 17-2，得视频信号的混沌解密算法如下：

算法 17-4

$$
\left\{\begin{array}{l}
\text{for } i=1:N_1\times N_2\times\cdots\times N_n \\
\quad j=B(i) \\
\quad\quad =x_{1,k+1}(i)\cdot\prod_{m=2}^{5}N_m+x_{2,k+1}(i)\cdot\prod_{m=3}^{5}N_m+x_{3,k+1}(i)\cdot\prod_{m=4}^{5}N_m+x_{4,k+1}(i)\cdot N_5+x_{5,k+1}(i)+1; \\
\quad x_e=\text{floor}(j-1/N)+1; \\
\quad y_e=\text{mod}(j-1,N)+1; \\
\quad x_d=\text{floor}((i-1)/N)+1; \\
\quad y_d=\text{mod}((i-1),N)+1; \\
\quad D(x_d,y_d)=E(x_e,y_e); \\
\text{end}
\end{array}\right.
\tag{17-12}
$$

式中，$D(x_d,y_d)$ 表示解密后的视频数据，$E(x_e,y_e)$ 表示加密后的视频数据。

17.4 广域网传输的实时远程视频混沌保密通信的手机实现

在本实验中，发送端采用型号为 Super4412 的 ARM 开发板，将 MJPG-Streamer-r182.1 移植到 ARM 中，实现视频加密、JPEG 压缩和 Wi-Fi 传输。接收端则采用两款 Android 手机，基于 Android APP，实现加密视频信号的接收和解密。

硬件实现平台如图 17-3 所示，硬件实现结果分别如图 17-4 和图 17-5 所示。在图 17-3 中，发送端 ARM 采用表 17-1 中序号为 2523 的加密参数，分别为 $a_{11}=8$，$a_{12}=15$，$a_{21}=9$，$a_{22}=17$。在图 17-4 中，上部为手机 1 接收到的视频加密信号，下部为采用表 17-1 中序号为 2523 的加密参数，显见，当参数匹配时，能正确地解密出原视频信号。在图 17-5 中，上部为手机 2 接收到的视频加密信号，下部为采用表 17-1 中序号为 2506 的加密参数 $a_{11}=8$，$a_{12}=9$，$a_{21}=15$，$a_{22}=17$，显见，当参数失配时，不能正确地解密出原视频信号。需要特别说明的是，利用上述方法，同样能够实现多达 10 款 Android 手机的视频混沌保密通信。

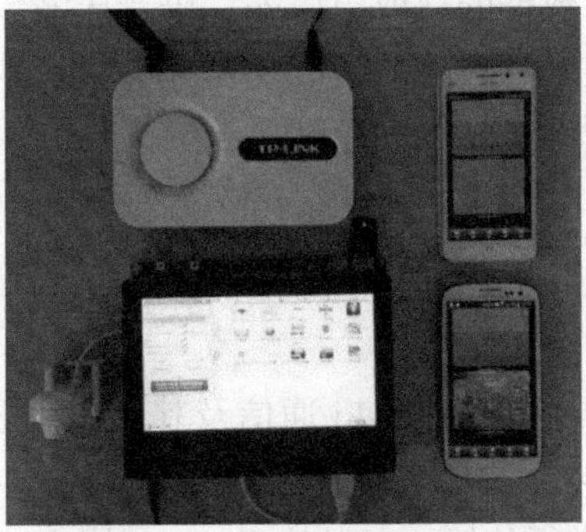

图 17-3　硬件实现平台

图 17-4　参数匹配接收

图 17-5　参数失配接收

第 18 章 组播多用户和广域网传输的语音混沌保密通信

本章介绍基于组播多用户和广域网传输的语音混沌保密通信及其 ARM 实现。主要内容包括组播多用户 Wi-Fi 通信系统、语音数据的获取与压缩、语音压缩数据大小和位置的置乱与反置乱设计、语音压缩数据的多轮流密码加密和解密、基于组播多用户的语音混沌保密通信系统设计与硬件实现、安全性分析[46,55,56]。

18.1 问题的提出

本章介绍一种基于 TCP 的组播多用户语音混沌保密 Wi-Fi 通信及其 ARM 硬件实现的新方案。采用组播方式实现发送端和接收端之间点对多网络的连接，在彼此需要组播协议的条件下，利用 D 类 IP 地址进行传输，实现基于 ARM 嵌入式的多用户混沌保密 Wi-Fi 通信，其主要特点是采用子网内组播的架构和 Internet 组管理协议(IGMP),实现了 ARM 服务器端向网内 ARM 客户端成员组播的功能。将声卡输入的原始数字语音信号经 IMA-ADPCM 算法压缩，然后分别实现三级混沌加密，这种先压缩后加密的方法有利于减小冗余度和增大唯一解距离，这对于提高语音混沌保密通信的安全性也是十分有利的。此外，进一步采用 TCP 提供可靠交付的服务，通过 TCP 链接传送的数据，能实现无差错、不丢包、不重复、包与包之间按照顺序到达接收端，由于 TCP 中的检错重传技术，能够完全纠正语音加密信号通过无线通信网络传输后到达接收端的错误。

与视频信号的混沌加密方案相比，语音信号的数据量要少得多，当采用 ARM 硬件实现时，即便是在复杂的多级混沌加密和解密的情况下，语音信号的实时性仍然能够得到很好的保证。根据这一特点，本章采用三级混沌加密的方法来进一步增强语音信号加密的安全性，在第一级混沌加密中，利用 6 维混沌映射，对 1B 语音压缩数据中的 1bit 数据进行位置置乱，实现对语音压缩数据值的加密。在第二级混沌加密中，利用 7 维混沌映射，对 1B 语音压缩数据的位置进行置乱。在第三级混沌加密中，则利用混沌流密码对语音压缩数据的值进行多轮加密。在此基础上，对三级混沌加密的安全性进行分析，主要包括 NIST 测试、统计分析、单轮加密和多轮加密的差分分析以及密钥参数失配的敏感度、密钥空间的大小等。

本方法的主要特点是，一方面，采用复杂的三级混沌加密方法进一步增强语音信号加密的安全性，另一方面，当用 ARM 硬件实现时同时能保证语音加密、传输和解密的实时性，能解决安全性和实时性之间的矛盾，硬件实现结果证实了该方法的可行性。

18.2　组播多用户 Wi-Fi 通信系统

18.2.1　组播多用户的工作原理

在现代通信系统中，通信方式主要包括单播、广播和组播三种模式。单播是指在发送端和接收端之间实现点对点网络连接，需要彼此知道对方的 IP 地址；广播是指在本地子网内任何主机都能接收，不管是否乐意接收；组播(multicast)是指发送端和接收端之间实现点对多网络连接，彼此需要在组播协议下，利用组 D 类 IP 地址进行传输，地址范围为 224.0.0.0～239.255.255.255。在本设计中，将采用组播的方式实现基于 ARM 嵌入式的多用户混沌保密 Wi-Fi 通信。

组播多用户工作原理如图 18-1 所示。图中采用子网内组播的架构和 IGMP，实现 ARM 服务器端向网内 ARM 客户端成员组播的功能。在 ARM 客户端的接收程序中，首先应初始化自己的局域网 IP 地址(设局域网 IP 地址为 192.168.1.100)，同时初始化一个结构体 mreq(在 mreq 中包括组播地址变量和局域网地址变量)，分别向该结构体填入局域网的 IP 地址 192.168.1.100 和组播 IP 地址(设组播 IP 地址为 224.0.1.0)，然后调用函数 setsockopt，该函数主要用于申请进入组播，函数

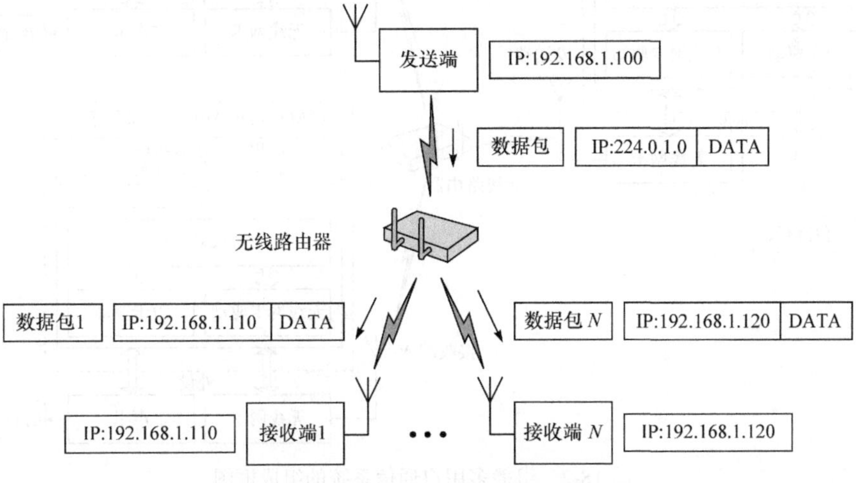

图 18-1　组播多用户的工作原理图

的参数包括 mreq 结构体，说明路由器能获取该客户端的组播 IP 地址和局域网 IP 地址并建立 IP 地址映射表。参数还包括宏 IP_ADD_MEMBERSHIP，它与上面提到的 IMGP 的 membership report 报文相关。通过调用函数 setsockopt，客户端向路由器发送 membership report 报文，报文告知路由器要加入组播 IP 地址 224.0.1.0 中，同时，一旦有发往该组播 IP 地址的数据，都通过路由器转发到组播 IP 地址对应的局域网 IP 地址中。ARM 服务器端调用 sendto 函数向网内组播地址发送数据，已加入组播成员中的 ARM 客户端调用 recvfrom 函数均能接收到组播数据。

18.2.2　组播多用户 Wi-Fi 通信系统的设计

组播多用户通信系统的组成框图如图 18-2 所示。发送端和接收端采用相同型号的多款 ARM9 Tiny4412 开发板。硬件系统主要包括：主频为 1.5GHz 的四核 Cortex-A9 处理器、声卡、无线网卡、具有 32bit 数据总线的 1GB DDR3、4GB Flash、USB 接口等。软件系统主要包括驱动层和应用层两个部分：驱动层主要包括声卡驱动、无线网卡驱动、Linux 内核等；应用层主要包括语音采集、语音自适应压

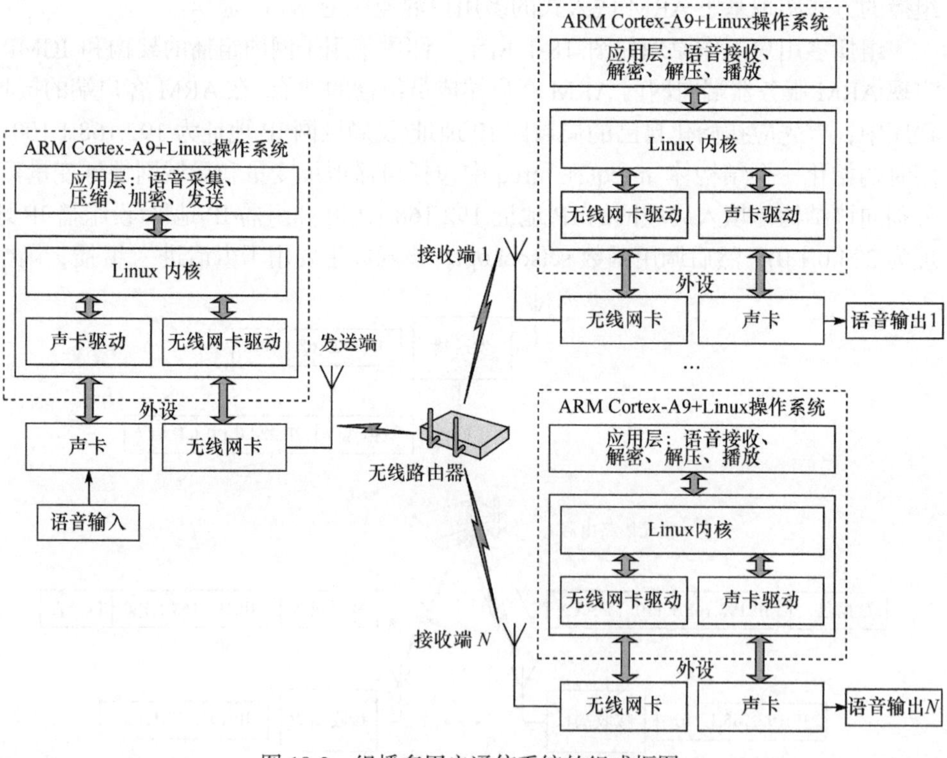

图 18-2　组播多用户通信系统的组成框图

缩、三级混沌加密、语音加密信号发送、语音加密信号接收、三级混沌解密、语音自适应解压、语音播放。

图 18-2 所示组播多用户通信系统的主要特点是，在子网内基于 ARM+Linux 嵌入式设备的组播架构，实现语音混沌保密通信的组播多用户功能。在发送端和接收端，都是利用声卡和无线网卡，将接收到的数据通过声卡、无线网卡驱动和 Linux 内核传送给应用层，实现通信的上行功能，并且通过 Linux 内核、声卡和无线网卡驱动将应用层的数据传送给声卡和无线网卡，从而实现通信的下行功能，如图 18-3 所示。

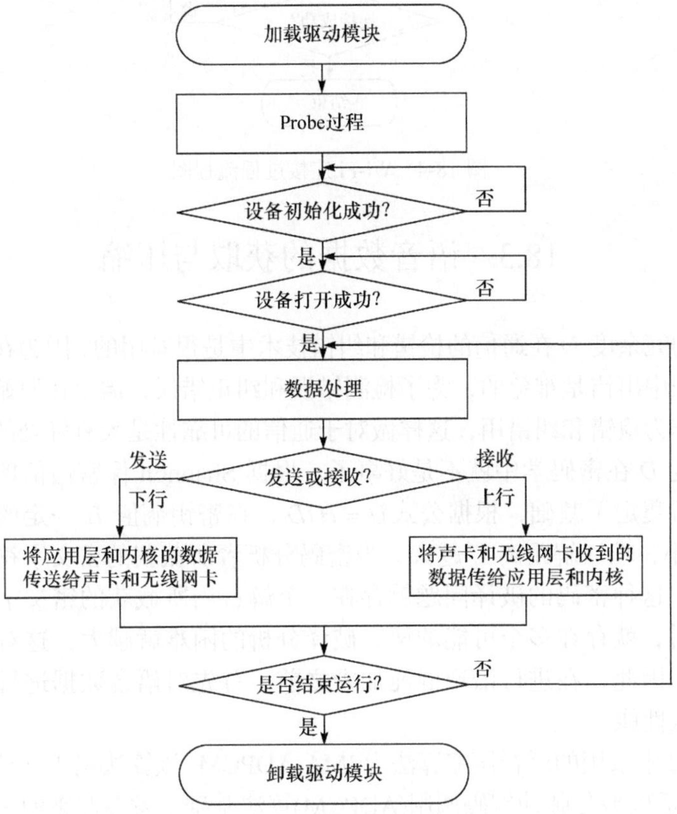

图 18-3　上行和下行通信流程图

在图 18-2 中，所有加入组播成员的接收端都是通过 Wi-Fi 信号接收组播数据。当 ARM 上电后，首先运行系统自带的 Wi-Fi 连接程序，当检测到 Wi-Fi 信号后，最后通过输入账号和密码实现 Wi-Fi 的成功连接，如图 18-4 所示。

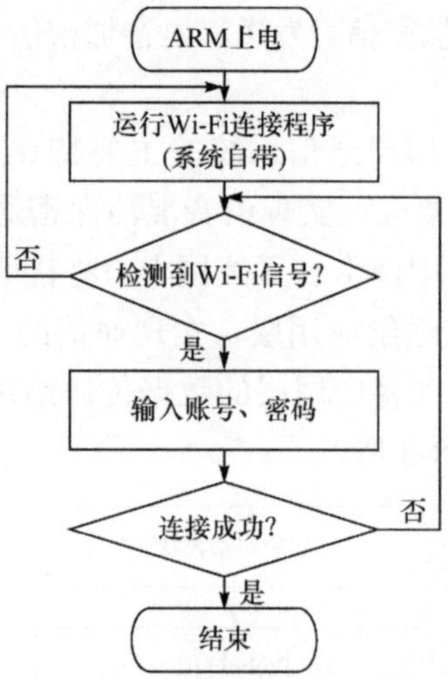

图 18-4　Wi-Fi 连接过程流程图

18.3　语音数据的获取与压缩

信息的冗余度 D 在通信的检错和纠错技术中是很有用的，因为在信息的传输和处理过程中出错是难免的，为了检测错误和纠正错误，需要在原始信息中添加一些数据作为检错和纠错用，这样做对于通信的可靠性是大有好处的。

冗余度 D 在密码学中就不是好事了。根据 Shannon 保密通信理论，冗余度为密码分析奠定了基础，根据公式 $U = H/D$，在密钥熵值 H 一定的条件下，冗余度 D 越小，唯一解距离 U 越大。当密码分析者所截获的密文字符数大于唯一解距离时，这种密码的破译问题就存在一个解；当所截获的密文字符数少于唯一解距离时，就存在多个可能的解，破译分析的困难就越大，这对于保密是十分有利的。因此，在进行语音混沌加密之前，首先对语音数据进行压缩，有利于改善安全性能。

图 18-2 中采用的语音压缩算法为 IMA-ADPCM，该算法属于互动多媒体协会(IMA)在自适应差分脉冲编码调制(ADPCM)算法基础上发展起来的一种多媒体算法，具有编解码速度快、结构简单、不严格要求任何乘法或浮点操作等特点。IMA-ADPCM 算法是一种有损压缩算法，将声卡每次采样到的 16bit 数据流压缩成为 4bit，压缩比为 4:1。

IMA-ADPCM 算法的压缩原理是利用采样数据间的相关性，根据前面出现的脉冲编码调制(PCM)抽样值来对下一个抽样进行预测，然后对预测值与输入采样值的差分信号进行编码，由于差分信号与原始语音信号相比其平均能量和动态范围都小，所以可以用较少的位数来表示。此外，由于采用了自适应技术，可以大大减少其量化噪声。基于 IMA-ADPCM 算法压缩和解压原理框图如图 18-5 所示，图中 $\hat{s}_1(k-1)$ 和 $\hat{s}_1(k)$ 分别为前一个抽样和当前抽样的估计，$d(k)$ 为差值信号，$ss(k)$ 为量化步长。

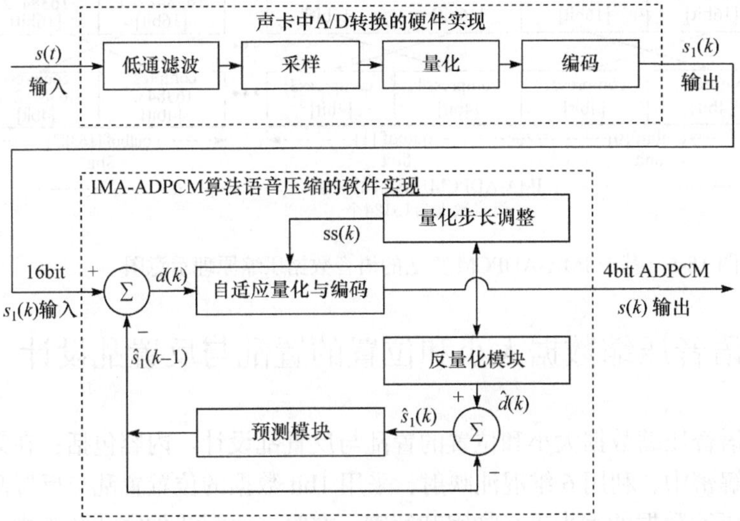

(a) 语音数据压缩原理框图

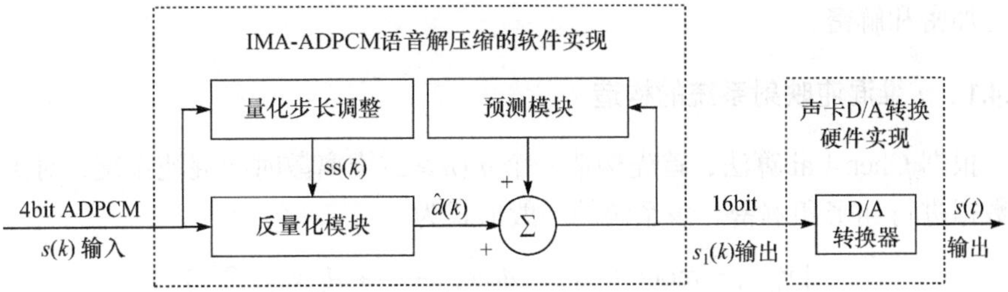

(b) 语音数据解压原理框图

图 18-5　基于 IMA-ADPCM 算法的语音数据压缩和解压原理框图

声卡输入的数字语音数据为 16bit，经过 IMA-ADPCM 算法压缩为 4bit 数据，其中最高位为符号位。由于 C 语言中不能存储 4bit 数据类型，故使用 char 类型将两个压缩后的数据存储在一个变量中。具体而言，将 PCM 数据按时间顺序依次压缩并写入缓冲区中，每个字节中含 2 个压缩后的数据，其中低 4 位对应第 1 个压缩后的数据，高 4 位对应第 2 个压缩后的数据。

基于 IMA-ADPCM 算法的语音数据压缩原理示意图如图 18-6 所示。首先将声卡采集到的 32768 个 16bit 数据存入 inbuf 缓冲区中；然后用 IMA-ADPCM 算法将其压缩成 32768 个 4bit 数据，再分别将相邻的两个 4bit 数据合并成一个 8bit 数据；最后将压缩后的 16384 个 8bit 数据构成一帧数据存入 outbuf 缓冲区中。

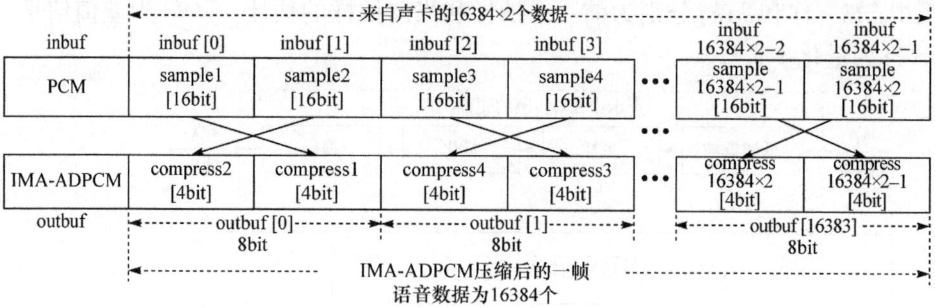

图 18-6　基于 IMA-ADPCM 算法的语音数据压缩原理示意图

18.4　语音压缩数据大小和位置的置乱与反置乱设计

本节讨论语音压缩数据大小和位置的置乱与反置乱设计。内容包括：在第一级混沌加密和解密中，利用 6 维混沌映射，采用 1bit 数据的位置置乱与反置乱方案对 8bit 语音压缩数据的大小进行加密和解密；在第二级混沌加密和解密中，利用 7 维混沌映射，采用 8bit 数据的位置置乱与反置乱方案对语音压缩数据的位置进行加密和解密。

18.4.1　*n* 维混沌映射系统的构造

根据 Chen-Lai 算法，首先构造一个 $n\ (n \geqslant 2)$ 维离散时间混沌系统，对语音压缩数据进行加密和解密。该系统的一般形式为

$$\begin{cases} x_{1,k+1} = \mathrm{mod}(A_{11}x_{1,k} + A_{12}x_{2,k} + \cdots + A_{1n}x_{n,k},\ 2^{N_1}) \\ x_{2,k+1} = \mathrm{mod}(A_{21}x_{1,k} + A_{22}x_{2,k} + \cdots + A_{2n}x_{n,k},\ 2^{N_2}) \\ \quad\vdots \\ x_{n,k+1} = \mathrm{mod}(A_{n1}x_{1,k} + A_{n2}x_{2,k} + \cdots + A_{nn}x_{n,k},\ 2^{N_n}) \end{cases} \tag{18-1}$$

式中，$\mathrm{mod}(A_{i1}x_{1,k} + \cdots + A_{in}x_{n,k},\ 2^{N_i})$ 表示对各个输出变量 $x_{i,k+1} = A_{i1}x_{1,k} + \cdots + A_{in}x_{n,k}\ (i = 1,2,\cdots,n)$ 取模 2^{N_i} 的运算，且满足 $0 \leqslant x_{1,k}, x_{1,k+1} \leqslant 2^{N_1} - 1,\ 0 \leqslant x_{2,k}, x_{2,k+1} \leqslant 2^{N_2} - 1, \cdots, 0 \leqslant x_{n,k}, x_{n,k+1} \leqslant 2^{N_n} - 1$。设语音压缩数据的长度为 N，选取 $N_1 = N_2 = \cdots = N_n = N_0$，则满足 $N = 2^{N_1} \times 2^{N_2} \times \cdots \times 2^{N_n} = 2^{n \times N_0}$。

在式(18-1)中，矩阵 $\boldsymbol{A}_n$ 的构造准则为

$$
\boldsymbol{A}_n=\begin{bmatrix} A_{11} & A_{12} & \cdots & A_{1n} \\ A_{21} & A_{22} & \cdots & A_{2n} \\ \vdots & \vdots & & \vdots \\ A_{n1} & A_{n2} & \cdots & A_{nn} \end{bmatrix}=\prod_{i=1}^{n-1}\left(\prod_{j=i+1}^{n}\boldsymbol{T}_{ij}\right) \tag{18-2}
$$

式中，变换子矩阵 $\boldsymbol{T}_{ij}$ 的一般数学表达式为

$$
\boldsymbol{T}_{ij}=\left[\begin{array}{ccccccccccccc}
1 & 0 & \cdots & & & & & & & & & & \\
0 & 1 & \cdots & & & & 0 & & & & 0 & & \\
\vdots & \vdots & \ddots & & & & & & & & & & \\
 & & & A_{i,i}^{(11)} & 0 & \cdots & 0 & \cdots & 0 & A_{i,j}^{(12)} & & & \\
 & & & 0 & 1 & \cdots & 0 & \cdots & 0 & 0 & & & \\
 & & & \vdots & \vdots & \ddots & \vdots & & \vdots & \vdots & & & \\
 & 0 & & 0 & 0 & \cdots & 1 & \cdots & 0 & 0 & 0 & & \\
 & & & \vdots & \vdots & & \vdots & \ddots & \vdots & \vdots & & & \\
 & & & 0 & 0 & \cdots & 0 & \cdots & 1 & 0 & & & \\
 & & & A_{j,i}^{(21)} & 0 & \cdots & 0 & \cdots & 0 & A_{j,j}^{(22)} & & & \\
 & & & & & & & & & & \ddots & \cdots & \cdots \\
 & 0 & & & & & 0 & & & & \vdots & 1 & 0 \\
 & & & & & & & & & & \vdots & 0 & 1
\end{array}\right] \tag{18-3}
$$

根据式(18-1)，得混沌映射算法为

$$
\left\{\begin{array}{l}
S=0 \\
\text{for } x_{1,k}=0:2^{N_0}-1 \\
\quad \text{for } x_{2,k}=0:2^{N_0}-1 \\
\qquad \cdots \\
\qquad \text{for } x_{n,k}=0:2^{N_0}-1 \\
\qquad\quad E(S,1)=\bmod(A_{11}x_{1,k}+A_{12}x_{2,k}+\cdots+A_{1n}x_{n,k},\ 2^{N_0}) \\
\qquad\quad E(S,2)=\bmod(A_{21}x_{1,k}+A_{22}x_{2,k}+\cdots+A_{2n}x_{n,k},\ 2^{N_0}) \\
\qquad\quad \cdots \\
\qquad\quad E(S,n)=\bmod(A_{n1}x_{1,k}+A_{n2}x_{2,k}+\cdots+A_{nn}x_{n,k},\ 2^{N_0}) \\
\qquad\quad S\leftarrow S+1 \\
\qquad \text{end} \\
\qquad \cdots \\
\quad \text{end} \\
\text{end}
\end{array}\right. \tag{18-4}
$$

式中，顺序号 S (S=0,1,…) 的数学表达式为

$$S = x_{1,k} \times 2^{n\times N_0 - 2} + x_{2,k} \times 2^{n\times N_0 - 4} + \cdots + x_{n-1,k} \times 2^2 + x_{n,k} \times 2^0 \tag{18-5}$$

得对应每个顺序号 S 的位置映射为

$$E(S) = E(S,\ \alpha_1)\times 2^{n\times N_0-2} + E(S,\ \alpha_2)\times 2^{n\times N_0-4} + \cdots + E(S,\ \alpha_{n-1})\times 2^2 + E(S,\ \alpha_n)\times 2^0 \tag{18-6}$$

式中，$\alpha_i\ (i=1,2,\cdots,n)\in\{1,2,\cdots,n\}$，$\alpha_1\neq\alpha_2\neq\cdots\neq\alpha_n$。

18.4.2 基于 1bit 数据位置置乱的语音压缩数据大小的加密和解密

在第一级加密和解密中，根据式(18-1)～式(18-6)，令 $n=6$，$N_0=2$，可得位置置乱的个数为 $N=2^{n\times N_0}=2^{6\times 2}=4096$。然后，利用 6 维混沌映射，采用 1bit 数据的位置置乱与反置乱的方案对语音压缩数据的大小进行加密和解密。根据图 18-6，由于语音压缩后的一帧数据为 16384 个，故需要将其分成为 32 组，每一组为 512 个，共有 $512\times 8\text{bit}=4096\text{bit}$ 数据，然后对 4096bit 数据的位置进行置乱与反置乱，从而完成对 512 个语音压缩数据大小的加密和解密。利用这种方法完成对语音压缩后的一帧数据的加密和解密，共需进行 32 轮。1bit 数据的位置置乱如图 18-7 所示。同理，inbuf[k_4] 中的 8bit 数据，通过 8 次 1bit 数据的位置置乱后，变为 outbuf[k_4] 中的数据，如图 18-8 所示。图中，原始语音压缩数据暂存在 inbuf 缓冲区中，加密后的数据暂存在 outbuf 缓冲区中，加密前 outbuf 缓冲区中的所有数据都为 0。

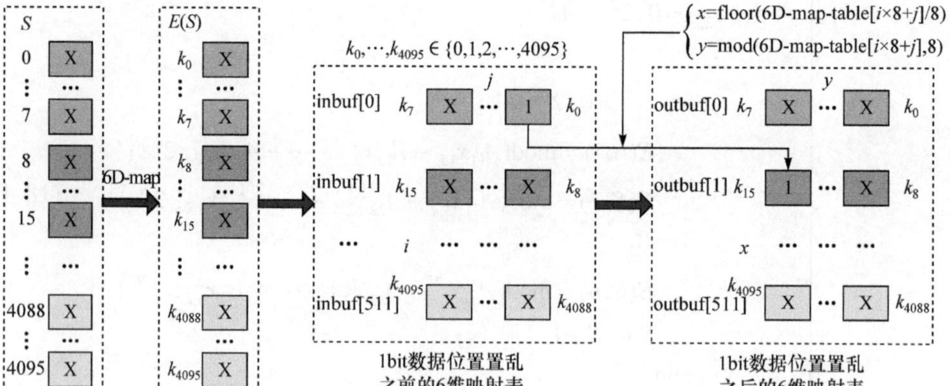

图 18-7　1bit 数据的位置置乱示意图

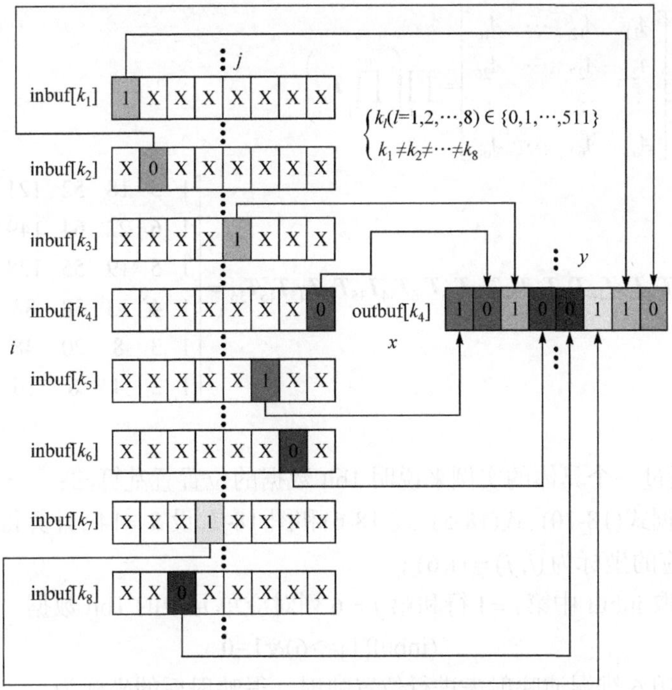

图 18-8　8 轮 1bit 数据的位置置乱示意图

根据图 18-7，提出相应的混沌加密算法如下：

(1) 根据式(18-5)、式(18-6)和图 18-7，得 S 对应的映射为 $E(S)$，$E(S)$ 对应的坐标为 (i, j)；

(2) 提取 inbuf 中第 i 行和第 j 列对应单元中的 1bit 数据

$$(\text{inbuf}[i]>>j)\&1 \in \{0, 1\} \tag{18-7}$$

(3) 利用 6 维混沌映射表进行位置映射，得映射后的坐标为

$$\begin{cases} x = \text{floor}(\text{6D-map-table}[i \times 8 + j]/8) \\ y = \text{mod}(\text{6D-map-table}[i \times 8 + j],\ 8) \end{cases} \tag{18-8}$$

(4) 将 (i, j) 对应单元中的 1bit 数据置换到 (x, y) 对应的单元中

$$\text{outbuf}[x] = (((\text{inbuf}[i] >> j)\,\&\,1) << y) \vee \text{outbuf}[x] \tag{18-9}$$

式中，符号“$>>j$”表示右移 j 位，“$<<y$”表示左移 y 位，“&”表示按位与运算，“$\vee$”表示按位或运算。

式(18-3)中，选取 $A_{i,i}^{(11)} = A^{(11)} = 1$，$A_{i,j}^{(12)} = A^{(12)} = 1$，$A_{j,i}^{(21)} = A^{(21)} = 1$，$A_{j,j}^{(22)} = A^{(22)} = 2$，令 $n = 6$，根据式(18-2)，得

$$A_6=\begin{bmatrix} A_{11} & A_{12} & \cdots & A_{16} \\ A_{21} & A_{22} & \cdots & A_{26} \\ \vdots & \vdots & & \vdots \\ A_{61} & A_{62} & \cdots & A_{66} \end{bmatrix}=\prod_{i=1}^{5}\left(\prod_{j=i+1}^{6}\boldsymbol{T}_{ij}\right)$$

$$=\boldsymbol{T}_{12}\boldsymbol{T}_{13}\boldsymbol{T}_{14}\boldsymbol{T}_{15}\boldsymbol{T}_{16}\boldsymbol{T}_{23}\boldsymbol{T}_{24}\boldsymbol{T}_{25}\boldsymbol{T}_{26}\boldsymbol{T}_{34}\boldsymbol{T}_{35}\boldsymbol{T}_{36}\boldsymbol{T}_{45}\boldsymbol{T}_{46}\boldsymbol{T}_{56}=\begin{bmatrix} 1 & 5 & 18 & 52 & 121 & 197 \\ 1 & 6 & 22 & 64 & 149 & 242 \\ 1 & 5 & 19 & 55 & 128 & 208 \\ 1 & 4 & 13 & 38 & 88 & 144 \\ 1 & 3 & 8 & 20 & 48 & 80 \\ 1 & 2 & 4 & 8 & 16 & 32 \end{bmatrix} \tag{18-10}$$

下面通过一个具体的实例来说明 1bit 数据的位置置乱算法：

(1) 根据式(18-10)、式(18-5)、式(18-6)和图 18-7，设 $S=14$，计算得 $E(S)=1792$，得 $E(S)$ 对应的坐标为 $(i,j)=(1,6)$；

(2) 提取 inbuf 中第 $i=1$ 行和第 $j=6$ 列对应单元中的 1bit 数据

$$(\text{inbuf}[1]>>6)\&1=0 \tag{18-11}$$

(3) 利用 6 维混沌映射表进行位置映射，得映射后的坐标为

$$\begin{cases} x=\text{floor}(\text{6D-map-table}[1\times 8+6]/8)=\text{floor}(1792/8)=224 \\ y=\text{mod}(\text{6D-map-table}[1\times 8+6],\ 8)=\text{mod}(1792,\ 8)=0 \end{cases} \tag{18-12}$$

式中，“mod”表示模运算，“floor”表示取整数部分。

(4) 将 $(i,j)=(1,6)$ 对应单元中的 1bit 数据置换到 $(x,y)=(224,0)$ 对应的单元中

$$\text{outbuf}[224]=(((\text{inbuf}[1]>>6)\&1)<<0)\vee \text{outbuf}[224] \tag{18-13}$$

最后将 $(i,j)=(1,6)$ 中的 0 置换到 $(x,y)=(224,0)$ 对应的单元中，其余各种情况依此类推，如图 18-9 所示。

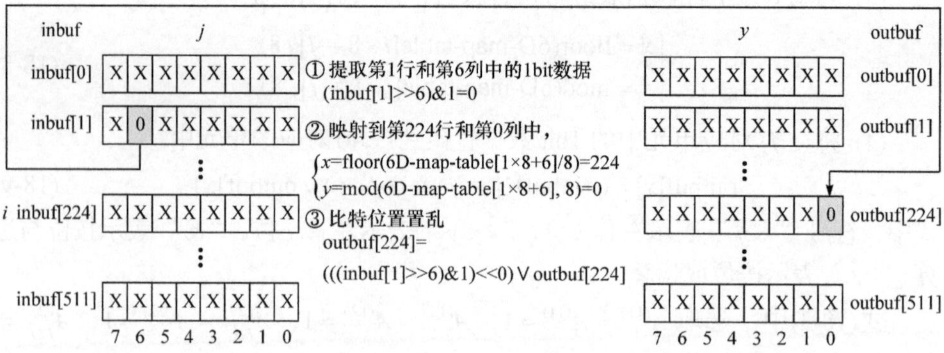

图 18-9 将 $(i,j)=(1,6)$ 中的 0 置换到 $(x,y)=(224,0)$ 对应的单元中的示意图

在接收解密时，分为密钥匹配与失配两种情况。下面以式(18-10)中的 15 个矩阵的排列顺序作为密钥为例，分析密钥匹配和失配两种情况的解密结果。

(1) 密钥匹配情况。接收端的置换矩阵仍如式(18-10)所示，根据$(x,y)=(224,0)$，得$8x+y=8\times224+0=1792$，通过解密后，0 能够被置换回正确的位置$(i,j)=(1,6)$中，其余各种情况依此类推，故在接收端能够将加密信息正确地解密出来。

(2) 密钥失配情况。根据矩阵原来的排列

$$\boldsymbol{T}_{12}\boldsymbol{T}_{13}\boldsymbol{T}_{14}\boldsymbol{T}_{15}\boldsymbol{T}_{16}\boldsymbol{T}_{23}\boldsymbol{T}_{24}\boldsymbol{T}_{25}\boldsymbol{T}_{26}\boldsymbol{T}_{34}\boldsymbol{T}_{35}\boldsymbol{T}_{36}\boldsymbol{T}_{45}\boldsymbol{T}_{46}\boldsymbol{T}_{56}$$

假设其中的$\boldsymbol{T}_{12}$和$\boldsymbol{T}_{34}$交换顺序

$$\boldsymbol{T}_{34}\boldsymbol{T}_{13}\boldsymbol{T}_{14}\boldsymbol{T}_{15}\boldsymbol{T}_{16}\boldsymbol{T}_{23}\boldsymbol{T}_{24}\boldsymbol{T}_{25}\boldsymbol{T}_{26}\boldsymbol{T}_{12}\boldsymbol{T}_{35}\boldsymbol{T}_{36}\boldsymbol{T}_{45}\boldsymbol{T}_{46}\boldsymbol{T}_{56}$$

得交换顺序后的变换矩阵为

$$\boldsymbol{A}_6=\begin{bmatrix} 5 & 9 & 11 & 29 & 68 & 113 \\ 1 & 2 & 3 & 8 & 19 & 31 \\ 11 & 20 & 24 & 65 & 152 & 252 \\ 16 & 29 & 33 & 91 & 212 & 352 \\ 4 & 7 & 8 & 20 & 48 & 80 \\ 3 & 5 & 4 & 8 & 16 & 32 \end{bmatrix} \tag{18-14}$$

根据$8x+y=8\times224+0=1792$，解密后，0 被置换到错误的位置$(i,j)=(0,1)$中，不能回到正确的位置$(i,j)=(1,6)$中，其余各种情况依此类推，故在接收端无法将加密信息正确地解密出来。

18.4.3　8bit 语音压缩数据位置的置乱和反置乱

在第二级加密和解密中，根据式(18-1)～式(18-6)，令$n=7$，$N_0=2$，可得位置置乱的个数为$N=2^{n\times N_0}=2^{7\times2}=16384$。然后，利用 7 维混沌映射，采用 8bit 数据的位置置乱与反置乱的方案，对一帧为 16384 个语音压缩数据的位置进行加密和解密，如图 18-10 所示，图中$k_i\ (i=0,1,2,\cdots,16383)\in\{0,1,2,\cdots,16383\}$，

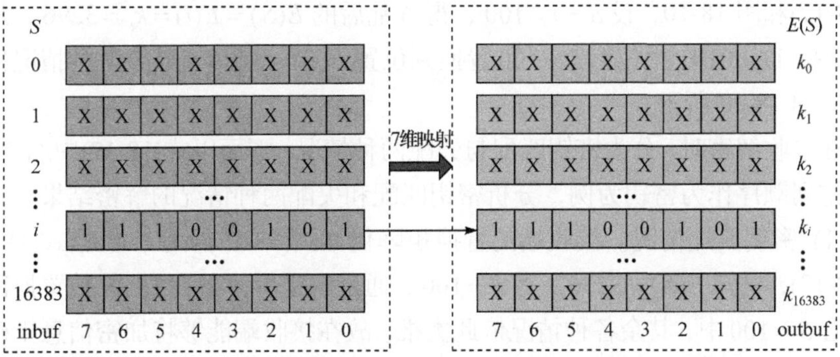

图 18-10　基于 8bit 语音压缩数据的位置置乱与反置乱示意图

$k_1 \neq k_2 \neq \cdots \neq k_{16383}$。在图 18-10 中，原始语音压缩数据暂存在 inbuf 缓冲区中，加密后的数据暂存在 outbuf 缓冲区中。

设 $n=7$，根据式(18-4)，得加密前语音压缩数据的顺序号 S (S=0,1,⋯,$2^{14}-1$)为

$$S = x_{1,k} \times 2^{7\times 2-2} + x_{2,k} \times 2^{7\times 2-4} + \cdots + x_{n-1,k} \times 2^2 + x_{n,k} \times 2^0 \tag{18-15}$$

得加密后对应每个顺序号 S 的位置映射为

$$E(S) = E(S, \alpha_1)\times 2^{7\times 2-2} + E(S, \alpha_2)\times 2^{7\times 2-4} + \cdots + E(S, \alpha_6)\times 2^2 + E(S, \alpha_7)\times 2^0 \tag{18-16}$$

式中，$\alpha_i \ (i=1,2,\cdots,7) \in \{1,2,\cdots,7\}$，$\alpha_1 \neq \alpha_2 \neq \cdots \neq \alpha_7$。

式(18-3)中，选取 $A_{i,i}^{(11)} = A^{(11)} = 1$，$A_{i,j}^{(12)} = A^{(12)} = 1$，$A_{j,i}^{(21)} = A^{(21)} = 1$，$A_{j,j}^{(22)} = A^{(22)} = 2$，令 $n=7$，根据式(18-2)，得

$$\begin{aligned}
\boldsymbol{A}_7 &= \begin{bmatrix} A_{11} & A_{12} & \cdots & A_{17} \\ A_{21} & A_{22} & \cdots & A_{27} \\ \vdots & \vdots & & \vdots \\ A_{71} & A_{72} & \cdots & A_{77} \end{bmatrix} = \prod_{i=1}^{6}\left(\prod_{j=i+1}^{7} \boldsymbol{T}_{ij}\right) \\
&= \boldsymbol{T}_{12}\boldsymbol{T}_{13}\boldsymbol{T}_{14}\boldsymbol{T}_{15}\boldsymbol{T}_{16}\boldsymbol{T}_{17}\boldsymbol{T}_{23}\boldsymbol{T}_{24}\boldsymbol{T}_{25}\boldsymbol{T}_{26}\boldsymbol{T}_{27}\boldsymbol{T}_{34}\boldsymbol{T}_{35}\boldsymbol{T}_{36}\boldsymbol{T}_{37}\boldsymbol{T}_{45}\boldsymbol{T}_{46}\boldsymbol{T}_{47}\boldsymbol{T}_{56}\boldsymbol{T}_{57}\boldsymbol{T}_{67} \\
&= \begin{bmatrix} 1 & 6 & 25 & 84 & 237 & 550 & 903 \\ 1 & 7 & 30 & 102 & 289 & 671 & 1100 \\ 1 & 6 & 26 & 88 & 249 & 578 & 948 \\ 1 & 5 & 19 & 63 & 176 & 408 & 672 \\ 1 & 4 & 13 & 38 & 104 & 240 & 400 \\ 1 & 3 & 8 & 20 & 48 & 112 & 192 \\ 1 & 2 & 4 & 8 & 16 & 32 & 64 \end{bmatrix}
\end{aligned} \tag{18-17}$$

下面通过一个具体实例进一步说明 8bit 数据的位置置乱算法。根据式(18-15)～式(18-17)和图 18-10，设 $S=i=100$，得置乱后的 $E(S)=E(i)=k_i=3296$，从而将 8bit 数据 11100101 由位置 $S=100$ 置换到位置 $E(S)=3296$，其余各种情况依此类推，如图 18-10 所示。

在接收解密时，分为密钥匹配与失配两种情况。下面以式(18-17)中的 21 个矩阵的排列顺序作为密钥为例，分析密钥匹配和失配两种情况的解密结果。

(1) 密钥匹配情况。接收端的置换矩阵仍如式(18-17)所示，根据式(18-15)～式(18-17)，已知 $E(S)=3296$，得 $S=100$，通过解密后，8bit 数据能被置换回正确的位置 $S=100$ 中，其余各种情况依此类推。故在接收端能够将加密信息正确地解密出来。

(2) 密钥失配情况。根据矩阵原来的排列

$$\boldsymbol{T}_{12}\boldsymbol{T}_{13}\boldsymbol{T}_{14}\boldsymbol{T}_{15}\boldsymbol{T}_{16}\boldsymbol{T}_{17}\boldsymbol{T}_{23}\boldsymbol{T}_{24}\boldsymbol{T}_{25}\boldsymbol{T}_{26}\boldsymbol{T}_{27}\boldsymbol{T}_{34}\boldsymbol{T}_{35}\boldsymbol{T}_{36}\boldsymbol{T}_{37}\boldsymbol{T}_{45}\boldsymbol{T}_{46}\boldsymbol{T}_{47}\boldsymbol{T}_{56}\boldsymbol{T}_{57}\boldsymbol{T}_{67}$$

假设其中的 $\boldsymbol{T}_{12}$ 和 $\boldsymbol{T}_{45}$ 交换顺序

$$\boldsymbol{T}_{45}\boldsymbol{T}_{13}\boldsymbol{T}_{14}\boldsymbol{T}_{15}\boldsymbol{T}_{16}\boldsymbol{T}_{17}\boldsymbol{T}_{23}\boldsymbol{T}_{24}\boldsymbol{T}_{25}\boldsymbol{T}_{26}\boldsymbol{T}_{27}\boldsymbol{T}_{34}\boldsymbol{T}_{35}\boldsymbol{T}_{36}\boldsymbol{T}_{37}\boldsymbol{T}_{12}\boldsymbol{T}_{46}\boldsymbol{T}_{47}\boldsymbol{T}_{56}\boldsymbol{T}_{57}\boldsymbol{T}_{67}$$

得交换顺序后的变换矩阵为

$$\boldsymbol{A}_7=\begin{bmatrix}6&11&20&53&138&322&539\\1&2&5&14&37&87&144\\7&13&26&70&183&428&714\\11&20&32&81&212&492&828\\16&29&45&111&292&676&1140\\4&7&8&20&48&112&192\\3&5&4&8&16&32&64\end{bmatrix}\tag{18-18}$$

根据式(18-15)、式(18-16)和式(18-18)，已知 $E(S)=3296$，得 $S=491$，通过解密后，8bit 数据被置换到错误的位置 $S=491$ 中，不能回到正确的位置 $S=100$ 中，其余各种情况依此类推，故在接收端无法将加密信息正确地解密出来。

18.5　语音压缩数据的多轮流密码加密和解密

本节讨论语音压缩数据大小的第三级混沌加密和解密方案的设计。主要内容包括正李氏指数无简并离散时间混沌系统的设计，利用正李氏指数无简并 3 维混沌映射对 8bit 语音压缩数据的大小进行多轮流密码的加密和解密。

18.5.1　正李氏指数无简并离散时间混沌系统的设计

混沌系统的随机统计特性与 KS 熵(随机性的度量)的关系为

$$h_{\mathrm{KS}}=\sum_i \mathrm{LE}_i^+$$

式中，LE_i^+ 表示正李氏指数，h_{KS} 表示 KS 熵。h_{KS} 越大，随机性统计特性越好，这意味着正李氏指数的个数越多和越大的混沌系统具有越好的随机统计特性。本节设计的正李氏指数无简并离散时间混沌系统，一方面，能满足正李氏指数的个数等于系统的维数，不存在零李氏指数和负李氏指数，正李氏指数的个数达到了最大。另一方面，通过调节系统的参数，使正李氏指数尽可能大。与已有的混沌

系统相比，正李氏指数无简并混沌系统具有更好的随机统计特性。

正李氏指数无简并离散时间混沌系统的具体设计过程如下：

(1) 设计渐近稳定的标称系统的一般形式为

$$\boldsymbol{x}(k+1)=\boldsymbol{C}\boldsymbol{x}(k) \tag{18-19}$$

式中，$\boldsymbol{C}=\begin{bmatrix} c_{11} & \cdots & c_{1n} \\ \vdots & & \vdots \\ c_{n1} & \cdots & c_{nn} \end{bmatrix}$为常数矩阵，标称系统的特征根全部位于复平面的单位圆内。

(2) 为了对标称系统(18-19)实施有效控制，需要对矩阵$\boldsymbol{C}$作相似变换

$$\boldsymbol{A}=\boldsymbol{P}\boldsymbol{C}\boldsymbol{P}^{-1} \tag{18-20}$$

式中，$\boldsymbol{P}$为非奇异矩阵。得相似变换后的标称系统为

$$\boldsymbol{x}(k+1)=\boldsymbol{A}\boldsymbol{x}(k) \tag{18-21}$$

满足式(18-19)和式(18-21)的系统具有相同的特征根和稳定性。

(3) 设计一致有界的反控制器$\boldsymbol{g}(\sigma\boldsymbol{x}(k),\varepsilon)$和控制矩阵$\boldsymbol{B}$，对标称系统(18-21)实施混沌反控制，得全局有界的受控系统为

$$\boldsymbol{x}(k+1)=\boldsymbol{A}\boldsymbol{x}(k)+\boldsymbol{B}\boldsymbol{g}(\sigma\boldsymbol{x}(k),\varepsilon) \tag{18-22}$$

(4) 利用控制矩阵$\boldsymbol{B}$、参数σ和ε对式(18-22)进行极点配置，经极点配置后，正李氏指数的个数达到最大值，满足$L=n$，并且正李氏指数能充分大，使得受控系统(18-22)成为正李氏指数无简并离散时间混沌系统。

根据式(18-19)～式(18-22)，得正李氏指数无简并3维混沌系统的迭代方程为

$$\begin{cases} x_1(k+1)=a_{11}x_1(k)+a_{12}x_2(k)+a_{13}x_3(k)\triangleq f_1(\cdot) \\ x_2(k+1)=a_{21}x_1(k)+a_{22}x_2(k)+a_{23}x_3(k)\triangleq f_2(\cdot) \\ x_3(k+1)=a_{31}x_1(k)+a_{32}x_2(k)+a_{33}x_3(k)+\varepsilon\sin(\sigma x_1(k))\triangleq f_3(\cdot) \end{cases} \tag{18-23}$$

式中，$\boldsymbol{A}=\begin{bmatrix} a_{11} & a_{12} & a_{13} \\ a_{21} & a_{22} & a_{23} \\ a_{31} & a_{32} & a_{33} \end{bmatrix}=\begin{bmatrix} 0.205 & -0.595 & 0.265 \\ -0.265 & -0.125 & 0.595 \\ 0.33 & -0.33 & 0.47 \end{bmatrix}$，对应的特征根均位于单位圆内，标称系统渐近稳定。$g(\sigma x_1(k),\varepsilon)=\varepsilon\sin(\sigma x_1(k))$为一致有界的反控制器，$\varepsilon$和$\sigma$为控制参数。

选取$\sigma=6.6667\varepsilon/10^{-4}$，当$0\leqslant\varepsilon\leqslant300$时，得李氏指数谱如图18-11所示。显见，随着参数ε和σ的增加，所有李氏指数都变为正并且充分大。在式(18-23)中，

选取 $\varepsilon=3\times10^8$，$\sigma=2\times10^5$，得李氏指数为 $LE_1=14.9$，$LE_2=14.8$，$LE_3=0.19$。根据式(18-23)，得到混沌吸引子相图如图 18-12 所示。

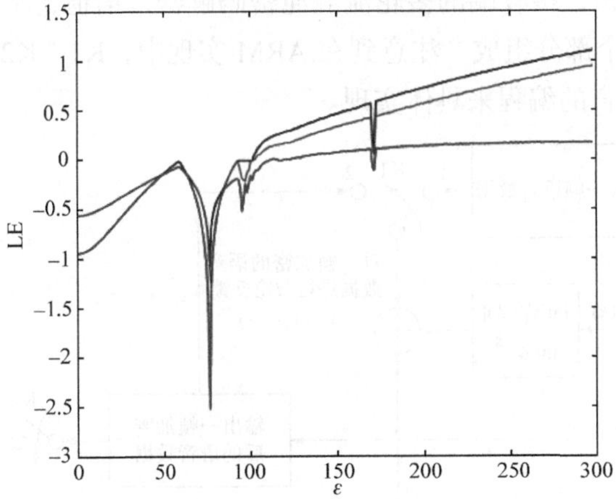

图 18-11　随参数 ε 和 σ 增加时的李氏指数谱

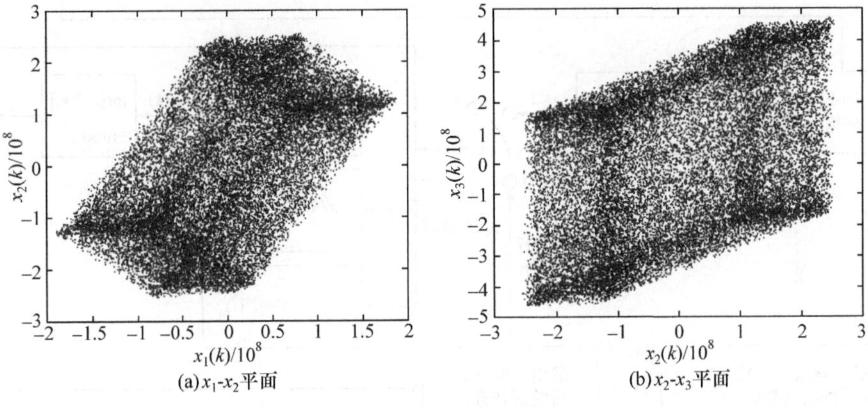

图 18-12　混沌吸引子相图

18.5.2　多轮流密码加密与解密的设计原理

根据式(18-23)，得到多轮流密码加密与解密的语音混沌保密通信系统原理图如图 18-13 所示。图中的迭代方程 $x_i^{(d)}(k+1)=f_i^{(d)}(\cdot)$、$x_i^{(r)}(k+1)=f_i^{(r)}(\cdot)$ $(i=1,2,3)$ 如式(18-23)所示，采用双精度运算，$\mathrm{int}[x_1^{(d)}(k)]$ 和 $\mathrm{int}[x_1^{(r)}(k)]$ 表示将双精度数据转换成 32bit 整数，mod 2^8 表示取 32bit 整数的低 8bit，将其用于 8bit 语音信号的加密和解密运算。注意到在图 18-13 中，为了进一步增强抵御差分攻击的能力，提出对每一帧语音数据进行 $M(M=1,2,\cdots)$轮的混沌流密码加密和解密方案。安全分析结果表明，该方案能大大提高抵御差分攻击的能力。图 18-13 由发送端的多轮流混沌密码加密，接收端的多轮流混沌密码解密，信道，工作状态切换 K1、K2、K3、K4 四个部分组成。注意到在 ARM 实现中，K1、K2、K3、K4 的切换功能可通过 C 语言的编程来具体实现。

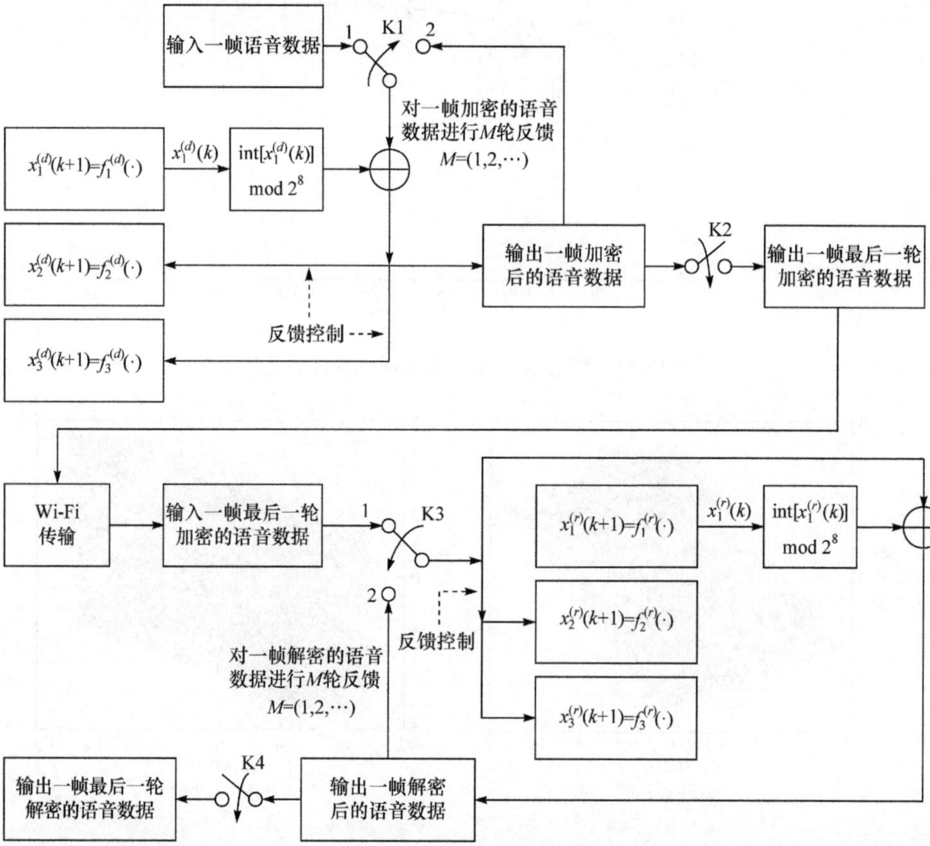

图 18-13　多轮流密码加密与解密的语音混沌保密通信系统设计原理图

该方法的主要特点是，在发送端，通过包括语音信号在内的闭环反馈方法，将输出信号反馈回来，分别替代发送端混沌系统第 2～3 个方程中的 $x_1^{(d)}(k)$。然后，将加密了 M 轮的语音信号的最后一轮的加密数据通过 Wi-Fi 传输。在接收端，将接收到的加密了 M 轮的语音加密信号分别替代接收端混沌系统第 2～3 个方程中的 $x_1^{(r)}(k)$，进行相应的 M 轮语音信号解密，使得发送端与接收端的两个混沌系统同步，从而实现语音加密信号的解密。

图 18-13 所示语音信号多轮混沌流密码加密与解密的基本工作原理如下。

(1) 在发送端，对每一帧语音信号进行 $M(M=1,2,\cdots)$轮加密的工作原理：首先，将 K1 位于 1，输入一帧语音信号进行加密；其次，将 K1 位于 2，将加密一轮后的一帧语音信号通过 K1 反馈后再进行第二轮加密。如此往复，共进行 M 轮加密。完成 M 轮加密后 K2 接通，将最后一轮加密的一帧语音信号经信道输出。接着 K1 再位于 1，再输入下一帧语音信号进行加密，如此周而复始地完成对每一帧的语音信号的 M 轮加密。

(2) 在接收端，对每一帧加密的语音数据进行 $M(M=1,2,\cdots)$轮解密的工作原理：首先，将 K3 位于 1，输入一帧加密语音数据进行解密；其次，将 K3 位于 2，将解密一轮后的一帧语音数据通过 K3 反馈后再进行第二轮解密。如此往复，共进行 M 轮解密。完成 M 轮解密后 K4 接通，将最后一轮解密的一帧语音数据输出。接着 K3 再位于 1，再输入下一帧加密的语音数据进行解密，如此周而复始地完成对每一帧加密语音数据的 M 轮解密。

根据图 18-13，采用式(18-23)所示的混沌系统对语音信号进行加密和解密，在 1 轮加密和解密的情况下，得发送端混沌加密系统的迭代方程为

$$\begin{cases} x_1^{(d)}(k+1)=a_{11}^{(d)}x_1^{(d)}(k)+a_{12}^{(d)}x_2^{(d)}(k)+a_{13}^{(d)}x_3^{(d)}(k) \\ x_2^{(d)}(k+1)=a_{21}^{(d)}p(k)+a_{22}^{(d)}x_2^{(d)}(k)+a_{23}^{(d)}x_3^{(d)}(k) \\ x_3^{(d)}(k+1)=a_{31}^{(d)}p(k)+a_{32}^{(d)}x_2^{(d)}(k)+a_{33}^{(d)}x_3^{(d)}(k)+\varepsilon^{(d)}\sin(\sigma^{(d)}p(k)) \end{cases} \tag{18-24}$$

同理，得接收端混沌解密系统的迭代方程为

$$\begin{cases} x_1^{(r)}(k+1)=a_{11}^{(r)}x_1^{(r)}(k)+a_{12}^{(r)}x_2^{(r)}(k)+a_{13}^{(r)}x_3^{(r)}(k) \\ x_2^{(r)}(k+1)=a_{21}^{(r)}p(k)+a_{22}^{(r)}x_2^{(r)}(k)+a_{23}^{(r)}x_3^{(r)}(k) \\ x_3^{(r)}(k+1)=a_{31}^{(r)}p(k)+a_{32}^{(r)}x_2^{(r)}(k)+a_{33}^{(r)}x_3^{(r)}(k)+\varepsilon^{(r)}\sin(\sigma^{(r)}p(k)) \end{cases} \tag{18-25}$$

式中，$p(k)=x_1^{(d)}(k)\oplus s(k)$，$s(k)$ 为输入的语音信号，符号“$\oplus$”表示按位异或运算。

当参数匹配时，满足 $a_{ij}^{(d)}=a_{ij}^{(r)}=a_{ij}\ (1\leqslant i,j\leqslant 3)$，$\varepsilon^{(d)}=\varepsilon^{(r)}=\varepsilon$，$\sigma^{(d)}=\sigma^{(r)}=\sigma$。首先，根据式(18-24)和式(18-25)中的第 2～3 个方程，得误差信号对应的迭代方程为

$$\begin{bmatrix} \Delta x_2(k+1) \\ \Delta x_3(k+1) \end{bmatrix}=\begin{bmatrix} a_{22} & a_{23} \\ a_{32} & a_{33} \end{bmatrix}\begin{bmatrix} \Delta x_2(k) \\ \Delta x_3(k) \end{bmatrix} \tag{18-26}$$

根据式(18-26)，得

$$\begin{bmatrix}\Delta x_2(k)\\ \Delta x_3(k)\end{bmatrix}=\begin{bmatrix}a_{22} & a_{23}\\ a_{32} & a_{33}\end{bmatrix}^k\begin{bmatrix}\Delta x_2(0)\\ \Delta x_3(0)\end{bmatrix} \tag{18-27}$$

式中，$\Delta x_2(0)$、$\Delta x_3(0)$ 为初始迭代值，$\Delta x_2 = x_2^{(r)}(k)-x_2^{(d)}(k)$，$\Delta x_3 = x_3^{(r)}(k)-x_3^{(d)}(k)$。

对式(18-27)两边取范数，得

$$\left\|\begin{bmatrix}\Delta x_2(k)\\ \Delta x_3(k)\end{bmatrix}\right\|\leqslant\left\|\begin{bmatrix}a_{22} & a_{23}\\ a_{32} & a_{33}\end{bmatrix}\right\|^k\cdot\left\|\begin{bmatrix}\Delta x_2(0)\\ \Delta x_3(0)\end{bmatrix}\right\| \tag{18-28}$$

由于$\begin{bmatrix}a_{22} & a_{23}\\ a_{32} & a_{33}\end{bmatrix}$对应的特征根均位于单位圆内，由圆盘定理知$\left\|\begin{bmatrix}a_{22} & a_{23}\\ a_{32} & a_{33}\end{bmatrix}\right\|<1$，故得

$$\lim_{k\to\infty}\left\|\Delta x_i(k)\right\|=\lim_{k\to\infty}\left\|x_i^{(r)}(k)-x_i^{(d)}(k)\right\|=0 \tag{18-29}$$

式中，$i=2,3$。

其次，进一步考虑误差变量$\Delta x_1(k)$的收敛性问题。根据式(18-24)和式(18-25)中第 1 个方程，得误差迭代方程为

$$\Delta x_1(k+1)=a_{11}\Delta x_1(k)+a_{12}\Delta x_2(k)+a_{13}\Delta x_3(k) \tag{18-30}$$

式中，$\Delta x_1 = x_1^{(r)}(k)-x_1^{(d)}(k)$。

当$k\to\infty$时，根据式(18-29)，得$\Delta x_2(k)\to 0$，$\Delta x_3(k)\to 0$。再根据式(18-30)，得

$$\lim_{k\to\infty}\Delta x_1(k+1)=\lim_{k\to\infty}a_{11}\Delta x_1(k) \tag{18-31}$$

由于$|a_{11}|<1$，根据式(18-31)，得

$$\lim_{k\to\infty}\|\Delta x_1\|=\lim_{k\to\infty}\|x_1^{(r)}(k)-x_1^{(d)}(k)\|=0 \tag{18-32}$$

综上，在参数匹配的条件下，本节证明了式(18-24)和式(18-25)可实现同步，在接收端，能将原语音信号正确地解密出来，即$\hat{s}(k)=s(k)\oplus x_1^{(d)}(k)\oplus x_1^{(r)}(k)=s(k)$。此外，在参数匹配的条件下，对于多轮加密的情况也有类似的结果。注意到式(18-29)和式(18-32)是按指数渐近收敛的，因而在实际应用的情况中，迭代次数k只需几步，同步误差便可忽略不计，从而能够快速地实现发送端与接收端之间的混沌同步，将语音信号解密出来。

18.6　基于组播多用户的语音混沌保密通信系统设计与硬件实现

基于组播多用户的语音混沌保密通信系统的设计框图如图 18-14 所示，对应

的硬件实现平台如图 18-15 所示。在发送端，输入的语音信号经 IMA-ADPCM 算法压缩后，采用三级语音混沌保密通信的方案，具体的加密方案及其对应的加密密钥分别如下：

第一级为 1bit 数据位置置乱实现语音数据大小(值)加密，加密密钥为如式(18-10)所示的矩阵排列方式，即

$$\boldsymbol{T}_{12}\boldsymbol{T}_{13}\boldsymbol{T}_{14}\boldsymbol{T}_{15}\boldsymbol{T}_{16}\boldsymbol{T}_{23}\boldsymbol{T}_{24}\boldsymbol{T}_{25}\boldsymbol{T}_{26}\boldsymbol{T}_{34}\boldsymbol{T}_{35}\boldsymbol{T}_{36}\boldsymbol{T}_{45}\boldsymbol{T}_{46}\boldsymbol{T}_{56}$$

第二级为 8bit 数据的位置置乱加密，加密密钥为如式(18-17)所示的矩阵排列

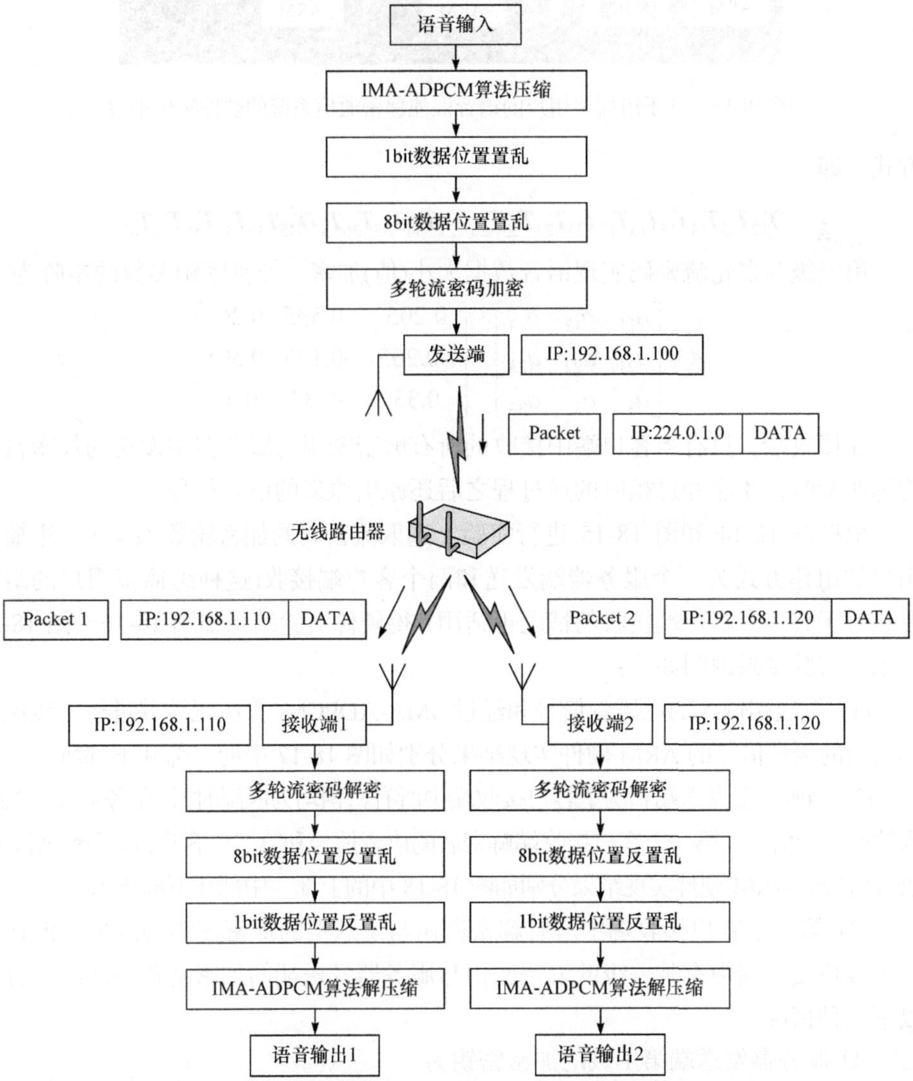

图 18-14　基于组播多用户的语音混沌保密通信系统的设计框图

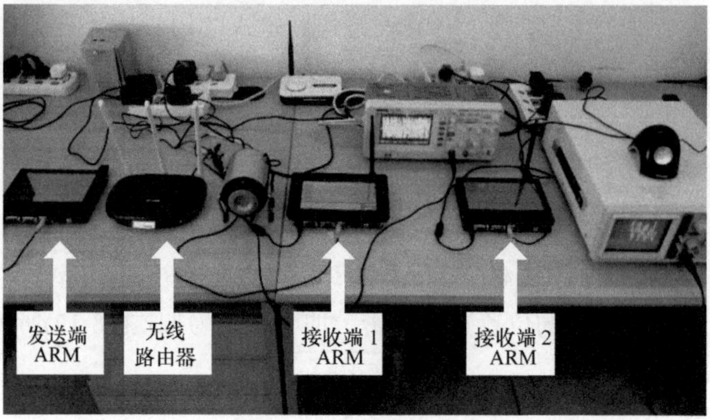

图 18-15　基于组播多用户的语音混沌保密通信系统的硬件实现平台

方式，即

$$\boldsymbol{T}_{12}\boldsymbol{T}_{13}\boldsymbol{T}_{14}\boldsymbol{T}_{15}\boldsymbol{T}_{16}\boldsymbol{T}_{17}\boldsymbol{T}_{23}\boldsymbol{T}_{24}\boldsymbol{T}_{25}\boldsymbol{T}_{26}\boldsymbol{T}_{27}\boldsymbol{T}_{34}\boldsymbol{T}_{35}\boldsymbol{T}_{36}\boldsymbol{T}_{37}\boldsymbol{T}_{45}\boldsymbol{T}_{46}\boldsymbol{T}_{47}\boldsymbol{T}_{56}\boldsymbol{T}_{57}\boldsymbol{T}_{67}$$

第三级为多轮流密码实现语音数据大小(值)加密，加密密钥参数的矩阵为

$$\boldsymbol{A}=\begin{bmatrix} a_{11} & a_{12} & a_{13} \\ a_{21} & a_{22} & a_{23} \\ a_{31} & a_{32} & a_{33} \end{bmatrix}=\begin{bmatrix} 0.205 & -0.595 & 0.265 \\ -0.265 & -0.125 & 0.595 \\ 0.33 & -0.33 & 0.47 \end{bmatrix}$$

在接收端，只有当客户端中接收的所有解密密钥与服务器端发送的加密密钥均为匹配时，才能经过相应的逆过程之后还原出原来的语音信号。

根据图 18-14 和图 18-15 进行实验。选取流密码的加密轮数 $M=5$，组播多用户的组建方式为一个服务器端发送和两个客户端接收(这种组播多用户的组建方式对于有多个客户端接收的情况也适用)，得硬件实验结果如图 18-16～图 18-20 所示。实验结果说明如下：

(1) 发送端输入的原语音信号和经过 IMA-ADPCM 算法压缩并进行三级混沌加密后的语音信号的 ARM 硬件实现结果分别如图 18-17 中的上部和下部所示。

(2) 当服务器发送端和两个客户接收端中所有密钥均为匹配时，得服务器发送端输入的原语音信号、第一个客户接收端解密后的语音信号和第二个客户接收端解密后的语音信号的 ARM 硬件实现结果分别如图 18-18 中的上部、中部和下部所示。

(3) 第二个客户接收端中所有解密密钥与发送端的加密密钥均匹配，但在第一个客户接收端中有某一级的解密密钥与服务器发送端的加密密钥不匹配。分为以下三种情况：

① 服务器发送端第 1 级的加密密钥为

$$\boldsymbol{T}_{12}\boldsymbol{T}_{13}\boldsymbol{T}_{14}\boldsymbol{T}_{15}\boldsymbol{T}_{16}\boldsymbol{T}_{23}\boldsymbol{T}_{24}\boldsymbol{T}_{25}\boldsymbol{T}_{26}\boldsymbol{T}_{34}\boldsymbol{T}_{35}\boldsymbol{T}_{36}\boldsymbol{T}_{45}\boldsymbol{T}_{46}\boldsymbol{T}_{56}$$

而第一个客户接收端第 1 级的解密密钥失配为

$$\boldsymbol{T}_{34}\boldsymbol{T}_{13}\boldsymbol{T}_{14}\boldsymbol{T}_{15}\boldsymbol{T}_{16}\boldsymbol{T}_{23}\boldsymbol{T}_{24}\boldsymbol{T}_{25}\boldsymbol{T}_{26}\boldsymbol{T}_{12}\boldsymbol{T}_{35}\boldsymbol{T}_{36}\boldsymbol{T}_{45}\boldsymbol{T}_{46}\boldsymbol{T}_{56}$$

② 服务器发送端第 2 级的加密密钥为

$$\boldsymbol{T}_{12}\boldsymbol{T}_{13}\boldsymbol{T}_{14}\boldsymbol{T}_{15}\boldsymbol{T}_{16}\boldsymbol{T}_{17}\boldsymbol{T}_{23}\boldsymbol{T}_{24}\boldsymbol{T}_{25}\boldsymbol{T}_{26}\boldsymbol{T}_{27}\boldsymbol{T}_{34}\boldsymbol{T}_{35}\boldsymbol{T}_{36}\boldsymbol{T}_{37}\boldsymbol{T}_{45}\boldsymbol{T}_{46}\boldsymbol{T}_{47}\boldsymbol{T}_{56}\boldsymbol{T}_{57}\boldsymbol{T}_{67}$$

而第一个客户接收端第 2 级的解密密钥失配为

$$\boldsymbol{T}_{45}\boldsymbol{T}_{13}\boldsymbol{T}_{14}\boldsymbol{T}_{15}\boldsymbol{T}_{16}\boldsymbol{T}_{17}\boldsymbol{T}_{23}\boldsymbol{T}_{24}\boldsymbol{T}_{25}\boldsymbol{T}_{26}\boldsymbol{T}_{27}\boldsymbol{T}_{34}\boldsymbol{T}_{35}\boldsymbol{T}_{36}\boldsymbol{T}_{37}\boldsymbol{T}_{12}\boldsymbol{T}_{46}\boldsymbol{T}_{47}\boldsymbol{T}_{56}\boldsymbol{T}_{57}\boldsymbol{T}_{67}$$

③ 服务器发送端第 3 级的加密密钥参数为

$$\boldsymbol{A}=\begin{bmatrix} a_{11} & a_{12} & a_{13} \\ a_{21} & a_{22} & a_{23} \\ a_{31} & a_{32} & a_{33} \end{bmatrix}=\begin{bmatrix} 0.205 & -0.595 & 0.265 \\ -0.265 & -0.125 & 0.595 \\ 0.33 & -0.33 & 0.47 \end{bmatrix}$$

而第一个客户接收端第 3 级中的某一个解密密钥参数如 a_{11} 失配为 $|\Delta a_{11}|=10^{-9}$ 。

当存在上述给出的任何一级解密密钥失配时，得服务器发送端输入的原语音信号、第一个客户接收端解密后的语音信号和第二个客户接收端解密后的语音信号的 ARM 硬件实现结果分别如图 18-19 中的上部、中部和下部所示。

(4) 第一个客户接收端中的所有解密密钥与服务器发送端的加密密钥均为匹配，但在第二个客户接收端中有一级的解密密钥与发送端的加密密钥不匹配，不妨同样也分为如上所述的三种密钥失配情况。那么，得服务器发送端输入的原语音信号、第一个客户接收端解密后的语音信号和第二个客户接收端解密后的语音信号的 ARM 硬件实现结果分别如图 18-20 的上部、中部和下部所示。

图 18-16　基于组播多用户的语音混沌保密通信的 ARM 实现结果

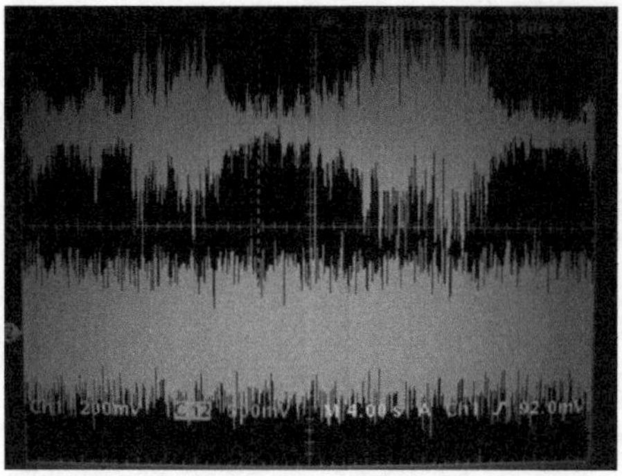

图 18-17　原语音信号和加密语音信号

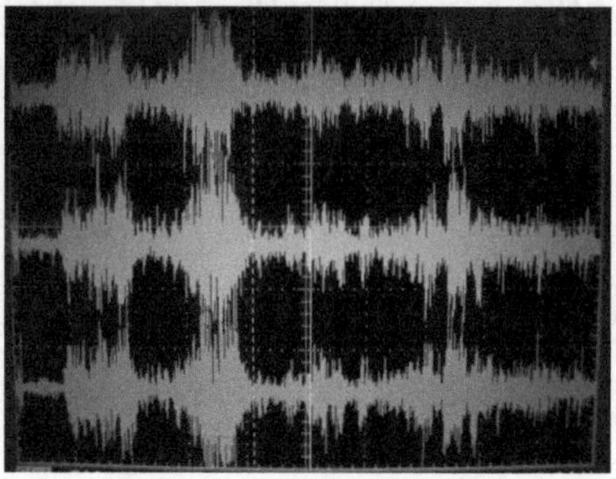

图 18-18　两个客户端与发送端密钥匹配的解密结果

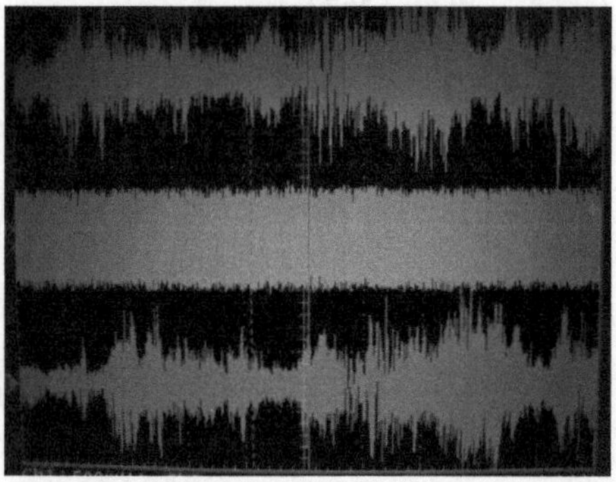

图 18-19　第一个客户端与发送端密钥不匹配的解密结果

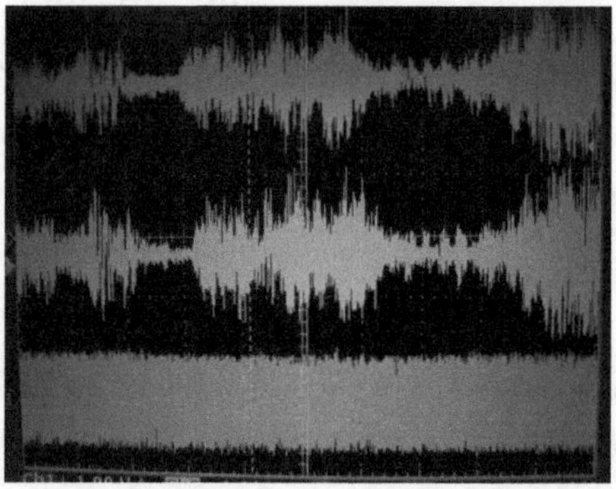

图 18-20　第二个客户端与发送端密钥不匹配的解密结果

18.7　安全性分析

18.7.1　NIST 测试结果

根据美国国家标准与技术研究院(NIST)提供的测试软件和标准，可对一个序列的随机性进行测试，从而确定用该序列进行信息加密时能否达到安全标准。如果被测试的 100 组1×10^6bit 序列的 P 值满足$0.0001\leqslant P\leqslant1$，则通过测试，否则不通过测试。

在如图 18-12 所示的多轮流密码语音混沌保密通信方案中，将迭代序列 $x_1^{(d)}(k)$ 转换成 32bit 整数后，再将其低 8bit 用于语音信号加密。故在对应的 NIST 测试中，只需用到迭代序列中的低 8bit 构成长度为1×10^8 bit 的序列进行测试，测试结果如表 18-1 所示，符号“—”表示对应的项目不能通过 NIST 测试。测试结果与李氏指数的对应关系如下：

(1) $P(1)$的结果对应参数ε=100, σ=0.0667，得李氏指数分别为$LE_1=-0.0017$, $LE_2=-0.0993$, $LE_3=-0.2229$。由于李氏指数全为负，NIST 测试的所有项目都不能通过。

(2) $P(2)$的结果对应参数$\varepsilon=3\times10^2$，$\sigma=2\times10^{-1}$，得李氏指数分别为$LE_1=1.1041$, $LE_2=0.9558$, $LE_3=0.1828$。由于正李氏指数不充分大，所以 NIST 测试结果中只有 2 项能通过。

(3) $P(3)$的结果对应参数$\varepsilon=3\times10^3$，$\sigma=2\times10^0$，得李氏指数分别为$LE_1=3.3825$, $LE_2=3.2870$, $LE_3=0.1893$，NIST 测试结果中有 9 项能通过。

(4) $P(4)$的结果对应参数$\varepsilon=3\times10^4$，$\sigma=2\times10^1$，得李氏指数分别为$LE_1=5.6879$, $LE_2=5.6500$, $LE_3=0.1895$，NIST 测试结果中有 13 项能通过。

(5) $P(5)$的结果对应参数$\varepsilon=3\times10^5$，$\sigma=2\times10^2$，得李氏指数分别为$LE_1=7.9827$, $LE_2=7.9418$, $LE_3=0.1895$，NIST 测试结果中有 14 项能通过。

(6) $P(6)$的结果对应参数$\varepsilon=3\times10^8$，$\sigma=2\times10^5$，得李氏指数分别为$LE_1=14.8403$, $LE_2=14.8107$, $LE_3=0.1903$。由于正李氏指数充分大而且无简并，所以 NIST 测试所有项都通过。

测试结果表明，随着参数ε和σ的增加，正李氏指数能够充分大而且无简并，从而使序列全部通过了 15 个项目的所有测试。

表 18-1 NIST 测试结果

NIST 测试	$P(1)$	$P(2)$	$P(3)$	$P(4)$	$P(5)$	$P(6)$
Frequency	—	—	0.946308	0.867692	0.798139	0.759756
Block Frequency	—	—	0.035174	0.062821	0.574903	0.437274
CumulativeSums	—	—	0.7886635	0.448529	0.67685	0.2636575
Runs	—	—	0.574903	0.129620	0.035174	0.616305
Long Runs of Ones	—	—	0.455937	0.249284	0.090936	0.534146
Rank	—	0.108791	0.289667	0.946308	0.181557	0.946308
FFT	—	—	0.514124	0.534146	0.699313	0.096578
Non-overlapping Templates	—	—	—	—	—	0.528973
Overlapping Templates	—	—	0.249284	0.816537	0.924076	0.191687
Universal	—	—	0.867692	0.554420	0.181557	0.474986
Approximate Entropy	—	—	—	0.319084	0.595549	0.739918
Random Excursions	—	—	—	0.3943705	0.35054825	0.68632925

续表

NIST 测试	$P(1)$	$P(2)$	$P(3)$	$P(4)$	$P(5)$	$P(6)$
Random Excursions Variant	—	—	—	—	0.344756	0.6600216
Serial	—	—	—	0.428899	0.0458625	0.7494675
Linear Complexity	—	0.366918	—	0.991468	0.935716	0.032923
通过率	0/15	2/15	9/15	13/15	14/15	15/15

18.7.2　统计分析

以一帧语音数据(16384 个)为例，对混沌流密码加密前与加密后的一帧数据分别进行统计分析，得对应的直方图如图 18-21 所示。

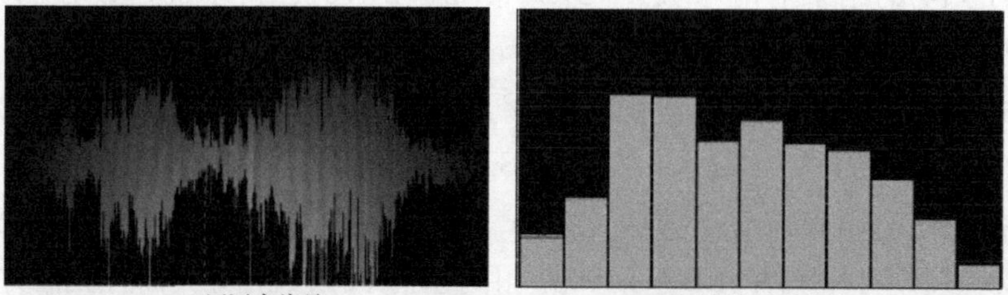

(a) 原语音信号　　(b) 原语音信号的统计分布

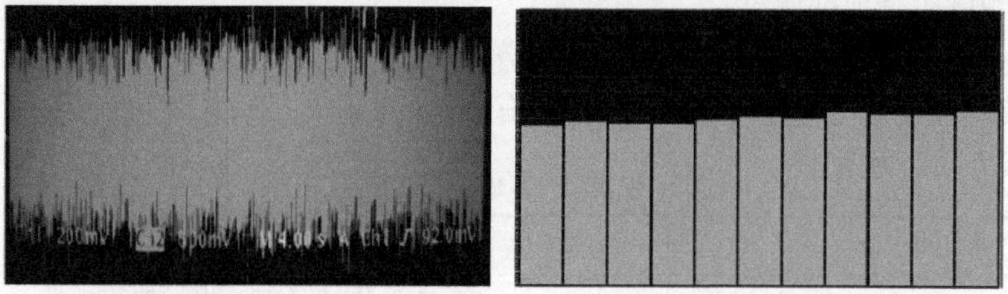

(c) 用流密码加密后的语音信号　　(d) 用流密码加密后语音信号的统计分布

图 18-21　用流密码加密前后语音信号的统计分析结果

根据图 18-21，混沌序列通过了 NIST 统计特性测试，具有较好的随机统计特性，加密后的语音数据呈均匀分布。因此，用此种方法加密后的密文对密钥的贡献很小，即

$$H(K|C_1C_2\cdots C_n)\approx H(K)$$

式中，H 为信息熵，K 为密钥，$C_1C_2\cdots C_n$ 为密文。因而增加了破译者的工作量，能抵御统计攻击和唯密文攻击。

18.7.3　差分分析

差分分析是混沌密码安全性分析的一项重要内容，主要衡量加密算法对明文的变化是否敏感，即明文对密文是否存在雪崩效应，简称“明文对密文的雪崩效应”。对于抵御差分攻击能力强的混沌密码，明文中任何一个数据大小的变化，对密文变化都存在着较大的影响，这种影响分别用指标图像像素值变化率(NPCR)和归一化像素值平均改变强度(UACI)的大小来衡量，NPCR 和 UACI 的值越大，抵御差分攻击的能力越强。

已知 NPCR 和 UACI 的计算公式分别为

$$\begin{cases} \text{NPCR} = \dfrac{\sum\limits_{i} D(i)}{F} \times 100\% \\ \text{UACI} = \dfrac{1}{F} \times \sum\limits_{i} \dfrac{|C(i) - C'(i)|}{255} \times 100\% \end{cases} \tag{18-33}$$

注意到在式(18-33)中，$C(i)$ 和 $C'(i)$ 定义为当两帧明文语音中仅存在一个数据不同时，它们对应两帧密文语音中第 i 点的值。此外，F 表示一帧语音数据的大小，$i = 1,2,\cdots,F$，$C(i)$、$C'(i)$ 和 $D(i)$ 的数学表达式分别为

$$\begin{cases} C(i) = [C_1 \ \ C_2 \ \ \cdots \ \ C_F] \\ C'(i) = [C'_1 \ \ C'_2 \ \ \cdots \ \ C'_F] \end{cases}, \quad D(i) = \begin{cases} 1, & C(i) \neq C'(i) \\ 0, & C(i) = C'(i) \end{cases}$$

为了考察一帧语音数据中的每一个数据大小的变化对密文的影响，根据式(18-33)，选取一帧语音数据，共有 16384 个数据，通过分别计算每一个数据的大小单独变化时的 NPCR 和 UACI，得对应的平均值计算公式为

$$\begin{cases} \overline{\text{NPCR}} = \dfrac{1}{16384} \cdot \sum\limits_{i=1}^{16384} \text{NPCR}(i) \\ \overline{\text{UACI}} = \dfrac{1}{16384} \cdot \sum\limits_{i=1}^{16384} \text{UACI}(i) \end{cases} \tag{18-34}$$

式中，$\text{NPCR}(i)$ 和 $\text{UACI}(i)$ 分别表示第 i 个像素点的 NPCR 值和 UACI 值。

根据式(18-34)，得到如图 18-13 所示一轮流密码加密的 $\overline{\text{NPCR}} = 49.80\%$，$\overline{\text{UACI}} = 16.73\%$。进一步，设 $M = 2$，得到如图 18-13 所示两轮流密码加密的 $\overline{\text{NPCR}} = 99.61\%$，$\overline{\text{UACI}} = 33.47\%$。此外，如果轮数增加，则 $\overline{\text{NPCR}}$ 和 $\overline{\text{UACI}}$ 也将有所增加。

通过比较上述结果，可知一轮流密码加密在抵御差分攻击能力方面要明显弱于两轮流密码加密，这是为什么？下面对其成因作进一步的分析。

在如图 18-13 所示的方案中，对一帧语音数据进行一轮混沌流密码加密，加密的顺序是从左至右，即按顺序 $s(1) \to s(2) \to s(3), \cdots, s(16383) \to s(16384)$ 完成对一帧语音数据的加密。那么，经过 16384 次迭代后，则完成了对一帧语音数据的

一轮加密。

如图 18-13 所示混沌流密码加密和解密的主要特点是采用了闭环反馈系统，即每加密完一个语音数据，加密后的结果都要通过反馈链路反馈回原系统中，这样才能使语音数据与混沌系统真正“熔为一炉”，因而明文中任何一个数据大小的变化都能对密文产生影响。

然而，这种一轮加密的方案存在一个问题，即不同位置上语音数据大小的变化对密文产生影响的程度存在很大的差异。具体而言，$s(i)$ $(i=1,2,\cdots,16384)$ 中对应 i 较小的数据变化时对密文的影响程度较大，计算得到的 NPCR 和 UACI 都较大，而对应 i 较大的数据变化时对密文的影响程度较小，计算得到的 NPCR 和 UACI 都较小。分析其成因在于，对应 i 较小的数据较早地被加密，加密后的结果能较早地通过反馈链路反馈回原来的系统中，反馈回原系统的迭代次数较多，与混沌系统“熔为一炉”的作用较大，因而其大小变化对密文的影响也较大。而对应 i 较大的数据较晚才被加密，加密后的结果较晚通过反馈链路反馈回原系统中，反馈回原系统的迭代次数较少，与混沌系统“熔为一炉”的作用相对就要小一些，因而这些数据大小的变化对密文的影响也较弱。

如果采用多轮加密方案，则与一轮加密方案的结果不同。例如，在两轮或两轮以上加密方案的情况下，即便是对于语音数据 $s(16384)$，其加密后的结果同样有机会在下一轮的加密过程中通过反馈链路反馈回原系统中与混沌系统“熔为一炉”，从根本上解决了在 1 轮加密中对应 i 较大的数据的大小变化对密文的影响较小这个主要问题。

18.7.4 密钥参数失配的敏感度

1. 单轮加密时密钥参数失配的敏感度

若混沌密码系统中的某一个密钥参数(其余参数均为匹配)只要存在一个很小的失配误差，就无法解密出原始语音信号，则该密钥参数对失配误差十分敏感，具有“密钥参数失配的雪崩效应”。失配误差的数量级越小，系统的安全性越好。

设接收端解密系统的密钥参数与发送端加密系统密钥参数失配误差的绝对值为 $|\Delta a_{ij}|=|a_{ij}^{(r)}-a_{ij}^{(d)}|$，$1\leqslant i,j\leqslant 3$。假设 $|\Delta a_{ij}|$ 中只有一个密钥参数存在失配误差而其余参数均为匹配时，在无法解密出原始语音的条件下，经测试，得如图 18-13 所示的一轮流密码系统密钥参数的失配误差矩阵为

$$|\Delta\boldsymbol{a}|_{\mathrm{C1}}\triangleq\begin{bmatrix}|\Delta a_{11}| & |\Delta a_{12}| & |\Delta a_{13}|\\ |\Delta a_{21}| & |\Delta a_{22}| & |\Delta a_{23}|\\ |\Delta a_{31}| & |\Delta a_{32}| & |\Delta a_{33}|\end{bmatrix}\propto\begin{bmatrix}10^{-5} & 10^{-5} & 10^{-5}\\ 5 & 10^{-5} & 10^{-5}\\ 5 & 10^{-5} & 10^{-5}\end{bmatrix} \tag{18-35}$$

式中，两个 5 表示对应的密钥参数对失配误差不敏感，主要原因是对每个语音数据加密后的结果 $p(k)=x_1^{(d)}(k)\oplus s(k)$ 都要通过反馈链路反馈到这些项中。

根据式(18-35)，可知如图 18-13 所示的一轮流密码系统存在两个无效密钥参数，只有 7 个有效密钥参数，有效密钥参数的失配误差在10^{-5}数量级范围内。其成因分析如下：

根据式(18-35)，$|\Delta a_{21}|$ 和 $|\Delta a_{31}|$ 的误差失配在同一个数量级，其余 $|\Delta a_{ij}|$ $(i\neq 2,3; j\neq 1)$ 的误差失配也在同一个数量级。因此，只需研究 $|\Delta a_{31}|$ 和 $|\Delta a_{32}|$ 的情况即可，而其余的误差失配的结果是类似的。

(1) 设 $\varepsilon^{(d)}=\varepsilon^{(r)}=\varepsilon$，$\sigma^{(d)}=\sigma^{(r)}=\sigma$，假设只有 a_{31} 存在失配误差 $|\Delta a_{31}|=|a_{31}^{(r)}-a_{31}^{(d)}|$，而其余参数均为匹配，满足 $a_{ij}^{(r)}=a_{ij}^{(d)}=a_{ij}$ $(i\neq 3, j\neq 1)$，根据式(18-24)和式(18-25)，得误差信号对应的迭代方程为

$$\begin{cases}\Delta x_1(k+1)=a_{11}\Delta x_1(k)+a_{12}\Delta x_2(k)+a_{13}\Delta x_3(k)\\ \Delta x_2(k+1)=a_{22}\Delta x_2(k)+a_{23}\Delta x_3(k)\\ \Delta x_3(k+1)=\Delta a_{31}p(k)+a_{32}\Delta x_2(k)+a_{33}\Delta x_3(k)\end{cases}\tag{18-36}$$

在误差信号达到稳态的情况下，满足 $\Delta x_i(k+1)=\Delta x_i(k)$ $(i=1,2,3)$，则式(18-36)变为

$$\begin{cases}\Delta x_1(k)=a_{11}\Delta x_1(k)+a_{12}\Delta x_2(k)+a_{13}\Delta x_3(k)\\ \Delta x_2(k)=a_{22}\Delta x_2(k)+a_{23}\Delta x_3(k)\\ \Delta x_3(k)=\Delta a_{31}p(k)+a_{32}\Delta x_2(k)+a_{33}\Delta x_3(k)\end{cases}\tag{18-37}$$

求解式(18-37)，得

$$\begin{cases}\Delta x_1(k)=-0.0887\times\Delta a_{31}p(k)\\ \Delta x_2(k)=0.7507\times\Delta a_{31}p(k)\\ \Delta x_3(k)=1.4194\times\Delta a_{31}p(k)\end{cases}\tag{18-38}$$

(2) 设 $\varepsilon^{(d)}=\varepsilon^{(r)}=\varepsilon$，$\sigma^{(d)}=\sigma^{(r)}=\sigma$，假设只有 a_{32} 存在失配误差 $|\Delta a_{32}|=|a_{32}^{(r)}-a_{32}^{(d)}|$，而其余参数均为匹配，满足 $a_{ij}^{(r)}=a_{ij}^{(d)}=a_{ij}$ $(i\neq 3, j\neq 2)$，根据式(18-24)和式(18-25)，得误差信号对应的迭代方程为

$$\begin{cases}\overline{\Delta x_1}(k+1)=a_{11}\overline{\Delta x_1}(k)+a_{12}\overline{\Delta x_2}(k)+a_{13}\overline{\Delta x_3}(k)\\ \overline{\Delta x_2}(k+1)=a_{22}\overline{\Delta x_2}(k)+a_{23}\overline{\Delta x_3}(k)\\ \overline{\Delta x_3}(k+1)=a_{32}\overline{\Delta x_2}(k)+\Delta a_{32}x_2(k)+a_{33}\overline{\Delta x_3}(k)\end{cases}\tag{18-39}$$

在误差信号达到稳态的情况下，满足 $\overline{\Delta x_i}(k+1)=\overline{\Delta x_i}(k)$ $(i=1,2,3)$，则式(18-39)变为

$$\begin{cases}\overline{\Delta x_1}(k)=a_{11}\overline{\Delta x_1}(k)+a_{12}\overline{\Delta x_2}(k)+a_{13}\overline{\Delta x_3}(k)\\ \overline{\Delta x_2}(k)=a_{22}\overline{\Delta x_2}(k)+a_{23}\overline{\Delta x_3}(k)\\ \overline{\Delta x_3}(k)=a_{32}\overline{\Delta x_2}(k)+\Delta a_{32}x_2(k)+a_{33}\overline{\Delta x_3}(k)\end{cases} \tag{18-40}$$

求解式(18-40)，得

$$\begin{cases}\overline{\Delta x_1}(k)=-0.0887\times\Delta a_{32}x_2(k)\\ \overline{\Delta x_2}(k)=0.7507\times\Delta a_{32}x_2(k)\\ \overline{\Delta x_3}(k)=1.4194\times\Delta a_{32}x_2(k)\end{cases} \tag{18-41}$$

根据图 18-12，可知 $x_2(k)$ 最大值的数量级为 10^8，而根据图 18-13，可知 $p(k)$ 最大值的数量级仅为 2^8。再根据式(18-38)和式(18-41)，在 Δa_{31} 和 Δa_{32} 引起误差相同的条件下，即满足 $\overline{\Delta x_1}(k)=\Delta x_1(k)$，得两者之比为

$$\frac{|\Delta a_{31}|}{|\Delta a_{32}|}\propto\frac{|x_2(k)|_{\max}}{|p(k)|_{\max}}\propto 10^5 \tag{18-42}$$

从而解释了参数 a_{21} 和 a_{31} 对失配不敏感的原因以及式(18-35)表示的一轮流密码系统密钥参数的失配误差矩阵测试所得的结果。

2. 多轮加密时密钥参数失配的敏感度

在多轮加密的情况下，例如，设图 18-13 中的 $M=2$，经测试，得两轮流密码系统密钥参数的失配误差矩阵为

$$|\Delta\boldsymbol{a}|_{C2}\propto\begin{bmatrix}10^{-8} & 10^{-8} & 10^{-8}\\ 10^{-2} & 10^{-8} & 10^{-8}\\ 10^{-2} & 10^{-8} & 10^{-8}\end{bmatrix} \tag{18-43}$$

根据式(18-43)可知，如图 18-13 所示的两轮流密码系统有 9 个有效密钥参数，密钥参数的失配误差为 10^{-2} 和 10^{-8} 两个数量级。

同理，设图 18-13 中的 $M=5$，经测试，得 5 轮流密码系统密钥参数的失配误差矩阵为

$$|\Delta\boldsymbol{a}|_{C5}\propto\begin{bmatrix}10^{-9} & 10^{-9} & 10^{-9}\\ 10^{-3} & 10^{-9} & 10^{-9}\\ 10^{-3} & 10^{-9} & 10^{-9}\end{bmatrix} \tag{18-44}$$

需要特别指出的是，在式(18-35)、式(18-43)及式(18-44)中，各个密钥参数失配误差的绝对值大小并不需要十分精确的值，只需给出数量级的大小即可。此

外，式(18-35)、式(18-43)及式(18-44)的意义是，如果其中的任意一个密钥参数的失配误差大于或等于给定的数量级，尽管其余所有密钥参数都完全匹配，那么，在接收端就无法解密出原始语音信号。综上所述，通过比较式(18-35)、式(18-43)及式(18-44)，可得出一个重要结论：随着加密轮数的增加，密钥参数失配的雪崩效应明显增强。

在加密轮数增加的情况下，密钥参数会变得越来越敏感的本质是混沌系统对参数误差具有高度的敏感性，并且随着正李氏指数个数的增加和增大，这种敏感性会变得越来越明显。在图 18-13 中，当接收端进行解密时，只要有一个参数不匹配，则该参数的误差每当解密一轮后，就要产生一次误差的扩散，而本书设计的无简并超混沌系统，正李氏指数能够充分大并且无简并，因而对这种参数误差的敏感度就更大，误差的扩散作用也就更强。

18.7.5　密钥空间的大小

根据式(18-2)中各个变换子矩阵 $\boldsymbol{T}_{ij}$ 在矩阵中相乘的先后次序，对 $\boldsymbol{T}_{ij}$ 下标重新进行所有可能的并且不重复的排序后，得

$$\boldsymbol{A}_n = \prod_{i=1}^{n-1}\left(\prod_{j=i+1}^{n}\boldsymbol{T}_{\alpha_i\beta_j}\right) \tag{18-45}$$

式中，α_j 和 β_j 的取值应满足的条件为

$$\begin{cases}\alpha_i \ (i=1,2,\cdots,n-1)\in\{1,\ 2,\cdots,n-1\} \\ \alpha_p \neq \alpha_q \ (p\neq q) \\ \beta_j \ (j=i+1,i+2,\cdots,n-1,n)\in\{2,3,\cdots,n\} \\ \beta_r\neq\beta_s \ (r\neq s) \\ \beta_j>\alpha_i\end{cases} \tag{18-46}$$

根据上述规则，得式(18-45)中 $\boldsymbol{T}_{\alpha_i\beta_j}$ 下标排序的表达式为

$$S=\alpha_1\beta_2,\alpha_1\beta_3,\cdots,\alpha_1\beta_{n-1},\alpha_1\beta_n,\alpha_2\beta_3,\alpha_2\beta_4,\alpha_2\beta_{n-1},\alpha_2\beta_n,\cdots,\alpha_{n-1}\beta_n \tag{18-47}$$

每交换一次 $\boldsymbol{T}_{\alpha_i\beta_j}$ 的下标 $\alpha_i\beta_j$，就得到一种对应的新的下标排序，每一种排序均可作为一种用于语音加密的密钥。已知子矩阵 $\boldsymbol{T}_{\alpha_i\beta_j}$ 的数量为 $n(n-1)/2$，根据上述排序规则，得所有可能的重新排序后的总数为

$$K_S^{(1)}=[n(n-1)/2]! \tag{18-48}$$

再根据式(18-6)中 $E(S,\alpha_i)$（$\alpha_i\ (i=1,2,\cdots,n)\in\{1,2,\cdots,n\}$；$\alpha_1\neq\alpha_2\neq\cdots\neq\alpha_n$）的先后次序排列方式，得对应的排序总数为

$$K_S^{(2)}=n! \tag{18-49}$$

(1) 对于第一级为 1bit 数据位置置乱实现语音数据大小(值)加密方案，令 $n=6$，根据式(18-48)和式(18-49)，得重新排序后的总数为

$$K_S^1 = K_S^{(1)} \cdot K_S^{(2)} = \{[n(n-1)/2]!\} \cdot \{n!\} = \{[6(6-1)/2]!\} \cdot \{6!\} = 9.4154 \times 10^{14} \quad (18\text{-}50)$$

(2) 对于第二级为 8bit 数据的位置置乱加密，令 $n=7$，根据式(18-48)和式(18-49)，得重新排序后的总数为

$$K_S^2 = K_S^{(1)} \cdot K_S^{(2)} = \{[n(n-1)/2]!\} \cdot \{n!\} = \{[7(7-1)/2]!\} \cdot \{7!\} = 2.5750 \times 10^{23} \quad (18\text{-}51)$$

(3) 对于第三级为多轮流密码实现语音数据大小(值)加密，在 5 轮流密码加密的情况下，有效的密钥参数为 9 个，当密钥参数失配误差 $|\Delta a_{ij}|$ $(1 \leqslant i, j \leqslant 3)$ 小于密钥参数失配误差矩阵(18-44)中的值时，就能破译出原语音信号。故得对应密钥空间的大小为

$$K_S^3 = \prod_{i=1}^{3}\left(\prod_{j=1}^{3}\frac{|a_{ij}|}{|\Delta a_{ij}|}\right) = 3.2607 \times 10^{64} \quad (18\text{-}52)$$

(4) 综上所述，得三级加密系统总的密钥空间的大小为

$$K_S = K_S^1 \cdot K_S^2 \cdot K_S^3 = 7.9055 \times 10^{102} \quad (18\text{-}53)$$

第 19 章　高维混沌映射单向 Hash 函数

本章介绍高维混沌映射的单向 Hash 函数设计。主要内容包括公钥密码体制、数字签名和 Hash 函数的基本概念，基于常参数和变参数标称矩阵的 8 维离散时间超混沌系统的设计，用明文消息块控制的 8 维混沌映射构造单向 Hash 函数与安全分析[57]。

19.1　公钥密码体制、数字签名和 Hash 函数的基本概念

19.1.1　公钥密码体制的基本概念

公钥密码体制的基本方法是，通信的任何一方都拥有(事先分配的)一对加密密钥和解密密钥，其中可以公开的密钥称为公钥，而必须由用户严格保管的密钥称为私钥。公钥密码体制的主要特点是，公钥和私钥是不同的，并且想要从一个密钥推导出对应的另一个密钥在计算上是不可行的。但是，它们之间又是有联系的，这种联系具体表现为，用公钥加密的数据只能使用与该项公钥配对的私钥才能解密，反之亦然。用私钥加密的数据也只能使用与该私钥配对的公钥才能解密。公钥密码体制的优点是公钥可以公开，算法是非对称的。缺点是加密/解密算法的运算速度较慢。因此，公钥密码体制比较适合于对少量数据的加密，例如，传送分组密码的密钥、数字签名、身份认证等。

19.1.2　数字签名的基本概念

根据公钥密码体制的基本方法，A 方通过使用自己的私钥对整个消息进行加密(即数字签名)，B 方通过使用 A 方的公钥即可解密并验证消息的来源及其完整性，从这个意义上讲，认为解决了数字签名问题。然而，现有公钥密码体制的运算速度都较慢，只适合于对少量的数据加密，而现实中的电子文档通常比较大，尤其是多媒体文档更大。因此，试图通过使用公钥密码体制对整个消息进行加密来达到数字签名的目的是不实用的。

另外，在实际的数字签名应用中，每个文档都应该做到既有明文又有密文，以备发生争执时用来验证消息的来源和内容。为此，在实际的数字签名系统中，既要保存整个消息的原始状态，又要达到数字签名的目的，故采用了如图 19-1 所示的数字签名方法。

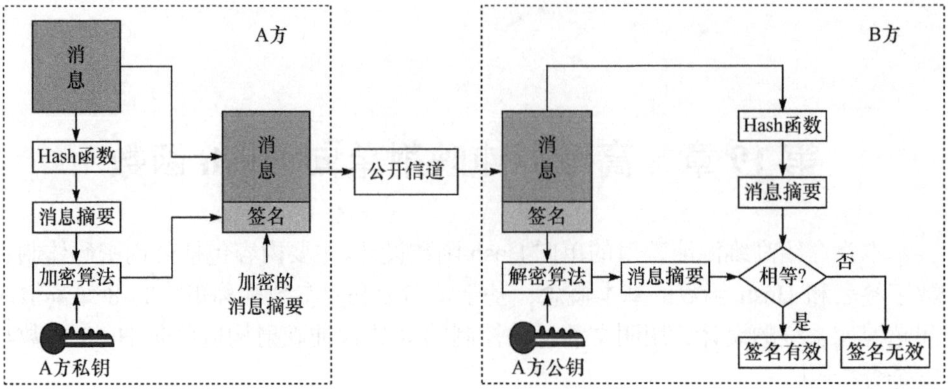

图 19-1　数字签名的原理框图

在图 19-1 中，假定消息的发送方为 A 方，消息的接收方为 B 方。首先，在发送消息前 A 方通过一个称为 Hash 函数的数学运算，将任意长度的消息压缩为较短的并且是固定长度的“消息摘要”。其次，根据公钥密码体制的基本方法，用 A 方的私钥对“消息摘要”进行加密，所得到的结果即签名。再次，将原始消息与签名通过公开信道发送给 B 方。当 B 方接收到带有签名的消息后，一方面，根据公钥密码体制的基本方法，利用 A 方的公钥对签名进行解密，得到原始的消息摘要。另一方面，利用与 A 方同样的 Hash 函数对发送来的消息重新计算摘要。最后，B 方比较这两个消息摘要，若两者相等，则表示消息在发送过程中没有被篡改，并能确认是 A 方发来的。若不相等，则说明消息在发送过程中被篡改。这就是数字签名的基本工作原理。

19.1.3　Hash 函数的基本概念

Hash 函数又称杂凑函数、散列函数、数字指纹等，其基本功能是将一个任意长度的明文消息压缩为一个固定长度(如 128bit、192bit、256bit 等)的摘要，如图 19-2 所示。

图 19-2　Hash 函数的基本功能

Hash 函数作为密码学的基本工具，应用领域如图 19-3 所示，主要体现在以下几个方面：

(1) 检测传输中消息是否被篡改；

(2) 防止伪造电子签名和消息认证码；

(3) 作为安全组件设计出多种密码体制和安全通信协议。

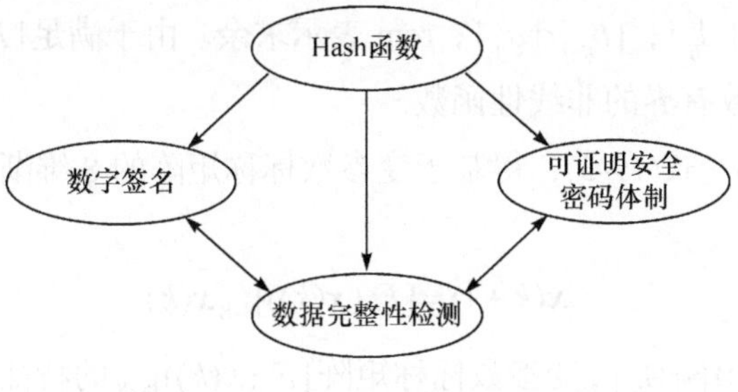

图 19-3　Hash 函数的应用领域

19.2　基于常参数和变参数标称矩阵的 8 维离散时间超混沌系统的设计

本节首先分别设计一种基于常参数标称矩阵和变参数标称矩阵的 8 维离散时间超混沌系统。主要设计过程如下：

(1) 设计一个基于常参数标称矩阵的 8 维渐近稳定的标称系统。对应迭代方程的一般数学表达式为

$$\boldsymbol{x}(k+1)=[A_{ij}]_{8\times8}\boldsymbol{x}(k) \tag{19-1}$$

式中，$k=0,1,\cdots$，$\boldsymbol{x}(k+1)=[x_1(k+1),x_2(k+1),\cdots,x_8(k+1)]^{\mathrm{T}}$，$\boldsymbol{x}(k)=[x_1(k),x_2(k),\cdots,x_8(k)]^{\mathrm{T}}$。其中常参数标称矩阵$[A_{ij}]_{8\times8}$的数学表达式为

$$[A_{ij}]_{8\times8}=\begin{bmatrix} 0.1757 & -0.3643 & 0.0257 & -0.3943 & 0.4457 & -0.2143 & 0.2457 & 0.0257 \\ -0.2986 & -0.2186 & 0.0914 & -0.3286 & 0.5114 & -0.1486 & 0.3114 & 0.0914 \\ -0.1057 & -0.5657 & 0.1843 & -0.1557 & 0.4743 & -0.1857 & 0.2743 & 0.0543 \\ -0.0457 & -0.5057 & -0.0957 & -0.1757 & 0.5343 & -0.1257 & 0.3343 & 0.1143 \\ -0.0800 & -0.5400 & 0.0800 & -0.3400 & 0.3300 & 0.1700 & 0.3000 & 0.0800 \\ 0.0143 & -0.4457 & 0.1743 & -0.2457 & 0.2643 & -0.2357 & 0.3943 & 0.1743 \\ -0.0457 & -0.5057 & 0.1143 & -0.3057 & 0.5343 & -0.1257 & 0.1443 & 0.2243 \\ -0.0143 & -0.4743 & 0.1457 & -0.2743 & 0.5657 & -0.0943 & 0.2557 & -0.0443 \end{bmatrix} \tag{19-2}$$

(2) 在常参数矩阵$[A_{ij}]_{8\times8}$中，引入一致有界的非线性函数$|f_{ij}(\boldsymbol{x}(k))|\leqslant 1$，得对应变参数矩阵$[F_{ij}(\boldsymbol{x}(k))]_{8\times8}$中每一个元素$F_{ij}(\boldsymbol{x}(k))$的一般形式为

$$\begin{cases} F_{ij}(\boldsymbol{x}(k))=a_{ij}+b_{ij}f_{ij}(\boldsymbol{x}(k)) \\ f_{ij}(x_j(k))=\mathrm{rem}(c_{ij}x_j(k),1) \end{cases} \tag{19-3}$$

式中，$|a_{ij}+b_{ij}|=|A_{ij}|$，$|b_{ij}|<|a_{ij}|$，rem 表示求余。由于满足$|F_{ij}(\boldsymbol{x}(k))|\leqslant|A_{ij}|$，故 $F_{ij}(\boldsymbol{x}(k))$ 也是一致有界的非线性函数。

根据式(19-1)～式(19-3)，得基于变参数标称矩阵的 8 维渐近稳定的标称系统的一般形式为

$$\boldsymbol{x}(k+1)=[F_{ij}(\boldsymbol{x}(k))]_{8\times 8}\boldsymbol{x}(k) \tag{19-4}$$

由于$|F_{ij}(\boldsymbol{x}(k))|\leqslant|A_{ij}|$，变参数标称矩阵$[F_{ij}(\boldsymbol{x}(k))]_{8\times 8}$的特征根全部位于复平面的单位元内，故式(19-4)也是渐近稳定的标称系统。

(3) 设计一致有界的控制器$g(\sigma\boldsymbol{x}(k),\varepsilon)$和控制矩阵$[B_{ij}]_{8\times 8}$，对标称系统(19-4)进行混沌反控制，得全局有界的受控系统为

$$\boldsymbol{x}(k+1)=[F_{ij}(\boldsymbol{x}(k))]_{8\times 8}\boldsymbol{x}(k)+[B_{ij}]_{8\times 8}\,g(\sigma\boldsymbol{x}(k),\varepsilon) \tag{19-5}$$

(4) 用控制矩阵$[B_{ij}]_{8\times 8}$、参数σ和ε对受控系统进行极点配置，使得受控系统(19-5)成为高维超混沌系统。

根据式(19-2)～式(19-5)，得 8 维离散时间超混沌系统的数学表达式为

$$\begin{bmatrix} x_1(k+1)\\ x_2(k+1)\\ x_3(k+1)\\ x_4(k+1)\\ x_5(k+1)\\ x_6(k+1)\\ x_7(k+1)\\ x_8(k+1)\end{bmatrix}=\begin{bmatrix} F_{11}(x_1(k)) & F_{12}(x_2(k)) & F_{13}(x_3(k)) & F_{14}(x_4(k)) & F_{15}(x_5(k)) & F_{16}(x_6(k)) & F_{17}(x_7(k)) & F_{18}(x_8(k))\\ F_{21}(x_1(k)) & F_{22}(x_2(k)) & F_{23}(x_3(k)) & F_{24}(x_4(k)) & F_{25}(x_5(k)) & F_{26}(x_6(k)) & F_{27}(x_7(k)) & F_{28}(x_8(k))\\ F_{31}(x_1(k)) & F_{32}(x_2(k)) & F_{33}(x_3(k)) & F_{34}(x_4(k)) & F_{35}(x_5(k)) & F_{36}(x_6(k)) & F_{37}(x_7(k)) & F_{38}(x_8(k))\\ F_{41}(x_1(k)) & F_{42}(x_2(k)) & F_{43}(x_3(k)) & F_{44}(x_4(k)) & F_{45}(x_5(k)) & F_{46}(x_6(k)) & F_{47}(x_7(k)) & F_{48}(x_8(k))\\ F_{51}(x_1(k)) & F_{52}(x_2(k)) & F_{53}(x_3(k)) & F_{54}(x_4(k)) & F_{55}(x_5(k)) & F_{56}(x_6(k)) & F_{57}(x_7(k)) & F_{58}(x_8(k))\\ F_{61}(x_1(k)) & F_{62}(x_2(k)) & F_{63}(x_3(k)) & F_{64}(x_4(k)) & F_{65}(x_5(k)) & F_{66}(x_6(k)) & F_{67}(x_7(k)) & F_{68}(x_8(k))\\ F_{71}(x_1(k)) & F_{72}(x_2(k)) & F_{73}(x_3(k)) & F_{74}(x_4(k)) & F_{75}(x_5(k)) & F_{76}(x_6(k)) & F_{77}(x_7(k)) & F_{78}(x_8(k))\\ F_{81}(x_1(k)) & F_{82}(x_2(k)) & F_{83}(x_3(k)) & F_{84}(x_4(k)) & F_{85}(x_5(k)) & F_{86}(x_6(k)) & F_{87}(x_7(k)) & F_{88}(x_8(k))\end{bmatrix}$$

$$+\begin{bmatrix} 1&0&0&0&0&0&0&0\\ 0&1&0&0&0&0&0&0\\ 0&0&1&0&0&0&0&0\\ 0&0&0&1&0&0&0&0\\ 0&0&0&0&1&0&0&0\\ 0&0&0&0&0&1&0&0\\ 0&0&0&0&0&0&1&0\\ 0&0&0&0&0&0&0&1\end{bmatrix}\begin{bmatrix} g_1(\sigma_1x_1(k),\varepsilon_1)\\ g_2(\sigma_2x_2(k),\varepsilon_2)\\ g_3(\sigma_3x_3(k),\varepsilon_3)\\ g_4(\sigma_4x_4(k),\varepsilon_4)\\ g_5(\sigma_5x_5(k),\varepsilon_5)\\ g_6(\sigma_6x_6(k),\varepsilon_6)\\ g_7(\sigma_7x_7(k),\varepsilon_7)\\ g_8(\sigma_8x_8(k),\varepsilon_8)\end{bmatrix} \tag{19-6}$$

在式(19-6)中，$F_{ij}(x_j(k))$ 和 $g_i(\sigma_i x_i(k),\varepsilon_i)$ 的数学表达式为

$$\begin{cases} F_{ij}(x_j(k))=a_{ij}+b_{ij}f_{ij}(x_j(k)), \quad f_{ij}(x_j(k))=\mathrm{rem}(c_{ij}x_j(k),1)\\ g_i(\sigma_i x_i(k),\varepsilon_i)=\mathrm{mod}(\sigma_i x_i(k),\varepsilon_i)\end{cases}$$

式中，$1\leqslant i,j\leqslant 8$，参数 a_{ij} 的标称值为

$$[a_{ij}]_{8\times 8}=\begin{bmatrix} 0.15 & -0.33 & 0.023 & -0.36 & 0.34 & -0.2 & 0.19 & 0.02 \\ -0.21 & -0.17 & 0.083 & -0.3 & 0.4 & -0.06 & 0.3 & 0.07 \\ -0.1 & -0.38 & 0.15 & -0.12 & 0.33 & -0.1 & 0.19 & 0.01 \\ -0.035 & -0.33 & -0.067 & -0.14 & 0.18 & -0.12 & 0.25 & 0.6 \\ -0.075 & -0.53 & 0.065 & -0.3 & 0.2 & 0.05 & 0.23 & 0.04 \\ 0.01 & -0.42 & 0.124 & -0.11 & 0.2 & -0.17 & 0.31 & 0.12 \\ -0.03 & -0.36 & 0.078 & -0.18 & 0.34 & -0.09 & 0.12 & 0.11 \\ -0.012 & -0.4 & 0.108 & -0.13 & 0.42 & -0.054 & 0.19 & -0.02 \end{bmatrix} \tag{19-7}$$

参数 b_{ij} 的标称值为

$$[b_{ij}]_{8\times 8}=\begin{bmatrix} 0.0257 & -0.0343 & 0.0027 & -0.0343 & 0.1057 & -0.0143 & 0.0557 & 0.0057 \\ -0.0886 & -0.0486 & 0.0084 & -0.0286 & 0.1114 & -0.0886 & 0.0114 & 0.0214 \\ -0.0057 & -0.1857 & 0.0343 & -0.0357 & 0.1443 & -0.0857 & 0.0843 & 0.0443 \\ -0.0107 & -0.1757 & -0.0287 & -0.0357 & 0.3543 & -0.0057 & 0.0843 & 0.0443 \\ -0.005 & -0.01 & 0.015 & -0.04 & 0.13 & 0.12 & 0.07 & 0.04 \\ 0.0043 & -0.0257 & 0.0503 & -0.1357 & 0.0643 & -0.0657 & 0.0843 & 0.0543 \\ -0.0157 & -0.1457 & 0.0363 & -0.1257 & 0.1943 & -0.0357 & 0.0243 & 0.1143 \\ -0.0023 & -0.0743 & 0.0377 & -0.1443 & 0.1457 & -0.0403 & 0.0657 & -0.0243 \end{bmatrix} \tag{19-8}$$

参数 c_{ij} 的标称值为

$$[c_{ij}]_{8\times 8}=\begin{bmatrix} 3.1 & 7.4 & 2.6 & 3.8 & 7.5 & 2.9 & 1.2 & 5.1 \\ 9.7 & 3.2 & 1.5 & 5.5 & 4.3 & 9.5 & 4.2 & 2.9 \\ 5.2 & 6.9 & 4.2 & 1.3 & 2.6 & 3.4 & 5.8 & 8.8 \\ 6.7 & 9.3 & 8.9 & 6.3 & 8.3 & 1.6 & 9.7 & 3.7 \\ 4.8 & 2.5 & 7.7 & 2.1 & 1.5 & 5.7 & 4.3 & 6.5 \\ 3.3 & 5.6 & 3.1 & 8.5 & 6.6 & 2.8 & 5.9 & 2.4 \\ 2.6 & 8.1 & 4.8 & 8.1 & 3.2 & 6.1 & 7.3 & 5.4 \\ 1.5 & 3.5 & 4.1 & 3.8 & 5.4 & 9.1 & 6.3 & 7.2 \end{bmatrix} \tag{19-9}$$

参数 ε_i 和 σ_i 的标称值为

$$\begin{cases} \varepsilon_1=1.7\times 10^9, \quad \sigma_1=4.1\times 10^4, \quad \varepsilon_2=1.3\times 10^9, \quad \sigma_2=5.3\times 10^4 \\ \varepsilon_3=7.7\times 10^9, \quad \sigma_3=3.7\times 10^4, \quad \varepsilon_4=2.3\times 10^9, \quad \sigma_4=1.3\times 10^4 \\ \varepsilon_5=3.1\times 10^9, \quad \sigma_5=3.3\times 10^4, \quad \varepsilon_6=7.1\times 10^9, \quad \sigma_6=4.3\times 10^4 \\ \varepsilon_7=5.3\times 10^9, \quad \sigma_7=6.9\times 10^4, \quad \varepsilon_8=8.7\times 10^9, \quad \sigma_8=4.7\times 10^4 \end{cases} \tag{19-10}$$

利用上述参数，得受控系统(19-6)的李氏指数计算结果为 $LE_1=11.13$，$LE_2=10.88$，$LE_3=10.75$，$LE_4=10.66$，$LE_5=10.62$，$LE_6=10.53$，$LE_7=10.42$，$LE_8=9.49$。8 维混沌系统吸引子相图如图 19-4 所示。

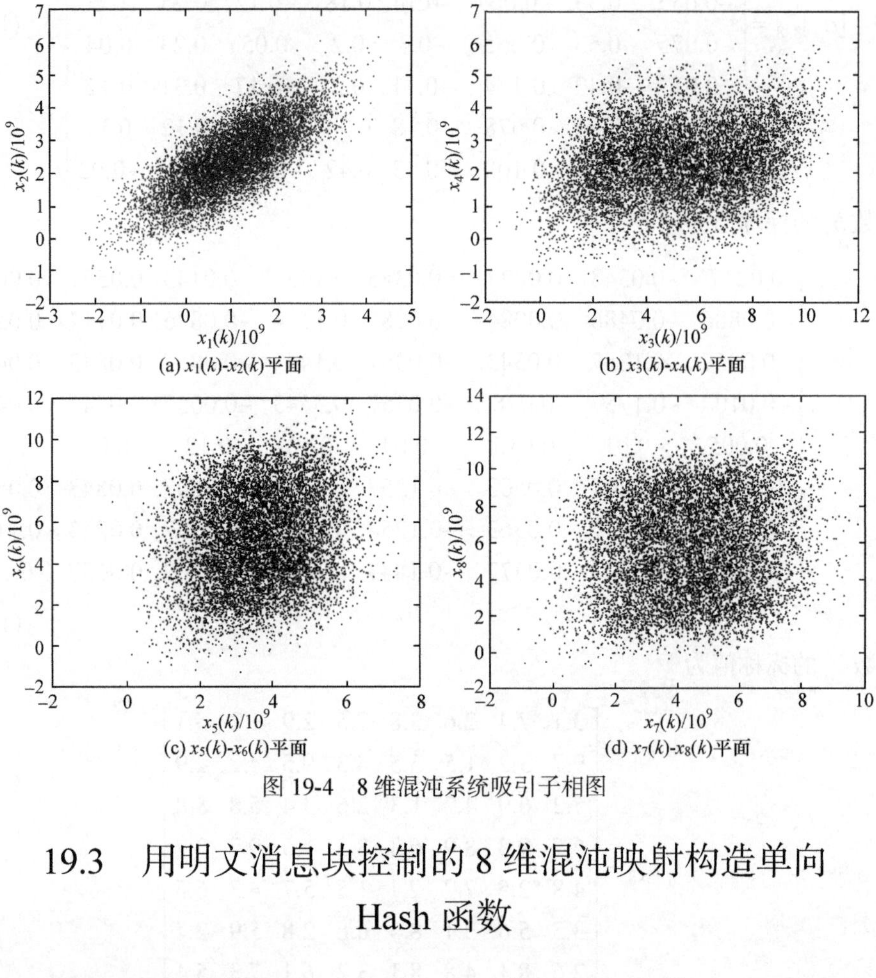

(a) $x_1(k)$-$x_2(k)$平面　(b) $x_3(k)$-$x_4(k)$平面　(c) $x_5(k)$-$x_6(k)$平面　(d) $x_7(k)$-$x_8(k)$平面

图 19-4　8 维混沌系统吸引子相图

19.3　用明文消息块控制的 8 维混沌映射构造单向 Hash 函数

19.3.1　明文消息的扩展方法

在通常情况下，由于用二进制表示的原始明文消息的长度是任意的，所以必须将其扩展成 64bit 的整数倍。具体的扩展步骤如下：

(1) 若原始明文消息的长度不等于 64bit 的整数倍，则应当在二进制表示的原始明文消息后面填充若干个二进制数。具体填充方法是，先填充一个 1，再填充若干个 0，使得填充后的明文消息满足 64bit 的整数倍。

(2) 已知原始明文消息的长度为 D，其中 D 为十进制数，用 64bit 二进制数 m

来表示 D 的大小，即满足 $(m)_2=(D)_{10}$，并且还需要根据 m 是否大于 2^{64} 来选取其大小。此处，定义 64bit 二进制数 m 的选取规则为

$$m=\begin{cases} m, & m\leqslant 2^{64} \\ \operatorname{mod}(m,2^{64}), & m>2^{64} \end{cases}$$

(3) 根据原始明文消息和上述扩展步骤(1)和(2)，得扩展后的明文消息分为三部分，其中第一部分为原始明文消息，第二部分为填充二进制数，第三部分为 64bit 二进制数 m。扩展后的明文消息如图 19-5 所示，可知经过扩展后的明文消息一定满足 64bit 的整数倍。

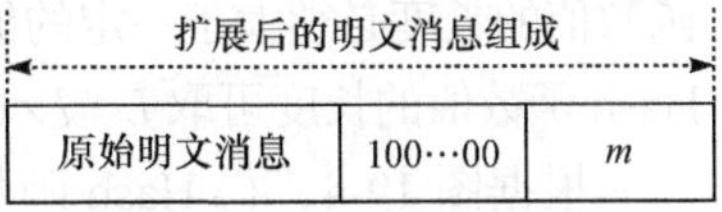

图 19-5　明文消息的扩展图

19.3.2　单向 Hash 函数的构造

用明文消息块控制的 8 维混沌映射构造单向 Hash 函数的框图如图 19-6 所示。图中将扩展后的明文消息 M 分成为 n 个明文消息块，即 $M\triangleq\{M^{(1)}M^{(2)}\cdots M^{(n)}\}$，满足每一个明文消息块的长度为 $M^{(i)}\ (i=1,2,\cdots,n)=64\text{bit}$。

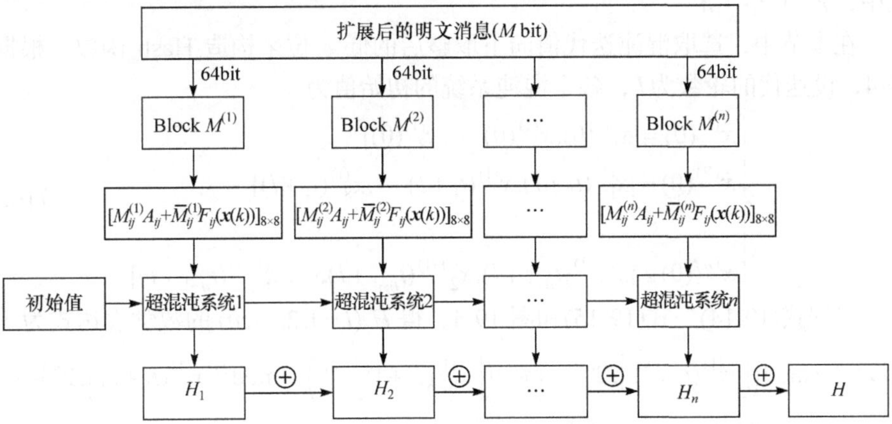

图 19-6　用明文消息块控制的 8 维混沌映射构造单向 Hash 函数框图

根据每一个输入的明文消息块，按从左到右、从上到下的顺序，将其转换成一个 8×8 的矩阵 $[M_{ij}]_{8\times8}\ (M_{ij}\in\{0,1\},1\leqslant i,j\leqslant 8)$，利用 $[M_{ij}]_{8\times8}$ 来控制常参数标称矩阵元素 A_{ij} 和变参数标称矩阵元素 $F_{ij}(\boldsymbol{x}(k))$ 之间的切换。通过这种切换控制，从而构造常参数与变参数相混合的标称矩阵。得对应的数学表达式为

$$[\varPhi_{ij}]_{8\times8}=[M_{ij}A_{ij}+\bar{M}_{ij}F_{ij}(\boldsymbol{x}(k))]_{8\times8} \tag{19-11}$$

式中，$\bar{M}_{ij}$ 为 M_{ij} 的取反。

由式(19-11)可知，矩阵 $[\varPhi_{ij}]_{8\times8}$ 中的每一个元素 $\varPhi_{ij}$ 是常参数还是变参数，完全由明文消息块构成的控制矩阵 $[M_{ij}]_{8\times8}\ (M_{ij}\in\{0,1\},1\leqslant i,j\leqslant 8)$ 决定。

根据式(19-5)和式(19-11)，得明文消息块构成矩阵 $[M_{ij}]_{8\times8}$ ($M_{ij}\in\{0,1\}$, $1\leqslant i,j\leqslant 8$) 控制的 8 维离散时间受控系统的数学表达式为

$$\begin{aligned}\boldsymbol{x}(k+1)&=[\Phi_{ij}]_{8\times8}\boldsymbol{x}(k)+[B_{ij}]_{8\times8}g(\sigma\boldsymbol{x}(k),\varepsilon)\\&=[M_{ij}A_{ij}+\bar{M}_{ij}F_{ij}(\boldsymbol{x}(k))]_{8\times8}\boldsymbol{x}(k)+[B_{ij}]_{8\times8}g(\sigma\boldsymbol{x}(k),\varepsilon)\end{aligned}\tag{19-12}$$

设 Hash 函数值的长度为 L，L 应为 64bit 的整数倍。为了抵御生日攻击，Hash 函数值的长度必须大于一定的值，通常建议其长度至少为 128bit，因此，在本节中，Hash 函数值的长度可取 $L=l\times64\ (l=2,3,\cdots)=128,192,256,\cdots$，式中 l 为迭代的轮数。

根据图 19-4，得 Hash 函数的数学表达式为

$$H=H_1\oplus H_2\oplus\cdots\oplus H_n\tag{19-13}$$

式中，$\oplus$ 表示按位异或运算。

根据式(19-12)，得图 19-4 中第 r 个混沌系统的数学表达式为

$$\begin{aligned}\boldsymbol{x}^{(r)}(k+1)&=[\Phi_{ij}^{(r)}]_{8\times8}\boldsymbol{x}^{(r)}(k)+[B_{ij}]_{8\times8}g(\sigma\boldsymbol{x}^{(r)}(k),\varepsilon)\\&=[M_{ij}^{(r)}A_{ij}+\bar{M}_{ij}^{(r)}F_{ij}(\boldsymbol{x}^{(r)}(k))]_{8\times8}\boldsymbol{x}^{(r)}(k)+[B_{ij}]_{8\times8}g(\sigma\boldsymbol{x}^{(r)}(k),\varepsilon)\end{aligned}\tag{19-14}$$

式中，$r=1,2,\cdots,n$。

在本节中，选取混沌迭代值向下取整后的低 8 位来构造 Hash 函数。根据图 19-4，设迭代的轮数为 l，各个混沌系统的初始值为

$$\begin{cases}\boldsymbol{x}^{(1)}(0)=[x_1^{(1)}(0),x_2^{(1)}(0),\cdots,x_8^{(1)}(0)]\\\boldsymbol{x}^{(2)}(0)=[x_1^{(1)}(t_1+l),x_2^{(1)}(t_1+l),\cdots,x_8^{(1)}(t_1+l)]\\\quad\vdots\\\boldsymbol{x}^{(n)}(0)=[x_1^{(n-1)}(t_{n-1}+l),x_2^{(n-1)}(t_{n-1}+l),\cdots,x_8^{(n-1)}(t_{n-1}+l)]\end{cases}\tag{19-15}$$

根据式(19-14)、式(19-15)和图 19-4，得 $H_i\,(i=1,2,\cdots,n)$ 的数学表达式为

$$\begin{cases}H_1\triangleq\Big\{\mathrm{mod}\Big(\big\lfloor x_1^{(1)}(t_1+1)\big\rfloor,2^8\Big)\cdots\mathrm{mod}\Big(\big\lfloor x_8^{(1)}(t_1+1)\big\rfloor,2^8\Big)\cdots\mathrm{mod}\Big(\big\lfloor x_1^{(1)}(t_1+l)\big\rfloor,2^8\Big)\cdots\\\qquad\mathrm{mod}\Big(\big\lfloor x_8^{(1)}(t_1+l)\big\rfloor,2^8\Big)\Big\}\\H_2\triangleq\Big\{\mathrm{mod}\Big(\big\lfloor x_1^{(2)}(t_2+1)\big\rfloor,2^8\Big)\cdots\mathrm{mod}\Big(\big\lfloor x_8^{(2)}(t_2+1)\big\rfloor,2^8\Big)\cdots\mathrm{mod}\Big(\big\lfloor x_1^{(2)}(t_2+l)\big\rfloor,2^8\Big)\cdots\\\qquad\mathrm{mod}\Big(\big\lfloor x_8^{(2)}(t_2+l)\big\rfloor,2^8\Big)\Big\}\\\quad\vdots\\H_n\triangleq\Big\{\mathrm{mod}\Big(\big\lfloor x_1^{(n)}(t_n+1)\big\rfloor,2^8\Big)\cdots\mathrm{mod}\Big(\big\lfloor x_8^{(n)}(t_n+1)\big\rfloor,2^8\Big)\cdots\mathrm{mod}\Big(\big\lfloor x_1^{(n)}(t_n+l)\big\rfloor,2^8\Big)\cdots\\\qquad\mathrm{mod}\Big(\big\lfloor x_8^{(n)}(t_n+l)\big\rfloor,2^8\Big)\Big\}\end{cases}\tag{19-16}$$

式中，符号$\lfloor \cdot \rfloor$表示向下取整，每个 mod 获得的低 8 位数按式(19-16)中的先后顺序排列，使得 H_i 的长度满足 $L = l \times 64\ (l = 2,3,\cdots)$。再根据式(19-13)，最后得到 Hash 函数的表达式。

根据上述分析结果，得构造混沌 Hash 函数的算法如下：

步骤 1　根据图 19-3，扩展明文消息，使得扩展后的明文消息满足 64bit 的整数倍。

步骤 2　根据图 19-4，只对第一个混沌系统设置 8 个初始值，并且当前混沌系统所得到的最终迭代值作为下一个混沌系统迭代的初始值，依此类推。

步骤 3　将扩展后的明文消息 M 分成 n 个 64bit 的明文消息块。对其中的每个明文消息块，按从左到右和从上到下的顺序转换成 8×8 的矩阵 $[M_{ij}]_{8\times 8}$ $(M_{ij} \in \{0,1\}, 1 \leqslant i, j \leqslant 8)$。

步骤 4　统计每个明文控制矩阵$[M_{ij}]_{8\times 8}$中元素 1 出现次数 $t_i (i=1,2,\cdots,n)$，为确保即使某个$[M_{ij}]_{8\times 8}$中所有元素都为 0 的情况下 Hash 函数值能计算得到，每个混沌系统的迭代次数分别为 $t_i + l$ 次，针对最后 l 次迭代，根据式(19-13)～式(19-16)，得到所需的 Hash 函数表达式 H。

19.4　安全分析

本节分析用明文消息块控制的 8 维混沌映射构造单向 Hash 函数的安全性，在分析测度过程中，选择用诗“Ulalume” (E. A. Poe)作为输入的明文消息。此外，在本节中，设定 Hash 值的长度 L 为 128bit。

19.4.1　Hash 函数值的分布情况

Hash 函数安全性的一个必要条件是要求 Hash 函数值是均匀分布的，从而使得生成的 Hash 函数值尽可能均匀地分布在密文空间中。对输入明文进行仿真实验，得明文的 ASCII 码分布图如图 19-7(a)所示，可见 ASCII 码的值集中分布在一小块区域。从图 19-7(b)可以看出，十六进制的 Hash 函数值在密文空间中趋于均匀分布。同时，还要对具有相同长度但全为 0 的明文进行测试，全 0 明文和对应的 Hash 函数值分布结果如图 19-7(c)和(d)所示。即使在这种极端的情况下，Hash 函数值也能在密文空间中趋于均匀分布。

19.4.2　对明文、初始值和密钥的敏感性

为了测试混沌 Hash 函数对输入明文的敏感性，在明文发生微小改变的情况

下，对比生成的 Hash 函数值。针对以下 5 种输入，用本节提出的 Hash 函数进行数值实验如下：

情况 1　The input message is the poem "Ulalume" (E. A. Poe);

情况 2　Replace the last point "." with a coma ",";

情况 3　In "The skies they were ashen and sober", "The" becomes "the";

情况 4　In "The skies they were ashen and sober", "The" becomes "Th";

情况 5　We add a space at the end of the poem。

得对应的十六进制 Hash 值如下：

情况 1　28219CE3A51A66A9C2614553D81EDE0C;

情况 2　CCDD721D1800E744F8FFE0712788FD60;

情况 3　A000F46E44F9DDA9DE687EFD30AD1936;

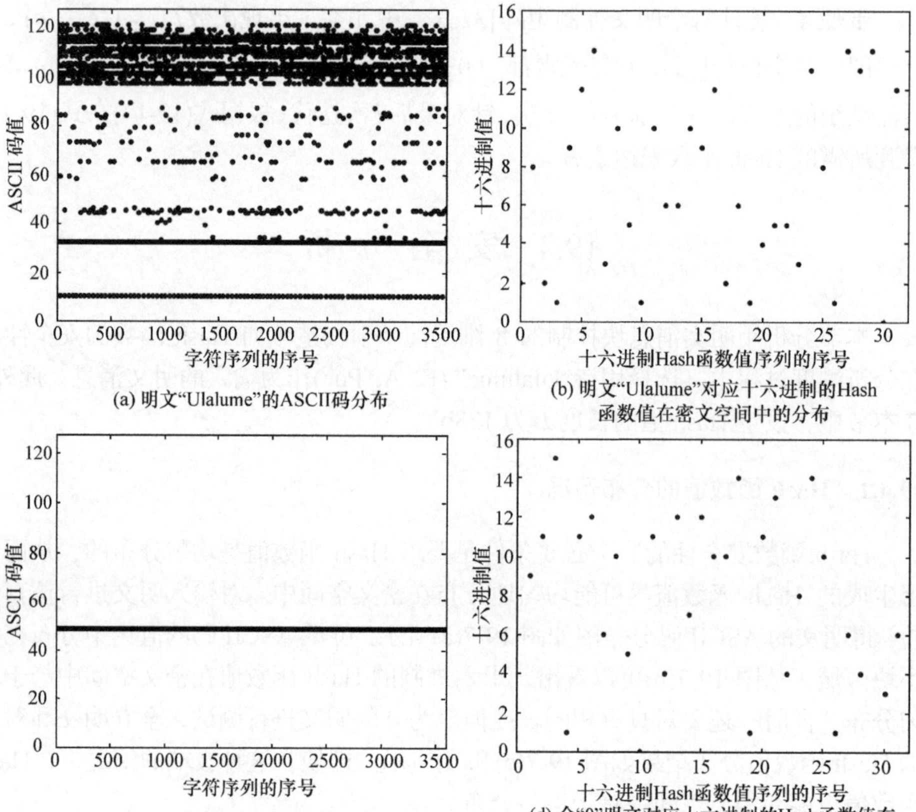

(a) 明文"Ulalume"的ASCII码分布　(b) 明文"Ulalume"对应十六进制的Hash函数值在密文空间中的分布

(c) 全"0"明文的ASCII码分布　(d) 全"0"明文对应十六进制的Hash函数值在密文空间中的分布

图 19-7　明文与 Hash 函数值的分布

情况 4　0365D1548BA7C378DFBCB3E22A95BBDF；

情况 5　C67FF1DC2350A1F9BA5DC02046C345A8。

从实验结果可以看出，明文的微小变化能够使得 Hash 函数值产生巨大的改变，由此说明该算法对明文具有高度的敏感性。

Hash 函数不仅要对明文敏感，而且要对初始值敏感。在下面的实验中，对初始值做微小的改变后，再比较生成的 Hash 函数值。设 9 种不同的初始值如下：

情况 1　$x_1=-581, x_2=421, x_3=233, x_4=-347, x_5=-21, x_6=13, x_7=-63, x_8=-603$;

情况 2　$x_1=-581.1, x_2=421, x_3=233, x_4=-347, x_5=-21, x_6=13, x_7=-63, x_8=-603$;

情况 3　$x_1=-581, x_2=421.1, x_3=233, x_4=-347, x_5=-21, x_6=13, x_7=-63, x_8=-603$;

情况 4　$x_1=-581, x_2=421, x_3=233.1, x_4=-347, x_5=-21, x_6=13, x_7=-63, x_8=-603$;

情况 5　$x_1=-581, x_2=421, x_3=233, x_4=-347.1, x_5=-21, x_6=13, x_7=-63, x_8=-603$;

情况 6　$x_1=-581, x_2=421, x_3=233, x_4=-347, x_5=-21.1, x_6=13, x_7=-63, x_8=-603$;

情况 7　$x_1=-581, x_2=421, x_3=233, x_4=-347, x_5=-21, x_6=13.1, x_7=-63, x_8=-603$;

情况 8　$x_1=-581, x_2=421, x_3=233, x_4=-347, x_5=-21, x_6=13, x_7=-63.1, x_8=-603$;

情况 9　$x_1=-581, x_2=421, x_3=233, x_4=-347, x_5=-21, x_6=13, x_7=-63, x_8=-603.1$。

对应的 Hash 函数值二进制结果如图 19-8 所示，可以看出，任意一个初始值的微小改变都会影响 Hash 函数值的巨大变化，对应的初始值灵敏度测试结果如表 19-1 所示。

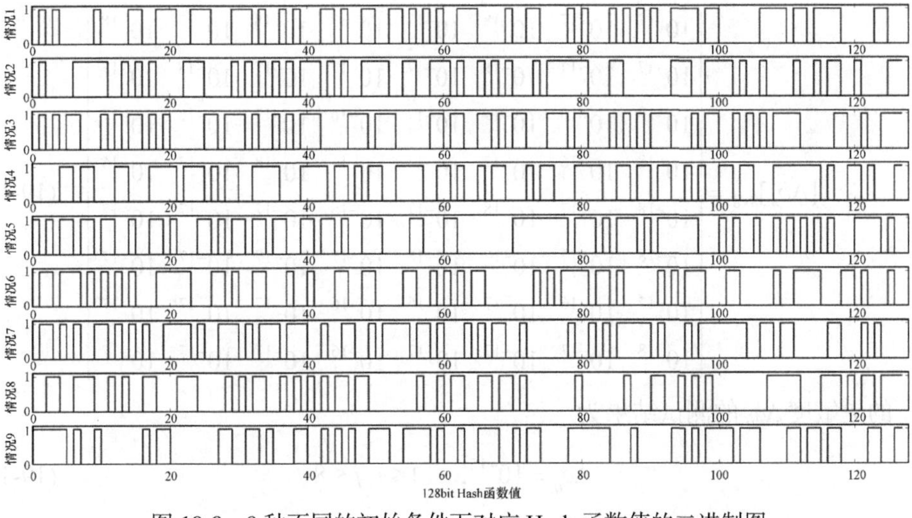

图 19-8　9 种不同的初始条件下对应 Hash 函数值的二进制图

表 19-1　初始值 $x_i(1\leqslant i\leqslant 8)$ 与灵敏度 Δx_i 的测试结果

初始值	x_1	x_2	x_3	x_4	x_5	x_6	x_7	x_8
灵敏度	10^{-12}	10^{-13}	10^{-13}	10^{-12}	10^{-11}	10^{-15}	10^{-11}	10^{-10}

当密钥参数存在微小的改变时，生成的 Hash 函数值截然不同。以下给出了各组密钥参数 a_{ij}、b_{ij}、$c_{ij}(1\leqslant i,j\leqslant 6)$ 的灵敏度 Δa_{ij}、Δb_{ij}、Δc_{ij} 的测试结果。其中 a_{ij} 的灵敏度 Δa_{ij} 的测试结果为

$$[\Delta a_{ij}]_{8\times 8}=\begin{bmatrix} 10^{-16} & 10^{-16} & 10^{-17} & 10^{-16} & 10^{-16} & 10^{-16} & 10^{-16} & 10^{-17} \\ 10^{-16} & 10^{-16} & 10^{-17} & 10^{-16} & 10^{-16} & 10^{-17} & 10^{-16} & 10^{-17} \\ 10^{-16} & 10^{-16} & 10^{-16} & 10^{-17} & 10^{-16} & 10^{-17} & 10^{-16} & 10^{-18} \\ 10^{-17} & 10^{-16} & 10^{-17} & 10^{-16} & 10^{-16} & 10^{-17} & 10^{-16} & 10^{-17} \\ 10^{-17} & 10^{-16} & 10^{-17} & 10^{-16} & 10^{-16} & 10^{-17} & 10^{-16} & 10^{-17} \\ 10^{-18} & 10^{-16} & 10^{-17} & 10^{-17} & 10^{-16} & 10^{-16} & 10^{-16} & 10^{-17} \\ 10^{-17} & 10^{-16} & 10^{-17} & 10^{-16} & 10^{-16} & 10^{-17} & 10^{-17} & 10^{-17} \\ 10^{-18} & 10^{-16} & 10^{-17} & 10^{-16} & 10^{-16} & 10^{-17} & 10^{-16} & 10^{-17} \end{bmatrix} \tag{19-17}$$

b_{ij} 的灵敏度 Δb_{ij} 的测试结果为

$$[\Delta b_{ij}]_{8\times 8}=\begin{bmatrix} 10^{-17} & 10^{-17} & 10^{-18} & 10^{-17} & 10^{-17} & 10^{-18} & 10^{-17} & 10^{-18} \\ 10^{-17} & 10^{-17} & 10^{-18} & 10^{-17} & 10^{-17} & 10^{-17} & 10^{-18} & 10^{-17} \\ 10^{-18} & 10^{-16} & 10^{-17} & 10^{-17} & 10^{-16} & 10^{-17} & 10^{-17} & 10^{-17} \\ 10^{-18} & 10^{-16} & 10^{-17} & 10^{-17} & 10^{-16} & 10^{-18} & 10^{-17} & 10^{-16} \\ 10^{-18} & 10^{-17} & 10^{-18} & 10^{-17} & 10^{-16} & 10^{-17} & 10^{-17} & 10^{-17} \\ 10^{-18} & 10^{-17} & 10^{-17} & 10^{-16} & 10^{-17} & 10^{-17} & 10^{-17} & 10^{-17} \\ 10^{-17} & 10^{-16} & 10^{-17} & 10^{-16} & 10^{-16} & 10^{-17} & 10^{-17} & 10^{-17} \\ 10^{-18} & 10^{-17} & 10^{-17} & 10^{-17} & 10^{-16} & 10^{-17} & 10^{-17} & 10^{-17} \end{bmatrix} \tag{19-18}$$

c_{ij} 的灵敏度 Δc_{ij} 的测试结果为

$$\Delta c_{ij}=10^{-15},\qquad 1\leqslant i,j\leqslant 8 \tag{19-19}$$

通过以上实验结果可以看出，混沌 Hash 函数对明文消息、初始值和密钥参数的微小变化均具有高度的敏感性。

19.4.3 混淆与扩散

混淆与扩散是 Shannon 提出的密码体制设计的两个基本准则，目的是抵御对密码体制的统计分析，因此也成为密码算法设计必须遵循的两条基本原则。混淆是将密文与密钥之间的统计关系变得尽可能复杂，使攻击者即使获取了关于密文的一些统计特性，也无法推测密钥。而扩散则是让明文中的每一位影响密文中的许多位，或者说明文中的每一位变化能够影响密文中的许多位变化，从而隐藏明文的统计特性。在 Hash 函数的设计中，混淆表示 Hash 函数值与明文消息之间的统计关系尽可能复杂，而扩散则表示明文的任意微小变化都会导致生成的 Hash 函数值发生巨大变化。

选取一段明文消息计算 Hash 函数值，令 L=128，然后每次选取明文消息中的 1 位取反，并计算出新的 Hash 函数值，所有 Hash 函数值采用二进制形式表示，通过比较明文消息改变前后的 Hash 函数值，得相应的比特改变数 B ，这样重复测试 2048 次，得比特改变数 B 的分布情况如图 19-9 所示，表明该测试得到的比特改变数 B 介于 45 与 83 之间，主要集中在中值 64 的附近。

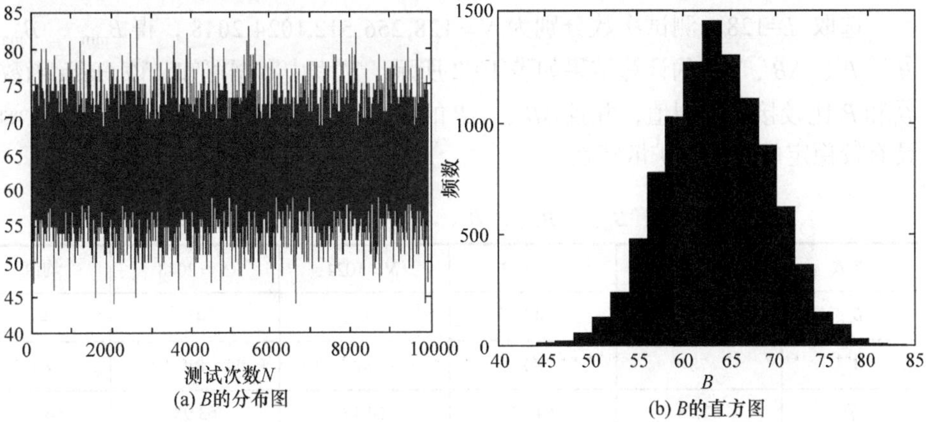

图 19-9　2048 次测试条件下 Hash 函数值比特改变数 B 的分布图

对 Hash 函数的混淆与扩散特性测试主要是考察算法的雪崩效应。为了考察算法是否存在雪崩效应，引入 6 个统计量 $B_{\min}$、$B_{\max}$、$\overline{B}$、P、ΔB、ΔP ，它们的定义分别为

$$\begin{cases} B_{\min} = \min(B_i) \\ B_{\max} = \max(B_i) \\ \overline{B} = (1/N) \cdot \sum_{i=1}^{N} B_i \\ P = (\overline{B}/L) \times 100\% \\ \Delta B = \left([1/(N-1)] \cdot \sum_{i=1}^{N} (B_i - \overline{B}) \right)^{1/2} \\ \Delta P = \left([1/(N-1)] \cdot \sum_{i=1}^{N} (B_i / L - P) \right)^{1/2} \times 100\% \end{cases} \tag{19-20}$$

在式(19-20)中，N 表示测试的次数，L 表示 Hash 函数值的长度，B_i 表示两两 Hash 函数值之间改变的位数。ΔB 、ΔP 表示 Hash 函数 diffusion 和 confusion 的稳定性，这两个值接近 0，说明 Hash 算法对明文消息进行混乱和扩散的能力始终处于一个稳定的状态。Hash 算法的理想散布效果表示明文的细微变化将导致 Hash 函数值发生 50%的变化。因此，理想值为 $\overline{B} = L/2$ ，$P = 50\%$ ，若 ΔB 、ΔP 越小，则 Hash 算法的雪崩特性越稳定。

选取 L=128，测试次数分别为 $N = 128, 256, 512, 1024, 2048$ ，得 $B_{\min}$ 、 $B_{\max}$ 、 $\overline{B}$ 、P 、ΔB 、ΔP 的计算结果如表 19-2 所示。从表中数据可知，该 Hash 函数的 $\overline{B}$ 和 P 比较接近理想值，并且 ΔB 、ΔP 的值也很小，表明本章介绍的 Hash 函数具有较稳定的混淆与扩散特性。

表 19-2　$B_{\min}$ 、$B_{\max}$ 、$\overline{B}$ 、P 、ΔB 、ΔP 的计算结果

参数	$N = 256$	$N = 512$	$N = 1024$	$N = 2048$	均值
$B_{\min}$	47	47	46	45	46
$B_{\max}$	78	80	81	81	80
$\overline{B}$	63.78	64.19	64.17	63.98	64.03
P	49.83%	50.15%	50.14%	49.99%	50.05%
ΔB	5.87	5.86	5.78	5.71	5.81
ΔP	4.59%	4.58%	4.51%	4.46%	4.54%

19.4.4　碰撞分析

Hash 函数的抗碰撞能力越强，其安全性就越高。碰撞攻击的定义为：找出两个不同消息，使得计算出来的 Hash 函数值相同。由于 Hash 算法是把任意长的明文转换成固定长度的密文，很明显明文空间可以无穷大，而密文空间有限，所以有必要对 Hash 算法进行碰撞分析。可通过实验来定量测试 Hash 函数的抗碰撞能力。具体方法如下：针对一段明文，通过 Hash 函数计算其 Hash 函数值，然后每次选取明文消息中的 1 位取反，计算对应的 Hash 函数值，注意到所有的 Hash 函数值都用 ASCII 码表示。比较这两个 Hash 函数值，记录相同位置下 ASCII 码字符相同的数目，如果有一个字符相同，则称为碰撞 1 次，如果两个字符相同，则称为碰撞 2 次，依此类推。得两个 Hash 函数值之间绝对差异度的计算公式为

$$d=\sum_{i=1}^{N}|t(e_i)-t(e_i')| \tag{19-21}$$

式中，e_i 和 e_i' 分别表示原 Hash 函数值和新 Hash 函数值的第 i 个 ASCII 码字符，函数 $t(x)$ 表示将 ASCII 码转换成十进制数。每个字符的绝对差异度平均值等于绝对差异度的平均值再除以 16，得到理论值的计算结果为 85.3333。

碰撞分析的数值实验结果如表 19-3 所示。表中分别列出了用于 Hash 算法碰撞分析的测试次数 N，最大击中次数情况下所对应的测试次数，击中次数分别为 0、1、2、3 情况下所对应的测试次数，绝对差异度，每个字符的绝对差异度的数值实验结果。

表 19-3　碰撞分析的数值实验结果

测试次数 N	最大击中次数	击中次数				绝对差异度 d	每个字符的绝对差异度
		0	1	2	3		
2048	2	1912	132	4	0	2908496	88.76
10000	2	9398	590	12	0	14178017	88.61

在表 19-3 中，当测试次数为 2048 时，在这 2048 次测试中，最大击中次数情况下所对应的测试次数为 2，击中 0 次情况下所对应的测试次数为 1912，击中 1 次情况下所对应的测试次数为 132，击中 2 次情况下所对应的测试次数为 4，击中 3 次及以上情况下所对应的测试次数为 0，满足 1912+132+4+0=2048。

在表 19-3 中，当测试次数为 10000 时，在这 10000 次测试中，最大击中次数情况下所对应的测试次数为 2，击中 0 次情况下所对应的测试次数为 9398，击中 1 次情况下所对应的测试次数为 590，击中 2 次情况下所对应的测试次数为 12，击中 3 次及以上情况下所对应的测试次数为 0，满足 9398+590+12+0=10000。

为了进一步比较数值实验结果与理论计算结果是否吻合，将改变前和改变后的明文消息所对应的 Hash 函数值看成两个相互独立的服从均匀分布的随机序列，因而在 N 次独立的测试中，得击中 w 次所需的测试次数 $W_N(w)$ 的理论计算公式为

$$\begin{cases} W_N(w) = N \times \dfrac{s!}{w!(s-w)!} \times \left(\dfrac{1}{2^8}\right)^w \times \left(1-\dfrac{1}{2^8}\right)^{s-w} \\ \sum\limits_{w=0}^{s} W_N(w) = W_N(0) + W_N(1) + \cdots + W_N(s) = N \end{cases} \tag{19-22}$$

式中，N为测试次数的总数，L=128，$s = L/8 = 16$，$w = 0,1,\cdots,s$。

(1) 根据式(19-22)，当 N=2048 时，考虑碰撞分析的理论计算结果，得 $W_N(0) = 1923.68$，$W_N(1) = 120.70$，$W_N(2) = 3.55$，$W_N(3) = 0.065$，…，$W_N(16) = 6.02 \times 10^{-36}$。

(2) 根据式(19-22)，当 N=10000 时，考虑碰撞分析的理论计算结果，得 $W_N(0) = 9392.98$，$W_N(1) = 589.36$，$W_N(2) = 17.33$，$W_N(3) = 0.3172$，…，$W_N(16) = 2.94 \times 10^{-35}$。

参 考 文 献

[1] Chen G R, Dong X. From Chaos to Order: Methodologies, Perspectives and Applications. Singapore: World Scientific Press, 1998
[2] 郝柏林. 从抛物线谈起——混沌动力学引论. 上海: 上海科技教育出版社, 1993
[3] 陈士华, 陆君安. 混沌动力学初步. 武汉: 武汉大学出版社, 1998
[4] 刘曾荣. 混沌的微扰判据. 上海: 上海科技教育出版社, 1994
[5] 陈关荣, 吕金虎. Lorenz 系统族的动力学分析、控制与同步. 北京: 科学出版社, 2003
[6] 禹思敏. 混沌系统与混沌电路——原理、设计及其在通信中的应用. 西安: 西安电子科技大学出版社, 2011
[7] 禹思敏, 吕金虎, 陈关荣. 动力系统反控制方法及其应用. 北京: 科学出版社, 2013
[8] Marotto F R. Snap-back repellers imply chaos in $\mathbf{R}^n$. Journal of Mathematical Analysis and Applications, 1978, 63(1): 199-223
[9] Marotto F R. On redefining a snap-back repeller. Chaos, Solitons, and Fractals, 2005, 25: 25-28
[10] Devaney R L. An Introduction to Chaotic Dynamical Systems. Redwood City: Addison-Wesley, 1986.
[11] Silva C P. Shilnikov's theorem—A tutorial. IEEE Transactions on Circuits and Systems I, 1993, 40(10): 675-682
[12] Yu S M, Lü J, Chen G R, et al. Generating grid multi-wing chaotic attractors by constructing heteroclinic loops into switching systems. IEEE Transactions on Circuits and Systems II, 2011, 58(5): 314-318
[13] Benettin G, Galgani L, Giorgilli A, et al. Lyapunov characteristic exponents for smooth dynamical systems and for Hamiltonian systems: A method for computing all of them, part 1. Meccanica, 1980, 15(1): 9-20
[14] Eckmann J P, Ruelle D. Ergodic theory of chaos and strange attractors. Review of Modern Physics, 1985, 57(3): 273-312
[15] Wolf A, Swift J B, Swinney H L, et al. Determining Lyapunov exponents from a time series. Physica D Nonlinear Phenomena, 1985, 16(3): 285-317
[16] Bremen H F V, Udwadia F E, Proskurowski W. An efficient QR based method for the computation of Lyapunov exponents. Physica D Nonlinear Phenomena, 1997, 101(1-2): 1-16
[17] Dieci L, Russell R, Vleck E. On the computation of Lyapunov exponents for continuous dynamical systems. SIAM Journal on Numerical Analysis, 1997, 3(1): 2477-2480
[18] Dieci L, Elia C. The singular value decomposition to approximate spectra of dynamical systems. Theoretical aspects. Journal of Differential Equations, 2006, 230(2): 502-531
[19] Dieci L, Elia C. SVD algorithms to approximate spectra of dynamical systems. Mathematics and Computers in Simulation, 2008, 79(4): 1235-1254

[20] Haken H. At least one Lyapunov exponent vanishes if the trajectory of an attractor does not contain a fixed point. Physics Letters A, 1983, 94(2): 71-72

[21] 何建斌. 动力系统混沌化及其在图像加密中的应用研究. 广州: 广东工业大学博士学位论文, 2017

[22] He J B, Yu S M, Cai J P. Analysis and design of anti-controlled higher-dimensional hyperchaotic systems via Lyapunov-exponent generating algorithms. Journal of Applied Analysis and Computation, 2016, 6(4): 1135-1151

[23] He J B, Yu S M, Cai J P. Numerical analysis and improved algorithms for Lyapunov exponent calculation of discrete-time chaotic systems. International Journal of Bifurcation and Chaos, 2016, 26(13): 1650219

[24] 陈关荣, 汪小帆. 动力系统的混沌化——理论、方法与应用. 上海: 上海交通大学出版社, 2006

[25] Chen G R, Lai D. Feedback control of Lyapunov exponents for discrete-time dynamical systems. International Journal of Bifurcation and Chaos, 1996, 6: 1341-1349

[26] Wang X F, Chen G R. On feedback anticontrol of chaos. International Journal of Bifurcation and Chaos, 1999, 9: 1435-1441

[27] Shen C W, Yu S M. Design and circuit implementation of discrete-time chaotic systems with modulus of triangular wave functions. International Journal of Bifurcation and Chaos, 2016, 26(13): 1650219

[28] 禹思敏. 离散时间系统反控制的推广形式及其混沌存在性证明. 中国科技论文在线, 2014, 7(16): 1595-1603

[29] Yu S M, Chen G R. Anti-control of continuous-time dynamical systems. Communications in Nonlinear Science and Numerical Simulation, 2012, 17: 2617-2627

[30] Yu S M, Chen G R. Chaotifying continuous-time nonlinear autonomous systems. International Journal of Bifurcation and Chaos, 2012, 22(9): 1250232

[31] Shen C W, Yu S M, Lü J, et al. A systematic methodology for constructing hyperchaotic systems with multiple positive Lyapunov exponents and circuit implementation. IEEE Transactions on Circuits and Systems I, 2014, 61(3): 854-864

[32] Shen C W, Yu S M, Lü J, et al. Constructing hyperchaotic systems at will. International Journal of Circuit and Theory and Applications, 2015, 43: 2039-2056

[33] 申朝文. 动力系统反控制若干问题研究. 广州: 广东工业大学博士学位论文, 2014

[34] Oseledec V I. A multiplicative ergodic theorem: Lyapunov characteristic exponents for dynamical systems. Transactions of the Moscow Mathematical Society, 1968, 19: 197-231

[35] He J B, Yu S M, Lü J. Constructing higher-dimensional nondegenerate hyperchaotic systems with multiple controllers. International Journal of Bifurcation and Chaos, 2017, 27(9): 1750146

[36] Shen C W, Yu S M, Lü J, et al. Designing hyperchaotic systems with any desired number of positive Lyapunov exponents via a simple model. IEEE Transactions on Circuits and Systems I, 2014, 61(8): 2380-2389

[37] Guyeux C, Bahi J M. Topological chaos and chaotic iterations application to hash functions. IEEE International Joint Conference on Neural Networks, Barcelona, 2011: 1-7

[38] Bahi J M, Christophe G. Discrete Dynamical Systems and Chaotic Machines Theory and Applications. Boca Raton: CRC Press, 2013

[39] Bahi J M, Fang X L, Guyeux C, et al. Suitability of chaotic iterations schemes using XOR shift for security applications. Journal of Network and Computer Applications, 2014, 37: 282-292

[40] 王倩雪. 整数域和数字域混沌系统建模、分析及其应用的研究. 广州: 广东工业大学博士后研究工作报告, 2015

[41] Wang Q X, Yu S M, Guyeux C, et al. Theoretical design and circuit implementation of integer domain chaotic systems. International Journal of Bifurcation and Chaos, 2014, 24(10): 1450128

[42] Wang Q X, Yu S M, Guyeux C, et al. Study on a new chaotic bitwise dynamical system and its FPGA implementation. Chinese Physical B, 2015, 24(6): 060503

[43] Wang Q X, Yu S M, Li C Q, et al. Theoretical design and FPGA-based implementation of higher-dimensional digital chaotic systems. IEEE Transactions on Circuits and Systems I, 2016, 63(3): 401-412

[44] Qiu M, Yu S M, Wen Y Q, et al. Design and FPGA implementation of universal chaotic signal generator based on the Verilog HDL fixed-point algorithm and state machine control. International Journal of Bifurcation and Chaos, 2017, 27(3): 1750040

[45] 邱默. 基于 FPGA 平台的混沌保密通信以太网传输技术. 广州: 广东工业大学硕士学位论文, 2017

[46] 禹思敏, 吕金虎, 李澄清. 混沌密码及其在多媒体保密通信中应用的进展. 电子与信息学报, 2016, 38(3): 735-752

[47] Chen S K, Yu S M, Lü J, et al. Design and FPGA-based realization of a chaotic secure video communication system. IEEE Transactions on Circuits and Systems for Video Technology, 2017, DOI: 10.1109/TCSVT.2017.2703946.

[48] 陈仕坤. 实时彩色视频混沌保密通信系统设计与 FPGA 实现. 广州: 广东工业大学硕士学位论文, 2015

[49] Lin Z S, Yu SM, Lü J, et al. Design and ARM-embedded implementation of a chaotic map-based real-time secure video communication system. IEEE Transactions on Circuits and Systems for Video Technology, 2015, 25(7): 1203-1216

[50] 张晓扬. 基于多核多进程与 H.264 选择性加密的视频混沌保密通信研究. 广州: 广东工业大学硕士学位论文, 2017

[51] Zhang X Y, Yu S M, Chen P, et al. Design and ARM-embedded implementation of a chaotic secure communication scheme based on H.264 selective encryption. Nonlinear Dynamics, 2017, 89: 1949-1965

[52] Chen P, Yu S M, Zhang X Y, et al. ARM-embedded implementation of a video chaotic secure communication via WAN remote transmission with desirable security and frame rate. Nonlinear Dynamics, 2016, 86: 725-740

[53] Lin Z S, Yu S M, Li C Q, et al. Design and smartphone-based implementation of a chaotic video communication scheme via WAN remote transmission. International Journal of Bifurcation and Chaos, 2016, 26(9): 1650158

[54] Shao L, Qin Z, Liu B, et al. 2D bi-scale rectangular mapping and its application in image

scrambling. Journal of Computer Aided Design and Computer Graphics, 2009, 21(7): 1025-1034

[55] Gan Q Y, Yu S M, Li C Q, et al. Design and ARM-embedded implementation of a chaotic map-based multicast scheme for multiuser speech wireless communication. International Journal of Circuit Theory and Applications, 2017, 45: 1849-1872

[56] 甘秋业. 基于组播和广域网传输的语音混沌保密通信与 ARM 实现. 广州: 广东工业大学硕士学位论文, 2017

[57] Lin Z S, Yu S M, Lü J. A novel approach for constructing one-way hash function based on a message block controlled 8-D hyper-chaotic map. International Journal of Bifurcation and Chaos, 2017, 27(7): 1750106